U0489768

"十三五"国家重点图书出版规划
国家出版基金项目

中国天然气形成与分布

张水昌　胡国艺　柳少波　等著

石油工业出版社

内 容 提 要

本书以中国天然气形成的地质条件为基础，从"源、储、藏"入手，深入剖析了天然气生成机理、深层天然气储层有效性、天然气高效聚集和大气田形成的主控因素，并对中国天然气资源潜力与分布做了科学预测。本书集理论性、机理性和探索性于一体，为中国今后实现年产2000亿立方米天然气提供了有力的理论支持。

本书可供从事天然气勘探的科研、生产人员和高等院校相关师生参考阅读。

图书在版编目（CIP）数据

中国天然气形成与分布/张水昌等著.—北京：石油工业出版社，2019.1
ISBN 978-7-5183-2457-6

Ⅰ.①中… Ⅱ.①张… Ⅲ.①天然气资源–评价–中国 Ⅳ.①TE155

中国版本图书馆 CIP 数据核字（2018）第 010974 号

审图号：GS（2018）3238 号

出版发行：石油工业出版社
（北京安定门外安华里2区1号　100011）
网　址：www.petropub.com
编辑部：（010）64523543　图书营销中心：（010）64523633
经　销：全国新华书店
印　刷：北京中石油彩色印刷有限责任公司

2019年1月第1版　2019年1月第1次印刷
889×1194毫米　开本：1/16　印张：29
字数：835千字

定价：280.00元
（如出现印装质量问题，我社图书营销中心负责调换）
版权所有，翻印必究

序

能源是国民经济和社会现代化的重要基础，能源消费结构则是度量一个国家环境净污的指标。2017年世界和中国能源消费结构中，化石能源占比分别为85.05%和85.9%，可见迄今世界能源消耗以化石能源占绝对优势。根据EIA、IEEJ、CNPC等预测至2050年，化石能源占能源消费份额为72%至78.7%，这种势态可持续至22世纪初。化石能源中固态煤、液态石油和气态天然气，近140年来随着时间进展各自所占能源消费皇冠，明显表现出高碳煤让位于中碳石油，未来低碳天然气将摘取皇冠，这估计将出现在21世纪60年代前后。绿色天然气是众所望、众之盼的能源之星，《中国天然气形成与分布》专著为天然气勘探、开发和研究提供了理论支持，为冉冉上升的能源之星添力增气。

1949年，全国年产天然气0.117亿立方米，探明天然气总储量仅3.85亿立方米，是个贫气的国家。在中华人民共和国成立之前，中国没有天然气地质和地球化学人才。王鸿祯和翟裕生院士等指出"1979年发表的论文《成煤作用中形成的天然气和石油》，一般作为中国天然气地质学的开端"。20世纪80年代初立项的国家科技攻关重点项目"煤成气的开发研究"，拉开了中国天然气地质勘探、开发和研究的序幕。历经"六五"至"十五"的国家天然气科技攻关，"十一五"至"十三五"的国家油气重大专项天然气的研究，中国已经形成了涵盖常规气和非常规气的天然气成因、同位素组成、鉴别、成藏要素、大气田主控因素及其预测、资源评价和有利区预测等诸多规律和论点，这些创新成果表征在以下主要著作中：20世纪80年代后期陈荣书等（1986）、包茨（1988）《天然气地质学》、戴金星等（1989）《天然气地质学概论》、傅家谟等（1990）《煤成烃地球化学》、戴金星等（1992）、冯福闿等（1995）《中国天然气地质学》、徐永昌等（1994）《天然气成因理论及应用》、戴金星等（1995）《中国东部无机成因气及其气藏形成条件》、程克明等（1995）《烃源岩地球化学》、戴金星等（1997）《中国大中型气田形成条件与分布规律》、《中国天然气的聚集区带》、王涛主编（1989）《中国天然气地质理论基础与实践》、龚再升等（1997）《中国近海大油气田》、贾承造等（2001）《特提斯北缘盆地群构造地质与天然气》、戴金星等（2003）《中国大气田及其气源》、何自新（2003）《鄂尔多斯盆地演化与油气》、张水昌等（2004）《塔里木盆地油气的生成》、秦建中等（2005）《中国烃源岩》、朱伟林等（2007）《南海北部大陆边缘盆地天然气地质》、郭旭升、郭彤楼（2012）《普光、元坝碳酸盐岩台地边缘大气田勘探理论与实践》、赵文智等（2013）《中国低丰度天然气资源大型化成藏理论与勘探技术》、邓运华等（2013）《中国近海两个油气带地质理论与勘探实践》、邹才能等（2014）《非常规油气地质学》、王庭斌（2014）《中国含煤—含气（油）盆地》、戴金星（2014）等《中国煤成大气田及气源》、杜金虎等（2015）《古老碳酸盐岩大气田地质理论和勘探实践》、蔡希源等（2016）《四川盆地天然气动态成藏》。以上诸多学者近30年来大量发表中国天然气地质和地球化学专著，使中国指导天然气勘探理论从油型气的一元论，发展为煤成气和油型气的二元论；使从常规气的研究、勘探和开发开始走向非常规气；使人认知勘探开发大气田是成为产气大国的核心环节，由此，推进了中国从贫气国迈向世界产气大国。

《中国天然气形成与分布》一书系统总结了近十年来中国天然气地质和地球化学研究的主要成果，从天然气"源、储、藏"入手，综合研究了天然气地球化学特征和天然气生成及成藏机理；以典型实例深入剖析了天然气成藏控制因素和富集模式，并对中国天然气资源潜力与分布做了科学预测。该书资料翔实、信息性强、内容丰富，是对中国天然气地质学的丰富、完善和发展。

《中国天然气形成与分布》集理论性、机理性和探索性于一体，是新时代中国天然气地质和地球化学第一部力作，值得欣慰。该专著是以张水昌教授为代表的中青年科技工作者撰写的，这是一批年富力强的佼佼者，他们在国家油气重大专项天然气项目的支持下，坚持实验室研究与地质解剖相结合，多学科交叉融合，在天然气地质学和地球化学等方面取得了许多创新成果。本专著的出版，为我国实现年产2000亿立方米天然气提供了有力的理论支持，是可喜可贺的，故值得大家一阅，阅后必将获益匪浅。

中国科学院院士：戴金星

2018.10.7

前 言

天然气是一种优质、高效、清洁的低碳能源，加快天然气工业发展，提高天然气在一次能源消费中的比重，成为世界主要强国的能源战略目标。当今世界许多国家都高度重视天然气的勘探开发，天然气在世界能源结构中的比例由 1980 年的 19.9% 上升到 30% 以上，但在我国能源结构中的比例仅占 5.8%。因此，加快天然气工业发展，提高天然气在一次能源消费中的比重，是我国加快建设清洁低碳、安全高效的现代能源体系的必由之路，已成为我国能源发展的重要战略。

中国天然气资源丰富，常规天然气资源量约为 78 万亿立方米，天然气勘探生产增效明显。国内天然气工业发展大致可分为两个阶段。第一阶段从 1949 年到 1995 年天然气年产量由 0.112 亿立方米增至 174 亿立方米，年均增长 3.8 亿立方米，产量增长缓慢，为起步阶段。第二阶段从 1995 年至今，产量从 174 亿立方米增加到 2017 年的 1487 亿立方米，年均增幅 8.5%，年均增长 60 亿立方米，为快速增长阶段。尤其是 2000 年以来，全国勘探发现了万亿立方米级气田（区）4 个、千亿立方米级气田 15 个，年均新增探明储量连上新台阶。"十五"期间年均新增探明储量 5362 亿立方米，"十一五"期间年均新增探明储量 6140 亿立方米，"十二五"期间年均新增探明储量 7841 亿立方米，探明储量持续增长。截至 2017 年底，全国累计探明天然气（含非常规气）地质储量 14.97 万亿立方米。我国天然气资源探明程度仅 19%，仍处于勘探早期，剩余经济可采储量 3.8 万亿立方米，国内天然气产量仍将继续保持增长趋势。目前我国已相继发现并建成了四川、鄂尔多斯、塔里木、柴达木和近海海域等大型气区。四川安岳气田已建成投产，南海陵水气田、川西彭州气田、川南页岩气田等一批大中型气田处于前期评价或产能建设期，这批气田将成为今后天然气上产的主要构成。页岩气等非常规气初步实现商业化开发。我国天然气产业正处在发展的黄金时期，我国天然气资源勘探开发潜力还很大，发展天然气产业有雄厚的资源基础。

中国天然气工业的快速发展得益于中国天然气地质科技攻关研究。自 1979 年戴金星院士提出煤成气理论后，经过 4 次国家重点科技攻关和两轮国家油气重大专项研究，天然气地质理论研究取得重大进展，1983 年中国第一批国家重点科技攻关项目"煤成气的开发研究"开始实施推进了中国煤成气勘探、评价和研究，开辟了煤成气勘探的新领域，靖边、克拉 2、崖 13–1 等煤成气大气田的发现，揭开了中国天然气工业快速发展的序幕。进入 21 世纪，通过天然气"973"和国家油气重大专项天然气项目的攻关研究，原油裂解气生成理论的不断发展和完善，推动了中国海相深层天然气领域勘探，普光、元坝、塔中Ⅰ号和安岳等一大批原油裂解型大气田快速发现，中国天然气工业步入发展快车道。

与国外相比，中国天然气地质具有特殊性，主要表现在：① 中国天然气分布具有广泛性。从古老的震旦系至最新的第四系均发现了大气田，但主要分布在奥陶系、二叠系、三叠系和古近系、新近系；② 天然气储层类型具有多样性，有陆源碎屑岩（砾岩、砂岩、泥岩及其过渡岩性）、碳酸盐岩（包括颗粒碳酸盐岩至灰泥碳酸盐岩的整个系列及礁相碳酸盐岩）、火山岩、侵入岩浆岩及变质岩等，以陆源碎屑岩和碳酸盐岩为主。③ 天然气成因类型具有多元性。中国发现了油型气、煤成气、生物气和无机气等多种成因类型天然气，石炭系—二叠系和侏罗系大范围、大规模发育的煤系烃源岩为我国煤成气的生成奠定了雄厚的物质基础，煤成气在中国各种成因类型天然气中构成了主体地位；古生界海相地层因其发育Ⅰ—Ⅱ$_1$型有机质烃源岩并经历了大埋深、高古地温作用而形成了高—过成熟油型气，近十几年来在四川盆地和塔里木盆地海相地层中发现的大批油型气大气田，使其在中国天然气中的地位不断提高；在青藏高原柴达木盆地发现了第四系低温高盐环境形成的生物气大气田，是世界上罕见的在最新地层中发现的大气田；东部新生代以深大断裂为背景的裂谷盆地发育了众多CO_2等无机成因气。④ 天然气藏形成具有复杂性。构造频繁活动，导致不同时代形成的气藏遭受调整改造甚至破坏，天然气保存难度大，现今发现的大气田均具有晚期成藏的特点；小陆块拼合、多旋回演化，决定了我国气藏类型丰富、成藏过程复杂、天然气多层系叠合分布；气藏类型复杂，存在构造、构造岩性、岩性构造、复合等多种类型气藏，地层岩性及复合气藏占主体。这些独特性决定了国外的天然气地质理论在指导我国天然气勘探中出现许多新问题、新挑战。因此，加强对中国天然气形成及分布基础地质研究对指导我国天然气勘探和发展世界天然气地质理论无疑都具有重要的作用和意义。

从"六五"到"九五"天然气地质科技攻关和"973"项目的研究，形成了具有中国地质特点的天然气地质学理论。但由于中国天然气地质条件复杂，仍存在一些尚未解决或有争议的天然气地质及地球化学问题，如高过成熟天然气生成机理及资源规模问题、深层天然气储层有效性评价及预测问题、天然气高效聚集和保存机制问题、大气田形成主控因素及分布预测问题等，解决这些问题对推动我国天然气勘探及发展天然气地质学理论都具有重要的作用。

本书作者有幸经历了中国天然气勘探的快速发展期，大多数参与了"十一五"至"十三五"国家油气重大专项，围绕上述科学问题开展攻关研究。本书是在国家油气重大专项研究成果的基础上，借鉴众多前辈研究成果，经过反复讨论凝练而成，是集"源、储、藏"多学科、常规与非常规多类型、前陆、碳酸盐岩和坳陷、断陷多领域于一体的，全面反映十年来天然气形成与分布地质认识新进展的一部专著。我们相信，本书的出版，将对深入认识我国天然气形成地质条件及分布规律，发现新的天然气资源具有重要的理论意义和实用价值。

全书共八章。第一章论述了中国大陆构造基本特征及含油气盆地分布结构，深化了天然气形成分布地质基础认识；第二章重点介绍了气源岩形成环境、类型及分布，并阐述了各类烃源岩的地球化学特征及形成模式；第三章论述了中国碎屑岩、碳酸盐岩及火山岩等天然气储层的岩性特征、储集空间类型、孔隙演化及主控因素、天然气储层分布特征，并阐述了区域盖层类型及分布、生储盖组合及成藏储盖组合类型；第四章系统分析了中国不同地区、不同层位天然气地球化学特征，在此基础上重点讨论天然气成因类型及大气田气源判识；第五章主要以模拟实验研究为基础探讨了不同类型天然气（煤成气、原油裂解气、生物气、无机气）的生成过程和机理；第六章系统阐述了远源浮力驱动构造和岩性气藏、近源压差驱动致密气藏和源内非常规天然气藏三大类型气藏的成藏机理；第七章解剖与对比各类典型气藏的地质特征、气藏形成过程、成藏机理及分布模式，详细阐述了前陆盆地、大型克拉通海相碳酸盐岩、大型坳陷盆地致密气和断陷盆地深层大气田形成的主控因素与分布规律；第八章重点介绍了原油裂解气和生物气资源评价方法和成因法中运聚系数等关键参数，分三种灶藏类型评价了中国天然气资源量，预测了中国天然气分布及其有利勘探领域。

本书是集体智慧的结晶。张水昌负责全书的总体构思、内容确定、统稿修改及部分章节的撰写。各章编写分工如下，前言：张水昌、胡国艺；第一章：陈竹新、钱凯；第二章：张斌、张水昌、张敏、胡国艺；第三章：高志勇、罗忠、毛治国、洪峰；第四章：胡国艺、张水昌、于聪、冯子齐、倪云燕；第五章：张水昌、米敬奎、帅燕华、何坤、胡国艺、陈建平；第六章：柳少波、马行陟、田华、范俊佳、公言杰、付晓飞、郭小文、曾溅辉；第七章：鲁雪松、卓勤功、柳少波、苏劲、马行陟、帅燕华、毛治国、公言杰、田华；第八章：胡国艺、张水昌、张斌、王飞宇、田华、马行陟、鲁雪松。

研究工作始终得到中国石油科技管理部和中国石油勘探开发研究院领导的大力支持，戴金星院士、赵文智院士、邹才能院士、高瑞祺教授、胡素云教授等对本项工作给予了多方面指导和关心，国家油气重大专项天然气项目长魏国齐教授、李剑教授等给予了许多帮助，在此深表感谢！

由于本书涉及学科和领域较多，加之笔者水平有限，书中不妥或遗漏之处在所难免，恳请读者批评指正。

目　　录

第一章　中国天然气形成分布地质基础 ……………………………………………………（1）
　　第一节　中国含油气盆地大地构造背景 …………………………………………………（2）
　　　　一、中国大陆构造格架 ……………………………………………………………（2）
　　　　二、基本大地构造单元 ……………………………………………………………（4）
　　第二节　中国大陆构造演化和盆地类型 …………………………………………………（7）
　　　　一、中国大陆构造演化过程 ………………………………………………………（7）
　　　　二、中国含油气盆地基本类型 ……………………………………………………（11）
　　第三节　中国规模天然气藏形成地质条件 ………………………………………………（16）
　　　　一、盆内凹陷控制气源岩 …………………………………………………………（16）
　　　　二、大型构造背景控制规模储层 …………………………………………………（19）
　　　　三、区域盖层、有效圈闭与晚期成藏 ……………………………………………（22）
　　小结 …………………………………………………………………………………………（24）

第二章　气源岩类型、特征与分布 …………………………………………………………（25）
　　第一节　气源岩形成环境与分布 …………………………………………………………（25）
　　　　一、气源岩形成时代 ………………………………………………………………（25）
　　　　二、中国气源岩类型及展布 ………………………………………………………（30）
　　第二节　煤系气源岩地球化学特征与发育模式 …………………………………………（35）
　　　　一、煤系气源岩地球化学特征 ……………………………………………………（35）
　　　　二、煤系气源岩发育模式 …………………………………………………………（43）
　　第三节　海相气源岩地球化学特征及发育模式 …………………………………………（53）
　　　　一、气源岩的地球化学特征 ………………………………………………………（53）
　　　　二、海相气源岩发育模式 …………………………………………………………（59）
　　小结 …………………………………………………………………………………………（65）

第三章　天然气储盖特征及其组合 …………………………………………………………（67）
　　第一节　碎屑岩储层特征 …………………………………………………………………（67）

一、储层基本特征 …………………………………………………………………（67）
　　二、储层物性特征及影响因素 ……………………………………………………（70）
　　三、有利储层形成条件 ……………………………………………………………（75）
　　四、重点盆地碎屑岩储层展布 ……………………………………………………（77）
　第二节　碳酸盐岩储层特征 …………………………………………………………（85）
　　一、储层类型与特征 ………………………………………………………………（85）
　　二、储层成因与发育主控因素 ……………………………………………………（90）
　　三、重点盆地碳酸盐岩储层分布 …………………………………………………（93）
　第三节　火山岩储层特征 ……………………………………………………………（96）
　　一、火山岩类型与特征 ……………………………………………………………（96）
　　二、火山岩储集空间及物性特征 …………………………………………………（99）
　　三、火山岩储层成因 ………………………………………………………………（102）
　　四、火山岩储层控制因素 …………………………………………………………（106）
　　五、火山岩风化壳储集体结构特征 ………………………………………………（110）
　　六、火山岩天然气储层分布 ………………………………………………………（111）
　第四节　区域盖层类型及分布 ………………………………………………………（116）
　　一、泥质岩类盖层 …………………………………………………………………（116）
　　二、膏盐岩类盖层 …………………………………………………………………（125）
　第五节　成藏储盖组合类型及特征 …………………………………………………（131）
　　一、生储盖组合 ……………………………………………………………………（132）
　　二、成藏储盖组合分类及特征 ……………………………………………………（133）
　小结 ……………………………………………………………………………………（139）

第四章　天然气地球化学特征与成因类型 ………………………………………………（140）
　第一节　天然气组分特征 ……………………………………………………………（140）
　　一、烃类气体的分布特征及影响因素 ……………………………………………（140）
　　二、非烃气体的分布特征及成因 …………………………………………………（143）
　第二节　天然气同位素组成特征 ……………………………………………………（149）
　　一、烷烃气碳同位素组成特征 ……………………………………………………（149）
　　二、烷烃气氢同位素分布特征及影响因素 ………………………………………（154）
　第三节　天然气成因类型 ……………………………………………………………（157）
　　一、天然气成因分类方案 …………………………………………………………（157）

二、有机成因气 ……………………………………………………………………（158）
　　三、无机气 …………………………………………………………………………（168）
　　四、中国主要大气田天然气的成因及来源 ………………………………………（169）
　小结 ……………………………………………………………………………………（172）

第五章　天然气生成机理 …………………………………………………………………（173）
第一节　煤成气生成机理 …………………………………………………………………（173）
　　一、煤生气成熟度上限 ……………………………………………………………（173）
　　二、煤最大生气量确定 ……………………………………………………………（178）
　　三、煤成气生成模式 ………………………………………………………………（181）
　　四、高演化阶段煤成气物质来源 …………………………………………………（182）
第二节　油型气生成机理 …………………………………………………………………（184）
　　一、干酪根裂解生气时限及晚期生气潜力 ………………………………………（185）
　　二、源内和源外液态烃裂解生气模式 ……………………………………………（188）
　　三、热化学硫酸盐还原作用（TSR）反应机制 …………………………………（199）
第三节　生物气生成机理 …………………………………………………………………（204）
　　一、生物气生成机理与气源岩评价 ………………………………………………（204）
　　二、同生水化学对生物气生成的控制作用 ………………………………………（213）
第四节　无机气形成机理 …………………………………………………………………（224）
　　一、无机烃类气体形成机理 ………………………………………………………（224）
　　二、无机二氧化碳 …………………………………………………………………（230）
第五节　高演化阶段天然气同位素倒转成因 ……………………………………………（233）
　　一、高—过成熟阶段同位素倒转机理 ……………………………………………（234）
　　二、四川盆地海相碳酸盐岩储层天然气同位素倒转机理 ………………………（238）
　小结 ……………………………………………………………………………………（251）

第六章　天然气成藏机理 …………………………………………………………………（253）
第一节　远源浮力驱动构造和岩性气藏成藏机制 ………………………………………（253）
　　一、浮力和毛细管压力模型 ………………………………………………………（253）
　　二、天然气运移与聚集动力学机制 ………………………………………………（256）
　　三、断层、盖层封闭机制与气柱高度预测 ………………………………………（260）
第二节　近源压差驱动致密气藏成藏机制 ………………………………………………（268）

一、成藏动力分析 …………………………………………………………（269）
　　二、微观渗流机制 …………………………………………………………（274）
　　三、含气性与成藏机制 ……………………………………………………（278）
　　四、地质意义与启示 ………………………………………………………（287）
　第三节　源内非常规天然气藏成藏机制 ……………………………………（289）
　　一、吸附气赋存特征与含气性影响因素 …………………………………（289）
　　二、源内天然气成藏机制与含气性表征模型 ……………………………（293）
　小结 ……………………………………………………………………………（302）

第七章　天然气成藏控制因素与成藏模式 ………………………………………（303）
　第一节　前陆盆地天然气成藏主控因素与成藏模式 ………………………（303）
　　一、前陆盆地大气田形成的有利条件 ……………………………………（303）
　　二、典型气藏成藏模式 ……………………………………………………（307）
　　三、前陆盆地天然气分布规律与控制因素 ………………………………（317）
　第二节　大型克拉通盆地碳酸盐岩天然气成藏控制因素与成藏模式 ……（323）
　　一、大型克拉通盆地碳酸盐岩气田形成的有利条件 ……………………（324）
　　二、典型气藏成藏模式 ……………………………………………………（326）
　　三、大型克拉通盆地海相天然气分布规律与控制因素 …………………（348）
　第三节　大型坳陷盆地致密气成藏控制因素与成藏模式 …………………（350）
　　一、大型坳陷盆地致密气形成的有利条件 ………………………………（351）
　　二、典型气藏成藏模式 ……………………………………………………（354）
　　三、大型坳陷盆地致密气分布规律与控制因素 …………………………（360）
　第四节　断陷盆地深层天然气成藏控制因素与成藏模式 …………………（364）
　　一、松辽盆地深层天然气藏形成的有利条件 ……………………………（364）
　　二、典型气藏成藏模式 ……………………………………………………（367）
　　三、松辽盆地深层烃类气与 CO_2 耦合分布规律与控制因素 …………（373）
　小结 ……………………………………………………………………………（376）

第八章　主要盆地天然气资源潜力与分布预测 …………………………………（378）
　第一节　天然气资源评价成因法 ……………………………………………（378）
　　一、热模拟方法 ……………………………………………………………（378）
　　二、化学动力学方法 ………………………………………………………（379）
　　三、盆地模拟方法 …………………………………………………………（380）

第二节　天然气资源评价的关键参数 …………………………………………… （381）

　　　　一、不同类型气源岩排气系数 …………………………………………… （381）

　　　　二、天然气运聚系数 ……………………………………………………… （388）

　　第三节　主要盆地天然气资源量 …………………………………………………… （401）

　　　　一、近源型天然气生气量和资源量 ……………………………………… （401）

　　　　二、远源型天然气生气量和资源量 ……………………………………… （406）

　　　　三、源内型天然气资源量 ………………………………………………… （411）

　　第四节　天然气有利勘探领域预测 ………………………………………………… （414）

　　　　一、鄂尔多斯盆地 ………………………………………………………… （414）

　　　　二、四川盆地 ……………………………………………………………… （414）

　　　　三、塔里木盆地 …………………………………………………………… （415）

　　　　四、南海海域 ……………………………………………………………… （416）

　　　　五、准噶尔盆地 …………………………………………………………… （416）

　　小结 …………………………………………………………………………………… （416）

参考文献 ………………………………………………………………………………… （418）

Preface

Natural gas is a high-quality, high-efficiency, and cleaner (low-carbon) energy. At present, increasing the proportion of natural gas among the primary energy consumption has become an energy strategy for the major powers in the world. Many countries have emphasized on the exploration and development of natural gas. The average proportion of gas in the world energy structure has increased from 19.9% in 1980 to more than 30% at present. However, the proportion for China accounts for only 5.8%. Therefore, it is urgent to speed up the development of the natural gas in China and to increase the proportion of gas in the primary energy consumption. This is an inevitable choice to construct a cleaner (low-carbon) and reliable, high-efficiency modern energy system and a vital strategy for the Chinese energy development.

China holds abundant natural gas resources with a conventional resource of about $78 \times 10^{12} m^3$. Natural gas exploration and production has been increased significantly. The development of the Chinese domestic natural gas industry can be classified into two stages: the first is an initial stage from 1949 to 1995, when natural gas production increased from $11.2 \times 10^6 m^3$ to $17.4 \times 10^9 m^3$ with an average annual increase of $0.38 \times 10^9 m^3$; the second is a rapid growth stage from 1995 to present, during which the natural gas production increased from $17.4 \times 10^9 m^3$ to $148.7 \times 10^9 m^3$ in 2017 with an average annual increase of $6.0 \times 10^9 m^3$ and a growth rate of 8.5%. Since 2000, four gas fields (provinces) at trillion (10^{12}) m^3 level and fifteen gas fields at the $10^8 m^3$ level have been discovered in China. This directly encourages the average annual newly-proven reserves to advance constantly to a new stage of development. The average annual newly-proven reserves were $536.2 \times 10^9 m^3$ during the "10th Five-Year Plan" period, $614.0 \times 10^9 m^3$ during the "11th Five-Year Plan" period, and $784.1 \times 10^9 m^3$ during the "12th Five-Year Plan" period, indicating constant growth of proven reserves. At the end of 2017, the proven natural gas (including unconventional) in China totaled $14.97 \times 10^{12} m^3$. In China, the proved rate of natural gas is only 19%, which shows that exploration is still in an early stage, and the residual economic recoverable reserve is $3.8 \times 10^{12} m^3$, which lays a foundation for production growth of natural gas in the future. At present, several excellent natural gas provinces have been discovered and put into production in China, including the Sichuan, Ordos, Tarim, Qaidam, and offshore basins. The Anyue gas field in Sichuan basin has been put into production, and the Lingshui gas field in the South China Sea, the Pengzhou gas field in western Sichuan and shale gas field in southern Sichuan are being evaluated or developed, which will make a major contribution to future natural gas production growth. Shale gas and other unconventional gas have also achieved commercial development. The natural gas industry in China is presently in a golden age of development because of huge potential and a solid resource base.

The rapid development of the natural gas industry in China has benefited from natural gas geology research. Since the establishment of the coal-sourced gas theory proposed by Prof. Dai Jinxing in 1979, natural gas theoretical research has made significant progress during four rounds of the National Key Scientific and Technological Projects and two rounds of the National Major Oil and Gas Projects. The "Coal-sourced gas development research" project listed in the first-batch National Key Scientific and Technological Project in 1983 sped up research into coal-sourced gas exploration and evaluation, and opened up a new domain of coal-sourced gas exploration. As a result, some excellent coal-sourced gas fields have been discovered, including the Jingbian, Kela2, and Yacheng 13-1 fields, which have lifted up the curtain on rapid natural gas development in China. Since the beginning of the 21st Century, the natural gas "973" project and the natural gas project within the National Major Oil and Gas Program have constantly improved and developed oil-cracking gas theory and have promoted exploration of the deep marine gas domain. As a result, a number of oil-cracking gas fields have been discovered, including the Puguang, Yuanba, Tazhong No. 1, and Anyue fields, indicating that the natural gas industry in China has stepped into the fast lane of development.

Compared to natural gas in other countries, natural gas in China is quite unique in the following aspects: ① natural gas is widely distributed. Excellent gas fields have been discovered from the ancient Sinian to the late Quaternary, but mainly in the Ordovician, Permian, Triassic and Paleogene, and Neogene Periods; ② natural gas reservoirs are varied, involving terrigenous clastic rocks (conglomerate, sandstone, mudstone. and transitional rocks), carbonate rocks (whole series from grain carbonate rock to lime mud carbonate rock as well as reef carbonate rock), volcanic rocks, intrusive magmatic rocks, and metamorphic rocks, which are dominated by terrigenous clastic rocks and carbonate rocks; ③ the natural gas is of multiple origins. The origins of natural gas discovered in China include oil-cracked gas, coal-sourced gas, biogas and, inorganic gas. The coal-bearing source rock that was massively developed in the Carboniferous-Permian and Jurassic laid a solid foundation for coal-sourced gas in China, and coal-sourced gas occupies the dominant position among all kinds of natural gas. Paleozoic marine formations holds organic matter source rocks of types I and II that underwent deep burial and high temperature, and hence generated highly over-mature oil-cracked gas. In the past few decades, many oil-cracked gas fields have been discovered in the marine formation across the Sichuan and Tarim basins, which constantly improves the oil-cracked gas position in China. An excellent biogas field formed in the Quaternary low-temperature, high-salinity environment was discovered in the Qaidam Basin, and is rarely discovered in such a young formation in the world. In eastern China, many inorganic gas fields, such as CO_2, have been discovered in the Cenozoic rift basins against the background of deep faults. ④ Natural gas accumulation is complex. Frequent tectonic activity adjusts, reforms and even destroys the gas pools from different ages, making conservation difficult. Hence, most of the high-production gas fields discovered feature late accumulation; the coherence of small blocks and the evolution of multiple cycles determine many types, complex processes, and multiple-layer superimpositions of natural gas accumulations, and the gas pool types are various, involving structural, structural-lithological, lithological-structural, and composite structures that are dominated by stratigraphic-lithological and composite types. Due to these peculiarities, if natural gas geologic theory from other countries is used to direct exploration in China, many new problems and challenges will arise. Therefore, research into natural gas generation and distribution in China is of vital importance to direct natural gas exploration in China and develop a worldwide body of natural gas theory.

Research into natural gas geology from the "6th Five-year Plan" to the "9th Five-year Plan" and the "973" project formulated a natural gas geologic theory with Chinese geologic characteristics. However, due to complex geology, some outstanding or controversial problems still remain related to natural gas geology and geochemistry, including highly over-mature natural gas generation mechanisms and resource scales, deep natural gas reservoir effectiveness and prediction, natural gas high-efficiency accumulation and conservation mechanisms, and the main controlling factor and prediction for high-production gas field formations. All this is very important to promote natural gas exploration and the development of geology in China.

Luckily, the authors have witnessed the rapid development of natural gas exploration in China, and most have participated in the major national oil and gas projects from the "11th Five-year Plan" to the "13th Five-year Plan", which carried out focused studies into the problems described above. On the basis of the achievements of national major oil and gas projects, this book refers to many previous achievements and discusses them repeatedly. This is a monograph that integrates the "source, reservoir, accumulation" viewpoints, conventional and unconventional approaches, forelands, carbonate rocks, depressions, and rift basins, which reflects recent progress towards the understanding natural gas formation and distribution over the past ten years. We believe that the publication of this book is of vital theoretical significance and practical value to deepen awareness of natural gas formation geology and distribution and to discover new natural gas.

There are eight chapters in all. Chapter 1 discusses the basis characteristics and the petroliferous basin distribution in onshore China and deepens our knowledge of the basic geology of natural gas formation and distribution. Chapter 2 introduces rock environment, type, and distribution of each gas source and elaborates the geochemistry and forming patterns of all source rocks. Chapter 3 discusses reservoir lithology, reservoir space types, pore evolution, and the main factor, as well as reservoir distribution of clastic rock, carbonate rock, and volcanic rock reservoirs in China, and discusses the regional caprock types and distribution, source-reservoir-caprock assemblages, and accumulation reservoir-seal combinations. Chapter 4 systematically analyzes the natural gas geochemistry in different areas and for different horizons and then highlights a discussion on natural gas origin type and high-production gas field source identification. Chapter 5 discusses the generation process and mechanism for different types of natural gas (coal-sourced gas, oil-cracked gas, biogas, inorganic gas) based on simulation experiments. Chapter 6 systematically discusses the accumulation mechanism for structural and lithological gas pools driven by far-source buoyancy, tight gas pools driven by near-source pressure differences, and in-situ source unconventional gas pool. Chapter 7 dissects and compares the geology, gas pool formation process, accumulation mechanism, and distribution of all types of pools. The main factors and distribution of high-production gas fields in the foreland basin, extensive craton marine carbonate rocks, large depressions, and deep rift basins have been elaborated. Chapter 8 introduces the genesis method for natural gas resources evaluation (including oil-cracked gas and biogas) and key parameters (such as expulsion coefficient, migration and accumulation coefficient) and predicts the natural gas resources, distribution, and favorable exploration areas in China.

This book contains the collective wisdom of many people. Zhang Shuichang is responsible for overall design of the book structure, content, summary, and revision and contributed to some chapter writing. The contribution for various authors include is: Preface by Zhang Shuichang and Hu Guoyi; Chapter 1 by Chen Zhuxin and Qian Kai; Chapter 2 by Zhang Bin, Zhang Shuichang, Zhang Min, Hu Guoyi; Chapter 3 by Gao Zhiyong, Luo Zhong, Mao Zhiguo, Hong Feng; Chapter 4 by Hu Guoyi, Zhang Shuichang, Yu Cong, Feng Ziqi, Ni Yunyan; Chapter 5 by Zhang Shuichang, Mi Jingkui, Shuai Yanhua, He Kun, Hu Guoyi, Chen Jianping; Chapter 6 by Liu Shaobo, Ma Xingzhi, Tian Hua, Fan Junjia, Gong Yanjie, Fu Xiaofei, Guo Xiaowen, Zeng Jianhui; Chapter 7 by Lu Xuesong, Zhuo Qingong, Liu Shaobo, Su Jin, Ma Xingzhi, Shuai Yanhua, Mao Zhiguo, Gong Yanjie, Tian Hua; Chapter 8 by Hu Guoyi, Zhang Shuichang, Zhang Bin, Wang Feiyu, Tian Hua, Ma Xingzhi, Lu Xuesong.

This book was financially supported by the CNPC Sci-Tech management department and RIPED and under the technical guidance from Academician Dai Jinxing, Academician Zhao Wenzhi, Academician Zou Caineng, Prof. Gao Ruiqi, Prof. Hu Suyun, and others. Prof. Wei Guoqi and Prof. Li Jian, directors of the National Major Oil/Gas Project are thanked for their help.

Because this book is related to many disciplines and domains, inappropriate statements or omissions in book like this one are unavoidable, and readers are urged to point them out.

Contents

Chapter 1　Geologic basis for natural gas formation and distribution in China ……………（1）

　　1.1　Tectonic background for petroliferous basins in China ……………………………（2）

　　　　1.1.1　Tectonic framework in onshore China ………………………………………（2）

　　　　1.1.2　Basic tectonic structural units ………………………………………………（4）

　　1.2　Tectonic structural evolution and basin types in China ……………………………（7）

　　　　1.2.1　Tectonic structural evolution process in China ……………………………（7）

　　　　1.2.2　Basic types of petroliferous basins in China ………………………………（11）

　　1.3　Large-scale natural gas accumulation geology in China ……………………………（16）

　　　　1.3.1　Gas source rocks controlled by sag …………………………………………（16）

　　　　1.3.2　Large-scale reservoirs controlled by excellent structural background ……（19）

　　　　1.3.3　Regional caprock, effective trapping, and late accumulation ……………（22）

　　Conclusion ………………………………………………………………………………（24）

Chapter 2　Gas source rock types, characteristics, and distribution …………………………（25）

　　2.1　Gas-source rock formations: environment and distribution ………………………（25）

　　　　2.1.1　Gas-source rock formation age ………………………………………………（25）

　　　　2.1.2　Gas-source rock types and distribution in China …………………………（30）

　　2.2　Coal-bearing gas-source rock geochemistry and development modes ……………（35）

　　　　2.2.1　Coal-bearing gas-source rock geochemistry ………………………………（35）

　　　　2.2.2　Coal-bearing gas-source rock development modes ………………………（43）

　　2.3　Marine gas-source rock geochemistry and development modes …………………（53）

　　　　2.3.1　Gas-source rock geochemistry ………………………………………………（53）

　　　　2.3.2　Marine gas-source rock development modes ………………………………（59）

　　Conclusion ………………………………………………………………………………（65）

Chapter 3　Natural gas reservoir-caprock characteristics and assemblage ……………………（67）

　　3.1　Clastic rock reservoir characteristics …………………………………………………（67）

	3.1.1	Reservoir basic characteristics	(67)
	3.1.2	Factors affecting reservoir physical properties	(70)
	3.1.3	Favorable reservoir formation conditions	(75)
	3.1.4	Clastic reservoir distribution in the major basins	(77)
3.2	Carbonate rock reservoir characteristics		(85)
	3.2.1	Reservoir types and characteristics	(85)
	3.2.2	Reservoir origin and main controlling factors	(90)
	3.2.3	Carbonate rock distribution in the major basins	(93)
3.3	Volcanic rock reservoir characteristics		(96)
	3.3.1	Volcanic rock types and characteristics	(96)
	3.3.2	Volcanic rock reservoir space and physical properties	(99)
	3.3.3	Origin of volcanic rock reservoir	(102)
	3.3.4	Main controlling factors	(106)
	3.3.5	Structure characteristics of volcanic rock weathering crust reservoir	(110)
	3.3.6	Distribution of natural gas volcanic rock reservoir	(111)
3.4	Regional caprock type and distribution		(116)
	3.4.1	Argillaceous caprock	(116)
	3.4.2	Gypsum caprock	(125)
3.5	Assemblage types and characteristics of reservoir and caprock		(131)
	3.5.1	Assemblages of source, reservoir and cap	(132)
	3.5.2	Assemblage types and characteristics of source, reservoir and cap	(133)
Conclusion			(139)

Chapter 4 Natural gas geochemistry and origin types (140)

4.1	Section 1 Natural gas composition		(140)
	4.1.1	Hydrocarbon gas distribution and affecting factors	(140)
	4.1.2	Non-hydrocarbon gas distribution and origin	(143)
4.2	Natural gas isotope composition		(149)
	4.2.1	Alkane gas carbon isotope composition	(149)
	4.2.2	Alkane gas hydrogen isotope distribution and affecting factors	(154)
4.3	Natural gas origin types		(157)
	4.3.1	Natural gas origin classification scheme	(157)

4.3.2	Organic gas	(158)
4.3.3	Inorganic gas	(168)
4.3.4	Natural gas origins and sources for the major gas fields in China	(169)
Conclusion		(172)

Chapter 5 Natural gas generation mechanisms (173)

5.1	Coal-formed gas generation mechanisms	(173)
5.1.1	Upper limit of coal-formed gas maturity	(173)
5.1.2	Maximum gas volume sourced from coal	(178)
5.1.3	Coal-formed gas generation patterns	(181)
5.1.4	Material sources for coal-formed gas in the high evolution stage	(182)
5.2	Oil-cracked gas generation mechanisms	(184)
5.2.1	Kerogen pyrolysis gas time limit and late gas-generation potential	(185)
5.2.2	Intra-source and outer-source liquid hydrocarbon pyrolysis gas generation patterns	(188)
5.2.3	Thermochemical sulfate reduction (TSR) reaction mechanisms	(199)
5.3	Biogas generation mechanisms	(204)
5.3.1	Biogas generation mechanisms and gas source-rock evaluation	(204)
5.3.2	Biogas generation controlled by synchronic water chemistry	(213)
5.4	Inorganic gas generation mechanisms	(224)
5.4.1	Inorganic hydrocarbon gas generation mechanisms	(224)
5.4.2	Inorganic CO_2	(230)
5.5	Natural gas isotope inversion origin in the high evolution stage	(233)
5.5.1	Isotope inversion mechanisms in the highly over-mature stage	(234)
5.5.2	Natural gas isotope inversion mechanisms in the marine carbonate rock reservoir across the Sichuan Basin	(238)
Conclusion		(251)

Chapter 6 Natural gas accumulation mechanisms (253)

6.1	Accumulation mechanisms for structural and lithological gas pools driven by far-source buoyancy	(253)
6.1.1	Buoyancy and capillary pressure modes	(253)
6.1.2	Natural gas migration and dynamic accumulation mechanisms	(256)
6.1.3	Fault and caprock sealing mechanisms and gas column prediction	(260)

6.2 Accumulation mechanisms for tight gas pools driven by near-source pressure difference ……………………………………………………………………… (268)
 6.2.1 Accumulation force analysis ……………………………………………………… (269)
 6.2.2 Seepage mechanisms ……………………………………………………………… (274)
 6.2.3 Gas bearing and accumulation mechanisms …………………………………… (278)
 6.2.4 Geologic significance and Enlightenment ……………………………………… (287)
6.3 Accumulation mechanisms for intra-source unconventional gas pools ……………… (289)
 6.3.1 Adsorptive gas occurrence characteristics and gas-bearing affecting factors ……… (289)
 6.3.2 Intra-source natural gas accumulation mechanisms and gas-bearing characterization models ………………………………………………………… (293)
Conclusion ……………………………………………………………………………………… (302)

Chapter 7 Natural gas accumulation controlling factors and models …………… (303)

7.1 Natural gas accumulation controlling factors and models in foreland basin ………… (303)
 7.1.1 Main controlling factors for large gas fields in foreland basins ……………… (303)
 7.1.2 Typical gas accumulation models ……………………………………………… (307)
 7.1.3 Natural gas distribution in foreland basins …………………………………… (317)
7.2 Carbonate reservoir natural gas accumulation controlling factors and models in large craton basins ………………………………………………………… (323)
 7.2.1 Main controlling factors for large carbonate reservoir gas fields …………… (324)
 7.2.2 Typical gas accumulation models ……………………………………………… (326)
 7.2.3 Marine natural gas distribution rules in large craton basins in China ……… (348)
7.3 Tight natural gas accumulation controlling factors and models in large compressional basins ………………………………………………………………… (350)
 7.3.1 Favorable factors for large tight gas field formations ………………………… (351)
 7.3.2 Typical gas accumulation models ……………………………………………… (354)
 7.3.3 Large tight gas field distribution rules ………………………………………… (360)
7.4 Deep natural gas accumulation controlling factors and models in rift basins ……… (364)
 7.4.1 Main controlling factors for deep natural gas in the SongLiao Basin ……… (364)
 7.4.2 Typical gas accumulation models ……………………………………………… (367)
 7.4.3 Deep hydrocarbon gas and CO_2 coupling distribution rules and controlling factors in the SongLiao Basin …………………………………… (373)

Conclusion ··· (376)

Chapter 8 Resources evaluation and distribution of natural gas in main
gas-bearing basins·· (378)

    8.1 Genesis method for natural gas resources evaluation ·· (378)

        8.1.1 Thermal simulation method ··· (378)

        8.1.2 Chemical Kinetic method··· (379)

        8.1.3 Basin modeling method ··· (380)

    8.2 Key parameters for natural gas resources evaluation ··· (381)

        8.2.1 Natural gas expulsion coefficient of different types of gas source rocks ············· (381)

        8.2.2 Natural gas migration and accumulation coefficient ··································· (388)

    8.3 Natural Gas Resources in main basins ·· (401)

        8.3.1 Near-source natural gas generation and resources ····································· (401)

        8.3.2 Far-source natural gas generation and resources ······································ (406)

        8.3.3 In-situ source natural gas resources ·· (411)

    8.4 Prediction of favorable exploration areas for natural gas ·· (414)

        8.4.1 Ordos basin ·· (414)

        8.4.2 Sichuan basin ·· (414)

        8.4.3 Tarim basin ·· (415)

        8.4.4 South sea basins ·· (416)

        8.4.5 Junggar basins ··· (416)

    Conclusion ··· (416)

References ·· (418)

第一章　中国天然气形成分布地质基础

全球天然气可采资源量近 $4400×10^{12}m^3$，包括常规天然气和非常规天然气；其中非常规天然气包括致密气、煤层气、页岩气及天然气水合物等（贾承造，2017）（图1-1）。全球常规天然气采出 $79×10^{12}m^3$，采出程度约17%，常规天然气剩余资源仍丰富（贾承造，2017）。相比常规气，全球非常规天然气资源量更大，其可采资源量近 $4000×10^{12}m^3$，其中致密气 $210×10^{12}m^3$、煤层气 $256×10^{12}m^3$、页岩气 $456×10^{12}m^3$、天然气水合物 $3000×10^{12}m^3$，而且作为新兴资源仍处于开采初期阶段，具有巨大的增产潜力（贾承造，2017）。天然气资源量的变化是一个不断增长的过程，随着勘探程度和地质认识的提高、科技水平的不断进步，天然气资源量在未来还可能有较大的增长。

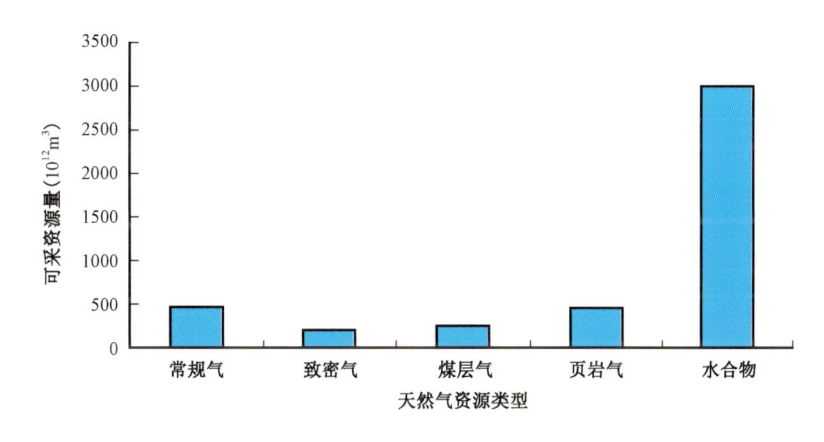

图1-1　全球常规和非常规天然气资源量（据贾承造，2017）

中国常规和非常规天然气的地质资源量约为 $285×10^{12}m^3$（据第四次油气资源评价成果），其中天然气可采资源量约为 $89×10^{12}m^3$，天然气勘探生产增效明显。国内天然气生产大致可分为两个阶段。第一阶段从1949年到1995年天然气年产量由 $0.112×10^8m^3$ 增至 $174×10^8m^3$，年均增长 $3.8×10^8m^3$，产量增长缓慢，为起步阶段。第二阶段从1995年至今，产量从 $174×10^8m^3$ 增加到2017年的 $1487×10^8m^3$，年均增长 $60×10^8m^3$，为快速增长阶段。尤其是2000年以来，全国勘探发现了万亿立方米级气田（区）4个、千亿立方米级气田15个，年均新增探明储量连上新台阶。"十五"期间年均新增储量 $5362×10^8m^3$，"十一五"期间年均新增储量 $6140×10^8m^3$，"十二五"期间年均新增储量 $7841×10^8m^3$，探明储量持续增长（戴金星等，2014，2015；潘继平等，2017）（图1-2）。截至2017年底，全国累计探明天然气（含非常规气）地质储量 $14.97×10^{12}m^3$，其中页岩气 $5441×10^8m^3$，煤层气 $6928×10^8m^3$（潘继平，2017）。同时，南海北部天然气水合物试采获得突破，开辟了天然气勘探开发新领域。

油气勘探实践发现，天然气资源在元古宇至新生界的各类地层及岩石中广泛分布，并具有不同富集状态、形式和规律。中国可能有油气地质意义的沉积盆地总面积约 $629×10^4km^2$，较重要的沉积盆地有234个（包括南海南部诸盆地），其面积 $(10\sim50)×10^4km^2$ 的大型盆地16个、$(1\sim10)×10^4km^2$ 的中型盆地46个、小于 $1×10^4km^2$ 的小型盆地约172个（李德生，1995；裴亦楠等，1997；张新民等，2002；李国玉，2002；魏喜等，2005）；主要沉积盆地时代与分布如图1-3所示。整体上，中国沉积盆地多，小而碎，其中小于 $1×10^4km^2$ 的盆地占74%，大于 $10×10^4km^2$ 的盆地仅占总数的7%。这些盆地

— 1 —

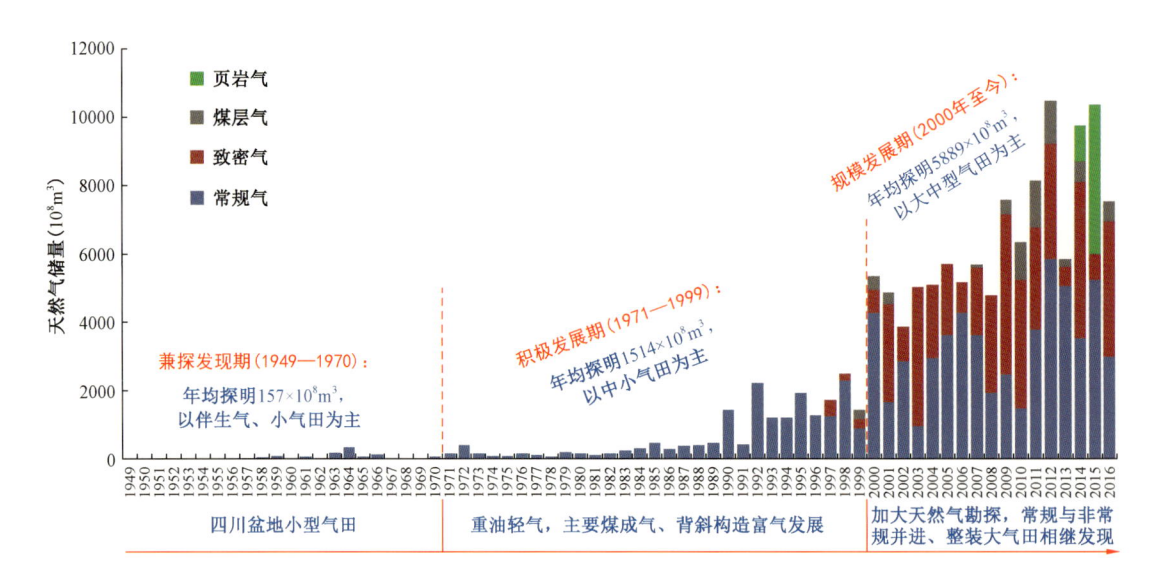

图1-2 中国天然气储量增长直方图（据魏国齐等，2017）

为我国天然气工业提供了极为重要的资源基础。本章论述了中国大陆构造基本特征、含油气盆地类型与分布，以及天然气形成分布地质条件，为中国区域内天然气勘探开发和新资源发现提供基础地质依据。

第一节　中国含油气盆地大地构造背景

中国大陆位于欧亚板块南缘、印度板块北缘，东部与太平洋板块以沟—弧—盆体系相隔（图1-4）。整体上是以塔里木、华北和扬子等小型板块为核心，与准噶尔、柴达木、羌塘等20多个微陆块拼贴而成的复合大陆（邱中建，1999；翟光明等，2002；任纪舜等，2006）。这些不同时代、小而碎的陆块造就了中国大陆小克拉通与宽造山带相间分布的构造格局，也使中国大陆成为世界上块体数量最多、块体面积小、地质构造最为复杂的地区。

一、中国大陆构造格架

基于陆块构造属性，中国大陆可分为亲西伯利亚、亲冈瓦纳和古中华三个陆块群（任纪舜，2003，任纪舜等，2006）。显生宙期间，受控于古生代古亚洲洋体系、中生代特提斯—古太平洋以及新生代印度洋—太平洋等动力学体系和动力作用，形成了多个方向的巨型造山带和陆内构造带，使得中国大陆表现出克拉通块体与复杂造山带平面镶嵌的分布格局。造山带和沉积盆地的分布整体围绕中国大陆周缘板块呈现有规律的展布（图1-3和图1-4）。一是围绕西伯利亚板块为向南突出的弧形构造带（古亚洲构造域），由北向南依次发育萨彦—外贝加尔造山系，阿尔泰—大兴安岭造山系以及天山—祁连山—北秦岭造山带；二是围绕印度板块向北向东突出的弧形构造带（特提斯构造域），包括西南部地区的多条缝合带、松潘—甘孜褶皱带等以及拉萨、羌塘等微陆块，现今构成青藏高原的主体；三是围绕西太平洋发育的中国中东部的北东向线性构造带以及海域的陆缘或弧后盆地群。在显生宙早期，中国小克拉通漂移在广袤的大洋中，表现为大洋—小陆的古地理—古构造格局。在后期地质历史过程中，中国大陆的陆块分布与改造受不同的动力学体系控制，从而形成了不同的构造形迹和沉积充填结构。总的来看，无论在挤压还是伸展作用下，相对大的克拉通内部较为稳定，强烈的改造作用主要集中在造山带内及其前缘地区（克拉通盆地边缘）。

第一章 中国天然气形成分布地质基础

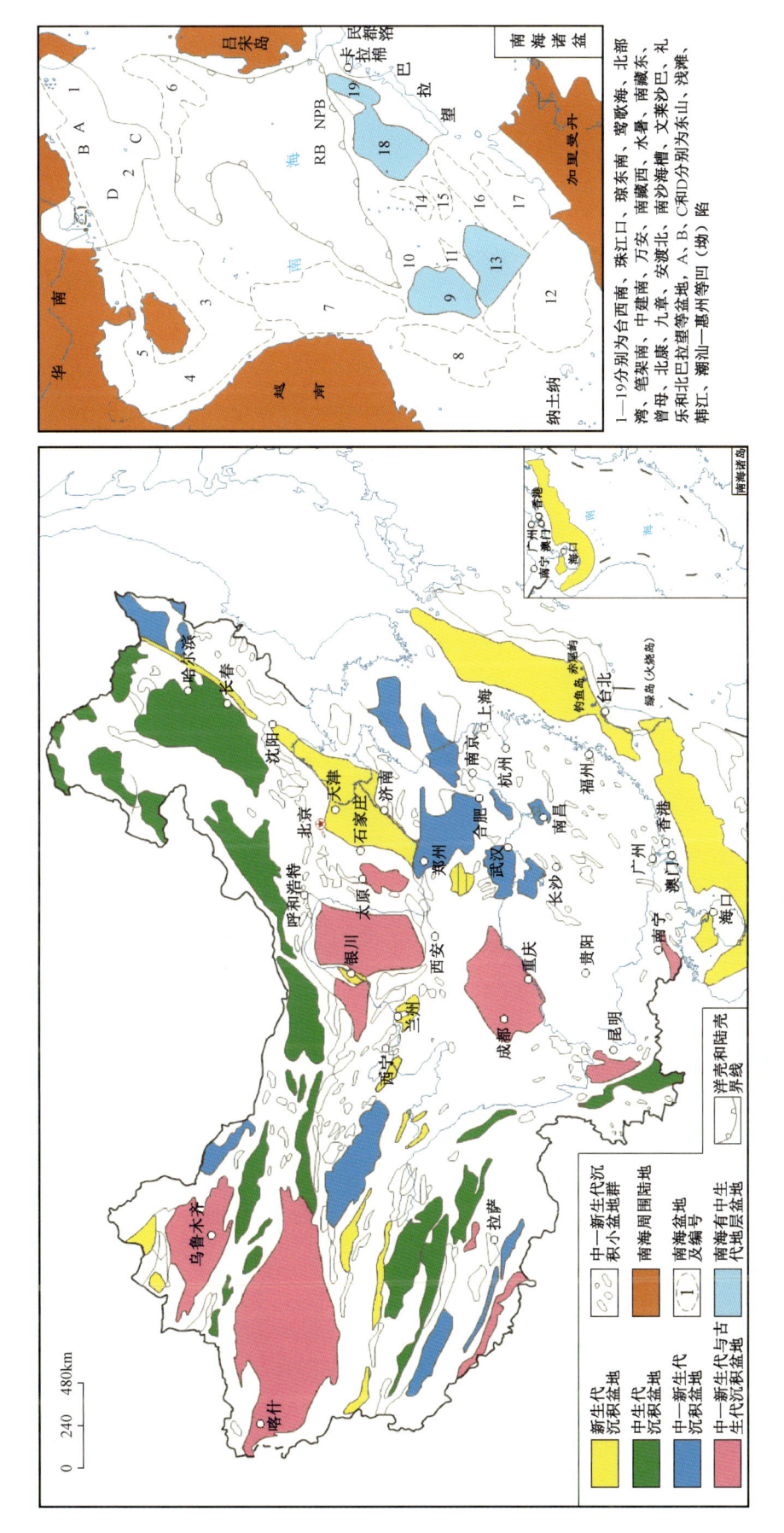

图1-3 中国主要沉积盆地分布图

1—19分别为台西南、珠江口、琼东南、莺歌海、北部湾、笔架南、中建南、万安、南藏西、水暮、南藏东、曾母、九章、北康、南沙海槽、文莱沙巴、礼乐和北巴拉望等盆地，A、B、C和D分别为东山、浅滩、韩江、潮汕—惠州等凹（坳）陷

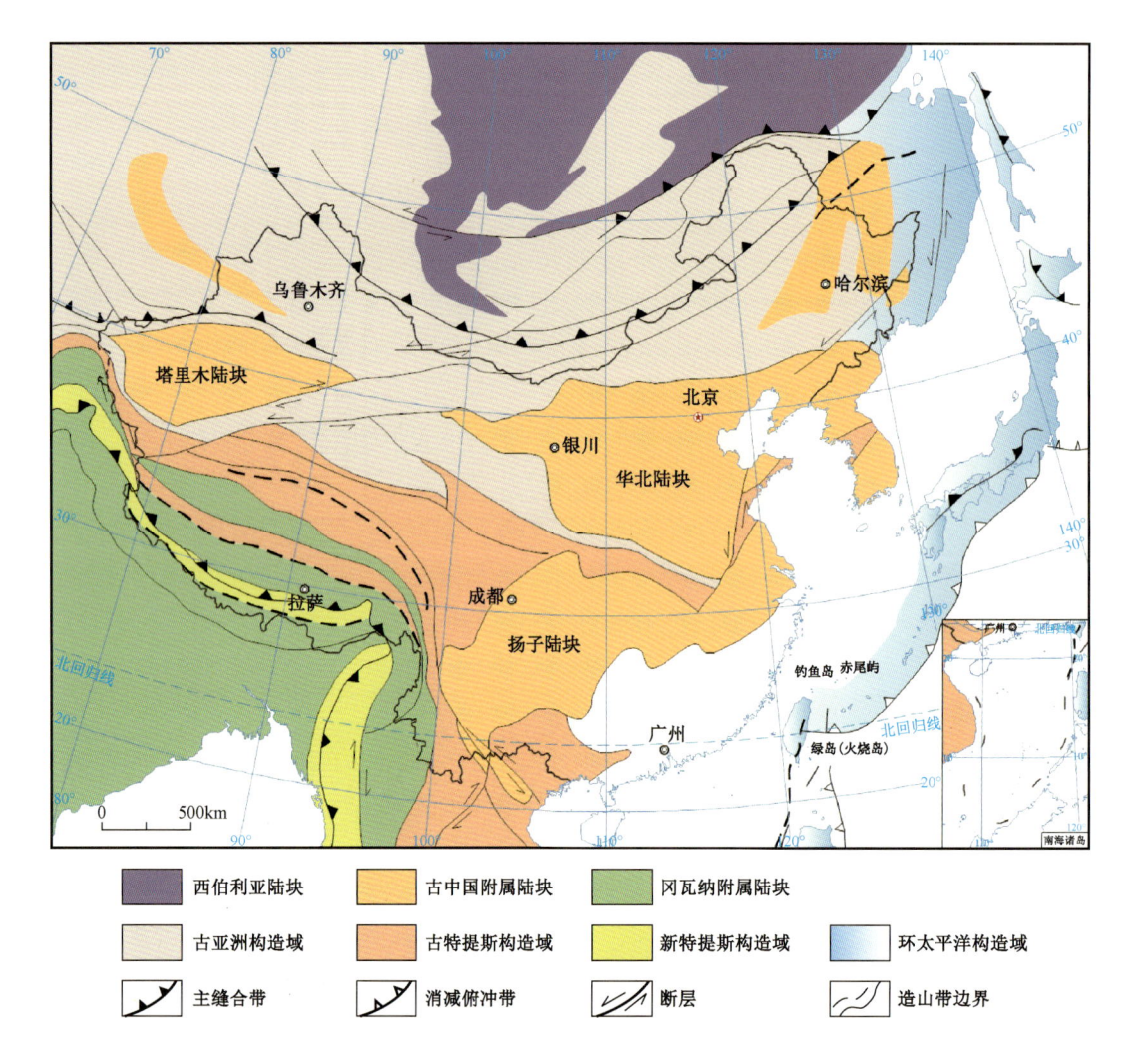

图 1-4 中国及邻区大地构造图（据任纪舜，2003，修改）

中国大陆东部受环太平洋板块构造活动影响，中生代中晚期至新生代的区域构造—热活动，形成了大规模的岩浆侵入和伸展断陷盆地结构，尤其是华北—东北地区的大规模陆内伸展作用形成了渤海湾、松辽等地区的断陷和坳陷盆地结构和沉积充填。中国大陆西部地区则表现为以塔里木盆地和准噶尔盆地为核心的盆山耦合过程，形成了深层克拉通盆地结构和中—浅层前陆盆地构造—沉积的叠加；中南部以造山带为主体结构，包括祁连山、阿尔金山、东昆仑山、松潘—甘孜以及西南部地区的多条缝合带，其中卷入并强烈改造了拉萨、羌塘、柴达木等小陆块；中部以扬子陆块和华北陆块为核心的盆山耦合作用和陆内改造，形成了相对稳定的四川盆地和鄂尔多斯盆地。

二、基本大地构造单元

中国大陆发育华北、扬子、塔里木三个克拉通，古亚洲、特提斯和环太平洋三大构造域，以及相应的三个巨型造山区——古亚洲、特提斯和环太平洋造山区（任纪舜等，2003）。古亚洲造山区，可进一步分出天山—兴安、昆仑—祁连—秦岭造山系等一级构造单元；昆仑—祁连—秦岭造山系又可分为东、西昆仑、阿尔金、祁连、秦岭—大别等造山带等二级构造单元。整体上，中国大地构造可分为 7 个一级单元（图 1-5），与中国地层分区具有良好的内在联系和可比性。

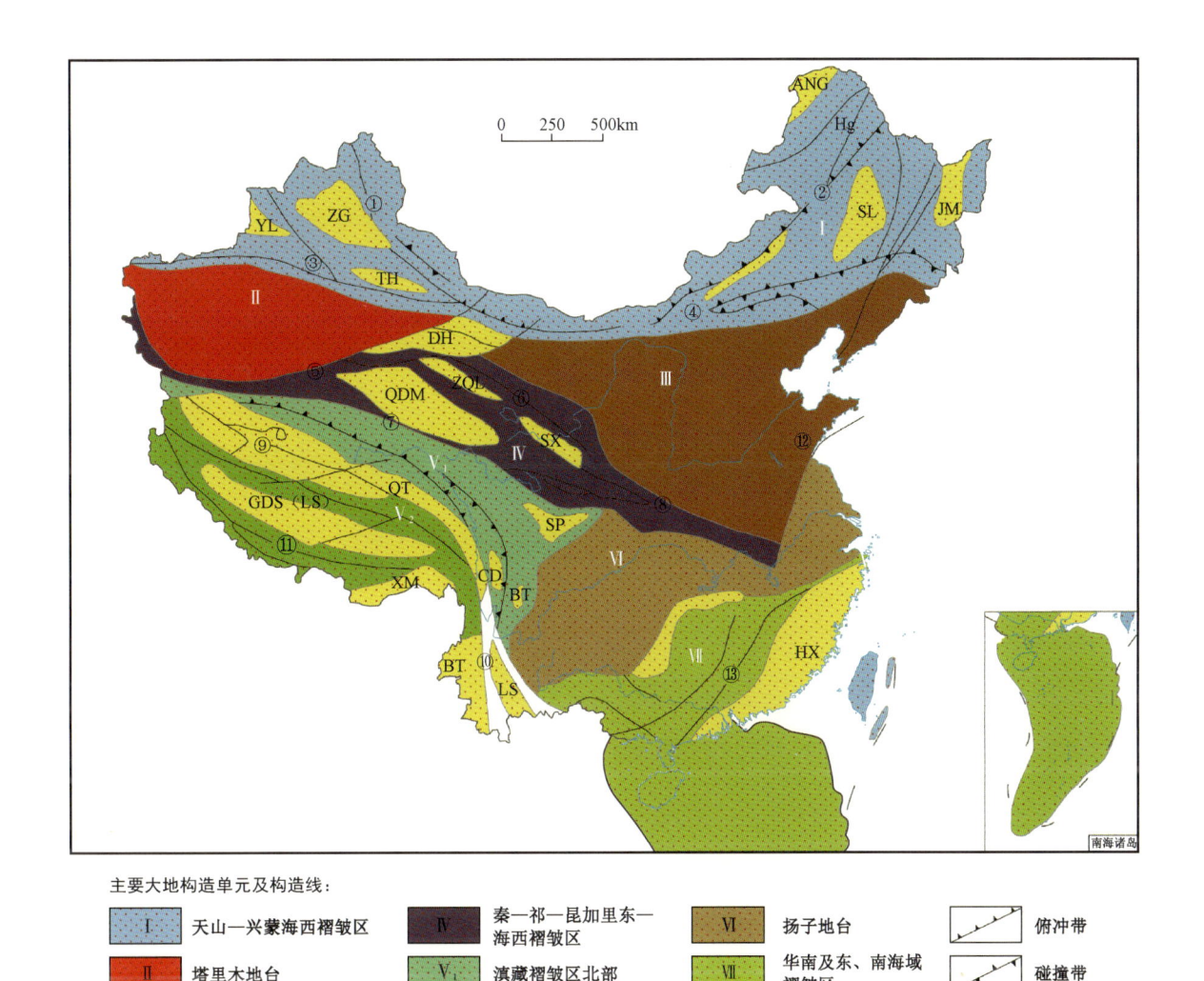

图 1-5 中国大地构造单元区划图

主要构造线(俯冲、碰撞及巨型走滑断裂带)：① 阿尔泰—克拉美丽；② 贺根山；③ 南天山—马鬃山；④ 南蒙地轴北缘；⑤ 阿尔金；⑥ 祁连；⑦ 香沟—玛沁；⑧ 凤县—桐城；⑨ 龙木错；⑩ 昌宁—梦莲；⑪ 雅鲁藏布江；⑫ 郯城—庐江；⑬ 绍兴—韶关

主要地块：ZG—准噶尔；YL—伊犁；TH—吐哈；XL—锡林浩特；SL—松辽；JM—佳木斯；DH—敦煌；ZQL—中祁连；SX—陕西；QDM—柴达木；CD—昌都；SP—松潘；BT—巴塘；QT—羌塘；GDS(LS)—冈底斯(拉萨)；XM—喜马拉雅；BT—保山-腾冲；LS—兰坪-思茅；HX—华夏

(一) 天山—兴蒙褶皱区

天山—兴蒙褶皱区是古生代末华北地块、塔里木地块与西伯利亚板块碰撞、并导致古亚洲洋消失的产物。与罗志立(1998)方案中的准噶尔—内蒙古—松辽缝合带及潘桂棠等(2009)方案中的天山—兴蒙造山系相当。北以加里东期的阿尔曼太俯冲带和德尔布干俯冲带为界，南以加里东期中天山北缘俯冲带和海西期赤峰—开原俯冲带为界，其间为古亚洲洋所占位置，经过古生代多次洋壳俯冲消减形成多个俯冲带，到晚海西期完全拼合为中国东西向的海西褶皱带(罗志立，1998)。该带山系间保存有伊犁—中天山地块、准噶尔地块、吐哈地块、佳木斯地块、兴凯地块、松辽地块。海西期至燕山早期，准噶尔、吐哈及松辽地区，先后逐步发育形成大、中型陆相含油气盆地。

(二) 华北地台

华北地台主体系 1900—1500Ma 前会聚形成的统一古大陆,具有最古老的前震旦纪基底,古生代为统一的海相—过渡相沉积盆地;中生代在地台中西部形成一系列陆相含油气盆地,包括鄂尔多斯大型陆内坳陷盆地;而新生代则在东部形成一系列陆相含油气盆地,包括渤海湾大型断陷—坳陷盆地。

(三) 塔里木地台

塔里木地台基底片麻岩(阿克塔什塔格新太古代 TTG 片麻岩)中获得的锆石 Pb 年龄为 3605(±43)Ma(李惠民等,2001),是目前中国西部最古老的基底。2500—2300Ma 期间还发育钾长花岗岩、片麻岩和具双峰式特征的岩浆岩,指示新太古代末、古元古代初的伸展体制。陆块主体大约在前 1000—850Ma 期间(相当于晋宁运动)才转化为相对稳定的大陆(潘桂堂等,2009)。加里东期因南天山洋拉张而分离出中天山地块,与此同时,南天山洋另一支可能从库鲁克塔格向西南延伸,形成满加尔坳拉槽,沉积了巨厚的下古生界碳酸盐岩地层,塔里木盆地晚二叠世后才逐步演化成大型陆相盆地。

(四) 秦—祁—昆褶皱区

秦—祁—昆(秦岭—祁连—昆仑)褶皱区是加里东到印支期固化的产物。中生代印支期末,华北地块与扬子地块碰撞并最终导致古秦—祁—昆大洋的消失。该区位于塔里木地台、华北地台以南,康西瓦—木孜塔格—玛沁—勉县—略阳结合带以北。西部从北至南有南祁连和东昆仑海西期俯冲带,山系间分布有柴达木地块、中祁连地块、陇西地块。东部为秦岭—大别造山褶皱带,山系间分布有大别—桐柏地块。晋宁期(1000—850Ma),柴达木、阿尔金、祁连、北昆仑等地过铝质钙碱性岛弧型花岗岩的存在,表明其与扬子陆块的亲缘性。区内的白杨沟群(北祁连)、湟源群下部(中祁连)、欧龙布鲁克的全吉群等冰川沉积,可与塔里木的特瑞爱肯冰碛层及扬子南沱冰碛层对比。变质基底上各地块中双峰式裂谷火山岩套和拉斑玄武岩(800Ma±)的形成,说明原特提斯的存在,在中国西部表现为塔里木陆块与扬子大陆的裂解,而其间的各地块是残留在原特提斯海洋中的碎块。

(五) 滇藏褶皱区

该区是燕山、喜马拉雅两期构造运动的产物。地理上,以滇藏为主体,东涉川西。位于秦—祁—昆褶皱带—中间地块区以南,从北至南有可可西里—金沙江—哀牢山印支期俯冲带、丁青—怒江燕山期俯冲带和雅鲁藏布江喜马拉雅期碰撞带。显示出,从冈瓦纳大陆上分裂出来不同时期的块体,从南向北依次与劳亚大陆拼接,形成地块与缝合带彼此相间的特提斯构造域。其间分布有松潘地块、巴塘地块、巴颜喀拉地块、喜马拉雅地块、保山地块、羌塘地块和冈底斯地块。滇藏褶皱区可进一步细划为两部分,北部(图 1-5,V_1)是燕山期大洋关闭的结果,南部(图 1-5,V_2)是喜马拉雅期印度板块和欧亚板块碰撞并导致特提斯洋关闭的结果(任纪舜等,2006)。

当然,其东部在中、新生代还受过库拉板块、太平洋板块俯冲的影响。这里需要说明一点,划入该区的锡伐利克盆地在性质上实际是印度板块的延伸(潘桂堂等,2009)。

(六) 扬子地台

扬子陆块基底太古宙及古元古代地层出露很少,依据地质、地球物理资料,通常推断上扬子四川盆地之下为陆核(潘桂堂等,2009)。以湖北崆岭岩群保存范围较大(高山等,1990,2001)。东冲河杂岩花岗片麻岩同位素年龄为 3000Ma,表明晋宁期运动后,在扬子东南缘普遍风化剥蚀,至南沱期冰碛岩广布于扬子陆块。其后灯影期沉积盖层的广泛超覆,构筑了初始碳酸盐岩台地;中晚寒武世—奥陶纪的进积式碳酸盐岩台地,以及石炭—二叠纪(至茅口期)的退积式镶边碳酸盐岩台地。扬子陆块西南缘的南盘江—右江地区发育多个石炭—二叠纪碳酸盐岩台地和其间含放射虫硅质岩的深海盆地,台—盆相间的海相沉积格局一直延续到中三叠世。二叠纪中期扬子西缘有大规模玄武岩喷溢(耿元生等,2008)。扬子陆块古生代时长期处于赤道附近,温热的古气候环境,陆表海及浅水海陆交互相沉积了多套富含有机质生烃层系(索书田等,1993)。晚三叠世转化为前陆盆地,侏罗纪以后,完全为陆相(包括大中型湖泊)沉积。

(七)南华及东、南海域褶皱区

南华及东、南海域褶皱活动区与扬子地台的分界带为钦州湾—杭州湾结合带(江绍断裂带)(马力等,2004),南至中国台湾—菲律宾山系。东南缘从早古生代起,逐步向古太平洋方向增生扩大,在中、新生代期间受库拉板块、太平洋板块俯冲的影响,陆缘拼贴增生以沟—弧—盆地体系方式进行(罗志立,1998)。需要着重指出的是,由于南海弧后盆地已大规模拉开、扩大而成为小洋盆,或存在夭折大洋盆地(魏喜等,2010),包括南海盆地及其外缘弧山体系(从中国台湾到菲律宾)在内,未来有可能需要进一步细划。

第二节 中国大陆构造演化和盆地类型

中国大陆是显生宙四个全球性大地构造域及其相关的地球动力学体系(古亚洲体系、特提斯体系、环太平洋体系和环青藏高原体系)复合、交切的部位(贾承造等,1995,2005;任纪舜,2006),中国板块及其发育的沉积盆地在地质历史发展过程中呈现出复杂而又分阶段的多旋回演化过程(图1-6)。中国大陆在多旋回板块演化过程中稳定性差、活动性大,沉积环境复杂多变,发育的沉积盆地规模小。随着块体多次离散和拼接,形成极其复杂的沉积演化和构造变形,从而造就了中国大陆独特而复杂的地质构造特征。不同含油气盆地发育的基底结构、沉积演化、地质构造及演化过程差异大,导致其在含油气性、成藏特征和富集规律等方面具有不同特征。

一、中国大陆构造演化过程

古板块的分离、聚敛与古洋壳的生长和消亡决定了中国大陆盆地的形成及演化过程。中国大陆构造演化整体上可以划分为3大阶段:(1)新元古代—早古生代板块裂解离散阶段,形成克拉通边缘、内坳陷盆地,控制了中国主要的海相碳酸盐岩沉积层序。(2)晚古生代—早中生代中国板块聚敛拼合阶段,陆块增生,形成中国大陆基本格局,早期发育海陆交互相沉积,晚期形成中国大陆主要周缘前陆盆地。(3)中国陆内构造演化阶段。侏罗纪—白垩纪期间,中西部地壳稳定、缓慢沉降,发育大型坳陷沉积的陆相含煤盆地;东部活动性强、地壳隆升,形成东北部碎屑岩含煤组合的裂谷盆地群和华北—华南红色小型盆地群。新生代期间,西部受印藏碰撞远程效应影响,克拉通边缘形成陆内再生前陆盆地;东部则受太平洋板块俯冲和弧后伸展构造控制形成陆内裂谷盆地群。

(一)新元古代—早古生代板块裂解漂移与海相盆地发育

新元古代晚期Rodinia古陆解体,华北、扬子、塔里木等小陆块裂解出来,被三个相互连通的洋盆——古亚洲洋、古中国洋和原特提斯洋分隔。在奥陶纪到志留纪,中国三个板块独立地位于地球的低纬度地区,并且不依附于任何大的板块(聂仕琪等,2015)。塔里木、华北和扬子三个板块离散分布于原特提斯洋与古亚洲洋之间,相差很远的距离。其中,华北陆块早期靠近西伯利亚大陆东南缘,华南陆块在奥陶纪早期沿着冈瓦纳大陆西侧漂移,塔里木陆块在奥陶纪进行了一个南北向的大范围的

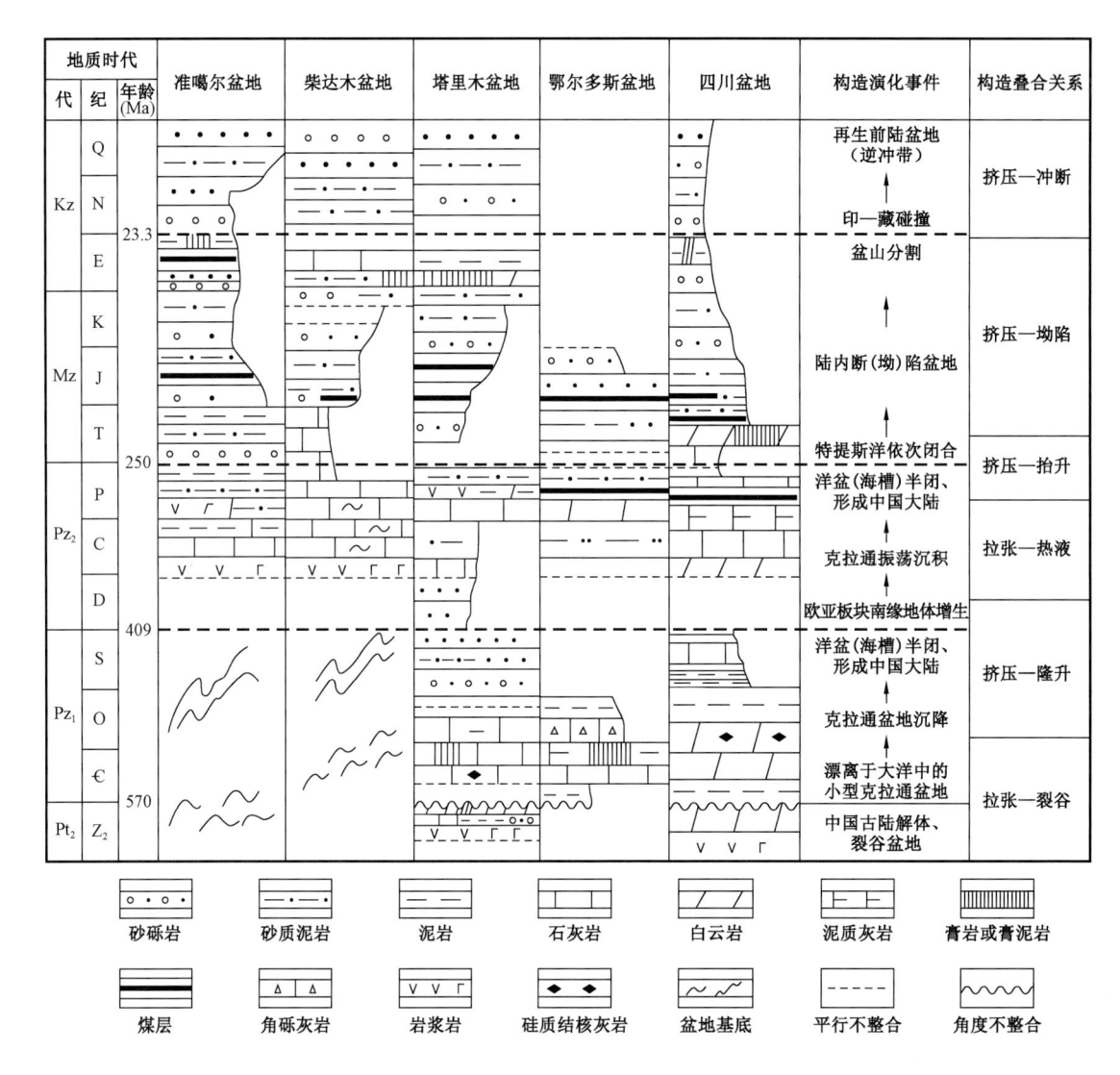

图1-6 中国中西部主要盆地沉积层序与构造演化(据李本亮等,2015)

运动后,在志留纪开始向西漂移(聂仕琪等,2015)。

震旦纪到早古生代,古板块的主体沉没于海平面之下,克拉通边缘以坳拉槽、被动陆缘或边缘坳陷的盆地相沉积为主,如华北板块北部的燕辽地区(郭绪杰等,2002)、塔里木板块东部的库鲁克塔格坳拉槽(贾承造,1997)、鄂尔多斯盆地的西北部贺兰山坳拉槽(杨俊杰,2002),四川盆地西部龙门山地区也可能发育板缘裂陷(郭正吾等,1996;刘树根等,2001),深水环境沉积了一套富含有机质的泥页岩。克拉通板块内部也可发育稳定的深坳陷,沉积具有较高有机质丰度的灰质泥岩或泥岩(贾承造,1997;汪泽成等,2017),例如塔里木盆地塔中地区的奥陶系灰质泥岩就属于克拉通坳陷的沉积层序(张水昌等,2012)。受洋盆围限的克拉通板块内部以稳定的台地相碳酸盐岩沉积为主,早古生代中晚期,塔里木、四川、鄂尔多斯等克拉通板块稳定沉降,同时沉没于海平面之下,以陆表海沉积沉积为主。由克拉通板块内部的隆升区到克拉通板块边缘的洋盆方向,平面上由台内潟湖相、台地白云岩相、台地边缘相及浅海相组成。台地边缘沉积的生物礁或生屑滩,形成较大规模的储集体。到晚奥陶世,华北古板块出露于水面成为古陆,长期遭受剥蚀;志留纪早、中期,只有塔里木和扬子古板块边缘部分接受浅海相泥质碎屑沉积,晚期均露出水面成为古陆(贾承造等,1995)。古板块出露地表,碳酸盐岩沉积层序遭受剥蚀或大气淡水淋滤,形成风化壳岩溶储层。同时,发育在古陆壳板块之上的海相沉积层序在加里东运动期间受到周缘洋壳板块的俯冲推挤作用,在板块内部形成古隆起,成为油气运移聚集的有利部位。

(二)晚古生代—中生代早期板块拼合和周缘前陆盆地形成

晚石炭世—早二叠世期间,随着欧亚大陆和 Pangea 联合古陆的形成,古亚洲洋闭合,准噶尔、塔里木、华北等小型陆块向北与西伯利亚板块、哈萨克斯坦板块相继发生碰撞和拼贴(李春昱等,1986;贾承造,1997;任纪舜等,2002),增生在欧亚大陆南缘,形成天山—兴蒙造山带。这期构造完成了塔里木—华北两大板块与欧亚板块的焊接作用,改变了中国地貌,形成北陆南海的盆地分布格局(图1-7a)。期间,受间歇性的区域伸展作用,在克拉通板块的边缘出现裂陷盆地或有限洋盆。

晚石炭世以来,在克拉通板块边缘的天山、祁连山、南昆仑—南秦岭等出现有限洋盆或裂谷带,克拉通内的坳陷盆地和克拉通边缘的裂陷盆地接受了石炭纪—二叠纪的海陆过渡相沉积(贾承造,1997;任纪舜,2002;翟光明等,2002)。晚二叠世—中三叠世陆相沉积体系基本局限于昆仑、秦岭以北,大型陆相沉积环境构成以昆仑—秦岭为界,南海北陆、东西向展布的显著构造格局(邱中建等,1999)。晚三叠世金沙江特提斯洋盆、古秦岭—大别洋盆关闭(许志琴等,1992;张国伟等,2003),扬子板块拼贴在华北板块的南缘,中国西北地区形成统一的大陆,发生陆内沉降和沉积(图1-7b)。四川、鄂尔多斯开始结束海相沉积,整个中国西北地区在晚三叠世期间为广泛分布的周缘前陆盆地沉积(贾承造,1997;魏国齐等,2005)。上扬子地区形成以四川盆地西部为主体的前陆盆地,沉积厚层砂岩和泥页岩、粉砂岩夹煤层,盆地周边发育褶皱冲断构造,沉积盆地向内部收缩(　　　,2003;刘树根等,2003)。整个华北盆地开始向西萎缩成鄂尔多斯盆地为主的坳陷盆地,盆地内沉积以河湖相为主,盆地西缘的六盘山山前发育厚达2000m的洪积砂、砾岩;华北盆地普遍缺失三叠系,显示东部构造抬升,在其西部发育了鄂尔多斯盆地,沉积厚达数百至千米的浅湖—深湖相黑色泥页岩和河湖三角洲体系,富集了上三叠统及侏罗系的含油层(杨俊杰,2002)。准噶尔—吐哈盆地沉积岩分布达 $10 \times 10^4 km^2$,厚度为 500~1000m。塔里木盆地为大面积的湖相沉积和大型河湖三角洲体系。

(三)中生代中晚期—新生代陆内构造和陆相盆地沉积

1. 侏罗纪—白垩纪陆内构造

侏罗纪—白垩纪时,古亚洲东侧的古太平洋关闭,古亚洲大陆与西太平洋板块碰撞;古亚洲南侧的班公—怒江洋消失,拉萨地块与古亚洲大陆碰撞(图1-7c)。除了青藏高原以南的古特提斯海相沉积外,中西部为大型坳陷沉积的陆相含煤盆地(郭正吾等,1996;高瑞祺等,2001;匡立春,2013),东北部为碎屑岩含煤组合的裂谷盆地群(费宝生,2012)和华北—华南红色小型盆地群(舒良树等,2004)。

侏罗纪—白垩纪期间,南北方同时出现相同沉积相的煤系及红层等内陆盆地,大陆地壳具有东部活动性强、地壳隆升,中西部地壳稳定、缓慢沉降的特点。中国中西部广大地区发育一系列大型近海的内陆盆地,普遍具有沉积稳定、厚度不大的克拉通内坳陷特征。塔里木、准噶尔、鄂尔多斯和四川盆地成为大型内陆坳陷,在古昆仑山、天山、祁连山两侧有一些中、小型断陷湖盆分布,如柴达木北缘、伊犁、焉耆、三塘湖、额济纳旗、河西走廊等,在昆仑—祁连以北还发育许多断陷盆地。特别是侏罗纪为近海内陆湖盆,地形平坦、开阔,水体面积大,温暖湿润的古气候利于湖沼相煤系地层的发育,形成河湖相砂泥岩和含煤建造。中国东部地壳受太平洋板块影响,形成大型北东向的复背斜和复向斜,同时产生一系列大小不等的裂谷盆地,形成大兴安岭和东南沿海的火山—沉积盆地群和二连盆地为代表的拉分—裂陷盆地群(图1-7c)。

图1-7 中国主要关键时期的陆相沉积盆地分布图（据李亮等，2015）

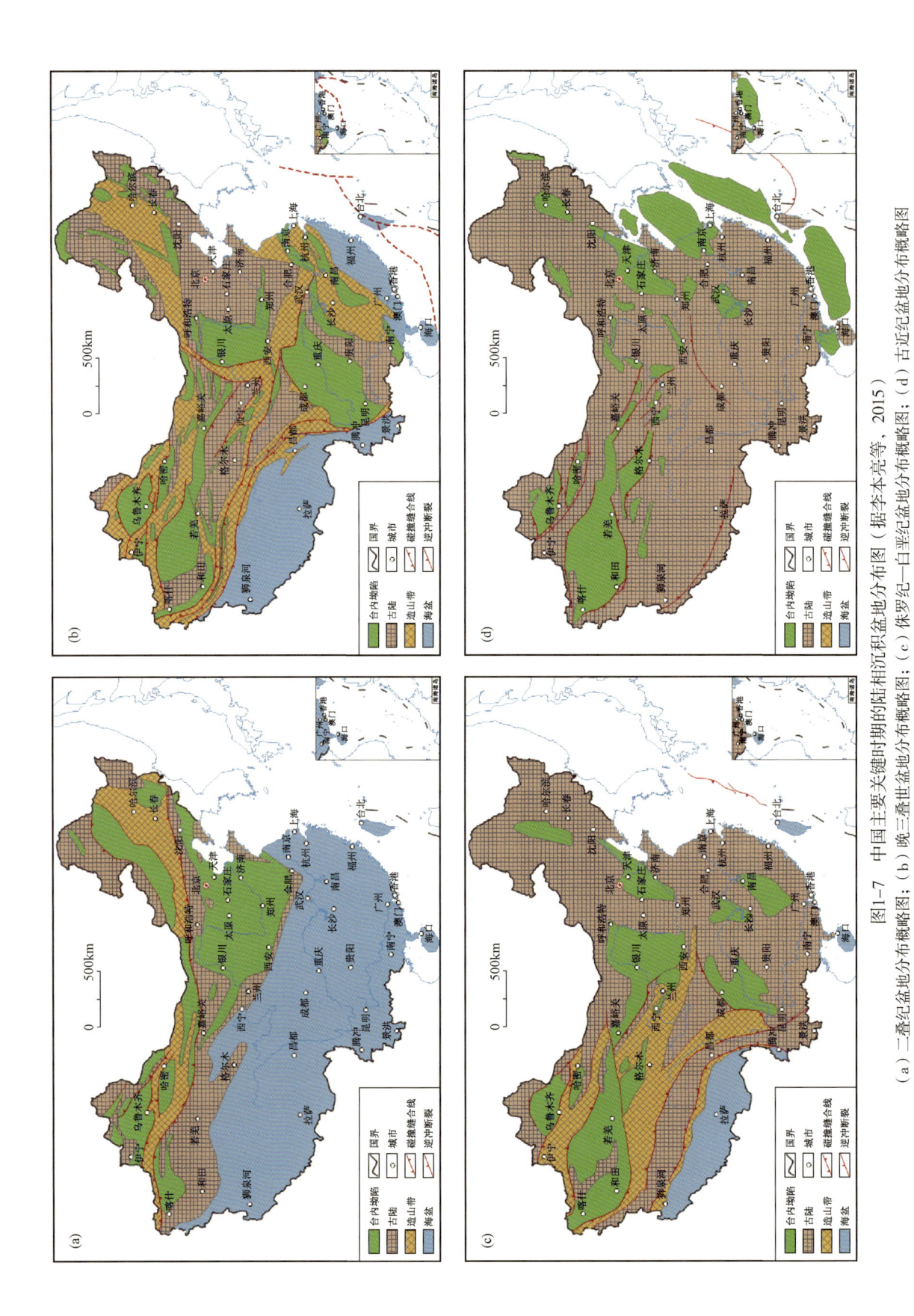

(a) 三叠纪盆地分布概略图；(b) 晚三叠世盆地分布概略图；(c) 侏罗纪—白垩纪盆地分布概略图；(d) 古近纪盆地分布概略图

2. 新生代大陆构造

新生代期间,印藏碰撞远程效应使得中西部陆内挤压冲断和西太平洋板块俯冲使得中国东、南部大陆边缘伸展裂解,前者造就了中国中西部的一系列再生前陆盆地和冲断带,后者则在中国东、南部形成了油气资源丰富的近海裂谷和大陆边缘盆地。

古近纪以来,新特提斯洋俯冲消亡,印度板块沿雅鲁藏布江缝合带与欧亚板块碰撞,其远程效应使得中国中西部造山带复活,形成从造山带向克拉通方向呈箕状不对称的再生前陆盆地(或逆冲带)(卢华复等,2003;魏国齐等,2008)。古近纪期间,中国大陆区域海侵西强东弱(赵政璋等,2001),贺兰山—龙门山以东的鄂尔多斯和四川盆地所受影响不大。塔里木盆地的塔西南、库车等地区发育巨厚的海陆交互相层序,沉积陆相煤系、浅海相礁灰岩、潟湖相膏盐岩、湖泊三角洲、河流相砂泥岩等地层(贾承造等,1997);柴达木盆地为走滑—伸展的碟形坳陷盆地,整体处于低能沉积的构造环境,古近系以细碎屑岩沉积为主(付锁堂等,2015)。

新近纪以来,中国大陆内部的海相沉积完全结束,进入陆内造山和成盆阶段(贾承造等,1997,魏国齐等,2008)。在持续挤压的作用下,中西部地区盆地岩石圈因刚性而发生挠曲变形,刚性的岩石圈向造山带之下俯冲,而山体则向盆地方向逆冲推覆。由于盆地基底在地质历史上作为刚性块体,其构造变形主要集中在块体边缘的增生和拼贴;这些拼贴带是变形的薄弱带,在印度—欧亚大陆碰撞作用下重新活动,形成一系列再生前陆盆地和前陆冲断带。如塔里木北缘和南天山南缘交接的库车坳陷、与西昆仑山交接的塔西南坳陷,准南山前坳陷和川西盆地等都是这类成因的再生前陆盆地。前陆坳陷堆积巨厚的磨拉石沉积,最大厚度可达4000~7000m,向克拉通中央隆起方向减薄,呈明显的楔状沉积。由于沉积盖层岩石物性差异,其内形成一些滑脱面,造成了前陆冲断带构造变形样式复杂多样,并发育断层相关褶皱组合、盐相关褶皱和走滑—冲断构造组合等。

中国大陆东部主要体现为太平洋板块俯冲而发生弧后拉张,如华北板块东缘渤海湾断陷湖盆。古生代海相克拉通盆地受到拉伸作用破碎或断裂,在断陷部位发育湖盆沉积,隆升部位成为古潜山。其中渤海湾盆地、南华北盆地、江汉盆地、苏北—南黄海盆地等叠加在古生代克拉通盆地之上(图1-7d),均以古近纪断陷阶段为主要成盆期,造成古生代克拉通被新生代裂谷改造和叠加。

总的来看,中国沉积盆地的发育以塔里木、华北、扬子三个板块为核心,受多期次板块构造和大陆构造过程制约和影响。新元古代超大陆裂解及漂移,形成新元古代—早古生代的克拉通盆地;晚古生代—中生代在一些小陆块基底之上形成从北向南、从东向西扩展的、广泛分布的陆相沉积盆地,并被海西—印支期形成多个造山带分隔;新生代西部受环青藏高原巨型盆山体系的控制,在古克拉通边缘形成再生前陆盆地,东部受太平洋板块俯冲和弧后伸展构造控制形成裂谷盆地群。从而控制了中国陆上不同时期叠置、不同类型复合的含油气沉积盆地分布格局。同时,由于陆块规模小,导致中国大陆在地质演化过程中稳定性差、活动性大,沉积环境复杂多变,发育的沉积地质体规模较小。

二、中国含油气盆地基本类型

(一) 中国含气盆地的主要类型

从宏观结构来看,盆地首先可以分为简单型盆地和叠合型盆地两大类,前者是单一成盆旋回的产物,后者则是各种简单盆地纵向叠置、横向复合的结果。盆地分类一般先对简单型盆地进行分类,然后再考虑叠合问题。简单型盆地赖以分类的特征很多,因而国内外盆地分类方案也很多,可归纳为五类,即:基于槽台学说的分类(王骏等,1996)、基于板块理论的分类(Dickinson,1974;Klemme,1981;甘克文,1982;朱夏等,1983;李春昱,1986;陈焕疆,1990;彭作林等,1991;杨克明等,1992;何登发等,1996)、成因动力学分类(谭试典等,1990;刘和甫等,1993,2005;王骏等,1996;王东坡等,1998;黄华芳等,1999)、据"盆、热、烃"思路的分类(王庭斌,2002)和综合分类(朱起煌,1997)。本书提出的盆地属性成因分类方案(表1-1)遵循的原则是:先依盆地基底性质及其所在大地构造单元,因为两者可影响天然气的形成分布及保存;后据成因性质,兼顾成气系统,因为这两者与圈闭及天然气聚集密切相关。第一条,应用基于板块理论的盆地分类,这对中国地质条件下的天然气形成分布具有指导意义,目前中国的大气田主要形成分布于克拉通盆地、前陆盆地和大陆边缘盆地中。第二条,参考成因动力学分类方案,认为盆地形成的动力机制对盆地沉积建造发育、成藏条件演化和圈闭类型划分有重要意义。第三条,参考了综合分类的意图,主要考虑了油气系统特点。

表1-1 中国主要含(油)气盆地的属性成因分类

基底大地构造属性	盆地类型划分		成因机制与变形特征	油气系统	盆地实例
	盆地大类	盆地亚类			
地台区	内克拉通盆地	"陆表海"盆地	外挤内弯	系统以外源为主	鄂尔多斯、沁水盆地中、上奥陶统
		内部凹陷盆地	收缩沉降	源内或源外成藏系统,多侧向排烃运移	鄂尔多斯盆地上古生界、中生界
		断坳盆地	断裂凹陷		塔里木、四川盆地寒武系—中奥陶统
	克拉通边缘盆地	断坳及坳陷盆地	伸展断坳	自源或多源系统	塔里木、柴达木 Pz—D$_2$、四川盆地 P$_2$
中间地块区	中间地块盆地	挠曲盆地	断坳、挠曲、冲断	自源为主	准噶尔、吐哈、伊犁及柴达木盆地
		断坳盆地			
台、块及其外缘区	前陆盆地	周缘前陆盆地	碰撞	系统以下部层序油源为主,部分以同生油源为主	川西 T$_3$
		弧后前陆盆地	俯冲		塔西南、酒泉、民乐、鄂西、楚雄等 P$_2$—T$_1$
		陆内前陆盆地(或曰再生前陆盆地、类前陆盆地等)	陆内俯冲		库车、塔西南、准南 Cz
大陆边缘	大陆边缘盆地	主动大陆边缘盆地(边缘海形或弧后断坳盆地)	挤压及次级拉张盆地	自源或多源系统	东海诸盆地
		被动大陆边缘盆地(洋陆过渡壳上的边缘断坳盆地及洋壳上的小洋盆)	拉张盆地(可兼有走滑拉分性质)		珠江口外盆地、莺歌海盆地、南海盆地
造山带	山间盆地	山间坳陷盆地	压陷	自源系统为主	焉耆、三塘湖、民和
		山间断陷盆地	断陷拉张,兼有扭动		兰坪—思茅盆地
非限定构造区	裂谷盆地	克拉通内及克拉通边缘裂谷盆地		具断陷同生期油源系统或断坳双期油源系统,多垂向排烃运移	渤海湾盆地、汾渭盆地、江汉、苏北—南黄海
		陆内及大陆边缘裂谷盆地			燕辽、贺兰
		弧后裂谷盆地			松辽盆地
		陆间裂谷盆地			浙西坳拉谷等

(二) 内克拉通盆地

"克拉通"(craton)指具有厚层大陆地壳的广大地区,包括稳定的、变形微弱的地盾和地台;而广义的克拉通盆地包括形成在克拉通周边环境和克拉通内部的盆地。本书分类表中所列克拉通盆地单指发育于地台形成后第一个构造不整合面之上的克拉通内及克拉通边缘坳陷盆地,即第一构造层盆地,通称简单克拉通盆地。在简单克拉通盆地基础上,可以上叠其他类型盆地,而且这些叠置盆地在侧向上还可与其他类型盆地拼合,形成叠合或复合内克拉通盆地。

1. 简单克拉通盆地是研究克拉通盆地的基础

根据克拉通盆地结晶基底结构特征,中国简单克拉通盆地可分为三种:① 裂谷拉张型基底上的克拉通盆地;② 拼接缝合型基底上的克拉通盆地;③ 稳定结晶型基底上的克拉通盆地。塔里木盆地是拼接缝合型基底上的克拉通盆地,盆地在北纬40°线附近存有铁镁质缝合带。南塔里木基底主要由石英片岩和斜长片麻岩组成,出露最老地层是古元古界;而北塔里木地块以中、新元古界的浅变质岩为基底,南老北新,经塔里木运动才形成统一基底的盆地(谢方克等,2003)。鄂尔多斯盆地属于具稳定结晶型基底的克拉通盆地。四川盆地则是在初始裂谷基底上发育起来的。简单克拉通盆地沉降形成机制可归纳为大陆岩石圈板块拉伸减薄机制、发育热扰动的大陆岩石圈冷却收缩机制和板块弯曲变形机制三种(刘波等,1997)。古生代,特别是奥陶纪的鄂尔多斯盆地,就是弯曲变形机制下形成的克拉通盆地——"陆表海"盆地。陆表海为大面积的浅海—滨海沉积,可以有一部分海陆交互,内部可以有一些深浅变化,岩性以碳酸盐岩作为主体夹有少量高成熟石英砂岩。华北古生代地层分布稳定,但厚度不大,也无火山活动和低热流。这些特点说明,导致板块挠曲变形的动力有两种:一是沉积物负载引起的重力均衡补偿;二是来自板块碰撞边界水平横向挤压力的远程传递。但沉积作用发生之前的初始沉降则只能是构造作用力所致。纵观整个华北克拉通,早古生代早期因大陆解体后的边缘张应力而导致中部隆升、边缘沉降,由边缘向中部沉降区域逐渐扩大形成陆表海盆地。到中奥陶世时,结束边缘张应力,转为挤压应力场,导致华北克拉通从中奥陶世开始直到中石炭世逐步抬升剥蚀,并形成后来利于油气聚集的古隆起。塔里木盆地沉降形成机制与大陆岩石圈冷却收缩机制有关,塔里木盆地前震旦纪基底是由几个不同的块体拼接而成的,在花岗岩、片麻岩中,有基性火成岩侵体(或强磁性和密度大的岩体发生垂向运动),出现巨大隆起带。地幔高密度物质,可能有许多已进入岩石圈上部,冷却并充填于地壳不同构造层中。四川盆地沉降形成机制则可能与冷却收缩及伸展裂陷有关。但不管是哪种机制,中国克拉通在早古生代早中期都经历过泛海洋阶段,小地台潜没于大洋的水面之下,广泛接受滨、浅海相碳酸盐岩沉积,直到中奥陶世才逐渐露出水面,遭受淋滤剥蚀。

2. 叠合(或复合)盆地的发育是中国内克拉通盆地的普遍特征

由于中国大地构造的多旋回性,中国内克拉通盆地的早期简单盆地,都有其他类型盆地叠置其上或拼合于侧的现象。例如:塔里木盆地从震旦纪到第四纪先后就有内克拉通伸展盆地、内克拉通挤压盆地、弧后裂陷、弧后前陆、陆内裂陷盆地和再生前陆盆地等多类型盆地叠置复合。盆地叠合复合过程与其经历的3个一级构造旋回密切相关。第一个旋回,震旦纪—中泥盆世开合旋回,主要与古亚洲洋的开合作用有关。自震旦纪开始,塔里木和柴达木地区张裂形成大陆裂谷盆地;寒武纪—中奥陶世成为内克拉通伸展盆地,发育一套以海相碳酸盐岩为主的沉积;晚奥陶世—泥盆纪晚期周缘板块碰撞闭合,形成内克拉通挤压盆地,发育一套海相碎屑岩和碳酸盐岩沉积。第二个旋回,晚泥盆世—三叠纪开合旋回,主要与古特提斯洋的开合作用有关。晚泥盆世—早二叠世发生大规模弧后裂陷,发育有海相、海陆交互相碳酸盐岩和碎屑岩沉积,并广泛伴有以基性为主的火山喷发和浅层侵入岩;晚二叠世—三叠纪发育弧后造山作用和弧后前陆盆地,形成一套以陆相碎屑岩为主的沉积。第三个旋回,侏罗纪—第四纪裂陷—挤压旋回,主要与特提斯洋多期次拉张裂解和碰撞闭合作用有关。侏罗纪—白垩纪,可能出现陆内裂陷盆地和再生前陆盆地并存,早、中侏罗世广泛发育煤系地层,晚侏罗世—白垩纪则以红色沉积为主;古近纪—第四纪定型阶段,由于受喜马拉雅造山运动的影响,造山带急剧隆升,盆地强烈沉降,形成了一套巨厚的陆相碎屑岩沉积(贾承造等,1997;汤良杰等,2000)。

四川盆地演化序列经历了内克拉通盆地、前陆盆地、陆内坳陷盆地和再生前陆冲断四个阶段。早震旦世到中三叠世为内克拉通盆地(震旦纪—志留纪、奥陶纪—早二叠世、晚二叠世—中三叠世)、晚三叠世为前陆盆地、侏罗纪—白垩纪为陆内坳陷盆地,并在喜马拉雅期褶皱定形。鄂尔多斯盆地同样也有内克拉通盆地和陆内坳陷盆地的叠合。

侧向上,不同类型的原型盆地拼合于克拉通盆地不同部位的例子也很常见,如塔里木盆地侏罗纪时,塔西南为前陆盆地、塔东北为克拉通陆内坳陷盆地;四川盆地晚三叠世时,西侧为川西前陆盆地、东侧为陆内坳陷盆地。这种复合盆地类型对油气生成、运聚形成大规模油气田是很有利的(廖曦等,1999)。

(三) 前陆盆地

前陆盆地可以形成于克拉通周缘、地块周缘、大陆边缘及弧后多种环境,甚至可因 C 型俯冲(罗志立等,1984)而于陆内形成。自 Dickinson(1974)将前陆盆地定义为与造山带毗邻的克拉通边缘前陆环境中形成的盆地以来,很多学者对前陆盆地下过定义。总体上是强调、细化、解说了前陆盆地的共性,即强调前陆盆地是线状挤压造山带和稳定克拉通之间的长条形沉积盆地,由邻近造山带的褶皱与冲断构造负载促使岩石圈挠曲下沉形成;前陆盆地的横剖面具有明显箕状不对称的沉积充填特征,在盆地演化期间靠造山带一侧遭受强烈褶皱冲断变形作用,靠克拉通一侧逐渐与地台层序合并(图 1-8)。前陆盆地层序由张性断陷盆地沉积与挤压陷盆地沉积叠置而成是国内外前陆盆地的共性,早期的陆缘张性盆地沉积构成前陆盆地的下部层序,而褶皱与冲断带的挤压构造负荷致岩石圈挠曲沉降时充填的沉积层序构成上部层序。前陆盆地一般被分为周缘前陆盆地、弧后前陆盆地、弧前前陆盆地等类型。

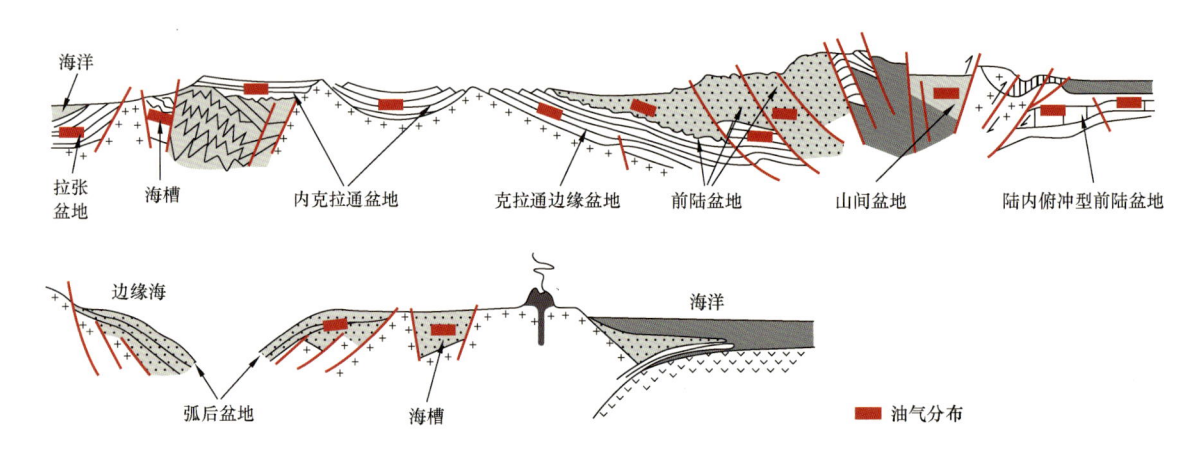

图 1-8 部分油气区的大地构造分类(据钱凯等,2008)

不过,在中国还是出现了一些新现象,如在本书分类表中列出的"再生前陆盆地"(卢华复等,2003),罗志立(1984)认为这是 C 型俯冲的结果;李本亮等(2009)则从中国大地构造演化的历史出发,对其形成机制和普遍性做出了解释,认为中国大陆元古宙以来经过多次大陆的解体和拼合,形成了以塔里木、华北、扬子 3 个古板块为核心,与准噶尔、柴达木、羌塘等 20 多个微古板块之间的 4 期聚合,造就了现今中国大地构造格局。受控于深部大陆地壳内克拉通板块的"镶嵌式"结构和印度—亚欧板块碰撞并发生远距离效应的影响,新生代晚期中国中西部在古板块边界,古造山带重新复活隆升,在古前陆盆地的基础上继承性发育前陆盆地或前陆冲断带(当然也可由裂谷转化发展而来)。如准南、吐哈、库车、塔西南、酒泉等前陆盆地和博格达山前(北缘)、喀什、柴北缘、川西、川北等前陆冲断带。也就是说,中国中西部中—新生代前陆盆地与相邻的板块俯冲碰撞作用在成因机制和时间上并无直接联系,但是却产生于已拼合的古造山带和古板块接壤部位,并沿其边缘(或内部)某一断裂向原始陆块(或新生陆内盆地)一侧逆冲,在其前缘产生挠曲载荷作用,因而形成巨厚的沉积。所以再生前陆盆地多形成于古板块拼接后的大陆内部,盆地规模小,边界复杂。宋岩等(2008)根据前陆盆地的构造演化和不同时期前陆盆地的改造关系,将中国的前陆盆地划分为4种类型:叠加型(川西、库车、川北等)、改造型(鄂尔多斯西缘、川西)、早衰型(准西北二叠纪前陆)和新生型(酒泉、吐哈),不同类型的中国前陆盆地组合类型具有明显差异的油气聚集和分布结构。

李本亮(2009)根据板块构造演化的背景和盆地边缘保存下来的古冲断构造的痕迹,识别出中国发生了4期前陆盆地或古冲断构造,分别是加里东晚期、海西晚期、印支期和喜马拉雅晚期。与中国大地构造演化经历的4期一级伸展与聚敛旋回密切相关,即:① 震旦纪—早奥陶世的洋盆扩展—陆缘拉张与志留纪—泥盆纪的洋盆关闭造山—前陆盆地形成旋回,例如南华洋、商丹洋、北祁连洋、昆仑(祁漫塔格)洋、古亚洲洋等就在这一构造旋回中消减,形成对应的前陆盆地(Wei G. Q. 等,2002);② 晚泥盆世—早石炭世的洋盆扩展和晚石炭世洋盆消减期旋回,例如天山洋、库地洋、勉略洋的形成和随后残余小洋盆的发育,晚石炭世—二叠纪由于天山洋(古亚洲洋的一部分)关闭,形成了博格达山北缘山前坳陷及其北天山北缘前陆盆地;③ 二叠纪特提斯洋盆的扩张、中西部大面积玄武岩的喷发、陆内裂谷盆地的形成与随后晚二叠世—三叠纪前陆盆地的形成和古冲断带发育旋回,例如阿尔泰—扎伊尔山、天山等造山带和准噶尔西北缘、准南、库车等二叠纪前陆盆地的形成,金沙江洋、勉略洋的关闭和塔西南、川西、川北、楚雄等晚三叠世前陆盆地的形成;④ 中生代断(坳)陷盆地的发育和晚新生代再生前陆盆地及前陆冲断构造发育旋回(Song Y. 等,2006)。

(四)大陆边缘盆地

大陆边缘盆地易与克拉通边缘盆地混淆,主要是由于国内外学者对地台概念的差异界定。而国外学者关于克拉通盆地时代限定较为宽泛,将早古生代及其以前的克拉通盆地称为老克拉通盆地,而将以晚古生代及其以后褶皱系为基底的克拉通盆地称为新克拉通盆地。国内学者普遍采纳王鸿祯(1985)提出的地台概念,将地台定义为震旦纪前已固结稳定并达到成熟的大陆地壳区,不包含显生宙褶皱区在内的大陆地壳部分。因而以地台为基底的稳定沉积盆地才能叫克拉通盆地,其边缘部分的盆地才能叫克拉通边缘盆地。而中国华南地区在加里东期才褶皱隆起,不能定义为地台,称为江南古陆,之上发育的相关盆地(如三水盆地和南海北部诸盆地)为陆内盆地和大陆边缘盆地。中国大陆边缘盆地主要发育在中国东部及南部海域,动力学上受控于太平洋板块向中国大陆东部俯冲以及印度板块向北强烈推进派生分力的共同作用。其中,中国东海诸盆地是主动大陆边缘盆地;而中国南部大陆随着南海弧后小洋盆大规模拉开扩大而逐渐发育成被动大陆边缘,相关诸裂陷盆地为被动大陆边缘盆地。

(五)裂谷盆地

裂谷盆地是岩石圈板块作背向水平运动或地幔上隆使地壳减薄、伸展拉张所产生的大型洼地或中央深凹谷地,盆地内通常发育一定规模的正断层,具有布格重力负异常、高地表热流、强烈火山活动等特征。一般认为,裂谷盆地形成机制包括地幔上涌、水平拉张及走滑拉分作用等。与前陆盆地一样,裂谷盆地可在克拉通内部、克拉通边缘发育,也可在陆内、陆缘、陆间等多种环境中发育,对油气形成分布具有重要控制作用(于开财等,2010)。按其所处位置可划分为内克拉通裂谷、克拉通边缘裂谷、陆内裂谷、陆缘裂谷、陆间裂谷和大洋裂谷等类型。陆内裂谷盆地还可细划为内陆型裂谷盆地、山前裂谷盆地和山间型裂谷盆地等；陆缘裂谷盆地可细划为弧前型裂谷盆地、弧后型裂谷盆地、剪切构造型裂谷盆地等。

（六）中间地块盆地和山间盆地

本书所提中间地块指被褶皱带所包围的小而稳定的地质块体，它们或者是在古大陆裂解时从某地台分离出来的一部分，如柴达木地块（具有前寒武纪结晶基底）；或者相当于国外的所谓年轻地台，如准噶尔地块，其地台基底分离于哈萨克斯坦板块。这类地质单元相对稳定，有利于天然气形成和保存。狭义的山间盆地没有地块盆地那样的稳定基底，但周围环境类似，都被大型褶皱造山带所包围。

第三节 中国规模天然气藏形成地质条件

中国大陆的前陆盆地、裂谷盆地深层及克拉通盆地发育了大规模的天然气资源（邹才能等，2015），并在海相碳酸盐岩、碎屑岩及火成岩等储层中获得规模油气勘探发现（表1—2）。虽然中国天然气藏类型多，成藏条件不尽相同，但大型构造背景是决定大油气区形成的关键要素。中国含油气盆地经历了多阶段构造演化，形成了多类有利于天然气的规模聚集和成藏大型构造背景，包括凹陷带、古隆起、古斜坡、冲断构造带、台缘带等（赵政璋等，2011）。凹陷—斜坡带控制广覆式优质烃源岩和大面积多物源砂体的发育；古隆起控制长期风化淋滤作用的发生、发展和岩溶储层的形成；斜坡控制大型沉积体系和大面积砂体分布；前陆冲断带控制前渊凹陷厚层优质烃源岩和成排成带的构造圈闭群的形成与分布；台缘带控制大型礁滩体的发育；火山岩风化壳控制大面积溶蚀孔洞储层的发育。从表1—2可以看出，构造背景控制了烃源岩、储集体的发育与分布，也控制了区域成藏组合的分布，更控制着油气的区域运聚。

一、盆内凹陷控制气源岩

中国含油气盆地发育多层系、多沉积类型的烃源岩，受差异的构造背景和沉积环境控制，烃源岩品质和分布也有一定差异。陆块裂解或离散期间，中国主要陆块边缘斜坡和深裂陷中发育深水盆地相烃源岩；陆块会聚—拼合期间，区域阶段稳定构造背景下的台内凹陷和平缓斜坡发育大面积分布的优质烃源岩。

（一）凹陷带发育生烃中心

古亚洲洋、古特提斯、新特提斯三大构造旋回的伸展期中—下组合发育碎屑岩和碳酸盐岩两类烃源岩，包括泥页岩、煤系等不同类型，而拉张运动形成的凹陷带（拉张槽）内往往发育优质烃源岩与生烃中心。优质高效的烃源岩通常发育在同伸展构造期的主要凹陷带内，例如四川盆地下寒武统、二叠系等烃源岩虽然全盆地具有分布，但大型天然气田如安岳气田、普光气田等天然气主要来源于周缘的安岳裂陷槽和开江—梁平海槽（图1—9）。例如，紧邻高石梯—磨溪古隆起的克拉通内裂陷发育寒武系筇竹寺组、麦地坪组烃源岩中心。裂陷内筇竹寺组及麦地坪组烃源岩厚度大，达200~400m；总有机碳含量高，高石17井揭示筇竹寺组烃源岩TOC值平均为2.17%，麦地坪组烃源岩TOC值平均为1.67%；生气强度高，达$(40~120) \times 10^8 m^3/km^2$（魏国齐等，2017）。同时，高石梯—磨溪古隆起区自身亦发育灯三段和筇竹寺组烃源岩，其中灯三段烃源岩TOC值为0.50%~4.73%，厚度为10~20m；筇竹寺组中上段烃源岩TOC值与裂陷带内筇竹寺组一致，厚150~200m。这些优质烃源岩生成的油气可通过侧向或垂向运移为安岳震旦系—寒武系整装特大型气田提供充足油气源。

表1-2 中国主要气田特征表

类型	盆地	气田	烃源岩 层系	烃源岩 构造背景	储层 层系	储层 构造背景	成藏特征 成藏过程	成藏特征 油气藏类型	成藏特征 构造背景
克拉通盆地	四川盆地	安岳气田	$\epsilon_1 q$ 页岩	凹陷带	$Z_2 dn$—$\epsilon_1 l$ 白云岩	台缘带	旁生侧储 古油藏裂解	构造—岩性	台缘带、古隆起
克拉通盆地	四川盆地	涪陵页岩气	S_1 页岩	凹陷带	S_1 页岩	凹陷带	自生自储 古油藏裂解	岩性	冲断带
克拉通盆地	四川盆地	普光—毛坝气藏	P_3 和 S_1 页岩	凹陷带	P_3—$T_1 f$ 礁滩	台缘带	旁生侧储 古油藏裂解	构造—岩性	台缘带
克拉通盆地	鄂尔多斯盆地	靖边气田	C—P 煤系和 O_1 泥岩	平缓斜坡	O 碳酸盐岩	斜坡带	旁生侧储 侧向供烃	地层、构造—岩性	古隆起、斜坡带
克拉通盆地	鄂尔多斯盆地	苏里格气田	C—P 煤系	平缓斜坡	P 砂岩	平缓斜坡	自生自储 面状供烃	岩性	平缓斜坡
前陆盆地	库车前陆盆地	克拉苏—克深气田	T—J 泥岩和煤系	凹陷带	J—K_1 砂岩	斜坡带	下生上储 网状供烃	构造	冲断带
前陆盆地	川西前陆盆地	川西—川中须家河气藏	T_3 煤系	斜坡带	T_3 砂岩	斜坡带	自生自储 面状供烃	构造—岩性	前陆斜坡
裂谷盆地	松辽盆地	深部火山岩气田	$K_1 sh$ 泥岩	凹陷带	$K_1 yc$ 火山岩	断裂带	下生上储	构造—岩性	断裂带
裂谷盆地	渤海湾盆地	渤海海域	E_{2-3} 泥岩和 C—P 煤系	凹陷带	Es 砂岩—Pz 潜山	斜坡带、古隆起	下生上储 旁生侧储 网状供烃	地层、构造—岩性	断块、潜山等构造高
中间盆地	准噶尔盆地	克拉美丽气田	C_2 泥岩	凹陷带	C 火山岩	古隆起、断裂带	旁生侧储 侧向供烃	地层	古隆起或断裂带

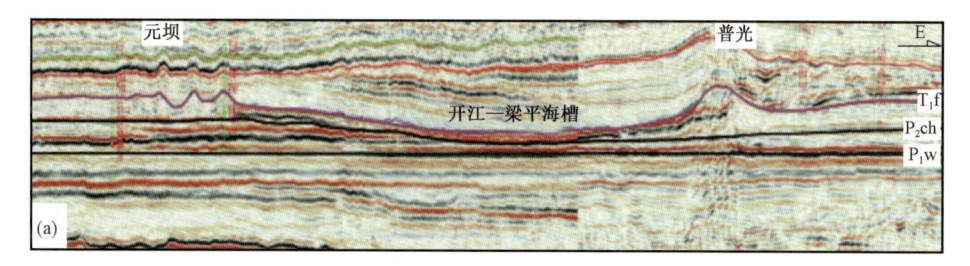

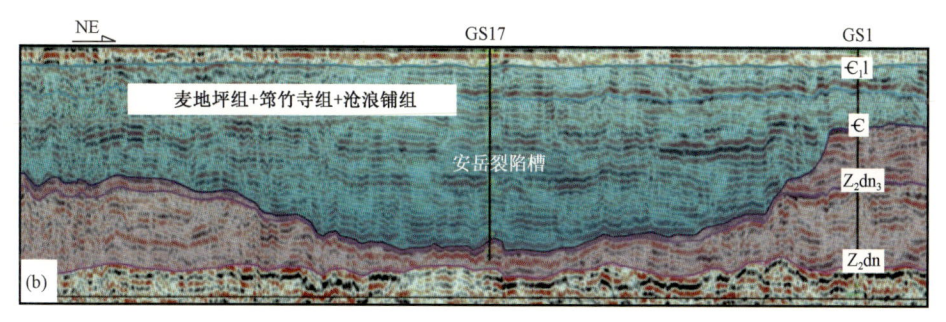

图1-9 四川盆地内凹陷带(裂陷槽)与烃源中心(图 b 据刘树根等,2015)

裂谷盆地中,早期伸展的坳陷中心是烃源岩有利的发育区,这在中国东部松辽盆地、渤海湾盆地及海域盆地的油气勘探中被证实。例如松辽盆地徐家围子断陷中断裂控制煤系烃源岩发育(付广等,2014)。徐家围子断陷沙河子组煤系烃源岩分布明显受到断裂分布的控制,沙河子组烃源岩发育以下多个厚度高值区(付广等,2014),包括:① 分布于徐中断裂北段与徐东断裂之间的达深 2 井北部,沙河子组烃源岩最大厚度可超过 700m;② 分布于徐西断裂北段与徐中断裂之间的徐深 1 井处,沙河子组烃源岩最大厚度可超过 700m;③ 分布在徐中断裂南段与徐东断裂之间的徐深 22 井南部,沙河子组烃源岩最大厚度可超过 1000m。整体生烃中心的发育与断裂带走向基本一致,厚度高值区均是由于受区域上控盆大断裂制约。断裂活动在沙河子组沉积时期最强烈,控制了沉积中心和生烃中心,在三大断裂附近的斜坡处形成的水体较浅的湖泥环境下,沉积形成厚度较大的煤系地层,成为徐家围子断陷天然气的主力烃源岩。由此看出,拉张断陷中的低洼凹陷带控制了裂谷盆地的烃源岩发育。

(二)高成熟—过成熟热演化

多期构造作用导致烃源岩热演化历史复杂,特别是环青藏高原构造体系控制下的西部主要盆地早期沉积的古老海相烃源岩普遍达到高—过成熟阶段,出现多个生烃高峰,以生气为主。因此,海相克拉通盆地中—下组合具有形成大型或特大型气田的气源条件(图 1-10)。中国西部发育的古生代克拉通块体内,既有海相高成熟—过成熟气源岩,又有海陆交互相泥岩与煤系腐殖型气源岩。由于埋藏深、热演化历史长,下古生界海相烃源岩基本上都进入高成熟—过成熟演化阶段,形成丰富的深层热裂解气。如塔里木、四川盆地烃源岩的 R_o 一般大于 2.0%,最高已经超过 4%,具备产生裂解气的有利条件,即使早期成藏的石油也部分被裂解成气;鄂尔多斯块体古生界烃源岩处于高成熟—过成熟阶段,以生气为主,即使有石油生成也已完全裂解成气,因此在古生界主要富集天然气。在中西部的前陆盆地(例如库车和川西)中,发育以煤系地层为主的烃源岩,易形成以天然气为主的油气资源。

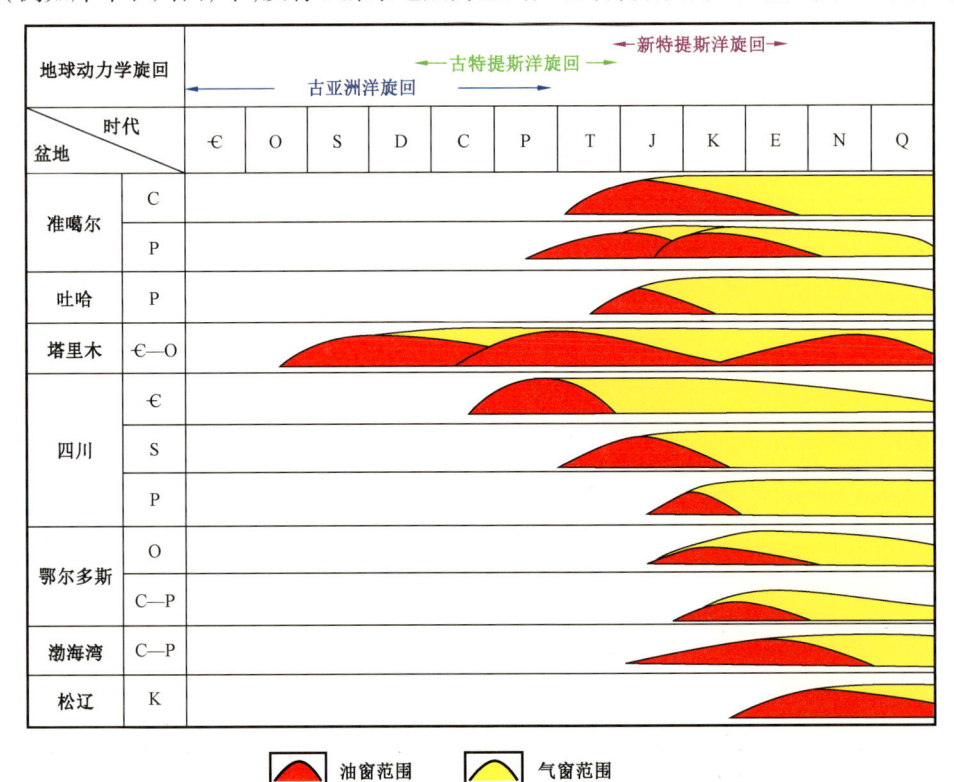

图 1-10 中国大陆盆地主要烃源岩演化示意图

二、大型构造背景控制规模储层

中国含油气盆地发育碳酸盐岩、火山岩、碎屑岩三大类储集岩,其中海相碳酸盐岩分布范围最广(表1-2)。勘探实践证实,中国盆地深层发育规模储层,但其分布复杂。总体上,储层物性以低孔—低渗为主,分布面积大;因受成岩和后生改造作用的影响,非均质性强。这种非均质性决定了岩性或地层圈闭群的形成,如大型古斜坡河流三角洲砂岩储层、大型古隆起风化壳储层、大型斜坡似层状碳酸盐岩岩溶储层、大型火山岩风化壳储层等,利于天然气大面积聚集(赵政璋等,2011)。如果储层物性好,均质性强,油气运移畅通,可以在构造高部位形成高丰度的大气田。

(一)古隆起碳酸盐岩储层

中国的碳酸盐岩时代老、演化复杂,受控于区域性的古隆坳结构和古构造演化过程,主要发育礁滩、风化壳岩溶、内幕白云岩等多类储集体(赵文智等,2012)。其中,受古构造控制形成的碳酸盐岩储层包括地层型、台缘礁滩型以及古隆起上的白云岩储层。

风化壳岩溶地层型以鄂尔多斯盆地奥陶系为典型(图1-11)(杨华等,2014)。奥陶系马家沟组为潮坪沉积,硬石膏白云岩、含硬石膏白云岩、碎屑滩发育,加里东运动之后整体为区域古隆起控制下的东倾大斜坡,经历了长达150Ma的沉积间断、风化淋滤作用,为大面积白云岩风化壳岩溶储层的发育创造了条件;古沟槽发育,古地形起伏变化大,地层自东向西依次变老,形成大型不整合地层圈闭;石炭系—二叠系煤系烃源岩广覆式展布,构成了良好的上生下储式储盖组合及面状供烃;后期构造反转,斜坡西倾,形成不整合和岩性圈闭(赵政璋等,2011)。大型斜坡背景、大面积发育的白云岩风化壳岩溶储层与面状、网状供烃的有机配置,决定了奥陶系风化壳岩溶地层型大油气区的形成与分布。这种类型大油气区的基本特点是,油气分布受岩性、岩溶、沟槽、古斜坡、今构造等诸多因素控制,油气藏类型以地层油气藏为主,呈环带状大面积分布。

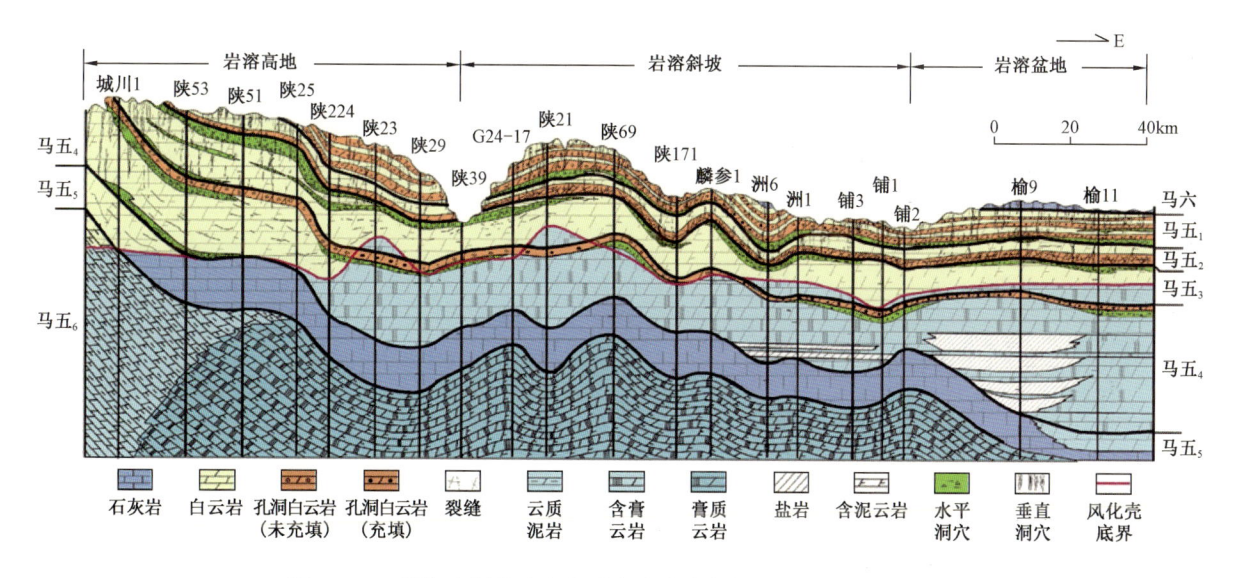

图1-11 鄂尔多斯盆地奥陶系古岩溶发育剖面(据杨华等,2014)

隆起斜坡区岩溶地层型以塔里木盆地台盆区为典型(李本亮等,2015)。塔里木盆地台盆区寒武系—奥陶系具有以下特征:一是发育塔北、塔中、巴楚、塔东大型长期继承性古隆起,发育五个区域性不整合、多个层间不整合和多期断裂,为岩溶储层的规模发育奠定了良好的地质基础;二是发育顺层、层间两类岩溶,潜山风化壳、顺层和层间三类岩溶储层大面积、准层状分布,塔北隆起南缘风化壳岩溶储层分布面积约7000km^2,顺层岩溶分布面积约1×10^4km^2,塔中—巴楚隆起区层间岩溶储层分布面

积约 $5×10^4 km^2$；三是寒武系—奥陶系两套烃源岩大面积展布，多期成烃，油气资源丰富，网状断裂有效沟通油源，晚加里东期、晚海西期和喜马拉雅期三期充注，多期成藏。因此，大型隆起斜坡背景，多期断裂、多期烃类充注，大面积非均质岩溶储层三大地质要素的有机配置，决定了塔里木台盆区碳酸盐岩岩溶地层型大油气区的形成与分布。这种类型大油气区的基本特点为：① 以地层油气藏为主，发育洞穴型、缝洞型、孔缝型三种类型油气藏。孤立洞穴油气藏具有"一洞一藏"的特点；缝洞型油气藏具有缝洞单元控藏、高部位富集的特点；孔缝型油气藏具似层状有效储层控藏的特征。② 油气分布受层序界面控制，似层状大面积分布，储量规模大，塔河油田已探明含油气面积 $2800 km^2$、探明油气地质储量 $11.4×10^8 t$ 油当量；哈拉哈塘地区已控制含油气面积约 $2000 km^2$，控制储量规模 $(3～5)×10^8 t$ 油当量；③ 无统一的油气水界面，同一层段油气藏海拔高差可达 2000m，油气相态变化大。

碳酸盐岩台缘礁滩储集体以四川盆地长兴—飞仙关组台缘礁滩体为典型。四川盆地长兴—飞仙关组礁滩气藏的形成受控于下列因素（刘昭茜等，2009；邹才能等，2011；赵政璋等，2011）：① 古地形控制台缘带的展布，二叠纪时，四川盆地克拉通内裂陷作用加强，受古构造演化与古基底断裂影响，盆地长兴组沉积期呈现出"三隆三凹"的古地貌格局，形成了 3 个台缘带；② 台缘带控制礁滩体的发育与分布，开江—梁平海槽西侧台缘带长 350km、宽 5～10km 范围内，发育 25 个台缘礁滩体，面积约 $1856 km^2$；③ 台缘带控制礁滩储层的发育与分布，台缘带礁滩体白云石化程度高，储层以白云岩为主，孔隙度一般为 5%～10%，渗透率平均为 8mD；④ 台缘带控制油气聚集成藏，开江—梁平海槽台缘带发育龙潭组和大隆组两套烃源岩，生气强度高达 $(80～100)×10^8 m^3/km^2$，以断裂供烃为主；⑤ 台缘带发育构造、岩性两种类型圈闭，成排成带展布。大型台缘背景、规模礁滩储层、良好的气源条件、带状展布的构造和岩性两类圈闭 4 要素的有机配置，决定了台缘礁滩带状大气区的形成与分布。这种类型大气区的基本特点是：发育构造、岩性两类油气藏，沿台缘带呈带状展布，储量丰度高（图 1-12）。

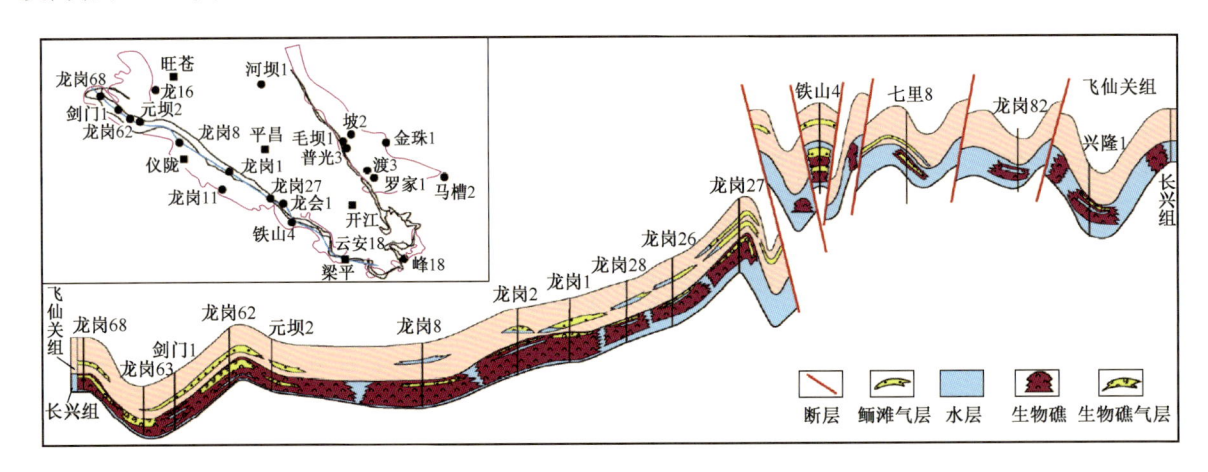

图 1-12 四川盆地开江—梁平海槽台缘带天然气成藏模式图（据赵政璋等，2011）

此外，海相碳酸盐岩中还发育规模的白云岩储层，准同生期混合水云化、埋藏云化及混合热水云化三种白云岩成因机制导致有利储层的发育。例如，四川盆地的浅滩相灰岩、白云岩、潮坪藻白云岩、生物礁白云岩、岩溶塌陷角砾状白云岩和裂缝性灰岩储层，分布广泛，体积大。在四川盆地已发现的 14 个产层中，储量主要集中在川东石炭系孔隙性白云岩储层和川东北三叠系飞仙关组孔隙性鲕滩白云岩中。

（二）基底和断裂带火山岩储层

火山岩储层在中国含油气盆地中主要有两种存在形式，一种是沉积盖层之下的褶皱基底火山岩，通常遭受剥蚀和风化;另一种则是盆地发育过程中岩浆沿断裂带侵入或喷出形成的火山岩体,与沉积盖层融为一体,相互叠置发育。

褶皱基底中的火山岩储层以准噶尔盆地克拉美丽大气田为典型(侯连华等,2012)。晚石炭世为裂陷盆地发育期,发育多个断陷盆地,控制烃源岩展布,形成了多个生烃中心;北疆地区石炭纪处于岛弧环境,沿深大断裂广泛发育裂隙式喷发的火山岩,大面积展布;相对隆起部位石炭系火山岩经历长期风化淋滤,进而决定了风化壳储层的规模展布;凹陷中心有效烃源岩与斜坡风化壳储层构成良好的侧向供烃条件。因此,有利的构造背景、良好的生烃凹陷、规模分布的风化溶蚀型储层3要素的有机配置,决定了火山岩地层型大油气区的形成与分布。这种类型大油气区的基本特点是:以地层油气藏为主,多分布在风化壳以下400m范围内,呈似层状分布;同一层系油气藏埋深海拔差异大,克拉美丽气田石炭系火山岩风化壳气藏埋深相差约1000m。

沿断裂带发育的火山岩储层以松辽盆地、渤海湾盆地等拉张断陷深层火山岩为典型(付广等,2014)。松辽盆地北部深层发育的火二段、营一段和营三段火山岩是徐家围子断陷的三套主要储层。火山岩储层岩石类型多样,从中性的安山岩到酸性的流纹岩均见产气层,既有熔岩类,也有火山碎屑岩储层,储集空间主要为各种类型的孔隙与各种成因的裂缝构成,组合类型千变万化。火山岩相控制了火山岩的原始储集条件,喷溢相上部亚相熔岩是原始状态下储集性能最有利的相带,具有物性好、分布广泛的特点。其次为爆发相热碎屑流亚相,以基质收缩缝和斑晶溶蚀孔为主,发育于爆发相上部,在火山间歇期或构造抬升期易遭受风化淋滤作用形成次生溶孔。除细碎屑凝灰岩外,喷溢相和爆发相的其他亚相也有一定储集能力,特别是在裂缝配合下,可作为良好储层。

此外,火山岩储集体受岩相控制,中酸性火山岩最为有利。深层碎屑岩储层物性总体较差,但欠压实、裂缝、早成藏、低地温梯度等因素可导致局部发育优质储层。构造运动、风化淋滤作用对火山岩储集性改善明显,成岩作用对火山岩储集性有双重影响。

(三) 坳陷—斜坡带陆相碎屑岩储层

碎屑岩在特定的条件下也可以形成好储层。如鄂尔多斯盆地的晚古生代海陆过渡相大面积河道砂,形成广覆式含气砂岩体。盆地内石炭系—二叠系滩坝砂、三角洲砂、河道砂等储集体与上覆上石盒子组泥岩地层构成了优越的储盖组合。塔里木盆地石炭系滨—浅海环境下沉积的东河砂岩储层是油气储集的良好场所。尤其是前陆盆地中广泛发育中—新生界层系中的河道砂体及各类三角洲砂体,广泛分布的煤系烃源岩,叠加有效的构造改造,易形成油气规模聚集。

晚奥陶世—早石炭世,鄂尔多斯地区沉积古地形非常平缓,古沉积坡度小于1°。石炭系—二叠系岩相和沉积岩厚度稳定,沼泽相煤系烃源岩广泛分布,煤层厚度为6~20m,平均有机碳含量为67.3%;暗色泥岩厚度为40~120m,平均有机碳含量为2.93%。同时,三角洲平原分流河道及三角洲前缘水下分流河道十分发育,河道沉积多期叠加并不断向前推进,形成了纵向上多期叠置、平面上复合连片的砂岩储集体。主力储集层段砂体厚度为10~30m,宽度为10~20km,延伸300km以上(杨华等,2014)。大面积分布的储集砂体与广覆式煤系烃源岩相互叠置,为大面积致密气藏的形成奠定了基础。

四川盆地上三叠统须家河组同样发育规模的碎屑岩储层(邹才能等,2009;赵文智等,2010,2013)。须家河组沉积时,四川盆地进入前陆盆地发育阶段,总体为大型宽缓斜坡背景,斜坡面积占须家河组沉积面积的80%以上,这一大型斜坡背景为须家河组大面积发育奠定了良好的地质基础(邹才能等,2009)。多期发育了大面积分布的浅水三角洲砂体,主力气层须二、须四、须六段三个层段砂体的叠合面积约(12~17)×10^4km^2(赵政璋等,2011)。大型的斜坡背景、广覆式生储盖组合、大面积低孔渗非均质储层等地质要素的有机配置,决定了须家河组岩性大气区的形成与分布(图1—13)。

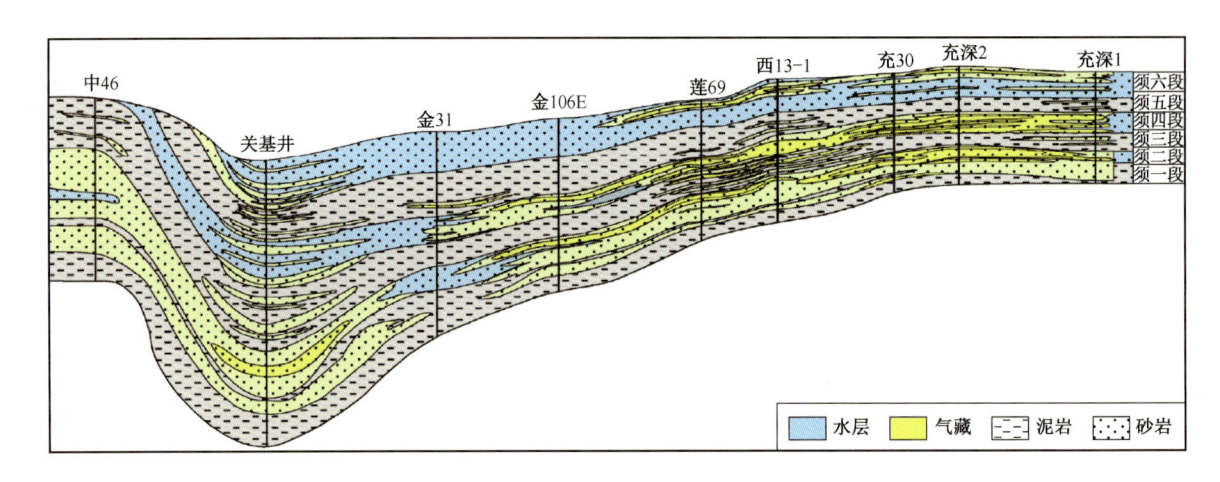

图 1-13　川西前陆盆地须家河组气藏模式图（据赵政璋等，2011）

库车前陆盆地中主要目的层为白垩系巴什基奇克组，巴什基奇克组第三岩性段为扇三角洲前缘沉积亚相，第一、第二岩性段为辫状三角洲前缘亚相，沉积微相主要为扇三角洲前缘水下分流河道及河口坝砂体、辫状三角洲前缘水下分流河道及河口坝砂体。砂体垂向叠置厚度大、横向分布稳定，分流间湾泥岩单层厚度薄且不连续，砂体厚度为 200～300m，如克深区块厚度为 300m，博孜—大北区块厚度为 200～280m（王招明等，2014）。

三、区域盖层、有效圈闭与晚期成藏

中国中西部盆地，早期为克拉通海相沉积，中—新生代以压性构造环境为主，叠置挤压型前陆盆地陆相沉积，再加上强烈的新构造运动改造，使油气聚集方式更加复杂化。对于深层古生界天然气资源的保存，稳定的构造环境和优质的盖层条件是不可或缺的，例如四川盆地深层的台缘带气藏、川东的页岩气以及鄂尔多斯盆地平缓斜坡和古隆起构造背景下规模聚集的煤成气，区域封盖层封闭系统起到了至关重要的作用。而中—新生代，中国东部以张性构造背景为主，发育裂谷盆地，如渤海湾盆地，沉积发育"先断后坳"，天然气聚集与分布受控于生烃凹陷，主要富集在复杂断块背景下的各种断背斜、断块构造、潜山等各类圈闭中；西部陆相沉积中的天然气更多富集于前陆冲断带中，更需要优质的盖层保存条件。

勘探实践证明，渤海湾盆地中辽中、渤中、歧口、板桥、南堡、东营及辽河西部等凹陷是主要的富油气凹陷。这些凹陷具有相似的演化史，即：古近系沙河街组沉积期为主要断陷期，也是烃源岩主要发育期，古近系东营组及新近系厚度较薄，所以这些凹陷具有相近的热演化程度，古近系沙河街组被证实生成了大量油气。其中，渤中凹陷古近系沙河街组沉积厚度小于其他凹陷，但东营组至新近系沉积期凹陷快速沉降，沉积了巨厚的地层，不但导致沙河街组埋深远大于其他凹陷，弥补了沙河街组早期演化差的缺陷，而且东营组的优质泥岩埋藏深，达到了大量生成油气的阶段，从而具有沙河街组、东营组两套好的烃源岩（薛永安等，2007）。总之，这些凹陷演化程度高，主力烃源岩均达到了大量生气阶段，并且已经被勘探实践所证实。相对富气凹陷（如渤中凹陷、板桥凹陷、东濮凹陷等）缺少长期发育的大型断层，古近系以大套厚层、质纯的泥岩为主，使得东营组及沙河街组垂向分布两个高压异常带，其主力气层均位于高压异常带之下。而天然气不太富集的凹陷（如歧口凹陷、南堡凹陷）从南到北分布数条断裂破碎带，并且断穿古近系，地层破坏程度高，与此相应，此类凹陷从深层到浅层基本没有高压异常带分布，推测与断裂发育有关（薛永安等，2007）。以上情况表明，渤海湾盆地内天然气相对富集的凹陷其内部断裂系统不发育，地层（尤其是古近系）没有遭到较大程度破坏，古近系发育两条高压异常泥岩带;天然气相对不富集的歧口凹陷、南堡凹陷,古近系破坏程度高,则没有高压异常存在。

因此,渤海海域天然气成藏主要受烃源岩特征和具超压的厚层泥岩的控制,超压、厚层泥岩是否存在尤其关键(图1-14)(薛永安等,2007)。天然气相对不富集的凹陷一般由于原生沉积特征(富砂少泥,砂岩百分含量高)以及后期构造变化(断裂发育)两方面原因造成古近系没有高压异常存在,天然气不易保存,因而不富气;而相对富气凹陷由于沉积地层富泥少砂,泥岩百分含量高,并且断裂系统不发育,造成古近系存在高压异常,尤其东营组高压异常带广泛分布,使得天然气容易保存,因而富气。

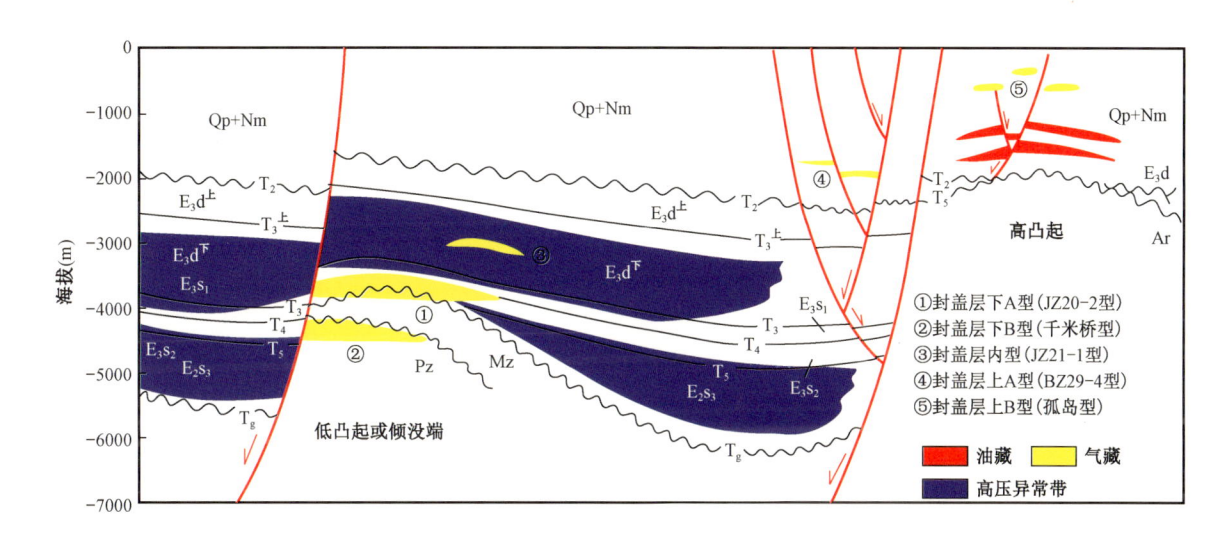

图1-14 渤海海域天然气成藏模式示意图(据薛永安等,2007)

卢双舫等(2003)曾统计分析了中国大中型气田储量与盖层厚度、排替压力的关系以及气藏盖层厚度与气柱高度的关系,结果表明盖层厚度与气藏储量以及排替压力呈正比关系,并且认为对于气藏规模,在某些情况下分布范围广的区域盖层比直接盖层更有意义,因而将保存条件列为决定气藏富集规模和分布规律的全局性和战略性的控制因素。

前陆盆地及冲断带是天然气勘探的主要领域之一,而中国陆上以库车前陆盆地天然气勘探为典型,其中古近系区域性的盐岩盖层是其天然气规模保存的基础(杜金虎等,2012;王招明等,2014)。库车克拉苏—克深构造带是塔里木盆地天然气勘探的主战场,其三叠系—侏罗系烃源岩,以湖相、煤系地层为主,厚度大、分布广、成熟度高,烃源岩晚期快速深埋,晚期排烃,生烃强度大,资源量大。主力储层为白垩系巴什基奇克组,属扇三角洲—辫状河三角洲沉积,厚度均在200~300m(赵政璋等,2011;王招明等,2014)。古近系库姆格列木群是最重要的区域盖层,主要为膏盐岩夹泥岩,为浅湖—潟湖—干盐湖沉积,最厚达4000m,为油气保存创造了条件。克拉苏盐下深层气藏类型多,有背斜型、断背斜型、断块型气藏,多数气藏以边水层状为主,但也有底水块状气藏,上覆膏盐层的封堵能力严格控制着各气藏气水界面的分布。克深区块气藏压力系数为1.80~1.89,属高压—超高压系统(赵政璋等,2011;王招明等,2014)。总结其天然气规模发现的主要特点表现为,一是拥有烃源岩、储层等优越的常规成藏地质条件;二是构造圈闭规模发育,并与天然气晚期充注具有良好的匹配关系。

在库车前陆深层发育挤压冲断双重滑脱,大北—克深构造带自西向东可划分为阿瓦特—博孜、大北—克深5、克深1—克深2、克拉3共4段,自北向南分为克拉苏、克深北、克深、克深南、拜城北5个构造带,发育30余个大型构造圈闭,圈闭总面积达1544km²,形成了大型构造圈闭群(图1-15)(赵政璋等,2011;王招明等,2014)。前陆深层发育厚度大、分布面积广的规模储层,砂体受早期浅埋藏、后期快速埋藏以及构造裂缝、酸性水溶蚀多因素控制,在7000~8000m的深度仍发育规模有效储层。同时,侏罗系烃源岩大规模生烃,地层推覆叠置使最大成熟中心位于大冲断带下部,达到高—过成熟的生干气阶段,高演化阶段煤系烃源岩依然具有很强的生烃能力。大冲断带形成期与烃源岩大量生气期一致,且上下叠置,气源断裂沟通气源层和储集体,高效强充注,形成多个大型气田群。

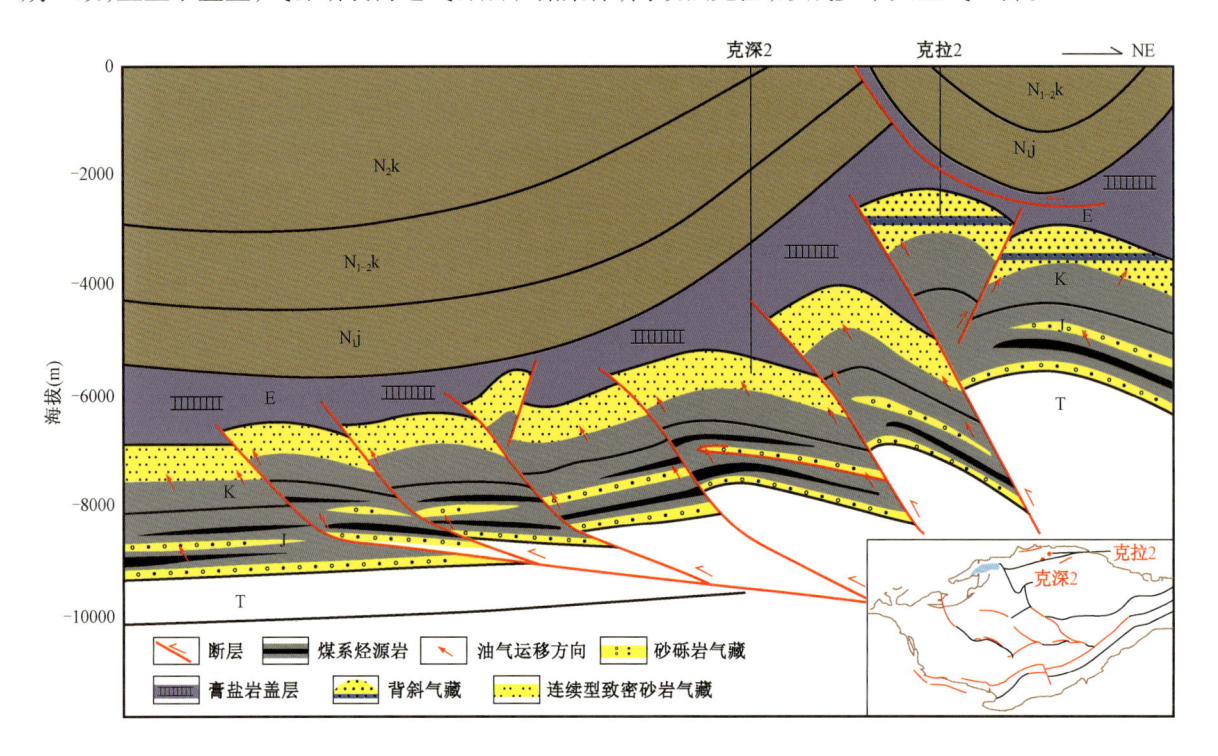

图1-15 库车前陆冲断带气藏模式图

小 结

本章论述了中国大陆构造基本特征、含油气盆地类型及对中国天然气形成与分布的控制作用。

(1)中国大陆受古生代古亚洲洋体系、中生代特提斯洋—古太平洋以及新生代印度洋—太平洋等动力学体系和动力作用控制,以塔里木、华北和扬子等小型板块为核心,与数十个微陆块拼贴而成的复合大陆。这些不同时代、小而碎的陆块造就了中国大陆小克拉通与宽造山带相间分布的构造格局,控制形成的沉积盆地规模小、稳定性差、活动性大,造成盆地沉积环境复杂多变。整体上,古板块的分离、聚敛与古洋壳的生长和消亡决定了中国大陆含油气盆地的形成及演化。

(2)中国大陆经历了震旦纪—志留纪稳定克拉通海相沉积、泥盆纪—二叠纪海陆过渡相沉积和中—新生代陆相沉积三个阶段。新元古代—早古生代板块裂解离散阶段,形成克拉通边缘、内克拉通盆地,发育海相沉积为主,控制发育了中国主要的海相碳酸盐岩沉积层序。晚古生代—早中生代中国板块聚敛拼合阶段,形成中国大陆基本格局,控制形成周缘前陆盆地,发育海陆交互相和陆相沉积。晚中生代以来主要经历了陆内构造演化,形成了大型坳陷盆地、再生前陆盆地以及裂谷盆地等,发育湖相沉积为主。

(3)裂谷、前陆、克拉通等沉积盆地及其复合叠合盆地,构成了中国天然气藏规模形成的地质基础。其中前陆盆地、裂谷盆地深层及克拉通盆地具有优质的烃源条件、规模储层、大型成藏构造背景和良好的盖层条件,发育了大规模的天然气资源,是天然气勘探的重点盆地。

第二章 气源岩类型、特征与分布

气源岩的发育程度决定着天然气形成的物质基础,对天然气的分布和富集具有重要的控制作用。世界各地大中型气藏均主要位于具有高生气强度的气源岩周围,中国绝大多数大中型气田的生气强度大于 $20 \times 10^8 m^3/km^2$(戚厚发等,1992)。由于天然气来源不同,对应的气源岩特征也有较大差异。陆相天然气主要来自煤系烃源岩,主要生物母质是高等植物,多数形成于晚古生代、中生代和新生代。海相天然气则主要来自古老的海相烃源岩,多数形成于早古生代和前寒武纪,富含藻类等水生生物,以生油为主,石油在漫长的地质演化历史过程中,经历了较高的古地温再裂解形成天然气。

第一节 气源岩形成环境与分布

气源岩的形成主要受构造背景和沉积环境的影响,不同时期发育不同类型气源岩。海相气源岩形成于深水陆棚、大陆架、大陆坡等深水环境,煤系气源岩形成于滨、浅海(湖)以及沼泽环境。

一、气源岩形成时代

中国天然气主要分布在塔里木、四川和鄂尔多斯三大盆地,准噶尔、吐哈、柴达木、松辽、渤海湾、莺琼和东海等盆地也有一定规模天然气,形成于克拉通、前陆和断陷等多种类型盆地。我国天然气的来源类型极不均衡,从大型气田数量上看,煤成气占到了大多数,达到 61%,海相油型气次之,为 27%,生物气占到了 7%,湖相油型气最少(图 2-1a);从天然气储量统计来看,煤成气占到天然气储量的 77%,其次是海相油型气,占 20%,其他类型天然气储量仅占 3%(图 2-1b)。

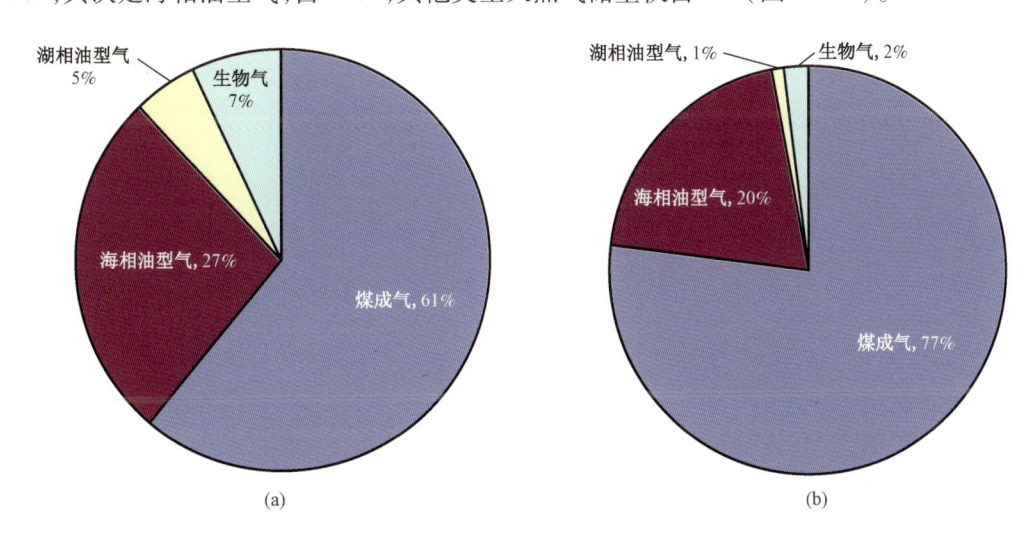

图 2-1 中国含气盆地不同成因气田数量百分比(a)与储量百分比(b)

晚古生代中后期是中国重要的成煤时期,尤其是石炭纪—二叠纪,是煤系气源岩发育的主要时期。海西构造运动使我国陆地面积显著增加,陆相沉积逐渐增多。石炭纪气候温暖潮湿,蕨类植物空前繁盛,中晚期形成了广布的海相滨岸沼泽相和含煤的海陆过渡相沉积;二叠纪随着海西褶皱带的形成,海水已全部退出中朝古陆,中国陆地面积显著增加,气候仍以温暖潮湿为主,高等植物非常发育。我国中部鄂尔多斯盆地和东部渤海湾盆地,煤系气源岩主要发育在石炭系—二叠系;而四川盆地则主要发育在上二叠统和上三叠统(图2-2)。中生代以来,中国主要处于陆相沉积,是主要的湖盆发育时期,沉积有机质母源输入既有湖盆中心的水生生物和藻类,也有湖盆边缘大量的高等植物,后者是形成煤系烃源岩的主要物质基础。三叠纪和侏罗纪,气候温暖潮湿,生物繁盛,在我国中西部发育众多的成煤盆地,沼泽相沉积中常聚集煤和以高等植物为主的Ⅲ型有机质,是主要的气源岩。东北松辽盆地煤系气源岩则主要发育在白垩系,沿海的莺琼盆地与东海盆地煤系气源岩则主要发育在古近系,柴达木盆地东部还发育第四系生物气源岩(图2-2)。

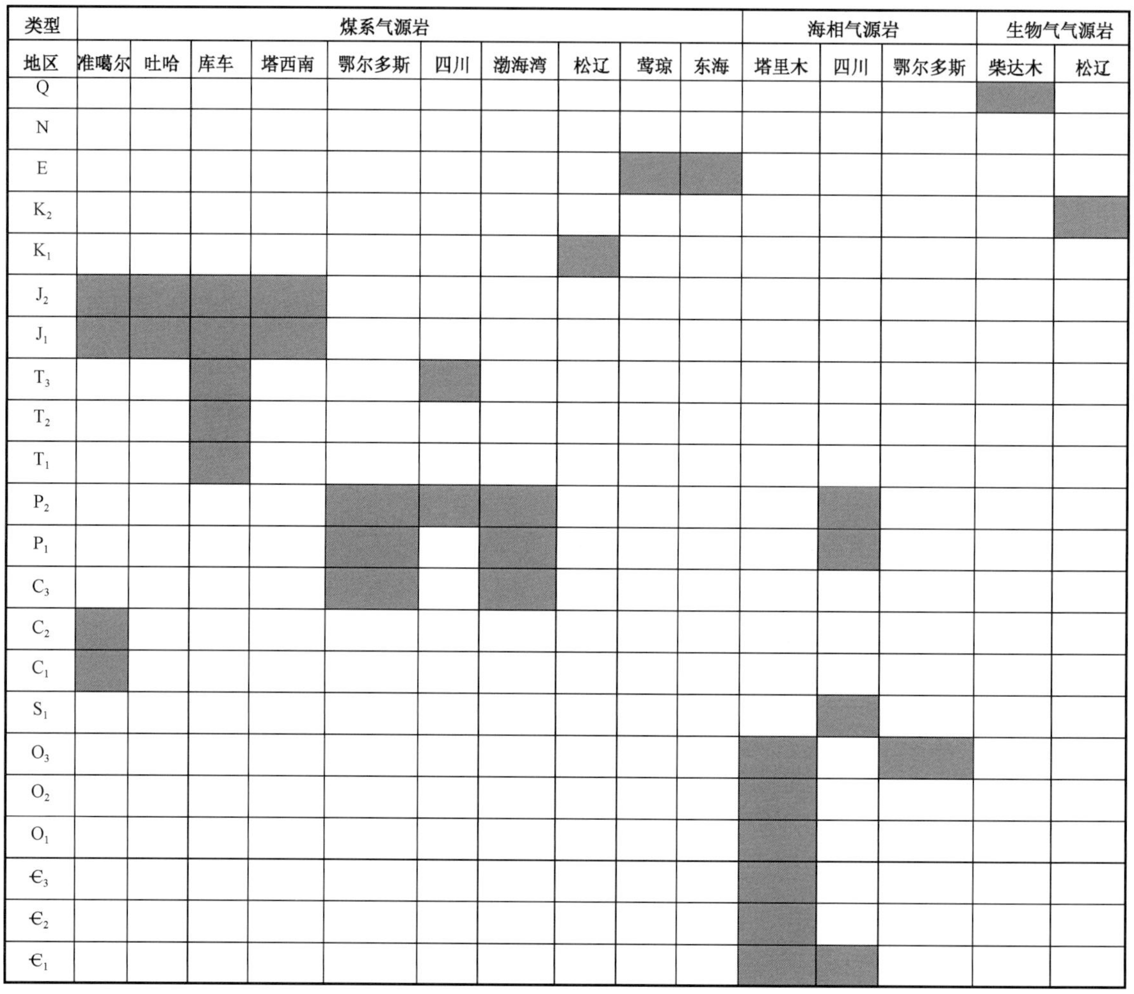

类型\地区	煤系气源岩									海相气源岩			生物气气源岩	
	准噶尔	吐哈	库车	塔西南	鄂尔多斯	四川	渤海湾	松辽	莺琼	东海	塔里木	四川	鄂尔多斯	柴达木	松辽
Q														■	
N															
E									■	■					
K_2															■
K_1								■							
J_2	■	■													
J_1	■	■		■											
T_3						■									
T_2			■												
T_1			■												
P_2						■					■	■			
P_1					■	■						■			
C_3					■										
C_2	■														
C_1	■		■												
S_1												■			
O_3											■		■		
O_2											■		■		
O_1											■		■		
ϵ_3															
ϵ_2											■				
ϵ_1											■	■			

图2-2 中国主要含气盆地气源岩时代分布图

海相气源岩主要分布在中国的三大克拉通盆地的古生界,即四川盆地寒武系、志留系、下二叠统与上二叠统,塔里木盆地寒武系—奥陶系与鄂尔多斯盆地奥陶系。塔里木盆地海相油气并举,四川盆地和鄂尔多斯盆地以生成天然气为主(张水昌等,2004)。

(一)前寒武纪及早古生代气源岩形成环境与分布

前寒武纪及早古生代气源岩均属海相沉积,均发育良好的气源岩,但不同层系在不同盆地的成气贡献差异明显。

中—新元古界烃源岩在中国华北地区分布广泛,燕辽地区的高于庄组、雾迷山组、洪水庄组、铁岭组及下马岭组均发育较好的烃源岩。洪水庄组、下马岭组可列为好生油岩,青白口系下马岭组油页岩有机碳丰度可高达20%(张水昌等,2005,2007),铁岭组、高于庄组为较好—好生油岩。四川盆地及周缘扬子地区发育新元古界大塘坡组和陡山沱组两套烃源岩。大塘坡组夹于两期冰期之间,发育含锰泥质海湾—潟湖沉积组合,受断陷控制,分布局限。在湘渝黔地区厚度为100~160m,以含锰泥质岩为主,局限浅海盆地相具磷锰矿—碳质页岩。有机质丰度较高,TOC值一般在0.53%~4.71%,平均2.68%。但成熟度极高,镜质组反射率R_o值高达5.67%~6.50%。陡山沱组是扬子地区一套重要的烃源岩,在四川盆地周缘广泛分布,川中古隆起区不发育。生物来源于瓮安生物群和庙河生物群,藻类、动物胚胎化石发育,有机质丰度高,TOC值一般在0.5%~4.6%,最高可达10%以上。有机质成熟度较高,R_o值为2.3%~3.5%,达到过成熟演化阶段。这套烃源岩在不同的区域厚度变化较大,厚度在50~200m。有机碳含量大于1.0%的中等—好烃源岩厚度一般在10~50m,其中上扬子—中扬子地区在川东—鄂西—湘西地区最为发育,有机碳含量在5%左右。

寒武系烃源岩在塔里木盆地和四川盆地广泛分布,纵向上发育多套优质烃源岩。塔里木盆地寒武系底部广泛发育缓坡相玉尔吐斯组烃源岩,主要分布于塔北—阿瓦提地区,向东沉积相发生变化,变为西山布拉克组盆地相烃源岩。阿克苏—柯坪地区玉尔吐斯组烃源岩自西向东黑色页岩层增厚,TOC升高,在阿瓦提凹陷厚度达到最大,超过50m;向东过渡为盆地相,烃源岩厚度减薄。巴楚隆起下寒武统吾松格尔组发育蒸发台内凹陷—潟湖相烃源岩,厚度可达100m以上。下寒武统筇竹寺组(牛蹄塘组)是扬子地区最为重要的烃源岩。四川盆地筇竹寺组底部的烃源岩大面积分布,也是页岩气赋存的层段。"德阳—安岳"古裂陷槽继承性发育,对烃源岩厚度高值区有明显的控制作用,裂陷槽内沉积的筇竹寺组+麦地坪组厚度一般为300~450m,烃源岩厚度可达140~160m,相邻的川中古隆起区域地层厚度一般为50~200m,烃源岩厚度为20~80m,TOC值为1.7%~3.6%(邹才能等,2014)。

奥陶系—志留系在三大克拉通盆地均发育烃源岩。其中,塔里木盆地中上奥陶统主要发育一间房、却尔却克和萨尔干组烃源岩。萨尔干组为闭塞欠补偿陆源海湾相,主要分布在盆地西部阿瓦提凹陷,有机质丰度较高;却尔却克组为超补偿盆地相,主要分布在盆地东部满加尔凹陷,有机质丰度较低,不是主力烃源岩。扬子地区发育良好的上奥陶统五峰组—下志留统龙马溪组烃源岩,主要分布在黔西北—川南—川东—鄂西地区,而且五峰组与龙马溪组基本上是连续沉积。川东南(渝东南)—鄂西地区石柱漆辽、利川毛坝等剖面上奥陶统五峰组—下志留统龙马溪组烃源岩非常发育,是该套烃源岩最发育的地区,有机碳含量大于1.0%的烃源岩厚度为50~120m,由此向南烃源岩的厚度逐渐减薄,至重庆酉阳、秀山一带烃源岩的厚度在30~50m,高丰度烃源岩的厚度也相应减薄。鄂尔多斯盆地奥陶系海相沉积地层总体上有机质丰度较低,但仍然存在有机质丰度较高的层段,其中最主要的是马家沟组五段中的薄层泥岩、泥灰岩。

(二)晚古生代气源岩形成环境与分布

晚古生代,中国地质演化上发生了与气源岩发育密切有关的构造变动。中晚石炭世开始,北方各大陆、地块之间的洋盆于海西晚期消失,被海西造山带环绕的稳定陆块,由海相盆地变为海陆交互相沉积区,部分有限洋盆与克拉通之间也成为石炭纪—二叠纪海陆过渡相沉积区,形成了广泛发育的煤系气源岩。随着海水向古陆推进,聚煤作用也随之向古陆迁移。这个过程在晚古生代具有持续、广泛发育的条件(表2-1)(张新民等,2002),中国煤系地层的广泛分布(图2-3、图2-4),对鄂尔多斯盆地和四川盆地陆相天然气具有重要的贡献。

表 2-1 中国主要聚煤期含煤地层分布及对比 (据张新民等, 2002)

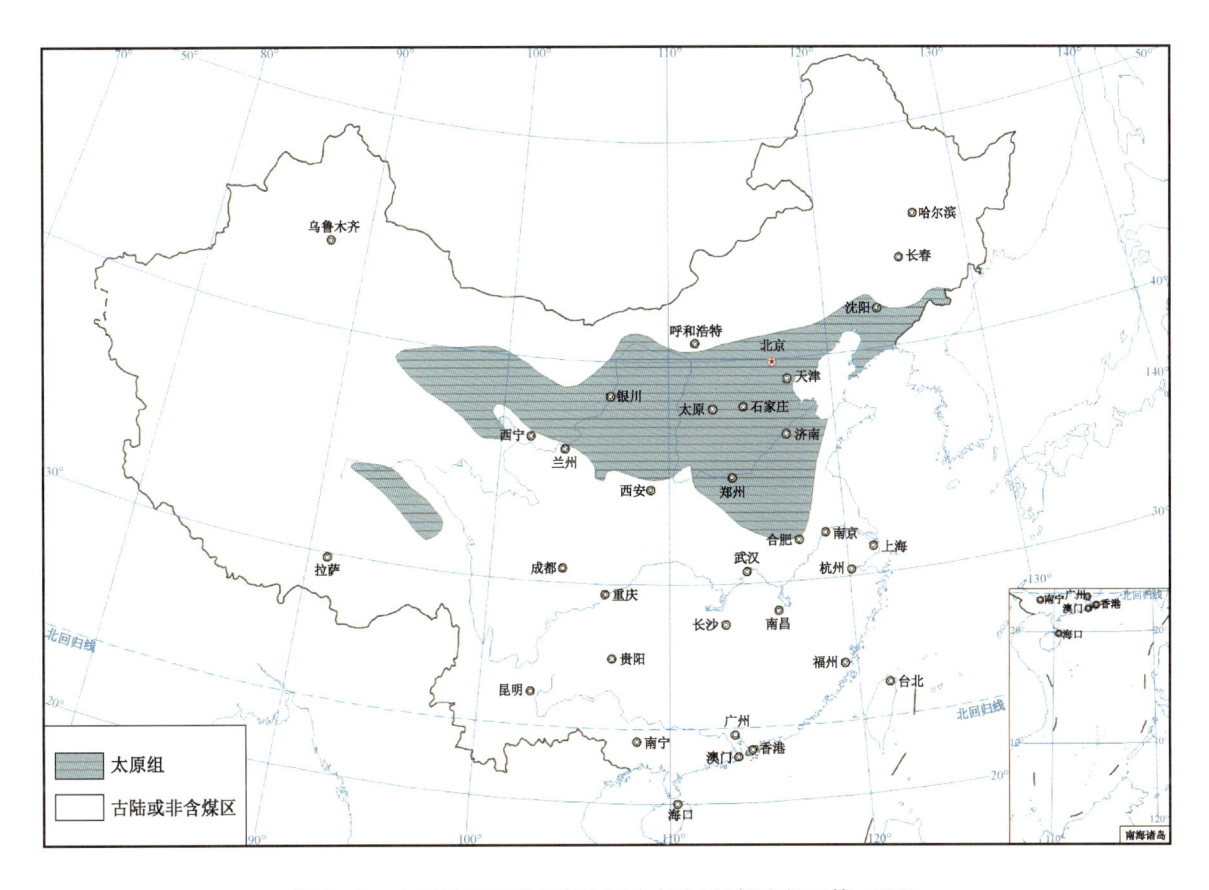

图 2-3 中国晚石炭世含煤地层分布略图（据张新民等，2002）

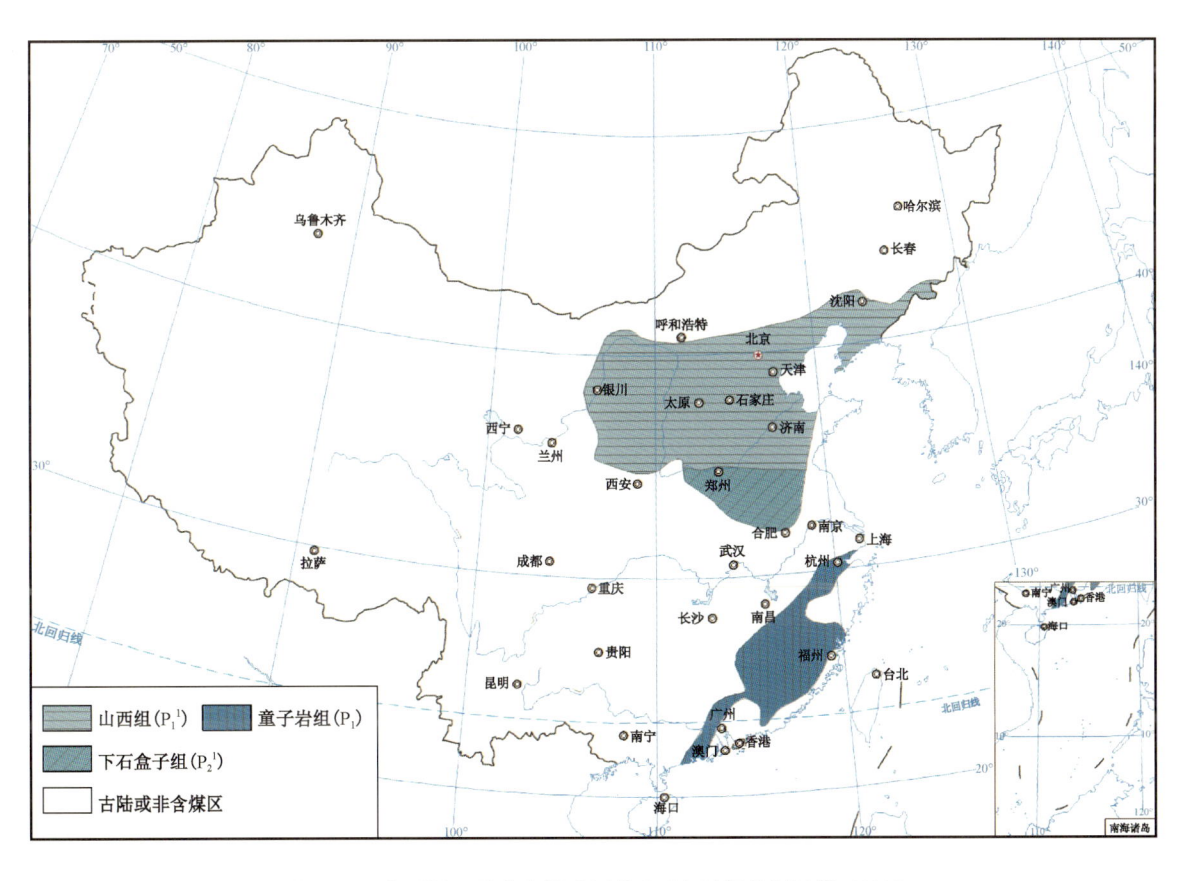

图 2-4 中国早二叠世含煤地层分布略图（据张新民等，2002）

晚二叠世龙潭组也是一套重要的烃源岩,发育黑色页岩,上二叠统龙潭组/吴家坪组海相和煤系泥页岩是扬子地区重要的烃源岩层系,在四川盆地及其周缘的重庆、贵州、湖南以及下扬子地区的江西、浙江一带均有广泛分布。四川盆地厚度一般在40~100m,资阳、苍溪等地区达到120m,普光地区超过170m。TOC很高,在5%~10%,最高可达34%。江西乐平地区龙潭组还发育一种特殊的煤种——树皮煤,其壳质组含量高,热解烃S_2可达350mg/g以上,I_H高达500mg/g TOC,为II_1型有机质,具有较高的生油能力。

(三) 中、新生代气源岩形成环境与分布

晚三叠世,中国北方成为统一的大陆,基本结束了南海北陆的古地理格局。气源岩形成环境有四种类型:以断、坳盆地为主体的近海湖泊、以内陆坳陷和山间盆地为主体的湖沼、西部残留海盆地以及东南部新生陆缘海盆。三叠系煤系烃源岩主要分布在四川盆地,其次是华南地区(图2-5)。侏罗纪是中国陆上又一个重要的聚煤期,煤系气源岩在中国西北地区广泛存在,在塔里木、准噶尔、吐哈、柴达木等多个盆地形成了储量可观的煤成气,鄂尔多斯、华南地区也发育侏罗系煤系地层(图2-6)。古近系煤系地层主要分布在青藏高原—滇黔桂地区,以及南海海域的近海盆地,形成了莺歌海—琼东南盆地大型天然气田(图2-7)。

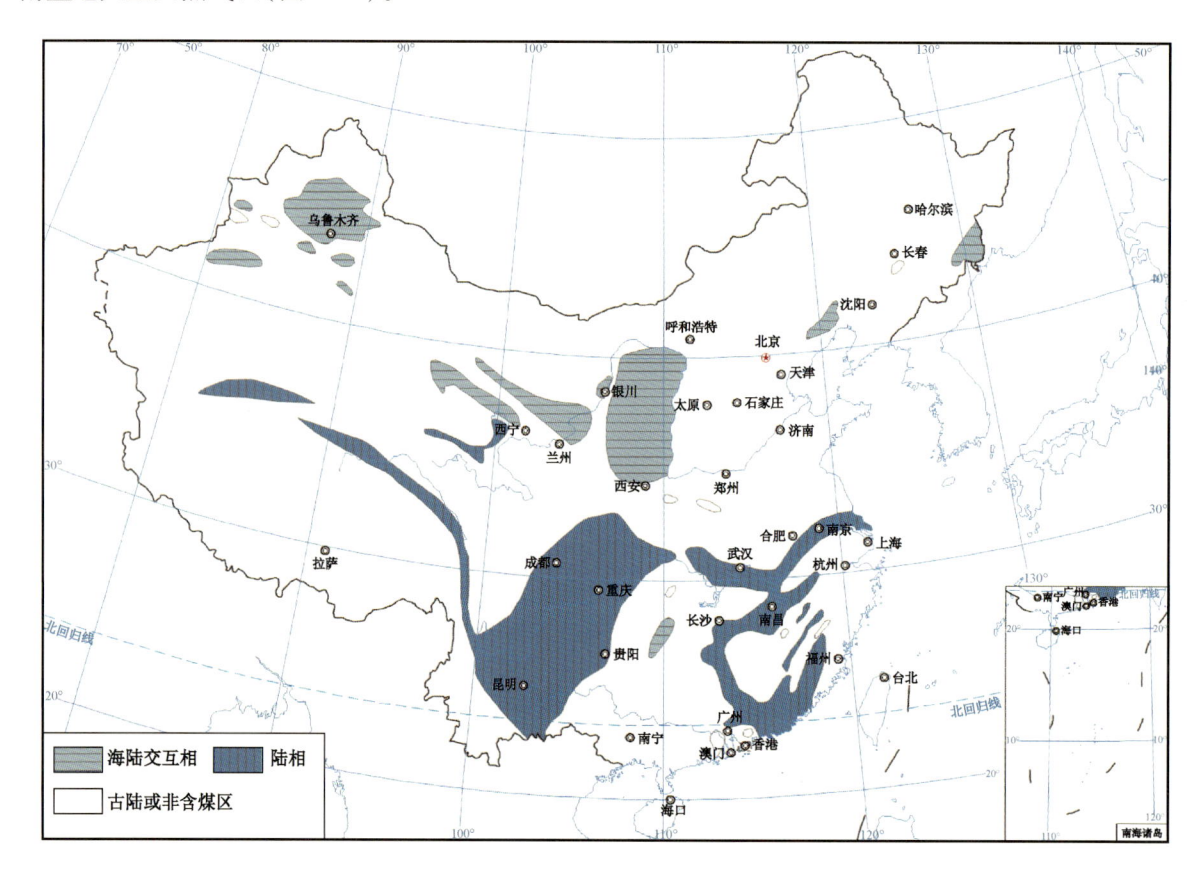

图2-5 中国晚三叠世含煤地层分布略图(据张新民等,2002)

二、中国气源岩类型及展布

(一) 煤系泥岩

煤系气源岩是指含煤层系中具有生气能力的岩层,主要包括煤、暗色泥岩以及碳质泥岩,其中的暗色泥岩一般称为煤系泥岩(时华星等,2004)。在中国主要的含气盆地中,均发育了巨厚的煤系泥

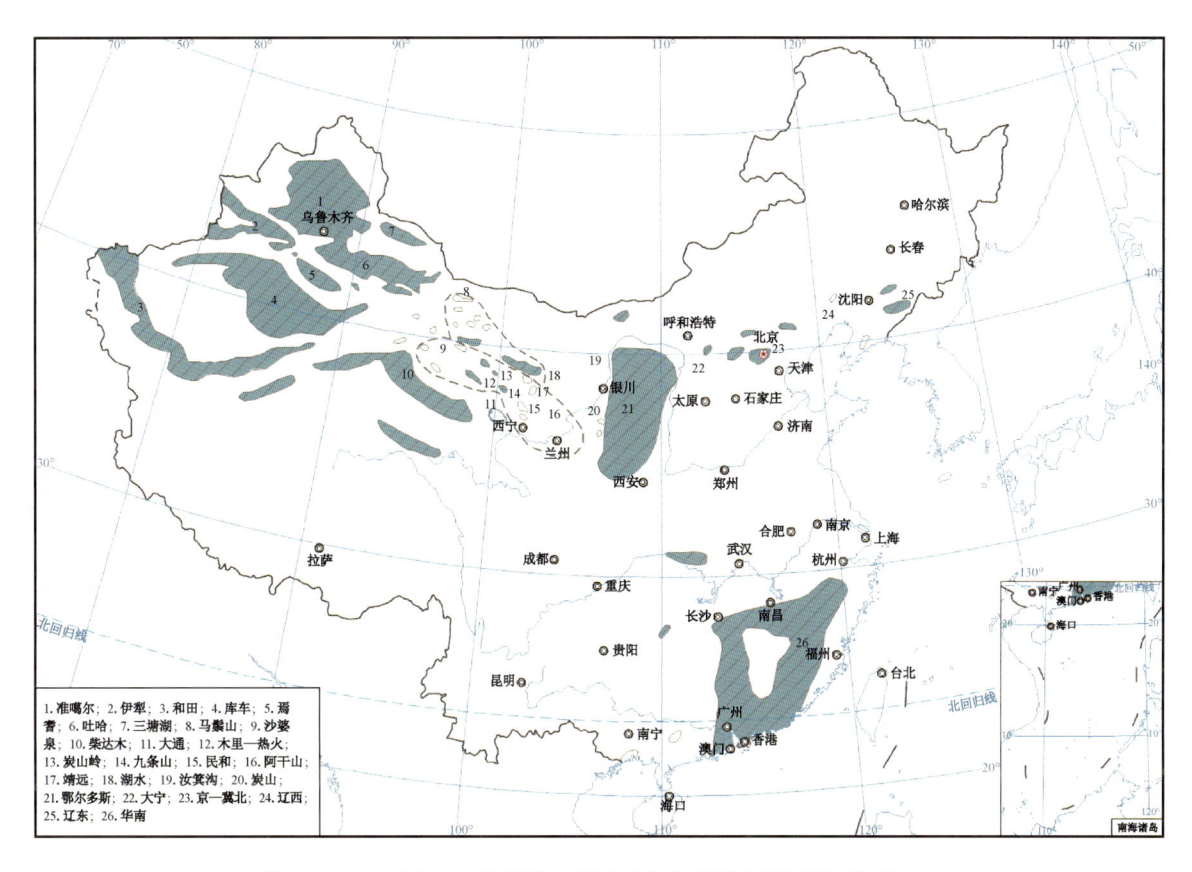

图 2-6　中国早—中侏罗世含煤地层分布略图(据张新民等,2002)

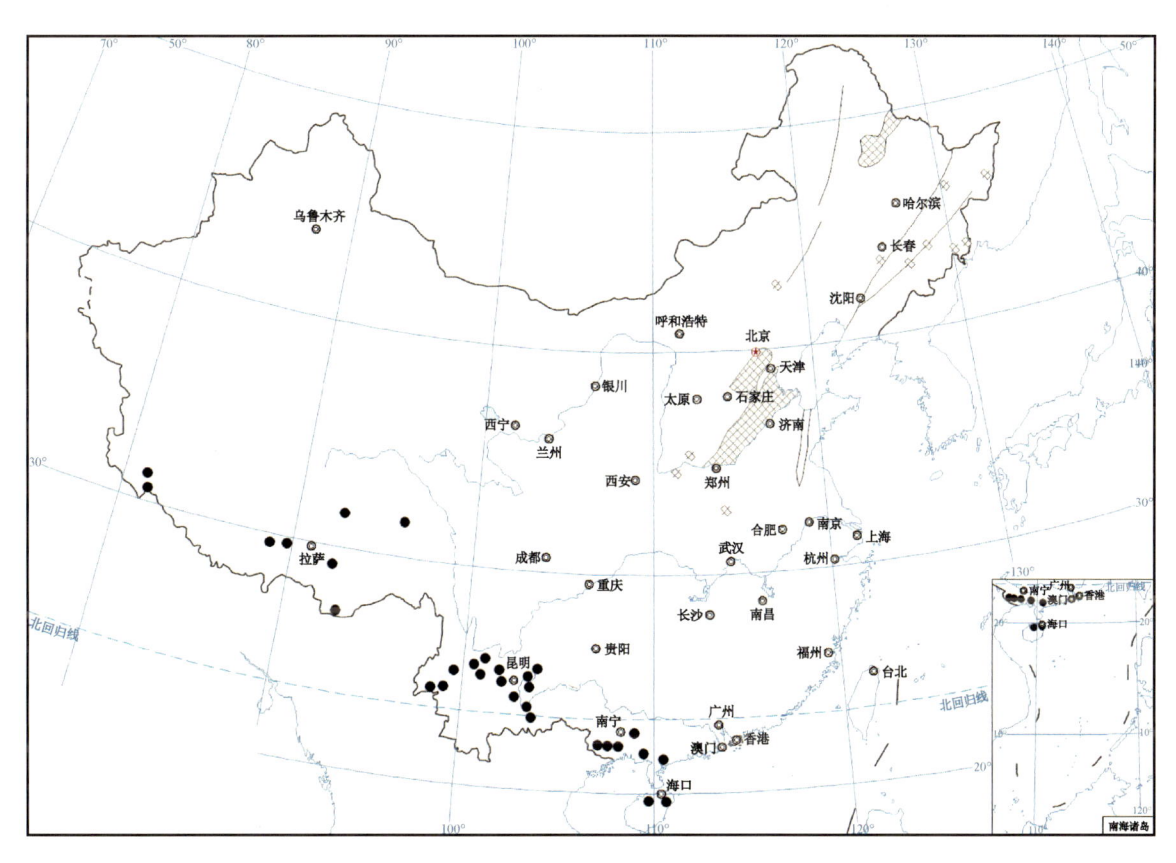

1.准噶尔; 2.伊犁; 3.和田; 4.库车; 5.焉耆; 6.吐哈; 7.三塘湖; 8.马鬃山; 9.沙婆泉; 10.柴达木; 11.大通; 12.木里—热火; 13.炭山岭; 14.九条山; 15.民和; 16.阿干山; 17.靖远; 18.湖水; 19.汝箕沟; 20.炭山; 21.鄂尔多斯; 22.大宁; 23.京—冀北; 24.辽西; 25.辽东; 26.华南

图 2-7　中国古近纪煤田分布(据张新民等,2002)

岩气源岩,但其分布具有明显的区带性:西部地区含气盆地煤系烃源岩主要发育在中生界侏罗系与三叠系,上古生界石炭系—二叠系则主要分布在鄂尔多斯盆地和渤海湾盆地,而白垩系、古近系和新近系则主要分布在东部及海域地区。

西部地区是中国煤系泥岩主要发育的地区,其厚度较大,一般可高达700m以上(图2-8)。库车坳陷煤系泥岩主要分布于三叠系—侏罗系,包括上三叠统塔里奇克组、下侏罗统阳霞组和中侏罗统克孜努尔组,累计厚度高达770m,主要分布于山前带(卢双舫等,2001;秦胜飞等,2006)。准噶尔盆地煤系泥岩主要发育在石炭系与中—下侏罗统八道湾组、三工河组和西山窑组。侏罗系煤系泥岩厚达900m,主要位于北天山山前冲断带的中段,其中八道湾组烃源岩最为发育区域在沙湾凹陷、阜康凹陷、东道海子凹陷西部和北天山山前冲断带中段,最厚达300m以上;三工河组烃源岩分布范围与八道湾组类似,最厚约300m;西山窑组气源岩主要分布于阜康凹陷,略厚于三工河组。塔西南煤系泥岩仅见于侏罗系,主要分布在喀什凹陷,厚度最高可达800m;其次在叶城凹陷也有煤系泥岩分布,累计厚度一般在100~300m。吐哈盆地煤系泥岩主要发育于中—下侏罗统八道湾组、三工河组和西山窑组,下侏罗统八道湾组和三工河组煤系泥岩在盆地各凹陷内广泛发育,形成了托克逊凹陷托参1井以东、台北凹陷葡萄沟以北、小草湖次凹北部和三堡凹陷哈2井一带四个沉积中心,每个凹陷最大厚度基本为400~600m,大于100m煤系泥岩在前三个凹陷普遍发育(袁明生等,2002)。

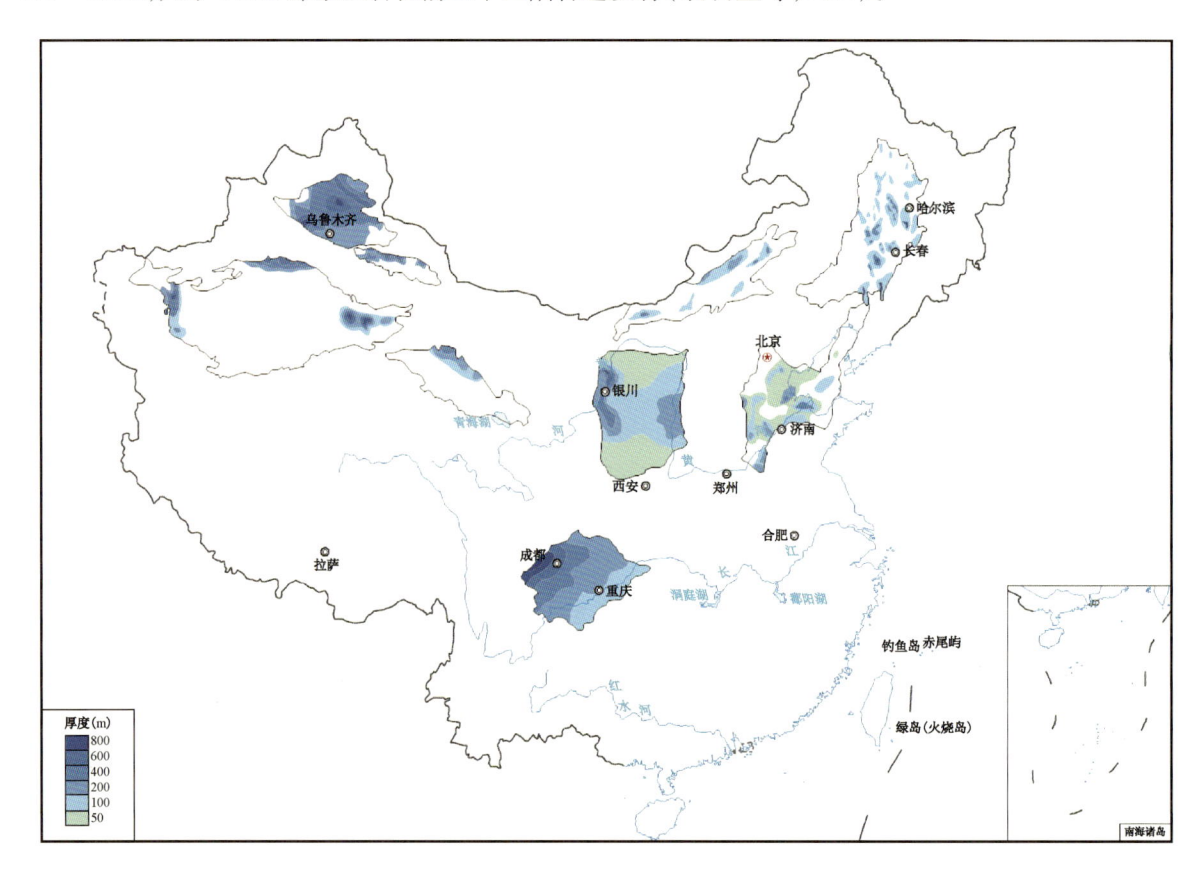

图2-8 中国陆上主要含气盆地煤系泥岩厚度分布图

鄂尔多斯盆地煤系泥岩累计厚度相对较薄,一般为50~600m(图2-8)。煤系泥岩厚度展布受当时沉积环境的控制,表现为西部最厚,可达300m以上,东部次之,为100~120m,中部较薄而稳定发育,基本为50~100m(陈全红,2007)。四川盆地煤系泥岩集中在上三叠统,最大累计厚度可达900m,其中须一段、须三段和须五段为主要的气源岩层段,累计厚度最高值位于川西地区,达到600m,川中地区较薄,累计厚度一般为100~250m。渤海湾盆地煤系泥岩主要发育在上古生界石炭系—二叠系,尤其以上石炭统太原组和下二叠统山西组煤系泥岩最厚;平面上,石炭系—二叠系煤系泥岩主要分布在冀中凹陷和黄骅凹陷,厚度在 20~140m(曹代勇等,2001)(图 2-8)。

松辽盆地煤系泥岩主要分布于断陷深层营城组、沙河子组和火石岭组,其中徐家围子断陷煤系泥岩主要分布于沙河子组,徐北地区累计50m以上煤系泥岩普遍发育,但其主要分布于杏山凹陷,最大厚度可达750m,500m 以上厚度泥岩分布较为普遍(图 2-8);火石岭组仅在杏山凹陷沉积中心区域厚度较大,达到 500m 以上,其他地区分布局限。营城组分布更为局限,仅有零星地区厚度达到 50m 以上。莺琼盆地主要在渐新统崖城组和陵水组发育煤系泥岩,厚 293~852m。东海盆地煤系泥岩主要分布于始新统平湖组和渐新统花港组,各地区厚度发育不均,东部坳陷区明显较厚,最高达 1000m 以上。

(二) 煤

以富集型有机质的形式存在的煤常常是煤系气源岩中重要的一类气源岩,其生气能力一般要优于暗色泥岩(时华星等,2004;郑松等,2007)。

中国西北地区煤层厚度最大,累计厚度高达 100m 以上(图 2-9)。库车坳陷煤主要发育在侏罗系,阳霞凹陷山前带厚度最大,可达60m;沿山前带越往西,煤厚度越薄。准噶尔盆地侏罗系煤主要分布在南部山前带中段,在昌吉以南地区累计厚度可达到80m,玛湖凹陷分布了累计厚度 20~50m 的煤层,在四棵树凹陷和中央凹陷带的东部零星分布煤层,累计厚度多在 10~20m(图 2-9)。吐哈盆地侏罗系煤主要分布于托克逊凹陷和台北凹陷,累计厚度最大可达 100m 以上,累计厚度达 40m 的煤层在上述两个凹陷普遍发育;另外,在三堡凹陷煤层累计厚度为 10~20m(图 2-9)。

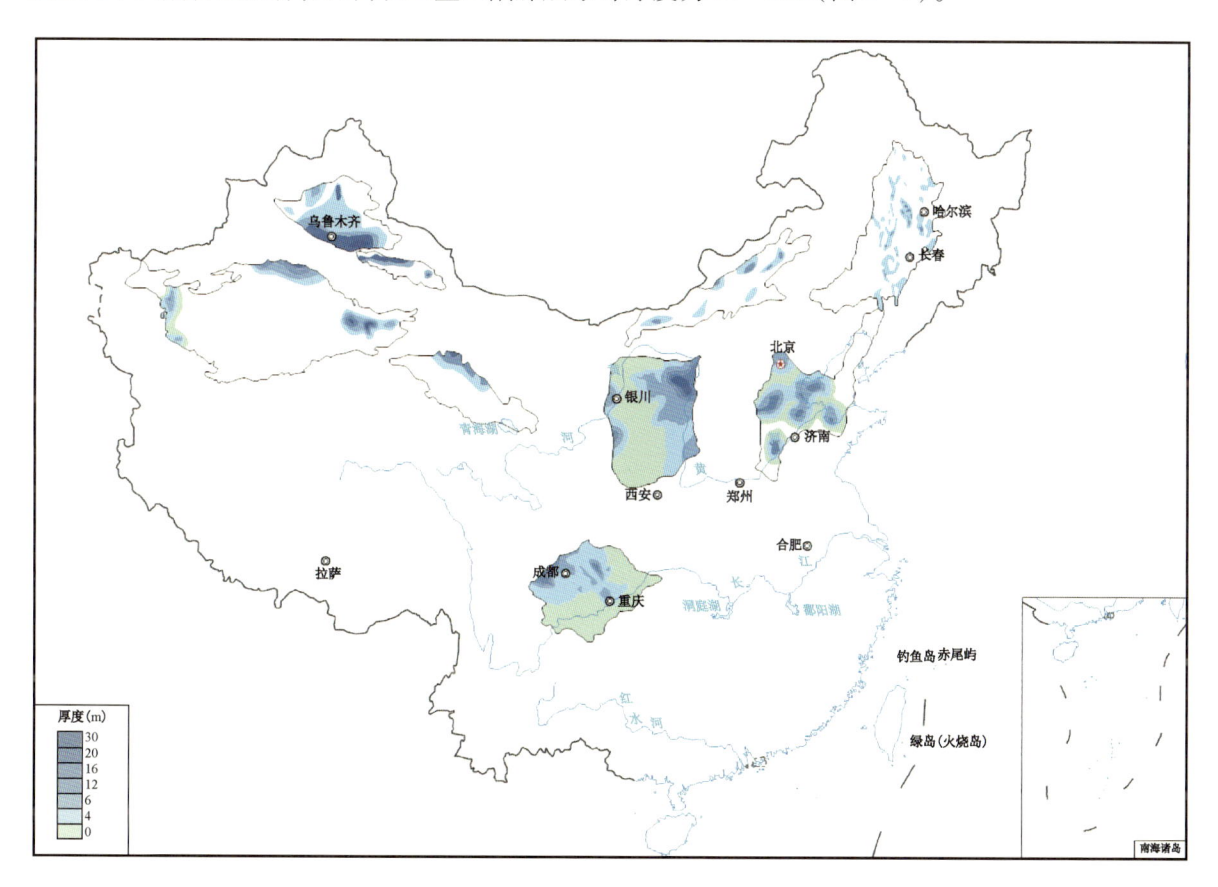

图 2-9 中国陆上主要含气盆地煤厚度分布图

中部地区煤厚度相对较薄,总体为 2~40m(图 2-9)。鄂尔多斯盆地上古生界煤广泛分布,累计厚度从 2m 到 30m,总体呈现北部厚而南部薄、东西两侧厚而中部变薄的趋势,东部和西部地区煤厚度普遍在 10m 以上(郑松等,2007)(图 2-9)。四川盆地上三叠统须家河组煤厚度为 2~20m,川西地区最大厚度为 20m,8m 以上煤层普遍发育;川中地区厚度一般介于 2~8m。

东部松辽盆地各断陷均有煤层分布,其中徐家围子断陷煤主要分布于沙河子组和火石岭组,且厚度较大。沙河子组煤主要位于杏山凹陷北段,累计厚度最高达 100m,其中宋深 3 井钻遇 105.5m 的煤层;断陷北部的安达凹陷也分布有 10~40m 的煤层;徐东地区零星分布有 10~30m 的煤层。火石岭组煤主要分布于杏山凹陷的西段,最厚可达 40m;徐东部分地区也有零星分布。渤海湾盆地上古生界石炭系—二叠系煤层厚度多在 6~18m,主要位于冀中凹陷,其次为黄骅凹陷(曹代勇等,2001)。

(三)海相气源岩

中国海相气源岩主要分布于西部塔里木盆地以及中部的四川盆地和鄂尔多斯盆地,主要发育于古生界(图 2-10)。塔里木盆地海相气源岩主要为寒武系气源岩,在全盆地广泛分布,累计厚度最高可达约 400m。四川盆地海相气源岩主要为下寒武统筇竹寺组、下志留统龙马溪组与下二叠统栖霞组和茅口组以及上二叠统龙潭组/吴家坪组和大隆组,累计厚度 50~800m,高值区主要位于川西北段、川东北和川南地区(图 2-10)。鄂尔多斯盆地主要发育下古生界奥陶系海相气源岩,其中分布在盆地中东部的下奥陶统马家沟组气源岩厚度为 5~30m;位于西部、南部台缘地区的中奥陶统平凉组气源岩围绕鄂尔多斯古陆呈"L"形分布,厚度基本位于 20~80m(图 2-10)。

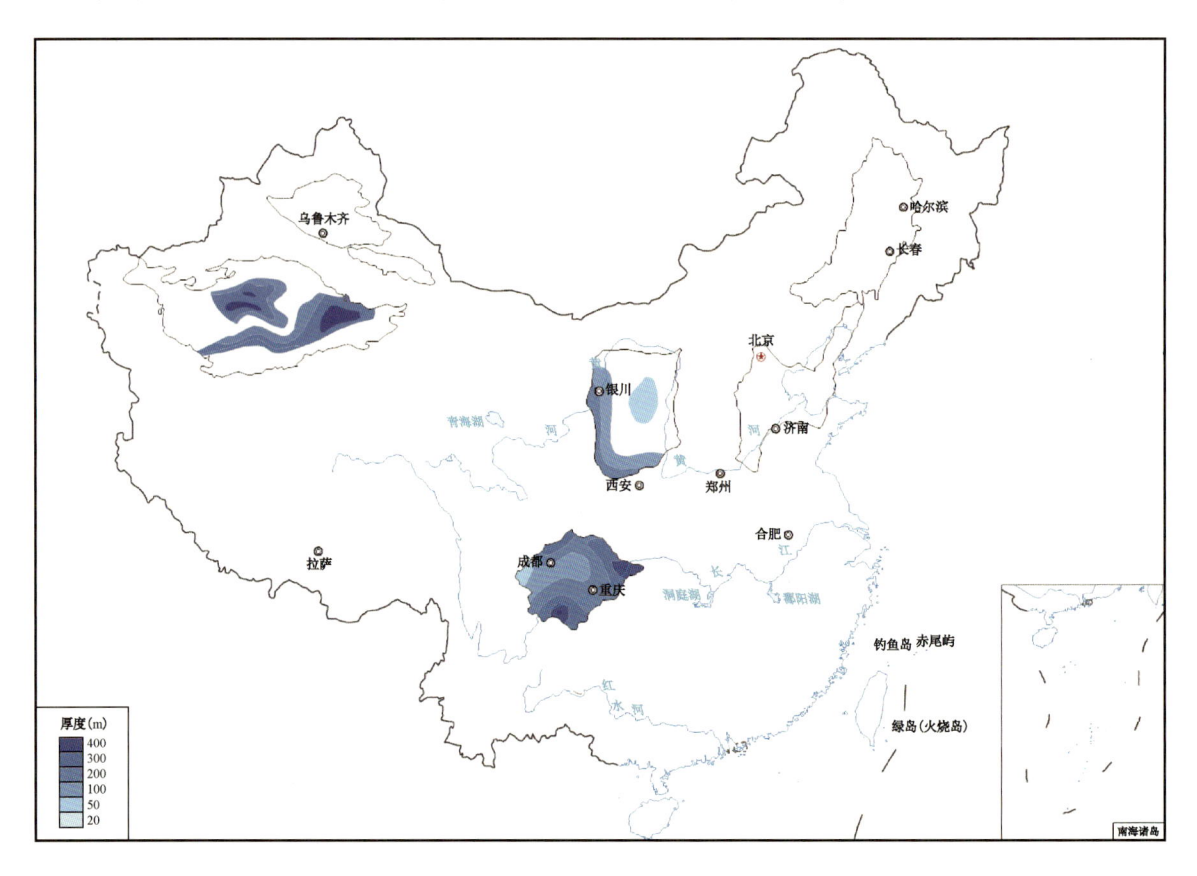

图 2-10 中国主要含气盆地海相气源岩厚度图

第二节　煤系气源岩地球化学特征与发育模式

煤系气源岩的形成与分布受古地理、古气候、古构造—沉积环境、古植物群落和热演化历史的控制。其中，地质历史时期潮湿气候带的变迁和沉积环境的变化直接影响聚煤地质环境的发生、聚煤过程的持续性、富煤地层的展布及其生气演化属性；而煤系地层有机显微组成及其所经历的埋藏史和受热历史则在较大程度上决定了煤系的生气演化历程、生气量和所生成天然气的化学组成特点。中国含煤层系发育层位分布范围见图2–11。

一、煤系气源岩地球化学特征

煤系气源岩的发育特征，使其总体上具有较高的有机碳含量。因而从普遍意义上讲，影响煤系气源岩生气潜力的决定性因素是气源岩的显微组成和成熟度。

(一) 上古生界煤系气源岩

中国上古生界煤系地层较为发育，但与大、中型气田有关的上古生界煤系气源岩主要分布在鄂尔多斯、准噶尔及渤海湾等盆地。下面主要以鄂尔多斯盆地和渤海湾盆地石炭系—二叠系气源岩为例，讨论上古生界煤系气源岩的发育特征。

1. 有机质丰度和类型

有关鄂尔多斯盆地和渤海湾盆地上古生界煤系地层的有机组成和丰度问题，前人已进行过大量研究(张士亚,1994;钟宁宁等,1998,2002;刘新社,2000;杨华等,2000;程克明等,2005;顾广明,2007;李小彦,司胜利,2008;杨伟利等,2009;徐波等,2009;薛会等,2010)。总体来说，煤的有机质丰度较高，TOC一般都在70%以上，低成熟样品(R_o<0.7%)热解烃含量一般在150~200mg/g，I_H一般在200~250mg/g TOC，为典型的气源岩，生油潜力不高。

有机岩石学分析表明，鄂尔多斯盆地和渤海湾盆地上古生界以镜质组为主，平均含量高达60%~90%(夏新宇等,1998)，属于典型的腐殖煤系地层。烃源岩干酪根的C、H、O元素组成分析表明，其H/C原子比一般小于0.8，为典型的Ⅲ型有机质。

2. 有机质成熟度

鄂尔多斯盆地上古生界镜质组反射率(R_o,%)分布特征如图2–12所示。镜质组反射率的主要分布范围跨度较大，分布在0.6%~3.0%，总体上，北部地区有机质成熟度较低，而南部区域成熟度较高。对比上古生界气源岩厚度分布特征不难看出，有机质成熟度的差异应主要与上覆地层的厚度差异有关。对比分析表明，不同构造单元，鄂尔多斯盆地上古生界的沉积埋藏史和热演化史是存在较大差别的。从单井埋藏史分析，自上古生界接受沉积开始到早白垩世晚期，全盆地连续沉降并接受沉积，上古生界上覆地层不断加厚，使全区上古生界气源岩达到地质历史时期的最大埋深，有机质热成熟度达到最大值。对比不难看出，此时盆地地区上古生界达到的成熟度是存在较大差别的，如南部旬探1井下古生界R_o已超2.0%，而北部的胜1井R_o仍不足1.0%。可见，此时盆地不同构造部位气源岩的有效生烃作用存在较大差别。自晚白垩世开始，全盆地上古生界全面抬升，上古生界现今埋深均不是其地质历史时期的最大埋深。

渤海湾盆地煤系烃源岩成熟度普遍偏高，多数地区R_o达到0.9%~2.5%，处于大量生气的高成熟—过成熟演化阶段。北部唐山地区部分煤矿R_o相对较低，仅为0.5%左右。

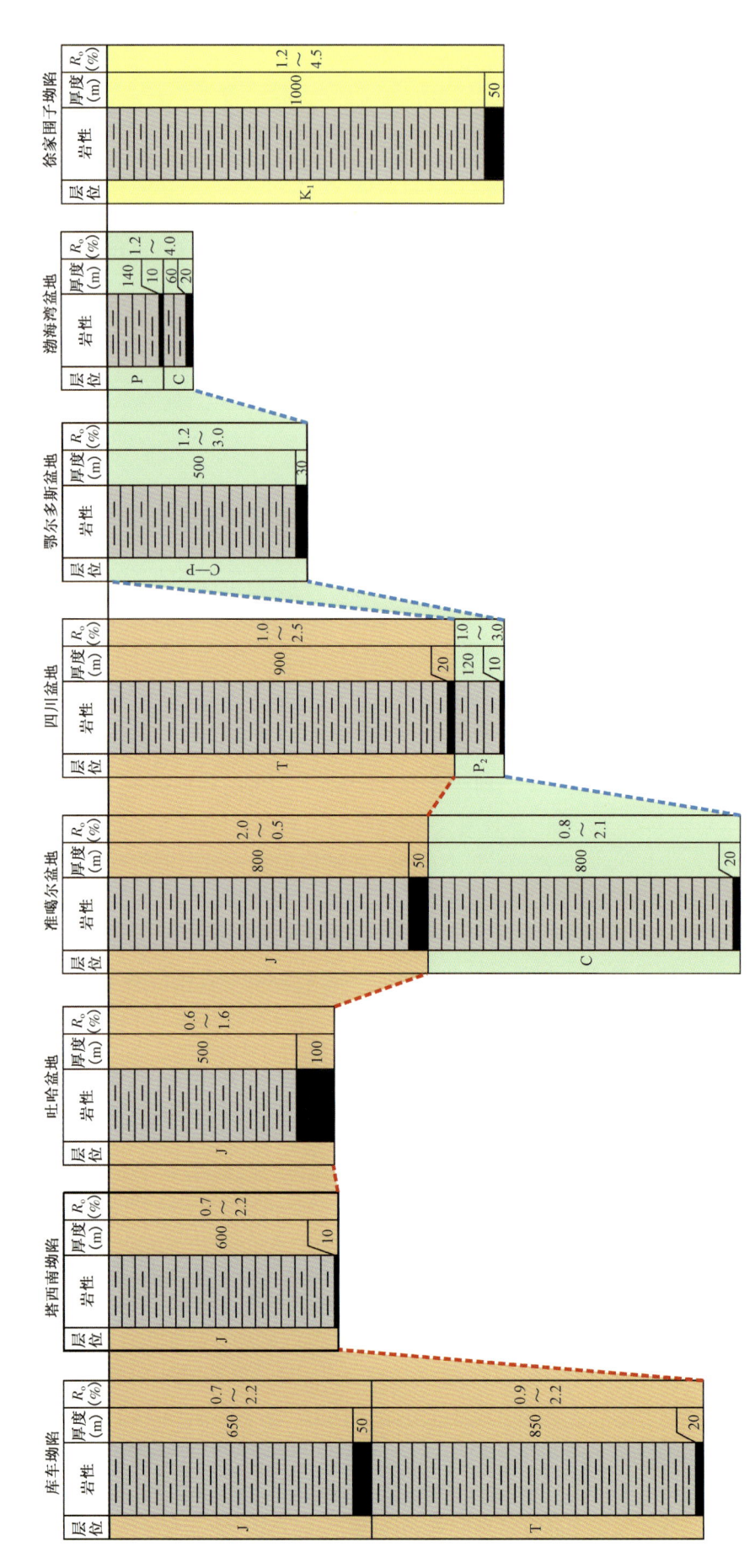

图 2-11 中国主要含气盆地煤系气源岩主要特征横向对比

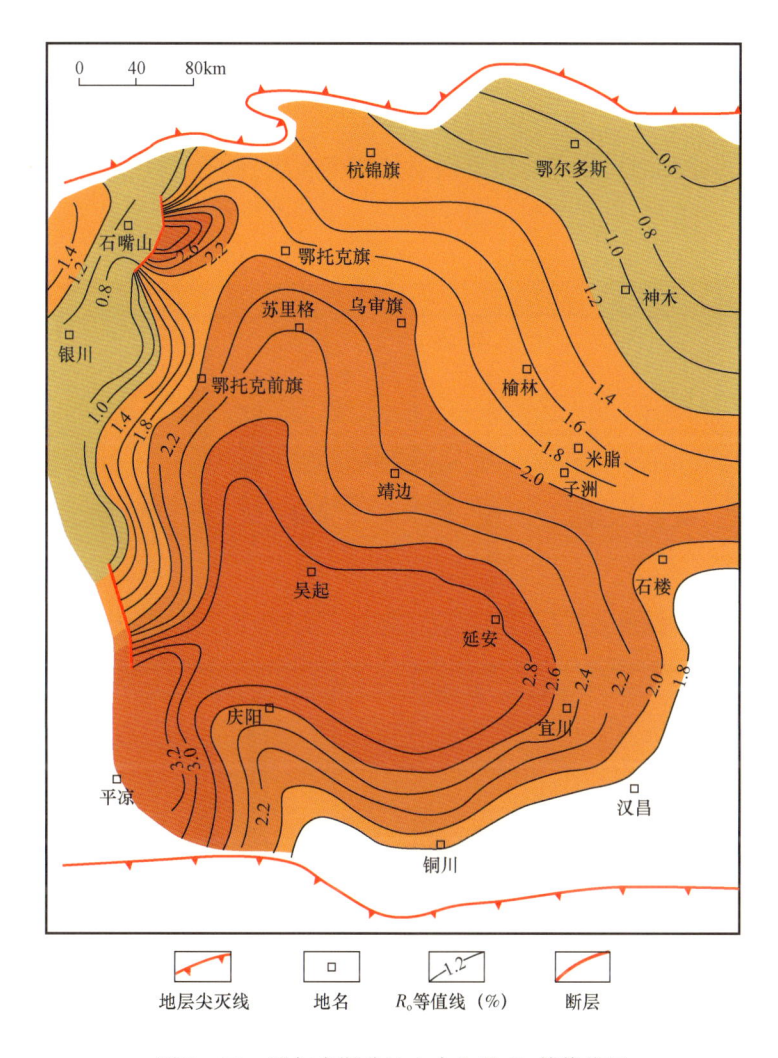

图 2-12　鄂尔多斯盆地上古生界 R_o 等值线图

（二）三叠系—侏罗系气源岩

三叠系—侏罗系煤系气源岩主要以四川盆地、塔里木盆地库车坳陷、准噶尔盆地和吐哈盆地为代表。四川盆地晚三叠世煤系发育于前陆盆地沉积体系，气源岩类型包括煤、高碳泥岩（碳质泥岩）和泥岩。侏罗系煤系气源岩分布较为广泛，塔里木盆地库车坳陷与塔西南坳陷、准噶尔盆地和吐哈盆地侏罗系气源岩皆为其主力气源岩。下文分别以上述四个地区为例，分别介绍三叠系—侏罗系煤系气源岩的地球化学特征。

1. 煤系泥岩有机质丰度

煤的有机碳含量主要与聚煤条件有关，有机碳含量的差异对生气作用的影响不大。也就是说，气源岩有机质丰度的差异主要体现在煤系泥岩有机碳的含量上。

1）四川盆地须家河组煤系泥岩

对须家河组不同地区、不同层段 801 个气源岩样品的统计表明，有机碳含量平均达到 2.6%，明显高于一般的湖相泥岩。统计发现，盆地内不同地区有机碳的含量特征是存在明显差别的。总体上，川南和川中地区有机碳含量相对较低，川西南和川西北地区总体较高。其中川西南地区须一段至须六段有机碳含量平均达到 2.85%，川西北平均为 2.68%。十分有意义的是，有机碳含量高低与暗色泥岩厚度具有较好的对应关系，可见，在烃源岩的发育过程中，沉积环境对有机质的产生、富集和保存起到了决定性的作用。

纵向上,不同层段气源岩的有机碳含量也存在有规律性的差别。总体上,须一、须三和须五段有机碳含量总体较高,而须二、须四、须六段相对略低(图2-13)。这与相应层段泥质岩类的厚度分布和前人对须家河组不同层段沉积环境的研究结果是完全对应的。值得注意的是,尽管须二、须四、须六段泥质岩类不及须一、须三、须五段发育,但也存在一定厚度的优质泥质岩类,其生气作用的贡献也是不容忽视的。

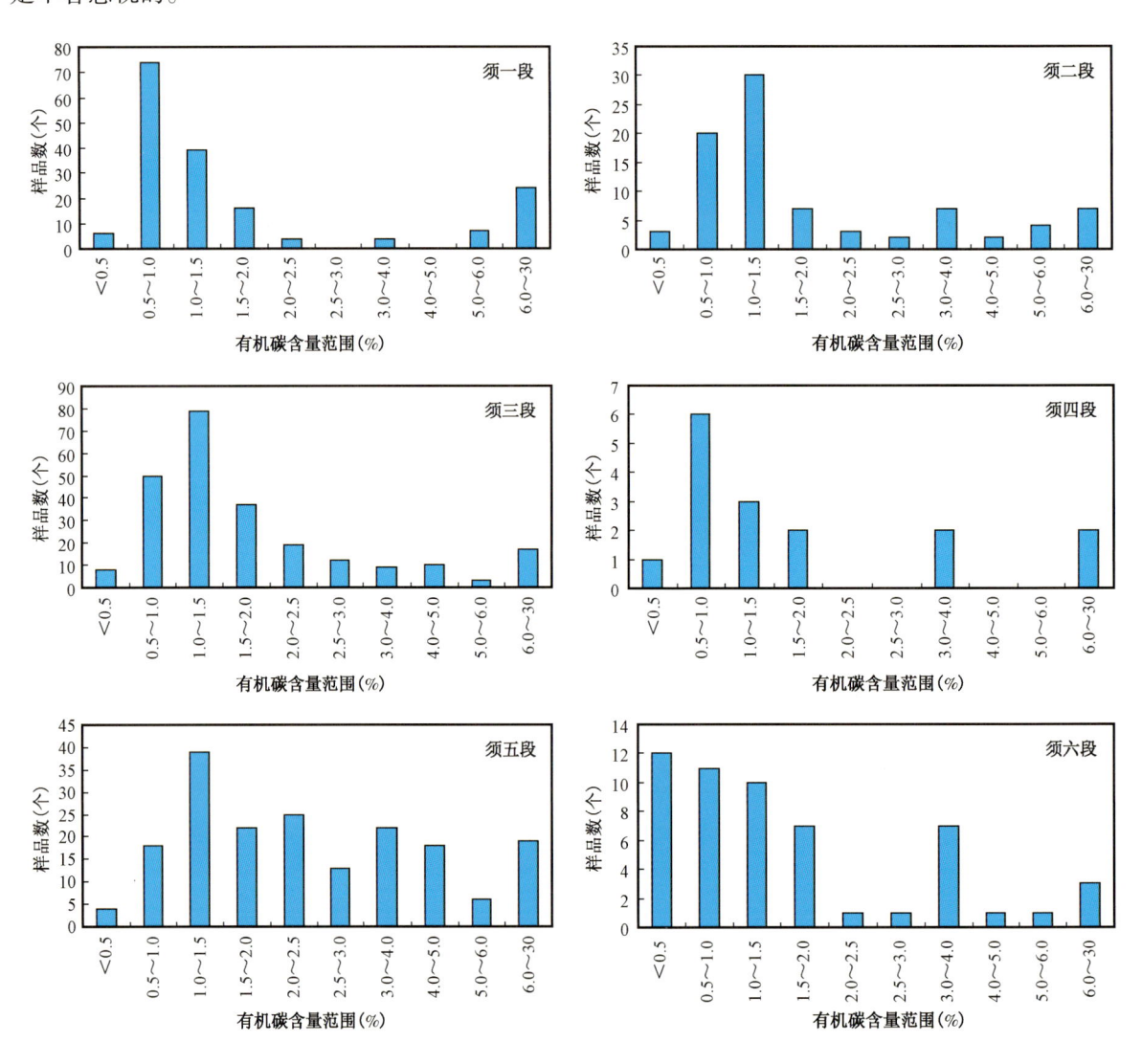

图2-13 四川盆地须家河组不同层段煤系泥岩有机碳含量比较

一个值得关注的现象是,尽管须家河组气源岩的成熟度均较高,但不同类型气源岩的氯仿沥青"A"的含量均较高。如9个煤样的 R_o 分布范围在1.01%~1.56%,平均为1.29%,氯仿沥青"A"的含量范围在1.298%~7.982%,平均含量达4.367%;4个碳质泥岩样品 R_o 分布在1.30%~1.56%,平均为1.42%,氯仿沥青"A"的含量分布在0.128%~0.571%,平均也达0.314%;20个泥岩样品 R_o 分布在0.98%~1.65%,平均为1.37%,氯仿沥青"A"的分布范围在0.073%~0.487%,平均含量为0.166%。与我国其他地区同成熟度的煤系地层比较,煤、碳质泥岩和泥岩的氯仿沥青"A"含量明显较高。

2)库车坳陷侏罗系煤系泥岩

库车坳陷侏罗系、三叠系煤系泥岩有机碳含量较高,以下侏罗统阳霞组泥岩为例(图2-14),尽

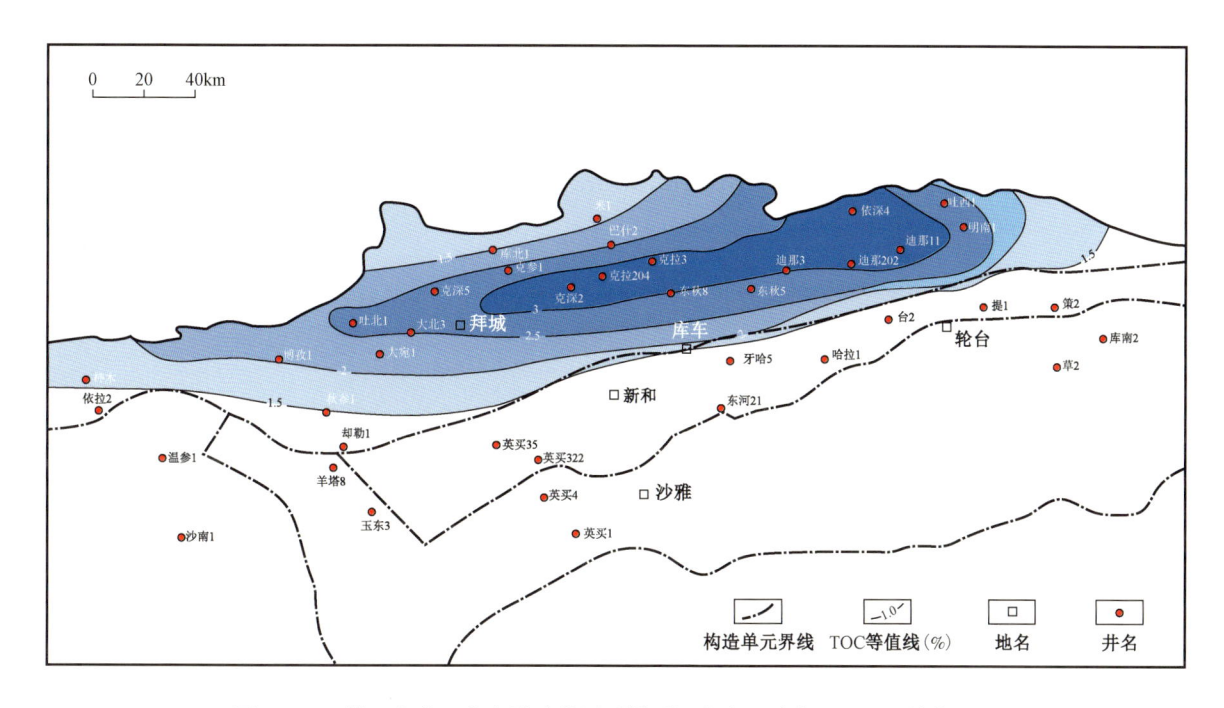

图 2-14 塔里木盆地库车坳陷侏罗系煤系泥岩有机碳含量(TOC)等值线图

管其有机质热演化已到达了高成熟—过成熟阶段,但其泥岩的有机碳含量仍在 1.5%~3.0%,表现出较高的生气能力。

3)准噶尔盆地侏罗系煤系泥岩

准噶尔盆地侏罗系为河流—沼泽相和湖泊—沼泽相交替出现的含煤建造,最大厚度超过 3000m,包括八道湾组、三工河组和头屯河组,为一套灰绿色、灰黑色沉积。据王绪龙等(2013)统计,准噶尔盆地侏罗系泥岩平均 TOC 为 1.42%,其中低于 0.6% 的约占 20%,0.6%~2.0% 的约占 60%,大于 2.0% 的约占 20%。

准噶尔盆地煤和煤系泥岩以Ⅲ型有机质为主,同时含有少量Ⅱ型干酪根。准噶尔盆地侏罗系煤系烃源岩成熟度相差较小,总体表现为盆地腹部低,R_o 一般小于 1.0%,而南缘则明显增加,最高可达 2.0%。

4)吐哈盆地侏罗系煤系泥岩

吐哈盆地发育侏罗系八道湾组、三工河组、西山窑组煤系泥岩、碳质泥岩和煤,其中煤系泥岩厚度一般为 300~500m,煤和碳质泥岩厚度较薄,一般小于 50m,最厚可达 100m。元素分析表明,煤系烃源岩以Ⅲ型有机质为主,并含有少量Ⅱ型有机质。显微组分中以镜质组为主,约占 60%~80%;其次是惰质组,约占 10%~25%;壳质组一般在 5%~10%,主要有孢子体、角质体、木栓质体等组成,另外还有少量树脂体。

吐哈盆地镜质组包括结构镜质体、均质镜质体、基质镜质体、胶质镜质体和碎屑镜质体,其中基质镜质体含量最高,普遍具有荧光。吐哈盆地基质镜质体由于生物化学阶段细菌等微生物的强烈改造作用,先质得以改良,形成了富氢镜质体,结构中具有氢化芳香结构,富含烃基团,有生成液态烃的能力。

2. 有机质显微组成

1)四川盆地须家河组气源岩

须家河组气源岩有机显微组分组成特征如图 2-15 所示。总体上,不同岩性的气源岩,有机显微组成存在一定的差别。具体表现为:煤的显微组成以镜质组(V)为主,含量常占有机组成的 80% 以上,26 个煤样的平均含量达 92%。惰质组(I)含量次之,平均含量为 7.03%。"壳质组+腐泥组"

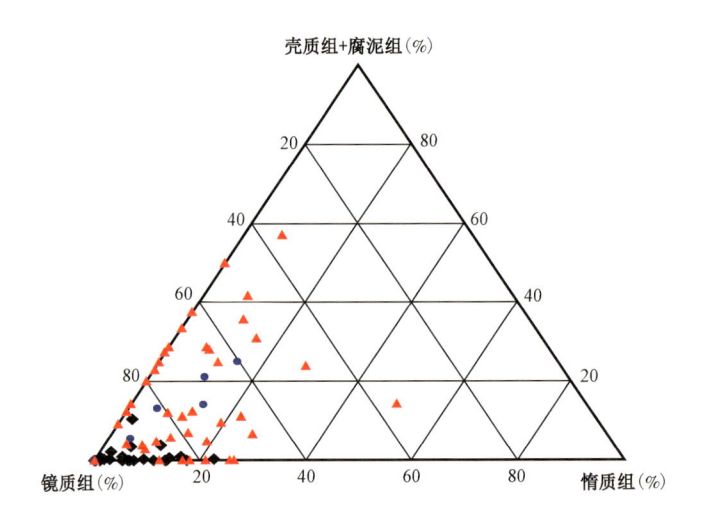

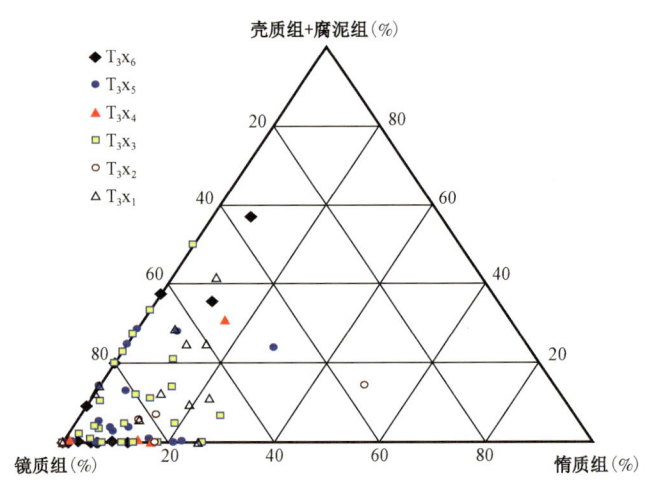

图 2-15 四川盆地须家河组不同岩性和不同层段气源岩显微组分组成三角图

(E+S)含量较低,平均含量不足1%,为0.93%。表现为典型腐殖煤的显微组分组成特点。

碳质泥岩镜质组、惰质组和"壳质组+腐泥组"平均含量分别为84.00%、6.19%和9.81%。与煤样比较,碳质泥岩镜质组含量下降,而"壳质组+腐泥组"含量明显增加。71个泥岩样品的统计表明,镜质组、惰质组和"壳质组+腐泥组"平均含量分别为83.17%、6.38%和10.45%。与碳质泥岩比较,煤系暗色泥岩镜质组含量更低,而"壳质组+腐泥组"含量明显增加。煤、碳质泥岩和暗色泥岩有机显微组分的变化规律,可能主要反映了不同岩性气源岩沉积环境水体深浅的变化所造成的有机生源输入特征的差异。

2)库车坳陷三叠系—侏罗系气源岩

侏罗系、三叠系泥岩中有机显微组分主要以镜质组和惰质组为主,腐泥组和壳质组平均含量低,富氢组分平均含量在5%以下,但仍然有部分样品富氢组分在20%~50%。碳质泥岩中富氢组分稍高,在10%左右,煤中富氢组分含量低,平均在3%以下。从总体看来,三叠系黄山街组和侏罗系恰克马克组湖相烃源岩原始有机质类型相对较好,Ⅰ、Ⅱ型有机质占有一定比例,以倾油型有机质为主;而煤系烃源岩以Ⅲ型有机质为主,主要为倾气型有机质。

3. 气源岩有机质成熟度

1)四川盆地须家河组气源岩

四川盆地须家河组无未成熟烃源岩,最小的 R_o 值为0.58%。分布在川西地区的烃源岩样品比其他地区的镜质组反射率都要高(表2-2)。在川西地区,须家河组烃源岩的镜质组反射率值分布范围

— 40 —

为 0.58%~3.11%,平均值为 1.46%;在川中地区,须家河组烃源岩的镜质组反射率值分布范围为 0.68%~2.42%,平均值为 1.35%;在川南地区,须家河组烃源岩的镜质组反射率值分布范围为 0.72%~2.07%,平均值为 1.15%。由以上分析可以看出,烃源岩的热演化程度在四川盆地中由高到低依次为川西>川中>川南。

表 2-2　四川地区上三叠统须家河组泥质岩镜质组反射率分布

地区	层位	R_o(%) 平均	最大	最小	样品数
川南	T_3x_5	1	1.48	0.72	53
	T_3x_4	1.25	1.25	1.25	1
	T_3x_3	1.23	1.43	1.05	18
	T_3x_2	1.64	2.07	1.26	10
	T_3x_1	1.24	1.36	0.94	13
川西	T_3x_6	0.84	0.84	0.84	1
	T_3x_5	1.25	2.24	0.58	283
	T_3x_4	1.37	2	0.68	232
	T_3x_3	1.48	2.91	0.58	447
	T_3x_2	1.78	3.11	0.9	169
	T_3x_1	1.7	2.57	0.67	90
川中	T_3x_6	0.91	0.91	0.91	1
	T_3x_5	1.33	2.27	0.83	64
	T_3x_4	1.38	1.68	1.01	18
	T_3x_3	1.35	2.42	0.68	44
	T_3x_2	1.41	1.76	1.12	12

须一段泥质岩镜质组反射率的值主要分布在 0.67%~2.57%(图 2-16),平均值为 1.57%。从须一段 R_o 统计数据可以看出须一段泥质岩主要处于高成熟和成熟阶段,各占比例为 41.67% 和 36.67%,还有部分进入过成熟阶段(19.17%),仅有 2 个样品是低成熟的。这 2 个样品处于低成熟阶段主要是因为埋藏太浅,分别取自 2203m 和地面。须二段泥质岩镜质组反射率的值主要分布在 0.9%~3.11%,平均值为 1.68%。须二段烃源岩都已达到成熟,且以高成熟为主,占总样品数的 47.12%,还有比例高达 21.99% 的样品进入过成熟阶段。

须三段泥质岩镜质组反射率的值主要分布在 0.58%~2.91%,平均值为 1.41%。须三段烃源岩中有 99.41% 的样品已达到成熟,且以高成熟为主,占总样品数的 51.67%,还有 3 个样品处于低成熟阶段,估计主要是因为埋藏太浅原因。须四段泥质岩镜质组反射率的值主要分布在 0.68%~2.00%,平均值为 1.35%。须四段烃源岩都已达到成熟,且以高成熟为主,占总样品数的 57.77%,没有过成熟的样品。须五段泥质岩镜质组反射率的值主要分布在 0.58%~2.27%,平均值为 1.22%。须五段烃源岩以成熟的为主峰,部分高成熟,只有少数是低成熟和过成熟的。须六段泥质岩镜质组反射率的值主要分布在 0.84%~0.91%,平均值为 0.88%。须六段烃源岩成熟度明显较低。

2) 库车坳陷三叠系—侏罗系气源岩

王飞宇等(2000)应用有机岩石学和地球化学方法,系统分析了库车坳陷探井和露头剖面中生界源岩成熟度,总结有机成熟度的时空分布规律。库车坳陷三叠系—侏罗系两套烃源层的实测镜质组反射率为 0.56%~2.1%,成熟度总体上西高东低、北高南低。在拜城凹陷—阳霞凹陷西部目前已达

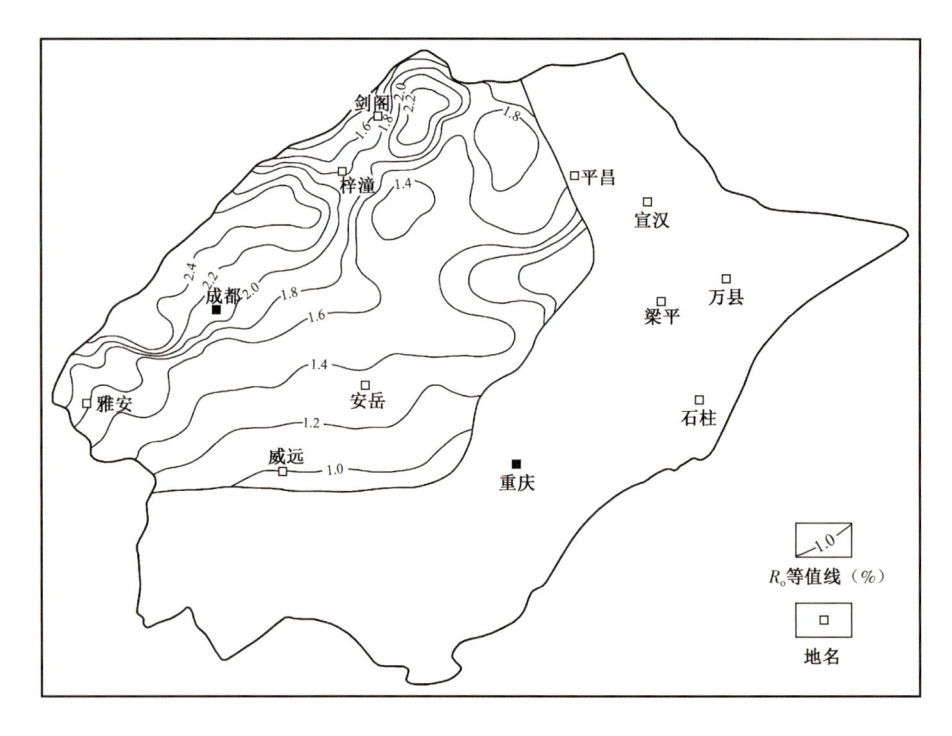

图 2-16 四川盆地上三叠统须一段烃源岩 R_o 等值线图

过成熟,在山前逆冲带上,由于晚期断层逆冲,将深部烃源层推挤到浅部或地表,结果即使埋藏很浅,实测的 R_o 仍然较高。图2-17揭示的侏罗系阳霞组烃源岩成熟度分布特征与前人的研究结果是十分吻合的。

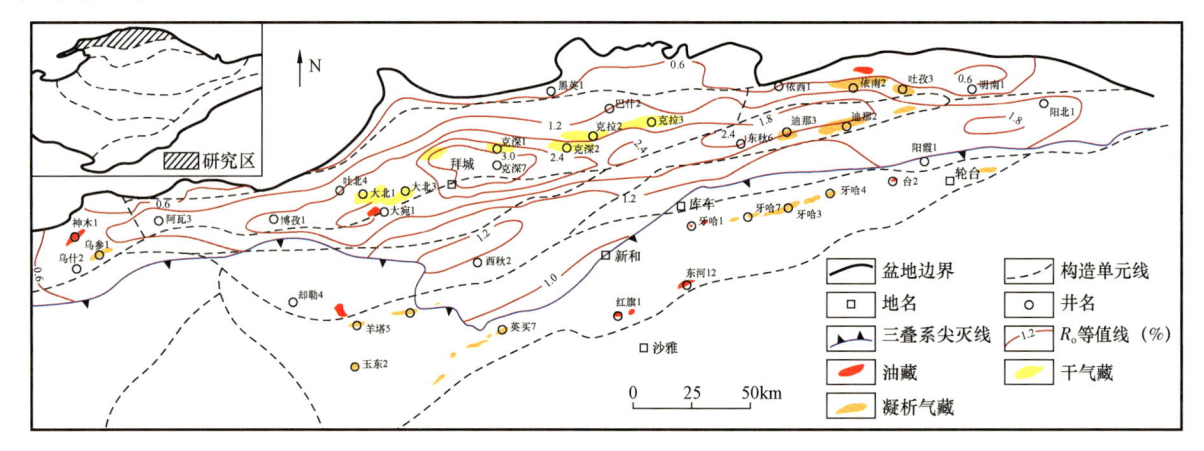

图 2-17 塔里木盆地库车坳陷侏罗系烃源岩 R_o 等值线图

(三)白垩系煤系气源岩

1. 有机质丰度与类型

徐家围子断陷分为徐北和徐南两个凹陷,沙河子组、火石岭组、营城组烃源岩在徐南、徐北凹陷分布特征不同。从表2-3可以看出,徐北凹陷的有机质丰度明显高于徐南凹陷。徐南凹陷登娄库组的有机碳平均值为0.342%,徐北凹陷为0.473%;营城组在徐南凹陷的有机碳平均值、氯仿沥青"A"平均值和生烃潜力平均值分别为0.34%、0.1181%、0.0633mg/g,在徐北凹陷有机碳平均值、氯仿沥青"A"平均值和生烃潜力平均值分别为1.44%、0.6097%、0.3107mg/g;火石岭组在徐南凹陷的有机碳平均值和生烃潜力平均值为0.92%和0.093mg/g,在徐北凹陷有机碳平均值、氯仿沥青"A"平均值和生烃潜力平均值分别为2.74%、0.0156%、0.3186mg/g；徐南凹陷目前尚未钻遇沙河子组烃源岩。纵向看，登娄库组为几乎不具备成烃条件，主力烃源岩是沙河子组和火石岭组。

表2-3 徐家围子断陷南部和北部有机质丰度比较（据金晓辉，2003）

层位	南部			北部		
	TOC(%)	S_1+S_2(mg/g)	氯仿沥青"A"(%)	TOC(%)	S_1+S_2(mg/g)	氯仿沥青"A"(%)
登娄库组	0.118~1.698 0.342(54)			0.07~5.507 0.473(202)	0.22~0.05 0.0375(4)	
营城组二段	0.34 (1)	0.05~0.09 0.0633(3)	0.0122~0.261 0.1181(7)	0.134~3.572 1.44(26)	0.05~1.72 0.3107(25)	0.0022~2.8705 0.6097(28)
沙河子组				0.136~84.44 14.63(95)	0.03~103.37 4.0826(25)	0.0027~2.8324 0.3496(50)
火石岭组	0.12~2.01 0.92(7)	0.03~0.18 0.093(6)		0.68~4.3 2.74(7)	0.2~0.45 0.31857(7)	0.0002~0.0705 0.0156(11)

徐家围子断陷深层烃源岩岩石热解与干酪根元素分析资料表明：该区烃源岩达到了较高的成熟度，但从演化趋势上判断，该区烃源岩以陆源Ⅲ型为主，部分为Ⅱ型。烃源岩类型主要与沉降—沉积速率有关。沙河子—营城组与登娄库组烃源岩的沉降速率，主要表现为补偿型或基本补偿型，其中沙河子—营城组烃源岩主要形成于半深湖或沼泽相，有机质类型以陆源Ⅲ型为主；登娄库组烃源岩主要形成于沼泽相或三角洲平原相，有机质类型同样以陆源Ⅲ型为主。

2. 有机质成熟度

徐家围子断陷深层烃源岩有机质镜质组反射率R_o值几乎均大于1%（图2-18）。徐北凹陷平均值为2.00%，最小值为0.81%，最大值为3.56%；徐南凹陷R_o平均值为2.22%，最小值为2.08%，最大值为2.39%。可见，深层烃源岩演化程度高。总体而言，登娄库组、营城组、沙河子组和火石岭组大部分样品处于成熟至过成熟阶段，个别处于变质阶段；相同层位，如营城组，徐北凹陷比徐南凹陷埋藏深，有机质成熟度高，徐南凹陷石炭系—二叠系有机质达到高成熟阶段或成熟阶段；徐深1井镜质组反射率剖面表明，徐北凹陷至少有两次不连续的热事件，火石岭组与其上覆地层具有不同的热演化特征，即火石岭组具有较高的古地温梯度；徐家围子断陷深层烃源岩均已经过了生气阶段。

通过上述分析不难看出，不同时代，不同构造单元，煤系气源岩的发育特征是存在较大差别的。同时，同类构造单元中，煤系的发育特征也存在较明显的规律性。显然，这些差异和相似性，是构造—沉积环境对煤系气源岩控制作用的综合体现。

二、煤系气源岩发育模式

煤系气源岩主要分布在前陆盆地，如四川盆地川西地区、塔里木盆地库车坳陷等；其次是克拉通盆地，如鄂尔多斯盆地；此外还有断陷盆地和山间盆地等。不同盆地烃源岩的发育模式不同，下面按照盆地类型探讨烃源岩的发育模式。

（一）前陆盆地煤系气源岩发育模式

前陆盆地是指位于造山带前缘及相邻克拉通之间的沉积盆地。依据前陆盆地的发展演化、剖面结构、层序关系和生储盖组合特点，将前陆盆地划分为陆缘前陆盆地和陆内前陆盆地两大类（金之钧等，2004）。在我国中西部中新生代以来发育的前陆盆地属于陆内型前陆盆地，构造上位于陆内造山

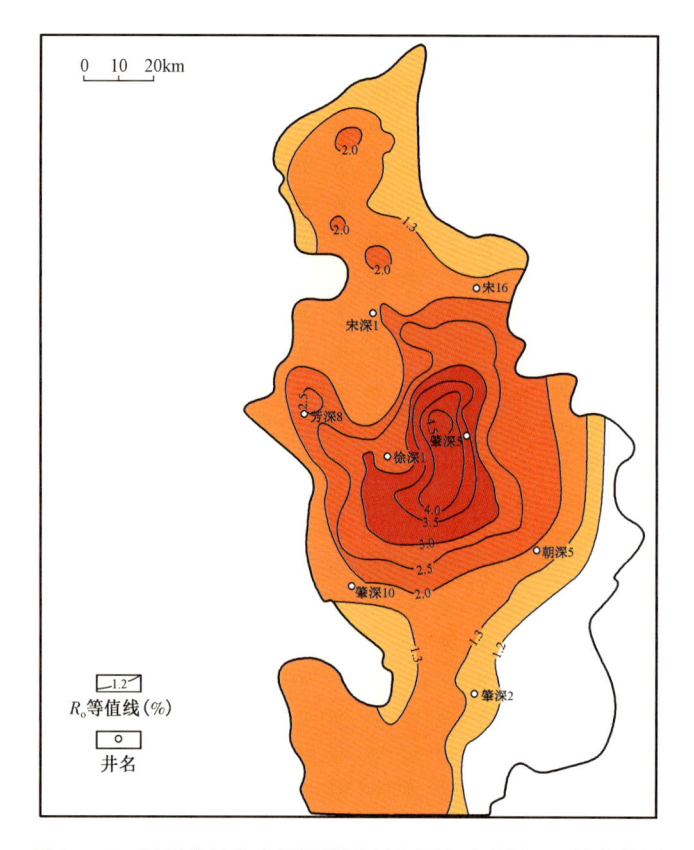

图 2-18　松辽盆地徐家围子断陷沙河子组气源岩 R_o 等值线图

带附近。

前陆盆地形成于挤压构造环境，又常将这类盆地称之为压陷型沉积盆地。受造山带活动的影响，前陆盆地具有一些相似的成因特征：如盆地的沉积中心和沉降中心紧邻山前，且沉降中心与沉积中心不一致；前陆盆地的结构具有不对称性。自造山带向盆地方向发育山前冲断带、前陆坳陷、前缘斜坡和前缘隆起和隆后等次级构造单元。其中前缘隆起带是在整体挤压构造背景下，作为对岩石圈受构造侵位产生挠曲变形的均衡补偿而发育的构造单元，由于形成盆地驱动力的差异，部分前陆盆地多不具备完整的盆地系统结构，如库车前陆盆地（田作基等，2002）、准噶尔盆地（张功成等，1999）均缺失隆后带，且前隆不明显（汤济广等，2006）。四川前陆盆地发育完整的盆地系统结构（郑荣才等，2008）。

前陆盆地体系中主要发育深湖相、半深湖相、浅湖相、沼泽相、河流相及山麓冲、洪积相。在我国，前陆盆地形成的气源岩主要分布于中、西部的再生前陆盆地，以发育中生界煤系气源岩为特征（柳少波等，2005）。

综合分析我国前陆盆地气源岩的分布规律发现，气源岩的厚度分布和有机质分布的总体特征是基本相同的。总体特征是：

（1）气源岩的分布具有明显的不对称性。这一特征主要受控于前陆盆地构造—沉积样式的制约。由于沉积中心和沉降中心紧邻山前，因而总体特征是山前陡坡带有机质不发育，以扇三角洲和三角洲沉积体系为主；深坳区往往靠近山前带，高等植物有机物来源丰富，泥质岩类厚度大，是有利的气源岩发育区。从深坳区到缓坡带，沉积地层变薄，有机质保存条件变差，丰度降低。

（2）煤和煤系泥岩以山前带为轴向连续分布，即大体与山系基本平行（高长林等，2000；柳少波等，2005），如塔里木盆地库车坳陷，也可能形成大面积分布，如四川盆地上三叠统须家河组气源岩。

（3）煤和煤系泥岩的厚度中心往往靠近山前带，且泥岩的厚度中心与煤层厚度中心常不一致。如四川盆地上三叠统煤系和库车坳陷中生界煤系。显然,这一特征与湖沼相中煤层和泥岩发育的水体深浅特征有关。事实上,不同构造—沉积体系中煤和泥岩的厚度分布均具有这一点,如与克拉通盆地有关的鄂尔多斯盆地上古生界与松辽盆地断陷盆地的深层。

(4)煤系泥岩的厚度与有机碳含量具有较好的正相关关系。这一特征也普遍存在于陆相沉积体系中,可能主要与高等植物来源有机质的富集模式和保存条件有关。

(5)前陆盆地挤压构造环境造成的沉降、沉积特点,常使前渊坳陷带气源岩的埋深大,有机质具有较高的成熟度水平。库车坳陷中生界与四川盆地上三叠统均具有这一特点。其中,山前坳陷带的连续快速埋藏特点,也十分有利于气源岩的生气作用和天然气田的成藏作用(如库车坳陷中生界)。

前陆盆地气源岩分布和发育特点,较好地体现了前陆构造—沉积体系是气源岩的发育模式。下面以四川盆地下三叠统为例说明前陆盆地气源岩的发育模式和分布特点。

四川盆地须家河组沉积早期,龙门山构造山系的逆冲推覆作用较为活跃,川西坳陷发生强烈拗陷沉降作用,而米仓山—大巴山构造山系尚处于低幅稳定隆升状态,川东北坳陷主要受龙门山逆冲推覆作用的远端效应影响,两个造山带的联合作用直接控制了四川盆地"三坳围一隆"的构造—沉积格局和西南厚、东北薄以及川西坳陷为主体的西断东超的压性箕状盆地构造样式。四川盆地上三叠统须家河组沉积相类型丰富多样,变化虽然较为复杂但很有规律,尤以沉积相带展布格局的变化最有规律,有三个主要特点(朱如凯等,2009)。

(1)四川盆地须家河组沉积期沉积主要从周边山系向盆内、从川中隆起向盆地中心逐渐推进,由以发育(冲积扇)辫状河—辫状河三角洲—浅湖沉积为主的沉积体系组成,致使四川盆地浅湖区域为向南西倾斜的"∩"形,浅湖内零星发育有小型浅湖沙坝沉积。由盆地边缘和川中隆起的冲积扇(河流)和(扇)三角洲沉积体系的粗—中粒碎屑岩沉积相带,向前逐渐过渡为湖泊沉积体系的细碎屑—泥质岩沉积相带,各沉积体系和沉积相、亚相、微相类型的变化及平面配置关系,都呈现由粗变细和由厚变薄的规律性变化。

(2)沉积相带的展布格局严格受构造控制,以盆地边缘最为明显。例如,在四川盆地西部,沉积相带的展布格局主要受龙门山构造带逆冲推覆作用控制,由各类扇体侧向叠置组成的扇裙具有平行龙门山构造带呈南西—北东向展布的特点;在四川盆地北部和东北部,主要受米仓山—大巴山构造带逆冲推覆作用控制,具有自西向东随着米仓山—大巴山构造带的走向由近东西逐渐折向北西—南东向的变化,以冲积扇和三角洲为主体的扇裙展布格局也具有同方向变化的特点。

(3)晚三叠世须家河组沉积期,以龙门山构造带逆冲推覆活动为主,米仓山—大巴山活动相对较弱。川西坳陷沉积作用主要受龙门山构造带逆冲推覆控制,而川东北坳陷主要受龙门山逆冲推覆作用远端效应控制,四川盆地自西向东由于构造活动渐趋减弱而导致川西坳陷与川东北坳陷的沉降充填以及充填方式有较大的差异。与川东北坳陷相比,川西坳陷沉积厚度明显增大,两者之间存在巨大反差。

可见,须家河组沉积时期,区域构造特征控制着沉积相带的规模和展布。不同沉积相带中煤系和泥质岩类的发育特征受水体环境能量和还原性的影响。对有机质而言,主要决定了其富集程度和保存条件。也就是说,构造活动是控制气源岩展布的决定性因素。就四川盆地而言,须家河组气源岩的发育与展布和性质,在很大程度上受龙门山构造带逆冲推覆作用的控制。受安县运动的影响,龙门山褶皱成山后盆地与阿坝海域基本隔绝,也从较大程度上改变着沉积单元中的水体环境。

盆地内须家河组煤系泥岩和煤层的展布特征较充分地展示了构造活动对沉积相的控制和不同沉积相中有机质的富集和保存特点。

前已述及，盆地内暗色泥岩的厚度中心与煤的厚度中心是存在差异的。这一特征也充分说明了沼泽环境中高等植物有机质就近沉积的特点及其与湖相环境水体深浅的差异关系。也就是说，煤系主要发育在沉积水体相对较浅的湖沼环境，而泥质岩类沉积时的水体相对较深。就同一时期的沉积而言，煤层主要发育在近岸的沼泽环境，而泥质岩类主要发育在深湖—半深湖环境。纵向上，受构造活动的影响，随沉降和沉积中心的东移，自须一段至须六段，有效的气源岩分布区也发生东移（图2-19）。同时，随着龙门山构造带的抬升，盆地深坳区与缓坡区水体深度差异缩小和沉积范围的变大，煤层的发育范围也逐步增加。

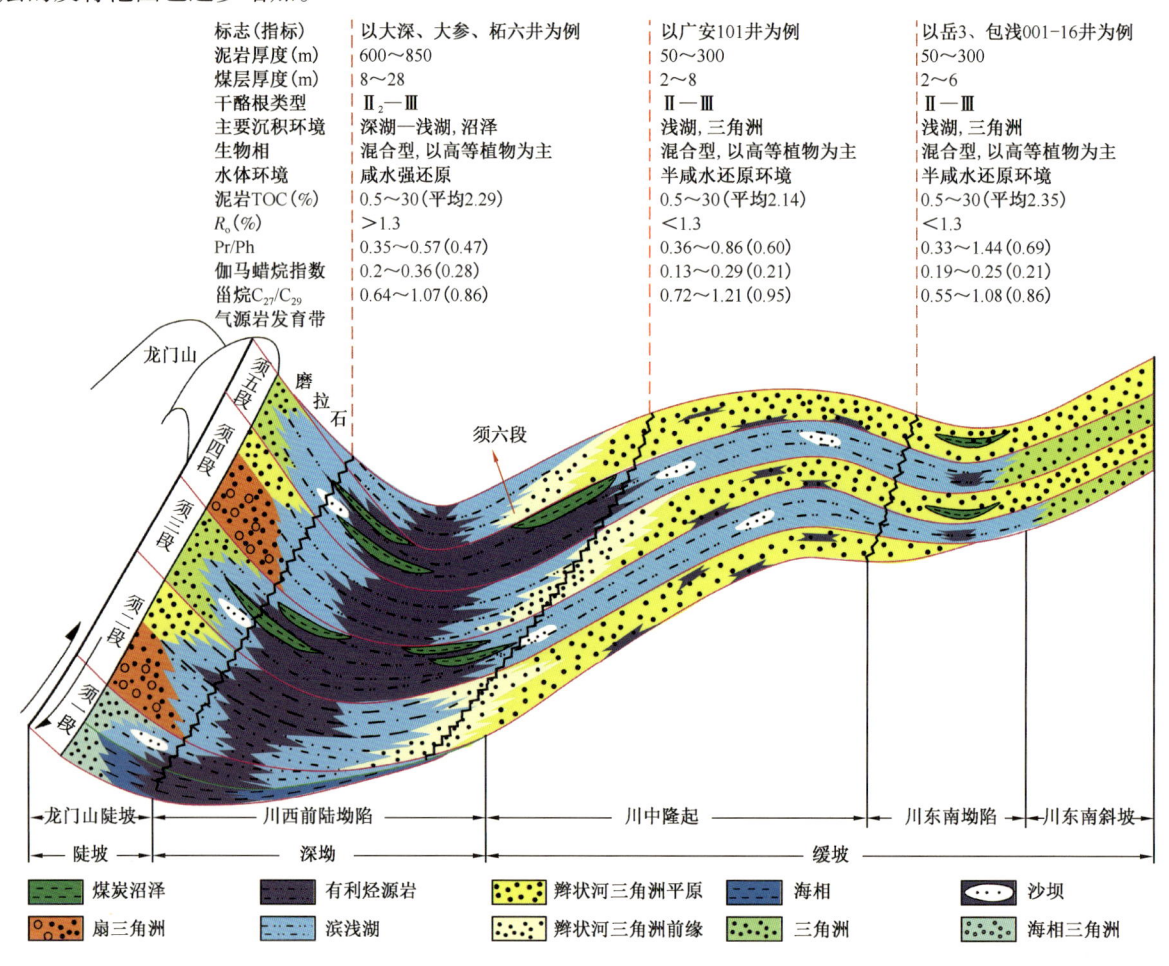

标志（指标）	以大深、大参、柘六井为例	以广安101井为例	以岳3、包浅001-16井为例
泥岩厚度(m)	600～850	50～300	50～300
煤层厚度(m)	8～28	2～8	2～6
干酪根类型	II_2—III	II—III	II—III
主要沉积环境	深湖—浅湖，沼泽	浅湖，三角洲	浅湖，三角洲
生物相	混合型，以高等植物为主	混合型，以高等植物为主	混合型，以高等植物为主
水体环境	咸水强还原	半咸水还原环境	半咸水还原环境
泥岩TOC(%)	0.5～30（平均2.29）	0.5～30（平均2.14）	0.5～30（平均2.35）
R_o(%)	>1.3	<1.3	<1.3
Pr/Ph	0.35～0.57（0.47）	0.36～0.86（0.60）	0.33～1.44（0.69）
伽马蜡烷指数	0.2～0.36（0.28）	0.13～0.29（0.21）	0.19～0.25（0.21）
甾烷C_{27}/C_{29}	0.64～1.07（0.86）	0.72～1.21（0.95）	0.55～1.08（0.86）
气源岩发育带			

图2-19　川西前陆盆地上三叠统须家河组煤系气源岩发育模式图

不同构造带气源岩的地球化学参数分布特征（图2-19），较好地反映了沉积相带的变化和有机质的富集特点。依据四川前陆盆地气源岩的发育模式，结合其他前陆盆地煤系气源岩发育特征，可将前陆盆地气源岩的发育过程归纳为图2-20的发育模式。紧邻山前冲断带的陡坡带以扇三角洲沉积体系为主，气源岩不发育；自三角洲前缘亚相开始，有机物源丰富。靠近山前带陡坡带的深坳区是煤系气源岩最有利的发育地区。这一地区煤层往往较为发育，泥岩厚度大，有机质丰度高。自前渊坳陷带至前渊隆起带，沉积水体变浅。前渊隆起带主要为河流三角洲—滨湖亚相沉积。在隆后坳陷带，依据水体深度差异，又可发育滨浅湖相沉积。总体上，自前渊坳陷区至隆后斜坡带，有机质丰度总体呈降低趋势。这一特征说明，山前物源区也是有机营养成分较为充足的地区，高等植物生源输入物丰度高，而在靠近克拉通地区的斜坡带，煤层并不十分发育。这一特征与断陷盆地的煤系分布形成鲜明对照。

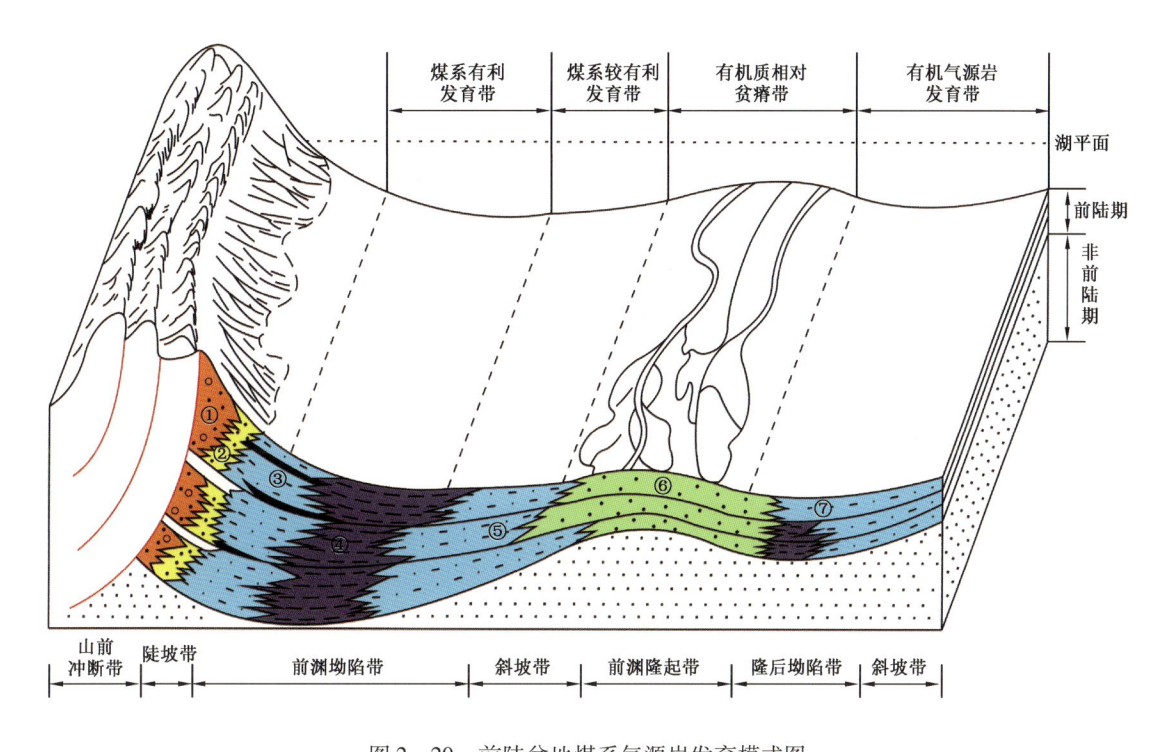

图 2-20 前陆盆地煤系气源岩发育模式图

① 扇三角洲；② 三角洲前缘亚相；③、⑤、⑦ 滨浅湖亚相；④ 湖相；⑥ 河流三角洲—滨湖亚相

(二)克拉通盆地煤系气源岩发育模式

煤系克拉通盆地气源岩的发育模式以鄂尔多斯盆地上古生界为例,其沉积层序格架及煤系发育特征如图 2-21 所示。由图可见,上古生界主要煤系发育在太原组和山西组。上、下石盒子组存在少量煤层,总体不发育。下面以太原组和山西组为研究重点,讨论和研究克拉通盆地煤系气源岩的发育模式。

从图 2-21 的地层发育特征和沉积相分布特征不难看出,太原组和山西组的沉积相特征相对较为复杂。其中,太原组主要发育潮坪—台地沉积体系,而山西组则主要发育三角洲沉积体系,两者在沉积环境上是存在较大差别的。从煤系的发育环境来看,泥炭坪(海相或海陆交互相)和泥炭沼泽(陆相)是鄂尔多斯盆地的两大基本成煤环境。鄂尔多斯盆地晚古生代海陆过渡环境中,这两种成煤环境在空间上相邻过渡、垂向上共生交替,存在有聚煤时期的有限性和赋煤分布上的差异性,也使这两套成煤环境的地层和煤层的岩石学、地球化学、生物及生态学、沉积学特征明显不同(桑树勋等,2001)。可见,鄂尔多斯盆地煤系地层的发育模式是较为复杂的。

从构造演化和沉积史分析,晚古生代盆地东西厚煤带的分布与成煤期存在的西部断陷—沉降带和东部浅坳带大体一致,薄煤带与中央隆起带的范围基本一致。从沉积环境上看,太原组沉积早期,地壳下沉,来自盆地东、西部的海侵进一步向北部及中央古隆起侵漫,潮坪、潟湖和滨岸沉积逐渐超覆于中央古隆起(何自新,2003),形成了各种海相环境的泥炭坪沉积。其中潟湖泥炭坪分布较广,为主要成煤环境之一,形成的煤层多,厚度大,分布较稳定;堡后泥炭坪聚煤区主要分布在西部的环县、惠安堡和马家滩一带以及东部的乌审旗、榆林、横山、靖边、子长及安塞一带,成煤环境较局限,多分布在后滨的草沼地带;潮坪泥炭坪聚煤区主要分布在盆地南部边缘及中央古隆起地区。随着时间推移,在盆地西部的中宁及东部的延长—子长一带的海侵方向,有利的聚煤环境逐渐由南向北发展。

— 47 —

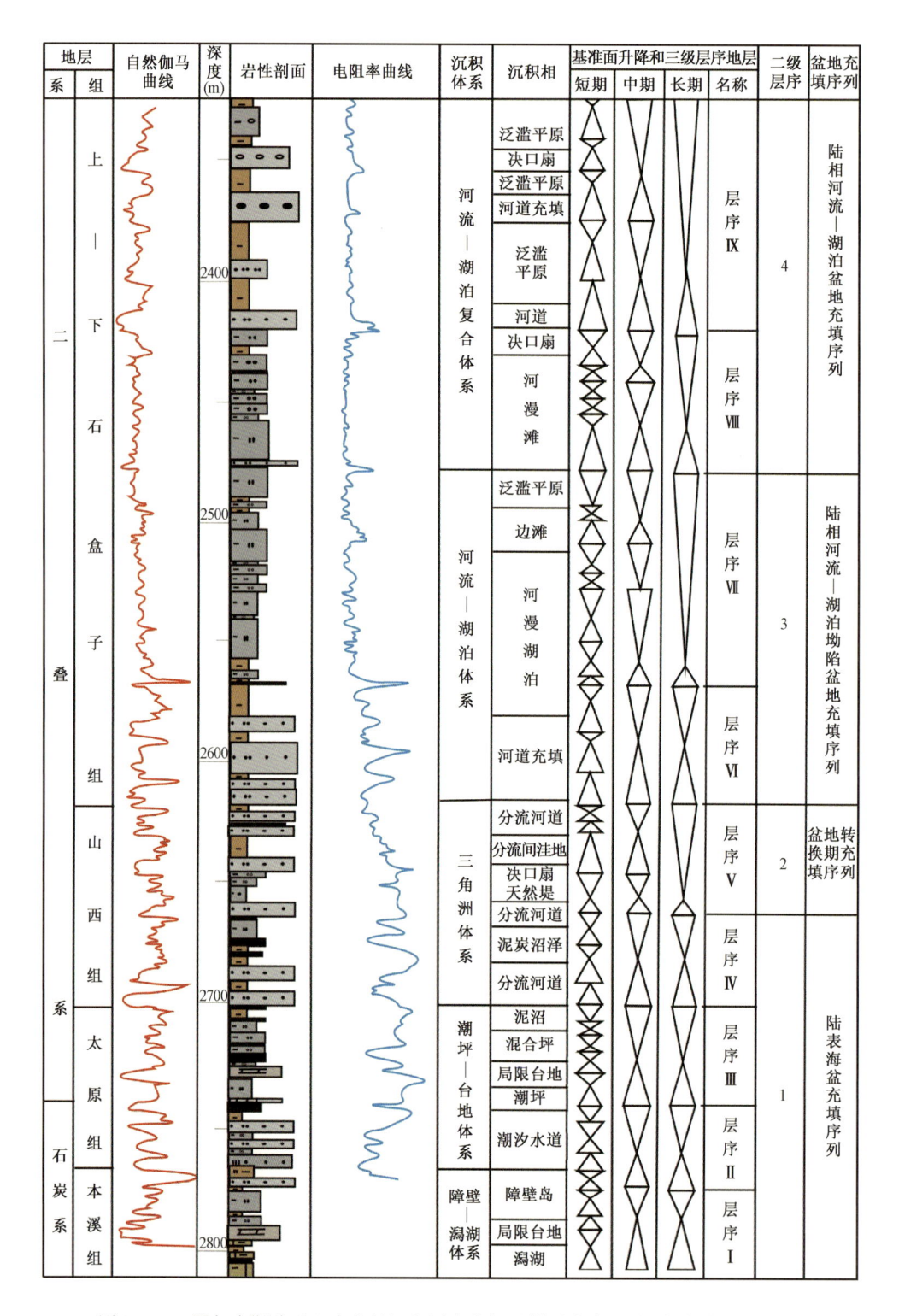

图 2-21　鄂尔多斯盆地上古生界沉积层序格架及煤系发育环境(据何自新,2003)

从分布区域上看,太原组煤层在三个地区发育较好:一个在西部的乌达—石炭井—惠安堡—环县一带,煤厚 8~20m,主要为潟湖泥炭坪成煤环境;一个在中北部的准格尔旗—乌审旗,厚煤带呈 NE—SW 条带状延伸,煤层厚 16~37m,主要为受潮汐控制的潮控三角洲及潮坪相泥炭坪成煤环境;另一地区在东部的乡宁—合阳一带,煤层厚 8~24m,主要为潟湖泥炭坪成煤环境。可见,太原组聚煤环境在较大程度上受海水活动的影响,以形成与海水有关的泥炭坪为主;同时,在三角洲间湾、扇间洼地及河漫平原,也是泥炭沼泽的有利发育带。太原组聚煤时期,盆地东部的聚煤环境主要与潟湖和障壁海岸有关,而中央隆起东部,则以潮坪聚煤环境为主。

山西组沉积期,在大规模海退背景下,开始进入陆相聚煤环境,潟湖泥炭坪、堡后泥炭坪及潮控三角洲泥炭坪等主要成煤环境的地位逐渐被三角洲平原和(河流)岸后泥炭沼泽所取代。此时期河流岸后泥炭沼泽在靠近盆地边缘发展。

陈全红等(2009)通过对鄂尔多斯盆地西缘晚古生代含煤地层沉积环境、沉积体系分析和聚煤环境的研究,认为鄂尔多斯盆地上古生界成煤模式与整个华北盆地是一致的,并提出了三种主要煤系发育模式,即障壁海岸煤系发育模式(图2-22)、潮控三角洲煤系发育模式(图2-23)和河流(或三角洲平原)煤系发育模式(图2-24)。其中,障壁海岸和潮控三角洲煤系发育模式主要是指与海水活动有关的太原组煤系的发育模式。

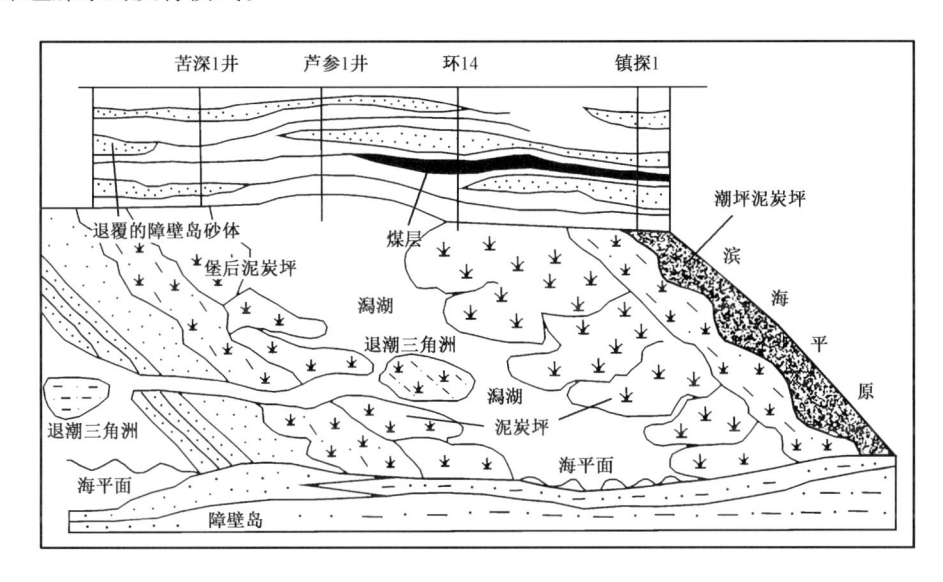

图 2-22 鄂尔多斯盆地障壁海岸煤系发育模式(据陈全红等,2009)

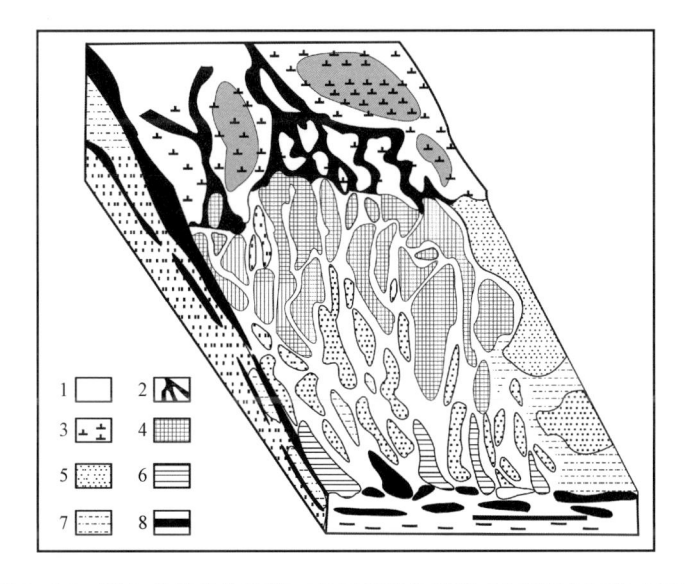

图 2-23 鄂尔多斯盆地潮控三角洲煤系发育模式(据陈全红等,2009)
1—潮沟-陆盆;2—分流河道;3—三角洲平原(非潮成的);4—潮控三角洲泥岩坪;
5—潮沙坝;6—潮汐谷;7—水生沼泽(红树林);8—煤层

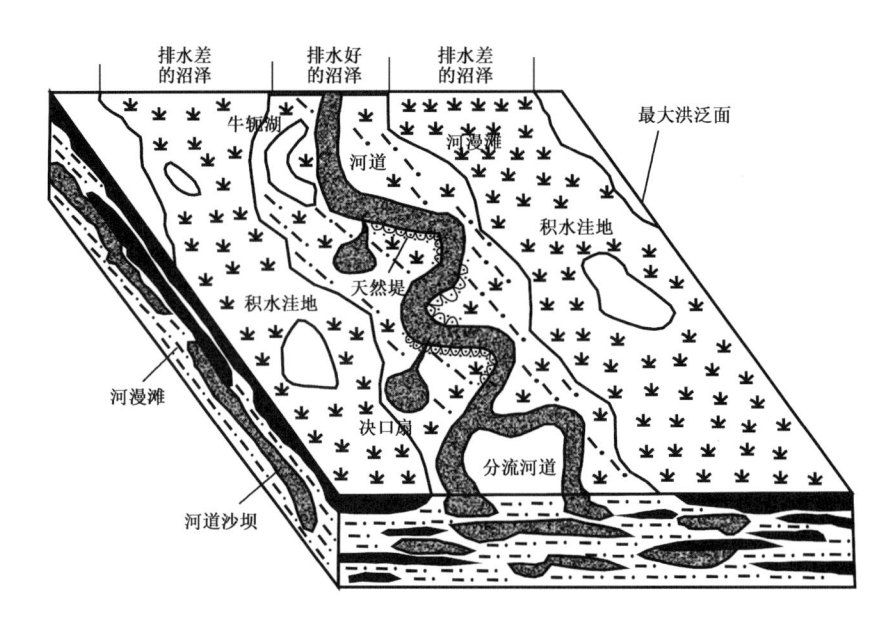

图 2-24　鄂尔多斯盆地河流和三角洲平原煤系发育模式（据陈全红等，2009）

障壁海岸成煤环境由成因上共生的多个沉积系统组成，常包括平行海岸分布的砂质障壁岛链环境、障壁岛链后受潮汐影响的潟湖、河口湾及靠近陆缘的潮坪、海岸沉积环境，以及由于潟湖与外海交换所形成的潮道及潮汐三角洲环境。煤层主要形成于潟湖泥炭坪、堡后泥炭坪、潮坪泥炭坪及潮汐三角洲泥炭坪环境中，其中潟湖泥炭坪分布较广泛，可与堡后泥炭坪连接。而且，受海水进退及盆地演化的影响，堡后泥炭坪可与潮汐三角洲泥炭坪连接，因此，障壁海岸成煤环境可形成大面积分布、层位稳定、厚度较大的煤层（李增学等，2006；陈全红等，2009）。在区域上，这种成煤模式主要分布在西部的灵武、鄂托克旗、定边、惠安堡、马家滩、环县一带以及东部的乌审旗、榆林、佳县、清涧及安塞一带（陈红全等，2009）。

盆地北部乌海、乌达、呼鲁斯太、鄂托克旗、神木及伊金霍洛旗一带，由于受到潮汐作用的影响，太原组沉积时注入港湾内的沉积物，只能充填在港湾内堆积成小型三角洲。受潮汐和河水双重作用影响非常明显，以分流河道沉积与河道间泥炭沼泽沉积密切共生的关系为泥炭沼泽的持续发育创造了有利条件，形成较厚且分布稳定的煤层。在泥炭形成过程中由于海水在涨潮时可以通过分流河道进入该体系，反映其格局是一种受潮汐作用影响下的三角洲平原分流河道—潮道混合水道，但主要为陆上淡水条件下沉积，有多条分流河道在港湾内汇聚，形成三角洲平原—潮坪的混合的以泥炭坪成煤为主的成煤模式（陈全红等，2009）。

山西组主要为一套曲流河冲积平原沉积，主要聚煤场所是岸后的泥炭沼泽微相中，废弃河道充填沼泽为次要聚煤场所。河道边缘地区的沼泽可划分为排水好的和排水差的两种类型。岸后泥炭沼泽是在排水差的封闭沼泽基础上发育起来的，多位于泛滥盆地的低洼处及远离河道处，潜水面较高，停滞水体占优势，并长期保持稳定，陆生高等植物大量生长发育。沉积物供应少或者无沉积物的供应，有机质迅速堆积而沉积面持续地被水覆盖，很少发生氧化，这对于泥炭层的堆积较为有利。在适宜的条件下，排水差的沼泽可以扩展到泛滥盆地的广大地段并堆积了广布的泥炭层，从而形成厚度大而稳定的煤层（陈全红等，2009）。当有少量的沉积物供应时，则会增加煤的灰分；当细粒沉积物供应丰富时，不能形成泥炭的堆积，而形成碳质泥岩（林畅松等，1995）和煤系泥岩。

因此，在克拉通盆地发育起来的煤系地层，煤系的形成过程或多或少受海侵或海退事件的影响。由于海水对有机质的保存改造作用较大，使得受海水活动影响较强的煤系与陆相煤系的化学组成与生烃属性存在一定的差别(程克明等,2005)。在分析和研究克拉通盆地煤系的发育特征和生气潜量这一特征时应引起充分注意。

依据上述特征,提出了鄂尔多斯盆地煤系气源岩的发育模式(图2-25)。总体上,太原组发育障壁海岸煤系和潮控三角洲煤系,而山西组则发育河流(或三角洲平原)煤系。两者在发育模式上的差异,也是造成煤还原性和化学组成存在重要差别的根本原因。

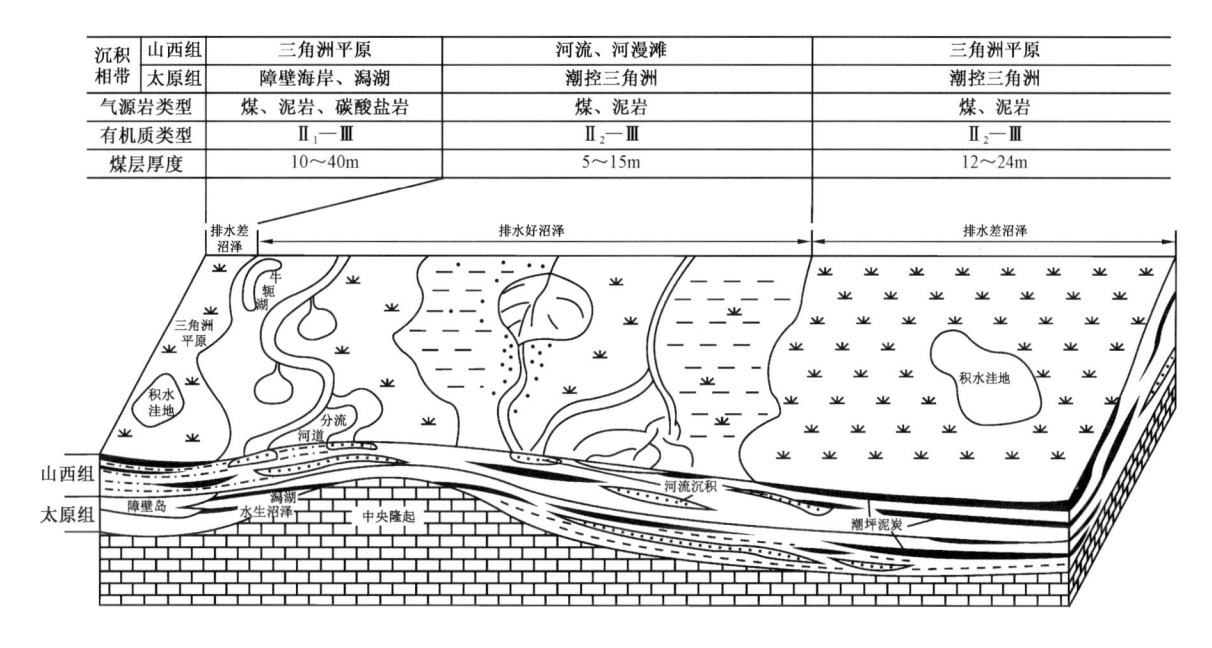

沉积相带	山西组	三角洲平原	河流、河漫滩	三角洲平原
	太原组	障壁海岸、潟湖	潮控三角洲	潮控三角洲
气源岩类型		煤、泥岩、碳酸盐岩	煤、泥岩	煤、泥岩
有机质类型		II_1-III	II_2-III	II_2-III
煤层厚度		10~40m	5~15m	12~24m

图2-25 鄂尔多斯盆地上古生界太原组和山西组煤系气源岩发育模式图

(三)断陷盆地气源岩发育模式

我国含烃类天然气的断陷型盆地主要发育在松辽盆地的深层。研究表明,松辽盆地深层约有34个大小不一、相互独立的断陷组成的断陷群。各个断陷相互分割,单个断陷演化自成体系,因此其沉积充填特征不同于上部坳陷层系,断陷层系的分布在一定范围内具有一定的稳定性,但沉积环境及其沉积充填普遍变化较大。由于断陷之间的分割性,不同断陷拥有不同的沉积环境,且无论大小,每一断陷都有自己独立的沉降和沉积中心,大断陷还可发育多个沉积中心。

松辽盆地深层主要气源岩分布在徐家围子、双城、林甸、长岭、德惠等大型断陷中。按断陷特征可区分为两种类型的断陷结构,一种是单断箕状断陷,一种是地堑式断陷。徐家围子断陷属地堑式断陷。

对断陷沉积单元而言,断裂对地层沉积和煤系气源岩的发育起到了举足轻重的作用。一方面,控陷边界断裂倾角的大小限制了烃源层的沉积及分布。控陷断裂倾角大,坡度较陡,多以粗碎屑沉积为主,烃源岩不发育。控陷边界断裂倾角小,湖盆开阔,沉积物搬运距离较远,分选性好,以湖沼相泥岩沉积为主,烃源岩分布范围大。另一方面,断陷结构及断陷规模控制了烃源岩发育规模,主沉降沉积中心为烃源岩分布的主要区域。因此,深层气源岩主要分布在大型断陷。第三方面,断陷演化控制了沉积特征,进而影响了烃源岩品质。断陷发育初期,断陷分布范围和规模小,被来自多个物源的碎屑物质快速充填,气源岩相对不发育;断陷扩张中期,构造活动十分强烈,是断陷发育的鼎盛时期。早期分隔状态的诸多小断陷经过断裂的多次连接形成了统一的断陷湖盆。断陷的陡坡带、缓坡带主要形成冲积扇、扇三角洲等粗粒碎屑岩沉积,由于湖平面波动对缓坡一侧沉积相带的影响有限,在水体环境较为安静的浅水区域,如三角洲间湾等环境,可发育沼泽相沉积,利于煤系气源岩的形成,且主要局限于缓坡带一侧。这一时期宽广且陡深的湖盆处于欠充填状态,发育深湖相泥岩沉积物,含煤性差。

— 51 —

由于此时水体达到最大和最深,水生生物相对发育,有机质类型相对较好。断陷发展末期,控陷断层活动强度减弱,断陷湖盆开始萎缩。在断陷的陡坡依然发育扇三角洲等粗碎屑沉积,由于先前的沉积使得断陷湖盆慢慢淤浅,适合植物的大量生长,并逐渐沼泽化,湖盆淤水沼泽环境在这一阶段广泛发育,因而这一时期是煤系烃源岩层最为发育的时期。

徐家围子断陷煤系气源岩发育模式如图2-26所示。总体上,深坳带以深湖—半深湖沉积为主,水体还原性相对较强,有机质类型较好。烃源岩兼有生油和生气双重属性,在高演化阶段可成为主要气源岩,但已不是煤系气源岩范畴。煤系主要发育在断陷带的缓坡区,是气源岩的重要发育区域,以滨湖—沼泽相沉积为主。

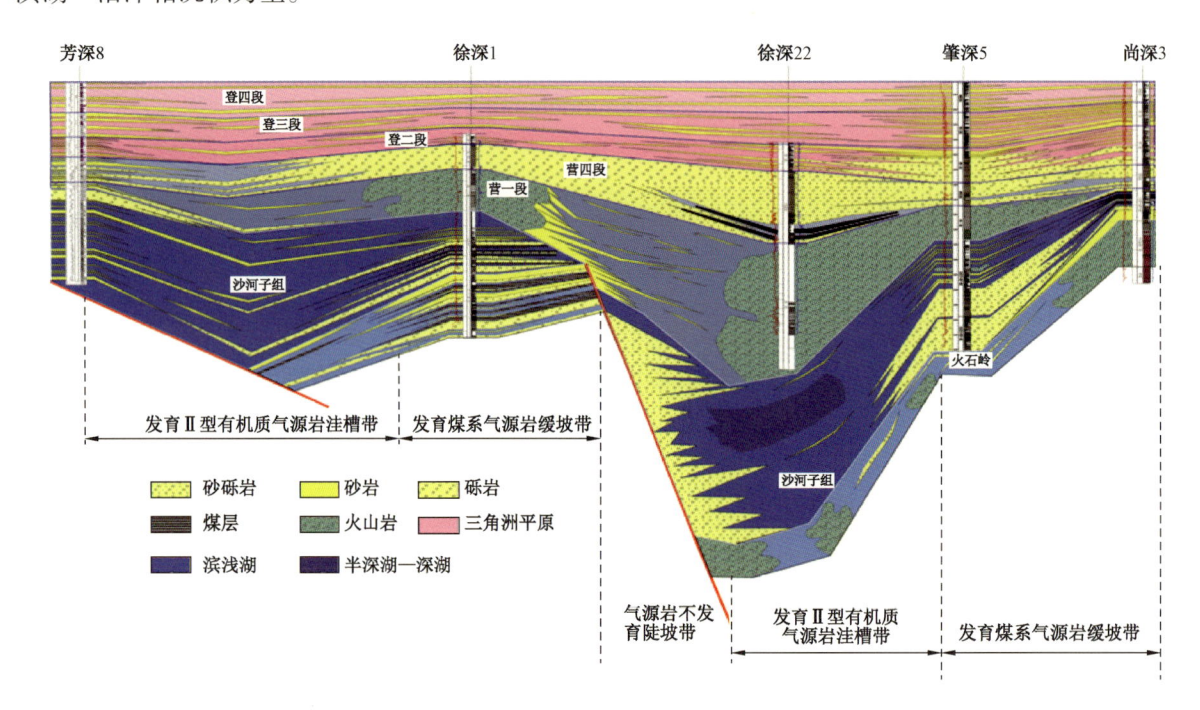

图2-26 徐家围子断陷不同构造—沉积环境气源岩发育模式示意图

可见,就断陷区气源岩的发育过程而言,控陷断裂的活动特征是控制气源岩发育、展布和气源岩有机组成的决定性因素,有机质的成熟度决定气源岩的生气潜力。

由于断裂活动的差异,可能会造成断陷盆地形态的复杂化,可能像徐家围子断陷一样存在多个洼槽区和相应的多个缓坡带,但总体上,煤系气源岩的分布和发育特征是基本相同的。据此,可将煤系气源岩的发育模式简化为的发育模式。

在断陷活动的不同时期,煤系的发育特征是存在差异的。断陷发育的全盛时期,煤系仅发育于缓坡带,深坳区主要以发育湖相气源岩为特点;而在断陷发育的衰退期,由于水体变浅,煤系发育范围增大。徐家围子断陷徐深22井在营四段钻遇的煤层即属这种类型。

对比前陆盆地的煤系发育特征不难看出,断陷盆地与前陆盆地的煤系发育特征是存在明显差异的。前陆盆地煤系主要发育在靠近山前活动带的深坳区的滨浅湖相,而在与克拉通相邻的斜坡带,煤系并不发育。而在断陷盆地,煤系主要发育在缓坡带,而在洼槽区煤系不发育。显然,这一特征与不同构造环境下泥炭沼泽的发育特征有关。前陆盆地的斜坡带与克拉通相邻,高等植物相对不发育;而在断陷盆地,泥炭沼泽主要发育在水体相对较浅的滨浅湖相环境。

第三节　海相气源岩地球化学特征及发育模式

中国海相天然气所占比例远不如煤成气高,但近年来勘探发展迅猛,尤其是在四川盆地发现了安岳、元坝等特大型整装天然气藏后。随着页岩气勘探开发的深入,四川盆地及其周缘发现了礁石坝、长宁、威远等一批高产量的页岩气藏,展现了广阔的勘探前景,海相天然气受到越来越多的关注。

中国海相气源岩主要分布在寒武系、奥陶系、志留系以及二叠系等古老地层中,主要分布在塔里木、四川和鄂尔多斯三大克拉通盆地中。

一、气源岩的地球化学特征

(一)寒武系气源岩

寒武系气源岩主要分布在四川盆地和塔里木盆地。其中,四川盆地筇竹寺组、塔里木盆地玉尔吐斯组均为该地区主要的气源岩。

1. 有机质丰度与类型

四川盆地川西地区下寒武统泥质烃源岩,在绵竹汉旺—平通镇一带有机碳含量大于2.5%,往东逐渐降低。在安岳一带,有机碳含量高于1.5%,沿广安方向有机碳含量减少再沿梁平—开江—开县方向增大,在盆地的最东边有机碳最高可达3.5%(图2-27)。川西地区下寒武统泥质烃源岩干酪根类型为Ⅰ型。川东北下寒武统泥质烃源岩剖面有机质丰度变化表明,纵向上,下寒武统筇竹寺组烃源岩有机碳含量由寒武系底部向上逐渐降低,有机碳含量最高在2.5%~3.5%(图2-27),厚度30m左右。川中—川南下寒武统筇竹寺组烃源岩上部70m左右的地层有机碳含量在0.5%左右,有机质丰

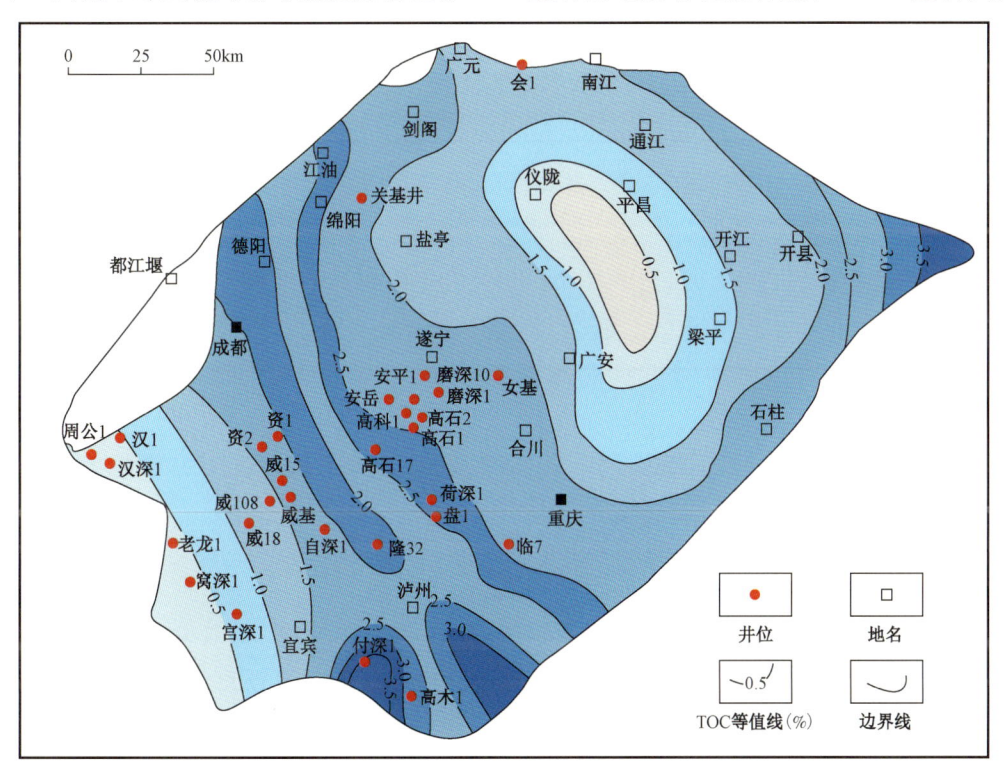

图2-27　四川盆地下寒武统泥岩气源岩TOC等值线图(据魏国齐等,2017)

度低,属于差烃源岩,仅下部约40m地层有机碳含量基本上在1.0%以上。安岳一带下寒武统烃源岩厚度高达160m,其TOC值为2.0%~3.5%。川中—川南地区总体上下寒武统气源岩生源主要为深水陆棚环境下的低等水生生物,以Ⅰ型干酪根为主。

目前,塔里木盆地内主要在库南2井、塔参1井、塔东1井、塔东2井和巴楚隆起的方1井、4井和康2井钻遇或钻揭中、下寒武统。烃源岩TOC一般高于0.5%,最高值可达到2.5%。

寒武系台地内凹陷相气源岩形成于相对闭塞的较深水沉积环境中。具有较高的有机质丰度(图2-28),如和4井的TOC值均大于2.0%,TOC大于1.0%的烃源岩厚度为200m,约占中、下寒武统厚度的60%左右,同时方1井TOC均大于2.0%。边缘斜坡—深水陆棚相的寒武系烃源岩也具有较高的有机质丰度,如塔东2和库南1井的TOC平均值分别为2.0%和1.0%,中、下寒武统气源岩的有机质类型主要以Ⅰ型干酪根为主。

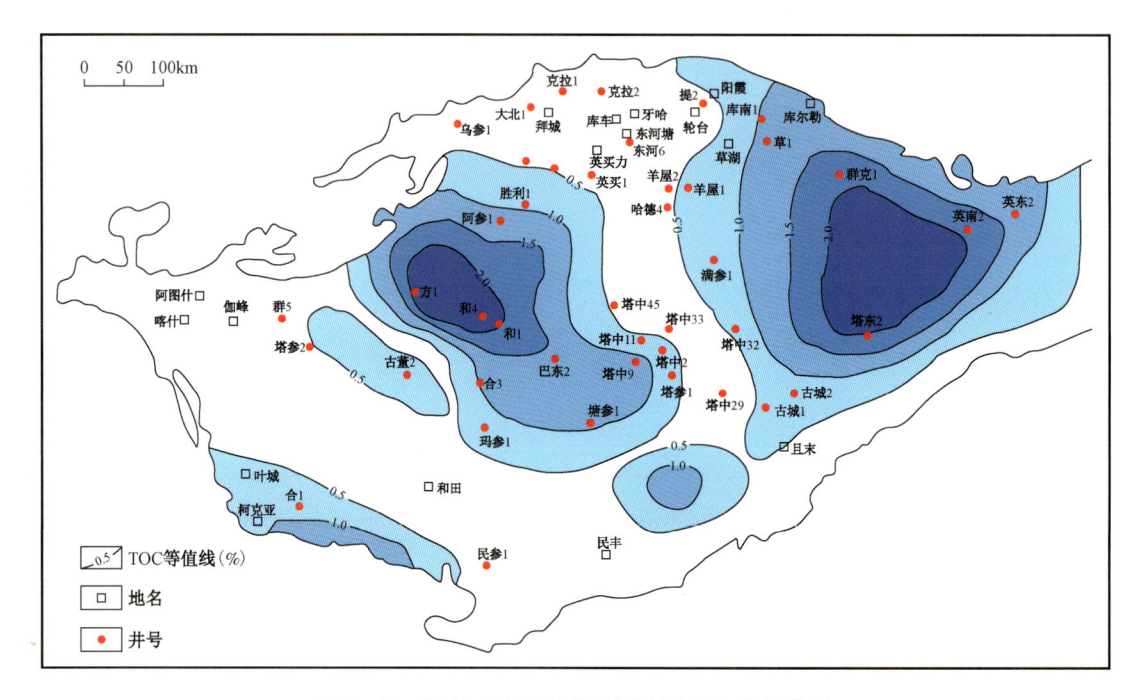

图2-28 塔里木盆地寒武系烃源岩TOC等值线图

2. 有机质成熟度

川西地区下寒武统 R_o 为3.0%~3.43%,平均为3.22%;川东北气源岩有机质成熟度普遍达到高成熟—过成熟阶段($R_o>2\%$),集中在2.75%~4.30%范围内,表明有机质成熟度主要处在过成熟早期阶段,以生干气为主;川南地区下寒武统气源岩 R_o 普遍大于3.0%,高值已达4.0%以上(图2-29)。

塔里木盆地下寒武统气源岩成熟度 R_o 大小如图2-30所示。阿瓦提断陷和满加尔凹陷腹部为成熟度的两个高值区,分别可达4.0%以上。

寒武系烃源岩均处于高成熟—过成熟阶段,台盆区东部的塔东1井和塔东2井寒武系成熟度最高,处于过成熟阶段,其VRE值分别在2.45%~2.75%和2.67%~2.75%;台盆区西部的方1井、康2井与和4井相对较低,部分仍处于高成熟阶段,其VRE值范围多在1.60%~2.34%;满加尔坳陷北缘的库南1井寒武系烃源岩处于高成熟阶段,VRE值为1.73%~1.88%;柯坪露头区阿克苏肖尔布拉克剖面下寒武统玉尔吐斯组($\epsilon_1 y$)处于过成熟阶段,VRE值在2.63%~2.85%;满加尔坳陷中下寒武统烃源岩VRE值在3%以上,满加尔坳陷腹部中下寒武统烃源岩VRE值在4%以上。中下寒武统烃源岩成熟度相对较低区只分布在塔中隆起主垒带和巴楚断隆一部分地区,其等效镜质组反射率在1.6%~2.0%。

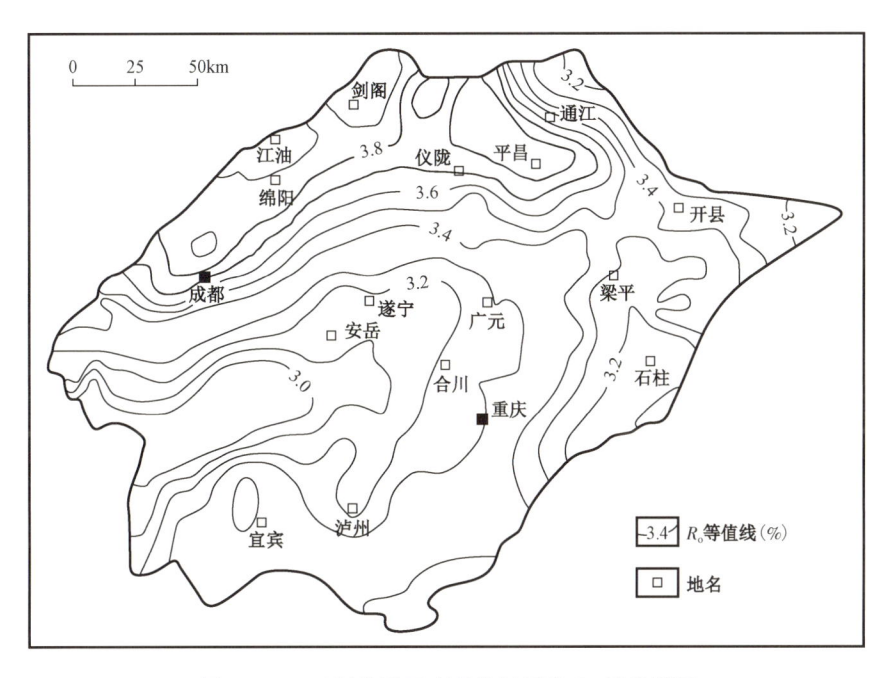

图 2-29 四川盆地下寒武统烃源岩 R_o 等值线图

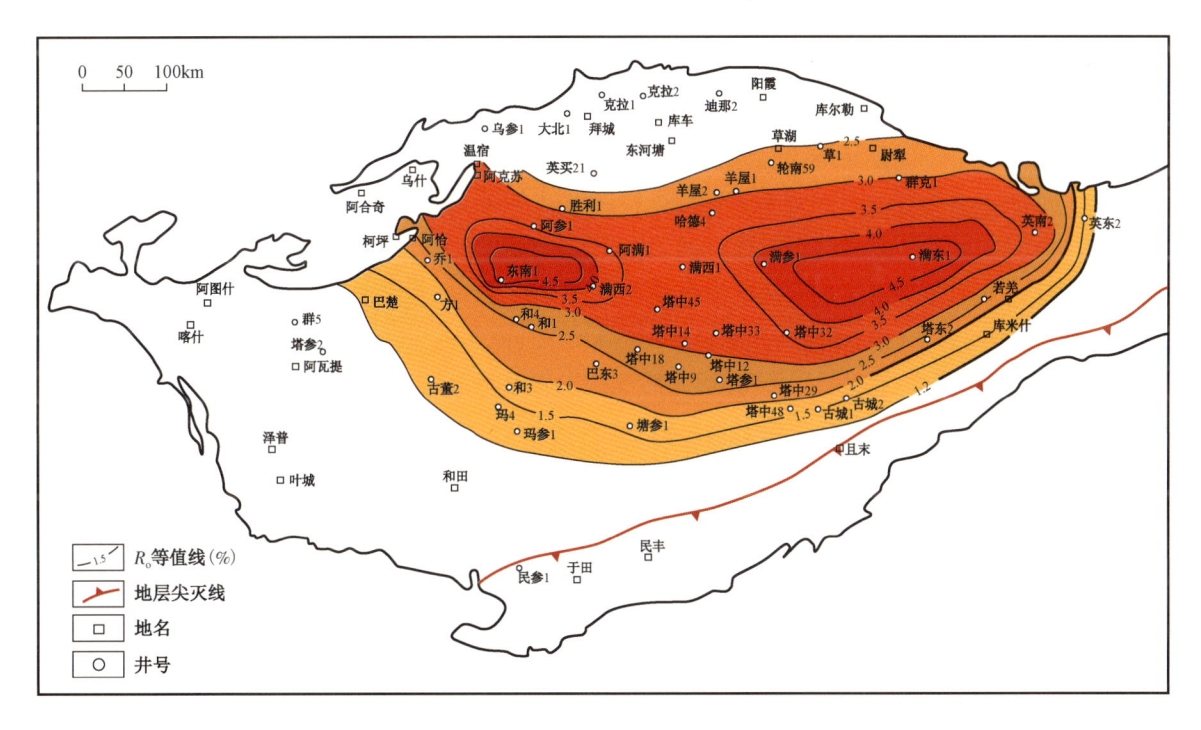

图 2-30 塔里木盆地下寒武统现今气源岩 R_o 等值线图

(二) 奥陶系气源岩

奥陶系气源岩主要分布在三大克拉通盆地。其中,四川盆地主要为五峰组,其厚度较薄,一般与下志留统龙马溪组并称五峰—龙马溪组;塔里木盆地发育较为广泛的奥陶系烃源岩,但其主力生油地位还存在一定争议;鄂尔多斯盆地发育奥陶系马家沟组和平凉组气源岩。

1. 有机质丰度与类型

塔里木盆地中上奥陶统有机质丰度较高的气源岩主要发育在边缘斜坡—深水陆棚带上,以台缘

— 55 —

斜坡灰泥丘有机相、欠补偿海湾灰泥丘复合藻有机相和欠补偿海湾浮游藻有机相为主，如米兰1井中奥陶统黑土凹组与却尔却克组气源岩，前者在4900m左右处有约20m的高有机碳气源岩，TOC大于0.5%，最高可达1.93%；而后者在4400m深度有约70m厚的TOC大于0.5%的高有机碳气源岩，TOC最大值达到1.39%，为优质气源岩。以有机质类型来讲，部分中上奥陶统烃源岩以宏观藻类残片为主（赵孟军，1998），从显微组分看是由镜质组组成，类似于Ⅲ型干酪根；而大部分中上奥陶统烃源岩属于Ⅱ型干酪根。

鄂尔多斯盆地下古生界烃源岩有机碳含量普遍较低，马家沟组范围值为0.03%~1.38%，平均值为0.22%左右。夏新宇（2000）对鄂尔多斯盆地内702个下古生界碳酸盐岩样品（不包括风化壳样品，它可能含有较多的外来有机质）有机质丰度的统计结果中，TOC大于0.2%的占33%，TOC大于0.5%的仅占2.8%，并认为如此低的有机质丰度应该不能成为有效气源岩。

鄂尔多斯盆地下古生界烃源岩研究存在一定争议。此前的研究认为有机碳含量普遍较低，马家沟组范围值为0.03%~1.38%，平均值为0.22%左右（徐正球，1995）。夏新宇（2000）对鄂尔多斯盆地内702个下古生界碳酸盐岩样品（不包括风化壳样品，它可能含有较多的外来有机质）有机质丰度的统计结果中，TOC>0.2%的占33%，TOC>0.5%的仅占2.8%，并认为如此低的有机质丰度应该不能成为有效气源岩。

而涂建琪等（2016）通过分析该盆地中东部奥陶系近年来大量新钻井的岩心和岩屑样品，揭示了马家沟组不同岩石类型烃源岩的有机质丰度特征，首次发现并证实马家沟组存在有机质丰度高的规模性有效烃源岩。研究结果表明：(1)马家沟组有效烃源岩的岩性主要为暗色薄层—厚层状含云泥岩、云质泥岩和泥云岩，其富集分布明显受沉积相的控制，马家沟组沉积期间海退期较海侵期更有利于规模性有效烃源岩的发育，层位上主要集中分布在马五上亚段，其次为马五中—下亚段、马三段和马一段；(2)平面上有效烃源岩围绕米脂盐洼呈双环带状分布，次级洼陷有效烃源岩呈中厚层—厚层状，累计厚度大、有机质丰度高；(3)有效烃源岩在米脂凹陷中心和次级隆起则呈薄层状，累计厚度小、有机质丰度低；(4)有效烃源岩的有机碳含量变化范围为0.30%~8.45%，其生烃母质为浮游藻类和疑源类，有机质类型为腐泥型或偏腐泥混合型。结论认为：该盆地奥陶系有效烃源岩普遍处于过成熟阶段，以产干气为主，生气量大，是马家沟组天然气的主要贡献者。

中奥陶统平凉组烃源岩有机碳范围在0.09%~2.26%，平均为0.41%。通过与沉积环境关系分析，有机质富集明显受沉积相带控制。中奥陶统在盆地西缘和南缘主要为浅水碳酸盐台地和较深水斜坡相，有机碳分布在0.08%~1.2%，平均为0.32%，其中泥页岩平均有机碳最高为0.56%（夏新宇等，2000），这种环境沉积的有机质丰度最高。

下奥陶统马家沟组碳酸盐岩属于$Ⅱ_2$—Ⅲ型干酪根，即腐殖型有机质类型。一方面是由于浮游生物在高能充氧环境中发生海洋腐殖化作用，形成富氧贫氢的腐殖型组分（海相镜质组），使母质类型变差，表现为$Ⅱ_2$—Ⅲ型干酪根；另一方面由于干酪根元素比（H/C、O/C）受热演化作用影响大，对高演化地区气源岩有机质类型的判断受到限制。鄂尔多斯盆地奥陶系马家沟组碳酸盐岩有机质在沉积初期就已经贫氢富氧，其原始成烃降解率不会太高。

利用干酪根碳同位素资料对中奥陶统平凉组38个样品的分析，其干酪根$\delta^{13}C$值平均为-29.95‰，有机质类型绝大多数属于Ⅰ型（占87%），其次是$Ⅱ_1$（占13%）型，可见，以深水斜坡相为主要分布区带的平凉组烃源岩有机质类型非常好，具有典型的海相气源岩特征，是形成油气藏的重要基础。

2. 有机质成熟度

鄂尔多斯盆地下古生界烃源岩有机质成熟度多采用沥青反射率再折算成镜质组反射率来进行研究。尽管在镜质组反射率的绝对数值上存在差别，但都有一个共识即奥陶系烃源岩绝大部分都处于高成熟—过成熟阶段,顶部烃源岩 R_o 在 1.0%~3.5%,底部烃源岩 R_o 在 2.5%~5.5%,有机质处于高成熟—过成熟生气阶段。奥陶系烃源岩总的演化趋势是由盆地东北往西南方向逐渐增高。盆地北部神木以北的东胜—杭锦旗地区演化程度最低,反射率值小于 1.8%,处于高成熟阶段;往南逐渐增高,在盆地中部的榆林—延安—盐池环线范围内形成一个大面积的过成熟区,区内由北而南分别以乌审旗、陕 16—榆 3 井区和靖边以南陕 71—陕 75 井区为中心形成三个局部的反射率高值区,单井平均反射率达 2.67%~2.95%,处于过成熟阶段;盆地东部以榆 11 井区为中心,形成另一个范围不大的反射率高值区,单井平均反射率高达 2.8%;往西至榆 9 井区迅速降为 2% 左右。在盆地中部高值区外缘广大地区奥陶系烃源岩均处于过成熟阶段(R_o 为 2.0%~2.2%)。由此往南至盆地南部大面积地区,热演化程度更高,R_o 介于 2.0%~3.0%。

(三) 志留系气源岩

志留系气源岩主要分布在四川盆地东部和南部地区,是当前页岩气勘探的主力层系。

1. 有机质丰度与类型

川东北地区志留系气源岩以黑色页岩、深灰色泥岩为主,其有机碳含量为 0.4%~3.85%(图 2-31),其中下志留统下部的龙马溪组为局限浅海及浅海盆地相黑色页岩,含有大量有机质,为下古生界最佳烃源岩,剩余有机碳含量为 0.8%~2.0%。川中—川南下志留统在渝西及其以南地区为盆地有机碳含量较高的地区之一,高值达 1.5%,1.0% 以上分布较广泛(图 2-31);川东北地区志留系气源岩干酪根 $\delta^{13}C$ 值一般低于 -28‰,有机质类型以 I—II 型为主,具有较大的供烃能力。川中—川南地区下志留统基本以 I—II$_1$ 型干酪根为主。

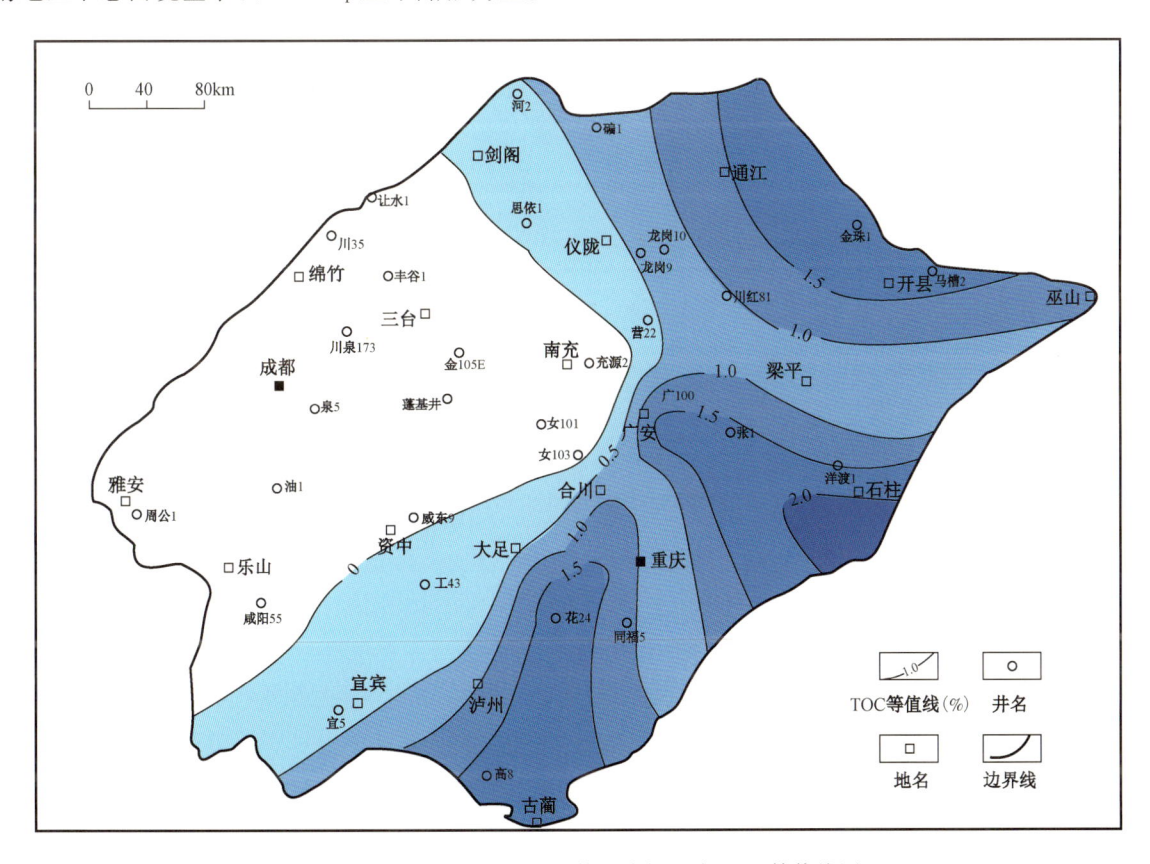

图 2-31 四川盆地下志留统泥岩烃源岩 TOC 等值线图

2. 有机质成熟度

川东北地区气源岩有机质成熟度普遍达到高成熟—过成熟阶段($R_o>2\%$),S_1气源岩的变化于2.08%~2.70%(图2-32),总体上,该套烃源岩现有机质热演化程度处于过成熟期,是干酪根热降解及早期生成的液态烃再次大量裂解生气的生气高峰期阶段,以生凝析油—湿气为主。川南地区下志留统气源岩R_o同样较大,处于2.6%~3.4%(图2-32)。

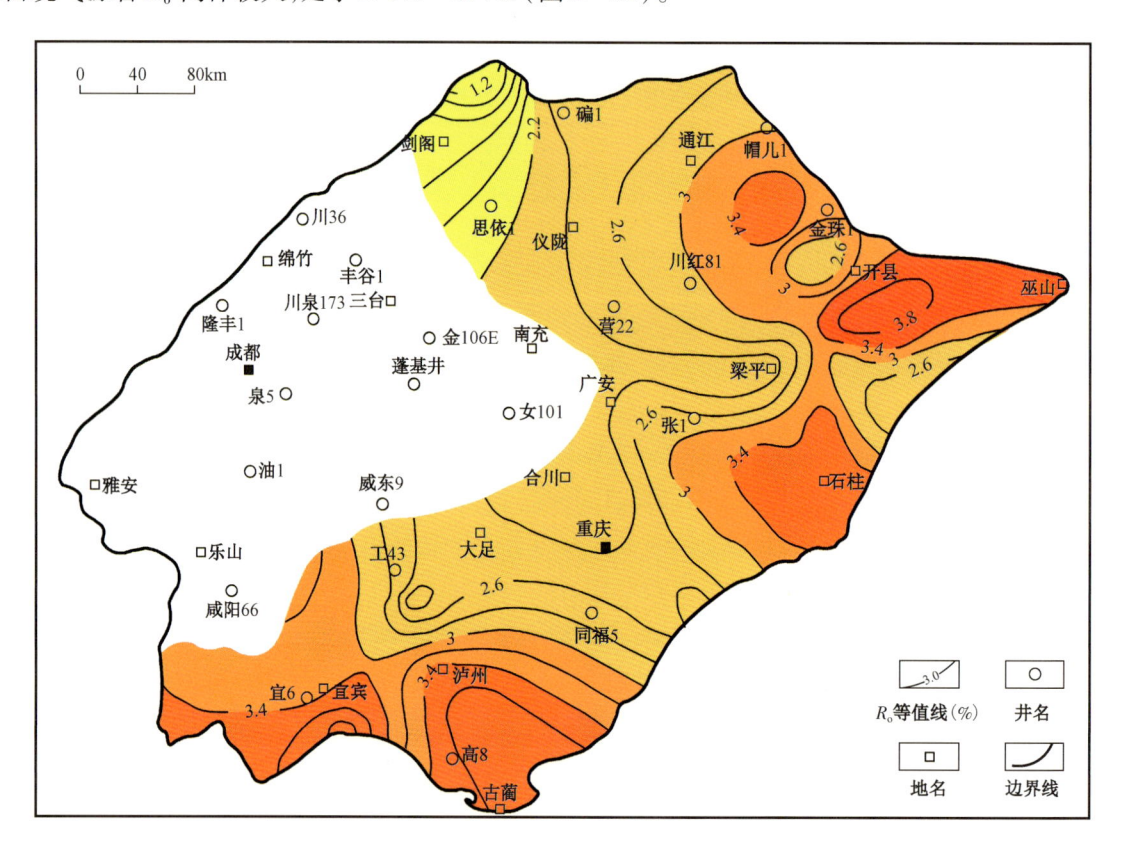

图2-32 四川盆地下志留统烃源岩R_o等值线图

(四)二叠系气源岩

1. 有机质丰度与类型

四川盆地川西地区中二叠统碳酸盐岩烃源岩有机碳含量在汉旺—江油一带为0.79%~1.26%,向南逐渐降低,中二叠统泥质烃源岩有机碳含量高值区仅在剑阁、大飞水和威远一带分布,分别为1.90%、2.65%和1.14%,其余地区一般低于1%(图2-33);上二叠统碳酸盐岩烃源岩,在大飞水有机碳含量为0.65%,天台山为0.88%。高值区分布广元—旺苍以北地区,为大隆组烃源岩发育分布区,含量大于1.0%。川东北地区中二叠统烃源岩大部分为生物发育的局限浅海沉积,有机质丰富,有机碳含量一般为0.2%~0.6%,最高达0.8%~1.2%(图2-33),氯仿沥青"A"含量为0.02%~0.03%,尤以栖霞组一段、茅口组一段及二段下部低能环境的黑色石灰岩具有最好的生烃条件,是川东北较为重要的气源岩。川东北地区上二叠统龙潭组暗色泥岩有机质丰度很高,达0.5%~12.55%,多在3.0%~5.0%,平均为2.91%。川南中二叠统在泸州—自贡—资阳一带有机质丰度最高,有机碳含量基本在1.5%以上;川中仅东缘地区有机质丰度较高,TOC达到1.0%~2.5%(图2-33)。

川西地区下二叠统碳酸盐岩烃源岩干酪根类型主要为Ⅰ—Ⅱ₁型,中二叠统泥质烃源岩干酪根类

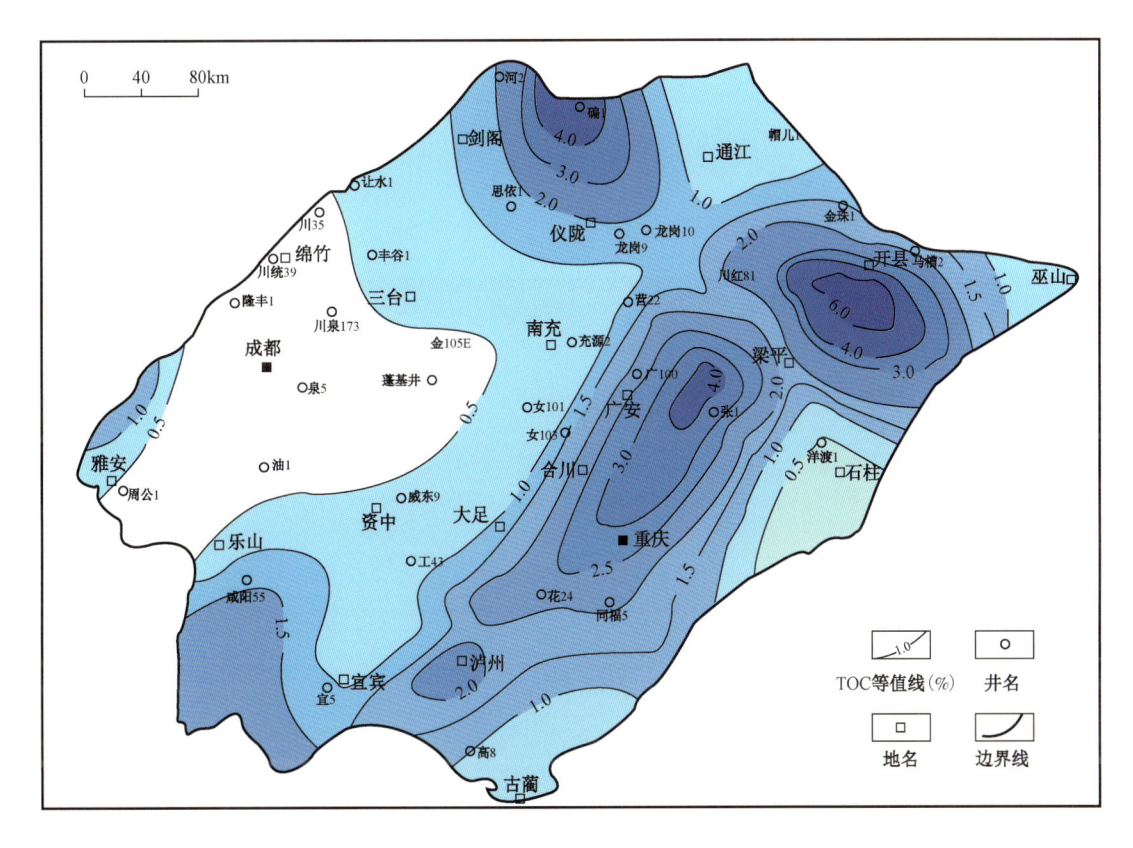

图 2-33 四川盆地下二叠统泥岩气源岩 TOC 等值线图

型主要为 II_1—II_2 型;上二叠统碳酸盐岩烃源岩干酪根类型主要为 I—II_1 型,上二叠统泥质烃源岩干酪根类型主要为 II_1—III 型。川东北地区上二叠统龙潭组干酪根 $\delta^{13}C$ 值一般低于 $-26‰$,有机质类型以 II 型为主;长兴组干酪根 $\delta^{13}C$ 值一般为 $-30‰$~$-28‰$,有机质类型为 I—II 型。川中—川南地区中二叠统基本以 I—II_1 型干酪根为主;上二叠统龙潭组为海陆过渡相,在普光、罗家寨等地区发育海相烃源岩。

2. 有机质成熟度

川西地区下二叠统气源岩 R_o 为 2.6%~5.0%(图 2-34),平均为 3.52%,上二叠统气源岩 R_o 为 2.4%~4.8%,平均为 3.35%。川东北地区下二叠统气源岩 R_o 为 2.05%~2.37% 之间,上二叠统气源岩的 R_o 为 2.22%,气源岩处于过成熟阶段,是干酪根热降解及早期生成的液态烃再次大量裂解生气的生气高峰期阶段,以干气为主。川中—川南地区下二叠统 R_o 主要位于 2.0%~2.6%(图 2-34),处于生干气阶段;上二叠统川南为全盆地 R_o 值最低区域,基本在 1.0%~2.0%,处于生凝析油—湿气阶段。

二、海相气源岩发育模式

海相气源岩主要分布在克拉通盆地,中国目前发现的与海相克拉通盆地气源岩有关的大气区主要集中在四川盆地、塔里木盆地与鄂尔多斯盆地,通过这三个盆地的构造演化特征对比研究,发现盆地的构造发育与演化特征控制着气源岩的形成与发育。

(一)台内凹陷海相气源岩

台内凹陷作为海相烃源岩发育有利的古沉积环境之一,已得到广泛认同(张水昌等,2006;梁狄刚

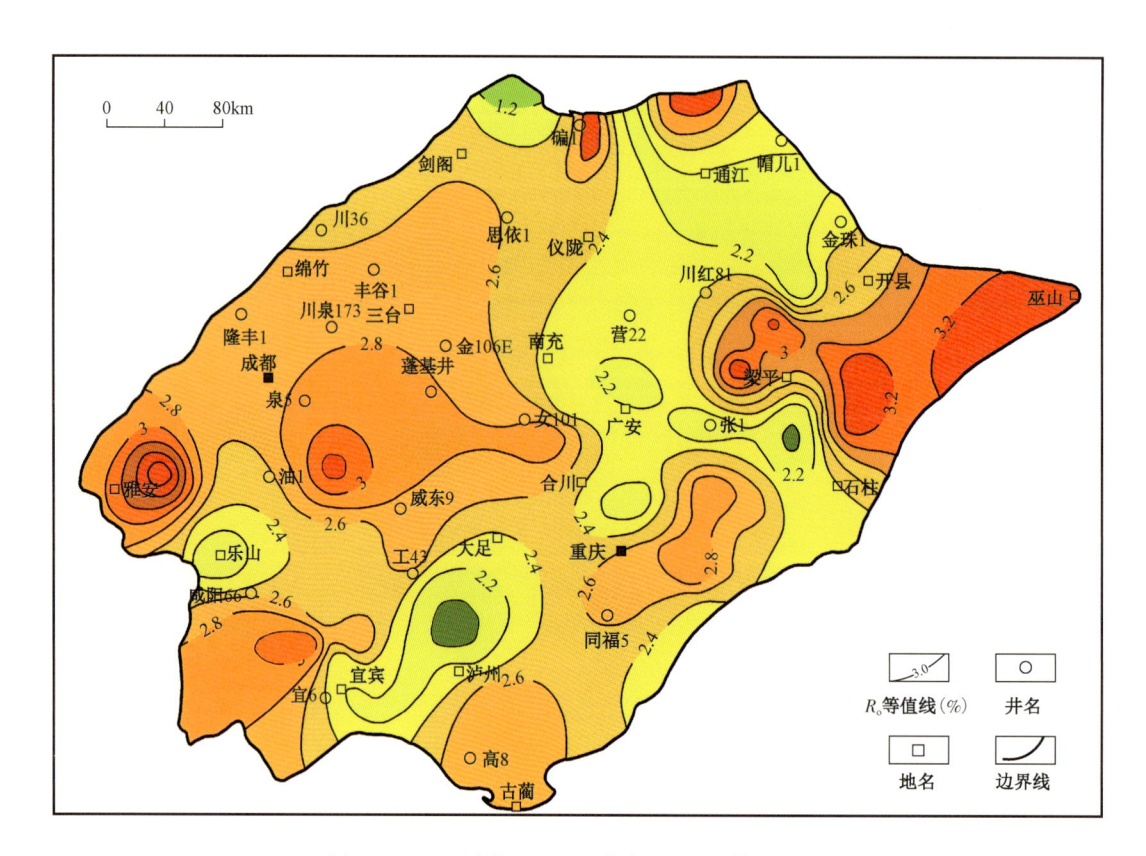

图 2-34　四川盆地下二叠统气源岩 R_o 等值线图

等,2009;金之钧等,2010)。中国台内凹陷气源岩主要发育在塔里木盆地西部和鄂尔多斯盆地东部。

塔里木盆地中西部从早寒武世开始为一个碳酸盐岩台地,到了奥陶纪,台地面积明显缩小(冯增昭等,2006,2007)。台内凹陷气源岩主要发育在盆地西部的下、中寒武统和中奥陶统萨尔干组,分别为一套蒸发潟湖有机相和半闭塞—闭塞欠补偿海湾相气源岩(张水昌等,2001)。缓坡型的台地为沿岸型上升洋流的形成提供了古地貌条件,在塔里木盆地中西部的该类缓坡型台地上发育了下寒武统气源岩(张水昌等,2005)。盆地中西部中寒武统气源岩则分布在蒸发潟湖相区,干热的气候条件下,高盐度海水富集大量的营养盐,有利于那些嗜盐菌藻类生物繁盛,死亡后的残骸沉积于盐跃层之下的强还原水底,形成高有机质丰度的气源岩。如和 4 井中寒武统气源岩 TOC 可达到 0.5%～2.6%,平均值 0.91%。塔里木盆地西部台内凹陷气源岩厚度大,有机质丰度较高的层段累计厚达 108m;有机质丰度较高,有机碳含量基本大于 0.5%,部分层段高达 1.0% 以上;气源岩岩性以泥质岩为主;成熟度位于 1.65%～2.7%,处于高成熟—过成熟度阶段,为生凝析油—干气阶段,非常有利于干酪根热降解生气和原油裂解成气。

上述分析表明,台内凹陷为海相气源岩的主要发育模式之一。台内凹陷气源岩在两个盆地的发育存在较大的差异,塔里木盆地西部气源岩分布广,厚度大,丰度高,且以泥质岩为主,更有利于生气。

(二)台缘斜坡—深水陆棚海相气源岩

台地向盆地转换的斜坡与陆棚体系常常成为海相烃源岩发育的有利场所(陈践发等,2006;张水昌等,2006;金之钧等,2010)。前人的研究表明,我国四川盆地、塔里木盆地东部和鄂尔多斯盆地西缘发育的海相气源岩主要沉积于台缘斜坡—深水陆棚相(张水昌等,2001;高志勇等,2007;梁狄刚等,2009;许化政等,2010)。

四川盆地台缘斜坡—深水陆棚气源岩分布范围广泛,除西南隅雅安—芦山一带缺失外,几乎全盆分布。梁狄刚等(2009)研究揭示,下寒武统沉积时期,四川盆地围绕川中水下古隆起,发育川北、川东—鄂西和川南四个深水陆棚区,沉积了下寒武统筇竹寺组气源岩,有效厚度可达140m;到了晚奥陶世—早志留世时,夹持于川中、黔中和雪峰隆起之间的坳陷发育了川东北、川东—鄂西和川南深水陆棚,沉积了志留系气源岩,有效厚度可达150m;从早二叠世开始,围绕川中古隆起发育川北、鄂西和川南深水陆棚,沉积了下二叠统栖霞组与茅口组气源岩,有效厚度50~150m;上二叠统龙潭组沉积时期,盆地南北明显处于不同的相区,川北发育了北西向的海湾潟湖,在大隆组沉积时期转变为台凹,成为开江—梁平海槽的前身。川南大面积为海陆过渡的近海湖盆—沼泽环境,发育了龙潭组的煤系气源岩,有效厚度10~100m。以川东北河坝1井、川南丁山1井、川中高科1井与川西露头剖面为例,绘制了其气源岩发育特征剖面图(图2-35),可以看出,在构造运动作用下,围绕古隆起分布的一系列深水陆棚为气源岩的发育提供了有利的沉积环境,使得四川盆地分布着较厚的古生界海相气源岩地层,下寒武统、下志留统、下二叠统和上二叠统分别发育厚度几十到100多米的有效气源岩。从川北地区的河坝1井到川西地区,气源岩厚度增加,川西露头揭示下寒武统清平组有效气源岩厚达190m,下二叠统有效气源岩厚度达250m;川中地区高科1井下寒武统牛蹄塘组发育50m的有效气源岩;川南地区下志留统龙马溪组和上二叠统龙潭组分别发育了几十米的有效气源岩。从有机质丰度来看,TOC值均达到1.0%以上,个别层段有机碳含量普遍达到5.0%以上。气源岩成熟度处于过成熟阶段。

塔里木盆地台缘斜坡—深水陆棚气源岩主要位于东部地区。塔里木东部地区在寒武纪—奥陶纪主要经历了3次海侵海退旋回,烃源岩主要发育在海侵时期。早寒武世海平面迅速升高,盆地东部发育了一套广泛分布的欠补偿盆地相泥页岩夹碳酸盐岩沉积。中、晚寒武世海平面缓慢下降,而到了早奥陶世海平面又开始缓慢上升,中奥陶世为塔里木盆地早古生界的第二次高海平面期,沉积了满东地区广泛分布的欠补偿盆地相黑土凹组烃源岩。而到了晚奥陶世,满东地区演变为了超补偿盆地,海侵作用形成的上奥陶统良里塔格组烃源岩的分布已经向西迁移,为一套靠近西部台地的台缘斜坡相沉积(张水昌等,2005,2006)。通过盆地东部米兰1井、英东2井和塔东2井等井气源岩发育特征剖面图(图2-36)可见,黑土凹组为塔东一套重要的气源岩,塔东2井有效气源岩厚度可达45m左右,米兰1井和英东2井也发育20~30m有效气源岩;而在米兰1井与英东2井,却尔却克组气源岩也较发育,有效厚度在65~75m。盆地东部地区气源岩的有机质丰度均较高,有机碳含量大于1.0%,高值可达6.0%左右;成熟度已达过成熟—干气阶段,同时也易于油裂解成气。

鄂尔多斯盆地西缘在中奥陶世时,自东向西发育陆棚碳酸盐岩、深水斜坡相笔石页岩与泥灰岩,以及深海浊积相砂砾岩,为一个完整的水体由浅变深的沉积序列,烃源岩主要为斜坡相页岩与泥灰岩(许化政等,2010)。到中奥陶世平凉期,由于秦祁海槽拉张应力不断增强,同生断裂伴生,盆地西缘演变为深水斜坡相沉积,沉积物中泥质含量较高,还原性较好,有机质丰度较高,有利于烃源岩的发育。选取城操1井、召86井和桃43井为例,结合其气源岩发育特征剖面图(图2-37)进一步看出,气源岩主要发育在平凉组,由南到北发育稳定,厚度一般在几十米左右,主要位于泥质成分较大的层段;有机碳含量一般介于0.5%~1.0%;气源岩成熟度处于高—过成熟阶段。

通过上面气源岩的分析可知,台缘斜坡—深水陆棚为我国海相气源岩的另一种主要发育模式。台缘斜坡受上升洋流的影响,大量营养物质的输入使得底栖藻类和浮游藻类繁盛,深水陆棚在深水条件下也发育大量的底栖藻类,均可提供大量有机质来源;其沉积具有较长的继承性,所处的还原环境有利于有机质的保存;就沉积速率来讲,皆具有欠补偿沉积的特征。以上种种特征使得台缘斜坡—深水陆棚气源岩厚度较大,有机质丰度高,其中四川盆地最高,塔里木盆地东部次之,鄂尔多斯盆地西部最低。烃源岩均已达到高、过成熟演化阶段,有利于大量天然气的生成。

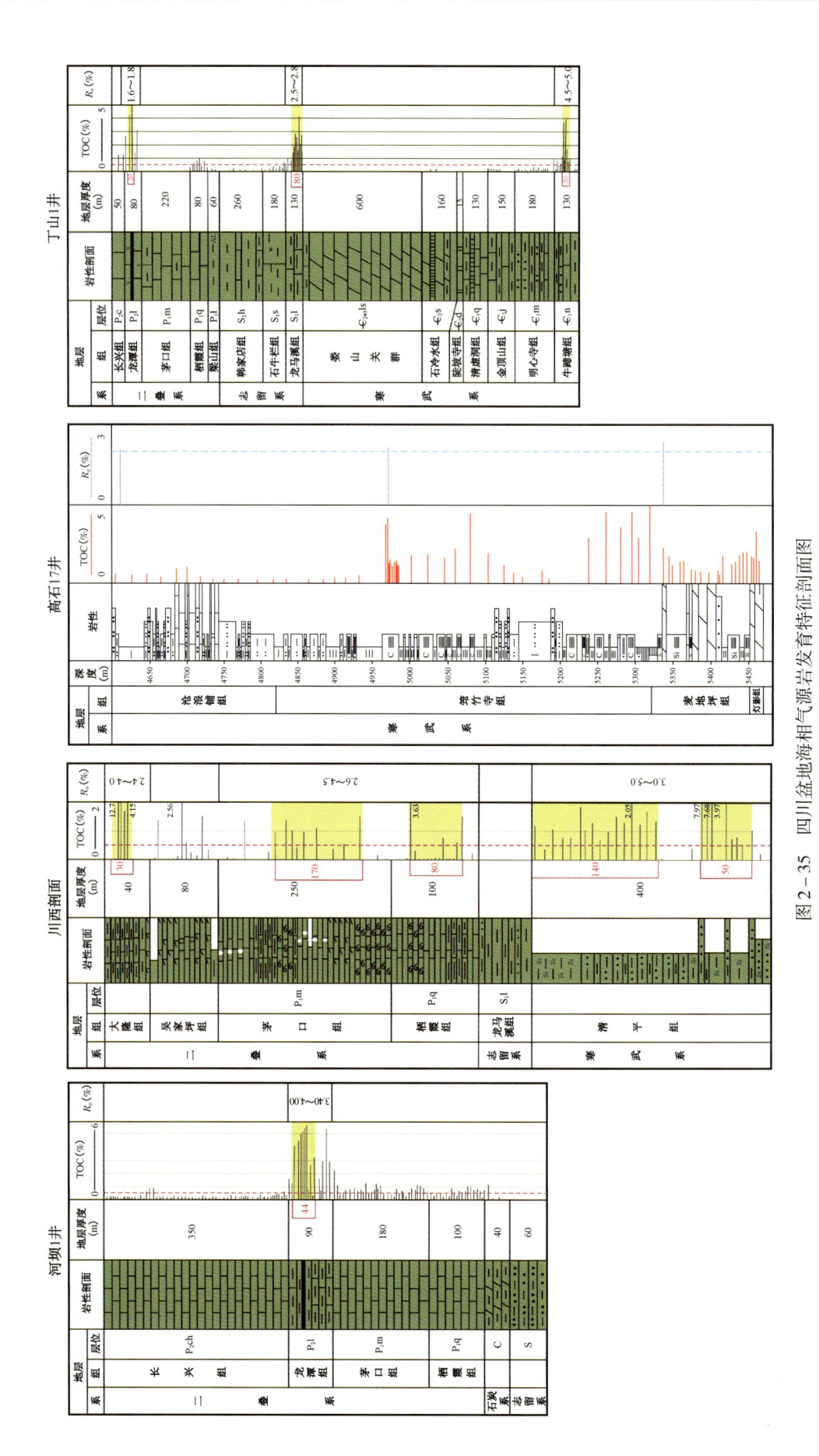

图 2-35 四川盆地海相气源岩发育特征剖面图

图2-36 塔里木盆地东部海相气源岩发育特征剖面图

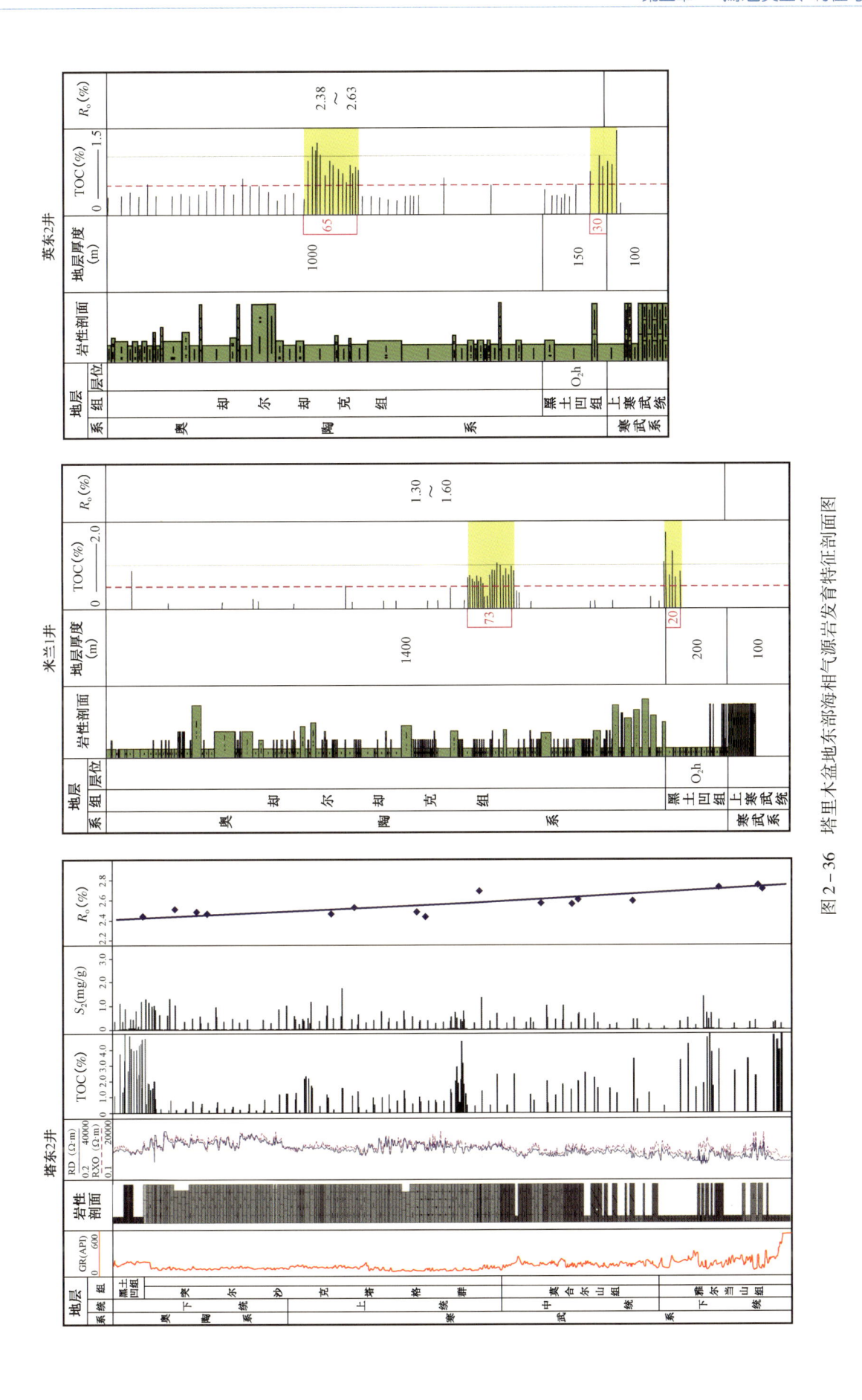

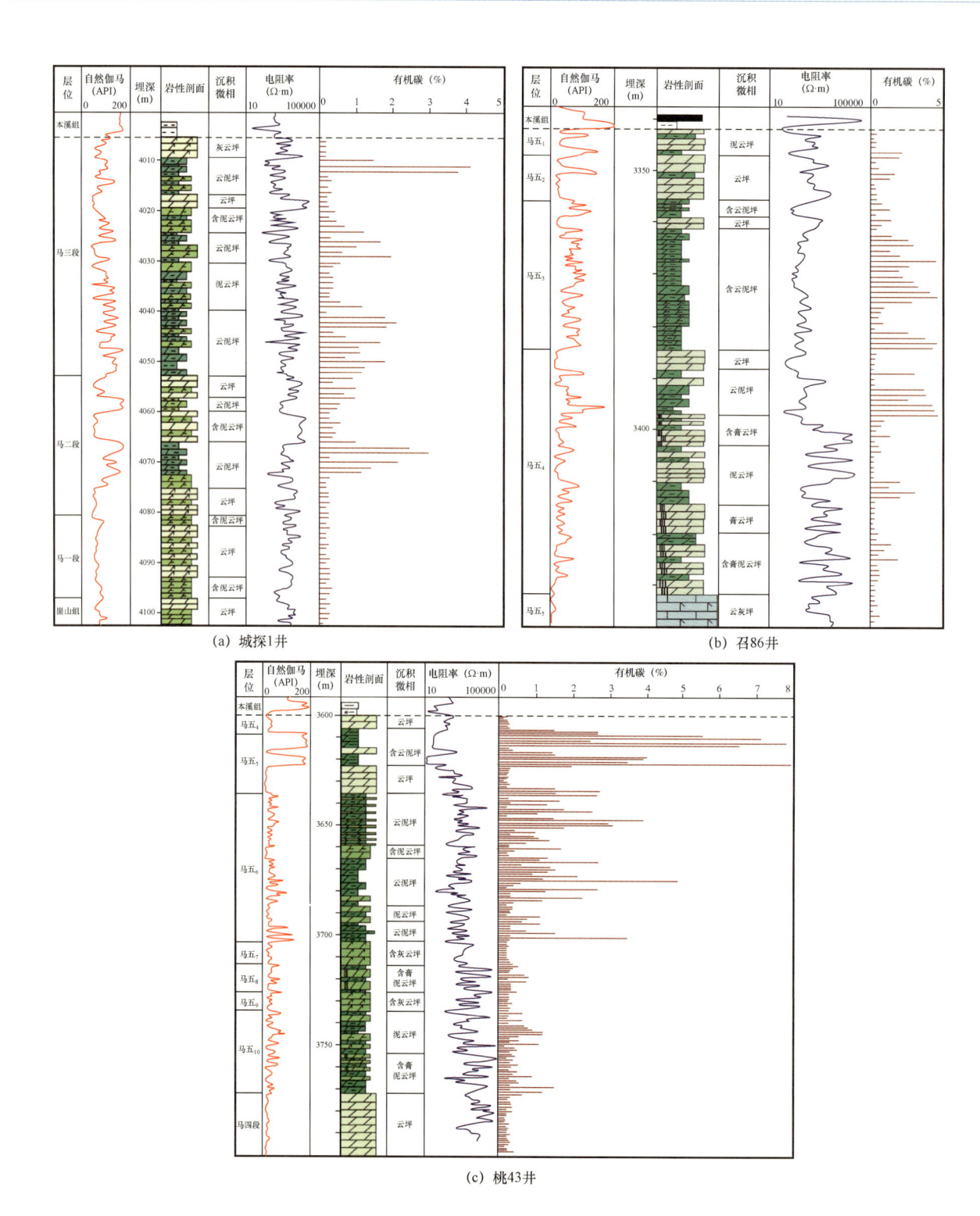

图2-37 鄂尔多斯盆地奥陶系海相气源岩发育特征剖面图（据涂建琪等，2016）

（三）海相气源岩发育模式

通过上述研究结果，可将海相气源岩的两种发育模式总结如图2-38所示。从图中的气源岩岩性、厚度和有机质丰度等指标来看，台缘斜坡—深水陆棚相要较台内凹陷相更有利于气源岩的发育，从目前的勘探实践来看也可以证实。在古生界广泛发育的台缘斜坡—深水陆棚相形成以泥质岩为主的海相气源岩，不论是在受上升洋流作用，斜坡地带繁盛的浮游藻类，还是深水条件下繁盛的底栖宏观藻类,均为气源岩提供了充实的物质基础,水体分层与贫氧带的良好条件都为有机质的保存提供了保障,以欠补偿为主的沉积速率特征也保证了高丰度气源岩的发育,从而造就了四川、塔里木和鄂尔多斯等盆地的主要海相气源岩。而台内凹陷海相气源岩基本局限于寒武系—奥陶系,岩性以泥质岩和碳酸盐岩为主,气源岩有机质丰度和厚度都要明显稍差一些。台缘斜坡—深水陆棚气源岩有机质成熟度上古生界处于高成熟阶段,下古生界已达过成熟—干气阶段,而台内凹陷主体成熟度都较高,R_o 大于 2.5%。

沉积相带	台内凹陷	台缘斜坡—深水陆棚
气源岩岩性	泥质岩、碳酸盐岩	泥质岩
气源岩厚度(m)	10~400	50~600
有机质丰度(TOC)	主体大于0.5%	主体大于1.0%
有机质类型	Ⅰ、Ⅱ₂—Ⅲ	Ⅰ—Ⅱ
有机质成熟度(R_o)	主体大于2.5%	上古生界大于1.2%、下古生界大于2.0%
时代分布	局限(∈—O)	广泛(∈—P)

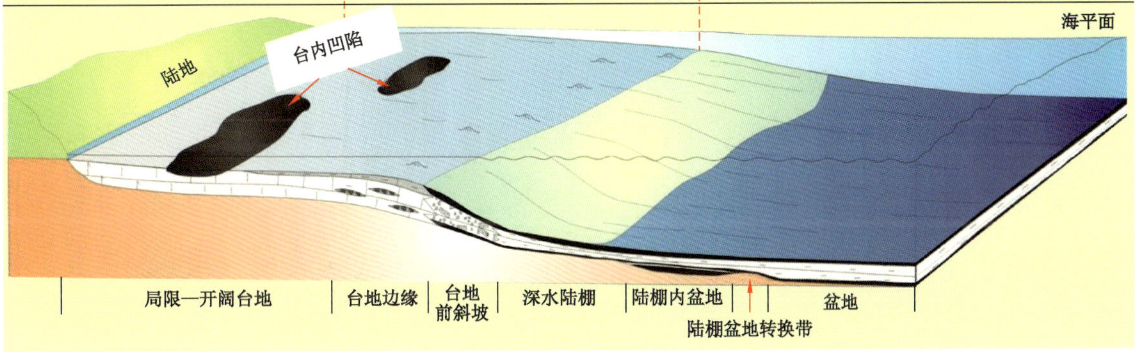

图 2-38 中国主要含气盆地海相气源岩发育模式图

台内凹陷与台缘斜坡—深水陆棚相气源岩发育模式在多方面存在差异,但两种模式下发育的气源岩生气潜力均较大,为我国海相气源岩形成提供了良好的发育条件,奠定了中国三大主要含气盆地海相油型气的资源潜力。

小 结

本章对中国煤系和海相气源岩的分布、地球化学特征以及发育模式进行系统总结和分析。

(1)时代上自前寒武纪—第四纪均发育气源岩。其中,中、新元古界—志留系以海相烃源岩为主,四川盆地及周缘及下扬子地区也发育中、晚二叠世海相气源岩。石炭纪—二叠纪和侏罗纪是煤系烃源岩最发育的时期,三叠纪在四川盆地和塔里木盆地也发育煤系烃源岩,而古近系在东部海域发育煤系烃源岩,柴达木盆地第四纪还发育生物气气源岩。

(2)煤系气源岩包括煤、碳质泥岩和泥岩,其中煤系泥岩有机质丰度较低,生气潜力有限;碳质泥岩厚度一般不大,在局部地区可成为重要气源岩;煤是主要的气源岩。鄂尔多斯盆地和渤海湾盆地石炭系—二叠系发育大面积广覆式煤系地层,其厚度大,成熟度高,生气量大;四川盆地三叠系须家河组发育大面积分布煤系地层,川西坳陷煤系烃源岩达到高成熟—过成熟阶段,盆地区则以高成熟为主。西部塔里木盆地库车坳陷、塔西南坳陷以及准噶尔盆地、吐哈盆地均发育优质的侏罗系煤系烃源岩,以生气为主。

(3)前陆盆地煤系主要发育在靠近山前活动带的深坳区的滨浅湖相,克拉通盆地煤系具有广覆式发育特点,断陷盆地煤系主要发育在缓坡带,在洼槽区煤系不发育。

(4)中国海相气源岩主要分布于西部塔里木盆地以及中部的四川盆地和鄂尔多斯盆地。塔里木盆地海相气源岩主要分布在寒武系,四川盆地海相气源岩主要为下寒武统筇竹寺组、下志留统龙马溪组以及上二叠统大隆组和龙潭组,鄂尔多斯盆地主要发育下古生界下奥陶统马家沟组。

(5)海相气源岩有两种发育模式,即台内凹陷和台缘斜坡—深水陆棚相,二者在有机质富集控制因素、生物来源、沉积环境等方面均存在较大差异。在中国这两种模式下发育的气源岩生气潜力均较大,除四川盆地大隆组外,其他层系有机质成熟度均较高,普遍达到过成熟演化阶段,为中国海相气源岩形成提供了良好的发育条件,奠定了中国三大主要含气盆地海相天然气资源丰富的重要基础。

第三章 天然气储盖特征及其组合

从现有大、中型气田形成条件及分布特点来看,中国大、中型气田的形成与大面积分布的孔隙型储层、煤层和膏泥岩发育的区域性盖层紧密相关(宋岩等,2008)。中国已发现气田或含气区块的储层岩石类型有碳酸盐岩(包括颗粒碳酸盐岩至灰泥碳酸盐岩的整个系列及礁相碳酸盐岩)、陆源碎屑岩(砾岩、砂岩、泥岩及其过渡岩性)、火山岩、侵入岩浆岩及变质岩等,其中,碎屑岩储层占有很高的比例(杜韫华等,1999)。本章重点论述中国碎屑岩、碳酸盐岩及火山岩等天然气储层的岩性特征、储集空间类型、孔隙演化及主控因素、天然气储层分布特征等。中国沉积盆地多经历了多期构造演化过程,天然气相对于石油而言要求更好的保存条件,优质区域性盖层的分布是大型天然气藏得以保存的关键因素之一;本章亦将对区域盖层类型及分布、生储盖组合及天然气成藏储盖组合类型进行阐述。

第一节 碎屑岩储层特征

中国天然气碎屑岩储层主要分布在陆相盆地中,如四川盆地上三叠统须家河组,鄂尔多斯盆地二叠系,塔里木盆地库车坳陷的侏罗系、白垩系,准噶尔盆地南缘的古近系、新近系中均有发育。由于陆相盆地具有多物源、近物源、堆积快、变化大的特点,所以岩石的结构成熟度和矿物稳定度均较低,储层具有杂基较多、连通性差、非均质性强的特点。

一、储层基本特征

中国东部、中部、西部重点盆地碎屑岩储层在岩性、沉积相、储层孔隙降低原因、物性特征、储层增孔原因等方面具有较明显差异(表3-1),天然气碎屑岩储层整体上具有如下特征:

(一) 储层分布深度范围大

中国深层优质碎屑岩储层的深度分布范围大,从3000~8000m均有发育,大部分分布于3500~4000m的深度。东部断陷盆地深层优质储层分布较浅,多为3000~3500m;中部克拉通盆地深层优质碎屑岩储层的发育深度较大,在3000~4500m的深度,其中川西前陆盆地可达4500m;西部挤压型盆地内深层优质碎屑岩储层发育的深度最大,大多在4000m以上,尤其是塔里木盆地,深度可达6000m以上,自东向西深层优质碎屑岩储层的埋深不断加大(表3-1)。

(二) 沉积相类型丰富

中国深层优质碎屑岩储层以三角洲(包括辫状河三角洲、扇三角洲和正常三角洲)以及河流相成因为主(表3-1),少部分为滨岸、滨浅湖、重力流水道和浊积扇沉积(钟大康等,2008)。东部断陷盆地的优质碎屑岩储层主要发育于三角洲、扇三角洲、滨浅湖、重力流水道和浊积扇等几种环境;西部挤压型盆地的优质储层主要发育于滨岸环境和辫状河三角洲环境;中部克拉通盆地优质储层形成于河流—三角洲、辫状河三角洲、扇三角洲之中。

(三) 岩石类型以岩屑砂岩为主

中国中、新生代发育的天然气储层,在中西部盆地中的成分成熟度较低,近源山前堆积是引起储

表 3-1 中国不同地区深层天然气储层主要发育时代

地区	沉积环境	热状态 (W/m²)	地温梯度 (℃/100m)	盆地	层位	构造背景	沉积亚相	埋藏深度 (m)	成岩阶段	孔隙度 (%)	渗透率 (mD)
西部	海相	冷盆 <50	平均 1.7~1.8	塔北—满加尔	S	克拉通	滨岸、潮坪、浅海沙坝	5900~6500	中成岩 A_2	<18	<1000
				满加尔	D	克拉通	滨岸	4700~5500	中成岩 A_2	8~22	50~300
				塔北	D	克拉通	滨岸	5700~6100	中成岩 A_2	10~25	50~500
	河湖			塔北	K—E	挤压型	河流—三角洲	4500~5700	中成岩 A	10~23	50~300
	煤系			库车	J	挤压型	河流—三角洲	>4000	中成岩 A—B	<7	<10
	河湖			库车	K—E	挤压型	扇(辫状)三角洲	5000~8000	中成岩 A_1—A_2	5~20	<100
	煤系			吐哈	J	挤压型	湖泊、沼泽	>4000	中成岩 A_2—B	<17	<5
	湖相		1.5~2.5	准噶尔	J	挤压型	辫状河三角洲	3500~5300	中成岩 A_2—B	10~15	1~100
			1.98	柴达木	E	挤压型	辫状河三角洲	>3500	中成岩 A_2—B	10~20	1~80
			2.5~3.0	酒泉	K	挤压型	扇三角洲	4700~5100	中成岩 A_2—B	<13	<40
中部	煤系	温盆 50~65	1.7~2.5	鄂尔多斯	C—P	挤压—克拉通	河道砂、河口坝	3700~5100	中成岩 B	5~15	0.1~20
	湖相		2.5~3.0	四川	T	拉张通	河流、三角洲	3000~5000	中成岩 B	3~8	0.01~1
东部	煤系	热盆 ≥65	2.5~3.0	渤海湾	E	拉张型	三角洲、水下扇	2500~5000	中成岩 A_2—B	8~20	1~100
	湖相		3.5~4.0	松辽	K	拉张型	三角洲	>3000	中成岩 A_2—B	5~10	1~10

层成分成熟较低的主要原因。中西部盆地储层岩石类型主要为岩屑砂岩、长石岩屑砂岩、长石（岩屑）质石英砂岩。西部塔里木盆地库车坳陷白垩系巴什基奇克组砂岩为天然气勘探主力目的层，岩性为中细粒岩屑砂岩，石英平均含量为40.0%~55.8%，长石平均含量为4.6%~16.7%，岩屑平均含量为32.7%~51.2%，颗粒呈次圆—次棱角状（高志勇等，2016）。中部苏里格气田石盒子组盒八段砂岩具有较强的分区性，苏里格气田东区主要为岩屑石英砂岩和岩屑砂岩，而苏里格气田中区主要为石英砂岩。这种分区性受物源区控制，苏里格气田北部存在东、西两大物源区，即西部为中元古界富石英变质岩物源区，石英含量达到80%~95%；而东部太古宇为相对贫石英区，以酸性侵入岩为主，石英含量25%~60%（李易隆等，2013）。川西前陆盆地坳陷带须家河组主要储层发育段的须二段和须四段之间的岩性也存在不同（郑荣才等，2008，2009，2012）。在构造活动相对稳定的须二段石英的含量高于构造活动相对强烈的须四段的石英含量（图3-1，表3-2），这也反映前陆盆地演化过程中构造活动的强弱。平面上川西坳陷带北部地区为岩屑砂岩发育区，江油中坝地区和彭州狮子山剖面一带等局部地区为岩屑石英砂岩分布区域，岩屑主要为碳酸盐岩岩屑和火山岩岩屑。川西坳陷带南部地区为岩屑砂岩发育区，岩屑以火山岩为主，次为碳酸盐岩岩屑。

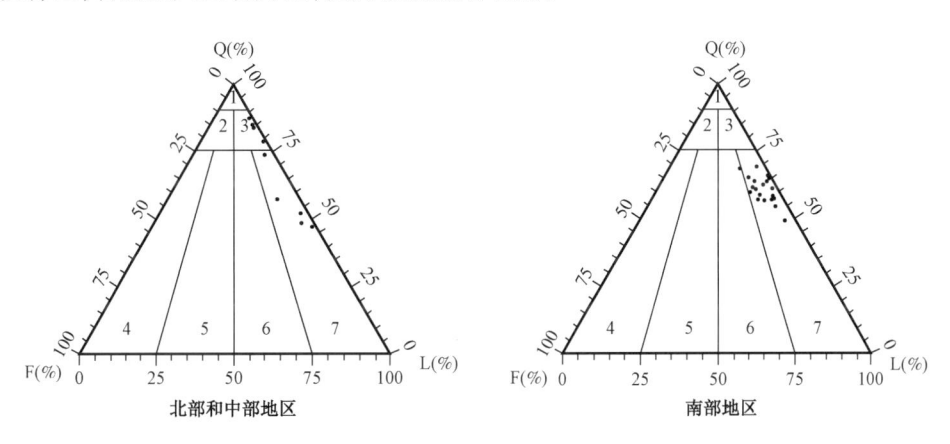

图3-1 川西前陆盆地坳陷带不同区带须四段砂岩成分三角图

1—长英砂岩；2—长石石英砂岩；3—岩屑石英砂岩；4—长石砂岩；5—岩屑长石砂岩；6—长石岩屑砂岩；7—岩屑砂岩

表3-2 四川西部坳陷带不同区带须二、须四段砂岩成分统计表

地区	层位	石英（%）	长石（%）	岩屑（%） 岩浆岩	岩屑（%） 变质岩	岩屑（%） 沉积岩	杂基（%）	样品个数
川西坳陷北部、中部	须二段	52.81	4.46	20.13	6.43	3.43	2.39	134
	须四段	46.18	1.82	11.36	4	20.45	3.91	11
川西坳陷带南部	须二段	64.46	8.66	9.36	5.62	1.15	2.45	143
	须四段	54.05	5.36	12.9	6.42	5.16	3.74	19

（四）储层物性较好

中国深层碎屑岩储层目前埋藏深度很大，但其孔隙度大部分在10%以上，少部分高达20%，渗透率分布范围较广，从10~400mD不等，高者可达800mD。其中西北挤压型盆地的深层优质储层物性较好，孔隙度和渗透率普遍比中部克拉通盆地和东部断陷盆地高，中部克拉通盆地略差，孔隙度仅为5%~8%，渗透率多小于10mD，属于低孔低渗储层；东部断陷盆地深层优质储层的物性介于西部和中部之间（钟大康等，2008）。

(五) 构造裂缝改善储层质量

中新生代以来,中国中西部盆地受到了多次构造运动的影响,包括三叠纪末晚印支运动、侏罗纪—白垩纪末的燕山运动和晚白垩世以来的喜马拉雅运动,其中对裂缝发育最有建设意义的是喜马拉雅运动,前两者主要是抬升运动,多使中生代地层遭受抬升剥蚀,而喜马拉雅运动使地层全面褶皱抬升,形成大量的背斜构造,并由此产生构造裂缝,对改善储层的连通性起到积极作用。大量生产实践和研究成果表明,中西部盆地储层中发育的裂缝对储层孔隙度贡献较小,但其对储层渗透性的改善作用十分明显。当储层中发育裂缝时,渗透率显著增加,如果没有裂缝对储层渗透性的有效改善,许多储层难以成为有效储层。

二、储层物性特征及影响因素

(一) 储层物性特征与孔隙类型

碎屑岩成岩阶段是其埋藏过程中受热历史、流体性质变动等因素相互作用的结果,其控制着储集岩中原生孔隙的消减程度和次生孔隙的发育状况,碎屑岩储层的成岩阶段对岩石的结构特征和储集性均有较大的控制作用。

(1) 随着埋藏时间的增加,碎屑岩的成岩作用强度增加,其孔隙度变差。柴达木盆地第四系储层埋藏时间仅为2Ma,碎屑岩所处的成岩阶段属早成岩A期和B期,其孔隙度高达23%~34%。埋藏时间较长的碎屑岩储层其成岩强度较大,如鄂尔多斯盆地和四川盆地遂宁地区的三叠系碎屑岩,它们所处的成岩阶段为中成岩A期和B期,碎屑岩储层的孔隙度也较差,仅为5%~16%(表3-3)。

(2) 在同一沉积盆地中碎屑岩储层的孔隙度随其成岩强度增大而变小(图3-2)。在同一沉积盆地的同时代碎屑岩储层,成岩强度大的反映出其埋藏深度大(图3-3),经受的温度高,因此表现出孔隙度较低,如松辽盆地埋藏较浅的砂岩储层,它所处成岩阶段属早成岩B期,其孔隙度往往较高可达18%~27%(表3-3),埋藏较深的砂岩,所处的成岩阶段可达到中成岩B期,孔隙度仅为11%~17%。

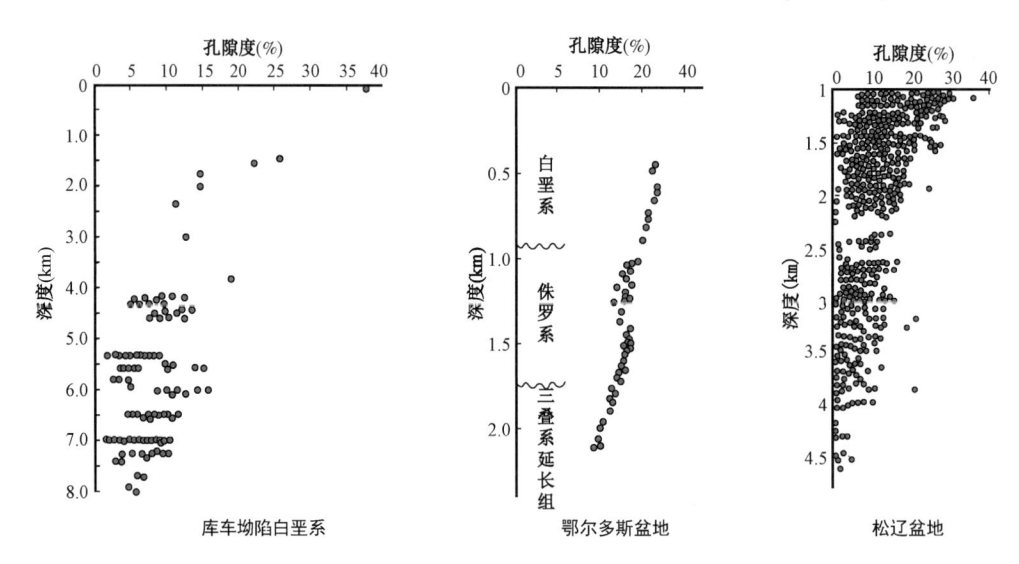

图3-2 中国东部、中部及西部盆地碎屑岩储层孔隙度垂向变化特征

(3) 不同沉积盆地中的碎屑岩,由于其物源区性质、沉积时水动力条件、沉积速率、埋藏历史以及埋藏后孔隙中流体性质和地温梯度等沉积、成岩条件的差异,将造成成岩程度类似的砂岩孔隙度差异很大,一个盆地中成岩强度较弱的砂岩储层孔隙度很可能比另一个盆地中成岩强度较强的砂岩储层孔隙度低得多,如松辽盆地处于中成岩A期成岩阶段的砂岩孔隙度仍可以达到15%~22%,而准噶尔盆地处于早成岩B期成岩阶段的砂岩储层孔隙度则仅为13%~21%(表3-3)。

第三章 天然气储盖特征及其组合

表3-3 中国主要盆地深层碎屑岩储层基本特征

地区	东部地区				中部地区		西部地区	
重点盆地	松辽盆地	板桥和歧北凹陷	渤南洼陷	南堡凹陷（高尚堡—柳赞）	东营凹陷	河南安棚泌阳凹陷	鄂尔多斯盆地	准噶尔腹部	准噶尔南缘	库车坳陷
岩性	岩屑长石砂岩、长石岩屑砂岩、砾岩；长石含量26.7%~38.2%	岩屑砂岩	细粒岩屑砂岩	沙河街组岩屑砂岩、岩屑长石砂岩，长石含量20%~45%，平均35%	古近系砂砾岩	岩屑砂岩、长石岩屑砂岩	上三叠统延长组、姬塬中细粒岩屑长石砂岩、长石岩屑砂岩，长石含量30%；镇泾长石含量33%；富县斜长石含量34%，钾长石含量15%	侏罗系—白垩系、长石岩屑砂岩、长石含量17%	侏罗系—白垩系、长石岩屑砂岩、长石岩屑长石砂岩，高塑性岩屑含量33%~59.1%，平均47%	白垩系岩屑长石砂岩、长石岩屑砂岩，克深地区25%，大北地区18%
沉积相	河流—三角洲、扇三角洲	河流—三角洲、辫状三角洲、扇三角洲、水下扇	河流—三角洲、扇三角洲	河流—三角洲、辫状河三角洲、扇三角洲、水下扇	冲积扇、扇三角洲、水下扇砂砾、重力流水道砂、浊积砂体	扇三角洲为主，分选差，成分与结构成熟度低	辫状河三角洲、曲流河三角洲	三角洲等	冲积扇、扇三角洲、辫状河三角洲、曲流河三角洲	季节性河流、辫状河、扇状河、辫状河三角洲
物性特征	砂岩孔隙度下限4.1%~5.5%，砾岩下限2.7%；1000m孔隙度25%~30%;2000m孔隙度10%~14%;3500m孔隙度5%~10%；大于15%最大为20%	2000m孔隙度30%，4500m孔隙度平均为10%~14%，最大为20%	2000m孔隙度20%~30%,5000m孔隙度20%~6000m孔隙度4.34%~6.44%	孔隙度3%~18%,2000m孔隙度25%~30%,3500~4000m孔隙度15%~22%	1500~2000m孔隙度大于30%~40%,3500m孔隙度8%~15%	2000m孔隙度大于20%，大于3500m孔隙度10%~15%	陇东：延长组孔隙度6%~14%，平均10.25%;渗透率为0.01~1mD	孔隙度4%~20%，渗透率0.1~100mD;4000m孔隙度＞10%，5000m孔隙度15%,6000m孔隙度小于10%	乌奎背斜带：齐古组—喀拉扎组为孔隙型储层，孔隙度＞10%，渗透率为10~100mD，东沟组孔隙度15%，渗透率20%~100mD	储层孔隙演化四段性特征，2000m以浅孔隙度＞25%,4000m孔隙度＞15%,6000m为10%~15%,8000m孔隙度可达3%~8%

— 71 —

续表

地区	东部地区					中部地区		西部地区		
重点盆地	松辽盆地	板桥和歧北凹陷	渤南洼陷	南堡凹陷（高尚堡—柳赞）	东营凹陷	河南安棚泌阳凹陷	鄂尔多斯盆地	准噶尔腹部	准噶尔南缘	库车坳陷
孔隙降低原因	高地温场，地温梯度4.0℃/100m，胶结致密，成岩作用强	机械压实作用、胶结作用	机械压实作用为主	深层胶结作用、裂变高地温梯度	压实作用、黏土矿物充填、高岭石、石膏及硬石膏胶结	机械压实作用、化学压溶作用、铁方解石、铁白云石、方解石膏胶结	早期机械压实作用为主，晚期胶结胶结物、绿泥石环边、高岭石、伊利石等及浊沸石胶结	机械压实作用、胶结作用、方解石、白云石胶结与石英加大	机械压实作用、胶结作用、侧向挤压、颗粒定向排列支撑作用
储层次生孔隙增加原因	长石、岩屑溶孔，方解石溶孔，次生孔隙占总孔隙的20%~90%	次生溶蚀为主，粒内溶孔，铸模孔，长石溶蚀减压作用	膏盐岩下超压，压力系数1.7左右，次生溶蚀，石膏变为硬石膏脱水，排除含有机酸的水溶解的超压可保持原生孔，增加次生孔发育程度	断层、不整合面作为通道，与异常高压一起控制次生溶蚀的分布，粒内溶孔、铸模孔与溶蚀填隙物；2800m~4100m超压，压力系数1.1~1.35	膏盐岩下超压保持剩余原生孔，裂缝，去石膏化硫酸盐热化学作用形成次生溶蚀，沉积相，大压实，盐盆穿、酸性流体注入、构造活动、绿泥石膜等影响储集性能	次生溶蚀为主	次生溶蚀增孔，烃源岩长石溶蚀增孔与山岩屑溶蚀增孔2.5%，火山岩屑杂基溶蚀0.5%，镇泾长石溶蚀增孔2%，岩屑溶蚀增孔1%；富县长石溶蚀3%，浊沸石溶蚀1.5%	次生溶蚀为主，有机酸对碳酸盐胶结物和硅酸盐颗粒溶蚀，表生期淡水淋滤，K/J间不整合面淡水淋滤，侏罗系顶部（5840m左右不整合面）	早期长期浅埋晚期快速深埋，超压等保持原生孔，破裂与溶蚀发育次生孔隙	埋藏方式、顶篷构造支撑，盐下低地温梯度，超压作用保持原生孔，构造挤压破裂缝、溶蚀增加孔隙
次生孔隙发育带	2000~2500m，2500~3000m，3500~4000m三个次生孔隙发育带	3700~4000m孔隙度平均为14%；4500~4800m孔隙度>10%，5000~6000m孔隙度为5%~10%	3000~4000m	3250~3800m淡水淋滤溶蚀，3500~3600m有不整合面存在	大于4000m孔隙度10%~15%，民丰地区4250~4400m，4750~4900m两个次生孔隙发育带	3500m最高孔隙度15%~16%	孔隙演化：延长组原始沉积物孔隙度35%~38%，经压实后为20%~25%，早期胶结后18%~22%，溶蚀后增加到20%~23%，晚期胶结后达到10%~12%	3500m以浅原生孔隙为主，3500m以下溶孔发育，6200m左右粒间溶孔降低，裂孔开始发育	中浅层构造裂缝发育，孔隙型储层一主，以裂缝型储层为主；深层为孔隙型储层	埋深大于6000m，孔隙度变化受埋层埋深影响小，快速深埋下，孔隙保持。大于8000m发育有效储层

— 72 —

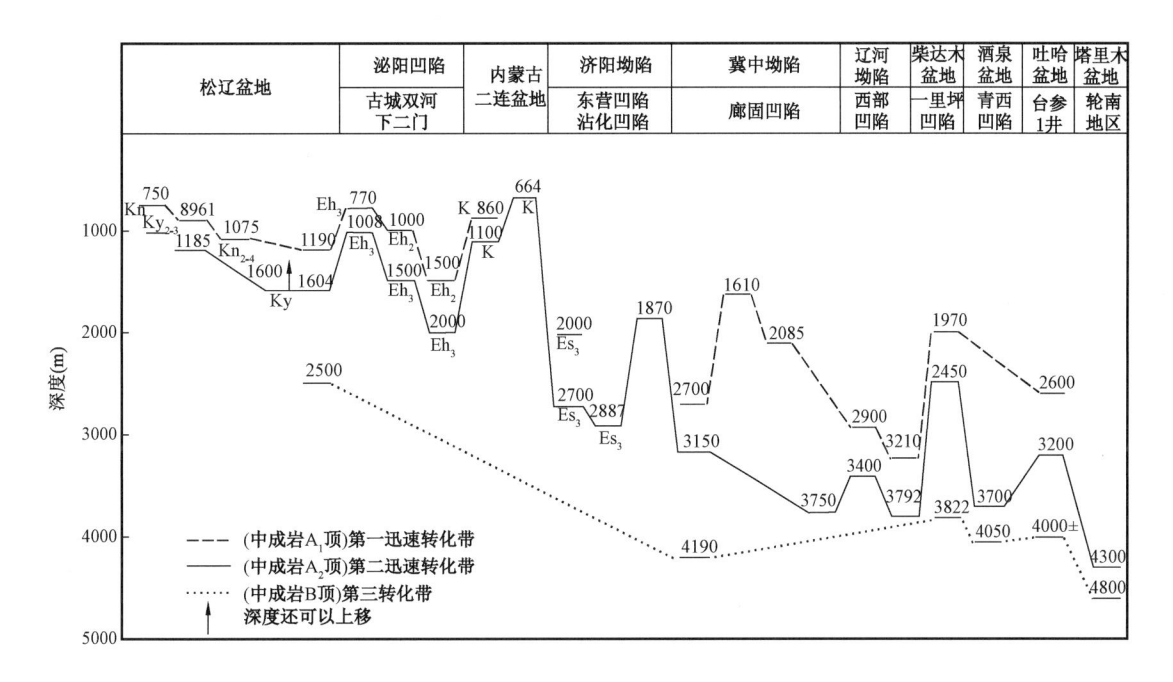

图 3-3　中国各油区储层成岩阶段的中成岩 A_1、A_2、B 各成岩期顶界深度分布图（据应凤祥等,2004）

（二）影响储层物性因素

（1）碎屑颗粒的物理性质和化学性质。砂岩碎屑颗粒的物理性质主要受砂岩沉积环境和物源区性质的控制,并在成岩作用中对砂岩的压实作用产生着重要影响。砂岩可塑性碎屑含量高时,压实作用可迅速使大量的原生孔隙遭到破坏,反之刚性碎屑含量高时,则压实作用进行得相对缓慢,砂岩中原生孔隙较易得到大量保存。

按碎屑颗粒物理性质可划分为刚性碎屑、半可塑性碎屑和塑性碎屑。刚性碎屑包括石英、长石、硅质岩、石英岩和花岗岩等,它们在压实过程中一般不会发生塑性变形,主要通过颗粒间的调整使颗粒呈较紧密堆积,从而减少砂岩中孔隙度。半塑性碎屑,主要为喷发岩岩屑、火山碎屑岩岩屑以及部分变质岩岩屑,如凝灰岩、流纹岩、片麻岩等,这类岩屑只有当压力超过一定程度时才会发生明显的塑性变形。如在准噶尔盆地侏罗系（图3-4）砂岩中含有大量凝灰岩岩屑,这类岩屑在埋藏深度小于2500m 时一般不发生显著变形,当埋藏深度超过 2500m 时,凝灰岩则发生明显的变形,颗粒间的线接触、凹凸接触等现象迅速增多。并且随着埋藏深度的增加,其变形程度加大,从而使富含凝灰岩的深部砂岩孔渗条件遭到很大破坏。塑性碎屑主要有泥岩屑、千枚岩屑、片岩屑及云母类矿物等,这类岩屑受挤压易发生假杂基化,当砂岩中塑性碎屑含量大于15%时,仅压实作用就可使砂岩的孔隙度降至5%左右。按碎屑颗粒化学性质可将其分为易溶碎屑和难溶碎屑,易溶碎屑主要包括碳酸盐岩碎屑、火山岩碎屑、长石碎屑等,难溶碎屑指石英、硅化岩、石英岩岩屑等。通常岩石中含一定量易溶碎屑是后期发育颗粒溶蚀次生孔隙的先决条件,较纯的石英砂岩易发生硅质胶结和强烈石英次生加大,后期不易溶解。

（2）砂岩中泥质杂基和自生黏土矿物。砂岩中黏土基质的发育,除了其本身堵塞孔隙外,在压实过程中可起润滑作用,并加速压实作用对原生孔隙的破坏,因此它们能使砂岩的孔渗条件遭到很大的破坏。砂岩中黏土基质按其成因可分为原生的泥质杂基和自生的黏土矿物,原生的泥质杂基常发育于分选性较差的砂岩中,其沉积条件是在总体上静止的未搅动的区间内夹杂着其规模适合于砂粒迁移的水流,使黏土与砂粒一起沉积下来。泥质沉积物也可以作为絮状物与砂一道通过絮凝作用沉淀下来,另外也可在同生期或浅埋期间通过黏土矿物的渗滤作用使黏土矿物沉淀于砂岩的粒间孔中。砂岩中自生黏土矿物的发育主要受岩石成分、孔隙水化学性质和成岩温度的控制。通常是岩石中不稳定组分如岩屑、长石、镁铁质矿物和火山玻璃等与地层中孔隙水发生反应产生黏土矿物,之后随着

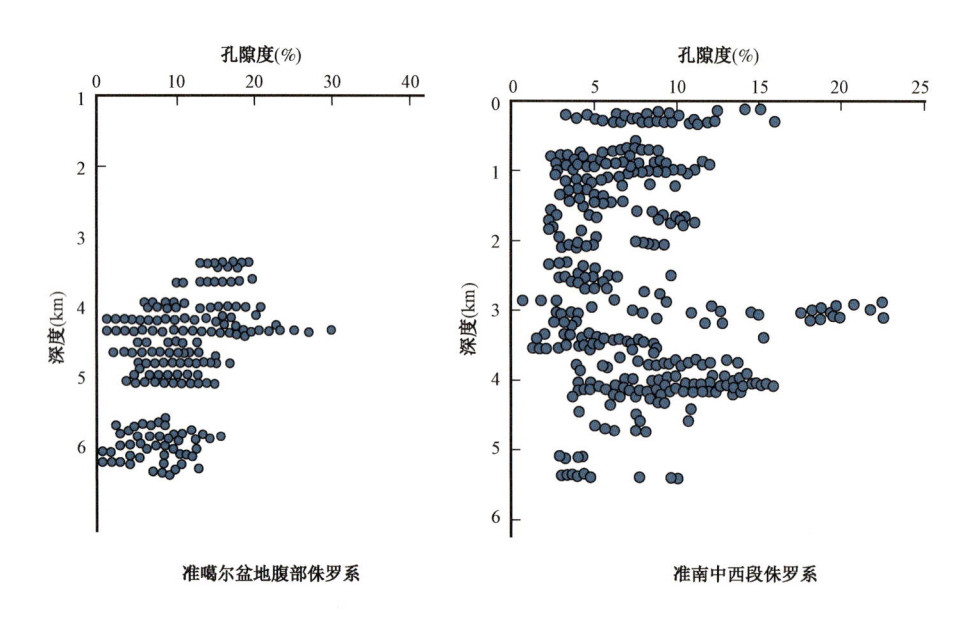

图3-4 准噶尔盆地南缘、腹部侏罗系孔隙度垂向变化特征

强度的升高和孔隙水化学性质的变化,使其向更稳定形式的黏土矿物转变,自生黏土矿物的产出形式有:孔隙衬砌物(颗粒包层)、孔隙充填物、不稳定颗粒的交代产物和裂缝及晶洞的充填物。

(3)沉积速率与埋藏历史。沉积速率和埋藏历史控制着沉积物的压实程度,对于泥质沉积物来说,当被压实时,由于层间水和吸附水的释放,会发生排水作用,从而促进烃类的产生和运移,与此同时,释放出来的热增加了石油的生成潜力。因此沉积速率太低不利于形成大的油气聚集,可见沉积速率决定着泥质岩成岩期有机质的转化方向、动力和程度。同样对于砂岩来说,较高的沉积速率,有利于储层保存较好的孔隙度和渗透率。如同等埋藏深度的松辽盆地砂岩比辽河坳陷砂岩的孔隙度低2%~6%,根据对砂岩孔隙度破坏原因分析,在同等深度松辽盆地砂岩由压实作用造成的对原生孔隙的破坏程度要比辽河坳陷高8.1%~11.4%,究其原因盆地的沉积速率和埋藏历史可能是最主要的。

(4)碎屑岩颗粒的粒径和分选程度。砂岩的粒径和分选程度取决于当时沉积介质、水动力条件和搬运距离,一般来说,随着搬运距离的加长,颗粒平均粒径变小,分选程度也变好,沉积介质的强烈搅动有助于分选程度的增高。砂岩的粒径和分选程度对其储集物性常产生重要影响,分选好的砂体经受压实颗粒呈紧密堆积后仍能保持很高的孔隙度,相反分选差的砂体很难在高压下保持较高的孔隙度。同样,砂岩颗粒大小直接决定了孔径的大小和喉道的宽窄,因此长期以来沉积相研究常作为砂岩储层研究的一个重要方面,不同盆地和不同地区砂岩沉积时由于其地质条件、沉积环境和成岩作用进程及强度的不同,砂岩的沉积相对其储层质量的影响程度会有很大差异,通常成岩作用强度比较弱,原生孔隙保存比较好的砂岩其物性受沉积环境的影响更大些。相反,埋藏比较深、孔隙主要为次生的砂岩,其物性特征与沉积环境的相关性就更差些。

(5)泥质岩成岩作用。泥质岩是由含量大于50%,粒级小于0.0039mm颗粒组成,主要矿物成分是黏土矿物组成的泥质沉积物或固结的岩石,泥质岩在成岩进程中最主要的变化是压实作用和黏土矿物的转变。泥质沉积物被埋藏后,随着上覆沉积物负荷压力的增强和温度的升高,孔隙水、层间水被逐渐排出,造成了其体积和孔隙的缩小。泥质岩孔隙水的排出量要比同等埋藏深度的砂岩高五倍左右。同时伴随着泥质岩中黏土矿物的转化,特别是蒙皂石和混层矿物向伊利石转变,将析出丰富的硅、铁、镁、钙等离子,这些组分与泥质岩中有机质热演化作用生成的有机酸和碳酸一起,随着泥岩压实作用排出的水进入砂体,由于有机酸能使孔隙流体保持较低的pH值,使铝硅酸以复杂的有机络合物形式发生迁移,从而大大提高了它对长石等矿物的溶解能力,因此这些富含有机酸的高矿化度水必将对砂岩中次生孔隙的形成和自生矿物的沉淀产生重要影响。

(6)构造背景和构造运动。沉积盆地的构造背景和活动特征直接控制着盆地的发育类型、沉积作用的特点、沉积相特征以及沉积建造的组合等,这些因素无不对沉积物的成岩作用产生深远影响。沉积盆地的构造背景和活动特征与成岩作用的关系主要有以下几方面:一是构造背景决定了沉积盆地的沉积范围和剥蚀区域,控制了剥蚀区岩石风化侵蚀和搬运等作用的特点、规模和程度,从而对沉积区碎屑物的物理化学性质、沉积相带的分布状况和组合特征、沉积物的结构、构造等产生重要影响。二是沉积盆地演化特征、地壳的升降规模造成了沉积区域纵向或平面上岩性组合的变化以及沉积物的间断,从而破坏了在埋藏成岩进程中沉积物孔隙水的物理化学性质、有机质热演化过程和沉积物的负荷压力等平衡状况,结果使砂岩中原生孔隙消减和次生孔隙发育的演化过程和特征发生一系列变化,改变了储集砂岩中油气贯入时间和规模。三是伴随着地壳的抬升、褶皱和断裂,使砂岩层发生不同程度的破碎和裂缝,这些裂缝与地壳升降产生的风化壳和不整合面一起,成为天然水淋滤下伏地层的主要通道,天然水和地下水的交替改变了砂岩中孔隙水的化学性质,使砂岩中不稳定组分发生化学反应,导致矿物的溶解、沉淀,造成次生孔隙的广泛发育,极大地改善了砂岩的储集条件。在许多沉积盆地的储集砂岩中次生孔隙及裂隙最发育的地带往往集中在不整合面和断裂带附近,这显然受盆地构造运动的控制。此外不整合面和断裂带常常成为天然气运移的通道(史基安等,1995)。

三、有利储层形成条件

(一)沉积环境

原始沉积环境是形成优质储层的前提和基础(表3-4),无论是东部、西部还是中部,其深层优质储层都与其岩石学特征有密切关系,一般来说石英含量高、成分纯、分选好、粒度中等的石英砂岩抗压强、原生孔隙发育,后期溶蚀作用也较强,易于形成优质储层;岩屑砂岩类常常杂基含量高、抗压强度低、压实作用强,常形成假杂基,原生孔隙不发育,溶蚀形成的次生孔隙也较少。

表3-4 中国有利碎屑岩储层形成条件统计表

分区	代表盆地及地区		地层	大地构造背景	成岩演化程度	有利储层形成条件	储层规模	储层特征
西部	塔里木	库车	K	挤压环境	低	埋藏方式、溶蚀、异常高压	大	物性好,厚度大
		塔北	K		低	埋藏方式	大	
		塔北东河塘	K		低	埋藏方式、沉积相	大	
		满加尔	D		高	溶蚀、烃类注入	中等	物性中—好,厚度中等
		满加尔南	S		高	多期溶蚀、沉积相	中等	
	准噶尔		J		中—高	多期溶蚀、沉积相	中等	物性中—好,厚度中等
	柴达木		E		中—高	多期溶蚀、沉积相	中等	
中部	鄂尔多斯		C-P	克拉通环境	高	埋藏方式、沉积相、溶蚀	中等	物性差,厚度中等
	四川川西		T		高	埋藏方式、溶蚀、裂缝	中等	
东部	坳陷	松辽	K	拉张环境	中—高	深部溶蚀	中—小	物性中—好,厚度中
	断陷	辽河	E		中—高	深部溶蚀	中—小	物性中—好,厚度小,分布局限
		济阳	E		中—高	深部溶蚀、岩盐	中—小	
		黄骅	E		中—高	深部溶蚀、异常高压	中—小	
		东濮	E		中—高	深部溶蚀、异常高压	中—小	
		辽东湾	E		中—高	深部溶蚀	中—小	

（二）次生溶蚀作用

溶蚀作用是形成深层优质碎屑岩储层最普遍的机理，只是在不同的地区溶蚀程度不同而已（表3-3、表3-4）。深部的溶蚀作用主要是有机质成熟产生的有机酸和二氧化碳（溶于水形成的碳酸）对碳酸盐胶结物的溶蚀，从深部碳酸盐胶结物与孔隙度之间的明显负相关也可以得到证实。同时，长石溶蚀增孔对深层储层质量的改善有较大作用，图3-5针对库车坳陷深层白垩系储层早期长期浅埋—后期快速深埋地质过程下长石溶蚀增孔作用，开展了成岩物理模拟实验研究，定量计算出长石在早期长期浅埋—后期快速深埋地质过程下，克深地区长石最大溶蚀增孔量为0.86%～2.05%，大北地区长石最大溶蚀增孔量为0.62%～1.48%，该认识对评价深层油气储集性能及拓展深层油气勘探领域具有积极作用。

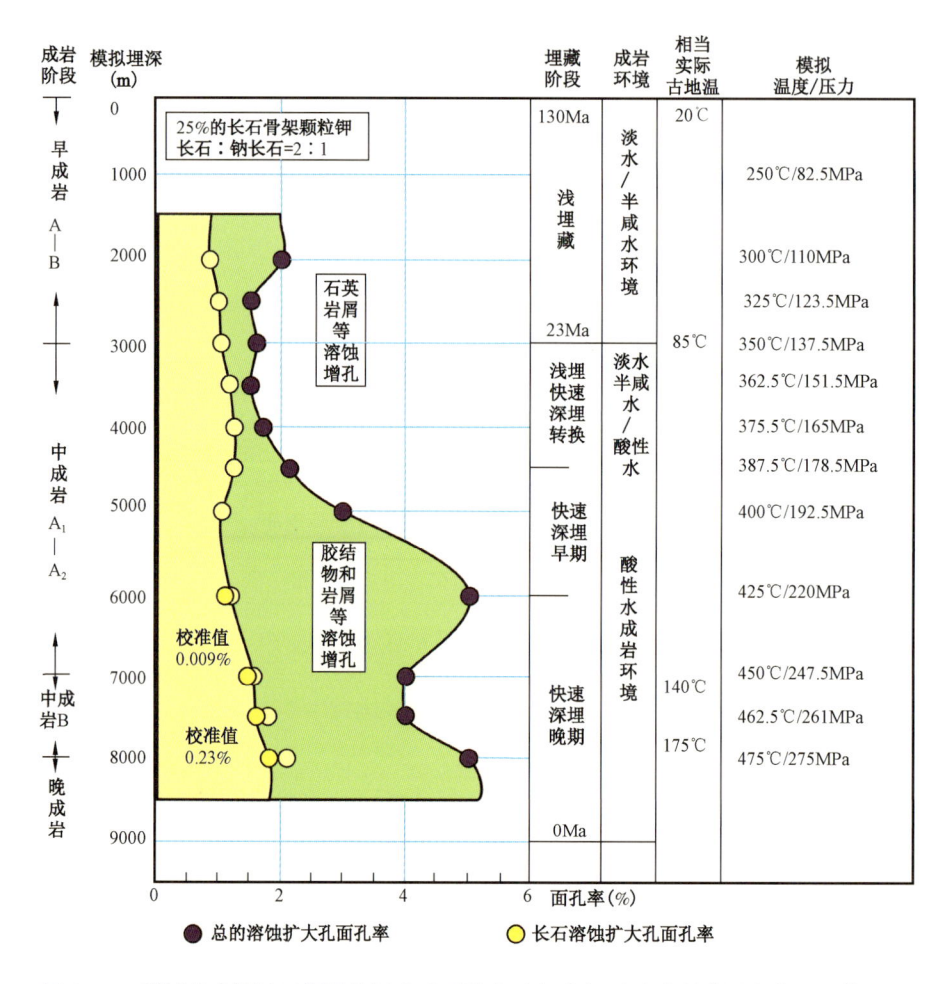

图3-5 模拟的克深地区深层储层在地质演化过程中长石溶蚀增孔量演化过程模型图

（三）异常高压

异常高压对于形成深层优质储层起了很重要作用（表3-4），当砂岩内部孔隙中的流体排出不畅时，随着埋藏深度的增加，上覆地层负荷增大，容易在砂岩储层中形成异常高压，延缓岩石的压实作用，使孔隙得到很好的保存，在地下深部形成优质储层。此种条件在中国东部和西部盆地深层优质储层形成过程中都存在。异常高压的形成有多种原因，如埋藏速度过快，造成孔隙内流体不能及时排出；有机质成熟产生的新生流体；断层的封闭性；黏土矿物脱水；膏盐层和稳定泥岩盖层的覆盖，等等。

(四)膏盐效应

膏盐在深层优质储层的形成过程中主要起到如下作用:一是由于膏盐的封盖,造成下伏地层流体排出不畅,形成异常高压,延缓压实作用;二是由于膏盐层导热性强,使盐下砂岩热量散失,砂岩内部温度与埋藏深度不对应,抑制延缓成岩作用进程,在深层部位,有膏盐与无膏盐的地区砂岩物性存在明显差异;三是膏盐在深部脱水,石膏转化为硬石膏,脱水同时引起溶蚀作用。膏盐效应在中国东部和西部盆地中都存在,中部较少。

(五)埋藏方式

埋藏方式对深层优质储层的形成具有重要影响,早期长期浅埋,晚期短期快速深埋是形成深层优质碎屑岩储层的重要原因。如塔里木盆地东河塘地区的泥盆系东河砂岩、库车前陆盆地的白垩系砂岩等,砂岩早期长期处于浅埋藏状态下,在固结成岩之前没有得到充分的压实作用,后期短期快速深埋藏时,仍然保持有与其深度不对应的孔隙度,从而形成深埋优质储层。这种机理在西部挤压型盆地的前陆环境中最突出(高志勇等,2016)。

(六)构造裂缝

在地下深部由于构造作用形成一些微裂缝,微裂缝的存在也是形成深层优质碎屑岩储层的原因之一(表3-4),如川西三叠系须家河组砂岩内优质储层多与微裂缝有关(钟大康等,2008)。

(七)烃类早期注入

烃类早期注入孔隙,排出孔隙内的流体,延缓或抑制了成岩作用(主要是胶结作用)的进程,使孔隙得到很好的保存,此种情况在中国东部、西部和中部均有发育。

四、重点盆地碎屑岩储层展布

(一)四川盆地须家河组

四川盆地上三叠统砂岩发育,累积厚度大,主要分布于150~700m,以川西地区最厚,孝泉地区达700m,向川中、蜀南方向减薄至300m。前陆隆起带以包界地区最厚,达300~400m。上三叠统砂岩储层孔隙度主要集中在3%~12%(图3-6),以威东、包界、广安地区物性最好,孔隙度达8%~12%。上三叠统储层纵向上层段多,储层累积厚度大,分布范围广,主要集中发育在须二、须四段,次为须六段,具备形成大中型气藏的储集条件,但存在较强的非均质性。从川西前陆盆地前渊内到斜坡带的川中及蜀南,随着在前陆盆地结构中部位的升高,优质储层及产层发育部位有渐次抬升趋势。川西地区主要是须二段,川中中西部主要为须四段,次为须二段,川中东部华蓥山西侧的白庙、广安、兴华等为须四段、须六段。

1. 储层孔隙类型

川西前陆盆地须家河组储层,须二段和须四段粒内溶孔、粒间溶孔(缝)在前渊坳陷带发育,主要为长石和喷出岩屑中相对结晶差的微晶部分或未结晶的火山玻璃部分。此外,偶尔见到压实变形黑云母内有次生溶解及云母石英片岩中所夹白云母纹层次生溶解,亦见变质的泥质细粉砂岩中由泥质变质形成的绢云母有次生溶解现象。溶蚀孔的发育与分布均沿断裂带分布,表明断裂是溶蚀介质运移的通道。川西前陆盆地原生粒间孔隙在前陆斜坡和隆起带保存最好,自生矿物较少充填孔隙,孔径介于0.02~0.1mm,配位数1~2;坳陷带原生粒间孔隙保存较少,且自生矿物充填严重,其残余孔径一般不超过0.06mm,配位数不超过1。川西前陆盆地剩余原生粒间孔隙可分为两种亚类:①绿泥石环边胶结后的粒间孔隙,纤维状绿泥石垂直颗粒生长,形成颗粒包壳,有效地阻止石英加大,使粒间孔隙

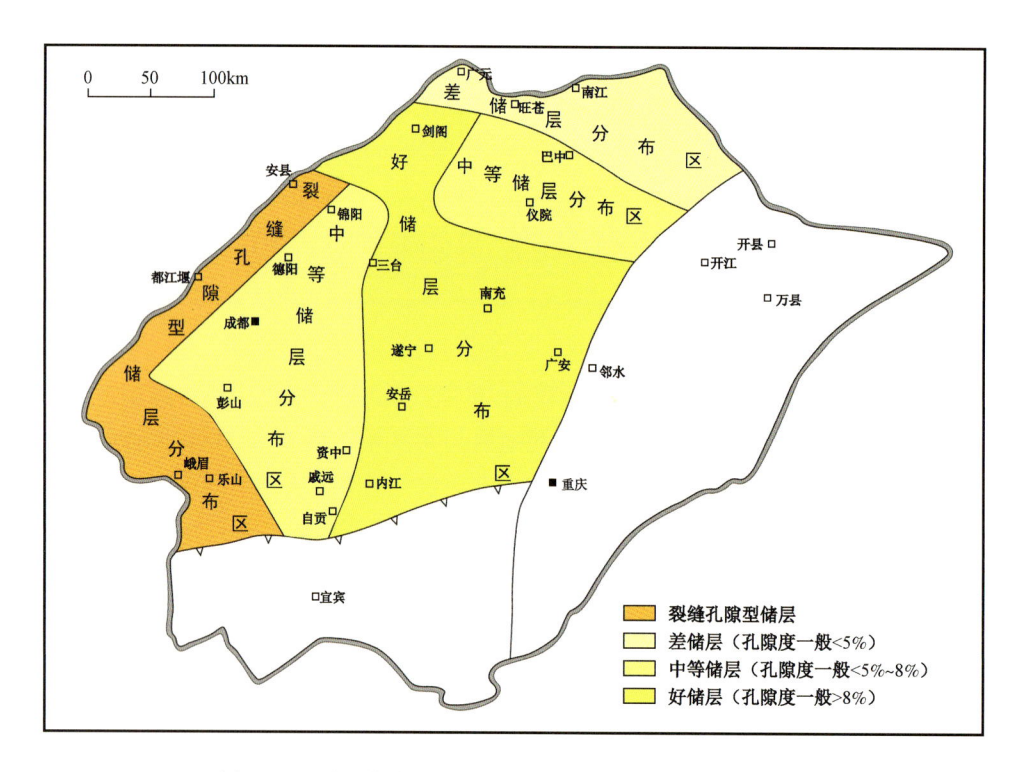

图3-6 川西前陆盆地须二段不同构造带孔隙分布预测图

得以保存,是储层的主要储集空间之一,常分布于好的储层中;② 石英加大后的粒间孔隙,石英颗粒的加大边发育,但加大边并未充填满粒间孔,只是使原有的粒间孔大幅度缩小。该种孔隙一般发育在石英砂岩中,包括岩屑石英砂岩、长石石英砂岩和纯石英砂岩,是这类岩石的主要孔隙类型。

须家河组原生残余粒间孔隙的发育程度最主要的控制因素是砂岩岩性(成分)。最有利的岩性是岩屑质石英砂岩,岩屑小于25%,而且均为硬质岩屑,千枚岩等软质岩屑偶有1%～2%,无原基质。这种砂岩是沉积过程中经历了反复的簸洗,分选好,原生粒间孔隙可达25%左右或更高。由于缺乏软质岩屑和原基质,碎屑石英与长石、深水硅质岩、深变质岩等之间的压实量不大,原生孔隙的损失量亦较小,为原生残余粒间孔隙的发育创造了良好的条件。另一个控制残余粒间孔隙的重要因素是第一期碎屑石英自生加大边的发育程度,有的薄片中,尽管沉积后经压实改造原生粒间孔隙较发育,但由于第一期碎屑石英自生加大边及经第二期铁绿泥石环边胶结后残余孔隙沉淀的第三期自形和它形石英发育,可以将粒间孔隙几乎充填满,仅剩少量粒间残余孔隙。原生残余粒间孔隙的发育程度与粒度呈正相关。同样是岩屑质石英砂岩,随粒度减小原生残余粒间孔隙亦减小。其原因一方面粒度减小,原生粒间孔隙亦相对减小,等大球体随机堆积的孔隙度为32.8%,同为岩屑质石英砂岩,粒度较粗的由于沉积时簸洗较强,圆、球度较高,原始沉积时的孔隙度可达25%以上,而粒度较细的沉积时簸洗较弱,圆、球度相对较差,而且往往含少量软质岩屑和原基质,原始沉积时的粒间孔隙仅为20%～25%。较小的粒间孔隙有的可以被不同时期的胶结物,主要是铁绿泥石和自生石英充填满。一般只有相对较大的粒间孔隙被前三期胶结物充填后才能形成原生残余粒间孔隙。而粒径较细的岩屑质石英砂岩原始沉积时的粒间孔隙较小,相当部分细小的原生粒间孔隙被后来的胶结物充填满了。在含软质岩屑及原基质较多的泥质岩屑砂岩中,因残余粒间孔被泥质或软质岩屑,特别是千枚岩岩屑压实变形成假基质充填,而不存在原生粒间残余孔,但若原始沉积时若干碎屑石英或石英及其他硬质岩屑聚集在一起的部分,粒间无原基质的泥质沉积其中,以及压实作用过程无千枚岩岩屑等假基质注入,则该处可保存原生粒间孔隙,其内同样可经历上述三期胶结作用,有时可保存下少许原生残余粒间孔隙。总的规律是,随着原基质泥质及软质岩屑,特别是千枚岩岩屑的增加,原生残余粒间孔隙减少,以致完全不存在。

2. 储层裂缝特征

须二段微裂缝普遍发育,在川中前陆隆起带主要表现为网状微裂纹,裂缝宽度一般不超过 0.005mm,但数量较多,多沿颗粒表面不规则分布,极少切穿颗粒,为典型的张性裂缝。川西前渊坳陷带须二段裂缝数量相对较少,但单条裂缝宽度较大,缝宽可达 0.06mm,为该区须二段主要的储集空间。须四段微裂缝以前陆斜坡及前陆隆起带南部最发育,裂缝见有率(具裂缝的薄片数/总薄片数)为 10%,次为川西坳陷带南部地区,裂缝见有率为 5.9%,再次为川西坳陷带北、中部地区,裂缝见有率为 3.4%,前陆斜坡及前陆隆起带北部地区裂缝发育程度最差,裂缝见有率为 1.2%。裂缝的发育程度主要与构造褶皱强度有关,川南地区、川西南部地区及龙泉山一带褶皱强度最大,裂缝也最发育。前陆冲断带的构造变形大、断层发育的部位,裂缝发育密度也相应较大,如合兴场构造川合 127 井总裂缝条数达 1204 条,平均线密度值为 15.12 条/m,平落坝构造平落 2 井总裂缝条数达 1089 条,平均线密度值为 6.15 条/m。前渊坳陷带裂构造变形小、断层不发育,相应的裂缝发育密度小,如白马庙构造白马 8 井总裂缝条数 10 条,平均线密度值为 0.3 条/m,九龙山构造龙 5 井总裂缝条数 24 条,平均线密度值仅为 0.16 条/m。在统计的 6697 条裂缝中,斜交缝的比例最大,共 3215 条,占总缝的 48%;垂直缝共 2257 条,占总缝的 33.7%;水平缝共 1225 条,占总缝的 18.3%。

须二段储层是四川盆地上三叠统中发育较好的,其储层厚度在 10~50m,主要集中在 20~50m。孔隙度介于 5%~10%,主要集中在 6%~8%。在前陆冲断带的中坝—青林口—老关庙地区、平落坝—邛西地区储层最为发育,厚度大于 30m。前陆隆起带须二段储层以营山—南充—安岳一带最为发育,厚度大于 40m。储层物性以前陆隆起带的川中、蜀南地区最好,孔隙度主要集中在 7%~9%。前陆冲断带以中坝地区物性较好,孔隙度大于 6.5%。综合储层厚度、孔隙度及勘探实践等,须二段有利储集区带主要为川西的前陆冲断带和营山—广安—包界一带地区(图 3-6)。须四段储层是四川盆地上三叠统主要储层之一,分布范围广,累积厚度大,其储层厚度在 10~50m,主要集中在 20~40m;储层孔隙度介于 5%~8.5%,主要集中在 7%~8%。须四段储层以川中、蜀南地区最为发育,厚度大于 30m。储层物性以前陆隆起带的莲池—南充、遂宁—广安、包界地区为最好。综合储层厚度、孔隙度及勘探实践等,须四段有利储集区带主要为前陆坳陷带的东斜坡(如秋林)、前陆隆起带的川中西部、蜀南的营山—广安—包界一带地区。须六段储层是四川盆地上三叠统中分布范围较局限,主要分布在威东—包界—广安地区。储层厚度在 10~40m,孔隙度介于 4%~10%。以龙泉山—平泉、威东、包界、遂宁—磨溪、广安地区储层最为发育,储层厚度大于 30m,储层平均孔隙度在 7.5%,该区带是今后须六段的主要勘探区带。

(二) 鄂尔多斯盆地苏里格庙

鄂尔多斯盆地内蕴藏有丰富的天然气资源,主要产气层有二叠系、石炭系、奥陶系等。其中二叠系储集了该区 70% 以上的天然气探明储量,是该区的重点勘探目的层位(刘为付等,2006)。鄂尔多斯盆地二叠系储层以原生孔隙为主,储层物性显然受沉积相控制。山西组山 2 段、山 1 段在盆地北部发育 4 个南北向展布的河流—三角洲沉积体系,主要砂体为三角洲平原分流河道砂体、前缘水下分流河道砂体及河口坝砂体;中南部发育滨浅湖沉积体系,山 1 段至下石盒子组盒 8 段北部发育 4 个继承性的冲积扇—辫状河—辫状河三角洲沉积体系(刘为付等,2006;李易隆等,2013),湖域面积较小,砂体主要为辫状河心滩及辫状河三角洲平原分流河道砂体,砂体分布范围广(图3-7);中部发育湖泊沉积体系;南部发育小型三角洲沉积体系。

鄂尔多斯盆地二叠系形成储层的主要沉积亚相有冲积扇、辫状河、曲流河、辫状河三角洲、曲流河三角洲,不同亚相的岩性和物性不同。冲积扇储层物性最差,主要岩性由粗粒碎屑砂岩、不等粒砂岩和砾岩组成,孔隙度平均为 4.8%,渗透率平均为 0.3mD。沉积物近物源快速堆积,颗粒分选、磨圆差,

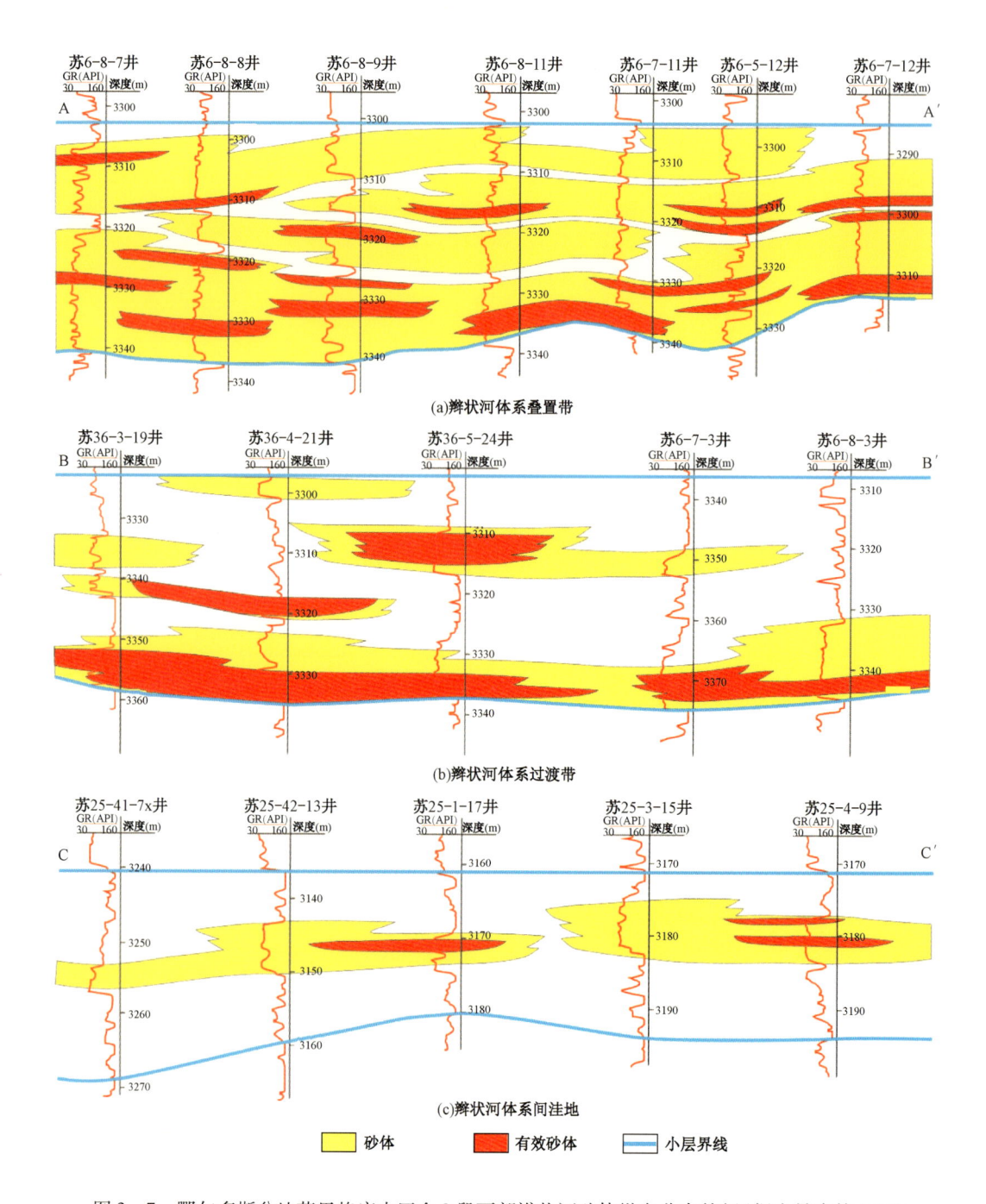

图 3-7　鄂尔多斯盆地苏里格庙中区盒 8 段下部辫状河砂体纵向分布特征(据李易隆等,2013)

填隙物含量高,成分成熟度和结构成熟度都很低,砾石骨架间砂泥质填隙物含量可达 35% 以上,这是储层物性差的根本原因。辫状河储层物性中等,好于冲积扇,主要岩性为细砂砾岩、含砾砂岩和不等粒砂岩,其平均孔隙度为 7.2%,平均渗透率为 1.1mD。与冲积扇相比,离物源相对较远,成熟度相对提高,磨圆度较好,与曲流河相比,距物源较近,以粗砂岩为主。曲流河储层物性较好,岩性主要为中细砂岩,表明沉积物成熟度较高。平均孔隙度为 11.7%,平均渗透率为 4.7mD;沉积物搬运距离较远,水动力能量也较高,颗粒分选好,杂基含量少,黏土杂基含量一般小于 10%。辫状河三角洲储层物性中等—较好,辫状河三角洲前缘储层物性较好,岩性主要为中细砂岩,沉积物成熟度较高,平均孔隙度为 11.2%,平均渗透率为 4.5mD;沉积物搬运距离远,水动力能量也较高,颗粒分选好,黏土杂基含量一般小于 10%。辫状河三角洲平原储层物性中等,岩性主要为中粗砂岩,平均孔隙度为 8.1%,平均渗透率为 2.1mD。曲流河三角洲储层物性较好,尤其三角洲前缘相储层物性最好,沉积物搬运距离较远,颗粒分选、磨圆好,成熟度高,杂基含量少,黏土杂基含量一般小于 5%,平均孔隙度为 15.6%,平均渗透率为 6.1mD。虽然三角洲平原相储层物性较好,但是不如三角洲前缘相,与三角洲前缘相相比,岩性粒度粗一些,杂基含量多一些,黏土杂基含量一般小于 10%,平均孔隙度为 11.5%,平均渗透率为 4.9mD。沉积相研究表明,该区辫状河三角洲前缘、曲流河三角洲前缘由于在水下受到湖水的改造,其沉积物经过再分选,成熟度高,杂基含量少,而且湖水改造使砂体平面分布广,连通性好,是最有利的储层;其次是辫状河三角洲平原和河流砂体,最差的是冲积扇沉积。

根据对该区二叠系山西组山 2 段、山 1 段和下石盒子组盒 8 段储层的沉积相展布和成岩相的研究,并对该区二叠系储层平面分布特征进行了综合评价(刘为付等,2006)。有利储层(Ⅰ类)分布在盆地中部的惠安堡—定边—志丹一线以北地区,该类储层在山西组山 2 段、山 1 段和下石盒子组盒 8 段中均有发育,其中山 2 段、山 1 段为曲流河三角洲沉积,下石盒子组盒 8 段为辫状河三角洲沉积。有利储层厚度一般大于 100m,孔隙度大于 12%,渗透率大于 1mD,岩性为中粒石英砂岩,粒间溶孔—晶间孔发育,硅质加大发育,溶蚀强烈。较有利储层(Ⅱ类)分布在盆地北部鄂托克旗—乌审召—乌拉庙一线以南地区,在山西组山 2 段、山 1 段和下石盒子组盒 8 段中均有发育,其中在山 2 段、山 1 段主要由辫状河—辫状河三角洲和曲流河—曲流河三角洲沉积组成;在下石盒子组盒 8 段主要由辫状河—辫状河三角洲沉积组成,储层厚度 80~100m。盆地中部,分布在延安—延长—永和一线以北地区,在山西组山 2 段、山 1 段和下石盒子组盒 8 段中均有发育,储层厚度 70~90m。盆地南部,该类储层为曲流河三角洲前缘和辫状河三角洲前缘沉积,仅发育在山 1 段和下石盒子组盒 8 段,储层厚度 60~80m。较有利储层孔隙度 8%~12%,渗透率 0.5~1.0mD,晶间孔—粒内溶孔发育,岩性为中—粗粒石英砂岩,含杂基,硅质加大发育,溶蚀较强烈。一般储层(Ⅲ类)分布在盆地中西部和中东部,在山西组山 2 段、山 1 段和下石盒子组盒 8 段中均有不同程度的发育。山 2 段、山 1 段为曲流河三角洲沉积,下石盒子组盒 8 段为辫状河三角洲沉积。一般储层岩性为中—粗粒石英砂岩、岩屑砂岩,杂基含量高,孔隙度 6%~8%,渗透率 0.1~0.5mD,粒内溶孔—粒间溶孔发育,溶蚀、高岭石蚀变强烈,其储层厚度较小、地层砂泥比低(刘为付等,2006)。

(三)塔里木盆地库车坳陷

塔里木盆地库车坳陷白垩系巴什基奇克组储集空间类型自东向西变化明显,东部野云 2 井为构造缝—溶蚀孔—微孔隙,其中溶蚀孔和微孔隙占储集空间的 80.6%;迪那地区为溶蚀孔—剩余原生粒间孔—微孔隙,原生孔隙占 50%;东秋 8 井区为溶蚀孔—剩余原生粒间孔,其中剩余原生粒间孔占储集空间的 57.3%;克拉 2 井区白垩系巴什基奇克组储集空间类型主要为粒间溶孔,其次为残余原生粒间孔和粒内溶孔,各种裂缝均不太发育。据克拉 1 井、克拉 2 井、克拉 3 井、克拉 201 井统计,粒间溶孔占总孔隙空间的 71.27%~81.96%,平均为 76.89%;残余粒间孔占总孔隙空间的 6.67%~18.19%,平均为 13.1%;粒内溶孔占总孔隙空间的 0~16.99%,平均为 8%。孔隙大小一般为 0.02~0.06mm,最大为 0.1~0.16mm。纵向上巴什基奇克组二段粒间溶孔含量及数量明显大于一段和三段。二段粒间溶孔面孔率为 1%~14%,平均为 8%,占储集空间的 66.7%~100%;一段粒间溶孔面孔率为 3%~18%,平均为 5.5%;三段粒间溶孔面孔率为 3%~7%,平均为 4.54%。位于冲断带西段的吐北、大北井区孔隙类型以残余原生粒间孔为主,颗粒溶孔与粒内溶孔次之,裂缝主要是构造缝及泥砾收缩缝,储层压实程度中等偏强。孔隙—裂缝型储集空间类型是本区获得高产的重要条件。据岩心观察大北 1 气田五口井巴什基奇克组储层裂缝均非常发育。如大北 101 井 5801.15~5801.2m 井段发育 3 期构造缝,第 1 期、第 3 期为高角度缝,倾角为 70°~90°,缝宽 1~2mm,延伸 5~7cm 长;第 2 期以顺层低角度缝为主,倾角小于 20°,缝宽小于 0.5mm。构造裂缝的发育为特低孔特低渗储层的高产提供了基础。

由库车坳陷白垩系巴什基奇克组构造裂缝发育平面图(图3-8)与储集空间类型图(图3-9)可知,巴什基奇克组构造裂缝主要发育在库车前陆盆地的西段,东段微裂缝发育相对减少,其中大北井区、克深井区构造裂缝发育,隆起带构造裂缝发育较少。前陆冲断带—前渊带发育孔隙—裂缝型、裂缝型有利储层,前陆斜坡带是粒内和粒间溶孔的发育区,隆起带则主要以剩余原生粒间孔为主。位于库车坳陷的前陆斜坡带—隆起带的却勒、羊塔克地区白垩系岩石类型为次岩屑长石砂岩、次长石岩屑砂岩、长石砂岩、长石岩屑砂岩及岩屑砂岩。南喀—玉尔滚构造带储层主要岩石类型为次长石岩屑砂岩、长石砂岩、岩屑砂岩。英买力构造带主要岩石类型为次长石岩屑砂岩、岩屑砂岩。羊塔克、玉东、英买力地区白垩系巴什基奇克组储层储集空间类型包括残余原生粒间孔、粒间溶孔、粒内溶孔和粒模孔、基质内微溶孔、微裂缝。残余原生粒间孔占储集空间的70%左右,其次为粒间溶孔,占15%左右;玉东2井区以溶蚀孔隙为主,占储集空间的63%左右。却勒井区古近系砂岩储层孔隙类型以粒间溶孔和粒内孔为主,其次是泥晶白云石晶间孔和泥质杂基中的微孔隙,还有少量的粒内溶孔、构造缝和收缩缝等,收缩缝沿粒缘分布,构造缝呈微细状,延伸短,缝宽小于0.01~0.02μm。最大孔径0.1~0.3μm,主要孔径区间为小于0.01~0.1μm。最大孔喉配位数为3~4,主要区间为1~3。砂岩

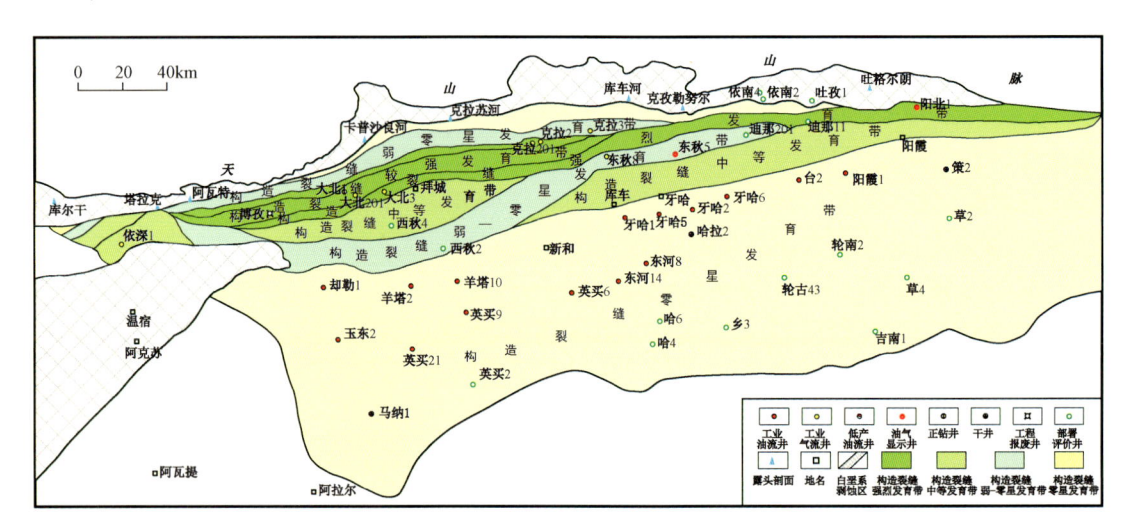

图3-8 库车坳陷白垩系巴什基奇克组构造裂缝发育平面图

图3-9 库车坳陷白垩系巴什基奇克组储集空间类型平面图

储层的总面孔率为2.6%~7.8%,平均为5.25%。孔隙发育,孔隙结构好。羊塔5井孔隙类型以粒间溶孔为主,占91%~100%,少量的粒内溶孔,占0~9%。最大孔喉半径为20.048~21.725μm(高志勇等,2016)。

(四)准噶尔盆地南缘

准噶尔盆地南缘侏罗系—白垩系储层可划分为多种类型,表3-5为其分类标准。其中,Ⅰ类储层:储集性能好,为优质储层,对应孔隙度大于30%,渗透率大于500mD。储集空间类型以剩余粒间孔、完整粒间孔和溶蚀粒间孔隙为主,或以溶蚀裂缝孔隙为主。孔隙结构多为大孔粗喉型,排驱压力小于0.1Pa,中值孔喉半径大于4μm。Ⅱ类储层:储集性能好,为优质储层,对应孔隙度在25%~30%,渗透率在100~500mD。储集空间类型以剩余粒间孔、完整粒间孔和溶蚀粒间孔隙为主,或以溶蚀裂缝孔隙为主。孔隙结构多为大孔粗喉型,排驱压力在0.1~0.3Pa,中值孔喉半径在2~4μm。Ⅲ类储层:储集性能较好,对应孔隙度15%~25%,渗透率在10~100mD。储集空间类型以剩余粒间孔、完整粒间孔和溶蚀粒间孔隙为主,或以溶蚀裂缝孔隙为主。孔隙结构多为大中孔粗喉型,排驱压力在0.3~0.5Pa,中值孔喉半径在1~2μm。Ⅳ类储层:储集性能中等,对应孔隙度在12%~15%,渗透率在1~10mD。储集空间类型以剩余粒间孔、完整粒间孔和溶蚀粒间孔隙为主,或以溶蚀粒间孔隙、溶蚀粒内孔隙为主。孔隙结构以中孔中喉型为主,排驱压力在0.5~0.7Pa,中值孔喉半径在0.5~1μm。Ⅴ类储层:储集性能中等,对应孔隙度为10%~12%,渗透率为0.1~1mD。储集空间类型以剩余粒间孔、完整粒间孔和溶蚀粒间孔隙为主,或以溶蚀粒间孔隙、溶蚀粒内孔隙为主。孔隙结构主要为中—小孔中喉型,排驱压力在0.7~1Pa,中值孔喉半径为0.2~0.5μm。Ⅵ类储层:储集性能较差,对应孔隙度为8%~10%,渗透率为0.02~0.1mD。储集空间类型以剩余粒间孔、溶蚀粒间孔隙和溶蚀粒内孔隙为主。孔隙结构主要为小孔细喉型,排驱压力为1~2Pa,中值孔喉半径为0.03~0.2μm。Ⅶ类储层:储集性能差,对应孔隙度小于8%,渗透率小于0.02mD。储集空间类型以粒内溶孔和填隙物内孔隙等为主。孔隙结构以小孔微细喉型为主,排驱压力大于2Pa,中值孔喉半径小于0.03μm。总体上,准噶尔盆地南缘侏罗系—白垩系以发育Ⅳ类、Ⅴ类、Ⅵ类和Ⅶ类储层为主,其次发育Ⅲ类储层,Ⅰ类和Ⅱ类储层相对不发育。

表3-5 准噶尔盆地南缘侏罗系—白垩系储层分类评价表

储层分类	孔隙度(%)	渗透率(mD)	排驱压力(Pa)	中值喉道半径(μm)	孔隙类型	储层评价
Ⅰ	>30	>500	<0.1	>4	剩余粒间孔、完整粒间孔和溶蚀粒间孔隙或溶蚀裂缝孔隙	好—较好
Ⅱ	30~25	500~100	0.3~0.1	4~2	剩余粒间孔、完整粒间孔和溶蚀裂缝孔隙	好—较好
Ⅲ	25~15	100~10	0.5~0.3	2~1	剩余粒间孔、完整粒间孔和溶蚀裂缝孔隙	中
Ⅳ	15~12	10~1	0.7~0.5	1~0.5	剩余粒间孔、完整粒间孔和溶蚀粒间孔隙和溶蚀粒内孔隙	中
Ⅴ	12~10	1~0.1	1~0.7	0.5~0.2	剩余粒间孔、完整粒间孔和溶蚀粒间孔隙和溶蚀粒内孔隙	中
Ⅵ	10~8	0.1~0.02	2~1	0.2~0.03	剩余粒间孔、溶蚀粒间孔隙和溶蚀粒内孔隙	差—较差
Ⅶ	<8	<0.02	>2.0	<0.03	粒内溶孔和填隙物内孔隙	差—较差

上侏罗统齐古组在准南西段有利储层的发育受沉积条件、背斜顶部前陆埋藏—弱胶结成岩相等因素的影响,齐古组沉积时期准南西段以发育Ⅲ类储层为主;准南中段,压实作用较强,以发育Ⅴ类、Ⅵ类和Ⅶ类储层为主,齐古背斜一带因溶蚀溶解作用而发育Ⅳ类储层;准南东段压实作用稍弱于中段,但对储层物性的影响也较大,以发育Ⅴ类、Ⅵ类和Ⅶ类储层为主,古牧地背斜一带因绿泥石包膜的发育粒间孔隙得到较好的保存,对应储层类型为Ⅳ类储层(图3-10)。

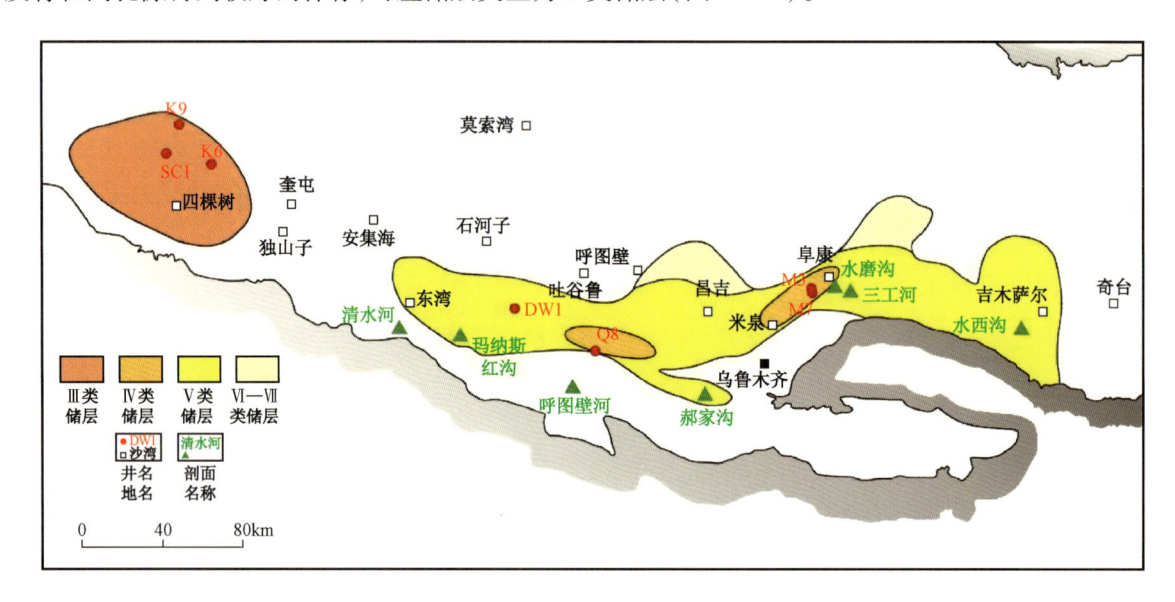

图3-10 准噶尔盆地南缘侏罗系齐古组有利储层分布图

上侏罗统喀拉扎组该时期地层由于遭受强烈剥蚀仅在南缘中段和东段部分地区发育。其中,准南中段受沉积条件和压实作用的控制,主要发育Ⅴ类储层,玛纳斯红沟地区及郝家沟头屯河地区发育Ⅳ类储层;准南东段主要发育Ⅴ类储层,古牧地背斜一带、水磨沟地区及吉木萨尔地区附近发育Ⅳ储层,阜康断裂带附近受破裂作用和溶解作用的影响,以发育Ⅲ类储层为主(图3-11)。

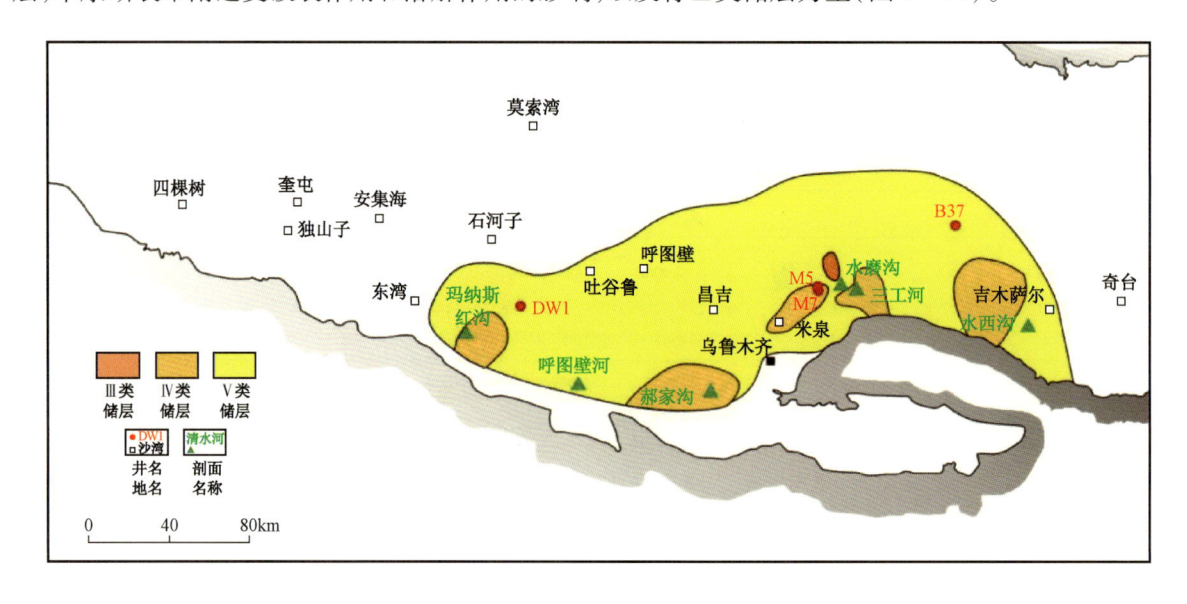

图3-11 准噶尔盆地南缘侏罗系喀拉扎组有利储层分布图

第二节 碳酸盐岩储层特征

中国海相碳酸盐岩天然气储层主要分布在四川和鄂尔多斯盆地，其次是塔里木盆地、渤海湾盆地和珠江口等盆地。除珠江口盆地外，具有发育时代老、层系多（震旦系—中三叠统）、埋深大，以白云岩为主，储集空间类型多样，基质储集性能差，以低孔—低渗为主，局部高孔—高渗，非均质性强，多因素联合控制等特点。有利沉积相带和建设性成岩作用是这些古老碳酸盐岩储层发育的重要条件，特别是白云石化和多期溶蚀作用成为中国海相碳酸盐岩天然气储层形成的关键因素。现以四川盆地、鄂尔多斯盆地和塔里木盆地为例，概述中国海相碳酸盐岩天然气储层的类型、基本特征、成因和发育主控因素。

一、储层类型与特征

（一）储层类型

国内通常将海相碳酸盐岩储层划分为礁滩、白云岩和岩溶三种类型。近几年来，为便于油气勘探使用和评价预测，根据储层发育主控因素，陆续提出新的划分方案，如赵文智等（2012）将碳酸盐岩储层划分为沉积型、成岩型和改造型；张宝民等（2017）划分为沉积—成岩相控型、沉积—成岩—断裂裂缝控制型和成岩相控—断裂裂缝控制型3大类15种类型。

虽然中国海相碳酸盐岩天然气储层多为复合成因，但除部分风化壳岩溶储层和构造热液白云岩储层受沉积相影响较小外，对于大部分碳酸盐岩储层而言，沉积相具有十分重要的控制作用。它不仅控制了原生孔洞的大小和发育程度，而且很大程度上控制了成岩作用，此外，干旱、半干旱气候条件下的同生—准同生白云石化作用显然也属于沉积相控型。因此本节以迄今已发现的气田为主，以沉积相为基础划分为微生物丘滩、礁滩和颗粒滩3大类，并根据其发育的古地理位置、岩性及风化壳岩溶发育与否细分为10种类型。此外，岩溶储层作为一种重要类型，尤其是受沉积相控制不太明显的岩溶储层也单独列为一大类，再根据岩性进一步划分出2种类型（表3-6）。

1. 微生物丘滩储层

微生物丘滩储层包括台缘微生物丘滩白云岩岩溶储层和台内微生物丘滩白云岩岩溶储层2种类型，前者主要发育在四川盆地资阳含气构造和磨溪—高石梯地区的震旦系灯影组，以及塔里木盆地满加尔台缘带寒武系—下奥陶统蓬莱坝组；后者则见于四川盆地威远气田灯影组和塔里木盆地塔北、巴楚—塔中地区寒武系。

2. 礁滩储层

礁滩储层是指后生造架生物形成的生物礁及与其共生的颗粒滩储层，包括台缘礁滩白云岩和台缘礁滩灰岩岩溶储层。其中，前者主要发育在四川盆地上二叠统长兴组环开江—梁平海槽台缘带和鄂尔多斯盆地南缘中奥陶统马家沟组第六段；后者主要分布在塔里木盆地塔中Ⅰ号带上奥陶统良里塔格组和鄂尔多斯盆地西缘中奥陶统克里摩里组。

3. 颗粒滩储层

颗粒滩储层包括6种常见类型：①缓坡颗粒滩白云岩储层，见于四川盆地磨溪—高石梯地区下寒武统龙王庙组、鄂尔多斯盆地靖边气田西环带中奥陶统马家沟组中组合（即马五$_5$—马五$_{10}$亚段）；②台缘鲕滩白云岩储层，以四川盆地下三叠统飞仙关组环开江—梁平海槽台缘带为代表；③台内颗粒滩白云岩储层,主要发育于四川盆地下三叠统嘉陵江组、中三叠统雷口坡组和塔里木盆地下奥陶统蓬莱坝组;④ 台内颗粒滩白云岩岩溶储层,发育在四川盆地川中、龙岗地区中三叠统雷口坡组;⑤ 台内颗粒滩热液白云岩储层,主要发育在四川盆地川西北中二叠统栖霞组;⑥ 台内颗粒滩灰岩储层,发育在四川盆地川中地区上二叠统长兴组、川东—川中下三叠统飞仙关组、塔里木盆地和田河气田下石炭统巴楚组及塔北中奥陶统一间房组。

表 3 – 6　中国海相碳酸盐岩储层类型表

储层类型（大类）	储层类型（类）	储集空间类型及组合	实例 四川	实例 鄂尔多斯	实例 塔里木
微生物丘滩	台缘微生物丘滩白云岩岩溶储层	裂缝—孔隙、裂缝—孔洞、裂缝—溶洞	资阳、磨溪—高石梯震旦系灯影组		柯坪、满加尔台缘带寒武系—下奥陶统蓬莱坝组
微生物丘滩	台内微生物丘滩白云岩岩溶储层	裂缝—孔隙、裂缝—孔洞、裂缝—溶洞	威远震旦系灯影组		塔北、巴楚—塔中寒武系
礁滩	台缘礁滩白云岩储层	裂缝—孔隙、裂缝—孔洞	环开江—梁平海槽上二叠统长兴组	南缘中奥陶统马家沟组第六段	
礁滩	台缘礁滩灰岩岩溶储层	裂缝—孔隙、裂缝—孔洞、裂缝—溶洞		西缘中奥陶统克里摩里组	塔中Ⅰ号带上奥陶统良里塔格组
颗粒滩	缓坡颗粒滩白云岩储层	孔隙、裂缝—孔洞、裂缝—溶洞	磨溪—高石梯下寒武统龙王庙组	靖边气田西环带中奥陶统马家沟组中组合	
颗粒滩	台缘鲕滩白云岩储层	孔隙、裂缝—孔洞	环开江—梁平海槽下三叠统飞仙关组		
颗粒滩	台内颗粒滩白云岩储层	孔隙、裂缝—孔隙	下三叠统嘉陵江组、中三叠统雷口坡组		下奥陶统蓬莱坝组
颗粒滩	台内颗粒滩白云岩岩溶储层	裂缝—孔隙、裂缝—溶洞	川中、龙岗中三叠统雷口坡组		
颗粒滩	台内颗粒滩热液白云岩储层	孔隙、裂缝—孔洞	川西北中二叠统栖霞组		
颗粒滩	台内颗粒滩灰岩储层	孔隙、裂缝—孔隙	川中上二叠统长兴组 川东—川中下三叠统飞仙关组		和田河气田下石炭统巴楚组,塔北中奥陶统一间房组
岩溶	白云岩岩溶储层	裂缝—孔隙、裂缝—孔洞、裂缝—溶洞	川东石炭系	靖边气田中奥陶统马家沟组上组合	塔北、巴楚中上寒武统
岩溶	石灰岩岩溶储层	裂缝—溶洞、裂缝—孔洞	中二叠统茅口组		和田河气田上奥陶统良里塔格组,塔北、塔中北斜坡下奥陶统鹰山组

4. 岩溶储层

岩溶储层特指主要由地表风化时期岩溶作用形成,且沉积相控制不十分明显的一类储层,按岩性可分为白云岩岩溶储层和石灰岩岩溶储层。前者以四川盆地川东石炭系、鄂尔多斯盆地靖边气田中奥陶统马家沟组上组合(即马五$_1$—马五$_4$亚段)和塔里木盆地塔北、巴楚地区中上寒武统为代表;后者主要为四川盆地中二叠统茅口组、塔里木盆地和田河气田上奥陶统良里塔格组和塔北、塔中北斜坡下奥陶统鹰山组。

可见,由于中国海相碳酸盐岩储层受多种因素叠加改造,因此同一个盆地、同一个层系在不同地区往往发育不同类型的储层。

(二) 储层基本特征

1. 微生物丘滩储层

微生物丘滩储层发育时代老,以前寒武系为主,岩性多为白云岩,并经历了多期风化壳岩溶作用改造。储集空间组合以裂缝—孔洞、裂缝—溶洞型为主,其次为裂缝—孔隙型。以四川盆地磨溪—高石梯地区(安岳气田)灯影组为例,储层主要分布在克拉通内裂陷槽东侧台缘带的灯四段和灯二段,属微生物丘滩复合体,主要储集岩为微生物格架岩、凝块石白云岩、泡沫绵层白云岩、叠层石白云岩、层纹石白云岩、砂砾屑白云岩和砂屑白云岩。储集空间主要为残余格架孔洞(图3-12a)、溶洞、粒间溶孔、晶间孔、溶洞内角砾间溶孔、角砾内溶孔、裂缝和溶蚀缝,形成裂缝—孔洞型和裂缝—溶洞型储层。岩心全直径孔隙度平均为4.2%,平均水平渗透率为5.95mD,平均垂直渗透率为1.209mD。测井解释灯二段、灯四段储层厚度分别为33~334m和28~80m(邹才能等,2014;杜金虎等,2015)。白云石化作用、同生—准同生期溶蚀作用,尤其是发育在灯二段顶、灯四段顶和麦地坪组顶3幕桐湾运动所导致的风化壳岩溶作用是灯影组储层形成的关键(单秀琴等,2016)。

(a) 微生物格架白云岩,蜂窝状溶蚀孔洞。磨溪52井,5569.84~5570.01m,灯四段

(b) 残余棘屑中晶白云岩,晶间孔、沥青和零星方解石(红色)。龙岗2井,6125.04~6125.07m,长兴组,单偏光

(c) 残余鲕粒白云岩,残余粒间溶孔。华蓥山田坝剖面,龙王庙组,单偏光

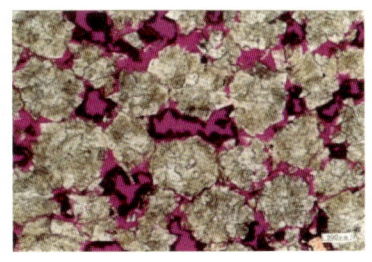

(d) 鲕粒白云岩,粒间溶孔内含有沥青。罗家2井,3239m,飞二段,单偏光

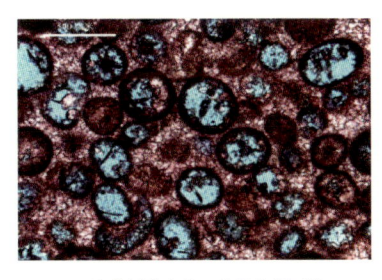

(e) 亮晶鲕粒灰岩,粒状方解石胶结物,铸模孔。广探1井,3761.26m,飞仙关组,单偏光

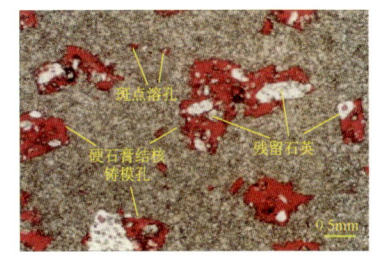

(f) 粉晶白云岩,硬石膏结核铸模孔,早期充填物溶解,残留石英。陕30井,2939.85m,马五段,单偏光

图3-12 碳酸盐岩储层储集空间类型

2. 礁滩储层

礁滩储层以台缘礁滩最优,储层物性好,厚度大,以裂缝—孔洞、裂缝—溶洞、裂缝—孔隙型组合为主。四川盆地长兴组环开江—梁平海槽发育台缘礁滩白云岩储层,天然气储量规模达万亿立方米,先后发现了黄龙场、铁山、五百梯、云安厂、普光、七里北、高峰场、龙岗、元坝、兴隆等气田或含气构造

(王一刚等,2008)。礁滩储层主要分布在长兴组上段,由海绵—水螅礁滩复合体构成,单个礁体规模小,一般在 1km² 至几十平方千米,高数十米至百米(罗平等,2008),但常形成多个点礁群,储层累计厚度大,平均 30~60m。储集岩岩性主要为白云岩,包括生屑白云岩、残余生屑晶粒白云岩、礁格架白云岩,储集空间为粒间溶孔、晶间孔(图 3-12b)、格架孔洞、生物体腔孔、非组构溶蚀孔洞和构造溶蚀缝,属于裂缝—孔隙型、裂缝—孔洞型储层。孔隙度 2.03%~15.85%,平均 5.25%,渗透率 0.0003~1000.0mD,平均 6.05mD(王一刚等,1997;马永生,2006;杜金虎等,2010;郭旭升等,2014)。而白云石化作用弱或未发生白云石化的台缘礁滩相灰岩则物性差或不发育储层。

台缘礁滩灰岩岩溶储层以塔里木盆地塔中 I 号带上奥陶统良里塔格组上部凝析气田为代表,储集岩主要为托盘海绵、层孔虫、珊瑚组成的礁核相骨架灰岩和礁核间各种生物碎屑灰岩(多为海百合灰岩),储集空间包括溶洞、生物格架孔洞、生物体腔孔、粒间溶孔、晶间溶孔和裂缝,孔隙度 1.5%~10.09%,平均 3.3%;渗透率 0.008~448.0mD,平均 5.35mD,储层厚度约 150m,有效厚度 52.1~63.2m。沉积期短暂暴露溶蚀作用、风化壳岩溶作用以及埋藏溶蚀作用是储层形成的关键。

3. 颗粒滩储层

颗粒滩储层是发育层系最多、分布最广的一类储层(表 3-6),其储集空间组合以孔隙型、裂缝—孔隙型、裂缝—孔洞型为主,储层均质性明显好于微生物丘滩、礁滩和岩溶储层。但不同类型的颗粒滩储层也存在明显差异,现摘要介绍典型颗粒滩储层特征如下。

1)缓坡型颗粒滩白云岩储层

以四川盆地安岳气田磨溪地区下寒武统龙王庙组为例。四川盆地龙王庙组为缓坡型碳酸盐台地,属干热气候条件背景下的一套碳酸盐沉积,发育双颗粒滩有利相带,其中环绕川中古隆起的围斜部位发育内缓坡颗粒滩(上滩)(杜金虎等,2016),磨溪地区龙王庙组颗粒滩白云岩储层即位于该内缓坡。储层主要分布在龙王庙组中上部,纵向上发育 3~5 层储层,平面上叠置连片,分布稳定。储层单层厚度一般大于 10m,累计厚度多为 12.0~64.5m,平均 40.1m。其主要岩性为砂屑白云岩、残余砂屑白云岩、鲕粒白云岩、粉细晶白云岩和生物扰动的斑状粉晶白云岩,发育粒间溶孔(图 3-12c)、晶间孔、溶蚀孔洞、生物潜穴孔、铸模孔和裂缝。储层孔隙度为 2.0%~18.48%,平均 4.28%;渗透率为 0.001~248mD,平均 0.966mD。压汞曲线显示双重孔隙介质并以孔洞占绝对优势,微孔隙次之的特点。主体为孔隙型和裂缝—孔洞型储层,局部发育大型溶洞储层,如磨溪 17 井即钻揭高达 6m 的溶洞(杜金虎等,2014,2015,2016;邹才能等,2014;周进高等,2015)。鄂尔多斯盆地中央古隆起东侧中奥陶统马家沟组中组合(马五$_5$—马五$_{10}$亚段)是缓坡型颗粒滩白云岩储层的又一典型实例。其中马五$_5$、马五$_7$、马五$_9$亚段发育块状—厚层粉晶白云岩、细晶白云岩及残余颗粒白云岩,是台坪颗粒滩和缓坡潮下泥粒丘经白云石化形成,包括靖边西、靖边东和米脂 3 个南北向展布的白云岩带。孔隙以晶间孔和晶间溶孔为主,少量铸模孔、粒间溶孔和微裂缝。其中,马五$_5$亚段的孔隙度为 2%~8%,个别可达 10%;渗透率 0.1~0.5mD(付金华等,2012;黄正良等,2012)。

2)台缘鲕滩白云岩储层

以四川盆地下三叠统飞仙关组环开江—梁平海槽台缘鲕滩为例,在该台缘带先后发现了龙会、铁山、双家坝、高桥、渡口河、铁山坡、罗家寨、普光、七里北、坝南、龙岗等特大型、大中型气田或含气构造(王一刚等,2008)。储集岩主要为残余鲕粒白云岩、残余鲕粒晶粒白云岩和晶粒白云岩,少量亮晶鲕粒灰岩。主要孔隙类型为粒间溶孔(图 3-12d)、晶间孔和晶间溶孔,少量粒内溶孔和鲕粒铸模孔。孔隙度一般为 2%~26.8%,平均 7%~8.42%,渗透率平均为 20~180.04mD(冉隆辉等,2005;马永生,2006;杜金虎等,2010)。储层厚度一般为 30~50m,普光气田鲕滩白云岩储层厚度大,最厚达 200

余米。而未发生白云石化或白云石化作用较弱的台缘带鲕粒滩,储层物性较差,孔隙度一般为 0.24%~13%,平均为3.88%,渗透率为0.001~249.81mD,平均为4.7mD(李宏涛,2013)。

3)台内颗粒滩白云岩岩溶储层

以四川盆地龙岗地区中三叠统雷口坡组为例,在雷口坡组顶部的雷四3亚段,发育与印支运动不整合面风化壳岩溶作用有关的台内颗粒滩白云岩储层。储层岩性主要为颗粒白云岩、膏溶角砾状白云岩和泥粉晶白云岩,颗粒主要为砂砾屑、球粒和鲕粒。储集空间包括粒间溶孔、粒内溶孔、晶间孔、晶间溶孔、膏溶铸模孔和裂缝。孔隙度主要为1.0%~5.0%,渗透率为0.01~5.46mD,平均为0.23mD,受裂缝改造,渗透率有一定程度的改善,属低—特低孔、低—特低渗裂缝—孔隙型储层。储层单层厚度一般为1~8m,测井综合解释有效储层厚度可达25.38m(辛勇光等,2012;杨光等,2014)。

4)台内颗粒滩灰岩储层

台内颗粒滩多发育于台地内部古地貌高部位,分布广泛,但与台缘颗粒滩相比,白云石化作用总体较弱,仅局部发生强烈白云石化,储层厚度薄。如四川盆地上二叠统长兴组台内发育以生屑灰岩为主的储层,已在磨溪1井长兴组测试获气$50×10^4 m^3/d$,其岩性主要为生屑灰岩,生屑主要为棘屑、有孔虫和腕足类,少量双壳、腹足和苔藓虫,孔隙以粒间溶孔和粒内微孔隙为主,少量溶洞,可能与长兴组沉积末期短期风化壳岩溶改造有关。储层孔隙度2.1%~5.89%,平均3.6%;渗透率0.00097~13.4mD,平均0.967mD。储层单层厚度0.25~2m,累计厚度3~15m。

此外,川中、川东广大地区发育飞仙关组台内颗粒滩,颗粒以鲕粒为主,少量砂屑和腹足、双壳类生物化石或碎片,岩性主要为石灰岩,已在川东和川南地区发现福成寨、黄草峡、新市、永安场、临蜂场、纳西、庙高寺及合江等中小型气田。与同期台缘鲕滩白云岩相比,其储层厚度薄,单层厚度小,一般为0.5~2m,累计厚度5~20m。主要孔隙为铸模孔(图3-12e)和粒内溶孔,属孔隙型储层,局部为裂缝—孔隙型储层。铸模孔和粒内溶孔是同生—准同生期大气淡水选择性溶蚀文石质鲕粒形成。孔隙度一般为2.02%~23.92%,平均6.47%,渗透率为0.0009~12.5mD,平均0.4861mD。

4. 岩溶储层

岩溶储层的主要特点是非均质性强,发育溶蚀孔洞和大型溶洞,断裂、裂缝控制的岩溶作用十分明显。

1)白云岩岩溶储层

以鄂尔多斯盆地靖边气田马家沟组上组合(马五$_1$—马五$_4$亚段)为例,其主力产层属蒸发潮坪相含膏云坪白云岩岩溶储层,白云岩晶粒细小,以泥粉晶白云岩为主,含硬石膏结核、硬石膏晶体和盐类矿物,并发育膏溶角砾岩。马家沟组沉积后,经历了中奥陶世末至晚石炭世早期约140Ma的长期风化壳岩溶作用的强烈改造,形成以膏结核溶孔(图3-12f)、膏模孔、晶间孔、晶间溶孔、溶洞、构造缝和溶蚀缝为主要储集空间的岩溶储层。孔隙度2.53%~15.2%,平均6.2%;渗透率0.0126~1036mD,平均2.63mD,属低孔—低渗储层,储层厚度薄,单层厚度1~3m,累计厚度5~11m。受沉积微相与风化壳岩溶发育带控制,储层具有成层成带分布的特征(何自新等,2005;付金华等,2012)。

2)石灰岩岩溶储层

以塔里木盆地和田河气田上奥陶统良里塔格组为例。和田河气田共有石炭系—奥陶系6套储层,其中良里塔格组为主要储产层之一。储层岩性主要为泥晶灰岩、粉晶—细晶灰岩、生物灰岩、砂屑灰岩、鲕粒灰岩、灰质白云岩、白云岩。奥陶系顶部风化壳岩溶发育,形成未充填溶蚀针孔和溶洞,溶洞大小不均,多被溶塌角砾岩堆积充填,充填物受围岩支撑,溶蚀作用强烈,形成了大量溶蚀孔,对天然气储集起了重要作用。有效储集空间主要为粒间孔、粒内溶孔、晶间孔、溶洞及裂缝,喉道主要为细长缝及网状微缝,属裂缝—孔洞型,是典型的双重介质储层。基质孔隙度低,储层非均质性强,对玛5

井、玛401井、玛4井的174块岩心采用自吸法分析孔隙度，孔隙度分布在0.11%~16.57%，平均6.85%；渗透率为0.005~144.5mD，平均2.38mD。

二、储层成因与发育主控因素

(一)沉积相

沉积相是碳酸盐岩储层形成的基础，有利沉积相主要指高能相带和与炎热干旱气候条件下蒸发作用有关的沉积相带。前者主要包括微生物丘滩、生物礁滩和颗粒滩，其核心是具备良好的原始孔隙和格架孔洞；后者主要为蒸发潮坪和蒸发台地，其关键是含有膏质和盐类等易溶矿物，并产生富镁海水有利于白云石化作用的发生。

中国中西部3大海相碳酸盐沉积盆地内，台缘带多形成于大陆破裂产生的陆内隆坳结合部，如四川盆地震旦纪德阳—安岳裂陷槽两侧台缘带、长兴组—飞仙关组沉积期环开江—梁平海槽的台缘带、塔里木盆地塔中地区奥陶纪以及鄂尔多斯盆地奥陶纪南部与渭北隆起相关的台缘带、中央古陆和伊盟古陆以西台缘带。台缘带发育的微生物丘滩、礁滩或颗粒滩规模较大，为规模储层的发育奠定了基础。同时，台缘带的继承稳定保持为微生物丘滩、礁滩、颗粒滩储层在空间上多层段集中发育创造了条件。而缓坡型台地在中缓坡常发育带状分布的高能颗粒滩，海平面变化造成高能相带迁移，最终形成大面积分布的颗粒滩。对于台内微生物丘滩、礁滩、颗粒滩，虽然其规模比台缘带的小，但古地貌差异特别是古地貌高部位仍可发育大量点状高能微生物丘滩、礁滩和颗粒滩，尤其是台地内部洼地周边应值得关注。总之，继承性发育的碳酸盐台地边缘、低倾斜度的缓坡古地貌背景和相对宽缓的开阔台地内水动力高能区控制了微生物丘滩、礁滩、颗粒滩的规模分布。这类规模性发育的微生物丘滩、礁滩、颗粒滩受相对海平面升降控制可形成加积—进积或退积的微生物丘滩、礁滩、颗粒滩复合体（赵文智等，2012）。

蒸发潮坪和蒸发台地沉积，一方面含有硬石膏结核、硬石膏晶体或盐类矿物晶体等易溶组分，为同生—准同生期大气淡水溶蚀、埋藏期溶蚀及风化壳岩溶作用形成新的储集空间提供物质基础；另一方面，大量富镁的蒸发卤水在同生—准同生期乃至埋藏期对碳酸盐沉积物（岩）进行交代形成白云岩，为后期建设性成岩作用提供了有利条件，形成有利储层发育区。这类蒸发岩—碳酸盐岩共生体系同样受气候、海平面或构造运动控制，分布广，面积大，勘探前景广阔。

(二)白云石化作用

白云石化对储层的形成无疑是重要的。如四川盆地下三叠统飞仙关组鲕滩，无论是台地边缘鲕滩，还是台地内部鲕滩，发生强烈白云石化的鲕滩白云岩则储层发育良好，而未发生白云石化或白云石化作用较弱的鲕粒灰岩因胶结作用强烈而物性变差或未形成储层。

中国海相碳酸盐岩储层中，白云岩储层主要有三种成因，即蒸发台地白云岩、埋藏白云岩和微生物白云岩（罗平等，2008），这三种白云石化作用均可形成规模性储层。与蒸发产生富镁卤水有关的白云石化作用，包括同生—准同生期对同期沉积物的白云石交代和对下伏沉积物的侧向渗透白云石交代，以及这种含富镁卤水的沉积物被上覆沉积物覆盖后，于埋藏过程中进一步对周围孔渗性地层发生白云石交代，形成埋藏白云岩。驱动被封存的富镁卤水的方式包括压实排挤和热对流（郑荣才等，2007；张静等，2017）。埋藏白云岩的白云石化流体除来源于封存的富镁蒸发卤水外，封存在沉积物中的较高盐度海水或正常盐度的海水也是白云石化流体的重要来源，在埋藏阶段因压实作用和温度升高，释放出镁离子，对孔渗性石灰岩进行交代或对早期形成的白云石进一步调整形成白云岩。开江—梁平海槽西侧开阔台地边缘长兴组礁滩白云岩、飞仙关组鲕滩白云岩当属各自同期正常海水封存后埋藏白云石化的典型实例。

微生物白云岩的规模性储层主要见于四川盆地灯影组(单秀琴等,2017;陈娅娜等,2017)。微生物成因白云石主要强调微生物活动能够克服白云石形成的动力学障碍,可以直接导致白云石沉淀。其核心观点是微生物参与的硫酸盐还原反应、甲烷生成和厌氧氧化反应以及有氧呼吸作用过程中,在细菌细胞壁外形成的胞外聚合物(EPS)可以吸附溶液中的金属阳离子,使大量 HCO_3^- 和 Mg^{2+}、Ca^{2+} 聚集在细胞周围,从而形成有利于白云石沉淀的微环境。除上述微生物作用导致白云石直接沉淀形成原生白云石外,与生物作用有关的白云石的形成还表现为生物体本身为白云石化作用提供 Mg^{2+},以及生物活动在碳酸盐沉积物中的"造粒"与"成孔"作用,为白云石化提供流体通道,由此导致次生交代白云石(岩)的形成(张静等,2017)。

此外,热液白云石化作用也比较普遍,它是深部热液对已固结成岩的碳酸盐岩进行白云石交代。深部热液可来源于与区域构造运动、火山活动、变质作用有关的构造热液、火山热液和变质热液。热液通过断裂系统向上运移,在遇到不整合面或储渗体时发生侧向运移,对早期形成的白云岩进行改造或交代石灰岩形成一定规模的储集体。因此,热液白云岩主要分布在断裂周围,或沿不整合面和储渗体呈带状分布。目前我国海相碳酸盐岩中,热液白云岩主要发育在塔里木盆地下古生界和四川盆地中二叠统栖霞组(张静等,2010,2017;陈轩等,2013;江青春,2014;黄思静等,2014)。

(三)溶蚀作用

溶蚀作用包括同生—准同生期溶蚀、埋藏溶蚀、风化壳岩溶和深部热液溶蚀。溶蚀作用对碳酸盐岩储层的形成至关重要,同生—准同生期溶蚀改善了早期沉积物的储渗条件,有利于后期白云石化和溶蚀作用的进行,风化壳岩溶作用对我国古老碳酸盐岩储层的形成起着十分重要的作用,埋藏溶蚀(包括深部热液溶蚀)作用亦不可忽视。

1. 同生—准同生期溶蚀

向上变浅的高频旋回(高频层序界面)导致微生物丘滩、礁滩、颗粒滩顶部—上部短期暴露,在湿热古气候条件下经受大气淡水溶蚀,这对碳酸盐沉积物早期增孔作用不容忽视,并为后期建设性成岩作用的发生提供了基础。同生—准同生期溶蚀作用广泛发育于我国海相碳酸盐岩层系中,如四川盆地开江—梁平海槽两侧的长兴组台缘礁滩和飞仙关组台缘鲕滩、磨溪气田嘉陵江组和塔里木盆地上奥陶统良里塔格组(曾萍等,2003;徐春春等,2006;沈安江等,2006),由此形成了具层位性、旋回性和准(似)层状的孔隙型储层(张宝民等,2009a;2009b;2017)。与同生—准同生期溶蚀含义相近的"早成岩期喀斯特化"引起了国内研究者的关注,认为早成岩期岩石孔渗性较好,以基质粒间孔作为岩溶水的输导介质,进而控制了不同成岩期岩石的喀斯特形态特征,这与晚成岩期的致密岩石以裂缝作为岩溶水的输导介质不同,并初步总结了早成岩期喀斯特的宏观、微观识别特征和勘探思路(谭秀成等,2015)。

2. 埋藏溶蚀

埋藏溶蚀流体主要来源于有机质生烃、原油裂解过程中产生的有机酸和 CO_2,此外含膏碳酸盐岩层系中的 TSR 作用产生的 H_2S 和 CO_2 也是重要的来源。例如,川东北开江—梁平海槽东侧飞仙关组含有大量层状、结核状硬石膏和硬石膏晶体,在埋藏阶段,地层中的硬石膏溶于地层水产生硫酸盐接触离子对,启动 TSR 反应,一旦 H_2S 大量生成,TSR 反应便进入自催化阶段。上述过程中产生的 H_2S 和 CO_2 溶解于地层水形成酸性流体,与碳酸盐岩储层间的有机—无机相互作用是导致储层溶蚀的主因,特别是在深部高温条件下更有利于硫化氢对储层的溶蚀改造(朱光有等,2006;张水昌等,2011)。

这一机制在四川盆地威远气田灯影组以及川东卧龙河嘉陵江组高含H_2S气藏也都有贡献。

深部热液流体溶蚀是近些年来逐步认识到的一种埋藏溶蚀作用,它可能是塔里木盆地下古生界和鄂尔多斯马家沟组马四段白云岩的重要储层类型之一(潘文庆等,2009;张静等2010;杨海军等,2012)。但深部热液溶蚀对储层改造的规模还存在不同的看法,主要是由于深部热液往往形成热液矿物沉淀而破坏储层,并且深部流体作用多发生在封闭体系中,无非是此地溶解,彼地沉淀,因此总孔隙体积基本保持不变。但勘探实践表明,即使是这种孔隙重新分配或孔隙组构变化导致的局部孔隙度升高,也能形成规模储层(张宝民等,2009a)。因此还需不断深化研究,以进一步揭示深部热液对储层改造机制和孔隙分布规律。

3. 风化壳岩溶

罗平等(2008)根据岩溶储层的母岩类型和构造演化特点,总结出稳定抬升型、挤压隆升型和伸展断块型3种类型风化壳岩溶储层。张宝民等(2009a)则将中国(广义)岩溶储层分为潜山岩溶、礁滩体岩溶、内幕岩溶、顺层深潜流岩溶、垂向深潜流岩溶和热流体岩溶6种类型,并指出前3种属于基准面岩溶,受不同级别的层序界面控制,后3种为非基准面岩溶,主要受构造和断裂控制。赵文智等(2012)将层间岩溶、顺层岩溶和潜山(风化壳)岩溶归为改造型储层,并指出古隆起核部、斜坡和围斜低部位是其发育的有利地区。本节强调风化壳岩溶是指经埋藏成岩作用后抬升至地表,经受地表大气淡水溶蚀改造形成的储层,也包括可能未经埋藏而直接接受大气淡水溶蚀改造形成的风化壳型岩溶储层,但该间断面延续时间较长,一般为三级层序界面,属于狭义"岩溶",它不同于高频层序界面的短暂暴露的溶蚀作用。

风化壳岩溶储层的发育受母岩岩性、相带、构造演化、气候、岩石的透水性、水的流动性、暴露时间长短等因素的控制,通常岩溶斜坡的储层最为发育。如在地表条件下,石灰岩比白云岩的可溶性强,往往形成大的洞穴,白云岩则多为溶孔和小的溶洞(马永生等,2007)。炎热潮湿气候比干燥气候有利于岩溶的发生。孔隙发育的碳酸盐岩比致密碳酸盐岩易溶,如颗粒岩比泥晶结构的碳酸盐岩易溶,因此高能礁滩、颗粒滩比低能细粒沉积易溶。断层和裂缝为岩溶作用提供了地表水渗透和运移的通道。正是由于影响风化壳岩溶的因素多而复杂,因而不同盆地或不同地区的岩溶储层发育的地貌单元存在差异。一般来说,岩溶斜坡、岩溶高地甚至岩溶洼地都可形成良好的储层。如四川盆地灯影组沉积后发生的桐湾运动,与冰期海平面下降共同作用,导致灯四段沉积末期碳酸盐台地长期暴露于海平面之上,接受大气淡水溶蚀改造,形成大量的孔洞缝和大型洞穴,成为现今重要的储集空间(杜金虎等,2015)。其中,大面积分布的岩溶斜坡与微生物丘滩体叠合形成了连片叠置发育的优质储层,盆地中部大型岩溶斜坡上的残丘、浅高等地区最有利于储层发育(杨雨等,2014)。在鄂尔多斯盆地中东部,奥陶系马家沟组马五段上部自西向东依次发育硬石膏结核云坪、含硬石膏结核云坪和云坪。加里东期,鄂尔多斯盆地整体抬升,开始长时间的风化剥蚀作用,硬石膏结核等易溶物质经风化淋滤形成良好的溶蚀孔洞型储层,受中央古隆起的影响,古地形西高东低,依次形成了岩溶高地、岩溶斜坡和岩溶盆地3个古地貌单元,其中岩溶斜坡的大气淡水以水平径流为主,排泄通畅,表现为以成层改造为主的层状岩溶作用,易于形成孔、洞、缝和水平岩溶管道,储层分布稳定,物性好,是风化壳储层最有利的发育部位(杨华等,2013)。显然,岩溶发育强度决定了储层发育规模和分布,进而控制油气储产量,例如塔里木盆地塔中Ⅰ号良里塔格组台缘带,凡钻孔揭示大型岩溶洞穴者均可不经措施(大型酸化压裂或加砂压裂)即获得工业油气流或高产油气流;揭示或未揭示大型岩溶洞穴但井筒附近的地震剖面上有串珠状反射的钻井,经措施改造可获得工业油气流或高产工业油气流;而未揭示大型岩溶洞穴且井筒及附近在地震剖面上无串珠状反射的,即便经措施改造也只能获得低产油气流或无工业产能(张宝民等,2009a)。

随着中国海相碳酸盐岩油气的大规模勘探开发,对风化壳岩溶储层的认识不断深入,提出了顺层(承压)深潜流岩溶和垂向深潜流岩溶理论,为海相碳酸盐岩油气勘探提供了新的领域,大大拓展了勘探广度和深度(张宝民等,2009a)。

(四)破裂作用

破裂作用包括构造破裂形成的断层和构造缝,以及非构造破裂产生的裂缝,如风化缝、溶洞上覆地层垮塌形成的裂缝、地层抬升产生的卸压裂缝、层理缝、层面等。不论是断层或何种成因的裂缝,都为溶蚀作用提供了流体运移通道,并可大幅度增加岩石的表面积,从而加速溶蚀作用。断层和裂缝控制水流方向,从而决定了储层沿断层、裂缝发育并呈线状或带状展布。沿断层带或断层拐点、交叉点往往发育大型溶洞,断层发育深度及规模控制了溶蚀作用发育的深度和规模。勘探实践表明,断层、裂缝控制了高产油气流井和高产富集区块的分布,只要有断层、裂缝存在,不管碳酸盐岩是否位于高能相带,都可以形成孔洞型、裂缝—孔洞型和大型溶洞型储层及油气藏。如四川盆地川南、川西南地区二叠系石灰岩,储层致密,只有靠裂缝才能形成一定的储集空间,一条断裂在其断面周围可形成局限的裂缝系统,而一个裂缝系统往往就是一个含气体,因此该地区天然气勘探已经总结出一套有效的"断层布井"模式(赵文智等,2007)。

三、重点盆地碳酸盐岩储层分布

(一)四川盆地高石梯—磨溪地区灯影组灯四段

四川盆地震旦系灯影组属碳酸盐镶边台地沉积,除灯三段以碎屑岩为主外,灯一、灯二、灯四段均为白云岩,其中的微生物白云岩独具特色。近期的勘探研究表明,灯影组沉积时期在四川盆地内部发育近南北向的德阳—安岳裂陷槽,并在裂陷槽东、西两侧台缘带发育大规模微生物丘滩体,安岳气田即位于该裂陷槽以东的高石梯—磨溪地区。

灯四段沉积时期,高石梯—磨溪地区自西向东依次为台缘带微生物丘滩—台内微生物丘滩和丘滩间海。与台缘带微生物丘滩相比,台内微生物丘滩厚度和规模明显减小。灯影组沉积末期的桐湾Ⅱ幕运动,造成灯影组的剥蚀,形成了灯影组顶部不整合面。灯四段储层分布主要受微生物丘滩体和风化壳岩溶作用的叠加改造控制,高石梯—磨溪地区同处在桐湾Ⅱ幕运动所形成的岩溶坡地上(杨雨等,2014),但由于微生物丘滩体厚度和规模的差异,导致灯四段微生物丘滩相裂缝—孔洞型白云岩储层厚度存在明显的差别(图3-13)。其中,台缘带储层最好,分布在高石梯—高科1井—遂宁一带,储层厚度为60~120m;台内微生物丘滩次之,分布在高石10井—磨溪一带,储层厚度为30~70m(徐春春等,2014;杜金虎等,2015)。

(二)四川盆地高石梯—磨溪地区龙王庙组

四川盆地龙王庙组为碳酸盐缓坡沉积,主要岩性为白云岩、石灰岩夹砂泥岩及膏盐岩。围绕川中同沉积古隆起,在内缓坡的古地貌高部位发育颗粒滩,且易于发生垂向叠加,形成厚度较大的颗粒滩体。由于古断裂作用,在川中同沉积古隆起区存在次一级古地貌,磨溪地区古地貌比高石梯地区的高,因而磨溪地区的颗粒滩无论是纵向发育层数还是平面分布,均好于高石梯地区,从而导致龙王庙组储层差异。磨溪地区储层厚度为40~60m,单层厚度一般大于10m;高石梯地区储层厚度为10~30m,单层厚度多小于10m(图3-14)。颗粒滩、生物扰动、同生—准同生干热期和湿热期交替分别发生白云石化与大气淡水溶蚀、龙王庙组沉积末期的短期风化壳岩溶和中加里东—中海西期顺层岩溶

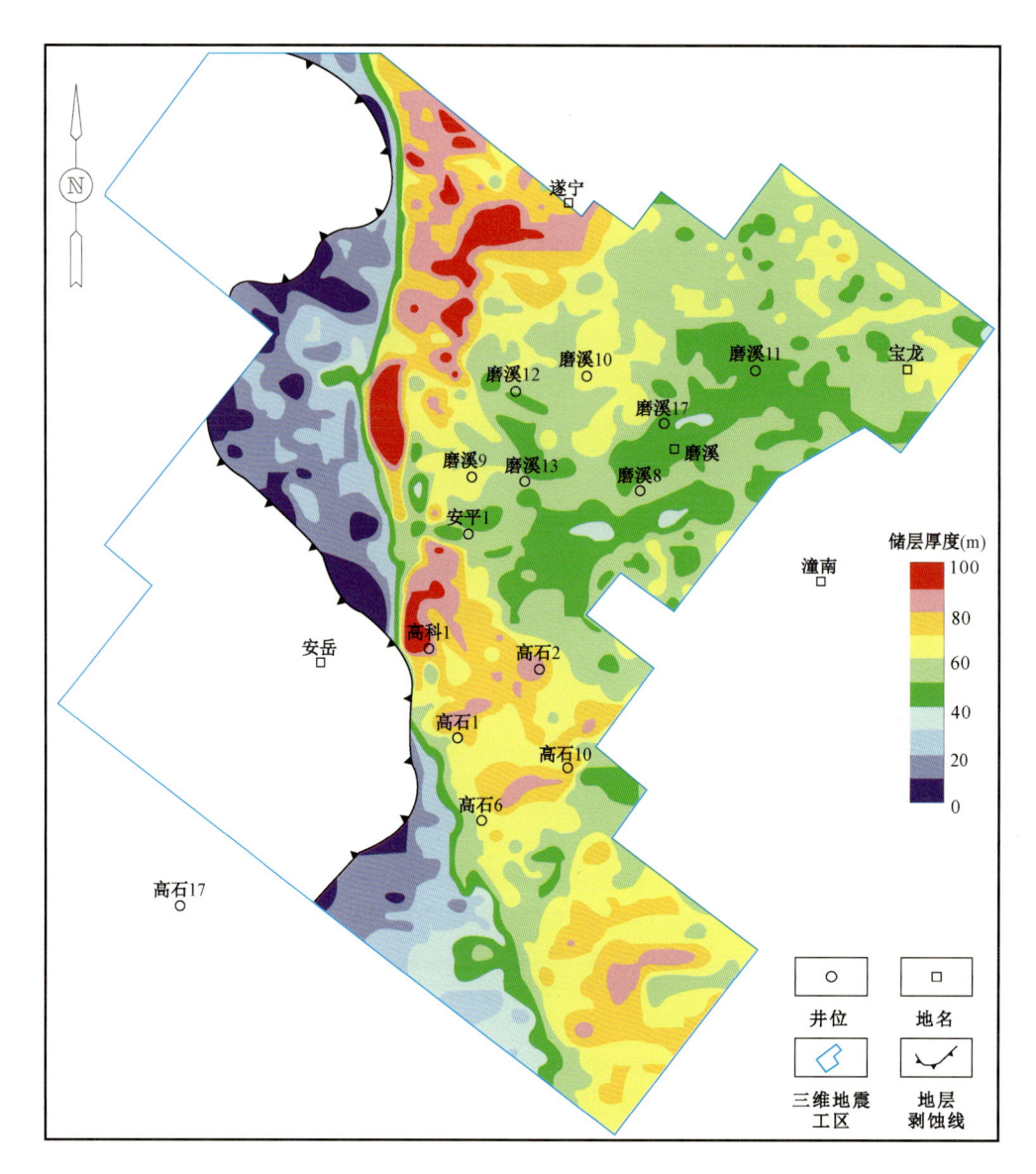

图 3-13　四川盆地高石梯—磨溪地区灯影组灯四段储层厚度预测图（据徐春春等，2014）

是龙王庙组储层发育的主要控制因素（杜金虎等，2014，2015，2016；邹才能等，2014）。

（三）鄂尔多斯盆地奥陶系

鄂尔多斯盆地奥陶系主要发育四大类储集体（付金华等，2012；杨华等，2016；图3-15）。

(1) 风化壳型储集体。主要分布在盆地中东部中奥陶统马家沟组马五段上部（即上组合），包括靖边气田、靖边气田西侧以及盆地东部的岩溶残丘。如前所述，靖边气田储层岩性为泥粉晶云岩，含硬石膏结核、硬石膏晶体和盐类晶体，并发育膏溶角砾岩，溶孔发育。靖边气田西侧的风化壳储层特征类似于靖边气田，而盆地东部的岩溶残丘储层虽相对致密，但已有工业气流井26口。总体来说，储集性能在平面上具有明显的差异，自西向东储层物性变差，在乌审旗—靖边—高桥一带平均孔隙度为5.7%，平均渗透率为3.482mD，榆林—子洲一带平均孔隙度为3.4%，平均渗透率为0.834mD。硬石膏结核云坪和岩溶斜坡是形成风化壳储层2个最主要的控制因素（杨华等，2013，2016）。

(2) 白云岩型储集体。主要发育在马家沟组下部（即马五段下部和马四段，其中马五段下部又称

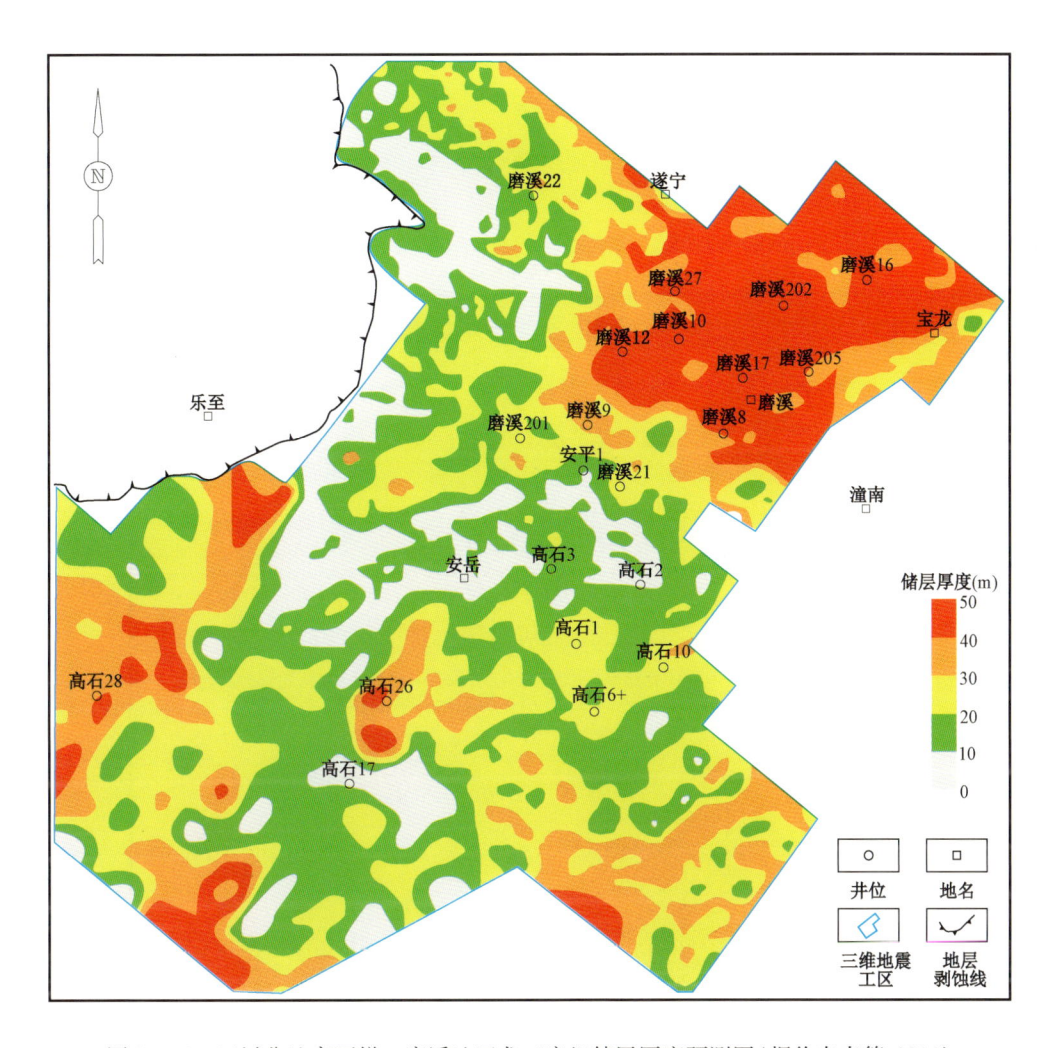

图 3-14 四川盆地高石梯—磨溪地区龙王庙组储层厚度预测图（据徐春春等，2014）

中组合），呈环带状分布于靖边气田以西，中央古隆起以东。白云岩储层厚度为 4~20m，连片分布，向东白云岩储层呈透镜状展布。岩性为粗粉晶—细晶白云岩，孔隙类型以晶间孔、晶间溶孔和溶孔为主，储层物性好，平均孔隙度为 4.6%，平均渗透率为 0.431mD。以马五段下部为例，马五段下部发育多个次一级海平面升降，在海侵期，自西向东发育环陆云坪、靖西台坪、靖边缓坡及东部洼地，其中靖西台坪因古地形相对较高，水体较浅，在局部的高能带可形成台内藻屑滩。而在海退期，自西向东发育潮上云坪、潮间含膏云坪、盆缘膏云坪和膏盐洼地，该时期形成的富 Mg^{2+} 卤水对下伏海侵期沉积物发生白云石化作用形成白云岩储层。总之，滩相沉积、白云石化和溶蚀作用是白云岩储层发育的主要控制因素（黄正良等，2012；杨华等，2013）。

（3）岩溶缝洞型储集体。主要分布在盆地西部中奥陶统克里摩里组颗粒灰岩和泥晶灰岩中，构造抬升导致张裂作用，在风化壳期形成较大规模的岩溶缝洞体系。部分洞穴未充填，部分洞穴被泥质角砾岩充填，但砾间充填物成岩程度低，孔隙仍较发育，孔隙度为 5%~11%，以晶间孔、晶间溶孔、角砾溶孔和溶缝为主，储层厚度一般为 3~12m（杨华等，2013，2016）。

（4）台缘礁滩型储集体。主要分布在盆地西部的克里摩里组台缘礁滩相灰岩和盆地南部的马六段台缘礁滩相细—中晶白云岩，前者主要发育组构选择性溶孔（文石或高镁方解石质颗粒）和礁骨架孔，后者则主要发育白云石晶间孔和礁残余格架孔。台缘礁滩相和早期溶蚀作用或成岩期白云石化作用是该类储层发育的主要控制因素（付金华等，2012；杨华等，2013，2016）。

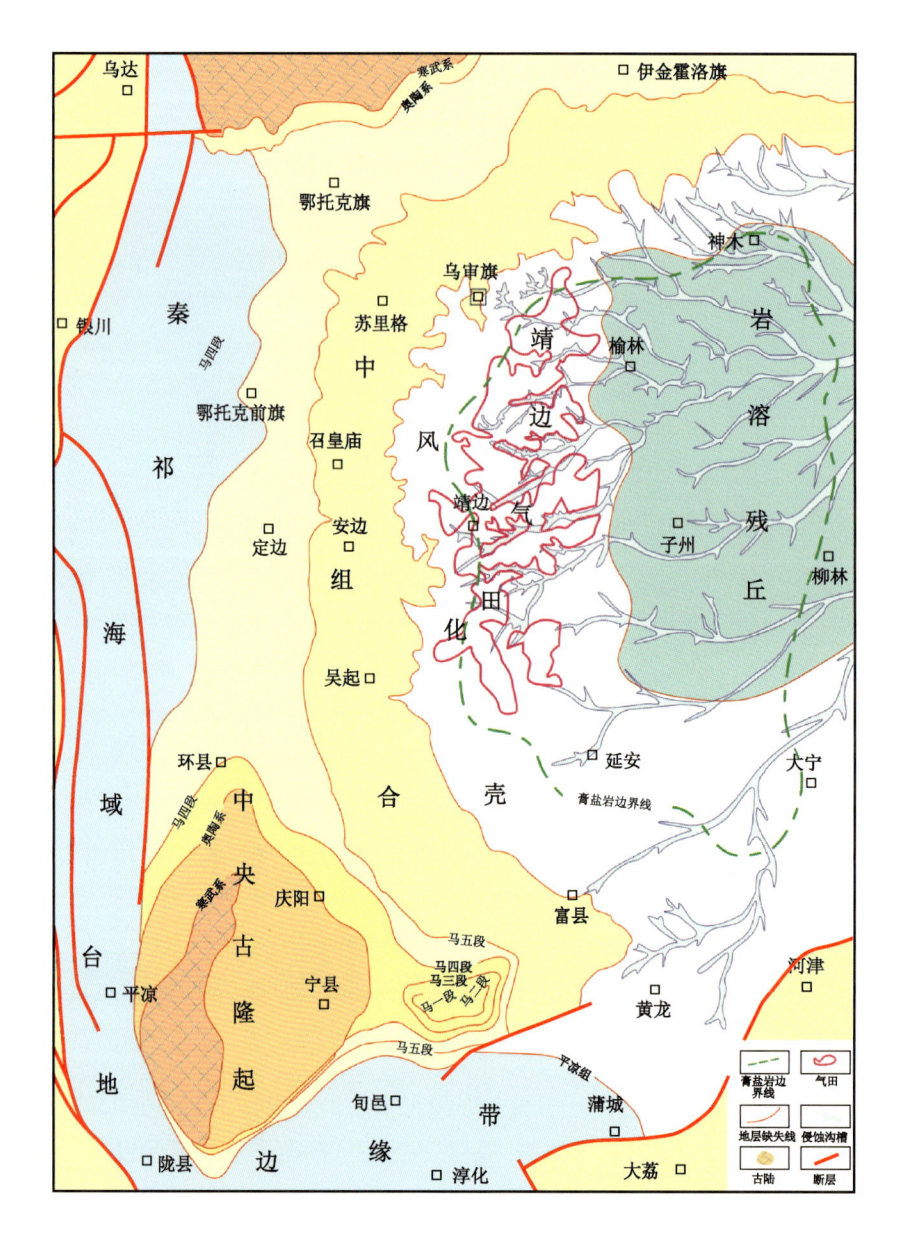

图 3-15　鄂尔多斯盆地奥陶系储层分布(据付金华等,2012;杨华等,2016)

第三节　火山岩储层特征

火山岩作为一种特殊类型的天然气储层,其地质条件、控制因素和分布规律等方面具有特殊性。中国已在松辽盆地深层、准噶尔盆地石炭系发现规模天然气藏,形成东部、西部两大火山岩天然气区。本节主要介绍中国两大火山岩天然气区的火山岩储层特征。

一、火山岩类型与特征

(一)火山岩类型

火山岩又称喷出岩,属于岩浆岩(火成岩)的一类,是火山作用时喷出的岩浆冷凝、成岩、压实等作用形成的岩石,与沉积岩在形成条件、发育环境、分布规律等方面有很大差异。

本书采用1989年国际地科联推荐的火山岩分类方案,按照岩石结构-成因,划分为火山熔岩与火山碎屑岩两大类。火山熔岩采用化学成分分类命名方案(表3-7);火山碎屑岩采用成因类型与粒级结合的分类命名方案(表3-8)。

表3-7 火山熔岩分类

结构大类		SiO$_2$含量(%)	岩性	岩石名称	特征矿物组合或碎屑组分
火山熔岩类	熔岩结构	45~52	基性	玄武岩/气孔杏仁玄武岩	基性斜长石、辉石、橄榄石
		52~57	中基性	玄武安山岩/玄武粗安岩	中基性斜长石、辉石、角闪石
		52~63	中性	安山岩	中性斜长石、角闪石、黑云母、辉石
				粗面岩/粗安岩	碱性长石、中性斜长石、角闪石、黑云母、辉石
		63~69	中酸性	英安岩	中酸性斜长石、石英、碱性长石、黑云母、角闪石
		>69	酸性	流纹岩	碱性长石、石英、酸性斜长石、黑云母、角闪石
	玻璃质结构	一般>63	中酸性	珍珠岩/黑曜岩/松脂岩/浮岩(依化学成分冠以流纹质/安山质/玄武质等)	常见石英和长石斑晶(雏晶);亦可见黑云母、角闪石、辉石、橄榄石等斑晶

注:据国际地质科学联合会推荐火山岩TAS分类方案,1989。

表3-8 火山碎屑岩分类

类	碎屑熔岩	正常火山碎屑岩		火山—沉积碎屑岩	
		熔结火山碎屑岩	普通火山碎屑岩	沉火山碎屑岩	火山碎屑沉积岩
火山碎屑含量(%)	10~90	>90		90~50	50~10
成因类型	火山碎屑熔岩类	高空降落型火山碎屑岩类	火山碎屑(灰)型火山碎屑岩类	沉积(沉)火山碎屑岩类	火山碎屑沉积岩类
胶结方式	熔结胶结为主	熔结为主	压实为主	压结和水化学胶结	
基本岩石名称 >64mm	集块熔岩	熔结集块岩	集块岩	沉集块岩	凝灰质角砾岩
2~64mm	角砾熔岩	熔结角砾岩	火山角砾岩	沉火山角砾岩	凝灰质角砾岩
<2mm	凝灰熔岩	熔结凝灰岩	(晶屑玻屑)凝灰岩	沉凝灰岩	凝灰质砂岩

注:据国际地质科学联合会推荐火山碎屑岩分类方案,1989。

中国两大火山岩天然气区的火山岩储层岩石类型多样。松辽盆地深层火山岩天然气储层主要形成于早白垩世火石岭组和营城组沉积期,岩性从基性到酸性均有发育,主要有12种,即流纹岩、安山岩、英安岩、玄武岩、玄武安山岩、粗安岩、流纹质角砾凝灰岩、流纹质火山角砾岩、英安质火山角砾岩、玄武安山质火山角砾岩、安山质晶屑凝灰岩、沉火山角砾岩,但以中酸性为主(图3-16a)。准噶尔盆地火山岩天然气储层主要形成于晚石炭世巴塔玛依内山组沉积期,以中基性为主,主要为玄武岩、玄武质安山岩、安山岩;同时发育少量的酸性流纹岩,以中低钾为特征;岩石类型以熔岩为主,其次为火山碎屑熔岩、火山碎屑岩及沉火山岩(图3-16b)。

(二)火山岩岩相类型与特征

火山岩岩相是火山作用过程中的火山产物类型、特征及其堆积类型的总和。从总体来看,火山岩岩相包括岩石形成条件和岩石特征,是火山喷发类型的真实记录,是火山作用产物最本质、最重要的地质实体,反映了火山喷发类型、搬运介质及方式、堆积环境与气候等综合地质特征(邹才能等,2008)。

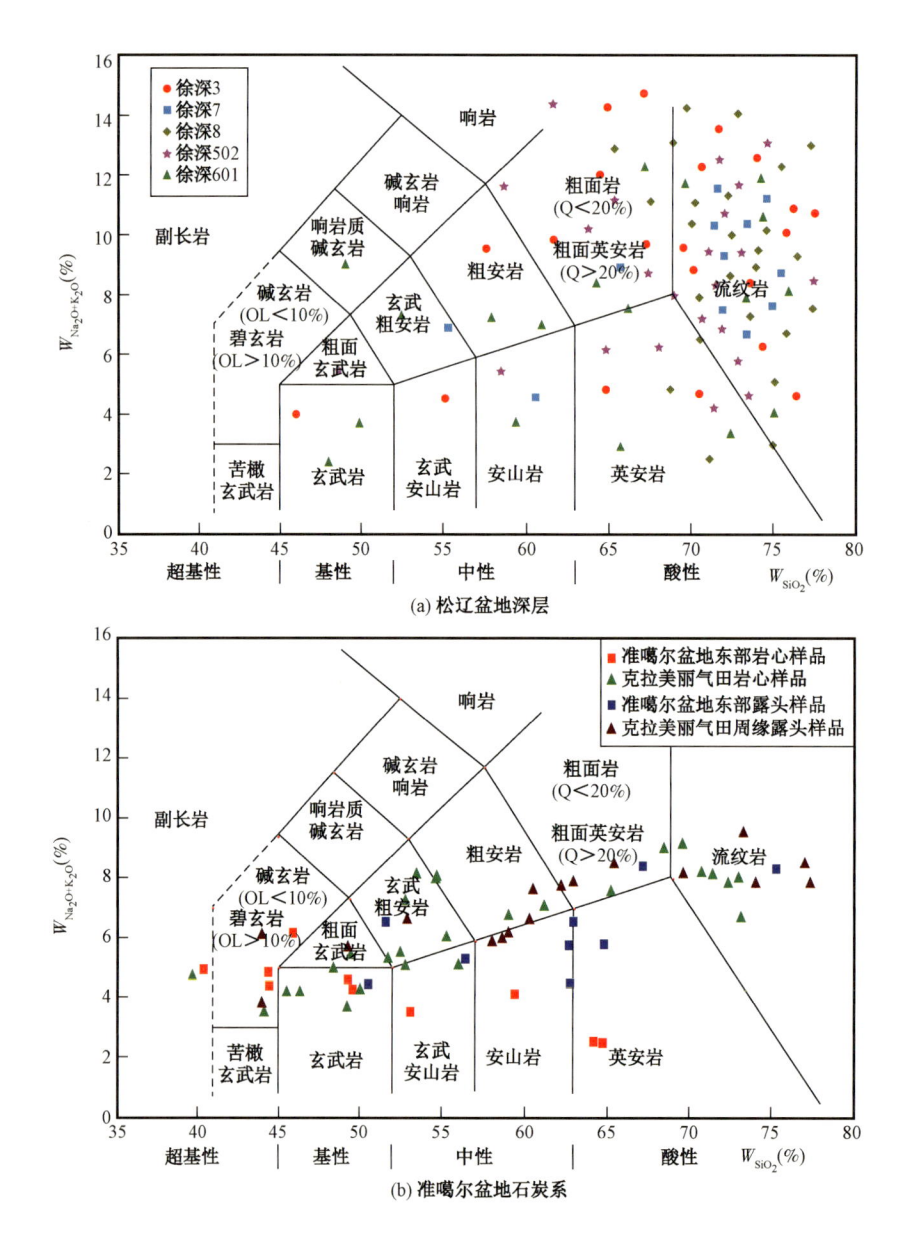

图 3-16 中国两大火山岩天然气区火山岩 TAS 图
(据国际地质科学联合会火成岩分类学分委会推荐,1989)

1. 火山岩岩相类型

针对火山活动与火山岩分布特点,按照"岩性—组构—成因"划分标准,将火山岩岩相划分为 4 相组、6 相、10 亚相(图 3-17、表 3-9)。

2. 中国含气盆地火山岩岩相特征

中国陆上含油气盆地火山喷发以中心式为主,部分发育裂隙式;中心式喷发以火山碎屑流式爆发为最强,其次是空落式岩浆爆发,喷溢活动较少。

松辽盆地营城组单个火山机构主要由中心式喷发形成,整体上又受区域大断裂控制而呈串珠状平面分布,横向厚度变化较大,火山岩相以喷溢相、火山沉积相为主,常发育火山锥。火石岭组以裂隙喷发方式为主,横向上分布范围广,厚度变化相对较均匀,多发育层火山机构,岩相以喷溢相为主。

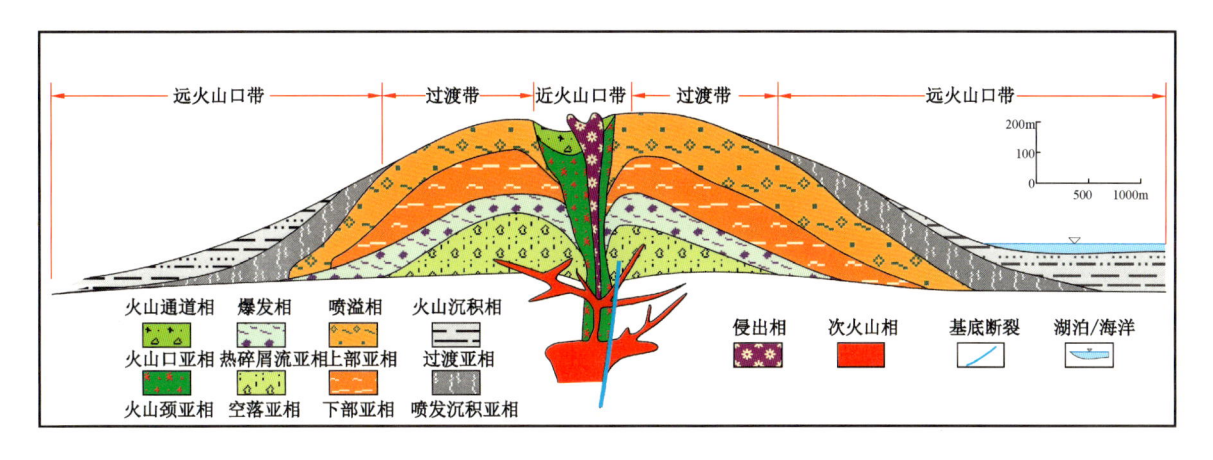

图 3-17 火山岩岩相模式

表 3-9 火山岩岩相主要特征（据王璞珺等，2007；修改）

相组	深度	位置	相	亚相	岩石	产出状态	形成机制
火山沉积相组	地表	远离火山口	火山沉积相	过渡亚相（与正常沉积相过渡）	沉凝灰岩（火山碎屑<90%~50%）、凝灰质砂、泥岩（火山碎屑50%~10%）	层状、透镜状	火山灰、尘漂移、空落沉积
				喷发沉积亚相	凝灰岩（火山碎屑>90%）		
火山喷发相组	地表	近火山口	侵出相		珍珠岩	岩穹、岩钟、角砾岩钟	熔浆被挤出地表冷凝固结
			喷溢相	上部亚相	气孔状熔岩、杏仁状熔岩	岩流、岩被、岩绳、枕状熔岩、熔岩层、盾火山	喷发、溢流
				下部亚相	基性、中性、酸性各类熔岩		
			爆发相	热碎屑流亚相	熔结火山碎屑岩、火山碎屑岩	火山碎屑层、火山碎屑锥、空中坠落堆积、火山灰流堆积、火山口附近溅落物堆积	爆发、喷发空落
				空落亚相			
火山通道相组	地表约0.5km	火山口	火山通道相	火山口亚相	垮塌熔结火山角砾岩（同源角砾、异源角砾）	产状陡立，具同心环状、一次喷发岩颈、多次喷发岩颈	侵出—侵入
				火山颈亚相	碎裂状熔岩		
次火山岩相组	近地表<3km	火山口下部	次火山岩相		基性、中性、酸性的浅成侵入体	岩株、岩墙、岩枝、岩盖	侵入近地表

准噶尔盆地石西地区广泛分布的角砾熔岩，褐色、红褐色火山岩所占的比率高，为陆上特别是喷发时遇大气降水或浅水下喷发；东部五彩湾凹陷基底以石炭系火山岩（熔岩与火山碎屑岩交替出现）为主，颜色总体较深，多为灰绿色，很少角砾熔岩、熔结角砾岩，夹薄层泥岩、砂岩，沉积岩层中含海相化石，属陆表海沉积环境，火山活动总体表现为下石炭统相对较弱，上石炭统相对强烈的特征，呈大陆间歇性火山喷发作用特征，属陆表海火山—沉积环境，以深水下喷发为特点，火山岩在水体深部喷发；从西向东火山岩喷发环境有自水上向水下转换的趋势。

二、火山岩储集空间及物性特征

火山岩是火山作用形成的一系列产物，经过冷却、固结等作用形成的岩石类型，与沉积岩在形成条件、发育环境、分布规律等方面有很大不同。因此,火山岩油气储层特征明显有别于沉积岩。综合来看,火山岩储层是火山作用、构造作用、成岩与流体作用和表生与埋藏改造作用等多种因素综合作用的结果,其特征与岩浆性质、火山喷发方式与火山机构类型、火山岩岩性、岩相以及火山岩形成后暴露、埋藏过程中各种流体与岩石的相互作用密切相关。

(一)火山岩储集空间类型

火山岩储层的储集空间,既有在火山岩的喷发、冷却固结过程中形成的各种原生孔隙和微裂隙,又有在后期的暴露风化、埋藏等漫长的地质演变过程中形成的大量次生孔隙和裂缝。与沉积岩相比,储集空间类型和组合更复杂多样。

火山岩储层中孔、洞和裂缝是油气的储集空间和渗流通道。考虑到火山岩储层的形成和演化机制,可将火山岩储层的储集空间分为原生孔隙、次生孔隙和裂缝3大类14小类(表3-10、图3-18)。

表3-10 火山岩储层储集空间类型和特征

类型		成因	特点	对应岩性	含油气性
原生孔隙	原生气孔	火山喷发冷却固结过程中气体溢出膨胀而成	多分布在熔岩层顶底,大小不一,形状各异	火山角砾岩、熔岩	与缝、洞相连则含油气较好
	残余气孔	次生矿物没有完全充填气孔的情况下所留的孔隙	也称为半充填孔隙	玄武岩、火山角砾岩	与缝、洞相连则含油气较好
	粒(砾)间孔	碎屑颗粒间残余孔隙	火山碎屑岩中多见	火山碎屑岩、火山沉积岩	含油气好
	晶间晶内孔	造岩矿物格架间或格架内的孔隙	多分布在岩流层中部,空隙较小	熔岩、火山碎屑岩	含油气好
次生孔隙	脱玻化孔	火山玻璃质脱玻化,体积减小形成孔隙空间	微孔隙,但连通性较好	球粒流纹岩、熔结凝灰岩	较好的储集空间
	斑晶溶蚀孔	斑晶受流体作用溶蚀而产生孔隙	孔隙多成港湾状,形态不规则	安山岩	主要储集空间之一
	杏仁体溶蚀孔	气孔中充填物被交代溶蚀而形成	孔隙形态不规则,连通性差	熔岩	含油气性好
	基质溶蚀孔	基质中的玻璃质或微晶被溶蚀而形成	孔隙细小,主要为溶蚀孔,具有一定的连通性	各类熔岩、熔结凝灰岩	能形成好的储层
	角砾间溶孔	风化淋滤、地层流体溶蚀等作用形成	沿裂缝、角砾间孔隙发育	火山角砾岩	含油气性好
裂缝	冷却收缩缝	岩浆冷却、结晶过程中所形成的收缩微裂缝	柱状节理,呈张开形式,面状裂开,少错动	火山角砾岩、安山岩、粗面岩	含油气性一般较好
	炸裂缝	火山喷发炸裂、自碎	有复原性	自碎角砾化熔岩、次火山岩	含油气性较好
	构造缝	火山岩体受构造应力作用后产生	近断层或火山口处发育,多为高角度裂缝	玄武岩、安山岩	与构造发生作用时间有关
	风化缝	在地表表生环境风化淋滤产生	常与溶蚀孔、缝和构造裂缝交错相连,将岩石切割成大小不同的碎块	火山碎屑岩、火山角砾岩	含油气较好
	溶蚀缝	风化淋滤、地层流体溶蚀	原有裂缝溶蚀、扩展	杏仁状安山岩、火山角砾岩	含油气性好

原生孔隙主要为火山喷发物形成的气孔及未被完全充填的残余孔隙、火山角砾(粒)间孔、晶间微孔等。次生孔隙主要是火山玻璃脱玻化形成的脱玻化孔及各种晶体矿物、颗粒溶蚀、蚀变所形成的溶孔、溶洞。裂缝的形成原因主要有三种:① 火山喷发和岩浆冷却固结过程中形成炸裂缝、收缩缝;

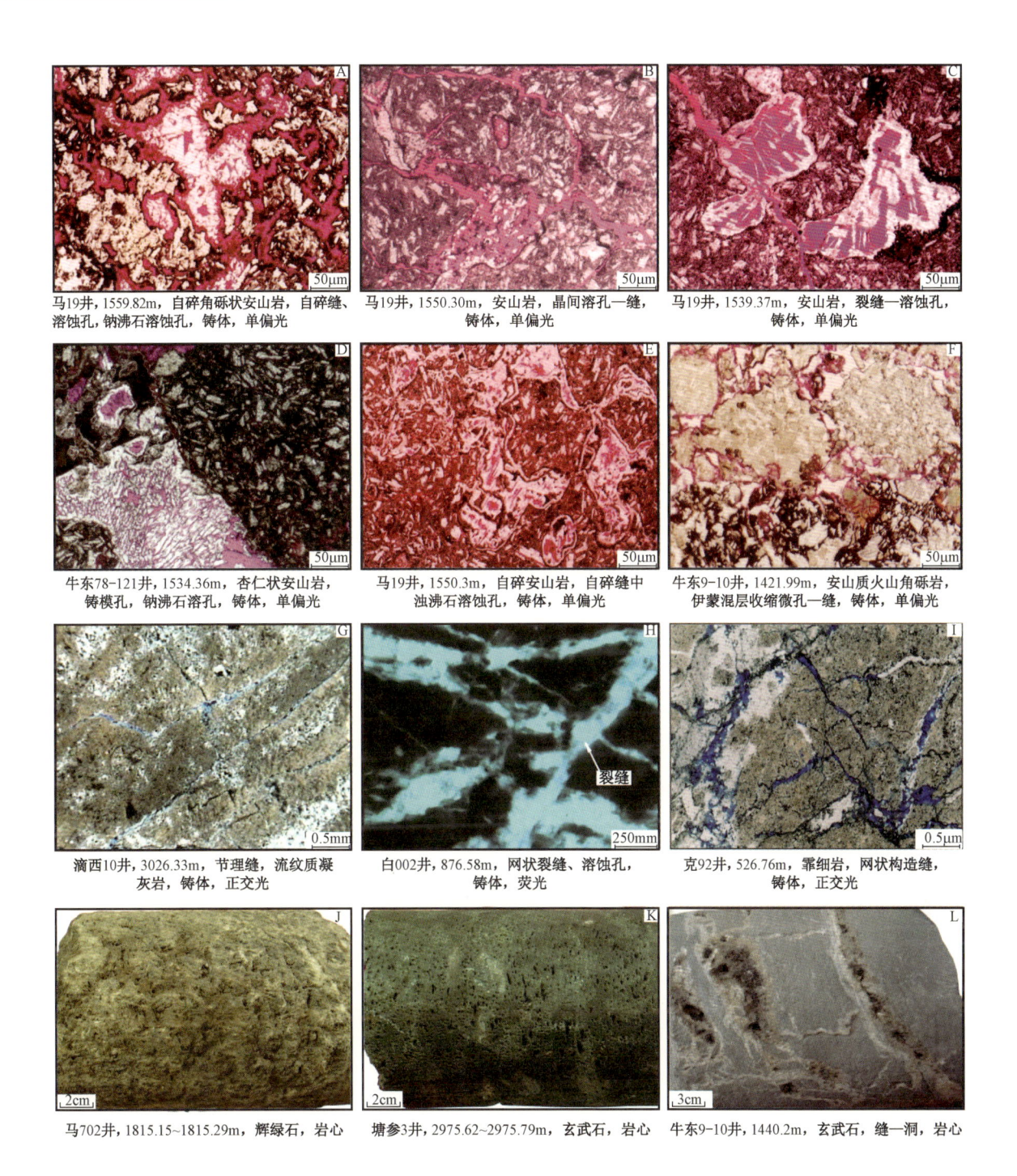

图 3-18 火山岩储层储集空间类型

② 构造作用所形成的构造缝；③ 火山岩在地表表生环境风化淋滤或地下埋藏环境地层流体溶蚀形成的各种风化缝、溶蚀缝。

上述不同类型的储集空间，在火山岩储层中的作用也存在差异。其中，气孔和溶蚀孔为主要储集空间，一般含油气较多；而构造裂隙和风化裂隙主要起连通气孔、溶蚀孔及其他储集空间的作用，在油气运移中主要起输导管的作用，本身也可成为储集空间，但储集规模较小。除火山碎屑岩外，其他火山岩所发育的晶间、晶内、收缩洞穴、粒间及气孔等原生孔隙具有分散性，之间不能构成网络，难以形成储渗空间。只有在构造作用、风化作用、热液作用等外部因素的影响下，火山岩体内才可形成各种孔隙和裂隙，孔、缝、洞交织在一起则可构成油气的储集空间（表3-11）。

表 3-11 中国典型火山岩储层孔隙类型与比例

储集空间类型	松辽盆地营城组 （据49口井110块岩心样品）	准噶尔盆地石炭系 （据5口井53块岩心样品）
气孔	38.20%	21.10%
粒内（间）孔	6.20%	11.20%
晶间（内）孔	0.80%	0.90%
溶蚀孔	35.70%	32.80%
脱玻化孔	2.70%	1.00%
收缩缝	1.10%	2.20%
微裂缝	15.30%	30.80%

（二）火山岩储层物性特征

1. 储层非均质性强，以较高—中孔、低—特低渗为主

火山岩储层的储集空间具有多样性，不同储集空间相互组合，形成孔、缝双介质储层，孔隙结构复杂，导致物性变化大，非均质性非常严重。统计准噶尔、松辽盆地火山岩（2244块样品）物性表明，火山碎屑岩、熔岩均可成为有效储层，孔渗相关性差，以较高—中孔隙度、低—特低渗透率的Ⅲ类和Ⅳ类储层为主。孔隙度最大可超过30%，平均10%左右；渗透率显示出强烈的非均质性，最大超过1000mD，但总体上较低，大多数小于1mD，其中很大部分小于0.01mD（图3-19）。

2. 储层物性基本不受埋深影响

通过松辽盆地与准噶尔盆地钻井岩心物性分析测试发现，沉积岩储层孔隙度随埋深增加，孔隙度呈指数型降低，超过4000m，孔隙度低于其下限，储层基本无效；而火山岩储层在4000m以下，仍有大量有效孔隙发育，并且随埋深增加，孔隙度无明显的变化，即岩石物性基本不受埋深影响。在埋深大于4500m时，仍具有较好的储集物性，孔隙度可达37.20%，平均12.12%（图3-20）。火山岩储层孔隙度受埋藏深度影响不大，主要是因为火山岩骨架较其他岩石坚硬，抗压实能力强，在埋藏过程中受机械压实作用影响小，火山岩的孔隙比其他岩石更容易保存下来。

火山岩与沉积岩储层物性随埋深变化的差异，主要源于二者成岩方式的差异。火山岩为高温岩浆直接冷却固结成岩，岩石坚硬致密，抗压强度一般在100~350MPa，所以深埋情况下储层物性变化不大；而沉积岩为碎屑颗粒堆积，抗压强度一般小于100MPa，随埋藏上覆压力增加，逐步压实固结成岩，岩石颗粒间接触由点接触变线接触、凹凸接触，物性也随之变差。因此，超过4500m，火山岩仍有优质储层发育。由此可见，在深层油气勘探中，火山岩层段可以作为重点领域和目标进行勘探。

三、火山岩储层成因

与碎屑岩油气藏相比，火山岩储层的孔隙类型更复杂多样。火成岩冷却后所形成的晶间孔、收缩孔等原生孔隙受压实作用影响较小，但是火山岩复杂的原生矿物及其组合特征在盆地构造演化与埋藏成岩作用过程中容易受热液流体的改造，会发生很大变化。这些变化可影响火山岩的成岩作用路径与成岩产物的类型，导致不同岩性火山岩的孔隙与吼道发育状况与储集性能各不相同，从而直接影响了火山岩优质储层的形成与演化。因此，火山岩储层是火山作用、构造作用、成岩与流体作用和表

(a) 火山熔岩，978块岩心样品

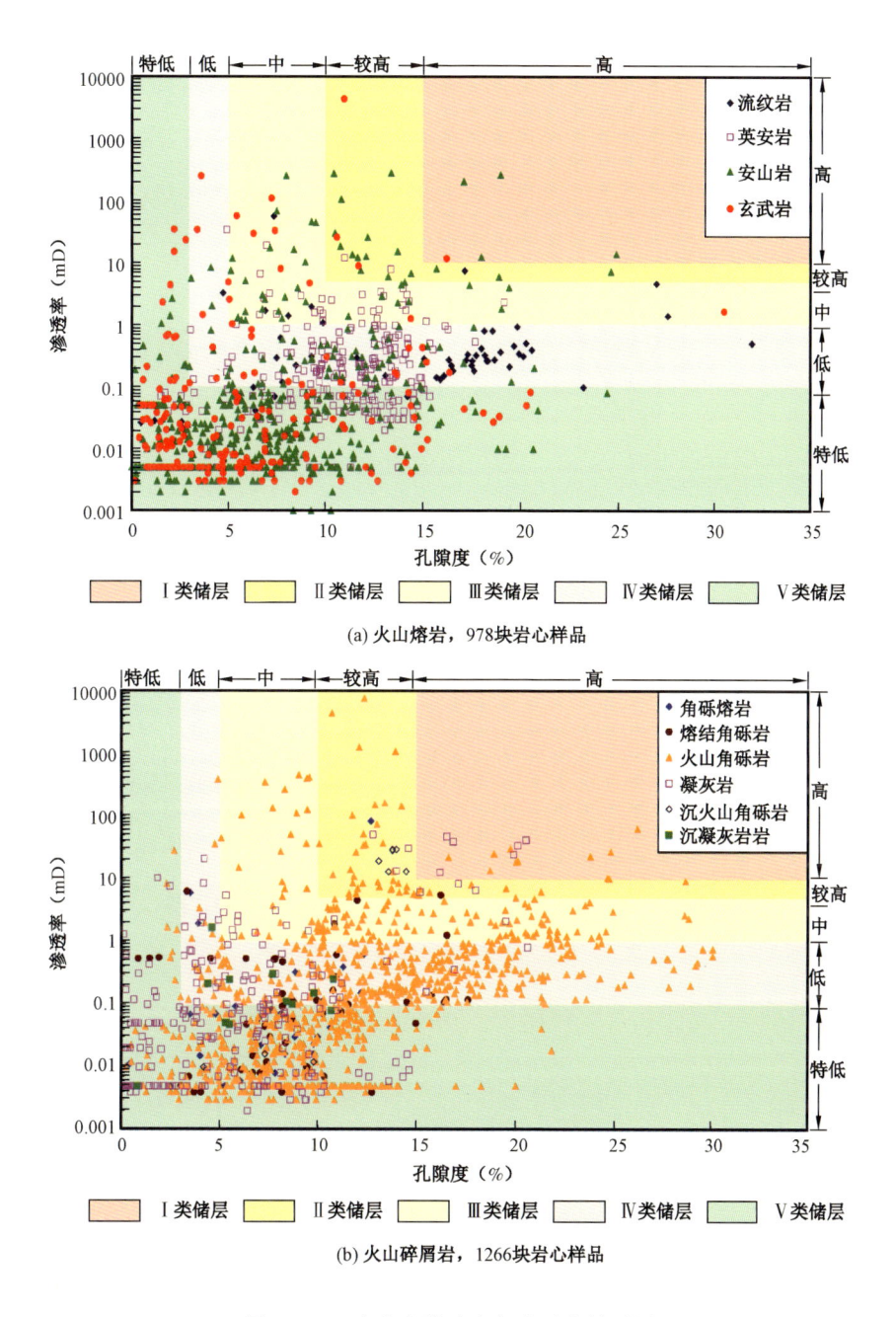

(b) 火山碎屑岩，1266块岩心样品

图3-19 火山岩孔隙度与渗透率关系图

生与埋藏改造作用等多种因素综合作用的结果。

（一）火山岩储层成因机理

火山岩储集空间的形成、发展、堵塞、再形成等演化过程非常复杂。各个演化过程中都发生不同的成岩作用类型，对储层起到了破坏和改善的双重作用。通过多手段的研究分析认为，火山岩储层是多种成岩作用长期综合作用，形成演化过程复杂，存在着多期的填充和溶蚀作用，不同区带和不同储层成岩作用也有着明显差别。

由于火山岩自身的特殊性，火山岩储层成岩作用及其演化表现出明显的阶段性和期次性。在不同阶段和时期，成岩作用差异明显。从而，可以将火山岩成岩作用划分为不同阶段，在阶段的基础上再划分为不同的期（表3-12）。

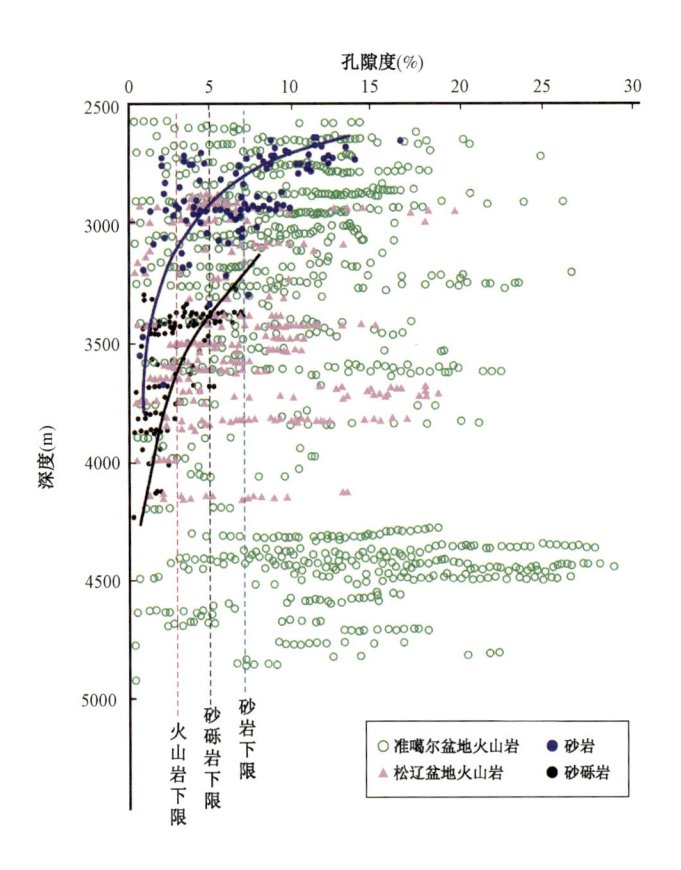

图 3-20　火山岩储层与沉积岩储层孔隙度—埋深对比图

表 3-12　火山岩成岩作用阶段划分表

成岩阶段		成岩作用	成岩机理	成岩标志	孔隙类型
阶段	期				
冷却固结成岩阶段	火山活动期	爆裂破碎作用	火山喷发破碎、炸裂	不同成分和粒级的火山碎屑岩	气孔、粒间孔、炸裂缝、收缩缝、晶间孔
	冷凝固结期	结晶分异作用	岩浆分异、分离结晶	不同晶质、矿物成分的火山岩	
		冷凝固结作用	冷凝收缩	火山岩收缩缝	
后生改造阶段	热液作用期	交代蚀变作用	地层深部热液上升的温度变化	绿泥石化、沸石化等	黏土矿物晶间微孔、杏仁体内孔、残余气孔、溶蚀孔、溶蚀缝
		充填作用	火山热液携带矿物质的结晶、沉淀	绿泥石、沸石充填	
		溶蚀作用	火山热液的溶解、交代	绿泥石、沸石溶孔	
	风化淋滤期	风化破碎作用	岩石的热胀冷缩	风化裂缝	风化缝
		淋滤溶蚀作用	岩石的淋滤、溶解	粒间、粒内的溶孔、溶缝	
		压实作用	埋藏压实	碎屑颗粒间、晶间接触变化	溶蚀孔、溶蚀缝
		构造作用	构造应力	高角度裂缝、近水平裂缝、网状缝	
	埋藏作用期	溶蚀作用	地层水与有机酸溶蚀	大量的次生溶孔	构造缝
		交代蚀变作用	埋藏温度、压力升高和地层流体活动	沸石化、绿泥石化及黏土等伴生矿物	基质溶孔、斑晶溶孔、粒间溶孔、溶缝
		充填与胶结作用	地层流体溶解矿物质沉淀	沸石、绿泥石及黏土等矿物充填胶结	
		脱玻化作用	埋藏温度、压力升高	脱玻后的霏细结构、隐晶质结构	

1. 冷却固结成岩阶段的储集空间发育情况

这一阶段是储集岩原生孔隙的形成阶段。火山熔浆喷出地表后随着大量挥发分气体的逸出而形成的气孔；火山岩浆的结晶作用形成斑晶—斑晶、微晶—微晶、微晶—斑晶之间的细小晶间孔隙；火山喷发、爆炸作用形成的火山角砾间孔；岩浆冷凝后产生收缩缝等原生储集孔隙均形成于该阶段。这些原生储集孔隙为后期储层的发育奠定了基础。垂向剖面上显示火山活动岩石组合特征为大套熔岩＋凝灰岩或火山角砾岩＋熔岩＋碎屑岩。

2. 后生改造阶段的储集空间发育情况

在火山岩形成后所经历的成岩后生过程中构造运动、风化淋滤作用及流体作用是影响和控制储集空间发育程度的主要地质作用。

热液作用期，主要发生多种暗色造岩矿物的蚀变作用，如辉石和角闪石蚀变为绿泥石，基性斜长石蚀变为高岭石、绢云母、绿泥石，橄榄石的伊丁石化，绿泥石蚀变为沸石、碳酸盐等矿物，以及凝灰岩基质的碳酸盐化、浊沸石化等。伴随着蚀变、矿物转化的进行，热液携带大量矿物质如绿泥石、沸石、方解石及石英等，在适当条件下结晶、析出，填充储集空间，大大降低了火山岩的储集性能。但由于这些矿物的大部分为易溶矿物，其为后期的溶蚀作用的发生提供了可溶蚀的物质基础。

风化淋滤期，主要发生包括风化破碎作用和淋滤溶蚀作用，在火山岩顶部及上部形成大量的溶蚀孔隙，并连通原生储集空间，从而大大改善了火山岩的储集物性。岩心分析的数据统计显示，准噶尔盆地陆东地区石炭系，未发生风化的玄武岩其平均原始孔隙度为 7.6%，而发生弱风化玄武岩其平均孔隙度为 8.7%，强风化玄武岩平均孔隙度为 15.3%，风化淋滤是该地区次生孔隙形成的主要作用。

埋藏作用期，火山岩为沉积岩所覆盖、埋藏压实，因岩浆的喷出、侵入、冷凝以及后期构造活动、溶蚀作用等形成的各种孔缝，使得原来孤立的气孔连通起来，并与沉积地层中的地层水相沟通，形成更多的次生溶蚀孔缝。早期冷凝固结的火山岩，在深埋过程中，长期遭受地层水和有机酸等流体的溶蚀作用，是形成火山岩次生储集空间的主要机制之一。中基性的玄武岩、安山岩中主要发生早期充填物及蚀变物的再溶蚀，如石南 3 井、石南 4 井、玛东 2 井中常见早期充填的绿泥石、方解石被部分溶蚀；英安岩中则主要发生角闪石、长石斑晶及基质的溶蚀，如石西油田石西 1 井区的石炭系英安岩，不但斜长石斑晶常发生溶蚀作用，基质中也常见溶蚀孔隙或溶蚀扩大裂缝发育；而对于碱性、强碱性的粗面岩和响岩类岩石，由于它们岩性偏碱性较强，对酸性环境更为敏感，一旦介质环境由碱性变为酸性，则其中的大量碱性长石斑晶及基质就会发生溶蚀，如夏盐 2 井、石东 8 井的碱玄质响岩和粗面安山岩心中可见大量的溶蚀孔。酸性流体又有主含无机酸和有机酸之分，对于不同的地区，它们或是单独作用，或是联合作用，在后期存在火山喷发及深大断裂附近，可能以无机酸为主，在靠近源岩地区可能有机酸的溶蚀作用更强。而大面积溶蚀作用能否发生，又与断层的发育情况息息相关。对于各种矿物，尤其是主要被溶蚀物——长石，是有机酸溶蚀还是无机酸溶蚀，其溶蚀的机制又大不相同。

以上的研究表明，成岩作用对火山岩储层的影响具有双面性，各个成岩阶段过程中填充与溶蚀的匹配关系以及成岩强度直接影响了后期储层改造的好坏。

(二) 火山岩储层成因类型

由于不同成岩作用随成岩环境的变迁而不断改变，有些成岩作用也可以形成于不同成岩阶段。另外，不同的沉积盆地具有不同的埋藏—构造—热演化历史，火山岩形成后经历的各种成岩作用的期次、发生的时间先后及程度在不同盆地中存在较大的差异。因此，各类火山岩储层都有其特定的成岩序列和成岩阶段。

经对不同盆地、不同时代、不同类型的火山岩储层成岩作用研究发现，中国火山岩储层具有两大成岩序列:喷发—埋藏成岩序列和喷发—风化—埋藏成岩序列。

1. 松辽盆地营城组火山岩的喷发—埋藏成岩序列

喷发—埋藏成岩序列是经喷发冷凝固结形成的火山岩,不断沉降被沉积物掩埋的成岩序列,其储集空间以火山岩喷发冷凝固结阶段的原生孔缝为主,形成原生型火山岩储层,松辽盆地白垩系营城组火山岩储层即为该类型。

松辽盆地在早白垩世火山喷发后,经熔蚀、冷凝结晶、熔结作用等固结(约156—125Ma)形成营城组火山岩,经短期的火山岩热液和喷发间歇期的风化淋滤直接为上覆沉积地层所埋藏。期间至少经历了2期大规模的次生溶蚀作用,2期明显的烃类充注事件,3期裂缝形成作用,2~3期硅质胶结作用,3期碳酸盐胶结作用,2~3期绿泥石胶结作用,以及浊沸石、钠长石、萤石、葡萄石、氟碳钙铈矿、钠铁闪石化等次生矿物的形成阶段(图3-21a)。

2. 准噶尔盆地石炭系火山岩的喷发—风化—埋藏成岩序列

喷发—风化—埋藏成岩序列是喷发冷凝固结形成的火山岩,受构造运动影响,抬升暴露,经长期风化淋滤和改造后,被沉积物掩埋的成岩序列,其储集空间以风化淋滤和改造阶段的次生孔缝为主,形成次生型火山岩储层,准噶尔盆地石炭系火山岩储层为该类型典型代表。

准噶尔盆地在石炭纪火山喷发后,经熔蚀、冷凝结晶、熔结作用等固结(约359—320Ma)形成巴塔玛依内山组火山岩,经短期的火山岩热液蚀变和孔隙充填之后,一直到早三叠世(约246Ma)整个地区构造抬升,火山岩直接暴露地表,长期遭受表生环境下的风化淋滤,岩石破碎、矿物发生次生蚀变,形成大量的风化裂缝与次生孔隙。之后为上覆沉积地层所埋藏,埋藏后期,整个地区又经历几次较大的构造运动,对火山岩储层的发育起建设作用。从综合来看,准噶尔盆地石炭系的火山岩形成后至少经历了2期大规模的次生溶蚀作用,2~3期烃类充注事件,3期裂缝形成作用,1期硅质胶结作用,2期碳酸盐胶结作用,2期绿泥石胶结作用,3期硬石膏(石膏)胶结作用(图3-21b)。

四、火山岩储层控制因素

火山岩储集空间的形成、保持、改造等,一系列不同阶段的演化过程,是非常复杂的。原生孔隙和裂缝主要受到原始喷发状态,即火山岩相控制;在相同构造应力作用下,构造裂缝的发育和保存程度也受到原始喷发状态的控制。火山喷发后,冷凝熔结和压实固结形成的火山岩,原生气孔互不连通,没有渗透性,只有经过后期不同阶段的各种地质作用改造,才具有储集性。总体来说,火山作用、构造运动、风化淋滤作用及流体作用,是火山岩储层储集空间形成和发育的主要成因机制和地质作用。

(一)火山作用

原生型火山岩储层的储集性能,主要受火山岩岩石类型和岩相的控制。不同岩石类型的火山岩发育不同类型的储集系统。如准噶尔盆地五彩湾凹陷石炭系火山岩中,火山碎屑岩具最高的孔隙度,一般为1.26%~30.08%,平均为9.84%;其次是安山岩,平均孔隙度为8.14%;凝灰岩平均孔隙度为7.92%;玄武岩孔隙度最低,平均孔隙度为5.89%。

岩相是影响原生型火山岩储层的重要因素,不同岩相、亚相具有不同的孔隙类型,同一岩相的不同亚相储层物性差别很大。火山通道相储集空间主要为孤立的气孔及火山碎屑间孔;火山爆发相以火山碎屑岩产出为特征,爆发时的冲力将顶板及围岩破碎形成大量裂缝、裂纹,同时形成火山角砾岩,火山角砾间孔及气孔发育;由于火山爆发相一般都处于古地貌高处,容易遭受风化淋滤作用,溶蚀孔(洞)和溶蚀裂缝发育,能够形成有利储层。火山喷溢相形成于火山喷发的各个时期,熔岩原生气孔发育,次生孔隙主要表现为长石的溶蚀和玻璃质经过脱玻化形成长石、石英等矿物后,发生体积缩小产

(a)松辽盆地白垩系营城组火山岩

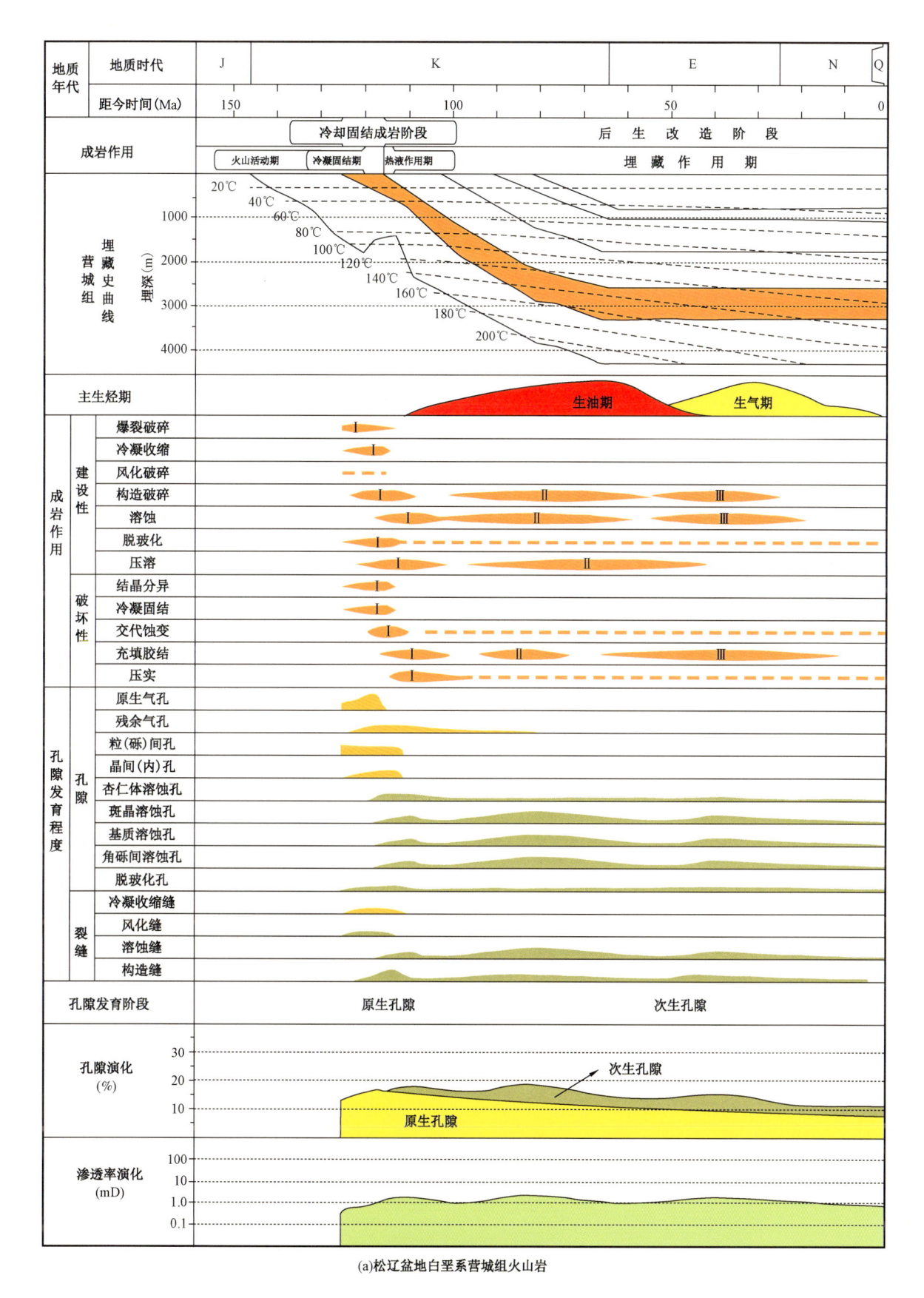

图 3-21　中国典型火山岩储层成岩演化系列图

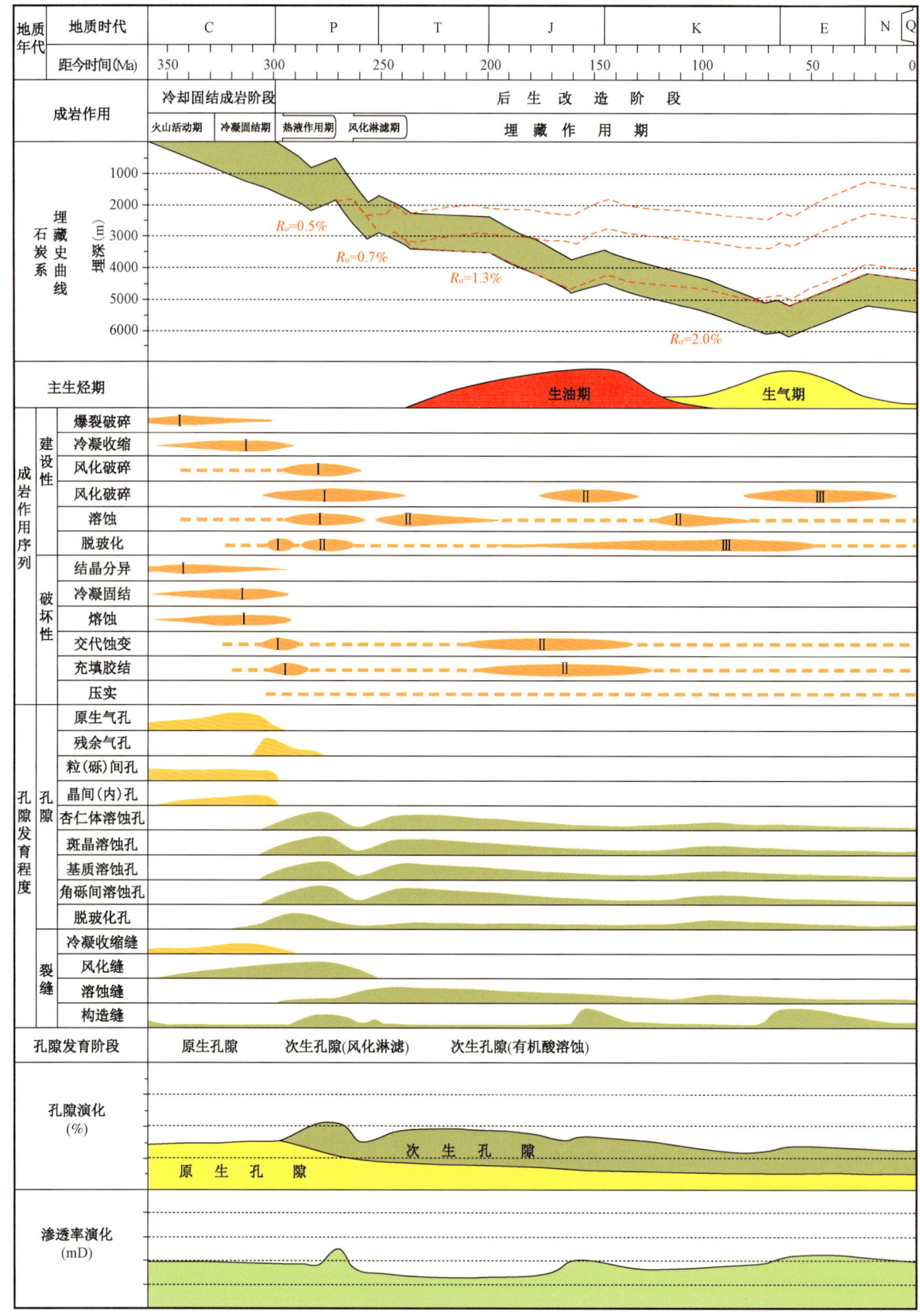

(b)准噶尔盆地石炭系火山岩

图3-21 中国典型火山岩储层成岩演化系列图（续）

生的孔隙。侵出相中心带亚相储集空间主要为裂缝、溶孔、晶间孔等微孔隙,储集物性较好,是有利的储集相带。

(二) 火山喷发环境

喷发环境对火山岩储集空间的形成有较大影响。火山在水体深部喷发,溶解于岩浆中的挥发分不容易逃逸难以形成气孔,故原生气孔不发育,加之水体的共同作用,火山岩发生明显的蚀变(绿泥石化)和充填作用,使本来就少的原生孔隙减少。在浅水环境或陆上喷发时,特别是喷发时若遇大气降水,一方面溶解于熔浆中的挥发分可以大量逃逸形成原生气孔;另一方面由于炽热岩浆突遇水体产生淬火作用形成大量原生微裂隙,并把原生气孔很好地连通起来,构成良好的原始储集空间。

(三) 成岩作用

火山岩成岩作用类型主要有压实作用、充填作用、溶解作用、交代作用等,它们对储层形成的作用不尽相同,主要控制次生储集空间发育。充填作用降低储层孔渗性,不利于火山岩储层的发育;压实作用不利于储层的形成、保存及发展,特别是对火山碎屑岩影响显著。较常见的成岩蚀变包括绿泥石化、方解石交代、沸石化等,对火山岩储层形成既有消极影响,也有积极作用。火山岩中的气孔往往不直接成为储集空间,而是先被绿泥石、沸石、方解石等充填,而后被地下水溶蚀,再由裂缝连通才能成为储集空间。

(四) 构造作用

构造运动和构造部位对断裂的形成、裂缝的发育程度起着主导作用。裂缝的形成对储层发育有3方面的影响:① 在气孔—杏仁发育带形成裂缝,提高气孔的连通程度,增加渗透率,特别是地表淡水或地下水沿裂缝对火成岩进行溶解改造,在原来气孔、残余气孔及基质晶间孔的基础上形成大量的溶蚀孔隙,甚至溶洞;② 在致密段形成裂缝,可形成单纯的裂缝型储层,且在一定条件下,还可发育溶孔,甚至溶洞;③ 裂缝的存在可改善地层水分布和流动特点,促使溶解作用的发生,岩心或显微镜下所见沿构造裂缝发育的次生溶孔,就是该作用的结果。

中国东西部火山岩储层成岩系列的差异性,导致了储层类型的差异性。东部发育以松辽盆地营城组为典型代表的原生型火山岩储层;西部发育以准噶尔盆地石炭系为典型代表的次生风化型火山岩储层。这两类火山岩储层发育控制因素也存在差异。

松辽盆地火山岩相经历短期的风化作用,或没有风化作用,火山机构较完整保存。火山岩相序完整,储层主要发育于爆发相岩类组合带中。控制火山岩储集性的主要因素为:岩性岩相、构造裂缝和酸性流体的溶蚀作用。其中,岩性岩相决定火山岩原生孔隙发育;构造裂缝提高火山岩渗透率,并为后期酸性流体提供渗流通道;晚期酸性流体溶蚀作用扩大原生孔隙和风化淋滤形成次生孔缝。有利火山岩相包括:侵出相、喷溢相上部亚相和爆发相空落亚相,这些相发育原生孔隙。火山活动后期,酸性流体沿断裂上升,并通过裂缝渗流进入孔隙,发育溶蚀孔,扩大储集空间。不整合面(3600~3800m)以下受火山活动后期酸性流体溶蚀作用改造的风化壳下方近火山口喷溢相上部亚相、空落亚相、侵出相为储集空间发育有利相带。

准噶尔盆地古生代褶皱基底上发育残留石炭系地层,晚石炭世—早中二叠世经历了长达30~60Ma的抬升剥蚀,火山机构普遍保存不完整,发育风化壳,风化壳之下常有300m厚的有效储层。古凸起带剥蚀量大的地方现存的是下石炭统,如东部的克拉美丽山、滴西凸起,古凹陷保存地层相对较新,主要为上石炭统,如五彩湾凹陷、玛湖凹陷。从凹陷中心向周边或从构造带低部位向高部位,石炭系剥蚀量依次增大,上覆地层时代变新,储层物性逐渐变好。长期火山爆发活动形成的高地貌,有利于风化剥蚀作用。因此,火山岩发育的储层风化淋滤、淋滤溶蚀、充填改造的强度控制了储层的有效性,长期风化淋滤的古地貌高地区火山岩储层发育,油气富集。

五、火山岩风化壳储集体结构特征

(一)火山岩风化壳结构

火山岩风化壳是指火山岩风化后,形成的具有矿物和储层特征结构差异的联合体,可通过薄片、岩心、测井等特征进行识别,当钻遇火山岩顶部风化黏土层,火山岩中断层处发育氧化环境断层泥、自碎缝中氧化铁衬边,火山岩粒内孔隙中存在示底构造等标志现象时,可判断为火山岩风化壳。

完整火山岩风化壳具有5层结构,即土壤层、水解带、溶蚀带、崩解带和母岩(图3-22)。受表生环境地表水淋滤和蒸发作用,不同结构层中含盐量不同,土壤层受蒸发作用影响,含盐量较高;水解带和溶蚀带是地表水淋滤流经层,含盐量较低;崩解带位于风化壳下部,为地表淋滤水的滞留层,含盐量较高。

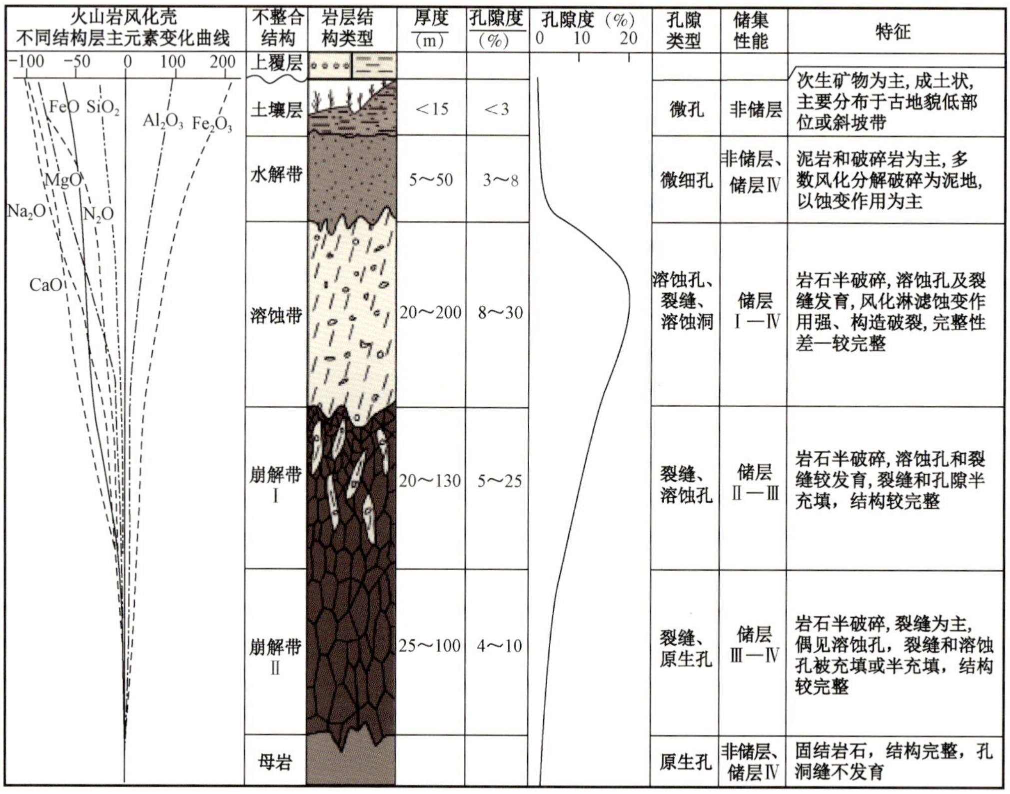

图 3-22 火山岩风化壳结构

完整火山岩风化壳结构中土壤层、水解带、溶蚀带和崩解带厚度所占比例分别约为 6%、24%、34%、36%。低洼区具备完整5层结构,坡度较陡的古构造高部位一般缺失土壤层。

在表生作用环境下,火山岩中不同矿物的析出程度和速度不同。结构和矿物成分的变化,形成不同结构层储层物性的差异。风化指数(式3-1)可用来判断风化壳不同结构的界限。火山岩风化壳土壤层、水解带、溶蚀带、崩解带的风化指数判别标准分别为 >50%、25%~50%、10%~25%、<10%。

$$K = \sum (母岩主要元素含量 - 结构层主要元素含量)/母岩主要元素含量 \times 100\%$$

(3-1)

(二)火山岩风化壳储层物性特征

风化淋滤作用使火山岩经受物理、化学作用,储层物性明显高于同时代的原生型火山岩储层。由于不同火山岩岩性的可溶性矿物、岩石强度及脆性等性质不同,在相同表生环境下不同岩性形成的储集性能存在差别,风化强度不同造成火山岩的蚀变程度不同。对准噶尔盆地石炭系1241块不同蚀变程度的玄武岩、安山岩、火山角砾岩、凝灰岩样品的储层孔隙度研究表明,未蚀变火山岩中火山角砾岩平均孔隙度最大,达8.3%,可形成有利储层,而其他未蚀变火山岩不能形成有利储层;弱蚀变火山岩中,玄武岩、安山岩、火山角砾岩平均孔隙度均大于6%,能形成有利储层,而凝灰岩孔隙度较低,仅为3.6%,不能形成有利储层;强蚀变火山岩不同岩性均能形成有利储层,且各种岩性平均孔隙度均超过同时代原生型火山岩中的火山角砾岩(图3-23)。

不同结构层中孔隙结构有差异,土壤层以细喉微孔为主,储层物性差,一般作为盖层;水解带以细孔细喉为主,储层物性较差,钻探过程中会见到油气显示,但不能形成工业产能;溶蚀带以中孔粗喉为主,溶蚀孔、洞和微裂缝发育,储层物性最好,一般具有双重介质特征,已钻探的溶蚀带最大孔隙度达32%,试油结果同样证实溶蚀带是油气产出的主力层段,易形成高产;崩解带以细孔中喉为主,溶蚀孔和微裂缝较发育,储层物性较好,可形成有效储层;石炭系火山岩年代较老,改造作用较强,母岩一般不能形成有效储层。风化壳不同结构层的储层物性特征已在勘探中得到证实,如准噶尔盆地石炭系钻穿火山岩风化壳的28口井,不同结构层的6854个孔隙度样品分析结果表明,风化壳结构从上到下的土壤层、水解带、溶蚀带、崩解带、母岩的平均孔隙度分别为2.6%、5.4%、16.8%、12.7%、4.6%,储层物性由好到差的顺序为溶蚀带、崩解带、水解带、母岩、土壤层。

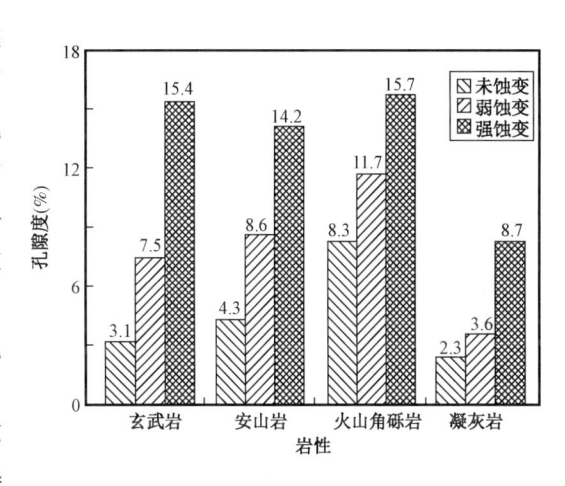

图3-23 不同岩性、蚀变程度火山岩平均孔隙度分布

六、火山岩天然气储层分布

火山岩是油气的重要储集岩类之一,并可形成火山岩油气藏。至1887年在美国加利福尼亚州的San Juan盆地首次发现火山岩油气藏以来,已历经120余年的勘探历程,目前在世界范围内发现了300余个火山岩油气藏或油气显示,其中有探明储量的火山岩油气藏共169个,油气显示65个,油苗102个,几乎遍布各大洲。但大多数火山岩油气藏规模不大,储量很小(表3-13、表3-14)。

表3-13 全球火山岩大气田储量统计表

国家	油气田	盆地	流体性质	地质储量	储层岩性
澳大利亚	Scott Reef	Browse	气、油	$3877 \times 10^8 m^3$,$1795 \times 10^4 t$	溢流玄武岩
印度尼西亚	Jatibarang	NW Java	油、气	$1.64 \times 10^8 t$,$764 \times 10^8 m^3$	玄武岩、凝灰岩
纳米比亚	Kudu	Orange	气	$849 \times 10^8 m^3$	玄武岩
巴西	Urucu area	Solimoes	油、气	$1685 \times 10^4 t$,$330 \times 10^8 m^3$	辉绿岩岩床
刚果	Lake Kivu		气	$498 \times 10^8 m^3$	
美国	Richland	Monroe Uplift	气	$399 \times 10^8 m^3$	凝灰岩

表 3-14　全球主要火山岩气田产量统计表

国家	油气田名称	盆地	流体性质	产量	储层岩性
阿根廷	YPF Palmar Largo	Noroeste	油,气	550t/d,3.4×10⁴m³/d	气孔玄武岩
日本	Yoshii-Kashiwazaki	Niigata	气	49.5×10⁴m³/d	流纹岩
巴西	Barra Bonita	Parana	气	19.98×10⁴m³/d	溢流玄武岩、辉绿岩
澳大利亚	Scotia	Bowen-Surat	气	17.8×10⁴m³/d	碎裂安山岩

中国大陆长期位于西伯利亚、环太平洋和特提斯三大构造域交接与相互作用的重要构造位置,并受原特提斯、古特提斯、新特提斯构造演化的制约,以及太平洋板块俯冲作用的叠加改造,岩浆活动频繁,并形成分布广泛的火成岩,总面积达 215.7×10⁴km²,预测有利勘探面积为 39×10⁴km²。

中国火山岩油气藏于 1957 年首次在准噶尔盆地西北缘发现,已历经 50 余年。目前已在松辽盆地、渤海湾盆地、苏北盆地、准噶尔盆地、三塘湖盆地及四川盆地等诸多盆地发现了火山岩气藏,累计探明天然气储量已达数千亿立方米(表 3-15)。

表 3-15　中国主要火山岩气藏统计表

盆地	次级构造单元	地层	油气藏	岩性	孔隙度(%)	渗透率(mD)
松辽盆地	徐家围子断陷	营城组 K_1y	气藏	流纹岩为主,夹有玄武岩、火山角砾岩	1.9~10.8	0.01~0.87
	齐家—古龙凹陷	青山口组 K	气藏	中酸性火山角砾岩、凝灰岩	22.1	136
	长岭断陷	火石岭组 J_3h	气藏	安山岩为主	5.47~10	0.55~22.0
渤海湾盆地	东营凹陷	馆陶组 N_1g	油气藏	橄榄玄武岩	25	80
		沙一段 Es_1	油气藏	玄武岩、安山玄武岩、火山角砾岩	25.5	7.4
	惠民凹陷	馆陶组 N_1g	油气藏	橄榄玄武岩	25	80
		沙三段 Es_3	油气藏	橄榄玄武岩	10.1	13.2
	沾化凹陷	沙一段 Es_1	油气藏	玄武质火山岩	气泡含量40%~70%、0.03~0.1mm	
		沙四段 Es_4	油气藏	玄武岩、安山玄武岩、火山角砾岩	25.2	18.7
	潍北凹陷	孔店组 $E_{1-2}k$	油气藏	玄武岩、凝灰岩	20.8	90
苏北盆地	高邮凹陷	盐城群 N_1y	油气藏	灰黑、灰绿色玄武岩	20	37
		三垛组 Es	油气藏	玄武岩	22	19
银根盆地		苏红图组 K_1s	油气藏	玄武岩、安山岩、火山角砾岩、凝灰岩	17.9	111
四川盆地		二叠系 P_2	油气藏	玄武岩	5.9~20	
准噶尔盆地		二叠系 P 石炭系 C	气藏	玄武岩、安山岩、凝灰岩、火山角砾岩	4.2~16.8	0.03~153

通过对我国已发现火山岩气藏分析发现,不同时代、不同类型盆地,各类火山岩均可形成火山岩气藏。在盆地类型上,火山岩气藏可以发育在陆内陆相裂谷盆地内,如渤海湾、松辽等盆地,也可以形成于陆相、海陆过渡相及海相碰撞造山期后伸展裂谷和残留洋盆地,如准噶尔盆地陆东五彩湾地区。

火山岩气藏主要形成于裂谷盆地,揭示了火山岩与湖相、海陆过渡相、海相烃源岩构成近源组合是火山岩成藏的关键。在地质层位上,东部主要发育在中、新生界,西部主要发育在上古生界;在火山岩类型上,东部总体以中酸性为主,西部总体以中基性为主,但所有类型火山岩都有可能构成气藏的储层;在气藏类型和规模上,东部以岩性型为主,可叠合连片分布,形成大面积分布的大型气田,如松辽深层徐家围子断陷的徐深气田、长岭断陷的长深气田;西部以地层型为主,可形成大型整装气田,如准噶尔盆地克拉美丽大气田(图3-24)。

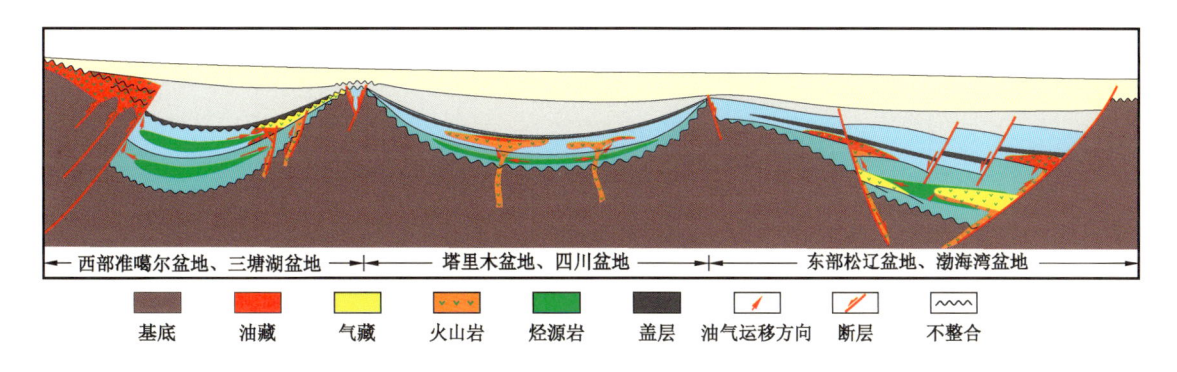

图3-24 中国火山岩储层油气聚集模式

(一)松辽盆地深层原生型火山岩储层分布

松辽盆地深层火山岩储层,火山机构和相序保存较完整,控制火山岩储集性的主要因素为:岩性岩相、构造裂缝和酸性流体的溶蚀作用。其中,岩性岩相决定火山岩原生孔隙发育;构造裂缝提高火山岩渗透率,并为后期酸性流体提供渗流通道;晚期酸性流体溶蚀作用扩大原生孔隙和裂缝形成次生孔缝。有利储层主要分布在原生孔缝发育的爆发相、侵出相和喷溢相上部亚相(图3-25、图3-26)。

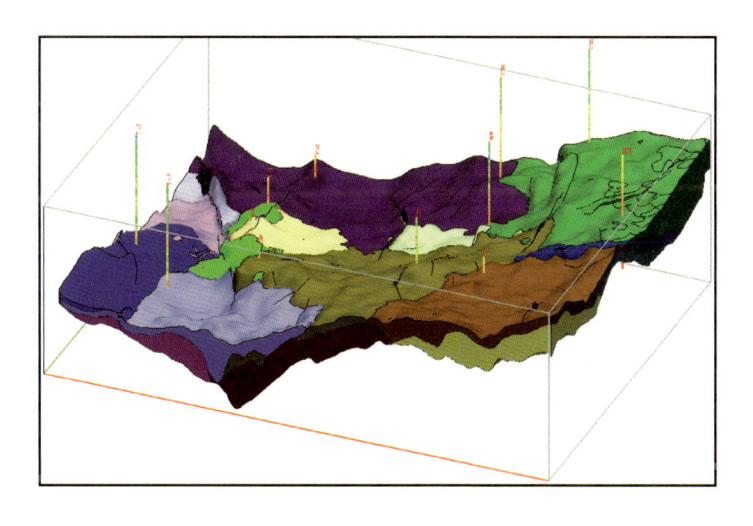

图3-25 火山岩体空间叠置关系(不同色体代表不同火山岩体)

(二)准噶尔盆地石炭系次生风化型火山岩储层

准噶尔盆地石炭系,在晚石炭世—早中二叠世经历了长达30~60Ma的抬升剥蚀,火山机构普遍保存不完整,发育风化壳,风化壳之下常有300m厚的有效储层。古凸起带剥蚀量大的地方现存的是下石炭统,如东部的克拉美丽山、滴西凸起;古凹陷保存地层相对较新,主要为上石炭统,如五彩湾凹

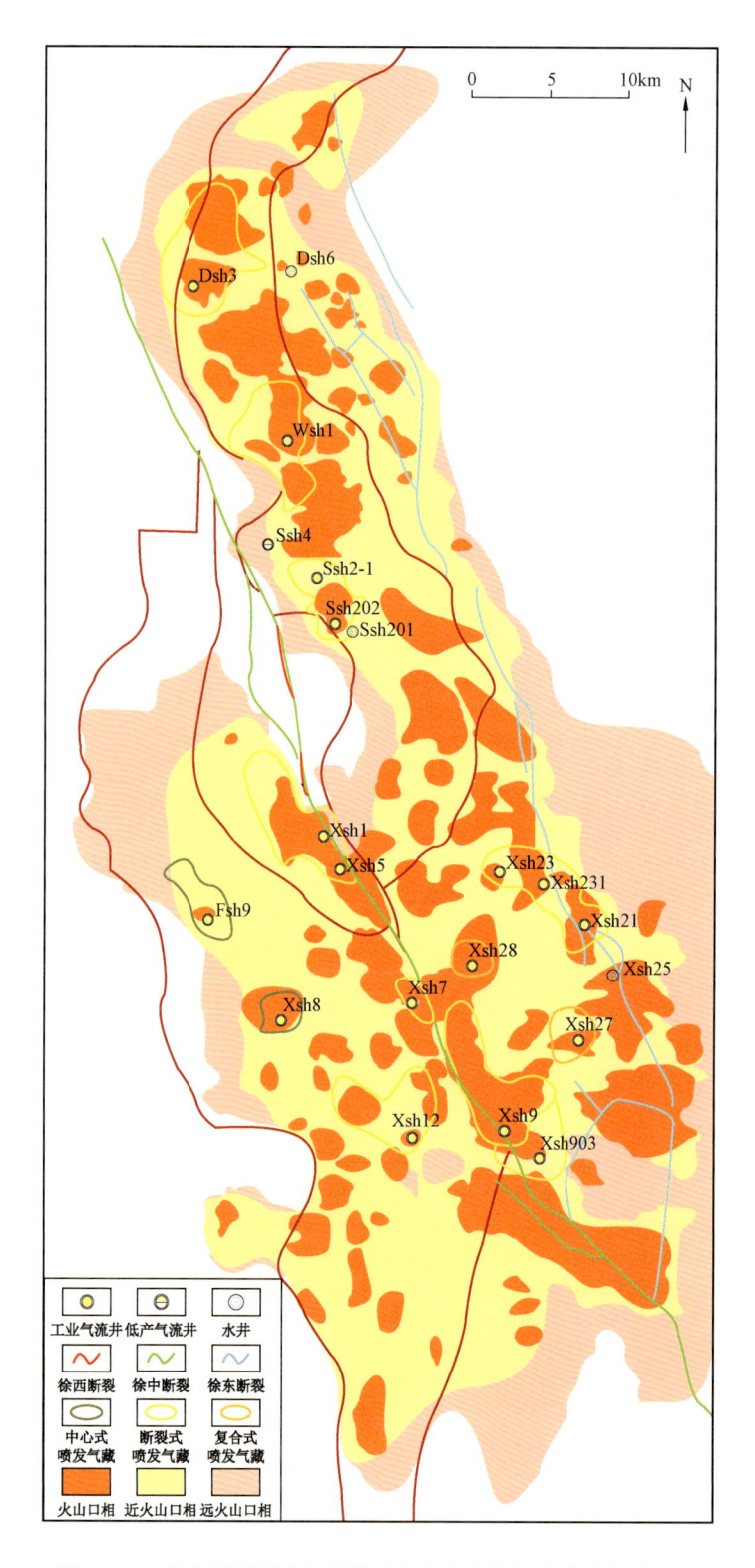

图3-26 徐家围子断陷断裂带及火山岩岩相与气藏分布关系图

陷、玛湖凹陷。从凹陷中心向周边或从构造带低部位向高部位，石炭系剥蚀量依次增大，上覆地层时代变新，储层物性逐渐变好。长期火山爆发活动形成的高地貌，有利于风化剥蚀作用。因此，火山岩发育的储层风化淋滤、淋滤溶蚀、充填改造的强度控制了储层的有效性，长期风化淋滤的古地貌高地区火山岩储层发育，油气富集（图3-27、图3-28）。

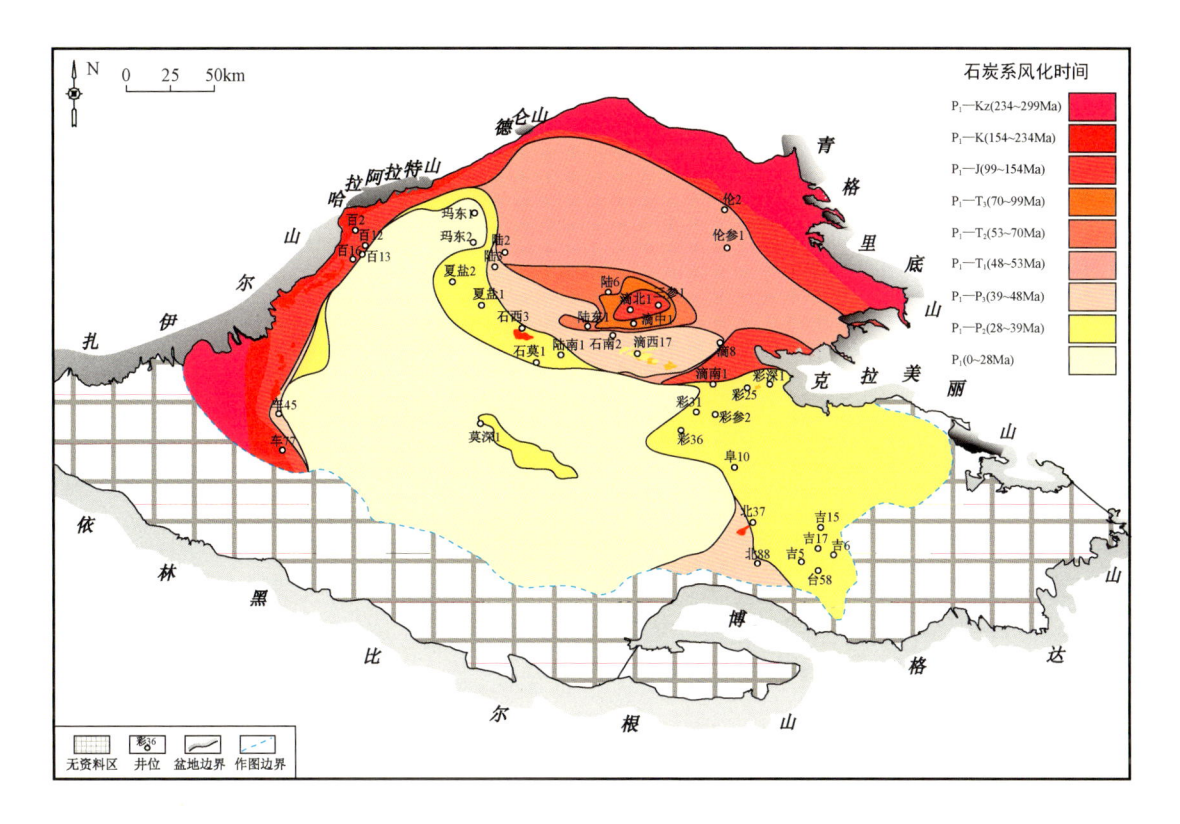

图3-27 准噶尔盆地石炭系风化时间图

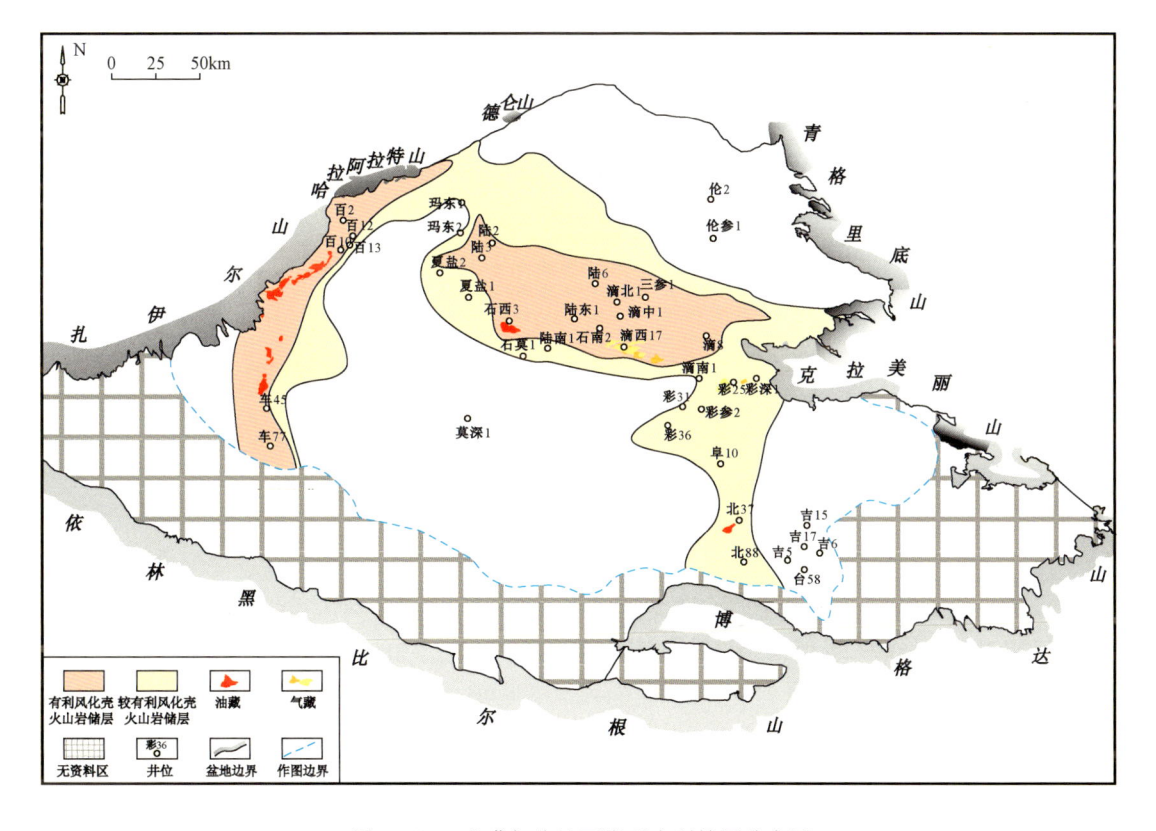

图3-28 准噶尔盆地石炭系有利储层分布图

第四节　区域盖层类型及分布

天然气盖层一般根据其分布及对油气藏保存的作用方式分为区域盖层和局部盖层。区域盖层指在含油气盆地或坳陷(凹陷)内呈区域分布的盖层,厚度大、分布较稳定,控制主要油气富集层的纵、横向分布;局部盖层指直接位于圈闭储层之上,对油气成藏有直接作用的盖层,分布面积相对局限,局部盖层控制油气藏的规模与油气柱高度。按岩性可分为泥质岩类(黏土质页岩、泥岩)、蒸发岩类(石膏、硬石膏和盐岩)和致密灰岩类,其中以泥质岩类和蒸发岩类最为重要,分布也最广,封盖性能也明显优于其他岩性类型盖层(图3-29)。我国油气田的盖层多以泥质岩为主,亦有相当部分油气田盖层为膏盐岩。泥质岩盖层可形成于海相环境、湖相环境和海陆交互相环境,因此又可细分为海相泥岩、湖相泥岩和煤系泥岩盖层。不同类型的盖层受构造和沉积环境的影响,分布的盆地及层系不同,往往一套优质的区域盖层控制着大中型气田的发育,特显区域盖层的重要性(图3-30)。本节主要总结不同类型天然气藏区域盖层特征。

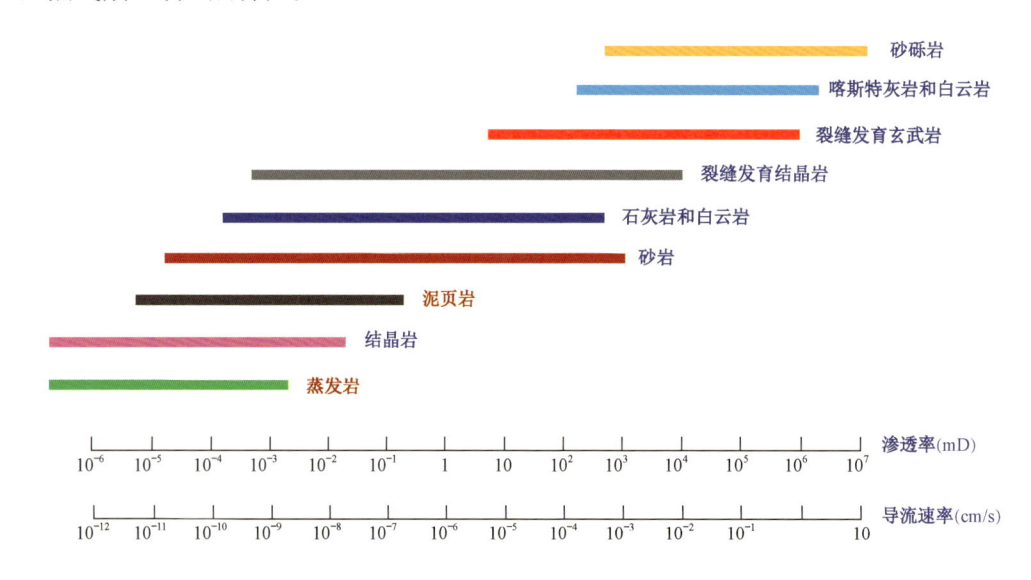

图3-29　不同岩性盖层封闭能力对比(据 Garven,1986)

一、泥质岩类盖层

泥质岩类盖层是指由泥岩或页岩构成的盖层。泥质岩盖层是常见的盖层,它在空间上的分布最广,数量最多,几乎在各种沉积环境中均有分布。泥质岩类盖层在我国天然气藏盖层中普遍存在,是因为泥质岩本身具有较好的塑性,封闭性强。另一方面,我国含油气盆地具有多旋回性质,从古生代到中新生代经历过海相到陆相的构造演化,我国中新生代陆相沉积分布广泛,陆相沉积环境一般以碎屑岩为主,储集体多为砂岩,而泥质岩盖层形成的沉积环境广泛,如陆相湖泊、河流和沼泽环境,其中又以深湖相、富含蒙皂石、均质连续性分布的致密泥岩为最佳,因此泥质岩分布一般稳定且范围广,构成良好的区域盖层。目前我国所发现的大中型气田一般主要发育于陆相盆地中,这就决定了我国大中型气田的盖层多以泥质岩为主。据 Grunan(1981)统计,全世界176个大气田中,约有62%气田的区域盖层是泥质岩。胡国艺等(2009)对我国34个大中型气田盖层岩性进行统计分析也表明,以泥岩为盖层大中型气田约占总数的61%,膏盐岩约占17%,泥页岩占11%,石灰岩和白云岩为盖层的较少,占总数的11%,也就是说泥质岩类盖层占大多数,占了60%以上。

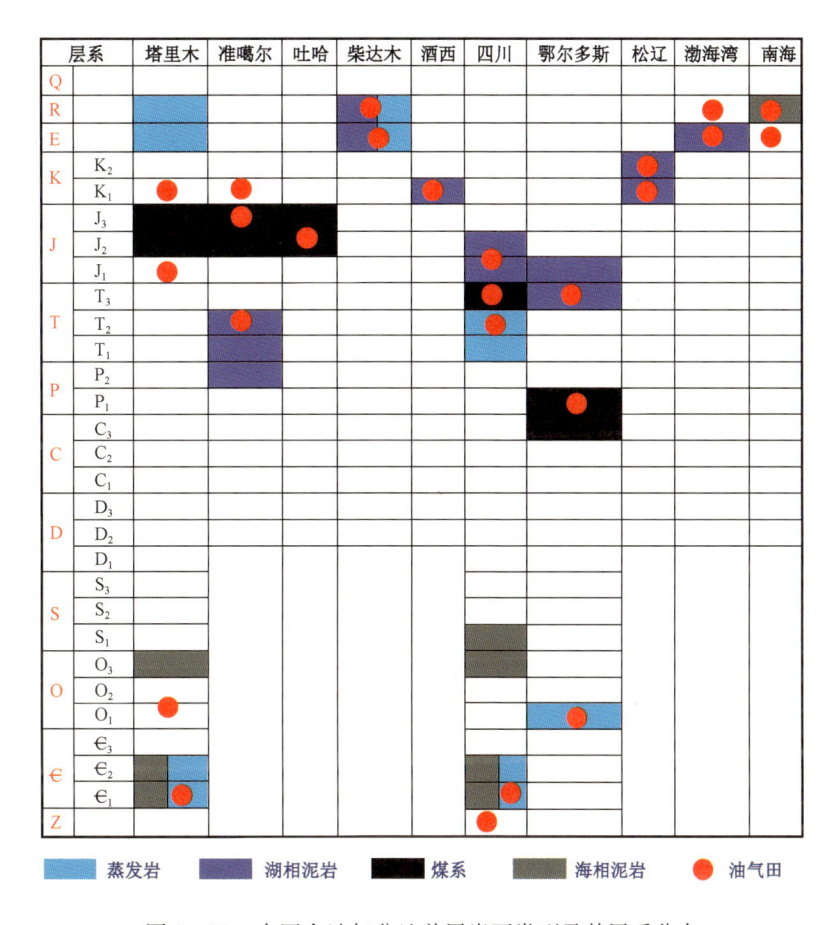

图 3-30　中国含油气盆地盖层岩石类型及其层系分布

(一) 泥质岩类盖层封闭性影响因素

泥质岩类是我国天然气藏最为普遍的盖层类型，尤以泥岩盖层居多。泥质岩类盖层封闭性主要受到如下因素影响。

1. 物性及分布的稳定性

天然气盖层主要是由物性封闭、超压封闭和烃浓度封闭 3 种机理来实现对天然气的保存。物性封闭是盖层最基本的封闭方式，由于泥质岩物性的变化比较大，导致封闭性的差异也明显，因此，物性封闭参数是泥质岩类盖层评价的重要参数，盖层物性参数的优劣直接影响到盖层的封闭性。盖层的物性封闭性取决于泥质岩的物性特征，如孔隙度、渗透率、突破压力、扩散系数等。我国天然气藏区域盖层物性封闭性普遍较好，据对我国大中型气田盖层物性参数统计，泥质岩类盖层排替压力一般在 8.7~27MPa，突破压力一般在 10~15MPa，表明泥质岩盖层整体属于Ⅰ—Ⅱ类优质盖层(胡国艺等, 2009)。如我国鄂尔多斯盆地二叠系和石炭系分布稳定，泥质岩盖层发育，形成多套优质盖层，其中上石盒子组和石千峰组泥岩，是一套湖相为主的砂泥岩沉积，上石盒子组泥质岩厚度为 100~140m，石千峰组泥质厚度为 141~205m，泥质岩厚度占地层厚度的 80% 以上，具有分布面积广、厚度大等特点；单层泥岩厚 30~50m，可连续追踪 20~30km 以上(谷道会等, 2009)；泥岩具有高的突破压力，一般为 10~20MPa(石鸿翠等, 2015)，为古生界气藏的区域盖层，在其下蕴藏苏里格上古生界大型天然气藏；石炭系太原组底部的铝土质泥岩，主要分布在盆地中东部，一般厚 12m 左右，最厚 22m，陕 1 井的铝土岩气体绝对渗透率为 6.5×10^{-6} mD，饱含空气时突破压力为 5MPa，铝土质泥岩可达到 15MPa，成为靖边气田奥陶系风化壳气藏的直接盖层。连续、稳定的泥质岩类区域盖层对天然气藏的保存十分重要,这是因为泥质岩塑性较膏盐岩类差,如果沉积构造不稳定,盖层容易形成裂缝而减弱盖层的封闭性。

2. 泥质岩中的异常高压

泥质岩在沉积过程中,往往由于欠压实作用而形成异常高压。压力封闭虽不如物性封闭那样普遍,但它是一种重要的天然气藏盖层封闭机理,在泥岩盖层中较为常见,压力封闭层常与毛细管封闭层相伴随,两者联合的封闭效应比单纯的毛细管封闭更有效(Magara K.,1993)。不少学者研究表明,异常高压泥岩盖层封闭天然气的能力明显优于常压泥岩盖层的物性封闭能力。主要原因是游离相气体要穿过盖层必须克服两种阻力,即下段正常压实和中部异常孔隙流体压力,显然,二者的综合阻力大于压实泥岩毛细管压力。这种依靠孔隙流体超压阻止天然气向上渗漏的封闭就是压力封闭(张义纲,1991;卢双舫,2002;周雁等,2012)。我国准噶尔盆地南缘呼图壁气田古近系安集海河组就是一套厚度大(200~500m),具有异常高压(压力系数1.6~1.8)的泥质岩盖层,封盖了紫泥泉子组天然气藏,形成中型气田,是典型的异常高压和泥质岩物性封闭共同作用的例子。

3. 盖层沉积环境、埋藏深度和厚度

泥质岩盖层封闭性受到沉积环境、成岩作用、微孔隙结构、厚度、埋藏深度等多种因素控制,其中沉积环境、埋藏深度和厚度对盖层的封闭性影响明显。

1)沉积环境

盖层的形成必然与一定的沉积环境有关,而沉积环境决定盖层分布的稳定性和连续性。同时由于不同的沉积环境泥质岩类盖层的含砂量不同而影响盖层的封闭效果,这是因为泥岩中砂质含量增加,使泥岩的孔隙中值半径R_m增大,因而造成突破压力值减小。据李学田(1992)对济阳坳陷天然气盖层封闭参数与沉积环境关系研究,河流—泛滥平原相及滨浅湖动水湖相泥岩的石英长石含量在18%以上,而其突破压力值p_a小于2.5MPa,对应的泥岩中值半径R_m为14nm以上;半深—深湖静水湖相泥岩的石英长石含量小于18%,其突破压力p_a值则大于3MPa,对应的中值半径R_m值在7nm以下(图3-31)。由此可见,由于沉积相带的变化,决定了泥岩中石英长石含量的多少,因而使泥岩的中值半径R_m发生相应的变化,突破压力值随之变化,影响了盖层质量的优劣。

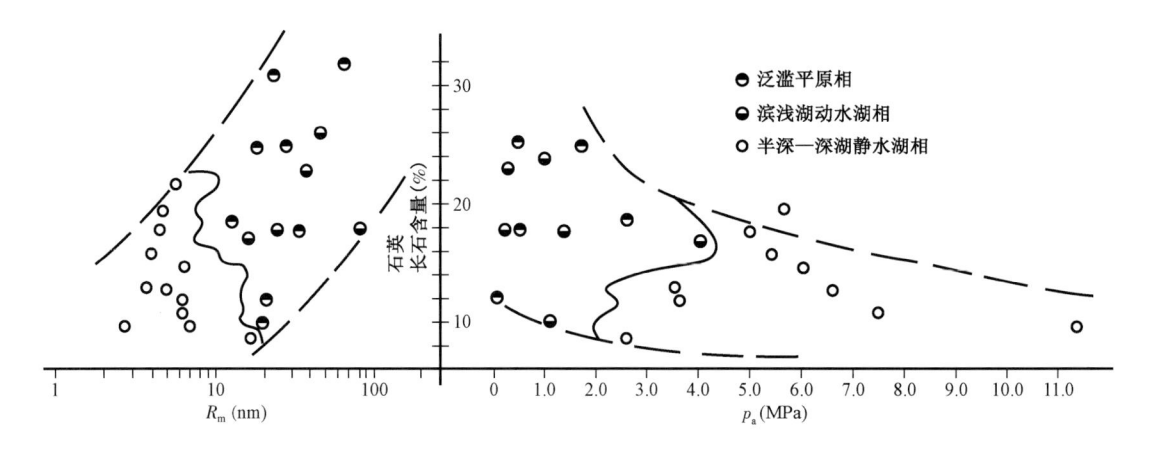

图3-31 中值半径、突破压力与沉积环境关系图(据李学田,1992)

2)埋藏深度

一般说来,盖层埋藏太浅,静水压力太小,不利于阻止下伏储层中气藏的剩余压力,油气容易通过盖层渗滤、扩散。同时易于遭受风化侵蚀,甚至因地表水淋漓而降低突破压力。埋藏太深,泥岩脆性增加也会发生破裂而影响封闭能力。随埋藏深度增加,孔隙水不断排出,必然导致孔隙结构的变化,这种由压实作用引起的孔隙度降低,在泥岩中尤其明显,对盖层封闭性是有利的,但也不是埋藏深度越大越好,众多研究者都认为,超过一定埋藏深度的泥岩盖层,封闭性变差,如原苏联学者乌斯认为,埋深4000～6000m时,泥质盖层处于高温高压状态,塑性降低,岩石变脆,容易发生压缩脱水作用,产生裂缝,封闭性能减弱;付广等(1994)认为,当泥岩埋深大于3500m时,封闭性变差。据统计(游秀玲,1991),世界特大气田46%分布在1000～2000m,31%分布在2000～3000m,还有14%和4%分别分布在浅层和深层,而我国天然气藏泥质岩盖层平均埋深在488～5280m不等,但大多数分布在1000～4000m范围内,显示出天然气主要集中在1000～3000m深度范围,间接反映了优质盖层的埋藏深度。总而言之,泥质岩盖层随着埋藏深度的增加,伴随岩石的成岩演化程度的增强,盖层毛细管力增大,封闭能力有增加的趋势。实验测试获得的泥质岩盖层封闭参数与埋深的关系研究表明(图3-32),随着埋深增加,泥岩压实作用增强,孔隙度和中值半径由大变小,密度和突破压力由小变大,盖层质量逐渐变好(李学田,1992)。

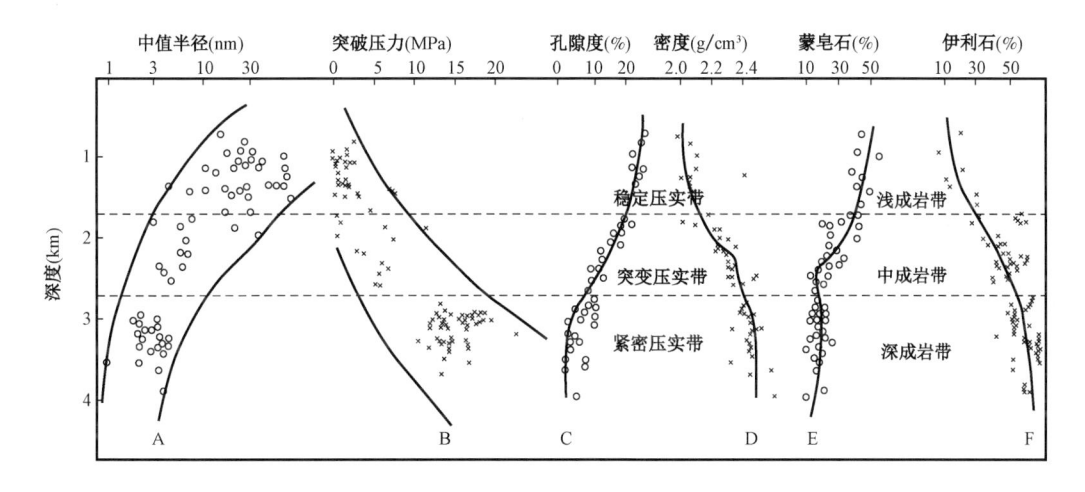

图3-32 泥质岩盖层封闭参数与埋深关系(据李学田,1992)

3)盖层厚度

厚度是评价封盖天然气封闭能力的重要参数之一,可以作为岩石绝对封闭能力的一种补偿,它影响着盖层的空间展布范围的大小和盖层封闭的质量。一般来说,盖层厚度越大,其空间展布面积越大,封闭天然气能力越强,越有利于天然气的聚集与保存;相反,盖层厚度越小,其空间展布面积越小,封闭天然气能力越弱,越不利于天然气的聚集与保存。天然气除与石油一样发生渗滤外,还能以扩散方式发生运移,盖层厚度不足,要在大面积保持不破不裂是相当困难的,可见盖层的厚度对天然气的保存尤为重要。人们越来越强调区域盖层的作用,是由于区域盖层一般具有厚度大,连续性好,不易于产生裂缝。对我国大中型气田盖层厚度与储量丰度关系分析也表明,盖层厚度大的气田,储量丰度一般也较高,说明厚度大的盖层更加有利天然气的保存,形成大中型气田概率更大(胡国艺等,2009;吕延防等,2005;张立含等,2010)。例如,鄂尔多斯盆地胜利井气田,含气高度为60m,直接盖层只有2m,但在直接盖层之上还有一水层和厚80m的上石盒子组泥岩作为区域盖层。正是这种重叠的封闭才使气藏得以保存。柴达木盆地第四系气田,构造闭合度小,含气层物性极好,靠压力差渗滤运移可能性很小,其主要逸散方式为扩散运移。以涩北2号与盐湖气田相比较,前者盖层厚度逾500m,天然气充满度达40%;后者盖层厚度为70m,充满度不足4%。这种差异很可能就是盖层厚度不同造成的。显然一个厚度大、分布面积广、横向变化小的盖层对于大气田的形成是必不可少的条件。

4. 构造活动

泥质岩盖层较之膏盐岩类塑性要差,因此,构造活动对其影响也较为敏感,构造活动对盖层的影响表现于构造的抬升可能导致盖层被剥蚀厚度减薄、产生的断层和裂缝改变了盖层孔渗性,从而不同程度地影响泥质岩的封闭能力。构造对盖层最直接的影响因素是断层,据吕延防等(2008)研究,认为断层对盖层的破坏主要表现为一方面减小了盖层的连续封盖面积,二是减小了盖层的厚度。断层如果是在盖层中垂直断开,实质是相当于减少了盖层的连续性范围,这类断层越多,盖层连续分布的面积就越小,封盖油气的能力也就越弱;如果断层以错动方式将盖层完全断开,会造成天然气的溢散点,这不仅使盖层的连续性范围变小了,而且天然气容易沿着溢散点散失而大大降低了盖层的封闭性能;如果断层对盖层没有明显破坏错断,但盖层的裂缝发育,则因裂缝沟通了盖层的上、下储层,形成了油气穿盖层向上运移的通道,实际上是减小了盖层的有效封盖面积,盖层封闭性减弱。前陆冲断带是构造对盖层影响最大的地区,往往因为构造活动的作用使天然气保存条件变差,如川西冲断带南段高家场构造因发育了通天断层断开了上三叠统盖层而未能成藏;柴北缘南八仙构造因仙北断裂上盘产生多条次级断层并伴生大量裂缝,破坏了圈闭盖层的完整性,上盘天然气沿断裂和裂缝垂向散失,形成大量地表油气苗,下盘由于次级断裂和裂缝不发育,聚集了大量的油气(高先志等,2001)。

(二)中国天然气藏泥质岩区域盖层分布

天然气区域盖层在大中型气田中起到重要作用,由于中国含油气盆地类型多,油气层时代跨度大,沉积环境也多变,因此,天然气泥质岩区域盖层分布于不同的地层中,形成了多类型的区域盖层。

1. 海相泥岩盖层

海相泥岩盖层主要分布于塔里木盆地、四川盆地、鄂尔多斯盆地古生界,其次分布于南海盆地的新近系中。这类泥岩盖层厚度大,平面上分布稳定,是较好的区域性盖层。

四川盆地海相泥岩盖层主要发育于中下寒武统邛竹寺组、上奥陶统五峰组—下志留统龙马溪组,这些泥岩也是该盆地大气田形成的主力气源岩(图3-33)。筇竹寺组盖层岩性主要为黑色泥页岩夹粉砂质泥岩和粉砂岩,厚度受克拉通内安岳—德阳古裂陷槽控制,裂陷区深水陆棚相泥岩厚度可达300~450m。下志留统龙马溪组为一套黑色、黑灰色页岩和砂质页岩夹粉砂岩及泥灰岩,富含笔石,厚度180~370m,该套盖层由于后期抬升剥蚀影响而使得不同地区厚度差异较大,主体分布于盆地边部,尤以川南长宁、川东涪陵地区最为发育,而盆地腹部,乐山—龙女寺一线以西北,由于后期构造抬升剥蚀而缺少志留纪沉积。志留系区域性盖层由于其下部缺少优质的储层而使得这套优质盖层没有与其下地层形成较好的储盖组合,以此为区域盖层的大型油气田发现较少,是一套潜在的天然气藏区域盖层。

塔里木盆地海相泥岩区域性盖层主要分布于上奥陶统桑塔木组(图3-33、图3-34)和中上石炭统。晚奥陶世桑塔木组沉积时期,海水淹没整个盆地,满加尔中部与巴楚隆起为浅水陆棚,塔中和轮南地区为深水陆棚,塔东为盆地相沉积。桑塔木组盖层主要为深灰色泥岩和暗色泥页岩,夹少量碳酸盐岩和砂岩、粉砂岩、泥灰岩。这套盖层不仅区域上分布广,而且厚度大,地层厚度最大可达4000m。桑塔木组泥岩盖层的排替压力为0.7~37.07MPa,塔中地区排替压力均值为14.31MPa,总体来说排替压力较大,是一套优质的区域性盖层。排替压力和封闭能力的变化主要是由于泥岩一部分已进入晚成岩阶段B、C亚期,岩性较脆,微裂缝产生,使其封闭能力降低。

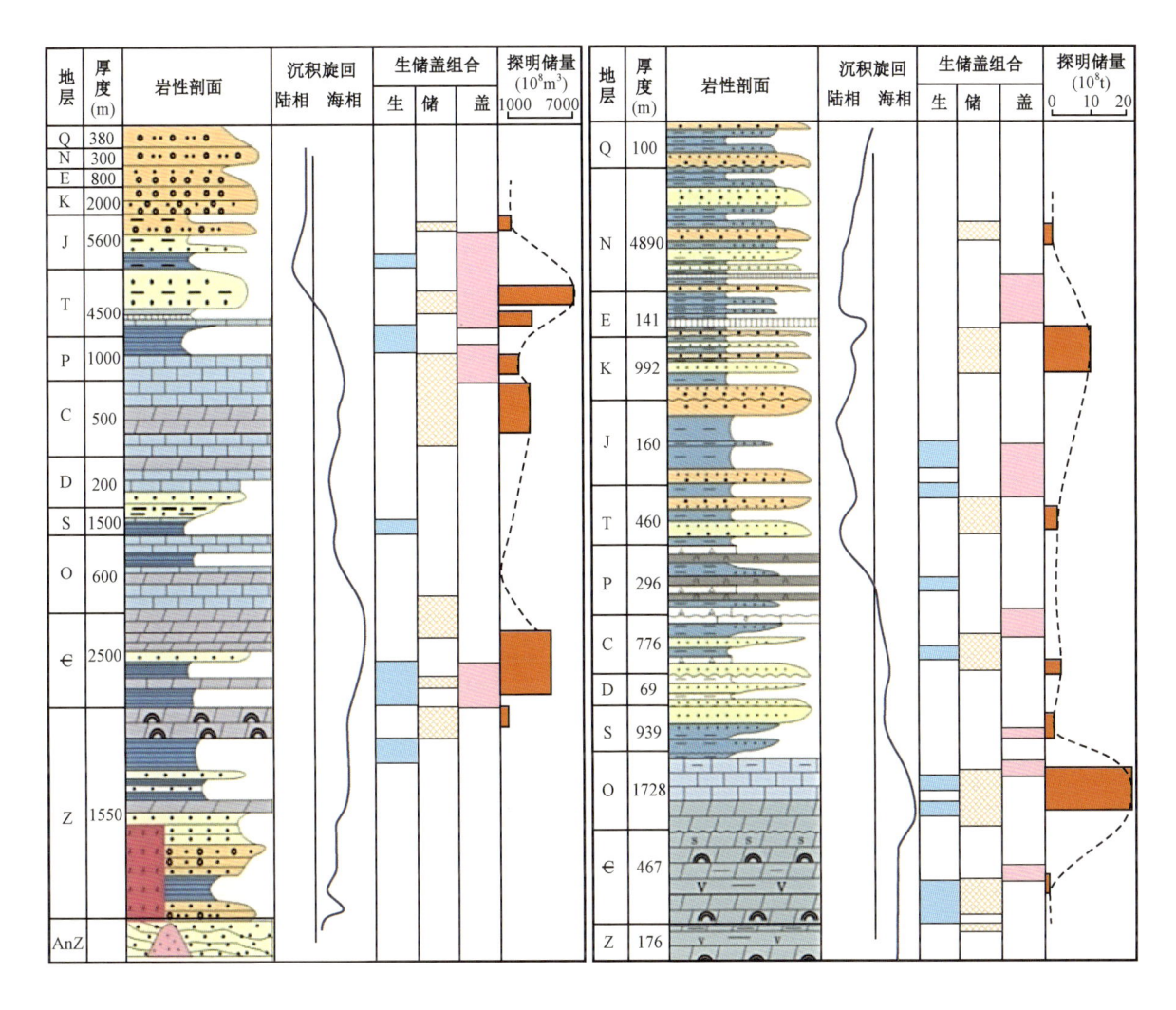

图 3-33 四川盆地(左)、塔里木盆地(右)盖层与储盖组合分布

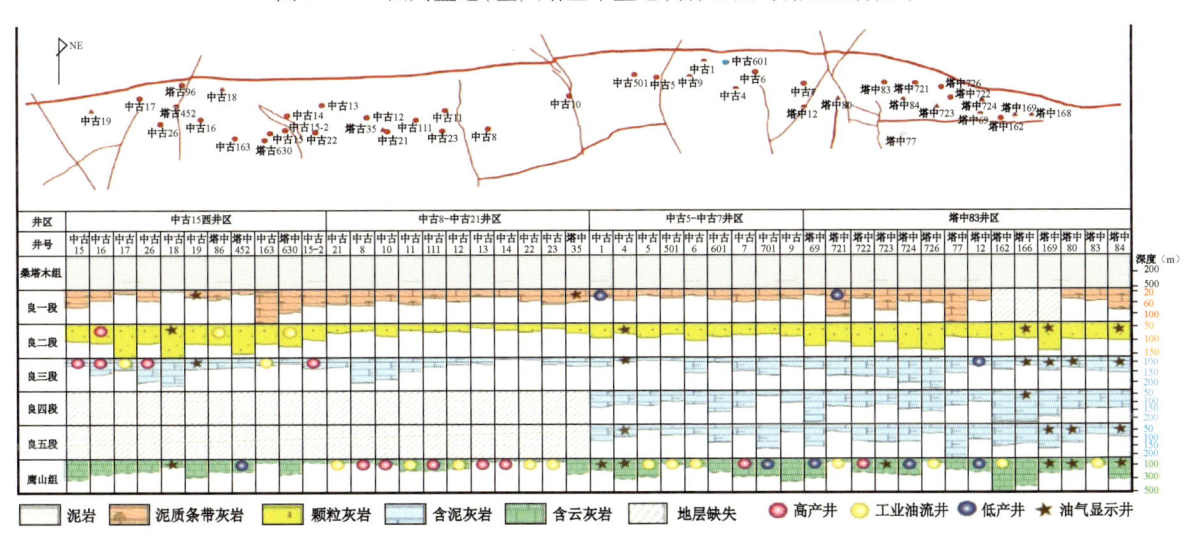

图 3-34 塔中地区桑塔木组区域性盖层及油气分布

塔里木盆地另一套海相泥岩区域性盖层是石炭系卡拉沙依组,其主要分布于该组的砂泥岩段、上泥岩段和中泥岩段。砂泥岩段主要分布在盆地中部,在轮南隆起东部形成一局部巨厚沉积中心,塔中地区分布稳定,厚度100m左右,岩性主要为互层的浅灰色、黄褐色砂岩、粉砂岩与绿灰色、暗紫褐色泥

— 121 —

质粉砂岩和泥岩。上泥岩段沉积中心位于塔中地区,厚度可达120m,主要为浅灰色、浅棕褐色、暗紫色泥岩夹薄层粉砂岩及灰质泥岩、泥质粉砂岩。中泥岩段在盆地大面积分布,厚度稳定,自东北向西南厚度增大,岩性主要为杂色泥岩、泥质粉砂岩夹薄层粉砂岩。石炭系泥岩盖层排替压力较高,分布于0.61~32.5MPa,一般大于4MPa,毛细管封闭能力最强地区是哈拉哈塘地区,排替压力值为13.63~32.5MPa,均值为23.07MPa。

南海北部海域沉积盆地海相泥岩区域性盖层主要分布于新近系,泥岩厚度几十米到数百米。其中中新统三亚组和梅山组区域性盖层为滨浅海沉积,在南海北部盆地广泛分布,随海侵呈被盖式覆盖全区,厚度大,已揭露的厚度均大于200m(陈志勇等,1991),岩性比较均一;在琼东南盆地三亚组一段泥质岩盖层排替压力为2~10MPa,梅山组泥质岩盖层的排替压力也在1~10MPa,表明其具有较好的物性封闭能力,是最重要的一套区域性盖层。此外,梅山组泥岩不仅含钙,而且具有异常高压,异常孔隙流体压力最高可达到35MPa,这无疑对下伏气藏也起到压力封闭作用。中新统黄流组和上新统莺歌海组泥岩盖层主要分布于莺歌海盆地和琼东南盆地,是广海陆架陆坡砂泥岩互层沉积,沉积厚度大,分布稳定,其中的泥岩构成了琼东南盆地黄流组和莺歌海组及其以下气藏的区域盖层。该套盖层具有较好的物性封闭,也具有异常高压,压力系数1.4~2.0,增强了盖层的封闭性,具有较好的封盖性。如黄流组一段泥岩盖层底部的突破压力为12MPa,异常高压剩余压力为20.5MPa(谢玉洪,2016)(图3-35)。此外,在莺歌海盆地还发育有第四系的乐东组盖层。

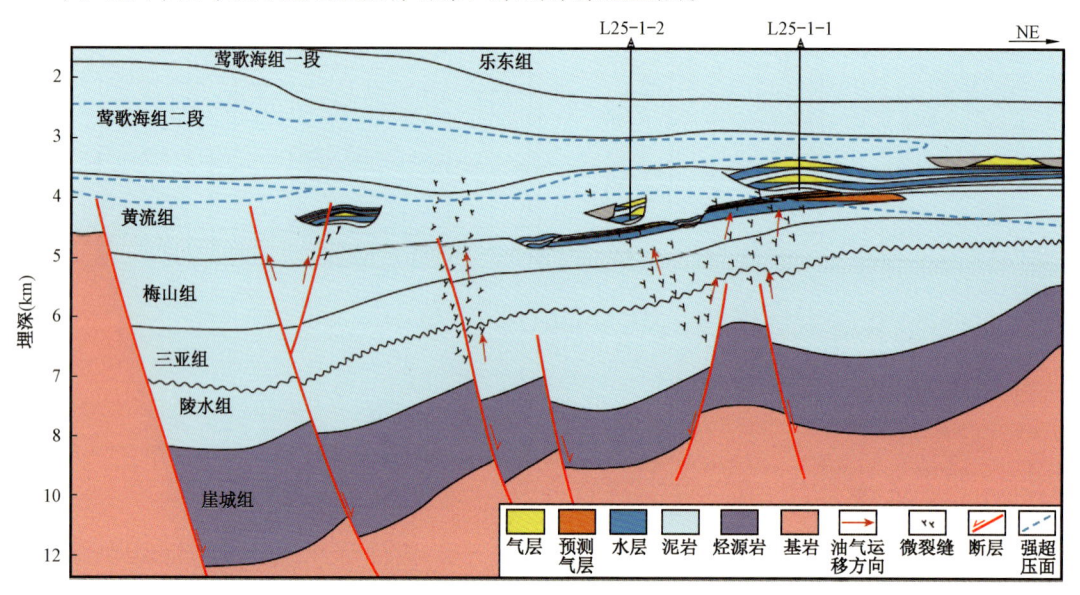

图3-35 琼东南盆地乐东凹陷天然气藏分布(据谢玉洪,2016)

2. 湖相泥岩盖层

湖相泥岩盖层主要分布于中生代以来的坳陷和断陷盆地,这类泥岩既是较好的盖层,又是区域上分布稳定的烃源岩。湖相泥岩盖层以松辽盆地白垩系、渤海湾盆地古近系、鄂尔多斯盆地三叠系—侏罗系和准噶尔盆地二叠系—三叠系等为代表。

鄂尔多斯盆地三叠系泥岩盖层分布于延长组,延长组上部主要为河流、浅湖沼泽相沉积的砂、泥岩夹煤线,泥岩厚80~120m,为三叠系油藏的重要盖层,长4+5—长9主要为湖相泥岩沉积,暗色泥岩平均厚200m,为中生界主要生油岩,同时也是重要的封盖层;侏罗系延安组总体为河流湖沼相泥岩,是一套灰黑色泥岩与灰白色砂岩夹煤层的沉积,其中湖相暗色泥岩厚度在80~120m,也可作为三叠系以及侏罗系延安组油藏的区域盖层(图3-36)。

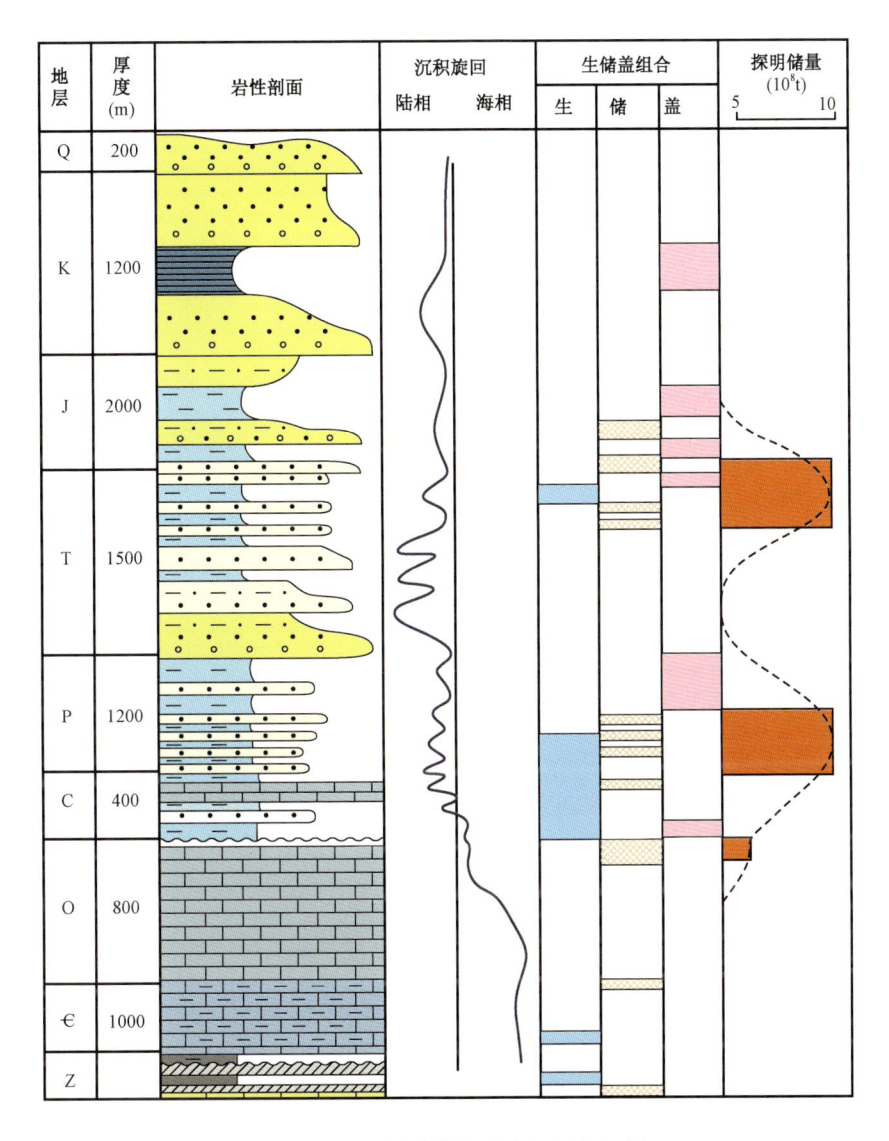

图 3-36 鄂尔多斯盆地生储盖组合图

松辽盆地在白垩系中形成了中浅层（下部、中部、上部和浅部含油气组合）和深层两套含油气组合（图 3-37）。中浅层含油气组合以油为主，其中包括大庆长垣特大型油田。深层含油气组合发育于断陷期、断坳过渡期构造层，包括泉一段、泉二段、登娄库组、营城组、沙河子组和火石岭组等勘探目的层，以天然气为主。天然气藏区域性盖层主要分布于青山口组和泉头组，前者也是松辽盆地的主力烃源岩。如松辽盆地北部青山口组泥岩盖层不仅是扶余、杨大城子油层的直接盖层，而且对整个凹陷内深部地层中天然气保存起着重要作用，其分布基本上波及了整个盆地，此外，也发育次一级别的泉头组区域盖层（图 3-38）。青山口组为湖相暗色泥岩，厚度大（一般大于370m），横向分布稳定，虽然泥岩中发育断层，但断距多小于泥岩厚度并没有使泥岩失去封闭的连续性。该套泥岩盖层具有毛细管、压力和烃浓度封闭三个封闭机制，三肇凹陷这套泥岩的排替压力为5.2~20.0MPa，平均为10.03MPa，可以封闭近1000m高的气柱，具较强的物性封闭能力（姜振学等，1994；付广等，1998）；泉头组盖层主要分布于泉一、泉二段泥岩，累计厚度大、泥地比高，泉一段泥岩累计厚度50~300m，泥地比为20%~90%；泉二段泥岩累计厚度为50~280m，泥地比为40%~90%（付晓飞等，2001），可见泉头组也是一套分布较广、厚度大且稳定的区域盖层。松辽盆地嫩江组发育最大湖泛面的稳定泥岩沉积，其中嫩二段还发育全盆稳定分布的油页岩，这套泥岩是中部含油气组合的区域性盖层（图 3-37）。

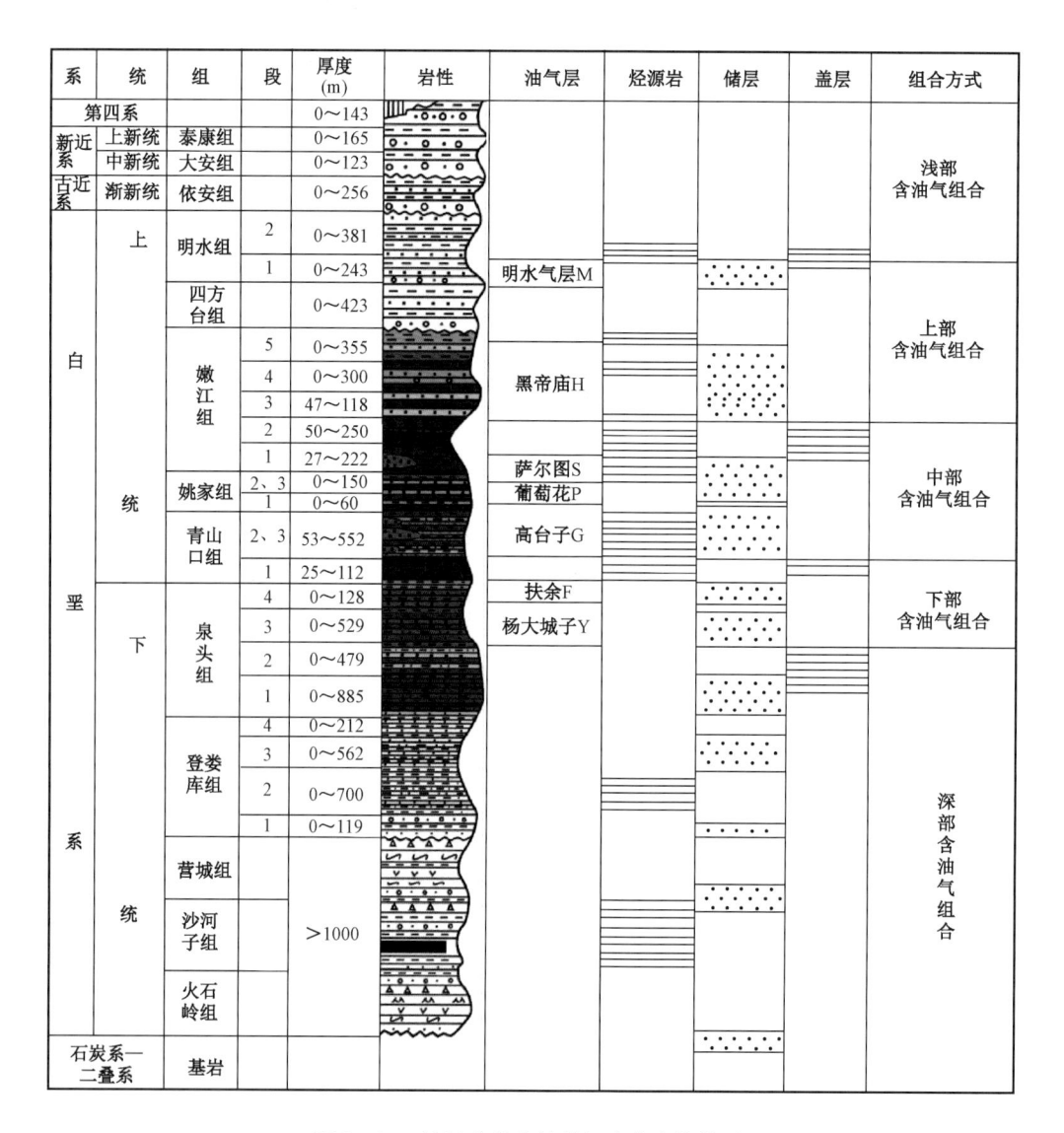

图 3-37 松辽盆地生储盖组合分布柱状图

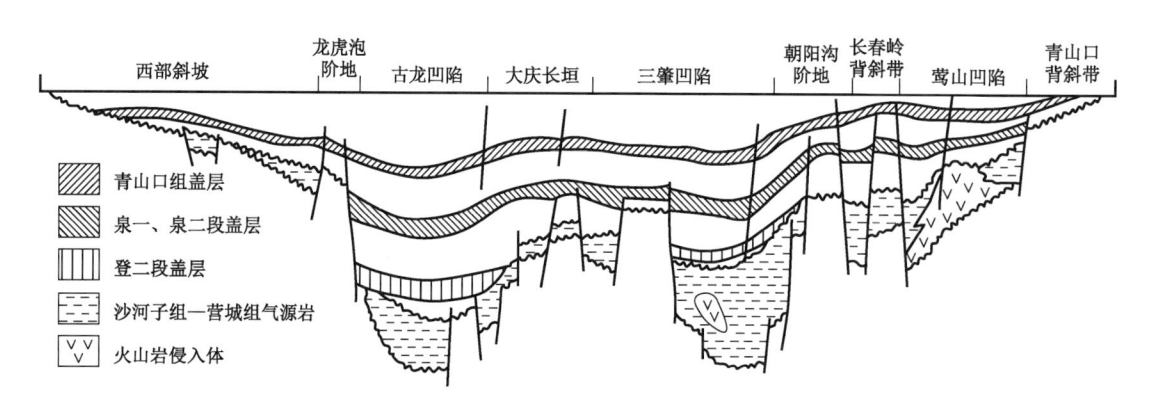

图 3-38 松辽盆地北部气源岩与盖层空间分布关系图(据付广等,2001)

渤海湾盆地湖相泥岩区域性盖层主要分布于古近系沙河街组和东营组,其中沙河街组也是盆地的主力烃源岩。以歧口凹陷为例,沙河街组一段盖层大部分地区达100m以上,最大厚度可达500m以上。

3. 煤系泥岩盖层

煤系泥岩区域性盖层主要分布于中西部地区的上古生界和中生界，与我国广泛分布的石炭系—二叠系和三叠系—侏罗系煤系相对应。石炭系—二叠系煤系作为区域性盖层主要分布于鄂尔多斯盆地，三叠系煤系区域性盖层主要分布于四川盆地上三叠统须家河组，两套煤系分别是鄂尔多斯盆地和四川盆地致密砂岩气藏形成的优质烃源岩和区域性优质盖层，源盖一体及源储间互"三明治"式成藏是其成藏的主要特征。侏罗系煤系区域性盖层主要分布于我国西部地区，是库车前陆冲断带、准噶尔盆地腹部和南缘、吐哈盆地等的优质气源岩和区域性盖层。

二、膏盐岩类盖层

膏盐岩类盖层是由石膏、硬石膏和盐岩构成的盖层。膏盐岩因结构致密，孔缝不发育，且具有极强的可塑性和流动性，成为油气藏优质封盖层，在国内外膏盐岩盖层往往控制大型或特大型气藏的富集。据统计，目前世界上许多含油气盆地均发现了膏盐岩沉积，其中约有120个盆地的构造变形和演化明显受到了蒸发岩的影响，在油、盐共生的盆地中，有46%的盆地油气层产于盐系地层之下，41%的盆地油气层产于盐系地层之上，13%的盆地油气层产于盐系地层之间（吴海等，2016），被膏盐岩封盖的油气田储量规模巨大（图3-39）。目前勘探表明，膏盐岩类盖层具有很好的封闭性，封闭的气柱高度也比泥质岩类盖层大。膏盐岩类盖层一般发育于干旱的沉积环境，我国的塔里木盆地、四川盆地、江汉盆地、渤海湾盆地、羌塘盆地等含油气盆地都不同程度地发育这类盖层，并与油气聚集有关（吴海等，2016）。

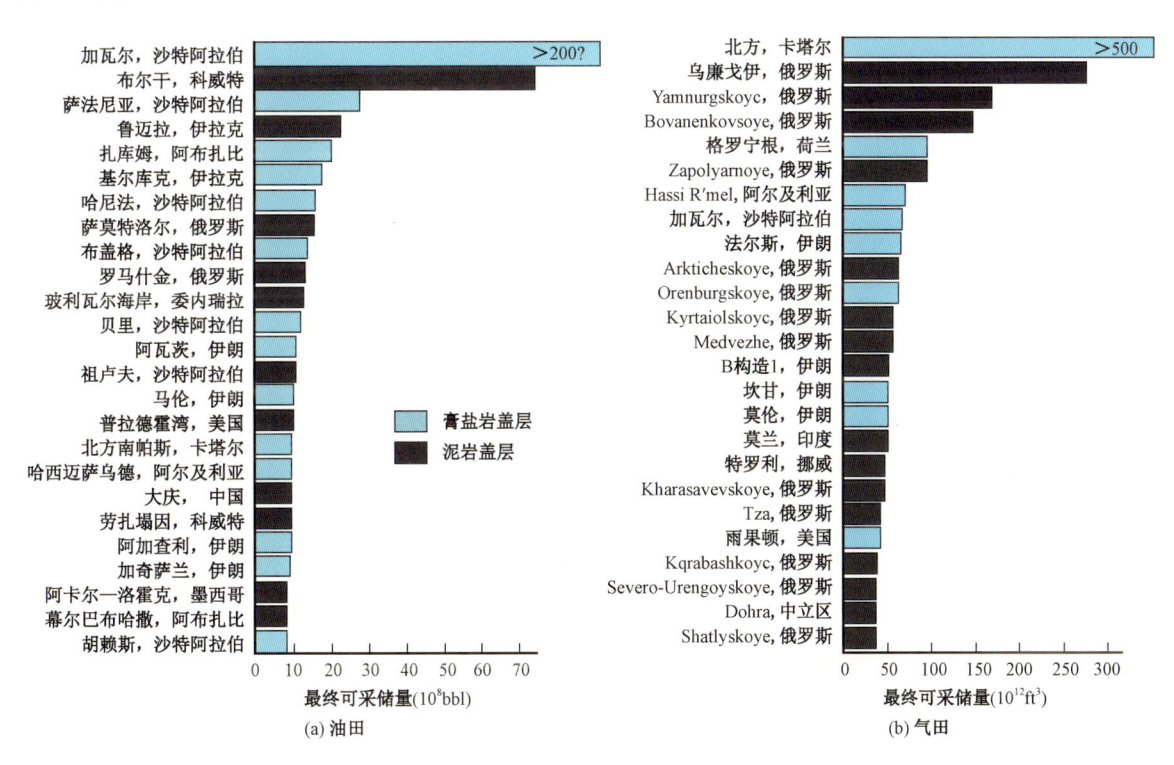

图3-39 世界上大油气田的盖层类型及最终可采储量（据 Grunau H. R.，1987）

（一）膏盐岩类盖层封闭性影响因素

膏盐岩结构致密，孔隙度和渗透率极低，孔隙度多数在0.1%～0.3%，渗透率为10^{-6}mD级，最大喉道半径小于1.8nm，埋深较大的膏盐岩排替压力和突破压力可超过30MPa，有的甚至超过70MPa

(杨传忠等,1994;胡剑风等,2004)。因此膏盐岩的物性封闭参数表明其本身具有极高的毛细管突破压力和极强的可塑性,故具有很强的油气封堵能力,其封闭性优于泥质岩。这些特征决定了沉积成岩作用对膏盐岩类盖层影响较小,能够始终保持良好的封闭性,成为天然气藏的重要盖层类型。膏盐岩盖层封闭性除了受到与泥质岩的分布、厚度和构造因素影响相似外,其埋藏深度、地应力和脆塑性影响较大。

1. 埋藏深度及地应力

膏盐岩之所以能成为高质量的天然气盖层,是因为它具有很强的可塑性。因此,膏盐岩的封闭性取决于它的可塑程度,埋藏深度对其影响实质上是温度和压力的改变导致其塑性程度的改变。实际测定表明,就盐岩而言,盐岩不论埋藏多深,其密度均为 $2.2g/cm^3$,说明盐岩是不可压缩的,但温度和压力增高可使盐岩改变形态,当埋深超过1000m以后,盐岩呈胶体状态;在2000m以下,胶体状态的盐岩硬度小于周围岩石,在上覆岩层重力作用下,会发生盐运动形成的盐构造。特别当发生大裂隙的情况下,塑性盐岩会发生流动,随时愈合断层面和裂缝,使其具有封闭性。因此,盐岩的存在成为天然气富集和保存的极有利条件。而膏盐岩主要为石盐、石膏等矿物从高盐度水体中结晶析出所形成,膏盐岩在形成过程中,当埋深大致超过2000m时,会析出近一半体积的水,脱水转变成硬石膏,这部分水因流通不畅而滞留在膏泥岩地层中,会引起泥岩欠压实而形成超压(李永豪等,2016)。超压与高排替压力和突破压力的叠加,又进一步提高其封闭能力。

最近研究表明,膏盐岩盖层封闭性具有动态演化特征(卓勤功等,2014)。膏盐岩岩石结构致密、孔隙度低、热导率高,在一定温度和应力作用下,具有明显不同的脆性、塑性。物理实验证明埋深浅于3000m的膏盐岩在强烈、快速挤压应力作用下会产生断裂和裂缝,或使老断裂复活,油气将沿穿盐断裂垂向运聚、散失;埋深大于3000m,随盖层埋深的增加其岩石塑性增强,穿盐断裂在盖层段内消失或焊接封闭或新生断裂顶端消亡于塑性盖层中,油气在膏盐岩盖层下聚集成藏。因此,膏盐岩盖层的封闭性除了与其所处的埋深(温度)有关外,还与其所受的外在构造应力有关,特别是浅埋阶段。总之,膏盐岩盖层的封闭性是动态演化的,当盆地构造活动处于相对平静时期、构造应力较小时,是含油气盆地良好的区域盖层;当盆地构造活动强烈时,侧向挤压应力大,膏盐岩盖层封闭性取决于脆、塑性或埋深。

2. 可塑性

浅层石膏与浅层盐岩的可塑性相近,两者都可成为良好的盖层,但盐岩比石膏或硬石膏具有更好的可塑性,因此,单纯由石膏或硬石膏组成的盖层质量不如盐岩,其气藏高度一般较小,只有石膏和硬石膏与盐岩组成互层,才可大大提高遮挡能力。通常石膏在埋深超过1000m后因温度升高失去结晶水成为硬石膏,可塑性减弱,同时还会产生微裂隙,封闭性变差,据对鄂尔多斯盆地奥陶系石膏盖层的实测资料,其渗透率一般为 $2.2 \times 10^{-4} \sim 1.2 \times 10^{-2}$ mD,突破压力为 $0.2 \sim 1.5$ MPa。我国大多数天然气藏埋深都超过1000m,在这个深度石膏已脱水成为硬石膏,而盐岩和石膏的塑性是硬石膏的3倍。由此可见,在埋藏深度变大的情况下,成分较纯的石膏脆性有所增加,膏盐岩由于有盐岩的加入,能保持在埋藏深度较大的区域仍然有很好的塑性特征,成为优质的盖层,如四川盆地的普光气田和元坝气田发育的嘉陵江组和雷口坡组膏盐岩埋深均超过了4000m,但仍然具有很好的封闭性,成为长兴组—飞仙关组气藏重要的区域盖层。

(二)中国天然气藏的膏盐岩区域盖层分布

近年来的勘探表明,中国一些大中型气田的发现与膏盐岩区域盖层密切有关。据统计,全国13

个主要含气盆地,其中4个盆地发育膏盐岩,发现气田171个(金之钧等,2010)。如塔里木盆地库车坳陷的克拉2、迪那2气田就是具有新近系和古近系两套巨厚的膏盐岩、膏泥岩区域盖层的有利条件;四川盆地的普光和元坝大型气田三叠系膏岩对其保存具有关键作用。塔里木盆地和四川盆地是我国目前膏盐岩最为发育的盆地,是膏盐岩区域盖层控制天然气成藏的典型。

1. 塔里木盆地的膏盐岩区域盖层

塔里木盆地在海相和陆相沉积层系中都有膏盐岩的发育,在台盆区最主要的膏盐岩盖层有寒武系膏盐岩层和石炭系膏泥岩层两套(图3-40)。寒武系膏盐岩主要发育于中寒武统,岩性主要为膏岩、盐岩和含膏质白云岩,主要分布于盆地中西部的塔中—巴楚—阿瓦提中南部—顺托果勒西南部地区,厚度一般为100~300m,最大厚度可达400m;石炭系膏盐岩盖层主要分布于巴楚地区和塔北—满加尔地区,厚度0~150m不等(图3-41),该套盖层突破压力大于50MPa,是台盆区重要的区域盖层,对塔河油田主体、塔中高垒带塔中4、塔中1油气田及和田河气田、哈得油田的油气起到重要的封盖作用(金之钧等,2010)。

塔里木盆地在陆相沉积层系中的膏盐岩盖层主要发育于古近系的库姆格列木组—苏维依组和新近系吉迪克组(图3-42),主要分布于库车坳陷,由于这两套盖层呈稳定的区域性分布,是库车坳陷形成巨大整装气田的重要条件,如克拉2气田、大北气田和迪那2气田等均受益于膏盐岩区域盖层的良好封闭性。古近系库姆格列木组—苏维依组膏盐岩区域盖层在库车坳陷西部比较发育,膏泥岩类厚度一般在500~3000m(图3-43),是克拉苏构造带、克深构造带白垩系气藏的主要区域性盖层。该套膏盐岩盖层具有较强的封闭性,平均突破压力14.3~31.3MPa,最高可达70MPa以上,如克拉2井古近系库姆格列木

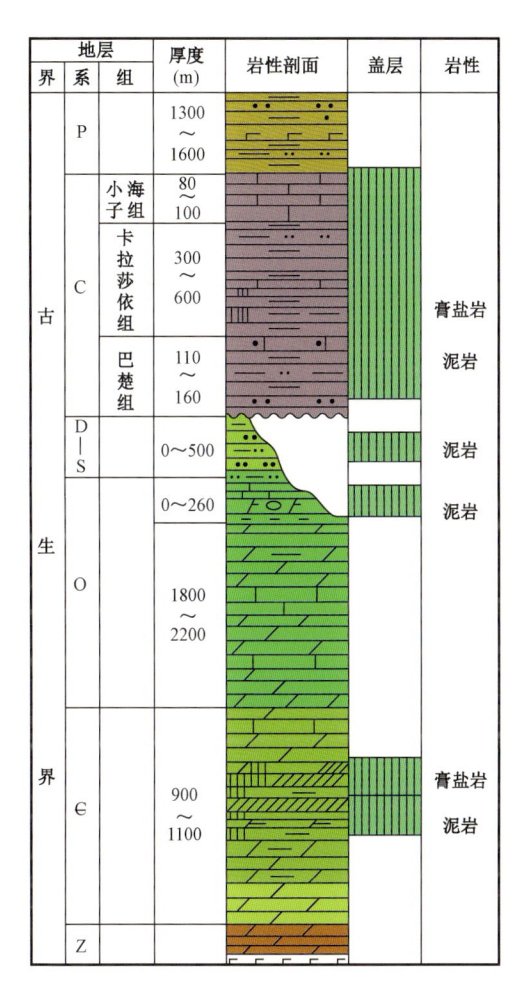

图3-40 塔里木盆地台盆区海相层系
盖层纵向分布(据金之钧等,2010)

群含膏盐泥岩的突破压力高于60MPa(周兴熙等,2002;杨宪彰等,2015),表明该套膏盐岩盖层不仅分布面积大且稳定,而且封盖能力强,为该区大中型高压气田聚集和保存起到了至关重要的作用,克拉2气田、大北1气田均受该套优质盖层控制。新近系吉迪克组膏盐岩盖层主要分布于库车坳陷东部,也呈区域性大面积分布,厚度一般在500~1500m(图3-43),实测突破压力平均值为18.9MPa(周兴熙等,2002),也具有很强的封盖能力,是迪那2气田的重要区域性盖层。

由于这两套区域性盖层发育于库车前陆冲断带断裂发育的构造背景,因此,其封盖性会受到断裂的影响,尽管膏盐岩本身有很好的封闭性,但断层对盖层起到破坏时对天然气藏的封盖性就随之减弱。易立(2013)通过对断层和盖层的关系可将断层分为封闭性断层和逸散性断层。表现有6种断盖组合样式,即未断膏岩式、断开未错开式、断开错开式、断开错开侧向封堵式、断穿膏岩式和断开砂泥对接式。不同组合形式对气藏的保存有一定的差异,其中未断膏岩式组合封闭性最佳,克深构造带基

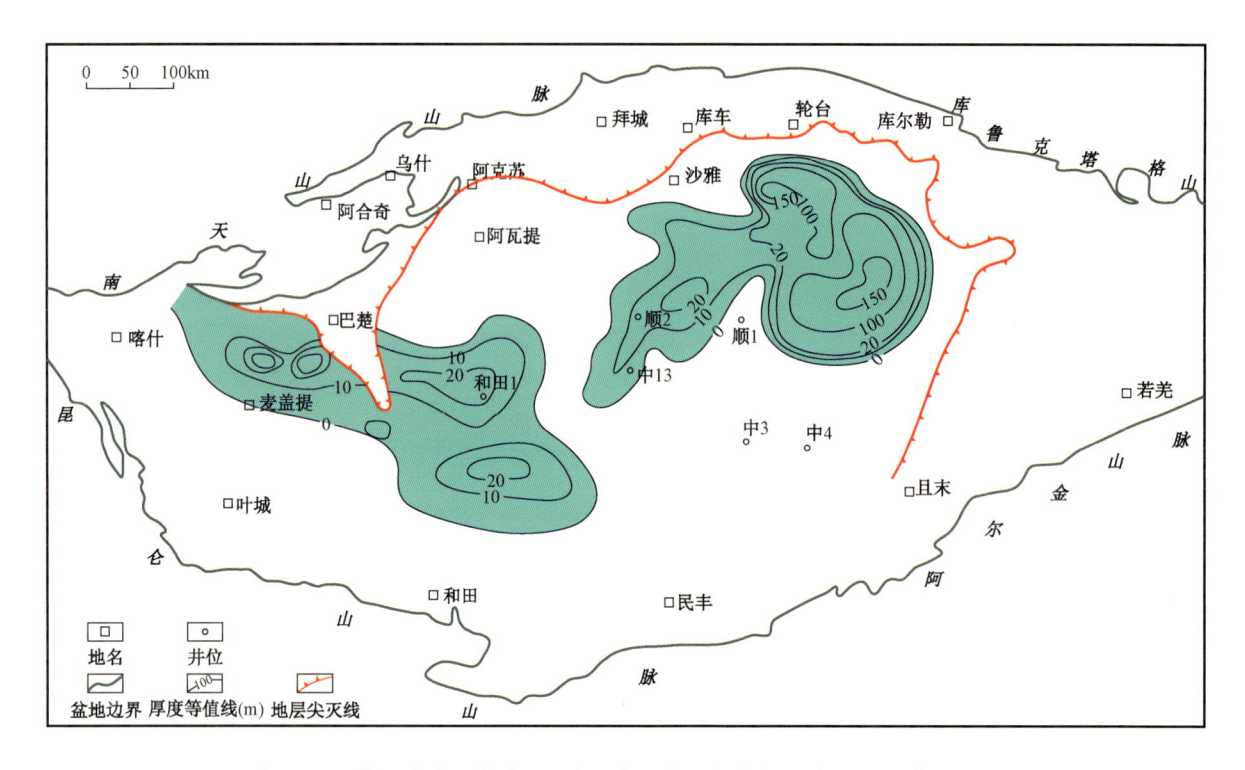

图 3-41 塔里木盆地台盆区石炭系膏盐岩厚度分布图(据金之钧等,2010)

图 3-42 塔里木盆地库车坳陷古近—新近系膏盐岩盖层分布(据周兴熙等,2002)

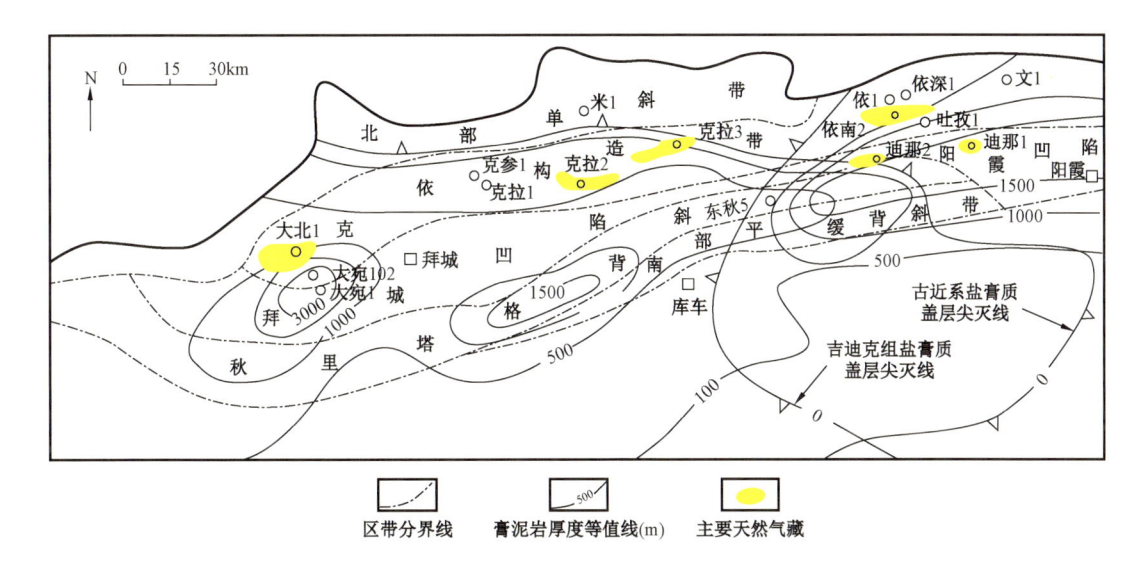

图3-43 塔里木盆地库车坳陷古近—新近系盐膏质盖层分布(据付晓飞等,2006)

本上是属于这种类型,克拉苏构造带断层大部分断穿膏泥岩盖层,造成盖层连续性和封闭性的破坏,从而使圈闭失去有效性,这取决于对膏盐岩层的错开程度,如果断层具备侧向封堵,仍然具备好的封闭性,如克拉2气田虽然断层断开了储层并穿透了膏盐岩盖层,但由于挤压作用导致的膏盐岩在下盘的加厚,形成了膏盐岩对上盘巴什基奇克组储层的侧向封堵,从而形成了良好的封闭性而富集大量的天然气。

2. 四川盆地的膏盐岩区域盖层

四川盆地是叠合盆地,具有沉积多旋回发展演化特点,有利于出现多期的膏盐岩沉积环境。该盆地膏盐岩盖层主要分布于海相地层中,分布于中—下寒武统和中—下三叠统,其中中、下三叠统(雷口坡组、嘉陵江组)膏盐岩分布最为广泛(图3-44)。

中—下寒武统膏盐层属浅水蒸发台地相沉积,岩性主要是石膏和白云质石膏,其次是膏质或含膏质白云岩。主要发育于盆地东南部地区,环乐山—龙女寺古隆起周围分布,川南至川东一带较发育,膏盐岩沉积中心位于重庆—建始一线,主要为石膏和膏质白云岩;通南巴地区通过地震剖面可与川东地区对比的膏盐岩层亦有分布。中—下寒武统膏盐岩一般厚度在10~70m(图3-45),在川南地区厚度较大,如长宁1井该膏盐岩厚度大于100m(刘树根等,2013)。该套区域盖层对威远气田震旦系、寒武系气层天然气起到重要的封盖作用。

四川盆地中—下三叠统膏盐岩主要分布于下三叠统嘉陵江组和中三叠统雷口坡组,是三叠系两次成膏期的产物。早三叠世嘉陵江期为海平面频繁升降形成的碳酸盐台地与蒸发岩交替出现的浅海台地,广泛沉积了嘉陵江组膏盐岩及泥质白云岩和石灰岩,主要分布在川中和川西的广大地区,膏盐岩厚达30m以上,占全组厚度30%以上,是蒸发和成盐很强的潟湖相沉积,如川参1井总厚807m,石膏厚度308m,占层厚的38.2%;中三叠世雷口坡期为海陆交互相为主的沉积环境,也发育以碳酸盐台地及蒸发岩沉积为主的沉积,沉积了灰白色石膏夹盐层与膏质白云岩、灰色灰岩互层,潟湖膏盐相主要分布在川西、川北和川中西部地区,厚度600~1006m,膏盐中心有2个:川西的成都周围,如川科1井该层膏盐岩厚度290m,川东广安地区,膏盐厚200m。总之,中—下三叠统膏盐岩基本上分布于整个盆地,膏盐岩累计厚度一般为50~600m不等,以川中、川西南部地区最为发育,而在印支期泸州古隆起及开江古隆起区部分膏盐层遭受剥蚀,厚度小于50m(图3-46)(金之钧等,2006;刘树根等,

— 129 —

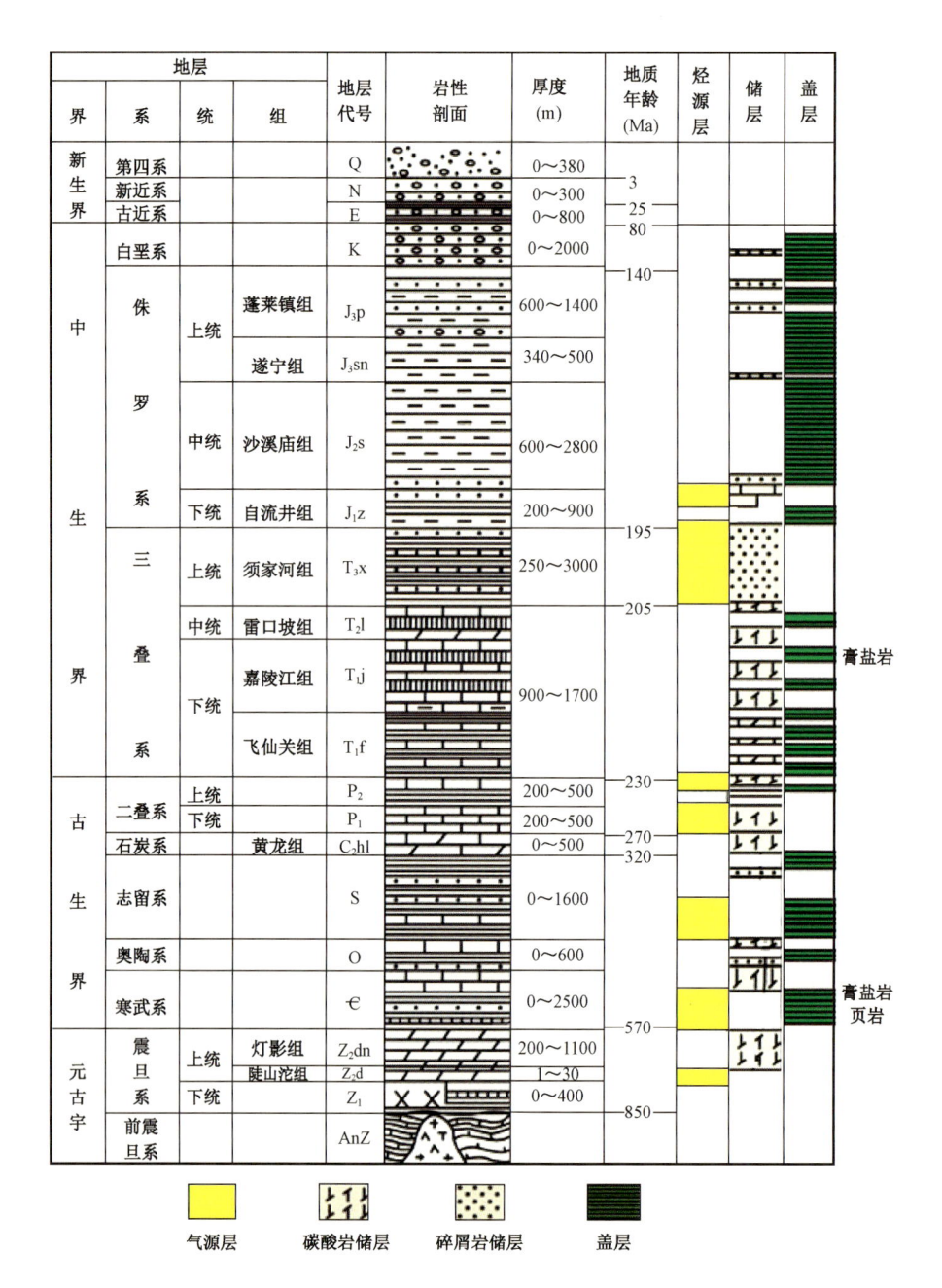

图 3-44　四川盆地生储盖层分布层位

2013）。中—下三叠统膏盐岩盖层在四川盆地明显控制了天然气分布，由于有该套稳定区域盖层的遮挡，不仅在其下富集了大量的天然气，形成大型气田，如普光长兴组—飞仙关组气藏、元坝长兴组气藏、龙岗长兴组—飞仙关组气藏、罗家寨飞仙关组气藏、磨溪雷口坡组气藏、五百梯黄龙组—长兴组气藏、沙坪场黄龙组气藏、卧龙河黄龙组—飞仙关组气藏、铁山坡、渡口河飞仙关组气藏等均与发育的中—下三叠统膏盐岩盖层相关，膏盐层区域盖层的厚度在 100～400m 不等。另外，由于该套膏盐岩的良好封盖性，使其下的气源被封存于下部，难于运移至上三叠统陆相碎屑岩中，呈现出天然气地球化学特征的明显差异，下伏海相地层中的天然气含硫化氢高，但上覆陆相地层中天然气含硫化氢则极少（刘树根等，2013），这也表明该套区域盖层成为四川盆地海相层系含气系统和陆相层系含气系统的重要分隔层。

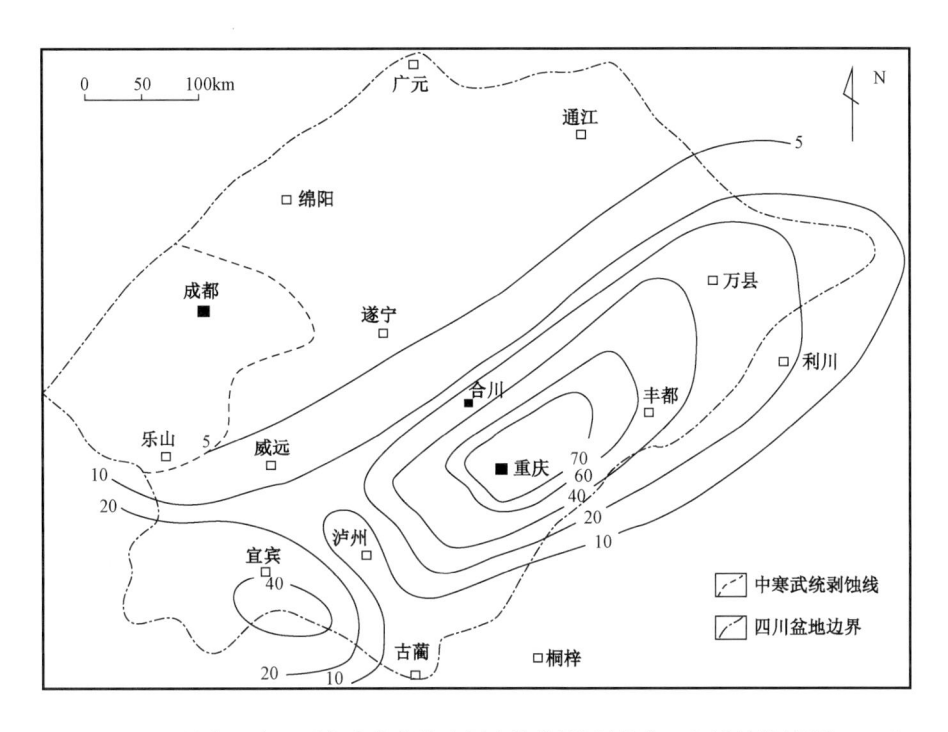

图 3-45　四川盆地中—下寒武统膏盐岩厚度等值线图（单位：m）（据刘树根等，2013）

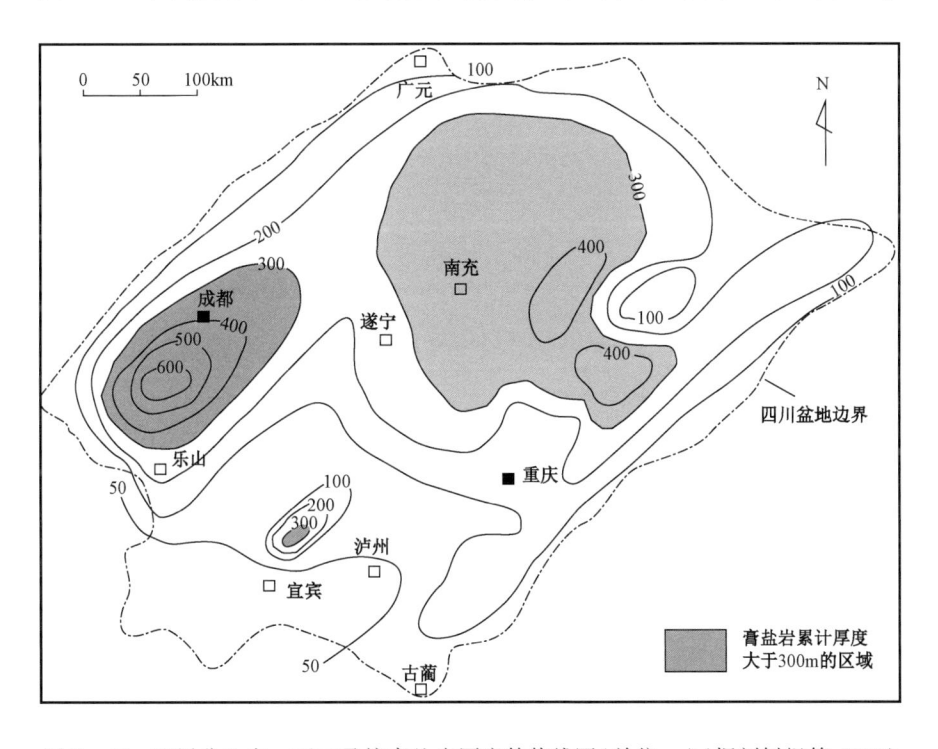

图 3-46　四川盆地中—下三叠统膏盐岩厚度等值线图（单位：m）（据刘树根等，2013）

第五节　成藏储盖组合类型及特征

由于中国沉积盆地演化多期性和类型多样性，烃源岩表现为海相泥岩、湖相泥岩、煤系等多类型烃源岩共存，生烃演化具有多阶段性，油气储层发育基岩潜山、碳酸盐岩、碎屑岩和火山岩多种类型，盖层具有多层系多类型共存的特点。这些特点决定了中国含油气盆地具有多套生储盖组合条件，而从天然气藏分布及源储盖配置特征,可归纳出源内自生自储型、近源成藏型和远源成藏型3种天然气成藏储盖组合类型。

一、生储盖组合

从全国含油气盆地烃源岩、储层、盖层的类型和地层分布看,生储盖组合受构造和沉积背景影响明显,具有分区分布的特点。总体上分为新生界、中生界、上古生界、下古生界—中新元古界及基岩五大套生储盖组合(图3-47)。

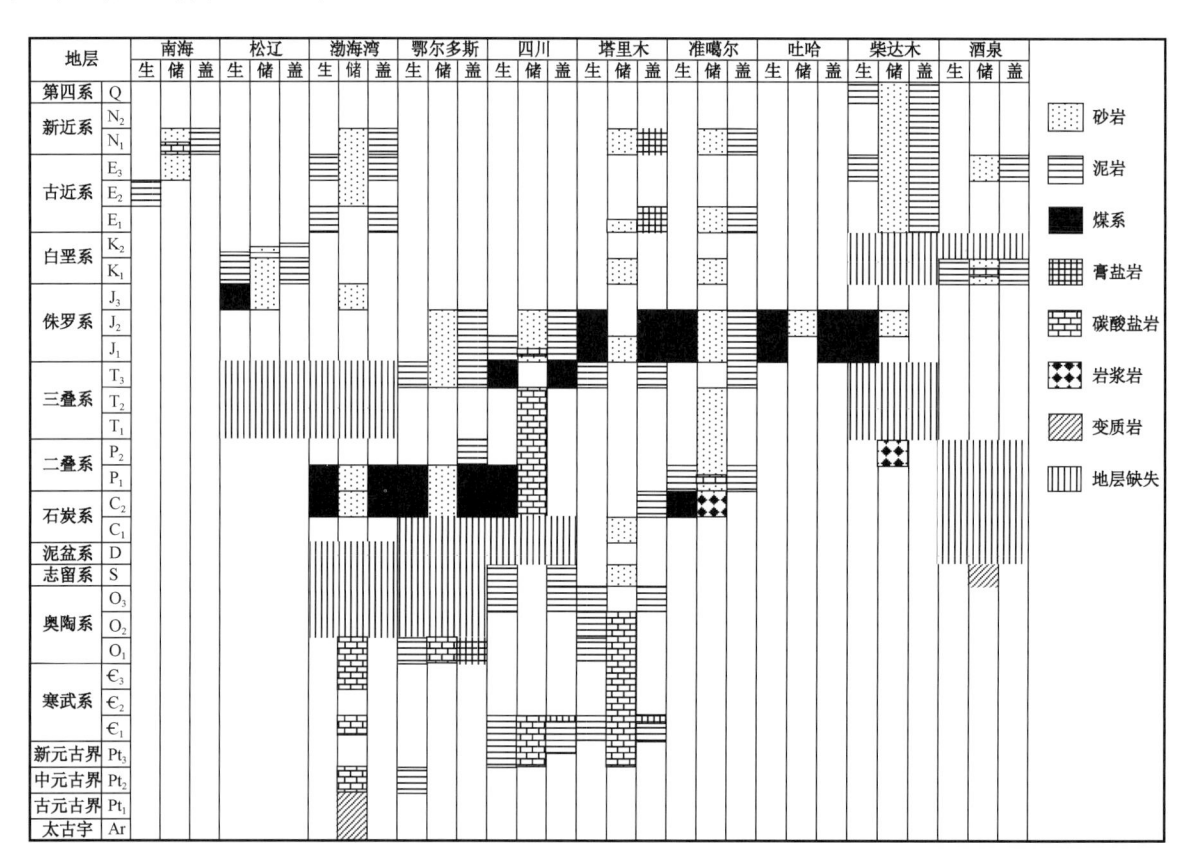

图3-47 中国主要含油气盆地生储盖组合分布图

受喜马拉雅期印度板块和太平洋板块运动影响,新生界生储盖组合主要分布于两大构造活动区:一是东部喜马拉雅期断陷盆地发育区,如渤海湾盆地、东海和南海诸盆地,分为古近系自生自储和新近系下生上储两种类型,烃源岩与储层的沟通受张性断层控制;二是西部前陆盆地或前陆冲断带发育区,如库车前陆盆地、塔西南前陆盆地、准噶尔盆地南缘、柴达木盆地和酒泉盆地等。这些盆地新生界生储盖组合除柴达木盆地外,烃源岩主要来自中生界煤系,其次是白垩系—古近系咸化湖相烃源岩,油气主要通过冲断带挤压断层运移到上部的新生界储盖组合成藏。

中生界生储盖组合以自生自储组合发育为特征。该套组合在中国东部分布于松辽盆地,主要是下白垩统自生自储的生储盖组合,其次是以侏罗系煤系为烃源岩的下生上储的生储盖组合。中生界生储盖组合在中西部地区非常发育,以自生自储为特征,其中鄂尔多斯盆地和酒泉盆地发育湖相泥岩烃源岩,其他盆地以侏罗系煤系烃源岩发育为特征。

上古生界生储盖组合主要发育于华北地区和扬子地台分布区,以产气为主。华北地台的渤海湾盆地潜山内幕和鄂尔多斯盆地下二叠统—上石炭统煤系以自生自储生储盖组合发育为特征,四川盆地则以石炭系—二叠系烃源岩与二叠系、中—下三叠统碳酸盐岩储层构成的下生上储的生储盖组合为特征。上古生界生储盖组合除自生自储外,在渤海湾盆地尚可形成以古近系为烃源岩的新生古储的潜山内幕成藏组合。由于渤海湾盆地受到中生代以来的抬升剥蚀和改造强度大,上古生界这套组合的勘探潜力较鄂尔多斯盆地和四川盆地勘探潜力小。塔里木盆地上古界生储盖组合与华北地区和扬子地台不同,主要形成石炭系海相东河砂岩与石炭系泥岩构成的储盖组合,油气主要来源于下古生界。

下古生界—中新元古界生储盖组合主要发育于鄂尔多斯、四川和塔里木三大克拉通盆地,其次是渤海湾盆地。三大克拉通盆地油气主要来源于寒武系—奥陶系,其次是中新元古界,以白云岩、礁滩和岩溶碳酸盐岩为储层,以奥陶系或石炭系泥岩为盖层。渤海湾盆地下古生界有机质丰度较低,该套组合的油气主要来自古近系烃源岩,油气藏类型主要为新生古储的潜山油气藏。

除以上四套发育于沉积岩的生储盖组合外,一些盆地尚发育以盆地基底变质岩和岩浆岩风化壳为储层的储盖组合,分布于渤海湾盆地、柴达木盆地、准噶尔盆地等。油气藏类型主要为地层超覆不整合基岩油气藏,气源主要来自上覆的烃源岩。

二、成藏储盖组合分类及特征

中国天然气包括常规天然气和煤层气、页岩气等非常规天然气,从目前发现的天然气藏分布特征和地质条件分析,以及气藏生储盖层的空间配置关系,可以分出3种类型的储盖组合:即源内自生自储型、近源成藏型和远源成藏型(图3-48)。

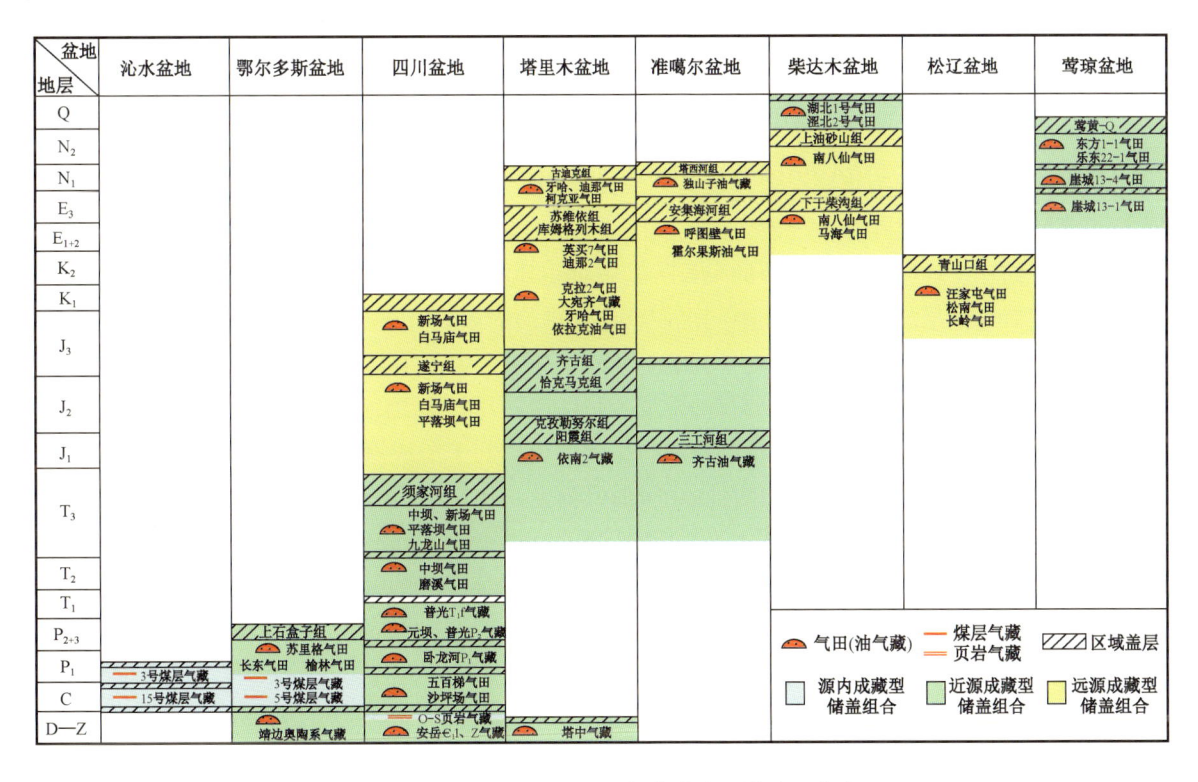

图3-48 中国含气盆地天然气藏分布及储盖组合类型

(一)源内成藏型

源内成藏储盖组合是指储存于烃源岩中的储盖组合类型,煤层气、页岩气和部分碳酸盐岩中的天然气藏属于这种类型的气藏。这种储盖组合的特点是烃源岩既是生油层又是储层,天然气赋存状态有吸附气、游离气和水溶气,煤层气和页岩气主要以吸附态的形式存在,而烃源岩中的碳酸盐岩主要以孔隙、裂缝和孔洞为储集空间,以游离气为主。这类储盖组合以煤层气和页岩气为典型,而这两者具有相似特征,因此,在此以煤层气为例阐述储盖组合特征。

煤层气藏的储盖组合是源内成藏型之一,目前在沁水盆地南部和鄂尔多斯盆地东缘发现了煤层气藏。众所周知,煤层气藏是指赋存在煤层中的以甲烷为主的一种非常规天然气藏。煤层不仅是其烃源岩,而且是储层。据洪峰等(2005)研究,由于煤层气以吸附气、游离气、水溶气赋存于煤层中,煤层生成的气体首先满足吸附,然后以水溶气、游离气状态存在于煤层储集空间中,三者处于动平衡态。当煤层所处的温压系统发生改变时,煤层气可发生解吸,解吸的气体以及游离气和溶解气方式向外散失,散失途径可有三种方式:孔隙中的游离气通过盖层的散失、储盖层烃浓度差分子扩散和溶于水中的气直接被水带走。因此煤层气的富集,盖层仍然起到重要的作用,但与常规气藏的盖层有一定的差异,煤层气藏生储层均为煤层,对煤层气的封盖除了要有上覆盖层(顶板)外,下伏的隔层(底板)也是重要的,因为煤层要有足够大的含气量,理论上要求煤层处于一个封闭体系中。如果上覆盖层好,而其下是一套渗透性岩层,则煤层生成的气体通过下伏渗透层扩散,使煤层气散失而影响到煤层气的吸附量,只有下隔层而上覆渗透层同样会影响封盖性(图3-49)。

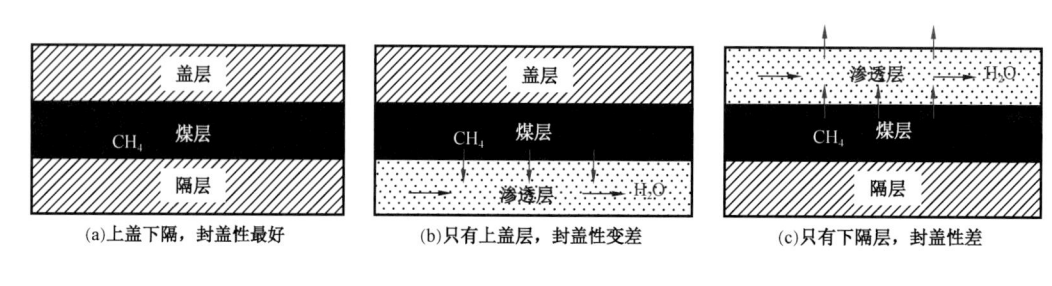

图3-49 煤层气藏盖层对煤层气保存差异

煤储层的孔隙结构分为煤层孔隙和裂缝孔隙,构成了煤层的双孔隙系统,煤层气的富集程度受到煤岩孔隙系统的控制。煤孔隙系统发育的控制因素很多,煤级、变质作用与类型、沉积环境、后期储层改造作用等不同程度地影响孔隙系统的发育。其中沉积环境及煤质对煤储层的储集性起到直接的作用。沉积环境对煤储层的影响表现于不同沉积环境煤储层的煤岩特征、生气潜力、储集性能及渗透性具有一定的差异(王勃等,2009;桑树勋等,2011),如准噶尔盆地西山窑组潮湿森林泥炭沼泽、干燥森林泥炭沼泽和高位泥炭沼泽煤储层较发育,甲烷吸附能力相对较大,渗透性也较好,成藏条件较好,从成煤环境对煤储层物质组成的控制来看,西山窑组煤层也有利于形成煤层气藏(姜维等,2009)。煤储层变质演化过程表现出,煤的压汞孔隙度随煤级的升高呈现出高—低—高的变化趋势;孔喉平均直径小于$1\mu m$的孔隙结构,在各种不同煤级的样品中均有大量分布,而孔喉平均直径大于$1\mu m$的孔隙结构,仅在中低煤级样品中有大量分布,而在无烟煤中很少见到;在中低煤级阶段,随着煤变质程度的增高,低温氮测试的煤比表面积逐渐降低,到贫煤和无烟煤阶段,煤的比表面积又开始增加;中低煤级煤的渗透性要好于高煤级煤。

尽管煤储层吸附能力很大程度决定煤层气的富集程度,但盖层对煤层气的保存却也是不可忽视的。煤层气藏盖层没有常规气藏直接和明显,但也是煤层气藏保存的主要因素之一,沁水盆地晋试1井、晋试4井3号煤层含气量高于$25m^3/t$,主要得益于其上覆有一套稳定的泥岩,厚度达50~70m;而晋试3井3号煤层上覆盖层则主要是砂、泥岩互层为主,盖层厚度仅20m,其含气量明显比晋试1井、晋试4井要低,为$17.1m^3/t$。煤层气藏的直接盖层是煤层的顶、底板,通过统计,目前在我国煤层气区如沁水盆地南部、鄂尔多斯盆地大宁地区等,顶、底板的封闭性明显控制了煤层的含气量(洪峰等,2005)。

页岩气是近年来取得重大突破的领域,在重庆涪陵、四川长宁—威远及南方一些区块有分布。页岩气的气源主要是页岩本身,页岩本身就是优质的烃源岩,我国古生代时期形成了分布广泛、厚度巨大且以Ⅰ型、Ⅱ型干酪根为主的海相黑色页岩层系,具有良好的生烃潜力,目前所发现的含气页岩的有机碳含量在0.2%~30%(孙雄进等,2016)。页岩气也是储集于页岩本身,以吸附态和游离态赋存于页岩中。吸附气的储存取决于页岩的岩性、成熟度、有机质类型和微孔发育等,而以游离态赋存的气主要储集在页岩基质孔隙和裂缝等空间。页岩基质孔渗性差,孔隙度最高仅为4%~5%,渗透率小于1mD,要形成工业性储层,需要经过后期的改造,其中裂缝发育程度对页岩气藏储集空间的大小有重要影响。裂缝发育有利于吸附态天然气的解吸和游离态天然气的富集,提高了流体的渗流能力及压裂效率,有效地提高了产能,所以往往构造活动集中带及微构造发育带通常是页岩气富集的重要场所(罗楚湘等,2017)。页岩气藏对盖层没有特殊要求,页岩本身就是一套良好的区域盖层,页岩层及其上下岩层是页岩气藏的直接盖层,页岩自身的非均质性是页岩封闭天然气的先决条件,致密的硅质层或石灰岩层可以把天然气封闭在相对较软弱的碳质页岩层内,如四川盆地南部及周缘地区五峰组—龙马溪组页岩气藏,在页岩分布的下段具有较大的含气量,而在上段一般为灰色、灰绿色页岩或粉砂质页岩,成为页岩气藏中的直接盖层(图3-50)。由此可见,页岩气藏的储盖组合是属于典型的源内成藏储盖组合,对气藏具有自封闭特征。

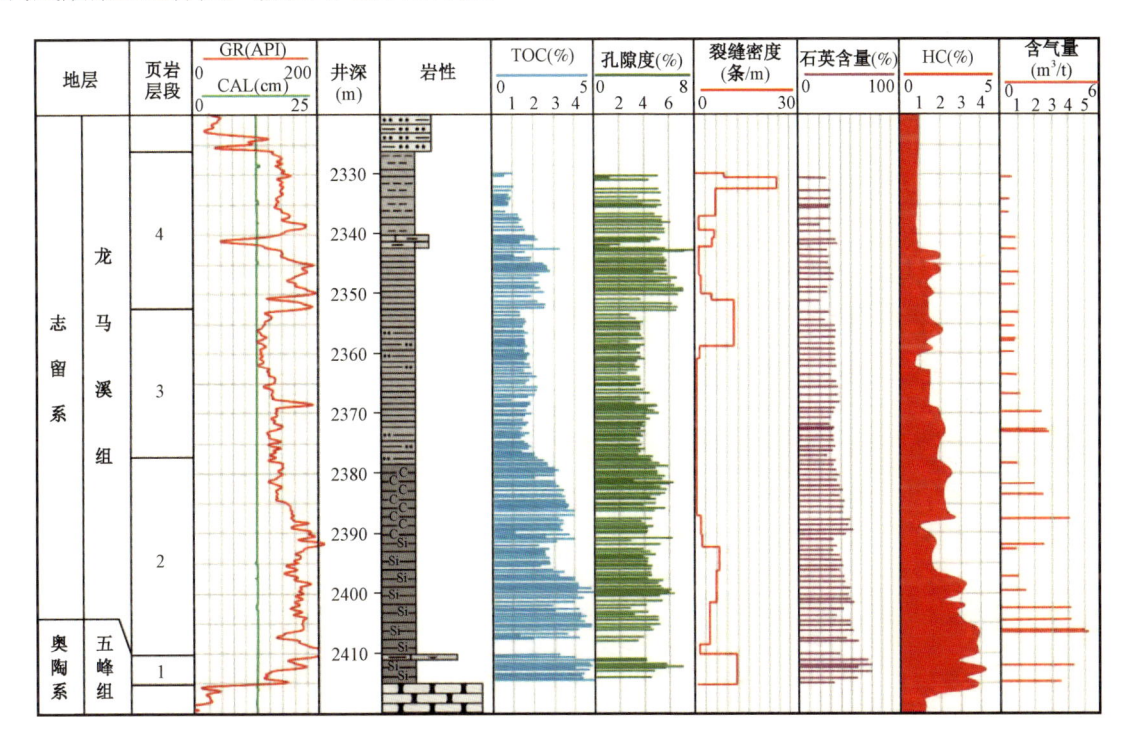

图3-50 川南焦石坝地区焦页1井五峰组—龙马溪组页岩段与含气性(据何治亮等,2017)

这类储盖组合主要分布于中国沁水盆地、鄂尔多斯盆地东缘、准噶尔盆地等煤层气盆地,四川盆地页岩气、碳酸盐岩气藏也属于此类储盖组合。

(二)近源成藏型

近源成藏型储盖组合是指储集于与烃源岩为互层的储层中的储盖组合类型。这种储盖组合的特点是储层发育于烃源岩附近,与烃源岩为互层接触或邻层,气源可以在排烃期直接扩散和充注到储层中富集成藏。由于该储盖组合储层主要发育于烃源岩之间或近邻,除了浅层时代较新的地层(柴达木盆地东部第四系生物气和莺琼盆地古近—新近系气藏)储层较好外,往往为致密型储层,成藏特点是油气进行近距离运移聚集,盖层可以是烃源层也可以是其他岩石类型。

该储盖组合在中国中西部含油气盆地上古生界海陆交互相、三叠系、侏罗系陆相碎屑岩地层和下古生界及其下古老海相碳酸盐岩地层中普遍发育。如四川盆地上三叠统及其以下层位下三叠统、二叠系天然气藏的储盖组合;鄂尔多斯盆地石炭系—二叠系砂岩气藏的储盖组合和准噶尔盆地南缘、塔里木盆地三叠系—侏罗系储盖组合,其共同特点是煤系、泥页岩和碳酸盐岩中形成多层生储盖的相互叠置,以自生自储组合为主。中西部陆相自生自储型储盖组合是该组合的典型代表,如鄂尔多斯盆地石炭系—二叠系致密砂岩气藏,生储盖层相互叠置,呈现"三明治"式的生储盖组合,断裂不发育,气源直接向储层充注而大面积成藏(图3-51)。

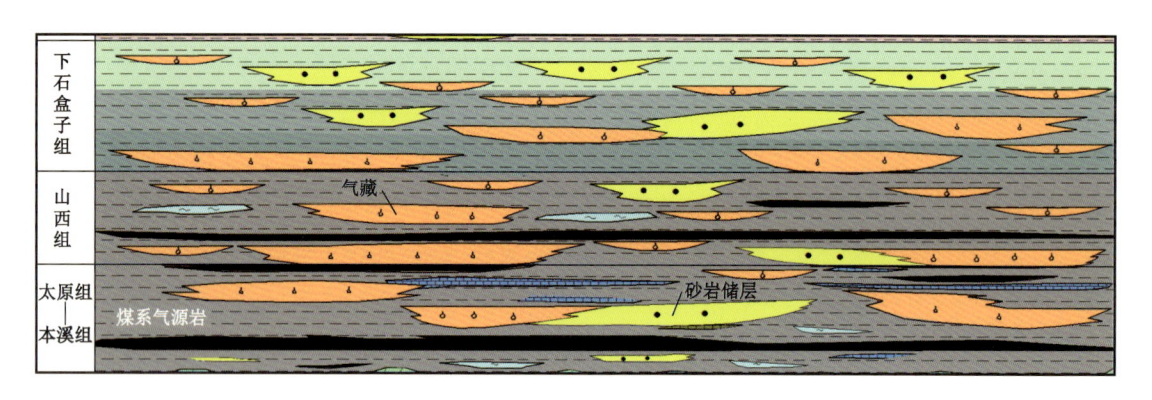

图3-51 鄂尔多斯盆地上古生界储盖组合模式图

这类储盖组合的储层可以是陆相碎屑岩和海相碳酸盐岩,总体趋势是储层为低孔低渗,次生溶孔、裂缝为主要储集空间。碎屑岩类主要发育于上古生界、中生界海陆过渡相、河湖、沼泽相沉积体系,由于中西部陆相沉积时期的快速沉积埋藏和沉积体系泥质含量的增多,使该套储层物性普遍致密,这点最突出的是川西前陆盆地上三叠统气藏储层,平均孔隙度3%~8%,平均渗透率小于10mD,属于致密储层。塔里木盆地库车前陆区依南2井侏罗系阿合组和阳霞组储层平均孔隙度7.39%,平均渗透率小于5mD,也属于致密储层;鄂尔多斯盆地下古生界砂岩储层与盖层相互叠置,为海陆交互相沉积,孔隙度普遍在7%~11%,渗透率一般在0.3~7mD。储层处于晚成岩期,机械压实强,原生孔隙保存少,但因与煤系烃源岩互相叠置,煤系中有机酸的参与成岩作用,在压实的同时,也易于发生溶蚀作用,孔隙类型中次生溶孔增多,可增强储层的孔渗性。同时由于经历挤压构造变形,储层发育裂缝,成为油气的主要储集空间,孔隙类型为孔隙—裂缝型。如四川盆地川西地区上三叠统储层,在早成岩阶段二叠纪—侏罗纪末,由于强烈机械压实和绿泥石胶结物充填粒间孔隙,砂岩损失21%~32%的孔隙度,原生粒间孔大致剩余8%;白垩纪进入中晚成岩期,发生溶蚀,形成粒内溶孔和铸模孔,增加次生孔隙,孔隙度可达10%~12%,随后第二世代硅质胶结物沉淀,损失部分孔隙,造成次生孔隙的破坏而孔隙度减小;由于成岩微裂缝的形成及喜马拉雅期构造挤压产生大量断裂、裂缝,微裂缝成为储层的主要储渗空间。准噶尔盆地南缘储层早成岩阶段从沉积到早白垩世,成岩作用以机械压实作用为主,胶结作用不发育,主要发育原生孔隙,砂岩储层经压实后孔隙度由35%降至10%左右;晚成岩期成岩作用以胶结作用为主,同时溶解作用明显,原生孔隙几乎完全消失,孔隙以次生溶孔、杂基孔和微裂缝占优势,如果没有溶蚀作用,孔隙度因胶结作用可至5%~3%,溶蚀作用后孔隙度可恢复至8%~12%(图3-52)。碳酸盐岩类储层主要分布在四川盆地古生界及以下层位和鄂尔多斯盆地下古生界,一般埋深大,天然气主要发育于溶孔、裂缝比较发育的礁滩相、鲕粒相白云岩和裂缝灰岩中,碳酸盐岩储层非均质性强,物性变化大。如四川盆地川东北普光、元坝、龙岗等长兴组—飞仙关组大气田的储层直接覆盖在二叠系龙潭组煤系气源岩之上,孔隙度一般为0.8%~24.7%不等,渗透率一般在0.003~1721.7mD不等,但总体平均孔隙度也就5%左右。川南发现的安岳大气田龙王庙组气藏,储层是下寒武统龙王庙组颗粒、晶粒白云岩,位于下伏筇竹寺组黑色泥页岩烃源岩之上,储集空间主要为晶间孔、粒间孔和溶孔;塔里木盆地塔中地区从下部寒武系—奥陶系到上部志留系—石炭系均发现了油气,天然气主要分布于奥陶系鹰山组和良里塔格组中,鹰山组以石灰岩为主,为一套断裂裂缝作用改造的岩溶储层,孔隙空间以岩溶次生孔洞为主,溶蚀孔洞与断裂裂缝一起构成孔渗性较好的"孔—缝—洞"系统,良里塔格组以礁灰岩和颗粒灰岩为主,海平面的短期频繁变化导致礁滩体暴露风化,极大地改善了储层物性,这两套储层位于桑塔木组区域盖层之下,气源岩主要是下伏邻近的寒武系—下奥陶统烃源岩(沈为兵等,2018)。因此,其储集空间也主要靠溶孔和裂缝,储层一般经历过近地表溶解、表生溶解和埋藏溶解等有利次生溶孔形成的成岩作用和构造抬升、挤压等有利于裂缝形成的构造改造作用,从而形成该类储层的"甜点"区域而富集天然气。

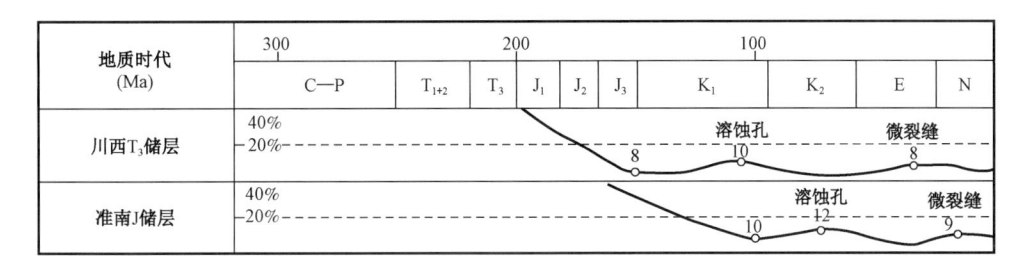

图 3-52　川西、准南近源成藏型储层孔隙演化图(据宋岩等,2008)

该组合盖层主要发育于气藏近邻的烃源层。在中西部主要发育于石炭系、二叠系、三叠系、侏罗系煤系中,以湖相泥质岩为主;在柴达木盆地东部浅层和莺琼盆地主要发育于古近—新近系和第四系泥质岩中;另外在四川盆地海相层系中的碳酸盐岩也发育有效烃源岩。由于盖层普遍发育,并且在盆地中具有区域性展布特征,形成了相互叠置的多套隔挡层(图 3-48)。该套组合的盖层在中西部含油气盆地一般埋藏比较深,因此盖层具有孔隙度、渗透率低,突破压力高的特点。如四川盆地川西地区上三叠统须家河组泥岩盖层实测突破压力在 10.3～12.5MPa;准噶尔盆地南部侏罗系三工河组是一套比较稳定的区域盖层,孔隙度一般为 1.32%～7.87%,渗透率为 0.00172～0.1mD,突破压力为 14～25MPa。盖层进入有效封闭门限在侏罗纪—白垩纪,有效封闭门限基本上在煤系烃源岩生气高峰之前或同步,形成有效封盖。柴达木盆地东部浅层生物气藏盖层为第四系泥岩,成岩作用弱,物性封闭不是很好,但泥岩中含水饱和度一般高达 80%～90%;一是可以增强泥质岩的可塑性,减少裂隙的发生;二是使黏土矿物产生膨胀,导致孔隙与喉道缩小变形;三是孔隙含水会增强毛细管道的排替压力,从而提高封闭性(戴金星等,2003)。

在中国中西部含气盆地,该套储盖组合的烃源岩主要为石炭系—二叠系、上三叠统—中下侏罗统海陆交互相或湖沼相煤系,以近源为特点。由于烃源岩母质类型为倾气型,成熟度也适中,形成自生自储式为主的天然气藏,如四川盆地元坝、普光、龙岗长兴组—飞仙关组气藏、新场、邛西、广安、中坝等上三叠统气藏,鄂尔多斯盆地石炭系—二叠系致密砂岩气藏,吐哈盆地、塔里木盆地库车坳陷侏罗系气藏等。

(三)远源成藏型

远源成藏型储盖组合主要指生储盖空间上储盖层远离烃源岩,气源通过断裂等通道运移至储层。这类储盖组合主要发育于中国中西部含油气盆地,如四川盆地西部侏罗系气藏、塔里木盆地白垩系—新近系气藏、准噶尔盆地南缘、柴达木盆地北缘新近系气藏(图 3-48)。在中国中西部地区,晚侏罗世—新近纪期间,形成了碎屑岩类储层和新生代氧化宽浅湖、蒸发边缘海相膏泥(盐)岩良好区域盖层,构成了以储盖层为主的成藏组合,油气源主要来自下部烃源岩。如四川盆地西部侏罗系气藏,烃源是上三叠统煤系,储层是侏罗系宽浅湖相砂岩,储层上覆的侏罗系泥岩为盖层;我国西北部盆地主要发育于白垩系以上地层,烃源岩为下伏的三叠系—侏罗系,储层为白垩系—新近系,古近—新近系发育的泥岩或膏盐岩是盖层。

在中国西北部含油气盆地,该套储盖组合储层是氧化宽浅湖和陆内盆地阶段的磨拉石沉积层系,碎屑岩发育,由于时代新,快速埋藏,成岩作用弱,储层可以保持较多的原生孔隙。储层的储集物性随埋深的增大而变差,但总体来看,该套储层比起煤系储层来要好些,如塔里木盆地库车地区克拉2气藏白垩系巴什基奇克组总平均孔隙度为9.13%～13.74%,最大22%,总平均渗透率为6.96～14.76mD,最大达2340mD;古近系孔隙度3.97%～18.14%,平均12.3%,渗透率为0.03～202mD,平均52.6mD;新近系的储层平均孔隙度为9%～20%,渗透率为3～300mD。柴达木盆地北缘地区马海、南八仙气田古近系物性也较好,砂岩孔隙度为1.3%～33%,平均9%～14%,渗透率为0.02～171.61mD,平均80.561mD。准噶尔盆地南缘地区独山子塔西河组储层孔隙度超过20%。

该组合除了四川盆地西部地区侏罗系储层形成时间较早外,西北部含油气盆地新生代储层形成晚,所以成岩作用以沉积压实为主,目前孔渗性一般较好,有利于油气的富集。如四川盆地西部侏罗系沉积后,由于龙门山的推覆作用,使地层抬升而没有下白垩统沉积,并且一直处于浅埋藏,因此,尽管储层形成的时间早,但机械压实比较弱,保留较多的原生孔隙,压实期孔隙可达8%～15%,燕山运动使该区进入表生作用期,含CO_2的地表水向下渗滤,对碳酸盐矿物和长石等易溶矿物进行溶蚀,并伴随黏土矿物向绿泥石、高岭石转化,从而发育大量的次生孔隙加上溶解作用,孔隙可达到19%。喜马拉雅期的挤压和抬升,微裂缝的发育和淡水再次溶蚀而增加部分孔隙。西北部含油气盆地白垩系、古近系储层,一般埋藏较浅,3000m以浅深度基本处于早成岩期,以沉积压实成岩作用为主,3000～5000m进入晚成岩期,有次生溶孔和微裂缝发育,孔隙度在10%～20%,如塔里木盆地库车地区、准噶尔盆地南缘基本上处于早成岩的压实阶段(图3-53)。

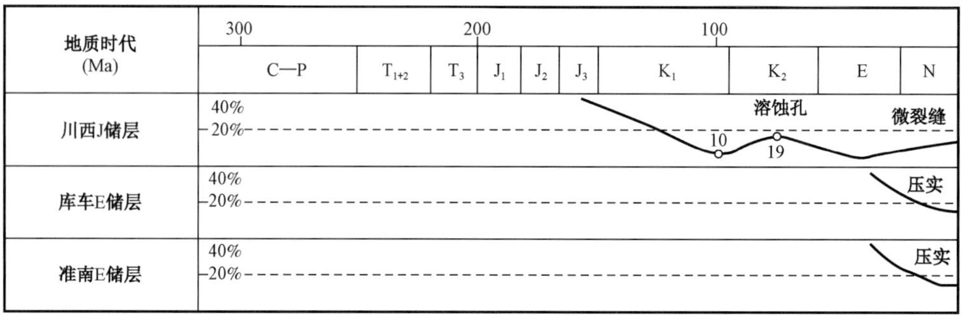

地质时代(Ma)	300		200			100			
	C—P	T_{1+2}	T_3	J_1	J_2	J_3	K_1	K_2	E	N
川西J储层	40%–20%							溶蚀孔 10	19	微裂缝
库车E储层	40%–20%									压实
准南E储层	40%–20%									压实

图3-53 远源成藏型组合储层孔隙演化图(据宋岩等,2008)

该组合盖层在中西部含油气盆地均有分布,具有区域性分布的特点。西北部主要发育于古近—新近系,岩性有泥质岩和膏盐岩,具有很好的封盖能力,尤其是膏盐岩类盖层封盖了大气田,如塔里木盆地库车坳陷该组合区域盖层为古近系库姆格列木组和新近系吉迪克组膏泥岩、膏盐岩优质盖层,其突破压力为5.57～202.6MPa不等,是克拉2、迪那2等大气田的区域盖层;四川盆地川西地区侏罗系遂宁组泥岩盖层,突破压力为10.1～22.6MPa,对新场、白马庙、平落坝等侏罗系气藏构成良好封盖。该套组合的盖层一般时代新,沉积埋藏迅速,成岩作用弱,进入物性封闭门限较晚,但与生气高峰基本一致。由于这套盖层封盖的油气源自下部烃源岩,成藏期滞后或与生气高峰的匹配以及由于快速埋藏形成的异常高压、膏盐岩的加入等因素,对该组合油气,尤其是天然气构成有效封盖。

该储盖组合良好的储盖条件是其优势,但由于远离烃源岩,源储盖的空间匹配欠佳,要有深断层作为沟通烃源岩与储层的联系而弥补这一不足。因此,该组合主要见于前陆冲断带构造活动强烈的地区,如塔里木盆地库车、准噶尔盆地南缘、柴北缘、川西等前陆冲断带,克拉 2 气田、迪那 2 气田、呼图壁气田、南八仙气田、新场气田、白马庙气田等均是该成藏组合的典型代表。

小 结

本章通过分析松辽、四川、鄂尔多斯、塔里木、准噶尔等盆地天然气储盖类型及特征,明确了中国天然气储层的形成、分布及有利的储盖组合。总体来看,中国含油气盆地多经历了多期的构造演化,盆内充填多旋回、多岩性的充填物,发育碎屑岩、碳酸盐岩、火山岩等多类型的天然气储层,以及优质的区域性盖层分布,从而形成多套的有利储盖组合,为中国天然气的形成与分布奠定了良好的储盖条件。

(1)碎屑岩储层大多经历了长期的埋藏、压实及溶蚀作用,具有分布深度范围大、沉积相类型丰富、岩石类型以岩屑砂岩为主、储层物性较好以及构造裂缝改善储层质量等特征,通常物性较好,可形成有效储层;有利的沉积相带、次生溶蚀作用、异常高压、膏盐效应与埋藏方式是形成深层天然气有利储层的重要条件。

(2)碳酸盐岩储层总体具有时代老、埋深大、以白云岩为主、基质储集性能差、以低孔—低渗为主、局部高孔—高渗、非均质性强等特点;礁滩、颗粒滩、微生物丘滩以及蒸发台地是储层发育的潜在有利沉积相带,白云石化、多期溶蚀和构造破裂等建设性成岩作用是古老碳酸盐岩储层发育的关键因素。

(3)火山岩储层具有岩石类型多样、非均质性强,以较高孔—中孔、低渗—特低渗为主、物性基本不受埋深影响等特征;受火山作用、构造运动、风化淋滤作用及流体作用控制,发育东部松辽盆地营城组原生型、西部新疆北部地区石炭系次生风化型等两种典型的火山岩储层。

(4)区域盖层按岩性可分为泥质岩类(黏土质页岩、泥岩)、蒸发岩类(石膏、硬石膏和盐岩)和致密灰岩类,其中以泥质岩类和蒸发岩类最为重要,分布也最广,封盖性能也明显优于其他岩性类型盖层。中国油气田的盖层多以泥质岩为主,亦有相当部分油气田盖层为膏盐岩。

(5)中国沉积盆地演化多期性和类型多样性,决定了含油气盆地具有多套生储盖组合和成藏组合类型。从烃源岩、储层、盖层的类型和地层分布分析,生储盖组合受构造和沉积背景影响明显,具有分区分布的特点,总体上分为新生界、中生界、上古生界、下古生界—中新元古界及基岩五大套生储盖组合;而从天然气藏分布及源储盖配置特征研究,可归纳出源内成藏型、近源成藏型和远源成藏型三种天然气成藏储盖组合类型。

第四章 天然气地球化学特征与成因类型

中国沉积盆地独特的地质环境决定了中国天然气具有分布广泛且成因类型多样的特点。古生代海相地层富含有机质烃源层发育,但埋深大、古地温高导致有机质演化程度高,形成了高成熟—过成熟天然气和原油裂解气;石炭纪—二叠纪和侏罗纪大范围、大规模的成煤期,为煤成气的生成奠定了雄厚的物质基础;东部新生代以深大断裂为背景的裂谷盆地的发育,为 CO_2 等无机成因气的生成提供了条件;第四系低温高盐环境导致大量生物气的形成。本章系统分析了中国不同地区、不同层位天然气地球化学特征,在此基础上对天然气成因类型进行了划分及气源对比。

第一节 天然气组分特征

天然气组成主要有烃类和非烃气体。烃类气体主要指甲烷和 C_2—C_4 重烃气;非烃气体常见的有 CO_2、N_2、H_2S、H_2 和 He、Ar 等稀有气体。天然气组成与生气母质、成熟度以及成藏过程等多种影响因素密切相关。因此,研究天然气组成分布特征对天然气成因类型、气藏形成规律及资源预测等都有重要意义。

一、烃类气体的分布特征及影响因素

根据中国主要含气盆地 1450 个天然气组分分析数据统计结果,天然气中烃类气体含量主要分布在 60%~100%,平均 92.75%,烃类气体含量频率分布图(图 4-1)表明,87% 以上的样品烃类含量高于 80%,绝大多数天然气组成以烃类气体为主。

(一)烃类气体的分布特征

1. 烃类气体以甲烷为主

从天然气甲烷含量频率分布图(图 4-2)可见,甲烷含量主要分布在 80%~100%,占样品数的 87% 以上,表明在烃类气体中甲烷占绝对优势。

2. 重烃气(C_2—C_4)含量较低

重烃气含量分布在 0.01%~30.7%,平均为 4.6%,将近 60% 的天然气重烃气含量低于 4%(图 4-1),表明重烃气含量较低。重烃气含量较高的天然气(4%~12%)主要分布在塔里木盆地台盆区、四川盆地须家河组、渤海湾盆地以及海域东海、珠江口盆地。

3. 干燥系数整体较大

天然气干燥系数 $[C_1/(C_1—C_4)]$ 分布在 0.60~1.0,主频 0.90~1.0,平均 0.95;64% 的样品干燥系数大于 0.95(图 4-3),表现出中国天然气的总体特征是以干气为主,其中天然气最干的是四川盆地海相天然气和柴达木盆地三湖地区的生物气。塔里木盆地海相天然气、成熟度相对较低的川中须家河组等煤成气、渤海湾盆地古近—新近系天然气干燥系数相对较小。在时空分布上,除生物气外,整体上表现出时代越新,天然气干燥系数相对越小。

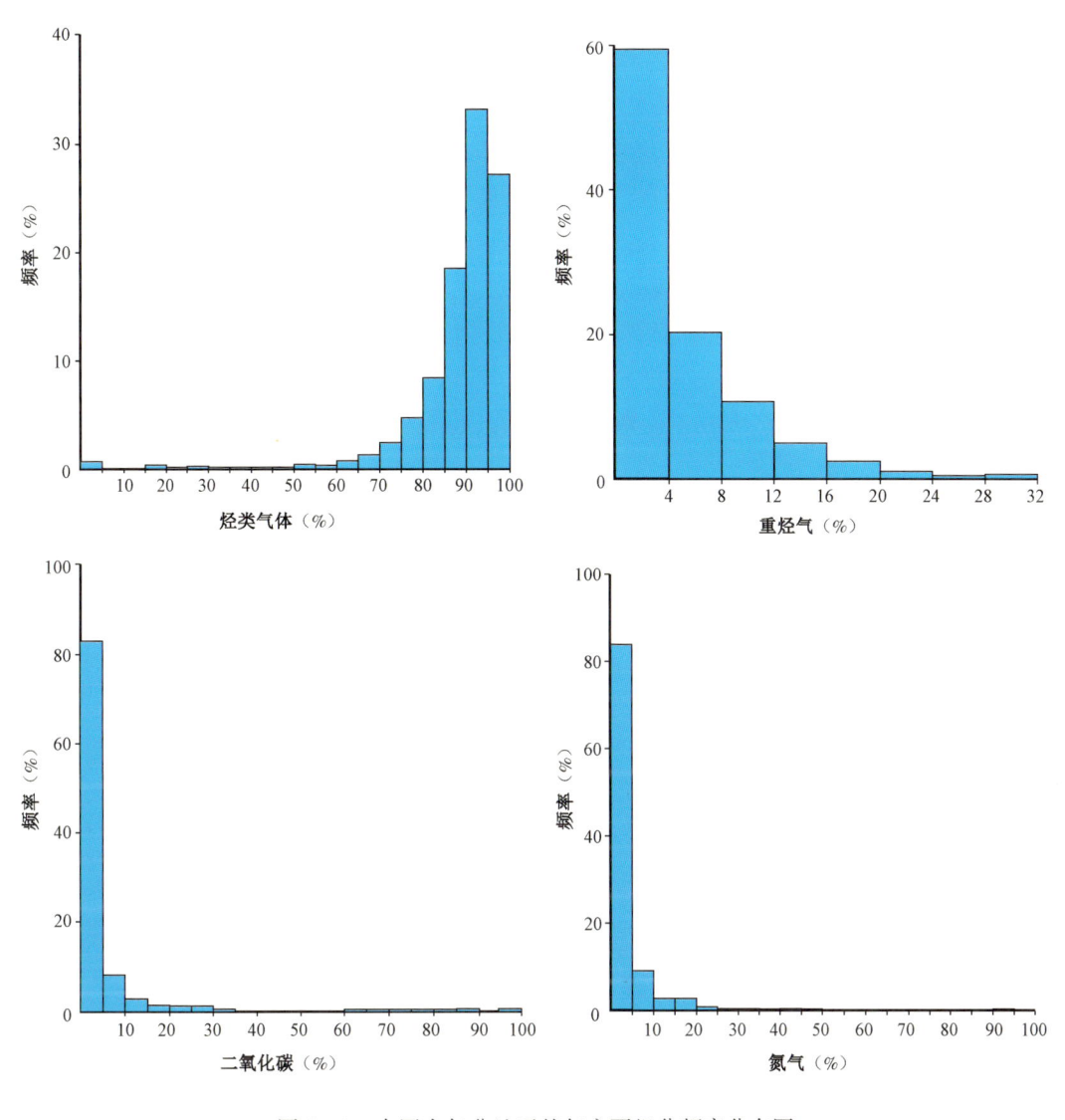

图 4-1　中国含气盆地天然气主要组分频率分布图

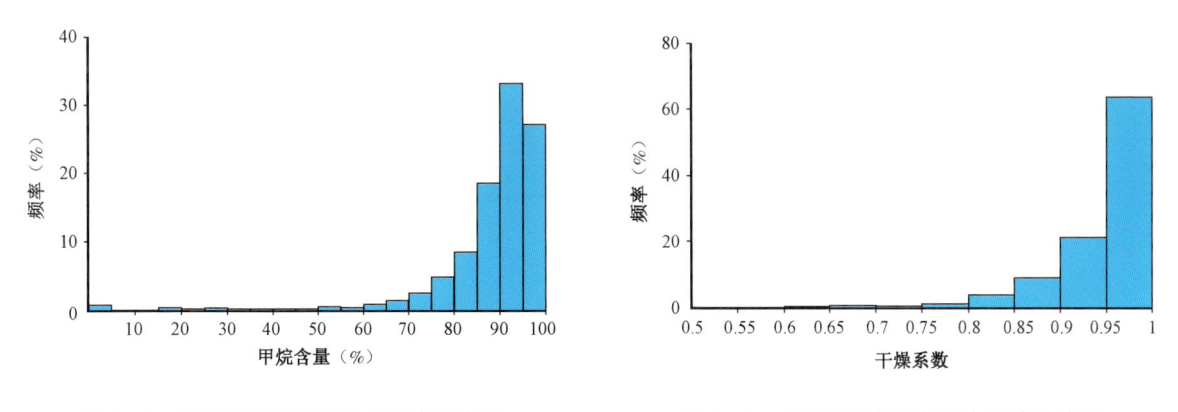

图 4-2　中国天然气甲烷含量频率分布图

图 4-3　中国天然气干燥系数频率分布图

(二) 主要影响因素

天然气组分组成受多种因素影响,如成熟作用、母质类型以及成藏后的生物降解、TSR 作用、运移分馏等作用,但主要影响因素为成熟作用和母质类型。

1. 成熟作用

随着烃源岩成熟度的增加,生成的天然气烃类组分组成具有一定的变化规律。在未成熟阶段,由于甲烷菌的作用烃源岩生成的生物气主要以甲烷为主;在成熟阶段烃源岩生成煤成气或油型伴生气均为湿气,甲烷含量相对较低;随着成熟度升高,甲烷含量逐渐增加,在高成熟至过成熟阶段,主要以生甲烷为主,表现出干气特征。

四川盆地须家河组发育多套典型的煤系烃源岩,烃源岩成熟度变化范围比较广,在东部和南部成熟度 R_o 值最低为 0.7%;在西南部和北部烃源岩成熟度 R_o 值可超过 3.0%。生成的天然气在组成上也存在差异,在川中、川南地区来源于成熟度较低烃源岩的天然气甲烷含量较低,为 87.9%~92.2%,基本上属湿气;而在西南部和西北部来源于成熟度较高的烃源岩,其天然气甲烷含量很高,为 93.17%~97.15%(表4-1),大部分为干气。

表4-1 四川盆地须家河组天然气组分与原地烃源岩成熟度分布关系

气田	代表井	层位	天然气主要组分(%)							原地烃源岩 R_o(%)
			N_2	CO_2	CH_4	C_2H_6	C_3H_8	iC_4	nC_4	
八角场	角47	T_3x_6	0.64	0.29	89.6	6.22	2.02	0.39	0.97	1.3
遂南	遂8	T_3x_2	2.38	0.54	86.27	7.00	2.33	0.48	0.43	1.2
金花镇	金17	T_3x_2	0.30	—	92.20	5.88	1.07	0.2	0.20	1.2
广安	广安2	T_3x_6	0.98	0.80	88.02	6.62	1.95	0.39	0.40	1.3
充西	西20	T_3x_4	0.64	—	90.84	6.06	1.55	0.33	0.38	1.2
莲池	莲深1	T_3x_2	0.42	—	91.88	5.92	1.22	0.21	0.22	1.2
中坝	中29	T_3x_2	0.28	0.39	87.86	6.53	2.10	0.6	0.83	0.9
文兴场	文16	T_3x_2	0.19	0.34	97.08	2.11	0.24	0.62	0.01	2.5
邛西	QX006-X1	T_3x_2	0.26	1.36	93.17	4.12	0.71	0.13	0.11	2.0
平落坝	平落6-1	T_3x	0.29	0.50	97.15	2.23	0.23	0.07	—	2.3

戴金星等(2016a)通过分析中国鄂尔多斯、四川、渤海湾、琼东南、准噶尔和吐哈盆地49口煤成气湿度及其与气源岩 R_o 值的关联性,发现随 R_o 值增大,天然气湿度变小,二者呈负相关关系(图4-4),表明成熟作用对天然气组分影响很大。

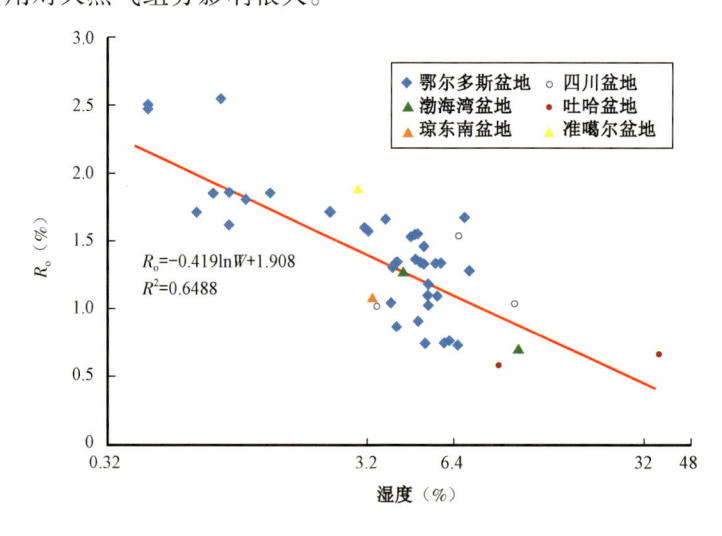

图4-4 中国煤成气湿度与 R_o 关系(据戴金星等,2016a)

成熟作用对油型气组分组成影响也很大,塔里木盆地台盆区和四川盆地海相地层天然气成因均为典型的油型气,但在天然气烃类组成上存在较大的差别,塔中Ⅰ号气田甲烷含量相对于四川盆地安岳气田明显偏低,但乙烷和丙烷含量较高,为湿气,而安岳气田则相反,为干气,这种差异主要与四川盆地海相地层经历了较高的热演化程度有关(表4-2)。

表4-2 塔里木盆地塔中Ⅰ号气田与四川盆地安岳气田天然气组分对比

气田	井号	层位	埋深(m)	CH_4	C_2H_6	C_3H_8	iC_4H_{10}	nC_4H_{10}
塔中Ⅰ号	中古13	OⅢ	6458~6550.36	72.98	10.03	5.05	1.03	2.32
	中古26	OⅢ	6085.5~6295	55.39	13.90	8.97	1.68	2.87
	中古11	OⅢ	6165.0~6631.1	88.07	3.57	1.35	0.41	0.72
	中古162-1H	OⅡ	6094.83~6780	84.62	4.05	1.58	0.39	0.65
	中古111	OⅢ	6008~6250	87.80	4.35	1.68	0.46	0.73
安岳	磨溪8井	龙王庙组	4646.5~4723	95.80	0.60	0	0	0
	磨溪10井	龙王庙组	5530	97.40	0.20	0	0.1	0
	磨溪9井	龙王庙组		97.70	0.10	0	0	0
	磨溪12	龙王庙组	5460	97.10	0.10	0	0	0
	磨溪8	龙王庙组		96.85	0.14	0	0	0
	磨溪204井	龙王庙组		97.80	0.10	0	0	0
	磨溪201井	龙王庙组	4630	96.50	0.2	0	0.1	0

2. 生气母质类型

腐泥型和腐殖型有机质均可作为良好的生气母质,但两者生成的天然气组分组成有较大的差异,这种差异主要表现在成熟阶段,因为在未成熟和过成熟阶段,腐泥型和腐殖型母质形成的天然气都是以甲烷为主;只有在成熟阶段,不同母质类型形成的天然气烃类组分才有明显的差异。

根据戴金星等(1992)研究结果,在早期(未成熟)和晚期(过成熟)阶段,煤成气和油型气的重烃气含量几乎接近于0;而在成熟阶段,两者重烃气含量均较高,煤成气和油型气的重烃气含量一般小于20%,而油型气多数介于10%~40%,这说明油型气重烃气含量偏高,即腐泥型有机质比腐殖型有机质生成的重烃气多,此乃两类有机质在结构上的差异所致。前者是带有长链结构和少量环状结构的化合物,因此断链后主要形成液态烃和重烃气;而后者多为缩合的多环结构化合物,带有较短的侧链,故只能形成少量的液态烃和重烃气,主要产物是甲烷。

二、非烃气体的分布特征及成因

(一)二氧化碳气组分分布特征及成因

二氧化碳是天然气中常见且研究较多的非烃气体之一。总体上来看,天然气中CO_2含量较低,83%的天然气中CO_2含量低于5%(图4-1),但也有少部分样品CO_2含量很高(图4-5、表4-3)。这些CO_2气田(藏)主要分布在东部陆上裂谷盆地与东海及南海北部大陆架边缘盆地,包括松辽盆地、渤海湾盆地、内蒙古商都盆地、苏北盆地、三水盆地、珠江口盆地、莺歌海盆地、琼东南盆地以及北部湾盆地福山凹陷等。目前至少已发现36个具工业价值的CO_2气田(藏)。中国东部CO_2气田(藏)通常分布在深大断裂附近和断裂交会部位。位于中国东部的郯庐断裂是一条深达莫霍面的活动性断裂带,在部分地段切入地幔(徐永昌,1997),且正好穿越或切过北部的五条NW至NWW向断裂,两者交会部位构成了幔源—岩浆气对浅部的释放窗口,为幔源无机 CO_2 向地壳层运移提供了有利通道,使无机 CO_2 在一定条件下聚集成藏。因此郯庐断裂带及其附近是无机成因 CO_2 气成藏的有利区域(陈永见等,1999),中国东部松辽、渤海湾、苏北等盆地幔源无机成因 CO_2 气田(藏)即分布在郯庐断裂带附近。与此不同的是,位于中国东部区与特提斯构造域交会的海南岛西南红河大断裂西侧的莺歌海盆地,主要分布壳源无机成因 CO_2 气田(藏),这是由于红河大断裂在该区的深度和活动强度较郯庐断裂小且低,因此提供的幔源组分较少(徐永昌,1997)。中国东部 CO_2 气田(藏)通常与岩浆岩伴生,这是因为岩浆活动总是伴随着 CO_2 的释放,同时岩浆活动也为碳酸盐岩热分解提供了热源。中国东部目前分布的36个无机成因 CO_2 气田(藏)和多处气苗中的 CO_2 主要为幔源无机成因,其在空间上与新近纪及第四纪北西西向玄武岩分布带展布一致,多发育于北西西向玄武岩分布带与北东—北北东向断裂带交会处。据廖凤蓉等(2012)的统计结果表明,中国东部 CO_2 含量分布范围广,为0.02%~99.92%,平均值为36.93%,主要分布区间为0~10%,其次为90%~100%,而 CO_2 含量在40%~50%的样品数明显较少,在分布图上呈现典型的U字形特征(图4-5)。松辽、三水、珠江口、苏北等盆地的 CO_2 含量主要分布于0~20%和80%~100%两个区间,而莺琼盆地和渤海湾盆地则有相当一部分样品 CO_2 含量分布于50%~80%,与上述盆地有所差异。

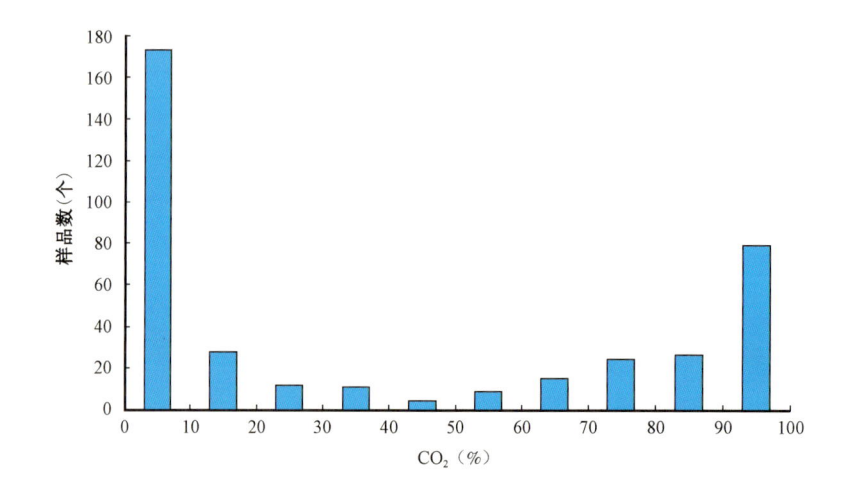

图4-5 中国东部天然气中 CO_2 含量分布图(据廖凤蓉等,2012)

戴金星(1995)根据天然气中 CO_2 含量可将气藏分为二氧化碳气藏(CO_2 含量>90%)、亚 CO_2 气藏(60%~90%)、高含 CO_2 气藏(15%~60%)和含 CO_2 气藏(<15%)四类。CO_2 气藏中的 CO_2 是无机成因,工业上一般可直接利用;亚 CO_2 气藏中 CO_2 也是无机成因的;高含 CO_2 气藏中 CO_2 成因较复杂,有混合成因和无机成因,但以无机成因为主,目前在工业上还没有经济价值。含 CO_2 气藏中 CO_2 成因更复杂,同样以有机成因为主,也没有经济价值。表4-3列出了中国东部松辽盆地和莺歌海盆地部分气田天然气 CO_2 含量的分布,从表中可以看出,长岭气田部分井天然气中的 CO_2 含量可达90%以上,为典型的 CO_2 气藏,另外芳深9、东方1-1、乐东22-1和乐东气藏或气田天然气中 CO_2 含量也很高,达到60%以上,为亚 CO_2 气藏,其他气田或气藏如安达、葡浅、松南等天然气中 CO_2 含量分布在20%以上,为高含 CO_2 气藏。

二氧化碳的成因主要有有机成因和无机成因两大类。无机成因包括碳酸盐岩热分解和幔源成因,广东三水盆地纯 CO_2 气藏中 CO_2 是由碳酸盐岩热解生成的。莺歌海盆地古近系和新近系厚度大、沉降速率大、地温梯度大(4.5℃/km),在盆地中央发育独具特色的中央底辟构造带,底辟带发育20多个底辟构造,最大面积达 $350km^2$,最小的也超过 $10km^2$,并伴有大规模的超压流体活动(解习农等,1999),莺歌海盆地的东方1-1气田和乐东大气田都位于该泥底辟带上,CO_2 主要来源于碳酸盐岩高温热解。中国东部高含 CO_2 气大部分以幔源无机成因为主。

表4-3 松辽盆地和莺歌海盆地部分气田天然气中 CO_2 含量分布表

气田或气藏	井号	层位	埋深(m)	天然气主要组分(%)						
				CH_4	C_2H_6	C_3H_8	iC_4H_{10}	nC_4H_{10}	CO_2	N_2
安达	达深2	K_1yc	3093.0~3102.0	63.21	0.66	0	0	0	31.81	3.55
芳深9	芳深9	K_1yc		15.96	0.30	0.02	0	0	82.49	1.23
葡浅	葡浅4-更41	H	255.55	65.21	4.19	0	0	0	29.10	1.19
	葡浅6-更61	H	264.2	63.79	1.16	0	0	0	31.36	3.273
	葡浅3-更31	H	284.5	59.92	3.52	0	0	0	35.26	0.901
	葡浅5-61	H	251.3	45.00	1.62	0	0	0	51.89	1.227
松南	腰深1	K_1yc	3538.0~3970.0	75.47	0.69	0	0	0	19.86	3.98
	腰深1	K_1yc	3540.7~3749.0	69.32	1.02	0.05	0	0.02	20.00	8.71
	腰深1	K_1yc	3544.4~3575.0	71.72	1.22	0.05	0	0	20.74	0
	腰深101	K_1yc	3824.0~3833.0	71.96	0.84	0	0	0	21.51	0
	腰深101	K_1yc	3745.5~3764.5	71.96	0.84	0	0	0	21.54	0
	腰深101	K_1yc	3745.5~3833.0	71.48	0.51	0.01	0	0	24.21	0
	腰深102	K_1yc	3773.5~3792.0	69.02	0	0.05	0	0	24.75	0
	腰深102	K_1yc	3685~3710	69.04	0.65	0	0	0	25.85	1.04
长岭	长深1	K_1yc	3566.0~3651.0	71.43	1.17	0.05	0	0.01	22.04	4.93
	长深1	K_1yc	3594	71.4	1.79	0.11	0	0	22.56	4.14
	长深平4	K_1yc	4550.0~3591.0	69.41	1.14	0.05	0	0.01	24.41	4.78
	长深平2	K_1yc	3834.0~4402.0	68.16	1.12	0.05	0	0.01	25.65	4.7
	长深平3	K_1yc		67.49	1.1	0.05	0	0.01	26.54	4.66
	长深1-2	K_1yc	3697.0~3704.0	65.79	1.13	0.05	0	0.01	28.12	4.55
	长深平7	K_1yc	3906.0~4906.0	65.44	1.07	0.05	0	0.01	28.31	4.48
	长深1-2	K_1yc		18.6	0.44	0	0	0	77.8	3.2
	长深2	K_1yc	3791.6~3809.0	1.57	0.01	0	0	0	97.45	0.71
	长深4	K_1yc		0.68	0	0	0	0	98.56	0.41
	长深6	K_1yc		0.4	0	0	0	0	98.7	0.9
东方1-1	DF1-1-7	N_2y	1415	30.5	0	0	0	0	63.6	4.72
	2	N_2y	1361.5	28.1	0.66	0.13	0	0	64.7	5.82
	2	N_2y	1452.5	25.8	0.91	0.07	0	0	66.66	6.27
	6	N_2y	1473.5	16.94	0.43	0.09	0	0	71.39	10.94
	6	N_2y	1502	16.76	0.25	0.05	0	0	71.5	11.2
	DF1-1-6	N_2y	1842	5.62	0	0	0	0	88.91	5.45
乐东	DF15-1-1	N_2y	1417~1429	26.339	1.49	0.49	0.799	0	66.50	4.945
	DF8-1-1	N_2y	1910~1921	25.85	0.73	0.56		0	68.03	4.35
	DF15-1-1	N_2y	2200~2225	16.02	1.22	0.19	0.03	0	78.72	3.55
乐东22-1	3	N_2y	1486~1496	59.12	1.31	0.28	0.06	0	21.35	17.26
	6	N_2y	1468~1482	50.11	0.85	0.16	0	0	34.82	13.75
	1	N_2y	1486~1510	13.44	0.54	0.03	0	0	80.42	5.29

二氧化碳有机成因主要包括微生物降解、有机质热降解和热裂解、热硫酸盐还原作用（TSR）。有机物在厌氧细菌作用下遭受生物化学降解生成大量的 CO_2，松辽盆地的葡浅气藏天然气中 CO_2 含量分布在 29.10%~51.89%，其成因可能为微生物降解成因。有机质热降解和热裂解可以产生一定量的 CO_2，根据戴金星等（1992）热模拟实验结果，有机质在整个演化过程中都有大量的 CO_2 生成，特别是在早期演化阶段 CO_2 生成量更大，但是，由于 CO_2 在水中的溶解度较高，大量 CO_2 溶于水中或被水带走，因此，我国发现含量较高的有机成因的 CO_2 藏很少。另外一种 CO_2 有机成因是 TSR 作用，川东北普光气田天然气中 CO_2 含量分布在 2.55%~18.03%，Hao 等（2008）认为主要是由 TSR 作用导致的。

（二）硫化氢（H_2S）气分布特征及成因

由于 H_2S 是一种剧毒的危害性气体，特别是高含 H_2S 气体可导致重大的安全事故，因此，天然气中的 H_2S 组分含量得到很大的关注。含 H_2S 天然气分布广泛，但是，从天然气中 H_2S 含量分布来看，绝大部分天然气中没有或含有微量的 H_2S 气体。目前发现的含 H_2S 天然气主要分布在四川盆地、渤海湾盆地、鄂尔多斯盆地和塔里木盆地等碳酸盐岩地层，在碎屑岩储层中，根据戴金星等（1992）对 600 多个样品的统计，绝大多数样品 H_2S 含量小于 0.5%。

H_2S 含量分布很广，从微含 H_2S 到气体中 H_2S 含量占 92% 以上。戴金星（1985）把天然气中含 H_2S 量在 70% 以上的称 H_2S 型气；含量在 2%~70% 的叫高 H_2S 型气；含量在 0.5%~2% 的划为低 H_2S 型气；含量大于零，小于 0.5% 的为微（贫）H_2S 型气；不含 H_2S 的命名为无 H_2S 型气。天然气中 H_2S 含量大于 1% 时，对油气安全勘探开发的危害都是极大的。

含 H_2S 天然气多数分布在碳酸盐岩层系内（戴金星，1985）。中国已在四川盆地、渤海湾盆地、鄂尔多斯盆地和塔里木盆地碳酸盐岩中发现了含 H_2S 天然气，其中 H_2S 型气主要分布在渤海湾盆地晋县凹陷赵兰庄地区。赵兰庄孔一段气藏，H_2S 含量为 92%，是世界上含 H_2S 最高的气藏之一，因为它比目前世界上已知含 H_2S 极高的加拿大 Panther River 气田和 Bearberry 气田（H_2S 含量分别为 87% 和 90%）的高，而仅低于世界上 H_2S 含最高的美国得克萨斯州南部上侏罗统 Smackover 石灰岩中（井深 5793~6098m）H_2S 含量（达 98%）的气藏。

高含 H_2S 天然气（H_2S 含量大于 2%）主要分布在四川盆地，四川盆地嘉陵江组中的一些气藏、中坝气田雷三段气藏、建南气田长兴组气藏等及渤海湾盆地罗家地区沙四段的一些天然气属于此类。四川盆地川东气区高含 H_2S 气田最多，主要由下三叠统飞仙关组的普光、罗家寨、渡口河、铁山坡、七里北和嘉陵江组的卧龙河气田组成，含 H_2S 天然气的储量规模占全盆地含 H_2S 天然气的 70% 以上，且 H_2S 含量均较高，都在 5% 以上，多数大于 10%。其中飞仙关组气藏 H_2S 含量平均在 14%，部分高达 16%~17%。

川南威远地区的震旦系气层 H_2S 含量不高，属于低 H_2S 型气，含量比较稳定和均匀，绝大多数分布在 0.9%~1.2%，整体分布在 0.82%~1.53%，平均为 1.07%。川中地区在中三叠统雷口坡组发现了 H_2S 含量较高的磨溪气田，H_2S 含量多数分布在 1.4%~2.1%，少数井 H_2S 含量高达 3.0%。

H_2S 成因一般而言主要有三种：

（1）生物成因。它可以通过微生物同化还原作用和植物的吸收作用形成含硫有机化合物，如含硫的维生素或蛋白质等，再在一定的条件下分解而产生 H_2S；也可以在有硫酸盐和硫酸盐还原菌存在的条件下，硫酸盐还原菌进行厌氧的硫酸盐呼吸作用，将硫酸盐还原生成 H_2S。

（2）热化学成因。此类成因也可分为两种类型，一是热解成因，即含硫有机化合物在热力作用下，含硫的杂环断裂所形成；另一类是热还原成因，有机质或 H_2 使硫酸盐还原生成 H_2S。

（3）岩浆成因。在岩浆上升过程中可析出 H_2S 气体（戴金星等，1992）。具体到四川盆地川东北飞仙关组鲕滩储层大然气中的高 H_2S 含量可能主要为热硫酸盐还原作用(TSR)。中国已发现海相微含、低含、高含 H_2S 天然气(表4-4),主要集中分布在奥陶系、寒武系、石炭系和三叠系,这些气田的储层主要属于碳酸盐岩,储层经历的埋深大,天然气的成熟度高。硫同位素研究表明,这些硫化氢属于 TSR 成因,即:

$$烃类 + CaSO_4 \longrightarrow CaCO_3 + H_2S + CO_2 + H_2O \pm S(硫黄)$$

这些气藏都具备 TSR 发生的条件。

表4-4 中国海相高含、低含和微含硫化氢大中型气田天然气主要组分数据表

气田	层位	探明储量 ($10^8 m^3$)	储层类型	孔隙度 (%)	H_2S	CO_2	CH_4	C_2H_6	C_3H_8
安岳气田	灯影组	3690.04	孔隙型	3.32	2.00	2.09	91.15	0.05	0
	龙王庙组	4403.83	孔隙型	4.28	0.60	2.35	94.76	0.13	0
普光	长兴、飞仙关组	4121.73	孔隙型	14	12.44	9.07	77.81	0.03	0
罗家寨	飞仙关组	836	孔隙型	7.9	7.13	5.13	75.30	0.05	0
铁山坡	飞仙关组	374	孔隙型	8.6	14.30	6.32	76.90	0.07	0
渡口河	飞仙关组	359	孔隙型	6.4	16.21	3.29	75.20	0.04	0
龙岗	长兴、飞仙关组	720.33	孔隙型	4.3	4.04	6.59	89.00	0.10	
元坝	长兴、飞仙关组	2303.47	孔隙型	5.67	6.80	13.46	76.48	0.04	
磨溪	雷口坡组	375.72	孔隙型	8.0	1.28	0.11	94.46	1.32	0.03
威远	灯影组	408.61	裂缝—孔隙型	3.73	0.11	1.97	94.28	0.21	0.01
大天池	黄龙组	1067.55	裂缝—孔隙型	6.21	0.3	0.36	96.96	0.57	0.21
卧龙河	嘉陵江组	202.4	裂缝—孔隙型	8.0	0.01	0.71	92.27	0.87	0.23
中坝	雷口坡组	86.3	裂缝—孔隙型	3.94	3.65	3.56	87.92	1.82	0.54
靖边	马家沟组	6403	裂缝—孔隙型	6.2	0.01	4.83	93.83	0.62	0.13
塔中Ⅰ号	良里塔格、鹰山组	3632.37	孔隙型	6.0	2.4	1.91	87.31	1.87	1.11
和田河	石炭系、奥陶系	616.94	孔隙型	3.0	0.13	3.79	89.28	6.83	1.87

(三)氮气(N_2)组分分布特征及成因

氮是天然气中常见的非烃组分,较其他非烃组分的物性更接近烃类。世界上83%的气藏中 N_2 的浓度在 0.4%~12.5%,一般 N_2 含量达到10%以上的气藏就称为高 N_2 气藏。世界上见到一些高含 N_2 煤成气田的报道,如荷兰的格罗宁根气田天然气含氮量达14%,位于德国北部来源于石炭系煤系烃源岩的煤成气氮气含量最高可达100%,并认为含量高的氮气主要来源于煤系烃源岩在高演化阶段(甲烷生成结束后)生成的(Krooss 等,1995)。根据1200多个天然气样品的组分分析结果,天然气氮气含量分布在 0.01%~94.83%,平均为 3.08%,小于5%的占84%,小于10%的占92%,整体来说,天然气中氮气含量一般是比较低的。

在中国也发现了一些高含氮气的天然气,这些高含氮气的天然气主要分布在莺琼盆地的乐东气田、东方1-1气田、塔里木盆地塔中和英买2和松辽盆地双坨、小合隆、葡浅以及海拉尔盆地的部分气井(表4-5)。天然气中氮气的来源主要有生物来源、大气来源和岩浆来源等,莺歌海盆地、松辽盆地和海拉尔盆地煤成气中高含氮气,乐东气田氮气同位素比较低,$\delta^{15}N_2$ 主要分布在 -9‰~-1‰,与德国北部石炭系天然气的 $\delta^{15}N_2$ 值(-15‰~-5‰)和有机质生成的氮气 $\delta^{15}N_2$ 值(-15‰~-2‰)相近,尽管氮同位素组成来源比较复杂,但有机来源的氮通常有偏负的 $\delta^{15}N$ 值,这些高含氮气的煤成气

可能主要为生物来源。在一些浅层的煤矿中也发现一些高含氮气的煤成气,戴金星等(1992)对我国 20 多个煤矿气样分析表明,由于煤田中的煤层埋藏较浅,处于气水交换活动带,大气中的主要成分 O_2 和 N_2 同时被地下水带入煤层,氧气与其他物质发生氧化作用而消耗掉,N_2 则赋存在煤层中,致使煤层中天然气 N_2 含量增高。岩浆来源的高含 N_2 气藏在我国尚未发现,N_2 含量较高并与 He 共生是岩浆成因气的标志(包茨,1988)。

表 4-5　我国主要高含氮气天然气组分数据分布

气田或地区	井号	深度(m)	CO_2(%)	N_2(%)	C_1(%)	C_{2+}(%)	$\delta^{15}N$(‰)	资料来源
东方 1-1	东方 1-1-4	1375.0	0.18	27.60	70.70	1.54	-9	戴金星等,2003
	东方 1-1-5	1326.0	0.17	27.20	71.30	1.41	-3	
	东方 1-1-6	1502.0	11.2	71.5	16.76	0.38	-3	
	东方 1-1-7	1415.0	4.72	63.6	30.50	1.20	-2	
	东方 1-1-8	1358.0	0.35	18.60	79.60	1.38	-1	
	东方 1-1-9	1325.0	0.20	23.40	74.50	1.90	—	
乐东气田	乐东 14-1-1	—	1.00	56.81	40.32	1.43	—	戴金星等,1992
	乐东 22-1-1	1044.0	0.11	23.71	73.46	2.12	—	
	乐东 22-1-7	2153.0	1.72	39.66	53.65	4.97	—	
双坨子	伏 1	1210.0	3.32	13.79	77.37	4.3	—	
小合隆	合 4	1507.2	17.81	17.24	63.27	1.61	—	
三站?	三深 1 井	—		63.40	34.56		—	
海拉尔	乌 1	—	10.50	63.17	24.97	0.53	—	戴金星等,1992
	新乌 1	—	2.58	64.26	32.74		—	
阳泉五矿(煤矿)	5-24 孔	—	6.38	92.77	0.85		—	戴金星等,1992
阜新东梁矿(煤矿)	561 孔	—	4.81	84.97	10.20		—	
江西青山矿(煤矿)	东 312	—	5.17	94.83			—	
葡浅	葡浅 9	263.8	1.41	65.611	32.453	0.49	—	
	葡浅 801	318.2	0.588	48.574	42.435	0	—	
	葡浅 701	276.4	0.393	36.571	60.215	0.29	—	
塔中	塔中 168	3814.5~3826	3.16	22.74	48.77	20.7	—	
	塔中 4-18-7	—	0.74	17.47	72.42	8.27	—	
	塔中 117	4510	0.57	14.35	69.68	12.13	—	
	塔中 4-18-8	3675~3688	0.78	12	52.71	23.98	—	
	中古 26	6085.5~6295	3.23	11.63	55.39	27.42	—	
	塔中 4-7-19	3574~3580	8.84	10.89	74.31	5.27	—	
	塔中 11	—	0.57	10.48	75.1	12.41	—	
	塔中 4-7-28H	—	0.97	8.95	75.49	13.14	—	
英买	英买 2-11	5776.5~5870	5.27	15.53	49.99	27.53	—	
	英买 2-14	5875.02~5915	2.53	14.58	51.83	28.33	—	
	英买 34	—	5.71	12.33	55.23	16.35	—	
	英买 35	—	4.17	12.24	54.15	15.58	—	

第二节 天然气同位素组成特征

烃类天然气只有碳和氢两个元素组成,它们的同位素组成与其成气母质类型及母质的热演化程度密切相关。

一、烷烃气碳同位素组成特征

碳同位素类型主要有 ^9C、^{10}C、^{11}C、^{12}C、^{13}C、^{14}C、^{15}C、^{16}C 等,其中 ^{12}C 和 ^{13}C 为稳定同位素,其他均为不稳定同位素,在自然界中碳的稳定同位素 ^{12}C 和 ^{13}C 的相对丰度分别为98.89%和1.11%。^{12}C 和 ^{13}C 丰度可用δ值表示,δ值是指样品与被选作"标准"的样品其表达式为 $^{13}C/^{12}C$ 相比的千分偏差值,以 $\delta^{13}C(‰)$ 示之:

$$\delta^{13}C(‰) = \frac{^{13}C/^{12}C_{样品} - ^{13}C/^{12}C_{标准}}{^{13}C/^{12}C_{标准}} \times 1000$$

碳同位素是目前各同位素研究中最成熟和应用最广的一种同位素,测定方法大多采用 GC–IR–MS,一般采用 V–PDB 标准。

(一) 烷烃气碳同位素分布范围广

中国天然气的碳同位素值分布范围较宽(图4-6),反映了成因的复杂性。甲烷 $\delta^{13}C$ 分布在 -87.0‰~-16.4‰,平均为 -37.3‰;60%以上的样品分布在 -40.0‰~-30.0‰(图4-6),$\delta^{13}C$ 最重的天然气主要分布在松辽盆地深层的长岭气田、庆深气田和塔里木盆地的阿克气田、克拉2气田,$\delta^{13}C_1$ 一般大于 -25.0‰,同位素最轻的天然气分布于松辽、陆良和莺歌海盆地的浅层生物气,$\delta^{13}C_1$ 一般小于 -70.0‰。

乙烷 $\delta^{13}C$ 分布在 -66.0‰~-13.4‰,平均为 -29.1‰,主频率在 -25.0‰~-20.0‰(图4-6),近80%的样品分布在 -35.0‰~-20‰。$\delta^{13}C_2$ 最重的天然气主要分布塔里木盆地的克拉2、克深等气田,$\delta^{13}C_2$ 一般大于 -20.0‰;同位素最轻的天然气分布于陆良、松辽以及柴达木盆地的生物气,陆良盆地生物气 $\delta^{13}C_2$ 一般小于 -60‰,松辽盆地敖南气藏以及柴达木盆地涩北一号气田生物气,$\delta^{13}C_2$ 一般小于 -50.0‰。

丙烷 $\delta^{13}C$ 分布在 -36.5‰~-11.5‰,平均为 -26.1‰,主频率在 -30.0‰~-25.0‰(图4-6),但主峰在 -30‰~-25‰,91%的样品分布在 -35.0‰~-20‰之间,与 $\delta^{13}C_2$ 相比,$\delta^{13}C_3$ 分布更集中。$\delta^{13}C_3$ 最重的天然气仍然出现在塔里木盆地的克拉2、克深等气田,$\delta^{13}C_3$ 一般大于 -20.0‰,最轻的天然气分布在塔北隆起。

丁烷 $\delta^{13}C$ 分布在 -39.9‰~-16.1‰,平均为 -25.2‰,主频率在 -30.0‰~-25.0‰(图4-6),主峰在 -25.0‰~-20‰,与丁烷碳同位素分布比较接近。

从图4-6可以看出,天然气烷烃气碳同位素除具有分布广,存在主频外,还存在随着烷烃气碳数的增加,两个碳数之间同位素差值越来越小的分布特征,如乙烷与甲烷之间的平均差值为8.2‰,丙烷与乙烷之间的平均差值降到3.0‰,丁烷与丙烷之间的平均差值只有0.9‰。

(二) 烷烃气 $\delta^{13}C$ 值随成熟度的增大而增大

成熟度是天然气甲烷碳同位素变化的重要影响因素之一。随成熟度增大,烷烃气碳同位素变重。为解决天然气形成、演化并进行气源对比,一些学者先后提出了烷烃气 $\delta^{13}C_1$ 值与成熟度(R_o)之间的关系,总体上表现为如下对数关系。

$$\delta^{13}C_1 = a\lg R_o + b$$

式中 $\delta^{13}C_1$ 为甲烷碳同位素组成，R_o 为相应气源岩的镜质组反射率值，不同学者根据不同地区的煤成气 $\delta^{13}C_1$ 与 R_o 数据拟合的斜率 a 和截距 b 值见表4-6。

不同学者提出的天然气成熟度 R_o 值和甲烷 $\delta^{13}C_1$ 值之间的关系系数有异，这主要与各学者依据的样品数据来源及其地质背景有关。如Stahl等(1975)模式以中欧北海的地质背景为基础，盆地具有沉

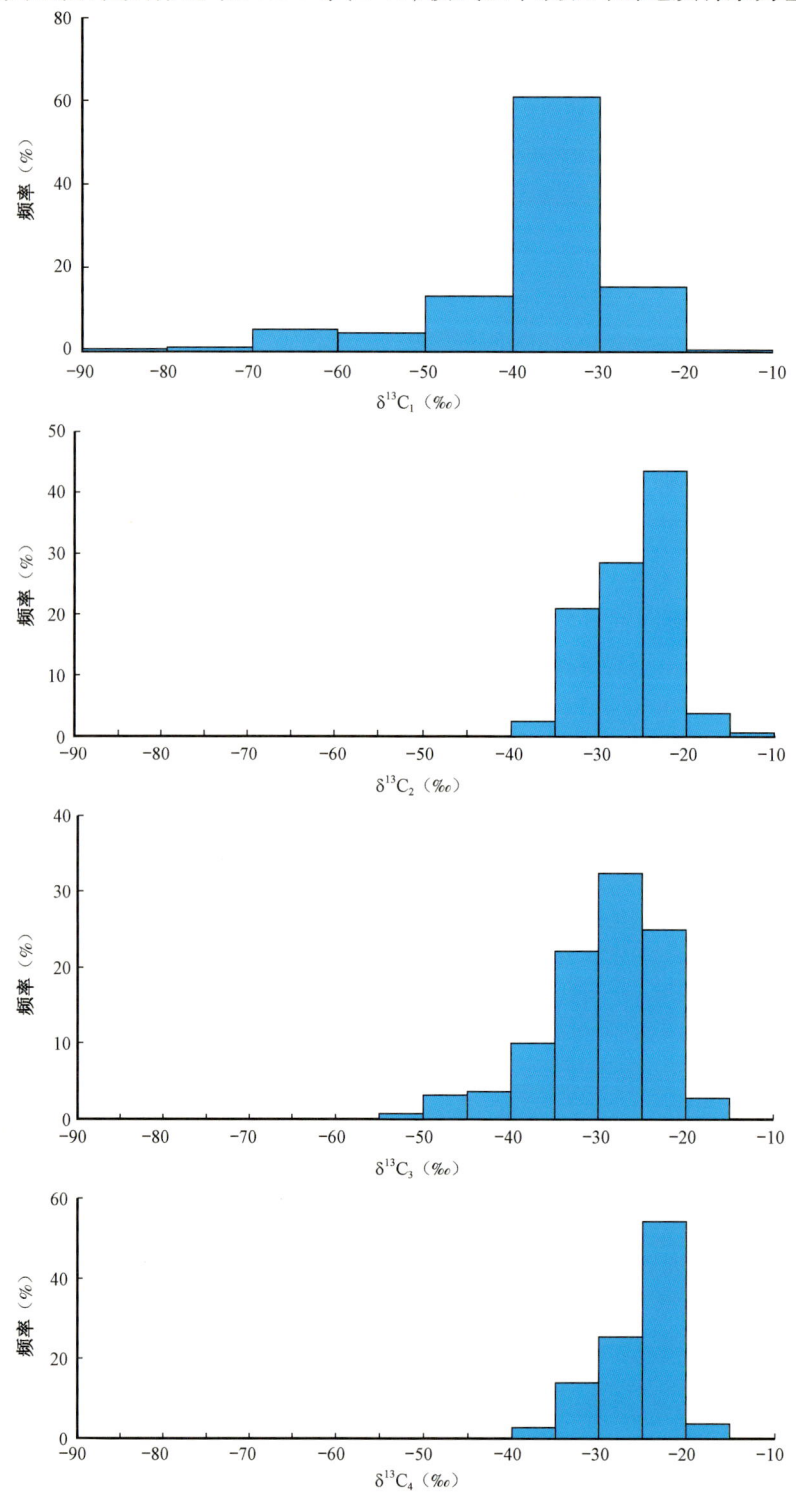

图4-6 中国天然气 C_1—C_4 碳同位素频率分布图

降—抬升—沉降的二次生气的特征,属高演化阶段瞬间成气;Schoell(1980)、徐永昌等(1985)和戴金星(1985)提出的关系式基本反映中生界及以下层系高演化阶段连续演化过程的煤成气特征;徐永昌等(1993)和沈平等(1991)的模式是体现低演化阶段的煤成气甲烷碳同位素分馏特征;刘文汇等(1999)提出了成熟度 R_o 值和甲烷 $\delta^{13}C_1$ 值之间"二阶段"关系式。

除了甲烷碳同位素之外,乙烷和丙烷 $\delta^{13}C$ 值也有随成熟度增大而增加的特征(戴金星等,1992)。

表4-6 不同学者对煤成气 $\delta^{13}C_1$ 值与 R_o 关系式中系数选取表

序号	作者	年代	斜率 a	截距 b	备注
1	Stahl 等	1975	8.6	-28.0	德国北部($R_o>0.5\%$)
2	Schoell	1980	15.0	-35.0	北美
3	徐永昌等	1985	8.64	-32.8	东濮凹陷($R_o>0.6\%$)
4	戴金星等	1985	14.12	-34.39	全国($R_o>0.5\%$)
5	廖永胜	1986	15.1	-38.5	模拟实验数据,累计甲烷与 R_o 之间对数关系
6	徐永昌等	1993	49.56	-34.48	辽河盆地($R_o=0.3\%\sim1.3\%$)
7	沈平等	1991	40.49	-34.0	全国($R_o=0.3\%\sim2.0\%$)
8	刘文汇等	1999	48.77	-34.1	全国($R_o<0.8\%\sim1.0\%$)
			22.42	-34.8	全国($R_o>0.8\%$)
9	Faber	1987	13.4	-27.7	德国北部($R_o=0.7\%\sim3.0\%$)
10	Berner 和 Faber	1996	3.6848	-31.292	模拟实验数据,瞬时甲烷与 R_o 之间线性关系
11	Berner	1989	3.01	-31.2	德国北部,瞬时甲烷与 R_o 之间线性关系

(三)烷烃气以正碳同位素系列分布为主

天然气中烷烃气碳同位素按其分子碳数出现规律性排列:若随烷烃气分子碳数递增,$\delta^{13}C$ 值依次递增($\delta^{13}C_1<\delta^{13}C_2<\delta^{13}C_3<\delta^{13}C_4$)称为正碳同位素系列,是有机成因烷烃气的一个特征。根据主要气区天然气样品的 C_1—C_3 烷烃碳同位素值的统计,大部分天然气甲烷、乙烷与丙烷碳同位素呈正碳同位素系列分布(图4-7)。

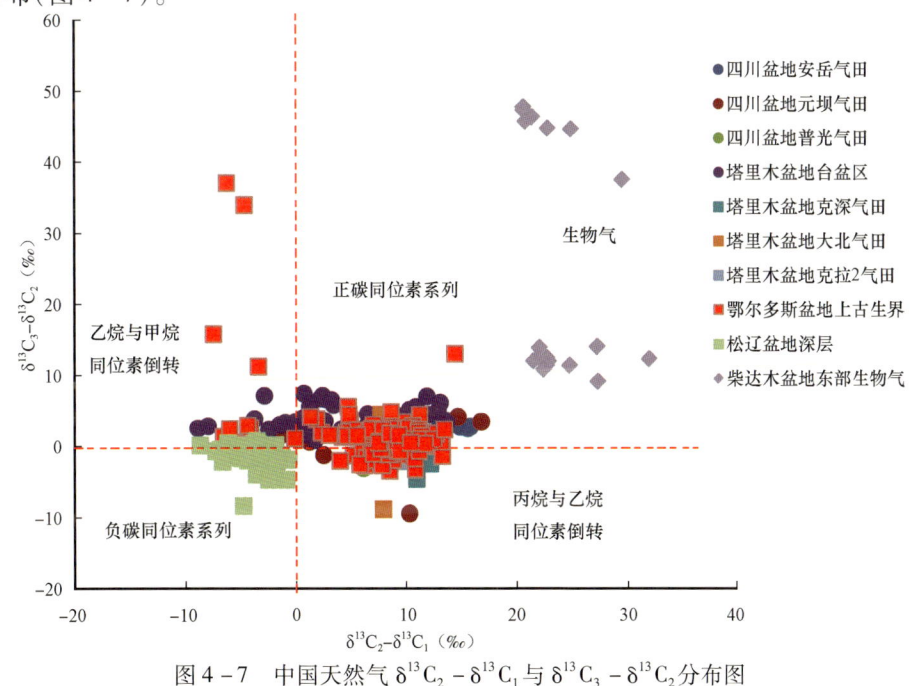

图4-7 中国天然气 $\delta^{13}C_2-\delta^{13}C_1$ 与 $\delta^{13}C_3-\delta^{13}C_2$ 分布图

塔里木盆地库车坳陷克深气田、大北气田、克拉 2 气田天然气乙烷和丙烷发生倒转,台盆区天然气以正碳同位素系列为主,部分发生甲烷和乙烷倒转;鄂尔多斯盆地天然气以正碳同位素系列为主,在南部也见到负碳同位素系列;松辽盆地深层以负碳同位素系列为主。

也有少量的天然气甲烷和乙烷、乙烷和丙烷等重烃发生倒转。天然气同位素发生倒转可能主要与高温作用有关,其次受混合作用和无机成因等影响。

(四)部分烷烃气具有负碳同位素系列分布特征

随烷烃气分子碳数递增,$\delta^{13}C$ 值依次递减称为负碳同位素系列。负碳同位素系列又分为原生型和次生型 2 种。原生型负碳同位素系列是无机成因的;次生型负碳同位素系列是正碳同位素系列经次生改造来的,出现在过成熟的页岩气和煤成气中(戴金星等,2016b)。近年来,在一些沉积盆地的过成熟地区,发现一些规模性负碳同位素系列天然气,尤其在某些页岩气中,例如四川盆地川东和川南地区五峰组—龙马溪组页岩气以及美国 Arkoma 气区 Fayetteville、加拿大西加拿大盆地 Horn River 页岩气(戴金星等,2016b)。这些页岩气均产自高 TOC 页岩且都处于低湿度和过成熟阶段:五峰组—龙马溪组页岩气湿度为 0.34%~0.77%,R_o 大于 2.2%;Fayetteville 页岩气湿度在 0.86%~1.6%,R_o 值为 2%~3%;Horn River 页岩气湿度为 0.2%。完全进入过成熟阶段($R_o > 2.0\%$)的四川盆地龙马溪组碳同位素组成整体分布非常集中,且均展现出负碳同位素系列特征,且在该区间中,热演化程度最高的长宁地区各组分碳同位素组成,整体重于涪陵和威远地区(图 4-8);而且五峰组—龙马溪组页岩气与 R/Ra 值为 0.01~0.04 壳源氦伴生,说明页岩气为有机成因。所以,其负碳同位素系列与原生型无机成因负碳同位素系列不同,是由有机成因烷烃气改造而成,可称为次生型负碳同位素系列(戴金星等,2016)。

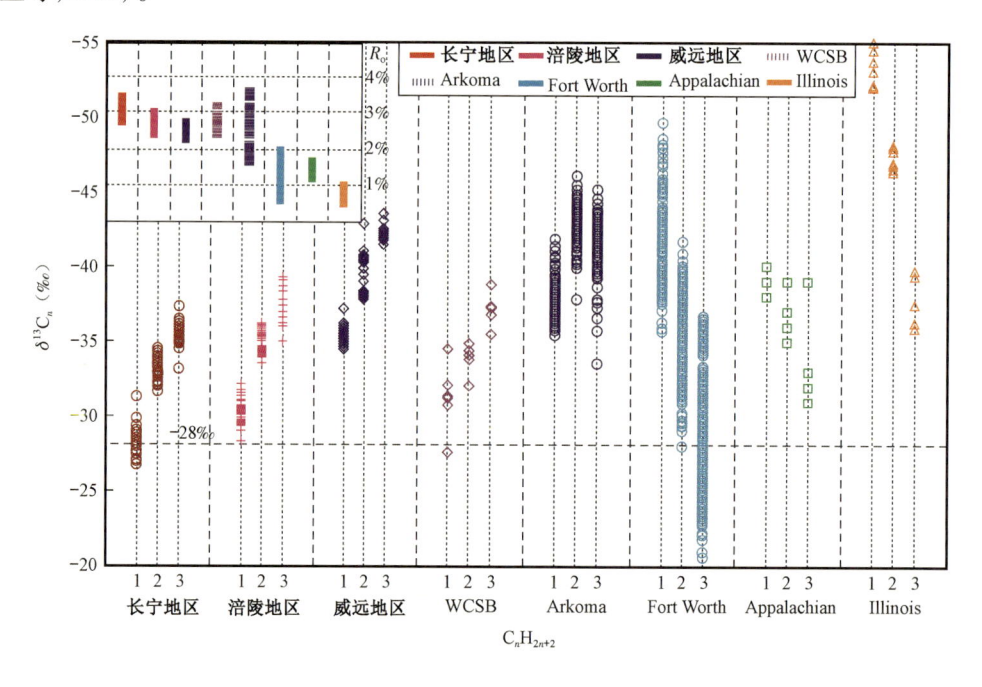

图 4-8 四川盆地龙马溪组页岩气碳同位素组成系列分布图
图中 1、2、3 分别代表甲烷、乙烷和丙烷

不仅在过成熟页岩气中发现次生型负碳同位素系列,而且在鄂尔多斯盆地南部过成熟的煤成气区也发现了规模性次生型负碳同位素系列(图 4-9)。关于次生型负碳同位素系列成因的观点较多,包括:二次裂解、扩散、过渡金属和水介质在 250~300℃范围内发生氧化还原作用导致乙烷和丙烷瑞

利分馏等。戴金星等(2016b)详细研究对比后发现,不论页岩气或者煤成气,次生型负碳同位素系列仅出现在过成熟页岩或烃源岩区,在成熟和高成熟页岩或者烃源岩区未见次生型负碳同位素系列,由此得出过成熟或者高温(>200℃)是导致次生型负碳同位素系列出现的主要控制因素;在此主控因素下,可由二次裂解、扩散或者乙烷和丙烷瑞利分馏的一种或几种方式促使次生型负碳同位素系列的形成。

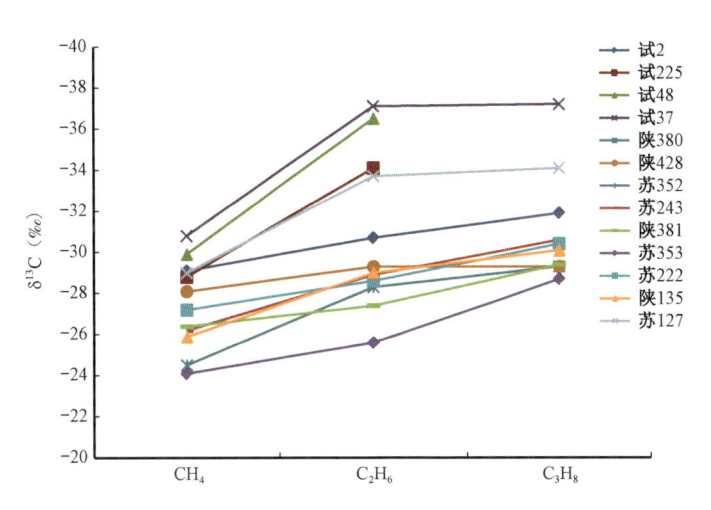

图4-9 鄂尔多斯盆地南部过成熟区次生型负碳同位素系列分布图

(五)页岩气碳同位素组成随成熟度增大出现反转

随热演化程度增加,页岩气湿度逐渐降低,甲烷呈现规律性变化。图4-10为四川盆地和北美页岩气甲烷碳同位素与湿度的分布关系图,可以看出,虽然页岩气甲烷碳同位素随湿度增加整体变轻(图4-10),但在湿度为0.5%时却出现反转(Rollover)现象。威远地区龙马溪组页岩气(R_o为2.0%~2.2%)处于过成熟阶段,随湿度降低,甲烷碳同位素组成逐渐变重,当成熟度达到长宁和涪陵地区的程度(R_o为2.3%~3.3%)后,湿度为0.5%左右,甲烷碳同位素随湿度增加有变轻的趋势。

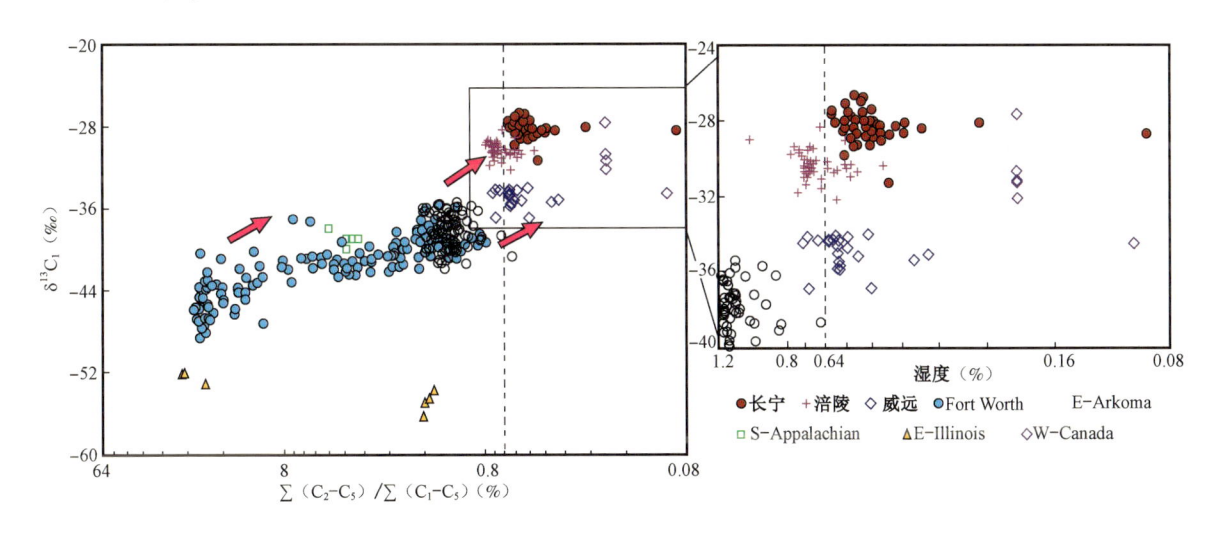

图4-10 页岩气$\delta^{13}C_1$值与湿度分布图

页岩气$\delta^{13}C_2$和$\delta^{13}C_3$值随成熟度增加,也会出现有趣变化,在湿度为0.48%~1.2%出现显著的反转;Tilley和Muehlenbachs(2013)将此变化前后阶段分别称为前反转阶段(Pre-rollover zone)和后反转阶段(Post-rollover zone)。

如图 4-11 所示,在初始阶段,因与干酪根的初次裂解关系密切,$\delta^{13}C_2$ 和 $\delta^{13}C_3$ 值都逐渐变重。在第一次反转的临界点,乙烷的组分比值 $[C_2/(C_1—C_3)]$ 约为 12%,湿度约为 8%;丙烷比值 $[C_3/(C_1-C_3)]$ 约为 20%,湿度约为 4.8%,此时,$\delta^{13}C_2$ 和 $\delta^{13}C_3$ 值均达到了极大值并转而开始降低。此外在第一次反转处,还发生了 iC_4/nC_4 趋势的回转,由之前的增高趋势转为降低趋势,iC_4/nC_4 比值在热演化过程中的演化趋势发生改变是因为二者在裂解过程中的热稳定性不同。第一次反转也预示着进入油裂解阶段,此时页岩系统内的天然气是来自干酪根初次裂解气与滞留油裂解气的混合。

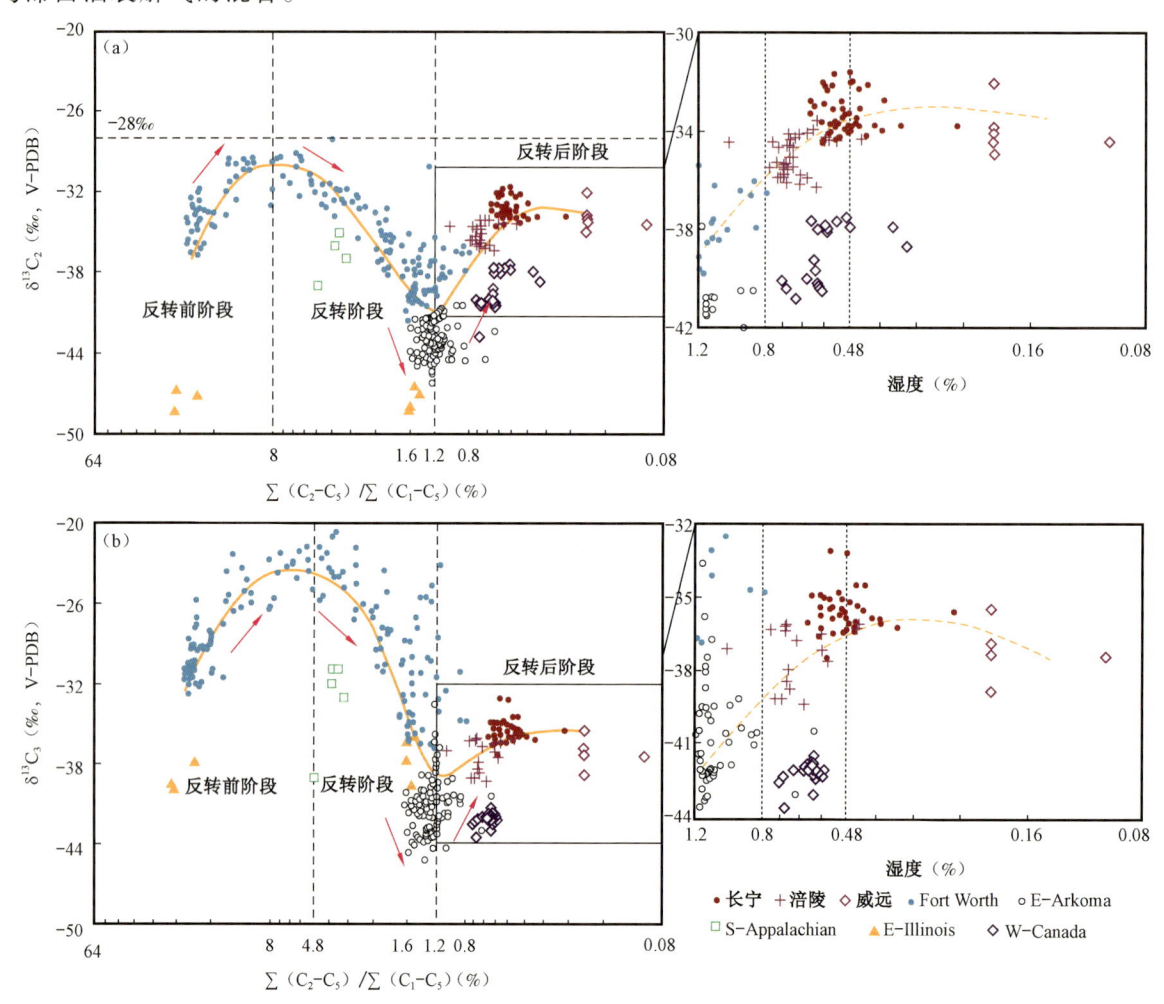

图 4-11 四川盆地龙马溪组页岩气乙烷、丙烷碳同位素组成与湿度分布图(据冯子齐等,2016)

当湿度降低至 1.2% 时,乙烷和丙烷的碳同位素组成 $\delta^{13}C_2$ 和 $\delta^{13}C_3$ 值再次发生反转,开始逐渐变重,发生了第二次反转(图 4-11)。四川盆地各产区龙马溪组演化程度极高,长宁、涪陵和威远地区过成熟页岩气的湿度平均仅为 0.49%、0.7% 和 0.57%,数据点全部处于反转后阶段,整体的热演化趋势已超出前人倒"π"型的范围,其 $\delta^{13}C_2$ 和 $\delta^{13}C_3$ 值并没有随湿度的降低而持续变重,但可以发现在湿度低于 1.2% 的区间,仍然是威远、涪陵和长宁的 $\delta^{13}C_2$ 和 $\delta^{13}C_3$ 值整体依次较高。

二、烷烃气氢同位素分布特征及影响因素

与碳同位素相比,天然气氢同位素组成特征的研究比较薄弱。在自然界中,氢以氕(^1H)、氘(D 或 ^2H)、氚(^3H)三种同位素形式存在,但稳定同位素主要有 ^1H 和 D 两种,其在自然界的相对丰度分

别为 ^1H 98.985% 和 D 0.015%。随着自然界的各种变化,它们的相对丰度也在不断地发生变化,氢的同位素变化尤为显著。在所有元素中,氢的 2 种稳定同位素之间的相对质量差最大,所以氢同位素的反应速率存在明显的差异。油气地质学中主要研究氢的稳定同位素氕和氘的丰度比值 D/H,并常用 δD 来表示。δD 是某样品与被选作"标准"的样品 D/H 相比的千分偏差值(‰):

$$\delta D = \frac{(D/H)_{样品} - (D/H)_{标准}}{(D/H)_{标准}}$$

20 世纪 90 年代之前,国内天然气氢同位素分析方法主要采用样品制备法,将有机物高温氧化生成 H_2O 和 CO_2,然后将 H_2O 在高温下用锌、铀或者镉还原法制备成 H_2,进行同位素质谱分析。90 年代后期,采用气相色谱高温转化接口与同位素质谱仪连接,实现天然气氢同位素在线分析方法,该方法基本原理是天然气经气相色谱分离成 CH_4、C_2H_6、C_3H_8 等后依次进入到高温转化反应器内,在 1450℃ 的高温下转化为氢、碳,H_2 进入质谱仪测得质量数 M/Z = 2 和 M/Z = 3,经数据处理后得到氢同位素值 δD(V – SMOW)。该分析方法已被广泛应用到油气地球化学研究。

(一)烷烃气氢同位素分布特征

1. 天然气 δD 值分布范围广,甲、乙烷 δD 差值相对较小

目前对氢同位素的研究,主要是针对有机成因的烷烃气,特别是甲烷的氢同位素组成。迄今所报道最重的甲烷氢同位素是美国加利福尼亚索尔顿湖区 CO_2 井中的甲烷,其 δD 值为 – 16‰,最轻的为美国内华达州 Big Soda 湖沉积物脱附气,其 δD 值为 – 531‰(戴金星等,1992)。中国目前所发现的最重甲烷氢同位素为四川盆地建南气田建 35 井飞三段天然气,其 δD 值为 – 84‰,最轻的为鄂尔多斯盆地城壕油田城 54 井延 6—8 伴生气,δD 值为 – 313‰(戴金星,1992)。对塔里木、四川、鄂尔多斯、松辽、渤海湾、准噶尔、东海、珠江口和莺琼盆地等 792 个天然气样品甲烷、乙烷和丙烷氢同位素数据统计,结果见图 4 – 12,可以看出 δD_1 值分布在 – 279‰ ~ – 84‰,均值为 – 178‰,主频率峰值在 – 170‰ ~ – 160‰;δD_2 值分布在 – 279‰ ~ – 89‰,均值为 – 160‰,主频率峰在 – 140‰ ~ – 130‰;δD_3 值分布在 – 243‰ ~ – 90‰,均值为 – 142‰,主频率峰值不明显。由此可见,氢同位素分布范围广,并且与碳同位素相比,甲、乙烷氢同位素相对差值较小。

2. 大多数天然气 δD 值随碳数增加而增大

通过对 397 个天然气样的甲、乙、丙烷氢同位素数据分析(图 4 – 13)发现,δD 值随碳数增加而增大(即 $\delta D_1 < \delta D_2 < \delta D_3$)的样品有 312 个,占样品总数的 79%;部分倒转($\delta D_1 > \delta D_2 < \delta D_3$ 或 $\delta D_1 < \delta D_2 > \delta D_3$)的样品有 76 个,占总数的 19%;δD 值随碳数增加而减小(即 $\delta D_1 > \delta D_2 > \delta D_3$)的样品有 9 个,只占 2%。

甲、乙、丙烷氢同位素完全倒转的天然气主要出现在靖边气田部分气井中。鄂尔多斯盆地延安气田、四川盆地荷包场气田和建南气田、塔里木盆地塔中地区部分气井以及松辽盆地深层庆深气田甲烷和乙烷氢同位素发生倒转;另外,四川盆地邛西气田、苏里格气田乙烷和丙烷氢同位素发生倒转。关于烷烃气氢同位素倒转的原因主要与烷烃气受到细菌氧化的次生改造或不同来源的天然气混合有关(戴金星等,1992)。

(二)烷烃气氢同位素影响因素

有机热成因烷烃气的氢同位素组成主要受烃源岩沉积环境和成熟度的影响(戴金星等,1992;王万春,1996)。沉积环境是影响烷烃气氢同位素的一个重要影响因素,淡水环境高 H,盐水环境富 D(Schoell,1980;沈平等,1987)。我国煤成气氢同位素变化范围大,在川中地区须家河组煤成气甲烷碳

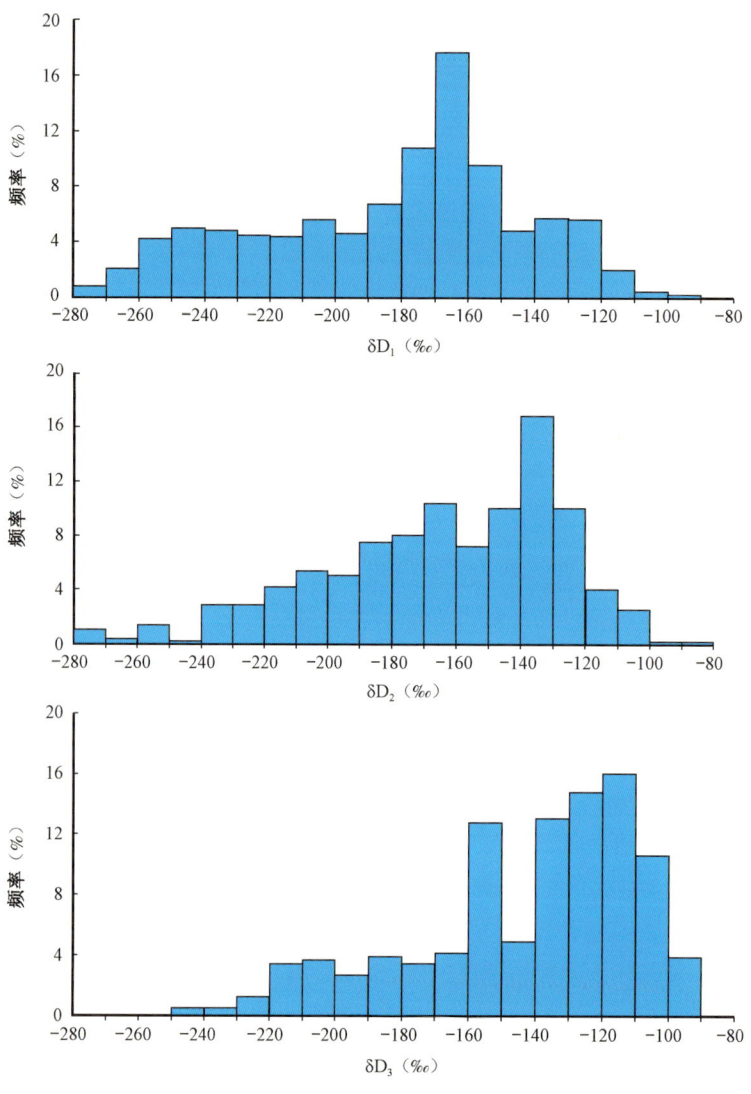

图4-12 中国主要沉积盆地烷烃气氢同位素分布频率图

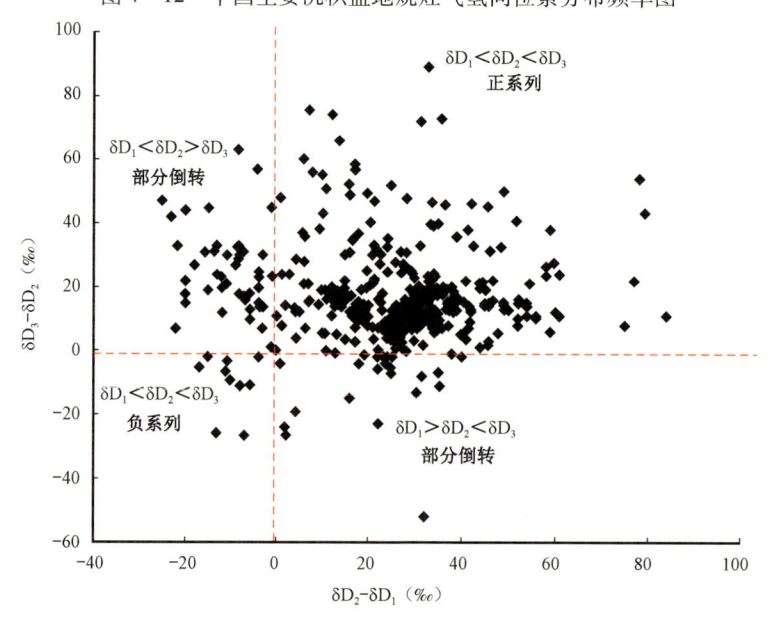

图4-13 中国天然气 $\delta D_2-\delta D_1$ 与 $\delta D_3-\delta D_2$ 分布图

同位素比较轻(表4-7),反映天然气成熟度较低;但甲烷的氢同位素较重;而准南呼图壁、库车坳陷迪那2、大牛地及苏里格气田等煤成气的甲烷碳同位素比较重,反映天然气成熟度较高,但这些气田中煤成气的氢同位素都比较轻。导致这种结果的原因可能主要是川中—川南地区须家河组煤系烃源岩在沉积时可能发生过海侵,使得沉积水介质盐度增加的缘故。因此,在成气母质相似的情况下,尽管成熟度对煤成气甲烷氢同位素具有影响,但沉积环境可能是影响氢同位素分布的更重要因素。

成熟度是影响天然气氢同位素分布的另一个重要影响因素。戴金星(1990)和Schoell(1980)等的研究表明,由于有机母质上CH_2D官能团C—C键的亲和力要比CH_3官能团的C—C键强,所以只有在热力增加到一定强度的条件下,才可使C—CH_2D键断开,即甲烷在成熟度增加时,D的浓度会相对富集,氢同位素组成变重。由于氢同位素具有随烃源岩成熟度增加而增大的趋势,Schoell(1980)回归出δD_{CH_4}—R_o的方程式$\delta D_{CH_4} = 35.5 \lg R_o - 152 (‰)$。刘全有等(2007)指出,随着气源岩热演化程度的增高和(或)烷烃气碳数的增加,烷烃气氢同位素组成呈逐渐变重的趋势;而且,重烃气氢同位素组成(δD_2、δD_3)主要受烃源岩热成熟度控制,其次为烃源岩沉积环境。

表4-7 中国部分煤成气田煤成气 δD 值分布

气田或地区	井号	$\delta^{13}C_1$ (‰, V-PDB)	氢同位素值 δD(‰, S-MOW)		
			CH_4	C_2H_6	C_3H_8
苏里格	苏33-18	-31.7	-190	-173	-181
	苏40-16	-30.2	-198	-162	-173
大牛地	大13	-36.6	-198	-161	-165
	大24	-37.1	-199	-161	-164
	大16	-35.1	-186	-161.0	-164
呼图壁	呼002井	-30.6	-200	-171	-159
	呼2井	-31.5	-199	-170	-158
	呼001井	-30.5	-199	-165	-157
	呼2005井	-31	-198	-168	-156
迪那2	迪那22	—	-181	-139	-133
	迪那201	—	-181	-133	-128
川中—川南	遂56	-42.5	-162	-127	-116
	遂37	-42.5	-179	-127	-113
	广51	-39.5	-168	-127	-112
	充深1	-40.5	-162	-126	-112
	充深1	-40.5	-162	-126	-112
	潼南1	-41.8	-163	-117	-107

第三节 天然气成因类型

中国天然气成因类型可归纳为有机成因、无机成因与混合成因;目前发现的天然气主要为有机成因。天然气类型划分是天然气气源对比的基础,对于天然气的勘探开发有着重要意义。

一、天然气成因分类方案

以天然气成因类型为主的综合划分方案在天然气地质研究中具重要作用。国内外学者从不同角度、不同方法探讨了天然气成因类型。从德国的 Stahl(1977,1981) 开始到中国的戴金星(1992)和徐永昌(1994)等都做过颇有成效的研究。

戴金星等(1992)根据生成天然气的原始物质来源,将其划分为无机成因气、有机成因气及混合成因气三大类,对于有机成因其结合有机质母质类型和成熟度进一步划分(表4-8)。

表4-8 天然气成因分类方案(据戴金星等,1992)

无机成因气	宇宙气、幔源气、岩浆岩气、变质岩气、无机盐类分解气					
有机成因气	母质类型＼热成熟度	未熟阶段	成熟阶段		过熟阶段	
	腐泥型天然气（油型气）	腐泥型生物气（油型生物气）	生物气	油型热解气	原生伴生气	裂解气	腐泥型裂解气（油型裂解气）
	腐殖型天然气（煤成气）	腐殖型生物气（煤型生物气）		热解气	凝析油伴生气		腐殖型裂解气（煤型裂解气）
				煤(成)热解气	成熟凝析油气		
混合成因气	大气、气水合物、同岩两源混合气、异岩两源混合气					

徐永昌等(1994)根据多源复合、主源定型,多阶连续、主阶定名的原则,划分天然气成因类型(表4-9)。

表4-9 天气成因类型划分表(据徐永昌等,1994)

大类划分（成气母质来源）	成因类型					
	按有机质特征定型		按主体外生营力定名				
			R_o(%) 0.3	0.6	1.3	2.0
有机成因气（生物成因气）	Ⅰ—Ⅱ_A	油型气	生物气（细菌气）	生物—热催化过渡带气（未—低熟油伴生）	正常原油伴生气	正常凝析油气	裂解气
	Ⅱ_B—Ⅲ	煤成气		生物—热催化过渡带气（低演化煤型油、凝析油）	热解气（常伴生煤型凝析油）		裂解气
无机成因气（非生物成因气）	地幔原始成因气					
	岩石化学成因气					

首先以成气原始物质将其划分为无机成因气(非生物成因气)、有机成因气(生物成因气)两大类。无机成因气包括地幔原始成因气和岩石化学成因气,地幔原始成因气也叫幔源气,主要涉及行星形成时即已形成、并被捕获在地幔中的原生甲烷等;岩石化学成因气是指岩浆活动和变质作用演化过程中无机矿物间的高温反应形成的气体和硫酸盐分解产生的非烃气体。有机成因气根据母质类型划分为油型气和煤成气,再根据主体外生营力成熟度将油型气划分为生物成因气(细菌气)、生物—热催化过渡带气、原油伴生气、凝析油气和裂解气;将煤成气划分为生物成因气(细菌气)、生物—热催化过渡带气、热解气和裂解气。

本书主要应用戴金星1992年提出的天然气成因类型划分方案。下面分别介绍各类天然气地球化学及分布特征。

二、有机成因气

有机成因气泛指在沉积岩中由分散状或集中状的有机质或有机可燃矿产形成的天然气。根据有机质母质类型划分油型气和煤成气,根据有机质热成熟度划分生物气、热降解气、裂解气。下面重点介绍煤成气、油型气和生物气。

(一)煤成气

煤成气,又称腐殖气,是指由Ⅱ₂、Ⅲ型干酪根降解而成的气。这些干酪根相对贫氢,以生气为主,分布于煤或亚含煤层系中,呈分散状有机质或呈集中状腐殖煤出现。戴金星(2011)对中国主要沉积盆地400多口具有原生煤成气井$\delta^{13}C_2$进行了对比研究,发现煤成气最轻$\delta^{13}C_2$值为$-28.3‰$;同时对中国油型气田或者油田伴生气中具有原生型油型气特征600多口井筛选出$\delta^{13}C_2$最重值大于$-29‰$的井,故$-28.5‰$可作为煤成气和油型气的可靠鉴别指标。

中国大型天然气田有半数以上是以煤系(包括煤和暗色泥岩)为主要气源岩(煤成气),还有一部分是海相泥岩与煤系的混合成因气。中国煤成气的探明地质储量和年产气量都占到70%左右,因此煤成气构成了中国天然气的主体成分。

煤成气无论是在东部的中新生代裂谷盆地,还是在中西部的叠合盆地,无论是在碳酸盐岩储集层系,还是在碎屑岩储集层系,都有比较广泛的分布。并且在探明的地质储量和气田数量上,都占有十分重要的地位。特别是已探明的几个千亿立方米大型气田,均属于煤成气或以煤成气为主,如鄂尔多斯盆地苏里格、大牛地气田中天然气是石炭系—二叠系煤系自生自储的产物,四川盆地须家河组大气田的天然气来自上三叠统须家河组煤系烃源岩;塔里木盆地库车和塔西南凹陷发育有三叠系—侏罗系煤系烃源岩,构成了以克拉2、克深、迪那2和大北1为代表的大型天然气田的主力气源;准噶尔盆地侏罗系的煤系发育区都有可能成为大型天然气田的形成区,石炭系克拉美丽大气田天然气主要来自石炭系腐殖型烃源岩;在东海陆架的西湖凹陷和南海的莺琼盆地发现的大中型气田的天然气类型也为煤成气;在松辽盆地深部的徐深大气田,混有一定量的煤成气。特别是近期的几个勘探热点地区,如库车坳陷深层等,主要是煤成气或都有煤成气的贡献。因此,煤成气在未来中国天然气勘探中仍扮演着十分重要的角色。

1. 煤成气碳同位素特征

对塔里木、准噶尔、吐哈、柴达木、四川、鄂尔多斯、渤海湾、松辽、莺琼、东海10个含油气盆地610个煤成气碳同位素进行了统计分析表明:成熟及高—过成熟煤成气甲烷碳同位素分布范围广,$\delta^{13}C_1$值分布在$-48.3‰\sim-22.6‰$,主要分布在$-38‰\sim-28‰$,平均为$-34.1‰$。这与戴金星等(2001)提出的我国气油兼生期和后干气期煤成气$\delta^{13}C_1$值区间值($-41.8‰\sim-24.9‰$)相比分布范围稍窄。我国煤成气碳同位素最轻的是松辽盆地的农安5井,$\delta^{13}C_1$值为$-48.3‰$,$\delta^{13}C_2$值为$-26.6‰$,东海盆地丽水凹陷LF-1井甲烷碳同位素也比较轻,为$-44.8‰$,$\delta^{13}C_2$值为$-27.2‰$。在气油兼生期的川中—川南地区及吐哈盆地,煤成气甲烷碳同位素相对比较轻,相当部分天然气$\delta^{13}C_1$值小于$-40‰$。目前,在中国发现的煤成气碳同位素最重的商业气田是阿克莫木,该气田的阿克1井天然气甲烷碳同位素$\delta^{13}C_1$值最大为$-22.6‰$。这与德国北部来源于石炭系煤系气源岩的天然气甲烷碳同位素相似,如在德国埃姆斯河流域至威悉河以西地区36个气田或气点,Stahl W. J. 测了119个天然气的$\delta^{13}C_1$值,其变化区间为$-31.8‰\sim-20.0‰$,一般是$-28‰\sim-23‰$(戴金星,2009)。

与油型气相比,成熟与高成熟阶段的煤成气甲烷碳同位素明显偏重,徐永昌(1994)对油型气的研究结果表明我国油型气$\delta^{13}C_1$值主频率分布范围在$-50‰\sim-32‰$,在相同成熟度条件下,煤成气$\delta^{13}C_1$值较油型气重约$-8‰\sim-7‰$(戴金星,2001)。

中国煤成气$\delta^{13}C_2$值分布在$-28.0‰\sim-17.7‰$,主要分布在$-28.0‰\sim-22.0‰$,平均为$-24.1‰$,分布范围及平均值均小于甲烷碳同位素,平均值约低10‰。煤成气乙烷碳同位素重的天然气主要分布在塔里木盆地库车坳陷,如克拉2气田天然气$\delta^{13}C_2$值分布在$-19.9‰\sim-17.9‰$,克拉3井天然气$\delta^{13}C_2$

值为 $-17.7‰$，吐孜气藏天然气乙烷碳同位素也比较重，$δ^{13}C_2$ 值分布在 $-20.9‰ \sim -17.8‰$。

煤成气丙烷和丁烷碳同位素都比较重，$δ^{13}C_3$ 值分布在 $-27.9‰ \sim -13.2‰$，平均为 $-23.0‰$，与乙烷碳同位素相差 1‰；$δ^{13}C_4$ 值分布在 $-27.7‰ \sim -14.2‰$，平均为 $-22.6‰$，与丙烷碳同位素接近，相差 $-0.4‰$（表 4-10）。

表 4-10 中国典型煤成气碳同位素分布表

盆地	井号	层位	$δ^{13}C(‰, V-PDB)$ CH_4	C_2H_6	C_3H_8	C_4H_{10}
鄂尔多斯	苏 21	P_1s, P_2x	-33.4	-23.4	-23.8	-22.7
	苏 53	P_1s, P_2x	-35.6	-25.3	-23.7	-23.9
	苏 75	P_2x	-33.2	-23.8	-23.4	-22.4
	苏 76	P_1s, P_2x	-35.1	-24.6	-24.4	-24.4
	苏 95	P_2x	-32.5	-23.9	-24.0	-22.7
	苏 139	P_1s, P_2x	-30.4	-24.2	-26.8	-23.7
	苏 336	P_1s, P_2x	-28.7	-22.6	-25.1	—
	召 61	P_1s	-33.2	-23.5	-23.3	-23.2
	米 37-13	P_1s	-33.0	-23.2	-22.4	-21.1
	榆 30	P_1s	-33.1	-23.0	-23.4	-21.7
	洲 35-28	P_1s	-32.5	-25.7	-23.6	-23.3
	榆 69	P_1s	-32.8	-26.3	-24.1	-21.7
	米 38-13A	P_1s	-33.1	-25.0	-22.8	-22.0
	洲 21-24	P_1s	-32.7	-25.1	-23.2	-22.2
	榆 45	P_1s	-33.2	-25.2	-23.1	-22.5
	米 40-13	P_1s	-32.8	-25.3	-23.3	-22.4
	洲 25-38	P_1s	-32.6	-25.7	-23.3	-22.9
四川	合川 108	T_3x_2	-41.4	-28.3	-25.0	-27.2
	合川 109	T_3x_2	-38.3	-26.2	-23.6	
	女 103	T_3x_2	-39.0	-26.6	-23.6	-23.8
	潼南 001-2	T_3x_2	-40.7	-27.5	-24.5	-24.9
	潼南 104	T_3x_2	-41.0	-27.4	-24.0	-25.4
	潼南 105	T_3x_2	-40.4	-27.4	-24.0	-24.6
	合川 001-1	T_3x_2	-39.5	-27.1	-23.9	-10.3
	合川 001-2	T_3x_2	-39.0	-26.8	-23.8	-10.2
	合川 001-30-X1	T_3x_2	-38.8	-27.6	-24.5	
	合川 106	T_3x_2	-39.8	-27.0	-24.1	-24.1

续表

盆地	井号	层位	碳同位素(‰,V－PDB)			
			CH_4	C_2H_6	C_3H_8	C_4H_{10}
塔里木	大北202	K	－28.6	－20.5	－20.6	－22.4
	大北102	K	－29.5	－21.6	－21.0	－22.6
	克拉201	K	－27.3	－19.0	－19.5	－21.4
	克拉205	E	－27.0	－18.3	－25.1	－25.6
	克拉2－8	E	－27.3	－18.1	－20.0	－19.1
	克拉2－7	E	－27.6	－18.0	－19.9	－
	克拉2－4	E	－27.4	－17.5	－20.1	－22.2
	克深203	K、E	－26.9	－17.3	－19.3	－
	阿克1－2	K_1	－23.3	－21.5	－20.1	－
	阿克1	K_1	－24.2	－21.7	－20.5	－

同源同期甲烷与同系物的碳同位素值随烷烃气分子碳数增加而变重,煤成气 C_1—C_4 烷烃碳同位素基本上呈正碳同位素系列分布,但也有少量的煤成气乙烷、丁烷和丙烷等重烃发生倒转,如准噶尔盆地南部牧3井和牧4井煤成气 $\delta^{13}C_3$ 和 $\delta^{13}C_2$ 变重发生倒转,产生倒转的原因是由细菌氧化烷烃气某组分致使剩余组分的碳同位素变重,因而导致烷烃气碳同位素变重(Dai等,2004)。煤成气重烃碳同位素倒转的另外一种原因可能是高温裂解,如克拉2气田丙烷比乙烷 $\delta^{13}C$ 值低约0.4‰~1.2‰,丁烷比丙烷约低1.2‰~3.0‰,这可能主要与重烃在高演化阶段的裂解有关。

2. 煤成气氢同位素组成特征

对塔里木、四川、鄂尔多斯、准噶尔和莺琼盆地等煤成气甲烷、乙烷和丙烷氢同位素的分析结果表明,煤成气甲烷 δD 值分布在 －217.3‰ ~ －121.7‰,平均为 －174.5‰,最轻的是准噶尔盆地红116井石炭系天然气甲烷 δD 值为 －217.3‰,最重的是莺琼盆地崖13－1－2 陵水组天然气甲烷 δD 值为 －121.7‰,从各盆地煤成气甲烷氢同位素对比分析,鄂尔多斯盆地上古生界、准南呼图壁气田、塔里木盆地库车坳陷等煤成气甲烷氢同位素相对较轻,δD 值一般小于 －180‰,四川盆地须家河组煤成气甲烷氢同位素相对较重,δD 值分布在 －174‰ ~ －151‰,塔里木盆地西南坳陷阿克1井甲烷氢同位素也比较重,δD 值可达 －131‰。煤成气甲烷 δD 值范围广,这也可以说明天然气中甲烷的氢同位素组成除受母质类型影响之外,可能还受成熟度、沉积环境及其他因素影响。

天然气乙烷和丙烷氢同位素研究较少,中国煤成气乙烷 δD 值分布在 －173‰ ~ －117‰(表4－11),平均为 141.2‰,平均比甲烷重33.3‰,乙烷氢同位素最轻的是苏里格气田苏33－18井,δD 值为 －173‰,最重的是四川盆地须家河组天然气,δD 值为 －117‰。从乙烷氢同位素的分布来看,准南呼图壁气田和鄂尔多斯盆地上古生界天然气乙烷氢同位素较轻,δD 值一般低于 －150‰,丙烷 δD 值分布在 －165‰ ~ －92‰,平均为 －132.3‰,与乙烷 δD 值相差约8.9‰,两者比较接近。

从以上分析可知,随烷烃气中碳数增加,δD 值频率区间值展布随之缩小,丙烷与丁烷之间的差值也较乙烷与甲烷低,并且煤成气烷烃气的 δD 值随烃气分子中碳数增加而逐渐变重。

表 4-11 中国部分煤成气田煤成气 δD 值分布

气田或地区	井号	$\delta^{13}C_1$ (‰, V-PDB)	氢同位素值 δD(‰, S-MOW) CH_4	C_2H_6	C_3H_8
苏里格	苏 33-18	-31.7	-190	-173	-181
	苏 40-16	-30.2	-198	-162	-173
大牛地	大 13	-36.6	-198	-161	-165
	大 24	-37.1	-199	-161	-164
	大 16	-35.1	-186	-161	-164
呼图壁	呼 002 井	-30.6	-200	-171	-159
	呼 2 井	-31.5	-199	-170	-158
	呼 001 井	-30.5	-199	-165	-157
	呼 2005 井	-31	-198	-168	-156
迪那 2	迪那 22		-181	-139	-133
	迪那 201		-181	-133	-128
川中—川南	遂 56	-42.5	-162	-127	-116
	遂 37	-42.5	-179	-127	-113
	广 51	-39.5	-168	-127	-112
	充深 1	-40.5	-162	-126	-112
	充深 1	-40.5	-162	-126	-112
	潼南 1	-41.8	-163	-117	-107

(二) 油型气

腐泥型天然气简称腐泥气或油型气,由 Ⅰ、Ⅱ₁ 型干酪根降解而成,这些干酪根相对富氢,易于形成腐泥型天然气和石油。中国油型气主要分布在四川盆地、塔里木盆地、准噶尔盆地、渤海湾盆地、柴达木盆地等。四川盆地油型气以干气为主,而在准噶尔盆地、渤海湾盆地等主要以湿气为主,塔里木盆地则既有干气也有湿气,干气主要分布在和田河气田(奥陶系、石炭系)、塔北隆起(奥陶系、石炭系)及塔中隆起的奥陶系中,湿气的分布则更为广泛,塔北、塔中地区各层系中均有湿气。对中国油型气样品进行地球化学分析后,认为油型气的地球化学特征如下:

(1) 天然气甲烷含量变化大,但以干气为主。天然气甲烷含量分布在 25.21%～99.27%,并以大于 80% 为主。

(2) 四川、鄂尔多斯盆地天然气 C_{2+} 重烃气含量普遍较低。

(3) 高 N_2 含量的天然气主要分布在塔里木和四川盆地,高 CO_2 含量和高 H_2S 含量的天然气主要分布在四川盆地,四川盆地威远气田天然气含有较高含量的氦(表 4-12)。

表 4-12 中国油型气组分特征

盆地	气田	井号	层位	天然气主要组分(%)							
				CH_4	C_2H_6	C_3H_8	iC_4H_{10}	nC_4H_{10}	CO_2	N_2	H_2S
四川	相国寺	相6	P_2^2	98.19	0.58	0.04	—	—	0.12	1.02	—
		相15	P_1^3 Ⅱ	98.28	0.54	0.07	0.003	0.002	0.22	0.84	—
		相14	C_2h_1	97.48	0.99	0.09	—	—	—	—	—
		相18	C_2h_1	97.26	0.88	0.09	—	—	—	—	—
		相25	C_2h_1	97.67	0.75	0.07	—	—	—	—	—
		相18	C_2h_1	97.39	0.86	0.09	—	—	—	—	—
	卧龙河	卧2	$T_1j_5^{1-2}$	92.53	0.83	0.21	0.65	—	0.74	0.58	4.48
		卧17	$T_1j_5^1$	98.3	0.87	0.14	0.009	—	0.03	0.63	—
		卧50	$T_1j_3^{-4}$	97.82	0.81	0.19	0.058	—	0.88	0.25	3.74
		卧25	$T_1j_5^{1-2}$	92.27	0.87	0.23	0.067	—	0.71	0.55	4.56
		卧3	$T_1j_5^1$	93.11	0.58	0.21	0.046	0.093	0.28	0.78	—
塔里木	塔中	塔中62	O	89.84	2.24	0.71	0.57	—	2.99	3.13	—
		塔中623	O	91.7	1.27	0.39	0.31	—	0.16	5.81	—
		塔中621	O	90.9	1.32	0.45	0.33	—	2.6	4.12	—
		塔中62-3	O	86.7	1.69	0.72	0.59	—	3.48	6.28	—
		塔中721	O_1	93.60	0.60	0.13	0.04	0.07	4.39	0.89	—
		塔中621	O_1	90.59	1.72	0.71	0.18	0.29	2.56	3.36	—

（4）$\delta^{13}C_1$ 值分布在 $-54.5‰ \sim -28.2‰$（图 4-14），主峰值为 $-34‰ \sim -30‰$。

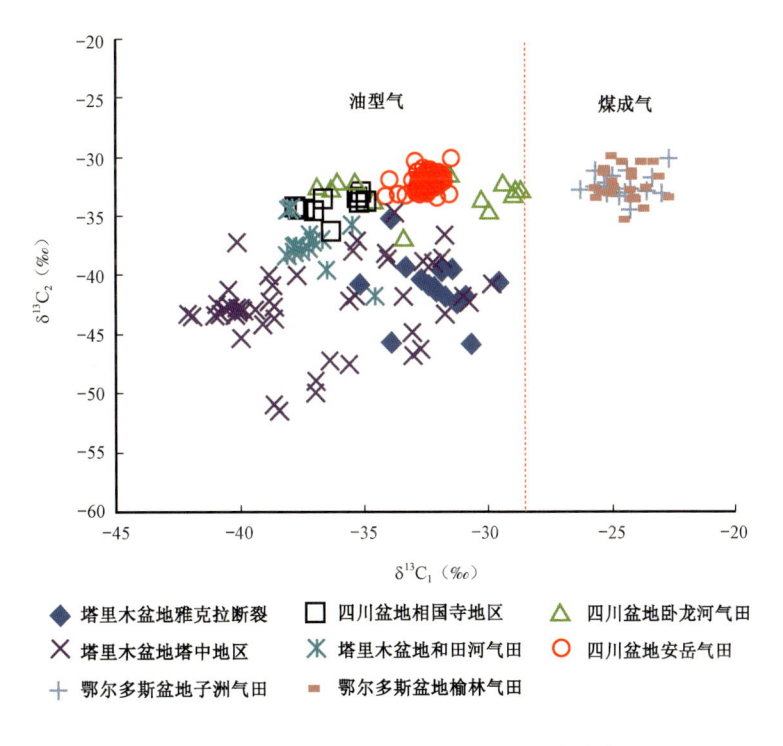

图 4-14 中国油型气甲烷—乙烷碳同位素分布图

(5)天然气 $\delta^{13}C_2$ 值以小于 -28‰ 为主,个别 $\delta^{13}C_2$ 值大于 -28‰ 与次生作用有关,具有典型油型气碳同位素特征。

(6)天然气丙烷碳同位素值主要分布在 -34‰ ~ -26‰。

油型气根据热演化程度的不同,又可以分为油型干酪根热降解气和原油与分散可溶有机质裂解气。由于我国海相烃源岩(寒武系、奥陶系和志留系三套重要的海相泥岩)均以腐泥型干酪根为主,且沉积时代老、演化程度高(R_o 基本都大于 2.0%),因此目前中国海相大中型气田的天然气主要来自原油裂解气。如川东石炭系气藏群、川南—川中震旦系—寒武系威远气田和安岳气田、川东北长兴组—飞仙关组高含 H_2S 气田群和塔里木盆地和田河气田等,均属于原油裂解气(表4-13)。目前用于判识原油裂解气和干酪根裂解气常用的地球化学指标包括:① 一般情况下,原油裂解气甲基环己烷/正庚烷大于 1.0,(2-甲基己烷+3-甲基己烷)/正己烷大于 0.5,而干酪根裂解气这 2 项指标均较低(胡国艺等,2005);② 天然气组分 $\ln(C_1/C_2)$ 比值与 $\ln(C_2/C_3)$ 比值关系,干酪根初次裂解气的 C_1/C_2 比值逐渐增大,C_2/C_3 比值基本不变,而原油裂解气则相反,C_1/C_2 比值基本不变,C_2/C_3 比值逐渐增大(黄光辉等,2008;张敏等,2008)。

魏国齐等(2014)对四川盆地震旦系—下古生界天然气进行地球化学分析,威远地区寒武系天然气 $\delta^{13}C_2$ 值为 -36.5‰ ~ -33.4‰,磨溪地区寒武系龙王庙组天然气 $\delta^{13}C_2$ 值为 -33.6‰ ~ -32.3‰ (表4-13),天然气甲烷和乙烷碳同位素已经发生明显倒转。高石梯—磨溪震旦系、磨溪龙王庙组、威远震旦系—奥陶系的甲基环己烷/正庚烷和(2-甲基己烷+3-甲基己烷)/正己烷两项比值均落在原油二次裂解气的范围(图4-15),而且,这些天然气 C_1/C_2 比值变化小,C_2/C_3 比值变化大,具有原油裂解气的特征。

表4-13 四川盆地油型气碳同位素组成

地区	井号	层位	$\delta^{13}C$(‰,V-PDB) CH_4	$\delta^{13}C$(‰,V-PDB) C_2H_6	参考文献
磨溪	磨溪8	寒武系龙王庙组上段	-32.4	-32.3	魏国齐等,2014
磨溪	磨溪8	寒武系龙王庙组下段	-33.1	-33.6	魏国齐等,2014
磨溪	磨溪9	寒武系龙王庙组	-32.8	-32.8	魏国齐等,2014
磨溪	磨溪10	寒武系龙王庙组	-32.1	-33.6	魏国齐等,2014
威远	威5	寒武系洗象池组	-33.1	-36.5	魏国齐等,2014
威远	威42	寒武系洗象池组	-32.6	-33.5	魏国齐等,2014
威远	威65	寒武系洗象池组	-32.6	-33.4	魏国齐等,2014
威远	威93	寒武系洗象池组	-32.3	-36.2	魏国齐等,2014
威远	威112	寒武系洗象池组	-33.1	-34.9	魏国齐等,2014
元坝	元陆8	三叠系须家河组二段	-30.4	-33.5	吴小奇等,2015
元坝	元陆9	三叠系须家河组二段	-30	-33	吴小奇等,2015
元坝	元陆10	三叠系须家河组二段	-31.5	-32.3	吴小奇等,2015
河坝场	河坝104	三叠系飞仙关组	-28.4	-30.2	朱扬名等,2016
河坝场	河坝2-7-1	三叠系飞仙关组	-29.3	-31.5	朱扬名等,2016
河坝场	金溪1	三叠系飞仙关组	-31.6	-34.3	朱扬名等,2016
河坝场	金溪1	三叠系飞仙关组	-31.5	-35.8	朱扬名等,2016

续表

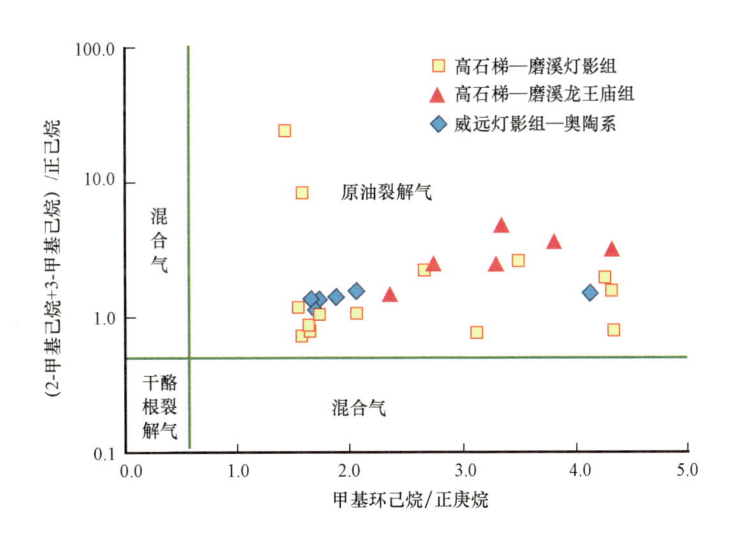

地区	井号	层位	δ¹³C(‰,V-PDB) CH₄	δ¹³C(‰,V-PDB) C₂H₆	参考文献
威远	威201	志留系龙马溪组	-36.9	-37.9	高波,2015
	威201		-37.3	-38.2	
	威201-H1		-35.1	-38.7	
	威201-H1		-35.4	-37.9	
	威202		-36.9	-42.8	
	威202		-35.7	-40.4	
长宁	NH2-1	志留系龙马溪组	-28.7	-33.8	冯子齐等,2016
	NH2-2		-28.9	-34.0	
	NH2-3		-31.3	-34.2	
	NH2-4		-28.4	-33.8	
	NH2-5		-27.6	-32.8	
	NH2-6		-28.7	-33.5	
涪陵	JY12-1	志留系龙马溪组	-30.8	-35.3	
	JY12-3		-30.5	-35.1	
	JY12-4		-30.7	-35.1	
	JY13-1		-30.2	-35.9	
	JY13-3		-29.5	-34.7	
	JY20-2		-29.7	-35.9	

图4-15 天然气甲基环己烷/正庚烷与(2-甲基己烷+3-甲基己烷)/正己烷的相关图
(据魏国齐等,2014)

四川盆地下志留统龙马溪组是近年来我国页岩气勘探开发的重点领域之一,研究认为该地区页岩气皆与油型气有关。威远地区龙马溪组页岩气主要为高—过成熟阶段的干酪根裂解气与页岩中早期形成的可溶有机质裂解成气的混合产物(高波,2015),其$\delta^{13}C_1$值介于-37.3‰~

−35.1‰，$\delta^{13}C_2$值介于−42.8‰~−37.9‰（表4−12），$\delta^{13}C_3$值介于−43.5‰~−33.1‰，呈现出油型气特征，同时碳同位素出现倒转现象，并通过$\ln(C_1/C_2)$和$\ln(C_2/C_3)$判识指标、氢同位素分布特征，认为其与页岩封闭体系内干酪根、早期生成的凝析油及湿气的高温裂解有关。长宁地区龙马溪组页岩气$\delta^{13}C_1$值为−31.3‰~−27.6‰，平均为−28.2‰，$\delta^{13}C_2$值为−34.2‰~−32.8‰，平均−33.2‰，为腐泥型有机质产物（冯子齐等，2016）。涪陵礁石坝地区龙马溪组页岩气$\delta^{13}C_1$值为−30.8‰~−29.5‰，$\delta^{13}C_2$值为−35.9‰~−34.7‰，显示油型气特征。由此可见：① 威远、长宁和涪陵地区页岩气都为油型气，且碳同位素都有倒转现象发生，这与油气二次裂解关系较大；② 长宁和涪陵地区页岩气碳同位素值重于威远地区，说明长宁和涪陵地区页岩气热演化程度相近，而威远地区页岩气热演化程度稍低，也同时反映出液态烃二次裂解比例混合不同，并与后期改造有关（曹春辉等，2015）。

（三）生物气

生物气也称细菌气、生物化学气，指有机质在未成熟阶段（$R_o \leq 0.5\%$）经厌氧细菌进行生物化学降解的气态产物，其化学成分以高甲烷含量及低甲烷碳同位素值为特征，又分为腐泥型生物气和腐殖型生物气。生物成因气直接来源于微生物对有机质的改造，是经微生物作用所形成的富含甲烷气体，可以大规模广范围地生成。

中国目前已在柴达木盆地三湖地区、东南沿海的冲积平原区、莺琼盆地、云南的陆良、昆明及保山盆地、广西的百色盆地、渤海湾盆地、苏北盆地、准噶尔盆地、松辽盆地等地区广泛发现了具有一定工业价值的生物气藏或见有生物气气苗，其中只有柴达木盆地三湖地区发现大型生物气田，其他多以小型气田为主。三湖地区的主力产层为涩北组，为大套的砂泥岩不等厚间互，造就了良好的储盖组合，储层极为发育，主要为席状滩砂和规模不大的坝状砂，岩性以粉砂级碎屑岩为主，直接盖层为砂泥交互层中的泥岩，早更新世晚期以来的大段高含盐泥岩为良好区域盖层，都成为生物气保存良好的地质因素。

另外，在松辽盆地西斜坡稠油区发现了一些中型天然气田，天然气明显具有稠油降解的特点，即次生型生物气。天然气组分中以烃类为主，干燥系数在0.99以上，非烃N_2含量较高。甲烷及其同系物的碳同位素比正常天然气明显富集^{12}C，一般要偏轻10‰左右，其中$\delta^{13}C_1$值主要在−70‰~−55‰，$\delta^{13}C_2$值在−53‰~−40‰，与大庆长垣油溶气有明显的差异。

总结前人研究（戴金星等，1993；魏国齐等，2005；张英等，2009；李明诚等，2009），生物气有如下地球化学特征：

（1）甲烷是生物气中最主要的成分，也是生物气中烃类成分的主体。

（2）生物气中的乙烷、丙烷等重烃含量极低。

（3）生物气中有一定含量的CO_2、N_2等非烃气体，H_2S含量几乎没有。

（4）生物气以甲烷、乙烷碳同位素偏轻为主要特征，甲烷碳同位素分布区间为−91.2‰~−55.1‰，主要分布在−75.0‰~−55.0‰（表4−14）；乙烷碳同位素值分布在−66.0‰~−30.8‰，以−50.0‰~−40.0‰为主。

（5）生物气中碳同位素系列基本呈正序列分布，即$\delta^{13}C_1 < \delta^{13}C_2 < \delta^{13}C_3$（图4−16）。

所以，甲烷碳同位素偏轻和重烃含量较低是生物气最典型的两个地球化学特征，也是鉴别生物气和热成因气的两个最重要指标。

表 4-14 中国生物气分布表(据张英等,2005)

盆地或地区	凹陷或地区	气田(藏)显示井	$\delta^{13}C_1$(‰,V-PDB)
柴达木盆地	东部地区	涩北一号等气田	−68.9~−65
松辽盆地		阿拉新气田	−61~−58
		富拉尔基	−77~−72
		大安浅层	−67.8
		红岗浅层	−55~−53
		东 5 井	−53.8
		喇嘛甸浅气藏	−55.8
		葡萄花浅 1 井	−58.7
依兰—伊通盆地	汤原断陷	汤参 1 井、汤 2 井	−55~−53
	方正断陷	方 3 井	−55.82~−53.46
二连盆地	阿南凹陷	腾格尔组气藏	−65
苏北盆地		刘庄气藏	−60.7
江汉盆地	潭口地区	广华寺组气藏	−58
渤海湾盆地	辽河坳陷	辽 12 井气藏	−58.3
	冀中坳陷	新泉 2 井气藏	−60.8~−56.3
	沧东凹陷	沧 1 井	−73.6~−69.6
	廊固凹陷	新泉 2 井	−58.3
	阳信洼陷	阳 1、阳 16 井	−60.8~−56.3
东部沿海	上海	第四系浅气藏	−73.6~−69.6
	启东	第四系浅气藏	−71.8~−70.3
	杭州湾	萧山、余杭地区	−72.2~−66.2
长江沿岸	繁昌	第四系	−76.98
莺琼盆地		乐东 8-1-8	−74.7~−55.3
		崖 13-1-8	−76~−61
云南	陆良等小盆地	新近系—第四系	−73~−62.9
百色盆地	雷公	古近—新近系气层	−65

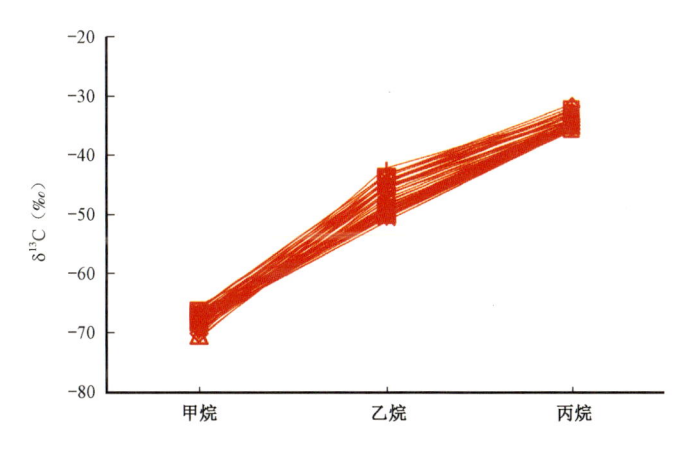

图 4-16 柴达木盆地涩北气田生物气碳同位素系列分布图

三、无机气

无机成因气泛指在任何环境下由无机物质形成的天然气,包括宇宙气、幔源气、岩浆岩气、变质岩气及无机盐类分解气:① 宇宙气指在宇宙空间由放射性反应、核反应及化学等作用形成的天然气,以含 H_2、He 为特征;② 幔源气又称深源气,指在地幔或从地幔通过不同方式上升到沉积圈的天然气,包括与火山喷发有关的部分火山气、幔源气、部分温泉气以及沿深大断裂或转换断层上升的高温气或低温气;③ 岩浆岩气指在岩浆岩中由高温化学作用形成的气体,包括岩浆岩、火山岩矿物包裹体气及大部分火山气;④ 变质岩气指在变质岩中由高温化学变质作用形成的气体,富含 CO_2、N_2、H_2,并有 CH_4、H_2S 及稀有气体混杂;⑤ 无机盐类分解气指在沉积岩中由无机盐类化学分解产生的气体,如碳酸盐分解产生的 CO_2、硫酸盐被还原产生的 H_2S 等。无机成因气来源广泛、复杂,多与宇宙或地球深处地幔、岩浆活动有关,绝大部分属于干气,或以 CH_4 为主,或以 CO_2 或 N_2 为主,视来源不同而异,从全球来看,目前发现的无机成因气气藏,数量屈指可数,并以 CO_2 气藏为主。

无机成因的天然气又称为非生物气,在中国东部的裂谷盆地有大量显示和气藏发现,主要有无机成因的 CO_2 和烷烃气。鉴别烷烃气和 CO_2 属于生物成因或无机成因已建立了较完善的鉴别指标体系:其中无机成因烷烃气最大的特点是具有负碳同位素系列,$\delta^{13}C_1$ 值一般重于 $-30‰$,无机 CH_4 具有 CH_4/He 值在 $n\times10^5 \sim n\times10^7$ 的特征;无机成因 CO_2 的 $\delta^{13}C$ 值重于 $-8‰$,主要在 $-8‰ \sim +3‰$ 区间,其中碳酸盐岩变质成因的 CO_2 的 $\delta^{13}C_{CO_2}$ 值接近于碳酸盐岩的 $\delta^{13}C$ 值,在 $0\pm3‰$,岩浆、幔源成因的 CO_2 的 $\delta^{13}C_{CO_2}$ 值大多在 $-6‰\pm2‰$,在天然气组分中,其含量一般大于 60%。目前中国发现的具有商业价值的无机成因 CO_2 气田都属于岩浆、幔源成因,如松辽盆地南部万金塔 CO_2 气藏、北部的昌德东气藏、渤海湾盆地济阳坳陷平方王 CO_2 气藏、苏北盆地的黄桥 CO_2 气藏和三水盆地 CO_2 气藏等,已被证实为幔源成因。

无机成因的烷烃气藏在世界上比较少见,近年来在松辽盆地深层徐家围子地区火山岩储层内发现的烷烃气具有典型的负碳同位素系列特征,且该天然气中氦含量达 2.743%,是松辽盆地天然气氦含量最高的,同时幔源氦达 38.2%,R/Ra 为 $3.00\sim3.21$,说明烷烃气具有无机成因特点。这些烷烃气不仅具有负碳同位素系列,而且所有 $\delta^{13}C$ 均很重(图 4-17)。另外,徐深大气田可能混入了一定量的

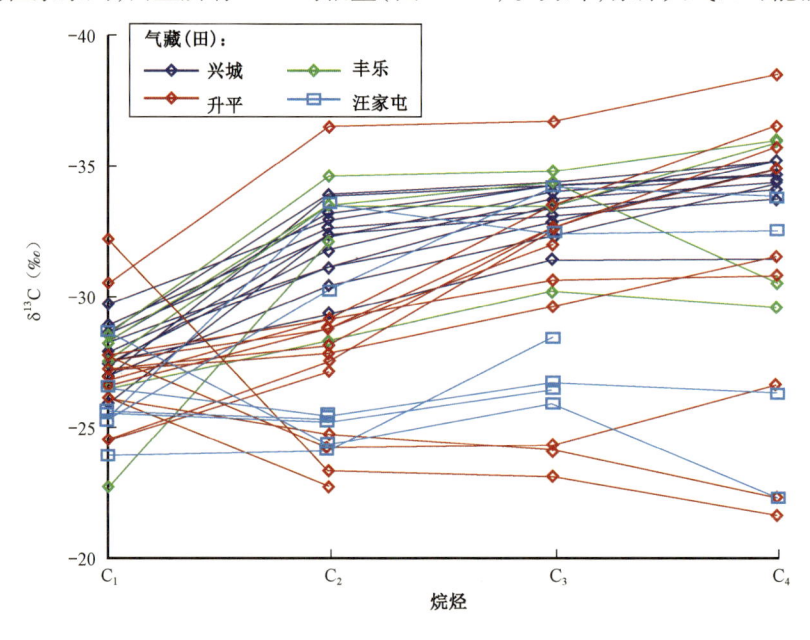

图 4-17 松辽盆地徐家围子地区天然气 $\delta^{13}C_1-\delta^{13}C_4$ 连线图

煤成气,从而造成其碳同位素分布比较复杂,在松辽盆地徐家围子断陷等深层还发现了一些富含 CO_2 的天然气,$\delta^{13}C_{CO_2}$ 值在 $-15‰\sim2‰$,部分大于 $-10‰$,依据 Dai 等(2005)的类型划分,属于无机成因的 CO_2。因此,从烃类的碳同位素倒转和 CO_2 较重的碳同位素组成,基本可以确认松辽盆地徐家围子地区发育有无机成因的烃类气体和 CO_2 天然气。

由于中国东部的大陆地壳厚度较薄,西部地区的大陆地壳厚度较厚(厚度差在 $8\sim14km$),地壳厚度的减薄将导致大地热流值的升高,同时由于中国东部大陆岩石圈处于下拱上张的地球动力环境,使该区的深大断裂和壳内滑脱断裂极为发育。这些断裂是沟通地球深处的通道,而发育了各类火山岩和幔源成因天然气。当气源断裂附近有储盖圈保配套,往往易形成无机成因气藏。中国东西部地质结构的差异,导致幔源无机成因气主要分布在中国东部热盆中。

四、中国主要大气田天然气的成因及来源

(一)中国主要大气田天然气成因类型

自 20 世纪 90 年代初以来,相继在鄂尔多斯、四川、塔里木、松辽、莺琼等盆地天然气勘探取得了重要进展,发现了苏里格、安岳、克深等储量超过千亿立方米的大气田。截至 2015 年年底,鄂尔多斯、四川、塔里木、柴达木、珠江口以及松辽盆地深层发现了多个具工业价值的气田,大气田(储量大于 $300\times10^8 m^3$)共计 51 个,储量大于千亿立方米的大气田共计 23 个。

戴金星等(2014)对中国 48 个大气田的成因类型进行了鉴别(图 4-18),结果表明:储量大于 $1000\times10^8 m^3$ 的 20 个大气田中有 14 个气田[苏里格、大牛地、榆林、子洲、乌审旗、合川、广安、安岳(须家河组)、元坝、新场、克拉 2、迪那 2、东方 1-1 和克拉美丽]烷烃气主要为煤成气;3 个气田[安岳(震旦系—寒武系)、塔中 1 和大天池]的烷烃气为油型气,1 个气田为生物气型烷烃气(台南),另外还有 3 个气田(靖边、普光、徐深)为混合气型烷烃气。另外 28 个大气田中有 13 个属煤成气型烷烃气(八角

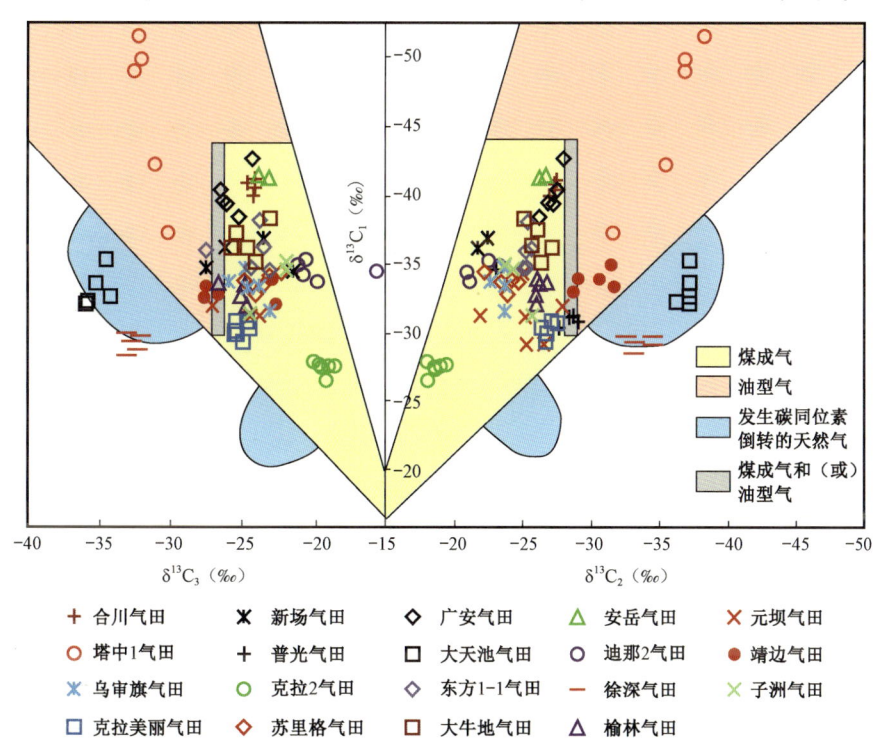

图 4-18 $\delta^{13}C_1$—$\delta^{13}C_2$—$\delta^{13}C_3$ 烷烃气类型鉴别图版(据戴金星等,2014,简化)

场、洛带、邛西、英买7、大北、大北1、柯克亚、神木、米脂、崖13-1、乐东22-1、春晓和玛河),7个为油型气型烷烃气(和田河、塔河、威远、渡口河、铁山坡、罗家寨和卧龙河),2个生物气型烷烃气(涩北1号和涩北2号),6个混合型烷烃气(番禺30-1、荔湾3-1、磨溪、松南、长岭1号、龙深)。由此看出,中国大气田天然气成因类型以煤成气为主,以油型气为辅。另外,混合型烷烃气包括以煤成气为主、油型气为辅的靖边型混合烷烃气;以油型气为主、煤成气为辅的普光型混合烷烃气和以无机烷烃气为主、煤成气为辅的徐深型混合烷烃气,基于此做出中国主要大气田分布及其成因类型图(图4-19)。煤成气大气田主要分布在鄂尔多斯盆地、四川盆地、塔里木盆地和莺琼盆地;油型气大气田主要分布在四川盆地和塔里木盆地;生物气型大气田主要分布在柴达木盆地。

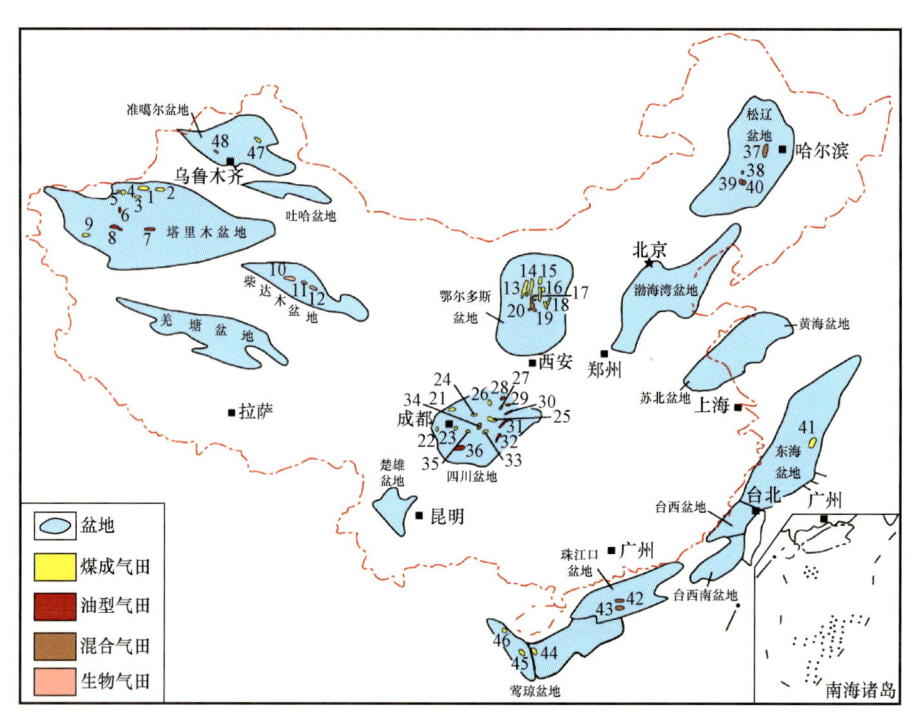

图4-19 中国主要大气田分布及其成因类型(据戴金星等,2014)

1—克拉2气田;2—迪那2气田;3—英买7气田;4—大北气田;5—大北1气田;6—塔河气田;7—塔中1气田;8—和田河气田;9—柯克亚气田;10—台南气田;11—涩北1号气田;12—涩北2号气田;13—苏里格气田;14—乌审旗气田;15—大牛地气田;16—神木气田;17—榆林气田;18—米脂气田;19—子洲气田;20—靖边气田;21—新场气田;22—邛西气田;23—洛带气田;24—八角场气田;25—广安气田;26—元坝气田;27—普光气田;28—铁山坡气田;29—渡口河气田;30—罗家寨气田;31—大天池气田;32—卧龙河气田;33—合川气田;34—磨溪气田;35—安岳气田;36—威远气田;37—徐深气田;38—龙深气田;39—长岭1号气田;40—松南气田;41—春晓气田;42—番禺30-1气田;43—荔湾3-1气田;44—崖13-1气田;45—乐东22-1气田;46—东方1-1气田;47—克拉美丽气田;48—玛河气田

(二)中国主要大气田气源对比

天然气由于组分很少并且经历了复杂的成烃成藏过程,精准确定气源难度较大。目前除天然气C_1—C_4碳氢同位素对比参数之外,轻烃及其同位素等也可以用于气源对比。气源对比主要方法包括:① 利用C_1—C_4碳同位素组成及组分含量进行气源对比和利用C_5—C_8轻烃化合物指标进行气源对比;② 利用烃源岩热模拟产物在不同演化阶段气态烃类C_1—C_4和轻烃组成及碳同位素组成特征与天然气进行对比,确定来源;③ 对各套烃源岩在不同演化阶段生成的气态烃特征进行详细综合剖析,然后初步确定天然气的成熟度并与成熟度相对应的烃源岩产物进行直接对比。

采用天然气组分碳氢同位素和轻烃组成等参数对我国主要含气区和气田的气源进行对比(图4-20),寒武系、志留系、石炭系—二叠系、三叠系、侏罗系、古近系是我国大气田的主力气源岩。

鄂尔多斯盆地气源岩主要为石炭系—二叠系煤系;四川盆地气源岩复杂,包括寒武系、志留系、二叠系和三叠系气源岩;塔里木盆地气源岩主要分布在寒武系和侏罗系。这也说明,大面积分布的烃源岩和构造稳定的大型沉积盆地为大气田的形成提供了充足气源和良好保存条件,是大气田形成的物质保障。

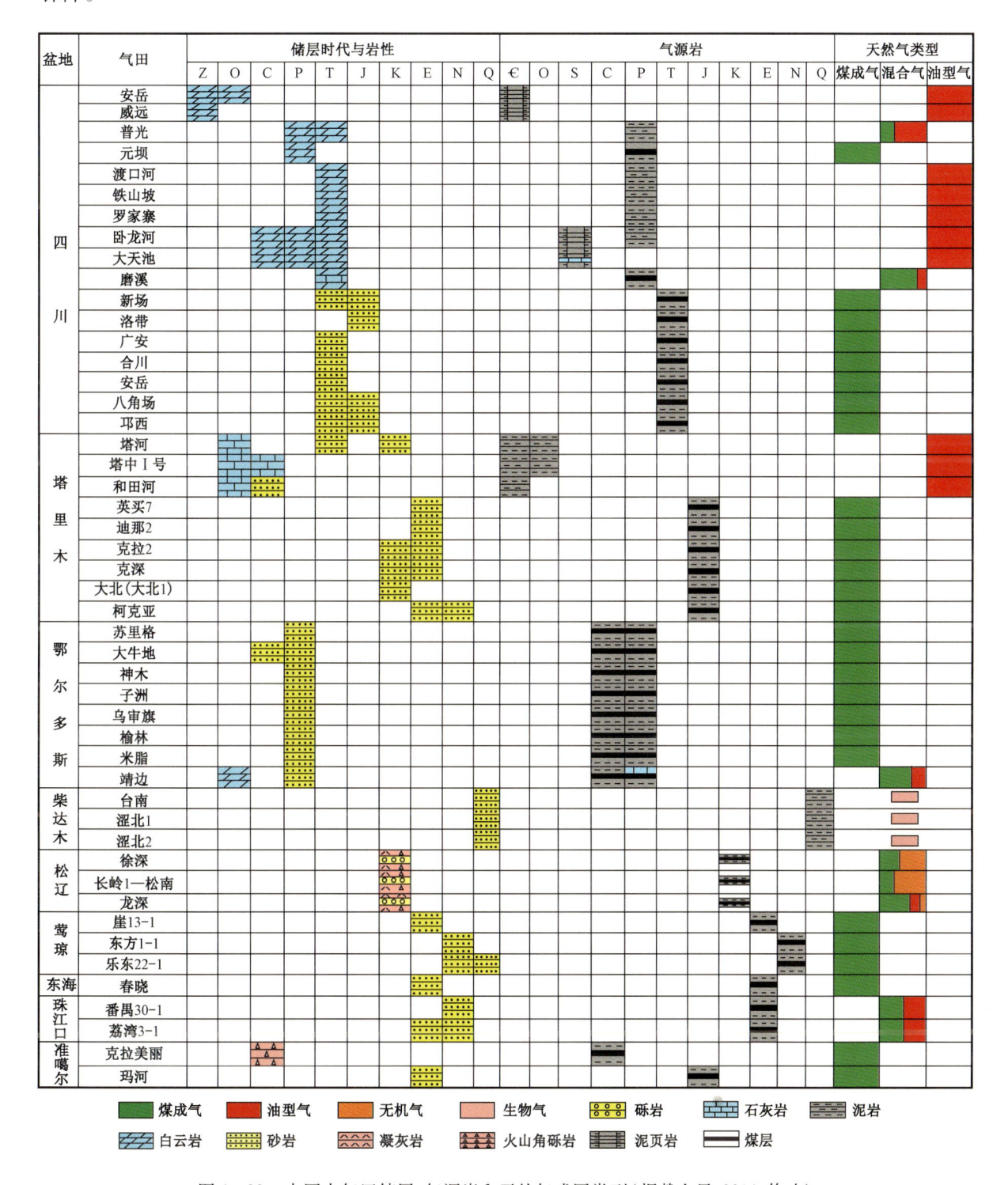

图4-20 中国大气田储层、气源岩和天然气成因类型(据戴金星,2014,修改)

小　结

本章以中国主要含气盆地大量地球化学数据为基础,详尽地阐述了我国天然气地球化学特征与成因类型。

(1)中国天然气烃类气体组成以甲烷为主,C_2—C_4烃气含量较低,并且以干气为主,影响气体组成的主要因素包括成熟作用和生气母质类型。

(2)中国天然气的碳同位素值分布范围非常广,如$\delta^{13}C_1$可从-87.0‰至-16.4‰,烷烃气的$\delta^{13}C$值随成熟度增大而增大,并以正碳同位素系列分布为主,但无机成因、过成熟的页岩气和煤成气中会出现负碳同位素系列。另外,氢同位素分布范围也非常广,大多数大然气δD值随碳数增加而增大,有机热成因的氢同位素主要受烃源岩沉积环境和成熟度的影响。

(3)天然气类型划分是气源对比的基础。以成气原始物质为基础,可将天然气划分为无机成因气和有机成因气,其中有机成因气又可划分为油型气、煤成气和生物气,本次对中国大气田天然气成因类型和气源进行了判识,煤成气大气田主要分布在鄂尔多斯盆地、四川盆地、塔里木盆地、莺琼盆地和东海盆地;油型气大气田主要分布在四川盆地和塔里木盆地;生物气型大气田主要分布在柴达木盆地。

第五章　天然气生成机理

按照经典的干酪根生烃模式（Tissot 和 Welte，1984），Ⅰ/Ⅱ型有机质以生油为主、Ⅲ型有机质以生气为主。近年来，天然气勘探已从以常规气为主向常规与非常规气并重转变。随着天然气勘探的不断深入，天然气地质地球化学呈现出一些新的变化特征，主要表现在三个方面：一是勘探深度不断增加，2013年塔里木盆地库车凹陷钻探的克深9井，其产气层深度达7500m；二是气源岩成熟度越来越高，如美国 Arkoma 盆地 Fayetteville 页岩气、致密砂岩气气源岩成熟度可达3%～4%（Zumberge 等，2012），中国四川盆地下古生界—震旦系发现的页岩气和常规气源岩成熟度普遍大于2.5%（Zou 等，2013；Zhang 等，2018）；三是高成熟—过成熟区域发现了越来越多的天然气具有同位素倒转特征。这种同位素倒转的现象不仅存在于页岩气中（Rodriguez 和 Philp，2010；Zumberge 等，2012；Hao 等，2013；Tilley 等，2013），在深层海相常规气和高—过成熟致密砂岩气也广泛存在（Wu 等，2015；Dai 等，2016；Feng 等，2016；Zhang 等，2018）。这些发现使得传统油气生成理论在解释深层油气成因上面临诸多挑战，需要重新审视不同类型有机质的生气上限、高—过成熟阶段的生气母质或机制、深层油气的热稳定性等诸多科学问题。本章拟对不同类型天然气（煤成气、油型气、生物气、无机气）的生成过程和机理进行探讨。

第一节　煤成气生成机理

煤成气在世界天然气资源中占有很高的比例。俄罗斯发现的原始可采储量在 $1 \times 10^{12} m^3$ 以上的13个超大型气田中，有11个是煤成气气田（戴金星等，2007），中国目前发现的常规天然气中70%以上是煤成气。近几年来，在深层或高—过成熟度分布地区发现了一批大气田，由此引出有关煤成气生成上限及量的问题，本节主要探讨煤系烃源岩在高演化阶段生气机理问题。

一、煤生气成熟度上限

随着热演化程度的增高，有机质不断地生成烃类，直至石墨化阶段。因此，理论上煤生气"死亡线"是存在的。但前人关于煤生气结束上限的认识并不一致，戴金星（1995）早期的研究提出煤成气结束的上限在 R_o 为2.0%，韩德馨等（1990）认为 R_o 为2.5%，王云鹏等（2004）提出的界限是 R_o 为3.0%。随着勘探的不断深入，在更高的成熟区（R_o 大于3.0%）也发现了较大规模的煤成气资源（如松辽盆地徐家围子深层）。因此，关于煤系气源岩生气结束的界限尚须进一步研究。

目前，关于煤生气结束界限的主要研究方法：① 根据煤中有机元素组成随煤成熟度的变化；② 根据演化过程中煤结构的变化；③ 根据煤模拟生气实验结果。本节将基于这三种方法来探讨煤生气的成熟度上限。

（一）煤演化过程中元素组成变化

煤演化过程是碳元素不断富集、氢元素不断减少的过程（Tissot 和 Welte，1984）。因此，理论上煤中只要还含有氢元素，就有生气能力。不同学者对煤演化过程中元素组成进行了研究（Teichmuller，1974；Tissot 和 Welte，1984；钟蕴英等，1989），Teichmuller（1974）统计认为，煤在成熟度 R_o 达到5.5%

时,氢含量还有 1.6%~1.8%,H/C 原子比为 0.2;Durand 等(1983)对从泥炭阶段至无烟煤和超无烟煤的元素组成进行了统计,从泥炭阶段到超无烟煤阶段,煤的 H/C 原子比从 1.0 以上降低到 0.2 左右;从泥炭到褐煤,煤的 H/C 原子比变化较慢;从褐煤到无烟煤阶段,H/C 原子比则迅速降低,说明煤生气主要是从褐煤阶段开始。韩德馨等(1990)认为煤在演化过程中 H 元素的含量随着演化程度的增高逐渐降低,但当其成熟度 R_o 达到 2.5% 后,煤中 H/C、O/C 比值基本接近一个恒定值。由于 H、O 是煤成气(包括煤成 CO_2)的主要元素,H/C、O/C 比值保持不变,说明在 R_o 大于 2.5% 后煤的生气速率明显降低。

图 5-1 为世界不同地区煤的 H/C 原子比随 R_o 的变化关系图。可以看出,煤中 H/C 原子比随 R_o 的变化可以分为三段,在 R_o 小于 2.0% 以前,H/C 原子比由 1.0 迅速降低到 0.45,H/C 原子比随 R_o 的降低速率为 0.275;当 R_o 在 2.0%~6.0% 时,H/C 原子比由 0.45 比较缓慢降低到 0.2,H/C 原子比随 R_o 的降低速率为 0.0625;当 R_o 大于 6.0% 时,H/C 原子比的降低速率更低,H/C 原子比随 R_o 的降低速率为 0.025。煤中 H/C 原子比随 R_o 上述变化规律说明,R_o 在 2.0%~5.0% 煤还具有一定的生气能力。如果不考虑煤结构的变化,单以 H/C 原子比的变化来衡量生气速率,此阶段煤的生气速率只占主生气阶段(R_o 小于 2.0%)的 1/4~1/5;而当 R_o 大于 6.0% 时,煤的生气能力更低,此阶段煤的生气速率只占主生气阶段的 1/10~1/11。

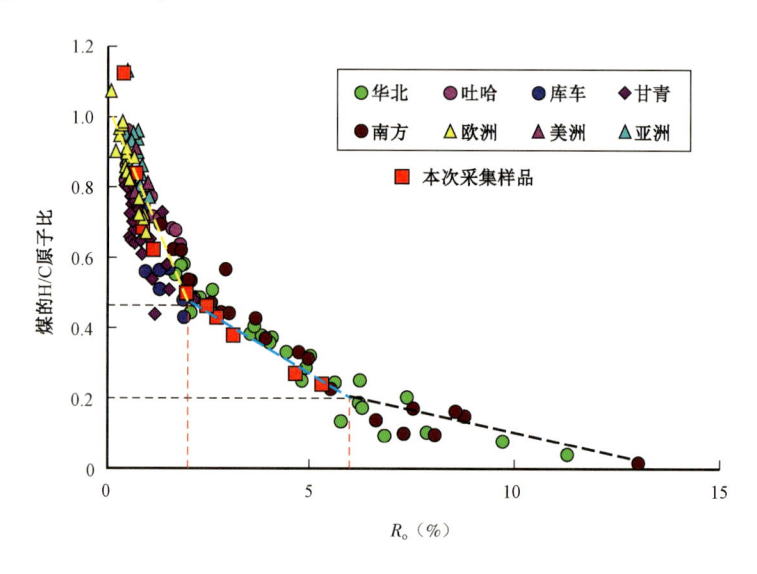

图 5-1 不同成熟度系列煤 H/C 与成熟度 R_o 值的关系

理论上煤生气"死亡线"一直要持续到石墨化阶段。煤演化过程中 H 元素的变化具有阶段性,说明煤生气具有阶段性,主生气阶段在 R_o 为 2.0% 以前;在 R_o 大于 2.0% 以后,H 元素随煤成熟度的增加而减少的速率大大降低,说明煤在此阶段随演化程度变化的生气速率降低,但 H 元素的含量仍为褐煤阶段的 45% 左右,因此,煤在 R_o 大于 2.0% 以后的生气潜力可能不容忽视。

(二)煤演化过程中结构的变化

虽然煤的详细结构目前还不十分清楚,一般认为煤的结构是以大块蜂巢状的环状结构为主体,加上各种环周的官能团(Fuchs,1942)。煤的各种环周官能团总体可以分为含氧官能团和烷基侧链两类。目前比较一致的观点认为,煤成气的生成过程是这些官能团从环状结构上断裂,并进一步裂解成更小分子的气体(煤成气)的结果,同时环状主体结构进一步缩合。固体核磁、红外光谱技术的发展为研究煤的结构,特别是煤环状结构上的官能团随煤成熟度的变化提供了可能。

对 19 个不同成熟度系列煤样的核磁分析(表 5-1、图 5-2)发现,含氧官能团(羧基、羟基)峰在

R_o 为 0.87% 的样品中基本消失,这与模拟实验低温阶段生成的气体成分中二氧化碳含量高于烃类气体的结果相一致。这是由于在煤的演化过程中,含氧官能团先于脂肪侧链断裂;当煤的 R_o 小于 3.0% 时,谱图中有比较明显的甲基和亚甲基峰,而当 R_o 大于 3.0% 时,谱图中的亚甲基峰消失,脂肪侧链只剩下甲基峰;R_o 为 5.32% 的样品已经检测不到任何脂肪侧链。图 5 – 3 是不同成熟度煤的脂肪碳比(脂肪碳/芳香碳)与成熟度关系图,可以看出:在 R_o 为 2.0% 以前,脂肪碳比降低最快,当 R_o 大于 2.0% 时,煤的脂肪碳比缓慢降低,到 R_o 为 5.32% 时脂肪碳比接近 0,说明此时煤中的碳基本为芳香碳。

表 5 – 1 不同成熟度煤样、地球化学特征

样品编号	样品名称	样品来源	R_o (%)	层位	TOC (%)	T_{max} (℃)	S_1 (mg/g)	S_2 (mg/g)	I_H (mg/g TOC)	H/C
1	云南褐煤	楚雄	0.35	N	48.0	423	3.23	63.19	131.65	1.18
2	陈家山煤	鄂尔多斯	0.56	J	65.6	435	1.57	91.38	139.30	0.84
3	保德 – 13	鄂尔多斯	0.66	C	45.5	440	0.59	59.99	131.85	0.92
4	乌达 – 5	鄂尔多斯	0.78	C	72.6	445	2.04	123.72	170.41	0.64
5	乌达 – 9	鄂尔多斯	0.87	C	66.0	456	2.93	105.74	160.21	0.71
6	乌达 – 17	鄂尔多斯	0.94	C	66.5	462	0.89	83.06	124.90	0.56
7	柳林 – 2	鄂尔多斯	1.13	P	73.5	472	0.81	86.08	117.12	0.62
8	韩城 – 6	鄂尔多斯	1.45	C	50.1	479	0.70	20.36	40.64	0.68
9	澄城 – 6	鄂尔多斯	1.59	C	78.0	488	0.30	30.31	39.86	0.54
10	澄城 – 10	鄂尔多斯	1.63	C	74.4	492	0.66	26.60	59.91	0.73
11	WL – 10	鄂尔多斯	2.00	P	70.5	509	0.72	16.70	23.69	0.54
12	赵庄	鄂尔多斯	2.31	P	85.6	522	0.47	18.83	22.00	0.52
13	QD	鄂尔多斯	2.37	P	80.9	539	0.43	16.34	20.20	0.49
14	LP	沁水	2.58	P	62.4	555	0.05	5.83	9.34	0.41
15	HYH	沁水	2.86	P	84.8	564	0.09	8.74	10.31	0.45
16	PS	沁水	3.02	P	77.5	568	0.05	6.81	8.79	0.44
17	RJG	沁水	3.10	P	91.7	576	0.06	6.76	7.37	0.41
18	云驾岭	河北武安	4.46	P	87.1	655	0.03	0.58	0.01	0.3
19	陶 2 矿	河北武安	5.32	P	72.3	696	0.01	0.08	0.00	0.27

结合不同成熟度煤元素分析的结果可以看出,虽然煤在 R_o 为 5.32% 时,其中的脂肪碳全部消失,但在其中的芳环中还存在一定的氢,H/C 原子比大于 0(约为 0.2~0.23),理论上还具有一定的生气能力。从图 5 – 1 可以发现,实际地质条件下从 R_o 大于 6.0% 芳环进一步缩合石墨化的速率很慢,在这一过程中形成天然气的速率也非常慢,此时形成的天然气对油气资源量意义不大。除非在一些极端特殊的地质环境下,煤在成熟度 R_o 达到 5.32% 之后热演化过程中形成的天然气才具有资源意义。因此认为煤生气结束的成熟度界上限在 R_o 为 5.0% 可能较为合适。

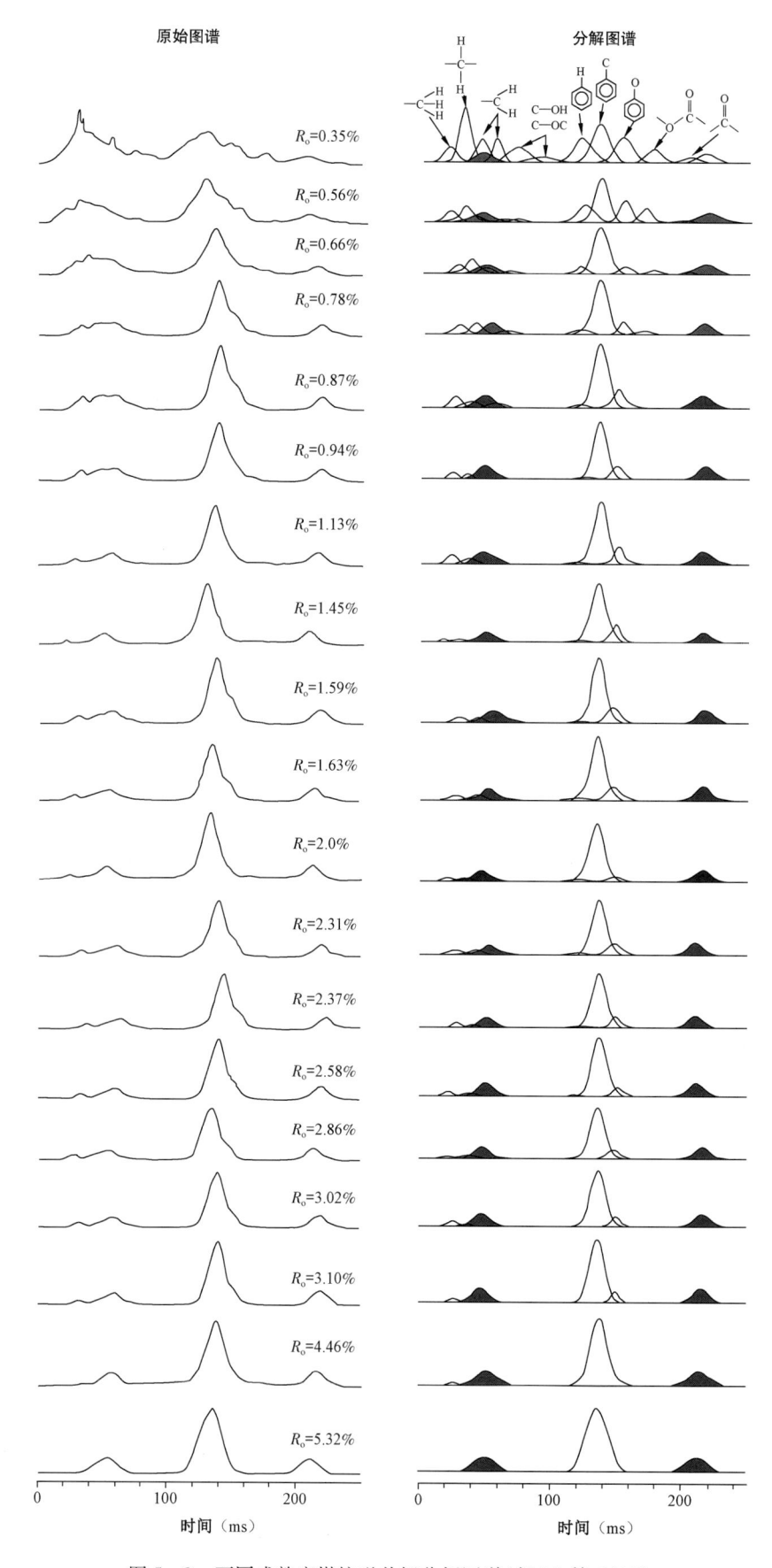

图 5-2　不同成熟度煤核磁共振分析图谱（据 Mi 等,2015）

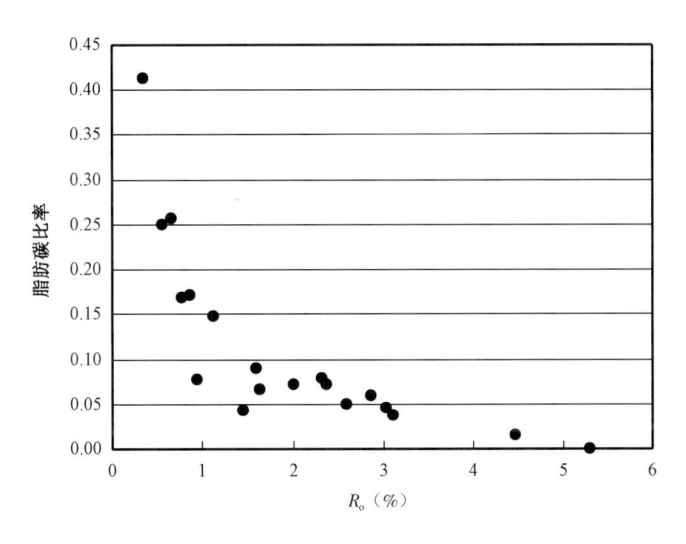

图 5-3 不同成熟度煤核磁分析脂肪碳比与成熟度的关系图

(三) 不同成熟度煤的生烃模拟实验

生烃模拟就是通过快速高温的实验过程来模拟地质条件下烃源岩低温慢速的生烃过程，其理论依据是温度—时间补偿原理。对不同成熟度的煤样进行生气模拟实验可以揭示煤生气结束的成熟度上限。图 5-4 是对采自鄂尔多斯盆地 6 个不同成熟度煤样模拟最大生气量随成熟度增加的变化结果。可以发现，成熟度严重影响着煤生气能力，R_o 小于 2.0% 时，煤最大生气量降低非常快，说明煤的主生气区间在 R_o 为 2.0% 以前。R_o 大于 2.0%，煤模拟最大生气量随成熟度的降低速率减小，说明煤的生气速率降低。R_o 为 5.3% 煤样的最大生气量仅为 4.37m^3/t TOC。这一结果与根据煤结构演化确定的煤生气结束界限(R_o 为 5.0%)的结论似乎存在矛盾。但是，煤结构演化的研究结果表明：R_o 为 5.3% 煤的结构中已经不存在脂肪侧链。按照脂肪链断裂生烃的传统生烃理论，煤在此阶段应该不具有生气能力，而模拟实验结果并非如此。此阶段煤生成气体可能是由于费托合成作用生成的。因为煤在整个演化过程中始终有二氧化碳生成，当 R_o 大于 5.0% 时，煤已进入石墨化阶段，其结构的演化主要是芳环的缩合，在芳环缩合的过程中会有氢气的生成。氢气和煤演化过程中生成的二氧化碳会在烃源岩体系内发生费托反应，生成烃类气体。但由于费托反应氢气的转化率非常低(Zhang 等，

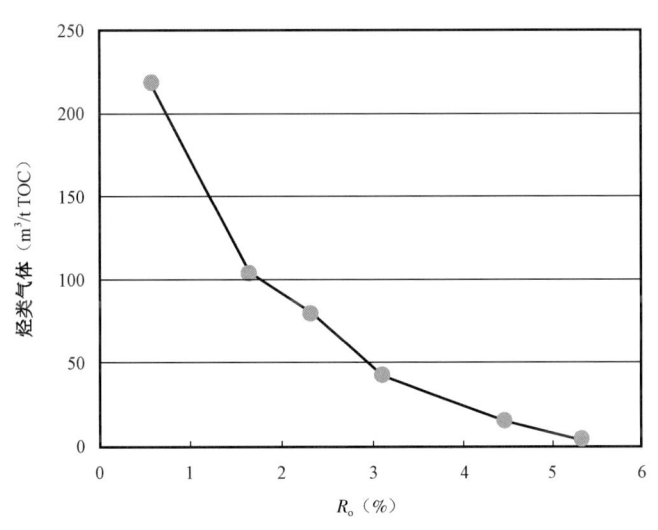

图 5-4 不同成熟度系列煤生成烃类气体量与成熟度关系图

2013),煤通过费托合成生成的烃类气体非常有限。所以,把煤生气结束的成熟度 R_o 界限定为 5.0% 也是很合理的。关于烃源岩体系内的自费托反应将在第四节无机气形成机理中讨论。

二、煤最大生气量确定

确定煤的最大生气量通常有两种方法:一是模拟实验法,二是理论计算法。本节将通过上述两种方法来确定煤的最大生气量。

关于煤的最大生气量,前人进行过大量研究,戴金星(2001)认为煤的最大产气量为 200m³/t 煤、生气结束界限为 R_o=2.0%。通过模拟实验证明,煤的最大生气量为 200m³/t TOC(肖贤明,2001)❶。

(一)模拟实验

生烃模拟实验方法根据模拟体系的封闭程度分为开放体系、封闭体系和半开放体系三种。半开放体系最关键的问题是对排烃系统开放度的控制,目前在技术上已经可以实现,但实验过程中,流体压力是以水为介质进行模拟的,由于在高温高压条件下流体介质(水)处于超临界状态,会与有机质发生反应生成大量的二氧化碳,从而使烃类气体生成量大大降低。因此,半封闭体系不适于煤最大生气量的研究。目前模拟实验室通常还是在开放体系或封闭体系中进行。

Cramer 等(2001)利用 PY – GC – IRMS 仪器(在开放体系)以氦气为载气,分别以 0.2K/min、0.7K/min、2K/min 的升温速率对煤加热至 1000℃。随升温速率增大,煤生气结束的温度也在不断升高(图 5-5)。最后对三个煤样分别以 0.2K/min 升温速率进行加热,在 750℃时基本上不再生气(图 5-6),此时残渣的成熟度 R_o 在 5.0% 左右,H/C 原子比下降至 0.16~0.17(表 5-2),生气作用基本结束。

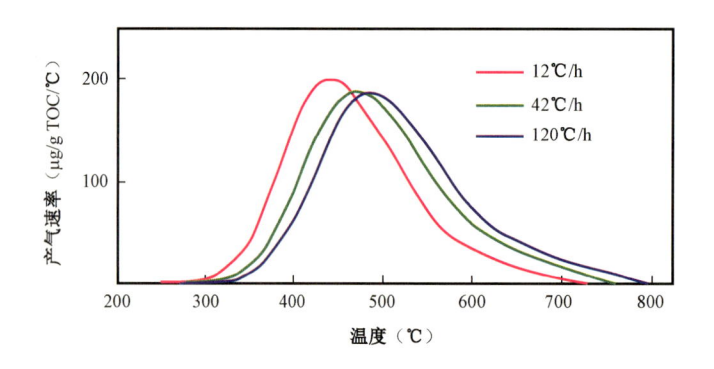

图 5-5 同一煤样不同升温速率条件下的生气速率和模拟温度的关系图

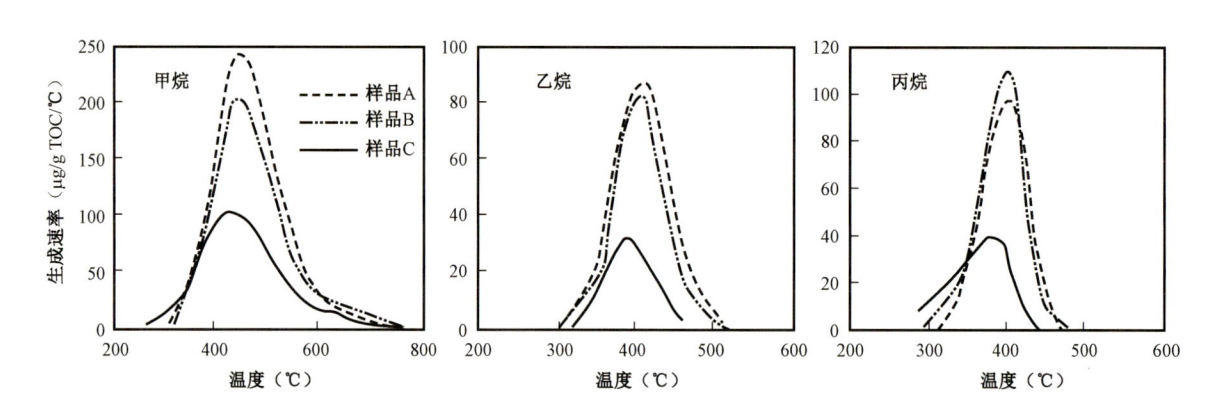

图 5-6 烃类气体生成速率与模拟温度关系(据 Cramer 等,2001)

---

❶ 肖贤明,李贤庆,康永春。塔里木盆地前陆区天然气生烃运移动力学研究,"十五"国家重点科技攻关项目报告,2001。

表 5-2　三种模拟生成气体量和最终模拟残渣的地球化学特征（据 Cramer 等,2001）

样品	升温速率	气体产量（mg/g TOC）				模拟结束残渣 R_o（%）	模拟结束残渣 H/C
		甲烷	乙烷	丙烷	总烃气		
A $I_H = 286$ （mg/g TOC）	0.2K/min	37	7.9	7.1	52.3	6.5	0.16
	0.7K/min	38.6	8.4	7.4			
	2K/min - Ⅰ	38.4	8.4	7.3			
	2K/min - Ⅱ	33.8	7.2	7.1			
	平均值	37	8	7.3			
B $I_H = 192$ （mg/g TOC）	0.2K/min	33.9	6.6	7.6	50	5.96	0.17
	0.7K/min	36.3	7.3	8.3			
	2K/min - Ⅰ	35.7	6.9	7.7			
	2K/min - Ⅱ	34.9	6.9				
	平均值	35.2	6.9	7.9			
C $I_H = 190$ （mg/g TOC）	0.2K/min	18.8	2.7	3.6	26.5	5.17	0.16
	0.7K/min	19.7	2.9	3.7			
	2K/min - Ⅰ	20.2	3	3.9			
	2K/min - Ⅱ	21	3.1	3.7			
	平均值	19.9	2.90	3.7			

三种煤中产气量最大的煤的生气量只有 52.3kg/t TOC，换算成体积也只有 61.48m³/t TOC，其产量非常低。其主要原因有二：一是煤在开放体系低温条件下生成的原油排出体系后（或被载气带出体系）将不会再发生二次裂解；二是三个升温速率相对来说都比较快，有机质不可能充分反应。

黄金管（封闭）体系是目前最常用的生烃模拟实验设备。金管生烃模拟通常采用 2℃/h 和 20℃/h 两种升温速率，再通过动力学计算，推算出有机质在地质条件下的生烃特征。理论上在同一模拟体系中，不管升温速率多大，当煤生烃作用结束时，生气量应该相近。图 5-7 是鄂尔多斯盆地二叠系煤样在两种体系 4 种升温速率条件下的模拟生气结果，可以看出，在最高模拟温度时煤的生气作用都还没有结束。如果将升温速率设定为 2℃/h 继续加温至 650℃，甲烷则开始发生分解（图 5-8）。

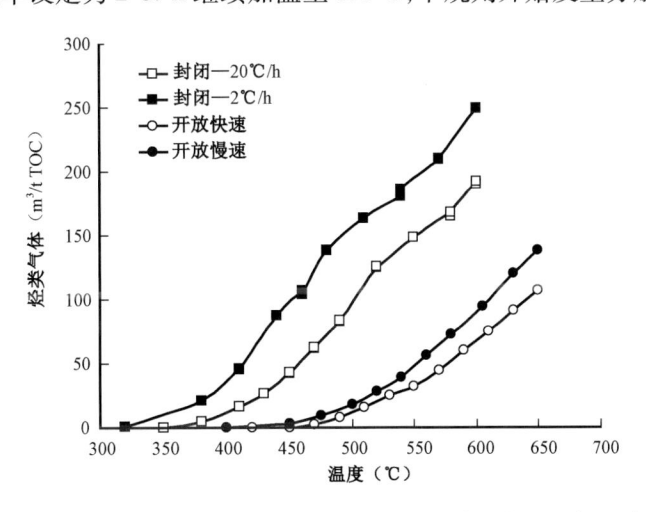

图 5-7　同一煤样（R_o 为 0.62%）在两种体系 2 种升温速率热模拟生气量随温度的变化

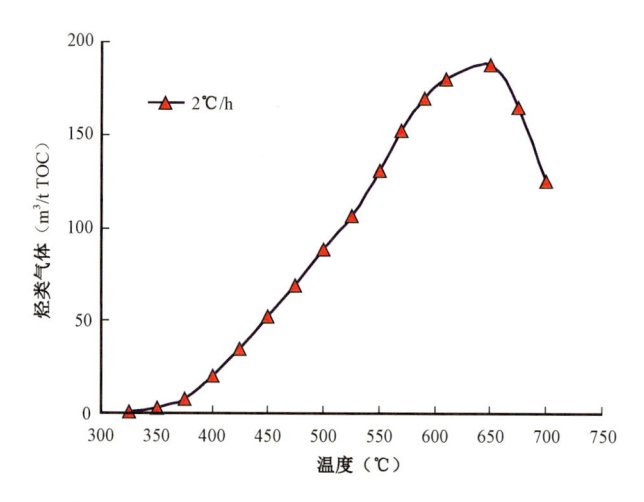

图 5-8　甲烷裂解导致煤（R_o 为 0.54%）生气量降低

为了研究煤的最大生气量，经过大量的实验对比，采用分步恒温生气模拟方法可以获得煤的最大生气量。具体步骤是：先在 2h 内把煤样加热到 300℃，然后恒温 3 天，对其生成的气体进行定量和分析后，对模拟残渣再进行下一个温度点的模拟，之后再对生成的气体进行分析定量。如此反复对不同温度点的模拟残渣进行模拟，把每次分析得到的天然气量相加就可以得到煤的最大生气量。该方法的最大优点是通过逐步加热分析的方法可以避免低温条件下生成的烃类气体在高温时发生分解，使煤的生气量降低。图 5-9 是通过该方法得到的鄂尔多斯盆地侏罗系延安组煤（R_o 为 0.52%）在不同温度的生气量。可以看出：刚进入成熟阶段的煤的最大生气潜力可以达到 320~330m^3/t TOC。

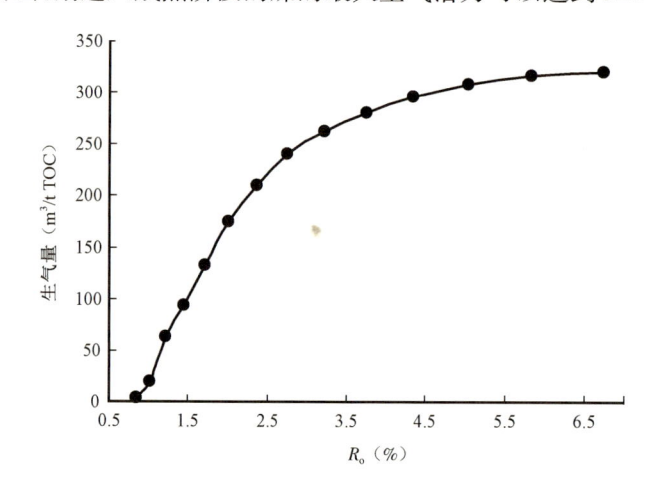

图 5-9　利用分步恒温方法得到的煤在不同模拟温度的生气量

（二）理论计算

理论上讲，煤中只要还含有氢元素，就会有生气能力。大量的统计数据表明：在有机成熟度非常高的阶段（R_o 大于 5.0%），煤中仍含有少量的氢（图 5-1），说明煤在此阶段仍然具有一定的生气能力。根据不同成熟度的煤中 H/C 原子比的变化，计算可得到煤在不同演化阶段的生气量（表 5-3）。理论最大生气量为 300~350m^3/t TOC。恒温模拟实验结果也证明了煤的最大生气能力可达 320~330m^3/t TOC 以上（图 5-9）。常规采用的程序升温模拟实验过程的升温速率越慢，煤在不同演化阶段的生气量越接近根据 H/C 原子比计算的煤的生气量。因此，煤总生气量可达 300~350m^3/t TOC，其中在 R_o 大于 3.0% 生气量约为 150m^3/t TOC，比以前认为的总生气量 200m^3/t TOC 增加 75%。

表 5-3 根据 H/C 原子比计算可得到煤在不同演化阶段的生气量

$R_o(\%)$	H/C	残余生气潜力(m^3/t TOC)	累计生气量(m^3/t TOC)	累计生气率(%)	总产率(%)
0.5	0.9	356	0	0	0
1	0.72	280	76	21.4	19.51
1.3	0.64	245	111	31.11	28.36
1.5	0.61	232	124	34.78	31.71
2	0.54	202	155	43.42	39.59
3	0.44	157	199	55.93	50.99
4	0.36	121	235	66.08	60.24
5	0.28	84	272	76.36	69.62
6	0.22	56	300	84.17	76.73
8	0.13	14	342	96.01	87.53
10	0.1	0	356	100	91.17

由此可见，煤大量生气结束的成熟度界限可以达到 $R_o=5.0\%$，煤的最大生气量为 300~350 m^3/t TOC。与前人的研究成果相比，煤的最大生气量增加了 50%~75%，煤大量生气结束的成熟度界限由 R_o 为 2.0% 增加到 5.0%。这种煤生气结束界限下延、生气潜力增加的"双增加"模式对说明在 $R_o > 2.0\%$ 区域煤成气仍然具有较高的勘探价值，对深层、超深层天然气的勘探和资源量评价具有非常重要的指导意义。

三、煤成气生成模式

(一)模拟实验结果的成熟度标定

把实验结果推演到地质条件下，以此来建立不同有机质的生烃模式，其中生烃动力学方法是最常用的地质推演方法。但动力学方法应用的一个前提是连续的程序升温，本次研究发现程序升温不能模拟出煤的最大生气量，因此，把这样的实验结果外推到地质条件下会降低煤的生气潜力。大量的模拟实验结果表明：在高温条件下(大于500℃)，由于模拟残渣发生了各相异性，此时测定的模拟残渣反射率不能准确表征有机质的成熟度。本次研究采用模拟残渣的 H/C 原子比来表征不同温度模拟残渣的成熟度。其方法如下：

(1)实际样品 H/C 比与 R_o 关系建立。

采集一系列不同成熟度的煤样(图5-1)，对其成熟度和元素组成进行分析。根据实测数据回归出样品 H/C 比与 R_o 的关系为：

$$R_o = 20.38 \times 0.00546(H/C) + 0.257$$

(2)实验条件下模拟残渣 H/C 分析。

(3)以 H/C 原子比为桥梁，对不同温度点恒温3天的模拟残渣进行成熟度标定(表5-4)。

表 5-4 不同温度点恒温3天的模拟残渣进行成熟度标定结果

模拟温度(℃)	250	275	300	325	350	375	400	425
$R_o(\%)$	0.58	0.64	1.08	1.19	1.48	1.60	2.07	2.41
模拟温度(℃)	450	475	500	525	550	600	650	
$R_o(\%)$	2.62	2.87	3.02	3.39	5.03	5.24	7.77	

(二)煤生烃模式

模拟实验残渣成熟度标定以后,不必进行动力学计算,就可以直接把模拟实验结果推演到地质条件下。其中,煤在不同成熟度生成的液态烃量是根据模拟实验中不同温度模拟残渣用二氯甲烷抽提结果和前人的研究成果而定的。图 5 – 10 是根据实验结果结合理论计算结果得到煤的生烃模式。以上研究与图 5 – 10 的生气模式表明:煤在演化过程中以生气为主、生油为辅;煤生气结束的成熟度 R_o 界限可达 5.0%,但主生气期在 R_o 小于 2.0%, R_o 大于 2.0% 煤生气速率明显降低。当 R_o 大于 5.0% 时虽然煤的元素组成中还含有一定量的氢,但煤的化学结构中不再有脂肪侧链,氢元素只可能存在于芳环结构中,理论上煤在此阶段还有一定量生气潜力,但此时不再是通过典型的脂肪链断裂方式生气,而是通过其他方式(如费托合成)生气,且速率非常慢,对天然气资源量的贡献已经没有实际意义。

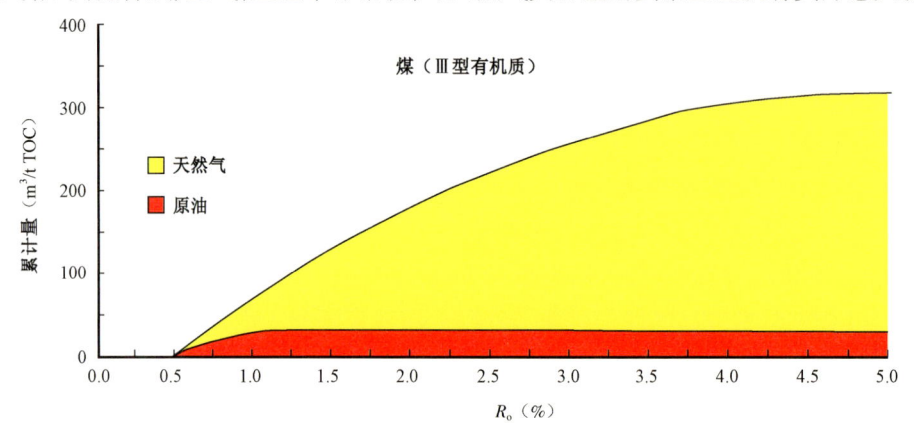

图 5 – 10 煤的生烃模式

四、高演化阶段煤成气物质来源

前人研究认为,腐殖型有机质原始结构为短侧链加大量的缩合环,在受热作用成烃中会形成以甲烷为主并伴有重烃气的天然气,但对于高演化阶段煤成气的物质来源并没有深入研究。韩德馨等(1990)指出,煤是各种带有支链和官能团的缩合稠环芳香核结构的高分子有机化合物组成的复杂混合物,其主要组成元素包括碳、氢、氧、硫、氮等,其中碳元素构成煤分子中芳香核及杂环族的碳骨架,并且随着煤阶的增高而不断的富集;氢存在于芳环和非芳环以及环上的烷基侧链和羟基等官能团中;氧则存在于羟基、羧基和醚基等官能团中;氮和硫是杂环族化合物的部分结构。煤化过程中,煤中 H/C 原子比减小,也就是氢的不断减少和碳的不断增加。氢的减少预示着芳香核上烷基侧链的脱落,芳构化程度增加过程是生油气过程。这种变化幅度越大,预示着生油、气能力越强。因此,可以通过对煤演化过程产物化学成分的变化来确定各个演化阶段生气的物质来源。

选取松辽盆地白垩系沙河子组腐殖煤(R_o 为 0.56%)在 PY – GC – MS 热解质谱仪上进行 250 ~ 700℃热解实验,升温速率 5℃/min,25℃ 为一个采样间隔。图 5 – 11 为不同热模拟温度下热模拟气的饱和烃气相色谱图,随着热模拟温度的升高,高碳数的饱和烃呈降低的趋势,重烃逐渐裂解为小分子,说明液态烃是高演化阶段煤成气的物质来源之一。

苯酚和芳香烃化合物的产量和多样性也随热演化程度而增加;但在高演化阶段,这些化合物的量和种类明显变少,趋于小分子化合物,尤其是苯酚类化合物的减少幅度最大(图 5 – 12)。图 5 – 13 为模拟温度为 550℃时产物中的芳香烃和苯酚含量与分布,在高演化阶段,含甲基芳香烃和苯酚的含量相对丰富,成为气源岩的重要生气物质,这一结果与前面对煤结构的分析(图 5 – 2)相一致。

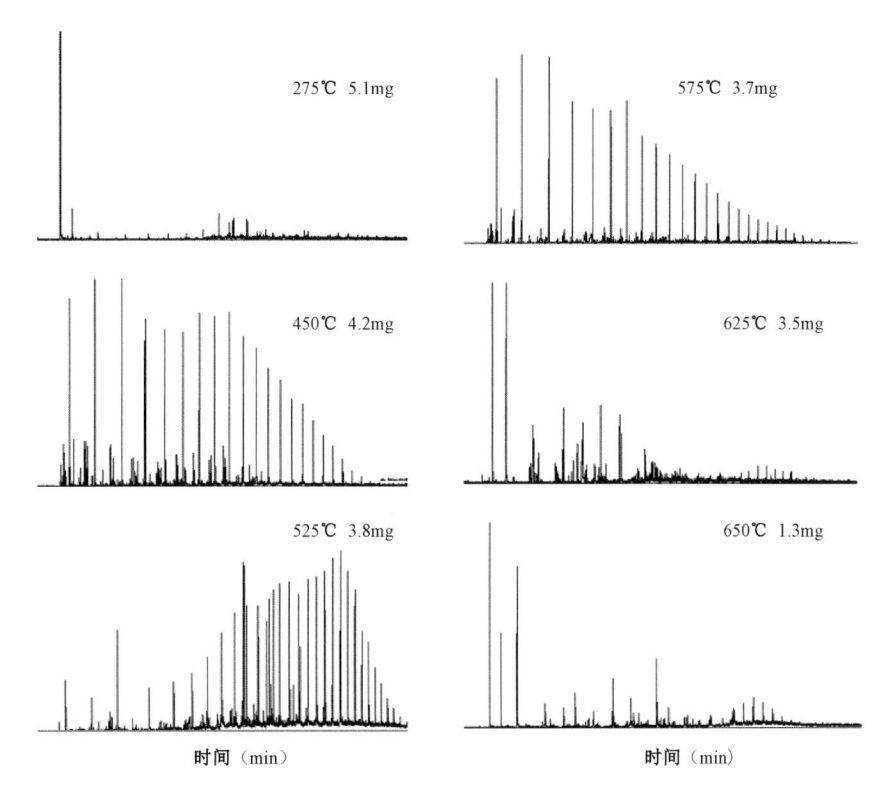

图 5-11　不同热模拟温度下热模拟气的饱和烃气相色谱图（m/z=85）

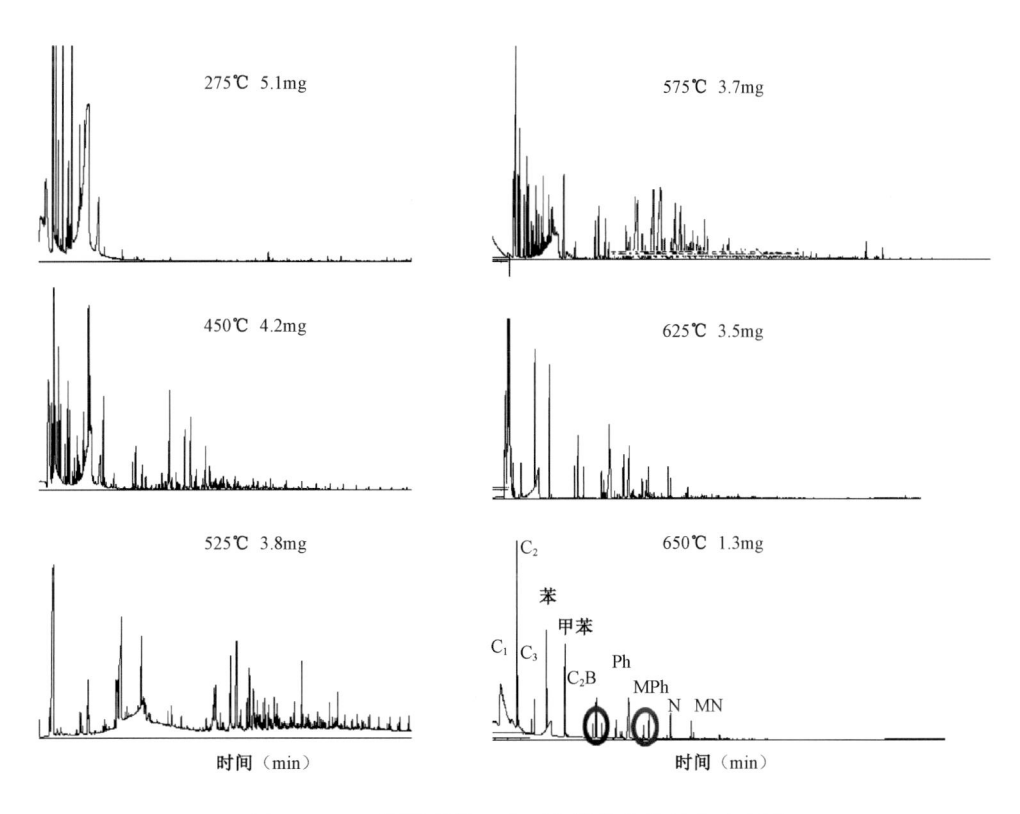

图 5-12　不同热模拟温度下热模拟产物总离子流图

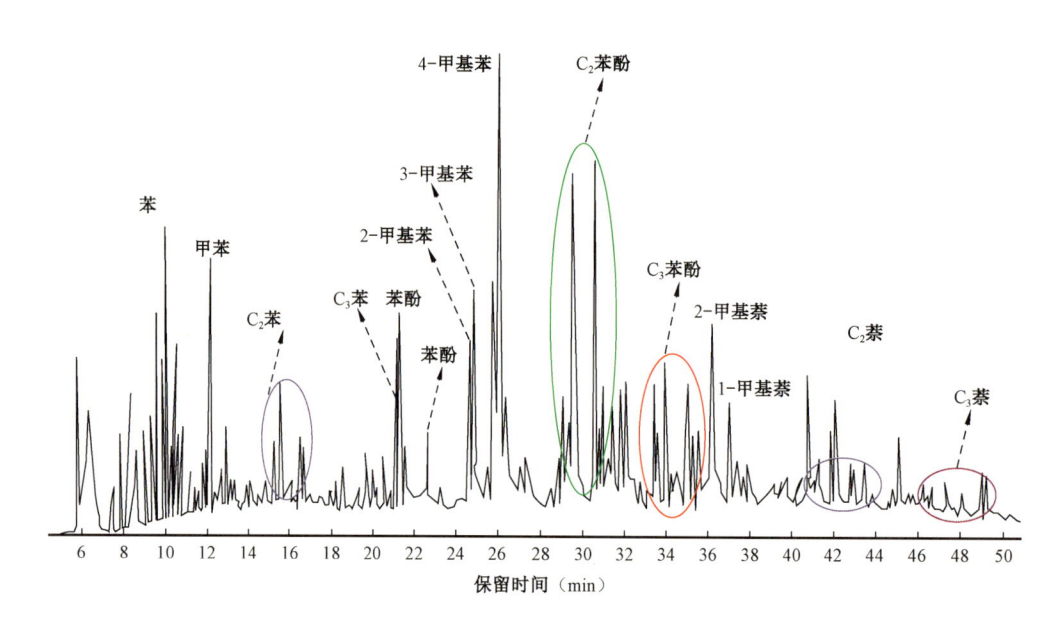

图 5-13　热模拟温度为 550℃下的热模拟产物轻烃色谱—质谱图

第二节　油型气生成机理

根据经典的油气生成模式,随着埋深或热演化程度的增加,固体有机质(或干酪根)会发生热解生烃作用。在深成岩热解阶段早期,Ⅰ、Ⅱ型干酪根通常以生油为主,伴随少量干酪根裂解气的生成;进入深成岩热解阶段后期,早期生成并残留在烃源岩中的液态烃会裂解生成湿气;进入后成岩作用阶段时,湿气会进一步发生裂解生成甲烷(Tissot 和 Welte,1984)。同时,早期生成并进入储层中的原油,在持续增加的热应力驱动下,同样会裂解成气。这种在热应力的作用下,由干酪根直接裂解或原油二次裂解生成的天然气,就是所谓的油型气。油型气是中国大中型气田的重要组成类型,在海相含油气盆地中大量分布。如塔里木盆地台盆区大部分气藏、川东北长兴组—飞仙关组部分气藏以及四川盆地深层志留系—寒武系页岩气藏和寒武系—震旦系碳酸盐岩储层常规气藏等。

近年来,随着深层油气勘探的日益推进,传统生烃理论在解释深层发现方面似乎面临许多新的挑战。比如沉积有机质或干酪根在晚期能否生气和生气潜力的问题。早期观点认为干酪根裂解气生成时限与原油基本一致,但生烃模拟和动力学的研究似乎表明干酪根裂解生气可延至更高的演化阶段(Pepper 和 Corvi,1995)。Ⅰ、Ⅱ型干酪根核磁分析结果表明,尽管高—过成熟阶段干酪根结构中长脂肪链含量明显降低,但仍含有一定量的短支链脂肪结构(赵文智等,2011)。这说明,深层—超深层处于高过成熟阶段的干酪根具有生气物质基础。最近有研究提出,干酪根的生气下限可延至 R_o 为 3.5% 的阶段(Mi 等,2017)。同时,不同地区深层油气相态往往存在较大的差异,比如四川盆地深层少见油藏,多见裂解气藏;塔里木盆地深层却普见油藏,且原油物性多变;渤海湾盆地深层仍存在凝析油藏等。是什么原因导致原油稳定存在的深度存在如此大的差异呢?实际上,原油的裂解过程包含着一系列复杂的化学反应,这些反应发生的难易及进行的程度是受动力学控制的。Tissot 和 Welete(1984)基于一系列盆地原油稳定性的分析,提出 Douala 盆地和 Uinta 盆地的原油大量裂解生气的温度分别为 135℃(2500m)和 150℃(5800m)。Price(1995)在对他们的观察进行详细的讨论后却认为,一些 7000m 以下的超深钻井中重质饱和烃的发现说明,该温度要低于实际的原油裂解气大规模生成时的温度界限。这些矛盾或难以解释现象的出现,很大程度上阻碍了深层油气资源的预测和勘探。

由于天然气的生成是在漫长的地质时间中进行的,要真实的观察这一过程难以实现。近年来,随着实验室模拟技术的不断进步,使得我们在可行的时间里再现油气的生成过程成为可能。目前,用来进行生烃模拟实验的装置主要包括三种:MSSV、封闭的反应釜体系和黄金管热模拟装置。基于热解产物的组分及同位素等详细地球化学分析,可探讨干酪根和原油裂解的生气潜力、机理和动力学等。

一、干酪根裂解生气时限及晚期生气潜力

作为深层油气来源的主要母质类型,海相Ⅰ—Ⅱ型有机质或干酪根的生烃潜力、特征和时限很大程度上决定了深层油气资源潜力和油气赋存形式。干酪根生油主要发生在低成熟—成熟阶段(R_o为0.5%~1.3%),而对干酪根初次裂解成气的时限的认识还存在差异。传统认为初次裂解气(原油伴生气)与原油生成阶段基本一致(Tissot和Welte,1984),但Pepper和Corvi(1995)关于低硫干酪根的研究却发现,其初次裂解生气的活化能要远高于生油,也就是说,在生油后期和原油裂解阶段仍然存在干酪根裂解生气的潜力。张水昌等(2013)选取了四川盆地和塔里木盆地不同成熟度海相有机质,分别进行了详细的模拟实验研究。结果发现,在生油结束阶段(R_o约为1.3%),海相有机质仍具有一定的初次裂解生气潜力,其主生气期在R_o为0.7%~2.0%,生气下限可延伸至R_o为3.5%。本节在前期的研究基础上,基于最近的模拟实验工作,对Ⅰ、Ⅱ型干酪根的初次裂解生气时限和晚期生气潜力进行了系统的探讨。

众所周知,有机质在封闭模拟体系(如黄金管热模拟系统)生成的气体产物归因于干酪根初次裂解和原油二次裂解的共同贡献(何坤等,2013)。因此,封闭体系的程序升温模拟实验难以准确评价干酪根初次热解的生气量和干酪根生气的地球化学特征。基于分步升温模拟实验的方法,可对干酪根初次裂解生气量进行评价(Mi等,2018)。选取低熟(表5-5、图5-14)的Ⅰ、Ⅱ型有机质样品,采用黄金管热解体系,通过分步升温的模拟实验方法对海相有机质初次裂解生气潜力和生气时限进行了探讨。

表5-5 样品的地球化学特征

井号	时代	深度(m)	岩性	TOC(%)	T_{max}(℃)	S_1(mg/g)	S_2(mg/g)	I_H(mg/g TOC)	R_o(%)
朝73-87	K	834.6	泥岩	4.89	445	1.39	42.06	860	0.5
达13-1	K	1710	泥岩	3.71	444	0.91	30.74	829	0.5

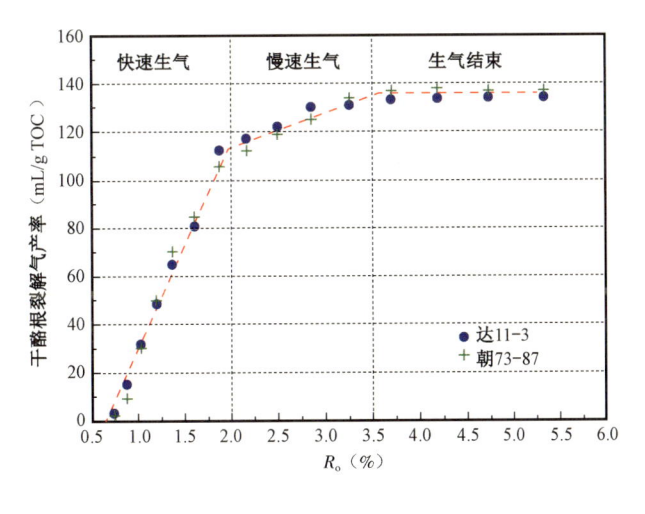

图5-14 Ⅰ型有机质在不同成熟度的初次热解生气量

可模拟实验结果表明：Ⅰ、Ⅱ型有机质的最大初次裂解气量不超过140mL/g TOC；Ⅰ、Ⅱ型有机质生气具有阶段性，生气高峰阶段R_o小于2.0%，生气结束的成熟度界限（生气下限）R_o为3.5%。为了进一步明确Ⅰ、Ⅱ型干酪根的生气下限，选取了从美国和中国的多个盆地采集的10个不同成熟度样品（表5-12），开展了升温热解实验。该组样品组成了一个成熟度范围R_o从0.65%~3.7%的样品序列，且大部分为高、过成熟样品，生油过程已基本结束。研究过程中采用常规程序升温的方法来研究成熟度样品的生气量。

表5-6 成熟度序列样品的地球化学特征

样品来源	地区	井号	深度(m)	岩性	时代	TOC(%)	T_{max}(℃)	S_1(mg/g)	S_2(mg/g)	I_H(mg/g TOC)	R_o(%)
中国	河北	下马岭	露头	页岩	Pt	11.90	437	0.81	42.97	361	0.65
	塔里木盆地	塔参1	4003	泥灰岩	O	0.26	439	0.06	0.43	165	0.80
	塔里木盆地	He4	4361	泥灰岩	O	0.56	480	0.04	0.17	30	1.55
	塔里木盆地	塔东1	4152	泥灰岩	O	1.13	505	0.03	0.12	11	1.96
	塔里木盆地	英东2	4235.5	泥灰岩	O	0.66	462	0.20	0.30	45	1.50
	塔里木盆地	库南1	5346.62	泥灰岩	O	1.67	535	0.66	0.22	13	2.10
	四川盆地	N209-2	3055	页岩	S	3.66	565	0.02	0.05	1.37	3.50
	四川盆地	W201-6	3089	页岩	€	2.61	590	0.03	0.04	1.0	3.70
美国	Collingwood	Wi 1	5704.4	泥灰岩	O	4.78	460	0.08	6.35	133	1.16
	Denver Basin	K3	3441.34	页岩	D	5.44	479	0.16	2.81	52	1.30

图5-15是不同地质样品的最大生气量随成熟度的演化。结果进一步证实，Ⅰ、Ⅱ型有机质的最大生气量随成熟度的变化可以分为三个阶段：R_o小于2.0%，生气量随成熟度增加快速降低，R_o大于2.0%，生气量随成熟度增加缓慢降低，R_o大于3.5%时，有机质基本不再具有生气潜力。

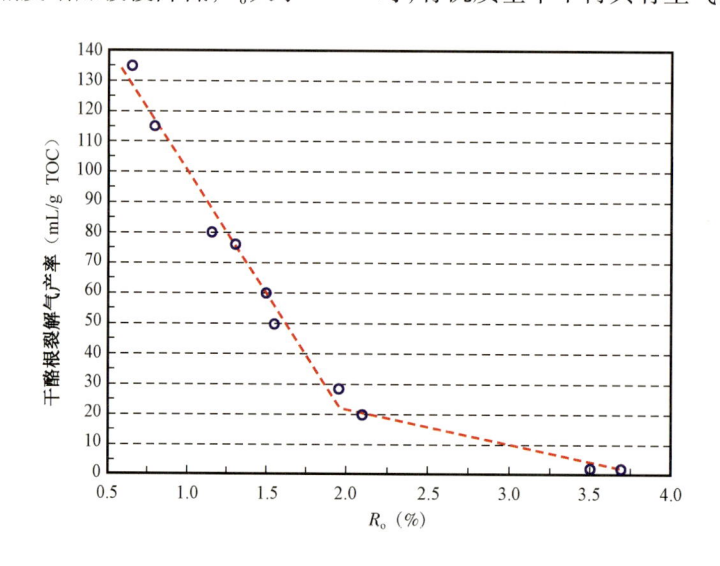

图5-15 不同成熟度样品的最大生气量

干酪根生烃动力学计算的结果表明，Ⅰ、Ⅱ型干酪根的生油活化能相对较低，分布在44~60kcal/mol范围内（何坤等，2014）。通过对松辽盆地Ⅰ型有机质不同升温热解过程中生油曲线的动力学拟合，可得到其生油活化能分布（图5-16），Ⅰ型有机质生油的平均活化能为49.8kcal/mol。结合动力学的地质推演和大量烃源岩样品的岩石热解统计，Ⅰ、Ⅱ型干酪根的生油主要发生在成熟度R_o为0.5%~

1.3%的阶段。对于深层—超深层来说,干酪根的生油基本结束,其对深层—超深层油气的贡献主要表现干酪根本身和早期生成的液态烃晚期裂解生成天然气。

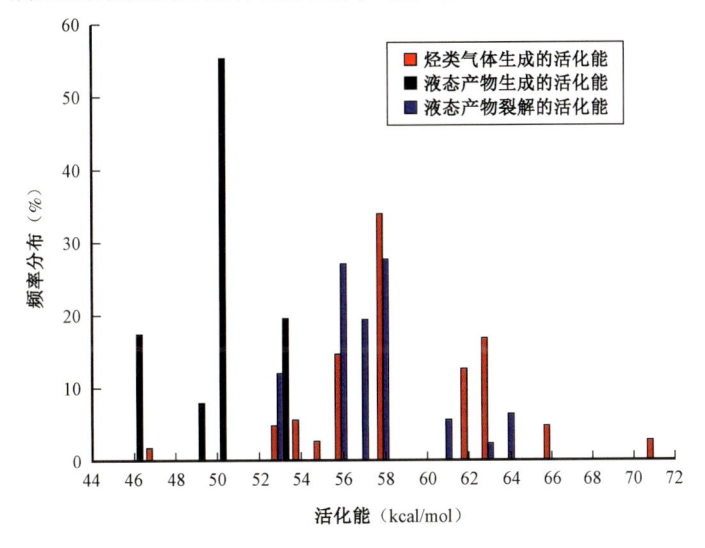

图 5-16 松辽盆地白垩系湖相Ⅰ型有机质生油活化能分布($A_f = 1 \times 10^{14} s^{-1}$)

实际上,Ⅰ、Ⅱ型干酪根核磁分析结果表明,尽管高—过成熟阶段干酪根结构中长脂肪链含量明显降低,但仍含有一定量的短支链的脂肪结构。这说明,深层—超深层处于高成熟—过成熟阶段的干酪根具有生气物质基础(赵文智等,2005,2011;Mi 等,2017)。同时,基于生烃模拟实验的动力学计算结果表明,Ⅰ、Ⅱ型干酪根初次裂解生成甲烷具有较宽的活化能分布,高值可达到76kcal/mol(图 5-17)。这进一步证实其可作为深层—超深层的气源灶。

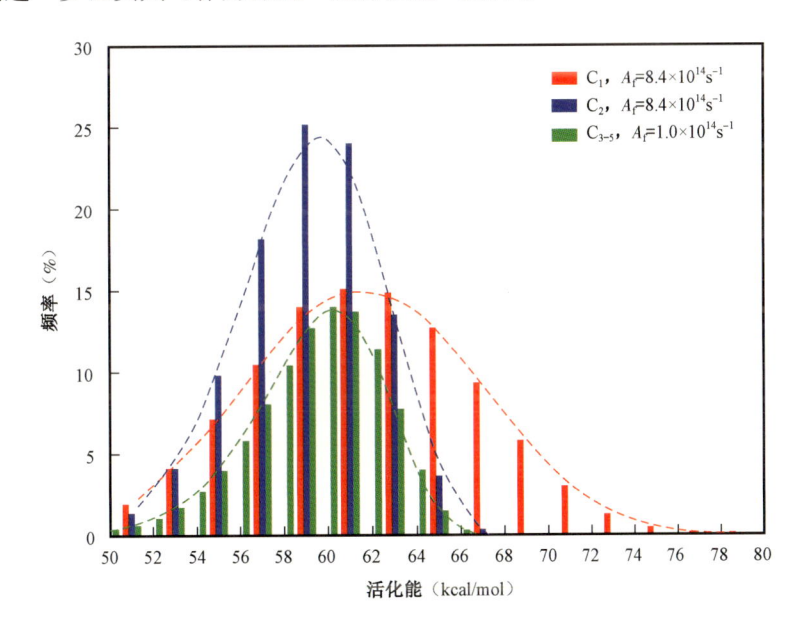

图 5-17 干酪根初次裂解生气的活化能分布

综上所述,Ⅰ、Ⅱ型干酪根以生油为主、生气为辅,主生气期略晚于主生油期;高—过成熟演化阶段,仍然具有一定的生气潜力。通过以上低成熟度样品和不同成熟度序列样品的模拟实验研究,可以得到如图 5-18 所示的Ⅰ、Ⅱ型有机质的生气模式。Ⅰ、Ⅱ型有机质最大生气潜力可达 140mL/g TOC;R_o 小于2.0%为主生气阶段,生成气量占总生气量的75%~80%;R_o 大于2.0%生气速率减慢,这一阶段生成气量占总生气量的20%~25%;Ⅰ、Ⅱ型有机质生气结束的成熟度 R_o 上限为3.5%左右。

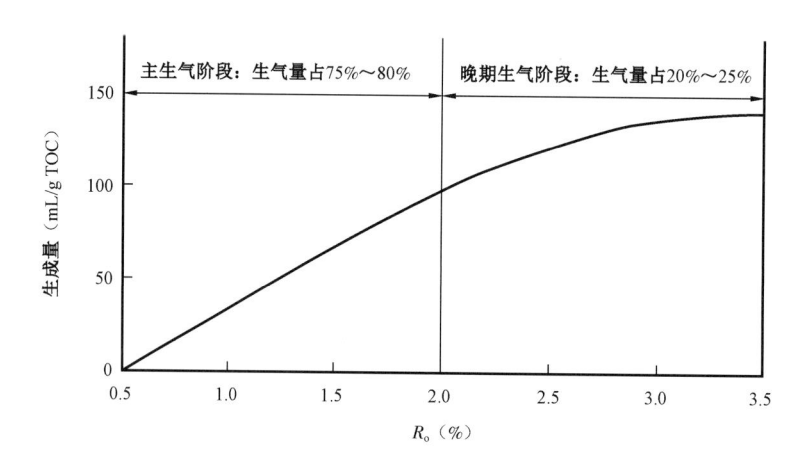

图 5-18 Ⅰ、Ⅱ型有机质的生气模式

二、源内和源外液态烃裂解生气模式

众所周知,沉积盆地的生烃母质除了固态的干酪根或有机质外,早期生成的液态烃或原油在晚期同样会发生裂解生气(Tissot 和 Welte,1984)。根据赋存形态或位置的差异,有学者又将液态烃分为源内分散液态烃和源外聚集液态烃两种类型(赵文智等,2005,2011)。所谓聚集型液态烃,通常指以足够规模聚集形式保存在储层中的液态烃类,如油藏中的原油。受控于原始有机质类型、成熟演化和成藏等过程,不同盆地或地区聚集型原油或液态烃在组成上存在较大差异。根据经典的油气生成模式,随着埋深或热演化程度的增加,早期烃源岩内生成、之后排出的原油或残留的液态烃会进一步裂解生成烃类气体。油藏中的原油在后期发生裂解生气也是目前发现的大型海相碳酸盐岩天然气藏的主要生气途径,如四川盆地安岳寒武系—震旦系发现的天然气藏(魏国齐等,2015;Zhang 等,2018)。此外,源内残留的液态烃或沥青也可作为重要的生气母质(Kotarba 等,2002),其后期裂解对页岩气的聚集具有重要贡献(Hill 等,2007;Jarvie 等,2007)。同时,有研究表明,两类不同赋存形式的液态烃在生气潜力和生气时限上也存在一定的差异(何坤等,2013)。

(一)源内残留烃裂解生气模式

1. 源内残留烃含量

干酪根生成的油气,一部分会排出烃源岩进入输导层,并在合适的圈闭中聚集形成工业油气藏,另一部分仍然残留在烃源岩中。残留烃在深埋条件下经过高温会进一步裂解形成天然气,是深层天然气的主要来源之一。赵文智等(2005,2011)在"接力生气"模式中,特别强调了源内残留的分散液态烃对后期形成的天然气的重要作用。这些残留液态烃主要赋存在烃源岩中较为微小的孔隙中,不易受到构造活动等外力作用的影响而散失,保存条件良好,对后期生成天然气十分有利。

源内残留烃的含量,直接决定了后期深埋条件下的生气数量。由于目前还缺乏一套系统的岩石含烃量检测方法,使得残留烃定量成为了地球化学界争议较大的问题(Cooles 等,1986;Pepper 和 Corvi,1995;Kelemen 等,2006;Jarvie 等,2007;Stainforth,2009;赵文智等,2011)。在传统的烃源岩评价研究中,人们通常将岩石热解参数中的游离烃("S_1")或者氯仿沥青"A"作为残留烃。随着页岩油气的发现,烃源岩评价精度进一步提高,这两个参数已经不能满足烃源岩残留烃定量评价的需要。因为在实验分析过程中,"S_1"并不能检测到挥发性较强的轻组分,而且在 300℃ 温度条件下,部分重组分也不能完全脱附而被检测到,因此"S_1"只能代表残留烃的一部分;氯仿沥青"A"主要代表了残留烃的中等一重组分,在样品处理和分析过程中,轻组分大量挥发散失,常规分析中能检测到的主要是C_{13}以后的组分,C_{13}以前的几乎完全消失,因此氯仿沥青"A"也只是残留烃的一部分(图5-19)。

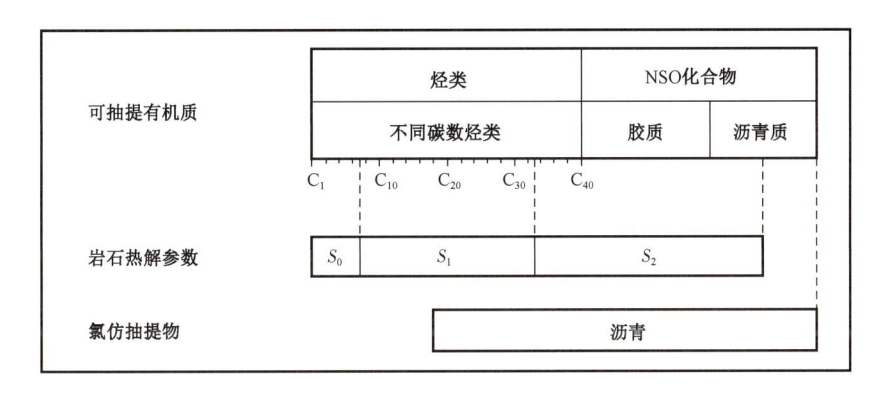

图5-19 热解参数S_1、氯仿沥青"A"与残留烃的关系(据Bordenave,1993)

油气生成普遍经历了干酪根—中间产物—油气的过程。关于中间产物的类型,Behar等(2008a)通过模拟实验证实,中间产物主要是一些极性较强的富含N、O、S等杂原子的化合物,这些化合物可溶于正戊烷和二氯甲烷等有机溶剂。可溶于正戊烷的化合物,其含量大体与"S_1"相当,溶于二氯甲烷的非烃类化合物,其含量与氯仿沥青"A"相当(图5-20)。由此可见,"S_1"和氯仿沥青"A"均主要代表了干酪根向油气转化过程中的中间产物,以富含杂原子的非烃沥青质为主,而一些挥发性较强的烃类组分则可能大量散失而没能完整检测。

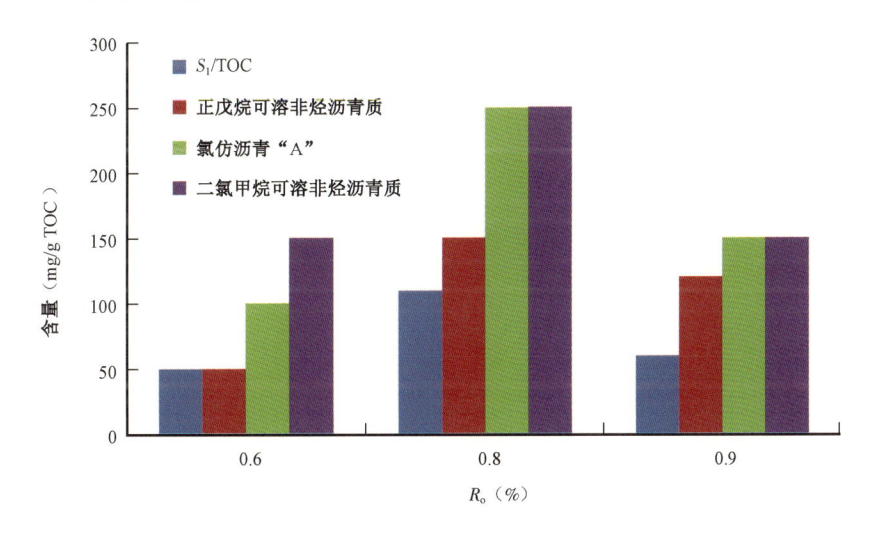

图5-20 "S_1"和氯仿沥青"A"与可溶有机质含量的关系

为了实现残留烃的准确定量,有必要对氯仿沥青"A"轻组分进行恢复。根据Kissin(1987)等的研究,单一来源且未遭受组分散失的油气正构烷烃摩尔百分比与碳数呈线性关系,可以此为依据对正构烷烃损失量进行轻烃补偿。对处于生油高峰阶段的四川盆地侏罗系样品分析发现,在常规氯仿抽提和分析过程中,该样品轻烃损失质量约占总残留烃的35%,对应的氯仿沥青"A"轻烃恢复系数为1.53(图5-21)。朱日房等(2015)在研究东营凹陷烃源岩中残留烃时指出,氯仿沥青"A"中轻烃的恢复系数在1.2~1.6(R_o为0.8%~1.6%)。轻烃补充后生油高峰阶段源内残留烃数量约占总生烃量的50%左右。

同时,还可以通过压力平衡法对烃源岩内残留烃进行理论计算。一般认为,生烃增压是油气排驱的主要动力,生烃增压产生的直接原因就是油气的密度一般低于干酪根密度,干酪根密度一般在1.4g/cm³左右,而生成的烃类的密度一般在0.8~1.0g/cm³,干酪根生成油气后发生体积膨胀,形成超

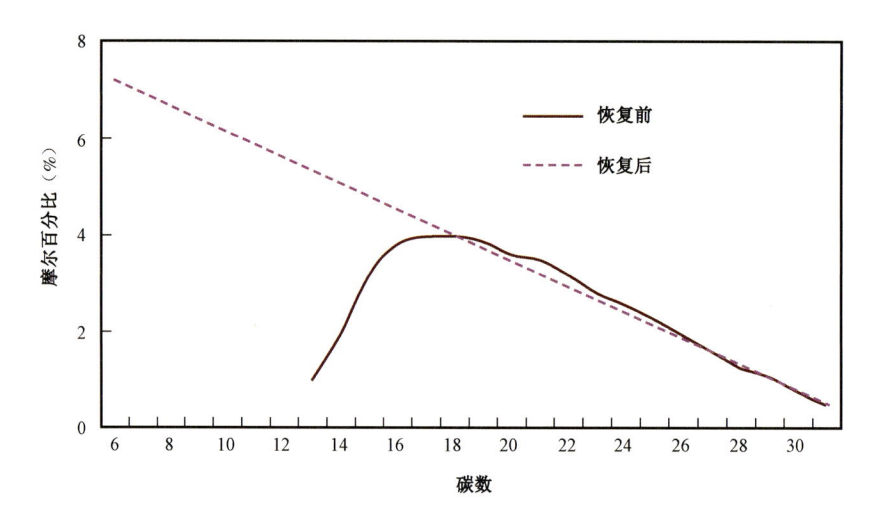

图 5-21 氯仿沥青"A"轻组分补充示意图

压,促进烃源岩内的烃类向外排驱。因此,可用烃源岩体系内压力的变化计算残留烃量。计算表明,烃源岩内超压主要与有机质的生烃量及油气密度关系最为密切,而油气密度则通常与成熟度有关,成熟度越高,生成的烃类密度越低。在生油高峰阶段,排烃效率一般在 30%~50%,可维持烃源岩内处于正常压力系统(图 5-22)。因此,在生烃增压驱动下,源内残留烃可占到总生烃量的 50% 左右,与质量平衡计算基本相近。

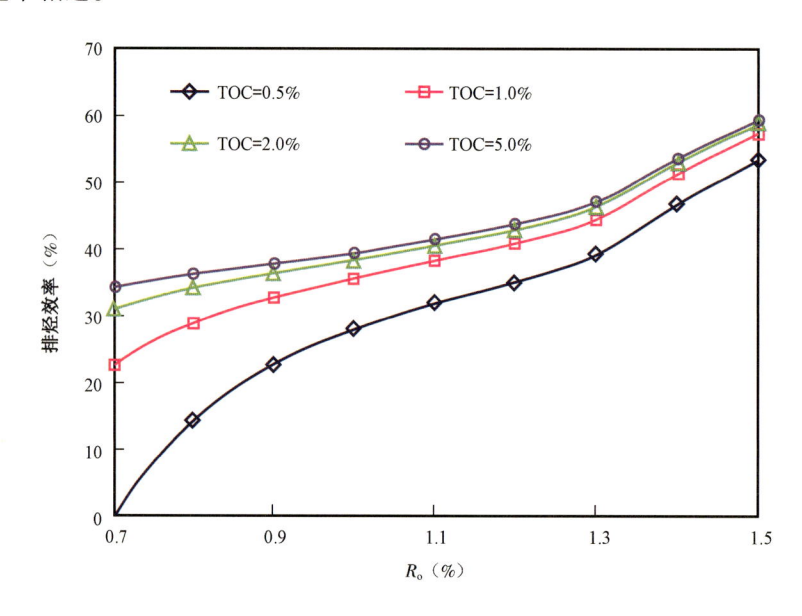

图 5-22 生烃增压模型计算排烃效率示意图

2. 源内滞留烃裂解生气动力学

尽管 I、II 型有机质的排烃过程通常发生较早,但在成熟甚至是高成熟的烃源岩内仍存在较高含量的残留沥青。模拟实验的研究证实,由 N、S、O 等化合物组成的极性组分在较高的热应力作用下仍能裂解生成较高产量的烃类气体(Behar 等,2008a)。这说明,源内残留沥青对晚期气的聚集(如高成熟烃源岩中的页岩气)可能具有重要的贡献。烃源岩中不同油气组分排烃效率的差异,使得残留沥青相对源外或油藏中聚集的正常原油往往更富集重质组分。同时,在较高热应力作用下原油或沥青与固体有机质间会发生相互作用,前者在一定程度上会抑制固体有机质热演化过程中的交联或聚合反应,后者也会改变前者热降解的反应途径,从而导致它们各自的生烃特征不同于单独热解。此外,由于赋存环境或围岩介质条件的不同,源内残留烃和油藏中正常原油的裂解行为也可能存在差异。泥页岩烃源岩中通常富含具催化活性的黏土矿物,会加速有机质的热解生烃和原油的裂解生气。因此,全岩热解的方法研究源内残留沥青的原位裂解更接近其真实的地质演化过程。何坤等(2013)选取了海相泥岩和抽提后样品,通过全岩升温热解实验针对源内残留沥青的裂解生气动力学开展了研究。用于模拟实验的烃源岩样品取自四川盆地广元地区的矿山梁(KSL)地区露头,为二叠系大隆组黑色泥岩,基本地球化学特征如表5-7所示。

表5-7 KSL和MLQ泥岩样品的岩石热解、氯仿沥青"A"含量和组成

样品	TOC (%)	岩石热解					氯仿沥青 "A"含量(%)	组分(%)			
		T_{max}(℃)	S_1(mg/g)	S_2(mg/g)	I_H(mg/g)	I_O(mg/g)		饱和烃	芳香烃	非烃	沥青质
KSL	12.87	440	2.27	26.92	209	9	1.734	3.96	53.84	34.02	8.18

结果发现,KSL泥岩热解和抽提后样品的烃类气体最大质量产率分别为28.49mg/g和19.48mg/g(图5-23)。前者烃类气体产量明显较高,表明烃源岩中残留沥青的裂解对天然气的生成具有重要的贡献。

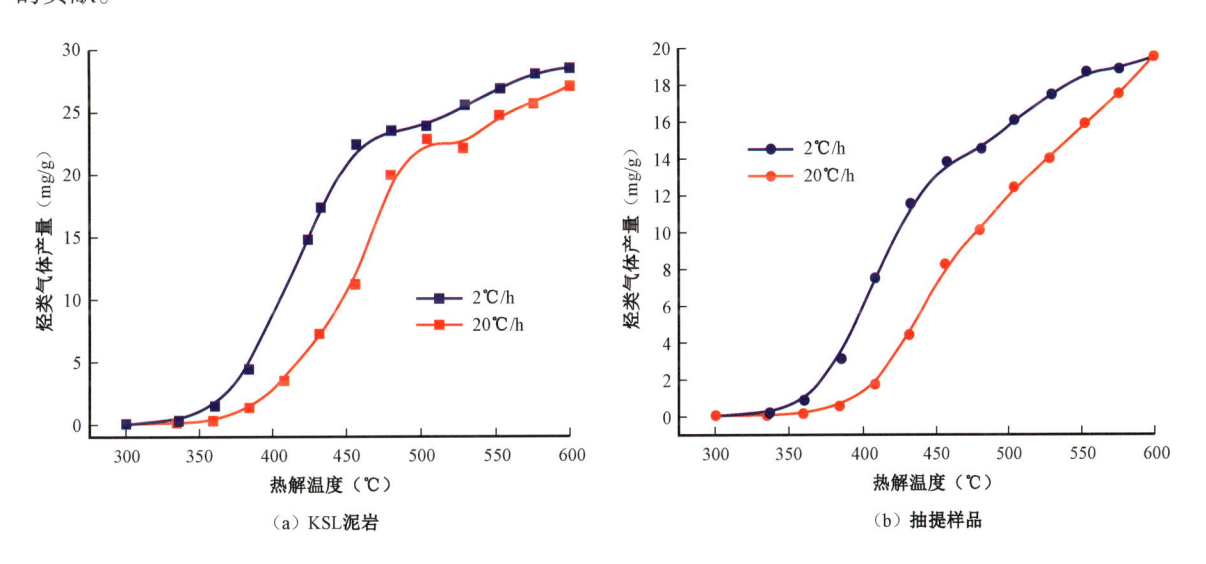

(a) KSL泥岩

(b) 抽提样品

图5-23 KSL泥岩和抽提样品升温热解过程中烃类气体的产率

烃类气体产量的快速增加与总油产量的开始降低是一致的,表明封闭体系中烃类气体的生成很大程度上归因于热解油的二次裂解。同时,烃类气体生成活化能具有较宽的分布范围(196~280kJ/mol),如图5-24所示。之前的研究表明,初次裂解气生成的活化能主要分布在196~243kJ/mol。封闭体系中烃类气体生成过程涵盖了干酪根裂解生气、热解生油及油裂解生气整个阶段。此外,抽提样品生成烃类气体和甲烷的活化能均低于KSL泥岩,其中抽提样品和KSL泥岩生成烃类气体(C_{1-5})的平均活化能分别为230.3kJ/mol和244.1kJ/mol;生成甲烷的平均活化能分别为245.8kJ/mol和249.1kJ/mol。这很可能是由于残留沥青原位裂解的活化能要高于干酪根初次裂解,而前者对烃类气体生成具有重要贡献。

KSL泥岩热解过程中生成烃类气体产量相对于抽提后样品的增加量应归因于残留沥青的贡献。可近似计算得到升温热解过程中残留沥青的生气曲线,如图5-25所示,成熟烃源岩中的残留沥青对烃源岩后期热演化生气具有较大的贡献。例如,在2℃/h升温热解过程中,残留沥青最大烃类气体体积产率和质量产率分别为12.9mL/g和9.2mg/g,约占泥岩总生气量的32.3%。

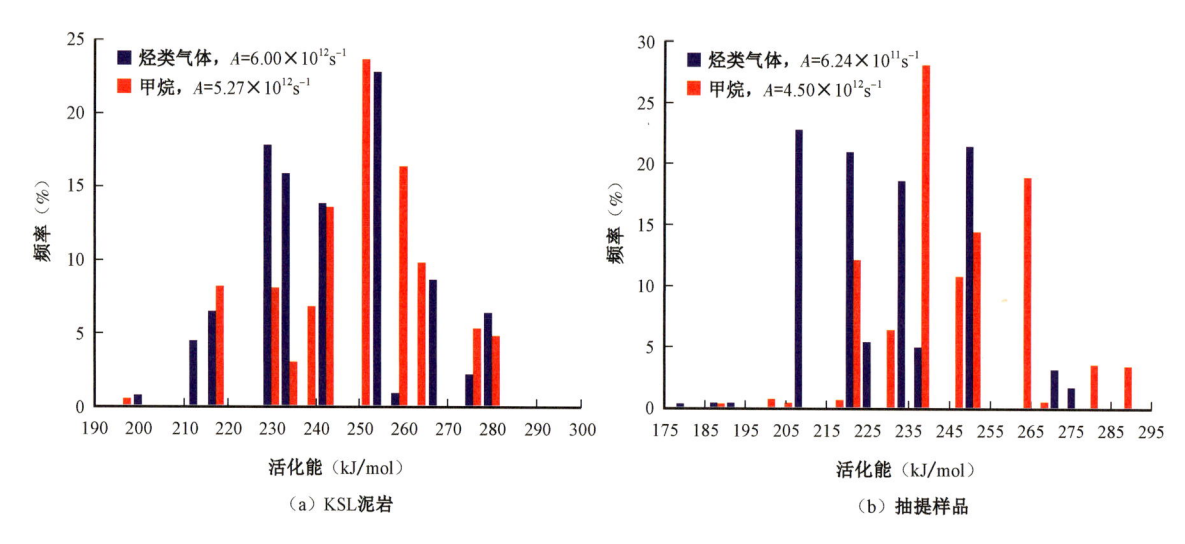

图 5-24 KSL泥岩和抽提样品热解过程中烃类气体和甲烷生成的活化能分布

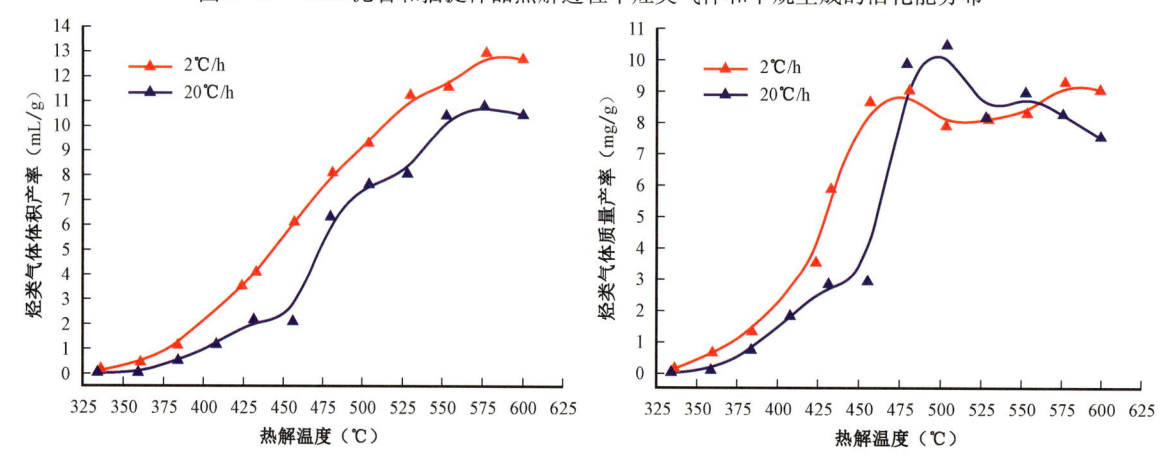

图 5-25 KSL泥岩中残留沥青裂解生成烃类气体的体积和质量产率

图 5-26 给出了计算得到 KSL 泥岩中残留沥青原位裂解的动力学参数。残留沥青原位裂解的平均活化能为 234.1kJ/mol，略低于源内原油裂解（238.7～241.6kJ/mol），这主要归因于残留烃明显偏高的重质组分含量以及可能的源内黏土矿物的催化作用。

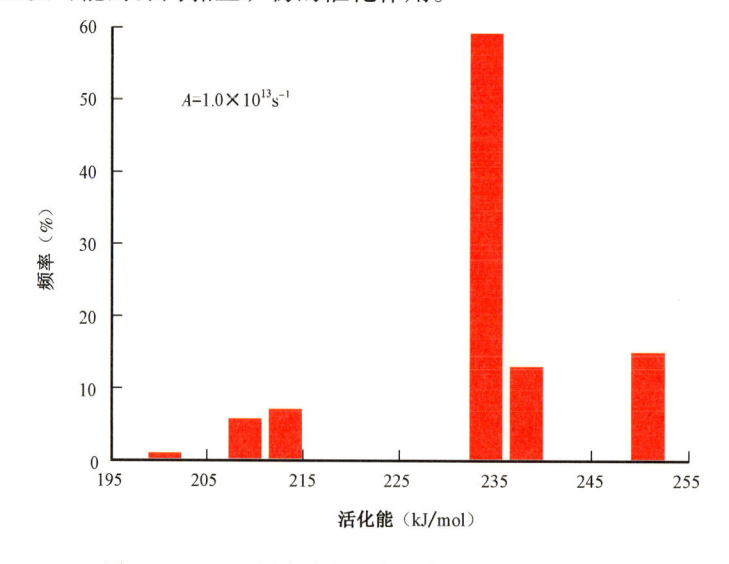

图 5-26 KSL泥岩残留沥青原位裂解的活化能分布

3. 源内滞留烃裂解生气模式

原油的单独裂解和全岩热解分别代表油藏中原油和源内残留烃的热演化过程。这表明,源内原油或残留沥青热稳定性要低于油藏中聚集的原油。结合 Burnham 和 Braun(1990)的排烃曲线和油生成和源内沥青裂解的动力学参数,通过地质推演,可以得到一般地质升温条件(2℃/Ma)下Ⅱ型烃源岩生油和源内残留沥青、源外原油裂解随地质温度和 R_o 的演化模式(图 5-27)。其结果表明,源内残留沥青原位裂解生气的温度比油藏中原油要低约 30℃,两者开始裂解对应的地质温度分别约为 140℃ 和 170℃,对应的 R_o 分别约为 1.1% 和 1.6%。

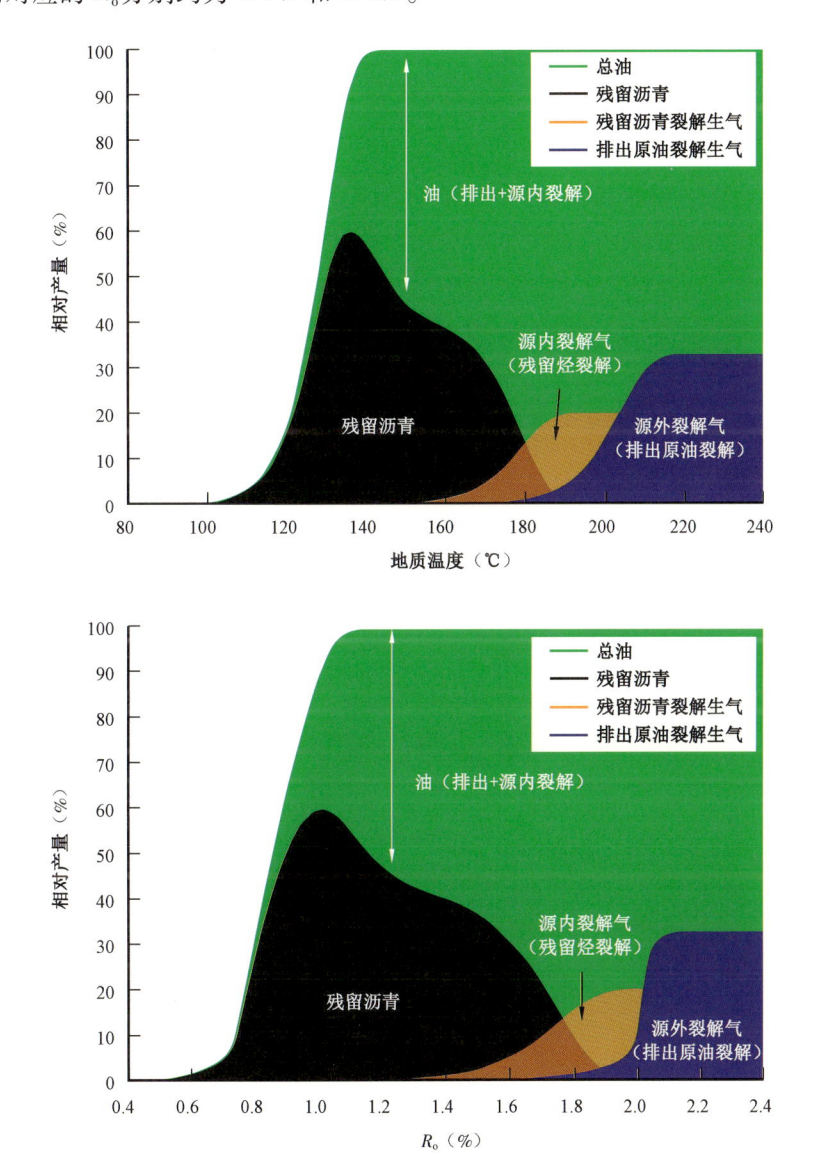

图 5-27　Ⅱ型烃源岩源内残留沥青和排出原油随地质温度和 R_o 的裂解演化模式

(二)源外原油裂解动力学和控制因素

大量不同条件下的模拟实验表明,油气的热稳定性受控于众多因素,主要包括:原油的性质或组成、流体压力和围岩介质条件等。根据不同性质原油裂解动力学参数的地质推演,可以发现,轻质油或凝析油的热稳定性要高于重质原油和正常原油,正常原油裂解的温度门限在 180~190℃。蜡含量高的原油裂解的平均活化能要高于硫含量高的原油(Horsfield 等,1992;Pepper 和 Dodd,1995;Schenk 等,1997;张水昌等,2013)。

原油来源于生烃母质的热成熟作用,不同的有机质或干酪根类型决定了原油的组分和成分分布。高 I_H 指数的有机质(如Ⅰ型干酪根)通常能生成饱和烃含量较高的原油,低 I_H 指数的有机质则倾向于生成芳香烃含量高的原油。成分的差异,不仅会引起原油一些宏观性质(如密度、含蜡量和含硫量等)的差异,还使其具有不同的热稳定性及热解生气特征。表 5-8 给出了不同密度的原油发生裂解的动力学参数,一般来说,轻质或中质油(API 高)相对于重质油(API 低)更难发生裂解。此外,高蜡含量的 Tualang 原油和 Mahakam 原油裂解生气的平均活化能显然要高于高硫含量的 Smarckover 原油(表 5-8)。此外,高蜡含量原油裂解生气的平均活化能显然要高于高硫含量的原油。

表 5-8　不同相对密度原油发生裂解反应的动力学参数

原油类型	API(°)	活化能 E(kcal/mol)	频率因子 A(s^{-1})	参考文献
中质油	—	230.0	3.79×10^{18}	Philips 等,1985
	24.5	198.9	1.00×10^{19}	Henderson 和 Weber,1965
	26.5	169.6	1.7×10^{12}	Lin 等,1987
重质油	9.4	182.5	2.60×10^{13}	Henderson 和 Weber,1965
	12.4	198.9	4.20×10^{14}	
	15.2	226.1	3.00×10^{16}	
	15.5	205.0	4.8×10^{15}	
	16.8	244.1	6.80×10^{17}	

张水昌等(2013)对几种不同组成海相原油的组成特征及裂解生气的动力学参数进行了研究。结果发现,轻质组分含量最高的轻质油和凝析油具有最高的热稳定性,重质组分和不稳定化合物含量较高的重质油裂解生气的活化能较低。一般地质升温条件下,正常海相原油大量裂解(原油裂解转化率为 62.5%)对应的温度范围为 190~210℃(图 5-28)。

Tsuzuki 等(1999)在研究 Sarukawa 原油的裂解时,将其分为七种组分:气态烃(C_{1-5})、轻质饱和烃(C_{6-14} 饱和烃部分)、轻质芳香烃(C_{6-14} 芳香烃部分)、重质饱和烃(C_{15+} 饱和烃部分)、重质浓缩芳

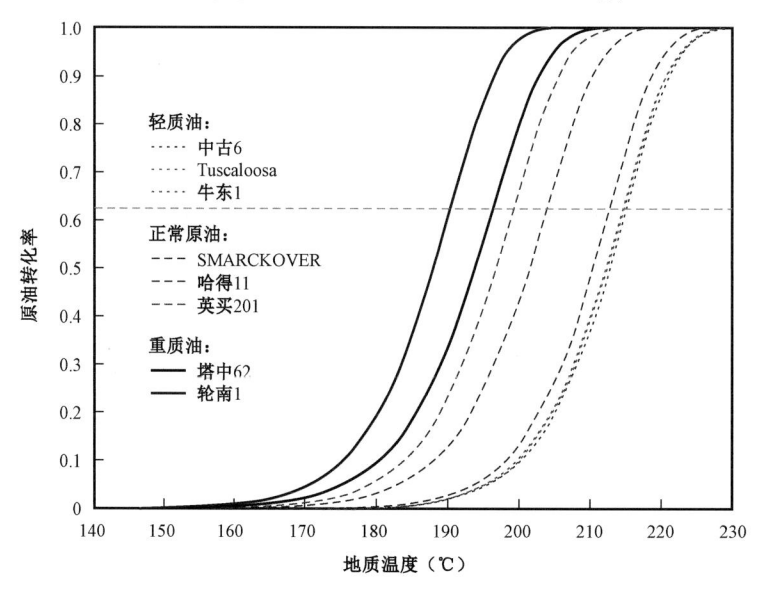

图 5-28　不同组成海相原油在 2℃/Ma 升温条件下裂解转化曲线

烃、重质非浓缩芳香烃及焦炭部分,研究发现,不同碳数的饱和烃和芳香烃的热稳定性存在如下关系:气态烃(C_{1-5})>轻质饱和烃(C_{6-14}SAT)>轻质芳香烃(C_{6-14}ARO)>重质芳香烃(C_{15+}SAT)=重质饱和烃(C_{15+}ARO)。作为原油中另一种重要的组成,NSO 化合物(包括胶质和沥青质)的含量对原油的稳定性也具有重要的影响。相比于较稳定的 C—C 键来说,由这些杂原子(尤其是 S)组成的共价键(如 C—S 和 S—S 键等)由于具有更低的键能,其断裂所需的热应力要弱得多,也更容易发生。Vandenbroucke 等(1999)在研究北海 Elgin 区域原油的二次裂解动力学模型时,首先根据成分的化学性质,将原油分为了如下几个组分:胶质及沥青质(C_{14+}NSO 化合物);C_{14+}不稳定芳香烃类(含烷基侧链芳香烃和环烷烃稠环芳香烃组分);C_{14+}多环稠环芳香烃及甲基芳香烃类;焦沥青;轻质芳香类(C_{6-13});C_{14+}异构/环烷类饱和烃;C_{14+}正构烃类;轻质饱和烃类(C_{6-13})及气体部分(C_{3-5}),基于他给出的动力学参数,可以推演得到不同 C_{14+}组分在同样升温条件下的裂解转化曲线(图5-29)。Behar 等(2008b)在研究原油裂解时,根据得到的动力学参数分布特征,也对 C_{14+}组分进行了分类,即裂解反应的活化能分布的三个主要区域:高活化能部分(64~70kcal/mol)对应于饱和烃裂解及轻烃的生成;中间部分(50~54kcal/mol)对应于 NSO 化合物及大部分不稳定芳香烃组分的热分解反应;低活化能部分(<50kcal/mol)对应于芳香烃裂解生成多聚芳环和类焦炭物质的过程。显然,达到同样的裂解转化率时,NSO 类化合物和不稳定芳香烃化合物所需要的地质温度或深度最低。

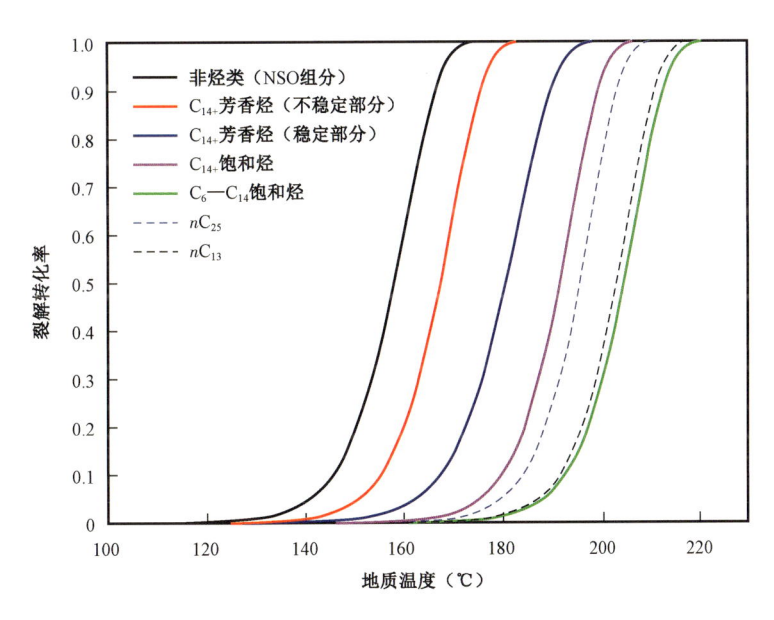

图5-29 不同的 C_{14+} 组分在2℃/Ma 升温条件下的裂解转化曲线

实际上,不稳定 NSO 化合物不仅更容易裂解,其相应的共价键发生断裂的同时会形成一系列含杂原子自由基,进而引发链烃裂解的自由基链反应。不稳定含硫化合物也一直被认为是促进油气生成的活性组分,干酪根分子中弱的 C—S 键在生成热解作用早期能发生均裂生成 S 自由基,促进后期油气的生成(Lewan,1998),热化学硫酸盐还原反应(TSR)中生成的中间产物 S 或 H_2S 也常能引发 TSR 反应(Orr,1977;Zhang 等,2008)。

原油裂解成气过程是一个复杂的化学反应过程,原油中不同类型的单体化合物,如烃类与非烃类、烷烃与芳香烃,它们在裂解反应过程中的热动力学行为也存在很大差异。作为原油的主要组分,烃类的热稳定性很大程度上决定了原油裂解反应的热动力学行为,不同类型的烃类(主要包括链烷烃、环烷烃及芳香烃)在原油的热演化过程中常经历不同的化学反应途径。相对来说,正构烷烃裂解反应的指前因子和活化能明显要高于芳香烃类,根据分子反应的碰撞理论,表明同样温度条件下,前者发生有效碰撞的分子数要高于后者,但需要克服的能量也要高于后者。根据不同单体化合物裂解的动力学参数,可推演得到地质条件下的裂解转化曲线(图5-30)。显然,不含支链或短支链芳香烃的热稳定性要高于链状烷烃,长支链的芳香烃热稳定性较低。这是由于含长支链芳香烃的β位C—C键的离解能通常要低于链状烷烃中的C—C键,因此含长支链的芳香烃发生裂解优先断开支链,形成稳定性较高的甲基芳香烃和链烷烃。

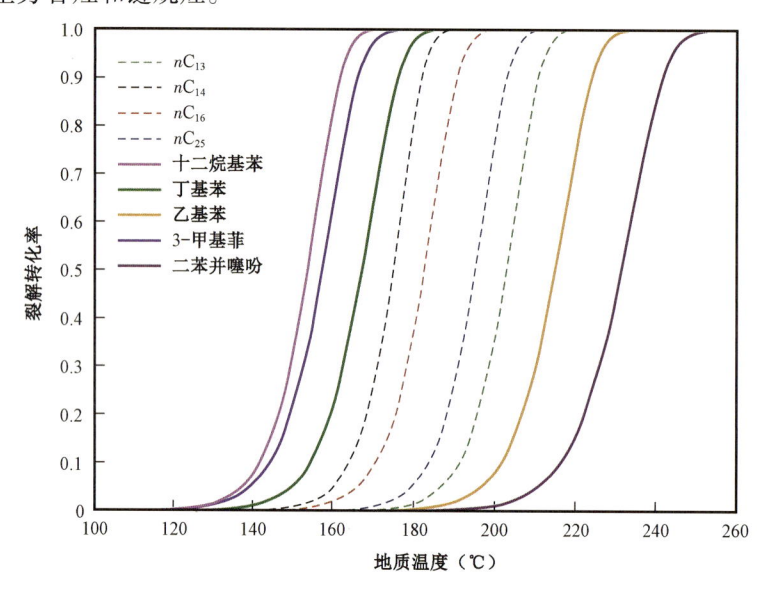

图5-30 不同类型单体化合物地质升温条件下的裂解曲线(升温速率2℃/Ma)

同时,不同组分在H/C原子组成和热反应途径上的差异,同样会影响其裂解生气的潜力。图5-31显示了几种不同组成原油在金管热解实验条件下裂解气产量随温度的演化。单位质量的高蜡或轻质原油完全裂解生成的气态烃产量最高为800mL/g(最大质量产量为600mg/g),要明显高于胶质和沥青质含量较高的正常原油和重质油,它们的最大烃类气体积产量分别为680mL/g和599mL/g,最大质量产量分别为500mg/g和450mg/g。

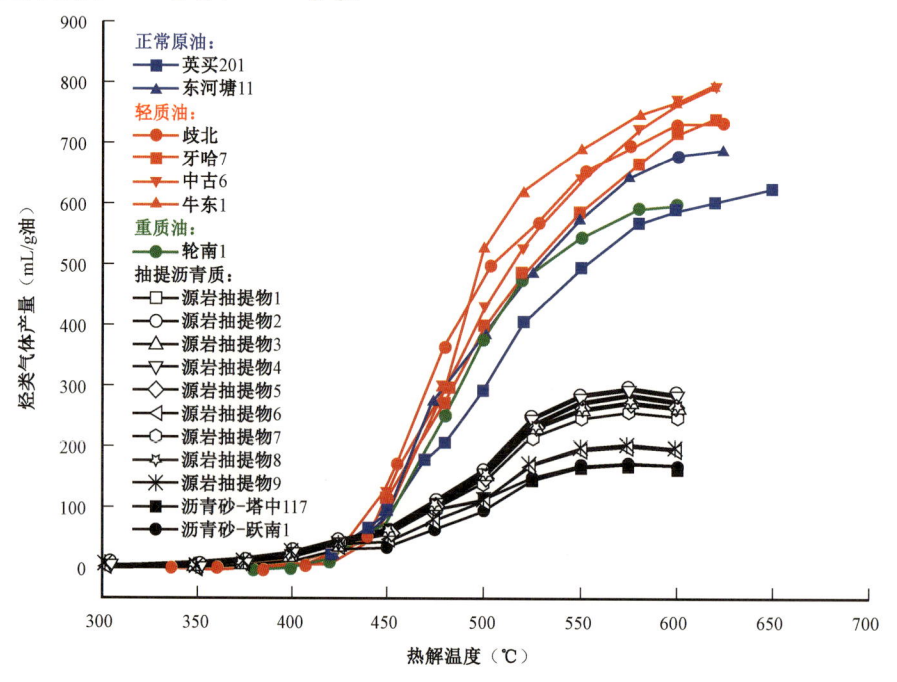

图5-31 不同组成原油裂解生气的体积产率(20℃/h升温,50MPa)

原油裂解最大产气量与饱和烃含量呈现明显的正相关,与重质组分含量成负相关(图5-32)。从化合物裂解反应的机制,可以知道具有较高 H 含量的饱和烃(尤其是链烷烃类)在裂解过程中以—C—C—键的断裂为主,最终生成小分子烃类和气态烃类。而芳香烃和非烃类化合物对烃类气体的贡献主要来自于支链结构的断裂,同时它们会发生芳环的稠合作用,并最终生成重质沥青。通过拟合,可以得到原油裂解生气产率与族组成的相关性数学关系式。

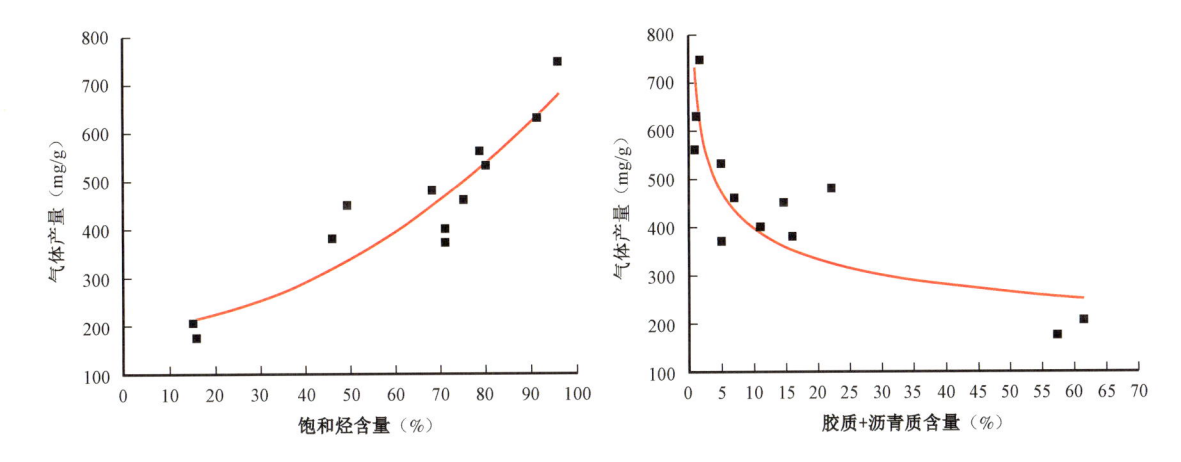

图5-32 原油完全裂解生成烃类气体产量与饱和烃含量和胶质沥青质含量的关系

气体质量产率:M_1(mg/g 油) = 95.2×ln(饱和烃/芳香烃) −564.9×非烃沥青质含量+a(常数)。

除了液态烃,大量的模拟实验结果表明,重烃气(C_{2-5})在较高的温度或热应力条件下也会发生裂解生成甲烷和固体沥青等。Hill 等(2003)基于模拟实验同样发现重烃气在成熟度高于2.3%以上时,会发生裂解生成甲烷气。同时,模拟实验的产物详细定量结果表明,重烃气中乙烷、丙烷、丁烷和戊烷等的裂解温度或成熟度门限存在一定差异。相对来说,乙烷裂解的成熟度门限通常要高于2.5%。有学者基于模拟实验的结果,对重烃气或乙烷、丙烷等裂解动力学参数进行了计算。Tian 等(2008)基于金管体系原油裂解产物定量分析,计算发现乙烷裂解的平均活化能为72.78kcal/mol,指前因子为$1.0×10^{15}s^{-1}$。基于 QB 原油裂解过程中的重烃气演化特征(何坤,2013),也可以通过动力学分布计算得到乙烷(C_2)和C_{3-5}裂解的活化能分布(图5-33)。可以发现,乙烷裂解的平均活化能为72.1kcal/mol,C_{3-5}裂解的平均活化能为67.0kcal/mol,明显要低于乙烷。

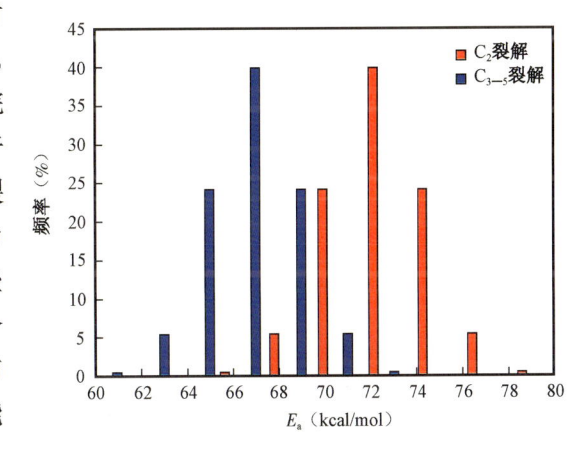

图5-33 重烃气裂解的活化能分布
(指前因子为$1.0×10^{15}s^{-1}$)

相对来说,甲烷具有较高的热稳定性,在无特殊氧化剂存在的条件下,通常升温或恒温热解实验条件下(300~650℃)很少观察到甲烷的裂解。为了探讨甲烷裂解的可能性和活化能,选取了高成熟的Ⅲ型有机质样品开展了400~900℃温度范围内的升温热解实验,可以观察到,实验快速升温条件下当热解温度高于700℃时,甲烷产率出现了明显降低,表明甲烷发生了裂解(图5-34)。基于实验结果对甲烷裂解的动力学参数进行计算(图5-35),发现其活化能主要分布在78~96kcal/mol 范围内,平均活化能为88.02kcal/mol,明显高于重烃气,说明甲烷在地质条件下具有极高的热稳定性。

基于不同液态组分和烃类气体裂解反应的转化系数和动力学参数,进行地质推演,可建立原油及不同气体组分裂解生气模式(图5-36)。可以发现,在2℃/Ma的升温速率条件下,原油完全裂解的温度为220℃,其中非烃沥青质裂解的温度要明显低于饱和烃和芳香烃类,轻质芳香烃和饱和烃的热稳定性明显高于其他液态组分。重烃气裂解的温度要高于220℃,乙烷裂解的温度高于230℃。甲烷开始裂解的温度要高于350℃,对应的成熟度要高于5.0%,也就是说在目前的勘探深度条件下,甲烷发生热裂解的可能性较低。当然,如果存在特殊的氧化条件,比如强烈的TSR作用,也可能存在甲烷降解作用。

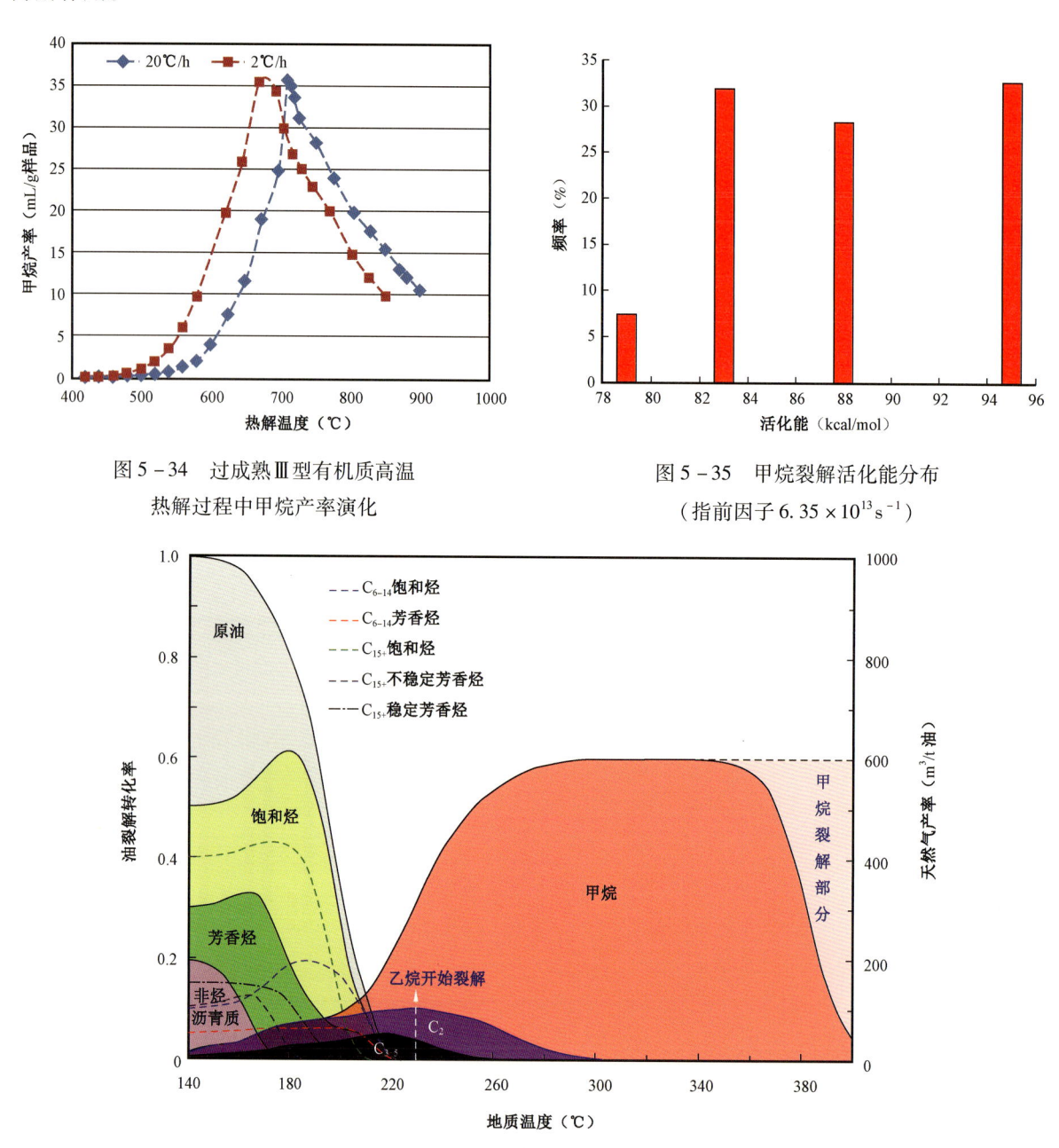

图5-34 过成熟Ⅲ型有机质高温热解过程中甲烷产率演化

图5-35 甲烷裂解活化能分布(指前因子$6.35 \times 10^{13} s^{-1}$)

图5-36 原油及其不同组分裂解生气演化模式(2℃/Ma)

结合上述干酪根、原油和残留烃裂解生气动力学以及排烃效率的研究,可以推演建立地质条件下的多源、多途径、多期次的"叠合"生气模式(图5-37)。显然,深层天然气的生成存在多种生气途径或生气母质,包括干酪根初次裂解、源内残留烃和源外原油二次裂解以及重烃气(C_{2-5})晚期裂解。不同途径的生气过程或阶段存在叠加特征,相对来说,源外原油裂解生气结束阶段要晚于源内残留烃。

不同来源天然气的贡献或生成量存在一定差异,干酪根、残留烃和源外原油裂解生气贡献分别约为 130m³/t TOC、45m³/t TOC 和 260m³/t TOC。

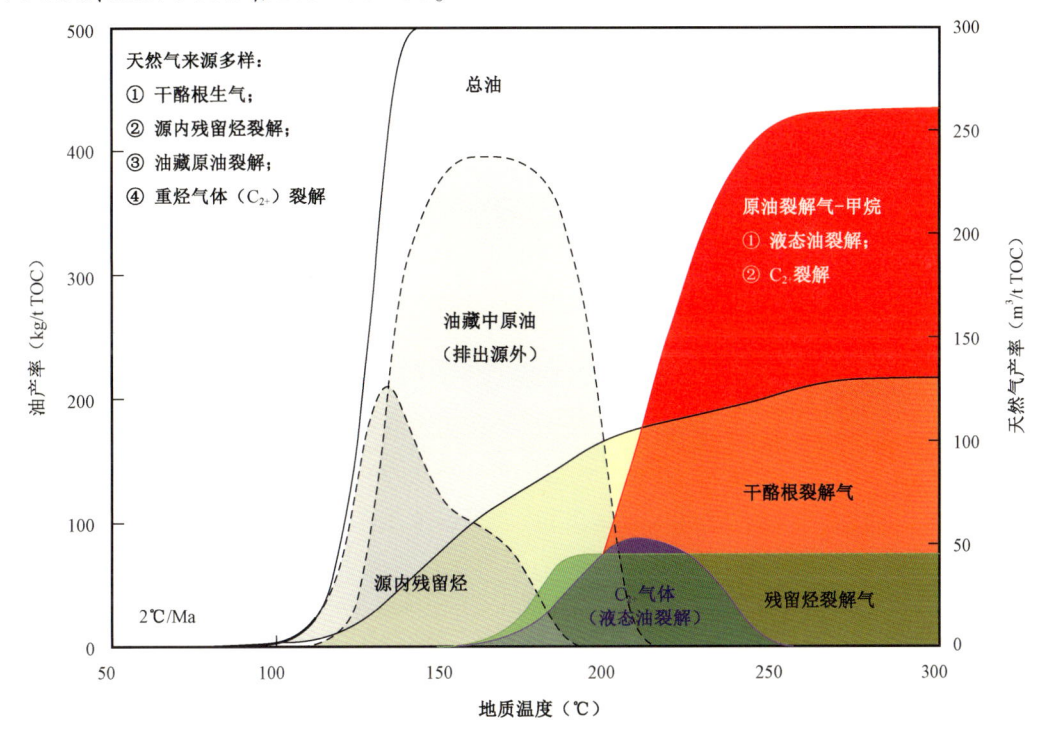

图 5-37 深层多源、多途径、多期次裂解生气模式
假定初始有机质样品的生油潜力为 500mg/g TOC

三、热化学硫酸盐还原作用(TSR)反应机制

天然气中的硫化氢(H_2S)主要有三个来源:① 原油或干酪根中含硫化合物的热解;② 有机质的生物降解作用(BSR);③ 原油的热化学硫酸盐还原作用(TSR)。作为高浓度 H_2S(大于 10%)天然气最重要的生成途径,TSR 作用一直受到研究者的大量关注。国内外学者开展了大量岩石学和地球化学研究,并建立了大量 TSR 作用和硫化氢成因判别参数或指标。如油气藏中天然气异常高的干燥系数、H_2S 和 CO_2 含量,储层中含硫矿物的赋存以及油气藏中有机含硫化合物或 H_2S 硫同位素的富集等。同时,地球化学家也根据地质统计和模拟实验给出了 TSR 启动的温度门限。但由于不同油气藏或勘探区地质条件和实验条件的差异,不同学者给出的温度门限和判识参数(如硫同位素组成)存在较大差异。关于 TSR 作用诸多认识上的不足,使得油气藏中 H_2S 预测仍然困扰着目前的油气勘探。充分认识地质条件下 TSR 的反应机制、动力学及控制因素,不仅有利于我们判别 H_2S 的成因,也将有助于准确预测 H_2S 含量与分布。TSR 作用是地层水中特殊的硫酸盐结构氧化烃类或原油的过程,常与原油的热裂解相伴生。不同于自由基裂解反应途径的存在,势必会改变原油的热稳定性。同时,由于氧化还原反应除了产生还原产物 H_2S 外,还生成氧化产物 CO_2 和副产物固体沥青等,有机碳源的消耗对最终二次裂解气产量也很可能存在影响。

针对 TSR 的反应机理,美国加利福尼亚州能源与环境研究院的课题组基于模拟实验和理论计算开展了大量的工作(Tang 等,2005;Ellis 等,2006,2007;Zhang 等,2007,2008;Amrani 等,2008;Ma 等,2008),并提出 TSR 反应可以分为两个主要阶段,即启动阶段(也称为引发阶段)和 H_2S 的自催化阶段。启动阶段是硫酸盐直接氧化烃类的过程,由于往往需要克服较高的能垒,因此被认为是 TSR 作用的快速反应。他们基于密度函数理论的计算,得出 HSO_4^- 和硫酸盐接触离子对(Contact Ion Pairs,

CIP)相对于游离的 SO_4^{2-} 更容易启动 TSR 反应,并暗示 CIP 或 HSO_4^- 可能是启动反应中实际可行的氧化剂。He 等(2014)通过黄金管模拟实验同原位激光拉曼技术相结合,证实了模拟实验的高温条件下(大于300℃)和地质温度条件下(小于250℃)TSR 反应的氧化剂分别为 HSO_4^- 和 CIP。不同硫酸盐在与烃类的热解中表现出不同的氧化能力,游离的 SO_4^{2-} 的电荷中心位于质点中心,为十分稳定的对称正四面体结构,S—O 键很难发生断裂难以直接氧化烃类。一旦具有强极化能力的阳离子与游离的 SO_4^{2-} 直接接触,其对称的电子分布受到破坏,特定位置的 S—O 键键能将降低,断裂也变得相对容易。另外,温度的增加会促成硫酸盐(如硫酸镁)在水溶液中的双水解反应,并产生一定含量的活性氧化剂 HSO_4^-。当温度高于300℃,硫酸镁溶液拉曼特征吸收峰会发生明显的突变,也证实了高温条件下存在强烈的双水解反应。因此,高温热解体系中,硫酸镁氧化烃类最直接的氧化剂主要是 HSO_4^-。

$$(1+n)Mg^{2+} + SO_4^{2-} + H_2O \leftrightarrow nMg(OH)_2 \cdot MgSO_4(1-2n)H_2O(s)\downarrow + (2n)H^+$$

显然,高温模拟实验条件下启动 TSR 反应的直接氧化剂通常是 HSO_4^-。那么,地质条件下启动 TSR 反应的直接氧化剂是 CIP 还是 HSO_4^- 呢?实际上,只有当溶液的 pH 小于 3.0 时,体系中的 HSO_4^- 浓度才足够高从而氧化烃类。考虑到实际海相地层水 pH 通常大于 5.0,因此实际油藏中引发 TSR 反应的最可行的氧化剂是硫酸盐接触离子对(CIP)。实际上,硫酸盐在溶液中存在如下的结构演化平衡,即从游离的阴阳离子到水合离子对(SIP)再到接触离子对(CIP)的三步过程:

$$Mg^{2+} + SO_4^{2-} \leftrightarrow Mg(OH_2)_2SO_4[2SIP] \leftrightarrow Mg(OH_2)SO_4[SIP] \leftrightarrow MgSO_4[CIP]$$

通过原位激光拉曼技术对不同温度条件下 $MgSO_4$ 溶液中各种不同结构进行定量检测(图5-38)。结果表明,硫酸镁溶液中的 CIP 含量随温度的升高而增加,在实际发生 TSR 的油藏温度条件下(80~200℃),地层水中的 CIP 含量在高温条件下可达50%,因此实际油藏中 TSR 引发反应的最可行和最重要的氧化剂应该是硫酸盐的接触离子对结构(CIP),而并非游离的 SO_4^{2-} 或者含量不足的 HSO_4^-。

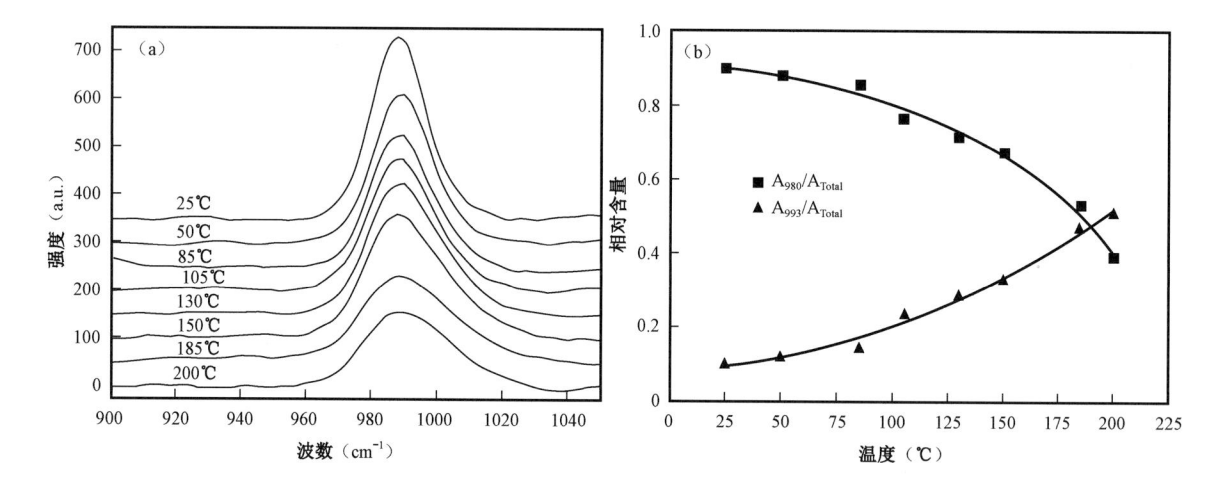

图5-38 2.0mol $MgSO_4$ 溶液(a)$v_1-SO_4^{2-}$ 拉曼光谱(980cm^{-1})(b)CIP(993cm^{-1})相对含量随温度的变化

硫酸镁溶液在升温过程中的拉曼光谱是通过原位激光拉曼技术检测,样品封装在石英管中,对石英管的加热是在冷热台上进行;$v_1-SO_4^{2-}$ 在980cm^{-1} 处的拉曼峰为980cm^{-1} 处的游离 SO_4^{2-} 和993cm^{-1} 处的 CIP 结构的叠加,其中峰的解析选用 PeakFit v4.12,理论模型为 Gaussian-Lorentzian area model 和 quadratic baseline。CIP 的相对含量的计算公式为:

$$[CIP]/C_T = I_{993}/(I_{980} + I_{993}), C_T 表示 SO_4^{2-}, SIP, 2SIP 和 CIP 的总量$$

同时,硫酸盐溶液中接触离子对的含量往往随着溶液浓度或水/盐比的改变而改变。既然 CIP 是引发 TSR 反应最主要的氧化剂,那么溶液中硫酸盐浓度的改变很可能影响热解体系 TSR 反应的速率。对不同浓度硫酸镁在高温条件下的拉曼光谱进行了检测,图 5-39 给出了硫酸根在 980cm^{-1} 处特征峰 v_1-SO$_4^{2-}$ 随浓度的变化。图 5-39b 的计算结果表明,溶液中接触离子对的含量与硫酸盐浓度呈正比。因此,TSR 反应速率随硫酸盐浓度增加的现象很大程度上归因于体系内 CIP 含量的增加。

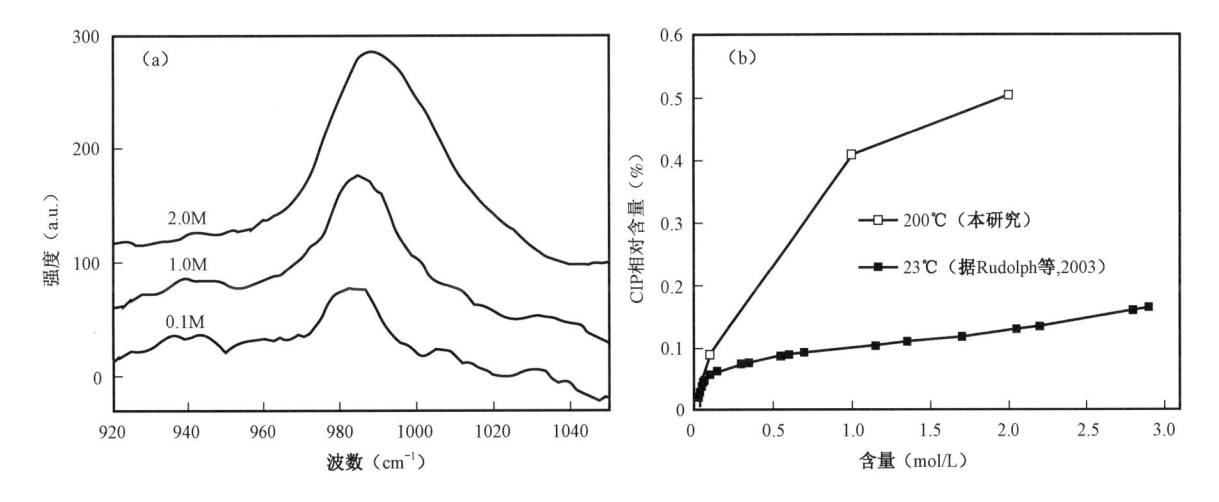

图 5-39 (a)v_1-SO$_4^{2-}$ 在 200℃的拉曼光谱;(b)CIP 相对含量随 MgSO$_4$ 浓度的变化

众所周知,由于储层矿物与地层水存在溶解平衡,油田水中常含有大量的溶解盐离子。Cl$^-$、Na$^+$、Mg^{2+} 通常是碳酸盐岩储层地层水中除了 SO$_4^{2-}$ 之外的主要离子类型,这些离子的类型和相对含量随着地质环境的变化存在较大的差异,溶解盐的存在很可能会改变地层水中活性硫酸盐结构的浓度。氯化镁的加入明显引起了 v_1-SO$_4^{2-}$ 特征峰(980cm^{-1})向高波数的偏移,且这种偏移随着加入盐浓度的增加而加剧,这表明溶液中 CIP 相对含量随氯化镁浓度的增大而增加(He 等,2014)。而氯化钠的加入似乎对该特征峰的影响不大。因此,地层水中溶解盐,尤其是氯化镁的含量会影响硫酸镁接触离子对的浓度,从而影响实际地质条件下的 TSR 反应。

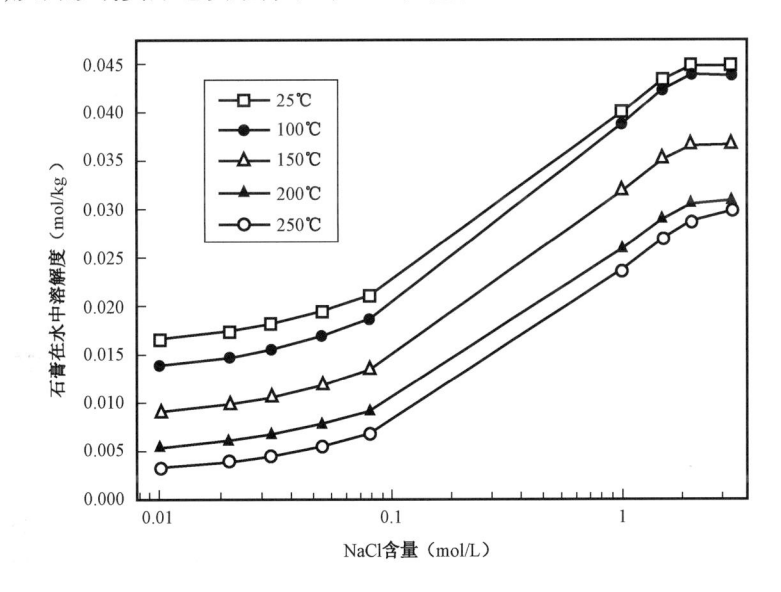

图 5-40 溶解盐(NaCl)浓度对石膏溶解度的影响(基于 FREEQC 计算)

活性硫酸盐的浓度除了取决于阳离子特征和浓度外,也很大程度上受溶液中硫酸根浓度的影响,后者主要来源于地层中膏盐的溶解。实际上,地层水盐度的增加会在一定程度上促进膏盐的溶解,从而提高地层水中硫酸根的浓度(图 5-41)。因此,尽管氯化钠浓度的增加对地层水中接触离子对的形成没有直接的影响,但是能促进石膏的溶解,从而间接导致地层水中溶解硫酸盐结构的增加,并最终有利于地下 TSR 反应的进行。

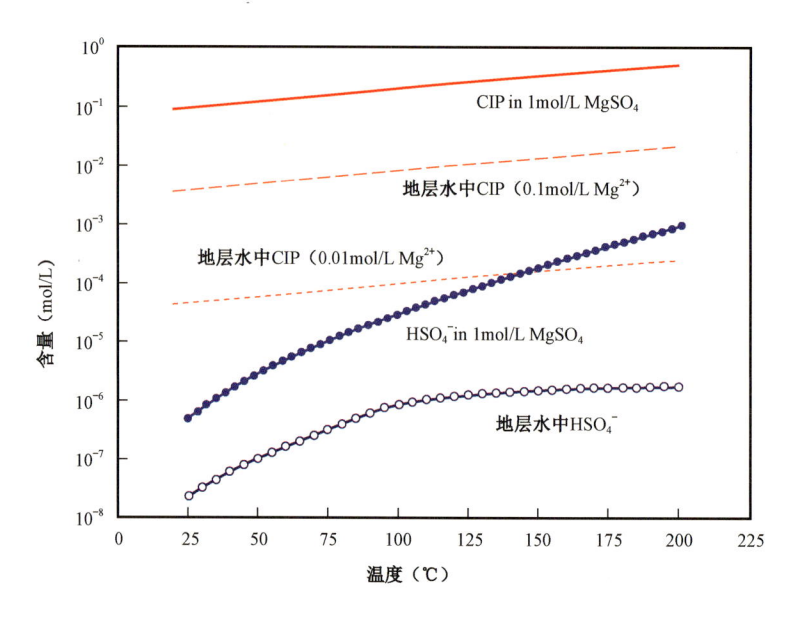

图 5-41 地层水中活性硫酸盐浓度随温度的演化模型

基于拉曼光谱分析结果,可以建立地层水中活性硫酸盐结构(CIP)的浓度与温度和地层水中溶解镁离子浓度的关系模型(图 5-41)。要预测地下的含 H_2S 天然气分布,最有效的办法就是建立 TSR 反应动力学模型。Ma 等(2008)基于密度函数和过渡态理论的量子化学计算,得到不同硫酸盐结构与烃类反应的能垒。发现 SO_4^{2-} 引发 TSR 反应的活化能要明显高于其他几种硫酸盐结构。尽管当温度较高时(大于300℃),硫酸镁的双水解反应会使得溶液中活性硫酸盐结构由接触离子对向 HSO_4^- 大量转化,但$[MgSO_4]_{CIP}$ 和 HSO_4^- 启动烃类 TSR 反应的活化能差别不大。因此可通过硫酸镁溶液与原油或烃类的高温热解实验,来研究$[MgSO_4]_{CIP}$ 结构对二次裂解气产量和热稳定性的影响以及实际地质条件下的 TSR 反应动力学。基于理论计算和实验动力学计算结果表明,原油或液态烃发生 TSR 反应的活化能要明显低于单独裂解(表 5-9)。

表 5-9 不同学者研究给出的 TSR 反应动力学参数

组分	pH	E_a(kJ/mol)	A(s^{-1})	参考文献
QB3 oil + $CaSO_4$ + $CaCO_3$	>9.0	238.5	4.94×10^{14}	本书
QB3 oil + $CaSO_4$ + $CaMg(CO_3)_2$	>9.0	235.8	5.12×10^{14}	
C_2H_6 + SO_4^{2-}		324.4	1.47×10^{13}	Ma 等,2008
C_2H_6 + $[CaSO_4]_{CIP}$		261.3		
C_2H_6 + $[MgSO_4]_{CIP}$		234.9		
C_2H_6 + HSO_4^-		233.2		
Paraffin + $CaSO_4$	3.0	246.6	1.62×10^{15}	Zhang 等,2012
Paraffin + $CaSO_4$	3.5	246.6	3.98×10^{14}	
Dextrose + $NaHSO_4$	1.35	253.5	1.77×10^{16}	Kiysu,1980
Dextrose + H_2SO_4	0.9	223.5	1.87×10^{16}	
Acetic acid + H_2SO_4		230.7	3.93×10^{16}	Kiyosu 和 Krouse,1990
Acetic acid + Na_2SO_4 + S	5.24~6.79	142.1	2.90×10^8	Cross 等,2004

TSR 反应速率与反应的活化能和地层水中活性硫酸盐浓度存在如下关系:$k = k(T) \times$ [活性硫酸盐浓度] $= A \times \exp(-E_a/RT) \times [HSO_4^-]([CIP])$(Zhang 等,2012)。基于我们之前建立的不同温度条件下地层水中活性硫酸盐(硫酸镁接触离子对 – CIP 和硫酸氢根 HSO_4^-)浓度的预测模型(图 5 – 41)(He 等,2014)。通过不同 Mg^{2+} 含量地层水条件下的地质推演,可以建立如图 5 – 42 所示 TSR 的转化曲线。显然,高 Mg^{2+} 浓度地层水的油藏的 TSR 反应相对低浓度油藏更容易进行,门限温度仅为 140℃,要远低于原油裂解。

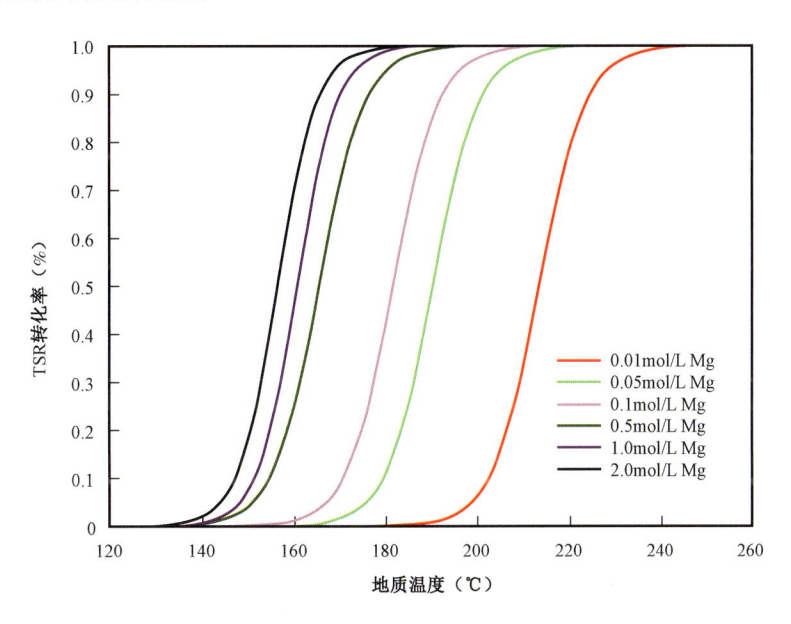

图 5 – 42 不同地层水条件下的 TSR 转化曲线(据张水昌等,2017)

实际上,大量模拟实验或地质观察等研究表明,地质条件下的 TSR 反应速率还受控于众多因素。根据不同噻吩含量的链烷烃 TSR 反应动力学的动力学参数(Tang 等,2011),可以通过地质推演得到硫化氢生成的转化曲线(图 5 – 43)。显然,不稳定含硫化合物的含量很大程度上决定了原油发生 TSR 反应的温度门限,这种温度差异可以达到 50℃。

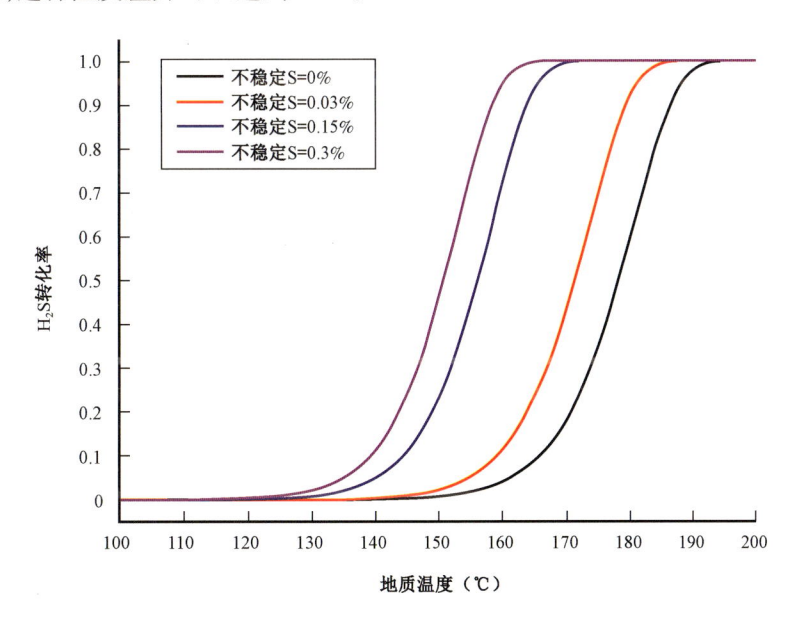

图 5 – 43 含硫量对 TSR 反应的影响(据张水昌等,2017)

第三节 生物气生成机理

生物气是一类绿色无污染的能源类型,其资源潜力大,探明储量占到世界天然气储量的15%~20%;且水合物中95%以上被证明为生物成因甲烷。生物气一般埋藏较浅,导致其勘探生产产出/投入比较高,还是唯一一类可再生的能源类型,对于浅层煤层气及浅层页岩气的可持续开发具有重要意义。因此,生物气不但是天然气资源的重要组成部分,未来也将成为一类可以控制再生的清洁能源,潜在价值巨大。

生物气作为一类特殊的天然气资源,由于其形成过程的复杂性,一直以来被认为是研究难度较大的一个领域。近20年来,国内外学者在生物气鉴别、成气机理、生成条件、成藏聚集规律等方面取得了令人注目的成果(陈安定等,1991;陈英,1994;顾树松,1993;关德师,1997;戚厚发等,1997;李先奇等,2005;林春明等,2006;张水昌等,2005;帅燕华等,2006),并获得了近 $3000 \times 10^8 m^3$ 的地质储量。但是,囿于生物气形成于早期成岩作用阶段或之前,不同于常规油气资源,形成过程极为复杂,研究难度大,一些基础性问题尚未获得共识,如深部生物圈层微生物营养底物的来源机制不清(Jorgensen and Boetius,2007),这是国内外地质、地球微生物、地球化学领域普遍关注的热点问题(Horsfields et al.,2006),限制了生物气的资源评价和分布预测。随着勘探的不断突破,生物气区相关地质资料详实程度的增加,再加上相关领域技术手段的进步,为生物气基础问题深入解决提供了可能。

一、生物气生成机理与气源岩评价

中国生物气分布广泛,储量规模最大的区域在柴达木盆地三湖地区,其生气机理和成藏规律具有代表性。下面以此为研究对象,对生物气生气机理与气源岩特征进行讨论。

(一)天然气特征和生成途径

柴达木盆地东缘生物气以甲烷为主(>99%),含微量 C_{2+} 烃类(<1%)和 N_2、CO_2 等非烃气。甲烷稳定同位素分布在 -68.9‰~-65.5‰之间,乙烷分布于 -49.0‰~-43.8‰之间,丙烷分布在 -34.2‰~-32.4‰之间,CO_2 稳定碳同位素为 -14.9‰~-10.9‰。甲烷稳定氢同位素为 -233‰~-225‰。

甲烷碳氢同位素组成表明盆地内生物气以 CO_2 还原途径为主(图5-44)。CO_2 还原途径生成的 CH_4 和 CO_2 的分馏系数($\alpha = 1.021 \sim 1.094$)往往与乙酸发酵型(1.007~1.027)具有明显差异[$\alpha = (\delta^{13}C_{CO_2} + 1000)/(\delta^{13}C_{CH_4} + 1000)$],柴东三湖地区分馏系数分布在1.055~1.060之间(图5-44)。

(二)生气机理:低温热降解产生活性有机质—微生物生存的重要物质基础

生物气是厌氧条件下产甲烷菌利用简单小分子物质(乙酸、H_2/CO_2)所形成的代谢产物。尽管有证据表明无机来源的 H_2 可以支持微生物的生存(Chapelle et al.,2002;Kuhn et al.,2004),但是,迄今世界上已发现的商业性的生物气田,包括柴达木盆地(李明宅等,1996;张晓宝等,2003)和莺琼盆地(邓宇等,1998;黄保家等,2002),均被证明来自于有机质的生物降解过程(Rice and Claypool.,1981;Shurr and Ridgley,2002;张水昌等,2005;林春明等,2006)。然而并非所有的有机质都可以被微生物利用,大量的模拟实验发现只有部分有机质可以转化为生物气。土壤和现代沉积物的研究表明只有活性有机质才容易为微生物所利用(Johns and Skogley,1994;Needelman et al.,1999),这也适用于一定埋深的沉积物,因为随着埋藏深度的增加,环境条件(温度、压力、孔隙空间)更加不适宜微生物的生存

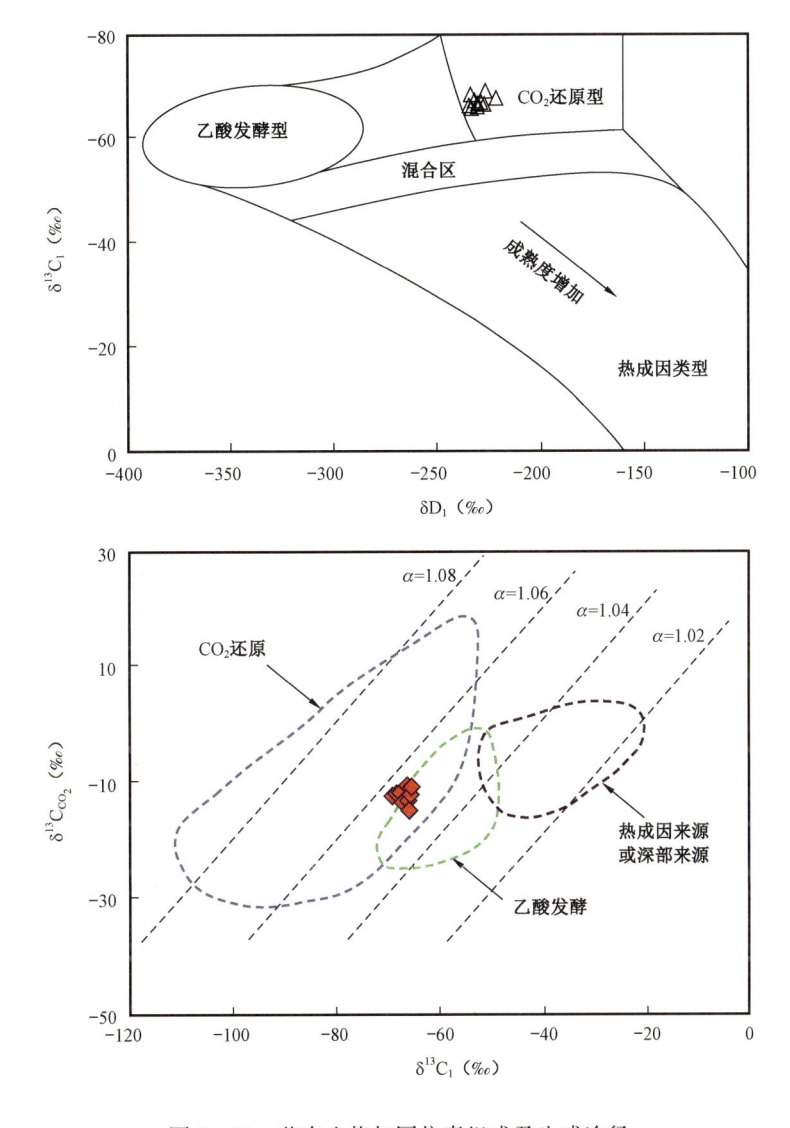

图 5-44 柴东生物气同位素组成及生成途径

(Parkes et al.,2000;Horsfield B.,2006),微生物活性降低导致对有机质选择性利用更为明显,这无疑会更凸显活性有机质在深部微生物生存中的作用。因此,查明活性有机质的分布规律对于了解深部生物圈层营养底物、明确生物气形成机制具有极为重要的意义。然而,活性有机质在浅表沉积物或土壤中研究程度相对较高(Fontaine et al.,2007;Galy et al.,2007;Lutzow et al.,2006),但对于一定埋藏深度的深部生物圈层,目前还少有这方面的报道。

1. 继承性活性有机质含量低

蛋白质和有机酸是浅埋藏阶段常见的易于为微生物利用的活性物质,它们丰度变化规律基本可以代表沉积物中活性有机质的保存状况。柴东第四系沉积物中蛋白质含量非常低(4.21~186.88μg/g),平均仅 42.21μg/g,其含量相对较稳定,随着埋藏深度的增加变化趋势不明显。地层水中的有机酸含量也普遍较低(表 5-10),与其他盆地地层水相比,并没有任何浓度优势,甚至显示较低趋势。由此可见,柴东生物气的规模产生很大程度上并不依赖于沉积埋藏下来的活性有机质—如蛋白质的被消耗。

表 5-10　柴东三湖地区涩北地层水中有机酸含量

井号	乙酸(μg/g)	草酸(μg/g)	DOC(μg/g)
涩 2-23	3.291	0.106	3.92
涩 1-1	0.705	—	6.68
涩 3-11(套)	3.334	—	3.92
涩 4-7(套)	0.955	0.11	8.29
新涩试 2	2.463	—	6.96
新涩试 3-4(油)	1.309	—	9.77
涩 5-6-1	1.656	—	1.77
涩 4-6-2	0.221	—	3.65
涩 H4	0.101	—	6.65
涩 3-2-4(油)	0.508	—	6.06
涩试 7(油)	0.727	—	2.20

注:DOC 为水溶有机碳。

为了解沉积物中总活性有机质含量情况,特设计模拟实验提取其中的总活性有机碳方法。样品采用钻井岩心,取自涩北一号气田区涩 23 井、二号气田涩中 6 井、台南气田区台 5 井、那北构造带那北 1 井(表 5-11)。沉积物有机碳分析借鉴土壤及浅层沉积物中有机质分析方法(Ingalls et al.,2003),分别获取常温下水解活性有机碳(ROC1)、80℃条件下酸解有机碳(ROC2)及总有机碳(TOC)。

表 5-11　柴达木盆地三湖地区有机质类型及含量

井号	井深(m)	层位	岩性	TS(mg/g沉积物)	TOC(mg/g沉积物)	ROC1(mg/g沉积物)	ROC2(mg/g沉积物)	DOC(mg/g沉积物)	DOC/ROC(%)	ROC/TOC(%)	DOC/TOC(%)
涩中 6	381	Q	灰色泥岩	0.28	2.70	0.60	0.91	0.39	64.90	18.16	11.79
涩 23	555	Q	碳质泥岩	1.51	47.40	0.98	1.76	—	—	2.03	—
	749	Q	灰色泥岩	0.09	2.60	0.63	—	—	—	19.44	—
	797	Q	灰色泥岩	0.18	3.30	0.75	—	—	—	18.61	—
	820	Q	粉砂质泥岩	0.06	2.50	0.49	0.81	0.32	65.89	16.44	10.83
	1183	Q	粉砂质泥岩	0.08	2.00	0.55	0.56	0.31	54.47	21.45	12.12
	1216.4	Q	粉砂质泥岩	0.04	1.80	0.46	0.50	0.32	69.83	20.44	14.27
	1297	Q	碳质泥岩	1.48	68.80	0.88	1.32	0.61	69.42	1.30	0.90
	1456.5	Q	粉砂质泥岩	0.10	2.20	0.47	0.55	0.21	44.02	17.47	7.69
	1460	Q	碳质泥岩	3.61	182.00	0.94	1.84	0.35	37.01	0.51	0.19
	1483.7	Q	碳质泥岩	1.53	94.60	0.79	1.43	0.63	80.06	0.83	0.66
	1485	Q	灰色泥岩	1.27	4.30	0.38	0.54	0.17	44.65	8.10	3.62
台南 5	1570	Q	灰色泥岩	0.24	3.10	0.52	—	—	—	14.26	—
	1581.5	Q	灰色泥岩	0.40	2.90	0.66	—	—	—	18.53	—
	1691.7	Q	粉砂质泥岩	0.23	2.40	0.69	—	—	—	22.36	—
那北 1	2312.8	N_2^3	灰色泥岩	0.05	0.80	0.30	—	—	—	27.02	—

注:TOC 为不溶总有机碳;ROC1 为 20℃降解活性有机碳;ROC2 为 80℃降解活性有机碳。

整体上,碳质泥岩有机质相对丰富,表现为 TOC 含量分布在 4.74%~18.20% 之间;灰色泥岩有机质相对缺乏,TOC 分布在 0.08%~0.43% 之间;与粉沙质泥岩中 TOC 含量并没有太大差别。分析结果与前人对该区的认识基本是一致的,说明所取样品在柴达木盆地三湖地区具有一定代表性。

活性有机碳(ROC)是土壤及浅表沉积物中常用的一个名词,指可被微生物降解及利用的有机质中的碳。有些研究者将盐溶有机碳表示为活性有机碳,即本文的水溶有机碳(DOC);有些研究中将弱酸降解水溶有机碳部分作为活性有机碳。从生物化学角度出发,考虑其中有些在盐溶液或弱酸性溶液中不溶但地质历史过程中也会释放出部分活性物质供微生物利用,如多糖类(纤维素和半纤维素)。这类活性相对稍差的部分在强酸溶液中会加速水解,释放其中的活性部分,因此,本次研究采用强酸(浓盐酸)通过逐步水解促使其快速转化为活性小分子物质,这部分有机碳则表示活性有机碳部分(ROC)。它应该代表样品中最大所能转化的活性部分。分析结果表明相同室温条件下,DOC 比 ROC 量要低,但是 ROC 中 50% 以上为极易于为微生物利用的 DOC;DOC 在 ROC 中的比例随着 ROC 含量的增加而增加(图 5 – 45)。

活性有机碳含量普遍低于 TOC 含量。对应每个样品普遍具有水溶有机碳、常温酸解有机碳、高温酸解有机碳逐渐增加的趋势;其中 DOC 分布在 0.17 ~ 0.63mg/g 之间,ROC1 分布在 0.3 ~ 0.98mg/g 之间,ROC2 分布在 0.54 ~ 1.84mg/g 之间(表 5 – 11)。

研究表明,活性有机碳含量埋深增加而减少,碳质泥岩普遍具有比相同深度的暗色泥岩相对较高的活性有机碳含量(图 5 – 46)。如果剔除几个碳质泥岩,仅对有机碳含量相近的暗色泥岩分析,活性有机碳含量(ROC)与埋藏深度的线性关系变得很好(图 5 – 46),说明活性有机碳随着埋深增加逐渐被微生物消耗。据此可以获得活性有机碳降低的速率,根据这个数据恢复厚度为 2000m 的暗色泥岩中活性有机质所能产生的生物甲烷的生气强度约为 $8.21 \times 10^8 m^3/km^2$;相同方法获得厚度为 100m 的碳质泥岩中活性有机质的生气强度为 $1.21 \times 10^8 m^3/km^2$,距大气田形成所需要的生气强度 $20 \times 10^8 m^3/km^2$ 尚有较大的差距(戴金星等,2003)。这意味着单纯靠活性有机质降解所产生生物甲烷不足以形成三湖地区如此规模的生物气大气田。

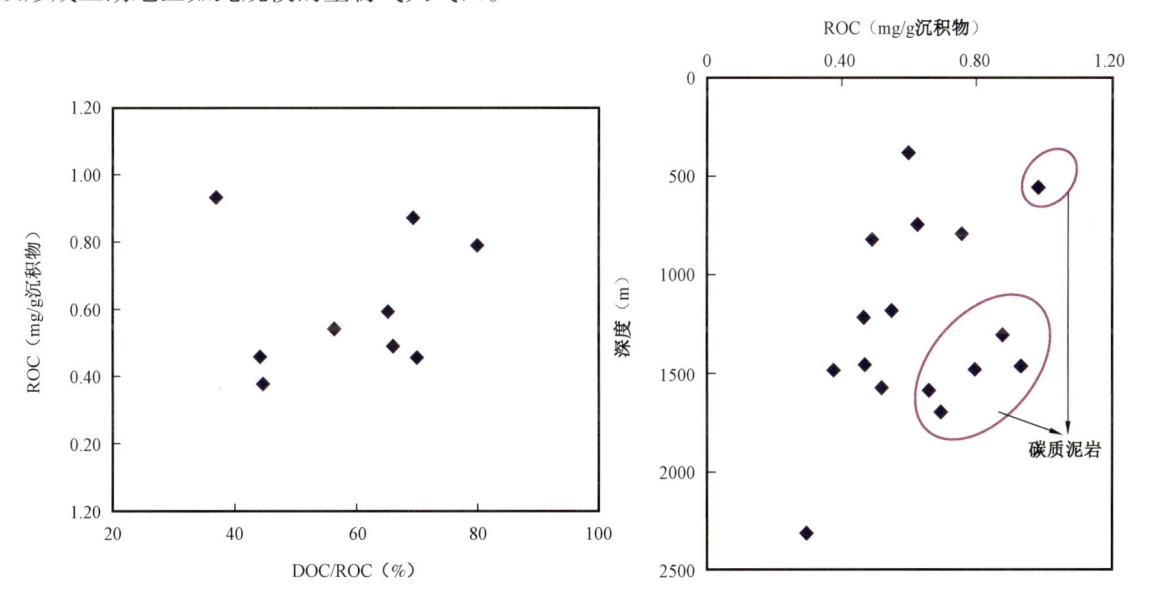

图 5 – 45　水溶有机碳(DOC)与活性有机碳(ROC)关系　　图 5 – 46　活性有机碳(ROC)随深度变化趋势

2. 弱成岩无机—有机共同作用为深部生物圈层提供养分

通过不同温度的酸解实验,发现温度对活性有机碳含量具有明显的影响:几乎所有的样品经过高温(80℃)酸解作用比常温(20℃)酸解作用所获得的活性有机碳有不同程度的增加(图 5 – 47a),而从同一样品不同温度酸解所获得的水溶有机碳含量更能够反映这种变化规律(图 5 – 47b)。这主要源于有机质本身在成岩过程中受低温热力作用发生结构重组,产生一些能够为微生物利用的小分子物质,最为明显的证据为成岩早期阶段,有机元素组成(C/H/O)发生明显改变。该阶段伴随大量可挥发性物质释出,包括可供微生物利用的有机小分子物质(Kawamura 和 Kaplan,1987)。当然,这部分有机质已经与生物学领域的活性有机质发生了质的变化,但对于深部生物圈层的营养供给是相同的。

上述结果表明,随着深度和温度的增加,原始继承性活性有机碳逐渐被消耗而减少,可被生物利用的活性有机碳由于有机质低温热降解而产生补充。这就是为什么在越来越不适宜微生物生存的深部沉积物,仍然不乏微生物存在的原因;甚至由于生物群落的大规模发育而能使代谢产物——生物气聚集成藏,如柴达木盆地三湖地区。

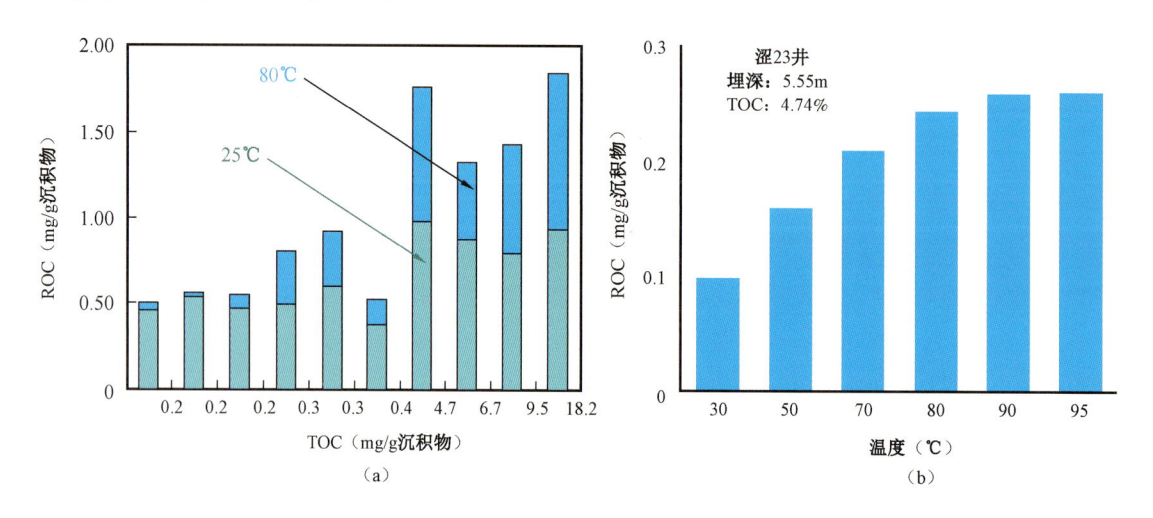

图5-47 温度与活性有机碳的关系
(a)不同有机碳丰度的沉积物在25℃和80℃下提取的活性有机碳;(b)同一样品在不同温度下提取的活性有机碳

(三)生物气连续生气模式

由上述讨论可见,尤其是具有一定埋深的盆地沉积物,生物气的生成是低温热力作用与微生物共同作用的结果:浅表层继承性活性有机质丰富;埋藏深度增加次生活性有机质为主。不同地区继承性活性有机质为主的分布层段和所能延续的深度可能会有所差异,但总体来看,均处于相对较浅的埋藏深度,浅层生成的生物气由于保存条件所限,基本难以聚集成藏;能够聚集成藏的生物气,应该主要来自次生活性有机质释放阶段。

区分生物气生成过程中不同物质来源阶段对于了解生物气形成的地质条件十分重要。控制因素不同意味着烃源岩评价参数和方法具有区别:对于原始继承性活性有机质为主的阶段,除了受控于原始输入有机质丰度、类型外,更主要取决于沉积环境中能够使原始继承性活性有机质保存下来的因素,如厌氧、高盐、低地温等。正如早期分析柴达木盆地三湖地区所具有的特征一样。对于次生活性有机质阶段,更主要取决于沉积物中有机质的丰度、成岩程度,以及原始有机质的输入和保存。

生物气连续生气同时还有另一层含义:生成途径的转化连续性。生物气有两种生成途径:乙酸发酵和 H_2 还原 CO_2 两种方式。浅埋藏阶段,以乙酸发酵为主;随着深度增加,逐渐转化为 CO_2 还原途径(Rice,1993;Whiticar,1999;张晓宝等,2002;帅燕华等,2008)。商业性气藏的形成往往以 CO_2 还原类型为主(Whiticar,1999;黄保家等,2002;张晓宝等,2002;徐永昌等,2005;帅燕华等,2007);而无控制生化模拟实验多以乙酸发酵为主要途径(Zehnder,1988;丁安娜等,2003)。这两种生成途径主要跟可供微生物利用的营养底物类型和丰度有很大关系,取决于生物气形成环境的差异。因此,生化模拟实验与地质盆地生物气的形成具有很大差异性,如何控制生化模拟实验条件,使之贴近地质真实,将对沉积盆地生物气评价发挥更好作用。

(四)成岩阶段与生物气形成

沉积有机质自埋藏开始历经有氧呼吸作用、硫酸盐还原作用和产甲烷作用阶段。这些作用过程需要特殊的环境和条件,继而产生特殊的产物。一般来讲,由于沉积物中氧化剂的局限,有机质分解消耗的主要反应是氧化作用阶段、硫酸盐还原阶段和甲烷形成阶段。通常,在正常沉积环境,几个作用阶段会自浅至深依次出现,在小于1m的范围之内顺利完成各种生物化学作用阶段的交替,进入产甲烷阶段。然而,在一些特殊沉积环境,即使埋藏很深,仍然处于某一前期阶段,而未进入终极产甲烷阶段(Zhang et al.,2014)。

柴达木盆地三湖地区第四系明显存在几种生物化学作用阶段共存现象(图5-48)。如,在灰色泥岩中局部位置可检测到铁氧化物的存在。涩23井1483.7m样品,为灰色泥岩和碳质泥岩互层,在远离有机质的纯泥岩处,铁氧化物仍然存在。这意味着该微环境目前仍然处于金属氧化物还原阶段或更前阶段,即使已经深埋达到1480余米,仍然未改变其氧化环境的性质(图5-48f)。该类环境在本区应该是较为普遍的。宏观上来看,局部地层为褐色、棕红色沉积,说明这样的沉积物均处于有氧呼吸阶段或金属氧化物还原阶段。

硫酸盐还原作用(BSR)在本区分布更加普遍,这从该作用的反应产物自生黄铁矿和方解石分布的普遍性和多样性可见一斑。大量样品观察结果发现自生黄铁矿和方解石伴随有机质出现,甚至取代原来有机质的位置。涩23井544m岩心样品(TOC为0.26%)中的黄铁矿自有机质的边缘位置开始,逐步向有机质内部侵入,包围原始有机质(图5-48d);台南5井1570m样品(TOC为0.31%)发生过强烈的BSR作用,原始有机质处广布黄铁矿,基本看不出原始物质的形态(图5-48c)。强烈的BSR作用大量消耗沉积物中的活性有机质,大大降低残留有机质的生物活性,而使得残留有机质变为基质或稳定部分。该部分物质由于稳定性强,生物可利用性低,难以持续进行进一步的生物化学作用,包括产甲烷作用。即使进入到该阶段,量已经非常之低。这种BSR发生阶段的沉积物基本为第二类,即有机质丰度整体不高,含有一定量的有机质,但已被强烈氧化。

产甲烷作用阶段主要出现于第三类,即有机质含量较高的沉积物中。这些沉积物同样发生过强烈的BSR作用,但仍然残留丰富的生物活性有机质。如涩23井1483.7m的样品,BSR反应产生了大量的黄铁矿和方解石,自有机质体内部向外,为黄铁矿、方解石交代层(图5-48h)。台南12井1801.6m(TOC为2%)、1801.6m(TOC为33.7%)也看到该类现象(图5-48e、g),历经强烈硫酸盐还原之后仍然能够保留下丰富的有机质,而且有机质活性高,镜下鉴定藻类原始结构和成分仍然保留较好,这类沉积物保留的这些有机质为产甲烷作用阶段所利用,顺势进入产甲烷作用阶段。

由此可见,柴达木盆地三湖地区有机质含量较低的沉积物基本仍处于BSR或之前的生物化学阶段,尚未进入产甲烷作用阶段(Zhang et al.,2014)。

从上面分析可知,生物化学作用均需要消耗处于还原价态的有机质才得以持续发生,而原始活性有机质含量的丰富程度就成了限制生物化学作用发展阶段的一个重要因素;反过来,生物化学作用也强烈影响和改造活性有机质。借助于生物标志化合物信息,可以再现生物化学作用阶段能否持续发展。相似埋藏深度(成熟程度)的三组样品,因有机质丰度的差异,有机质被消耗的程度有明显区别。从生物标志化合物分析可见,台南5井1570m样品,有机质丰度较低(TOC为0.31%),芳香烃馏分由于其自身物质含量较低,样品中检测到大量外来污染物——系列酮类物质,还有芳构化程度较高的菲、苯并菲、苯并荧蒽等(图5-49),以及异构化程度较高的藿烷(图5-50),说明原始生物结构部分已基本被消耗,完全转化为稳定性较高的系列;这和扫描电镜结果发生过强烈BSR作用相吻合,原始有机质处广布黄铁矿,基本看不出原始物质的形态(图5-48)。与之相反,台南12井1806.1m样品,TOC高达33.77%,生物构型的物质明显被保留,芳香烃以单芳结构和二芳结构的五环三萜类为主,同

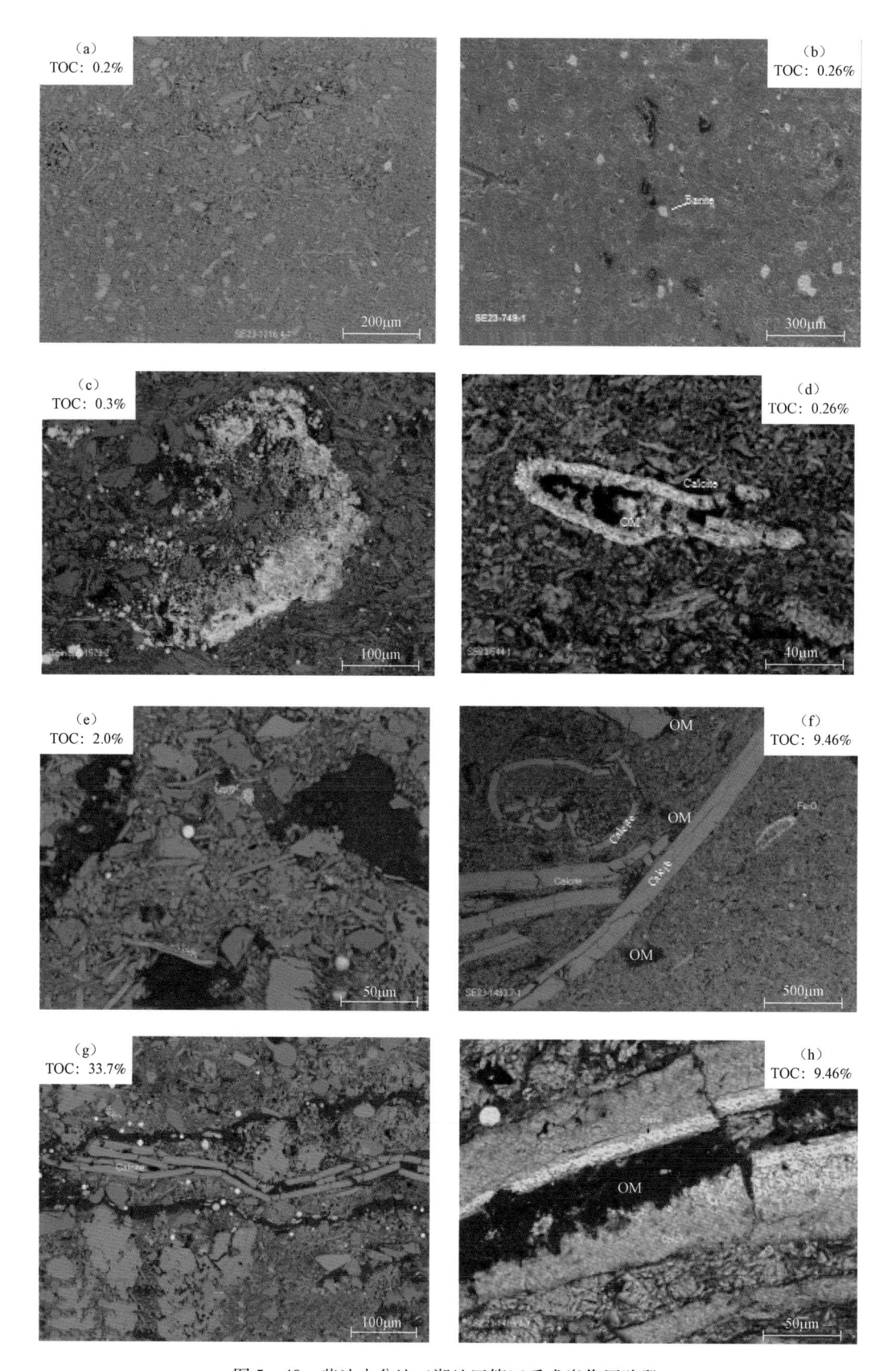

图 5-48 柴达木盆地三湖地区第四系成岩作用阶段

(a)涩 23 井 1216.4m;(b)涩 23 井 749m;(c)台南 5 井 1570m;(d)涩 23 井 544m;
(e)台南 12 井 1801.6m;(f)涩 23 井 1483.7m;(g)台南 12 井 1806.4m;(h)涩 23 井 1483.7m

时含单芳、二芳和三芳结构的四环三萜类；饱和烃馏分萜烷类以不稳定的藿烯类为主，相对稳定的饱和藿烷类的量相对较低；而从有机—无机之间共存关系来看，BSR 产物黄铁矿围绕有机质条带周边分布，但有机质整体被保存较好（图 5-48）。台南 12 井 1201.6m，有机质含量（TOC 为 2%）处于二者之间，则其有机质保存程度也处于中间状态，主要以四环芳构化的五环三萜类，及 A 环被破坏的二芳结构和三芳结构的四环三萜类为主（图 5-50）。

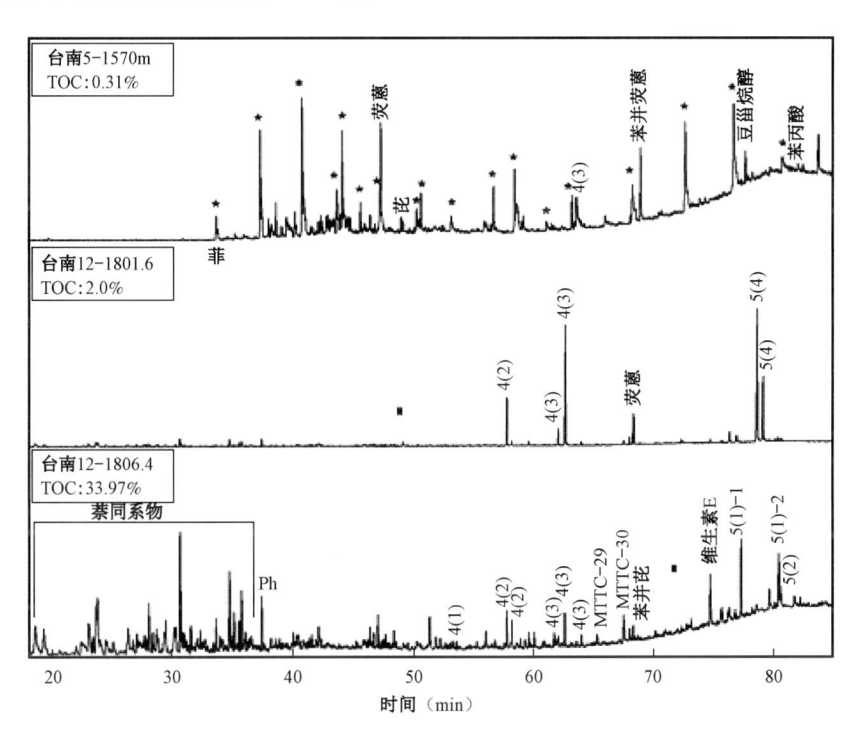

图 5-49 不同有机质丰度芳香烃构成差异性图

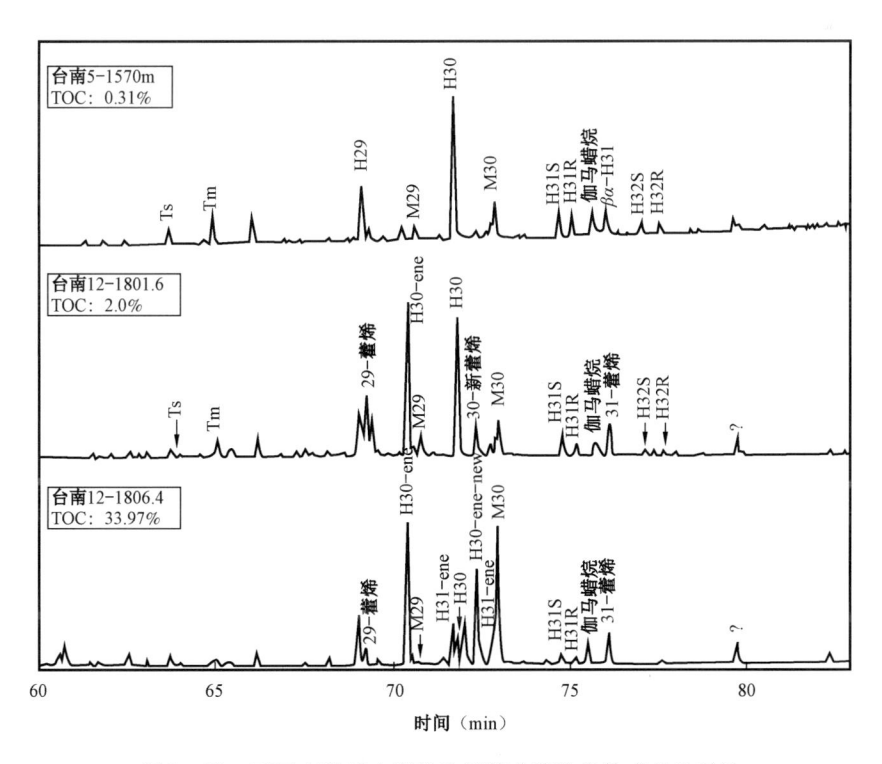

图 5-50 不同有机质丰度饱和烃馏分萜烷类构成的差异性

(五)生物气源岩评价

对生物气源岩的评价曾经认为:低丰度有机质含量不是问题,柴达木盆地三湖地区气源岩的主体应该是有机碳含量普遍较低(TOC 分布在 0.3~0.5% 之间,平均仅 0.3%)的暗色泥岩及砂质泥岩等。

但综合上述分析,高丰度有机质是生物气得以大规模形成并聚集成藏的基础和前提,而 TOC 含量可作为评价生物气源岩的指标。继承性活性有机质(图 5-51)与低温热力作用下所释放的次生性活性有机质均随 TOC 增加而增加(图 5-52)。

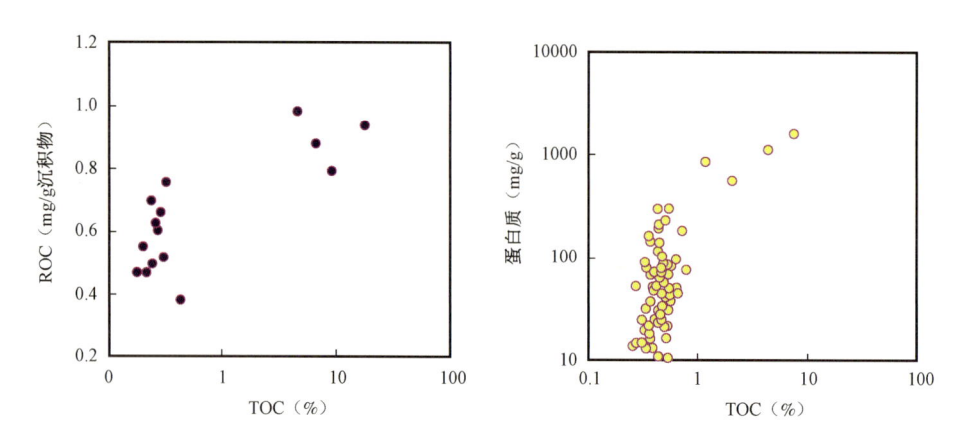

图 5-51 继承性活性有机碳(ROC)和蛋白质与 TOC 均具有正相关关系

TOC 为 0.5% 是有效生物气源岩的下限要求。尽管有机质含量更低的沉积物具有一定产气能力,但产生的气体多溶解在孔隙水或被矿物(及有机质)吸附,难以排出成为游离气。

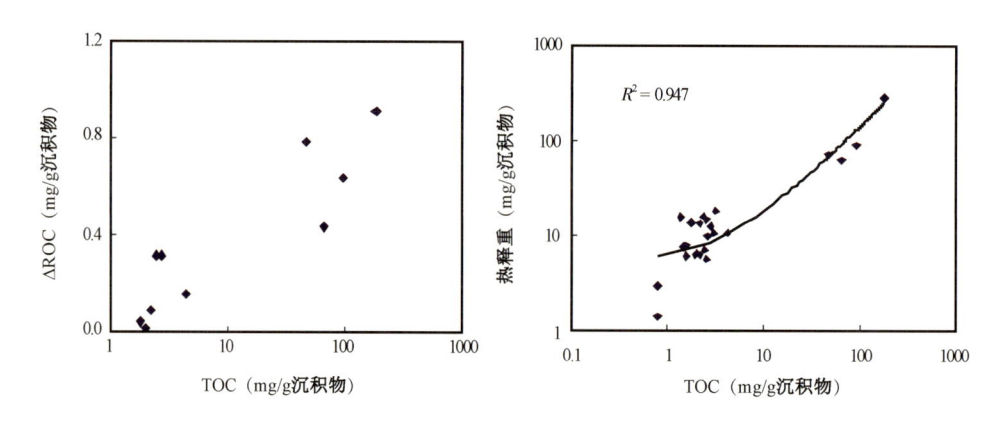

图 5-52 次生性活性有机碳(ΔROC)和热失重均与 TOC 有正相关关系

柴达木盆地三湖地区生物气勘探成效进一步说明高有机质含量是生物气源乃至生物气产区的一个必要条件。该区目前探明储量 85% 以上产自 K_5—K_{13} 之间的层位,考虑天然气垂向运移扩散作用,生物气更可能为自生自储或下生上储,而非上生下储:即下部层位的天然气只能从下部层位所生,而上部层位的天然气可能从下部层位运移而来。这样一来,K_5 标准层以下的地层所具有的产甲烷能力应该非常强。从该区两口探井 TOC 分布来看,第四系沉积物不乏有机质富集层,碳质泥岩在地层中占有相当比重,整个第四系百米地层中厚度为 5~20m 不等。尤其 K_5—K_{13} 层段,暗色泥岩 TOC 含量绝大多数在 0.5% 以上,有些超过 1% 的含量;K_5 标准层以上的暗色泥岩 TOC 分布在 0.2%~0.4% 之间,平均仅 0.3%(图 5-53);而之间所夹的黑色碳质泥岩层有机碳含量高达 10%~30%,这为生物气的大规模聚集奠定了良好的物质基础。

国外几大生物气田的实例同样说明高有机质丰度沉积物的存在是生物气大规模生成的重要条

图 5-53 柴达木盆地涩北地区 2 口探井 TOC 的纵向分布

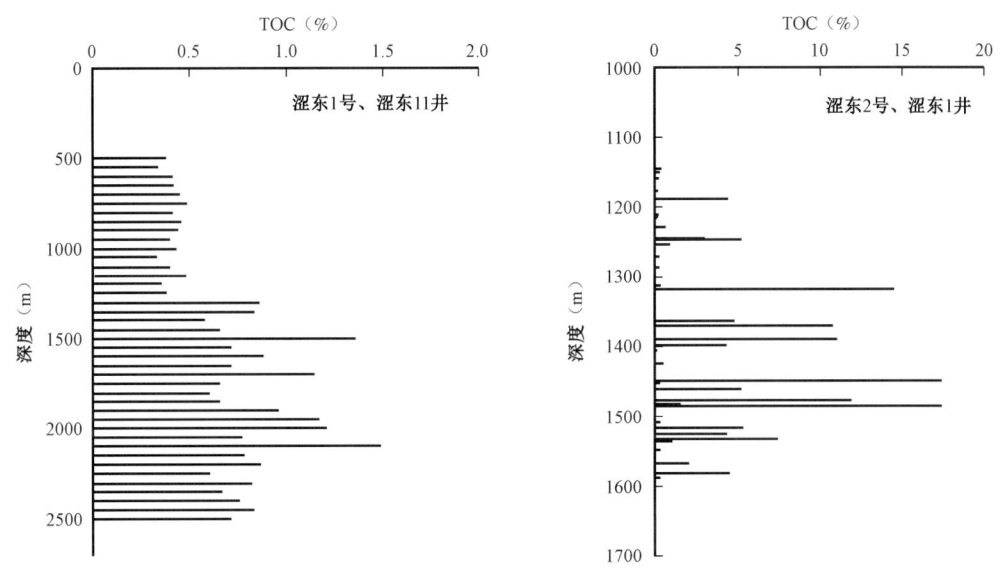

其中涩深 1 井均在 $K_5 - K_{13}$ 之间

件:西西伯利亚盆地 $10 \times 10^{12} m^3$ 的生物气储量主要集中盆地北部,这跟白垩系煤层分布及较高丰度有机质含量的暗色泥岩分布规律是一致的;美国库克湾盆地目前探明生物气储量为 $1500 \times 10^8 m^3$,主力产层均位于古近系煤层之下。其他生物气产区,如美国大平原、加拿大艾伯塔盆地、罗马尼亚 Transylvanian 盆地,沉积物均具有较高丰度有机质,古近—新近系源岩的 TOC 含量在 1% ~ 3% 之间(Pawlewicz,2006)。所有这些都说明生物气藏的存在离不开高丰度有机质沉积层的发育。

二、同生水化学对生物气生成的控制作用

(一)同生地层水地球化学特征

同生地层水是微生物赋存的直接环境。因此,研究一个地区地层水的特征是了解生物气形成最为有效和直接的方法(Martini et al.,1998;Whiticar,1999;McIntosh et al.,2002;Shurr and Ridgley,2002;Zhang et al.,2013)。对采集的 11 个地层水样品和收集排除污染的 59 水样进行了分析(Zhang et al.,2013),发现同生水以 NaCl 型水为主,弱酸性(pH:5.7~7);水的总矿化度(TDS)从不到 23000mg/L 到 230000mg/L,平均为 117000mg/L;Cl^- 从 12500mg/L 变化到 139000mg/L,平均为 70600mg/L。其中,TDS 和 Cl^- 之间具有非常好的相关关系(图 5-54),但含量的较大变化则表明地层水既有原生水,又有少量样品表现为以大气水来源为主的,大多数则为混合成因。SO_4^{2-} 处于 9~14800mg/L 之间,平均为 1370mg/L;碱度(HCO_3^-)处于 91~6140mg/L 之间,平均为 447mg/L(图 5-57)。$K^+ + Na^+$ 是主要的阳离子组成,浓度介于 13900~59700mg/L 之间,Mg^{2+} 介于 934~4670mg/L,Ca^{2+} 介于 1800~4900mg/L 之间。水样与海水相比较为富集 $Na^+ + K^+$,表现出典型蒸发型沉积盆地流体特征。而 $Na^+ + K^+$ 和 Cl^- 之间具有很好的线性关系(摩尔比约为 1:1)(图 5-55b)。整体上,碱度(HCO_3^-)相对较低,HCO_3^-/Cl^- 值由于较高的 Cl^- 含量而变得极低,尽管与世界其他产甲烷区相比,碱度的绝对浓度并不低,如 Beaufort - Mackenzie 盆地产甲烷作用的层位,碱度介于 17~9000mg/L 之间(Grasby et al.,2009)(图 5-55d)。SO_4^{2-} 和 $Ca^{2+} + Mg^{2+}$ 之间正相关(图 5-55c),说明 Ca^{2+} 和 Mg^{2+} 可能来自于硫酸盐溶解作用。

对 11 个水样进行 Br^- 检测,Br^- 含量极低(16.5~24.2mg/L)。Cl^-/Br^- 值介于 1450~4520 之间,位于蒸发岩溶解区范围内(1500~15000),远高于海水的值(290)(Davis et al.,2001)。Cl^-/Br^- 值跟 Cl^- 浓度之间具有很好的正相关关系($R^2 = 0.95$)(图 5-55e),但 Br^- 浓度没有明显关系,说明少量的岩盐溶解

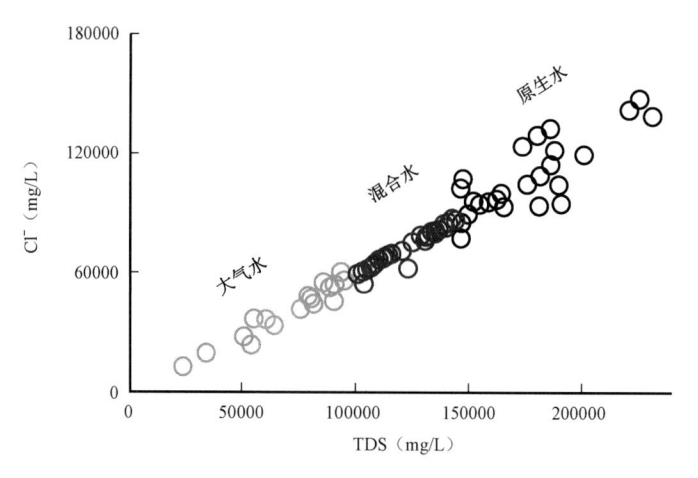

图 5-54 柴达木盆地三湖地区涩北一号气藏地层水 TDS 与 Cl⁻ 之间关系
说明多数地层水表现为原生水与大气水的混合成因

是造成 Cl⁻/Br⁻ 值降低的最可能因素(图 5-55f)。但是,由于纯岩盐的 Cl⁻/Br⁻ 值低达 104~105 (Cartwright et al.,2006),暗示岩盐溶解来源的 Cl⁻ 混入的比例并不大(Zhang et al.,2013)。

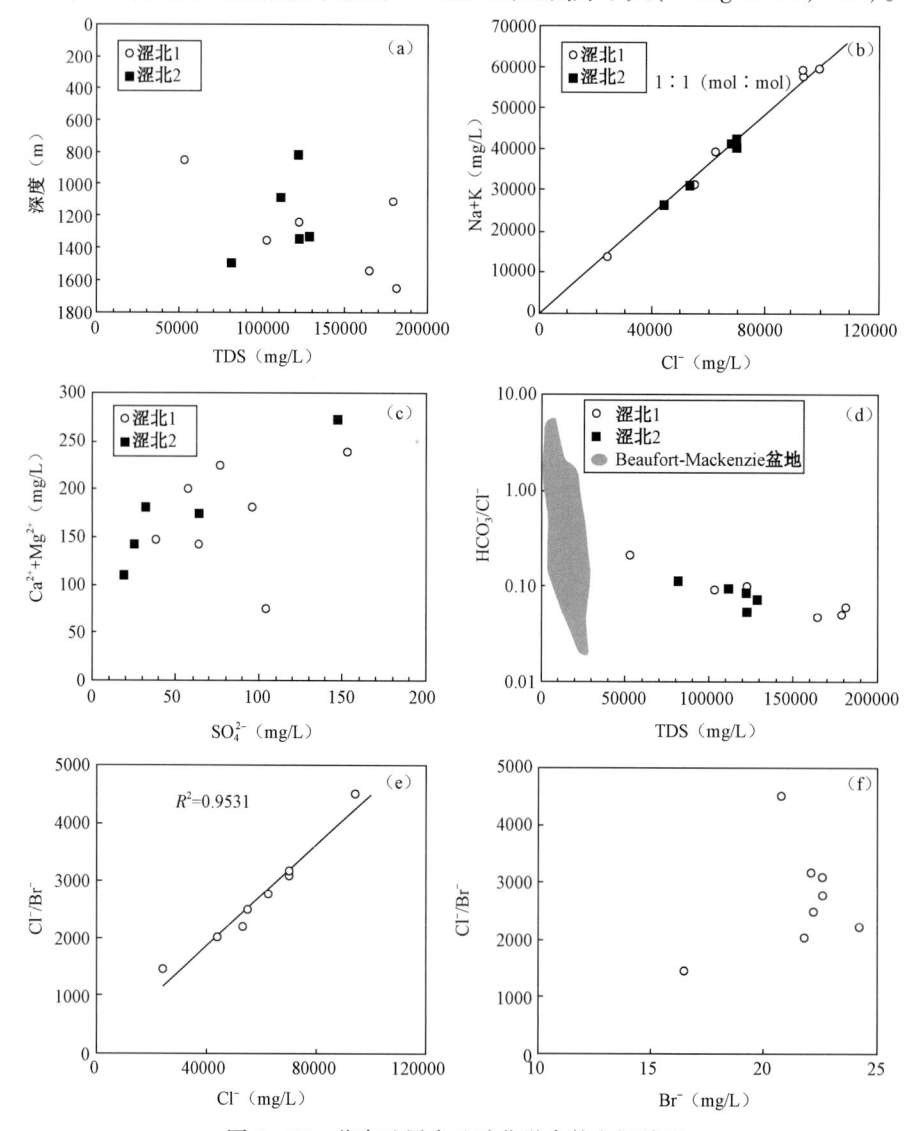

图 5-55 柴东地层水地球化学参数之间关系

水氢氧同位素组成如图5-56所示，$\delta^{18}O$值分布在 $-7.5‰\sim-4.6‰$ 之间；δD 在 $-75.2‰\sim-49.0‰$ 之间。除一个样品具有较轻 δD 值($-75.2‰$)外，其他样品均落在现代大气降水范围内。三湖地区生物气田区地下水补给主要来自于南部的昆仑山系，两个大的河流那棱格勒河和乌图美仁河是主要的水系补给，而格尔木河和灶火河规模相对较小，影响也比较有限。根据前人对两条主要水系的河水取样分析，乌图美仁河的河水 δD 值处于 $-56.3‰\sim-50.5‰$，$\delta^{18}O$ 值在 $-8.9‰\sim-7.1‰$；那棱格勒河河水 δD 值位于 $-62.0‰\sim-59.0‰$，与所获得的地层水样品氢氧同位素组成极为相似。而格尔木河变化较大，δD 为 $-72.0‰\sim-61.0‰$，$\delta^{18}O$ 值为 $-10.2‰\sim-9.5‰$，具有随着从昆仑山往盆地方向逐渐变重的趋势，这是由该区强烈的蒸发环境所决定(Zhang et al.，2013)。达布逊湖更加富集 ^{18}O 和 D($\delta^{18}O$ 为1.1‰，δD 值为 $-30‰$)，都是因为蒸发分馏所致，在青藏高原区具有更为强烈的内陆蒸发效应。总之，生物气田区地层水与该区大气淡水的氢氧同位素组成的相似性暗示二者来源一致。

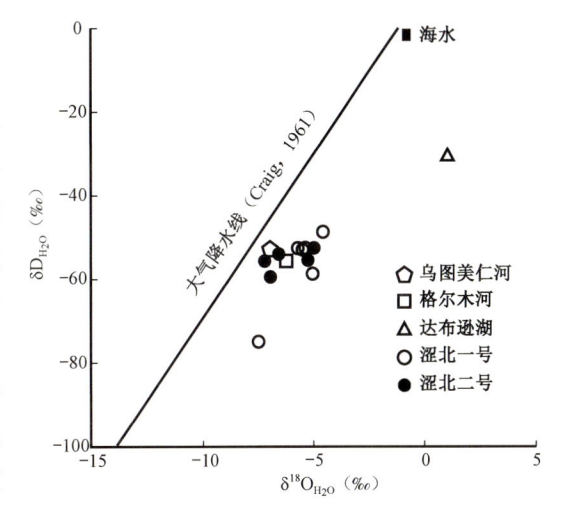

图5-56 地层水的氢氧同位素关系

地层水中可溶有机碳(DOC)含量普遍较低，仅 $2.20\sim9.77\text{mg/L}$，而乙酸为 $0.221\sim3.91\text{mg/L}$，仅少量样品(3个)检测到草酸存在($0.11\sim0.106\text{mg/L}$)。较低的 DOC 含量可能是由于该区仍在强烈进行的产甲烷作用消耗所致。

同时，检测了几个水样的 $^{87}Sr/^{86}Sr$ 和 $^{143}Nd/^{144}Nd$。$^{87}Sr/^{86}Sr$ 介于 $0.711394\sim0.712039$ 之间；$^{143}Nd/^{144}Nd$ 介于 $0.510831\sim0.512134$ 之间，δNd 稳定同位素分布在 $-9.9‰\sim35.3‰$。$^{143}Nd/^{144}Nd$ 和 $^{87}Sr/^{86}Sr$ 之间存在的线性关系则说明存在不同端元的混合作用，大气淡水与原始古老沉积水之间的混合(图5-57)。涩北二号气藏的两个样品，具有相似的 $^{143}Nd/^{144}Nd$ 和 $^{87}Sr/^{86}Sr$ 值。

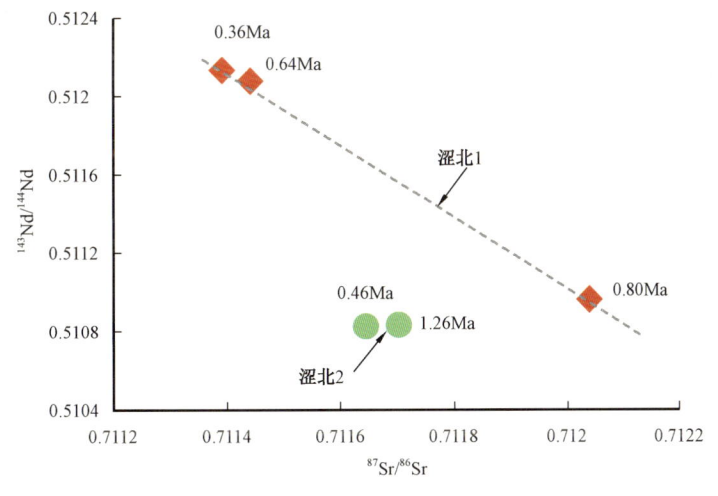

图5-57 涩北气藏水样的 $^{87}Sr/^{86}Sr$ 和 $^{143}Nd/^{144}Nd$ 关系图

（二）气—水平衡关系

因为产甲烷菌生活在水体中，从水中获取营养，而 H_2 还原 CO_2 途径的产甲烷菌自水中获取合成生物甲烷的 H 原子。因此生物甲烷的产生离不开地层水的作用，而生物甲烷与地层水之间是否存在氢同位素的分馏关系，则往往成了判断生物甲烷产生的依据。因此，CO_2 还原产生的甲烷氢同位素值是否反映其产生时的地层水 D（Schoell,1980；Whiticar et al.,1986；Whiticar,1999）。从样品中二者对应数据之间的关系可见（δD_{CH_4} & δD_{H_2O}）（图 5-58），甲烷的氢同位素比水要轻约 175‰（$\delta D_{CH_4} = \delta D_{H_2O} - 175‰$），这个分馏系数落在了 CO_2 还原范围内，远超过乙酸发酵关系 $0.25 \times \delta D_{H_2O} - 321‰$（Lillis,2007）。说明这个地区生物气与地层水之间具有同生共存的关系。

第四纪只有几个百万年，如果沉积古水具有与现今一致的氢同位素组成，则很难判断生物甲烷是靠同沉积时期古水产生还是依靠现今地层水所产生。通过对沉积时期古水的氢同位素估算，进一步证明生物气跟现今地层水之间存在同生共存关系。古水的氢同位素是依靠奇数长链的正构烷烃（C_{27-31}）的氢同位素进行估算得到的。长链正构烷烃一般来自于微管植物叶蜡，可

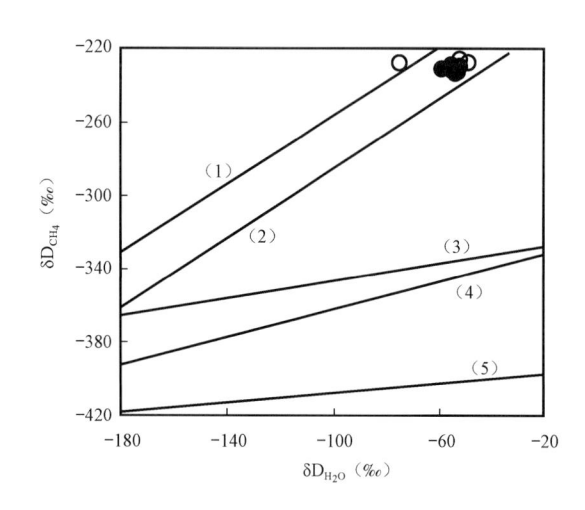

图 5-58 生物甲烷与同生地层水之间稳定氢同位素关系
实心圆为涩北 1 号样品，空心圆为涩北 2 号样品；
线条（1）~（2）之间表示 CO_2 还原区，
（3）~（5）之间表示乙酸发酵区

很好记录植物生长时期大气淡水的 δD（Sauer et al.,2001）。由于三湖地区第四系埋藏深度较浅，成熟度较低，长链正构烷烃具有较强的奇偶优势，沉积抽提物的长链饱和烃的奇偶优势（nC_{27-31}/nC_{28-32}）达 5.27~10.27 之间，远高于古近—新近系地层中的 3.65~4.75，说明第四沉积物处于弱成岩的未成熟阶段，受成熟或成岩作用的影响相对较弱，仍然反映的是植物叶蜡的组成特征，因此，可以很好地用于恢复古大气水的稳定氢同位素组成。这里共分析了 4 个第四系沉积物中饱和烃的 C_{27}、C_{29}、C_{31} δD 值，它们相对比较稳定，基本在 -191.2‰ ~ -181.1‰ 之间变化（Zhang et al.,2013），而古近—新近系沉积物中饱和烃的 δD 值则明显变重（-174‰ ~ -145.2‰）。计算公式如下（Sauer et al.,2001）：

$$\delta D_{H_2O} = (\delta D_{nC_{27}} \times \alpha_{nC_{27}} + \delta D_{nC_{29}} \times \alpha_{nC_{29}} + \delta D_{nC_{31}} \times \alpha_{nC_{31}}) + \varepsilon$$

ε 是表观稳定氢同位素分馏因子，表征高等植物叶蜡的 nC_{27-31} 和水之间稳定氢同位素的分馏系数。在此选用 -95.0‰，为半干旱内陆环境中最轻的数值（-95‰ ~ -45‰）。结果表明，第四系古大气水的稳定氢同位素主要处于 -90.0‰ ~ -88.0‰ 之间（表 5-12），比大多数现今的地层水要轻 30‰。而如果 ε 选择较重的分馏系数，则所获得的古沉积水的稳定氢同位素要更轻。如假设 ε 为 -45‰，则第四系古大气水的稳定氢同位素则轻达 -130‰ ~ -125‰。与现今地层水相比要更轻一些。总之，古沉积水与现今地层水相比要轻，表明与生物甲烷之间不存在较明显的相关关系。

表 5-12 基于单体 C_{27-31} 饱和烃稳定氢同位素计算的古同沉积大气降水的氢同位素

位置	深度（m）	地层	$\sum nC_{27-29}/\sum nC_{28-32}$	$\alpha_{nC_{27}}$	$\alpha_{nC_{29}}$	$\alpha_{nC_{31}}$	δD_{27}（‰）	δD_{29}（‰）	δD_{31}（‰）	计算 δD_{H_2O}（‰）
涩北 1	797	Q	5.68	0.27	0.34	0.39	-181	-187	-187	-88.7
	1485		10.7	0.35	0.42	0.23	-188	-183	-181	-89.6
	1142.7		5.27	0.30	0.33	0.37	-183	-186	-191	-90.1
	1326.5		5.31	0.34	0.32	0.34	-186	-186	-189	-90.0
	2267.82	N_2^3	3.05	0.62	0.33	0.05	-171	-163	-145	-71.7
伊克	1165.2		4.69	0.42	0.36	0.22	-168	-174	-172	-75.8

而从同沉积古水同位素可见，早期同沉积产生的生物甲烷氢同位素最重也应分布在 -250‰ ~ -245‰

之间,比涩北地区生物气稍轻,暗示现今储层的生物甲烷不是同沉积早期所产生。

(三) 地质历史微生物活跃程度

生物气是产甲烷菌代谢的产物,是各种微生物协调作用下的一个结果。因此,在生物气产生的地区,应该遗留下微生物活动的痕迹。一般在浅表层(<2000m),有机质降解程度总与微生物活动强度之间总是具有很好的对应关系。饱和烃色谱中不可识别化合物浓度(UCM)常被用来表征微生物的活动。

通过对三湖地区 85 个不同构造带、不同埋藏深度的样品进行了分析,获取了微生物活动参数的情况(Shuai et al.,2013)。结果表明,不同样品之间微生物活动强度差异很大,表现为不可识别化合物/可识别化合物(U/R)值从台中 8 井 597m 处的 3.58 到伊克 2 井 1328m 处的 0.26(图 5-59)。另

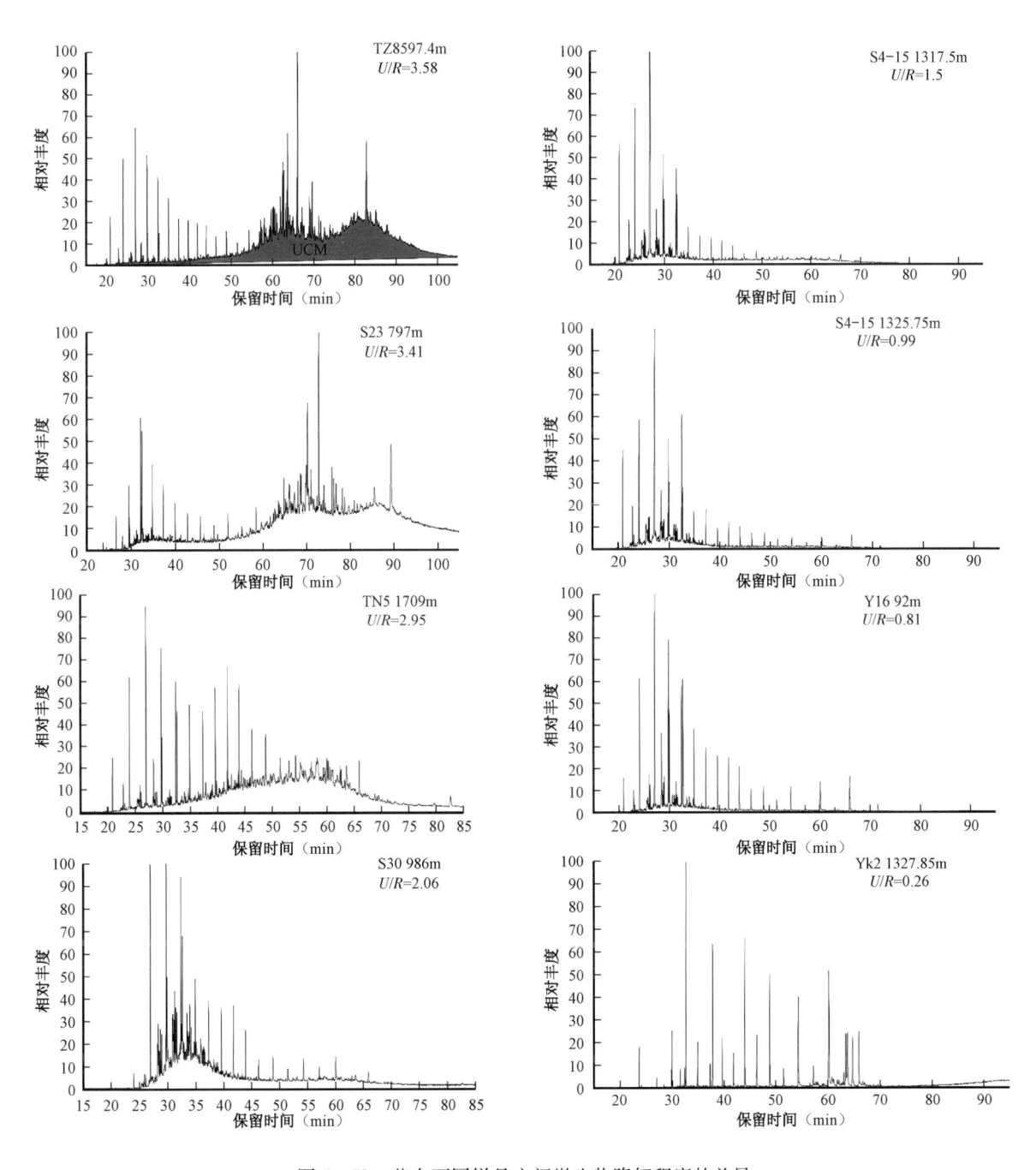

图 5-59　柴东不同样品之间微生物降解程度的差异

外,UCM 所处的位置不相同,有的在低碳数位置,有的则位于高碳数区。如涩 30 井 986m 和 987m 与盐湖构造大多数样品中的 UCM 均处于低分子量(C_{13-21})间,而涩 23 井(797m)、台中 8 井(597.4m)和台南 5 井(1709m)却处于高碳数(>C_{24})处。这可能与不同地区微生物的菌群结构有关。

图 5-60 展示了 85 个样品的统计结果,约 8% 的样品含有较高浓度的 UCM(*U/R* > 2.0),表明遭受了极强的微生物活动的影响;40% 的样品 *U/R* 处于 1.0~2.0 之间,指示明显的微生物降解作用;而其余近一半的样品具有很低的 *U/R* 值(38% 样品在 0.5~1.0 之间,14% 样品小于 0.5)(图 5-60),表明较弱的微生物活动性。

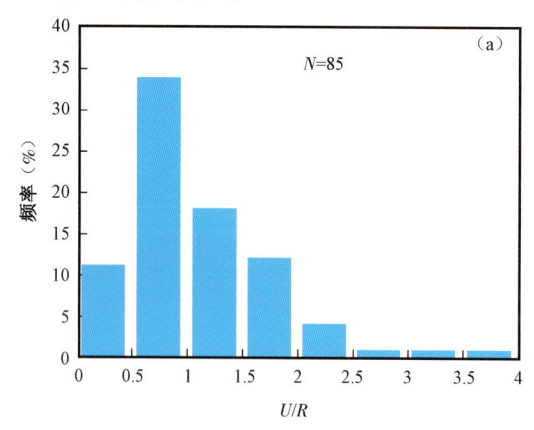

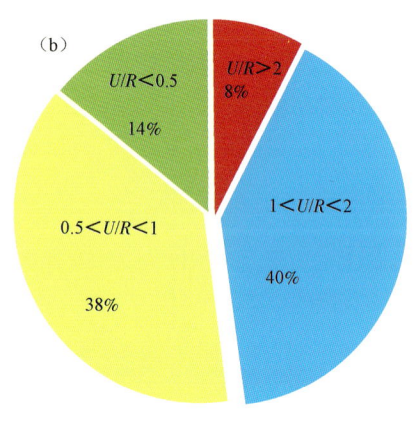

图 5-60　柴东 85 个样品微生物活动性分布情况统计

类异戊二烯类化合物是产甲烷菌细胞膜类脂结构的特征骨架化合物,自然界最常检测到的此类化合物是 PMI(*ip*C_{25})和角鲨烷(*ip*C_{30})(Brassell et al.,1981;Schouten et al.,1997;Thiel et al.,1999;Oba et al.,2003)(图 5-61)。三湖地区几乎所有的样品均检测到这两类化合物,但相对浓度较低。考虑到该化合物在饱和烃总离子流图上常常跟其他化合物混合存在,为了准确确定两类化合物的浓度,在 m/z 183 质谱色谱图得出 *ip*C_{25}/nC_{22} 和 *ip*C_{30}/nC_{26} 比值。而从图 5-62 可见,*ip*C_{25}/nC_{22} 和 *ip*C_{30}/nC_{26} 具有好的正相关关系;而且二者均与 *U/R* 呈正相关(Shuai et al.,2013)(图 5-63)。这就说明微生物活动比较强的层段,产甲烷菌活动性也较强。

这些分析结果也表明,柴东不同地区、不同深度的沉积物所遭受的微生物作用强度差异明显,其中只有 10% 的样品曾经遭受过强烈的微生物降解作用,而 30% 的样品遭受过明显的微生物活动,而另外一半样品没有检测到明显的微生物活动痕迹。当然,这其中既包括细菌作用,也包括产甲烷菌的作用。而各种参数之间极好地相关性表明产甲烷菌活动一般往往发生在细菌活动强烈的层段。

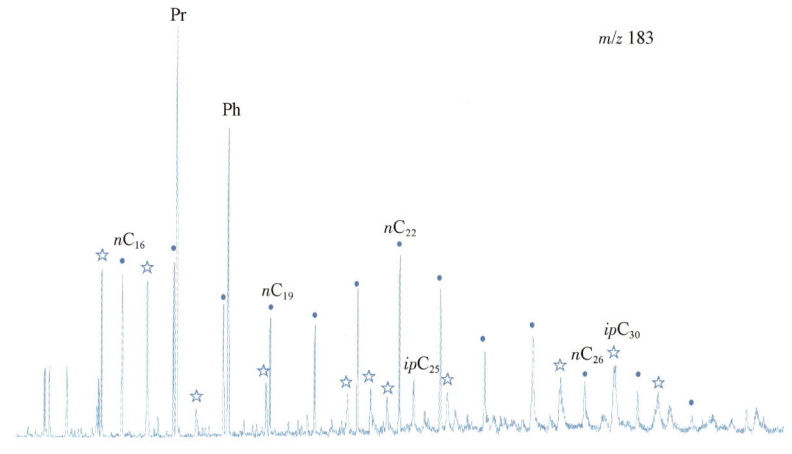

图 5-61　沉积物中产甲烷菌特征生物标志化合物(*m/z* 183)

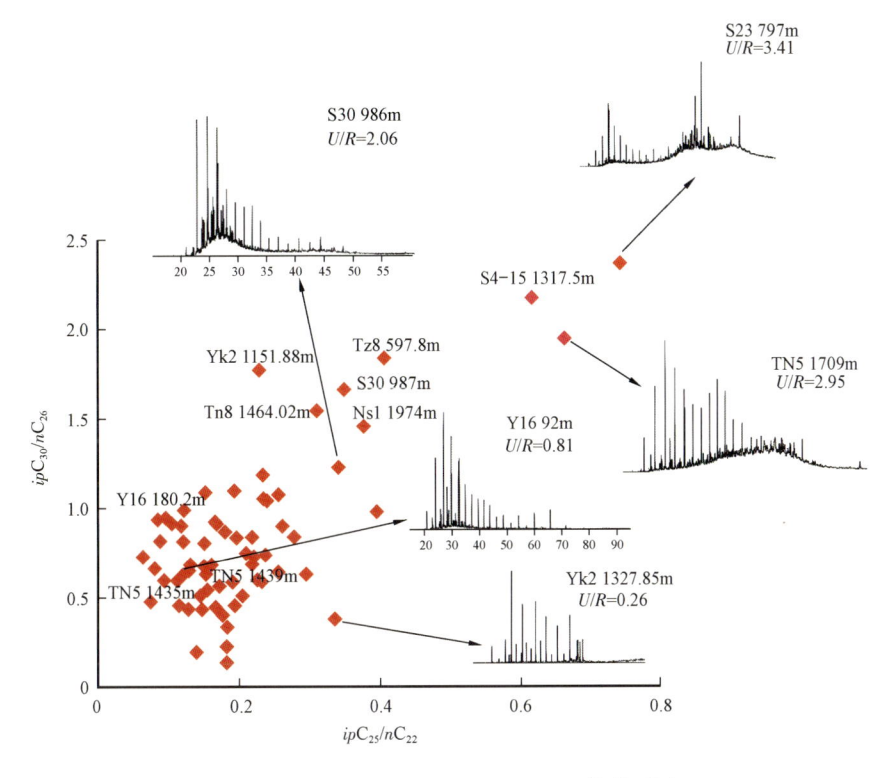

图 5-62　ipC_{25}/nC_{22} 和 ipC_{30}/nC_{26} 比值关系图

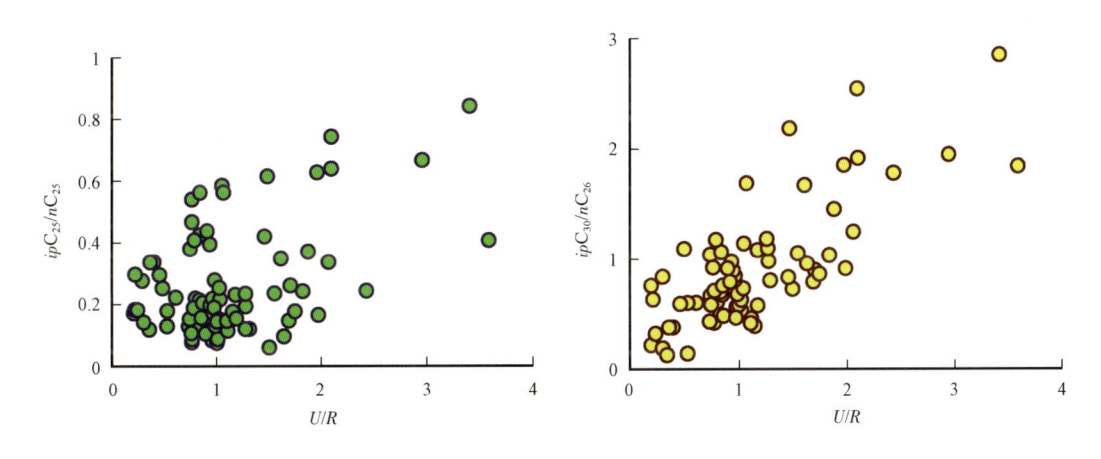

图 5-63　产甲烷菌特征标志化合物与 U/R 之间的正相关关系

(四) 相对开放水动力控制下的生物气形成机制

从上面的讨论可以看出,微生物(含甲烷菌)活动痕迹在不同样品差异很大,那么影响差异的因素是什么？考虑到地层水对微生物生存的必要性,在这里我们主要基于岩石、地层水化学条件来进行分析,进而确定生物气的可能生成层位及其控制的因素。

从图 5-64 可见,盐度(TDS 和 Cl)变化与深度之间无规律可循。低盐度水一般来自于高渗透层(图 5-64 中黄色层段),而高盐度水则往往来自于渗透性不好的泥岩或粉砂质泥岩储层。

图 5-65 展示高 U/R 值($U/R>1.0$)的样品往往对应于低矿化度地层水层(TDS<100000mg/L, Cl^-<60000mg/L)。相反,高矿化度水层往往对应于低的 U/R 值(<1)。为了更好展示二者之间关系,做了地层水 Cl^- 与三种微生物活动性参数之间的关系(图 5-65),从图可见,随着地层水盐度增

加,微生物活动性指标参数明显降低。一般来说,地层水 Cl^- <60000mg/L 层段往往对应着强的微生物活动性。而低 Cl^- 水往往对应着区域渗水层。柴达木盆地第四系属内陆蒸发严重的盆地,这些相对较淡的地层水不可能是原始同沉积水,而三个主要气田北倾的气水界面(孙镇城等,2003)指示活跃的水动力驱的存在(李本亮等,2003)。而低矿化度地层水在其他盆地也表现出与区域高渗透含水层相对应(Shurr and Ridgley,2002;Zhang et al.,2013)。

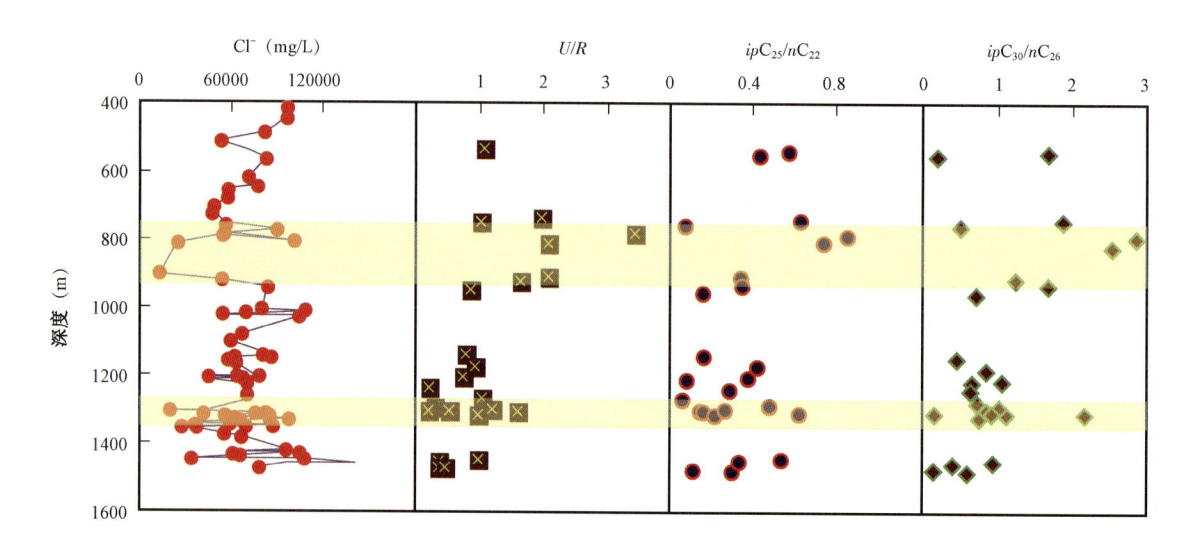

图 5-64 地层水特征与微生物活动性指标之间对应关系

产甲烷菌生活在水中并从中获取营养物质,因此,同生水地球化学特征明显控制着微生物的活动性(Schoell,1980;Rice and Claypool,1981;Whiticar et al.,1986;Kvenvolden,1988;Martini et al.,1998;Kotelnikova,2002;Shurr and Ridgley,2002)。前人的工作已经指出高盐度限制微生物的活性,而产甲烷菌一般生活在 Cl^- <2M 的环境(Waldron et al.,2007;McIntosh et al.,2002;McIntosh et al.,2010;Schlegel et al.,2011a)。

图 5-64 展示了低 Cl^- 水与指示微生物活性的生物标志化合物之间的关系(ipC_{25}/nC_{22},ipC_{30}/nC_{26},U/R),可以看出,在 800~1000m 和 1300~1500m 两个层段,地层水矿化度低,微生物活性相对较强;相反,具有较高 Cl^- 浓度的地层水对应于微生物的低活性带。从图 5-65 可见二者之间非常明显的负相关关系,进一步说明地层水盐度严格控制着微生物的活性。而图 5-66 展示了 H_2 的存在跟地层水之间的关系,我们知道该区第四系埋藏深度较浅,没有达到热成因生气阶段,H_2 的大规模出现,并不是热力作用的结果,相反是微生物所生,而 H_2 更是产甲烷菌生存所需要的物质基础。H_2 稳定同位素介于 -800‰ 与 -700‰ 之间,幔源无机来源的 H_2 并没有地质等证据支持,该地区缺乏深大断裂,且 $^3He/^4He$ 在 3.47×10^{-8} ~ 4.97×10^{-9} 之间,$^{40}Ar/^{36}Ar$ 在 318~382.5 之间,都指示了典型的壳源特征。而高 H_2 段同样对应于低 Cl^- 地层水段(图 5-66)。另外,H_2 在沉积盆地非常活跃,很容易跟其他物质结合而被消耗。因此,H_2 的存在恰恰可指示微生物正在强烈活动。综合分析可见,在这个地区,高微生物活动性限制在 Cl^- 小于 1.7M(60000mg/L)的层段。

CO_2 是产甲烷作用的中间产物,高碱度地层水往往可作为微生物活跃的一个很好指标(Carothers and Kharaka,1980;Rice and Claypool,1981;Martini et al.,1998;Grasby et al.,2009;Schlegel et al.,2011)。柴东地层水碱度分布在 91~1740mg/L(28.5meq/L)之间,而具有较高碱度的地层水同样对应于高渗透层段,具有低盐度特征(Cl^- <1.7M)。然而,并非所有产自高渗透层段的地层水都具有高碱度特征,暗示碱度跟微生物活性之间并不总是呈现较好的一致性,这是因为 CO_2 非常容易与 Ca^{2+}/

Mg^{2+}离子结合形成沉淀,因此,其存在还受地层水中$Ca^{2+}+Mg^{2+}$离子浓度控制,如果这些离子浓度较高,就会影响地层水中碱度。这从$Ca^{2+}+Mg^{2+}$和HCO_3^-之间较好的负相关关系也可见碳酸盐沉淀控制着地层水碱度的高低。

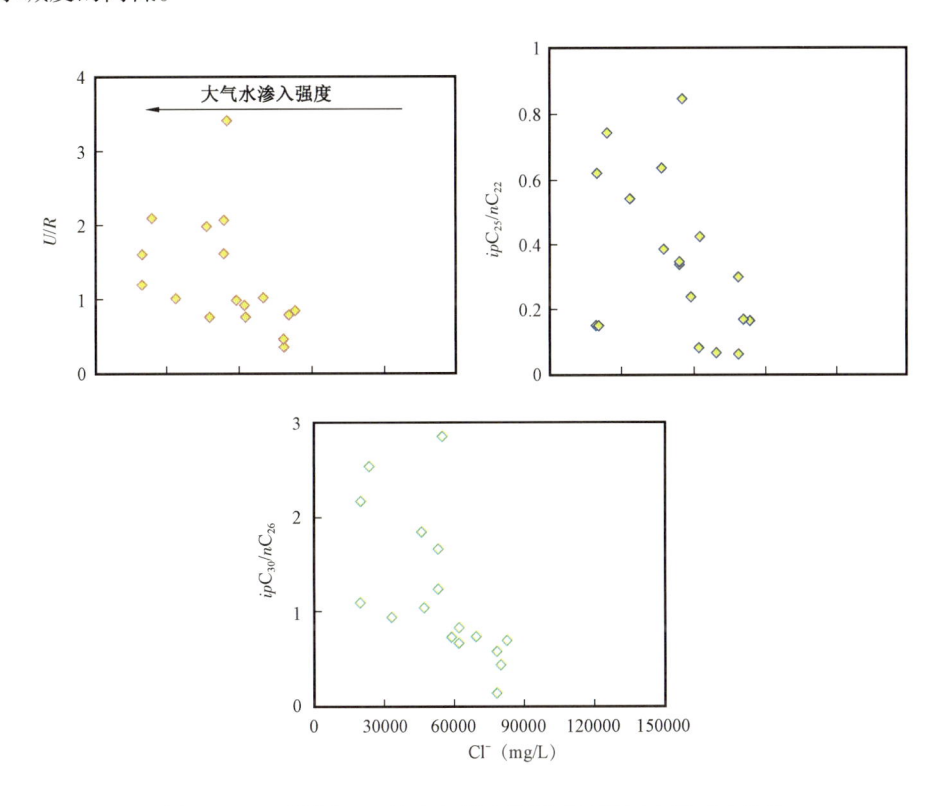

图5-65 地层水Cl^-浓度与微生物活动性指标之间对应关系
ipC_{30}/nC_{26}、ipC_{25}/nC_{22}表示产甲烷菌活性,U/R代表细菌活动性强弱

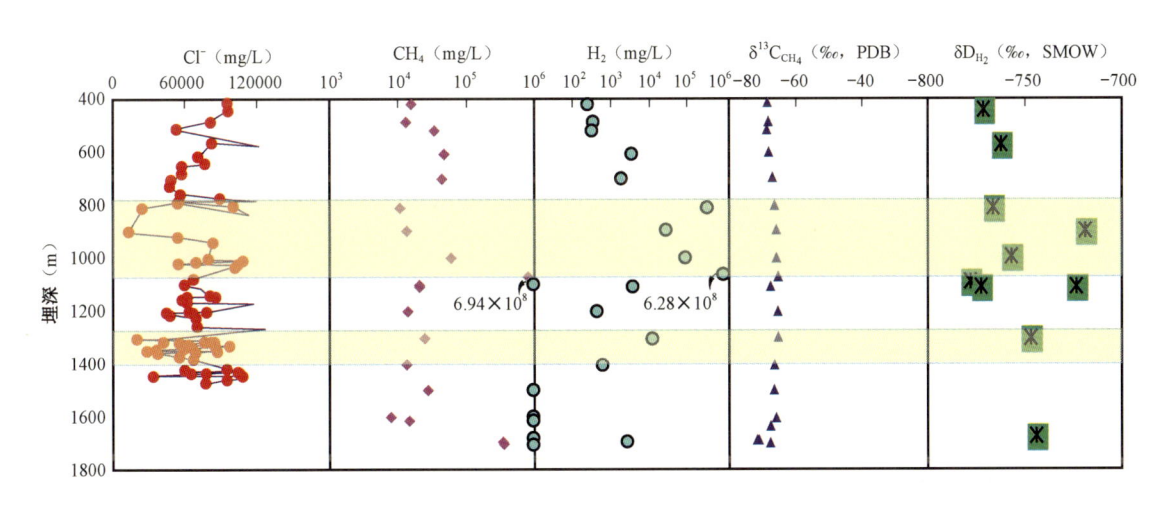

图5-66 柴东涩北地区地层水特征与天然气对应关系(气体CH_4和H_2均来自涩3-4井罐顶气)

(五)生物气超晚期生气与成藏

柴达木盆地三湖地区浅埋藏第四系之所以能够形成如此规模的生物气藏,另一个动态因素跟该区目前仍处于强烈生气阶段应该是一致的。

该区生物甲烷生成以CO_2还原途径为主,控制这类生物气能否生成不在于CO_2存在与否,因为盆地内不乏CO_2的来源,该区沉积物中就含有20%的碳酸盐。关键在于电子供体和能量来源的H_2是否存在。该区气测录井和罐顶气中均检测到大量的H_2存在(图5-67)。尽管开展H_2检测的井相对较少,图5-67统计了仅有的几口,从结果可见,H_2分布相对较为普遍,说明满足产甲烷菌生存所需要的物质和能量基础(帅燕华等,2009)。H_2是一个相对不稳定的组分,在盆地内很容易被还原而消耗掉,尤其是在生物化学作用阶段,H_2作为电子供体和能量来源,是各类微生物最易消耗和利用的物质。因此,H_2大规模出现本身就是该区微生物正在强烈活动的一个直接标志。除了满足微生物生存的物质基础,同时,在该区沉积物中检测到丰富的微生物存在,微生物既有降解大分子有机质的纤维素分解菌,同时有直接合成甲烷的产甲烷菌,这些微生物的存在,无一不说明该区生物气正在生成中。无疑,现代仍在强烈生气为该区生物气规模成藏提供了补充,可能是维持生物气高产的重要因素。

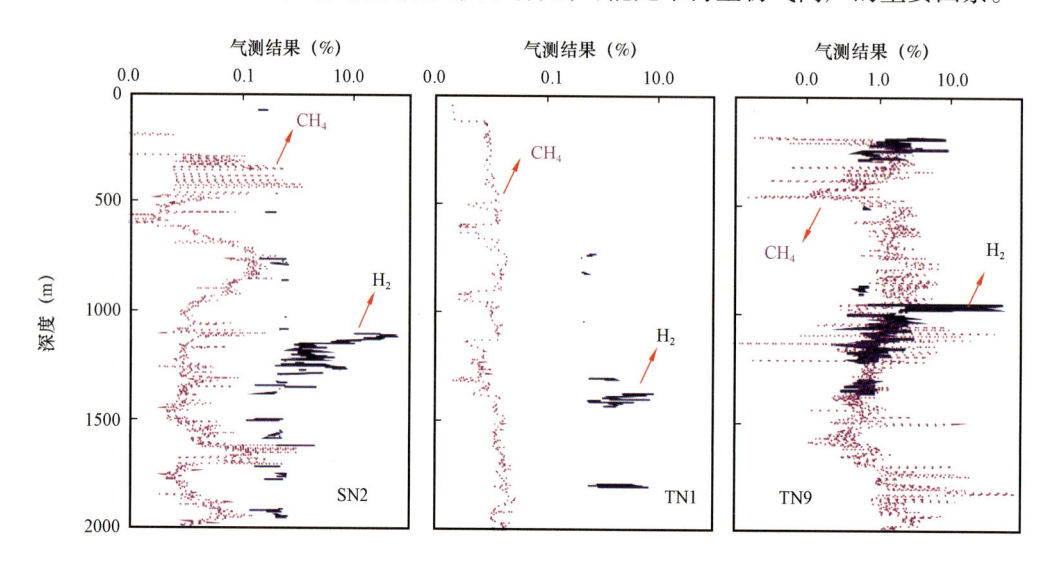

图5-67 柴达木盆地三湖地区H_2气测结果

通过对涩北一号和二号两个气藏11个新鲜水样的^{36}Cl测年分析,发现几乎所有的水样年龄均比储层岩石年龄年轻很多,差距达0.5~1.5Ma(图5-68)。年龄差异可能主要源于原始沉积水受外界大气淡水渗入影响、混合的程度所决定。而现今的地层水年龄由原始沉积地层水年龄、外界大气淡水混入时间和混入比例所决定。因此,对于不同的同生水样品,可能难以直接比较受到的影响及混入的时间,但是,从整体结果不难看出,几乎所有的样品,均显示典型受到外界大气淡水影响的现象。这跟地层水地球化学特征所表现出来的特征是一致的。

将涩北一号气藏几个地层水放于纵剖面图上可见,它们普遍具有低矿化度、低Cl^-浓度等特征,

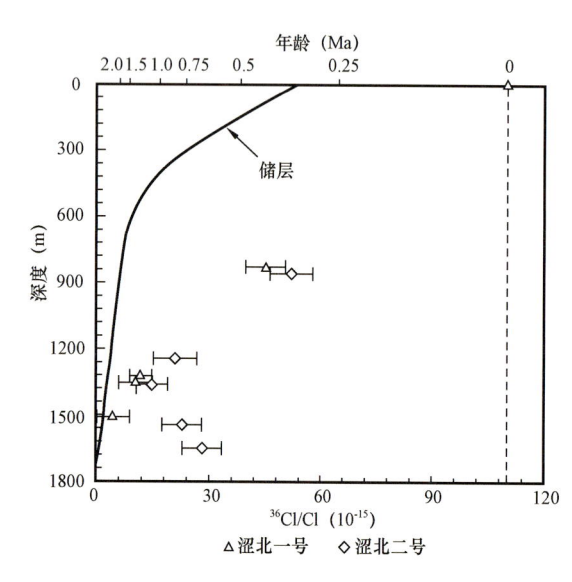

图5-68 柴东地层水年龄

有的为明显遭受过大气淡水影响;而表观年龄跟地层岩性吻合较好,表观年龄较老的地层水来自于泥质含量较高的层段;而表观年龄相对年轻的样品,如最下部的两个样品,表观年龄年轻很多,对应的则是孔渗条件较高的砂质含量较高的地层,为大气淡水渗入和混合提供了条件(图5-69)。

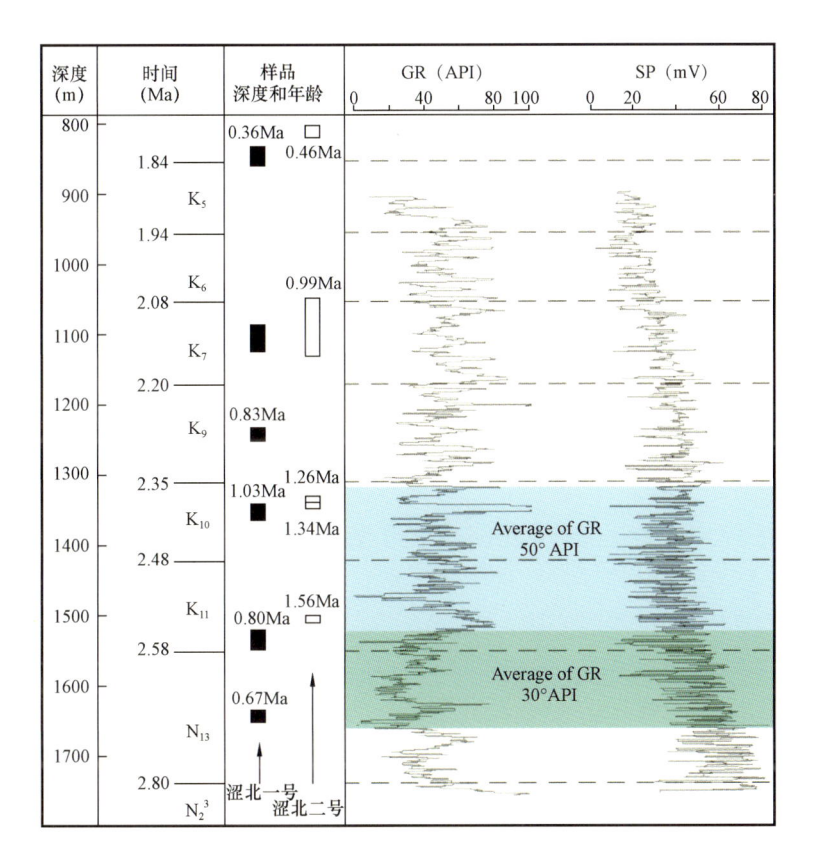

图 5-69 柴东涩北气藏产层同生水年龄与地层特征之间关系

因此,后期持续生烃补充应该是该区生物气成藏的必要保障。柴达木盆地三湖地区生物气与伴生地层水之间具有较好的同位素平衡关系,说明它们之间具有共生关系,而伴生地层水的年龄普遍小于0.71Ma,比储层沉积物年龄年轻0.8~1.5Ma,说明有不同程度的年轻外界水的侵入和渗入,而气藏中的生物气正是在外界水渗入的过程中地质微生物被刺激活化而产生,这跟该区构造演化历史是一致的。在第四纪末,曾经发生过强烈抬升剥蚀,造成三湖地区第四系沉积地层遭受不同程度的剥蚀作用,涩北构造区剥蚀厚度达400~500m,强烈的抬升剥蚀使得新鲜大气水沿渗透层入侵,该区成藏聚集生物气主要产生于抬升剥蚀后外界大气水影响到的区域。而此时,成岩压实作用已然发生,盖层的质量得到改善,从而使得生物气得到很好的保存,聚集成藏(图5-70)。

因此,三湖地区生物气的成藏模式为持续生排气、动态成藏。即生物气在整个生化产甲烷过程中,呈现不断聚集、不断突破、不断散失、不断再聚集的动态平衡成藏模式。地层接受沉积至微生物产气开始,动态平衡成藏模式就开始。当生物气通过垂向和侧向运移进入圈闭(构造或岩性)后,由于上覆盖层阻止了其上浮运动,便会在圈闭中形成聚集,气藏的上浮压力与盖层的突破压力相互抵消而达到平衡;随着聚集规模的逐渐加大,气藏压力也随之加大,当气藏压力大于盖层突破压力时,盖层失去封闭作用,气藏随即开始渗漏,气藏压力也随之下降;当气藏压力降至小于或等于盖层突破压力时,盖层封闭作用恢复,气藏渗漏停止,形成一种新的平衡。随着盖层突破压力因埋藏深度的增大而增大,生物气藏的聚集规模也将随之不断增大,三湖地区的第四系生物气藏,便是在整个生化产甲烷过程中以聚集—突破—散失—再聚集这种方式周而复始的无限循环中建立起来的一种动态平衡体。圈闭最初供气量与散失气量几乎相等,在生储盖和圈闭条件日趋完善的过程中逐步实现了散失量小于供气量而聚集,聚集量的多少则严格受盖层质量的控制。沉积初期,盖层中孔隙大部分开启,封盖能力较弱。随着压实作用的增强,关闭了部分开启孔隙,泥岩封盖能力大大增强,聚集量才逐渐增大。

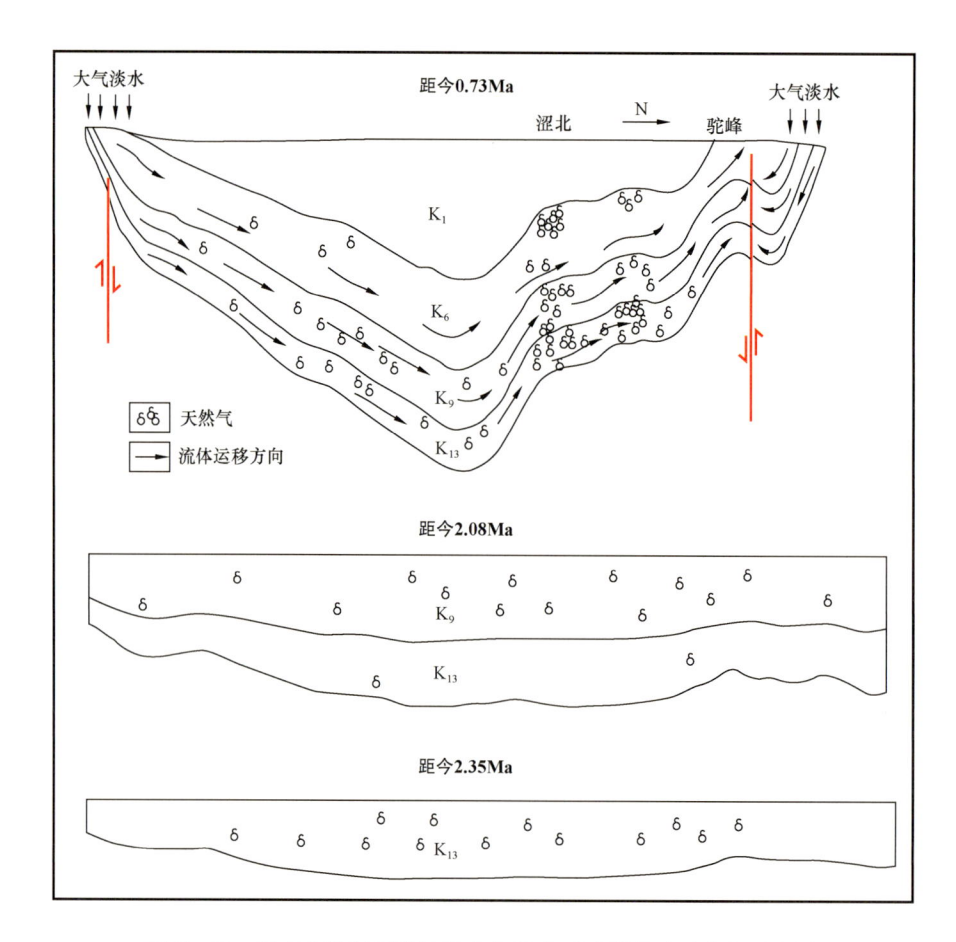

图 5-70　柴东生物气后期持续生气补充对成藏的重要意义示意图

第四节　无机气形成机理

无机成因气是非有机来源或非有机质反应过程形成的气体。它包括地球深部岩浆活动、变质作用、无机矿物分解作用、放射作用以及宇宙所产生的气体。无机成因气多形成于地幔和地壳深处，并通过板块的俯冲带、缝合线、断裂、岩浆和火山活动等向地表迁移。纯无机成因的天然气（即天然气组分均为无机成因）只在一些特殊地质背景下出现。自然界中无机成因气既可以是烃类气体，也可以是非烃类气体，如 CO_2、H_2S、He 等。天然气中最常见的无机组分为 CO_2 和 H_2S。关于天然气中的 H_2S 已在本章第二节（原油裂解气形成机理）中讨论，这里不再赘述，这里主要讨论无机烃类气体和无机二氧化碳的形成机理。

一、无机烃类气体形成机理

世界上发现的大部分天然气田（气藏）都是生物或有机来源的。然而，在某些环境（如海洋中脊、泥浆火山和毗邻深海断裂带）发现了无机成因甲烷（Welhan 和 Craig，1979；Anderson，1984；Welhan，1988；Abrajano 等，1990；Charlou 和 Donval，1993；Charlou 等，2002；Hosgormez 等，2005）。有机成因天然气主要是通过沉积有机物的热裂解或生物降解形成（Tissot 和 Welte，1978；Welhan，1988）。然而，关于无机成因烃类气体的形成机制并不十分清楚。目前，关于无机成因烃类气体的鉴别也存在许多争议(Jenden 等,1993;Xu,1994;Dai 等,2005)。迄今为止发现的无机烃类气体有两个主要特征:① 比有机成因甲烷更重的碳同位素值;② 负碳同位素序列($\delta^{13}C_1 > \delta^{13}C_2 > \delta^{13}C_3 > \delta^{13}C_4$)(Jenden 等,1993;Dai 等,2005)。然而,高—过成熟页岩气和煤系致密气也观察到同位素倒转的现象,使得一些原先认为是无机成因的天然气需要重新研究。仅凭同位素序列的正序与反序特征,作为判断烃类气体有机或无机成因的标准不再可靠。也就是说,无机烃类气体具有同位素倒转特征,但具有同位素反序特征的烃类气体不一定是无机成因。

(一)催化剂条件下的费托合成

目前,普遍的观点认为无机烃类气体是幔源的二氧化碳与氢气通过费托合成形成的。比如,菲律宾 Zambales 蛇绿岩中发现的甲烷(Abrajano 等,1990)。许多研究通过实验室的费托合成模拟了无机烃类气体的形成,并试图解释其形成机制。但是不同学者的实验结果有非常大的差别。可以发现如下特征:① 模拟合成的甲烷及其同系物碳同位素正序、部分倒转或完全倒转的三种序列都有;② 合成气体的碳同位素序列和模拟温度或恒温时间密切相关;③ 合成气体碳同位素值除了与碳源(原始反应物)同位素相关,还与选择的催化剂有很大关系。

为了探讨无机烃类气体的形成机理,选择了四种不同相态和碳同位素组成的碳源与氢气在金管体系内进行费托合成实验。四种碳物质被定义为 A、B、C 和 D。

A:二氧化碳,$\delta^{13}C_{CO_2}$ = −16.5‰,由分析纯碳酸钙和 0.1M 稀盐酸反应生成。

B:二氧化碳,$\delta^{13}C_{CO_2}$ = −1.3‰,由野外方解石脉与 0.1M 稀盐酸反应生成。

C:固态石墨,$\delta^{13}C$ = −21.05‰。

D:为浓度 20%(wt)Na_2CO_3 溶液,碳 $\delta^{13}C$ = −8.14‰。

实验过程的氢气为高纯 H_2(99.99%),δD = −132.41‰。

四种碳源与 H_2 之间的反应分别被定义为 A、B、C 和 D 系列。A 与 B 系列中 CO_2 与 H_2 原始反应物的浓度比为 3∶7。费托合成过程所采用的催化剂为蒙皂石(K−10)负载 Fe^{3+} 和 Ni^{3+}。催化剂制备过程如下:将 50g K−10 精确称重,加入通过混合比例为 1∶1(v/v)的 0.5mol/L $Fe_2(NO_3)_3$ 和 0.5mol/L $NiCl_3$ 的 100mL 溶液中,然后将混合物在 80℃加热水浴中不断搅 48 小时。负载完成后,用去离子水在离心机上洗涤分离数次,直到清洗液变白为止。负载好的催化剂 105℃干燥。实验前催化剂在 800℃下活化 24h。

表 5−13 为不同碳源与氢气在 400℃费托反应产物的组成。从实验结果来看,气态碳与氢气反应生成烃类气体的能力最强,固态碳次之,而液态碳与氢气几乎不发生反应。不同碳源的反应活性明显受控于由它们与氢气之间的接触程度和化学稳定性。相对来说,气态的 CO_2 与 H_2 的接触更为充分,反应更容易发生。而固体石墨和 H_2 的接触不可能像气态组分之间那么充分,而且石墨的结构也非常稳定,这导致石墨和 H_2 之间的反应能力大大降低。由于 H_2 在水中的溶解度非常低,H_2 与溶解的 Na_2CO_3 接触程度更低。所以,在 D 系列中(碳源为溶液),仅生产微量的烃类气体。D 系列中烃类气体含量随反应时间增加也没有明显变化。对于气态碳源来说,富 ^{12}C(A 系列)的 CO_2 与氢反应,比在相同条件下富 ^{13}C(B 系列)的碳更容易产生烃类气体。

在 A 和 B 系列中,所产生的烃类气体含量随着反应时间的增加而降低。这可能是由于合成的烃类气体随着反应时间增加发生进一步分解的缘故。在 A 和 B 系列中,在 20h 的反应时间后,固体残留物中产生一些黑色物质(图 5−71)。通过扫描电镜观察和能量色散 X 射线光谱(EDS)分析,将其确定为固体碳。固体碳的出现是烃类气体进一步裂解的证据。

表 5-13 不同碳源费托合成模拟生成的气体成分（%）

实验序号	CH_4	C_2H_6	C_3H_8	iC_4	nC_4	iC_5	iC_5	H_2	CO_2	CO
A50-400-2	15.66	2.06	0.54	0.09	0.09	0.02	0.02	59.27	20.99	1.26
A50-400-5	13.89	1.22	0.51	0.10	0.12	0.00	0.00	60.20	22.97	1.00
A50-400-10	10.79	1.14	0.46	0.14	0.12	0.01	0.00	63.54	21.44	2.35
A50-400-20	8.56	1.08	0.32	0.18	0.10	0.12	0.02	65.16	21.19	3.28
A50-400-40	1.94	0.10	0.04	0.03	0.01	0.02	0.00	73.20	17.94	6.72
A50-400-60	1.51	0.14	0.06	0.04	0.02	0.02	0.00	72.64	18.60	7.00
B50-400-5	2.91	0.57	0.22	0.05	0.05	0.01	0.01	67.84	26.89	1.45
B50-400-10	3.15	0.76	0.35	0.07	0.07	0.01	0.00	63.30	30.30	2.00
B50-400-20	2.94	0.14	0.05	0.04	0.02	0.06	0.01	78.92	13.43	4.37
B50-400-40	1.45	0.12	0.05	0.03	0.02	0.02	0.00	72.30	18.01	8.00
B50-400-60	1.23	0.15	0.09	0.05	0.03	0.04	0.01	74.41	16.92	7.06
C50-400-2	0.14	0.05	0.02	0.02	0.02	0.02	0.01	98.44	0.46	0.83
C50-400-5	0.14	0.04	0.02	0.00	0.00	0.00	0.00	99.29	0.55	0.00
C50-400-10	0.18	0.09	0.04	0.01	0.03	0.01	0.00	99.18	0.53	0.07
C50-400-20	0.11	0.06	0.03	0.01	0.02	0.00	0.00	99.17	0.51	0.08
C50-400-40	0.27	0.13	0.10	0.04	0.03	0.01	0.00	99.07	0.35	0.00
C50-400-60	0.25	0.11	0.08	0.05	0.05	0.04	0.01	98.72	0.48	0.19
D50-400-2	0.06	0.02	0.00	0.00	0.00	0.00	0.00	99.83	0.09	0.00
D50-400-5	0.04	0.01	0.01	0.00	0.00	0.00	0.00	99.78	0.17	0.00
D50-400-10	0.04	0.02	0.01	0.00	0.00	0.00	0.00	99.75	0.20	0.00
D50-400-20	0.04	0.02	0.01	0.01	0.00	0.00	0.00	99.78	0.18	0.00
D50-400-40	0.05	0.03	0.01	0.00	0.00	0.00	0.00	99.80	0.17	0.00
D50-400-60	0.08	0.00	0.00	0.00	0.00	0.00	0.00	99.67	0.25	0.00

注：A50-400-20：A 代表反应物中的碳源为 A 源（CO_2，$\delta^{13}C_{CO_2}=-16.51‰$）；50 代表反应压力为 50MPa；400 代表实验温度为 400℃；20 代表恒温时间为 20h。

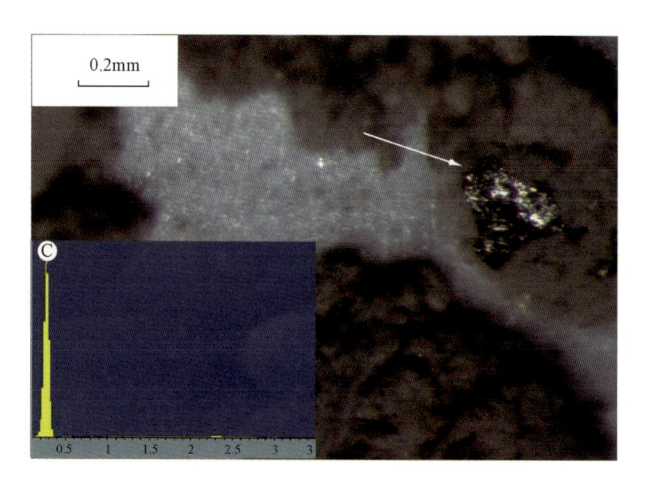

图 5-71 反应过程中生成黑色固体及能谱分析图谱

表5-14是三种不同碳源和氢气发生费托反应生成的烷烃气体碳同位素。在 D 系列中,由于没有足够的烃类气体生成,无法测量出烷烃气体的碳同位素。从烃类气体随恒温时间的变化规律来看,可以观察如下几点规律:

(1)烃类气体的碳同位素与反应物的碳同位素密切相关。例如,A 反应系列二氧化碳的同位素($\delta^{13}C_{CO_2} = -16.51‰$)比 B 反应系列二氧化碳的同位素($\delta^{13}C_{CO_2} = -1.3‰$)轻,A 反应系列生成的烃类气体的碳同位素明显比 B 系列轻。

(2)随着恒温时间的增加,A、B、C 三个反应系列中烷烃气体碳同位素的分布均从初始完全倒转模式、部分倒转,最终变为正序模式。

表5-14 三种不同碳源和氢气发生费托反应生成的烷烃气体碳同位素(‰)

实验序号	CH_4	C_2H_6	C_3H_8	iC_4	nC_4	iC_5	nC_5	CO_2
A50-400-2	-22.47	-22.99	-26.24	-29.15	-28.27	—	—	-14.24
A50-400-5	-31.92	-27.63	-26.42	-26.56	-25.46	—	—	-16.38
A50-400-10	-34.03	-27.29	-26.48	-25.92	-24.82	—	—	-17.41
A50-400-20	-44.46	-34.32	-30.45	-28.34	-28.12	-25.93	-23.69	-7.68
A50-400-40	-46.61	-31.98	-30.43	-30.74	-28.59	—	—	-8.94
A50-400-60	-47.32	-30.45	-29.76	-28.80	-22.86	—	—	-9.16
B50-400-5	-18.62	-23.36	-26.21	-28.79	-28.91	—	—	-2.48
B50-400-10	-24.45	-24.58	-26.41	-27.44	-27.25	—	—	-6.66
B50-400-20	-26.62	-27.59	-30.58	-29.93	-29.03	-26.03	-30.34	1.31
B50-400-40	-36.20	-28.40	-30.34	-30.91	-29.29	—	—	4.24
B50-400-60	-36.35	-28.93	-28.60	-28.46	-27.16	-27.60	—	3.40
C50-400-2	-26.70	-30.02	-31.16	-31.43	-31.55	-25.68	-26.63	-17.79
C50-400-5	-28.56	-29.15	—	—	—	—	—	-14.53
C50-400-10	-29.55	-30.23	-28.58	-28.01	-30.02	-27.11	—	-11.26
C50-400-20	-30.43	-31.62	-31.89	-32.25	-31.94	-27.26	—	-13.19
C50-400-40	-33.54	-31.90	-31.19	-30.28	-27.82	-24.29	—	-5.21
C50-400-60	-35.37	-29.44	-28.06	-27.40	-27.23	-26.14	-25.71	-4.47

上述实验结果与前人的实验研究结论基本一致(表5-15)。即通过无机费托合成的烃类气体碳同位素既有完全倒转模式,又有部分倒转和正序的分布模式。这样的实验结果和自然界发现的无机烃类气体碳同位素完全倒转的特征矛盾。但是,我们的实验结果证明,无机合成的烃类气体的碳同位素最初肯定是完全倒转的模式,如果地质温度进一步升高,通过无机合成的烃类气体可以发生进一步裂解(特别是重烃气体),从而使无机烃类气体的碳同位素转化为与有机气相似的碳同位素正序分布特征(图5-72)。

进一步分析发现实验室的费托合成过程与地质条件下的费托合成过程存在很大的差别。实验室的费托合成都是把反应物从室温加热到某一恒定温度进行反应,总体来说是一个升温过程。而地质条件下,来源于幔源或深部的碳源和氢气在向上运移时是一个降温过程。即就是在特别高的地质温度下能发生费托反应,合成的烃类气体由于温度太高不能稳定存在而发生分解形成固体碳。来源于幔源或深部的碳源和氢气在向上运移时在某一特定温度发生费托反应,随着温度的逐渐降低,合成烃类气体不会裂解而被保存下来。

表 5-15 不同学者费托合成实验条件与合成气体碳同位素组成

学者	碳源	碳源碳同位素 (‰)	催化剂	反应温度 (℃)	恒温时间 (h)	$\delta^{13}C$(‰) CH$_4$	C$_2$H$_6$	C$_3$H$_8$	nC$_4$H$_{10}$
Hu 等 (1998)	CO	-26.4	Co,Fe,Ru	300	24.5	-40.9	-26.7	-40.1	—
			Fe$_3$O$_4$	280	1	-10.4	-48.9	-50.0	-52.6
					4	-51.2	-33.0	-49.8	-52.2
					73	-49.8	-47.2	—	-49.6
				282	40	-47.7	—	-45.5	-46.7
Fu 等(2007)	甲酸	-29.8	Fe$_3$O$_4$	400	66	-36.1	-31.1	-30.5	-25.9
					570	-46.3	-30.2	-28.9	-24.5
	CO$_2$	-12.2	Fe$_3$O$_4$	400	846	-28.5	-23.4	-23.8	—
					510	-33.5	-28.0	-25.7	—
					1015	-39.2	-25.8	-23.7	—
Taran 等 (2010)	CO$_2$	-50.4	Fe	350	6	-68.1	-66.6	-64.9	-65.8
					12	-69.9	-68.2	-66.8	-66.1
					18	-70.6	-70.2	-68.9	-70.1
					25	-71.6	-72.5	-69.6	-69.5
				245	6	-68.2	-66.0	-65.1	-65.9
					12	-68.7	-67.7	-66.0	-66.3
					18	-73.5	-69.3	-69.2	-66.9
					25	-73.6	-70.0	-70.3	-68.5
			Co	350	9	-79.6	-76.3	-75.6	—
					24	-81.1	-77.9	-75.3	—
					32	-81.8	-79.0	-77.2	—
					48	-83.0	-78.6	-78.2	—
				245	9	-80.0	-75.6	-76.1	—
					24	-81.7	-78.4	-77.1	—
					32	-84.2	-79.1	-79.6	—
					48	-83.6	-76.3	-77.8	—
Mc Collom 等 (2010)	CO	-28	Fe	230	2.0	-57.2	-48.0	-51.5	-55.0
				252	2.75	-60.3	-50.7	-52.9	-56.0
					4.5	-60.4	-52.3	-54.0	-56.0
					18	-60.2	-53.7	-54.0	-56.0
					68	-61.1	-54.4	-54.8	-57.0
				240	2.0	-58.1	-47.8	-51.1	—
				250	4.5	-60.2	-52.2	-53.1	—
				250	23	-61.1	-53.9	-54.5	-55.9
					48	-59.4	-53.4	-54.2	-56.1
					285	-59.4	-52.3	-56.1	-56.9
				248	2.5	-60.1	-51.8	-53.9	—
				254	5	-60.5	-53.2	-55.9	—
					26	-60.1	-54.7	-53.8	—
					73	-58.2	-54.3	-54.7	—
					240	-58.2	-53.8	-52.9	—
					241	-58.2	-53.6	-52.4	—

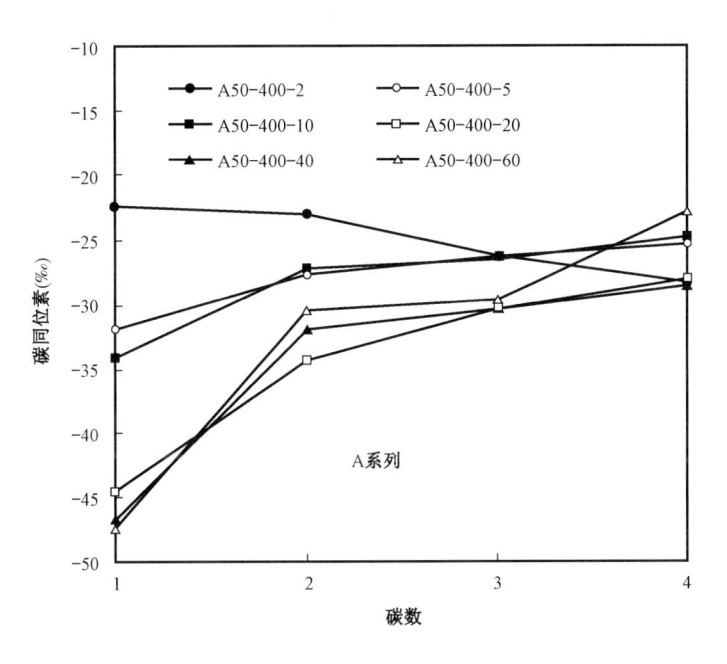

图 5-72 费托合成生成烃类气体碳同位素序列随恒温(400℃)的变化

(图例名称及意义见表 5-13)

为了验证上述地质条件下"冷却"过程费托合成的理论模型,用 A 型碳源和 H_2 进行了一组降温费托合成实验。实验过程如下,首先把封在金管的 CO_2 与 H_2 化合物快速加热到700℃,然后按2℃/h 的速率进行降温。降温合成的烃类气体的地球化学特征列于表 5-16。比较不同温度下合成的烃类气体的地球化学特征,发现在700℃、350℃和300℃之间产生的烃类气体之间没有明显的地球化学差异。然而,在250℃烷烃气体成分与同位素产生了比较大变化。在250℃生成甲烷的 $\delta^{13}C_1$(-29.6‰)比700℃残留甲烷的 $\delta^{13}C_1$(-40.9‰)重。250℃时甲烷含量比700℃时的甲烷浓度高 9.46%。最明显的是在降温到250℃时生成了许多重烃气体,说明在降温过程中有烃类气体生成。通过如下公式可以计算300~250℃下新合成甲烷的碳同位素值($\delta^{13}C_{new}$):

$$\delta^{13}C_{700} \times M_{700} + \delta^{13}C_{new} \times M_{new} = \delta^{13}C_{250} \times M_{250}$$

其中:$\delta^{13}C_{700}$ 为700℃时 $\delta^{13}C_1$ 的值(即 -40.85‰),M_{700} 为700℃时的甲烷浓度(10.05%),$\delta^{13}C_{250}$ 为250℃时的 $\delta^{13}C_1$ 值(-29.56‰),M_{250} 是250℃的甲烷浓度(19.51%),M_{new} 是在700℃至250℃(9.46%)冷却过程中新合成的甲烷浓度,$\delta^{13}C_{new}$ 是在700℃至250℃的冷却过程中新合成的甲烷碳同位素。

表 5-16 三种不同碳源和氢气发生费托反应生成的烷烃气体碳同位素

温度(℃)	地球化学特征	CH_4	C_2H_6	C_3H_8	iC_4	nC_4	iC_5	nC_5
250	含量(%)	19.51	2.85	1.05	0.21	0.20	0.04	0.04
	碳同位素(‰)	-29.56	-20.75	-25.95	-29.76	-30.73	—	—
300	含量(%)	11.38	0.23	0.01	0	0	0	0
	碳同位素(‰)	-40.16	—	—	—	—	—	—
350	含量(%)	11.13	0.04	0	0	0	0	0
	碳同位素(‰)	-40.34	—	—	—	—	—	—
700	含量(%)	10.05	0.09	0	0	0	0	0
	碳同位素(‰)	-40.85	—	—	—	—	—	—

通过计算得到300℃至250℃的冷却过程中合成的烷烃气体的碳同位素值分别为$\delta^{13}C_1 = -17.57‰$，$\delta^{13}C_2 = -20.75‰$，$\delta^{13}C_3 = -25.95‰$，$\delta^{13}C_4 = -30.73‰$，呈现完全倒转的特征。一般加热实验结果与冷却实验结果的比较，可以很好地解释实验室中升温合成烃类气体与实际发现的无机烃类气体之间地球化学特征的差异。实验证明：与固体或液态碳源相比，气态碳与H_2具有更好合成烃气体的能力。多数研究人员通过费托合成烃类气体不具有完全倒转的同位素特征是由于反应温度太高或恒温时间太长，重烃气体发生裂解的缘故。地质条件下费托合成过程是一个从高温到低温的降温过程，与大多数模拟实验的温度变化相反。降温费托合成实验结果证明自然界费托合成反应温度可能不如我们以前认为的那么高，可能在300℃以下。

(二) 烃源岩体系内(无催化剂)的费托合成

近年的勘探发现高—过成熟页岩以及煤系致密砂岩中发现的天然气普遍具有同位素倒转的特征。催化剂条件下的费托合成实验结果证明，费托反应可以生成同位素倒转的天然气。虽然高—过成熟阶段烃源岩体系内存在费托合成的物质基础(氢气、二氧化碳)，但是，烃源岩体系不可能像常规费托合成模拟实验存在那么多的催化剂或者根本不存在催化剂。那么在高—过成熟阶段烃源岩体系内无催化剂或痕量催化剂条件是否可以发生自费托反应(反应物均来源于烃源岩演化过程)生成烃类气体。如果烃源岩体系内自费托反应可以发生，那么，烃源岩体系内的自费托反应可能是高—过成熟阶段天然气同位素倒转的另一个重要原因。

表5-17是在300℃无催化剂条件下不同混合比例二氧化碳与氢气发生费托反应生成气体组成。模拟实验结果说明在无催化剂条件下，费托反应同样可以发生。而且，随着混合气体中氢气含量增加，模拟生成的烃类气体增加。与有催化剂存在的费托反应结果对比，无催化剂条件下生成的烃类气体含量更低。模拟实验结果表明，高—过成熟阶段烃源岩体系内可以发生自费托合成反应，但由于反应物的转化率非常低，它对天然气的资源量的贡献不大。然而，数值模拟的结果表明少量这种具有同位素倒转特征天然气的混入，也会使具有同位素正序特征的天然气发生同位素倒转(戴金星，1986；夏新宇，2002)。

表5-17 无催化剂条件下二氧化碳与氢气发生费托反应生成气体组成

$H_2:CO_2$	恒温时间(h)	气体含量(%) CH_4	C_2H_6	C_3H_8	H_2	CO_2	氢转化率(%)
1:1	5	0.29	0.04	0.01	59.07	40.58	1.35
	10	0.33	0.04	0.01	59.18	40.44	1.41
	20	0.45	0.03	0.02	58.81	40.69	1.79
	40	0.52	0.02	0.00	57.02	42.44	1.96
2:1	5	0.28	0.03	0.00	68.93	30.75	1.02
	10	0.44	0.03	0.00	67.93	31.59	1.47
	20	0.65	0.04	0.00	66.93	32.37	2.13
	40	0.80	0.04	0.00	65.22	33.94	2.62
4:1	5	0.25	0.00	0.00	85.11	14.63	0.63
	10	0.46	0.01	0.00	83.83	15.71	1.12
	20	0.63	0.01	0.00	80.68	18.68	1.59
	40	0.80	0.01	0.00	79.08	20.10	2.05

二、无机二氧化碳

不少学者曾对二氧化碳气藏进行过分类。戴金星等(1995)对不同成因的二氧化碳的地球化学特征进行过研究。认为二氧化碳一般含量超过20%几乎都是无机成因。二氧化碳是无机成因气的一个重要组分。无机成因二氧化碳认为是在高温下形成的,二氧化碳在地幔和地壳均有形成和存在的地球化学依据,在地幔岩、火山岩和花岗岩包裹体中均发现了以二氧化碳为主的气体。地球内部无机成因气在较高氧逸度下以二氧化碳气为主,在较低氧逸度下以甲烷为主。随着向浅部运移,由于氧逸度的增加,甲烷及其同系物被氧化成二氧化碳。无机成因 CO_2 又可以分成两种:① 碳酸盐岩热分解形成的 CO_2;② 来源于幔源 CO_2。

(一)碳酸盐岩分解模拟实验

对地质条件下最常见的碳酸盐类矿物(方解石)进行热分解实验可以探讨地质条件下无机成因二氧化碳的形成条件。图 5-73 是方解石脉在石英管体系 20℃/h 的升温速率生成二氧化碳阶段量的变化。从实验结果可以看出碳酸盐岩分解温度在 700℃ 以上。上述温度经过相关计算相当于与 R_o 为 5%~6%。可见,碳酸盐岩在地质条件下分解需要的热演化程度非常高。莺歌海盆地典型的碳酸盐热分解成因 CO_2 的形成与泥火山活动带来的高温导致碳酸盐矿物裂解密切相关。

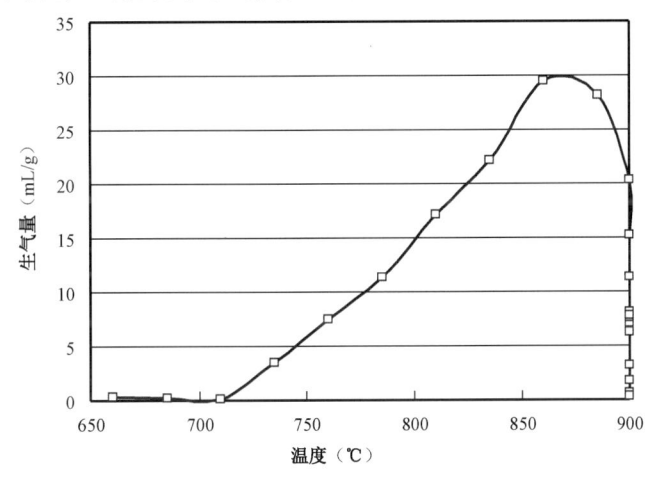

图 5-73 石英管体系 20℃/h 的升温速率方解石脉分解生成 CO_2 阶段量

(二)无机幔源二氧化碳形成机理

目前,世界上发现的 CO_2 气藏主要分布在不同板块碰撞带或板块内深大断裂发育及火山活动强烈的区域,这些 CO_2 基本上都是无机幔源成因。由于地幔是一种高温、高压的熔融流体,根本无法直接观察这些幔源成因的 CO_2 是如何形成的?实验室内难以模拟这种高温、高压的地质环境,只能通过间接的手段来研究地幔来源二氧化碳的形成机理。包裹体是矿物在结晶(形成)过程中,被矿物所捕获的流体介质囊,因此,包裹体中流体的地球化学性质能一定程度反映原始特征。通过对各种火成岩中包裹体中气体地球化学性质的研究,可以探讨无机幔源 CO_2 的形成机理。

地幔深处的岩浆并不是一个均匀的流体,各处地幔流体组成存在很大的差异。而且岩浆在向上侵入和喷发的过程中不断地发生分异,形成了不同类型的岩浆岩。其实,只有基性岩浆的成分最接近原始岩浆流体的组成,那么基性岩浆岩包裹体中的气体也最接近岩浆中的原始气体,不少学者也试图通过对基性岩浆岩包裹体中以及基性火山岩吸附气体组分来研究地幔深处的原始气体。表 5-18 至表 5-21 是国内外学者分析的不同岩性火山岩包裹体中的气体组成。从岩性上来讲,上述包裹体发育的矿物都属于超基性或基性岩性,岩石成分接近于岩浆的原始组成,但包裹体气体中的 CO_2 含量差别却非常大。从火山岩的产状分类上讲,中国五大连池的喷出岩包裹体中 CO_2 含量非常高(表 5-20),一般都在 90% 以上。而原苏联科拉半岛侵入岩体包裹体中的 CO_2 含量却非常低(表 5-21)。

因此,地幔原始气体的 CO_2 含量可能并不像 CO_2 气藏那么高,火山岩包裹体中的 CO_2 含量与火山岩的产出状态有密切关系。

表 5-18 国外超基性岩矿物包裹体气相组分(据杜乐天,2007 数据计算)

岩石名称	相对气相组分(%)						相对气相组分(%)
	CO_2	CO	H_2	N_2	CH_4	C_2H_6	
胶镍硅铈钛矿	25.19	0.89	3.80	0	69.74	0.38	原苏联拔特西尔,1959
橄榄岩	87.73	6.42	5.20	0	0.65	0	原苏联拔特西尔,1959
超基性岩	5.69	61.57	21.45	0	11.29	0	原苏联拔特西尔,1959
金伯利岩	0	0	56.10	6.32	33.51	4.07	原苏联拔特西尔,1964
浮岩	25.74	0	36.25	38.01	0	0	法国分宼,1964

表 5-19 中国基性火山岩包裹体中的气体组分(据李志鹄,1981)

地点	岩性	样品	气体组成(%)						
			CO	H_2	CH_4	H_2S	N_2	CO_2	SO_2
河北大麻坪	尖晶石—二辉橄榄岩	橄榄石	67.18	0.76	0.068	0.016	2.54	29.37	0.065
		斜方辉石	81.96	6.60	0.095	0.30	2.78	8.20	0.014
		单斜辉石	69.96	22.90	0.103	0.40	3.26	3.30	0.005
		黑色辉石岩	76.95	0.058	0.11		3.76	16.30	0.064
山东大方山	二辉橄榄岩	橄榄石	38.50	0.60	0.138	0.034	1.87	58.25	1.06
		黑色辉石岩	8.08	0.412	0.045	2.25	41.39	46.49	

表 5-20 五大连池火山橄榄石内岩浆包裹体收缩气泡中气体组分(mol%)(据夏林圻,1990)

样品	CO_2	CH_4	H_2O	H_2	H_2S	SO_2
药泉山更新世早期富钾玄武质浮岩橄榄石中岩浆包裹体	76.7	3.3	7.6	—	6.2	6.2
笔架山更新世晚期气孔状富钾玄武质橄榄石中岩浆包裹体	92.9	0.7	2.6	2.6	1.2	—
全新世早期石龙熔岩流玻质外壳橄榄石中岩浆包裹体	95.5	0.4	2.0	1.4	0.5	—
1719—1721 年石龙熔岩流玻质外壳橄榄石中岩浆包裹体	96.6	1.0	1.4	—	0.7	—

表 5-21 科拉半岛岩浆岩中气体的平均成分(据杜乐天,2006)

岩石	岩体或地区	气体组成(%)				
		CO_2	CO	H_2	CH_4	C_2—C_6
片麻岩	奥列涅戈尔斯基及其他地区	1.12	0	90.48	8.22	0
霞石正长岩	萨哈里奥克斯基岩体	20.08	0	7.31	28.40	2.21
辉石岩、辉长岩、斜长岩	格列米亚哈—维尔斯岩体	7.90	0	78.96	13.14	0
霞石正长岩	格列米亚哈—维尔斯岩体	4.47	6.70	83.87	5.04	0
磷灰石—橄榄石岩	科夫多尔斯岩体	3.14	0	99.66	0	0
金云母岩	科夫多尔斯岩体	0.07	0	99.93	0	0
辉闪苦橄岩、辉石岩	阿夫里康德斯基岩体	0.44	0	85.87	13.69	0
霞石正长岩	希宾岩体	0.18	1.97	4.08	90.10	3.77
磷辉石—霞石岩	希宾岩体	2.19	1.34	11.52	81.50	3.52
霓霞岩—磷霞岩	希宾岩体	0.28	0	3.62	93.45	2.53
粒霞正长岩	希宾岩体	0.20	0.23	2.05	94.44	2.11
流霞正长岩、磷霞岩及碱性岩	洛沃泽尔斯基岩体	0.23	0	11.57	83.39	4.81

原苏联学者对不同温度段火山气体的成分研究发现：火山气体中二氧化碳的含量随着温度的降低而增大，而氢气的含量随着温度的降低而减小（表5-22）。

表5-22　原苏联堪察加火山气体中氢和二氧化碳含量与熔岩温度关系（据杜乐天，2006）

气体采样处的火山口	温度（℃）	CO_2（%）	H_2（%）
别梁金（1953年喷发）	680	0	36.20
别梁金（1953年喷发）	650	0	26.00
阿帕杭奇奇（1946年喷发）	500	0	69.50
查瓦里茨基（1946年喷发）	500	0	36.80
列文生—列星格（1945年喷发）	460	0	62.50
阿帕杭奇奇（1946年喷发）	460	0	46.00
克尔日扎洛夫斯基（1956年喷发）	400	21.50	15.30
克尔日扎洛夫斯基（1956年喷发）	380	38.40	0
别梁金（1953年喷发）	360	11.25	25.00
克尔日扎洛夫斯基（1956年喷发）	280	56.00	0
别梁金（1953年喷发）	220	85.00	0
别梁金（1953年喷发）	210	78.20	0
克尔日扎洛夫斯基（1956年喷发）	120	83.50	0

目前成藏的 CO_2 应该是岩浆气体在喷发和向上运移过程中，逐渐与各种氧反应形成的，而原始的氢气和氧结合形成水。不同产状火山岩包裹体气体组分中 CO_2 含量的差异，也是原始地幔气体在喷发和向上运移的过程中逐渐氧化的一个证据。其反应过程可能如下：

$$2H_2 + C \rightleftharpoons CH_4 \tag{5-1}$$

$$H_2O + C \rightleftharpoons CO + H_2 \tag{5-2}$$

$$3H_2 + CO \rightleftharpoons CH_4 + H_2O \tag{5-3}$$

$$CO_2 + CO + 7H_2 \rightleftharpoons 2CH_4 + 3H_2O \tag{5-4}$$

$$CO_2 + 4H_2 \rightleftharpoons CH_4 + 2H_2O \tag{5-5}$$

$$2CO + O_2 \rightleftharpoons 2CO_2 \tag{5-6}$$

$$2CO \rightleftharpoons C + CO_2 \tag{5-7}$$

第五节　高演化阶段天然气同位素倒转成因

进入21世纪，在天然气勘探领域最大的进步是页岩气的发现。页岩气在地球化学方面一个独特的性质就是：随着页岩成熟度的增高，页岩气重烃气体同位素发生反转，烃类气体碳同位素序列会发生倒转（$\delta^{13}C_1 > \delta^{13}C_2$）（Rodriguez 和 Philp，2010；Zumberge 等，2012；Hao 等，2013；Tilley 和 Muehlenbachs，2013）。同时，在煤系致密气中也发现了与页岩气相似的同位素演化规律（Zeng 等，2013；Dai 等，2016）。在同位素异常的页岩气大量发现以前，关于天然气同位素倒转成因解释最常见的有三种观点：① 不同来源或同源不同成熟度的天然气相互混合；② 无机成因；③ 天然气运移分馏作用。近年来，国内外学者对页岩气同位素倒转的成因进行过探讨，观点可归纳为3类：① 干酪根初次热解气与残留烃二次裂解气（包括重烃气体裂解气）的混合作用；② 在高成熟—过成熟阶段，水与烃类气体发生氧化还原反应，引起瑞利分馏效应；③ 水—岩—有机质生气反应。可见，关于高成熟—过成熟阶段天然气同位素反转与倒转的成因目前还没有一个明确的认识。

一、高—过成熟阶段同位素倒转机理

最近研究发现不论是页岩气，还是煤系致密气，同位素发生倒转时烃源岩成熟度 R_o 在 2.0% 以上（Zeng 等，2013；Hao 等，2013；Dai 等，2016）。可见，同位素反转与倒转不是页岩气的独有特性，可能是高—过成熟阶段烃源岩生成天然气的共有性质。天然气地球化学特征受控于生烃母质或生气途径（Tissot 和 Welte，1974；Killops，2005）。Yao 等（2011）利用傅里叶红外光谱证实，当煤的成熟度 R_o 达到 2.5% 时，其化学结构中只剩下甲基侧链。Mi 等（2017）提出当 R_o 为 2.5% 时，海相有机质的化学结构中也只存在甲基脂肪侧链。可见脱甲基作用于页岩气与煤系致密气同位素倒转存在对应关系，二者可能存在成因上的联系。

为了验证脱甲基作用是否是过成熟阶段天然气同位素倒转的一个潜在成因，以 1,3,5 - 三甲基苯作为高—过成熟阶段有机质结构的代表分子化合物在金管体系进行裂解实验。表 5 - 23 为不同温度三甲基苯裂解生成气体组成和不同气体产率。在三甲基苯裂解的气态产物中不但有甲烷的生成，同时还有乙烷甚至丙烷生成。同时，在不同的实验条件下三甲基苯裂解的液态产物共检测出 65 种化合物。其中 37 种有对应明确的化合物名称（表 5 - 24），28 种化合物无法确定其名称，但相应的分子构型可以从全二维数据库中查出（表 5 - 25）。在三甲基苯裂解过程中生成的大量单环、二环、三环和四环化合物中，除了一部分连接有甲基外，还有一部分化合物的芳环上连接了乙基甚至丙基。

表 5 -23　不同条件下三甲基苯裂解气体产物

温度 (℃)	恒温时间 (h)	样品重量 (mg)	组分(%) CH$_4$	C$_2$H$_6$	C$_3$H$_8$	H$_2$	产率(mL/g 二甲基苯) CH$_4$	C$_2$H$_6$	C$_3$H$_8$	H$_2$	合计
400	24	101.9	11.522	0.109	0	88.369	0.562	0.005	0	4.313	4.88
	48	87.9	21.986	0.244	0	77.77	1.53	0.017	0	5.411	6.958
	120	88.2	33.944	0.288	0	65.767	2.636	0.022	0	5.107	7.765
	240	58.6	84.686	0.731	0	14.583	14.965	0.129	0	2.577	17.671
	480	60.0	93.642	0.348	0	6.01	24.561	0.091	0	1.576	26.228
425	12	106.2	16.636	0.192	0	83.172	0.664	0.008	0	3.321	3.993
	48	78.3	51.068	0.541	0	48.392	3.563	0.038	0	3.376	6.977
	120	79.1	78.11	1.937	0	19.953	12.883	0.319	0	3.291	16.493
	240	66.0	96.272	0.718	0	3.01	80.403	0.600	0	2.514	83.517
	480	47.8	99.378	0.159	0.003	0.461	225.976	0.361	0.001	1.048	227.386
450	12	98.0	54.047	1.658	0	44.295	2.878	0.288	0	2.359	5.525
	48	80.3	84.986	1.246	0	13.767	10.64	0.356	0	1.724	12.72
	120	70.8	95.727	1.423	0	2.849	51.104	0.660	0	1.521	53.285
	192	64.9	98.04	0.587	0	1.373	84.13	0.504	0	1.178	85.812
	240	58.8	99.71	0.108	0.002	0.18	299.91	0.325	0.002	0.543	300.78

表 5-24 1,3,5-三甲基苯裂解液态产物

编号	保留时间(min)	分子名称	编号	保留时间(min)	分子名称
1	10.0667,1.040	苯	20	47.9333,2.220	2,6-+2,7-二甲基萘
2	14.8667,1.345	甲苯	21	48.4667,2.160	1,3-+1,7-二甲基萘
3	20.0667,1.430	乙基苯	22	48.6,2.120	1,6-二甲基萘
4	20.6,1.540	间二甲基苯	23	49.1333,2.275	1,4-+2,3-二甲基萘
5	20.7333,1.500	对二甲基苯	24	49.9333,2.310	1,2-二甲基萘
6	21.9333,1.510	邻二甲基苯	25	55.8,2.770	芴
7	25.9333,1.465	1-乙基-3-甲基苯	26	60.3333,2.665	C1-芴
8	26.4667,1.730	1,3,5-三甲基苯	27	60.6,2.720	C1-芴
9	27,1.535	1-乙基-2-甲基苯	28	61,2.835	C1-芴
10	27.8,1.490	1,2,4-三甲基苯	29	63.2667,3.280	菲
11	29.4,1.395	甲基-异丙基苯	30	63.6667,3.240	蒽
12	29.4,1.620	1,2,3-三甲基苯	31	67.2667,3.090	3-甲基菲
13	30.2,2.115	1,2-二氢化茚	32	67.4,3.155	2-甲基菲
14	36.8667,2.150	C1-1,2-二氢化茚	33	67.8,3.080	3-甲基蒽
15	37.8,2.410	萘	34	68.2,3.160	1-甲基菲
16	41.4,1.760	C2-1,2-二氢化茚	35	68.2,3.310	9-甲基菲
17	43.4,2.260	2-甲基萘	36	74.2,3.995	芘
18	44.2,2.410	1-甲基萘	37	77.8,3.820	C1-芘
19	46.8667,2.401	联苯			

表 5-25 1,3,5-三甲基苯裂解液态产物

编号	保留时间(min)	结构式	编号	保留时间(min)	结构式
38	49.2667,2.460		43	65.6667,2.145	
39	55.9333,2.235		44	68.8667,2.650	
40	58.4667,2.300		45	81.9333,3.310	
41	59.9333,2.505		46	84.7333,3.440	
42	63,2.165(11)		47	87.5333,4.535	

编号	保留时间(min)	结构式	编号	保留时间(min)	结构式
48	90.8667,5.240		57	68.0667,3.445	
49	57.1333,1.955		58	81.5333,3.310	
50	58.2,1.925		59	83.1333,3.400	
51	61.9333,2.340		60	85.8,3.235	
52	53.2667,2.395		61	89.1333,4.945	
53	56.7333,2.420		62	94.8667,5.885	
54	59.6667,2.190		63	57.8,2.175	
55	62.7333,2.590		64	61.9333,2.340	
56	63.6667,2.295		65	62.6,2.415	

表5-26是不同温度条件下三甲基苯裂解生成的气体碳同位素组成。可以看出在400℃和425℃恒温时间相对较短时，三甲基苯裂解生成的气体碳同位素均发生了轻微倒转。而在400℃和425℃恒温时间相对较长以及450℃，三甲基苯裂解生成的气体碳同位素呈现正序的特征。上述实验结果说明，脱甲基作用能导致有机质在高一过成熟阶段生成的气体碳同位素发生倒转。即脱甲基作用可能是高一过成熟阶段有机质生成气体碳同位素发生倒转的一个重要原因。

表 5-26　三甲基苯裂解气体碳同位素

温度 (℃)	恒温时间 (h)	$\delta^{13}C(‰)$ CH₄	$\delta^{13}C(‰)$ C₂H₆
400	24	-41.4	未检测
400	48	-41.23	未检测
400	120	-41.1	-41.2
400	240	-41.2	-41.6
400	480	-40.9	-41.7
425	12	-41.0	-41.4
425	48	-40.8	-41.7
425	120	-40.6	-41.1
425	240	-40.3	-39.7
425	480	-36.1	-33.5
450	12	-40.7	-39.2
450	48	-40.4	-38.6
450	120	-39.2	-36.4
450	192	-37.9	-35.4
450	240	-35.5	-32.5

三甲基苯中不含有任何乙基和丙基,但是其裂解的气态产物中检测出了乙烷和丙烷,液态产物中检测出了含有乙基、丙基的化合物。这些重烃气体和长脂肪侧链的形成机理对解释高—过成熟阶段煤系致密气和页岩气同位素倒转具有重要意义。过成熟有机质进一步演化过程中,甲基开始从有机质结构中大量脱落,脱落的 CH_3^+ 一部分会和 H^+(芳环稠化产生)形成 CH_4,含有部分甲基会相互连接生成重烃气体,或与芳核上的甲基连接形成长支链。随着演化程度的进一步增加,长支链脱落又可以形成重烃气体。从芳核上脱落的甲基具有不同的碳同位素组成——$^{12}CH_3^+$ 和 $^{13}CH_3^+$。在同一能量体系内,由于质量小,$^{12}CH_3^+$ 则具有相对较大的运动速率,它们相互碰撞连接的几率要高于 $^{12}CH_3^+$ 和 $^{13}CH_3^+$ 及 $^{13}CH_3^+$ 和 $^{13}CH_3^+$ 的连接几率。因此重烃气体和长支链上包含有更多的 ^{12}C,导致重烃气体的同位素偏轻,气体碳同位素发生了倒转。这种同位素的分馏模式被不少学者用来解释无机烃类气体同位素倒转的形成机理(Hu 等,1998;Horita 和 Berndt,1999;Sherwood 等,2006),随着温度的进一步升高,通过上述甲基连接方式生成的重烃气体发生裂解,使得烃类气体碳同位素转变为正序特征。表 5-25 中每一个裂解温度的最长恒温时间重烃气体产量降低就是重烃气体进一步裂解的证据。

在高—过成熟阶段,氢气和二氧化碳之间的费托反应也可以生成烃类气体。第四节降温过程生成的烃类气体具有碳同位素完全倒转的特征。因此,高—过成熟阶段氢气和二氧化碳之间的费托反应可能是烃类气体同位素倒转的另一个重要因素。高—过成熟阶段阶段,氢气有两种来源:① 有机质的进一步演化,由于芳核不断缩合,有机质会产生不少氢气;② 烃源岩中普遍存在的硫化物(如 FeS),在高演化阶段可以与水发生反应生成氢气。有机质在演化过程中一直有二氧化碳生成。氢气和二氧化碳之间会发生费托合成反应,在一定的温度范围合成的烃类气体也具有同位素倒转的特征。高—过成熟阶段,烃源岩体系内的费托反应是高—过成熟阶段有机质生气的另一种方式,也是天然气同位素倒转的另一个因素,关于费托反应导致天然气同位素倒转机理已在第四节进行了讨论。

二、四川盆地海相碳酸盐岩储层天然气同位素倒转机理

四川盆地作为我国主要的产气盆地,其天然气的生成和聚集可反映深层高成熟阶段天然气的生成机制和演化过程。结合四川盆地天然气组分和同位素特征,Zhang 等(2018)将深层天然气的演化划分为三个阶段,并对不同演化阶段天然气的主要来源和成因进行了深入探讨。

(一)四川盆地海相碳酸盐岩储层天然气和页岩气地球化学特征

1. 气体组成特征

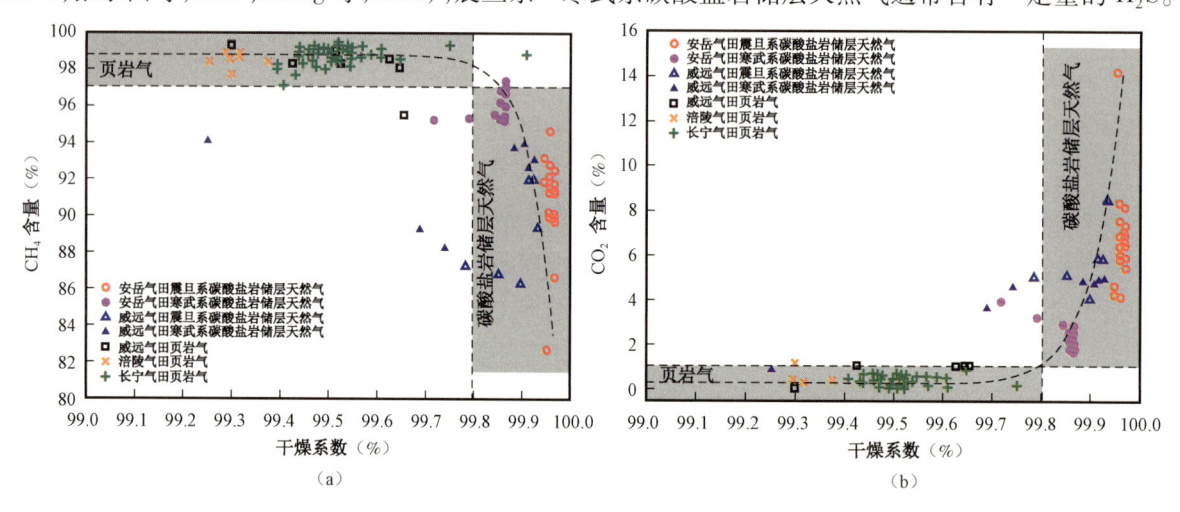

四川盆地下古生界—中元古界(志留系—震旦系)页岩气和常规气(碳酸盐岩储层天然气)均具有较高的干燥系数(C_1/C_{1-5}),普遍大于 99.0%(图 5-74)。页岩气的甲烷含量分布在 97.11% ~ 99.28% 范围内(均大于 97%),明显大于震旦系和寒武系碳酸盐岩储层常规天然气甲烷含量(82.65% ~ 97.35%)(图 5-76a)。页岩气的干燥系数主要分布在 99.1% ~ 99.8% 之间,要低于寒武系—震旦系常规气。页岩气和碳酸盐岩储层天然气的乙烷含量均小于 1%,其中,前者乙烷含量主要分布在 0.4% ~ 0.7% 之间,后者普遍低于 0.2%。同时,可以发现长宁气田志留系页岩气的干燥系数要略高于同一层位的涪陵气田页岩气。尽管安岳震旦系碳酸盐岩储层天然气的甲烷含量要低于该地区寒武系常规气,但前者的干燥系数要更高。页岩气和碳酸盐岩储层天然气组成上的差异很可能归于排烃作用,早期生成的干燥系数较低或低成熟天然气部分保存在烃源岩中,碳酸盐岩储层天然气聚集主要来源于高成熟阶段的生气作用(Zhang 等,2018)。此外,页岩气的非烃气体主要为 CO_2 和 N_2,少见 H_2S,非烃气体含量要明显低于常规气。其中,页岩气 CO_2 含量普遍低于 1%,常规天然气的 CO_2 含量最高可达 14.19%(图 5-76b)。尽管 H_2S 含量低于上古生界二叠系—三叠系天然气(马永生等,2007;张水昌等,2007;Zhang 等,2018),震旦系—寒武系碳酸盐岩储层天然气通常含有一定量的 H_2S。

图 5-74 四川盆地常规气和页岩气组分特征:甲烷(a)和
二氧化碳(b)含量与干燥系数的相关关系

2. 同位素组成特征

图 5-75 给出了四川盆地下古生界—元古宇页岩气和碳酸盐岩储层天然气的甲烷和乙烷的稳定碳同位素分布。页岩气甲烷的碳同位素($\delta^{13}C_1$)主要分布在 -37.0‰ ~ -27.0‰ 之间,乙烷碳同位素值($\delta^{13}C_2$)分布在 -42.8‰ ~ -32.0‰。寒武系—震旦系碳酸盐岩储层天然气的 $\delta^{13}C_1$ 主要分布在 -34.0‰ ~ -32.0‰ 之间,$\delta^{13}C_2$ 分布在 -35.9‰ ~ -27.5‰ 之间。显然,页岩气甲烷碳同位素值具

有更广泛的分布。相对来说,长宁和涪陵气田页岩气的 $\delta^{13}C_1$ 明显要高于同层位的威远气田页岩气,这可能是不同成熟度天然气贡献上存在差异导致的结果。值得注意的是,四川盆地志留系页岩气均分布在碳同位素倒转区域,而常规气仅部分分布在倒转区。同时,两种天然气的 $\delta^{13}C_2$ 随 $\delta^{13}C_1$ 演化趋势上存在明显差异。对页岩气来说, $\delta^{13}C_2$ 随 $\delta^{13}C_1$ 演化呈现正相关;对于常规气来说, $\delta^{13}C_2$ 随 $\delta^{13}C_1$ 演化变化不大,但经历更高埋深或温度的安岳震旦系天然气乙烷碳同位素明显偏重。

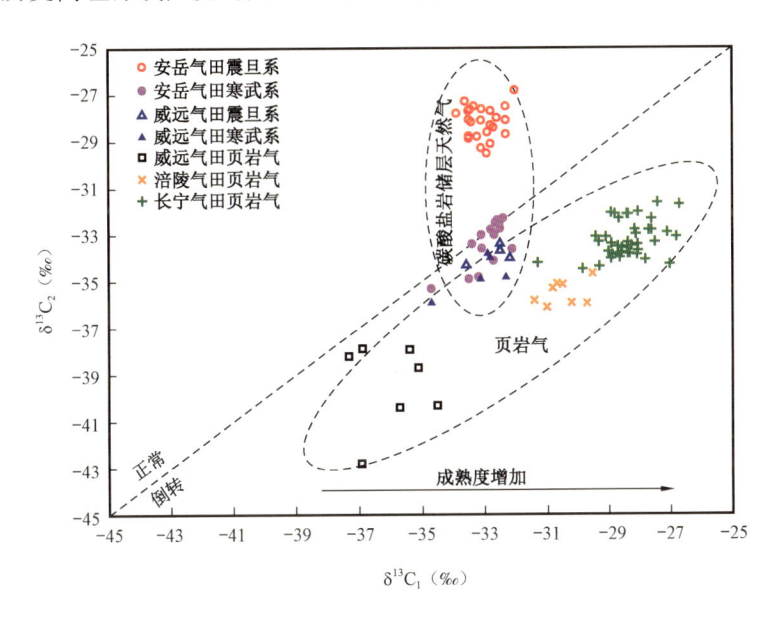

图 5-75　四川盆地常规气和页岩气的 $\delta^{13}C_2$ 和 $\delta^{13}C_1$ 的相关关系

图 5-76 给出了四川盆地下古生界—元古宇两种类型天然气乙烷和甲烷碳同位素差值随湿度的分布。可以发现,页岩气的 $\delta^{13}C_2-\delta^{13}C_1$ 主要分布在 -7‰ ~ -3‰ 之间,也就是说,志留系页岩气的甲烷碳同位素值明显要重于乙烷。常规气的 $\delta^{13}C_2-\delta^{13}C_1$ 主要分布在 -2‰ ~ 6‰ 之间,安岳震旦系天然气均显示为同位素正序的特征。

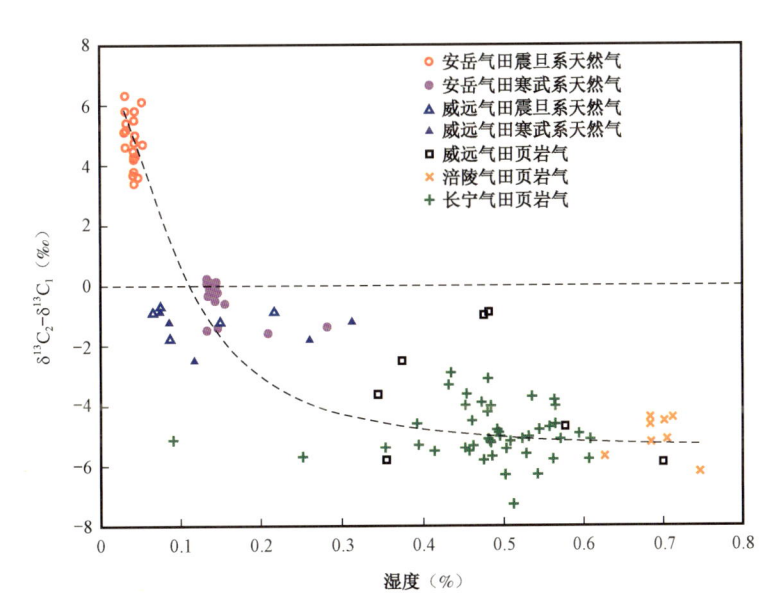

图 5-76　四川盆地志留系—震旦系常规气和页岩气乙烷和甲烷碳同位素差值($\delta^{13}C_2-\delta^{13}C_1$)与湿度的关系

为了识别含油气盆地天然气成因,地球化学家们基于大量地质数据和模拟实验结果建立了各类经验模板和指示参数。Prinzhofer 和 Huc(1995)通过对比原油裂解气和干酪根裂解气组分和同位素演化趋势上的差异,建立了两类热成因天然气的判别图版。Bernard 等(1978)和 Whiticar(1999)通过统计已发现天然气的甲烷含量(C_1/C_{2+3})与甲烷碳同位素($\delta^{13}C_1$)的相关性,对不同成因天然气分布区域进行了划分。基于这些认识,大量学者对四川盆地海相地层发现的天然气成因进行了探讨(Dai 等,2014;魏国齐等,2015;Zhang 等,2018)。这些研究提出,四川盆地下古生界—元古宇海相碳酸盐岩储层天然气和页岩气均为 I、II 有机质热成因类型,主要来自于 I、II 型干酪根和原油裂解气的贡献(Feng 等,2016;Zhang 等,2018),这与该盆地主要的寒武系和志留系两套烃源岩类型一致(邹才能等,2014)。生气演化历史的研究证实,寒武系和志留系两套烃源岩都经历了强烈的热演化过程,干酪根和后期生成的原油都发生了大规模的裂解生气作用。基于包裹体分析的油气成藏研究也证实,页岩气和常规气均经历了多期油气充注和成藏过程(魏国齐等,2015)。这说明干酪根裂解气和原油裂解气对页岩气和常规气都很可能存在贡献。

Tilley 和 Muehlenbachs(2013)在对北美盆地页岩气乙烷碳同位素和湿度相关性进行统计分析后,发现页岩气的演化可分为三个阶段,即前反转、反转和后反转区。Zhang 等(2018)对中国海相碳酸盐岩储层天然气地球化学特征进行详细分析后,也建立类似的天然气演化模板,并对三个演化阶段的同位素分馏过程和机制进行了讨论。提出干酪根裂解气和原油裂解气的混合作用、乙烷裂解分别是导致反转和后反转出现的主要原因。将本书两类天然气投影到 Zhang 等(2018)给出的 $\delta^{13}C_2$ 随湿度的演化模板上(图 5-77),可以发现四川盆地志留系和寒武系页岩气主要分布在反转区(rollover)区域及其附近。而震旦系—寒武系常规气主要分布在后反转区域,明显不同于中上古生界的三叠系—二叠系—石炭系天然气。两种类型天然气同位素组成和演化上的差异很可能归因于经历的不同成藏和后期热演化过程。页岩气的同位素倒转主要归因于不同成熟度热成因天然气(早期低成熟的干酪根裂解气和后期高成熟的残留烃裂解气)的混合作用(Feng 等,2016)。四川盆地海相碳酸盐岩储层天然气同样经历过不同成熟度天然气的混合作用,但后期同位素变正序很可能是高温阶段乙烷裂解的结果(Zhang 等,2018)。

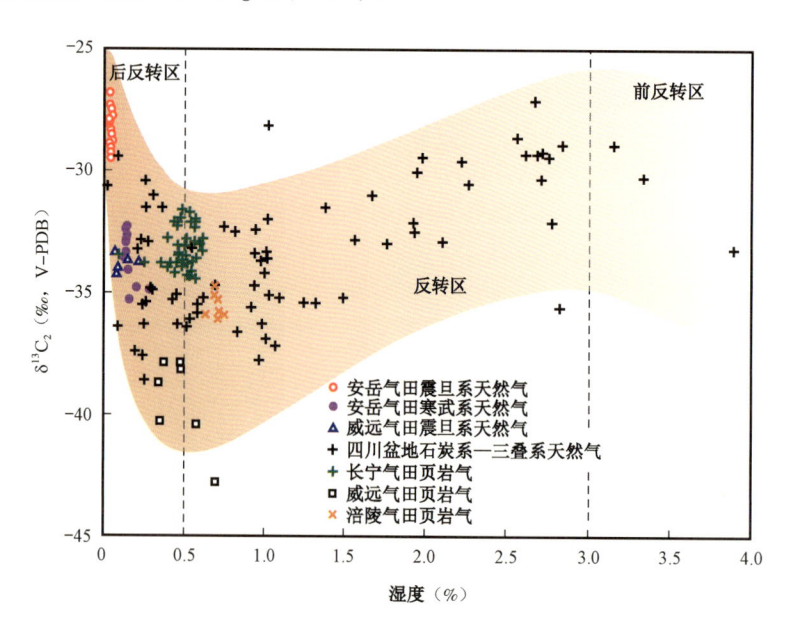

图 5-77 四川盆地海相天然气乙烷碳同位素随湿度的演化特征

(二)古生界干酪根裂解气和原油裂解气混合作用

1. 下古生界烃源岩埋藏史和热演化史

志留系龙马溪组和寒武系筇竹寺组页岩分别是四川盆地页岩气和寒武系—震旦系常规气的主要烃源岩(邹才能等,2014;魏国齐等,2015)。为了研究该盆地下古生界两套烃源岩的生烃演化过程,本书选取代表井对寒武系和志留系烃源岩的埋藏史和热演化史进行了详细分析。图 5-78 显示了安岳气田高石梯—磨溪地区寒武系烃源岩埋藏温度史,四川盆地安岳气田(高石梯—磨溪地区)海相地层经历了多期埋深和抬升过程。主要包括 3 期构造抬升作用,分别为志留纪—石炭纪末期的加里东运动、三叠纪的印支运动和白垩纪之后的燕山—喜马拉雅运动。寒武系筇竹寺组烃源岩的埋藏和生烃演化过程也可主要分为三期(图 5-78)。以川中安岳气田磨溪地区(MX8 井)为例,第一期埋深发生在寒武纪—志留纪早期,435Ma 时深度和地层温度分别为 2200m 和 90℃,寒武系筇竹寺组烃源岩镜质组反射率(R_o)达到 0.60%,表明该阶段刚进入生烃门限,未发生大规模生烃(Tissot 和 Welte,1984)。第二期埋深发生在二叠纪—三叠纪早期(295—238Ma),地层温度在 250—238Ma 间迅速增加至约 140℃,烃源岩成熟度 R_o 可达到 0.9%~1.0%。该地质温度条件下的生烃转化率约 50%。第三期埋深发生在三叠纪早期—侏罗纪(230—203Ma),筇竹寺组深度和温度迅速增加至约 6100m 和 190℃,烃源岩进入高—过成熟阶段(R_o 为 2.15%),该阶段主要以残留液态烃裂解生气为主,伴随少量的干酪根裂解气生成。实际上,大量的烃源岩样品的成熟度分析结果表明,四川盆地寒武系烃源岩的 R_o 值分布在 2.0%~4.0%。相对来说,川东、川南地区寒武系烃源岩的热演化程度要高于川中地区,前者普遍大于 2.5%,后者主要分布在 1.8%~2.5%(邹才能等,2014)。

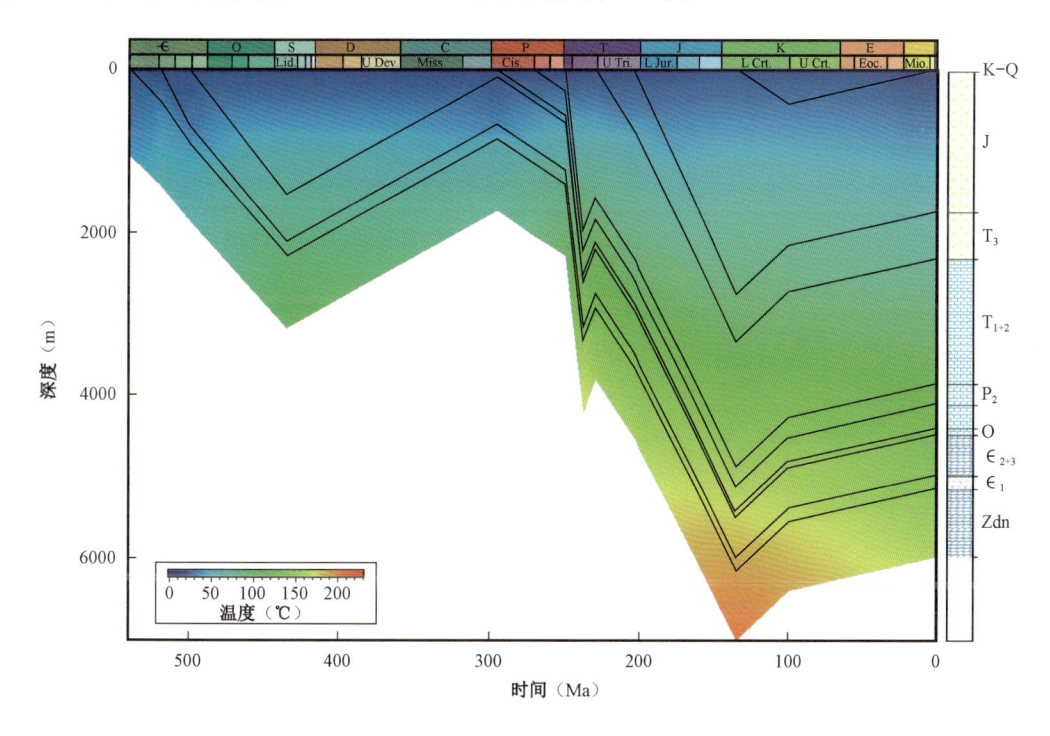

图 5-78 安岳气田高石梯—磨溪地区(MX8 井)埋藏温度史(据魏国齐等,2015)

图 5-79 显示了四川盆地川东地区志留系地层埋藏史和温度史。受控于四川盆地的构造事件,志留系也主要经历了类似于寒武系的 3 期埋深和构造抬升作用。3 期埋深作用分别发生在志留纪、二

叠纪—三叠纪和侏罗纪—白垩纪。第一期埋深后的深度接近2000m,成熟度R_o约为0.5%,仅生成少量的液态烃,之后经历长期的构造抬升,生烃作用微弱。第二期埋深发生在二叠纪晚期,最大埋深可达3000m,龙马溪组烃源岩的成熟度约为1.0%,进入生油高峰。第三期埋深发生在侏罗纪—早白垩世,地层深度迅速增加至超过6000m,地层温度可达196~239℃,烃源岩的成熟度或镜质组反射率要超过2.5%,进入高—过成熟阶段,干酪根和源内残留原油发生大量生气作用。实际分析的结果表明,焦页1井志留系龙马溪组有机质的R_o主要分布在2.0%~3.1%范围内,平均值为2.65%。尽管川南地区(长宁气田)志留系的埋藏史与川东地区(涪陵气田)存在一定差异,该地区的烃源岩同样经历了较深的埋深和强烈的热成熟作用,R_o分布在2.0%~3.6%。

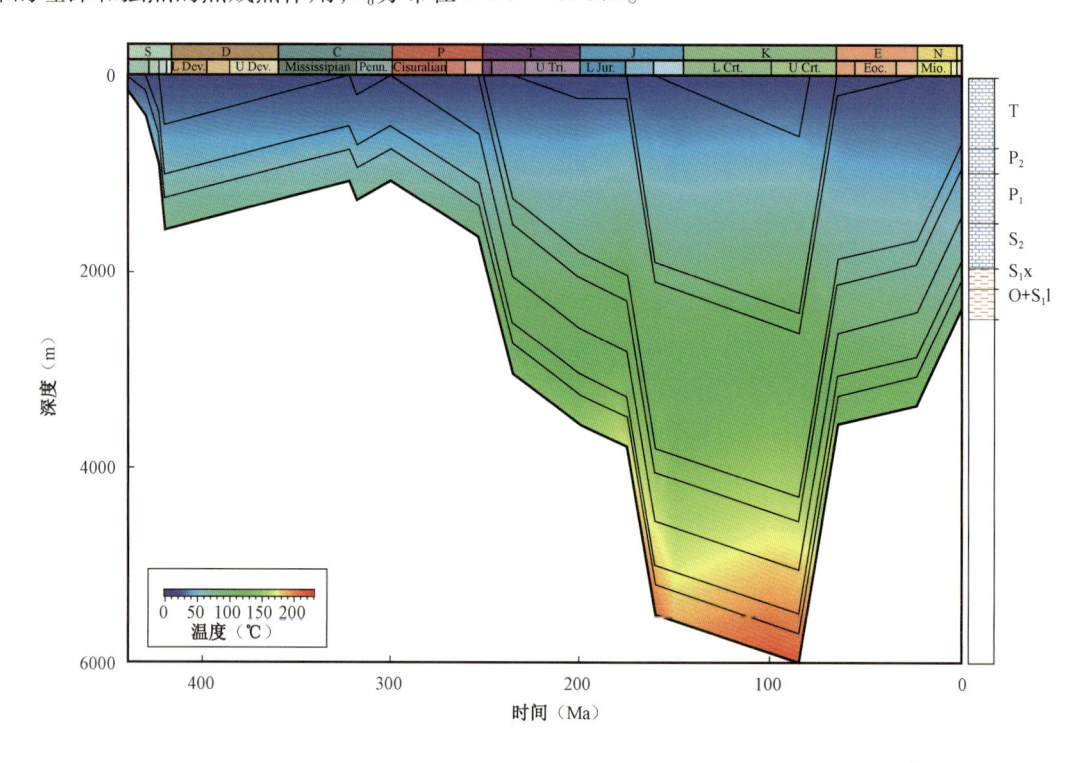

图5-79 川东地区涪陵页岩气田志留系烃源岩埋藏史(据聂海宽等,2016)

2. 下古生界—震旦系生气演化历史

作为四川盆地下古生界—震旦系油气来源的主要母质类型,寒武系和志留系Ⅰ、Ⅱ型有机质的生烃潜力、特征和时限很大程度上决定了页岩气和常规气成因和资源潜力。众所周知,有机质的热成熟或生烃过程包括3个重要阶段:① 干酪根降解生成天然气和沥青;② 沥青裂解生成原油和天然气;③ 原油裂解生成天然气和焦沥青(Tissot 和 Welte,1984;Javie 等,2007;Hill 等,2007)。前两个阶段为初次裂解,主要生成干酪根初次裂解气,第三个阶段为二次裂解,生成原油二次裂解气。为了明确不同类型有机质生烃潜力和特征,地球化学家开展了大量模拟实验工作。Espitalié 等(1988)基于低成熟(T_{max}为437℃)海相Ⅱ型干酪根(I_H为547mg/g TOC)的升温热解实验,发现Ⅱ型干酪根初次裂解的烃类气体(C_{1-5})产率约为60mg/g TOC,占总生烃量的10.8%(wt)。其生油量约为490mg/g TOC,占总生烃量的89.2%(wt),其中轻质液态烃(C_{6-14})占12.5%(wt)。Behar 等(1997)基于不同类型干酪根开放体系的模拟实验,发现Ⅰ、Ⅱ和Ⅱ-S型干酪根完全转化生成C_{1-5}产率为68~88mg/g TOC。同时,对C_{15+}液态烃产物中的饱和烃、芳香烃和非烃组分分别进行了定量。这些研究表明,Ⅰ、Ⅱ型有机质或干酪根初次裂解以生油为主,具有一定的生气潜力,生油量占总生烃量的80%~90%(wt),生气量占10%~20%(wt)(Burnham和Braun,1990;Pepper和Corvi,1995;Dieckmann等,1998)。此外,基于生烃动力学和干酪根结构分析,地球化学家针对Ⅰ、Ⅱ型干酪根生烃时限也开展了大量相关研究(Espitalié等,1988;Pepper和Corvi,1995;Behar等,1997;Dieckmann等,1998;Hill等,2007;赵文智等,2011)。一般来说,干酪根初次裂解生油的活化能主要分布在45~60kcal/mol范围内,初次裂解生气的活化能分布在50~70kcal/mol,后者平均活化能要明显高于前者(Espitalié等,1988;Pepper和Corvi,1995;Behar等,1997;Dieckmann等,1998)。相对来说,轻质液态烃生成的时限要晚于重质液态烃组分,重烃气(C_{2-5})生成的活化能略高于甲烷(Espitalié等,1988)。当然,干酪根的生烃过程还受控于干酪根的性质,含硫量高的Ⅱ型有机质生烃活化能(平均活化能低于50kcal/mol)和温度时限要明显低于低硫Ⅱ型有机质(平均活化能为50~55kcal/mol)(Hunt等,1991;Pepper和Corvi,1995;Behar等,1997)。不同研究给出的干酪根初次裂解生气的成熟度时限似乎存在争议。早期的观点认为,干酪根初次裂解气与原油生成阶段(R_o为0.5%~1.3%)基本一致(Tissot和Welte,1984)。而基于动力学地质推演的结果表明,Ⅰ、Ⅱ型干酪根初次裂解生气的温度下限比生油要高30~60℃(Pepper和Corvi,1995;Dieckmann等,1998)。其中,Ⅱ型干酪根初次裂解生气时限最高可延至210℃,要高于Ⅰ型干酪根(Dieckmann等,1998)。这预示,海相Ⅰ、Ⅱ型有机质在生油后期阶段(R_o大于1.3%)仍具有一定的生气潜力。针对不同成熟度的人工模拟干酪根和地质样品的^{13}C核磁分析证实,在R_o为1.3%~2.0%的阶段干酪根结构中仍含有一定量的短支链脂肪结构和具有一定的生气潜力(赵文智等,2011)。但达到过成熟阶段(R_o大于2.0%)时,所有类型干酪根的油潜力碳、气潜力碳含量均很低,生气量已很有限,表明过成熟阶段的生气母质很可能是早期生成的液态烃而非干酪根本身(赵文智等,2011)。

针对原油或液态烃裂解生气潜力和动力学,地球化学家基于各类模拟实验开展了大量工作(Horsfield等,1992;Pepper和Dodd,1995;Schenk等,1997;Dieckmann等,1998;Tsuzuki等,1999;Vandenbroucke等,1999;Waple,2000;Hill等,2003;Behar等,2008b;Tian等,2008;张水昌等,2013)。这些研究表明,液态烃或原油裂解的平均活化能为~60kcal/mol(指前因子A_f为$1.0×10^{14}s^{-1}$)(Waple,2000),二次裂解的生气(C_{1-5})潜力在400~600mg/g油(张水昌等,2013)。原油不同组成化学性质和裂解反应途径的差异,通常导致它们在裂解过程中表现出不同的热稳定性或裂解门限温度。相对来说,轻质组分(C_{6-14}饱和烃和芳香烃)的热稳定性明显高于重烃(C_{14+}饱和烃和芳香烃)和重质组分(非烃、沥青质)(Tsuzuki等,1999;Vandenbroucke等,1999;Behar等,2008b)。

结合前人给出的Ⅰ、Ⅱ型有机质生油气潜力和动力学的认识以及四川盆地典型地区的热演化史(图5-78和图5-79),本书通过动力学推演分别给出了川东地区志留系(涪陵气田)和川中地区寒武系(安岳气田高石梯地区)两套烃源岩的生烃演化曲线(图5-80)。志留系和寒武系烃源岩的生油期均发生在三叠纪—侏罗纪的第二期埋深阶段,生油高峰分别在距今184Ma和167M,之后由于快速埋深导致的温度增加原油发生大规模裂解生气。天然气的生成包括干酪根初次裂解和液态烃二次裂解两种途径,干酪根裂解时限要早于液态烃裂解。对于志留系烃源岩来说,干酪根裂解气生成阶段主要在距今140Ma之前,对应的成熟度(Easy%R_o)为0.5%~2.0%,该阶段的初次裂解生气量为80mg/g TOC(占总生气量的80%)。寒武系液态烃二次裂解气生成的阶段要短于志留系,主要在距今180—80Ma,对应的成熟度范围为1.0%~2.75%。液态烃裂解气的最大产率约为250mg/g TOC,高成熟阶段(R_o大于2.0%)的生气量约为140mg/g TOC(图5-80a)。对于寒武系烃源岩来说,干酪根裂解气生成阶段主要在距今140Ma之前,对应的成熟度(Easy%R_o)为0.5%~2.15%。液态烃或原油二次裂解气生成的阶段主要在距今210—80Ma,对应的成熟度范围为1.0%~3.0%。液态烃裂解气

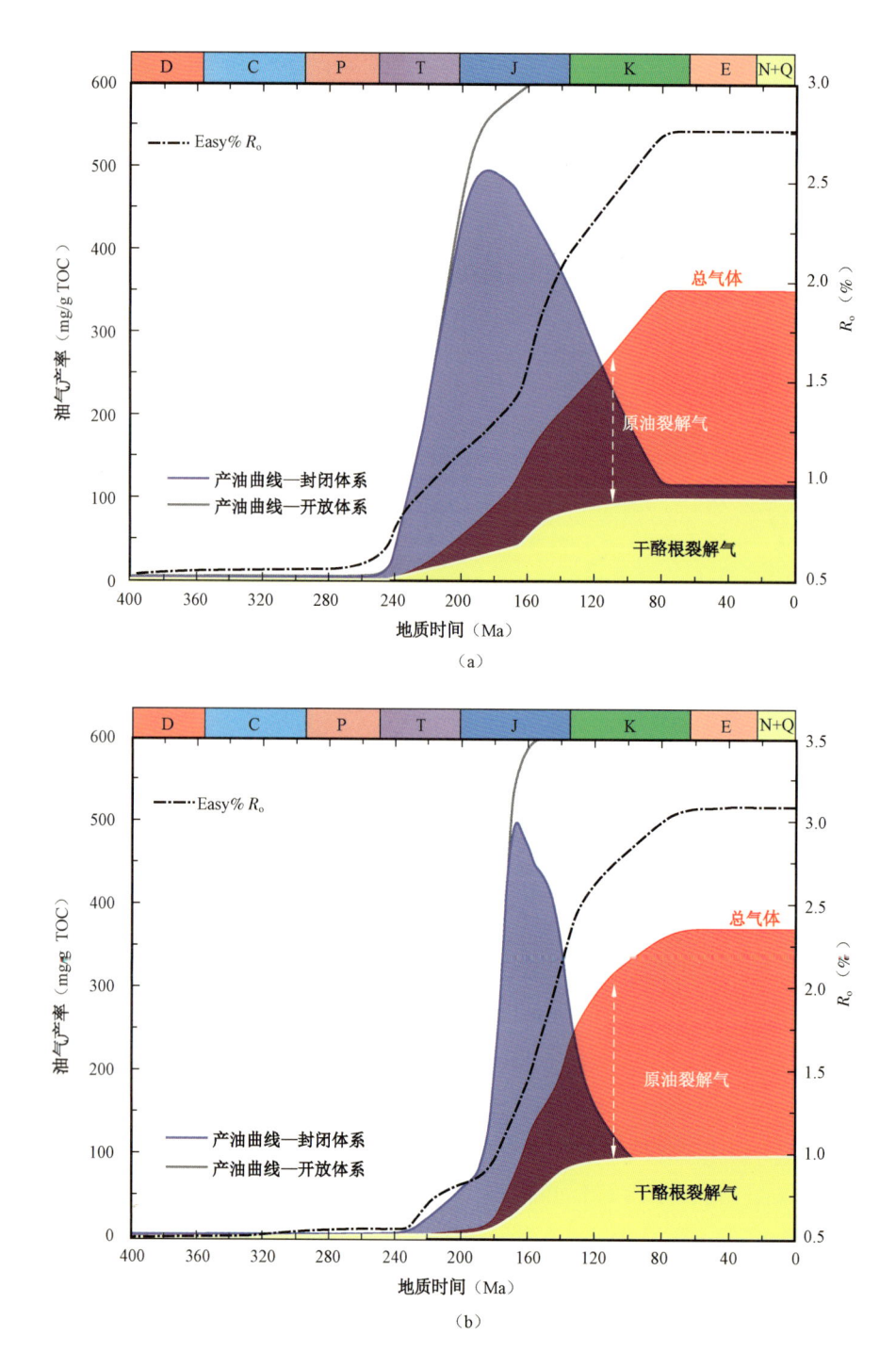

图 5-80 川东地区志留系(a)和川中地区寒武系(b)烃源岩生气演化过程

两套烃源岩的原始氢指数(I_H)为 600mg/g TOC，干酪根初次裂解生油和生气潜力分别为 500mg/g TOC 和 100mg/g TOC，原油完全裂解生气潜力为 500mg/g TOC。图中左边纵坐标为油气产率，右边纵坐标为等效镜质组反射率(Easy%R_o)，实线为油气产率演化曲线(对应左边纵坐标)，虚线为计算得到的两套烃源岩在不同地质时间对应的 Easy%R_o 演化曲线(对应右边纵坐标)

的最大产率约为 270mg/g TOC，高成熟阶段(R_o 大于 2.0%)的生气量约为 170mg/g TOC(图 5-80b)。显然四川盆地液态烃裂解气对高成熟—过成熟阶段天然气的生成具有重要贡献，可占高成熟—过成熟阶段总生气量的 88% 以上。

3. 天然气混合模式

气体混合作用通常是发生在天然气聚集过程中的普遍现象,也被认为是导致沉积盆地天然气碳同位素倒转的重要原因(Jenden 等,1993;Dai 等,2004;Mi 等,2010;Tilley 等,2011;Zhang 等,2018)。这种混合作用可分为两类:① 不同类型有机质热成因天然气的混合作用(Mi 等,2010);② 来源于同一有机质不同成熟阶段生成的天然气的混合(Dai 等,2004)。四川盆地海相天然气的碳同位素倒转的现象也暗示,早期低成熟干酪根裂解气和晚期原油裂解气的混合作用对其聚集和成藏具有重要贡献。上述讨论也证实,四川盆地志留系和寒武系烃源岩存在多种潜在的生气途径,包括干酪根初次裂解和源内残留液态烃或原油的二次裂解。因此,该盆地下古生界页岩气的同位素倒转很可能归因于干酪根裂解气和残留液态烃裂解气的混合作用(Feng 等,2016)。假定两种热成因天然气的贡献分别为 P_k 和 P_o($0 \leq P_k, P_o \leq 1, P_k + P_o = 1$),烃类气体($C_i$)的碳同位素值($\delta^{13}C_i$)可通过以下公式计算:

$$\delta^{13}C_i(‰) = \frac{P_k \cdot x_i \cdot (1000 + \delta^{13}C_{i,k}) + P_o \cdot y_i \cdot (1000 + \delta^{13}C_{i,o})}{P_k \cdot x_i + P_o \cdot y_i} - 1000$$

其中 x_i 和 y_i 分别为干酪根裂解气和原油裂解气的初始烃类气体 C_i 的体积含量($0 \leq x_i, y_i \leq 1$),$\delta^{13}C_{i,k}$ 和 $\delta^{13}C_{i,o}$ 分别代表原始干酪根裂解气和原油裂解气中烃类气体 C_i 的碳同位素值。

基于模拟实验和理论计算,前人针对干酪根裂解气和原油裂解气的碳同位素分馏开展了大量工作,并建立了相关动力学模型。其中,Tang 等(2000)在考虑到生气母质和温度等效应的基础上,基于量子化学理论计算给出了不同烃类气体生成的同位素分馏动力学参数。基于这些工作,我们可以获取不同热成熟演化阶段 Ⅰ、Ⅱ 型干酪根裂解气和原油裂解气的碳同位素值,进而建立同位素混合模型(Zhang 等,2018)。

1)碳酸盐岩储层天然气(常规气)

考虑到常规气的烃源岩成熟度分布范围较广,对应的镜质组反射率为 1.0%~5.0%。本研究选用了 R_o 为 1.0% 和 3.0% 两类干酪根裂解气分别用于建立中—上古生界和寒武系—震旦系常规气的混合模式(图 5-81)。图 5-81a 为过成熟干酪根裂解气和不同成熟度原油裂解气的混合模式,该模式可用于震旦系—寒武系天然气的成因判识。可以发现四川盆地震旦系灯影组天然气主要来自于原油裂解气的贡献,该地层发现的大量固体沥青也证实这一认识。图 5-81b 为低成熟干酪根裂解气和原油裂解气的混合模式,可用于判别三叠系—石炭系天然气成因。结果可以发现,对于大部分天然气来说,原油裂解气的贡献大于 50%。但不同气田同一地层天然气的原油裂解气和干酪根裂解气贡献存在差异,反映出不同地区天然气聚集过程和生气过程的差异。同时可以发现,不同成熟度两类热成因天然气的混合能导致天然气同位素的倒转和反转现象。

2)页岩气

考虑到烃源岩的吸附效应使得早期低成熟阶段生成的干酪根裂解气更容易保存在页岩体系,本书采用了低成熟干酪根裂解气(Easy R_o 为 1.0%)和不同成熟度残留烃或原油裂解气混合模型(图 5-82)。将四川盆地志留系—寒武系页岩气投影到该图版上,结果显示页岩气主要来自于源内分散液态烃二次裂解的贡献。其中,长宁页岩气中残留液态烃裂解气的贡献普遍在 80%,涪陵页岩气中液态烃裂解气的贡献在 60%~90% 范围内,且液态烃裂解气均表现出较高的热成熟度。长宁页岩气更高的干燥系数和甲烷碳同位素值也很可能归因于该地区高成熟液态烃裂解气的贡献更高。值得注意的是,威远页岩气的数据投影在模板外部,表现出明显偏低的碳同位素值。动力学推演的结果表明威远志留系烃源岩内残留液态烃与涪陵和长宁志留系经历了同样强烈的热裂解作用。因此,威远页岩气

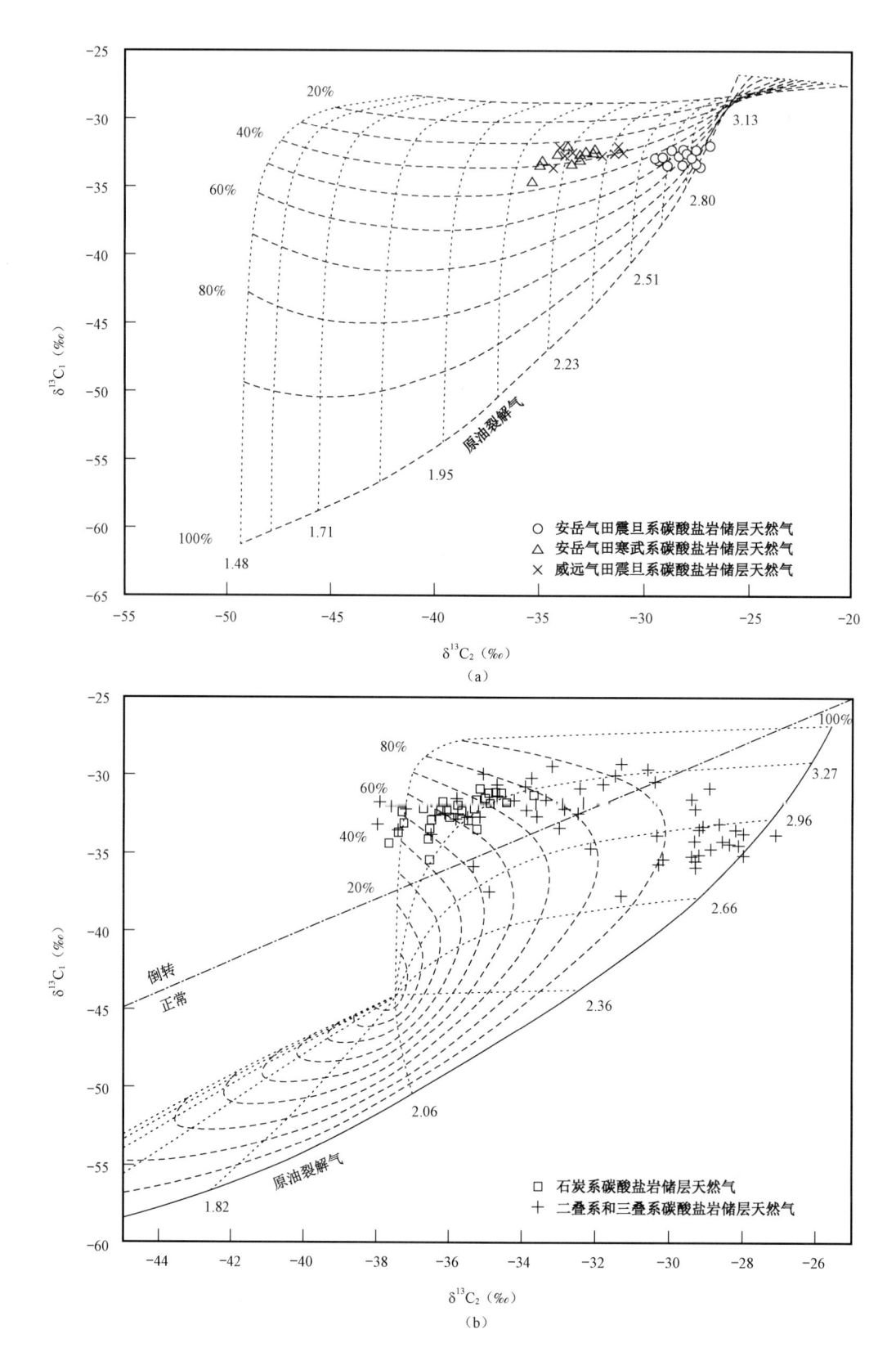

图 5-81 干酪根裂解气和不同成熟度原油裂解气的混合模式

(a)干酪根裂解气成熟度 $R_o=1.0\%$；(b)干酪根裂解气成熟度 $R_o=3.0\%$。图中的百分比代表混合气中原油裂解气的贡献比例，原油裂解气演化曲线上标记的数值代表计算得到的等效镜质组反射率

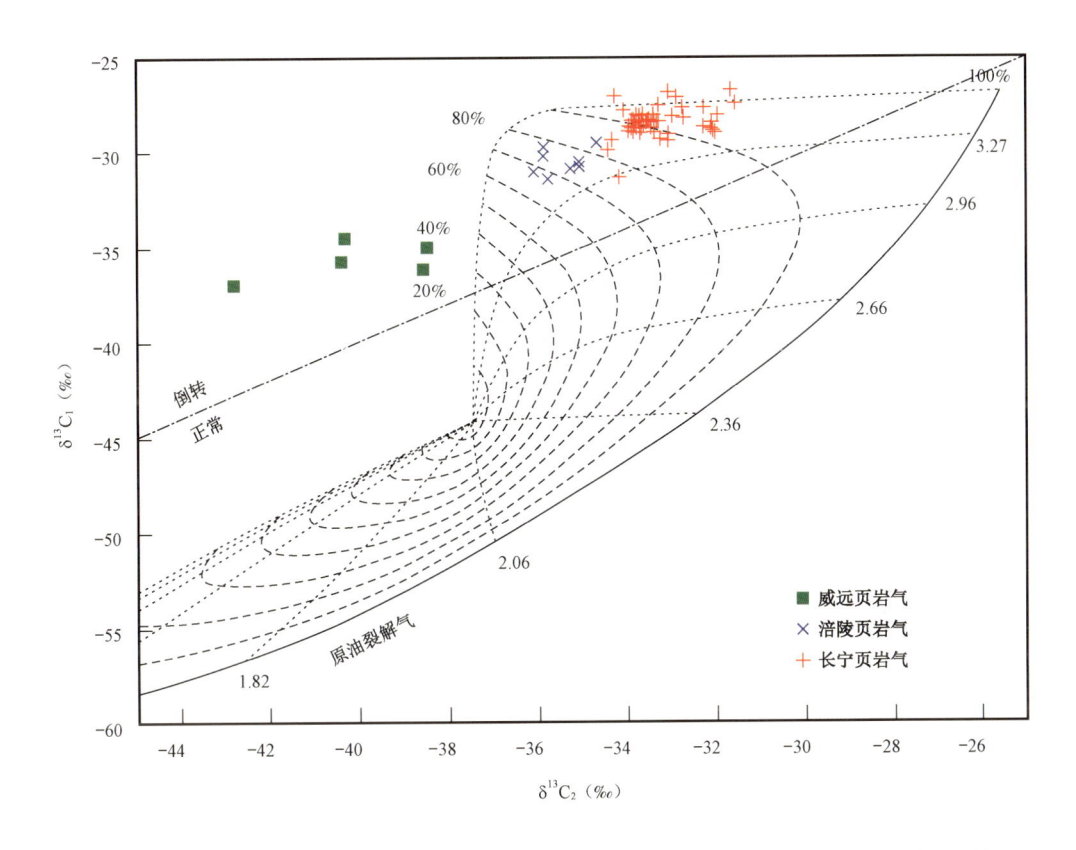

图 5-82 干酪根裂解气和不同成熟度原油裂解气混合模式及四川盆地页岩气定量判识图版

较低的同位素值很可能归因于存在更多低成熟度干酪根裂解气的贡献。

上述讨论表明,安岳和威远气田震旦系—寒武系碳酸盐岩储层发生过大规模的古油藏裂解过程。基于天然气组分和同位素等特征的研究,也证实该地区常规气主要来自于源外原油裂解,存在部分高成熟干酪根裂解气的贡献(魏国齐等,2015;Zhang 等,2018)。因此,四川盆地下古生界页岩气的聚集归因于早期生成并保存在源内干酪根裂解气与后期残留烃裂解气的混合,碳酸盐岩储层天然气为源内排出的高成熟干酪根裂解气和源外原油裂解气的共同贡献。值得注意的是,尽管主要来源于同一套寒武系烃源岩(邹才能等,2014),安岳气田震旦系天然气的乙烷碳同位素值明显重于安岳气田寒武系和威远气田碳酸盐岩储层天然气。这主要归因于安岳地区震旦系经历了更强烈的热演化历史,气藏内乙烷在高温埋藏阶段发生了一定程度的裂解作用(Zhang 等,2018)。

(三)寒武系—震旦系重烃气裂解及水的供氢效应

1. 重烃气裂解的证据

尽管安岳气田震旦系和寒武系天然气的主要烃源岩均为寒武系筇竹寺组页岩,对比气体组分和同位素特征,可以发现前者乙烷的碳同位素明显较重,乙烷含量明显偏低(图 5-83a)。众所周知,乙烷在较高的温度或成熟度(R_o大于 2.5%)条件下会发生裂解(Hill 等,2003),并导致其碳同位素^{13}C富集。震旦系储层沥青的等效反射率通常要高于 3.0%,经历的地层温度最高可达 240℃,这说明震旦系天然气很可能发生了乙烷的裂解。本章关于重烃气裂解部分的论述,给出了乙烷裂解的动力学参数(平均活化能 E_a 为 73.77kcal/mol,A_f 为 $5.35 \times 10^{15} s^{-1}$)(图 5-33)。基于该动力学参数和安岳地区热演化历史,通过动力学地质推演,可计算得到寒武系和震旦系地层乙烷的裂解转化率

(图 5-83b)。结果可以发现,寒武系未发生乙烷的裂解过程,震旦系存在明显的乙烷裂解,主要发生在距今 140Ma,对应的地层温度为 230℃。$^{12}C—^{12}C$ 的裂解能垒要低于 $^{13}C—^{12}C$,因此,乙烷的裂解会导致乙烷本身碳同位素的富集。

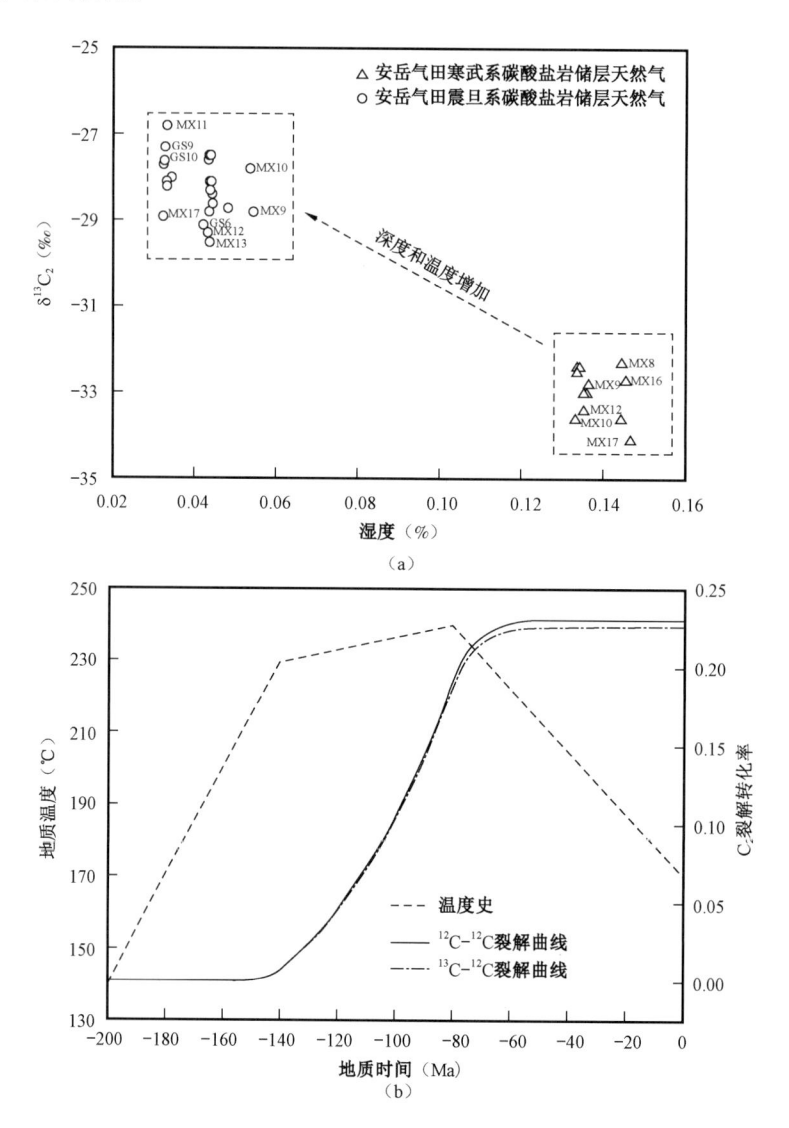

图 5-83 安岳气田寒武系和震旦系天然气的 $\delta^{13}C_2$ 随湿度的演化(a)以及震旦系乙烷裂解转化曲线(b)

根据乙烷裂解的反应途径和裂解过程中的同位素分馏效应,可进一步计算得到乙烷裂解过程中,天然气甲烷和乙烷碳同位素演化趋势(图 5-84)。显然,四川盆地安岳气田震旦系相对寒武系具有更重的乙烷碳同位素,主要归因于乙烷一定程度的裂解作用。两套地层甲烷碳同位素差异不大,很可能归因于两个方面的原因:天然气中乙烷含量相对甲烷较低,其裂解产生的甲烷不足以影响其碳同位素组成;乙烷裂解过程中 ^{13}C 优先富集到生成的焦沥青或固体碳上,对生成甲烷的影响不大。

2. 水—有机质反应或水—甲烷氢同位素交换的证据

从四川盆地安岳气田寒武系—震旦系天然气甲烷氢同位素的演化,可以发现甲烷氢同位素随着乙烷碳同位素变重和天然气湿度的降低逐渐变轻,显示出氢同位素反转的现象(图 5-85a、b)。即使同一井的两套产层的天然气也同样显示出氢同位素反转的现象。这种同位素反转现象在页岩气中更

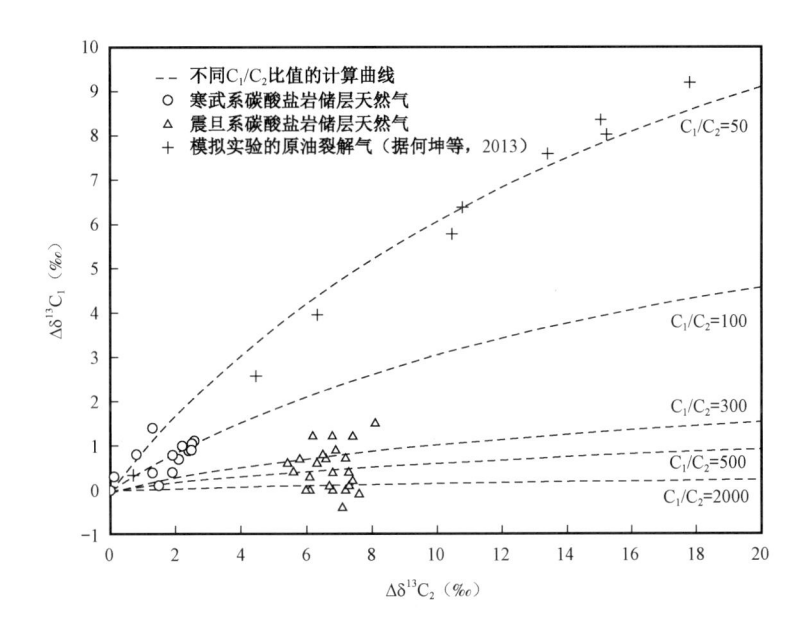

图 5-84 理论计算得到的乙烷裂解过程中甲烷和乙烷的碳同位素分馏模型

为普遍,地球化学家们将其归因于深层高温高压条件下的水热反应,即水—有机质或有机碳源在深层的生气作用或者水—烃类气体的氧化还原反应。储层的镜下观察结果显示,震旦系储层存在大量的固体沥青,这为深层水—有机质生气反应提供了潜在的母质或碳源。震旦系较高含量的 CO_2 也很可能是水—有机碳高温反应的重要产物(图 5-85c)。该反应过程中,水可以为甲烷的生成提供无机氢源,从而生成具有较轻氢同位素组成的天然气。因此,水—有机质生气反应很可能是震旦系天然气甲烷氢同位素反转的重要原因之一。

此外,有模拟实验发现,高温高压条件下,甲烷和水可以发生氢同位素交换,也会影响其同位素(Reeves 等,2012)。为了探讨这种同位素交换对甲烷氢同位素的影响,我们开展了相应的热力学计算:

$$CH_4 + HDO = CH_3D + H_2O$$

该反应的热力学平衡常数(K_{eq})可通过如下方程进行计算:

$$K_{eq} = \exp(-\Delta\Delta G/RT)$$

$$\Delta\Delta G = \Delta G(CH_3D) + \Delta G(H_2O) - \Delta G(CH_4) - \Delta G(HDO)$$

基于量子化学密度函数理论(Density Functional Theory,DFT),可以计算得到该热力学平衡反应的吉布斯自由能($\Delta\Delta G$)。该计算过程中,所有分子构型优化采用的基组均为 B3LYP-631G*。图 5-86 给出了计算得到的平衡常数。显然,K_{eq} 随着温度的增加逐渐降低,这表明,随着深度或地层温度的增加,更多的重氢会从甲烷转移到水中。基于如下方程,可计算得到热力学交换后甲烷的氢同位素值:

$$\Delta\delta D_1 = \frac{[0.5K_{eq}(\delta D_{水} + 1000) - (\delta D_{1,i} + 1000)]}{(1 + aK_{eq})}$$

结果表明,水—甲烷同位素交换达到热力学平衡时,甲烷的同位素会明显变轻(图 5-86b)。这种交换的程度或甲烷氢同位素变轻的程度受控于地层温度和地层水的含量。温度和水含量越高,甲烷氢同位素越轻,这也很可能是高—过成熟阶段甲烷氢同位素随成熟度或深度出现反转的重要原因之一。当然,这种同位素交换对甲烷氢同位素的影响还受控于地层水本身的氢同位素组成。

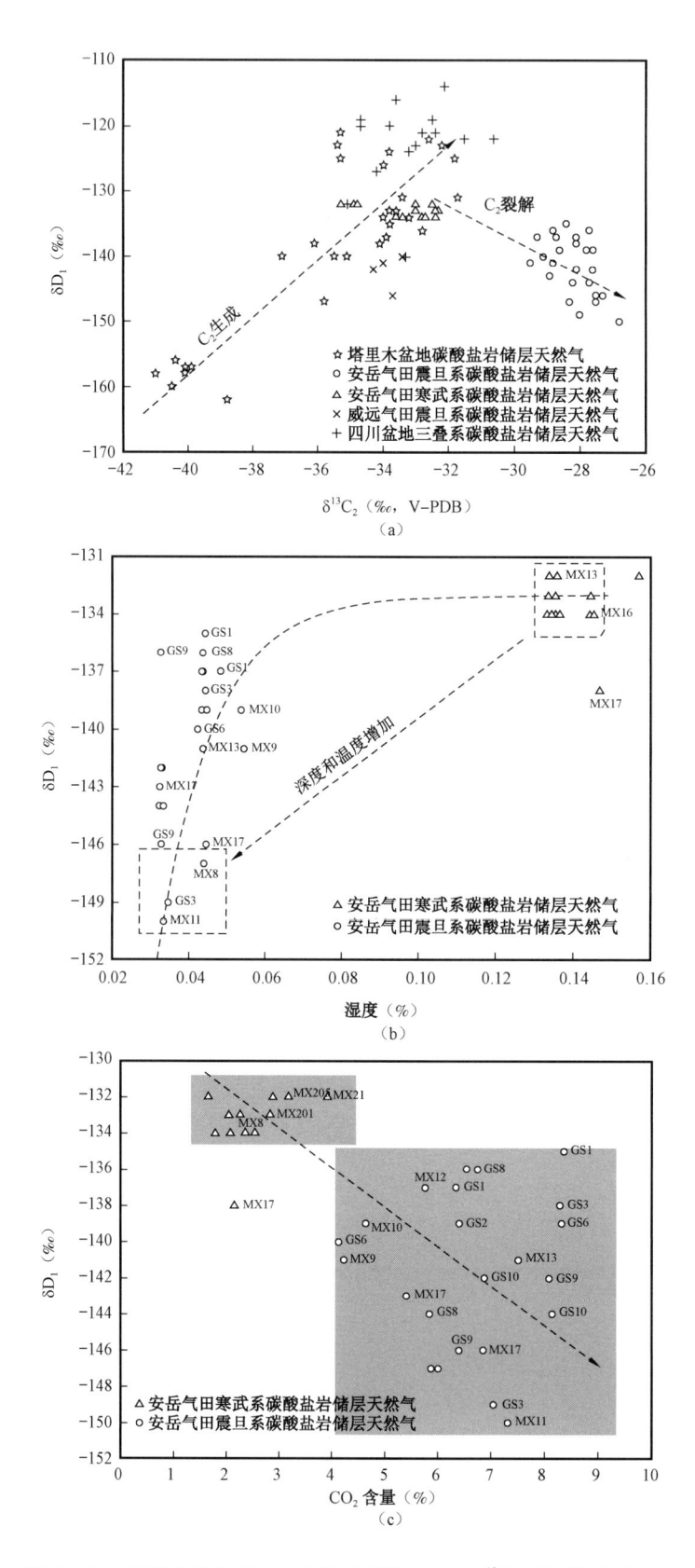

图 5-85 四川盆地和塔里木盆地油型气 δD_1 和 $\delta^{13}C_2$ 的相关关系(a);
安岳气田震旦系和寒武系天然气 δD_1 随湿度(b)和 CO_2 含量(c)的演化

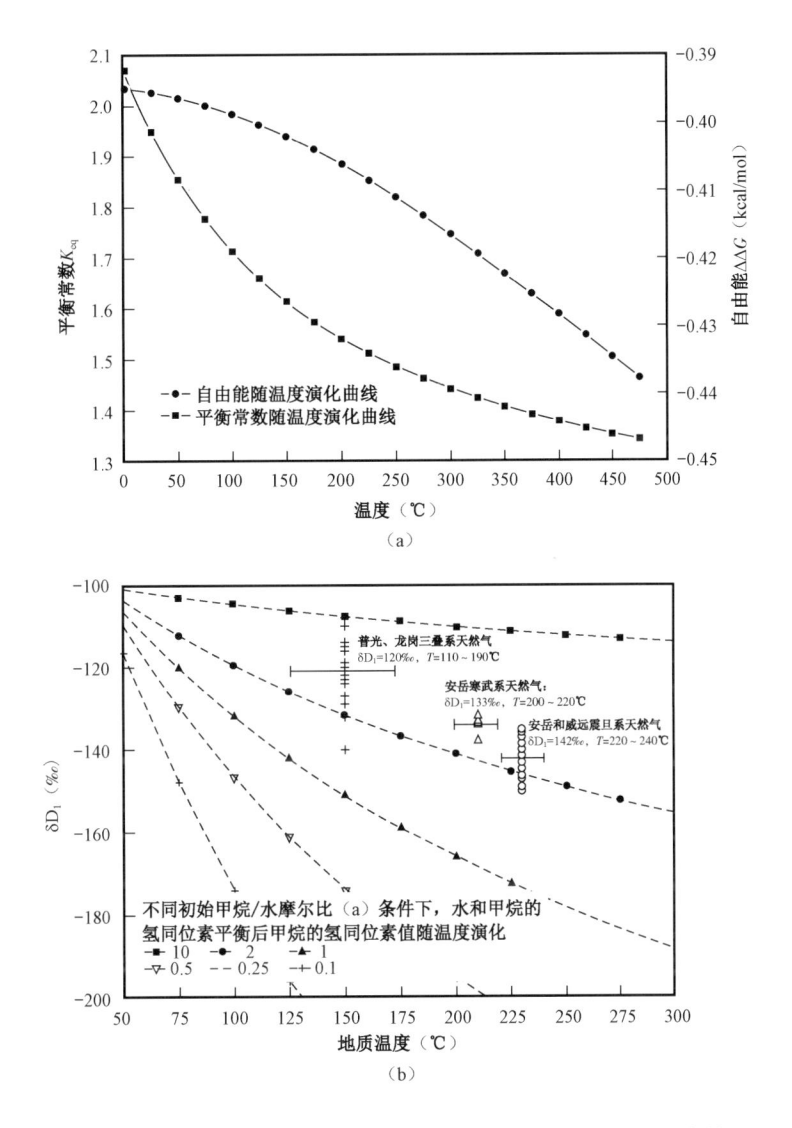

图 5-86 基于热力学计算得到的水与甲烷氢同位素交换的热力学常数(a)和
不同温度下热力学交换平衡后甲烷的氢同位素值(b)

小　　结

本章重点论述了不同成因天然气(包括热成因气、生物气和无机气)的生成潜力和时限。基于大量的物理模拟实验和地球化学分析,系统揭示了煤系烃源岩、海相Ⅰ/Ⅱ型有机质、不同赋存状态液态烃的生气机理、动力学过程和生气贡献。建立的相关参数体系,可为高成熟—过成熟区和深层天然气资源评价和勘探预测提供重要的科学依据。取得几点认识如下:

(1)通过不同成熟度煤的元素组成、化学结构分析以及模拟实验研究,建立了煤的"双增加"生气模式。具体内涵:煤的生气结束的成熟度界限由早期认识的 $R_o=2.5\%$ 延伸至 $R_o=5.0\%$,最大生气量由 150 ~200mL/g 增加至 300 ~350mL/g。

(2)建立了深层海相天然气的"多源灶、多途径、多期次"的叠合生气模式。提出深层天然气来源包括干酪根初次裂解、源内残留沥青和源外原油二次裂解以及重烃气(C_{2-5})晚期裂解。具体内涵:① 干酪根初次裂解气的生成下限可延至 $R_o=3.5\%$,最大生气量为 140mL/g,主生气期($R_o=0.5\% \sim 2.0\%$)的生气量占总生气量的 75%~80%;② 源内残留沥青裂解温度门限约为 140℃(R_o约为1.1%),生气量约为 45 mL/g;③ 源外原油裂解温度门限约为 170℃(R_o约为 1.6%),大量裂解(转化率为 62.5%)的地质温度为 190~210℃,裂解生气量约为 260mL/g,其中,C_{2-5}晚期裂解的贡献占原油裂解生气量约 40%。

(3) 建立了生物气的连续生气模式。弱成岩过程低温热力与微生物共同作用是地质盆地生物气生成的主要机制;提出生物气形成的有机质丰度(TOC)下限为大于 0.5%,改变了低有机质丰度沉积岩也可作为生物气气源岩的传统认识;生物气的生成下限可延伸至埋藏深度 1700m 以上,温度可下延至 75℃。

(4) 深部有利催化条件下无机费托合成可生成同位素倒转的无机成因气,其形成温度可低至 250℃。但地质条件下无机合成中氢气的转化率并不高(小于 30%),对天然气资源的贡献量有限。在无特殊催化条件和高含量 H_2 存在条件下,难以形成规模聚集的烃类气体。

(5) 深部天然气的同位素异常(碳同位素倒转和氢同位素反转)归因于多种地球化学过程,包括高过成熟阶段有机质的脱甲基生气作用、不同成熟度热成因天然气的混合作用、水—有机质生气反应等。

第六章 天然气成藏机理

天然气成藏机理是天然气分布研究的基础,但不同类型的天然气藏的成藏机制不尽相同。本章主要针对远源浮力驱动构造和岩性气藏、近源压差驱动致密气藏和源内非常规天然气藏三大类型气藏油气赋存相态、含气性评价以及运聚动力等方面进行详细阐述。

第一节 远源浮力驱动构造和岩性气藏成藏机制

构造和岩性气藏是两类常见的典型气藏,其气源与圈闭相距较远,天然气的运移和聚集明显受控于浮力、水动力和毛细管力等的作用。本节将从动力学特征、天然气运移机制以及断层、盖层的封闭等方面阐述此类以远源浮力驱动为特征的气藏成藏机制。

一、浮力和毛细管压力模型

远源浮力驱动构造和岩性气藏成藏研究经历漫长的历史,最早 1844 年美国地质学家威廉·劳根(William Logen)观察到背斜中出现油气的现象。1859 年 Edward Drake 在宾夕法尼亚西部钻井发现了石油。1861 年怀特(I. C White)第一次明确提出了背斜是油气聚集的主要场所,即油气成藏背斜学说。背斜说的主要观点认为油气水在界面张力作用下界限分明,浮力是油气运移和聚集的主要动力,盖层与褶皱弯曲地层(主要是背斜)形成油气聚集的圈闭。1934 年,McCoy 和 Keyte 在成藏背斜理论的基础上进行了丰富和扩展,提出了构造成藏理论,指出油气还可以聚集在背斜的翼部、透镜体及向斜等部位。成藏动力学的研究始于水动力理论(hydraulic theory)的提出,Hubbert(1953)的水动力成藏理论奠定了现代油气成藏动力学的基础。天然气成藏动力学中浮力和毛细管力是两种重要的作用力。

(一)浮力

天然气所受的浮力是由于气、水两种物体密度不同而产生的,浮力的定义是指液体或者气体对浸在其中的物体向上的托力。根据阿基米德定律,浮力的大小等于物体排出同体积水的重力大小。由于油、气的密度均小于水,单位体积的油气排开同体积水的重量,也就是单位体积的油气所受到的浮力,其大小等于同体积的水与同体积的油或气的重量差,实质上为静浮力(图6-1)。用公式表示则为:

$$F = V(\rho_w - \rho_g)g$$

式中 F——浮力;

V——油或气相体积(排开水的体积);

ρ_w、ρ_g——水、气密度;

g——重力加速度。

由于浮力方向向上,油气的运移方向总是向上的。

油、气的密度范围分别为 0.71~1.0kg/m³ 和 0.00073kg/m³(甲烷)~0.5kg/m³(高压混合气),而水的密度为 1.0~1.2kg/m³,油、气与水之间存在密度差异,因而在重力场中油、气总有在水中升浮的趋势。浮力的大小不仅与流体间的密度差有关,同时还与气柱的高度有关。如果把体积 V 换算成单位面积乘高(Z),则上式变为:

$$F = Z(\rho_w - \rho_g)g$$

此时,F 是指单位面积上高为 Z 的气柱所产生的浮力,单位为 N/m^2(或 Pa)。水、气密度差值越大,气柱越高,浮力就越大。在自由水中或自由水面之上任一高度的油气所受到的浮力,实际上就等于该高度的静水压力与静油压力之差。对地下油水而言,浮力梯度一般取 $2.25 \times 10^3 Pa/m$,而地下气水系统的浮力梯度变化在 $(4.6 \sim 116) \times 10^3 Pa/m$ 范围,水系统的浮力梯度比油水系统的浮力梯度至少大两倍以上。也就是在相同油气柱高度下天然气在水中的浮力比在石油中的至少大两倍以上。

当地层倾斜时,浮力将分解成垂直层面和平行层面的两个分力(图 6-2)。促使单位面积连续油相沿地层上倾方向上浮(运移)的力,等于其浮力沿地层倾斜向上的分力(F_1),公式表示为:

$$F_1 = Z(\rho_w - \rho_g)g \cdot \sin\alpha$$

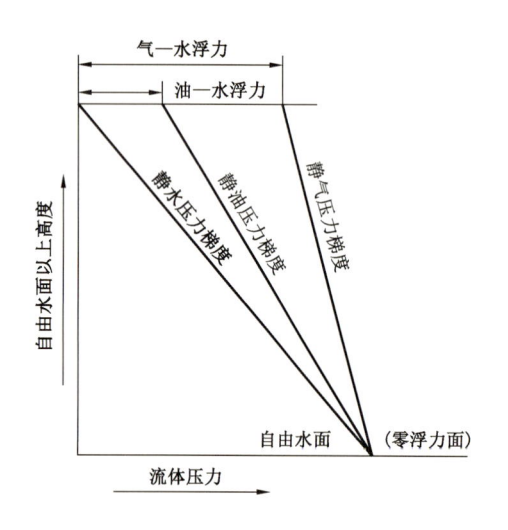

图 6-1 储层中油气浮力示意图 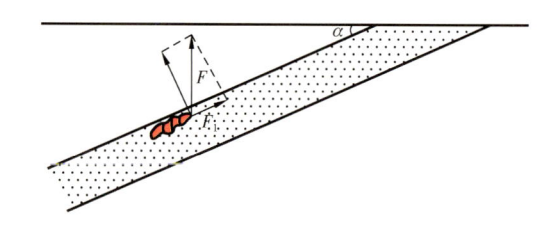　　图 6-2 天然气在倾斜地层所受浮力示意图

即单位面积连续油(气)相沿倾斜地层上浮的分力 F_1 与地层倾角的正弦成正比。上式中 Z 代表与水平面成垂直方向上连续气相的高度,而并非连续油(气)相与地层层面成垂直方向上的厚度(M),二者的关系为:$Z = M/\cos\alpha$,故单位面积沿倾斜地层向上的浮力可以用下面公式表示:

$$F_1 = \frac{M}{\cos\alpha}(\rho_w - \rho_g)g \cdot \sin\alpha$$

(二)毛细管压力

毛细管压力是指当多孔介质的毛细管中存在有不相溶的两相流体时,由于各自的界面张力引起的压力。早在 1909 年 Munn 阐述了毛细管压力在油气运移中的作用,Leverett(1941)、Thornton 和 Marshall(1947)、Levorsen(1967)建立了地下岩石毛细管压力的公式。Leverett(1941)主要通过石油工程现场建立了毛细管压力的知识,随后被广泛应用到毛细管压力测量、含油饱和度关系确定、储层岩石孔喉大小测定、油柱高度预测中(Habermann,1960;Berg,1975)。毛细管压力对油气的运移一般都表现为阻力,其大小主要与储层孔喉系统中两相流体的界面张力、毛细管半径(孔喉大小)、两相流体的接触角等有关。储层孔喉系统中油气所受的毛细管力 p_c 为(Schowalter,1979):

$$p_c = \frac{2\sigma\cos\theta}{r}$$

式中 σ——两相流体接触时的界面张力,dyn/cm;

θ——润湿角(°);

r——孔喉半径,cm。

由上式可以看出,毛细管压力与界面张力呈正比,与孔喉半径呈反比。如果储层岩石为水润湿体系,气水界面上所产生的毛细管压力指向天然气方向。由于多数岩石为亲水性,所以天然气运移就要克服毛细管压力,是一个气挤出水的过程。标准温压条件下,气水界面张力约为60dyn/cm,水润湿体系中 θ 为零,当储层孔隙直径为0.01cm时,此时岩石中毛细管压力为24000dyn/cm², 约为0.024atm (图6-3),也就是说天然气发生运移需要克服0.024atm的阻力。

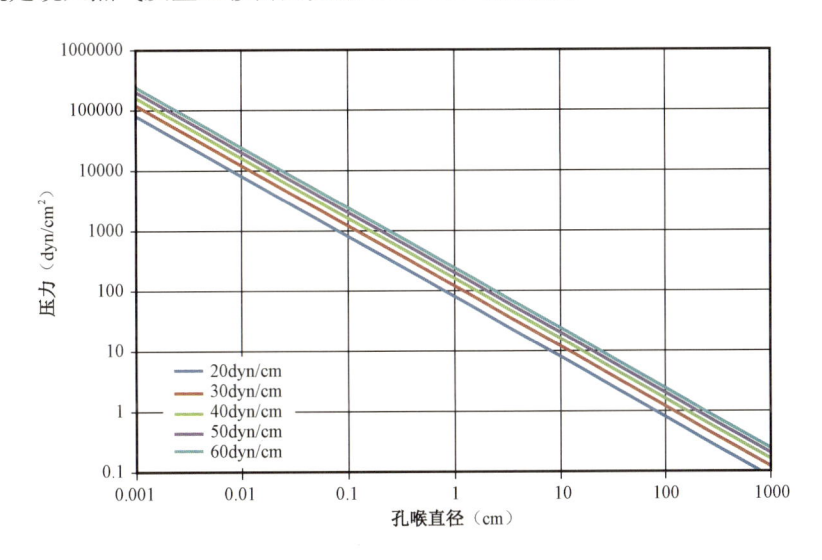

图6-3 不同孔径和界面张力条件下的毛细管压力大小

地质条件下,岩石都是由不同孔径的三维空间介质所组成,不是孔径相同的单一毛细管。进入储层中的油气,在水介质中运移总是被水所包围,当它们通过两端孔径不同的孔喉时,油气所受到的毛细管阻力实际上是两端不同孔径的毛细管压力差 Δp_c(Berg,1975):

$$p_c = 2\sigma\cos\theta\left(\frac{1}{r_t} - \frac{1}{r_p}\right)$$

假定储层由均匀球形颗粒组成,孔隙半径为 r_p,喉道半径为 r_t,孔隙空间被水充满,颗粒表面为水所润湿,在静水条件下有一油珠上浮,现分析所受毛细管阻力的情况。图6-4中,A处浮力不足以使油珠表面变形而进入喉道。B处当浮力或其他外力增大时,油珠变形,顶端进入喉道。由于油珠上下两端孔径不同,两端毛细管压力也不相同,上端毛细管压力 $p_u = 2\sigma/r_t$ 指向下,下端毛细管压力 $p_d = 2\sigma/r_p$ 指向上,二者方向相反大小不同,因为 $r_t < r_p$,所以 $p_u > p_d$,两端毛细管压差指向下,因此对上浮的油珠表现为阻力(p_c),其大小可表示为 $\Delta p_c = p_u - p_d$。C处油珠上下两端界面曲率半径相等,两端毛细管压力也相等。此时毛细管压差等于零,也就是无毛细管阻力,油珠在浮力作用下可以顺利通过。D处由于油珠上端界面曲率半径大于下端界面曲率半径,上端毛细管压力小于下端毛细管压力,毛细管压差的方向与油珠上浮的方向一致,此时毛细管压差非但不是阻力,而且还是驱使油珠上浮的附加动力。油(气)通过孔喉运移时的A、B、C、D四种状态,无论是B处表现出的阻力还是D处表现出的附加动力,都是发生在一个连续的过程中。在地下岩石三维的通道空间里,油(气)每通过一个孔喉就会有这四种状态和过程发生,只是面临的孔径不同。因此油气运移的最大阻力,就决定于岩石最小喉道和最大孔隙所产生的毛细管压力差。然而,油气在岩石中也会本能地选择最小阻力方向的通道运移,也就是沿着由最大孔隙和最大喉道组成的路径运移。然而,在相同的通道条件下。天然气运移的毛细管阻力一般要大于石油运移的2倍以上。

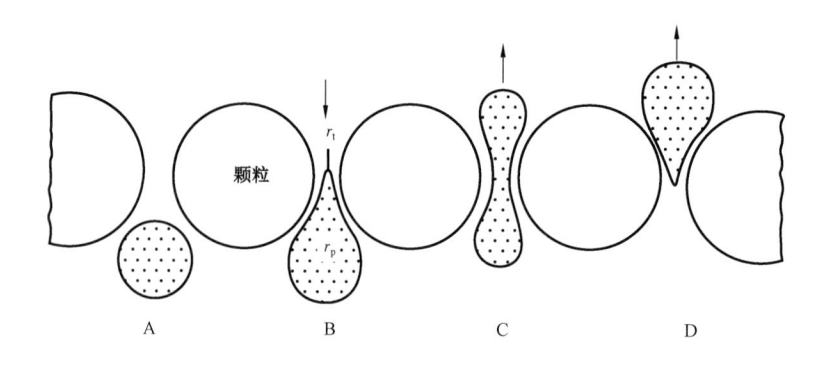

图6-4 油滴在储层中的运移状态(据 Berg,1975)

二、天然气运移与聚集动力学机制

天然气与石油相比其分子组成简单、活动性更大。天然气生成后在各种地质力的作用下进入储层,在储层中继续运移并在合适的圈闭中聚集形成规模的天然气藏。气藏形成后由于后期改造,天然气容易发生新的运移并重新聚集或者散失。通常构造和岩性气藏天然气运移过程一般包含初次运移和二次运移两个阶段。初次运移是指天然气从烃源岩到储层的运移,二次运移是指天然气进入储层直至聚集成藏的运移过程。

(一)天然气运聚动力学特征

天然气以水溶相、油溶相和扩散相运移,运移的动力主要是浮力和水动力,而在运移过程中最主要和最普遍的阻力是毛细管压力。前文已经对浮力和毛细管压力进行了详细阐述,本部分仅对水动力、构造作用力等其他作用力做具体描述。

1. 水动力

水动力是推动地层孔隙水流动的动力。因此,它也是推动水溶相天然气运移的主要动力。地层中的水动力可以由差异压实作用和重力作用而产生,并形成压实水动力和重力水动力。压实水动力主要出现在盆地持续沉降和差异压实的阶段和过程中。通常是在相同时期内盆地中心的地层较厚、沉积负荷较大,边部地层较薄、沉积负荷较小,由此而产生差异压实水流,其方向主要是由盆地中心向盆地边缘、由深处往浅处运移。压实水流的大方向与天然气在浮力作用下运移的大方向基本一致。因此促进了天然气在浮力作用下的运移和在地层中的原始聚集与分布。由于地层在盆地边缘往往出露并与大气水相通形成向盆地中心倾斜的水势面,在水势差的作用下产生重力水流,其方向主要是由盆地边缘的高势区流向盆地中心的低势区。重力水流的大方向与天然气在浮力作用下运移的大方向正好相反。以上两种水动力一般是随盆地演化先后产生,并可在地层剖面上呈旋回式出现(图6-5)。水动力对油气的二次运移和聚集可以产生积极和消极的双重作用,即当水动力方向与油气上浮方向一致时,水动力将成为二次运移的动力;当水动力方向与油气上浮方向相反时,水动力则成为二次运移的阻力。如图6-6所示,在背斜的一翼水动力方向与浮力方向一致,起动力作用;另一翼水动力方向与浮力相反,起阻力作用。

2. 构造作用力

构造运动力可起到直接作用和间接作用。直接作用:构造运动在使岩层发生变形和变位中,会把

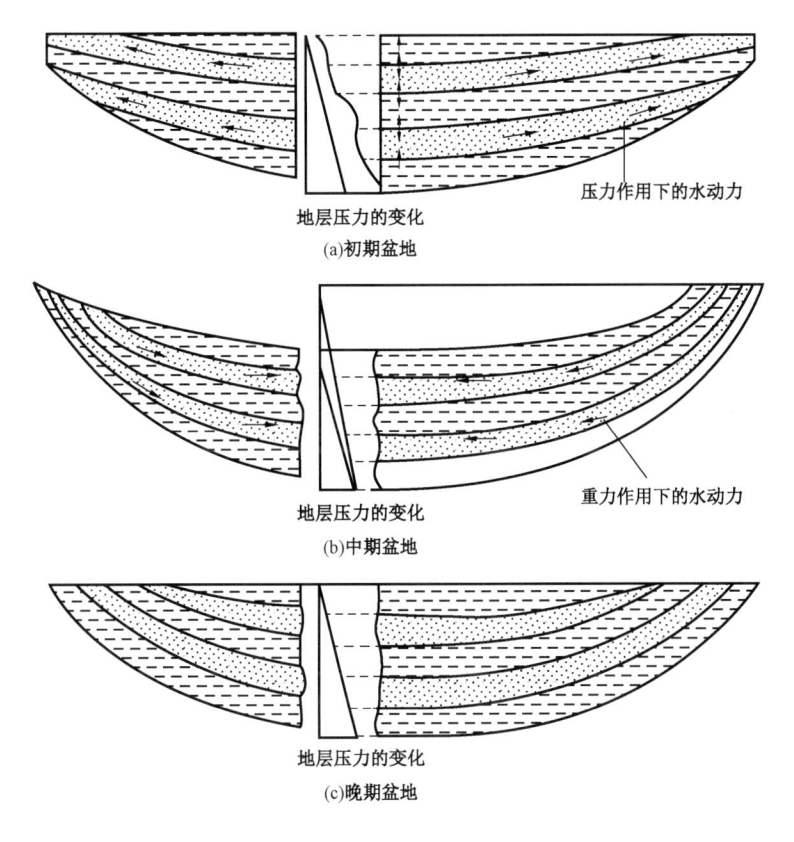

图 6-5 盆地演化过程中的水动力(据李明诚等,2004)

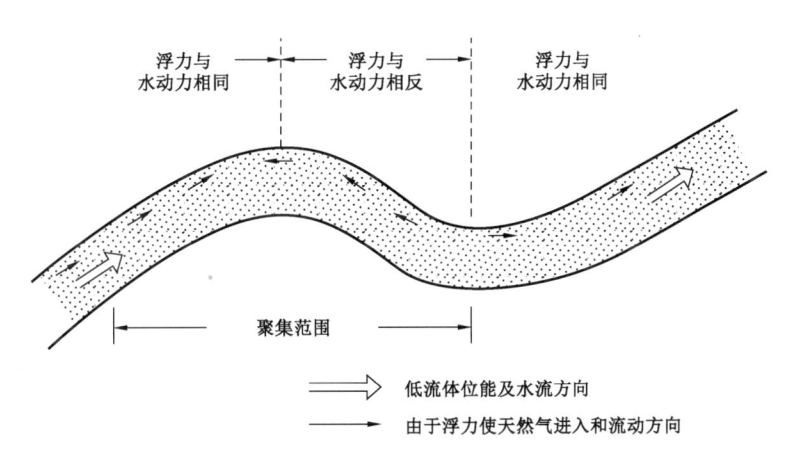

图 6-6 背斜地层中水动力双重作用(据李明诚等,2004)

作用力传递到其中所含的流体,驱使油气沿应力方向运移。间接作用:构造运动可使地层发生倾斜,使油气在浮力作用下向上倾方向运移;可形成供水区与泄水区,形成水动力作用;形成断层、裂缝、不整合面等油气运移的通道。宋岩等(2001)认为构造应力对油气运移影响的机制可以描述为"应力使孔隙产生应变,进而影响孔隙流体压力"。根据弹性变形理论建立了相关公式,认为在构造强烈活动期,构造应力对天然气运移将起主导作用,原因是在强烈构造活动期,构造应力纵向梯度可达 25MPa/km,远远超过静水压力梯度(约 10MPa/km),横向上存在由盆地边界向中心明显降低的趋势。

3. 异常压力

异常压力是天然气初次运移的主要动力,主要由欠压实作用、水热增压作用、烃类生成作用、蒙皂石脱水作用和附加地应力作用五种机制产生。欠压实作用是指地层在埋藏成岩过程中随着压实程度的增加,非渗透地层的顶和底压实相对比较快,地层内部流体在排水受阻时,地层孔隙流体压力就会增大。一般情况下,地层中缺乏渗透层、沉积速度过快且地层较厚都可以导致欠压实作用的产生。水热增压效应是指地下地层压实过程中,由于温度较高时孔隙流体的膨胀超过岩石骨架的膨胀,产生多余的地层压力。但是只有当地层压实排水受阻时水热增压作用才能发生。烃类生成作用是指泥岩层中固体干酪根在向液态烃转化过程中,形成的流体体积超过原固态有机质颗粒的体积,产生额外的地层压力。蒙皂石脱水作用是指地层中蒙皂石向伊利石转化过程中,蒙皂石矿物的层间束缚水变成了伊利石粒间自由水,但层间束缚水的密度比自由水密度要大,故产生了水体体积膨胀,因而引起了孔隙流体压力的升高。附加地应力作用则是指构造运动造成地层挤压,地应力向地层岩石骨架传递的同时也附加在孔隙流体上,故孔隙流体压力会升高。

(二)天然气运聚模式

远源浮力驱动构造和岩性气藏的天然气运聚模式由其动力学机制决定,主要类型包括浮力流模式、流体势模式和输导层不均匀运聚模式。

1. 浮力流模式

该模式是远源构造气藏天然气运移的基本方式,是指在地层孔隙水中,气泡或者气柱在浮力作用下呈不连续的上浮流动(李明诚,2004),包括无阻上浮和有阻上浮,主要取决于气泡和运移通道大小及配置关系。当运移通道远大于气泡直径时,气泡上浮过程不受毛细管力的限制,即无阻上浮。有阻上浮是指气泡在上浮过程中需要后续不断补充以增大浮力才能克服毛细管阻力继续上浮。Berg(1975)基于浮力和毛细管压力相互作用关系建立了静水条件和水动力条件下气柱开始运移的公式。静水条件下:

$$Z(\rho_w - \rho_g)g = 2\sigma\left(\frac{1}{r_t} - \frac{1}{r_p}\right)$$

水动力条件下:

$$Z = \frac{2\sigma\left(\frac{1}{r_t} - \frac{1}{r_p}\right)}{(\rho_w - \rho_g)g} \pm \frac{\rho_w}{\rho_w - \rho_g}\frac{dh}{dX}X$$

式中 X——气柱延伸的水平距离。

2. 流体势模式

流体势模式又称多相流模式。对于地下孔隙水中呈连续烃相的油气,二次运移过程中的渗流大多是油、气、水三相渗流,并简化为油—水或气—水的两相渗流。如果不考虑毛细管压力的作用,水动力对油气运移有很大影响。多相流体渗流最为合理和方便的表述是用水势描述油势、气势。

最早把流体势的概念引入石油地质学的学者是 M. K. Hubbert,在二十世纪四五十代用来研究地下流体的能量变化和流体运移规律。E. C. Dahlbert(1982)在流体势的概念基础上,提出了相对流体势概念,并用来分析油气运移和聚集的方向及部位,即所谓的 UVZ 方法。

地下流体的渗流是一个机械运动过程,流体在势能的作用下,总是自发地由机械能高的地方流向机械能低的地方。Hubbert 将流体势(Φ)定义为地下单位质量的流体具有的机械能的总和,可用下式表示:

$$\Phi = gZ + \int_0^p dp/\rho + q^2/2$$

式中　Φ——流体势；

　　　Z——测点高程，m；

　　　p——测点地层压力，Pa；

　　　ρ——流体密度，kg/m³；

　　　q——地层流体流动速度，m/s；

　　　g——重力加速度，m/s²。

上式右端第一项表示重力引起的位能，即将单位质量流体从基准面（海拔等于0）移动到高程 Z 为克服重力而做的功；第二项表示流体的压强（或弹性能），即单位质量流体由基准面到高程 Z 因压力变化所做的功；第三项表示动能，即单位质量流体由静止状态加速到流速 q 时所做的功。基准面可以选择任意高程，Z 相对于基准面的高程，在基准面之上为正，在基准面以下为负；P 也为相对于基准面处压力的变化幅度。在地下多数情况下是处于静水环境，或流体流动很缓慢（<1cm/s）时，$q^2/2$ 可忽略不计，以上公式只剩两项。

Hubbert 的流体势只考虑了流体的位能和压能，即作用在流体上的两种作用力——重力和弹性力，忽略了天然气在地下运移过程中另外一种重要的力——毛细管压力。因此，England（1987）采用单位体积流体定义流体势，将毛细管压力考虑进去，将流体势定义为：从基准面传递单位体积流体到研究点所做的功。水势（Φ_w）、油势（Φ_o）和气势（Φ_g）的公式如下所示：

$$\Phi_w = -\rho_w g Z + p$$

$$\Phi_o = -\rho_o g Z + p + \frac{2\sigma_{ow}}{r}$$

$$\Phi_g = -\rho_g g Z + p_g \int_0^p \frac{dp}{\rho_g(p)} + \frac{2\sigma_{gw}}{r}$$

式中　σ_{ow}——油水界面张力；

　　　σ_{gw}——气水界面张力。

3. 输导层不均匀运聚模式

输导层内的天然气运移方向和路径特征是运移动力和阻力互相作用的结果（England 等，1995）。盆地内发生的运移主要是在浮力作用下发生的，毛细管压力始终起着阻力的作用，可以利用一个无量纲的特殊参数来表征二者之间的关系。Wikinson（1996）提出了一个无量纲参数——Bond 数（B_o），其可以表征重力与毛细管压力的作用关系，其表达式为，

$$B_o = \frac{(\rho_w - \rho_o) g r^2}{2\sigma}$$

式中　σ——界面张力；

　　　r——孔喉半径，cm。

如果在孔隙介质确定的情况下，天然气运移动力与阻力比值大小决定了天然气运移路径的形态。图6-7展示了不同动力与阻力比值条件下油气运移形态（Luo 等，2011）。

输导层的非均质性对于油气运移的突破方向的选择起着很大的作用，当浮力的作用占优时，输导层非均质性的影响很小，运移路径在各个方向上的形成机会基本相等。如果浮力作用减小，输导层非均质性影响开始显现，油气运移倾向于孔喉半径大的区域。Luo（2001）模拟了相对复杂背斜、向斜相

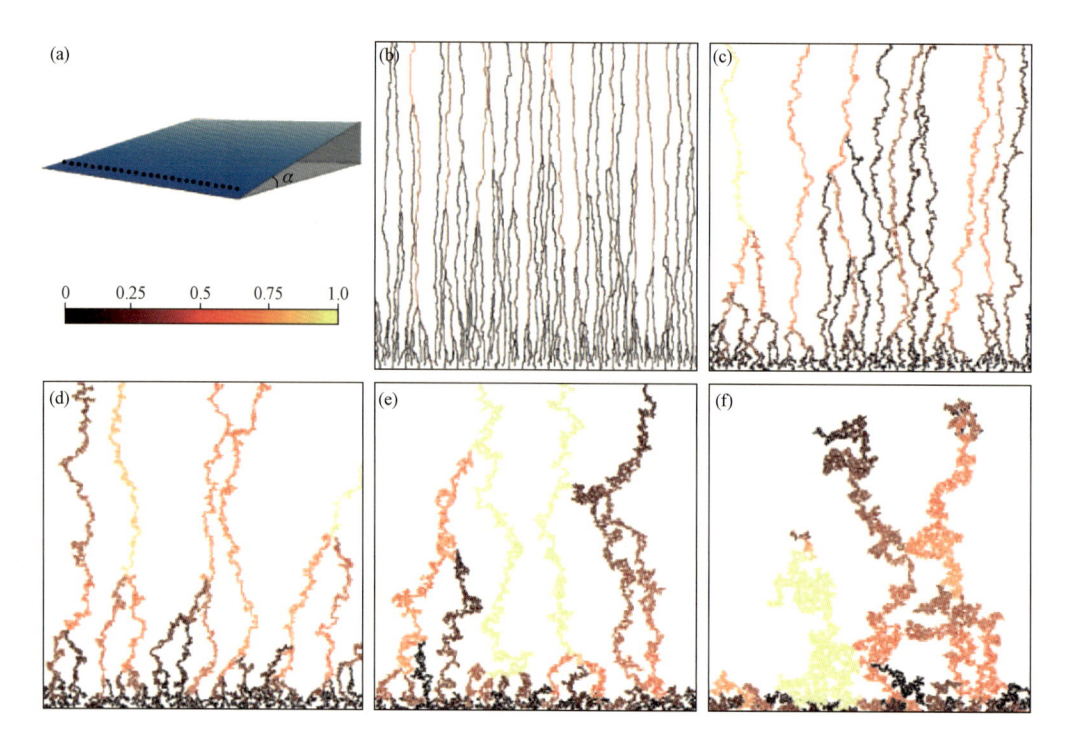

图 6-7 不同 Bond 数条件下油气运移行为特征（据 Luo 等，2011）
(b)—(f)的 Bond 数分别是 1.0×10^{-1}、1.0×10^{-2}、1.0×10^{-3}、1.0×10^{-4} 和 1.0×10^{-6}

连,存在河道砂的地质条件下油气的运移。研究表明,油气运移的方向和路径受到了高孔渗性河道砂通道的控制:由烃源岩直接进入河流砂体通道的油气只能在该砂体中运移,而其范围之外输导层内油气在遇到河流砂体通道后会进入其中,并在此通道中运移。

三、断层、盖层封闭机制与气柱高度预测

远源浮力驱动构造和岩性气藏的保存与断层和盖层的封闭能力息息相关,二者是关乎天然气能否成藏的重要因素,对于天然气勘探具有重要指导意义。

（一）断层封闭机理及影响因素

天然气在运移过程中常会遇到断层,断层有时为油气运移的通道,有时又起遮挡作用。当起通道作用时,天然气可沿断层面做垂向运移,断层错断地层的层位不同,天然气运移到的层位也不同;当断层封闭时,侧向上和垂向上均可阻止天然气穿过。因此只有认识断层的封闭机制,才能认清天然气的分布规律,确定天然气的勘探目的层。

1. 断层封闭机制

断层的封闭程度主要取决于断层带物质及其两侧岩石的封闭能力,即断裂带物质及其两侧岩性的排替压力(图6-8)。断层起封闭作用,则要求断层岩具有比储层更大的排替压力(差异排替压力)。形成差异排替压力的条件:(1)目的盘储层与对盘非渗透层对置;(2)断层岩的排替压力大于储层排替压力。断层岩排替压力取决于断层岩的泥质含量和断层岩的压实成岩程度,前者受控于断移地层中泥岩层所占比率;后者取决于断层面承受的正岩压力和成岩时间。

根据断层两盘岩性对接关系、断裂变形机制及形成的断层岩类型,可以将封闭类型划分为五类(图6-9):对接封闭、泥岩涂抹封闭、层状硅酸盐—框架断层岩封闭、碎裂岩封闭和胶结封闭。

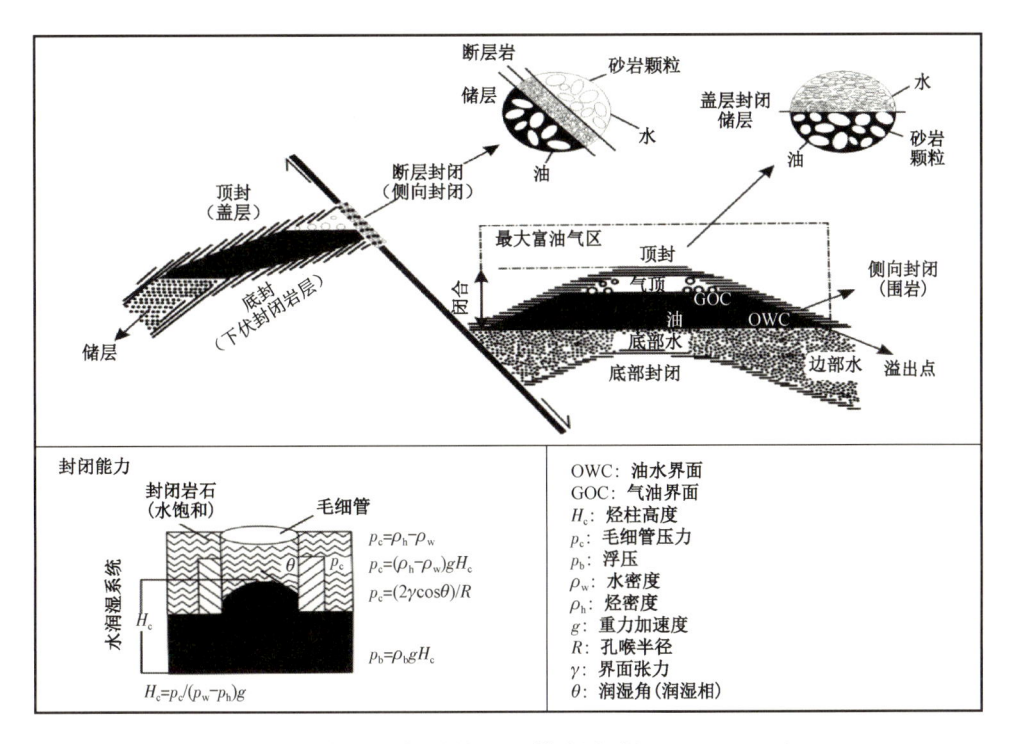

图 6-8　断层和盖层封闭机理模式图（据 Sorkhabi，2005）

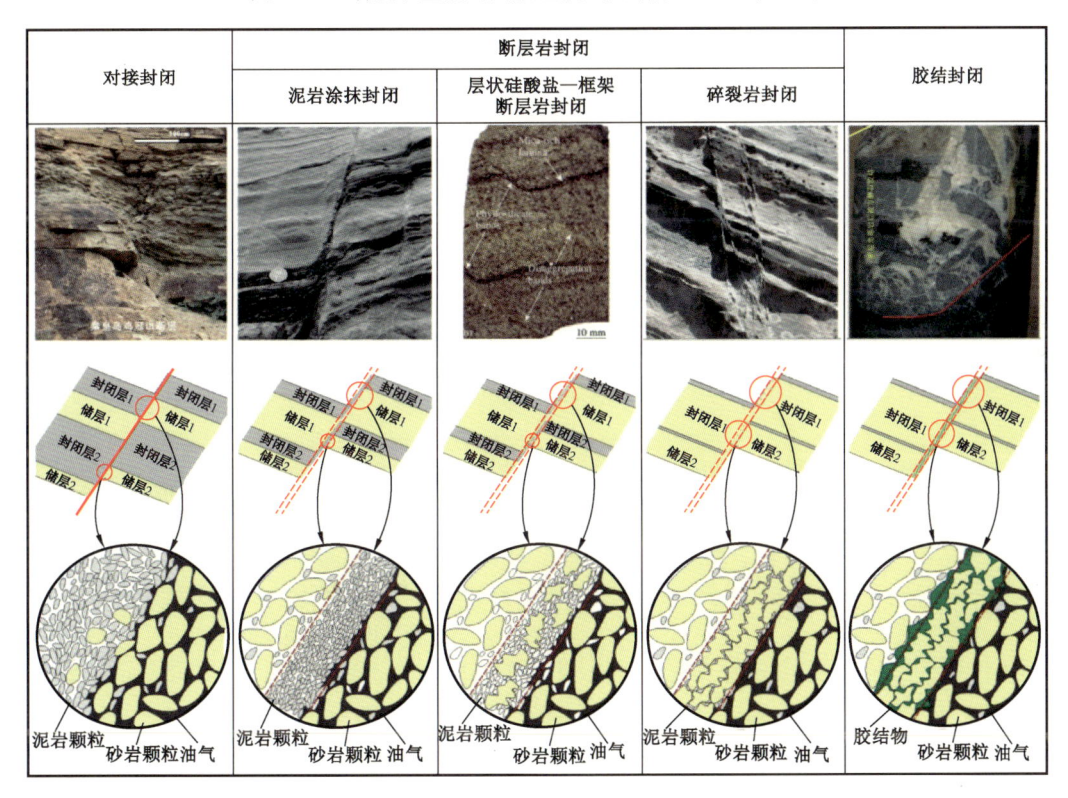

图 6-9　断层封闭类型及机理模式图

1）对接封闭

早在 1966 年，D. Smith 就从分析断层封闭性的本质入手，建立了断层两盘岩性对接封闭的理论模型（图 6-10）。其基本含义为：目的盘岩层中的排替压力小于与之对置的断层另一盘地层排替压力时，断层封闭，所以陆相盆地目的层砂层与对盘泥岩层对置，断层是封闭的。这种机理只适用于断裂带无充填，两盘直接接触的断层，一般断距小于盖层厚度的断层属于此类。

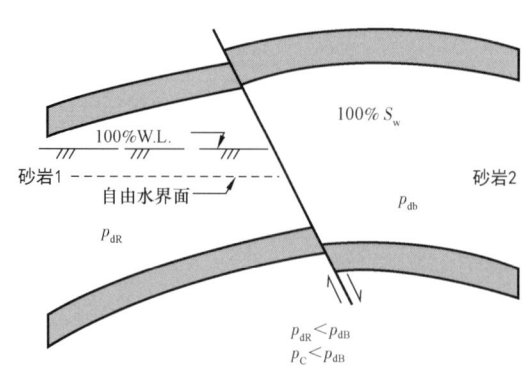

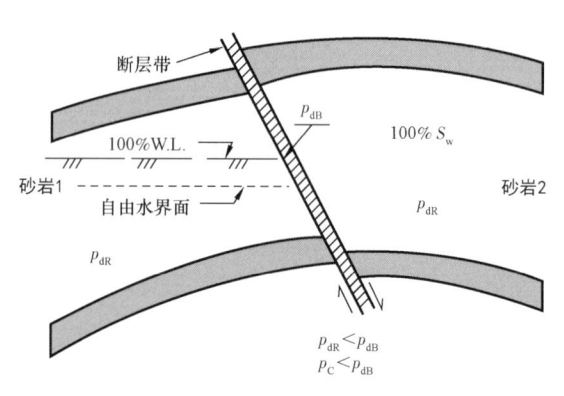

(a) 断层两侧不同岩性毛细管差异导致的断层封闭　　(b) 断层带与储层岩石毛细管差异导致的断层封闭

图 6-10　断层两盘岩性对接封闭的理论模型（据 Smith，1966，略改）

2）泥岩涂抹封闭

指塑性的泥质物或其他非渗透性岩层被拖拽进断层带敷在断层面上（K. J. Weber，1978；图 6-11）。有的学者用实验模拟了这种作用现象，1995 年 Berg 解释了其产生的力学机制。Lehner 和 Pilaar 提出了泥岩涂抹的拉分机制，此作用通常与同沉积断层或超压有关，因为在这些情况下，泥岩可以保持好的塑性（图 6-12）。

3）层状硅酸盐—框架断层岩封闭

指断层活动过程中将来自砂岩和泥岩层中的碎屑混合形成的断裂充填物。一般在砂泥岩互层段发育此类封闭。

4）碎裂岩封闭

由于破裂作用，颗粒摩擦滑动并伴随有粒径减小的伴生孔隙的崩塌（Knipe，1992），一般形成于大套的砂砾岩层段。在断层变形带内，由于碎裂作用使得孔隙度值比围岩的小一个数量级，渗透率比围岩中的小 3 个数量级。对断层岩岩心微观结构的研究表明，碎裂产生的断层泥可以封住 300m 高的油柱或更

图 6-11　断层中泥岩涂抹现象示意图（据 Weber，1978）

多的烃柱。实验数据表明，断层泥的形成主要受控于断层的初始位移量，随后沿断层泥发生滑动，但不再产生破碎带。控制碎裂物发育的主要因素是断层移动时作用在断层面上的有效法向应力的大小。

5）胶结封闭

断层带的封闭性受新矿物的沉淀所控制，这些封闭可被限定在变形造成局部溶解和溶解物质再沉淀，或者与沿断层或接近断层胶结扩张侵入（图 6-13）。常见的胶结封闭有两种类型：深部热液胶结封闭及变形造成局部溶解和再沉淀胶结。

2. 断层封闭性影响因素

地层岩性特征和断距是影响断裂带中断层泥比率的关键因素，它们决定着断裂充填物的性质和断层岩厚度，断移地层若均为泥岩，充填物为泥质；若均为砂岩，充填物一般为砂岩充填；若为砂泥岩互层，充填物一般为二者的混合物。如果断距不大，充填物的厚度不大；如果断距很大，充填物的厚度也很大，且充填物的性质复杂。

①②③④⑤五个滑动面上均见研磨型泥岩涂抹
⑥砂岩透镜体
⑦泥岩透镜体

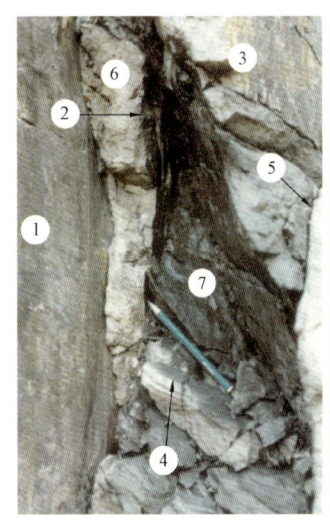

英国Round O Quarry断层
(a)研磨型泥岩涂抹(据Lindsay等，1993)

马来西亚Miri地区F_8断层
(b)剪切型泥岩涂抹(据Van der Zee等，2005)

马来西亚Miri地区F_{10}断层
(c)注入型泥岩涂抹(据Van der Zee等，2005)

图6-12 断层中泥岩涂抹现象照片

早期为石英充填，晚期以泥质为主，充填较疏松，油迹

图6-13 海拉尔盆地布达特群断裂带岩心胶结作用

岩石力学性质是影响断层封闭性的另一重要因素。脆性地层中的断裂作用主要发生破碎过程，泥岩涂抹并不发育，而塑性地层断层泥涂抹发育，破碎的程度也小。

次级破裂网络影响主断裂的封闭性，主断裂可能是封闭的，但由于次级断层和裂缝开启，导致油气垂向导通。一般情况下，正断层的下降盘裂缝相对发育。

断裂后期活动对早期断层封闭性有一定影响，早期活动的断裂晚期再活动时，对早期形成的断层岩有改造和破坏的作用，主要有两个方面：一是早期形成的泥岩涂抹，由于后期活动断距增大，从而将泥岩涂抹拉断；二是早期形成的断层岩在晚期活动时产生裂缝，成为油气的运移通道。因此，早期形成的断层岩在晚期活动时容易被破坏，断层封闭性变差。

应力与断层封闭性也具有一定关系，一般认为断面正压力大于泥岩的屈服强度，具有塑性的泥岩层易于塑性流变，填塞断裂带内部的裂缝空间，使断层易于封闭。当最大主压应力方向与断裂走向几乎垂直时，断裂趋向于闭合状态。当最大主压应力方向与断裂走向几乎平行时，断裂趋向于张开。当最大主压应力方向与断裂走向斜交时，交角越小，断裂的封闭性越差，开启性越强；交角越大，断裂的封闭性越好，开启性越差。

3. 断层封闭性评价

1）基于岩性对接封闭机理定量评价断层封闭性方法

无论断裂带内部结构、断层核中断层岩性质如何，只要断层一盘渗透性地层与另一盘非渗透性地层对接，断层侧向是封闭的，这种模式适用于正断层、逆断层和走滑断层，也适用于各种沉积环境地层。对断层岩发育的断层，真正起封闭作用的就不是对接，而是断层岩，因此对接封闭常见有两种类型：一是小规模断层，主力砂岩储层没有被完全错断，断层表现为对接封闭；二是脆性地层，如火山岩、碳酸盐岩和致密砂岩，常形成高渗透性的断层角砾岩，断层岩本身不具备封闭能力，主要依靠一盘非渗透性岩石阻止对盘储层中油气侧向运移。编制圈闭范围断层的 Allan 图解（图 6-14），即可定量判断岩性对接封闭的最大烃柱高度和有效的圈闭面积。

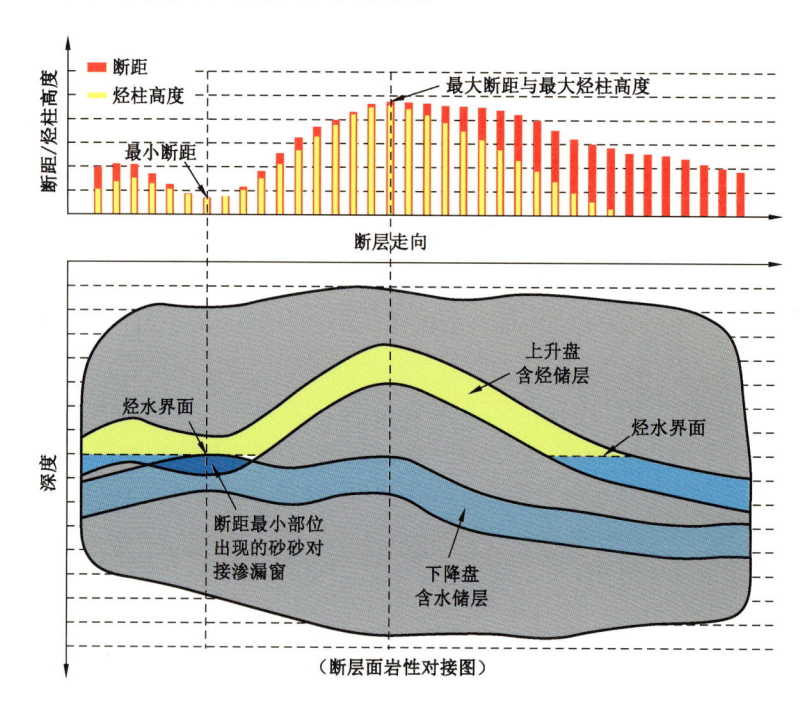

图 6-14 岩性对接与烃柱高度

2）基于断层岩封闭定量评价断层封闭性方法

Yielding（2002）和 Bretan（2003）基于埋深不同的断层建立了断裂带 SGR 与断层支撑的压力之间的定量关系：

$$AFPD = 10^{(\frac{SGR}{d}-c)}$$

AFPD 为地下同一深度断层面两侧上下盘的压力差，即断层面支撑的压力（Pa）；SGR 为断裂带中泥质含量（%）；c 常数，埋深不同该参数赋值不同，埋深小于 3.0km 时，c 为 0.5；埋深介于 3.0~3.5km 时，c 为 0.25；当埋深超过 3.5km 时，c 为 0。

断层面两侧上下盘的压力差（AFPD）与其支撑的烃柱高度间的关系为：

$$AFPD = p = (\rho_w - \rho_h)gH$$

式中 p——圈闭油气浮压，Pa；

ρ_w——地层水密度，g/cm³；

ρ_h——烃类密度，g/cm³；

g——重力加速度，m/s²；

H——烃柱高度，m。

油气开始渗漏时圈闭油气的浮压等于断层面支撑的压力，断层封闭的最大烃柱高度为：

$$H_{Seal} = \frac{10^{(\frac{SGR}{d}-c)}}{(\rho_w - \rho_h)g}$$

式中　H_{Seal}——断层封闭的烃柱高度，m；

　　　d——与实际地质条件有关的变量，不同盆地、同一盆地不同区带存在差异。

获取 d 值或标定该公式有两个途径：一是在滚动勘探开发区块，利用断层两盘压力差资料进行标定，建立 SGR 值与其所能支撑的对大烃柱高度之间的函数关系，确定 d 值，如北海盆地 d 为 27；二是在早期评价区块，没有更多的断层两盘压力差资料，只能根据油藏已知油水界面去间接标定公式。假定研究区 d 为一定值，根据控制油藏断层实际 SGR 分布计算所能封闭的最大烃柱高度和油水界面，当计算值与实际油水界面吻合时，这个假设的 d 值就标定了研究区断层面支撑的烃柱高度与 SGR 关系。依据这个定量关系可以计算任何断层圈闭所能封闭的最大烃柱高度。

这种定量预测主要考虑了断移地层岩性和断距共同决定的断裂带 SGR 及断层岩类型，也考虑了流体性质对封闭性的影响。

（二）盖层封闭机制

盖层能够阻止储层中的天然气向上逸散，其好坏及分布直接影响着天然气在储层中的聚集和保存，决定了有效含气范围。

1. 盖层封闭类型

根据盖层的封盖机制，可以分为毛细管封闭、压力封闭和烃浓度封闭三种类型。

1）毛细管封闭

盖层多数为水润湿的或水饱和的（Hubbert，1953），由于具有较高的毛细管压力，因此能封闭住一定的烃柱高度（Berg，1975；Watts，1987）。毛细管压力定义为在储—盖层接触面上油压力和水压力的差异（Berg，1975）。只有当油气柱产生的浮压超过毛细管进入压力时（图 6 – 15），毛细管封闭失效，油气突破盖层垂向运移（Watts，1987）。盖层的非均质性很强，各点封闭的烃柱高度不同，但最小封闭能力点决定圈闭封闭烃柱高度大小。

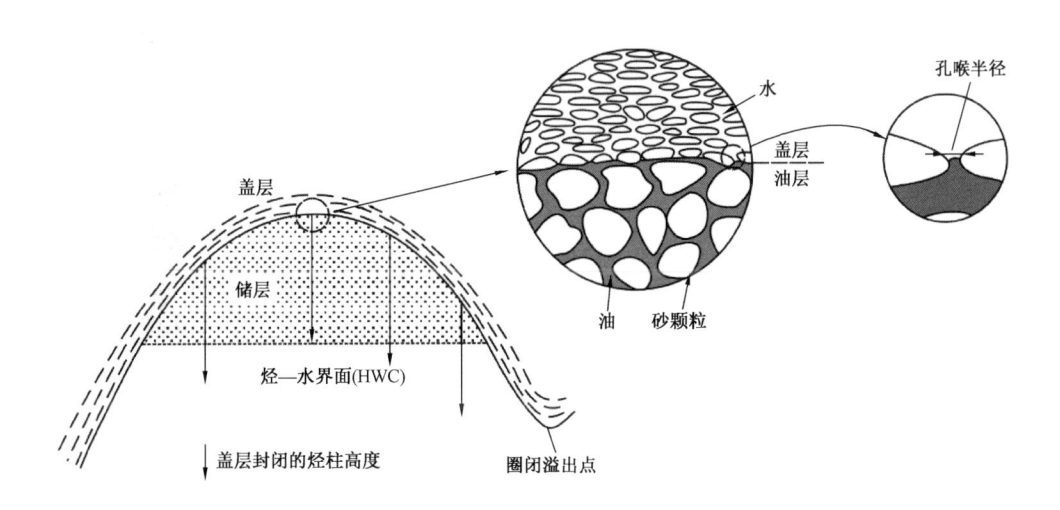

图 6 – 15　盖层毛细管封闭机理（据 Watts，1987）

表征毛细管封闭能力有效参数包括孔隙度、渗透率、孔喉半径、比表面积和排替压力(吕延防等,1996),泥页岩原始孔隙度可达60%~80%,随着埋藏深度增加逐渐减小(Mallon 和 Swarbrick,2002;Magara,1968),埋深0.5~1km后下降到35%,埋深3.5~4.0km下降到5%左右。Khanin(1969)测试泥质岩渗透率为10^{-6}~10^{-2}mD,北海盆地 Kimmeridge 泥岩渗透率为$(0.09~4) \times 10^{-6}$mD(Okiongbo,2011),渗透率随着埋藏深度增加而逐渐降低,渗透率随着有效应力增加和泥质含量增加而逐渐降低。渗透率和孔隙度之间没有明显的正相关关系(Mallon 等,2005)。泥页岩比表面积为50~920m^2/g(Ingram,1999)。Mallon 和 Swarbrick(2008)测试北海盆地白垩盖层孔喉半径为5~160nm,且随着埋藏深度增加而逐渐减小,超过3000m白垩孔喉半径普遍小于30nm。高瑞祺和蔡希源(1997)测试松辽盆地深层(登娄库组和泉头组)和中浅层(青山口组和嫩一段)泥岩盖层孔喉半径,中浅层泥岩盖层孔喉半径为0.8~200nm,峰值普遍为1~2nm,深层泥岩盖层孔喉半径为0.8~40nm,峰值范围为1~6nm。

排替压力定义为润湿性流体被非润湿性流体驱替所需的最小压力(李明诚,2004;吕延防等,1996),也就是非润湿相在岩石中流动所受到的毛细管阻力。可以通过实验测试(吕延防等,1996)、压汞曲线(Schowalter,1979)、测井和地震资料等多种手段获得。中国陆相盆地不同类型的盖层排替压力也存在差异,但封闭能力依然遵循膏岩(18~25MPa)、泥岩(2~22MPa)、碳酸盐岩(8~14MPa)和砂岩(0.5~7MPa)依次变差的规律(图6-16a)。不同类型岩性盖层封闭的最大烃柱高度存在明显差异(Skerlec,1999)(图6-16b),膏岩封闭烃柱高度最大,其次为泥岩和碳酸盐岩,最差的为砂岩。排替压力与孔隙度、渗透率、泥质含量之间存在定量关系,成为定量预测盖层封闭能力演化过程的基础。

(a)中国不同岩性盖层排替压力分布范围(据付晓飞,2015)

(b)世界范围不同岩性盖层封闭烃柱高度(据Skerlec,1999)

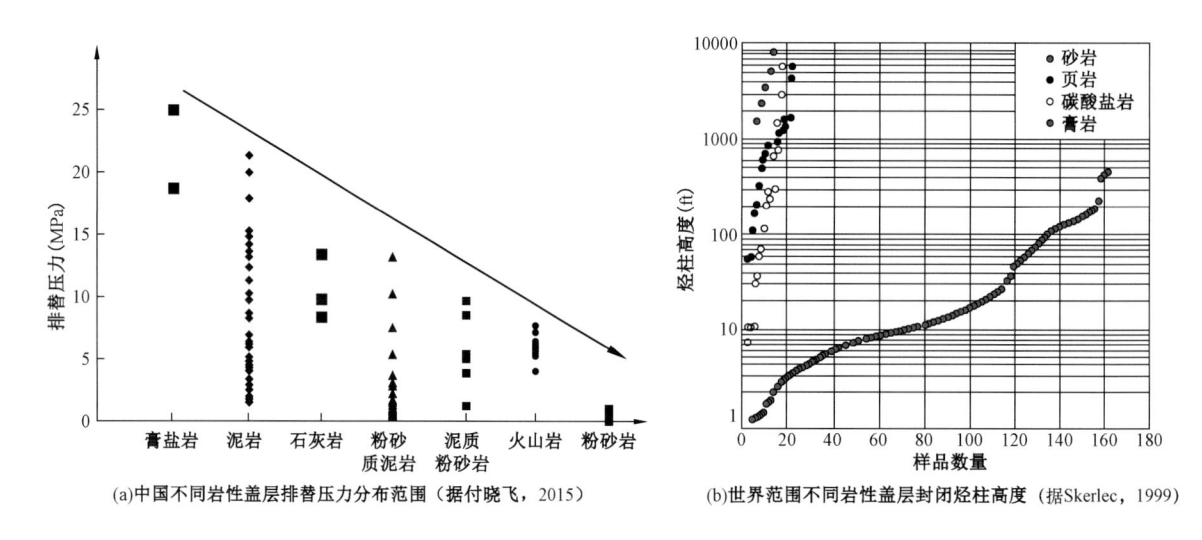

图6-16 不同岩性盖层物性封闭能力对比

影响盖层毛细管封闭能力因素主要有五方面:

一是成岩程度影响:高瑞祺和蔡希源(1997)研究表明,泥岩压实历经快速压实、稳定压实、突变压实和紧密压实四个阶段,封闭能力在突变压实阶段(超压产生)和紧密压实阶段最强。深层泥质岩盖层均处于紧密压实阶段,对应中成岩晚期和晚成岩阶段,化学胶结作用强烈,孔喉半径很小,封闭能力增强(Ajdukiewicz 和 Lander,2010),但泥质岩脆性增强,裂缝导致渗漏的可能性增大(Krooss 等,1986;Watts,1987;Roberts 和 Nunn,1995;Dewhurst 等,1999;Zhang 和 Krooss,2001)。

二是流体性质影响:由于气的界面张力随深度增加的速率与油不同(Schowalter,1979),相同盖层封闭气可能多于油。深层处于高温高压环境,油气相态多以凝析油和气为主,对盖层封闭能力影响需要进一步探讨。

三是界面张力影响:油—水界面张力随着温度增加而减小,随着压力增加变化不大,气—水界面张力随温度(分子运动加快)和压力升高(界面上力场不平衡)而降低,深层盖层封闭油气能力受界面张力影响而降低。

四是润湿性影响:盖层之所以能够封闭住大量的油气是因其为水润湿的(Schowalter,1979),但多种因素影响岩石的润湿性,如压力、温度和活性较强的极性化合物。物理模拟实验表明(Rueslåtten 等,1994),原油中的极性化合物通常改变岩石的润湿性,如颗粒表面吸附的有机金属复合物导致油润湿,去掉后变为水润湿,残留油主要散布在砂岩中高岭石充填的孔隙中,是因为吸收了有机—金属复合物,成为油润湿。Dullien 等(1986)、Morrow 等(1990)和 Rodgers(1999)均通过实验证实,束缚水是可动的,不存在束缚水饱和度最低限,水可以通过油层进入盖层中,酸性化合物从油中分离出进入残留水中,水携带酸性化合物进入盖层中,这种流动发生在不连续、狭窄的通道中。酸性极性化合物导致水膜破裂,吸附到矿物表面,这种有机—金属化合物导致局部润湿性改变,变为油润湿,减小毛细管压力,促使局部油和气进入盖层,从而形成不连续的微渗漏空间。

五是储层超压的影响:当储层存在超压时,盖层封闭能力减小(England 等,1987),相当于盖层毛细管压力要抵消储层超压。Bjørkum 等(1998)提出了不同的观点,认为连续水相可以从油层向上覆盖层中运移。油层中水相和盖层中水相压力差是极小的,因此,封闭层之下烃类并不受储层超压的影响,在水润湿的储层中的水相是流动的,烃类界面之下的水层的超压可以传递到储层—封闭层的界面,因此,超压水润湿性储层并不比正常压力储层更容易发生毛细管渗漏。

泥质岩盖层在埋藏—抬升过程中,物性和封闭能力呈现动态变化规律,埋藏过程中,泥质岩盖层孔隙度逐渐降低,封闭能力逐渐增强,在抬升过程中泥质岩盖层由于裂缝产生,孔隙度变化不大,但渗透率明显增加。基于排替压力和孔隙度、渗透率之间的定量关系,Jin 等(2014)建立了泥质岩盖层封闭能力动态变化过程定量评价方法。

2)压力封闭

压力封闭的特点是具有能封闭异常压力的压力封闭层(图 6-17);压力封闭层不仅封闭地层中的油气,而且还能封闭作为地层压力载体的水;能对烃类和水实现全封闭。只有岩性致密、渗透率极低的岩层才具有压力封闭的能力。通常位于储层上方的超压泥岩层是天然气的良好盖层,它能有效地阻止天然气向上方运移,但若这种超压泥岩封闭层仅存在于烃类聚集之中或其下,不仅不能起封闭作用,而且还会促进油气向上逸散。

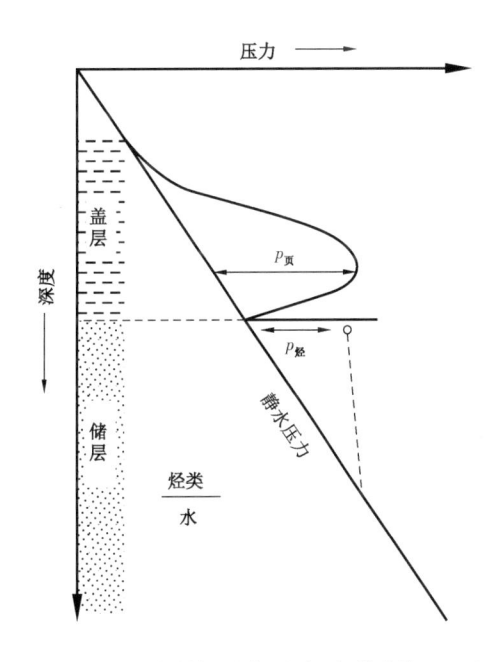

图 6-17 压力封闭示意图(据李明诚等,2004)

3)烃浓度封闭

烃浓度封闭是在物性封闭的基础上,主要依靠盖层中所具有的烃浓度来抑制或减缓由于烃浓度差而产生的分子扩散。对天然气来说,由于分子直径小、扩散性强,一般好的泥质盖层虽能阻止其体积流动但很难封闭其扩散流,如果盖层是烃源岩本身,具有一定的烃浓度,势必可增加对分子扩散的封闭性。天然气通过盖层的扩散主要是溶于水中,在水介质中进行的。因此,当盖层是烃源岩本身又具有异常高压时,孔隙水中的溶气浓度可以很高,甚至超过下伏储层孔隙水中的含气浓度形成向下递减的浓度梯度,从而使向上的扩散作用完全停止。盖层的烃浓度封闭对阻止天然气的分子扩散可能是很有效的。

烃浓度封闭机理虽然符合分子扩散的原理,但经过一段时间的扩散后,盖层中的含气浓度完全可以与下伏储层中的含气浓度达到浓度平衡,此后再以整体的平衡浓度向上或向下扩散,而储盖层之间则处于浓度上的动平衡状态,这种机理只能相对延缓下伏储层天然气向上扩散的时间,最终并不能阻止天然气的分子扩散。此外,也要考虑到如果盖层是烃源岩且在大量生烃阶段时,一旦其润湿性改变为油润湿,就会丧失毛细管封闭能力,并将导致在压力差作用下有大量体积流的散失。

2. 盖层封闭能力评价

1)毛细管封闭气柱高度

毛细管封闭能力可以用单位面积上所封存的油气柱高度来衡量。当圈闭中油气柱的浮力与储盖层之间具有的毛细管压力相等时,即为最大封存油气柱高度(Z_h)。在静水条件下可用下式表示:

$$Z_h = \frac{2\sigma\left(\frac{1}{r_t} - \frac{1}{r_p}\right)}{(\rho_w - \rho_g)g}$$

式中　r_t——盖层的最大喉道半径,m;

　　　r_p——储层最小孔隙半径,m。

在一定水力条件下,即当储盖层界面上承受的流体压力大于或等于岩石最小水平应力与岩石的抗张强度之和时,盖层将形成垂直于最小水平应力的张裂缝,盖层的物性封闭将不复存在,故又称为水力封闭。盖层的水力封闭气柱高度可用下式表示:

$$Z_h = \frac{(S_3 + K) - p_w}{(\rho_w - \rho_g)g}$$

式中　S_3——盖层的最小水平应力,MPa;

　　　K——岩石的抗张强度,MPa;

　　　p_w——储盖层界面上的流体压力,MPa。

2)压力封闭气柱高度

当储层具有异常压力时,上覆盖层多为压力封闭层;也可以是盖层本身具有异常压力而封闭下伏储层中的流体。后者封闭最小气柱高度为:

$$Z_h = \frac{p_w}{(\rho_w - \rho_g)g}$$

式中　p_w——盖层中的异常压力,MPa。

第二节　近源压差驱动致密气藏成藏机制

致密砂岩气于1927年首先发现于美国的圣胡安盆地,并于20世纪50年代初最早投入开发,当时人们称之为隐蔽气藏。国外致密气分布广泛,代表性的有北美丹佛、圣胡安、艾伯塔、阿巴拉契亚等盆地致密气资源。中国储量丰富,勘探前景广阔,主要分布于鄂尔多斯盆地、四川盆地等,是非常规天然气增储上产的重要领域。致密气储层的低孔低渗特征使得致密气单井一般无自然产能或自然产能低于工业气流下限,与常规气在渗流方面存在较大差异,致密气渗流速度较低,以非达西流为主(Klinkenberg L. J.,1941;Wel K. K.等,1986;Gidley J. L.,1991)。致密气成藏运移距离一般较短,浮力在油气运聚中的作用非常局限,因此,靠近烃源岩的储层最有利于成藏,成藏动力为烃源岩排烃压力,受生烃增压、欠压实和构造应力等控制,成藏阻力为毛细管压力,二者耦合控制油气边界(邹才能等,2011,2013)。

近源压差驱动致密气充注机制与含油气性预测是致密气成藏研究的重要内容。其中成藏动力学研究分析是明确致密油气成藏机理的基础,渗流机理分析是明确致密油气成藏机理的关键,含油气性预测是解决致密油气含油气性的重要手段。本节主要针对致密储层成藏动力学、致密气微观渗流机理、致密气含气性与成藏机制进行探索分析。

一、成藏动力分析

(一)源储压差分析

致密气聚集服从"活塞式"运移原理,储层与气源岩的大面积接触,浮力不是天然气成藏的主要动力,源储压差是主要成藏动力,与常规气藏主要靠浮力驱动的置换运聚模式存在本质上的差异。有机质转化成相同质量的天然气使烃源岩孔隙空间膨胀,生成天然气体积大于减小的有机质体积,从而产生超压,生烃增压是源储压差的主要形式,通过建立生气增压数学模型,系统分析致密气源储压差成藏动力。

Ⅲ型干酪根以生气为主,同时伴生少量的油,如果烃源岩早期生成的油在孔隙中没有排出则随着烃源岩埋藏深度的增加和地温的升高,达到一定的温度时生成的原油将逐渐裂解成天然气。因此Ⅲ型干酪根生烃增压是一个复杂过程,包括生油、生气和原油裂解成气三个增压因素。本书建立的生烃增压模型采用与正常压实状态下没有烃类生成相比较的方法,并遵循以下原则:(1)地层为正常压实,没有烃类生成时孔隙流体压力为常压;(2)油气水共存于烃源岩孔隙中,具有统一的压力系统;(3)生烃过程中岩石、有机质和流体的压缩属性不变;(4)没有烃类生成时孔隙被水充满;(5)干酪根减小的质量与生成烃类的质量相同;(6)不考虑孔隙流体的热膨胀;(7)不考虑油在水中的溶解。建立Ⅲ型干酪根烃源岩生烃增压模型示意图如图6-18所示,在无烃类生成和有烃类生成条件下各取一个相同深度为 Z 的状态点 C 和 D。假设状态点 C 的孔隙流体压力为静水压力 p_h(MPa),孔隙水的体积为 V_{wl}(cm^3),干酪根的体积为 V_{kl}(cm^3);干酪根的质量为 M_k(g);状态点 D 的孔隙流体压力为 $(p_h + p)$(MPa),生成油的体积为 V_o(cm^3),油的质量为 M_o(g),生成天然气的质量为 M_g(g)。

烃源岩排烃后生烃增压方程为:

$$p' = \frac{B' + \sqrt{B'^2 + 4A'C'}}{2A'} - p_h$$

烃源岩生烃增压受到孔隙度、烃源岩成熟度、有机质丰度、天然气残留系数等多种参数的影响。为了揭示各参数对生烃增压的影响程度,在利用盆地模拟技术模拟Ⅲ型干酪根油气生成的基础上,对烃源岩有机碳含量、氢指数和天然气残留系数 β 三个参数进行敏感性分析。模拟烃源岩油气生成时,选取一个理想的泥岩剖面,并设置烃源岩有机质类型为Ⅲ型,有机碳含量为1%、氢指数为100mg/gTOC。烃源岩孔隙度的计算采用倒数压实模型,取地表孔隙度为62%;现今热流采用瞬态热流模型计算得到,所用的平均地温梯度为3.1℃/100m,地表温度为15℃;烃源岩成熟度模拟采用 EASY%R_o 模型,Ⅲ型干酪根的转化率和油气生成率计算采用 LLNL 干酪根生烃动力学模型,没有考虑烃源岩生烃增压造成的岩石破裂和排烃。模拟的Ⅲ型干酪根生烃特征以及油气生成率与转化率的关系如图6-19所示。Ⅲ型干酪根以生气为主,同时伴生有部分原油,干酪根快速转化的深度出现在4000~6000m,转化率从约0.3增加到0.8。从模拟的转化率和油气生成的关系曲线可以将Ⅲ型干酪根的生

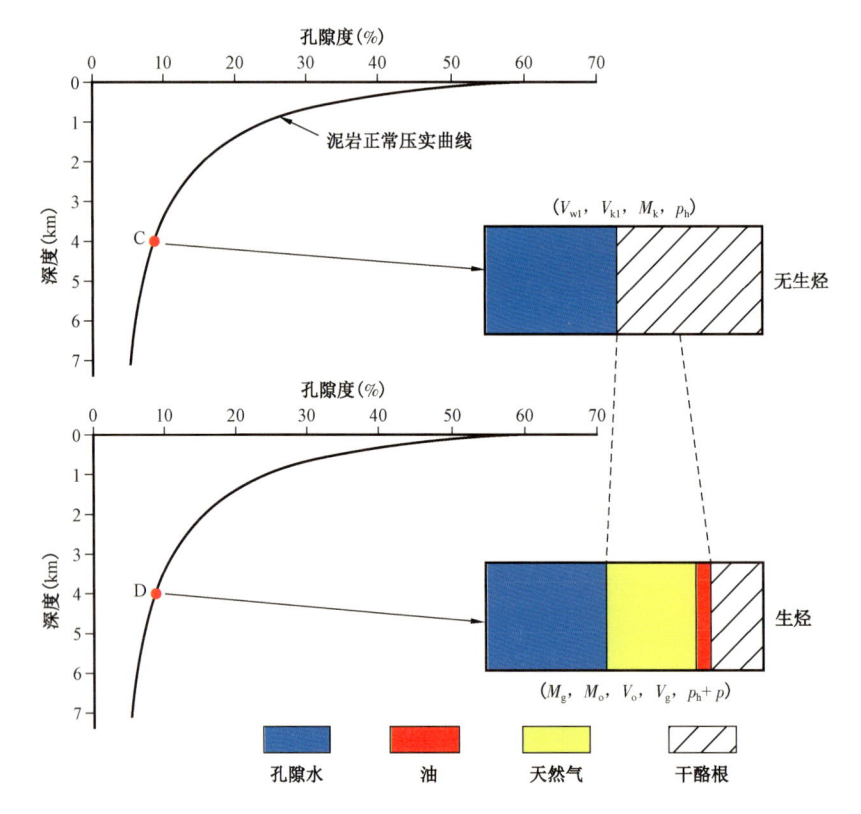

图 6-18 烃源岩生烃增压概念模型

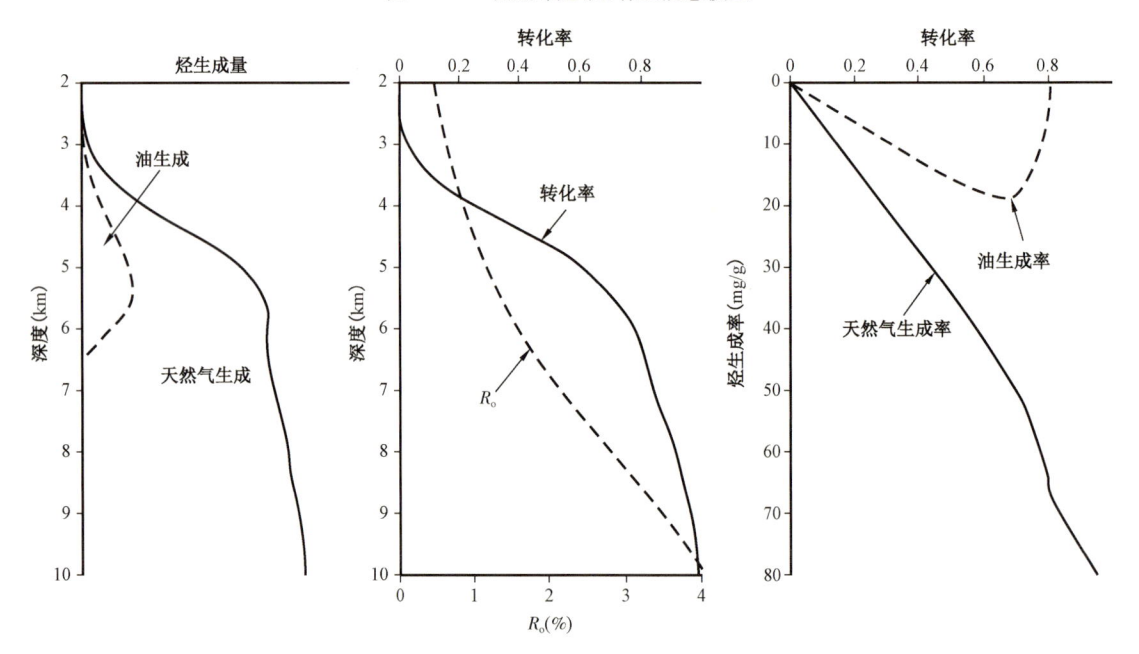

图 6-19 Ⅲ型干酪根生烃特征以及油气生成率与转化率的关系

烃过程分为3个阶段:第一阶段为油气生成阶段,随着烃源岩成熟度和转化率的增加,油气生成量逐渐增大,与烃源岩转化率呈线性关系;第二阶段为原油裂解成气阶段,当烃源岩成熟度(R_o)达到1.3%时,原油开始裂解成气,原油含量逐渐减小,天然气含量增加速率加快,当烃源岩转化率达到0.8,烃源岩成熟度(R_o)达到2%时,原油完全裂解成气;第三阶段为干气生成阶段,生成天然气的量随着转化率的增加成直线增加。计算Ⅲ型干酪根生烃增压时干酪根的密度取1550kg/m³,压缩系数取

— 270 —

$1.4\times10^{-3}\text{MPa}^{-1}$;石油密度取 900kg/m^3,压缩系数取 $2.2\times10^{-3}\text{MPa}^{-1}$;地层水的压缩系数取 $0.44\times10^{-3}\text{MPa}^{-1}$,水的密度取 1030kg/m^3。标准状态下天然气的密度取 0.6773kg/m^3、重烃所占生成天然气的质量分数取 0.1、甲烷在水中和油中的溶解度分别取 0.0026g/L 和 0.102g/L。

烃源岩有机碳含量、氢指数和天然气残留系数三个参数以氢指数对Ⅲ型干酪根生烃增压影响最大,天然气残留系数影响最小(图6-20)。在烃源岩有机碳含量为2%完全封闭的条件下($\beta=1$),氢指数为 50mg/g 在埋藏深度为 6000m 处由生烃作用就可以产生大约 60MPa 的超压,压力系数达到 2.0;烃源岩氢指数每增加 100mg/g 就使生烃作用产生的超压最大增加 180MPa,对应的压力系数增加近 1.8;当烃源岩氢指数为 400mg/g 时可以产生超过 700MPa 的超压,压力系数可以超过 8.0。烃源岩有机碳含量对Ⅲ型干酪根生烃增压也具有一定的影响。在氢指数为 100mg/g,完全封闭的条件下,有机碳含量只有 0.5% 就可以产生超过 100MPa 的超压,压力系数达 2.0 以上。随着有机碳含量的增加,超压强度也变大,有机碳含量为 1% 的烃源岩生烃作用产生的超压比有机碳含量为 0.5% 的烃源岩最大增加近 40MPa 的超压,增加的压力系数大约为 0.4。天然气残留系数 β 的变化对Ⅲ型干酪根生烃增压的影响却最小,意味着保存条件不是烃源岩形成生烃增压的主要控制因素。在烃源岩有机碳含量为 2%,氢指数为 100mg/g 时,天然气残留系数 β 只要大于 0.2 就可以产生超压,也就是意味着天然气扩散的量只要小于生成量的 80% 就可以产生超压。天然气残留系数 β 每增加 0.2,增加的最大超压大约只有 40MPa,所增加的压力系数只有大约 0.4。从压力系数与深度关系可以看出超压可以出现的最小深度大约为 3000m,压力系数随着深度的增加而增大,在深度大约为 6000m 处压力系数达到最大,从 6000m 往下,压力系数基本不变或者有稍微减小的趋势。

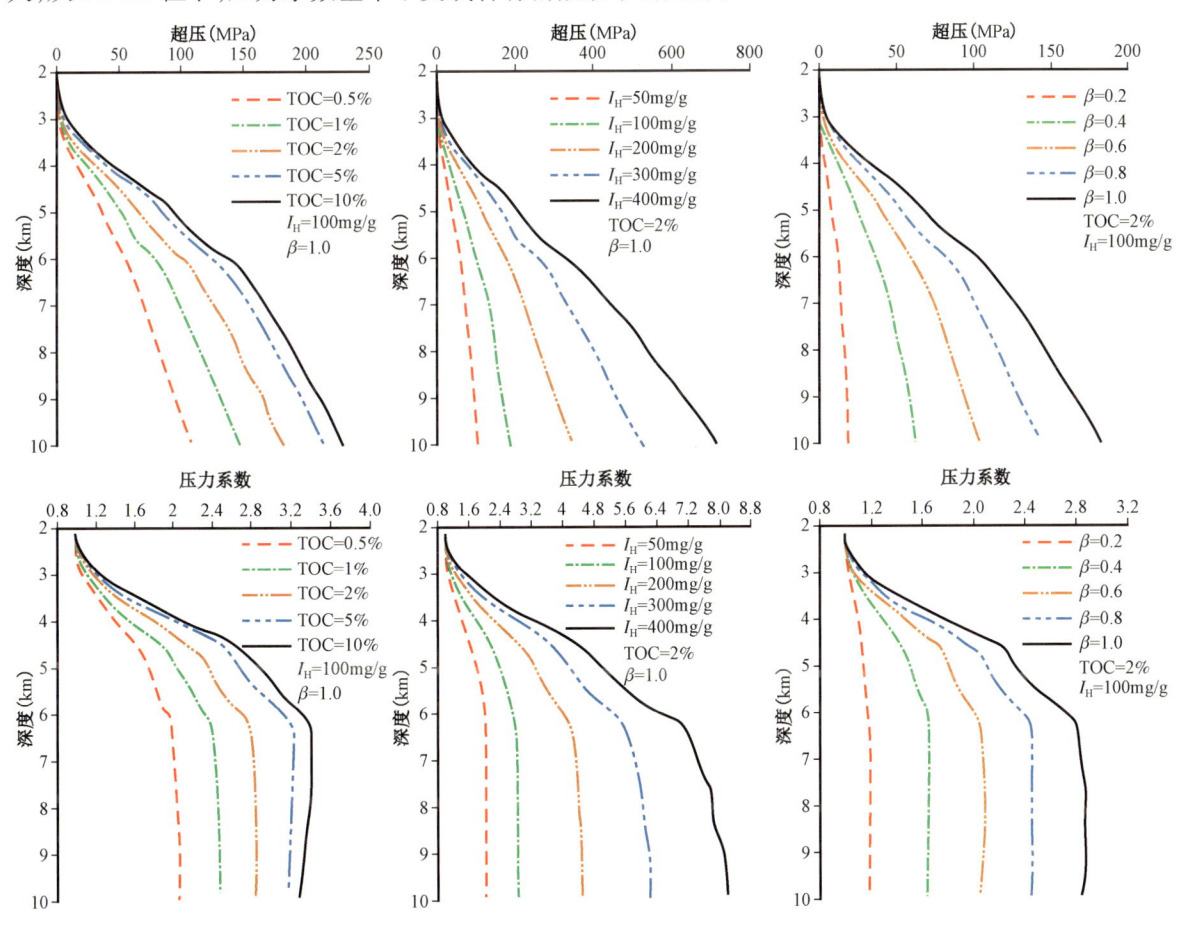

图6-20 Ⅲ型干酪根生烃作用形成的超压和压力系数随深度变化关系图

(二)成藏动力学分析

致密气运移成藏过程,毛细管压力是流体与微观致密储层之间相互作用的纽带。油气在孔隙与吼道中运移,而毛细管压力是孔隙与喉道对流体的作用。致密储层非均质性强,微观孔喉非常复杂多变,因此不同情况下的毛细管压力存在差异。本章从储层间非均质性、储层内部孔喉非均质性进行分类分析。其中,储层间非均质性可以分为油气从低渗储层向高渗储层运移、油气从高渗储层向低渗储层两类进行分析。储层内部孔喉非均质性研究为储层内部孔喉的差异性对于在孔喉中进行运移的油气流体毛细管压力作用分析。

1. 储层间非均质性毛细管压力机制评价

1)油气从低渗储层向高渗储层运移毛细管压力机制评价

(1)气体以连续相运移。

A 时刻气驱水是在致密储层中进行,气水压力差为毛细管压力 $p_{气1} - p_{液} = p_{c1} = \dfrac{2\sigma}{r}$;B 时刻是气泡在压差推动下克服喉道处的毛细管压力,不断上升的过程;C 时刻气泡生成初期,气泡在膨胀力的作用下,克服水压力和界面张力,体积不断增大;然后随着不断向上推移,气相膨胀,气液界面面积增大,该阶段顶部呈半球形,受到的毛细管阻力越来越大;D 时刻的顶部半球形气泡曲率最小,该部分界面压降是最小的;之后气泡继续长大的过程中,虽然气泡顶部曲率是减小的,受到的毛细管阻力也是变小的,但是气泡整个表面积的增加意味着气水界面表面自由能的增加,这部分能量还是需要生烃增压来提供的,因此气泡长大运移过程,毛细管压力始终是阻力(图 6-21)。

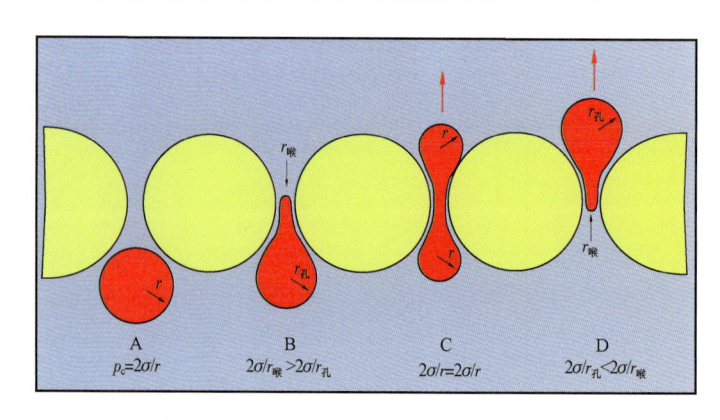

图 6-21 气体连续相由储层进入透镜体成藏过程(据赵文智,2007)

(2)气体以分散相运移。

如图 6-22 所示,T_1 和 T_3 时刻气泡上下曲率相等,所受毛细管压力大小等值反向,还是要依靠排烃压力使得分散气相运移。仅在 T_2 时刻,由于毛细管半径差异存在"附加毛细管力",此时受到的毛细管压力差为 $\Delta p_c = p_{c2} - p_{c1} = \dfrac{2\sigma}{r} - \dfrac{2\sigma}{R}$,进入烃源岩时的速度与连续相类似。

T_2 时刻的气水压力差为毛细管压力 $p_{气2} - p_{液} = p_{c2} = \dfrac{2\sigma}{R}$ 由于 $R > r$,因此 $p_{c1} > p_{c2}$。根据速度公式,油气在致密储层中运移速度为

$$v = -\dfrac{K}{\mu L}\left\{\Delta\rho\left[\int_0^p \dfrac{\mathrm{d}p}{\rho(p)}\right] - \rho g \Delta H\right\}$$

从低渗砂体向高渗砂体运移速度为

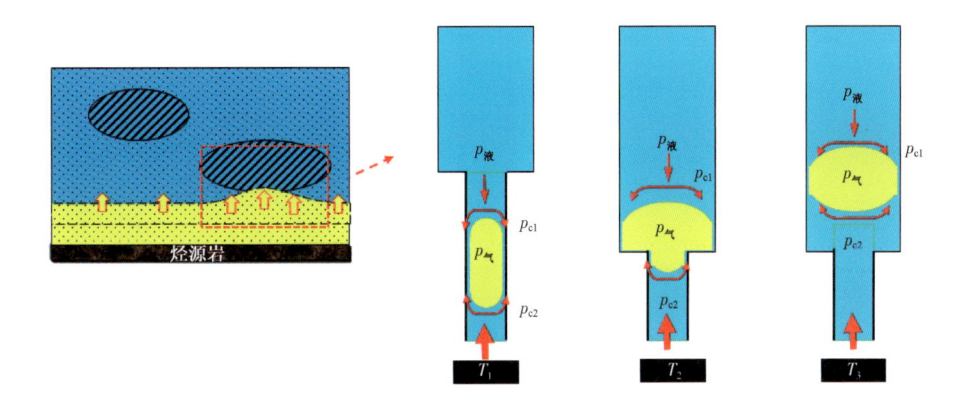

图 6-22　气体分散相由低渗储层进入高渗储层成藏过程

$$v = -\frac{K}{\mu L}\left\{\Delta\rho\left[\int_0^P \frac{\mathrm{d}p}{\rho(p)}\right] - \rho g\Delta H + 2\sigma\left[\frac{1}{r} - \frac{1}{R}\right]\right\}$$

2）油气从高渗储层向低渗储层运移毛细管压力机制评价

（1）气体以连续相运移。

由大孔道进入小孔道，毛细管阻力增大，因此高渗砂体内气体被周围低渗砂体封堵，不易向外运移，从而造成高渗储层内含气饱和度偏高。

如果生烃增压压力大于气体所受小孔喉的毛细管压力，由透镜体向周围储层运移的速度为

$$v = -\frac{K}{\mu L}\left\{\Delta\rho\left[\int_0^P \frac{\mathrm{d}p}{\rho(p)}\right] - \rho g\Delta H - \frac{2\sigma\cos\theta}{r}\right\}$$

如果生烃增压压力小于气体所受小孔喉的毛细管压力，则 $v=0$，气体被小孔喉造成的毛细管压力封堵在透镜体内（图 6-23）。

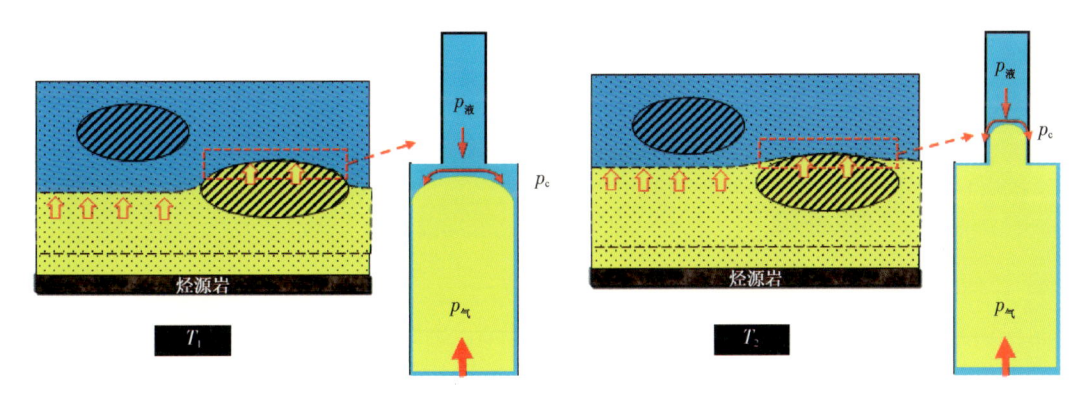

图 6-23　气体连续相从高渗储层向低渗储层成藏过程

（2）气体以分散相运移。

由于毛细管半径的差异，气泡进入小孔喉道需要克服附加阻力（T_2）。该附加毛细管压力称为"贾敏效应"，此时受到的毛细管阻力为 $\Delta p_c = p_{c2} - p_{c1} = \frac{2\sigma}{r_2} - \frac{2\sigma}{r_1}$，依靠烃源岩膨胀力克服该阻力后，气泡才可以运移（图 6-24）。

2. 储层内非均质性毛细管压力机制评价

储层内非均质性油气驱水微观过程实验表明（6-25），由于致密储层非均质性很强，而毛细管压

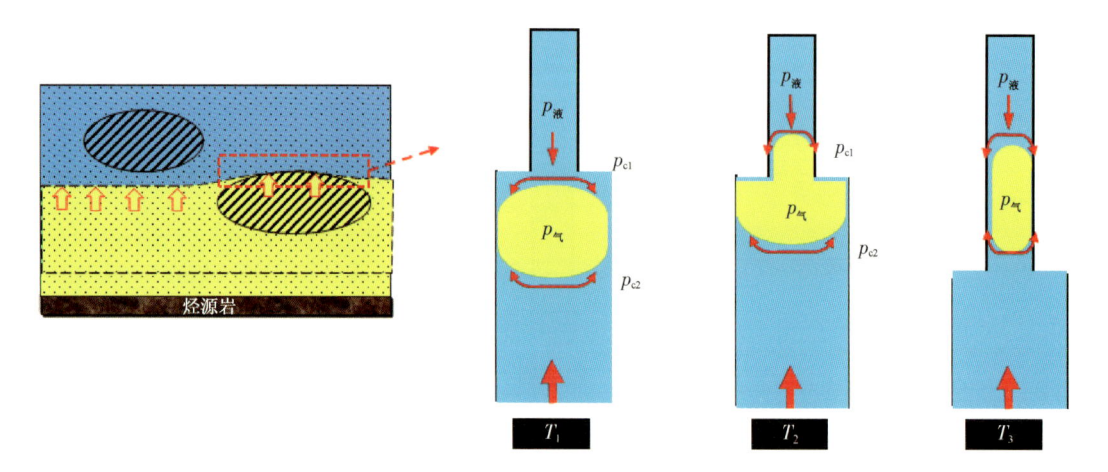

图 6-24 气体分散相从高渗储层向低渗储层成藏过程

力又是油气运移的主要阻力,那么油气运移过程势必优先沿着阻力小的方向前进,从而在运移过程中存在所谓的优势通道,而这些优势通道相比其他区域往往有毛细管半径较大,孔喉分布较均匀,孔喉连通性更好的特点。在本阶段,当油气充注到储层边界时,继续充注,储层整体压力上升。

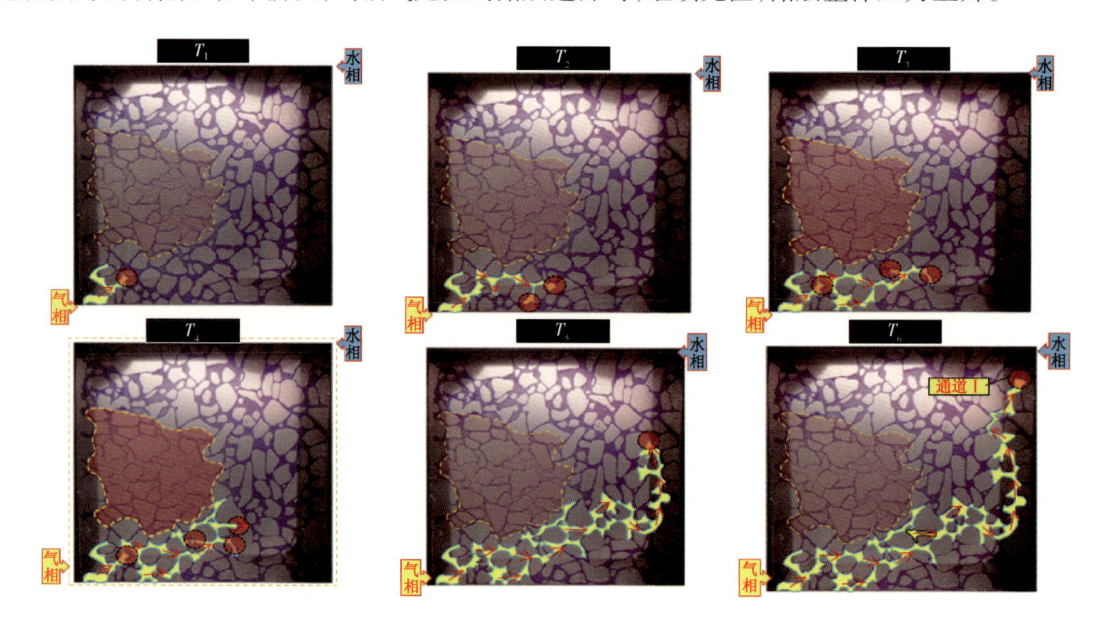

图 6-25 储层油气驱水微观过程 I

高孔渗运移通道 I 充满后,如果生烃压力进一步升高,高到足以克服更小的孔喉的毛细管压力,那么油气就会逐渐沿通道 II 至通道 IV 运移(图 6-26)。储层充注是受毛细管力控制的,每次克服一个小的喉道的毛细管压力,流体都会需要更多的能量以克服更小的喉道毛细管压力,直至能量枯竭。因此最终的含油气多少主要取决于储层孔喉分布及充注能量(充注压力)的大小。

二、微观渗流机制

尽管经典渗流力学提出了达西定律存在渗流速度适用的上下限,并明确了高速非达西渗流与达西渗流的渗流规律与模式(Green L. J. 和 Duwez P.,1951;Hassanizadeh S. M. 和 Gray W. G. 1987;贝尔,1983;冯文光,2007;邓英尔,2004;孔祥言,2010),却没有明确达西定律适用的速度下限以及低速状态下非达西渗流规律。也就是说针对致密储层达西定律不成立的低速状态并没有在经典流动分类模式图中体现。因此,致密油气渗流规律、机制一直是有待解决的科学问题。

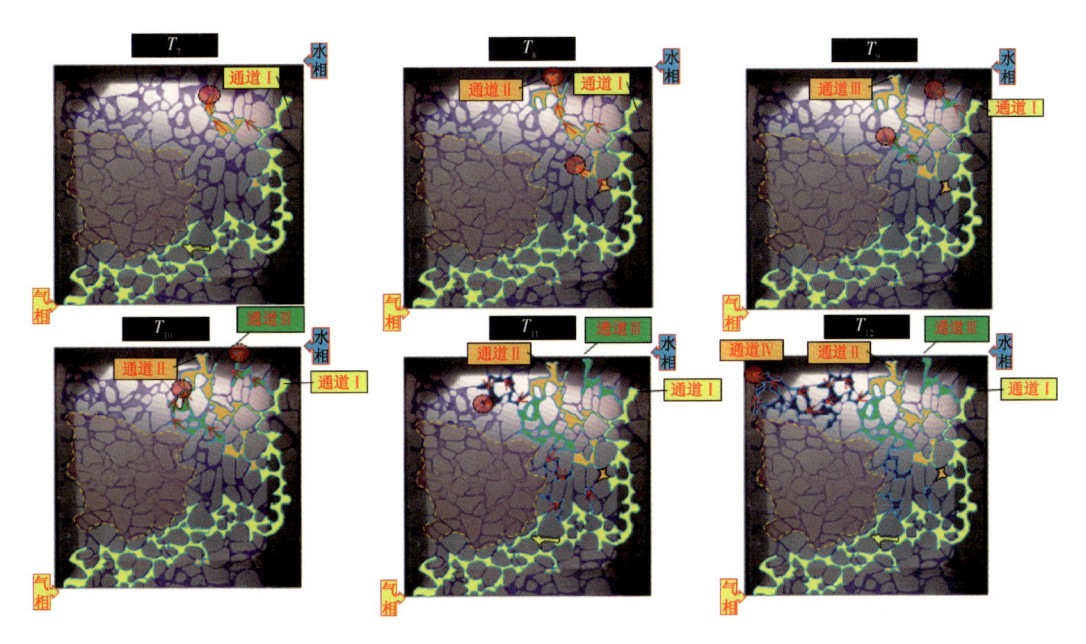

图 6-26 储层油气驱水微观过程Ⅱ

物理模拟实验是研究致密砂岩渗流机制的有效方法,该方法可针对岩心柱体样品,依据致密油气藏实际地质条件建立相应的物理模拟边界条件、参数,通过实验模拟油气的运移过程,有效探索致密油气渗流机制。实验流程为将岩心置入岩心夹持器后,加环压,通过气源持续注入气体并通过出口流量计计量出口气体流量,测定气体在致密砂岩中渗流特征(图 6-27)。实验样品规格要求岩心直径 25.4mm,长度 3~8cm。

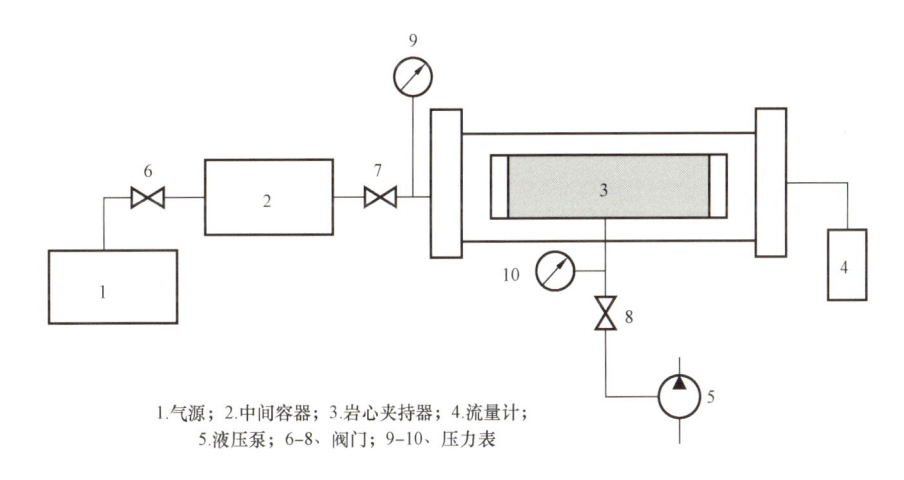

1.气源；2.中间容器；3.岩心夹持器；4.流量计；
5.液压泵；6-8、阀门；9-10、压力表

图 6-27 致密气渗流物理模拟实验流程图

实验样品采用四川盆地须家河组致密砂岩岩心(直径 2.54cm),四川盆地须家河组致密气为典型的近源压差驱动成藏。实验气体采用氮气(常温条件下氮气黏度 0.017mPa·s,模拟实际气藏气体甲烷黏度 0.011 mPa·s)。实验温度设为室内常温。由零开始逐渐增加注气压力,直至出口处检测到气体流出,此时保持注入压力并记录气体渗流数据。之后继续增加注入压力,并进行相应数据记录工作。每个样品记录 10~15 的渗流数据点。最高注气压力可达 10MPa,环压始终高于注入压力 2~3MPa,保证气体沿致密砂岩孔隙流动而不会沿着岩心与夹持器内壁发生串流。通过上述阶梯式升压过程,即可测定在注入压力逐渐升高条件下气体逐渐进入致密砂岩的完整渗流过程规律与特征。

7 组致密气完整渗流物理模拟实验结果显示:致密气的渗流阶段并非一成不变,而是与注入压力

存在相关性。首先,当注入压力较低时(压力梯度一般小于 0.8MPa/cm),氮气在致密砂岩中的流量随着压力梯度的增加而加速增加;之后,随着注入压力增加,氮气流量进入随着压力梯度的增加而减速增加阶段;当注入压力增加达到一定值后,氮气流量随着压力梯度的增加而匀速增加(图 6-28)。

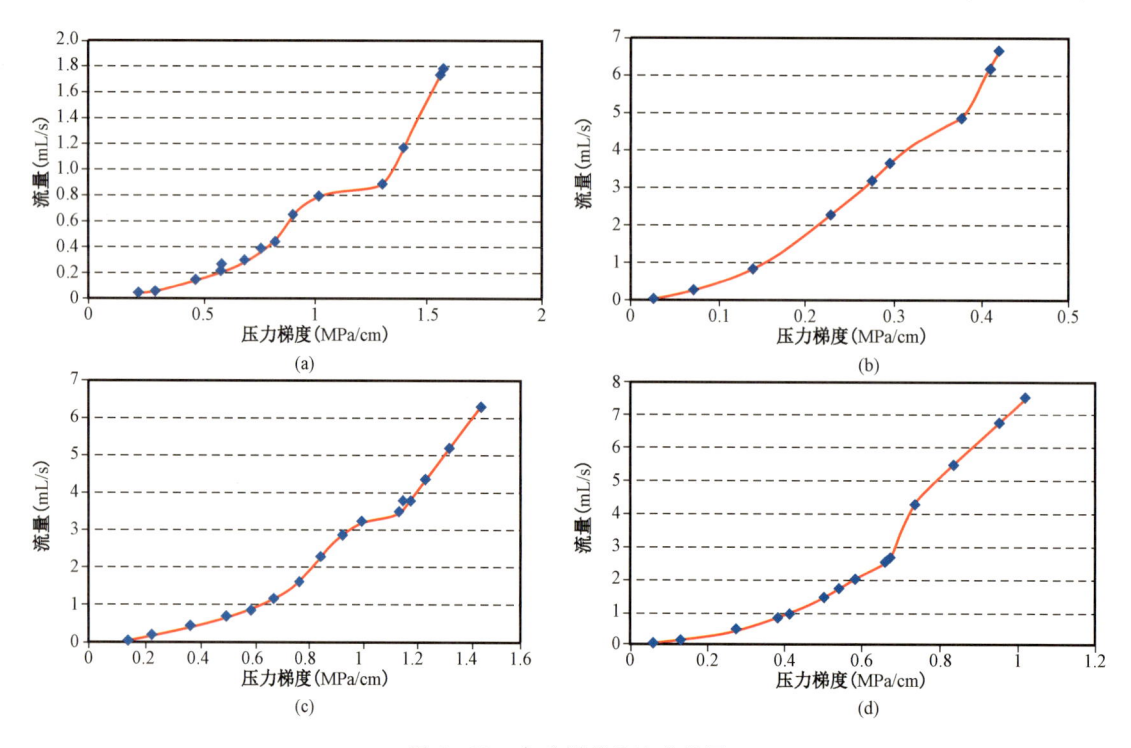

图 6-28 实验样品渗流曲线图

A:4 号品;B:5 号样品;C:10 号样品;D:31 号样品

上述三个阶段反映在视渗透率与压力梯度的关系上也更加明显(图 6-29a)。根据三个阶段的流速与压力梯度变化特征,分别命名为极低速非线性渗流阶段、低速非线性渗流阶段、低速线性渗流阶段(图 6-29b)。

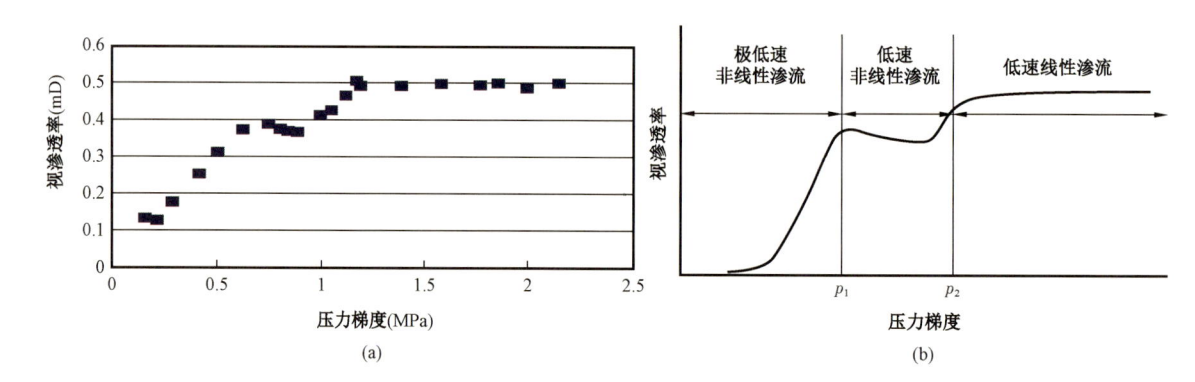

图 6-29 4 号样品视渗透率与压力梯度关系图与 4 号样品渗流模式图

第一个阶段,极低速非线性渗流阶段:当注入压力小于 p_1 时,由于速率较低,气体滑脱效应明显;由于注入压力较小,气体在注入压力作用下会首先突破大孔喉的毛细管压力,使得大孔喉逐渐参与渗流。在气体滑脱效应和大孔喉逐渐参与渗流的控制下,气体视渗透率随压力增大而增大。当压力大于 p_2,气体在注入压力作用下形成稳定渗流通道,视渗透率逐渐增大至绝对渗透率,渗流转变为线性渗流。三个渗流阶段的存在是气体在致密砂岩储层中由于注入压力增加而发生的渗流规律的变化体现,其渗流速度、渗流曲线、渗流通道、主控应力等渗流特征详见表 6-1。

表6-1 致密砂岩气渗流阶段特征

			极低速非线性渗流阶段	低速非线性渗流阶段	低速线性渗流阶段
渗流现象		渗流速度	极低速	低速	高速
		视渗透率	随压力增大逐渐增大	随压力增大逐渐减小	随压力增大至稳定
		渗流曲线	下凹形	上凸形	直线形
渗流动力	储层控因	渗流通道	大孔喉逐渐参与渗流	中孔喉逐渐参与渗流	小孔喉逐渐参与渗流,形成稳定渗流通道
		毛细管力	小	中等	大
	流体控因	注入压力	较小	中等	较大
	其他控因	滑脱效应	强	弱	很弱
	主控应力		注入压力、滑脱效应	注入压力、毛细管力	充注压力
渗流机理	—	—	注入压力很小,大孔喉逐渐参与渗流,滑脱效应明显,视渗透率随压力增大而逐渐增大	随注入压力增大,滑脱效应变弱,中等孔喉数量少对渗流贡献小,视渗透率随压力增大而逐渐增大	随注入压力进一步加大,形成稳定渗流通道,进出口压差稳定,渗流转变为线性渗流
渗流图示	—	—	d_{min} d_{mid} 注入气体 d_{max}	d_{min} d_{mid} 注入气体 d_{max}	d_{min} d_{mid} 注入气体 d_{max}

致密砂岩气渗流规律所呈现的渗流曲线是致密储层结构与注入压力的共同作用结果,因此先下凹再上凸最后直线的复合型渗流曲线存在并不是绝对的,而是与致密储层结构与注入压力相关的。如果致密储层结构发生变化(致密砂岩在 $p_1 \sim p_2$ 所对应的孔喉分布数量具有一定优势),那么该孔喉段对气体渗流的贡献具有明显作用,此时 $p_1 \sim p_2$ 之间的渗流曲线将由上凸变为下凹,整体的渗流曲线即为下凹型。如果致密砂岩在 p_1 之前所对应的孔喉分布数量极小,那么这部分孔喉对气体渗流的贡献很微弱,此时 $0 \sim p_2$ 之间的渗流曲线将会简化为一个上凸型。如果致密砂岩在 p_2 之前所对应的孔喉分布数量极小,致密储层的孔喉分布主要为大孔喉,那么储层最终渗流曲线为直线型非达西曲线。

物理模拟实验表明致密储层结构与注入压力是致密砂岩气渗流的两个关键控制因素(图6-30)。在常温条件下,通过阶梯式升压过程,致密砂岩孔喉由大到小逐渐参与气体渗流,渗透率随压力增大而先增大后减小最后增大并稳定至绝对渗透率。在致密砂岩气的完整渗流过程中,滑脱效应、毛细管压力、注入压力分别控制呈现极低速非线性渗流阶段、低速非线性渗流阶段、低速线性渗流阶段3个渗流阶段。致密储层结构控制了渗流曲线的模式,小孔—大孔型、小孔—中孔—大孔型、中孔—大孔型、大孔型分别对应复合型、下凹型、上凸型、直线型4种渗流曲线模式(图6-31)。

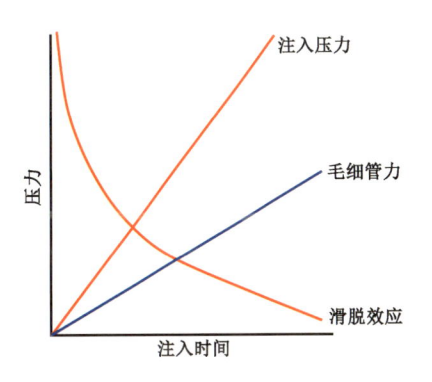

图6-30 致密气低速渗流过程压力变化图

三、含气性与成藏机制

为探讨近源压差驱动致密砂岩天然气藏的成藏机理,进行了近源压差驱动条件下天然气运移聚集模拟实验,分析近源压差驱动致密砂岩中天然气运移机理,确定天然气运移成藏机制与含气性控制因素。本节主要利用数值分析含气性主控因素及对含气饱和度影响;利用物理模拟实验手段,从储层物性和充注动力两个方面对成藏机制与含气性控制因素进行分析。

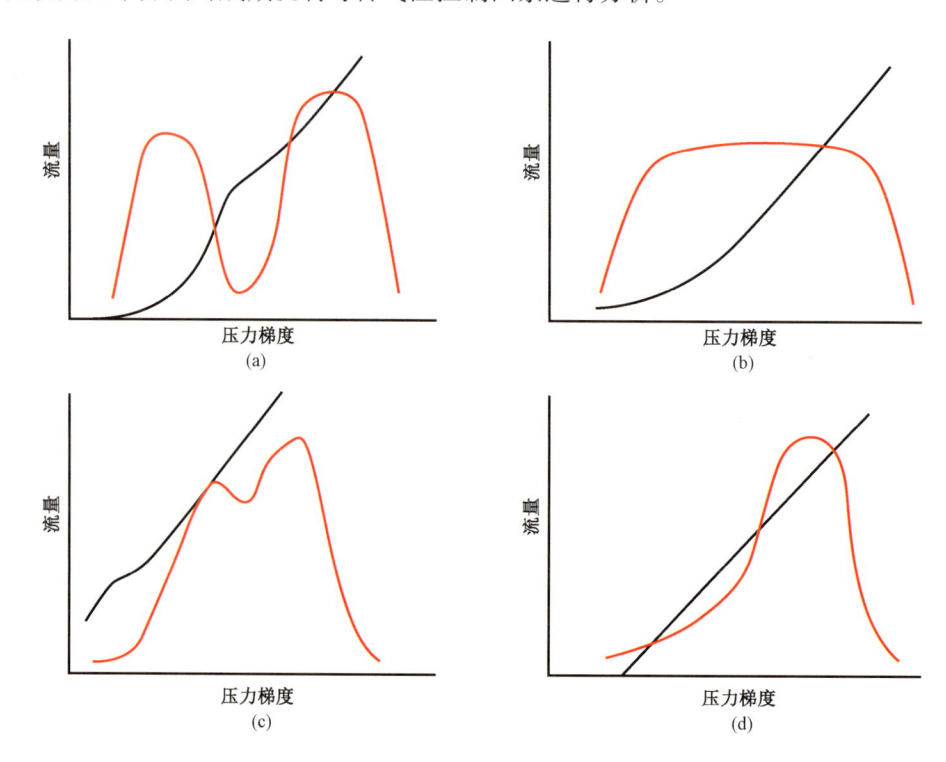

图 6-31 四种致密砂岩气渗流曲线模式
(a)复合型;(b)下凹型;(c)上凸型;(d)直线型;红色曲线为对应致密储层孔喉分布曲线

(一)含气性分析

含气饱和度的增长过程即为天然气驱替储层中的水并逐渐聚集的过程,因而通过不同驱替压力下气驱水模拟实验,研究低渗透储层含气饱和度增长过程,可以间接反映近源压差驱动致密砂岩天然气聚集。采用与天然气运移(气驱水)模拟实验相同的方法对低渗透率天然气含气饱和度增长过程进行研究。

低渗透砂岩含气饱和度增长具有以下特征:随着天然气充注压力梯度的增大,岩心中的含气饱和度不断增大,但增大的过程可划分为三个阶段,即快速增长阶段、缓慢增长阶段和稳定阶段(图 6-32)。这三个阶段的压力梯度和含气饱和度大小与岩心的物性密切相关。

实验结果表明,岩心的含气饱和度与孔隙度和渗透率的关系并不是简单的线性关系,即并不是简单的随孔隙度的增加而升高,也不是随渗透率的变好而升高,其关系比较复杂(图 6-33 和图 6-34)。只有在孔隙度大于 7%,渗透率大于 0.1mD 时含气饱和度才有可能超过 40%,当孔隙度和渗透率低于此值时,含气饱和度一般小于 30%。

充注动力,本书中主要指压力梯度,即压力梯度与含气饱和度具有相对较好的关系(图 6-35),对于同一岩心,充注动力即压力梯度越大,含气饱和度越高。这表明相对于低渗透砂岩的物性,充注动力对含气饱和度的影响更大。

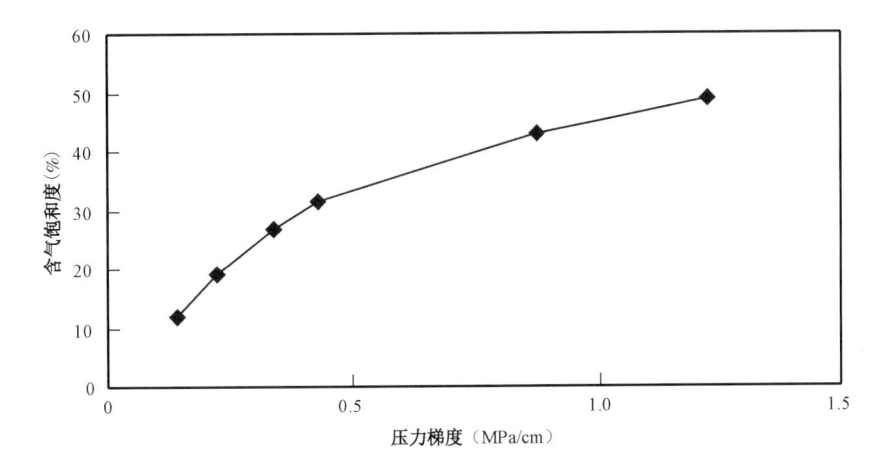

图 6-32　苏东 56-8-1-25 岩心含气饱和度与压力梯度曲线

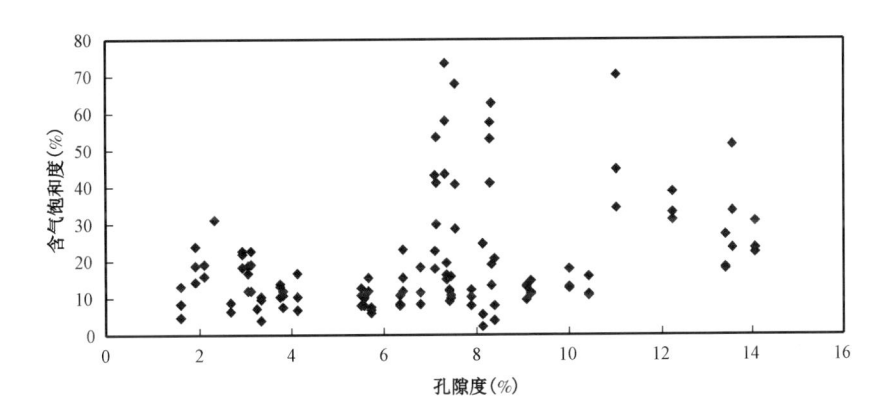

图 6-33　岩心中的含气饱和度与孔隙度之间的关系

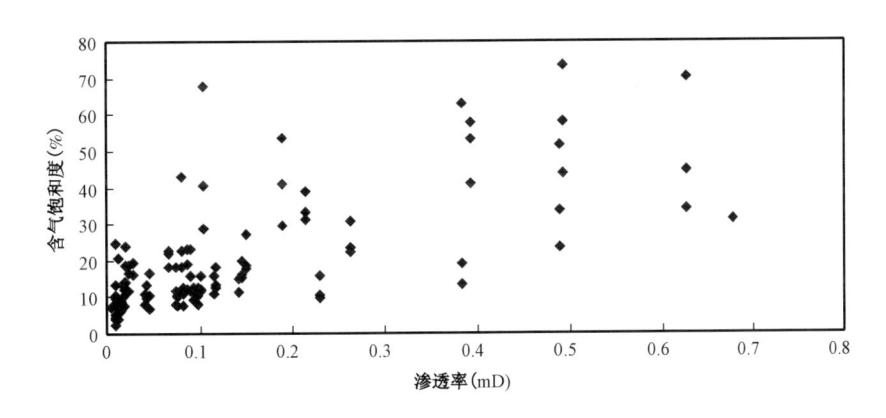

图 6-34　岩心中的含气饱和度与渗透率之间的关系

总之,低渗透率砂岩含气饱和度主要受储层物性和充注动力的影响。在低充注压力的情况下含气饱和度较低,即使物性较好,充注压力较低,含气饱和度也较低;物性较差的岩心,不论充注压力如何,最终含气饱和度不会太高。

根据以上分析可知,含气饱和度的影响因素主要包括储层物性及充注动力两方面,因而需要在实验基础上,建立含气饱和度与储层物性及充注动力之间的关系,储层物性主要有孔隙度和渗透率来表现,而充注动力即压力梯度,因此也就是建立孔隙度、渗透率、压力梯度和含气饱和度之间的关系。

根据数学中的多元线性回归的模型:

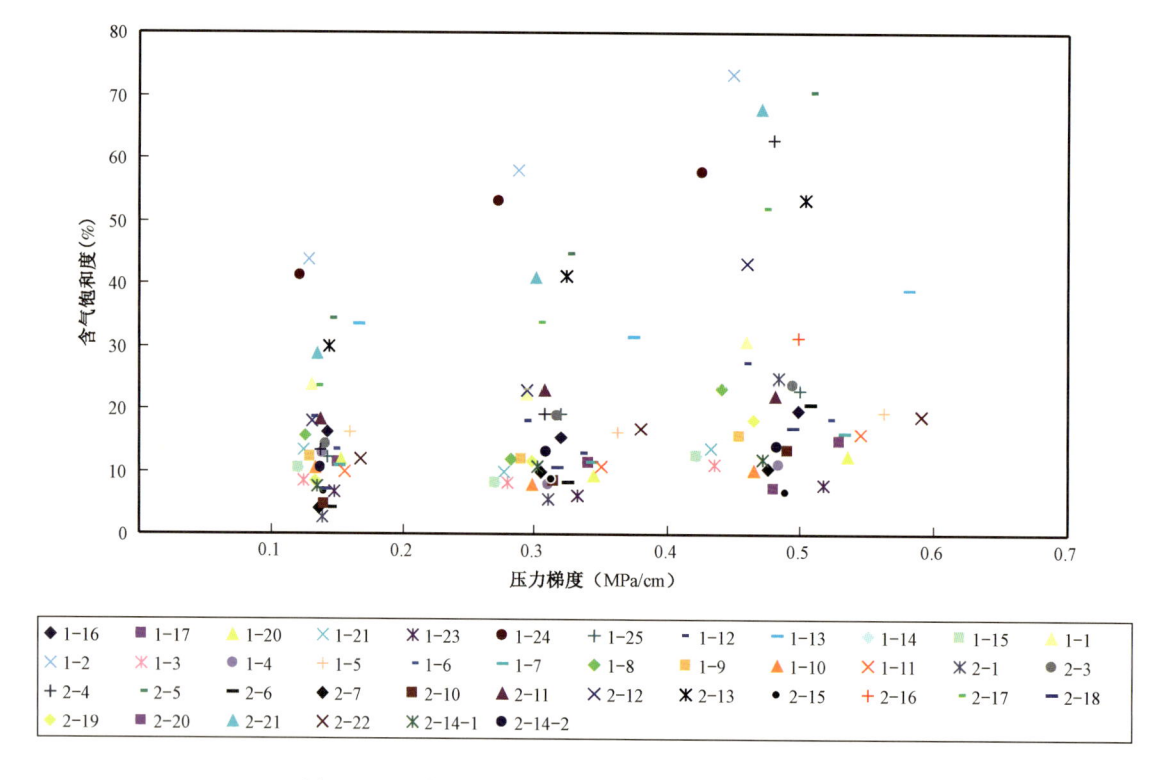

图6-35 岩心中的含气饱和度与压力梯度之间的关系

$$Y = b_0 + b_1x_1 + \cdots + b_px_p + \varepsilon, \varepsilon \sim N(0,\sigma^2)$$

式中 $b_0, b_1 \cdots, b_p, \sigma^2$ 是与 $x_1, x_2, \cdots, x_p$ 无关的未知参数,为 y 对 x 的回归系数。b_0 为截距;ε 为随机误差项。然后采用最小二乘法对研究中的各影响因素——孔隙度、渗透率及压力梯度进行分析。

根据最小二乘法原理,可分别建立如下三种关系,并通过回归分析,得出最佳组合。

(1)含气饱和度与压力梯度、孔隙度和渗透率关系。

以含气饱和度为因变量,以压力梯度、孔隙度和渗透率为自变量建立数学模型为:

$$S = b_0 + b_1x_1 + \cdots + b_px_p + \varepsilon$$

式中　S——含气饱和度,%;
　　　b_0——截距;
　　　x_1——压力梯度,MPa/cm;
　　　x_2——岩心孔隙度,%;
　　　x_3——岩心渗透率,mD;
　　　$\varepsilon = 3$。

将实验数据代入,并通过最小二乘法对数据进行处理后得出该种关系下的含气饱和度与压力梯度、孔隙度和渗透率的多元回归方程为:

$$S = -0.3501x_1 + 0.7832x_2 + 0.7171x_3 + 0.2746$$

式中　S——含气饱和度,%;
　　　x_1——压力梯度,MPa/cm;
　　　x_2——岩心孔隙度,%;
　　　x_3——岩心渗透率,mD。

采用MATLAB反算验证含气饱和度与压力梯度、孔隙度和渗透率的相关性,从图6-36可以看出,该多元回归方程基本反映了各岩心样品的实验含气饱和度变化情况,只是岩心含气饱和度大小存在一些差异,因此通过压力梯度、孔隙度和渗透率的变化,基本可以反映含气饱和度的变化。

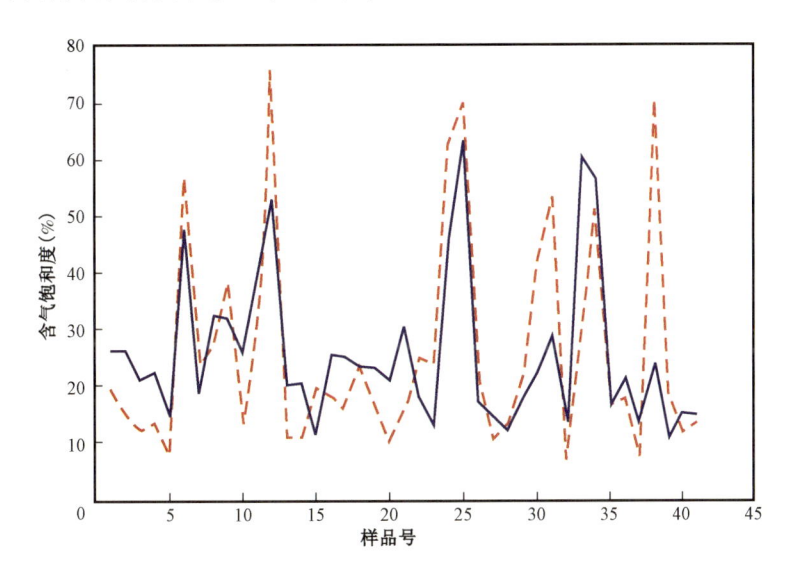

图 6-36　含气饱和度与压力梯度、孔隙度和渗透关系的 MATLAB 反算验证图
图中红色虚线代表岩心的实验含气饱和度,蓝色实线代表理论计算所得含气饱和度

(2)含气饱和度与压力梯度和孔隙度关系。

以含气饱和度为因变量,以压力梯度和孔隙度为自变量建立了数学模型为:

$$S = b_0 + b_1 x_1 + \cdots + b_p x_p + \varepsilon$$

式中　S——含气饱和度,%;
　　　b_0——截距;
　　　x_1——压力梯度,MPa/cm;
　　　x_2——岩心孔隙度,%;
　　　$\varepsilon = 2$。

将实验数据代入,并通过最小二乘法对数据进行处理后得出该种关系下含气饱和度与压力梯度和孔隙度的多元回归方程为:

$$S = -0.4444 x_1 + 2.2322 x_2 + 0.3263$$

式中　S——含气饱和度,%;
　　　x_1——压力梯度,MPa/cm;
　　　x_2——岩心孔隙度,%。

采用 MATLAB 反算验证含气饱和度与压力梯度和孔隙度的相关性,从图 6-37 可以看出,含气饱和度与压力梯度和孔隙度的相关性不是很好,因此通过压力梯度和孔隙度的变化,不能很好地反映含气饱和度的变化。

(3)含气饱和度与压力梯度和渗透率关系。

以含气饱和度为因变量,以压力梯度和渗透率为自变量建立数学模型为:

$$S = b_0 + b_1 x_1 + \cdots + b_p x_p + \varepsilon$$

式中　S——含气饱和度,%;
　　　b_0——截距;

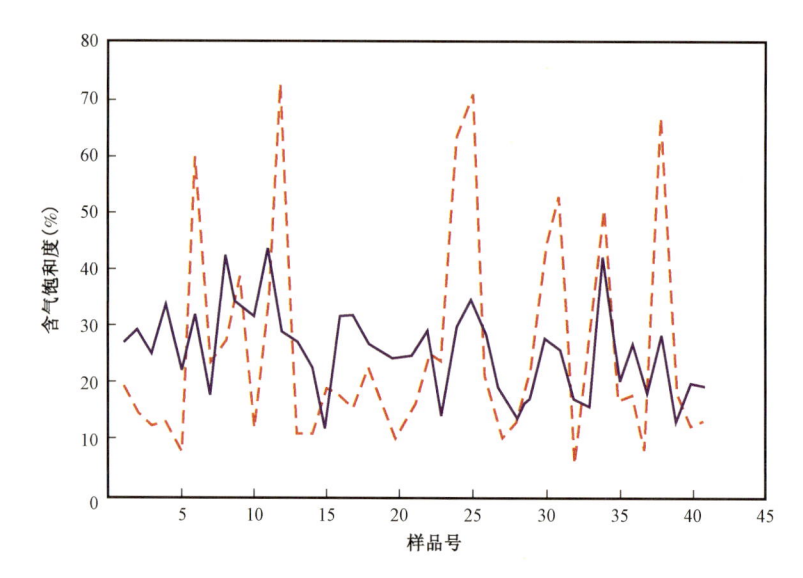

图6-37 含气饱和度与压力梯度和孔隙度关系的MATLAB反算验证图
图中红色虚线代表岩心的实验含气饱和度,蓝色实线代表理论计算所得含气饱和度

x_1——压力梯度,MPa/cm;

x_2——岩心渗透率,mD;

$\varepsilon = 2$。

将实验数据代入,并通过最小二乘法对数据进行处理后得出该种关系下含气饱和度的多元回归方程为:

$$S = -0.3872x_1 + 0.7768x_2 + 0.3367$$

式中 S——含气饱和度,%;

x_1——压力梯度,MPa/cm;

x_2——岩心渗透率,mD。

采用MATLAB反算验证含气饱和度与压力梯度和渗透率的相关性,从图6-38可以看出,相对于含气饱和度与压力梯度、孔隙度和渗透率以及含气饱和度与压力梯度和孔隙度的相关性,含气饱和度与压力梯度和渗透率的多元回归方程比较好地反映了各岩心样品的实验含气饱和度变化情况,只是岩心含气饱和度大小存在一些差异,因此可以通过压力梯度和渗透率的变化,反映含气饱和度的变化。

通过前面分析可以看出,孔隙度、渗透率、压力梯度三者共同影响低渗透砂岩的含气饱和度,而渗透率与压力梯度的耦合关系既简单又最符合成藏的最终结果,因而本次研究试图采用渗透率与压力梯度作为主要参数分析含气饱和度的最终结果。

1. 含气饱和度分析

分别作出近源压差驱动致密砂岩中含气饱和度分别为30%、40%、50%时,孔隙度与压力梯度、渗透率与压力梯度的关系图(图6-39和图6-40)。

研究发现,孔隙度与压力梯度的相关性不好,而渗透率与压力梯度关系相对较好,这进一步验证回归分析的理论可靠性。因此,利用渗透率、压力梯度与含气饱和度之间的关系进行含气饱和度的预测。

2. 低渗透储层含气饱和度预测图版

综合上述研究成果,拟合得到低渗透砂岩天然气藏中含气饱和度分别为30%、40%和50%时的压力梯度和渗透率关系曲线及相关系数,并得到基于压力梯度和渗透率大小的含气饱和度预测图版(图6-41)。利用实验过程中的压力梯度和渗透率,可以判定含气饱和度大小。例

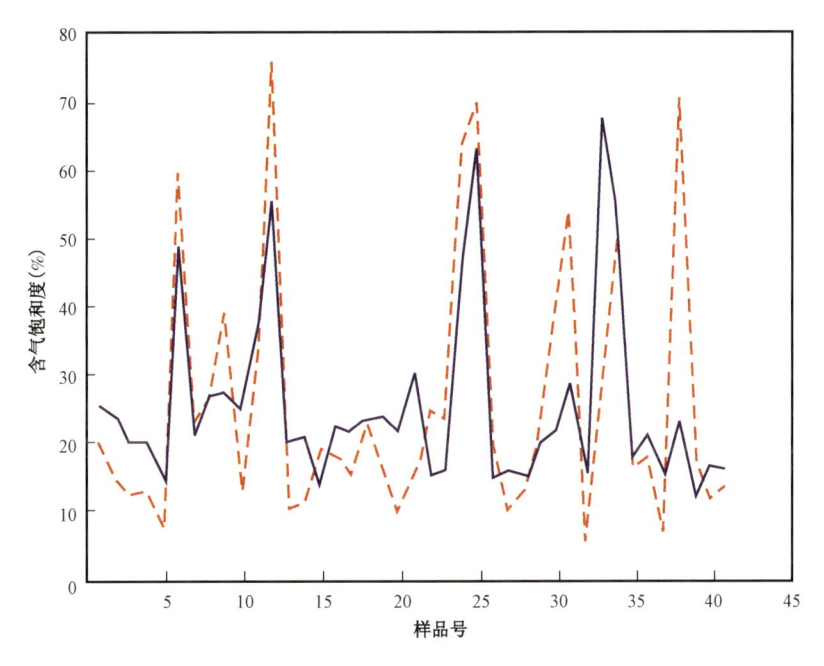

图 6-38　含气饱和度与压力梯度和渗透关系的 MATLAB 反算验证
图中红色虚线代表岩心的实验含气饱和度,蓝色实线代表理论计算所得含气饱和度

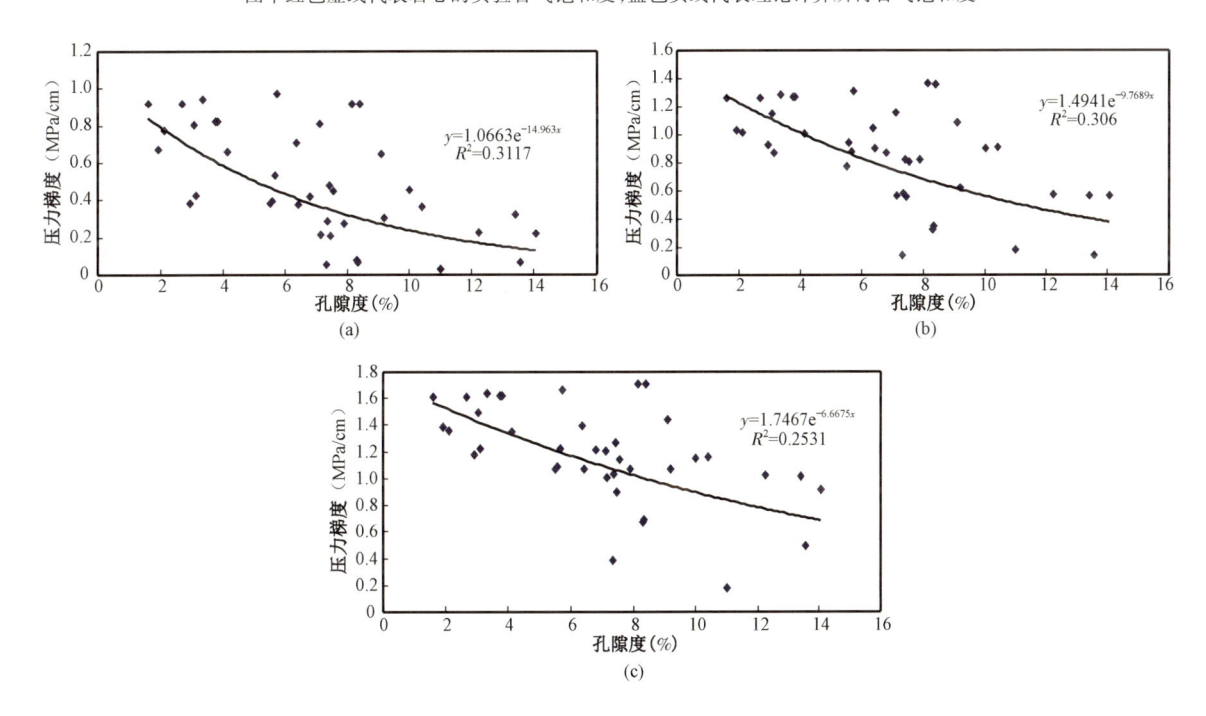

图 6-39　岩心含气饱和度为 30%(a)、40%(b) 和 50%(c) 时,孔隙度与压力梯度的关系

如,当实验中的压力梯度和渗透率投点坐标位于 $y=0.0337x^{-0.8657}$ 之上时,表明含气饱和度大于 30%,当位于 $y=0.0337x^{-0.8657}$ 之下时,表明含气饱和度小于 30%,含气饱和度为 40% 和 50% 的情况与此相同。

(二)成藏机制分析

对于致密砂岩气藏来说,天然气能否聚集成藏,除受成藏动力和阻力的控制外,主要受渗透率级差的影响。如果砂体与围岩砂层的渗透率级差小的话,即便是具有较大的渗透率也可能不能聚集成

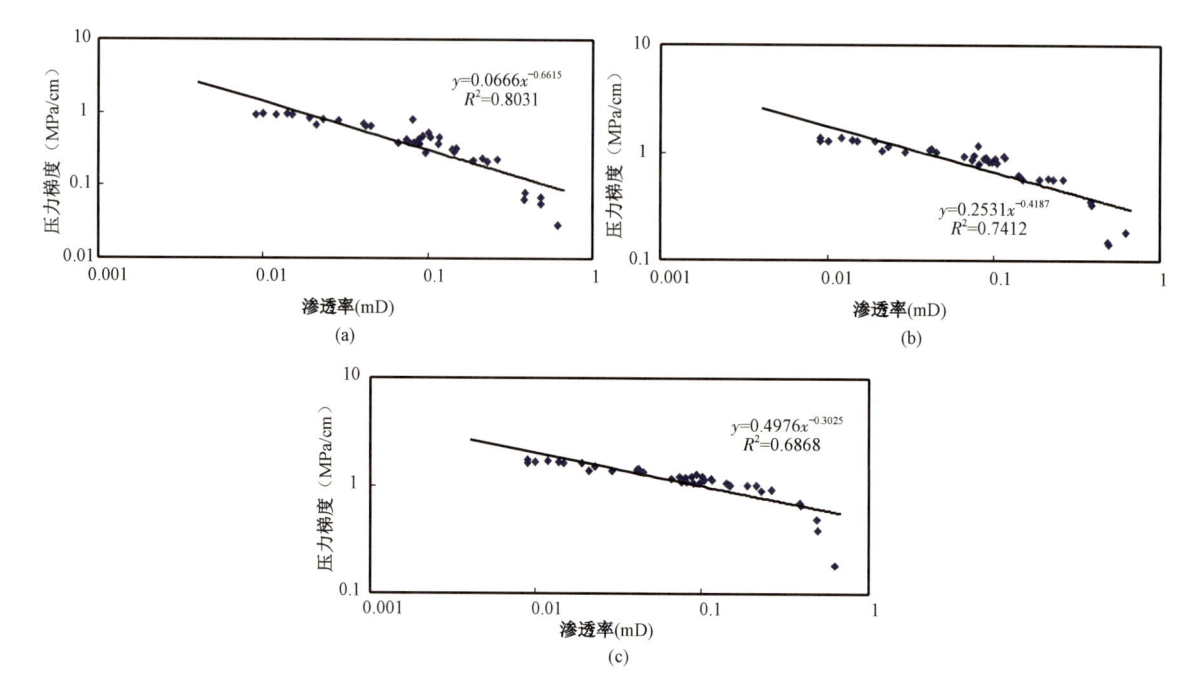

图6-40 岩心含气饱和度为30%(a)、40%(b)和50%(c)时,渗透率与压力梯度的关系

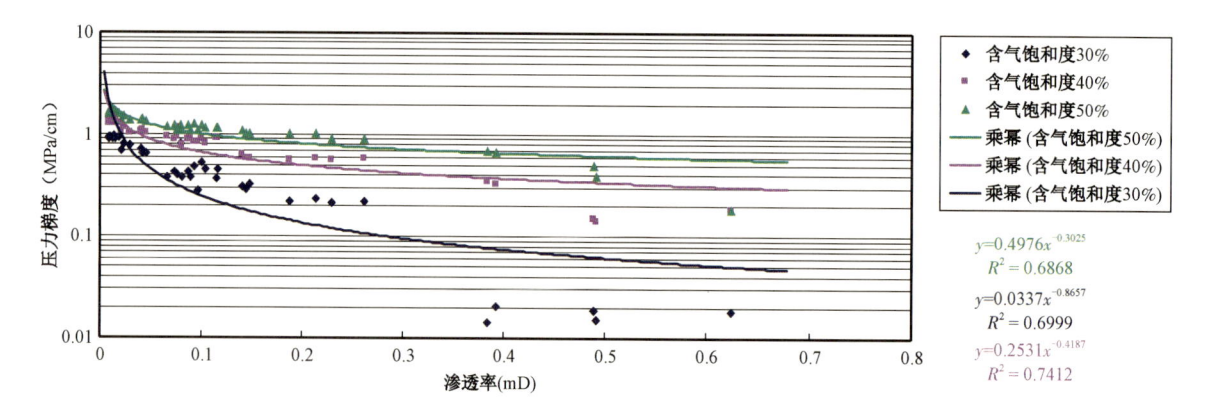

图6-41 实验条件下岩心含气饱和度为30%、40%和50%时,渗透率与压力梯度的关系图版

藏;如果砂体与围岩砂层的渗透率级差大的话,即便是具有较小的渗透率也有可能聚集成藏。这主要是因为在渗透率级差相差较大的接触带内,渗透率较大的砂岩孔隙半径大,孔喉粗;而较小的砂岩孔隙半径小,孔喉细小,大小孔隙之间存在毛细管力的差异。如果围岩的孔喉半径远远小于砂体的孔喉半径,那么二者之间存在的毛细管压力差使气体自外向内运移;相反,运移到砂体中的气体,由于围岩毛细管阻力大于砂体毛细管阻力,因而向外运移困难,从而被保存成藏。

共进行了3组实验,每组实验含3个模型,实验编号为:实验1-1、实验1-2、实验1-3、实验2-1、实验2-2、实验2-3、实验3-1、实验3-2、实验3-3。实验1:三个模型设置不同砂体与围岩渗透率级差;实验2:三个模型设置不同砂体物性组合;实验3:三个模型设置不同裂缝沟通砂体组合。

实验显示,无论是物性非均质砂岩还是裂缝沟通非均质砂岩实验,只要砂体与围岩砂层的渗透率级差足够大,就可以成藏。对于物性非均质砂岩来说当渗透率级差小于2.8时不能成藏,渗透率级差大于5.4时砂体能够成藏(表6-2)。而裂缝沟通非均质砂岩渗透率级差为2.8时能够成藏,这主要是因为除了受渗透率级差对成藏的控制外,天然气成藏还受到其他因素的影响,如流体运移通道、流体运移方式等。

表6-2 物理模拟实验砂体与围岩砂体的渗透率级差及成藏关系

层位	实验1-1 与围岩砂层的渗透率级差	是否成藏	实验1-2 与围岩砂层的渗透率级差	是否成藏	实验1-3 与围岩砂层的渗透率级差	是否成藏
砂体a	1.0	否	1.0	否	1.0	否
砂体b	2.8	否	5.4	是	9.0	是
砂体c	1.0	否	1.0	否	1.0	否
砂体d	2.8	否	5.4	是	9.0	是
砂体e	1.0	否	1.0	否	1.0	否

实验2-1中，砂体b中的甜点在充注压力30kPa的时候能够成藏；在实验2-2中，砂体b的甜点在充注压力增加到70kPa的时候仍不能成藏。

通过图6-42看出，实验2-1中，气源充足，充注压力为10kPa和20kPa时，砂体b中的甜点不能成藏，而充注压力为30kPa时，砂体b中的甜点能够成藏。因而认为在物性组合相同的情况下，充注压力控制着天然气在深盆型圈闭中的成藏。

图6-42 近源压差驱动实验2-1充注压力为10kPa和30kPa时的成藏结果对比

实验2-1与实验2-2相比较，模型相同，初始充注压力相同，气源充足，只在实验中改变各砂层的物性。两实验充注压力同为30kPa时，实验2-1的中甜点能够成藏，而实验2-2中的甜点不能成藏（图6-43），认为在充注压力相同的情况下，各砂层物性组合控制着天然气在深盆型圈闭中的成藏。

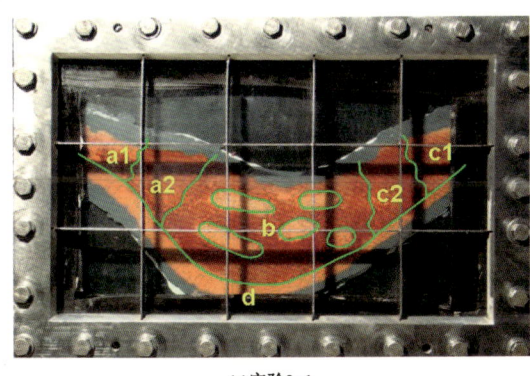

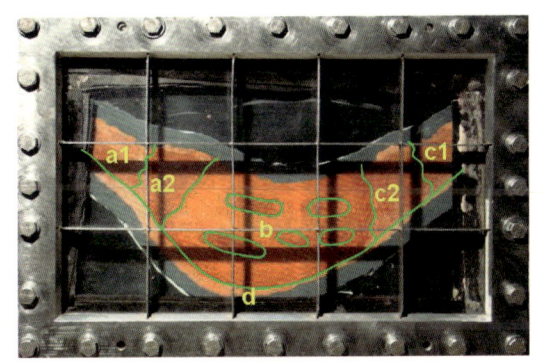

(a)实验2-1   (b)实验2-2

图6-43 近源压差驱动实验充注压力为30kPa时实验2-1和实验2-2成藏结果对比图

在实验2-1中,如果充注压力不够大,砂体b中的甜点不能成藏;在实验2-2中,充注压力足够大,而物性不够好也没有成藏。因而认为充注压力与物性共同作用控制天然气的成藏。

分别对物性非均质砂体和裂缝沟通非均质砂体实验中同位置能够成藏的各砂体开始成藏时刻进行对比,可以看出实验1-3、实验3-3分别要比实验1-2、实验3-2成藏需要时间短(图6-44至图6-46);而实验1-3、实验3-3砂体b、d的物性要好于实验1-2、实验3-2的。由此可知,在实验条件下同位置砂体,围岩条件相同,物性越好,成藏所需时间越短,成藏速率越高。

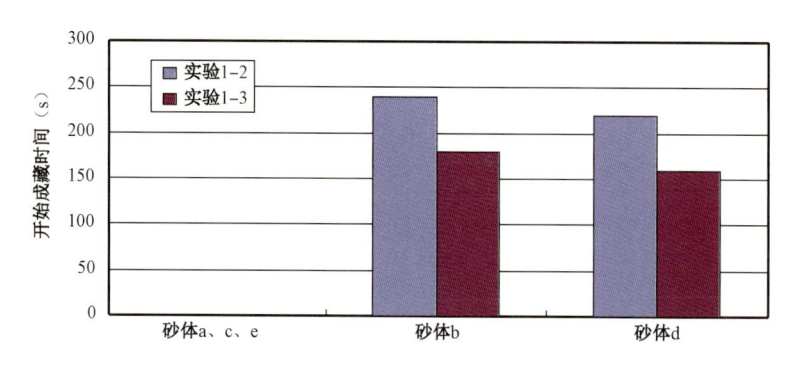

图6-44 物性砂体非均质实验砂体开始成藏时刻图(砂体a、c、e未能成藏)

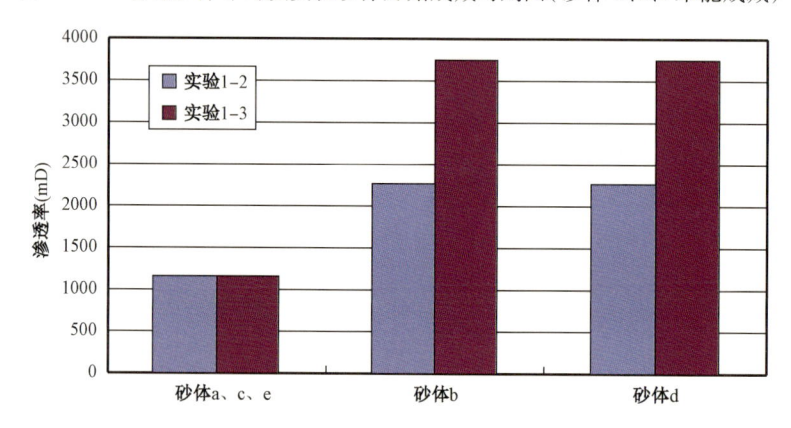

图6-45 物性砂体非均质实验砂体物性图

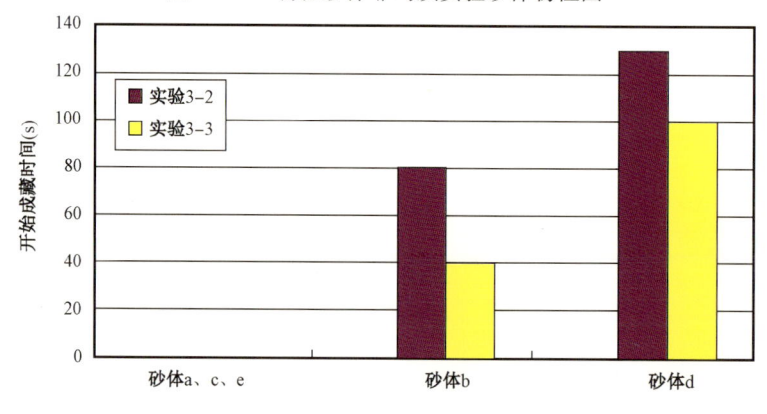

图6-46 裂缝沟通非均质砂体开始成藏时刻图(砂体a、c、e未能成藏)

在实验条件下,通过对比成藏砂体颜色来比较含气饱和度,随着砂体含气饱和度增加,驱走的自由水越多,砂体颜色越浅。通过实验1-2和实验1-3结束时成藏砂体b、d的颜色对比可以看出,实验1-2的砂体b、d颜色明显深于实验1-3(图6-47)。认为实验条件下,气源充足的成藏砂体中,物性越好(图6-48),含气饱和度越高。

实验1-2　　　　　　　　　　　　　　　　实验1-3

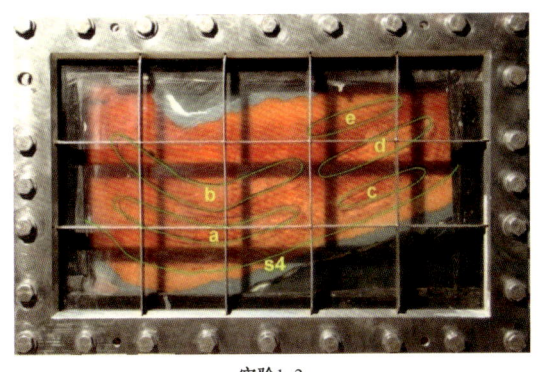

图6-47　砂体非均质模拟实验1-2与实验1-3气的成藏情况对比图（砂体a、c、e未能成藏）

实验3-2　　　　　　　　　　　　　　　　实验3-3

图6-48　实验3-2和实验3-3成藏情况对比

四、地质意义与启示

鄂尔多斯盆地属于典型的致密砂岩储层，成藏受到了天然气运聚动力和阻力、储层物性等多方面因素的影响，天然气运聚成藏模式复杂。鄂尔多斯盆地致密气成藏模式主要取决于天然运聚成藏动力。盆地内部流体源储压力差和毛细管力控制着气驱水的动态过程。天然气运移的动力和阻力的相互关系决定了天然气是否发生运移聚集成藏。根据渗流机制实验分析，致密储层中天然气的运移速率与压力梯度是非线性关系，流体运移为非线性渗流。一旦运移动力克服不了毛细管阻力，流体将无法运移，被保存在原地。在盆地中心或构造的下倾部位，储层物性差时，毛细管阻力大，当天然气进入致密储层后，由于浮力小于毛细管阻力而无法向上运移。当大量的天然气聚集后体积膨胀，在源储压差作用下将孔隙中的水向上推，形成致密气藏。

本次研究的关键点为实际地质条件与室内实验条件的结合，也就是进行实验与实际地质条件的相似性处理。在模拟实验中，实际地质条件与实验条件必须具有相似性，才能使模拟实验解决实际地质问题。

鄂尔多斯盆地具有广覆式生烃、大面积供气的特点，天然气近距离运聚成藏的特点，垂向运移明显。研究中，各气藏的起源位置均认为来自下伏地层烃源岩，即本溪组、太原组以及山西组的煤系地层。因而取各研究井中本溪组、太原组及山西组烃源岩与气藏的平均距离120m为天然气在历史时期大规模运移的有效运移距离，而该距离之间的平均剩余压力14MPa为实际地质条件下的剩余压力。通过对生烃史的研究认为，苏里格气田在早侏罗世进入烃源岩成熟，但整个侏罗纪烃源岩未达到生气高峰,在早白垩世进入生气高峰,因而认为早白垩世为主要成藏期,榆林气田的生气高峰发生在早侏罗世,主要成藏期在中侏罗世至早白垩世。选取苏里格气田为研究区块,油气的大规模运移时间为生气高峰期与成藏期之间的时间差,取平均时间20Ma。则天然气在异常压力作用下发生大规模运移的速率为1.9×10^{-11}cm/s,剩余压力梯度为1.7×10^{-3}MPa/cm。储层中砂岩的平均渗透率为0.1mD。

天然气在低渗透储层中运移的线性段方程显示:天然气运移速率为源储压差的函数。由于是真实岩心,因而实际地质条件下的渗透率与线性段斜率之间的关系也符合该关系,将实际地质条件的运移速率、线性段斜率、地层的平均驱替压力梯度代入函数方程,得出地层条件下的启动压力梯度4.5×10^{-3}MPa/cm。可以得出实际地层条件与实验条件下天然气运移驱替压力梯度的相似性系数为0.074。

将实验条件下含气饱和度的参数相似性处理后,得到实际地质条件下的含气饱和度判定图版(图6-49)。方法也是将渗透率和驱替压力投点到含气饱和度判定图版上,然后根据投影位置,确定含气饱和度。

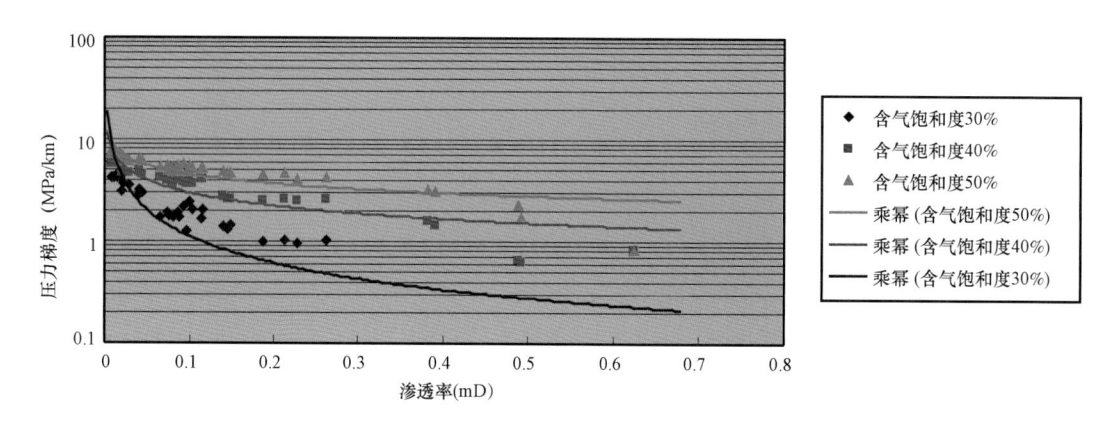

图6-49 鄂尔多斯盆地致密砂岩含气性判定图版

取苏6井为验证井根据实际地质资料及计算结果见表6-3,将所得渗透率和压力梯度投影到含气饱和度判定图图版上,可以看出(图6-50),小层49含气饱和度小于30%,小层50含气饱和度大于30%小于35%,小层51、小层53、小层55含气饱和度在30%~40%之间,小层59含气饱和度在40%左右,小层52含气饱和度大于50%。与实际试气或测井解释结果相似。

表6-3 苏6井参数数据特征统计表

层号	顶深(m)	底深(m)	孔隙度(%)	渗透率(mD)	源储压差(MPa)	毛细管力(MPa)	综合解释
49	3311.1	3313.3	7.21	0.36	0.482	0.064	气水同层
50	3315.9	3318.4	7.77	0.27	1.162	0.136	气水同层
51	3318.4	3324.5	9.85	0.84	2.543	0.041	气层
52	3325.1	3329	11.82	1.26	8.174	0.022	气层
53	3329.8	3331.9	6.47	0.4	1.797	0.054	气水同层
55	3336.6	3339.3	7.32	0.41	2.622	0.056	气水同层
59	3375.3	3381.8	10.59	0.9	11.016	0.030	气水同层

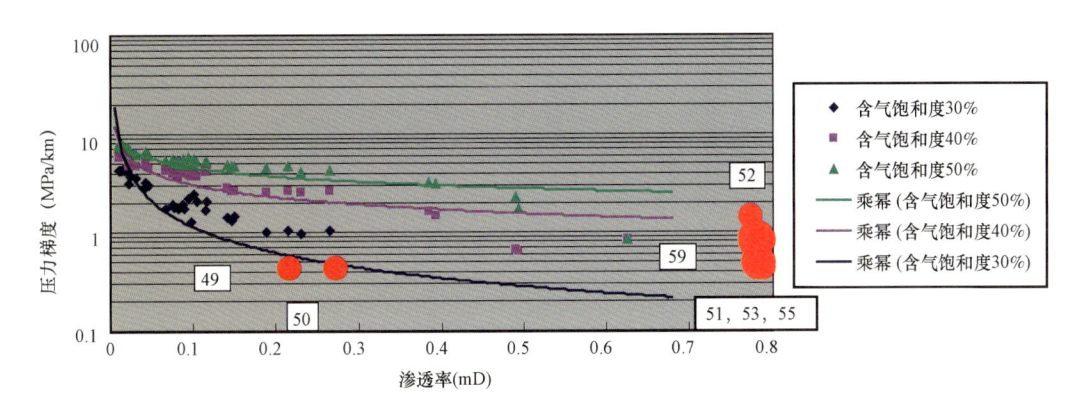

图 6-50 苏 6 井含气饱和度判定图

第三节 源内非常规天然气藏成藏机制

源内非常规天然气包括煤层气和页岩气，吸附气是源内非常规天然气重要的赋存形式。吸附气含量受到多种因素的影响，煤层气和页岩气的成藏机制与常规天然气有显著区别，是典型的自生自储油气系统，既是气源，也是储层和封盖层，大面积分布、没有明显的气藏边界，富集成藏受到多种因素的影响。

一、吸附气赋存特征与含气性影响因素

从目前开发的煤层气、页岩气储层埋藏深度而言，页岩气，埋深多小于 3000m，最浅的是煤层气小于 1000m。煤岩的孔隙半径和孔隙度最小，孔隙类型以介孔和微孔为主，孔隙半径多在 2~30nm 的范围，孔隙度主要分布在 1%~6%，煤岩的 TOC 含量最高，一般都在 50% 以上；页岩储层物性与煤岩相似，孔隙类型以纳米孔为主，多为微孔和介孔，孔隙半径分布 5~1000nm，孔隙度较小，多为 4%~6%，具有丰富的有机质含量，TOC 分布在 0.5%~6%。

（一）煤层深部吸附气特征与影响因素

煤储层对气体吸附能力不仅受煤自身性质的影响，如煤阶、煤的显微组分、形变等，还受一些外在因素，如水分、温度和压力等条件的控制。通过不同温度、压力的煤样品的吸附实验，得到了不同性质煤样吸附量的数据（表 6-4），从结果中可以发现中高煤阶煤样的吸附量都比较大，高温下的 Langmuir 体积均超过了 7m³/t。高压力条件下，R_o 较低的煤样吸附增量比较小，即等温吸附曲线平直；高 R_o 的煤样则吸附增量比较大，等温吸附曲线相对陡。总体而言，煤样的吸附量均在增加，逐渐达到吸附饱和，与 Langmuir 吸附模型能较好的吻合。

表 6-4 煤储层样品不同温度下 Langmuir 参数

样品	深度（m）	实验温度（℃）	Langmuir 体积（m³/t）	Langmuir 压力（MPa）
H1	411.5	30	20.5	1.28
H1	411.5	60	16.82	2.34
H1	411.5	90	14.38	2.39
H2	754	30	18.95	2.63
H2	754	60	14.37	2.69

续表

样品	深度(m)	实验温度(℃)	Langmuir 体积(m³/t)	Langmuir 压力(MPa)
H2	754	90	14.09	4.46
H3	747	30	16.73	1.09
H3	747	90	9.45	6.15
H4	1092.1	30	18.95	2.63
H4	1092.1	60	10.77	2.04
H4	1092.1	90	8.39	2.45
H5	967	30	14.79	1.12
H5	967	60	11.47	5.14
H5	967	90	7.32	7.7
H6	665	30	60.77	3.83
H6	665	60	38.49	5.19
H6	665	90	28.64	5.53

煤样品的吸附量与热演化程度的关系明显,随着煤样品热演化程度 R_o 的增加($R_o \leq 3\%$ 的范围),即热演化程度越高,吸附甲烷的量就越大(图6-51)。研究结果与其他学者的一致(Laxminaryana,1999)。不同煤阶范围,吸附量变化不同,当 $R_o \leq 2\%$ 时,同条件的吸附量增加量较小,R_o 增加0.1%,吸附量增加1.5cm³/g;当 $R_o > 2\%$ 时,吸附量的增加量明显变大,R_o 增加0.1%,吸附量增加3cm³/g左右。

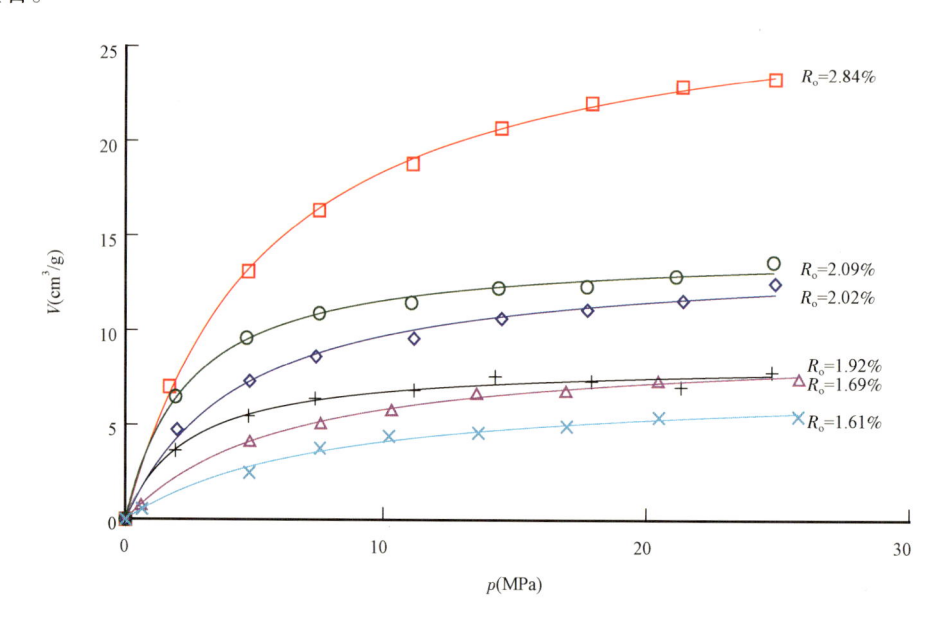

图6-51 不同煤阶煤岩90℃等温吸附曲线

煤储层的吸附量随着压力的增加而增加,并逐渐达到饱和;随着温度的增加而减小,主要是因为温度对气体分子起活化作用,降低了煤层吸附气体的能力。温度和压力对煤层吸附量的影响存在着一种此消彼长的关系,而深度就是温度和压力的综合体现,由于深度的增加会使煤层的温度和压力均增加,那么吸附量随深度的变化是一个综合作用的过程。煤储层埋深的增加,其吸附量出现明显的先增加后减小的变化规律,这种规律被为数不多的学者所意识到。这种规律产生的机制,主要是因为在煤层吸附拐点深度以浅压力对吸附量的作用占主要地位，使煤层的吸附量增加；而拐点深度以深温度对吸附量的作用占主要地位，使煤层的吸附量减小，二者的综合作用使煤层的吸附量在深度方向上表现为先增后减的规律。对于煤层吸附拐点的深度，由于以往实验装置的限制，无法获得深层的实验数据，不同的学者则是通过建立的数学模型计算得来，其深度各有所不同，Hildenbrand(2006)计算所得煤层吸附拐点的深度为600m左右，而中国学者张群(2008)建立了温—压综合吸附模型，利用此模型可算出煤层吸附拐点的深度为1500m左右等。利用研制的高温高压吸附装置对煤层深部的吸附量进行了测试，进一步确定了沁水和韩城煤样品的吸附量在深度方向上都是先增加后降低的现象，深部主要受温度控制导致了煤层吸附量的降低。对于沁水盆地南部和韩城地区而言，地温梯度2.5℃/100m、压力梯度1MPa/100m，就可以确定煤层的吸附拐点所对应的深度，煤层吸附量最有利的深度在700~1000m的范围。

(二)页岩气吸附特征与影响因素

1. 中国页岩气吸附特征

页岩吸附能力比煤层气低，其Langmuir体积为1.28~10.56cm^3/g，平均3.83cm^3/g。Langmuir压力为3.20~17.13MPa，平均7.73MPa，页岩普遍埋深较大，地层压力普遍高于Langmuir压力，故吸附能力可以用Langmuir体积进行对比。四川盆地海相页岩与陆相页岩吸附能力比较接近。四川盆地海相页岩Langmuir体积为1.30~10.56cm^3/g，平均4.00cm^3/g；东部盆地陆相页岩体积为1.28~7.03cm^3/g，平均3.50cm^3/g。

四川盆地海相页岩不同层系页岩差别较大(图6-52)。四川盆地筇竹寺组、五峰组、牛蹄塘组页岩吸附能力较强，Langmuir体积为1.84~10.56cm^3/g，层位平均值分别为5.6cm^3/g、5.57cm^3/g和4.28cm^3/g；四川盆地龙马溪组、大隆组页岩吸附能力较弱，Langmuir体积为1.30~3.02cm^3/g，平均值分别为2.83cm^3/g和2.61cm^3/g。与海相页岩相比，陆相盆地页岩吸附能力较弱，Langmuir体积为1.28~7.03cm^3/g，其中渤海湾盆地胜利油田和大港油田沙河街组页岩Langmuir体积分别为3.5cm^3/g和2.4cm^3/g，抚顺盆地计军屯组油页岩吸附能力较强，Langmuir体积为4.59cm^3/g，可能由于有机质含量高(最高可达14.1%)所致。

2. 页岩气吸附性影响因素

1)有机质含量

有机质含量是页岩气丰度最主要的影响因素之一，美国页岩气的开发经验表明页岩气藏多位于页岩厚度大、有机质含量高的区域，其中有机碳含量一般大于2%。页岩中的有机质孔隙是泥页岩独有的天然气储集空间，这些有机质可以将气体吸附在其孔隙表面。由于表面亲油的特性，使得天然气很容易以吸附气的形式赋存，同时部分天然气会溶解在液态烃、沥青或可溶有机质当中，因此有机质是泥页岩中吸附气的最主要的载体，有机质含量的高低也直接决定了页岩中吸附气含量的高低。

在相同压力下，总有机碳含量增大，页岩的甲烷吸附量明显升高。Ross等(2007)在对加拿大大不列颠东北部侏罗系Gordondale组页岩研究过程发现，高有机碳含量(TOC)的样品甲烷吸附量明显偏高，TOC含量大于8%的页岩样品甲烷吸附能力显著增大，本质上是由于有机质孔隙发育且含有大量比表面积，特别是微孔(孔径<2nm)为甲烷提供了大量的吸附空间和吸附能(Ross和Bustin, 2009)。此外，有机质在生烃过程中能够产生微裂缝，增加了页岩气存储的空间。据Jarvie等(2007)研究，TOC含量为7%的页岩在生烃演化过程中，消耗35%的有机碳可使页岩孔隙度增加4.9%。有机质的存在不仅对吸附气具有较好的关系，与总含气量同样具有较好的相关性。

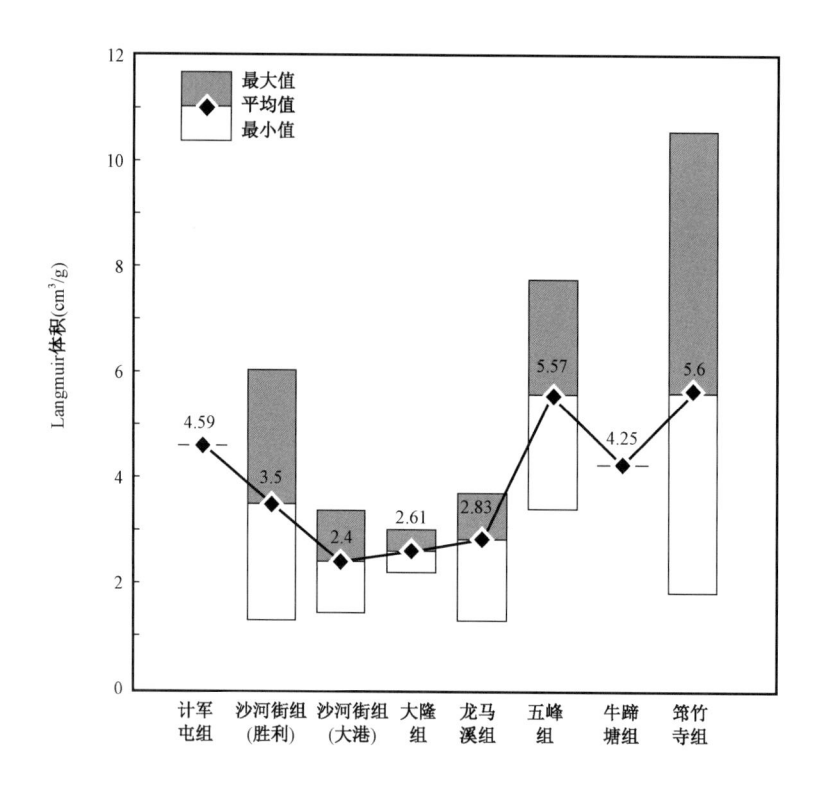

图 6-52 中国页岩吸附性层位分布图

2) 有机质类型

不同显微组分对气体的吸附性不同,煤岩中镜质组的吸附能力最强,惰质组次之,壳质组最低。对于同煤阶的煤来说,镜质组含量多的镜煤要比惰质组或稳定组含量相对多的暗煤的吸附能力强(苏现波等,2009)。Chalmers 等(2008)通过对加拿大不列颠哥伦比亚东北部下白垩统的页岩的干酪根类型进行研究时发现,有机质 H/C 原子比越小,页岩吸附量越小;有机质 O/C 原子比越小,页岩中吸附气含量就越大。这说明有机质的类型对泥页岩吸附能力影响比较大,偏于生油型的Ⅰ—Ⅱ型有机质的吸附能力要强于偏生气型Ⅲ型有机质的吸附能力。Zhang 等(2012)进行了不同类型有机质的等温吸附实验,Cameo 盆地煤样代表Ⅲ型有机质,Woodford 盆地干酪根代表Ⅱ型有机质,Green River 干酪根代表Ⅰ型有机质。不同有机质的甲烷最大吸附能力实验结果为:Ⅲ型有机质(1.40mmol/g)和Ⅱ型有机质(1.46mmol/g)接近,均大于Ⅰ型有机质(1.22mmol/g)。

不同研究得出的结果显著差异,有机质的吸附能力本质上受到有机质孔隙发育影响,有机质的孔隙结构及表面性质是决定页岩吸附能力的直接因素,有机质类型不是单一影响因素,前面已经讨论过其他因素(如成熟度)也影响有机质孔隙发育。另外,页岩中的黏土矿物也有一定的吸附能力,不能排除其对结果的干扰,有机质吸附能力归一化分析时会有一定影响。

3) 热演化程度

成熟度是评价影响页岩吸附性和资源潜力的关键地球化学参数。页岩对气体的吸附能力与页岩的成熟度之间存在正相关性,页岩成熟度增大,页岩表面的吸附气量增加。页岩成熟度对孔隙发育的影响表现在两个方面:一方面,随成熟度升高,干酪根裂解生烃,残留大量孔隙;另一方面,随成熟度升高,有机质相对含量升高,有机质中孔隙增多(邹才能等,2010;黄金亮等,2012)。西加拿大盆地泥盆系高成熟页岩吸附量普遍比低成熟侏罗系页岩吸附量高(Ross 和 Bustin,2009)。

二、源内天然气成藏机制与含气性表征模型

(一)源内天然气成藏机制

1. 煤储层吸附能力演化——以沁水盆地南部为例

沁水盆地南部位于吕梁—太行断块的西南,西临离石大断裂,并与鄂尔多斯盆地的兴县—石楼褶皱带相接,向东为太行山断裂,西南以中条山山前断裂和横河断裂为界,并与豫皖断块的中条山断隆毗邻。沁水盆地南部大地构造的演化经历了太古宙—古元古代的基底发展阶段、中元古代—三叠纪的发展阶段和中—新生代的活化阶段。

结合研究区主力煤层分层、地球化学数据等利用 Petromod 软件对其进行了模拟,可以看出沁水盆地南部太原组、山西组煤层的埋藏历史大致经历了 5 个发展阶段:(1)从晚石炭世至早二叠世末,为地壳缓慢沉降阶段。由于沉降速度的变化,充填期、聚煤期和掩埋期交替出现。早二叠世末,15 号煤最大埋深近 300m,平均沉降速度不超过 25m/Ma。(2)从晚二叠世至晚三叠世末,为地壳快速沉降阶段,煤层埋深迅速增大,至该阶段末期,最大沉降幅度达 4500m。以晋城—阳城—侯马一线为沉降中心。平均沉降速度为 80~100m/Ma。晚三叠世末,晋城、阳城一带 15 号煤层最大埋深达 4800m。(3)早侏罗世为地层抬升剥蚀阶段。印支运动使该区整体抬升。广泛遭受剥蚀,煤层的埋深减小。至该阶段末期,地壳最大抬升幅度超过 1000m。(4)中侏罗世,为地壳缓慢沉降阶段。燕山运动形成沁水复向斜和盆地雏形,以向斜轴部为中心,最大沉降幅度超过 400m,平均沉降速度约为 16m/Ma,比第一阶段还略低。(5)晚侏罗世至现今,以地壳抬升为主。晚侏罗世至古近纪末,整个盆地长期处于隆升状态,煤系及其上覆地层遭受严重剥蚀;喜马拉雅运动在盆地内形成了次一级的断陷盆地。局部沉积了新近系和第四系,盆地的西北部最大沉降幅度达 1000m 以上。

通过利用磷灰石裂变径迹和镜质反射率,恢复了沁水盆地南部古地温演化特征,早古生代地温梯度稳定,为 3℃/100m,晚二叠世至三叠纪地温梯度较前期略有降低,约为 2.5~3.0℃/100m;早、中侏罗世地温梯度开始上升,约为 3.0~4.0℃/100m;晚侏罗世—早白垩世地温梯度大幅度上升,为 4.5~6.5℃/100m;晚白垩世至古近纪早、中期为高地温场的延续时期,地温梯度为 5.5~6.5℃/100m;古近纪晚期—新近纪早期地温梯度大幅度降低,从 6.0℃/100m 骤降至 4.2℃/100m 左右;中新世以来地温场逐渐趋于稳定,地温梯度由 4℃/100m 演变到接近现代地温场的 3℃/100m 左右。

沁水盆地南部在地质历史时期中,经历了多次沉降和抬升作用,煤层的环境(地质条件,如温度、压力)也随之发生了相应的变化,同时,地质条件的改变控制了煤层吸附能力在各个构造演化阶段不同。通过实测数据、埋藏史和热演化史的模拟,可以确定各地质时期转折点的地质特征与煤层的吸附量(表 6-5),进而预测出地质演化过程中煤层吸附能力的演化规律。

由计算的结果可知(图 6-53),沁水盆地南部煤层在地质历史时期的吸附量经历复杂的变化,总体可以分为三个阶段:低吸附稳定阶段、吸附速增阶段和高吸附稳定阶段。晚石炭世至早二叠世末为地层沉积和煤层的形成阶段,由于此阶段产生气量较小,加之煤层热演化程度低,温度较高,此阶段的煤层认为没有吸附天然气。在晚三叠世到早白垩世早期阶段,煤层气大量生成,但由于地壳岩浆活动频繁造成煤层温度高,煤层气活跃,不易吸附在煤储层表面,吸附能力有限,此阶段为煤层低吸附阶段。白垩纪晚期至古近纪,地层抬升,煤层温度迅速降低,地层压力减小,由于温度减小造成的吸附量的增加使煤层的吸附能力显著增加。新近纪末期至今,煤层温度和压力比较稳定,吸附量变化不大,处于高吸附状态。因此,晚期构造变动后煤层的温压条件有利于煤层气的富集,可以推测高煤阶高丰度煤层气富集区的形成多为晚期。

表6-5 沁水盆地南部地质各时期参数特征

时期	时间(Ma)	深度(m)	p(MPa)	T(℃)	R_o(%)	V(m³/t)
T_3	208	4000	40	120	1.3	2.67
J_2	170	3300	33	145	1.8	3.40
J_3	150	3700	37	160	2.2	4.64
K_1	135	3600	36	240	3.1	3.96
K_2	85	3500	35	180	2.5	4.98
E_1	64	2500	25	160	3.1	3.96
E_2	25	1500	15	85	3.1	32.79
N_1	21	1200	12	65	3.1	41.33
N_2	5	600	6	45	3.1	45.75
Q	0	400	4	40	3.1	42.76

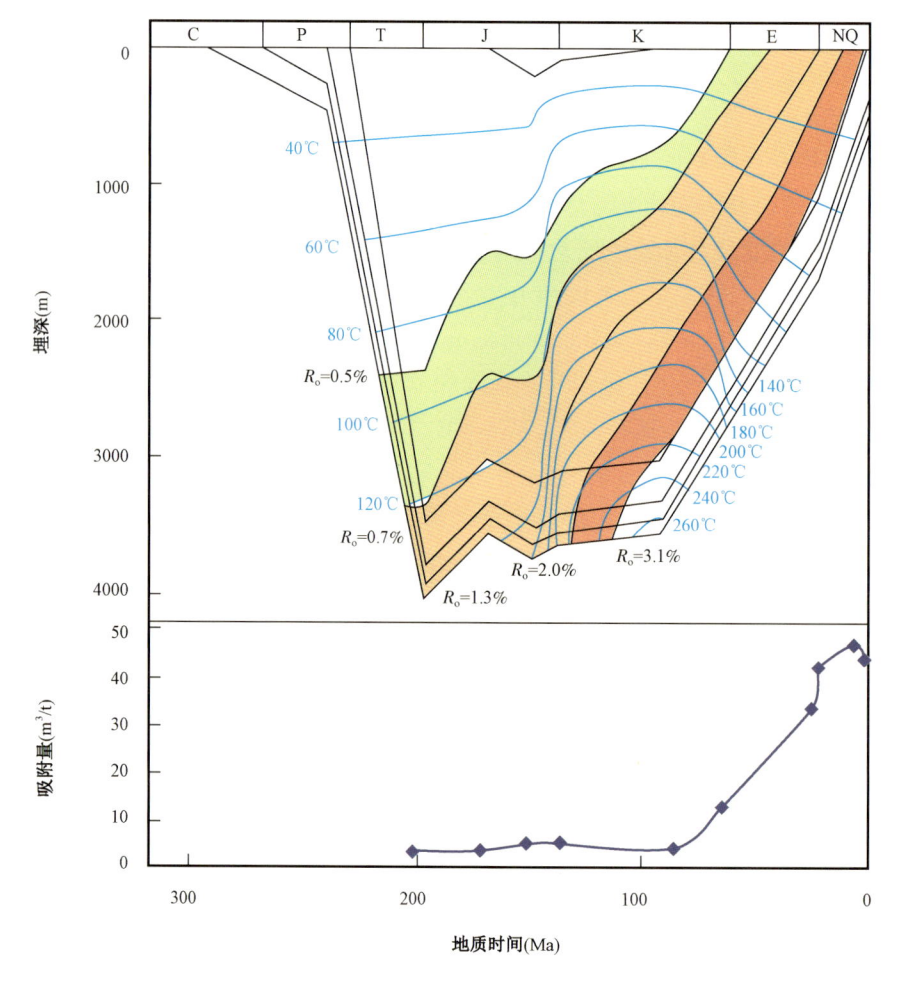

图6-53 沁水盆地南部主力煤层吸附量演化过程(据 Ma 等,2016)

2. 高成熟—过成熟海相页岩气成藏机制

与北美相比,中国海相页岩地质条件存在特殊性,北美海相页岩成熟度普遍较低($R_o<2.0\%$),而中国海相页岩成熟度较高,四川盆地页岩 R_o 可达4.0%以上。页岩气主要以游离态和吸附态存在,孔隙和吸附性是影响页岩储集性能和资源潜力的直接因素。在页岩成熟演化过程中,孔隙和吸附性控制了不同成熟阶段页岩的含气性,造成了高成熟—过成熟海相页岩气赋存形式与含量的特殊性。

四川盆地古生界筇竹寺组页岩与龙马溪组页岩中普遍发育纳米—微米级孔隙。页岩样品孔隙度为1.20%~5.50%,平均2.58%。筇竹寺组页岩孔隙度为1.43%~4.95%,平均2.45%。龙马溪组页岩孔隙度为1.22%~5.50%,平均3.95%,由于孔隙结构的影响造成了页岩储层的非均质性,在龙马溪组底部,孔隙较发育,连通性较好,是页岩气勘探开发的有利层段。

从孔隙分布来看,四川盆地古生界孔容为0.0019~0.0980mL/g,平均0.0340mL/g。比表面为9.04~58.55m^2/g,平均28.15m^2/g,同样由于非均质性的影响,不同层位的孔隙分布有很大不同,就寒武系与志留系页岩来看,平均孔容分别为0.0221mL/g和0.0380mL/g,微孔、介孔比例约为50%,微孔、介孔比表面所占比例可达90%,指示微孔、介孔具有大部分的比表面,由于志留系页岩具有更大的孔隙体积和孔隙比表面,其具有较好的含气潜力。

有机质中存在大量的纳米孔,有机孔隙分布于泥页岩有机质颗粒和有机质条带中(图6-54a),块状有机质与黏土矿物混合。有机质颗粒内部可发育大量孔隙,筇竹寺组页岩有机孔隙普遍小于2.0μm,孔隙直径主要在0.1~1.0μm之间(图6-54b),四川盆地三叠系露头高成熟页岩(R_o=3.2%)沥青质内发育大量孔隙,部分孔隙大于1μm,形状为椭圆形、不规则棱角状和蜂窝状等(图6-54c),高成熟页岩中,有机孔隙发育,分布广泛,以纳米级孔隙为主,不规则椭球状,小于50nm(图6-54d)。

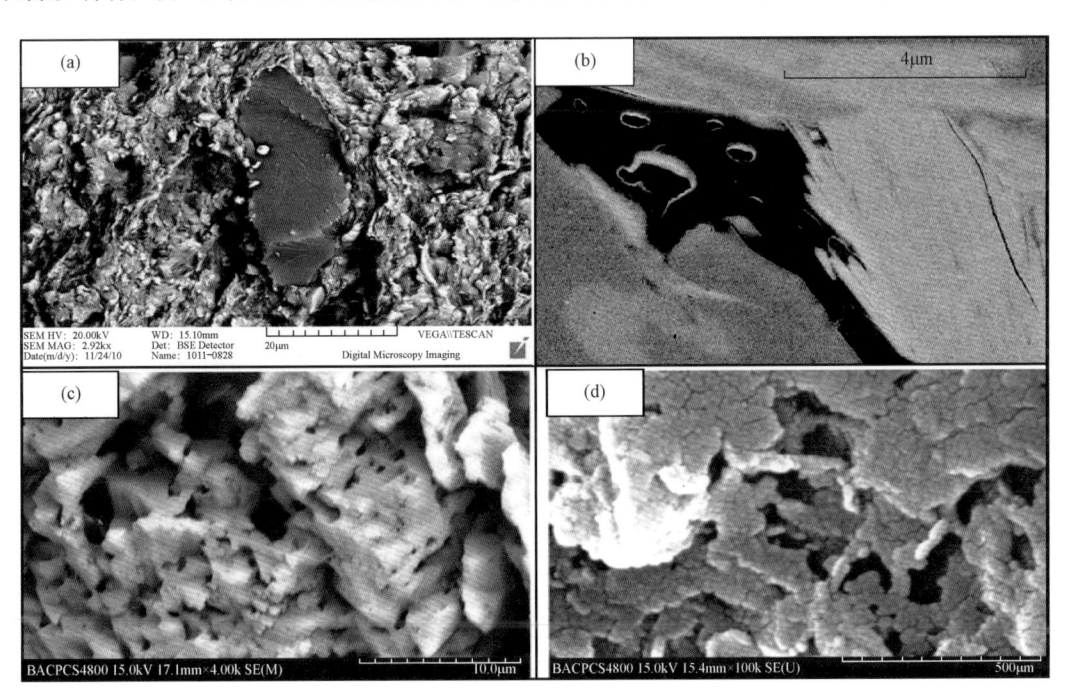

图6-54 页岩有机质孔隙SEM照片

(a)黑色泥岩黏土矿物间有机质斑块,龙马溪组;(b)有机质中孤立的气泡状纳米孔隙,筇竹寺组(据邹才能等,2010);
(c)成熟页岩沥青质内发育大量孔隙,部分孔隙大于1μm;R_o=3.20%,筇竹寺组;
(d)连通的纳米级孔隙,不规则椭球状,小于50nm,龙马溪组

有机质对页岩气有强烈的吸附作用。同一层位的样品的吸附气含量与有机碳含量存在较好的正相关,如四川盆地寒武系筇竹寺组五个样品的 TOC 含量为 3.54%~4.26%,随 TOC 含量的增大,吸附能力增强,Langmuir 体积可由 1.84cm³/g 增加到 10.56cm³/g。

页岩孔隙结构及表面性质是决定页岩吸附气的直接因素。页岩孔隙结构的前期研究表明,页岩中甲烷的吸附作用发生在孔隙表面,页岩储层孔隙多少和孔隙大小分布对页岩气的储集具有重要的影响。页岩孔隙结构复杂,主要分成两部分分析:小于 50nm 的微孔和介孔、大于 50nm 的宏孔(田华等,2012)。深入分析可以看到,页岩 Langmuir 体积与页岩微孔、介孔比表面正相关,随着微孔、介孔比表面所占总比表面比例的增加,页岩对甲烷的吸附能力增强(图 6-55)。所以,页岩中甲烷主要吸附在小于 50nm 的微孔和介孔表面。

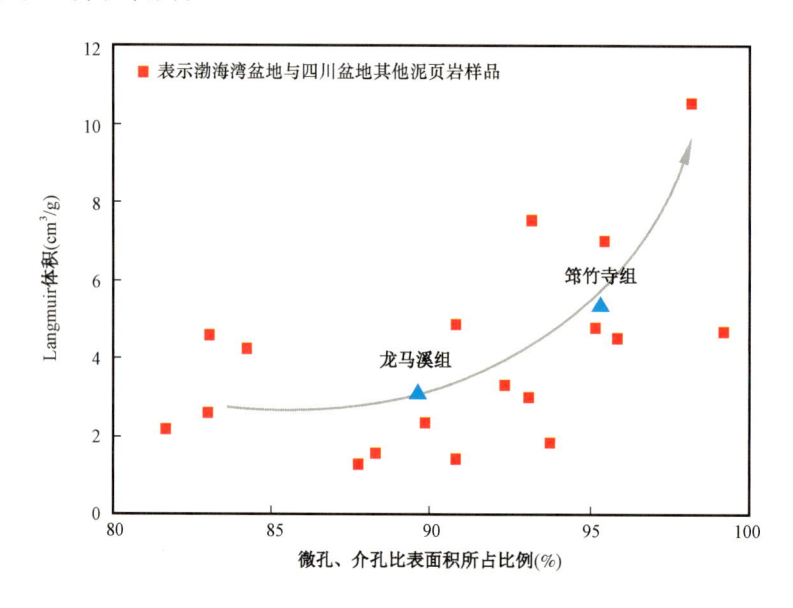

图 6-55 页岩吸附性与微孔、介孔比表面相关性

筇竹寺组五个样品表面上观察是随着 TOC 含量增大,吸附能力增强,更进一步是由于微孔和介孔比表面由 17.24m²/g 增加到 19.30m²/g,吸附位增多造成的吸附能力增强。然而,不同层位样品吸附气含量差别较大,如四川盆地筇竹寺组、五峰组页岩吸附能力较强,Langmuir 体积平均分别可达 5.57cm³/g 和 5.6cm³/g,但其 TOC 含量并不是非常高,均小于 5%;与之相比,龙马溪组页岩 TOC 含量相当,均值为 4.36%,但 Langmuir 体积平均仅为 2.83%。不同层位、不同类型的页岩不能仅仅根据 TOC 含量判断吸附气的多少。从微孔、介孔比表面所占总比表面比例来看,龙马溪组为 89.5%、筇竹寺组为 95.5%,筇竹寺组微孔、介孔比表面比例较高,更有利于甲烷吸附。

从页岩的表面性质来看,苏现波等(2009)对煤层甲烷吸附的研究中发现,随着含水量增加,吸附气量降低。干燥样品、原位样品与平衡水样品的吸附气量对比表明,平衡水的样品较干燥样品吸附气量可能降低 50%,原位样品可能由于水分填充孔隙占据了甲烷的吸附空间,使吸附气量降低。研究样品中筇竹寺组页岩含水量为 1.29%,而龙马溪组页岩含水量为 1.82%,比筇竹寺组页岩高 41%,从另一方面解释了龙马溪组页岩吸附性低的原因。

在一定成熟范围内,随着成熟度的增大,吸附能力增加,最大甲烷吸附量可达 2.5cm³/g 每单位 TOC;但成熟度增大到 R_o 为 3% 附近,吸附能力开始出现降低;当 R_o 增大到 3.5% 附近,研究大样品的吸附量可降低到小于 0.5cm³/g 每单位 TOC,仅为最大值的 20%(图 6-56)。对于高过成熟阶段页岩吸附能力发生下降的原因为:随着成熟度的增高,有机质孔隙增多,比表面增大,吸附能力增强,页岩含气量增大;当页岩演化至高过成熟阶段,孔隙增大,微孔、介孔减少,起主要吸附作用的微孔、介孔比表面降低,造成吸附能力降低。

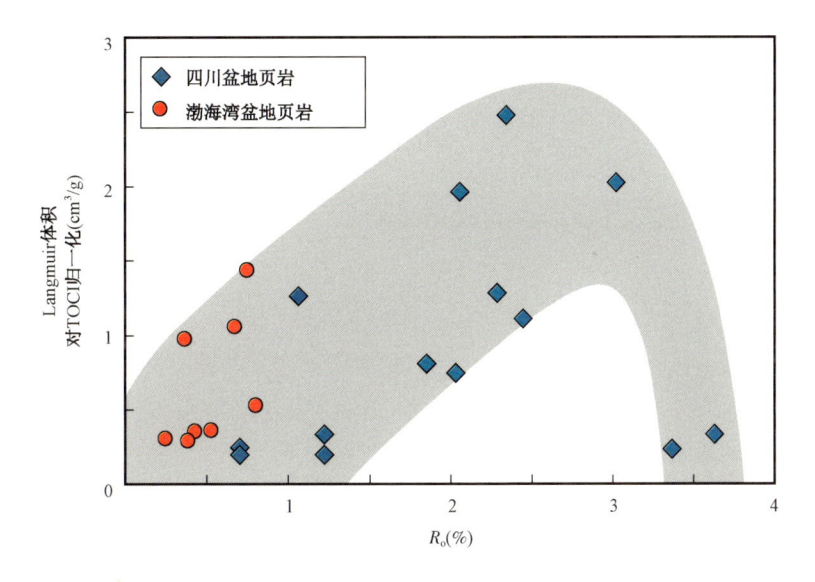

图 6-56 Langmuir 体积随成熟度变化

(二)含气性表征模型

由于储层物性、岩性和有机质含量的不同,导致天然气在致密储层中的赋存状态也有较大区别,在煤岩储层中,天然气 90% 以上以吸附态的形式赋存在煤基质表面;天然气在页岩储层中的赋存方式以吸附态和游离态两种为主,吸附气的含量通常占总气量的比例为 20%~80%。

吸附气和游离气是源内非常规天然气主要的赋存方式,只是赋存方式的比例有所不同,源内非常规天然气含量为吸附气和游离气之和。在吸附气含量和游离气含量模型的基础上建立了含气性综合表征模型,如下所示:

$$V_{\text{total}} = \alpha V_{\text{sorption}} + \beta V_{\text{free}} = \alpha V_{\text{sorption}} + \beta \frac{1}{B_g}\left[\frac{\phi S_g}{\rho_b B_g} - \frac{1.1318 \times 10^{-6} \dot{M}}{\rho_s} \times \alpha V_{\text{sorption}}\right]$$

式中,α、β 是吸附气和游离气含量的比例系数,由储层类型决定。当储层是煤岩时,由于煤储层中天然气主要以吸附态赋存,不考虑游离气,所以 α 取值 1,β 取值 0;当储层是页岩时,页岩气主要赋存形式包含吸附气和游离气。根据取值的不同,可以综合计算含气量的大小。

1. 煤层气含量表征模型

温度和压力是影响煤储层吸附量的两个不可忽略的重要因素(Clarkson 和 Bustin,2000;马东民,2003;张庆玲等,2004,2009;张天军等,2009)。研究结果表明,温度的增加会使吸附量减小,压力的增加会使吸附量增加。煤吸附气体属于物理吸附的范畴,是一个放热过程,温度对脱附起活化作用,即温度越高,从煤基质表面上脱附的气体分子就越多。因此,温度升高会导致煤吸附气体的能力降低,在相同压力的条件下吸附气体的量越少,使游离气的含量增加。压力对吸附量的影响与温度相反,恒温时,煤对甲烷的吸附能力随压力升高而增大,当压力升到一定值时,煤的吸附能力达到饱和,往后再增加压力吸附量不再增加,这一点已得到共识。然而,有研究指出当压力达到一定值时,吸附量不但不再增加,反而出现下降的趋势,和压力不再是单纯的函数关系。

从吸附实验结果还可以看出,煤样的水分含量与吸附量呈负相关关系,即水分的增加会导致吸附量的减少。导致吸附量出现这种现象的原因是煤中水分增高,占据有效吸附点位就越多,留给气体的有效吸附点就越少,从而使吸附能力将降低。通常当湿度为1%时,吸附能力会降低25%,以澳大利亚的鲍文盆地为例(Levy等,1997),其煤层湿度增加1%,对煤层气的吸附能力就降低4.2cm³/g。另外,随着煤样灰分和挥发分含量的增加,其吸附量逐渐降低。

煤储层样品的等温吸附曲线符合Langmuir方程,其中的参数Langmuir体积V_L和Langmuir压力K_L的大小决定于煤的性质,同时也受地质条件(温度、压力等)的影响。因此,要建立煤吸附的数学表征模型,需要对影响这两个参数的因素进行分析。由于影响因素比较多,对吸附量影响较大的温度、R_o这两个参数进行讨论,并结合压力因素,最后建立温度、压力、煤阶的三参数吸附模型。

煤阶与Langmuir体积V_L呈指数正相关关系,而温度与Langmuir体积也呈指数负相关关系(图6-57和图6-58)。不同的是Langmuir压力K_L与煤阶呈指数负相关关系,Langmuir压力与温度呈指数负相关关系(图6-59和图6-60)。因此,利用指数数学模型可以回归于Langmuir体积和Langmuir压力的公式。

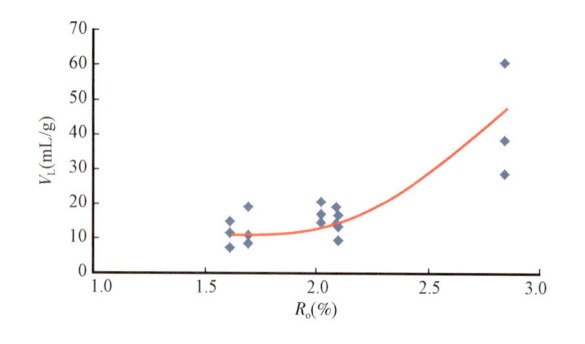

图6-57 煤阶与Langmuir体积的关系

图6-58 温度与Langmuir体积的关系

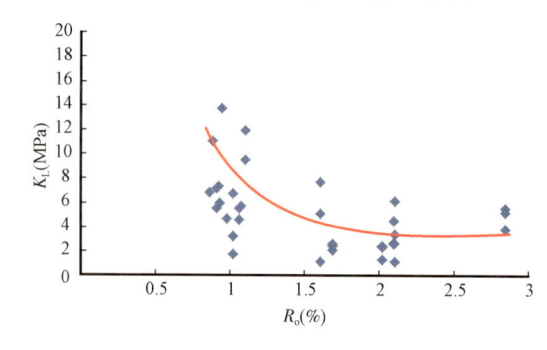

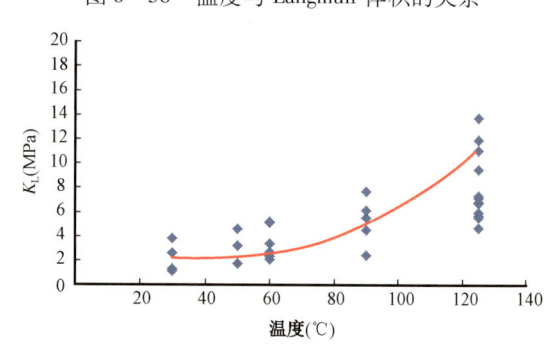

图6-59 煤阶与Langmuir压力的关系

图6-60 温度与Langmuir压力的关系

根据单因素分析,分别建立Langmuir体积的两种指数模型,并利用软件进行回归,回归结果发现,模型1的R^2为0.947,模型2的R^2为0.811,低于模型1的拟合度,说明模型1比模型2精确更符合实际数据。回归的参数结果为,$a=2.372$、$b=-0.011$、$c=1.243$,由此可得V_L的公式:

模型1:
$$V_L = a \cdot e^{(b \cdot T + c \cdot R_o)}$$

模型2:
$$V_L = a \cdot e^{b \cdot T} + c \cdot e^{d \cdot R_o}$$

$$V_L = 2.372 \cdot e^{(-0.011 \cdot T + 1.243 \cdot R_o)}$$

同时,也根据单因素分析分别建立K_L的两种双参数的指数模型,这两种模型与V_L相同。利用软件进行回归,分析结果表明,模型1的R^2为0.377,模型2的R^2为0.663,尽管两种模型精度都不很高,但模型2比模型1相对精确,基本上能反映实际数据的特征。回归的模型1的参数分别为,$a=2.028$、$b=0.012$、$c=-1.111$、$d=-0.233$,可得K_L的数学公式:

模型1：
$$K_L = a \cdot e^{(b \cdot T + c \cdot R_o)}$$

模型2：
$$K_L = a \cdot e^{b \cdot T} + c \cdot e^{d \cdot R_o}$$

$$K_L = 2.028 \cdot e^{0.012 \cdot T} - 1.111 \cdot e^{-0.233 \cdot R_o}$$

将 V_L 和 K_L 的数学公式分别代入煤层吸附量 Langmuir 公式可得三参数的煤层深部吸附模型：

$$V = \frac{2.372 \cdot e^{(-0.011 \cdot T + 1.243 \cdot R_o)} \cdot p}{(2.028 \cdot e^{0.012 \cdot T} - 1.111 \cdot e^{-0.233 \cdot R_o}) + p}$$

为了验证模型的准确性和有效性，对模型预测结果和实验数据进行对比。按地温梯度和压力梯度均一，地温梯度为 2.5℃/100m、压力梯度为 1MPa/100m、地表温度为 20℃，同时不考虑恒温带的影响，通过公式计算可得不同煤阶煤层吸附量在不同深度的吸附量及其随深度的变化规律，并与实验所测数据进行对比，发现预测模型可与其较好的吻合（图 6-61）。煤储层吸附量随深度呈现先增加后减小的变化规律，结果与多数学者研究一致。对韩城地区而言，在深度为 700~1000m 处吸附量最大。利用所建立的模型不仅可以预测不同地质时代煤储层吸附量的变化，同时还可以表征吸附量随深度的变化规律（Ma 等，2016）。

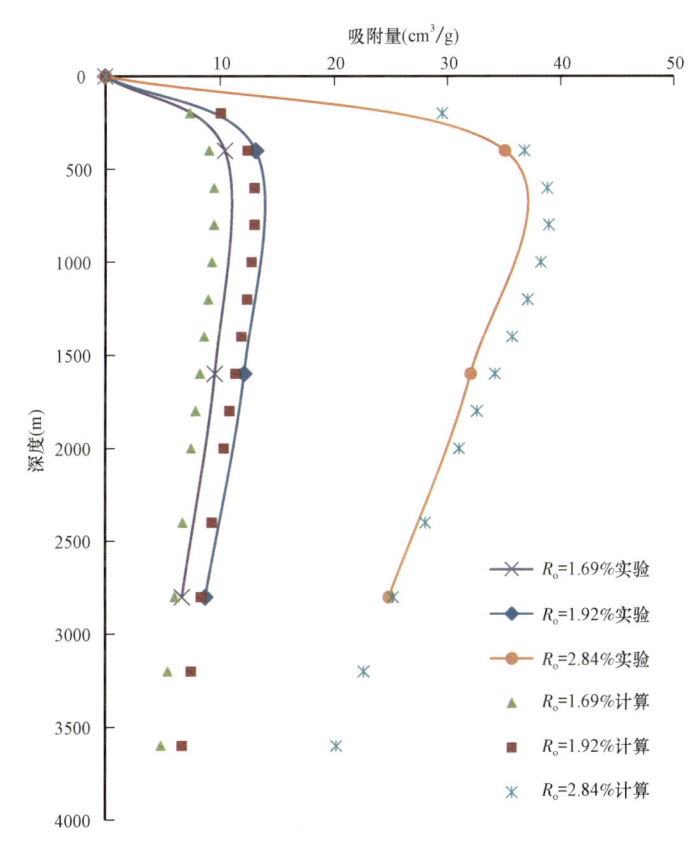

图 6-61　吸附量预测结果与实际吸附量对比（据 Ma 等，2006）

2. 页岩气含量表征模型

孔隙和吸附性控制了不同成熟阶段页岩的含气性。为了评价页岩的含气能力，将样品恢复到地层条件下，计算页岩样品的游离气与吸附气含量，综合评价页岩的含气量（图 6-62）。

根据高压等温吸附实验和四川盆地现场解吸数据，建立页岩含气能力随地层温度、压力的变化模型。游离气的含量采用气体状态方程计算，通过孔隙度计算得到游离气含气能力；吸附气赋存由等温

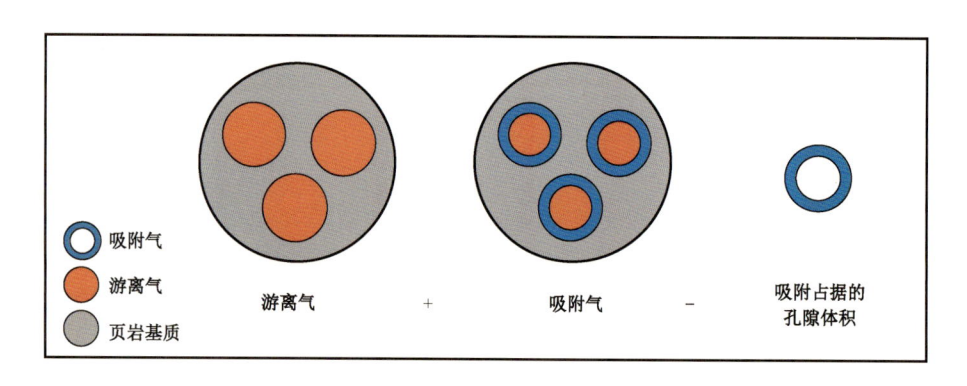

图 6-62　计算模型示意图(据 Ambrose 等,2010,修改)

吸附实验测定,通过 Langmuir 方程,结合吸附势理论和改进 Dubinin 公式,通过 a、b、k 三个参数表示,a 和 b 通过拟合得出,k 取 4.5。结合现今四川盆地地温梯度和压力梯度(地温梯度 25.7℃/km、压力梯度 10.38MPa/km)进行换算,即可得到以深度为变量的吸附气、游离气的含气能力模型:

$$G_t = G_f + G_a = \frac{1}{B_g}\left\{\frac{\phi S_g}{\rho_b B_g} - \frac{1.1318 \times 10^{-6} \hat{M}}{16}\left[e^{\frac{RT\ln\frac{p_c}{p}\left(\frac{T}{T_c}\right)^k - b}{a}} \times 22400\right]\right\} + e^{\frac{RT\ln\frac{p_c}{p}\left(\frac{T}{T_c}\right)^k - b}{a}} \times 22400 \times \rho_s/16$$

式中　p——平衡压力,MPa;

　　　R——气体常数;

　　　V_{ad}——平衡条件下的吸附相体积,cm³;

　　　m——被吸附的气体质量;

　　　G_a——吸附气含量,cm³/g;

　　　G_t——总含气量,cm³/g;

　　　G_f——游离气含量,cm³/g;

　　　ρ_s——吸附气密度,cm³/g,甲烷取 0.375;

　　　p_c——气体临界压力,MPa;

　　　T_c——气体临界温度,K;

　　　a,b,k——常数参数。

在给定的孔隙度、含气饱和度 TOC 含量和热成熟度的条件下,得到页岩吸附气、游离气含气能力随不同深度温压条件的变化曲线(图 6-63)。在浅部压力起主导作用,随着深度增大,页岩含气能力逐渐增大,在 2.5km 左右达到最大值(5.81cm³/g);随深度继续增加,压力对吸附气的影响减小,变为温度主导,受到高温影响,含气能力开始逐渐降低。吸附气含气量在 2.0km 以浅逐渐增加至最大(3.86cm³/g),2.0km 以后,吸附气含量迅速降低,6.0km 时吸附气含量仅为 0.27cm³/g。

游离气主要赋存在页岩较大孔隙中,与常规气的赋存方式一致,随页岩储层埋深增加,气体分子不断被压缩,游离气密度增大,相同的孔隙空间可以储集更多的游离气。所以,随着深度增大,游离气含量不断增加,深度大于 3.5km 以后增加幅度减小。吸附气比例与吸附气含量变化一致,吸附气最高可占总含气能力的 69.1%,在 3.5km 深度减少至 50%,在 6.0km 深度仅剩 8.8%。由于计算页岩含气能力代表理论最大页岩含气量,实测解吸含气量数据受到损失和采收率等方面的影响,理论计算数据偏低。

中国页岩含气量为 1.92~8.12cm³/g,平均 4.72cm³/g;吸附气含量为 0.82~4.51cm³/g,平均 2.30cm³/g;游离气含量为 0.86~5.98cm³/g;平均 2.59cm³/g;吸附气比例为 17.19%~68.95%,平均

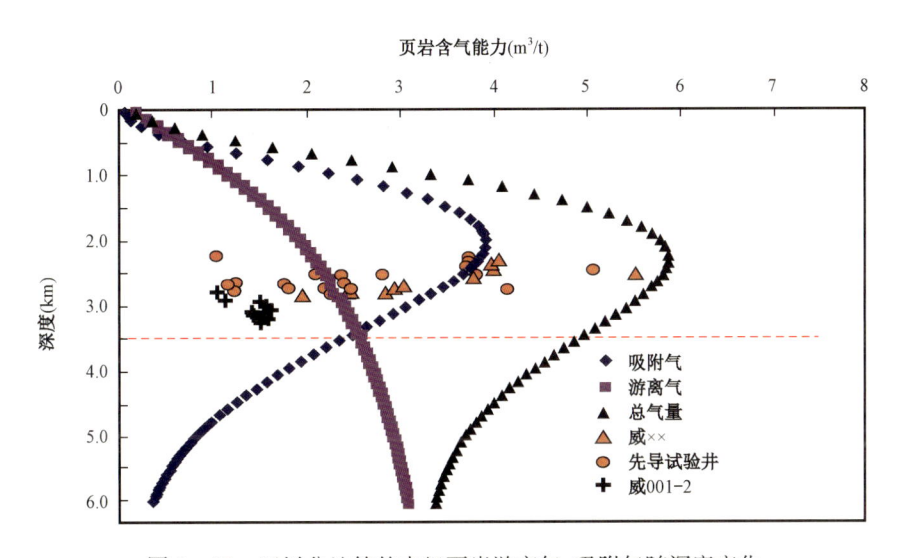

图6-63 四川盆地筇竹寺组页岩游离气、吸附气随深度变化

TOC=3.54%；V_L=3.86cm³/g；p_L=3.48MPa；ϕ=3.52%；解吸气数据来自黄金亮等，2012

45.85%（图6-64）。四川盆地海相页岩含气量较高，为1.58~8.13cm³/g，平均值为5.35cm³/g；渤海湾盆地陆相页岩含气量相对较低，为0.86~6.39cm³/g，平均值为3.71cm³/g。四川盆地海相页岩吸附气比例较低，为17.19%~56.54%，平均40.31%；渤海湾盆地陆相页岩吸含气能力附气比例相对较高，为37.26%~68.95%，平均55.09%。主要由于海相与陆相吸附气含量相当，平均值分别为2.28cm³/g和2.28cm³/g，但海相页岩游离气含量为3.21cm³/g，陆相页岩游离气含量仅为1.60cm³/g，海相页岩孔隙较发育，游离气含量较高。

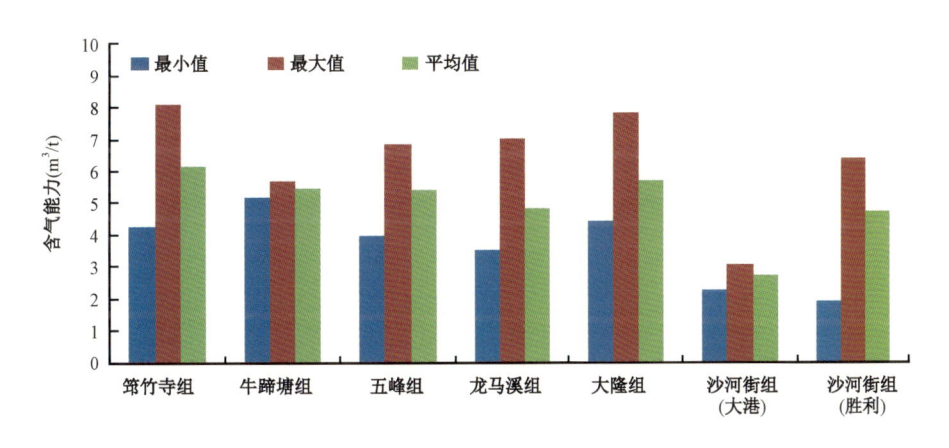

图6-64 中国页岩含气能力层位对比

四川盆地海相页岩不同层系页岩差别较大（图6-64）。筇竹寺组含气量较高，为4.27~8.12cm³/g，平均6.13cm³/g；龙马溪组含气量较低，为3.49~7.03cm³/g，平均4.85cm³/g；牛蹄塘组、五峰组和大隆组居中，含气量均值分别为5.47cm³/g、5.39cm³/g和5.67cm³/g。筇竹寺组吸附气含量较高，为1.51~4.51cm³/g，平均3.09cm³/g，吸附气比例高，为35.34%~56.54%，平均49.08%；龙马溪组吸附气含量较低，为0.90~1.25cm³/g，平均1.05cm³/g，吸附气比例低，为17.79~25.94%，平均22.84%。游离气含量相当，筇竹寺组、牛蹄塘组、五峰组、龙马溪组、大隆组平均值分别为3.05cm³/g、3.16cm³/g、2.83cm³/g、3.80cm³/g、3.72cm³/g。可见，四川盆地海相不同层系页岩含气量差别主要受吸附气含量影响。

小　结

（1）常规的构造和岩性气藏多与烃源岩距离较远，天然气经较长距离运移聚集，其成藏过程明显受控于浮力、水动力和毛细管力等的作用，运移过程一般包含初次运移和二次运移两个阶段。由其动力学机制决定了远源浮力驱动构造和岩性气藏运聚模式的主要类型包括浮力流模式、流体势模式和输导层不均匀运聚模式。浮力流模式是远源构造气藏天然气运移的基本方式，包括无阻上浮和有阻上浮，主要取决于气泡和运移通道大小及配置关系；流体势模式又称多相流模式，考虑了作用在流体上的重力、毛细管力和弹性力；输导层不均匀运聚模式基于输导层的非均质性，利用一个无量纲的特殊参数来表征二者之间的关系。

（2）致密气聚集服从"活塞式"运移原理，源储压差是主要成藏动力，源储压差克服毛细管力使得天然气在储层聚集成藏。模拟实验表明，天然气沿着毛细管力最小的方向前进，存在天然气运移优势通道。天然气扩散的量只要小于生成量的80%就可以产生天然气源储压差。源储压差控制下，致密气渗流呈现极低速非线性渗流阶段、低速非线性渗流阶段、低速线性渗流阶段3个渗流阶段。小孔—大孔型、小孔—中孔—大孔型、中孔—大孔型、大孔型4类致密储层结构分别控制复合型、下凹型、上凸型、直线型4种渗流曲线模式。

（3）源内非常规天然气与远源和近源天然气成藏机制有显著区别：是典型的自生自储油气系统，几乎没有发生运移，气源岩是储层，也是封盖层，大面积分布，没有明显的气藏边界。源内非常规天然气主要包括煤层气和页岩气，吸附气和游离气是重要的赋存形式，源内非常规天然气富集成藏既受到自身性质的影响，如孔隙结构、矿物成分、有机碳含量、有机显微组分、成熟度（煤阶）、形变等，还受一些外在因素，如水分含量、温度和压力等条件的控制。由于储层物性、岩性和有机质含量的不同，导致天然气在源内致密储层中的赋存状态也有较大区别，在煤岩储层中，天然气90%以上以吸附态的形式赋存在煤基质表面；天然气在页岩储层中的赋存方式以吸附态和游离态两种为主，吸附气的含量通常占总气量的比例为20%~80%。因此，虽然游离气的赋存机制没有吸附气复杂，但是其含量也是不容忽视的，甚至可以占到总含气量的一半以上。通过建立含气性表征模型，可以定量评价源内天然气的含量，吸附气和游离气是主要的赋存方式，只是赋存方式的比例有所不同，源内非常规天然气含量为吸附气和游离气之和。在吸附气含量和游离气含量模型的基础上建立了含气性综合表征模型。虽然目前开发的页岩气储层埋藏深度大于煤层气，页岩气埋深多小于3000m，最浅的是煤层气小于1000m。但是二者的共同特点是经历了多期的构造变动，储集条件（地质条件，如温度、压力）也随之发生了相应的变化，地质条件控制了页岩气在不同构造阶段的演化特征。

第七章 天然气成藏控制因素与成藏模式

近二十年来,在前陆盆地冲断带深层、克拉通盆地碳酸盐岩、坳陷盆地致密砂岩和断陷盆地深层等领域天然气勘探不断取得新的突破和发现。从天然气成因来看,煤成气、高演化裂解气是天然气储量增长的主要成因类型,大型天然气藏分布于有效烃源岩生气中心及其周缘;从储层类型来看,致密砂岩相对优质储层、碳酸盐岩岩溶带是大型气田勘探的现实领域;从盆地及构造类型来看,天然气富集于大型克拉通盆地海相层系,其次为前陆冲断带深层、断陷盆地深层、坳陷盆地古隆起及其斜坡。总体上,古生代大型海相盆地古油藏裂解气和海相碳酸盐岩岩溶储层、中—新生代前陆冲断带深层煤系源岩和成排成带构造圈闭、大型平缓斜坡带大面积致密砂岩和烃源岩有利配置,控制了大气田形成。本章在四类盆地天然气形成地质条件分析的基础上,结合典型气藏解剖,建立了相应的天然气成藏模式,揭示了天然气分布规律与成藏控制因素。

第一节 前陆盆地天然气成藏主控因素与成藏模式

前陆盆地是油气资源丰富、大气田发现较多的盆地之一。前陆盆地在世界油气勘探中占有重要地位,截至 2002 年,世界大油气田可采储量统计的 310 个大油田和 118 个大气田可采储量中前陆盆地分别占 79% 和 40%;世界前 120 个大油气田年产量 $16.2 \times 10^8 t$,前陆盆地大油气田 70 余个,油气年产量 $10.6 \times 10^8 t$,占大油气田的 64%,占全世界 30%。中国中西部再生前陆盆地与国外典型大陆边缘形成的前陆盆地具有较大的差异。近年来,中国中西部前陆盆地油气勘探发现比重逐年增加,发现了库车克拉苏构造带深层特大型气田、柴西英东亿吨级油气田、东坪—牛东气田等,川西双探 1 井在栖霞—茅口组获得高产气流,揭示了前陆盆地勘探的重大潜力。本节主要以库车前陆盆地为例,结合中西部前陆盆地油气成藏研究成果,系统阐述前陆盆地(冲断带)天然气形成的地质条件、气藏特征及成藏模式、分布规律与控制因素。

一、前陆盆地大气田形成的有利条件

中国中西部前陆盆地三叠系—侏罗系煤系烃源岩十分发育,盆地多期沉积及强烈的新生代构造运动决定了中国前陆盆地具有多期聚集和晚期成藏的特征,同时在盆地叠合基础上,形成了多套生储盖组合及油气成藏组合,具备形成大气田的有利条件。

(一)广泛发育的煤系烃源岩是大气田形成的物质基础

与国外前陆盆地不同的是,中国前陆盆地广泛发育陆相烃源岩,尤其是中生界煤系烃源岩(陈建平等,1998),因此,中西部主要前陆盆地相对富气。

中西部前陆盆地早—中侏罗世为受控于特提斯洋俯冲的弧后拉张环境,沉积细粒煤系地层。中西部前陆盆地的重要特征之一是煤系地层发育,厚度大,分布广(宋岩等,2002),是一套有效的偏腐殖型气源岩,如准南、库车、塔西南、吐哈、柴北缘等。大气田位于煤系烃源岩生气中心之上或近源分布。

根据烃源岩沉积环境及有机质类型特征,将前陆盆地烃源岩分为克拉通海相烃源岩、残留海—(潟)湖相烃源岩、湖沼相煤系烃源岩、内陆坳陷淡水湖相烃源岩以及内陆坳陷、断陷半咸水—咸水湖

相烃源岩(图7-1)。其中,湖沼相煤系烃源岩的广泛发育是中国前陆盆地区别于国外前陆盆地的一个典型特征,煤系烃源岩发育于中国的三类前陆盆地之中,如川西叠加型前陆盆地上三叠统须家河组煤系烃源岩,柴北缘新生型前陆盆地的侏罗系煤系烃源岩,库车、准南、塔西南、吐哈等叠加型前陆盆地的三叠系—侏罗系煤系烃源岩。

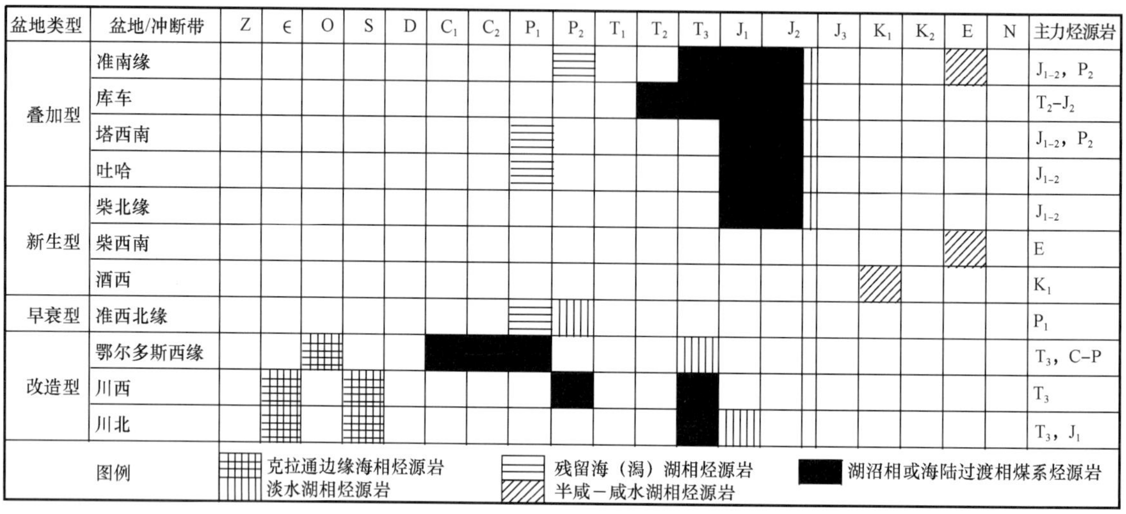

盆地类型	盆地/冲断带	Z	∈	O	S	D	C₁	C₂	P₁	P₂	T₁	T₂	T₃	J₁	J₂	J₃	K₁	K₂	E	N	主力烃源岩
叠加型	准南缘																				J₁₋₂, P₂
	库车																				T₂-J₂
	塔西南																				J₁₋₂, P₂
	吐哈																				J₁₋₂
新生型	柴北缘																				J₁₋₂
	柴西南																				E
	酒西																				K₁
早衰型	准西北缘																				P₁
改造型	鄂尔多斯西缘																				T₃, C-P
	川西																				T₃
	川北																				T₃, J₁

图例:克拉通边缘海相烃源岩/淡水湖相烃源岩　残留海(潟)湖相烃源岩/半咸—咸水湖相烃源岩　■湖沼相或海陆过渡相煤系烃源岩

图7-1　中国中西部前陆盆地(冲断带)烃源岩类型及层系分布

湖沼相煤系烃源岩在中西部除酒西和柴西南之外的前陆盆地都有分布,以三叠系—侏罗系为主,其次为石炭系—二叠系,沉积厚度最大可达1000m以上,是中国中西部天然气的主要气源岩。烃源岩主要由煤系泥岩和煤岩组成,形成于氧化环境,有机质主要来源于湖沼相的高等植物,Pr/Ph值较高,多分布于2~4;有机质丰度变化较大,其中暗色泥岩0.5%~6%,碳质泥岩6%~40%;具有较低H/C原子比和较高的O/C原子比,H/C原子比多分布于0.6~0.9,O/C原子比多分布于0.09~0.25,I_H较低,多分布于20~200 mg/g TOC;有机质类型以Ⅲ型为主,部分为Ⅱ型。中西部天然气主要来自于此类烃源岩,如克拉2、克深2、迪那2、呼图壁、白马庙、广安等气田。

从天然气碳同位素特征看,中国前陆盆地天然气碳同位素分布范围较窄,分布于戴金星等(1992)定义的煤成气碳同位素分布范围(图7-2),显示中国中西部前陆盆地天然气主要来源于煤系地层。根据碳同位素特征,又可将中西部前陆盆地煤成气划分为成熟—高成熟气(A)、高过成熟气(B)、高过成熟晚期阶段聚集气(C),以成熟—高成熟气(A)为主,分布于库车、塔西南、准南、川西等,高过成熟气如柴北缘的南八仙气藏,高过成熟晚期阶段聚集气有克拉2气藏,这种成熟度的差别可以从天然气干燥系数和甲烷碳同位素值得到很好的反映。

(二) 多期次构造沉积演化形成多套生储盖组合

中国中西部前陆盆地在两期前陆及其间坳陷盆地区域构造背景下,沉积演化基本上有前前陆盆地克拉通沉积、早期前陆盆地沉积、中生代坳陷盆地沉积和新生代再生前陆沉积4个阶段,每个阶段具有相似的沉积组合。根据沉积演化和沉积组合特征的相似性,中西部前陆盆地大致发育四套储盖组合,基本上以中生界侏罗系为界,其下发育克拉通形成的生储盖组合和以坳陷形成的河湖相组合,其上是一套以再生前陆盆地磨拉石沉积为主的组合。根据区域盖层的发育,考虑中生界煤系地层在成藏过程中的重要性,可划分为下部储盖组合(组合Ⅰ、组合Ⅱ)和上部储盖组合(组合Ⅲ、组合Ⅳ)的四套储盖组合(宋岩等,2007)(图7-3)。这四个组合在储盖层、成藏上具有其自身的特点:上部组合(Ⅲ、Ⅳ组合)虽然空间的匹配上欠佳,但总体来说这套储盖组合生烃期、储层成岩阶段和盖层有效封盖等因素达到最好,在时间匹配上最佳,是最佳时效匹配组合类型,实践也证明了该套组合的高效性,目前在中西部前陆盆地发现的油气藏从规模和数量上都优于Ⅰ、Ⅱ组合,如克拉2气田、柯克亚气田、白马庙、呼图壁气田、南八仙油气田等都分布于该组合(图7-3)。下部组合(Ⅰ、Ⅱ组合)时间匹配上具有有利储层发育较早、局部构造形成期稍晚的特点,但空间配置好,如果具备后期储层改造和前期古构造与之匹配,同样具有优越的成藏条件,可以说是最佳空间匹配的组合。

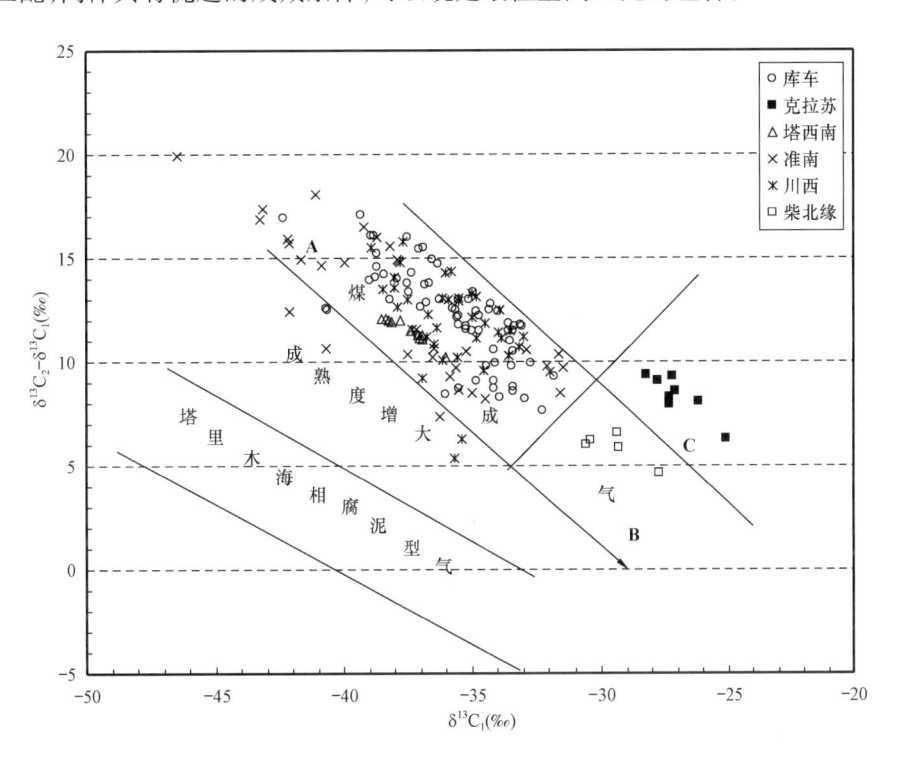

图7-2 中国中西部前陆盆地天然气碳同位素组成及天然气类型判别

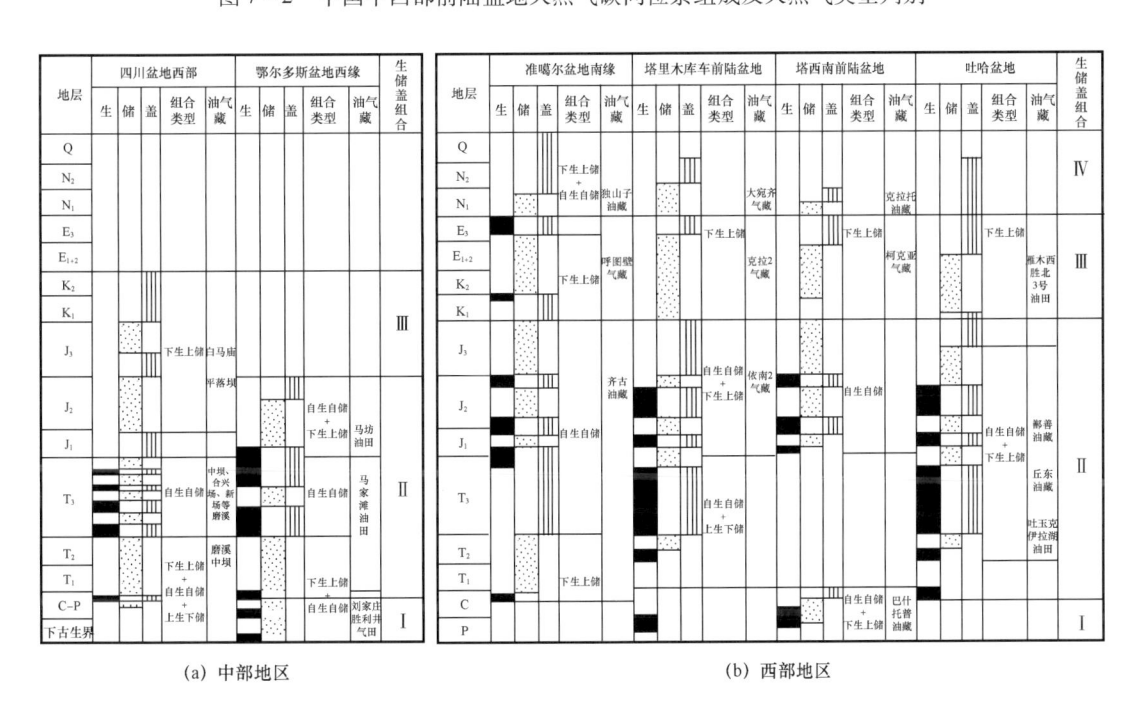

图7-3 中国中西部前陆盆地生储盖组合图(据宋岩等,2007)

(三)成排成带的构造圈闭群是晚期天然气聚集的有利场所

受印—藏碰撞控制的新生代再生前陆冲断带分为两类,一类是逆冲推覆为主的前陆冲断带,即准西北缘、准南、库车等,其受制于古造山带的复活,发育成排成带分布的断层相关褶皱,纵向上冲断带多表现为薄皮滑脱结构,存在一到多个区域性的主滑脱面,平面上推覆波及的范围较大,几十至上百千米,构造分段性明显。第二类是挤压兼走滑作用控制的前陆冲断带,如柴北缘、塔西南等,其发育除受制于古造山带的复活外,还与阿尔金、帕米尔东缘大型走滑断裂活动相关,构造变形成排成带分布,滑脱层不发育,主要形成基底卷入的厚皮冲断构造,可在大型走滑断裂消失端形成较大规模的冲断推覆,平面上推覆构造波及的范围相对较小,相伴生的前缘隆起发育不明显。靠近山前的第一排构造带由于挤压抬升强烈,往往断层发育、目的层埋藏浅,因而天然气保存条件差,不能成为天然气较好的富集区;第二、三排构造带紧邻生气中心,烃源岩断裂发育,位于天然气运移的指向区,为天然气的聚集提供了有利场所(宋岩等,2002)。山前带有效盖层之下的继承性古构造亦是天然气聚集的有利场所。

晚期前陆盆地冲断带构造圈闭、早期前陆盆地斜坡和古隆起岩性和地层圈闭为晚期前陆盆地天然气聚集的场所,如库车前陆盆地、川西前陆盆地等。

以库车前陆盆地为例,从北往南发育北部单斜带、克拉苏—依奇克里克构造带、秋里塔格构造带、南部斜坡带等,这些构造带中构造圈闭较发育,尤其是阳霞—拜城凹陷以北的褶皱冲断带构造圈闭密度较高。这些构造圈闭形成于喜马拉雅期发生的陆内造山运动时期,与天然气生成高峰期能很好地匹配,对大气田的形成起到重要的作用。

库车前陆冲断带盐下楔形冲断构造系统主要分布于克拉苏断层下盘及其以南,受前展式逆冲断裂控制,表现为沿刚性基底滑脱面向盆地内部滑脱递进变形特征,构造样式表现为背斜、断背斜及断块结构(图7-4)。自北向南断块埋深逐渐变大,形态也由复杂到简单。楔形冲断体以南地层变形微弱,少见断背斜构造。楔形冲断体在库车前陆冲断带内表现出不同的变形样式,自东向西楔形体由宽变窄,楔形体内断背斜样式也发生变化。克拉苏构造带深层表现出不同的楔形冲断结构,分别为克深构造段、大北构造段、博孜构造段及阿瓦特构造段。

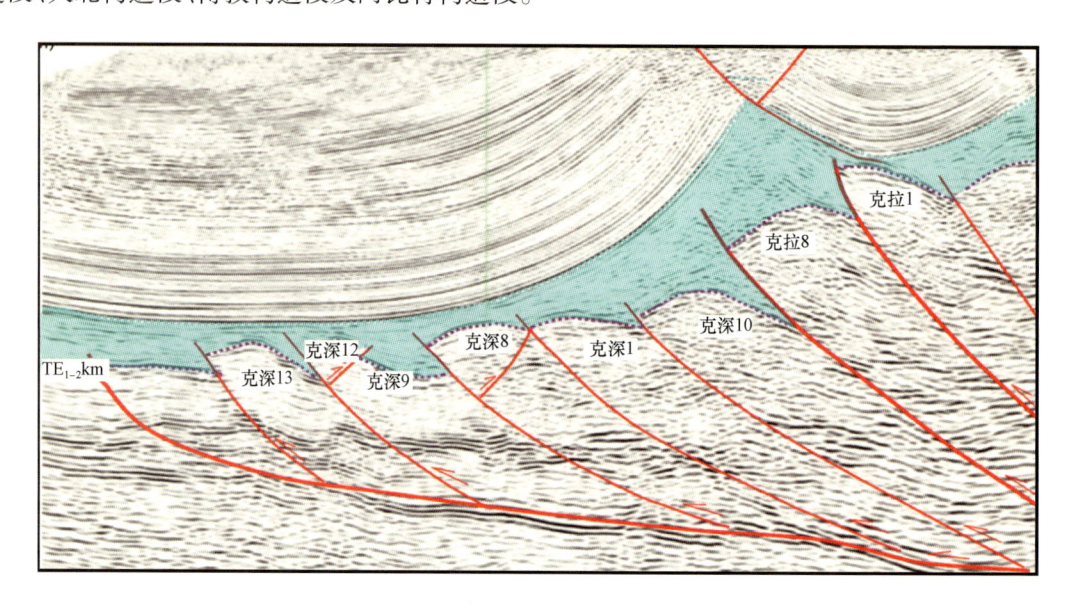

图7-4 库车前陆盆地克深段楔形冲断体结构图

盐下逆冲断裂的延伸范围和控制形成的岩片或褶皱在平面上相互交割。三维地震工区内多数断层走向延伸距离相对有限,没有在东西走向上贯穿工区,断层与断层之间呈交接状态;逆冲盐席的分布同样如此,相互之间垂向部分叠置、走向逐步对接,整体上各个次级冲断层控制形成的褶皱分布像"鱼鳞片"一样。

同样,准南前陆盆地喜马拉雅期来自北天山强烈挤压作用,并伴有走滑,形成了准南缘的第一排、第二排和第三排构造,并对早期形成的圈闭进行了改造。第一排构造中继承性古构造(齐古背斜)虽然发生了调整和破坏,亦可成藏。

二、典型气藏成藏模式

前陆冲断带典型大气田以构造气藏为主,构造气藏的形成与分布严格受构造圈闭控制,根据圈闭成因主要分为背斜气藏和断层气藏。构造气藏过去和现在都是最重要的一种油气藏类型,通常能够形成大型、整装的大型油气田。至今,在世界石油和天然气的产量及储量中,构造油气藏仍居首位。

(一)典型气藏实例1:库车前陆盆地克拉2气田

1. 气田概况

克拉2气田位于库车前陆冲断带克拉苏构造带,是前陆盆地盐下构造勘探的重大发现之一,是塔里木盆地发现并探明的第一个储量超$1000\times10^8m^3$的整装大气田,探明地质储量为$2840.29\times10^8m^3$,是西气东输的主力气田,天然气地质储量丰度为$59\times10^8m^3/km^2$,是中国储量丰度最高的大气田(贾承造等,2002)。

克拉2气田的发现井为克拉2井,1998年1月20日在3499.87~3534.66m井段中途测试,用6.35mm油嘴求产,日产气$27.711\times10^4m^3$。古近系膏盐岩盖层之下的白垩系巴什基奇克组砂岩是克拉2气田的主要含气层段,其次为古近系库姆格列木群下部膏泥岩段的白云岩夹层和底砂岩。

克拉2气藏中部埋深为3825m,中部地层温度为100.58℃,地温梯度为2.188℃/100m,属正常的温度系统。古近系白云岩段、砂砾岩段及白垩系的三个岩性段均属同一压力系统,气藏中部地层压力为74.41MPa,平均压力系数为1.95~2.20,属超高压气藏。地层水为$CaCl_2$型,总矿化度为$(12\sim16.5)\times10^4mg/L$,显示封闭条件很好。PVT分析表明克拉2气田为超高压的干气藏,天然气临界点($p_c=4.81\sim4.96MPa$、$T_c=-80.6\sim-79.0℃$)远离气藏原始压力和温度。但在克拉2气田开发的过程中,除了日产百万立方米级的天然气外,也产出了少量的凝析油。至2010年底,克拉2气田累计产气$551.81\times10^8m^3$,凝析油2.98×10^4t。

2. 气藏基本地质特征

1)地层特征

克拉2气田发育的地层有:新近系库车组(N_2k)、康村组($N_{1-2}k$)、吉迪克组(N_1j)、古近系苏维依组($E_{2-3}s$)、库姆格列木群($E_{1-2}km$),白垩系巴什基奇克组(K_1bs)、巴西盖组(K_1b)、舒善河组(K_1s),缺失上白垩统(图7-5a)。克拉2气田新近系直接出露地表,越靠近气田南部的喀桑托开背斜轴部,地层剥蚀越强烈,气田主体部位新近系库车组剥蚀殆尽,康村组也受到不同程度的剥蚀。克拉2气田气层主要分布在白垩系巴什基奇克组砂岩,其次为古近系库姆格列木群下部膏泥岩段的白云岩夹层和底砂岩。

巴什基奇克组(K_1bs):克拉201井钻厚361m,岩性为棕红、浅棕色厚—巨厚层状砂岩及泥质粉砂岩、深棕褐色泥岩。沉积相为辫状河三角洲前缘沉积,水下分流河道沉积相带稳定,砂体纵向叠置、横向连片,延伸广、厚度大,为一套优质砂体,也是库车坳陷主力产气层段。

库姆格列木群($E_{1-2}km$):克拉201井钻厚1009.5m,自上而下可划分为5个岩性段:泥岩段、膏盐岩段、白云岩段、膏泥岩段、砂砾岩段。该组中下部的白云岩段为地层划分对比的标志层,在克拉2气田厚4~9m。

克拉2气田古近系巨厚膏盐岩为一套优质盖层,古近系白云岩夹层、底砾岩和白垩系巴什基奇克组发育厚层储层,横向分布稳定,构成优质的储盖组合。

2）构造特征

在古近系白云岩顶面构造图上（图7-5b）,克拉2背斜是一个长轴背斜,长轴18km,短轴4km,长短轴之比4.5∶1,长轴呈近东西向展布,在克拉201井与克拉2井之间转向北东方向,使构造呈向南凸出的弧形构造。在剖面上,克拉2号背斜被克拉202断裂、克拉2北断裂夹持,背斜南翼被一系列北西、北东向的北倾小逆断层复杂化,总体是一个对称背斜,北翼地层倾角16°~20°,南翼为19°~22°。位于气藏内的这些小断层,其断距正好断开白云岩与底砂岩之间的膏泥岩夹层和巴什基奇克组下部泥岩（2~3m）夹层,使古近系白云岩、底砂岩和白垩系巴什基奇克组砂岩、巴西盖组砂岩在剖面上相互连通,形成统一的油气藏系统（图7-5c、d）。

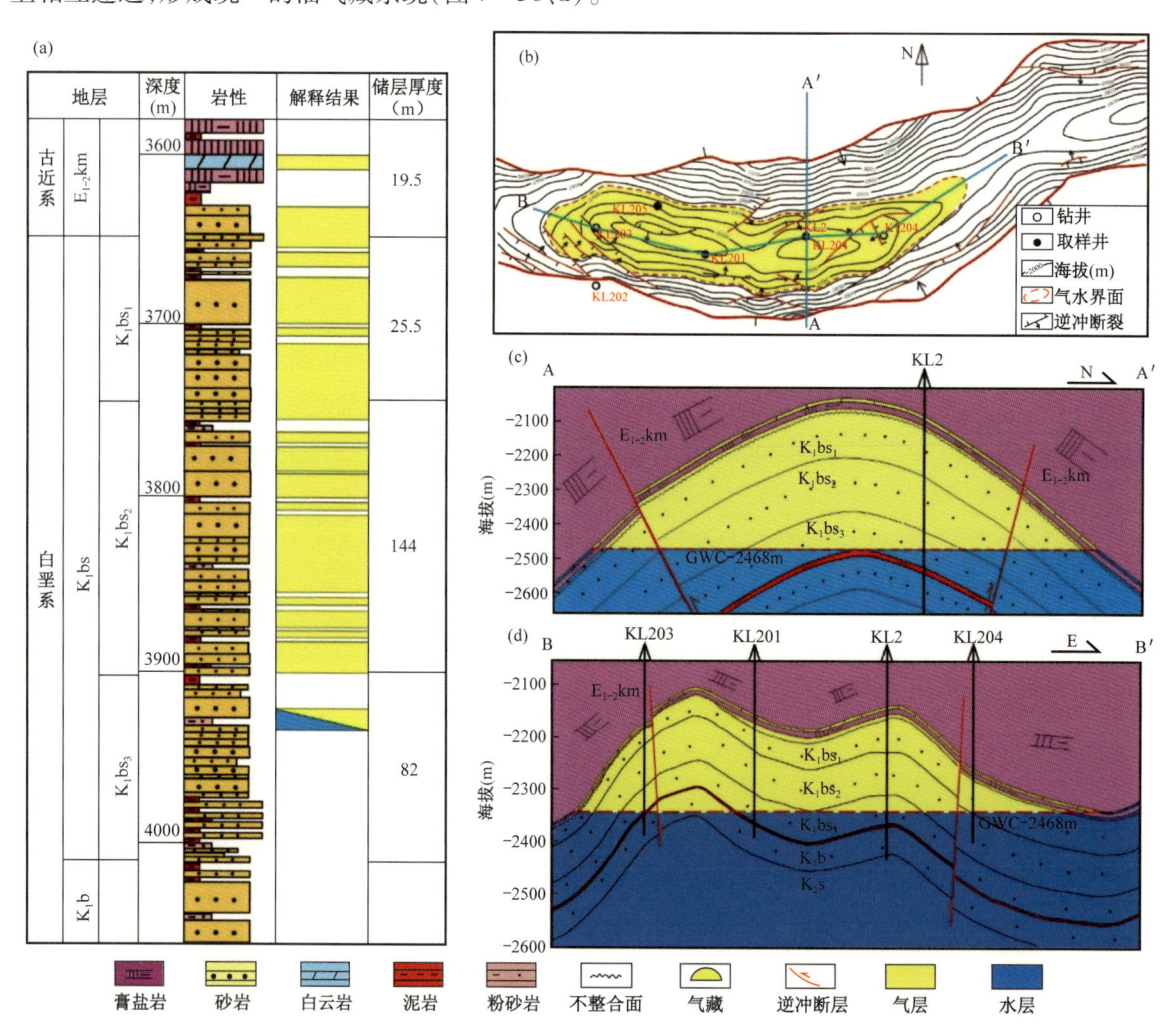

图7-5 克拉2气田K_1bs储层顶面构造图、气藏剖面图和地层柱状图

3）天然气地球化学特征

克拉2气田天然气组成以烃类气体为主,甲烷含量为96.9%~98.22%,C_2H_6含量很低,为0.31%~0.53%,几乎不含大于乙烷的烃类组分,因此天然气干燥系数几乎接近1.0。非烃气体含量极低,CO_2含量0~1.24%,N_2含量0.6%~2.84%。

克拉 2 气田烷烃气碳同位素偏重，$\delta^{13}C_1$ 为 -28.24‰ ~ -26.16‰，平均 -27.3‰，$\delta^{13}C_2$ 为 -19.4‰ ~ -16.8‰，平均 -18.6‰。气源对比表明，克拉 2 气田天然气为煤成气，来自于库车坳陷侏罗系—三叠系高—过成熟的煤系烃源岩（戴金星，2014）。

3. 气藏形成过程及成藏模式

克拉 2 气田是库车油气系统中储量规模最大（地质储量 $2840.29 \times 10^8 m^3$）、储量丰度最大（储量丰度大于 $53.2 \times 10^8 m^3/km^2$）、圈闭充满程度高（近于 100%）、超高压（压力系数高达 1.95 ~ 2.20）、高产（日产气超过 $20 \times 10^4 m^3$）的大型整装气田。如此规模和特征的气田能在复杂的前陆冲断带中形成和保存在国内外实属罕见，因此克拉 2 气田的发现引起了石油地质界的特别关注。关于克拉 2 气田的油气来源、特征以及成藏过程，前人已有大量研究，主要认为天然气是高—过成熟的煤成气，主要源自侏罗系煤系烃源岩，其次为三叠系湖相烃源岩；凝析油主要为三叠系湖相烃源岩成熟演化阶段的产物；油气具有不同源、不同期的特征，反映了克拉 2 气田具有多源多期的复杂成藏过程。自 1997 年发现克拉 2 气田以来，众多专家、学者对其地质特征、油气来源、形成条件、异常高压成因、成藏过程和成藏机理等进行过大量研究（贾承造等，2002；王招明等，2002；周兴熙等，2003；赵孟军等，2004；邹华耀等，2005；鲁雪松等，2012）。这些研究从多学科、多角度对克拉 2 气田的形成条件和成藏机制做了深入讨论，对充足的气源、卓越的封隔层、良好的储层、完整的背斜圈闭、高效的运移通道等 5 个成藏要素的有效匹配及晚期成藏是克拉 2 气田形成的主要地质条件等方面已形成共识，但在是否存在早期油充注、具体的成藏时间和成藏过程、超压成因及流体演化等问题上仍存在分歧。

针对这一科学问题，鲁雪松等（2012，2017）通过成岩作用和流体包裹体相结合的方法来研究油气充注与成岩流体之间的关系，结合该区的构造演化史、生烃演化史，综合确定了克拉 2 地区成藏时间（图 7-6）及成藏演化模式（图 7-7）：

古近纪末期—新近纪初期，三叠系湖相烃源岩 R_o 值达到 1.3% ~ 1.6%，进入高成熟演化阶段，而侏罗系煤系烃源岩 R_o 值仅为 1.0% 左右。喜马拉雅早期的构造挤压运动使得克拉 2 断背斜初具规模，中新世早中期大量三叠系高成熟油气和少量侏罗系成熟原油沿断层向上运移形成了古油气藏。这一时期的油气流体以赋存在石英愈合裂隙和早期方解石中的黄褐色烃类包裹体为代表，拥有较低的充注温度和较高的盐度，充注时间为 18Ma。储层自生伊利石测年数据一般代表了最早成藏时间，对克拉 2 气藏储层岩心样品的自生伊利石 K—Ar 测年结果为 9.8 Ma ± 1.0 Ma ~ 13.9 Ma ± 1.4 Ma，指示早期原油充注时间基本为康村组沉积期。与之相邻的迪那 201 井白垩系储层中自生伊利石年龄为 15.47 ~ 25.49 Ma（张有瑜等，2004），与克拉 2 气田基本相当，反映库车坳陷在中新世的早期成藏作用可能具有区域性。

库车组沉积早期，烃源岩快速埋藏，三叠系湖相烃源岩进入生干气阶段，侏罗系煤系烃源岩进入高成熟阶段，生成大量的轻质油气，此时构造挤压作用加强，克拉 2 断背斜圈闭高度增加，大量新生油气顺油源断层进入克拉 2 圈闭，形成古油柱超过 350m 的轻质油气藏。直到现在，克拉 2 气田还会产出少量的高成熟度轻质油。这说明，克拉 2 地区的第二次油气充注的强度和规模远超过第一期。这一时期油气流体以赋存在石英颗粒内裂隙和晚期白云石胶结物中的黄白—蓝白荧光包裹体为代表，拥有较高的充注温度和盐度，充注时间为 5Ma。该阶段充注的天然气对早期原油有一定的气洗脱沥青作用，如发现的油—气—沥青三相包裹体常与第Ⅱ期无色、发蓝白色荧光的油气包裹体相伴生。

库车组沉积期末强烈构造运动导致穿盐断层继续活动，克拉 2 地区抬升剥蚀厚度在 1500m 以上，使得古油气藏沿着断层向上漏失而部分产生破坏，处于散失量大于充注量的动平衡过程。关于这一期古油气藏发生破坏的证据如下：① 克拉 2 气藏的天然气甲烷、乙烷碳同位素异常重，远高于库车坳陷其他含气构造。赵孟军等（2003，2005）认为克拉 2 气田早期捕获的天然气散失，而主要聚集了烃源

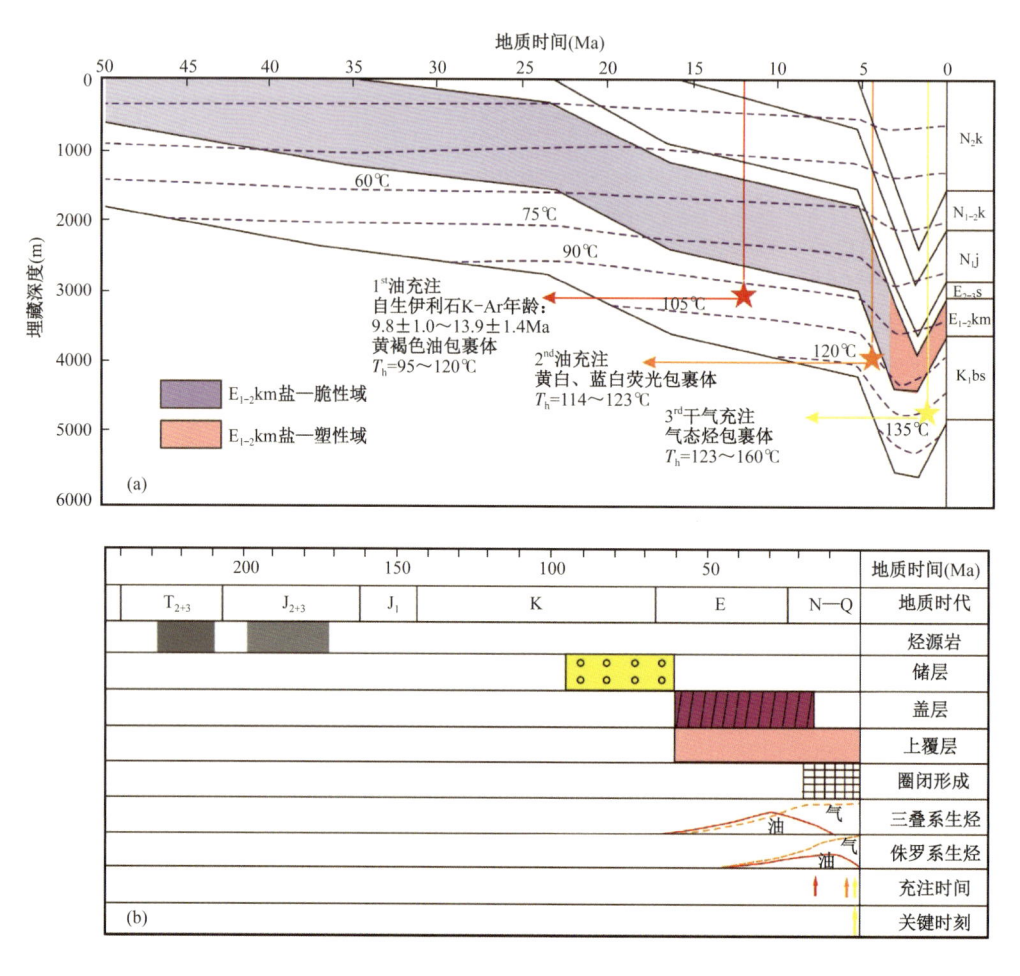

图7-6 克拉2气田成藏综合事件图及成藏时间

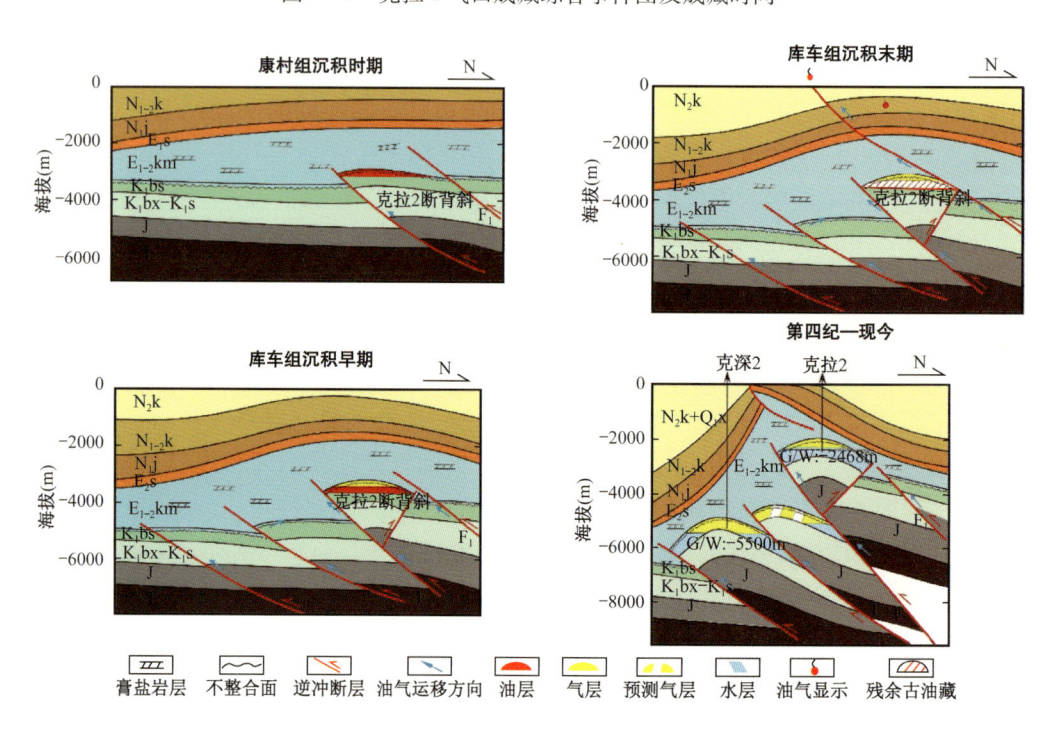

图7-7 克拉2气田成藏过程及成藏模式图

岩在高—过成熟阶段生成的天然气,从而导致克拉2气藏中的天然气碳同位素异常重。克拉2气田晚期聚气的特征也从碳同位素动力学方面得到了证实(李贤庆等,2008)。②克拉2构造浅层气测显示普遍,克拉2井新近系库车组、康村组、吉迪克组多套砂岩层综合解释为差气层,荧光显示呈黄色,是油气向上漏失的证据。③在克拉2构造 F_1 断层附近地表发现了大量油气显示,是克拉2古油气藏沿 F_1 断层发生泄漏的直接证据。④颗粒荧光剖面揭示古油水界面比现今气水界面低,说明油气藏曾发生过破坏(鲁雪松等,2012)。在古油藏深度范围内的储层样品中,油气包裹体大量发育,据邹华耀等(2005)统计烃类包裹体相对丰度多大于60%,储层中残余的沥青及孔隙和裂缝中的荧光显示都进一步证明了古油藏的存在。克拉201井现今气水界面埋深为3935m,但在3925.0~3939.0m 气水同层的岩心中见到了油浸现象;3990m以浅的储层岩石热解 S_0、S_1、S_2 值均较大,最大值为0.4mg/g,具油层特征,且深度范围超过现今气柱高度。这些都证明克拉2构造曾存在厚约350m的古油藏。

第四系西域组沉积至今,快速冲断挠曲沉降使侏罗系煤系烃源岩进入高—过成熟阶段,生成大量干气,此时构造运动相对减弱,圈闭逐渐定型,膏盐岩盖层随埋深增大转为塑性特征,穿盐断裂封闭,深部高压侏罗系高—过成熟煤成气沿断层大量快速充注,并对早期残留原油产生了强烈气洗脱沥青作用,从而形成了现今的干气藏,并具有带少量凝析油、储层中有大量残余沥青的特征。原油色谱分析表明,克拉201井、克拉205井原油中轻组分正构烷烃缺失严重;凝析油轻烃中苯、甲苯含量相对较高,而正己烷、正庚烷等正构烷烃含量相对较低(鲁雪松等,2012);克拉2气田原油具有异常高的金刚烷含量,且金刚烷含量与原油的芳香度具有良好的正相关性,此外,克拉2原油还具有非常高的稠环芳香烃含量,芘、䓛、荧蒽等化合物含量都远高于其他构造带的原油,以上都说明克拉2气田原油曾遭受过强烈气洗作用的改造。当气洗程度较大时,会导致原油发生脱沥青作用形成沥青质沉淀。显微观察在储层中发现了较多的黑色干沥青,这些沥青主要分布于粒间残余孔缝、碳酸盐胶结物晶间缝中,并多与高岭石相伴生,根据岩相学关系分析该区的高岭石形成时间要晚于铁白云石,可能是下部有机酸沿断裂注入储层,溶蚀长石后形成的晚期成岩作用产物(于志超等,2016)。对沥青反射率测定结果表明,这些沥青的反射率较低,并不是原油裂解形成的沥青。从沥青的产状、反射率、原油裂解发生的条件都可以判断这些沥青应属于原油遭受晚期气洗作用形成的沥青质沉淀(卓勤功等,2011)。这一时期的油气流体以赋存在石英愈合裂隙和晚期铁白云石胶结物中的不发荧光的气烃包裹体为代表,拥有最高的充注温度,但是盐度较低,接近于现今地层水的盐度。构造挤压条件下产生的大量裂缝以及早期残留储层沥青形成的网络系统可能是晚期天然气快速充注的主要渗流通道。现今气藏以距今2 Ma以来捕获的高—过成熟天然气为主。

(二)典型气藏实例2:库车前陆盆地大北气田

1. 气田概况

大北气田位于库车坳陷克拉苏构造带克深区带的大北1号构造,东部与克拉2气田相距92km。发现井为大北1井,1999年9月26日对白垩系巴什基奇克组5568~5620m井段进行裸眼中途测试,用8mm油嘴放喷求产,折日产天然气66431m³。大北气田包括五个井区,即大北1井区、大北101-102井区、大北103井区、大北2井区、大北201井区。其中大北1井区、大北101-102井区为边水层状断背斜型微含凝析油气藏,大北103井区、大北2井区为底水块状微含凝析油气藏,大北201井区为边水层状高压背斜气藏。目前已探明天然气地质储量1093.19×10⁸m³,气藏储量丰度(2.86~11.07)×10⁸m³/km²,凝析油含量为11~25g/m³,压力系数为1.54~1.65,气藏属于超深层、高丰度、大型、高产、低孔低渗、微含凝析油的复杂断背斜型气藏。

2. 气藏基本地质特征

1) 储层特征

大北气田主要含气层位为白垩系巴什基奇克组,大北气田缺失巴一段,高部位巴二段也部分缺失,说明大北地区曾经为古隆起。巴什基奇克组储层以细砂岩、粉砂岩为主,其次为含砾砂岩。沉积相属于辫状河三角洲前缘沉积。储层埋深在5700~7000m,成岩演化阶段已达中成岩A_2亚期,埋藏压实作用强烈,颗粒以点—线接触为主,原生孔隙大量减少。

储层孔隙度主要分布在1.5%~7.5%,基质渗透率主要分布在0.01~1mD,属于低孔低渗—低孔特低渗储层。储集空间主要为残余的原生粒间孔和裂缝,含少量粒间溶孔,储层类型为裂缝—孔隙型、孔隙型,裂缝的发育是本区获取高产气流的重要条件。构造挤压破裂作用改善了白垩系巴什基奇克组储层的储集性能,尤其是晚期构造破裂作用形成的裂缝基本未充填,裂缝沟通孔隙形成了有效的油气运移通道,是气田特低孔特低渗储层获得高产的主要因素。

2) 构造特征

大北1号构造所处的克深南区带发育两条大的北倾逆冲断裂,北部为克深南断裂,该断裂以北为克深区带;南部为拜城北区带北部边界断裂,该断裂以南为拜城北区带。在上述两条大断裂之间,大北1号构造受多条次一级逆冲断层控制而形成五个断背斜,即大北1断背斜、大北101断背斜、大北103断块、大北2断背斜和大北201断背斜(图7-8)。平面上根据构造形态、气藏认识可分为5个气藏单元,即大北1气藏、大北101-102气藏、大北2气藏、大北103气藏、大北201气藏;前三个气藏均有井获高产气流,大北103气藏、大北201气藏上的大北103井、大北201井测井解释大段含气,证实了各断背斜的含气性;各断背斜不同的气水界面说明断层起分割作用,各断背斜间为不同的气藏单元。

由于深部白垩系储层致密,脆性砂砾岩内断裂带主要发育无内聚力断层角砾岩,由于其不具有封闭能力,因此断层侧向封闭类型为岩性对接。以大北102和大北103圈闭为例剖析断层侧向封闭性对天然气聚集程度的影响。大北102受F_2、F_8和F_9三条断裂控制的断圈,大北103受控于F_3和F_9,F_8和F_9断裂将储层完全错断,使其与上覆盖层对接,形成有效的对接封闭,而大北102和大北103断圈中间的F_9号断裂,由于断距较小,未能完全错开储层,局部出现砂—砂对接渗漏窗口,深度为-3990m(图7-9a、b),实测两个断圈油层中部的温度和压力基本相同,压力系数1.6,温度126~128℃,两断圈在-3990m以下储层是连通的。两断圈最终气水界面应保持一致,为-4135m。

纵向上各断背斜白垩系巴什基奇克组砂岩储层间没有明显存在分布稳定、对比性强的泥岩隔层,薄层泥岩在横向上不连续,储层段内普遍发育裂缝,产气层段相互沟通。各断背斜白垩系巴什基奇克组砂岩与顶部膏盐岩层组成一个储盖组合、一套气水系统。大北101-102气藏类型为边水层状断背斜型凝析气藏,大北2气藏类型为底水块状断背斜型凝析气藏,大北103气藏类型为底水块状断块型凝析气藏,大北1气藏类型为边水层状断背斜型凝析气藏。

3) 油气地球化学特征

大北气田地面凝析油密度为0.786~0.828 g/cm³(20℃),平均0.801 g/cm³;平均含硫0.066%,平均含蜡7.158%,气油比28763~39671m³/m³。总体上具有密度低、黏度低、含硫低的特点。凝析油含量为11~25g/m³,属于低含、微含凝析油的凝析气藏。通过油源对比,大北1气田凝析油为三叠系、侏罗系烃源岩的混源油,主体以黄山街组为主要油源。原油R_o在0.7%~0.8%范围,是烃源岩成熟阶段生成的原油,即在生油高峰前后生成的。

天然气甲烷含量较高,平均含量91.78%,乙烷平均含量3.02%;己烷及以上烃组分平均含量0.16%;氮气平均含量3.16%;CO_2平均含量0.82%;相对密度0.58~0.82,平均0.61;干燥系数为0.95~0.97。天然气属成熟度较高的煤成气。天然气的$\delta^{13}C_1$为-30.5‰~-29.73‰,折算天然气成

熟度 R_o 在 1.6%~1.8% 之间，$\delta^{13}C_2$ 为 -22.6‰~-21.39‰，重于划分煤成气和油型气的分界线 -28‰，属典型的成熟度较高的煤成气，天然气来自于侏罗系—三叠系煤系烃源岩。PVT 分析表明，地层流体在地层条件下呈单一气相，为微含凝析油的凝析气藏特征。

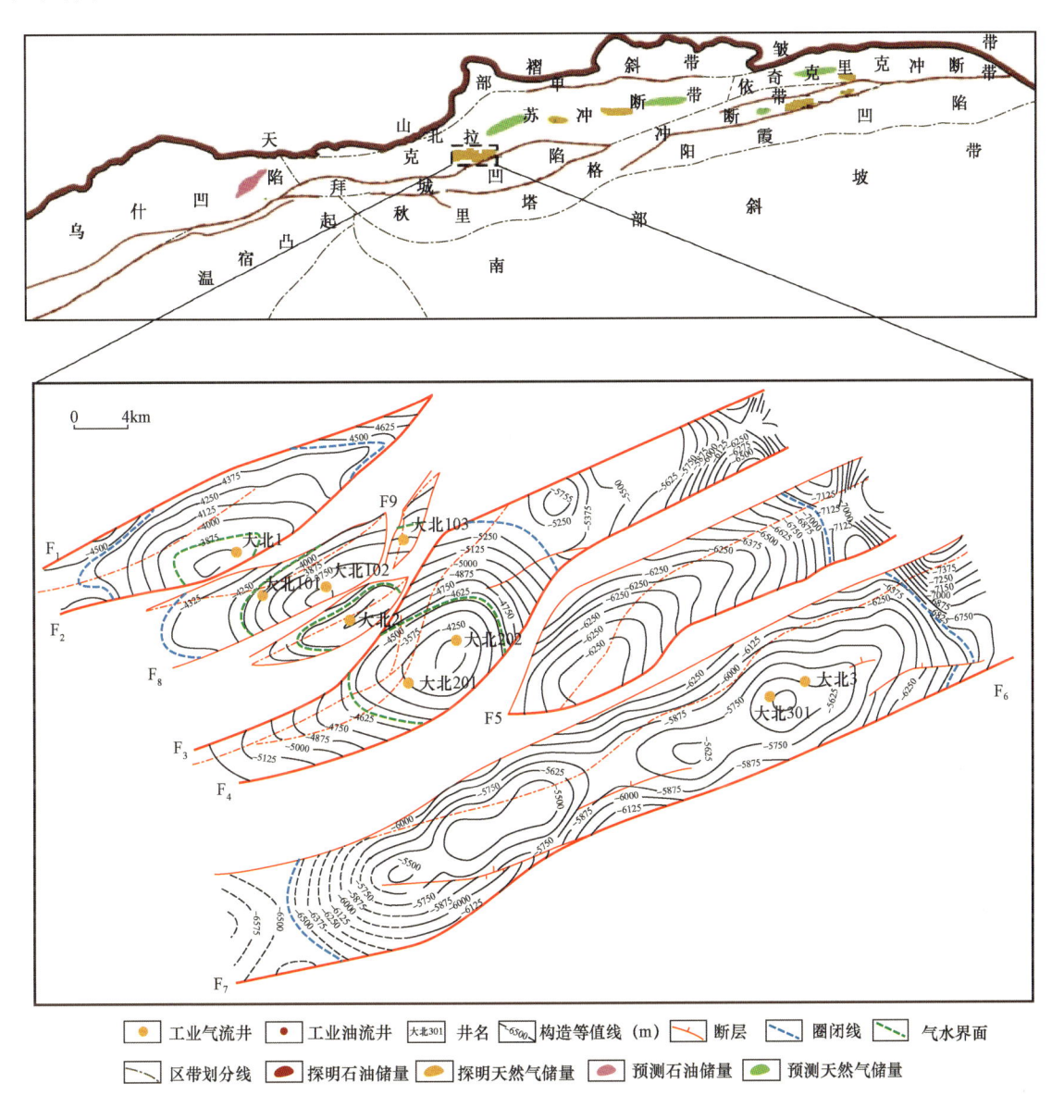

图 7-8　库车坳陷构造略图与大北 1 气田构造图

3. 气藏形成过程及成藏模式

大北地区储层流体成分分析、岩石薄片和包裹体荧光观察结果均表明存在两期原油和一期天然气充注，早期充注的原油在晚期遭受气侵破坏形成沥青。黄色荧光的油包裹体代表了早期相对成熟度较低的原油充注，发蓝白色荧光的油包裹体代表了相对晚期的较高成熟原油充注，黑色干气包裹体代表了高—过成熟天然气的充注。

为了分析大北地区不同断块流体演化的差异性，在不同断块各选一口井的储层砂岩样品中的包裹体进行古盐度和古压力分析，从而确定不同断块流体演化特征，所选井分别是大北 1 井、大北 102 井、大北 2 井、大北 202 井（与大北 201 井处以同一断块）（图 7-10）。结果显示大北地区不同断块储层砂岩样品的包裹体古盐度和古压力演化趋势具有很好的相似性（图 7-11）。在距今 5Ma 以前，盐水包裹体盐度保持相对稳定,大约为40~60mg/g,储层孔隙流体压力系数大约在1.1~1.2之间,属于正常压力。在距今5Ma,盐水包裹体盐度和压力开始增加。到大约距今3Ma增加到最大,距今3Ma以来盐度基本趋于稳定。大北地区不同断块储层流体压力演化趋势都具有很好的一致性,在距今5Ma,孔隙流体压力开始快速增加,在晚期由于遭受了持续的构造挤压作用导致孔隙流体压力持续增加。

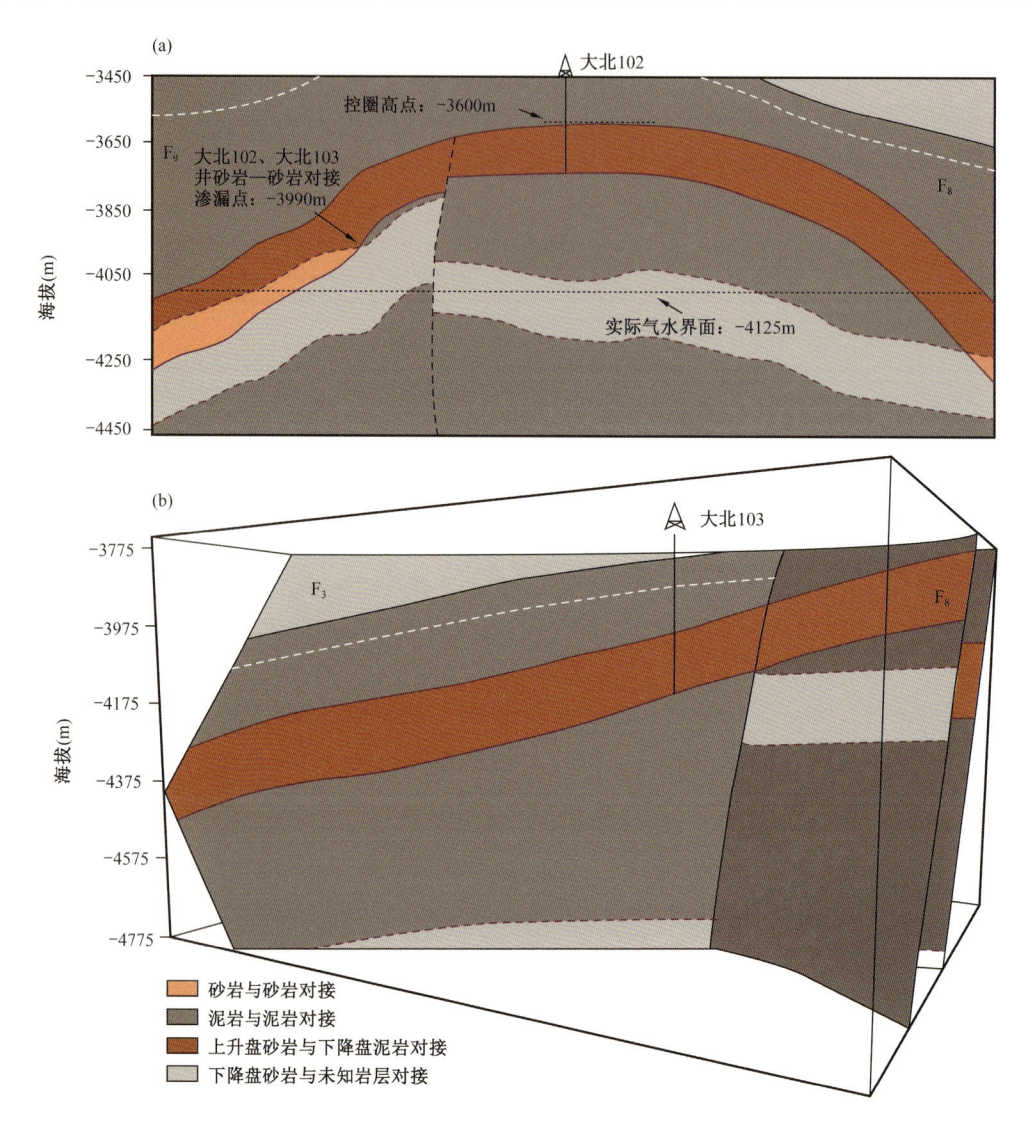

图7-9 库车凹陷大北102、103圈闭控圈断层岩性对接图

大北地区不同断块压力梯度、天然气成熟度和组分、原油地球化学特征和成熟度、地层水的特征都具有很好的相似性,而且油气充注时间相同、包裹体古盐度和古压力演化趋势也具有很好的相似性,因此推测大北地区在早期为一个统一的圈闭,在构造挤压作用下使统一的圈闭形成断层将大北地区分成不同的断块。这种特征与大北地区的构造演化密不可分,大北地区构造演化属于挤压后展式,与克深地区具有较大的差异。大北地区大型圈闭形成时间相对较早,受南部主干断层的控制,后期挤压构造产生多条小级别的断裂,使大构造复杂化,形成了多个断块,各断块在后期的成藏过程类似。

综合储层沥青、颗粒荧光、油气地球化学等分析数据以及膏盐岩盖层脆塑性转换研究成果,结合构造演化,揭示大北气田和大宛齐油田的关系及油气成藏过程(图7-12)。

在库车组沉积之前,天山的隆升可能对大北地区具有一定的挤压作用,使大北地区形成一个大的古构造。包裹体荧光观察发现大北地区存在早期低成熟原油的充注,由于没发现与油包裹体共生的

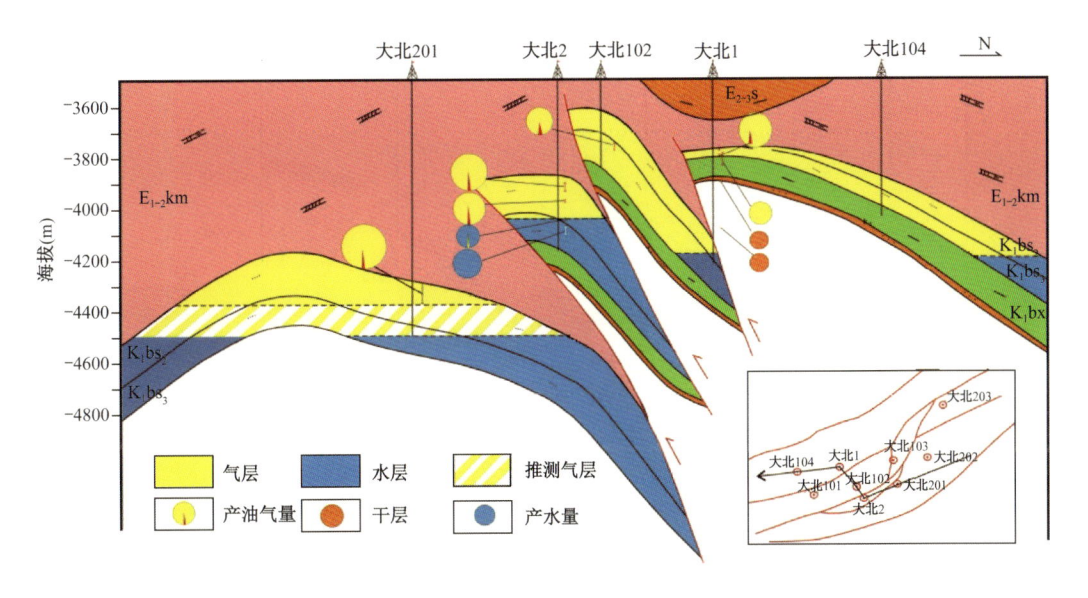

图 7-10 大北地区油气藏剖面图(据塔里木油田勘探开发研究院,2013)

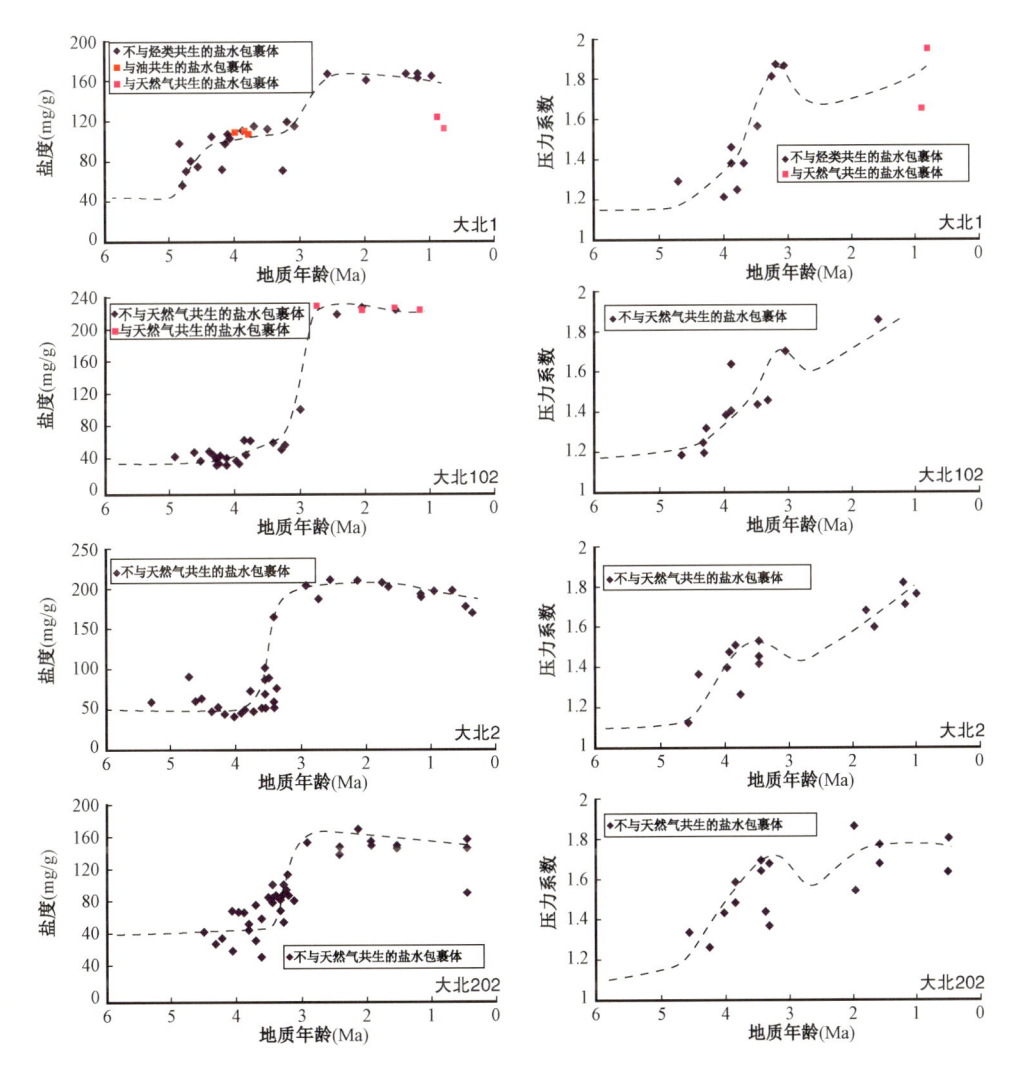

图 7-11 大北地区不同断块储层包裹体盐度和压力演化特征

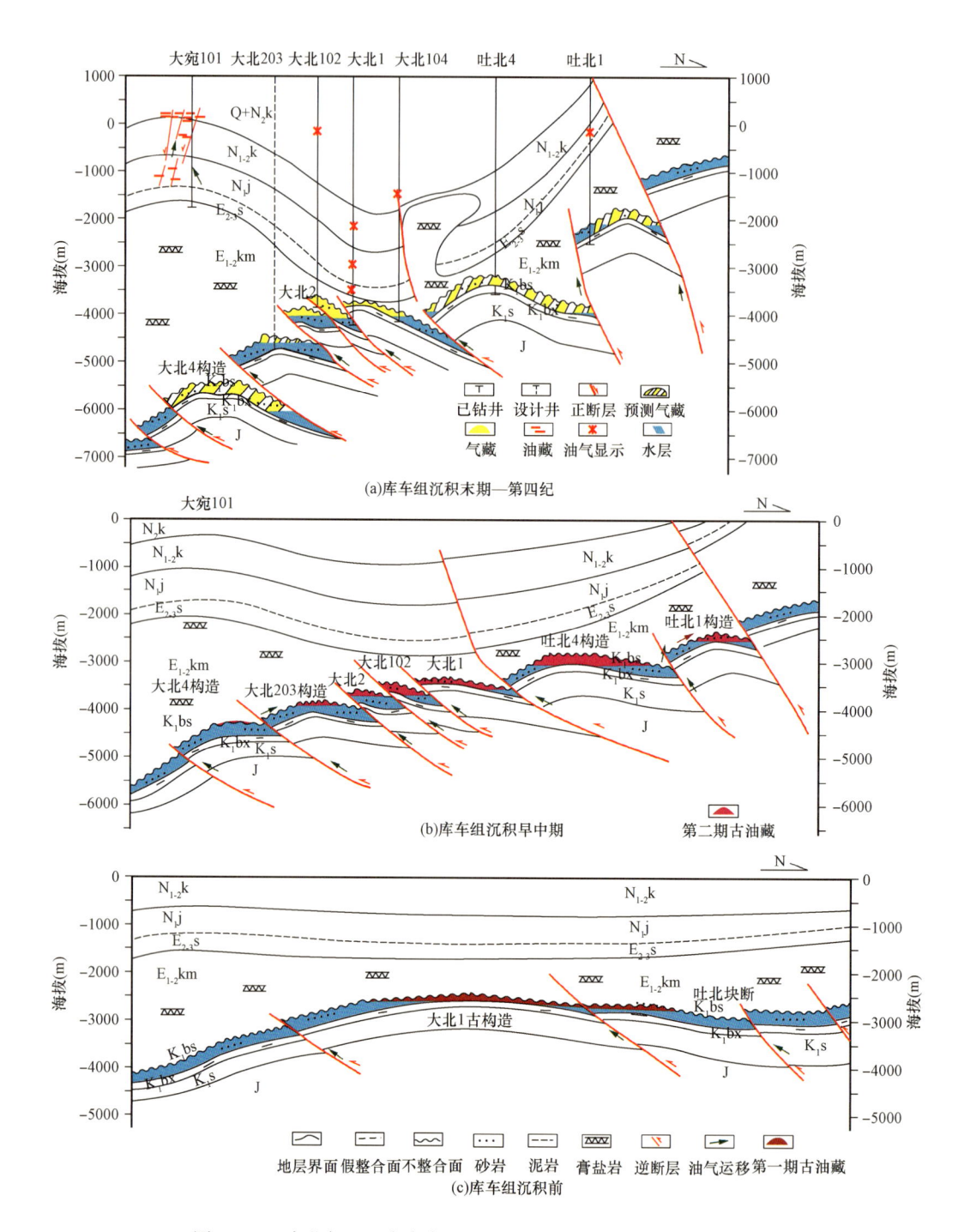

图7-12 大北气田—大宛齐油田动态成藏过程(据卓勤功等,2011)

盐水包裹体,因此只能推测早期低成熟原油的充注时间在库车组沉积之前。原油的充注就必然存在沟通油源的通道,这通道应该是由构造挤压作用所形成的逆断层。虽然大北古构造存在断层,但应该没有将储层分隔,因为流体包裹体盐度显示不同地区的包裹体盐度变化特征比较相似。

在库车组沉积时期,由于天山的隆升导致构造挤压作用增强,为大北地区提供充足的物源,地层快速沉降(图7-12)。强烈的构造挤压作用导致储层流体压力增加,大北地区背斜幅度增大,构造挤压并导致在大北地区发育新的断层将大北古构造分隔成不同的断块。断层的活动使得油源与储层沟通使得第二期油充注到储层中,不同的断块可能均接收了新的流体注入,导致不同断块的流体演化特征都具有很好的相似性。第二期油充注强度和规模可能都比较大,因为大北地区上部的大宛齐油藏是由大北古油藏被破坏调整到大宛齐的结果。大宛齐油田原油和大北地区现今储层中的原油的成分、成熟度都具有很好的相似性。库车组沉积末期,强烈的构造挤压作用导致大北地区地层发生逆冲推覆,使上覆地层发生剥蚀并伴随断层强烈的活动,根据地层对比方法分析上覆地层剥蚀厚度在1200m以上。活动的断层沟通了烃源岩和储层,大量的天然气充注到储层中形成了现今的大北气田。早期充注的油藏在此时期也由于气藏顶部的膏盐岩厚度变薄形成穿盐断裂被破坏调整到大宛齐构造形成现今的大宛齐油田。大量气体的充注使得大北气田中的残余原油发生气侵,部分形成凝析油,部分形成残余沥青。基于流体包裹体岩相学、场发射扫描电镜和显微CT成像的精细研究,发现大北气田致密储层中含有被有机质包裹的储层颗粒,及其与残留油、沥青形成的相互连接的亲油网络(鲁雪松等,2017)。可以看出,孔隙与充填沥青具有很好的连通性,反映早期油充注时期储层孔隙连通性比较好。早期油充注一方面改变了部分颗粒表面的润湿性,一方面形成了连续的运移通道,有利于晚期天然气的充注。

三、前陆盆地天然气分布规律与控制因素

前陆盆地系统垂直于造山带方向由造山带向盆地往往可以分为褶皱冲断带、前渊坳陷、前缘隆起—斜坡带。由于不同构造带构造、沉积环境的差异而形成不同的油气藏类型和成藏组合,进而控制前陆盆地油气呈环(带)状分布特征。从造山带到克拉通方向,山前带继承性背斜圈闭形成油气藏,冲断带深层形成背斜型、断背斜型气藏,前渊坳陷形成深盆气藏,前缘斜坡带形成地层圈闭油气藏,前缘隆起形成断背斜或断鼻圈闭油藏(图7-13),总体而言,前陆盆地油气呈现与造山带平行的"外环油、内环气"的分布规律(图7-14)。

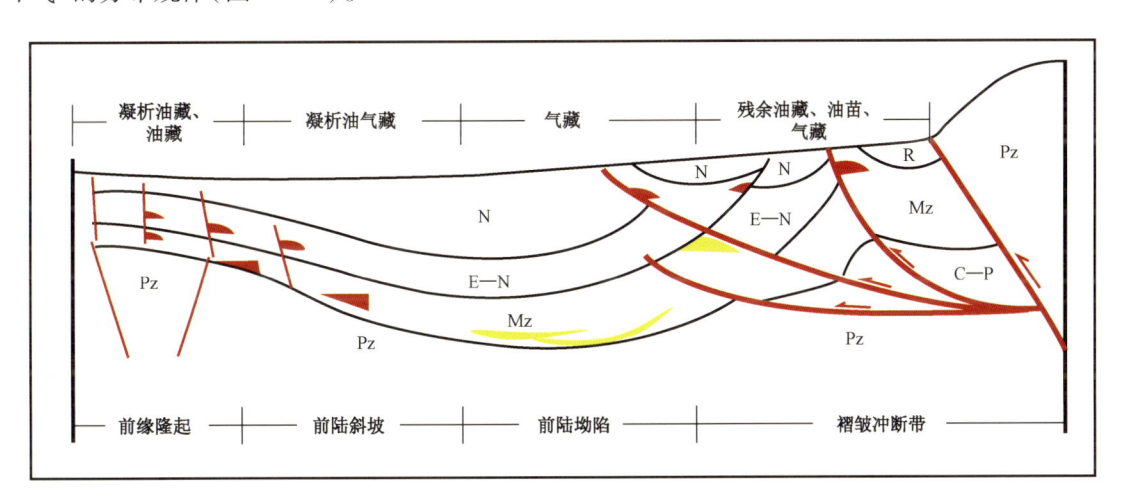

图7-13 中国中西部前陆盆地油气分布示意图(据宋岩等,2002)

受构造形成时间、变形程度、调节构造和构造应力等因素的影响,前陆冲断带往往呈现出构造分带、分段的特征,不同构造带、构造段在构造样式、构造变形机制及油气成藏特征上均表现出明显的差异性,造成油气分布十分复杂。中生代早期前陆盆地受多期构造运动、特别是晚期新构造运动的影响,冲断带主体部位早期发育的大型构造圈闭被破坏,现今气藏保存的有利部位是冲断带前锋、前渊坳陷两边的斜坡和前缘隆起部位(贾承造等,2003),如川西前陆盆地。喜马拉雅期再生前陆盆地冲断带和前隆部位,特别是冲断带成排成带的大型构造圈闭,近气源、晚期成藏,加上膏泥岩盖层,在较短时期内形成了大型气田,如库车前陆盆地克拉苏构造带盐下。前陆冲断带受挤压造山、挠曲沉降的影响,深层主力烃源岩演化程度高、断裂及相关构造圈闭发育,有利于形成高丰度大型气田。该类气藏分布于构造较高部位,气藏被断裂和局部构造分割,断裂为主要输导体系,膏盐岩为优质盖层,气水分

异好。前陆盆地坳陷—斜坡带及冲断带晚期抬升区煤系烃源岩与砂岩储层广覆式叠置,有利于形成大面积致密砂岩含气区,古隆起及源储配置控制天然气富集。

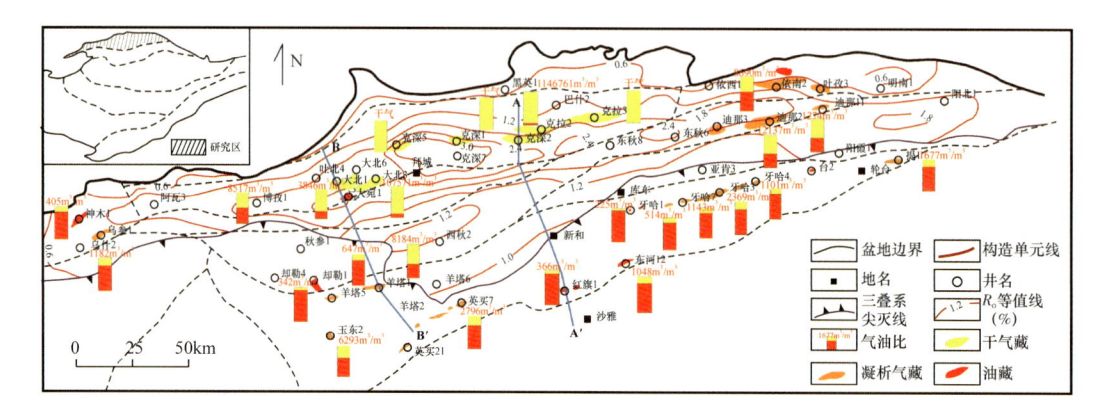

图 7-14 库车前陆盆地油气环带分布与烃源岩 R_o 分布叠合图

下面以库车前陆盆地为例阐述前陆盆地天然气分布规律与主控因素。

(一) 充足的气源及超压强充注是大气田形成的物质基础

库车坳陷烃源岩分布范围广、厚度大。库车坳陷三叠系、侏罗系发育有两大类烃源岩,即煤系烃源岩和湖相烃源岩。三叠系—侏罗系最大厚度及沉积中心位于库车坳陷北部,累计残余厚度为 2000~3200m,其中烃源岩厚度约 800~1000m。烃源岩类型以腐殖和偏腐殖型为主,有机质丰度较高,成熟度在平面上差别较大,从低成熟—过成熟均有分布。巨厚高丰度、高成熟的Ⅲ型烃源岩是库车坳陷富含天然气的重要基础。

根据最新的烃源岩生烃模拟结果,库车坳陷三叠系—侏罗系生气中心位于克拉苏—依奇克里克构造带,而非现今的拜城凹陷和阳霞凹陷中心(图 7-15)(鲁雪松等,2014)。在大北—克拉苏地区正是位于最大生气中心,生气强度高达 $(160\sim320)\times10^8\text{m}^3/\text{km}^2$。大北—克拉苏构造带紧邻如此优质的生气中心,具备形成万亿方大气区的资源基础。

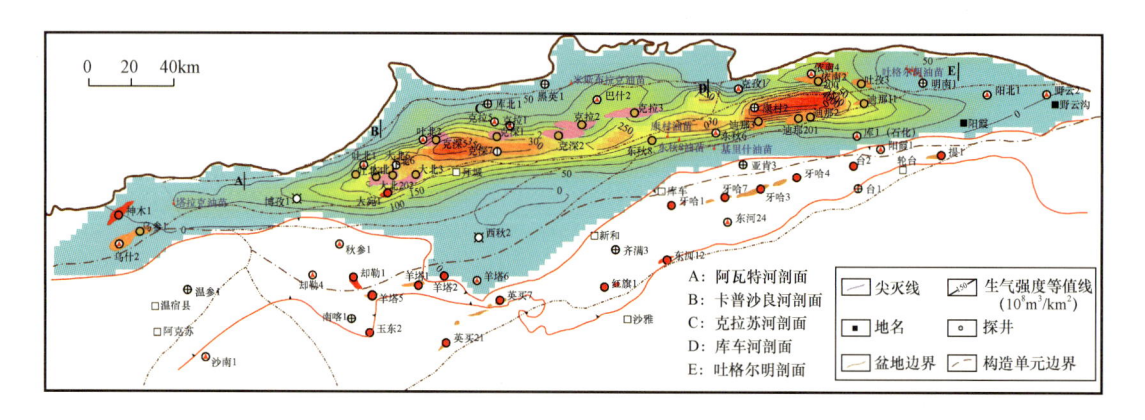

图 7-15 库车前陆盆地侏罗系—三叠系现今生气强度与油气藏分布叠合图

烃源岩生气史研究表明,侏罗系—三叠系烃源岩在 5Ma 以来生气量快速增加,生气速率最高达到 15~20mg/(g·Ma),为高效气源灶。烃源岩大面积生排烃、晚期大量生气,油气运移以近距离垂向运移为主,晚期天然气充注强度大,为大面积持续充注、晚期成藏提供了物质基础和动力条件。当深层断裂不发育时,烃源岩排烃具有连续充注的特点,并直接注入邻近的储层中,保证了大面积成藏过程的连续性;晚期构造快速挤压产生的逆冲断裂沟通、高的源储压差保证了晚期充注的高效性,为深层大气区的形成提供了有利条件。

(二) 区域性巨厚膏盐岩盖层是盐下油气富集的重要保证

勘探实践表明，膏盐岩封盖能力强，是最佳的油气封盖层。库车前陆克拉苏构造带古近系膏盐岩、膏泥岩层基本覆盖全区，厚度较大（一般为 100～300m），是该区大中型高压气田封盖和保存的关键条件（图 7-16）。由于膏盐岩地层塑性流动及沉积差异，膏盐岩层不均衡分布，表现为厚度与岩相差异大，钻井揭示膏盐岩层厚度从几十米到几千米不等，局部厚达 3000m 以上。广泛连续分布的膏盐岩盖层依靠物性封闭和超压封闭，对下伏储层中超压气田（藏）的保存起到重要作用。

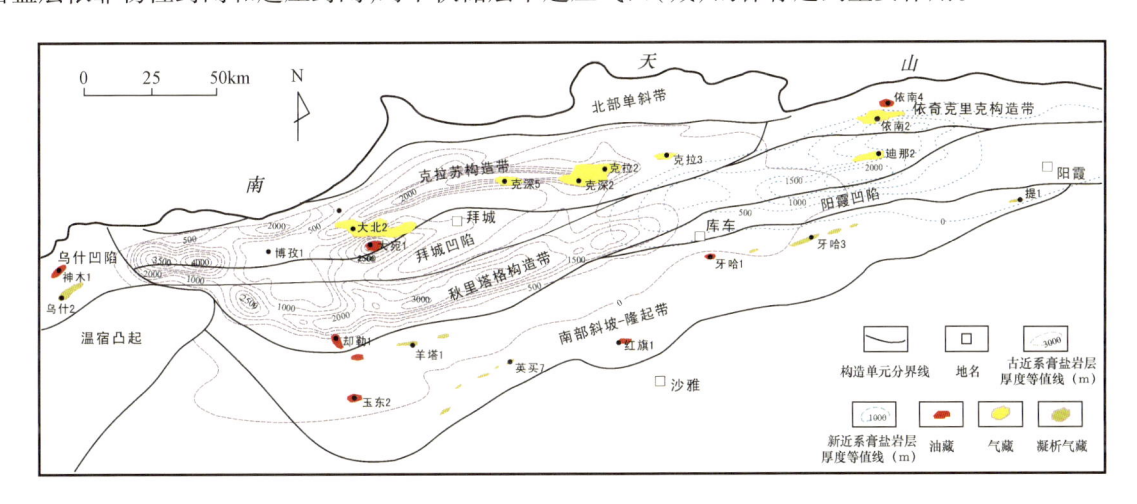

图 7-16　库车坳陷古近系和新近系膏盐岩厚度分布与油气藏分布叠合图

在前陆盆地较强的挤压应力作用下，随埋深、温度压力的增大，膏盐岩盖层力学性质发生脆塑性转换（图 7-17），根据高温高压三轴应力模拟结果认为库车前陆膏盐岩盖层脆塑性转换的深度为 3000m 左右（卓勤功等，2013）。埋深小于 3000m 的克拉区带膏盐岩盖层处于脆性域，以克拉 1 井为例，其构造应力值较大，穿盐的脆性断裂发育，盐下圈闭又为断块型，故而盐下没有油气有效聚集。克拉区带的克拉 2 井区，数据点位于盐岩的破坏阶段和膏岩的弹性阶段，埋深大于 3000m，且该区盐岩发育，因此盖层变形以盐岩的塑性流变为主，盖层封闭性较好，形成了克拉 2 大气田。克深区带的大北 1、克深 2、吐北 2 等地区，由于埋深较大，盖层均处于盐岩的塑性流变区和膏岩的弹性变形阶段，盖层完整性完好，极利于油气成藏和保存。库车前陆冲断带膏盐岩除了北部的克拉区带局部埋深小于 3000m，其他地区埋深都远远大于 3000m，处于膏盐岩的塑性变形域，盖层的完整性未受到破坏，断裂在膏盐岩盖层内部消失、愈合，确保了盐下断背斜构造中的天然气完好地保存下来。

(三) 主生气期与大型圈闭的有效时空配置控制天然气的高效聚集

研究表明，克深—大北地区盐下深层构造的形成与区域构造挤压关系密切，主要是晚喜马拉雅期强烈冲断挤压形成，上新世—第四纪是克拉苏构造带形成的主要时期，主体构造基本都是在库车中晚期定型。而烃源岩生烃史研究也表明库车坳陷三叠系—侏罗系烃源岩主要生气期在库车组沉积以来。多期次的构造活动期与烃源岩生排烃期的匹配决定了该区具有多期成藏、早油晚气、晚期成藏为主的特征（赵孟军等，2005；鲁雪松等，2012），天然气成藏主要是在库车组沉积期以来，这也有利于大气田的形成和保存。主生气期、主成藏期与构造定型期的良好匹配决定了克拉苏冲断带盐下晚期高效成藏，晚期构造定型有利于晚期生成的大量天然气的聚集和保持（图 7-18）。

(四) 构造的分带、分段性控制了油气的差异成藏与分布

受构造形成时间、变形程度、调节构造和构造应力等因素的影响，前陆冲断带往往呈现出构造

分带、分段的特征,不同构造带、构造段在构造样式、构造变形机制及油气成藏特征上均表现出明显的差异性,造成油气分布十分复杂。

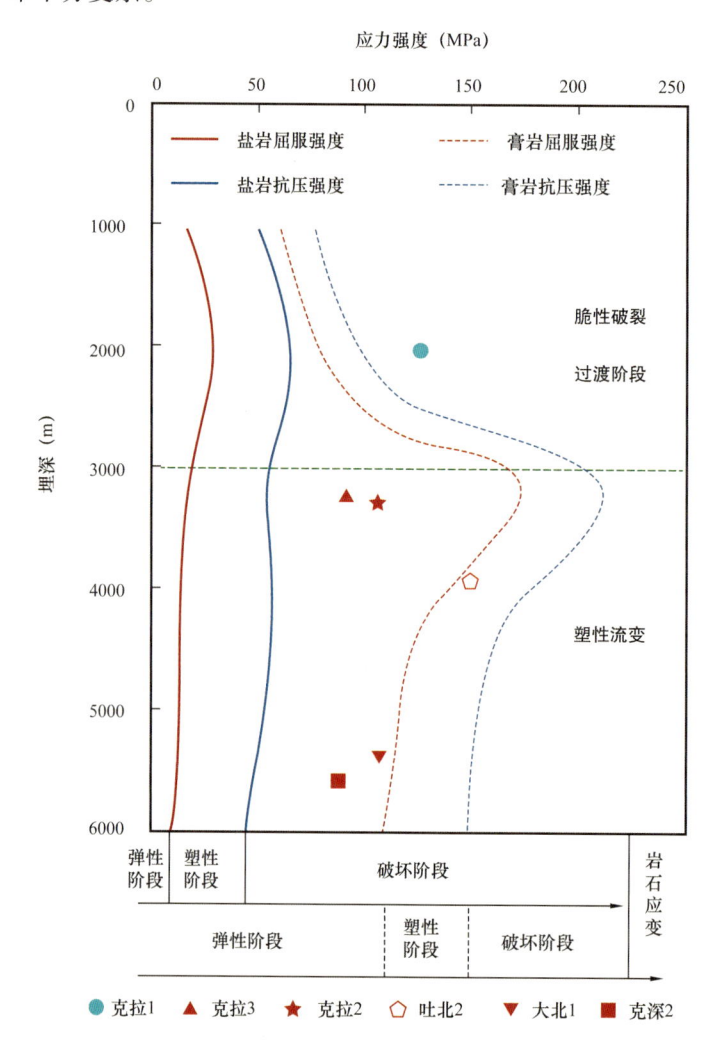

图 7-17 克拉苏构造带盐下不同地区盖层应力应变特征

1. 不同构造带油气差异成藏与分布

库车前陆盆地不同构造带成藏过程及油气相态差异明显(图 7-19)。北部山前带烃源岩在吉迪克—康村组沉积期已进入成熟阶段,原油大量生排烃并在早期构造圈闭中成藏,但后期抬升剥蚀使生烃停滞,并使古油藏发生破坏,山前带以形成早期残余油藏为主;克拉苏冲断带北侧的克拉苏区带,烃源岩在康村组沉积期已进入成熟阶段,原油大量生排烃并在早期构造圈闭中成藏,但库车组沉积期以来的强烈构造运动使早期古油藏发生破坏,但快速冲断沉降使得烃源岩晚期快速生气,晚期干气得以在保存条件好的圈闭中再次聚集,形成以晚期干气为主含少量早期残留原油的油气藏,如克拉2气田、大北气田;克拉苏冲断带南侧的克深区带至拜城北地区,烃源岩在康村组沉积期时尚未进入成熟阶段,库车组沉积期以来的快速冲断沉降使得烃源岩晚期快速生气,晚期干气在盐下向南逐渐延展的较晚形成的圈闭中形成聚集,形成以晚期干气为主的干气藏。而在南部斜坡带的广泛地区,烃源岩向南逐渐尖灭,邻近的烃源岩成熟度一直很低,直到库车组沉积期以来的快速沉降才使得烃源岩进入成熟阶段,油气经过长距离的运移之后在一些有利的构造、岩性、地层圈闭中形成以晚期成藏为主的油气藏,油气成熟度也相对北部冲断带要低。正是由于烃源岩的成烃演化、构造圈闭形成演化的这种时

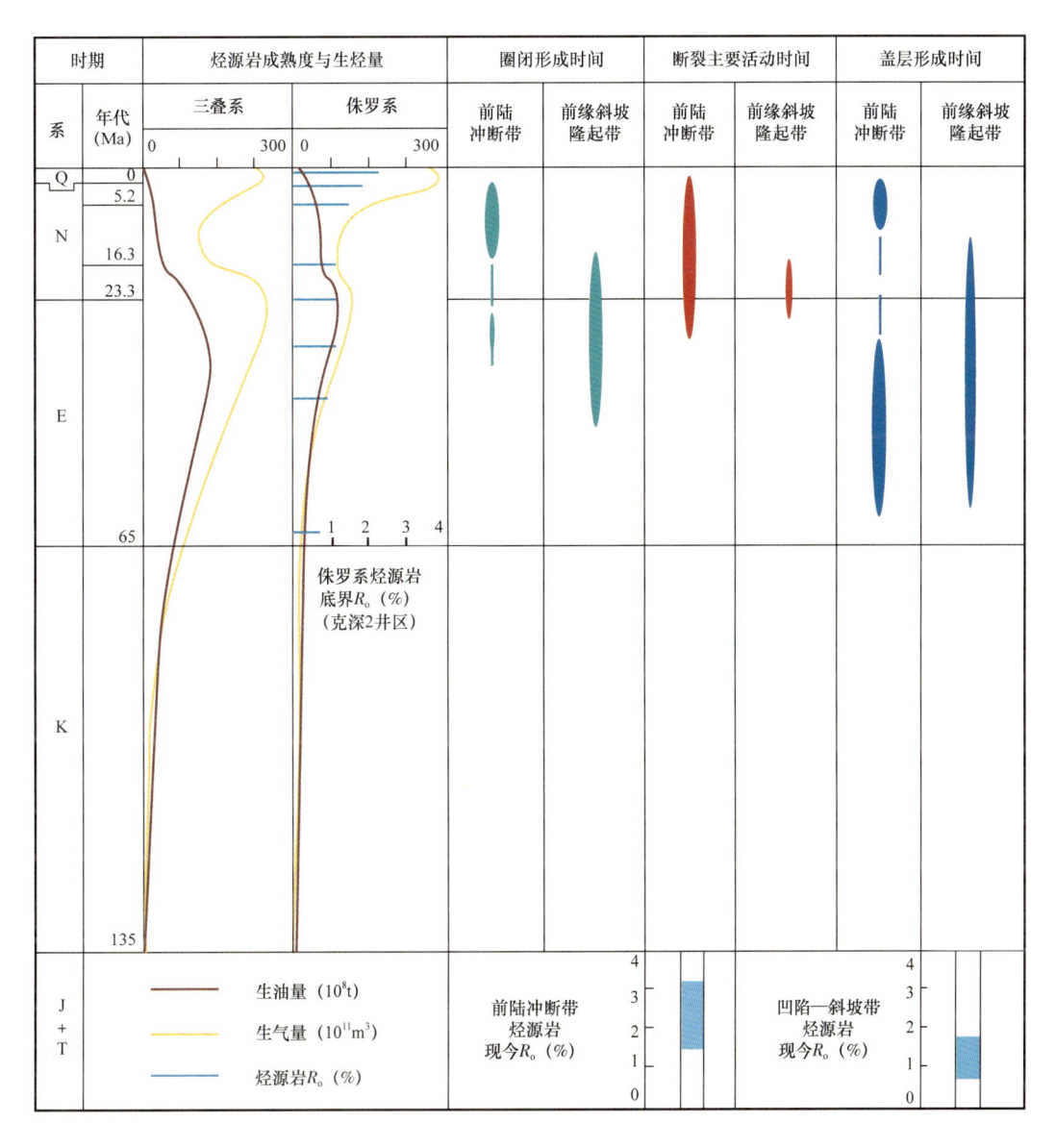

图 7-18 库车前陆盆地盐下成藏要素匹配关系图

序性,决定了库车前陆冲断带不同构造带的差异成藏过程和不同的油气组成。

此外,不同构造带构造活动强度不同,断层发育程度、延伸程度也不相同,使得油气在纵向上的富集层位也不相同。在构造活动较弱的构造段,油气往往在与烃源岩相邻的储层中聚集成藏,易形成原生油气藏;在构造相对强烈的构造段,油气聚集的层位往往受断裂延伸程度控制,特别是当构造活动发生在早期油气藏形成之后时,早期成藏遭受破坏、改造,部分油气向上部储盖组合调整。克拉区带储层沥青、砂岩颗粒荧光、流体包裹体相关研究表明:盐下气藏曾发育古油藏,在库车组沉积后期和西域组沉积期强烈的构造挤压背景下,古油藏受穿盐断裂的破坏,绝大多数原油沿断裂向上运移、散失(图 7-19),部分油气调整后可在盐层上部储盖组合汇聚成藏,如大宛齐油田的主力产油层为康村组,油源地球化学对比证实了大宛齐油田原油与大北盐下气藏残留原油油源一致。

2. 不同构造段油气差异成藏与分布

冲断带发育的一级调节构造控制了冲断带的构造分段特征,中段油气往往相对富集。按照冲断构造样式及动力学机制,天山南缘冲断带自西向东可以分为四个部分:喀什—阿克苏叠瓦冲断带、拜城—库车褶皱冲断带、库尔勒右滑转换带和罗布泊冲断带,以位于中段的拜城—库车冲断带油气最为富集。目前发现的油气田(如克拉2、大北1、依南2、牙哈、雅克拉、英买7气田等)均是位于拜城—库车褶皱冲断带。而在不同的构造段,次级调节构造控制着构造段内部的分段性,主要表现为断裂的走向、倾角、构造样式等发生较大改变,从而控制了不同段油气性质、油气分布的差异。根据地面露头观察、地震构造解释、钻遇地层特征等分析,大北—克拉苏构造段自西向东又可进一步划分为阿瓦特、博孜、大北—克深5、克深1—2、克拉3等5个段,其中,大北—克深5段西端和克深1—克深2段东端均位于断裂走向变化较大处,均为北东东向断裂向北东向断裂转变,形成了大北和克深两个富油气区。

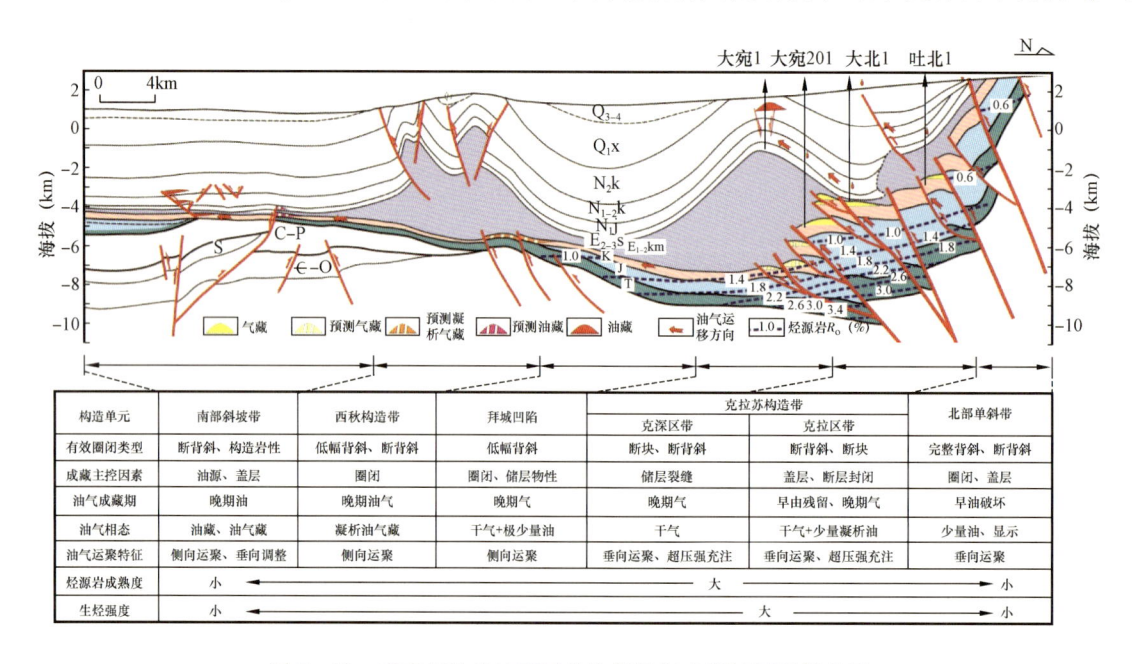

图 7-19 库车前陆盆地不同构造带油气成藏特征及其差异

虽然各构造段均发育逆冲叠瓦构造,但受盆地边界条件、盐湖及古隆起等因素影响,各段叠瓦构造的数量、走向、幅度均有明显差异(图7-20)。其中大北—克深1-2段逆冲叠瓦构造最为发育,自北向南可划分为5~6排构造,膏盐岩埋深大,封闭性好,且与生烃中心有效叠合,是目前勘探最为有利的区带。大北—克深5段盐层厚度变化剧烈,克拉苏断裂下盘发育盐底辟构造,南部则发育盐丘构造,中部盐层明显减薄。从构造发育来看,盐下楔形构造具有后展式的特征,具有垂直断距大,圈闭密集分布的特点。克深1-2段盐岩层仅在克拉苏断裂下盘增厚,向南部盐岩层逐渐减薄。盐下构造为受基底滑脱面及高角度逆冲断裂控制的楔形断块构造,为前展式构造特征。平面上断层走向则表现为近东西向,与大北—克深5段相比,该段盐下构造变形向南部扩展更远,发育6排大型断背斜、背斜圈闭。克深1-2段紧临冲断带最大的生气中心,圈闭规模大,断盖组合为未穿型,天然气成藏条件最好,以干气藏为主,目前已发现克拉2气田和克深1-2气田;大北—克深5段烃源岩成熟度较克深1-2段略低,但构造圈闭形成较早且后期破碎,以断块圈闭为主,油气藏以干气为主,含较多的凝析油,已探明大北气田、克深5气田。博孜段除浅层发育巨厚的砾岩层外,其他成藏条件与大北—克深5段基本类似,但烃源岩成熟度介于1.2%~1.6%,以形成凝析气藏为主,目前博孜1老井加深钻探获工业油气流,显示出较大的勘探潜力。克拉苏构造带两端的阿瓦特段和克拉3段中前者好于后者,阿瓦特段烃源岩成熟度R_o介于1.0%~1.3%,局部达到1.6%,以凝析油气为主,北部膏盐埋深浅保存条件差,而南部膏盐埋深大保存条件好,2013年钻探的阿瓦3井获工业油气流,显示该段也具有较大的勘探潜力。克拉3南段处于古近系膏盐岩和新近系膏盐岩相变交会处,盖层厚度相对减薄。最不利的因素是盐上层厚度小、高角度的走滑断裂发育,且以膏岩、膏泥岩为主,岩石处于弹性变形阶段,断层切穿膏盐岩盖层,气藏保存最差,目前已发现克拉3气藏,K_1bs气藏已被破坏,目前为含气水层,而$E_{1-2}km$盐间的白云岩夹层见工业气流。因此,从油气成藏条件、资源总量来排序,从好到差的顺序依次为克深1-2段、大北—克深段、博孜段、阿瓦特段、克拉3段。

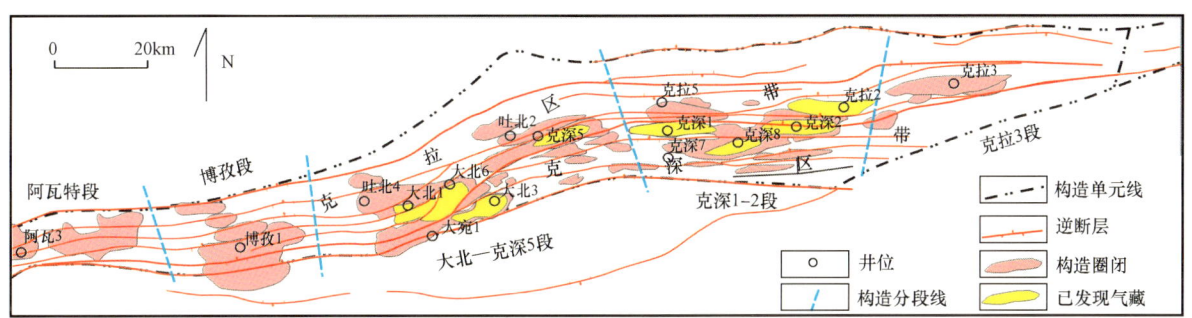

构造段	地质剖面特征	构造变形特征	膏盐岩层	烃源岩成熟度	油气相态	分级
阿瓦特段		高角度逆冲断裂,前展式楔形断块,未穿型断盖组合	厚,2500m 中深:2500~4500m (北部浅)	T顶界 $R_o=1.0\%~1.3\%$	凝析气藏 (阿瓦3,气油比51390m³/m³,干燥系数0.93)	4
博孜段		低角度逆冲断裂,前展式楔形叠瓦断块,未穿型断盖组合	薄,400m 中深:5000~7000m	T顶界 $R_o=1.2\%~1.6\%$	凝析气藏 (博孜1,气油比8517m³/m³,干燥系数0.86)	3
大北—克深5段		高角度逆冲断裂,后展式楔形叠瓦断块,未穿型、隔断型断盖组合	北薄(300m) 南厚(2500m) 中深:5000~7000m	T顶界 $R_o=1.6\%~2.6\%$	干气藏、凝析气藏(大北1,气油比38467m³/m³,干燥系数0.94;克深5,干燥系数0.997)	2
克深1-2段		低角度逆冲断裂,前展式楔形叠瓦断块,未穿型、隔断型断盖组合	北厚(3000m) 南薄(500m) 中深:5000~7500m	T顶界 $R_o=2.2\%~3.0\%$	干气藏 (克深1,干燥系数0.996;克深2,干燥系数0.993)	1
克拉3段		高角度走滑断裂,花状构造,构造破碎,断穿型断盖组合	薄,300~500m 中深:<3500m	T顶界 $R_o=1.6\%~2.0\%$	干气藏 (克拉3,干燥系数0.992)	5

图7-20 库车前陆盆地克拉苏构造带不同段成藏条件差异及油气分布

第二节 大型克拉通盆地碳酸盐岩天然气成藏控制因素与成藏模式

中国海相碳酸盐岩油气资源丰富,约为$300×10^8t$,其中近一半的油气资源分布在塔里木、四川和鄂尔多斯这三大克拉通盆地,并约有90%的天然气产量来自于古生界及以下海相碳酸盐岩层系中。近年来,在四川、鄂尔多斯和塔里木盆地的古生界天然气勘探均取得了重大发现,如川中安岳震旦系—寒武系大气田、川东北地区普光、罗家寨等大型气田群的发现,鄂尔多斯盆地靖边西大气田的发现,塔里木盆地塔中地区奥陶系凝析气藏的大规模发现等,展示出三个克拉通盆地古生界海相天然气的巨大勘探潜力。本节主要以中国塔里木、四川和鄂尔多斯三大典型克拉通盆地为例,结合新发现碳酸盐岩天然气藏分布特征等相关研究成果,系统阐述了大型克拉通盆地碳酸盐岩天然气分布特征、控制因素、成藏模式及富集规律。

一、大型克拉通盆地碳酸盐岩气田形成的有利条件

大型克拉通盆地碳酸盐岩天然气的规模聚集与克拉通盆地构造地质背景、有效烃源岩展布、规模储集体发育等条件密不可分。

(一)多期构造与沉积旋回形成了多套生储盖组合

新元古代—三叠纪时期,全球板块构造演化经历了 Rodinia 和 Pangea 两大构造旋回,每个旋回都经历了伸展到挤压构造作用(万天丰,2006)。中国三大克拉通盆地构造演化经历了早古生代"大隆大拗"阶段、晚古生代—早中生代坳陷阶段、中生代—新生代前陆盆地及盆缘强烈变形阶段三个阶段。早古生代"大隆大拗"古地理格局及演化特点有利于发育大套烃源岩和储层。大型隆起带有利于礁滩体大面积发育,而且受控于不同级次构造运动抬升及剥蚀作用,可形成区域性分布的岩溶储集体。大型坳陷区则有利于大套烃源岩分布,如塔里木盆地下古生界发育下寒武统、中寒武统、中奥陶统多套烃源岩(张水昌等,2008),四川盆地下古生界发育下寒武统筇竹寺组和下志留统龙马溪组两套优质烃源岩。晚古生代—早中生代,塔里木和鄂尔多斯盆地以坳陷沉降为特征。鄂尔多斯盆地沉积广覆式分布的石炭系—二叠系煤系源岩,上覆于奥陶系风化壳储层,构成区域性的源—储组合(刘德汉等,2004)。四川盆地在晚二叠世—早三叠世形成开江—梁平海槽,海槽两侧的台缘带礁滩体叠合发育,与海槽区发育的大隆组烃源岩组成良好的源—储组合(邹才能等,2011)。中生代以来,三大盆地均受到周缘山系的挤压、冲断作用,进入前陆盆地阶段,充填地层厚度较大,导致早期海相沉积地层深埋,有利于有机质晚期生烃(图7-21)。

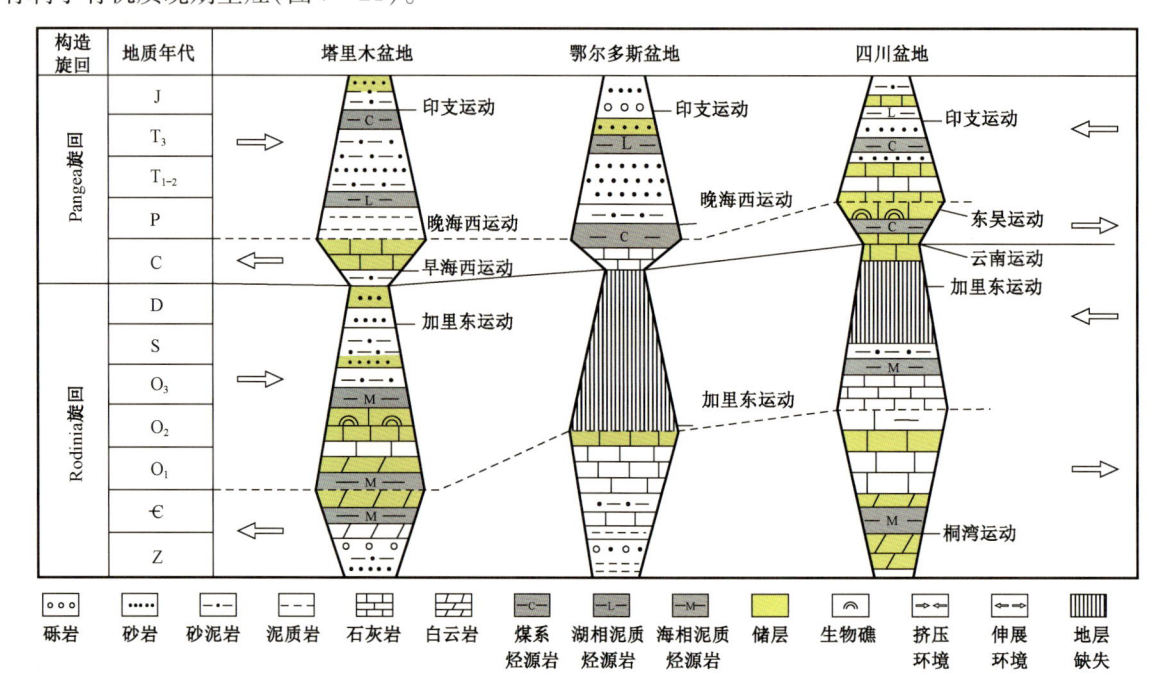

图7-21 中国三大克拉通盆地构造演化及源—储组合(据赵文智等,2012)

(二)三种供烃机制是大气田形成的物质基础

大型克拉通盆地碳酸盐岩天然气气源主要有三种类型,即干酪根热降解型气源、原油裂解气源和海相烃源岩滞留分散液态烃裂解气源(赵文智等,2012)。塔里木、四川和鄂尔多斯三大盆地具有烃源岩分布面积大(表7-1)、烃源灶整体生烃和排烃的规模大和有效供烃的烃源灶分布面积大的特征,如鄂尔多斯和四川盆地发育的煤系气源灶,有效气源灶的分布面积达$(4\sim20)\times10^4km^2$以上。原油裂解气与干酪根热裂解生成油气的过程相似,是烃源岩生成的液态烃类经运移聚集形成的古油藏在高温高压条件下发生裂解生成大量天然气。油藏中原油的热蚀变作用(裂解)本质上是原油在一定的温度下发生裂解反应,生成气态烃和残渣(固体沥青)的过程。

表7-1 三大克拉通盆地烃源岩特征统计表(据赵文智等,2012)

盆地	层位	烃源岩岩性	分布面积 (10^4km^2)	厚度 (m)	有机质类型	TOC (%)	R_o (%)
塔里木	上奥陶统	页岩、泥质岩	10	50~100	I—II$_1$	0.5~5.5	0.8~2.4
	中奥陶统却尔却克组	页岩、泥质岩	22	50~150	I—II$_1$	0.5~1.4	0.8~2.4
	中、下奥陶统黑土凹组	页岩、泥质岩	11	20~200	I—II$_1$	0.3~7.6	1.0~3.2
	中、下寒武统	泥质灰岩、泥岩	32	50~200	I—II$_1$	0.5~5.5	1.2~3.6
四川	震旦系陡山陀组	页岩、泥质岩	—	20~200	I—II$_1$	0.9~1.7	>3.0
	震旦系灯影组	泥质岩、藻白云岩	12	10~30	I—II$_1$	0.8~2.2	2.2~3.5
	寒武系筇竹寺组	页岩、泥质岩	18	20~140	I—II$_1$	1.0~3.5	2.0~4.8
	志留系龙马溪组	页岩、泥质岩	13	20~120	I—II$_1$	0.5~2.0	1.8~3.8
	二叠系龙潭组	煤系、泥质岩	19	20~100	III	1.0~12.0	1.4~3.2
	三叠系须家河组	煤系、泥质岩	19	50~850	III	1.6~2.9	1.1~2.5
鄂尔多斯	奥陶系平凉组	页岩、泥质岩	3	50~350	I—II$_1$	0.7~1.3	1.6~2.8
	石炭系—二叠系	煤系、泥质岩	25	60~200	III	0.3~1.5	1.4~2.8

中国大型克拉通海相地层多经历了深埋和高地温过程,具备原油裂解成气态烃的条件。如四川盆地长兴组—飞仙关组礁滩气藏和震旦系灯影组气藏都是原油裂解气的主要贡献(谢增业等,2013;杜金虎等,2015;邹才能等,2014)。海相烃源岩中滞留分散液态烃在高—过成熟阶段(R_o为1.6%~3.2%)发生的热裂解生气过程,是在特定演化阶段发生的液态烃向气态烃的转化过程,并以甲烷为最终产物,也是重要的气源灶(赵文智等,2006)。如四川盆地震旦系—寒武系海相烃源岩中滞留分散液态烃在高—过成熟阶段发生热裂解成气,气源灶范围达$8\times10^4km^2$。

(三)规模层状、似层状储层是大气田形成的必要条件

海相碳酸盐岩规模发育的储层主要有沉积型、成岩型与改造型三种成因类型(赵文智等,2012)。沉积型碳酸盐岩储层以生物礁、颗粒滩和礁滩为主,多发育于台地边缘相带,受古地形控制明显,不仅可形成单体规模较大的台地边缘礁,还可在垂向上礁、滩叠置发育。如塔里木盆地塔中I号坡折带良里塔格组台缘带礁滩体具有"小礁大滩"特点,沿台缘成群、成带分布,东西长220km,南北宽5~20km,厚300~600m,有利面积1500km^2。碳酸盐台地内部的颗粒滩体储集空间的形成主要与早期溶蚀作用有关,在低缓坡古地貌背景和相对宽缓的开阔台地内水动力高能区控制下呈大面积分布特征。岩溶储层主要受不整合面控制大面积分布,其与大气淡水淋滤、溶蚀有关,储集空间以溶蚀孔、洞和缝为主。储层多呈现出两种分布特征,一种是"相控"下的孔隙型储层呈带状分布,如鄂尔多斯盆地中东部地区,有效储层主要发育在距不整合面顶50m范围内的马家沟组马五$_1$亚段—马五$_4$亚段;有效储层分布受沉积相控制,含膏云坪相带因富含易溶膏盐矿物,是溶孔型白云岩储层发育的有利相带。另

一种是多级不整合面控制下的缝洞型储层多层分布,如目前钻探已证实,塔中下古生界奥陶系、寒武系发育良里塔格组、鹰山组和蓬莱坝组等多套岩溶储层(图7-22)。

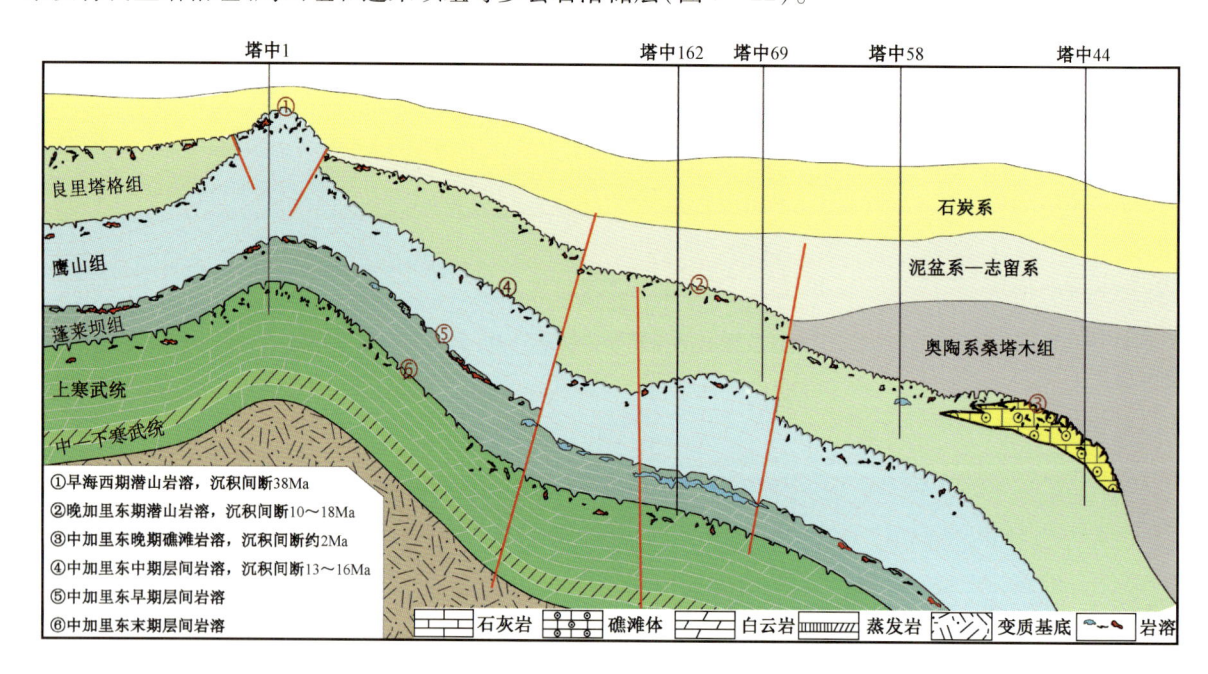

图7-22 塔中地区岩溶孔缝洞储集体似层状分布模式(据中国石油塔里木油田,2013)

二、典型气藏成藏模式

目前在三大海相盆地都有大场面的天然气发现,总体表现出海相盆地"富气"的特点,主要为礁滩型和碳酸盐岩风化壳型两类成藏模式。

(一)典型气藏实例1:塔里木盆地塔中Ⅰ号气田

塔里木盆地海相层系目前已发现了多个亿吨级大油田,三级石油探明储量近 $20 \times 10^8 t$,因此塔里木盆地海相组合明显具有富油的特点,共探明16个海相(成因)油气田,其中油田12个,气田4个,累计探明石油(含凝析油)地质储量 $20.9 \times 10^8 t$,天然气(含溶解气)地质储量 $6650.7 \times 10^8 m^3$,这16个海相油气田,绝大多数(14个)分布在塔北、塔中、巴楚三大隆起上,其中塔北隆起有8个,塔中隆起有5个,巴楚隆起有1个。另有2个油气田,看似不在隆起范围内,一个是哈得逊油田,实际上位于塔北隆起轮南潜山向南延伸入满加尔凹陷的斜坡部位;另一个是巴什托普油气田,位于巴楚隆起南斜坡(麦盖提斜坡)之上。这两个油气田都属于与隆起密切相关的斜坡带油气田(张水昌等,2017)。目前在海相层系中仅发现了和田河大气田(图7-23)。近十年来围绕塔中Ⅰ号坡折带加强勘探,又新发现一批凝析气藏,如塔中Ⅰ号坡折带塔中26井区礁滩复合体凝析气藏、塔中北坡的塔中10号构造带下奥陶统风化壳型凝析气藏,初步评价认为塔中Ⅰ号坡折带可能存在海相大油田与大气田共生的局面。下面以塔中Ⅰ号大气田为例,分析塔里木盆地海相大气田的地质特征与成藏模式。

1. 气藏概况

塔中Ⅰ号大气田在构造上位于塔里木盆地塔中低凸起的北斜坡。塔中低凸起奥陶系石灰岩顶面是一个巨型潜山复式背斜隆起,圈闭面积达 $8220 km^2$。低凸起又可划分为中央断垒带和南、北两个斜坡。北斜坡夹持在中央断垒带与塔中Ⅰ号断裂带之间,北与满加尔生烃坳陷相邻。斜坡西宽东窄,西低东高,面积约 $5000 km^2$。斜坡中部发育一个塔中10号构造带(图7-24)。

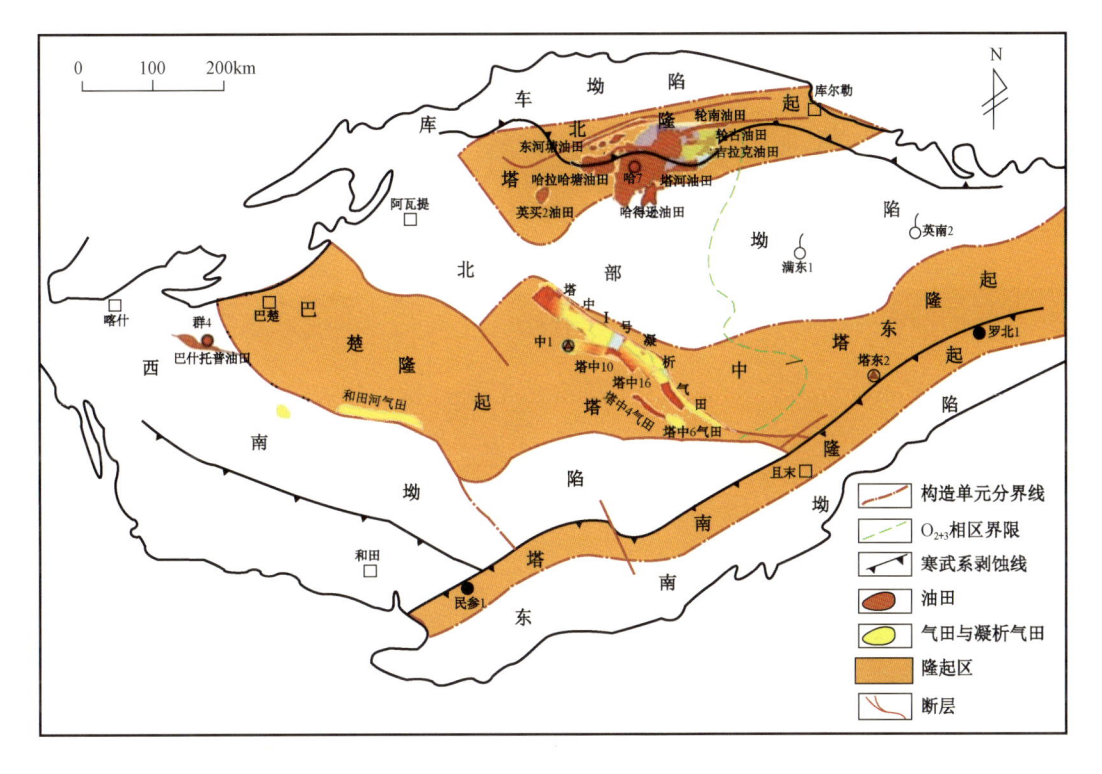

图7-23 塔里木盆地海相油气田平面分布图(据张水昌等,2017)

塔中Ⅰ号大气田有两套产层:一套是上奥陶统良里塔格组(O_3l)礁滩相灰岩,分布在塔中Ⅰ号断裂坡折带上,到2010年底,已探明塔中26-62、塔中82、塔中86和塔中45等4个区块;另一套是下奥陶统鹰山组(O_1y)顶部风化壳岩溶灰岩储层,分布在塔中Ⅰ号断裂坡折带内侧,已探明塔中83、中古8、中古43等3个区块(图7-24)。两套产层纵向叠置,横向叠合连片,探明含油气总面积786.86km²,天然气总储量$3632.37 \times 10^8 m^3$,凝析油及原油储量$1.63 \times 10^8 t$,油气当量$4.5 \times 10^8 t$。

2. 气藏基本地质特征

1)继承性古隆起古斜坡控储控藏

塔中古隆起北邻满加尔下古生界生烃凹陷,北斜坡位于油气运移的长期指向和近源捕获油气的最佳位置,古隆起古斜坡的控储控藏作用十分明显。北斜坡北缘塔中Ⅰ号断裂坡折带在良里塔格组沉积时西高东低、西宽东窄、西缓东陡,控制了高能环境下台缘及台内礁滩体优质储层的形成,分布外厚内薄;一间房组(O_2y)—吐木休克组(O_3t)长达10Ma以上的抬升剥蚀形成水上古隆起,控制了鹰山组顶部不整合风化壳岩溶洞缝储层的广泛发育,分布范围比良里塔格组礁滩相储层更大;两套大面积分布的碳酸盐岩储层控制了油气富集。

塔中北斜坡石炭纪以后稳定埋藏,表现为断裂活动基本停止,只有整体翘倾活动,这对晚海西期、喜马拉雅期成藏的油气,保存条件优越。现今北斜坡西低东高,又控制了"西油东气"的分布格局。

2)多成因、多期次、多类型岩溶作用叠加,控制了洞缝型储层的发育

塔中Ⅰ号奥陶系大气田良里塔格组和鹰山组两套储层,储集空间都以各类溶蚀次生孔隙、孔洞、溶缝为主,多期岩溶作用的叠加是大气田成储的关键。塔中北斜坡至少发育三期岩溶(图7-25):

第一期岩溶:中奥陶世—晚奥陶世吐木休克期抬升剥蚀期,塔中隆起整体露出海面,缺失一间房组和吐木休克组,鹰山组顶部经历了长达10Ma以上的风化剥蚀,形成了广泛分布的不整合岩溶缝洞储集体。

第二期岩溶:晚奥陶世良里塔格组沉积时期,早期(良四、良五段沉积时)鹰山组露出海面部分继续

(a) 塔中隆起构造位置与奥陶系顶面构造概要、油气藏分布图

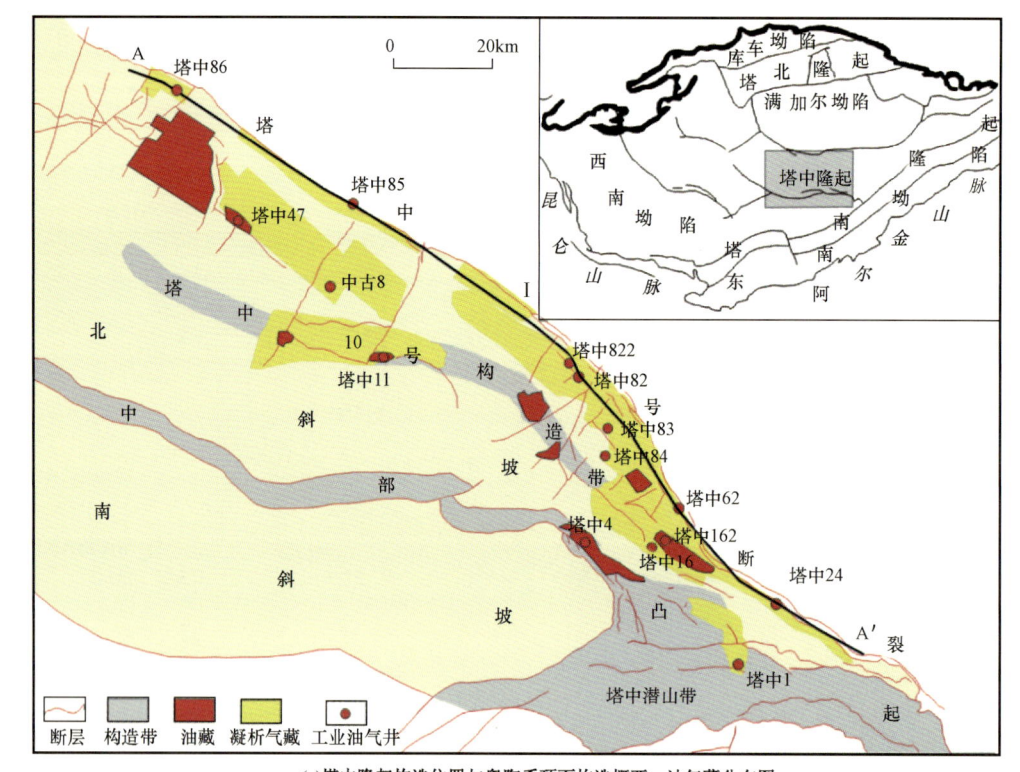

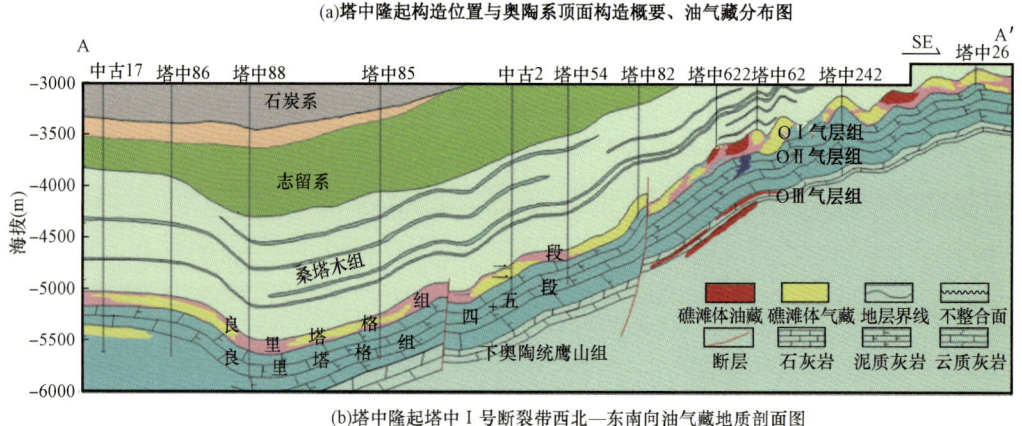

(b) 塔中隆起塔中 I 号断裂带西北—东南向油气藏地质剖面图

图 7-24 塔中 I 号大气田区域构造位置及气藏剖面图

经受风化壳岩溶作用;中晚期良里塔格组一至三段沉积时礁滩体形成,与鹰山组一起经受不整合及层间岩溶作用。

第三期岩溶:良里塔格组沉积后,两套储层经历了层间岩溶、断裂相关岩溶、热液、化学作用(TSR)等多种成因岩溶的叠加,为良里塔格组、鹰山组两套优质储层的形成创造了条件。勘探实践证明:不整合岩溶储层的发育已从岩溶下斜坡→岩溶上斜坡→岩溶次高地不断扩展并取得突破。

3) 两套储层叠加连片,整体含油气,形成大面积准层状大气田

良里塔格组礁滩体油气藏主要发育在北斜坡外带(坡折带),多个礁滩体纵向上相互叠置,横向上不断迁移叠加;鹰山组不整合岩溶缝洞油气藏分布更广,主要发育在内带(岩溶斜坡,次高地);上、下两套油气层叠加,已发现的不同层位含油区块已基本连片。良里塔格组与鹰山组的探明含油气面积分别为 221.08km^2 和 565.78km^2,共计 786.86km^2;三级储量控制面积共 1319.76km^2;有利勘探面积分别为 1780km^2 和 3350km^2,共计 5130km^2,形成罕见的碳酸盐岩大面积整体含油气的场面。

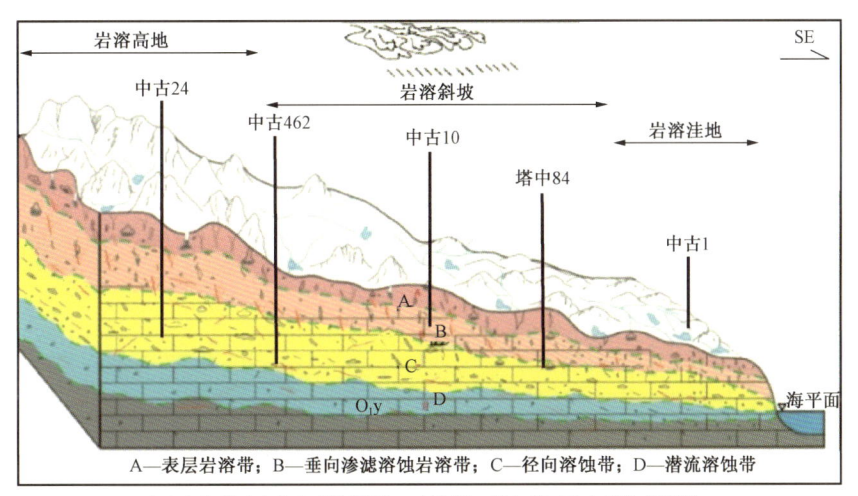

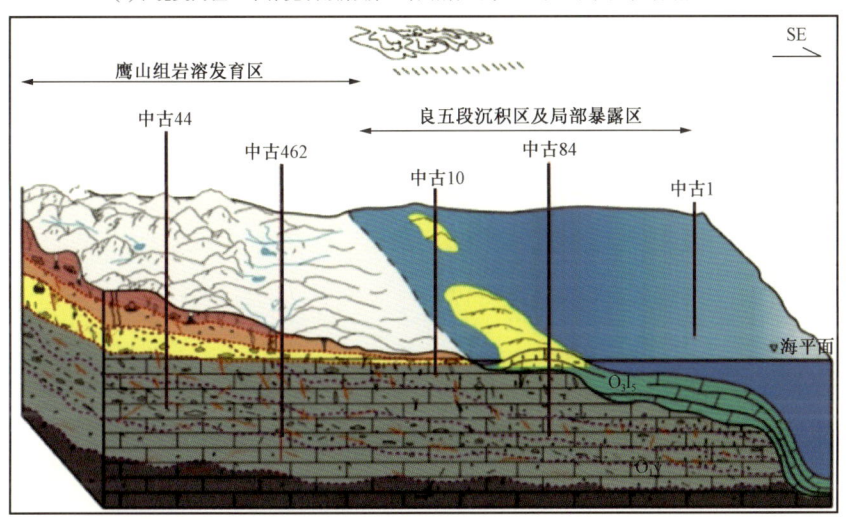

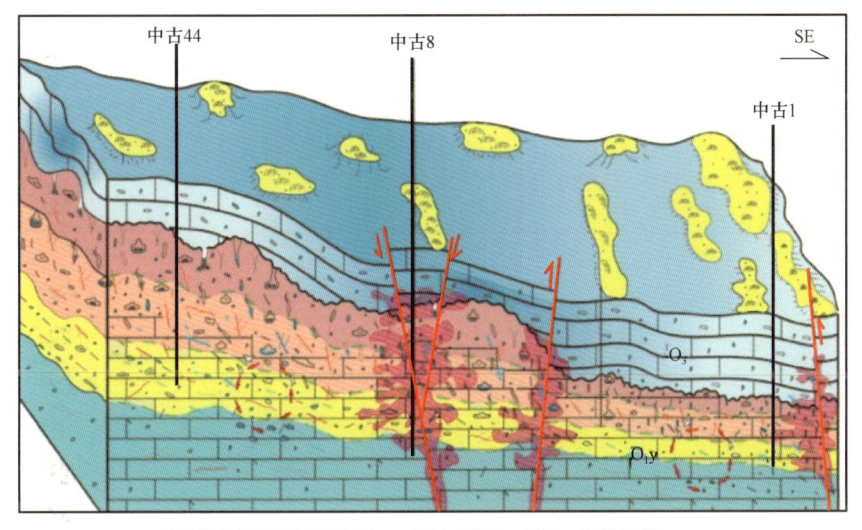

图 7-25 塔中北斜坡三期多成因岩溶

良里塔格组和鹰山组两套含油气层系的油气聚集都呈"准层状",其特点是含油气受岩性控制,有层位性,良里塔格组主要气层在良二段,鹰山组则主要在鹰二段;特别是,含油气高度分别达到2400m和1300m,还有加大趋势,且远大于含油气层厚度(150~200m),这一点具有层状油气藏的基本特征;但是圈闭无明显边界,油气藏无统一边水或底水,这一点又与层状油气藏明显不同,故名之曰"准层状"。在相对稳定的层位中,由于岩溶缝洞分布很不均质,有缝洞发育往往就含油气或高产,没有缝洞发育往往就是干井;在2400m(O_3l)和1300m(O_1y)高差范围内,含油气缝洞储集体"连续"分布,不受构造部位高低的限制,从而形成一种特殊的、大面积的、具有非常规性质的碳酸盐岩油气聚集。

4) 内油外气,西油东气,整体富气,多点充注

由于喜马拉雅期来自满加尔凹陷寒武系的高过成熟气,首先沿塔中Ⅰ号断裂带自北而南向北斜坡内带充注,因此,塔中Ⅰ号气田呈明显"外气内油"的分布。这种天然气的晚期大规模充注,至今仍在进行(杨海军等,2011),还处在非稳态之中。在多条NE向走滑断裂与NW向塔中Ⅰ号断裂的交会处,可识别出若干个注气口,其气油比明显增高。在东西方向上,北斜坡西段现今构造部位低,又远离东段天然气注气口,故总体具有"西油东气"、整体富气、斑块含油的平面分布特点(图7-26)。

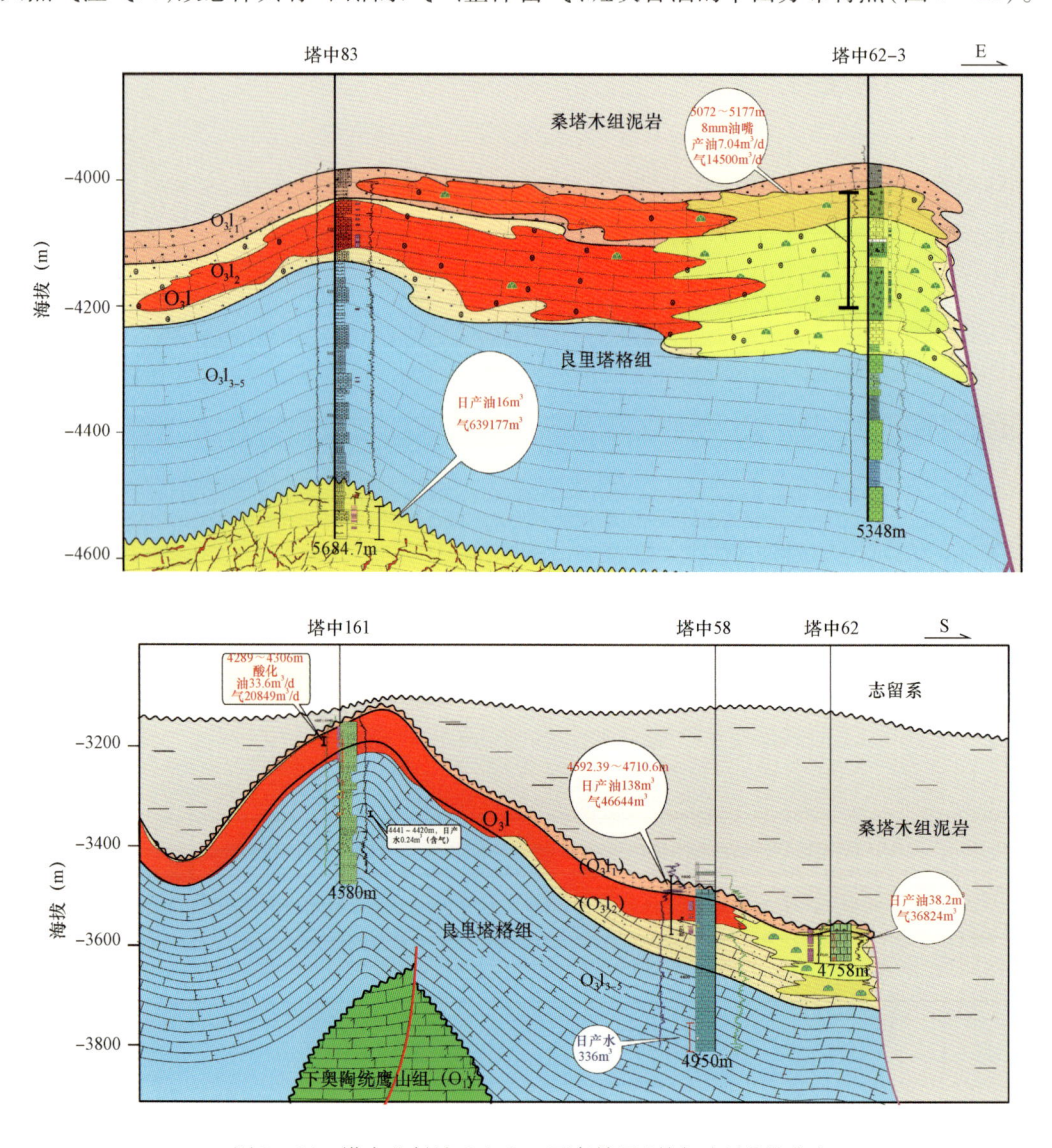

图7-26 塔中北斜坡O_3l、O_1y两套储层"外气内油"的分布

5) 无明显边、底水，以弹性驱为主，具正常温压系统

良里塔格组和鹰山组两套油气层均无明显、统一的边水或底水，也无统一的油气/水界面，地层水以孔洞残留水、局部封存水为主，油气井多为间歇性产水。油气水的分布有几种情况：① 同一缝洞系统上部产油气，下部产水，因重力分异正常分布；② 不同缝洞系统水洞在高部位，含油气缝洞在低部位，反常分布甚至出现油在上、气在下的油气倒置，反映出缝洞系统的连通性差，非均质性强；③ 在被断裂分割的同一断块中，有多个缝洞系统，并不连通，低部位缝洞系统产水，高部位缝洞系统产油气，例如中古5、中古6、中古7、塔中83等4个相邻断块的鹰山组。总之，塔中Ⅰ号气田的油气水关系复杂，但未见统一边水或底水。油气藏以弹性驱为主，地温梯度为2.10~2.28℃/100m，压力系数为1.08~1.27，属正常温压系统。东段开发实验区4个井组连通范围大于1000m，最大可达2312m。

勘探实践证明，在整体含油气背景下，缝洞系统控制油气的相对富集，主要集中在：高能相带古地貌高的礁滩主体部位；不整合风化壳岩溶斜坡带及层间岩溶孔洞层发育带；断裂破碎带控制的岩溶缝洞发育带；局部构造带和岩溶残丘高部位，例如北斜坡的塔中Ⅰ号断裂构造带、塔中10号、塔中40号及塔中45号构造带等。

3. 气藏形成过程及成藏模式

塔中隆起形成早，又邻近ϵ和O_{2+3}两套海相烃源岩的生烃中心，始终是多期油气运移的指向，既可接受ϵ早期生成的油，形成古油藏，又可接受O_{2+3}中晚期生成的油和ϵ晚期生成的天然气，以及古油藏的晚期原油裂解气。油气源对比表明，塔中Ⅰ号大气田有寒武系和中、上奥陶统两套有效烃源层，原油具有明显的混源特征，正烷烃单体$\delta^{13}C$介于典型来源于寒武系和中、上奥陶统的两类原油之间，而以中、上奥陶统来源略占优势（张水昌等，2017）（图7-27）。

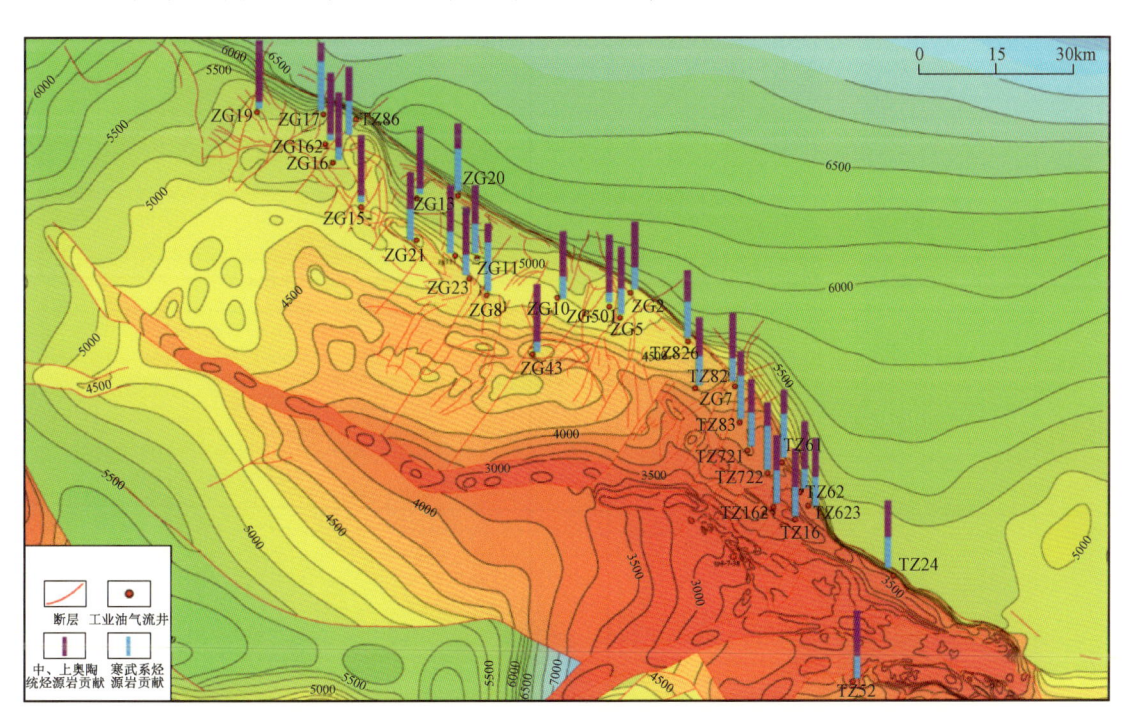

图7-27 塔中Ⅰ号大气田原油、凝析油的混源特征及比例（据张水昌等，2017）

根据烃源岩演化及包裹体特征，可以确定塔中Ⅰ号气田奥陶系油气藏具有三期成藏特征。第一期在加里东末期，主力烃源岩为寒武系，此时寒武系、奥陶系、志留系油藏形成、破坏、残留古油藏、沥青和稠油；第二期在晚海西期，主力烃源岩为中、上奥陶统及寒武系，此时寒武系、奥陶系、志留系古油藏再次得到补充，并部分调整到石炭系；第三期在喜马拉雅期，主力油源岩为中、上奥陶统，气源岩为

高、过成熟寒武系;古油藏有奥陶系来源的高成熟油补充,奥陶系油藏的正常原油遭受寒武系来源高、过成熟天然气的强烈气侵,油气藏定型(张水昌等,2012)。三期成藏,早期成油,晚期油藏遭受大规模强烈气侵,这是塔中Ⅰ号气田形成大面积凝析气藏的关键。

塔中地区目前在深部发现的油气主要分布于上奥陶统良里塔格组上部、下奥陶统鹰山组上部的表生岩溶带。垂向上油气沿断裂向上运移,靠近断层交会部位原油呈现颜色较浅的特征,且以凝析气藏为主,随着远离断层交会部位,原油颜色逐渐变深,凝析气藏逐渐转变成油藏。干气气侵为喜马拉雅期晚期充注的产物,其注入改变了原油的性质,使其颜色变浅,越靠近烃源岩,越有利于凝析气藏的形成,原油颜色越浅。这暗示着油气主要沿 NE 向和 NW 向花状走滑断层的交会部位注入,垂向上油气沿花状断层向上运移,呈花状散开。注入点有6个,分别为:中古17注入点、塔中85注入点、中古3注入点、塔中82注入点、塔中622注入点和塔中242注入点。同时,横向上油气沿着孔洞缝储集体横向运移,据统计,塔中地区下奥陶统鹰山组油气藏随着远离交会断层,油气沿北西向南东方向气油比、干燥系数、H_2S 含量、含蜡量逐渐变少(图7-28)。

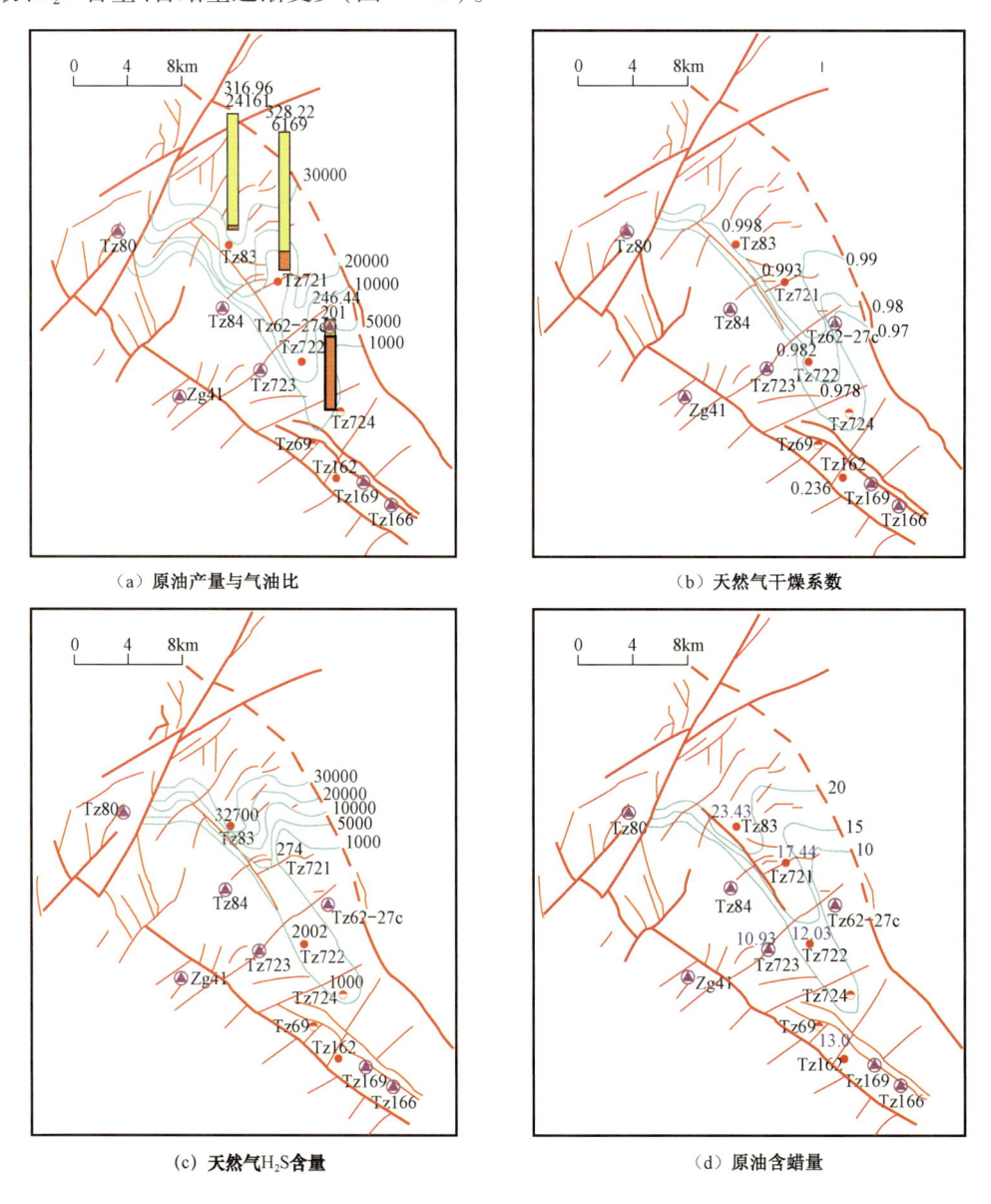

(a) 原油产量与气油比

(b) 天然气干燥系数

(c) 天然气H_2S含量

(d) 原油含蜡量

图7-28 塔中83井区深部下奥陶统油气运移示踪分析(据中国石油塔里木油田,2014)

(二)典型气藏实例2:四川盆地安岳气田

1. 气藏概况

安岳气田区域构造位置位于四川盆地中部川中古隆起平缓构造区威远至龙女寺构造群,东至广安构造,西邻威远构造,北邻蓬莱镇构造,西南到河包场、界石场潜伏构造,与川东南中隆高陡构造区相接。地理位置东至武胜县—合川县—铜梁县、西达安岳县安平店—高石梯地区、北至遂宁—南充一线以南,南至隆昌县—荣昌县—永川一线以北的广大区域内(图7-29)。2011年,高石1井在震旦系灯影组获气 $138.15 \times 10^4 m^3/d$,2012年,磨溪8井寒武系龙王庙组获 $190.68 \times 10^4 m^3/d$ 的工业气流,拉开了安岳气田寒武系、震旦系大型气田开发的序幕,预期天然气地质储量达万亿立方米,是一个大型的整装天然气田。

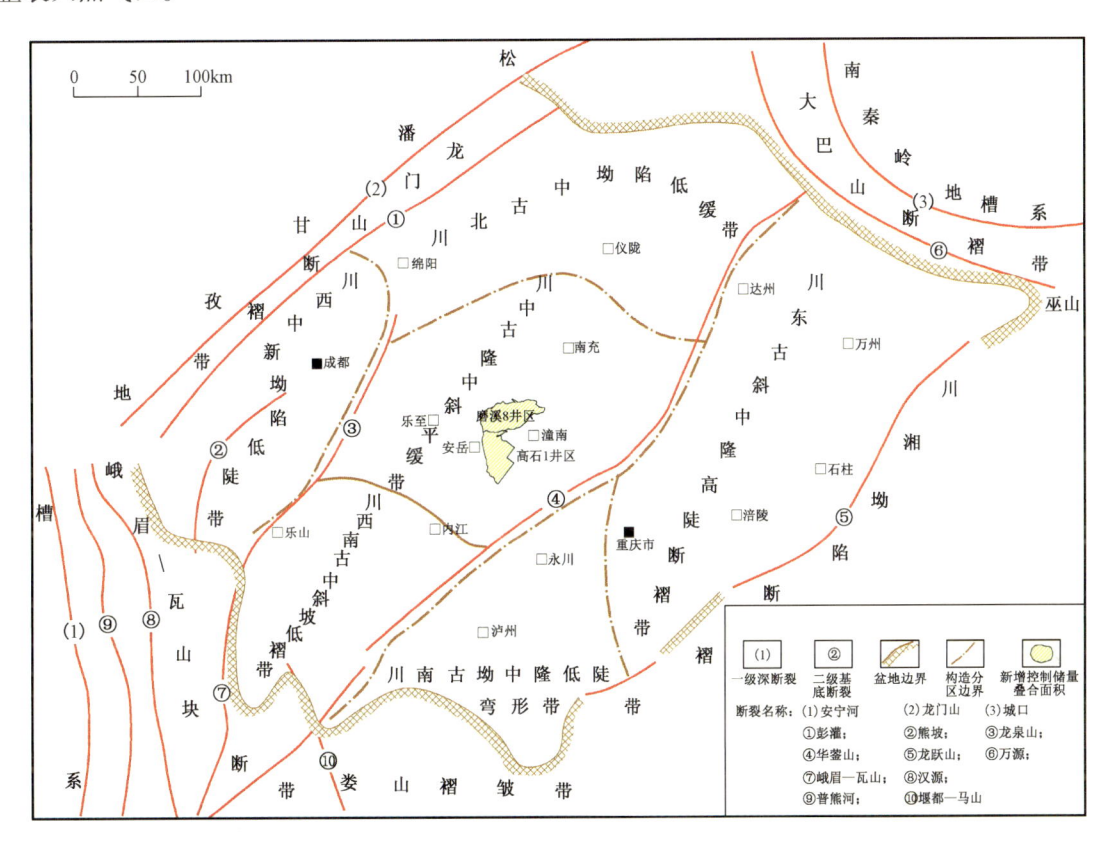

图7-29 安岳气田构造位置图(据中国石油西南油气田,2015)

2. 气藏基本地质特征

1)地层特征

安岳气田地面出露地层为侏罗系上统遂宁组或者中统沙溪庙组沙二段。自上而下为侏罗系上统遂宁组,中统沙溪庙组,下统凉高山组和自流井组;三叠系上统须家河组,中统雷口坡组,下统嘉陵江组、飞仙关组;二叠系上统长兴组、龙潭组,下统茅口组、栖霞组;奥陶系下统桐梓组;寒武系中上统洗象池组,中统高台组(也称为陡坡寺组),下统龙王庙组、沧浪铺组、筇竹寺组;震旦系上统灯影组,下统陡山沱组以及前震旦系。缺失石炭系、泥盆系和志留系。

区内震旦系划分为上统灯影组和下统陡山沱组,根据岩性组合、电性特征自上而下将灯影组四分。灯四段(Z_2dn_4)在盆地内部厚度介于0~350m之间,盆地西南部以外的地层厚度达350m。岩性主要由浅灰—深灰色层状粉晶云岩、含砂屑云岩、溶孔粉晶云岩、藻云岩组成,局部夹硅质条带和燧石结核,岩心上多见岩溶角砾。灯三段(Z_2dn_3)分布在不同区块存在明显的相变,从四川北部的南江、镇巴地区的以陆源碎屑为主,到高石梯—磨溪的深灰—蓝灰色泥页岩、砂质泥晶云岩及云质砂岩。地层厚度介于 50~100m 之间,盆地西缘完全剥蚀,盆地中部高石梯以及盆地南部长宁一带较厚。灯二段(Z_2dn_2)厚度介于 20~950m 之间,一般为 200~600m,基本呈现出盆地中间厚、四周薄的展布趋势。岩性主要为丘格架岩、粘结岩、凝块岩及潮间高能藻滩沉积,岩性以浅灰色、浅灰白色藻云岩为主夹粉晶云岩、泥晶云岩和粒屑云岩,具斑点状、叠层状、雪花状、团块状及葡萄状结构;局部夹膏盐岩及膏质、硅质云岩。灯一段(Z_2dn_1)地层厚度在盆地及周缘厚度一般介于 20~500m 之间,盆地内一般为 50~150m。岩性以浅灰—深灰色泥粉晶云岩为主,夹藻云岩、细晶云岩,纹层状结构,局部可见膏质云岩、膏岩、含灰质云岩、含泥质云岩等。

龙王庙组位于下寒武统顶部,埋深在 4500~4800m,是一套在碎屑岩陆棚之上的碳酸盐台地建造,与其下以砂岩、砂质泥岩、白云岩、泥岩为主的沧浪铺组及其上以砂质白云岩、泥晶白云岩及砂岩为主的高台组整合接触。主要发育砂屑云岩、细晶残余砂屑云岩、细晶云岩、泥晶云岩及砂质云岩、含泥质条带云岩等,其中的滩相砂屑白云岩孔隙和裂缝发育,整体呈块状,垂向上连续,平面上连片叠置分布,是优质的油气储集岩。地层厚度总体分布在 80~100m,厚度变化不大,地层最小厚度为磨溪 20 井的 79m,最大厚度为磨溪 204 井的 104.18m,平均厚度 93.14m,总体环古隆起西薄东厚。

2)沉积特征

震旦系灯影组二段、四段以碳酸盐岩台地相沉积为主,以灰泥丘(藻丘)、颗粒滩相发育为特征;震旦系灯影组三段以混积台地相沉积为主,主要发育砂岩、泥质粉砂岩、砂质云岩和泥页岩。在灯二段、灯四段沉积期,研究区内为碳酸盐岩局限台地环境,多发育丘滩、台坪和局限潟湖沉积为主。寒武系龙王庙组主要为局限台地相沉积,包含颗粒滩、滩间海及潮坪三个亚相。

3)储层空间类型及物性

(1)储集空间。

根据其成因、形态、大小及分布位置,安岳气田储集空间发育以下几种:孔隙(包括粒内溶孔、粒间溶孔、晶间溶孔和残余粒间孔)、裂缝和溶洞。储层孔隙发育,镜下观察以粒间(溶)孔为主,其次是强烈重结晶作用模糊原岩组构而形成的晶间孔、晶间溶孔。当颗粒岩基质或胶结物不发育或含量极少时,粒间孔隙得以保存,形成残余粒间孔。由于酸性流体或大气淡水淋滤的影响,颗粒间胶结物或基质部分被多期溶蚀叠合改造形成粒间溶孔,镜下也可见到胶结物全部被溶蚀,甚至部分溶蚀颗粒而形成粒间溶孔。这类孔隙是砂屑云岩最主要的储集空间。从成因角度分析,该类储集空间多为原生粒间孔隙经历成岩改造叠合形成,受沉积作用控制,与滩相关系密切。晶间孔和晶间溶孔也是震旦系重要的储集空间之一,其主要发育于重结晶强烈、原岩组构遭到严重破坏的晶粒云岩中。孔隙呈规则的三角状,部分发生溶蚀形成晶间溶孔。此类晶粒云岩的原岩多为藻粘结砂屑云岩及砂屑云岩类,孔隙受到颗粒的组构性选择,而非晶粒选择性分布。灯影组沉积之后经历了漫长的成岩改造,发育不同成因且各具特色的溶洞。溶洞多呈层状或沿裂缝、溶缝呈串珠状分布,也有围绕岩溶角砾分布。其形态有扁圆形、椭圆形、条带状、水滴形、裂隙形及不规则形状。归结起来,主要分为四类:格架间溶洞、层状分布的同生期—准同生期溶洞、风化壳岩溶成因溶洞及多期构造破裂和埋藏溶蚀成因溶洞。裂缝具有沟通储集空间提高渗透性作用,同时也具有一定的储集空间。按成因可划分为构造缝、溶缝和缝合线缝等。

(2)储层物性。

储层物性总体具有低孔低渗特征,局部发育高孔渗段。据灯二段岩心样品实测物性资料统计,岩心孔隙度分布在 2.02%~9.88% 之间,单井平均在 2.68%~4.48% 之间,总体平均孔隙度为 3.73%。

孔隙度主要分布在2%~4%之间，占样品总数的79.7%。渗透率分布较为集中，主要分布在0.01~10mD之间（占样品总数的98.04%），平均渗透率为2.26mD，其中在0.01~0.1mD之间的占19.61%，在0.1~1mD之间的占31.37%，1~10mD之间的占47.07%，渗透率大于10mD，占样品总数的1.96%。通过对灯四段66个全直径孔隙度数据统计分析，发现灯四段孔隙度主要集中分布在2%~8%之间，占样品总数的96%，平均孔隙度为4.34%。渗透率主要分布在1mD以下，占样品总数的85.8%，平均值为3.41mD，反映出灯四段储层基质物性的低渗特征。龙王庙组岩心单井平均孔隙度在3.35%~5.83%之间，总平均孔隙度为4.28%；单井平均渗透率在0.008~6.777mD之间，总平均渗透率为0.966mD。基质孔渗相关性好。

4）气藏特征

(1)圈闭类型。

寒武系龙王庙组构造具有西高东低、高石梯—磨溪区块相对平缓、其他地区主要为单斜的特征，目前在海拔-4500m以深和-4200m以浅的单斜区域产水，而在-4500~-4200m之间的相对平缓区域以产气为主，但在磨溪47—磨溪204井之间-4385m以深产水，磨溪11—磨溪23井区域-4471m以浅均为气层，宝龙1井顶部砂体含气，下部砂体含水。因此，龙王庙组气藏气、水分布受砂体和局部构造控制，气水界面复杂，主要属于构造—岩性复合气藏。震旦系顶面构造图显示高石梯潜伏构造、磨溪潜伏构造与磨溪①号断层可以形成共圈，共圈的最低圈闭线为-4940m，圈闭面积1977km^2。高石梯—磨溪地区高部位灯四段测井解释、测试表明均产气，不产地层水。龙女寺构造的女基井灯四段测试日产气1.85×10^{4}m^3。磨溪北部的磨溪22井灯四上亚段测井解释为气层，灯四下亚段测井解释气水界面海拔-5243m，比高石梯—磨溪地区高部位灯四段气层底界低了近200m。因此，高石梯—磨溪地区灯四段为一个面积广大的构造—地层复合型气藏发育区。磨溪潜伏构造和高石梯潜伏构造在震旦系灯二段顶界各自独立形成圈闭。高石梯—磨溪地区灯二段气藏主要受构造圈闭控制，灯二段上部含气，下部普遍含水，磨溪区块、高石梯区块各自具有相对统一的气、水界面，分别为-5167.5m和-5159.2m，属于具有底水的构造—岩性复合气藏（图7-30）。

(2)烃源岩特征。

安岳气田主要发育三套烃源岩：下寒武统黑色泥页岩、震旦系灯三段泥质岩、陡山沱组泥页岩，另外藻云岩对震旦系的天然气形成也有一定贡献。三套烃源岩均以腐泥型为主，演化程度高，TOC含量高，属于优质的烃源岩。

(3)盖层特征。

震旦系之上区域性泥岩盖层厚度大，盆地内断裂不发育，为盆地内部震旦系气藏的保存提供了条件。灯二段、灯三段、灯四段储层与灯三段下部泥质烃源岩、寒武系筇竹寺组大套泥页岩形成良好的储盖组合，特别是筇竹寺组泥页岩在区域上广泛分布，厚度达74~403m。在二叠系、三叠系及侏罗系中，泥页岩、致密的碳酸盐岩、膏盐岩十分发育，沉积厚度大，分布广泛，厚度达2000m以上，龙潭组泥页岩单层厚度在15~20m，飞仙关组二段的泥岩单层厚度在120m左右，高台组在本区主要为致密的泥质云岩，可以作为直接盖层。这些典型的致密层都位于龙王庙组之上，都是较好的盖层，保存条件良好，油气保护条件十分优越。

(4)气藏压力和温度。

气藏压力系数由灯二段的1.07~1.10、灯四段的1.10~1.13过渡到龙王庙组的1.53~1.70，为常压—高压气藏。高石梯区块灯二段单井气层中部地层压力为57.56~57.66MPa，压力系数为1.07~1.08；磨溪区块单井气层中部地层压力为58.62~59.08MPa，压力系数为1.07~1.10，属常压气藏。灯四段进一步分为灯四上亚段和灯四下亚段，高石梯区块灯四上亚段产层中部地层压力为

56.57~56.63MPa,压力系数为1.12~1.13,磨溪区块产层中部地层压力为56.80MPa,压力系数为1.10;高石6井灯四下亚段地层压力为56.84MPa,压力系数1.10,为常压气藏,高石梯—磨溪区块灯四上、下亚段压力系数非常接近,为同一压力系统。磨溪区块地层压力为75.81~76.37MPa,压力系数1.56~1.70,根据SY/T 6168—2009的气藏分类标准属于高压气藏;高石梯区块龙王庙组地层压力为68.27MPa,压力系数1.53,为高压气藏,与磨溪区块处于不同的压力系统。

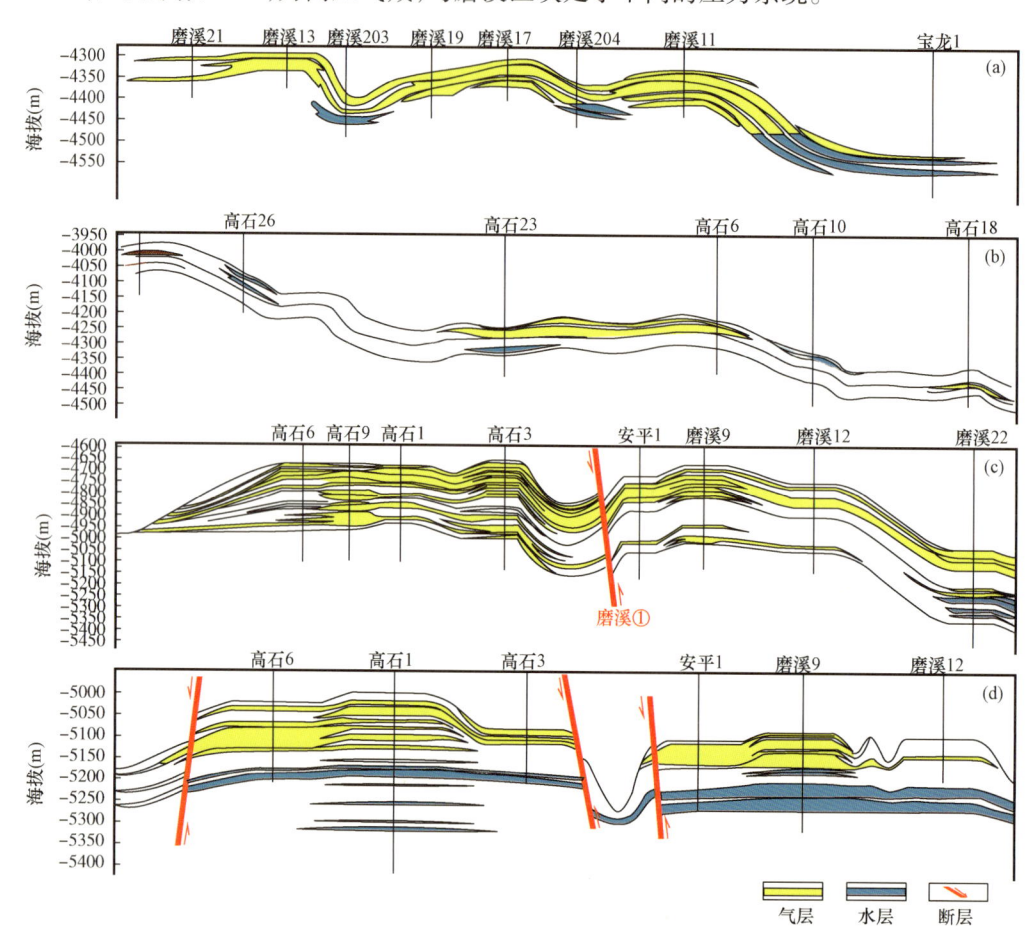

图7-30 安岳气田震旦系—寒武系气藏剖面图(据魏国齐等,2015)
(a)、(b)龙王庙组气藏;(c)灯四段气藏;(d)灯二段气藏

安岳气田震旦系—寒武系气藏为高温气藏。气藏地温梯度基本分布在2.5~2.7℃/100m,气藏中部温度介于137.5~163.28℃之间,为高温气藏。在不同区块、不同层段略有差异,如:灯二段气藏磨溪区块为155.82~159.91℃,高石梯区块为156.71~163.28℃;灯四上亚段气藏高石梯区块为150.2~161.0℃,磨溪区块为149.6~158.5℃;灯四下亚段气藏高石梯区块为155.1~160.3℃;龙王庙组气藏为137.5~143.9℃。

(5)天然气组成。

天然气以甲烷为主,含量为91.22%~93.77%,相对密度为0.6079~0.6336,乙烷含量0.04%,硫化氢含量1.00%~1.15%,为中含硫,二氧化碳含量4.83%~7.39%,为中含二氧化碳,微含丙烷、氦和氮。

(6)地层水特征。

震旦系地层水分析统计表明,地层水总矿化度分布在57~130g/L之间,Cl离子含量为35896~77991mg/L,Br离子含量15~187mg/L,地层水水型以氯化钙型水为主,说明保存条件较好。取得的水样 pH 值 4.57~5.95,均呈弱酸性特征,表明水样受到了酸化残酸的一定影响,包含部分残酸水。

龙王庙组地层水总矿化度分布在 109.83~135.68g/L 之间,pH 值 6.49~7.47,Cl 离子含量为 64070~81235mg/L,Br 离子含量 424~650mg/L,变异系数(Na^+/Cl^-)小于 1,$(Cl^- - Na^+)/2Mg^{2+}$ 为 12.18~32.67,为氯化钙型水,表明气藏保存条件好。

3. 气藏形成过程及成藏模式

川中古隆起区油气成藏经历了三个阶段,即古油藏阶段(中奥陶世—中三叠世)、古油藏裂解气成藏阶段(中晚三叠世—白垩纪)及气藏调整阶段(白垩纪至今)(图 7-31)。

二叠纪—中三叠世主要为油气的聚集期,二叠纪后烃源岩持续埋深并开始二次生烃,随着热演化程度的不断增加,生成的原油和湿气在有利的岩性、地层圈闭中聚集,形成的灯影组和龙王庙组古油藏在古隆起区大面积分布。构造演化与生烃史研究表明,古油藏主要形成于二叠纪—中三叠世,但主要成藏期为晚三叠世早中期。根据古构造演化及储层形成与分布,结合沥青分布,推测灯影组及龙王庙组古油藏分布,灯影组灯四段古油藏面积约 9000km²,龙王庙组含油面积约 6000km²。

从中晚三叠世到白垩纪晚期,地层温度达到 200℃ 以上,原油开始裂解成气,同时与烃源岩生气高峰的叠加导致了大量天然气源源不断地向储层中充注与聚集,气藏普遍发育超压,古油藏在晚三叠世—白垩纪裂解成气成藏形成古气藏,在古隆起高部位聚集。川中古隆起构造的稳定性以及地层—岩性型为主导的圈闭类型决定了古油藏裂解气原位成藏,为大面积地层—岩性气藏集群式分布创造了条件。

白垩纪晚期至今,高石梯—磨溪地区在成油阶段和原油裂解气阶段均处于古隆起高部位,是古油藏和古气藏聚集的最有利部位,现今构造处于古隆起东倾末端的低部位,但受裂陷区巨厚泥页岩侧向封堵及龙王庙组相变控制,气藏保存条件优越,是特大型气田形成的重要因素。

德阳—安岳裂陷槽震旦系—寒武系海相天然气是我国古老天然气田的主要分布区,其形成和分布受控于"古裂陷、古丘滩体、古隆起、古圈闭"的"四古"控制(邹才能,2014;杜金虎等,2015):① 古裂陷槽控制了生烃中心和源—储成藏组合(图 7-32)。德阳—安岳大型克拉通内裂陷控制了震旦系—下寒武统生烃中心的形成,筇竹寺组烃源岩厚度达 300~450m,是其他地区烃源岩厚度的 3 倍,而且有机碳含量(TOC)多在 1.0% 以上,属于优质烃源岩。同时,发育"上生下储、下生上储、旁生侧储"三套有利的源—储成藏组合;② 古丘滩体是灯影组丘滩体白云岩储层与龙王庙组颗粒滩白云岩规模储层形成的重要物质基础;③ 继承性发育的古隆起控制大型古油藏的形成与分布。从桐湾期到喜马拉雅期,川中古隆起的轴部由北向南迁移,但高磨地区继承性发育,始终位于古隆起轴部发育带,构造稳定性强;④ 大面积分布的岩性—地层圈闭群,为灯影组构造—地层复合型气藏群以及龙王庙组构造—岩性复合型气藏群的形成提供了圈闭条件。寒武系龙王庙组颗粒滩体纵向叠置发育、横向连通性差,构造岩性控藏,而灯影组为岩性—地层圈闭,台缘带天然气富集高产。

(三)典型气藏实例 3:四川盆地普光气田

四川盆地至今发现含油气层位 20 多个,气田 174 个、油田 13 个,天然气产量约 $243×10^8 m^3$,占中国天然气产量的 20%。盆内现今大中型气田(天然气探明地质储量 $>100×10^8 m^3$)共 39 个,天然气总探明地质储量超过 $26000×10^8 m^3$,海相大中型气田占主要地位,共计 23 个,其探明地质储量占总探明地质储量的 70% 以上。四川盆地海相天然气在纵向上具有多产层分布的规律(图 7-33),含气层位自老至新为震旦系灯影组、石炭系黄龙组、二叠系长兴组—三叠系飞仙关组、三叠系嘉陵江组—雷口坡组。平面上具有成群分布特征,目前集中分布在川中、川东、川西含气区,形成了沿德阳—安岳裂陷槽震旦系—寒武系、环开江—梁平陆棚长兴组—飞仙关组、川东石炭系等多个大型气田群。

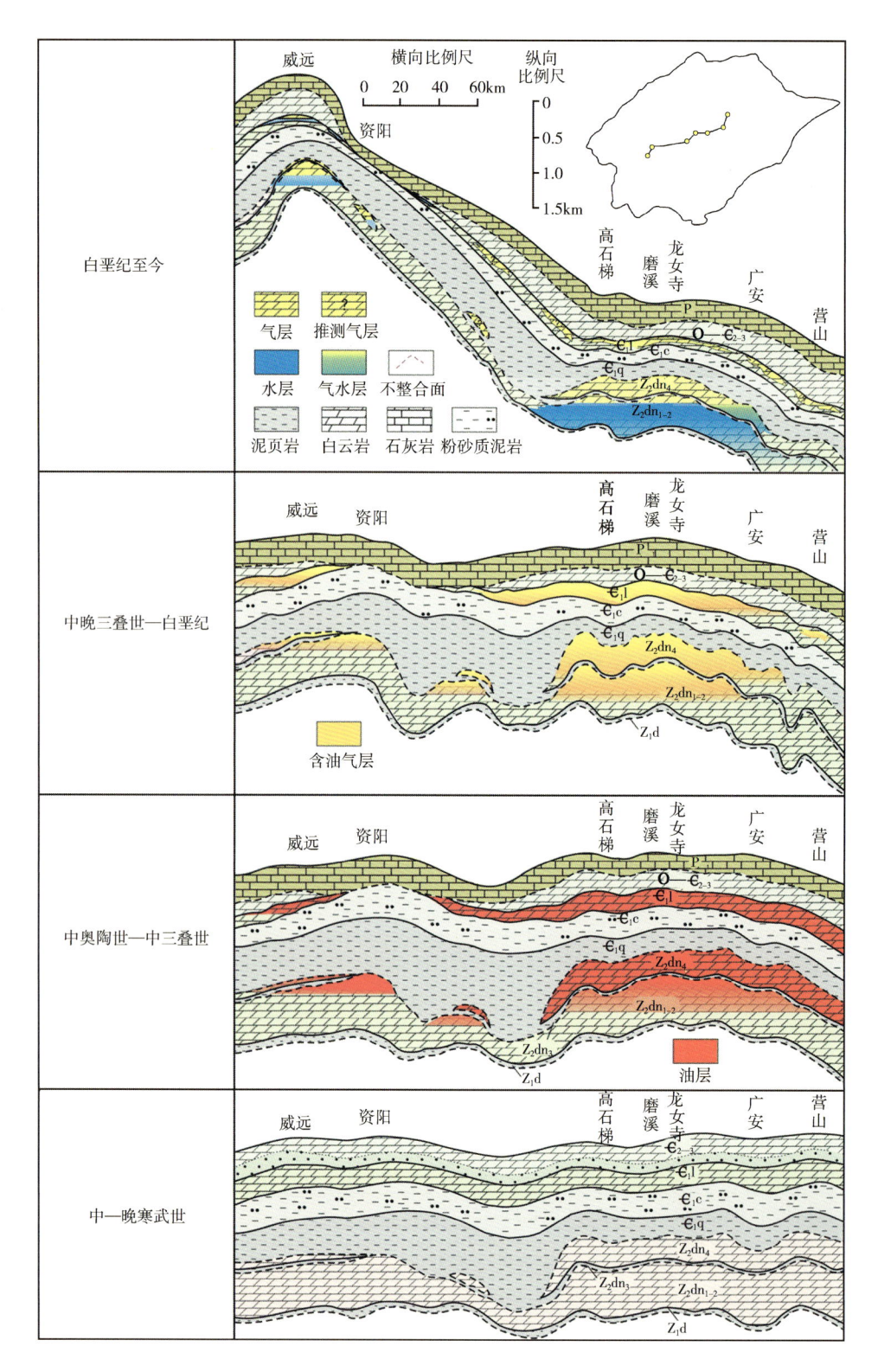

图7-31 四川盆地安岳气田演化模式图(据杜金虎等,2015)

1. 气藏概况

普光气田位于四川盆地东北部宣汉—达县地区黄金口构造双石庙—普光构造带,气藏北邻铁山坡气田,东南与渡口河、罗家寨等气田相邻,为一构造—岩性复合型大型气藏。气藏圈闭面积为

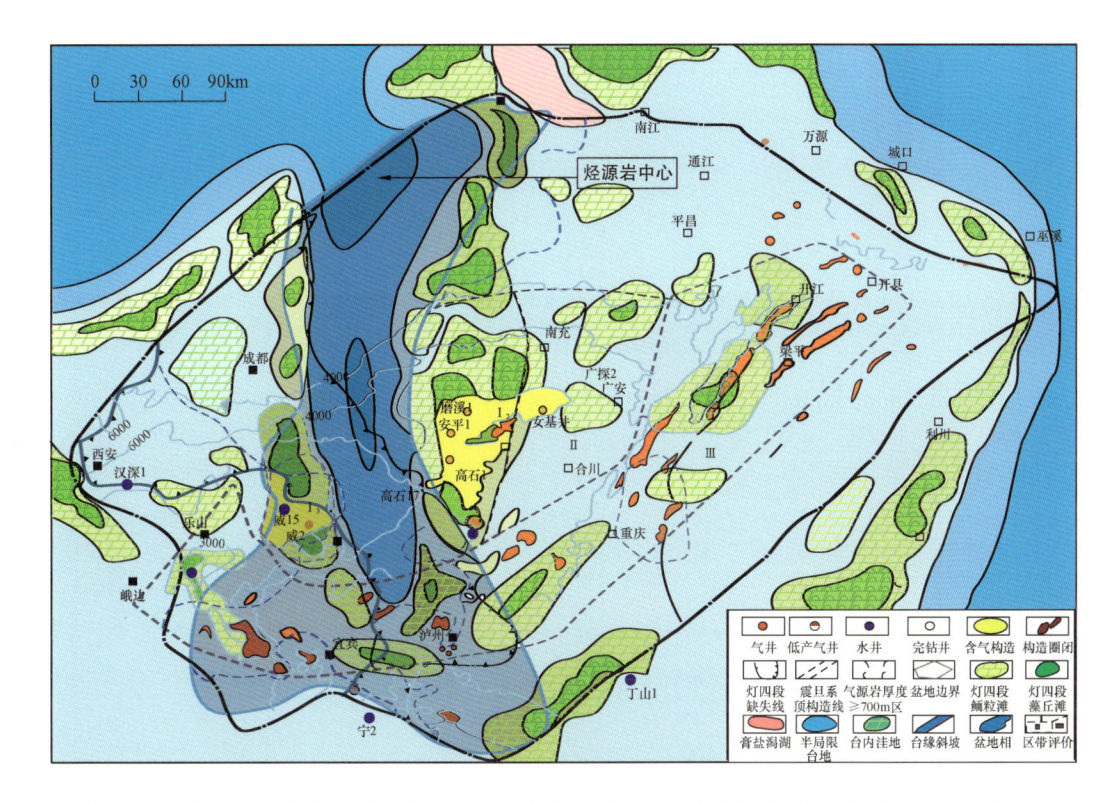

图7-32 安岳—德阳克拉通内裂陷生烃中心与灯影组丘滩体储层空间分布(据杜金虎等,2015)

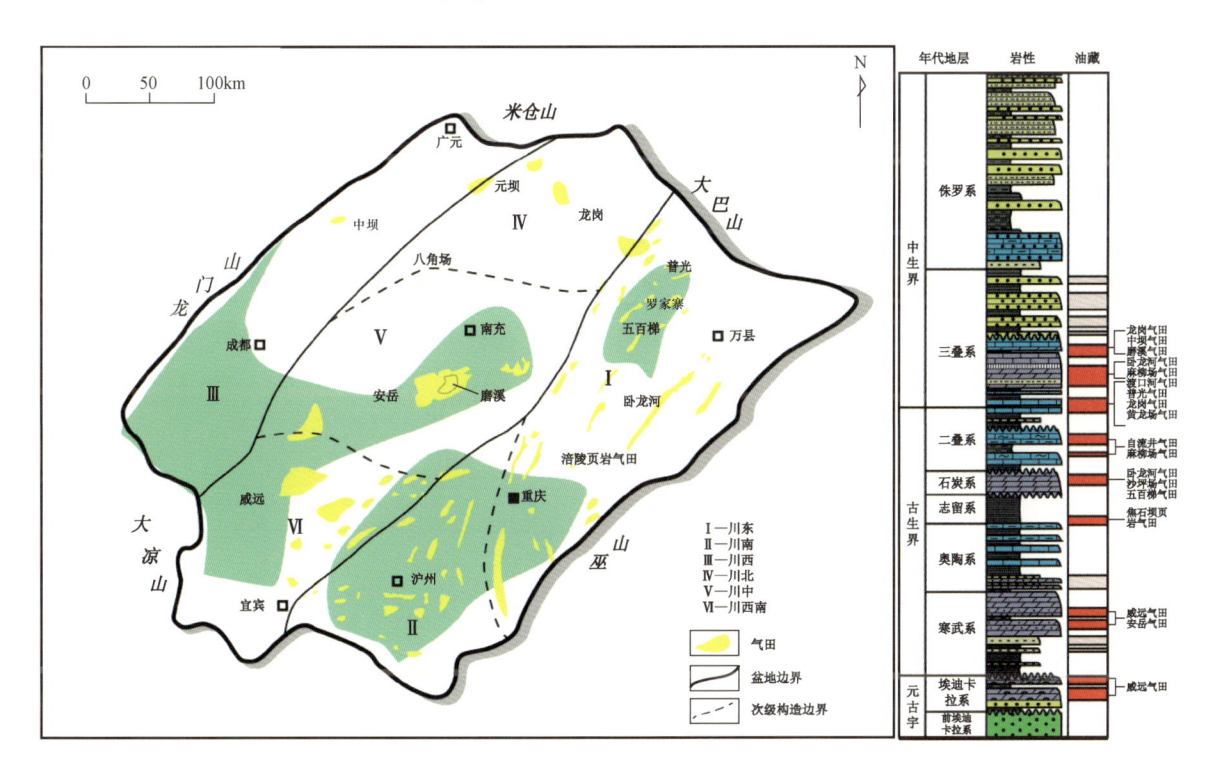

图7-33 四川盆地海相大气田分布图及大型气田垂向分布特征(据张水昌等,2017)

45.6km², 主要含气层段为下三叠统飞仙关组及上二叠统长兴组, 均为白云岩储层。气藏埋藏深度大, 飞仙关组气藏中部埋深大于4980m(图7-34)。区内具有巨厚的烃源岩系和巨大的资源量、良好的区域盖层、多套储层, 资源丰度高, 具有形成大中型气田的基本地质条件。普光气田是一个高含硫化氢的干气田,天然气中硫化氢含量约为 15.5% ~17%,各井硫化氢含量比较相近,反映了气藏内部连通性较好(马永生,2007)。2005 年普光气田探明储量 2510.74×10⁸m³,落实的三级储量超过 4000×10⁸m³(马永生等,2005;马永生,2007)。

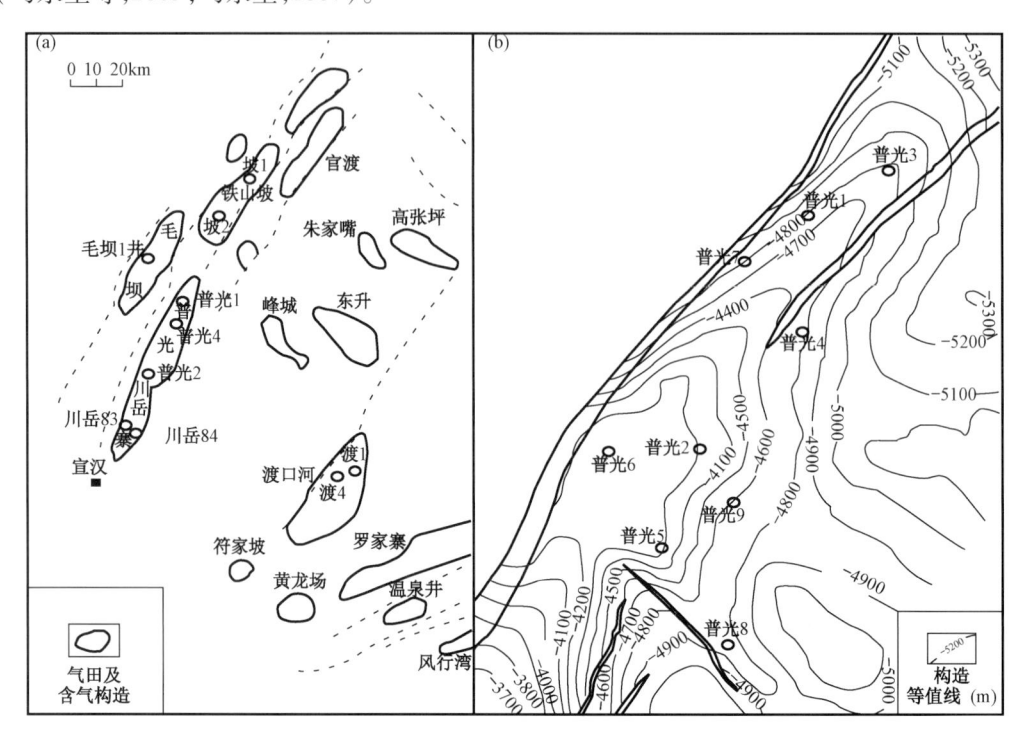

图 7-34　普光气田地理位置(a)及井位分布图(b)(据马永生,2007)

2. 气藏基本地质特征

1)天然气组分特征

普光气田的天然气为典型的干气,甲烷含量为 72% ~80%,乙烷含量基本在 0.05% 以下,乙烷以上的重烃几乎检测不到,二氧化碳的含量大致在 3% ~10.5%,硫化氢的含量在 12.7% ~17.2% 的范围内(表 7-2),属于高含硫化氢天然气,也是国内目前发现的硫化氢含量最高的天然气之一(马永生,2007)。甲烷碳同位素值分布较为集中,$\delta^{13}C_1$ 为 -31.06‰ ~ -29.32‰,反映出高演化过成熟天然气特征,乙烷碳同位素值却分布较宽,为 -32.02‰ ~ -25.04‰(蔡立国等,2005)。

表 7-2　普光气田天然气组分特征

井号	层位	井段(m)	天然气组分(%)							
			CH_4	C_2H_6	C_3H_8	H_2S	CO_2	N_2	H_2	He
普光 1	T_1f	5610	77.5	0.02	0	12.7	9.1	0.62	0.04	0.01
普光 2	T_1f	5062	75.6	0.11	0	15.8	7.96	0.44	0.03	0.01
	T_1f	5027	80	0.06	0	14.7	2.55	0.46	2.19	0.01
	T_1f	4958	74.3	0.22	0	17.2	7.9	0.42	0.01	0.01
	T_1f	4801	76.1	0.02	0	15.5	7.71	0.44	0.01	0.01
	P_2ch	5315	74.2	0.02	0.001	16.0	9.46			
	P_2ch	5259	75	0.33	0.001	15.4	8.73	0.47	0.02	0.01
普光 4	T_1f	5770	73.8	0.03	0	17.1	8.47	0.59	0	0.02
普光 6	T_1f	5044	74.7	0.03	0	14.1	10.5	0.65	0.06	0.01
	P_2ch	5240	75.9	0.05	0	14.7	8.74	0.49	0.06	0.01

2) 烃源岩特征

四川盆地川东北地区海相沉积发育了四套烃源岩,即下寒武统、下志留统、下二叠统和上二叠统的泥质岩、泥质灰岩(马永生,2007)。普光古油藏的油源主要来自下志留统以及二叠系有效烃源岩,现今气藏气源主要来自古油藏原油的二次裂解以及下志留统、二叠系烃源岩干酪根的热裂解,现存沥青对普光气藏也有一定的贡献(蔡立国等,2005)。志留系龙马溪组的黑色页岩和泥岩以富含笔石为显著特征,有机碳含量部分高达5.0%,厚约300m,以成气为主。上二叠统龙潭组主要由碳酸盐岩和暗色泥岩组成,厚度约200m,TOC为3%~8%。

3) 储层特征

普光气田储层主要发育于下三叠统飞仙关组一至三段及上二叠统长兴组上部。长兴组—飞仙关组沉积时期海平面整体上经历了先上升后下降的过程,普光地区根据沉积环境的不同大致可分为3个区域深水陆棚区域、碳酸盐台地区域和碳酸盐斜坡区域。长兴组储层发育于长兴组上部,厚69.5m,主要岩性为灰色泥—微晶白云岩夹泥晶灰岩、白云质灰岩。飞仙关组储层发育于飞仙关组的飞一段—飞三段,主要为溶孔较发育的溶孔白云岩、砂屑白云岩、鲕粒白云岩、含砾屑鲕粒白云岩及糖粒状白云岩,鲕粒白云岩多残余鲕粒结构;深浅侧向电阻率较高,其有效储层厚397.01m,孔隙度为0.94%~25.22%,平均为8.11%,主要分布于6%~12%;渗透率最小值为0.0112mD,最大值可达3354.6965mD,以大于1.0mD为主,属层状孔隙溶孔型储层(蔡立国等,2005)。

4) 盖层特征

普光构造有两套重要的区域盖层:① 发育于上三叠统须家河组及其以上的陆相碎屑岩类泥质岩为主所构成的盖层,一方面是本区陆相碎屑岩储盖组合的直接盖层,另一方面也是该区海相碳酸盐岩储盖组合的间接盖层;② 以中三叠统雷口坡组及其以下嘉陵江组和飞仙关组顶部飞四段的潟湖相、潮坪相发育的膏盐岩类盖层。膏盐岩因其岩性致密、可塑性强,对油气具有极强的封盖能力。普光构造下三叠统嘉陵江组二段、四段—中三叠统雷口坡组雷二段膏盐岩十分发育,其厚度分布相对稳定,构成了本区重要的区域盖层(马永生,2007)。

3. 气藏形成过程及成藏模式

川东北地区长兴组—飞仙关组气藏的成藏过程可以划分为三个阶段(图7-35)(马永生等,2005)。

燕山早期为原油成藏阶段。此时盆地内烃源岩完成从未成熟到成熟的转变,进入液态窗。燕山运动早期除在盆地边部形成狭长的背斜外,在盆地内部形成宽缓背斜。液态烃成熟过程中排出的富有机酸流体在有利位置的鲕粒岩内发生溶解作用形成前期埋藏溶蚀孔,使部分鲕粒岩成为孔隙性储层。这些储层与背斜构造配套形成地层—构造复合圈闭,液烃运移至圈闭中形成油藏。

气藏形成阶段发生在燕山中、晚期。持续的沉降、深埋过程使烃源岩进入气态窗,同时使前期形成的油藏因高温裂解转变为气藏并在储层孔隙中留下焦沥青。地层水中CO_2含量增高,在储层中发生溶解作用形成晚期埋藏溶蚀孔,改变储层分布状况的同时也改变了复合圈闭形态。随着燕山运动的加强,背斜构造变得狭长。原油裂解气和干酪根热解气共同聚集形成早期气藏,对古油藏有继承性。此外,由于埋深增大、地温增高,在有沉积硫酸盐参与的情况下发生高温硫酸盐热还原作用(TSR),产生H_2S和CO_2,使气藏含硫量和CO_2含量增高。

喜马拉雅期为调整改造阶段。强烈的喜马拉雅运动对燕山期形成的气藏有明显的改造。抬升、剥蚀作用使气藏埋深变浅、温度降低,终止或减缓了气藏中的硫酸盐热还原作用。对燕山期构造的改造以及喜马拉雅期不同期次、不同方向构造的叠加、复合,使气藏圈闭形态改变、高点迁移,从而造成气藏的调整、改造,最终定型为现今的气藏。如通南巴地区,受印支中晚期水平挤压,呈现鼻状隆起。燕山中晚期,形成低缓褶皱背斜,此时,S—T海相烃源岩都已进入高成熟—过成熟的大量生气阶段,伴随褶皱隆升,下部及邻近的天然气通过断裂、裂缝、不整合面及输导层向隆起高部位运移聚集;喜马拉雅早、中期,褶皱定型、圈闭形成的同时,在构造轴部伴生大量构造裂缝,极大地改善了储层的孔、渗性能,致使天然气再次向构造高点运移富集;喜马拉雅晚期运动对早期气藏进行改造,油气再次分配聚集形成现今的面貌。

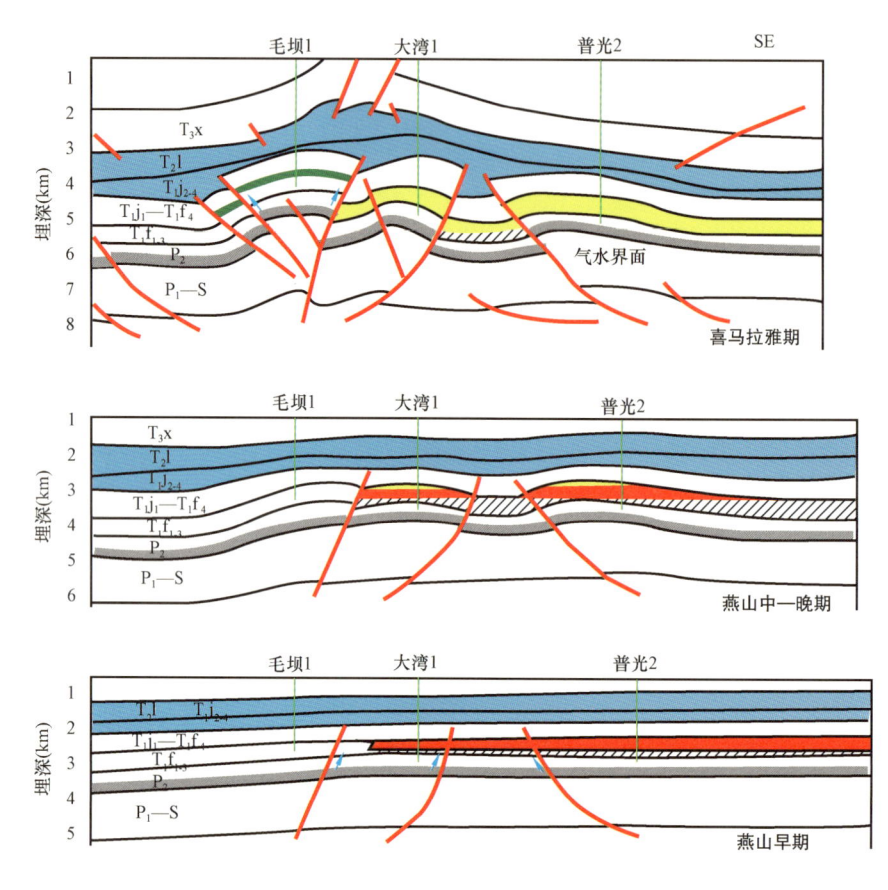

图 7-35 普光气藏形成演化模式示意图

环开江—梁平海槽长兴组—飞仙关组海相天然气的分布受控以下关键因素:① 有利的沉积相带及优质储层的发育是天然气富集高产的关键。长兴组—飞仙关组沉积期在环开江—梁平陆棚两侧发育台地边缘浅滩、生物礁、开阔台地及蒸发台地相等,其中以台地边缘暴露浅滩相为主,有利于礁滩储层的形成与发育。早期成岩溶蚀作用和深埋期溶蚀作用的进一步改造,形成了主要岩性为鲕粒白云岩、残余鲕粒白云岩、糖粒状残余鲕粒白云岩的优质储层;② 气源充足。川东北地区是四川盆地二叠系龙潭组主力生烃凹陷,生气中心位于通南巴—罗家寨一带;③ 发育大型构造岩性复合型圈闭。陆棚东侧的普光、罗家寨、铁山坡等气藏受礁滩岩性体与背斜构造双重因素控制,陆棚西侧的元坝、龙岗等气藏主要受大型平缓斜坡上的礁滩相岩性圈闭控制,上覆嘉陵江组膏盐岩对气藏的保存起到了关键作用(马永生等,2010)。

(四)典型气藏实例4:鄂尔多斯盆地靖边气田

鄂尔多斯盆地是中国最稳定的克拉通盆地,区域构造从深层到浅层都是西倾大斜坡,局部构造很不发育。除盆地西缘推覆带前缘几个小型海相构造型气田外,目前鄂尔多斯盆地只探明了靖边海相大气田,位于鄂尔多斯盆地中部,紧邻陕北凹陷(图 7-36),探明天然气总储量 $6403 \times 10^8 m^3$,但丰度较低,只有 $0.64 \times 10^8 m^3/km^2$。靖边奥陶系海相大气田属于大面积分布的岩性—地层型气田,天然气分布主要受煤系和海相两类烃源灶展布、古岩溶阶地和膏云坪相带以及高效的源储配置等控制。

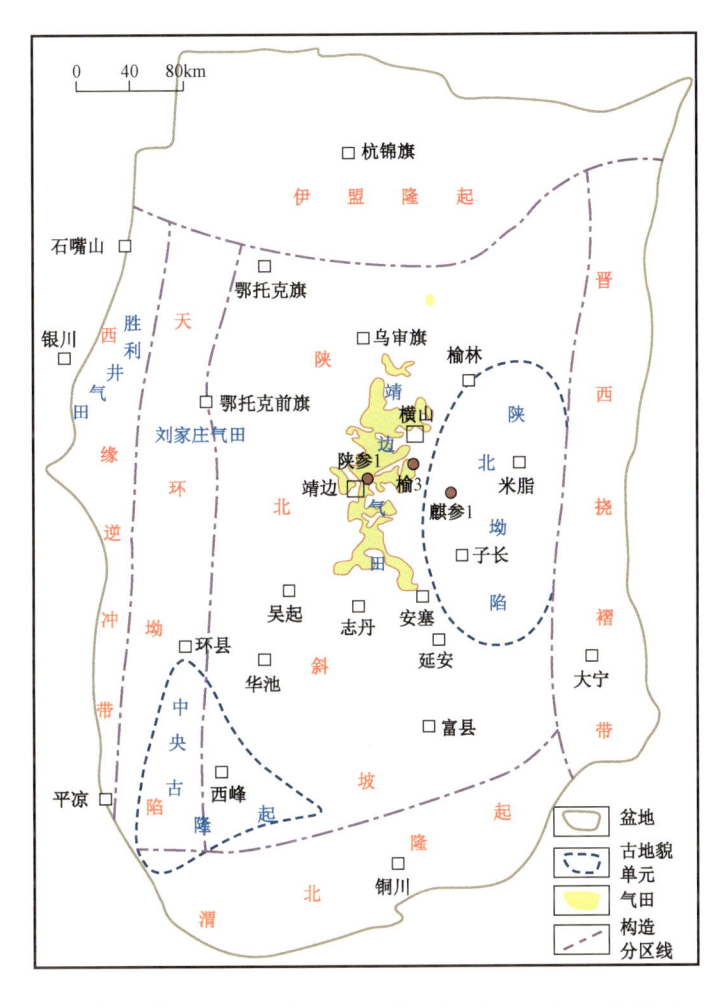

图 7-36　鄂尔多斯盆地海相靖边大气田位置图(据中国石油长庆油田,2005)

上古生界煤系烃源岩和奥陶系海相烃源岩的双元供烃为大气田的形成提供了丰富的气源。上覆的石炭系—二叠系煤系烃源岩中煤层厚度具有东西厚、中部薄,分布稳定的特点,一般厚度介于8～10m,最厚者可达35m,处于高—过成熟阶段,R_o均大于1.5%,生烃强度超过$20 \times 10^8 m^3/km^2$,展现出广覆式生烃、大面积供气的特征,可为下古生界海相碳酸盐岩成藏提供丰富的气源(图7-37)。马家沟组环盐洼滨岸淡化潟湖环境下的含云泥坪微相中的白云质泥岩,与滨岸潟湖环境下的云泥坪微相中的泥质白云岩交互沉积,厚度较大,可发育规模有效的海相碳酸盐岩烃源岩,有效烃源岩的有机碳含量变化范围为0.30%～8.45%。生烃强度介于$(2～26) \times 10^8 m^3/km^2$(涂建琪等,2016;李伟等,2017)(图7-38)。奥陶系海相大气田气源为以奥陶系海相油型气为主、石炭系—二叠系煤成气为辅的混合气源(张水昌等,2017),具有"双向供气、两元混合"的特征。

1. 气藏概况

靖边气田的区域构造位置在鄂尔多斯盆地西倾的陕北斜坡中部、早古生代中央古隆起东侧的古岩溶阶地上,呈南北方向延长(图7-39)。靖边奥陶系气田的含气面积近1000km²,储量达$6403 \times 10^8 m^3$。目前在中国14个海相大气田中名列第一,与盆地中的苏里格二叠系陆相大气田(含气面积9167km²,储量$12725 \times 10^8 m^3$)分别成为中国海相和陆相的最大气田。

分布很广、普遍发育的奥陶系顶部古风化壳岩溶储层,决定了气田的含气面积大、储量也大;但是,气田的气层很薄,单层厚度只有0.8～5.7m,平均有效厚度只有5.6m,这在13个海相大气田中

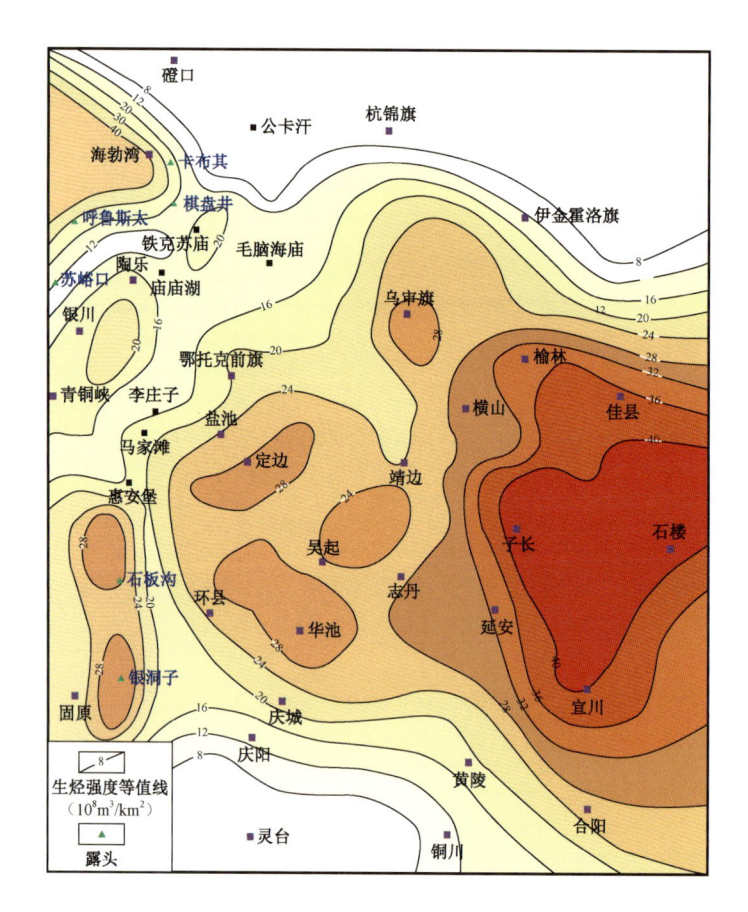

图 7-37　鄂尔多斯盆地上古生界烃源岩生烃强度等值线图（据杨华等，2013）

（有效厚度 17.8~260m）也是最薄的。这就决定了大气田的储量丰度极低，只有 $0.64×10^8m^3/km^2$。同是受古风化壳控制的任丘油田，新元古界雾迷山组油层平均有效厚度 272m，最大含油高度 915m；储层孔隙度为 4.69%~7.62%，最大为 16.82%，与靖边气田相似；含油面积虽不过 $82km^2$，但石油储量丰度高达 $500×10^4t/km^2$，相当于天然气储量丰度 $62.8×10^8m^3/km^2$；塔里木塔中北斜坡奥陶系鹰山组古风化壳气田，有效厚度为 44.7~68.6m，含气面积不过 $565.8km^2$，但储量丰度也有 $5×10^8m^3/km^2$。可见，气层厚度大小是海相碳酸盐岩气田储量丰度高低的决定性因素。

2. 气藏基本地质特征

靖边气田奥陶系的气藏类型与圈闭类型相一致，属大型古风化壳岩溶古地貌—岩性复合层状气藏。

（1）气田形状受古地貌控制。在平面上，气田总体呈南北延长的不规则斑块状，长近 200km，东西宽 120km。气田范围与一个南北向古地貌侵蚀"古潜台"大体相一致。"古潜台"上残留的马五段层位最新，马五$_1^1$大面积残留，局部还有马六段；残留厚度也大，马五$_1^1$—马五$_3^1$的残厚大于 30m；而在"古潜台"东西两侧只有 10m。"古潜台"又被 6 条东西向侵蚀古沟槽所切割，切深一般为 5~10m，最深 33.6m，它们将准平原化的"古潜台"切割成若干个残丘；与此相对应，靖边气田也呈多个不规则斑块状气藏集合体。

（2）多层叠合的地层—岩性气藏。靖边气田奥陶系自上而下共有 5 个主要气藏（图 7-40），最上部的马五$_1^1$气藏，顶面和侧面都被石炭系底部铁铝质泥岩所覆盖和遮挡，形成岩性—地层气藏；下部的 4 个气藏（马五$_1^2$—马五$_4^1$）在上倾方向和侧向上为成岩致密带含泥膏云岩所遮挡，形成岩性（成岩）气

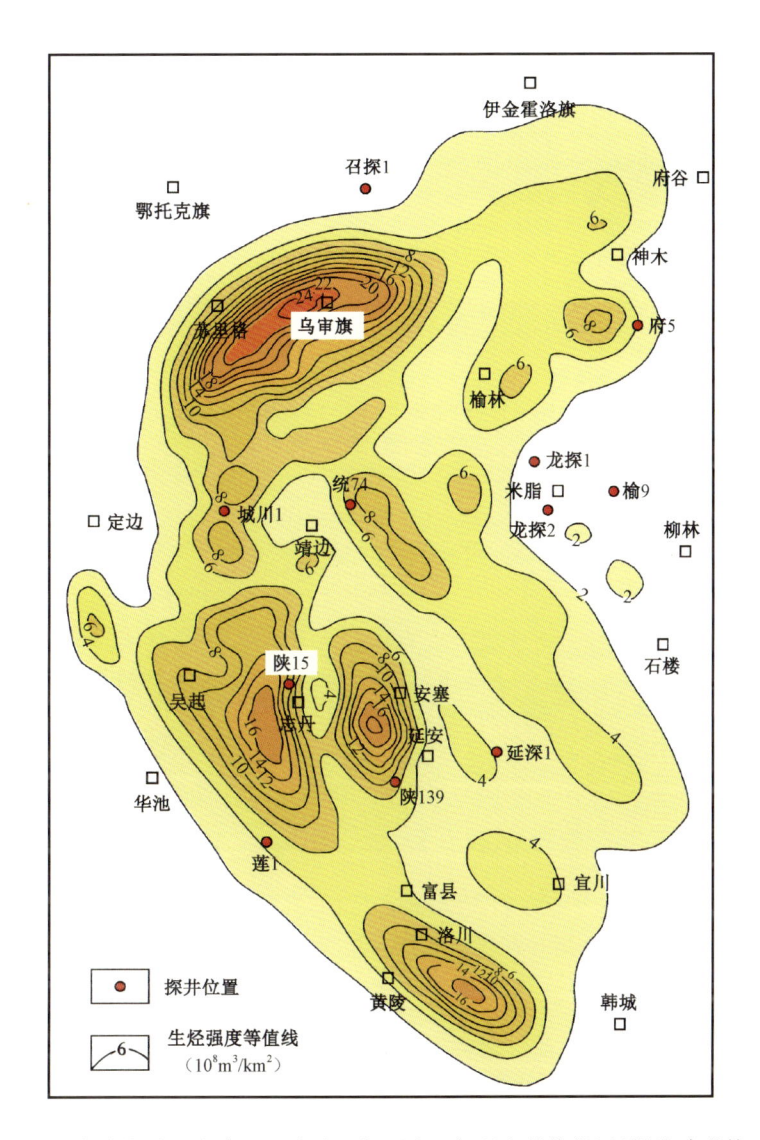

图 7-38　鄂尔多斯盆地奥陶系马家沟组烃源岩生烃强度等值线图(据涂建琪等,2016)

藏。5套气层的垂向分布受古风化壳残厚的控制,距侵蚀面约65m左右。

(3)气田无统一边、底水和气水界面。靖边气田马五$_1$气藏目前未见水;马五$_4^1$气藏虽见气水同出,但产水井及产水层呈斑块状零星分布,无统一的边、底水及气水界面,水量也小($5\sim10m^3/d$)。在常年生产井中,水气比逐渐降低或稳定的井占近80%,含水上升的井仅占20%。"有水不见水层,分隔'卧底'保存",成为气田含水的一个特点(陈安定等,2010)。综合判断,靖边奥陶系气藏的地层水不属边、底水,而是受致密岩性遮挡、在相对低的构造部位积存下来的沉积、成藏滞留水;高矿化度、高锶、钡、钙、钠的$CaCl_2$水型,具有深盆滞留水的特征;有人称之为无边、底水的"典型定容气藏"(何自新等,2005)。

(4)常温负压气藏。靖边气田气层埋深为$3150\sim3765m$,各区原始地层压力为$30.99\sim31.92MPa$,平均为31.425MPa;气田区内压力分布总趋势是西高东低,南高北低。单井压力系数普遍小于1,平均为0.945,属负压气藏。气层温度分布范围在$99.6\sim113.5℃$,平均为105.1℃,地温梯度为2.927℃/100m,属正常地温系统。

(5)主成藏期在燕山晚期。根据盆地热史、埋藏史的研究,靖边气田奥陶系、石炭系两套烃源岩在晚三叠世的印支晚期开始生烃。燕山晚期的构造热事件使早白垩世末的古地温梯度升高到3.5℃/

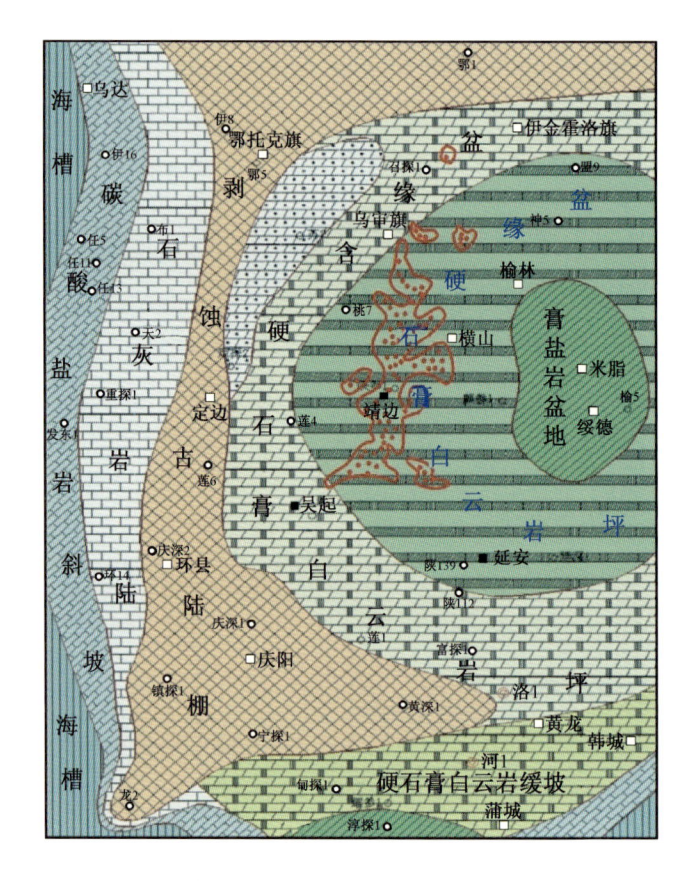

图 7-39 鄂尔多斯盆地靖边气田位置及马五段沉积相图
(据中国石油勘探开发研究院鄂尔多斯分院,2005)

100m 以上,两套烃源岩进入生气高峰,$R_o>2\%$,故靖边气田的主成藏期在燕山晚期。

靖边气田基本上属于受古风化壳岩溶控制的岩性气田,马五段沉积时,气田以东为米脂膏盐盆地,以西则为鄂尔多斯中央古隆起。自东向西,沉积相带由膏盐盆地的含云膏盐坪相变为盆缘硬石膏白云岩坪相,再变为盆缘含硬石膏白云岩坪、藻云岩坪相,更向西侧变为白云岩颗粒浅滩相和剥蚀古陆棚白云岩相;而靖边气田正位于盆地中部南北长 200km,东西宽 120km 的盆缘硬石膏白云岩坪最有利相带上,从而为大面积岩溶,特别是膏溶作用,奠定了物质基础。

3. 气藏形成过程及成藏模式

靖边气田是奥陶系古剥蚀面在燕山晚期构造反转后,上倾方向岩性封堵形成的气藏。加里东晚期,奥陶系顶部古剥蚀面区域上西高东低(图 7-41a),这种情况一直延续到海西、燕山中晚期;此时奥陶系、石炭系两套烃源岩生成的大量天然气自东向西,由低到高运移,在奥陶系风化壳中聚集成藏。到了燕山晚期的早白垩世以后,古构造区域反转成为东高西低的西倾单斜(图 7-41b),东部马五段膏盐盆地相的泥质白云岩以及岩溶盆地充填带的致密岩向东抬起,在风化壳各气层的上倾方向形成岩性遮挡(图 7-42)。可见,古剥蚀面的区域反转,为靖边气田马五段岩性—地层气藏在上倾方向上提供了圈闭的岩性封堵条件。

鄂尔多斯奥陶系主要发育风化壳型、白云岩型、岩溶缝洞型三种类型的储集体。风化壳型储集体和白云岩型储集体主要分布于中央古隆起以东的盆地中东部地区,风化壳型储集体主要发育在奥陶系马家沟组马五段上部的含膏白云岩中,在大气淡水淋溶作用下,易溶膏盐矿物溶解形成溶孔型储集体,储集空间主要为溶孔和铸模孔。白云岩型储集体主要发育于奥陶系马家沟组马五段下部及马四

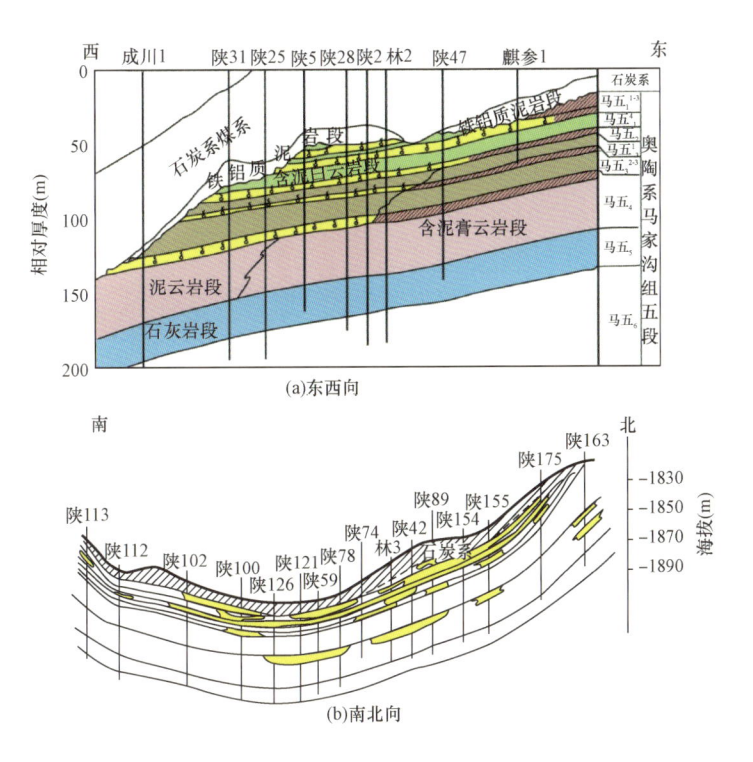

图 7-40　靖边奥陶系气田气藏剖面图(据何自新,2003)

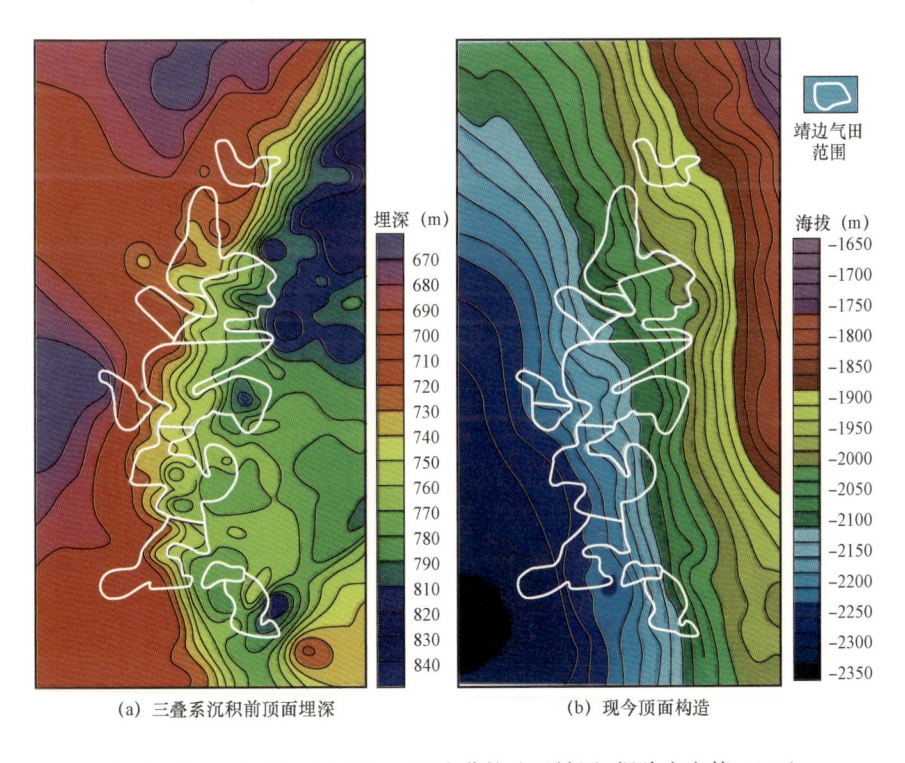

图 7-41　靖边气田马五3亚段内幕构造反转图(据陈安定等,2010)

段的粉晶白云岩中。白云岩为粗粉晶—细晶结构,白云石自形程度较高,多为半自形—自形状,发育大量的晶间(溶)孔。岩溶缝洞型储集体主要发育于盆地西部克里摩里组斜坡相颗粒灰岩中。石灰岩由于其易溶性,再叠加构造抬升导致的张裂作用,极易在风化壳期形成较大规模的岩溶缝洞体系。

良好的源储配置形成多套天然气成藏组合。石炭系—二叠系煤系烃源岩呈广覆式展布,直接沉积覆盖在奥陶系风化壳之上,风化壳岩溶储层与上古生界煤系烃源岩直接接触,天然气沿古沟槽及不整合面向下运移并聚集成藏,与风化壳岩溶储层构成良好的上生下储成藏组合,形成了大型的古地貌—岩性气藏(图7-42)。煤系烃源岩还可以与白云岩储层直接接触,有利于天然气在白云岩储层中聚集,形成良好的源储配置关系,形成大型的地层—岩性圈闭,气藏分布不连续,具有局部高产富集的特点。奥陶系马家沟组天然气生成后,一方面聚集于内幕的颗粒滩储层中形成了以自生自储为基础的内幕型成藏组合,另一方面向风化壳岩溶储层中运聚形成以混源为特征的风化壳型。

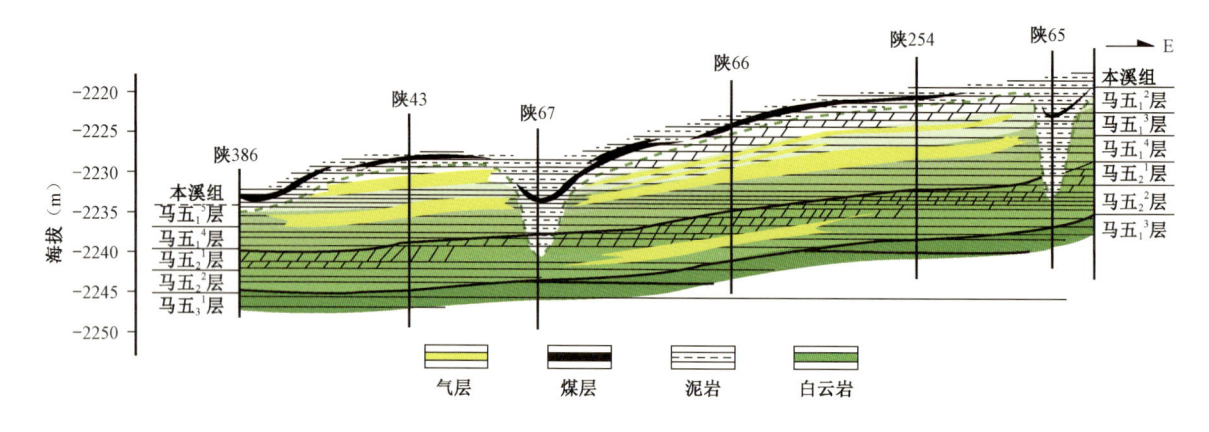

图7-42 靖边气田奥陶系岩溶风化壳圈闭剖面图(据杨华等,2013)

三、大型克拉通盆地海相天然气分布规律与控制因素

三大克拉通盆地碳酸盐岩大气田总体具有气藏数量多,储层厚度大、非均质性强,含油气面积大,气藏压力系数高,储量丰度较低但总体储量规模大,埋藏深度大,干气藏发育等特点。塔里木、四川和鄂尔多斯三大克拉通盆地海相天然气田的分布具有以下规律:

(一)大气田多沿古隆起、古斜坡、古台缘与断裂带分布

古隆起及斜坡带是中国克拉通盆地海相碳酸盐岩大型油气藏分布的最有利区带。目前勘探已揭示古隆起及其斜坡区探明油气储量占碳酸盐岩层系总储量的近65%(赵文智等,2012)。同沉积期古隆起处于高能环境,发育大范围高能滩相沉积,为形成大面积有效储层奠定基础;古隆起长期继承性发育,有利于形成多套似层状大面积分布的岩溶储层,以缝洞体为主要圈闭类型呈集群式分布;区域性不整合面是重要的输导介质,油气可大规模侧向运聚成藏。目前三大盆地已发现油气藏油气分布受古隆起及斜坡控制。如塔里木盆地塔中、塔河、哈拉哈塘、英买力、和田河等油气田即是典型实例。

古台缘带是碳酸盐岩礁滩储层发育的有利部位,随着台缘带的演化与消亡,后期叠加发育大型河湖三角洲沉积,礁滩储层与碎屑岩砂岩储层叠置发育,加上台缘带断裂沟通,可以多层系大面积成藏。如四川盆地龙岗台缘带,勘探已发现二叠系—三叠系礁滩、三叠系雷口坡组碳酸盐岩风化壳、三叠系须家河组等多套含气层系。以开江—梁平及蓬溪—武胜海槽台缘带礁滩大气区为例(图7-43),在高能环境下发育5个台缘带礁滩体,礁体个数68个,面积5500km²,滩体分布面积3×10⁴km²,成藏特点表现为"一礁、一滩、一藏"的特点,沿台缘带呈串珠状分布,台缘带整体含气,储量丰度为(4~40)×10⁸m³/km²。

断裂不仅是油气运移的重要通道,长期发育的古断裂一方面可以形成破碎带,另一方面深部热液活动,使得储层物性得以改善,成为油气运移聚集的有利部位。如塔里木盆地塔中地区、塔北南缘哈拉哈塘地区发现的碳酸盐岩油气藏均与断裂活动有关。如塔北跃满区块奥陶系鹰山组古岩溶油气藏,沿断裂发育4个缝洞油气富集带(跃满1、跃满2、跃满3、跃满4),含油面积达243.8km²,石油地质储量达2741.4×10⁴t,技术可采储量为575.20×10⁴t,平均单井日产油35t,区块累计产油15.74×10⁴t。

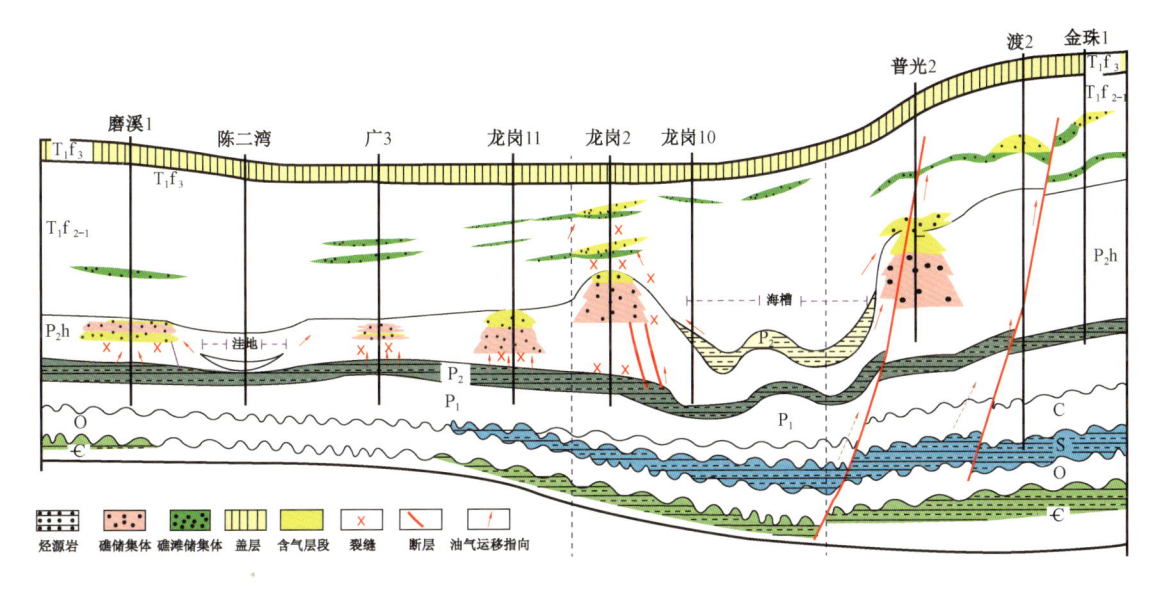

图7-43 开江—梁平及蓬溪—武胜海槽台缘带礁滩气藏剖面(据中国石油西南油气田,2010)

(二)天然气富集具有"近源聚集"特征,气藏相态受源岩成熟演化控制

塔里木盆地只发育下古生界ϵ和O_{2+3}两套海相烃源层。$\epsilon(O_1)$生烃中心在盆地东、西两侧,O_{2+3}生烃中心在盆地中西部,互相错位,互不叠置,形成ϵ生/O_1、S、C储和O_{2+3}生/O、S、C储的下生上储、自生自储式组合。ϵ在生烃中心区内上、下古生界都缺少好储层,生成的油气必须通过断层和不整合面作较长距离的纵横向运移,到达大型隆起及斜坡上的O、S、C储层发育带上聚集,形成源外/远源含油气系统。O_{2+3}生烃区本身就有储层(例如塔中北坡和塔北南坡),又邻近隆起上的O_1风化壳和S、C砂岩储层,形成近源式含油气系统,还可接受来自ϵ的远源油气,结果海相石油探明储量的84%集中在奥陶系,成为主要勘探目的层;其次是石炭系海相砂岩,探明储量占约10%,是次要目的层。鄂尔多斯盆地发育上、下古生界C_3和O_1m两套烃源层,其生烃中心基本重叠,形成C_3生/O_1m储的上生下储式及O_1m自生自储式生储组合,海相大气田位于生烃中心范围内,形成近源式含气系统。奥陶系马家沟组含膏云岩成为海相天然气勘探的主要目的层系。四川盆地发育上、下古生界ϵ_1、S_1、P_{1-2}三套海相烃源层,三个生烃中心互相错位,互不重叠,形成ϵ_1生/Z_2储、S_1生/C储、P生/P、T储的上生下储、下生上储、以及自生自储式生储组合。产气层在纵向上直接位于几套烃源层上、下;在平面上储层发育带及气田与生烃中心相重叠,形成近源式含气系统。相比之下,ϵ_1生烃中心只分布在川西南,S_1烃源岩在盆地中大面积剥缺,生烃中心分布在川东和川南,范围都有限;唯独P_2烃源岩分布最广,在川东北、川中和川南有几个生烃中心,海相天然气探明储量主要集中在以二叠系为气源的二叠系、三叠系两个层系之中,成为盆地海相天然气最富集的两个层系;以下寒武统为气源的寒武系—震旦系和以下志留统为气源的石炭系次之。

通过对三大克拉通盆地海相古生界各套烃源层的R_o值分析可以看出两个鲜明特点(表7-3):(1)四川和鄂尔多斯盆地海相古生界,随烃源层位变老,埋藏加深,R_o值增大,成熟度增高,表现出从油到气的正常热演化顺序。塔里木盆地则不同,海相中、上奥陶统烃源岩在盆地中部及隆起斜坡上埋藏较浅,R_o为0.8%~1.3%,正处在生油高峰阶段,但在凹陷中已高过成熟,生气;寒武系烃源岩高、过成熟,以产气为主。其结果,四川盆地和鄂尔多斯盆地海相产气;唯独塔里木盆地则相反,古生界以产油为主,塔里木盆地海相石油分布在盆地中北部南北延伸的"工"字形区块内,东、西两侧以气为主,天然气藏以凝析气藏为主,这都是由烃源灶成熟演化的差异性决定的。(2)四川和鄂尔多斯盆地海相古生界烃源岩都已高过成熟,R_o普遍大于2%,早期生成的油也都裂解为气,海相地层中有气无油;塔里木盆地则不同,地温梯度只有1.7~2℃/100m,在三个盆地中最低;比四川和鄂尔多斯盆地古生界多了一套中、上奥陶统中等成熟海相烃源岩,所以成为中国唯一找到海相成因工业性大油田的盆地;它又发育一套高过成熟的寒武系烃源岩,所以海相天然气也很丰富。

(三)碳酸盐岩古隆起风化—岩溶储层有利于发育大气田

碳酸盐岩风化—岩溶储层大气田占碳酸盐岩大气田主体,约占碳酸盐岩储层大气田的80%。风化—岩溶储层发育在构造高部位,长期处于油气运移指向,是油气成藏最为有利的地区,在成藏组合有利的条件下易形成大型气田。例如,乐山—龙女寺古隆起的形成演化经历了漫长多旋回脉动式的复杂过程,其中加里东运动使古隆起定型。造成震旦系存在两期不整合,形成灯四段和灯二段两套岩溶储层。桐湾运动之后,古隆起接受了寒武系、奥陶系、志留系沉积,古隆起顶部上述三套地层累计厚度1130~1400m,形成良好的盖层。加里东早期基底断裂呈北东向,使龙门山一带隆起,末期川西—川中基底隆起,乐山—龙女寺古隆起开始继承性发育,为古油藏的形成及其向裂解气藏转化创造了良好的条件。

表7-3 三大克拉通盆地烃源岩的成熟度比较(张水昌等,2017)

塔里木				四川				鄂尔多斯			
烃源层	相	R_o(%)	相态	烃源层	相	R_o(%)	相态	烃源层	相	R_o(%)	相态
O_{2+3}	海相	0.8~1.3(凹陷中>3%)	原油凝析油气	P	海相	2~2.5	产气	O_1m	海相	2~3.5	产气
				S_1		2~3.5					
ϵ		2~4	产气为主	Z_2dy、ϵ_1		3~4.5					

(四)泥质岩和膏盐岩盖层的有效封闭和遮挡是大气田形成的关键

封盖条件对天然气的成藏具有重要的影响,盖层的好坏直接影响到气藏的富集,对于碳酸盐岩气藏尤为重要,因为碳酸盐岩地层较老,历经构造运动较多,只有在良好的封盖条件下才能形成大规模的天然气聚集。中国海相碳酸盐岩大气田盖层的岩石类型包括膏盐岩、泥质岩和碳酸盐岩等(图7-44)。这些大气田的盖层可分为两类:① 主要以泥岩和含泥灰岩作为盖层。如塔中Ⅰ号大气田下奥陶统鹰山组气藏的直接盖层为上奥陶统良里塔格组良三段—良五段含泥灰岩,厚度一般超过100m;上奥陶统良里塔格组气藏的直接盖层则为上奥陶统桑塔木组厚层泥层,厚度为388~1093m,它同时也是鹰山组气藏的区域盖层。② 以膏盐岩和泥质岩作为盖层。如四川盆地长兴组—飞仙关组礁滩气藏的区域封盖层是中、下三叠统的膏盐岩系,膏盐岩厚度一般在100~300m,区域封盖能力较好。飞仙关组鲕滩气藏之上的致密灰岩以及飞仙关组四段局限海台地相蒸发产物膏质云岩、泥岩、泥质云岩均具备封堵油气的条件。

第三节 大型坳陷盆地致密气成藏控制因素与成藏模式

大型坳陷盆地形成的大面积致密砂岩气主要指在构造背景平缓、断裂和局部构造不发育、致密砂岩与烃源岩广覆叠置形成的气藏,其具有源储交互多套成藏组合叠置、大面积近源高效聚集、源储压差驱动、孔缝网状输导成藏的特点。因此,大型致密砂岩气藏主要分布于平缓构造背景大面积优质源储配置区。

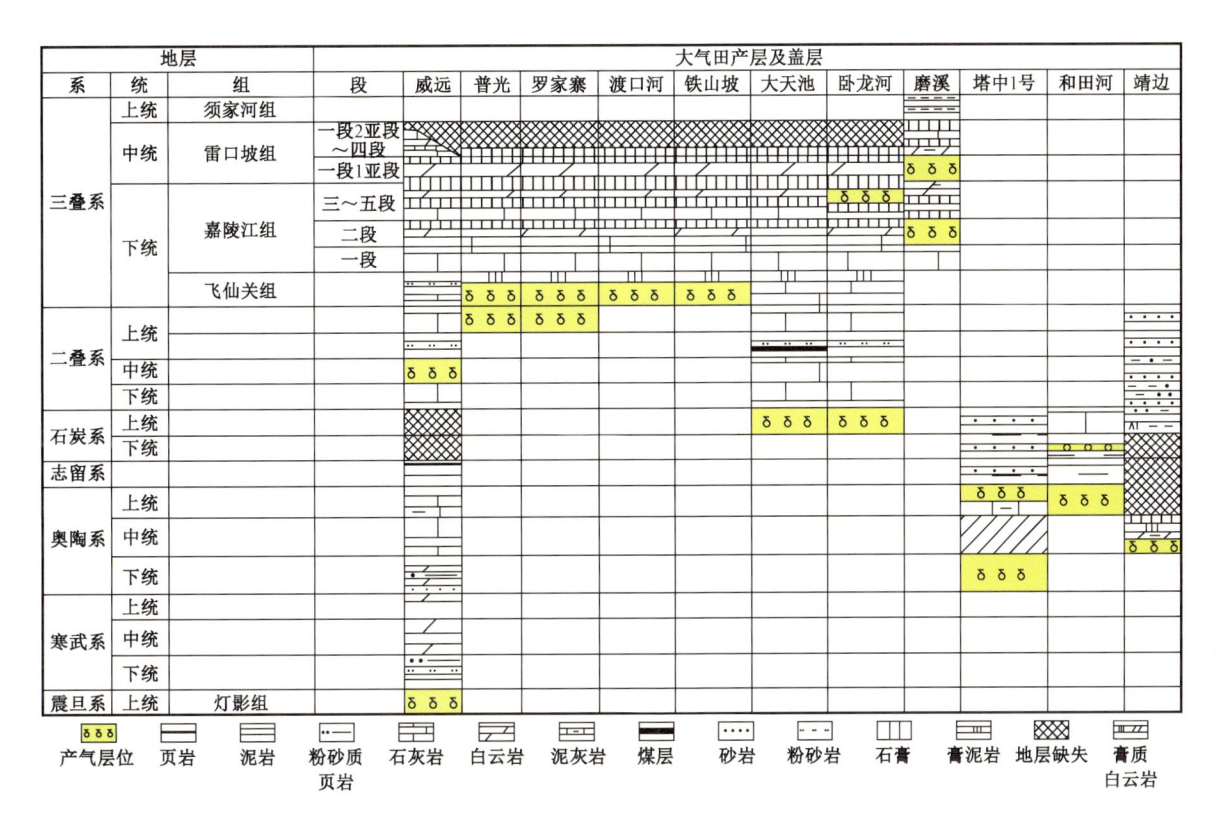

图 7-44 碳酸盐岩大气田天然气产层与盖层关系示意图(据谢增业等,2013)

一、大型坳陷盆地致密气形成的有利条件

(一)构造相对稳定的大型缓坡带

大型坳陷盆地往往在海相克拉通背景之上发育稳定的大型斜坡带,没有断层切割和破坏的大斜坡带是特大型气田形成的稳定构造背景。

鄂尔多斯盆地又称为陕甘宁盆地,北起阴山、大青山,南抵陇山、黄龙山、桥山,西至贺兰山、六盘山,东达吕梁山、太行山,总面积达 $32\times10^4km^2$,是中国第二大沉积盆地。整个盆地呈东缓西陡的非对称状向斜,由北部伊盟隆起带、南部渭北隆起带、西缘冲断带和天环坳陷带、中部陕北斜坡带、东部晋西挠褶带组成(图 7-45)。盆地中部的陕北斜坡带为一个由东北向西南方向倾斜的大单斜带,东西宽 280km、南北长 450km,面积 $12.6\times10^4km^2$,呈平行四边形,占盆地面积的 39.3%,东高西低,非常平缓,坡降大致为 3~10m/km,每千米坡降不足 1°。各组段地层分布稳定,厚度变化幅度小,没有断层切割、破坏地层,有利于天然气的保存,也提供了特大面积的岩性圈闭带,上古生界除西缘冲断带和伊盟隆起发育与断层和褶皱有关的构造圈闭外,以岩性圈闭为主。

鄂尔多斯盆地内部构造稳定,构造样式简单,断层不发育,仅在燕山运动作用下东部抬升,形成一个宽缓的西倾大单斜。致密气气源岩主要为太原组、山西组海陆过渡相至陆相煤及暗色泥岩。储层主要为山西组—下石盒子组发育的多条三角洲分流河道砂体,物源自北向南,沉积物北粗南细,砂体近南北向展布。鄂尔多斯盆地古地理格局为一个洪泛盆地,北部、南部和西部物源方向水系在南部汇聚后统一向东南方向流出,盒 8 段沉积时为一开阔盆地,地形平缓,有利于大面积富砂。上部发育大面积分布的上石盒子组区域盖层,泥岩厚度为 100~160m。在盆地范围内形成了良好的生储盖组合配置,具备形成大型气藏的基本石油地质条件。上古生界发现的天然气主要分布在陕北斜坡带内,包括靖边、榆林、苏里格、乌审旗、米脂、神木、子洲和大牛地等8大气田。

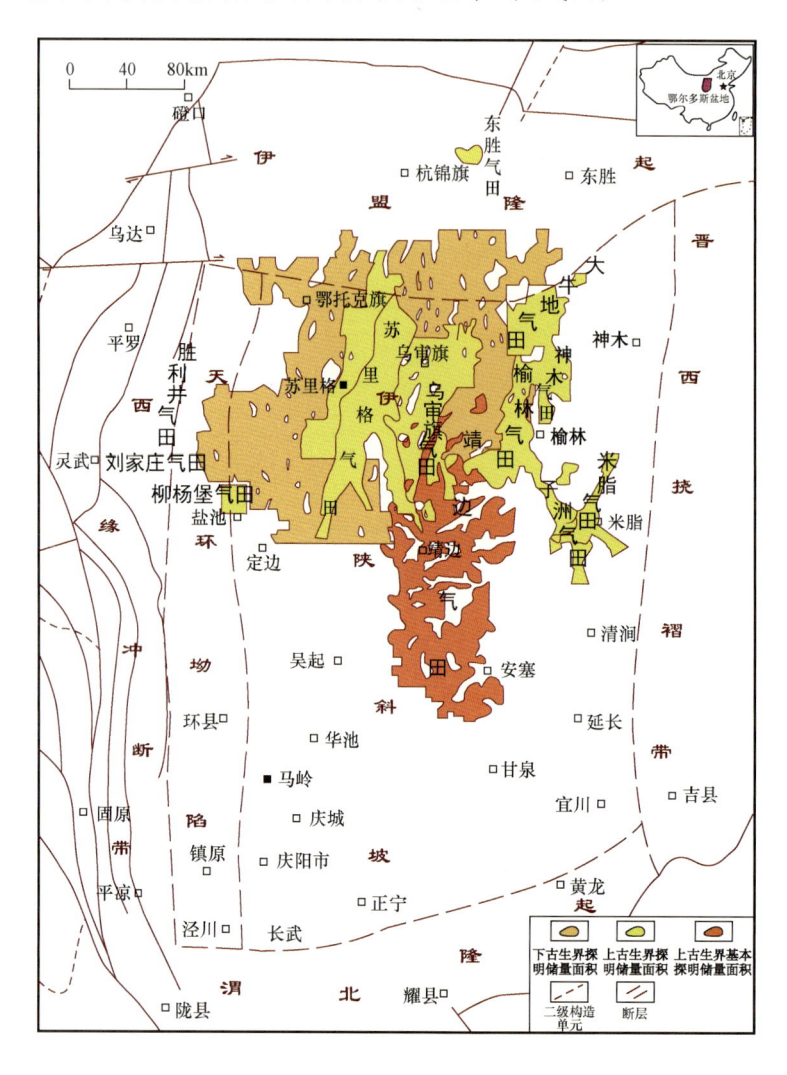

图7-45 鄂尔多斯盆地构造单元与上古生界致密气分布

(二)广覆式的源储叠置

源储交互叠置使致密储层和烃源岩层大面积接触，供气面广泛，有利于大规模捕获天然气。

广泛发育的煤系气源岩为特大型气田提供充足的气源。鄂尔多斯盆地上古生界天然气均源于中石炭统本溪组、上石炭统太原组和下二叠统山西组三套煤系气源岩，埋藏深度3200~4000m，其中，煤层广泛分布，厚5~35m，最厚可达48m，且具有东厚西薄的特点，分布面积约$23×10^4km^2$，点盆地面积的71.9%。煤层有机碳含量70.8%~83.2%，氯仿沥青"A"为0.61%~0.80%，总烃达1757.1~2539.8mg/g，烃转化率为6.9%~11.2%；暗色泥岩有机碳含量2.25%~3.33%，氯仿沥青"A"为0.037%~0.120%，总烃为163.7~361.4mg/g。上石炭统和中石炭统暗色泥岩多发育于海陆交互相环境，有机质丰度较高且分布稳定，山西组暗色泥岩多发育于陆相沉积环境，有机质丰度相对低且分布不均一。有机母质中镜质组和惰质组分别为38.48%、35.02%，以腐殖型的Ⅲ型生气干酪根为主。上古生界煤系气源岩在盆地南部庆阳—富县—延长一带，镜质组反射率R_o值大于2.8%，盆地中部地区R_o值为1.8%，达到高成熟、过成熟的生烃阶段。

鄂尔多斯盆地上古生界烃源岩类型以海陆交互相的煤系和暗色泥岩为主，同样，川西坳陷上三叠统须家河组须一段、须三段和须五段也发育多套海陆交互相暗色泥岩、碳质泥岩及煤层，是一套优质的煤成气源岩,具有厚度大、分布广、有机质丰度高、有机质类型好和成熟度高的特征。暗色泥岩夹煤层累计厚15~1240m,坳陷区最厚,由盆地西部向东南部变薄,其中煤层累计可达23m,川中—川西地区最发育。烃源岩有机碳含量为1.0%~4.5%,有机质类型以Ⅲ型为主,成熟度较高,普遍进入生烃高峰期,R_o为1.0%~2.2%,属成熟—高成熟阶段,烃源岩条件非常优越。

相比较而言,鄂尔多斯盆地煤层厚度相对川西坳陷较厚,泥岩则较薄。二者有机质类型均以腐殖型母质为主,均具有较高的热演化程度,为特大型气田形成提供了充足的气源。

鄂尔多斯盆地上古生界沉积体系为在海相稳定克拉通之上发展起来的缓坡型(坡度0.5°~3°)浅水三角洲体系,本溪组、太原组和山西组的煤层和暗色泥岩遍布全盆地,具有"广覆式"分布、生气范围广、强度大等特点;在山西组、石盒子组发育大型缓坡型辫状河三角洲沉积砂体,孔隙度平均为6%~14%,渗透率一般都在0.3mD以上,并与烃源岩互层分布。源储叠置面积达$21 \times 10^4 km^2$,为致密砂岩大气田的形成奠定了坚实的物质基础。

川西坳陷上三叠统须家河组须二段、须四段和须六段砂岩储层与须一段、须三段和须五须煤系烃源岩广覆式叠置(图7-46),储层主要为滨湖、三角洲前缘相的中细砂岩,其中,须二段和须四段最好,总体上具有低孔隙度(2.5%~9%)、低渗透率(0.01~0.5mD)、高含水饱和度、小喉道、非均质性强的特征。不同层系、不同地区和局部构造储层物性差异较大。主要发育粒间孔—粒内孔—裂缝、粒内孔—杂基孔—裂缝和杂基孔三类储集空间组合。

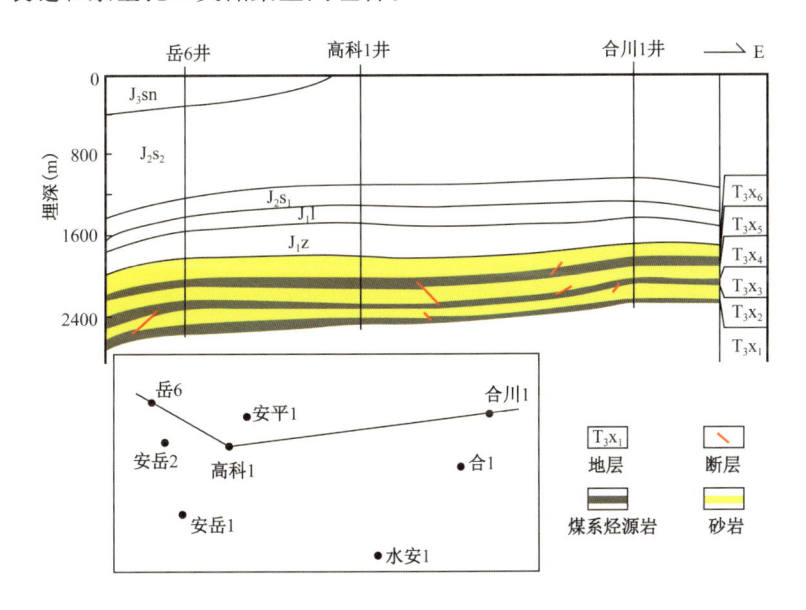

图7-46 川西坳陷合川—安岳地区源储叠置关系

川西坳陷上三叠统直接盖层为须三段、须五段广泛发育的湖泊—沼泽相泥岩,既是烃源岩又是盖层,具有厚度大、突破压力高和分布稳定等特点,区域性的间接盖层主要为侏罗系多层发育的湖相泥页岩。鄂尔多斯盆地上古生界气藏区域性盖层为石盒子组和石千峰组分布稳定的湖相泥质岩,以泥岩和粉砂质泥岩为主,厚度一般为50~120m,分布面积广、地层厚度大、横向连续性好及岩性纯等特点,其具有物性封闭和压力封闭双重作用。

(三)纵向上多套成藏组合

大型坳陷盆地以广泛发育的煤系地层为烃源岩层,天然气在烃源岩层内、烃源岩层近源上下或通过断层在远源储层运聚,构成了多套成藏组合。鄂尔多斯盆地天然气成藏组合可划分为:自生自储式、下生上储式和断裂沟通式三种基本类型。其中,前两类为构造稳定区主要成藏组合类型,后一类为断裂构造发育区主要成藏组合类型,自生自储式或下生上储式为盆地内主要成藏组合。

自生自储式:由太原组、山西组等煤系烃源岩与间夹于煤系泥质岩之间的三角洲分流河道砂体或溶蚀性生物灰岩组成自生自储式成藏组合。

下生上储式:由太原组、山西组等煤系烃源岩与其上覆的下石盒子组河流相砂岩、间夹于河流砂体之间的泥质岩或桃花页岩构成下生上储式组合(代金友等,2005)。

断裂沟通式:由太原组、山西组等煤系烃源岩与上石盒子组、石千峰组组成断裂沟通式成藏组合,天然气沿裂隙穿越下石盒子组进入上部储层,气藏的形成与生排烃峰值期的构造活动密切相关。上古生界多套砂岩储层空间上表现为由北向南,在时间上层位由新变老埋藏逐渐薄,储集体类型为分流河道砂岩体和水下分流河道砂岩体,河道侧向迁移、摆动频繁,砂岩体展布范围广,砂体厚度大(60~100m),砂体大面积复合连片,孔隙度变化大,为4.0%~14.0%,渗透率低,为0.3~15.8mD,属于低孔、低渗砂岩储层。

四川盆地须家河组发育多套良好的生储盖组合,须家河组第一段、第三段和第五段为良好的烃源层,也是良好的区域盖层;须家河组第二段、第四段和第六段为良好的储层,上覆侏罗系泥岩为须六段的良好盖层。四川盆地上三叠统须家河组第二、第四、第六段气藏大多为岩性—构造复合气藏,含气饱和度普遍较低,一般为45%~65%,含气丰度一般为$(1~3)\times10^8m^3/km^2$,属于中低丰度天然气藏。

二、典型气藏成藏模式

(一)典型气藏实例1:四川盆地合川气田

1. 气田概况

合川气田位于重庆市西北部潼南县、合川区和四川省武胜县境内,为丘陵地貌。构造区划上位于川中古隆中斜平缓构造带东部。地面海拔在212~396m之间,平均为293m。合川气田发育须家河组须二段致密砂岩气,为川中地区新近探明的千亿立方米储量大气田,天然气主要来自下伏须家河组须一段烃源岩。

合川气田的发现井为合川1井。其发现经历了三个主要阶段:① 1959—1979年初始发现阶段。合1井须二段获$1058m^3/d$低产气流,女103井,须二段发生强烈井喷,完井替喷测试获气$4.64\times10^4m^3/d$,油3.74t/d。但是,还没有认识到该区大气田的存在。② 1980—2003年持续兼探阶段。这一时期以中下三叠统—古生界为主要目的层,须家河组作为兼探层位,仅部分井有低产气流。③ 2004年至今大气田发现与开发阶段。2004—2005年进行了川中—川南过渡带连片地震老资料处理及储层预测,并提出以岩性气藏为主的风险勘探部署,并在潼南低幅度构造勘探获得天然气发现。2006年以岩性气藏为目的钻风险探井合川1井,须二段获$4.45\times10^4m^3/d$工业气流,由此揭开了合川岩性大气田的勘探开发。

截至2011年,合川气田根据天然气岩性控制富集的特点,按照合川1井区块、合川125井区块、潼南2井区块申报了油气探明地质储量。其中,2008年探明合川1井区块须二段气藏天然气地质储量$1187\times10^8m^3$、凝析油地质储量258×10^4t;2009年探明潼南2井与合川125井须二段气藏天然气地质储量$1112\times10^8m^3$、凝析油地质储量431×10^4t。截至2009年底,整个合川气田累计探明天然气地质储量$2299\times10^8m^3$、凝析油地质储量689×10^4t。

2. 气田成藏特征

合川气田地面出露地层为上侏罗统遂宁组暗紫红色泥岩。合川地区须家河组上覆侏罗系陆相沉积,下伏为中三叠统雷口坡组海相地层。该区须家河组厚度分布较稳定,为432~537.5m。须家河组自下至上分为六段。须一、三、五段以泥岩、煤层为主,是该区主要的烃源岩,同时也是下部储层成藏的主要盖层,但须一段在合川气田的主体部位不发育(杨家静,2004)。合川气田须二段含气性最好,为典型岩性气藏(图7-47,图7-48)。

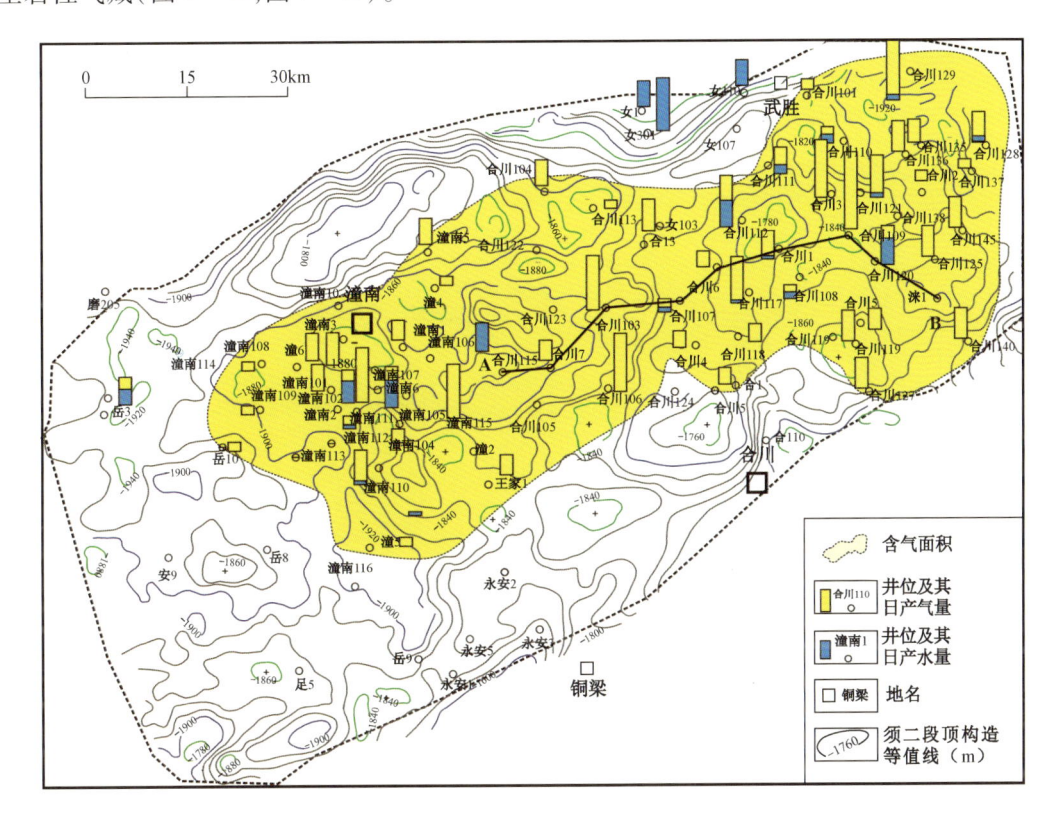

图7-47 四川盆地川中地区合川气田须二段气藏平面分布图

合川气田位于川中东南部至华蓥山南端之间,在构造位置上隶属于川中古隆中斜平缓构造带,呈北东向展布的低缓背斜构造(图7-32),为受乐山—龙女寺加里东古隆起影响,在印支期—燕山期形成的低幅度构造,并在喜马拉雅期的强烈隆升过程中改造与定型而成。整体而言,该区喜马拉雅期的构造运动以隆升为主,挤压型构造运动不强烈,致使其构造平缓,强烈的褶皱与断裂并不发育,低幅度构造较发育。

烃源岩在合川气田及其外围地区都有发育,形成大面积连续分布,须一段暗色泥岩平均厚度为0~40m,呈西北厚、东南薄的趋势。泥岩最为发育的地区是遂宁、陆家坝、河包场地区,厚度平均在50m以上,合川—潼南须一段基本不发育。须二段内部发育一套辫状河三角洲前缘分流间湾相的泥岩,不仅在全区均有分布,而且局部区域厚度较大,平均厚度12m,其中安岳等地的须二段泥岩比较发育,平均厚度20m,而在合川、潼南等地很薄,多呈条带状发育(图7-48)。根据有机质热成熟度分析,该区烃源岩R_o主要分布在1.0%~1.2%,处于有机质热成熟大量生气阶段初期。由于须一段在合川、潼南地区不发育,因此西北侧须一段的有效供烃、以及水溶气脱溶聚集是合川气田主要气源。

合川气田天然气为不含硫化氢的优质天然气,以较干气—湿气为特征。其成分以甲烷为主,含量在87%~93%之间,其他轻烃含量较高,达到10%左右。乙烷含量在4%~8%之间,丙烷等气态轻烃含量小于2%。液态轻烃类含量较低,小于1%。合川气田天然气样品组分均不含H_2S,酸性组分也很低,非烃类组分主要为氮气、二氧化碳。合川天然气含有一定的凝析油。以合川4井天然气PVT流体组分为例,C_1+N_2为89.7%,C_2~C_6+CO_2为10.1%,C_7为0.1%,表明组分体系属凝析气体系。据女103井实际生产数据,合川区块须二气藏凝析油含量为$46cm^3/m^3$,合川气田属微含凝析油气田类型。

流体相态特征参数为地层压力21.15MPa,露点压力12.60MPa,地露压差8.55MPa,地露压差较小。临界凝析压力15.296MPa,临界凝析温度383.39K,说明流体在地层条件下为单一气相。

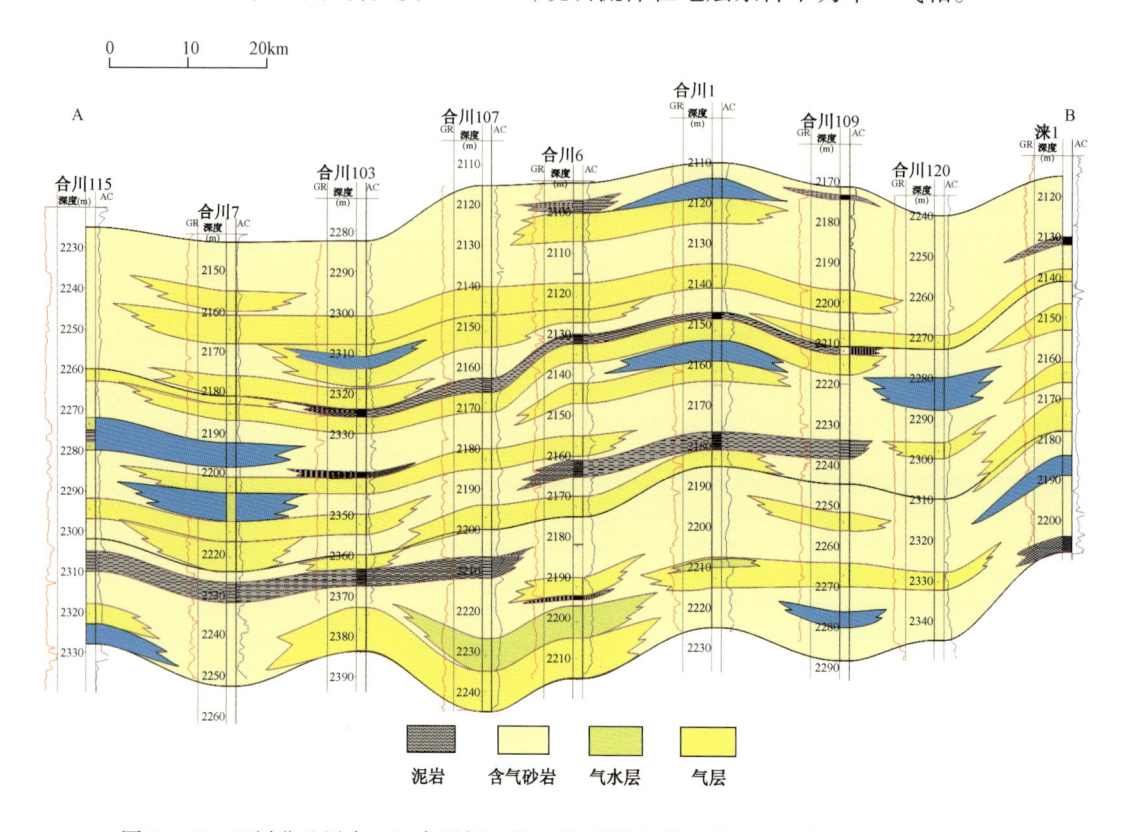

图7-48 四川盆地川中地区合川气田须二段气藏剖面特征图(AB剖面位置见图7-47)

合川气田天然气甲烷含量为87.6%~93.3%,干燥系数为88.4%~94.6%。天然气组分碳同位素分析结果显示,$\delta^{13}C_1$值为-41‰~-37‰,$\delta^{13}C_2$值为-28‰~-24‰,$\delta^{13}C_3$值为-24‰~-21‰,表现出煤型气特点,以湿气为主,呈游离相或者水溶相近源运聚。由于合川地区须一段烃源岩缺失,须二段天然气来自周边须一段烃源岩。从烃源岩的平面分布来看,合川气田周边的须一段泥质烃源岩发育较厚,平均厚度20m左右,有机碳丰度高,有机质类型主要为Ⅲ型,以产气为主,实测R_o值为1.02%~1.35%,已达到高成熟演化阶段,能够为合川、潼南气田提供了气源。合川与相邻龙女寺气藏须二段天然气成分含量指标较为相似,须一段为其共同气源。上二叠统海相煤系地层也可生成煤成气,其干酪根类型以Ⅲ型为主,但也含部分Ⅱ型,因此生成的天然气$\delta^{13}C_1$值普遍大于-35‰,$\delta^{13}C_2$值普遍小于-29‰;而且天然气成熟度较高,属于干气,不具有典型的煤成气特征。因此,下伏海相煤系地层不属于须二段气层气源。此外,即使上二叠统生成的天然气通过深大断裂运移到上三叠统圈闭内,也会或多或少携带中、下三叠统高含H_2S的油型气,而合川气田所有天然气都不含H_2S。四川盆地中西部地区天然气的甲、乙烷碳同位素的统计显示须家河组的天然气性质都明显不同于其他层位的天然气。川中—川南过渡带地区须家河组烃源岩以腐殖型干酪根为主。根据有机质热成熟度分析,合川气田烃源岩R_o主要分布于1.2%~1.35%,处于有机质热成熟大量生气初期阶段。

四川盆地川中、蜀南地区须二段属于浅水湖盆的辫状河三角洲前缘沉积(杨晓萍等,2006;朱如凯等,2009),以水下分流河道、河口坝砂岩微相沉积为主,同时发育分流间湾泥岩沉积。储层以大套的中细砂岩为主,局部夹粉砂岩和泥岩。须二段砂岩以石英长石砂岩为主,砂岩普遍致密。由于辫状河道在沉积过程中频繁变迁,多期河道沉积形成的砂岩透镜体垂向上相互叠置,常常发育十几米厚的砂岩层位,在平面上连片分布,分布范围大。须二段总体孔隙度分布范围3%~12%,平均5%~9%,渗透率小于 0.001~1mD,大部分孔喉直径小于 2μm,属于致密砂岩范畴(图 7-49)。场发射扫描电镜显示,合川地区须二段储层的非均质性强,有 40% 的孔喉直径测定值落在 0.1~0.4μm 区间内,50% 的孔喉直径测定值落在 1~2μm 区间内。合川气田须二气藏直接盖层为上覆须三段的厚层泥页岩以及储层周围的致密砂岩层或泥质薄层。其上部的区域盖层较好,厚度为 30~60m。而其直接盖层只是相对的,天然气的聚集主要靠动平衡来维持。

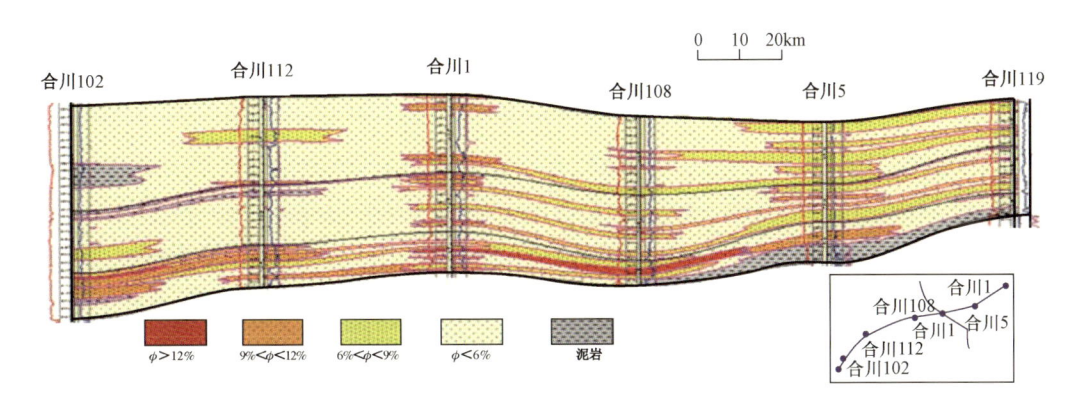

图 7-49　四川盆地合川气田须二段孔隙度剖面图

3. 成藏过程与模式

王萌等(2012)对合川气田须二段储层包裹体的均一化温度进行了研究,主要分布范围为 85~165℃。同时通过伊利石定年分析,合川须二段砂岩样品的伊利石 K—Ar 年龄分布在 125—77Ma,综合认为合川气田形成的地质年代是侏罗纪末—早白垩世。但是,伊利石 K—Ar 年龄只代表伊利石停止生长的年龄,并不代表目前气藏内天然气的聚集时期;而包裹体的均一化温度测定所确定的是自生矿物形成时的深度与时期,当合川地区在喜马拉雅期强烈抬升后,这一指示也不完全具有代表性。同时,合川地区喜马拉雅期发生的强烈隆升,为须家河组水溶气的脱溶聚集创造了有利条件,川西北—川中地区须家河组超高压—高压及顺层压差的形成,以及与川中—川南过渡带地层水的浓缩等,为该区须家河组天然气的侧向运移与脱溶聚集提供了良好的条件与丰富的资源基础,也是合川气田须二段气藏形成大规模天然气聚集的重要原因。因此,认为合川气田的成藏演化经历了两个阶段:① 晚侏罗世—晚白垩世(中成岩 A_2 期)埋藏致密化与生排烃气藏初始形成期;② 晚白垩世末期至今,抬升改造,水溶气脱溶动平衡持续聚集与气藏调整定型期。

合川气田的天然气富集受气源、有利储层发育与构造等的联合控制,但是主要受岩性控制,局部构造高部位天然气富集,为典型的非达西渗流控制下的大面积连续型天然气成藏模式。须家河组地层属于平缓构造,受构造应力作用较小,断裂不发育,水矿化度显示为 $CaCl_2$ 型。而 $CaCl_2$ 型水分布于区域水动力相对阻滞区,在纵向水文地质剖面上具深层交替停滞状态特征,地下水处于还原环境,反映储层封闭的良好条件,水动力作用不明显。横向致密层普遍发育,气体垂向运移的阻力要大得多,在足够的源储压差动力条件下,气体得以垂向运移。不过"连续型"气藏无明显区域盖层,致密储层横向分布呈条带状,常常纵向阻隔气体的运移,因此天然气向上运移的阻力(毛细管压力)比较大,而浮力驱动不足。另外,正是由于储层非均质性强,在总体致密条件下也有孔渗性相对较好的储层,这类储层的分布同样呈横向条带状。气体会优先进入这类储层,之后进入整个"连续型"气藏。横向条带状优势储层的分布有利于天然气的横向输导,使得气体在进入储层后,侧向运移的阻力要远小于垂向运移的阻力。这种成藏方式形成现今合川气田普遍含气的现象。钻井测试基本都获得了或多或少的天然气,干井和水井较少。此外,扩散成藏也是合川致密气的重要成藏模式。一般来说甲烷分子的扩

散系数为 $21.2 \times 10^{-7} cm^2/s$。虽然扩散作用缓慢，但是不可否认这种作用具备长期性、永久性，对于低孔低渗条件下的致密储层，是一种不可忽略的成藏动力。

(二) 典型气藏实例2：鄂尔多斯盆地苏里格气田

1. 气田概况

鄂尔多斯盆地苏里格气田位于内蒙古鄂尔多斯市境内的苏里格庙地区，气田从1999年开始进入大范围勘探，2001年前期探明的储量只有 $2204.75 \times 10^8 m^3$。2003年，苏里格气田以累计探明 $5336.52 \times 10^8 m^3$ 的地质储量，成为中国目前第一特大型气田。2012年，苏里格气田以 $135 \times 10^8 m^3$ 的年产量超越克拉2气田，与克拉2气田成为中国仅有的两个年产超越 $100 \times 10^8 m^3$ 大关的气田(图7-50)。

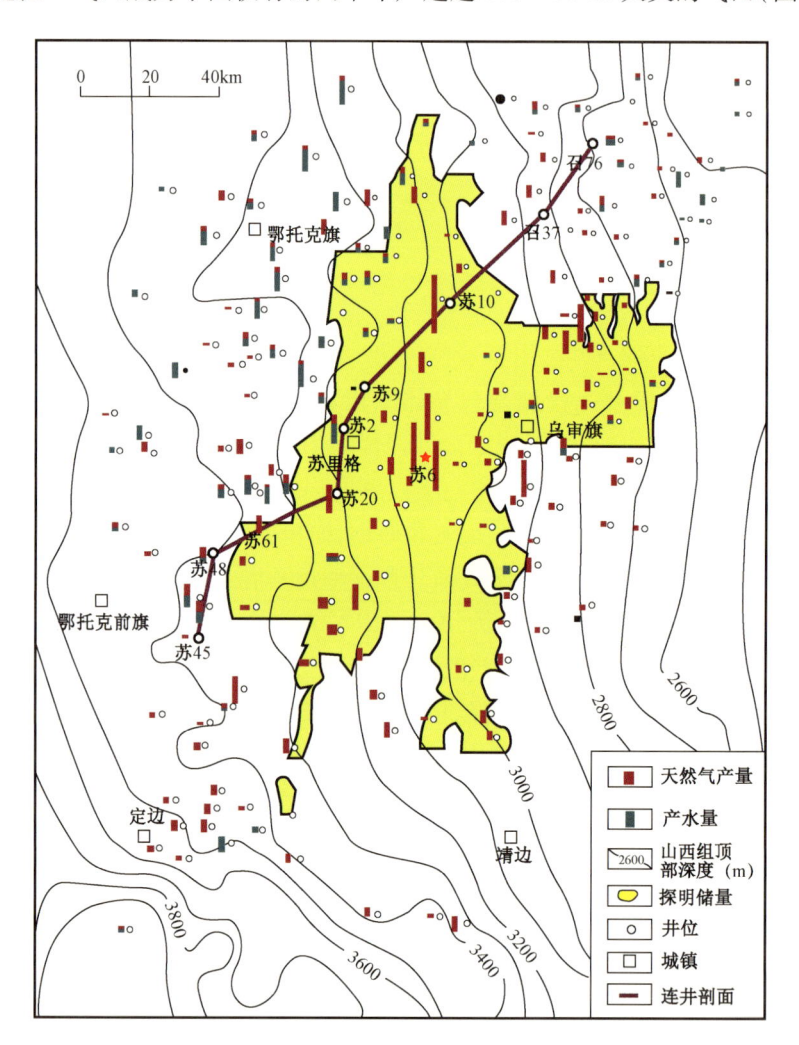

图7-50 苏里格气田平面分布与勘探概况(据杨智等，2016)

苏里格气田含气层为上古生界二叠系下石盒子组的盒8段及山西组的山1段、山2段，气藏主要受控于近南北向分布的大型河流、三角洲砂体带，是典型的岩性圈闭气藏，气层由多个单砂体横向复合叠置而成，基本属于低孔、低渗、低产、低丰度的大型气藏。

近年来勘探成果显示，盒8段储层中含气性广泛，具有良好的勘探前景，但陆续发现多口井出水，产出地层水的井数大约占总钻井数的30%，其中日产水量超过 $10 m^3$ 的井约占出水井数的40%。苏里格气田盒8段含气丰度变化大，气水分布关系复杂。许多学者虽然对鄂尔多斯盆地上古生界天然气的成藏机理进行了研究，但是仍然存在分歧。为了进一步认识苏里格气田的形成与分布规律、扩大勘探领域,笔者在盒 8 段储层特征分析基础上,根据天然气运聚动力学特征探讨了盒 8 段气藏的成藏机理及成藏模式。

2. 气藏特征

鄂尔多斯盆地是华北克拉通的一部分,也是其中最稳定的一个块体。整个盆地是一个由极其简单的大向斜组成的构造盆地,向斜东西两翼极不对称,南北两端均向盆内倾斜,共同构成了南北方向展布的矩形盆地轮廓。盆地主体被四周的断裂所限,其内大部分地区地层平缓,倾角不足 1°。除盆地边缘褶曲、断裂、挠曲构造等发育外,盆内构造极不发育。

气田主要烃源岩为二叠系太原组和山西组所沉积的海陆交互相的含煤层系,包括暗色泥岩和煤层。有机质丰度较高,有机质类型为腐殖型,以生气为特征。晚古生代鄂尔多斯地区的环境发生了由海相到陆相、由潮湿到干旱的转变。上古生界气源岩纵向上主要发育于下部石炭系本溪组、下二叠统太原组和山西组(何自新等,2003)。煤岩是最主要的气源岩,在北高南低的稳定、平缓的构造面貌,低孔低渗储层特征和气源岩成熟度南高北低以及"广覆式"生、排烃的成藏地质背景下形成了大面积普遍含气的天然气分布格局。

储层砂体主要为石英砂岩、岩屑砂岩、岩屑石英砂岩等,成分成熟度较高,具有高填隙物含量、高成分成熟度及低结构成熟度的"两高一低"的岩石学特征。下石盒子组储层粒度最粗,山西组偏细。填隙物类型多样,含量较高,一般大于 10%,主要包括黏土矿物、硅质、碳酸盐类及凝灰质四类。储层为低孔低渗的砂岩储层,孔隙类型主要包括粒间孔型、粒间孔—溶孔型、溶孔—粒间孔型、晶间孔—溶孔型、晶间孔—微孔型,以溶孔—粒间孔型区为主。孔隙度一般小于 10%,渗透率在 0.001~1mD,整体属低孔低渗、特低孔特低渗储层,储层成岩作用强度大(晚成岩 B 期)。

气水关系分布特征上,陕北斜坡、天环坳陷普遍含气,在陕北斜坡 321 口井 4918.3m 厚砂岩测井解释中,只有 3% 的含气水层和水层。126 口试气井成果表明,只有陕 16 等 7 口井山 2 段产水或气水同出,说明水层不发育,具有大面积含气的特征。天环坳陷含气水层、水层略高。构造上倾方向的伊盟隆起、渭北隆起、晋西挠褶带和西缘冲断带含气水层、水层占统计砂层厚度的 37%~41% 或更大。纵向上的统计结果表明,含气层主要分布于盒 8、盒 9、山 1、山 2,含水层主要分布于盒 6、盒 7。山西组、太原组水层较少,干层较多。东部地区除边界产水以外,大部分区域饱含天然气,无明显的气水过渡带。这可能是由于不同砂带之间泥质岩发育,砂体之间连通性差的缘故。苏里格气田没有统一的气水界面,也没有明显的气水过渡带。毛细管阻力较大,浮力不足以使天然气向上运移,天然气滞留在构造低部位形成非常规连续型气藏,呈现下气上水的异常气水分布特征(图 7-51)。

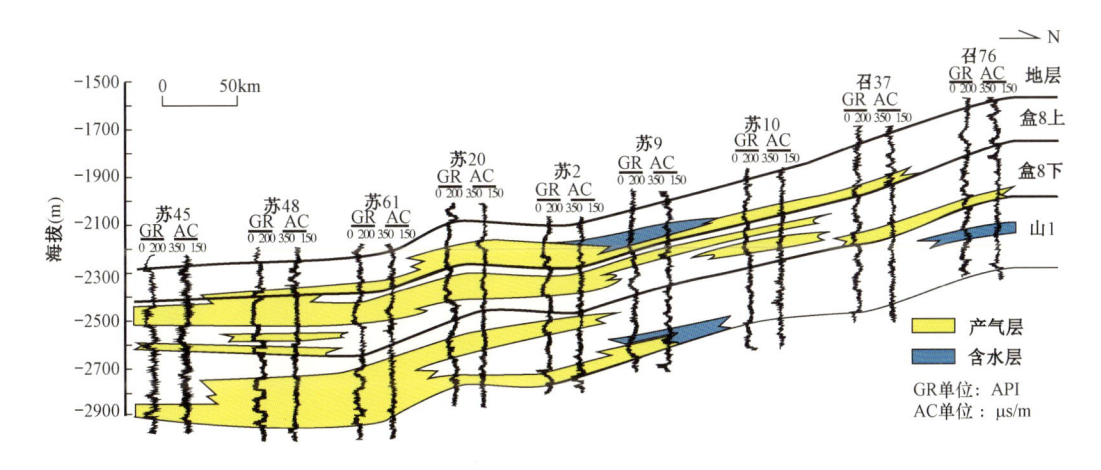

图 7-51 苏里格气田苏 45—召 76 气藏剖面(据杨智等,2016)

3. 成藏过程与模式

李明瑞等(2009)认为晚侏罗世中晚期及早白垩世末期是苏里格气田成藏的关键时期。晚侏罗世中晚期,烃源岩内有机质成熟度进一步升高,生烃量逐渐增加,流体压力再次增高,部分微裂缝再次开启,发生二次大量排烃。早白垩世末期,鄂尔多斯盆地处于应力松弛状态下的构造伸展格局下,盆地整体抬升剥蚀,上覆静压骤减,易脆泥岩伴随压力释放产生大量的高角度裂缝。同时盆地发生了明显的构造热事件,主要表现为地热梯度及大地热流值增高,烃源岩层内有机质成熟度达到最大值,供烃量急剧增加,烃源岩内流体压力再次升高,发生再次大量排烃,并向烃源岩内储层中充注,为天然气运聚的又一重要时期。

杨智等(2016)指出,苏里格气田太原组—山西组煤系烃源岩地史时期表现为高强度、持续型生排烃的特点,高强度充注,主要生气期集中在140—95Ma,对应温度为160~200℃,即发生在储层致密化之后,天然气的主要充注作用的背景是大面积连续分布的致密储层。晚侏罗世—早白垩世天然气大量充注之前,上古生界砂岩储层已演化成为一套非常规致密砂岩储层,浮力在成藏中的作用受限,广泛存在非达西渗流现象,界线模糊的岩性—成岩圈闭普遍发育、区域展布。早白垩世晚期,依靠巨大的煤系烃源岩生气压力,天然气从大面积的煤系烃源岩和致密砂岩接触面大范围排烃,沿着垂直缝、层面缝及斜向缝等运移通道,近源运移进入山西组和下石盒子组非常规致密砂岩储集体,形成连续型的大气区。晚白垩世开始,盆地整体构造抬升,演化为低温低压盆地,微裂缝较为发育,气藏缓慢调整,但并未改变主成藏期的天然气分布格局。

苏里格气田天然气运聚成藏受到了天然气运聚动力、阻力、储层物性、地层抬升等多方面因素的影响,研究表明,低渗透砂岩储层喉道小,天然气浮力克服不了储层毛细管阻力,构造对气藏的控制作用不明显,构造下倾方向仍发育有利含气区。苏里格地区天然气主要以近距离运移聚集为主,平面上,气藏甲烷含量与有机质成熟度(R_o)具有明显的正相关性;纵向上,靠近气源岩的储层含气饱和度高。天然气近距离运聚提高了聚集效率,降低了形成大气田的门槛。勘探实践证实,在生气强度大于$10 \times 10^8 m^3 / km^2$的地区就可以形成大规模天然气聚集。生烃强度大于$10 \times 10^8 m^3 / km^2$的区块占盆地总面积的71.6%,生气中心不明显,具有广覆式生烃特征。广覆式生烃与大面积储集砂体的有效配置,多点式充注,形成了大面积含气区(图7-52)。

大型海陆过渡相规模烃源岩、大型三角洲砂体及区域性砂泥岩盖层形成良好的成藏组合,以近源超压动力排烃、垂向运移、大面积就近聚集为主。该类气藏主要分布在构造平稳的大规模源储交互沉积环境。

三、大型坳陷盆地致密气分布规律与控制因素

大型古隆起及其斜坡的形成与演化控制着烃源岩的生烃和油气早期聚集,有效烃源岩控制气藏的充满程度,优质储层控制气藏的规模,裂缝控制天然气运移通道。因此,大型古隆起及其斜坡是天然气聚集的有利部位,大面积优质源储配置区是大型致密气藏形成区,裂缝发育区天然气富集高产。

(一)大型古隆起及其斜坡是天然气聚集的有利部位

大型坳陷盆地经历了多次构造形变和多期油气充注,具有构造雏形出现早定型晚、油气早充注晚调整的特点,与生烃高峰期匹配的燕山中、晚期古构造对油气的早期聚集具有重要作用,大型古隆起及其斜坡是油气聚集的有利部位。喜马拉雅期构造形变强弱不均,形成众多局部构造,对早期油气藏的调整和改造作用也不同,构造活动区断裂、裂缝发育,成藏机制发生时空转换,气水分异明显,单个圈闭高部位含气、低部位可能含水;构造相对稳定区持续埋藏或隆升,天然气分布受构造控制不明显。

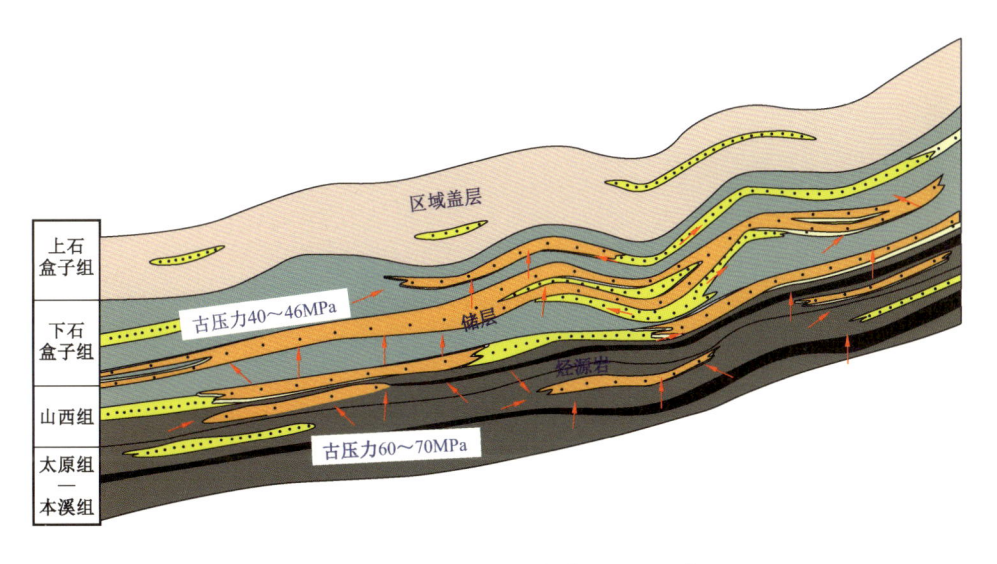

图 7-52 苏里格气田成藏模式图(据中国石油长庆油田,2011)

受古构造格局控制,鄂尔多斯盆地上古生界煤系烃源岩埋深及热演化程度在不同区带差异较大。如盆地中部地史时期沉积稳定,烃源岩成熟度相对较高;伊深 1 井—伊金霍洛旗—孤山一带长期处于伊盟隆起斜坡前缘,隆洼变化较频繁,烃源岩热演化总体进入成熟阶段;东胜—准噶尔召—准格尔旗三角地带地史时期始终处于隆起部位,后期构造抬升剥蚀强烈,烃源岩埋深浅,至今仍处于低成熟阶段。因此,古构造及其演化控制烃源岩分区成烃和天然气汇聚区。鄂尔多斯盆地苏里格山西组—石盒子组气藏是在区域西倾单斜背景上的岩性气藏,气藏的形成主要受储层物性差异的控制,现今构造格局对其控制作用不明显。

四川盆地须家河组有两期油气充注和一次调整改造,即晚侏罗世末期和白垩纪末期的充注,以及晚白垩世以来构造隆升作用的油气改造和调整。分析晚侏罗世末期和白垩纪末期须家河组第二段、第四段和第六段古构造与大气藏的对应关系,晚侏罗世末期,广安、充西、潼南、合川位于相对较高的次隆或斜坡部位,八角场出现在东西两个次凹中间的相对高部位;白垩纪末期,广安、充西、潼南、合川出现在相对较高的次隆,八角场出现在隆起的北斜坡,古构造相对高部位和斜坡部位与大气藏的耦合程度明显,说明古构造在一定程度上控制了须家河组早期油气聚集,古构造背景通常是油气运聚成藏的指向区。古构造高部位有利于天然气聚集,但现今构造高部位不是主控因素。川中构造演化过程中没有出现较强烈的局部构造运动,主要以整体抬升为主,所形成的气藏不一定出现在构造高部位,不一定与断裂有关。不同区带情况又有所不同,以三台—蓬溪—南充一线为界,北面龙岗、八角场、充西和广安气田与构造的吻合程度高,位于相对高部位,说明气田的形成在一定程度上受构造控制。南面莲池、合川、安岳、潼南和包界气田与构造吻合程度不高,并不出现在构造高部位,断裂也不发育,说明气田的形成受晚期构造控制不明显。

(二)大面积优质源储配置区是大型致密气藏形成区

致密砂岩气形成的地质基础为源储交互叠置分布,天然气自生自储自盖,大型古隆起及其斜坡区烃源岩生气强度和有利储层配置控制气藏分布。

1. 烃源岩生气中心控制致密气藏空间分布

烃源岩品质直接控制天然气的形成,生气强度控制天然气富集区。鄂尔多斯盆地上古生界气藏的气源供给总体是比较充足的,上古生界致密砂岩气分布于下石盒子组和山西组,平面上主要分布于陕北斜坡及其附近。陕北斜坡带处于鄂尔多斯盆地中部生气强度最高部位,生气强度高达(24~

$40) \times 10^8 \mathrm{m}^3/\mathrm{km}^2$,晚白垩世末期累计生气高达 $302 \times 10^{12} \mathrm{m}^3$,占盆地总生气量的 56%(刘圣志等,2005)。但烃源岩发育的差异性,使得在烃源岩生气强度较低的地区,气藏的充满程度较低或含水增多。生气强度大于 $16 \times 10^8 \mathrm{m}^3/\mathrm{km}^2$ 地区含水较少,生气强度小于 $12 \times 10^8 \mathrm{m}^3/\mathrm{km}^2$ 的地区含水相对较多。

川西坳陷带位于上三叠统生烃中心附近,具有古构造背景的地区是油气运聚的最有利地区,烃源条件好,油气源充足,气藏充满度高。而斜坡带生烃强度相对较低,构造幅度低缓,气藏充注程度相对较低。从冲断带(中坝、邛西)到斜坡带(八角场、充西),烃源岩生烃强度由 $(35 \sim 65) \times 10^8 \mathrm{m}^3/\mathrm{km}^2$ 下降到 $(5 \sim 15) \times 10^8 \mathrm{m}^3/\mathrm{km}^2$,对应产气层地质储量丰度从 $(5 \sim 6) \times 10^8 \mathrm{m}^3/\mathrm{km}^2$ 下降到 $(1.5 \sim 2.5) \times 10^8 \mathrm{m}^3/\mathrm{km}^2$,气藏充注程度依次降低。平面上,彭州—都江堰地区生烃强度最高,超过 $200 \times 10^8 \mathrm{m}^3/\mathrm{km}^2$,具备形成大中型气田的烃源条件(图7-53)。向东、向北、向南逐渐变低,斜坡带川中、蜀南地区中等,为 $(5 \sim 20) \times 10^8 \mathrm{m}^3/\mathrm{km}^2$,川东地区最低,低于 $5 \times 10^8 \mathrm{m}^3/\mathrm{km}^2$。勘探实践表明,现今发现的中坝、平落坝、邛西、八角场、充西、广安、包界、潼南等储量较大的须家河组气藏绝大部分位于盆地中西部,该区生烃强度为 $(10 \sim 100) \times 10^8 \mathrm{m}^3/\mathrm{km}^2$。

四川盆地须家河组须二段储层,在须一段烃源岩厚度减薄或缺失处,源控特征就比较突出,最为典型的就是安岳、合川及九龙山地区。威东—磨溪、界市场—河包场地区在须家河组沉积前发育两排古构造,在这些区域,须一段烃源岩缺失或厚度较薄,从而对该领域须二下亚段的天然气充满程度产生一定的影响。安岳地区须二上亚段的含气性明显优于下亚段,上亚段主要产纯气,下亚段气水同产或产水。如岳 101 井上亚段日产气 $11.43 \times 10^4 \mathrm{m}^3$,下亚段日产气 $0.083 \times 10^4 \mathrm{m}^3$,日产水 $2.4 \mathrm{m}^3$;岳 5 井上亚段日产气 $0.638 \times 10^4 \mathrm{m}^3$,下亚段日产气 $0.108 \times 10^4 \mathrm{m}^3$,日产水 $6.5 \mathrm{m}^3$;岳 3 井下亚段日产气 $1.26 \times 10^4 \mathrm{m}^3$,日产油 8.27t,日产水 $26 \mathrm{m}^3$;岳 10 井下亚段测试结果为干层。主要原因就是须家河组二段上亚段与须三段烃源岩紧密叠合,有利于天然气注入储层。

2. 相对优质储层控制气藏规模

勘探实践证明,储层仅靠裂缝发育是不够的,它只能获得较高的初期产能,但因储集空间有限不能保持稳产。有效孔隙发育带是深层致密砂岩气藏稳产的基础,裂缝控制天然气的高产。须家河组储层普遍含气,但要形成具有一定规模的气藏、甚至气田,必须具有广泛发育的具一定孔渗性的良好储层作支撑,否则难以形成具经济开采价值的气藏。四川盆地须家河组沉积微相主要包括三角洲平原、沼泽、分流河道、河口坝、席状砂、浅湖相等。其中,分流河道是储层物性相对较好的地带,也就是控制气藏分布最主要的沉积相带。获工业油气流的井主要分布在水上分支河道和水下分支河道沉积的有利相带中,如龙岗构造获工业油气流的龙岗 3、龙岗 9、龙岗 10、龙岗 20 等井,以及大足—河包场等构造均分布于水下分流河道沉积微相中。已知气藏均在三角洲平原水上分支河道、三角洲前缘水下分支河道、河口坝微相砂体发育区和成岩相为溶蚀相、绿泥石胶结相发育的地区。平均孔隙度一般在 6% 以上,平均渗透率一般在 0.1mD 以上。如须家河组四段砂岩孔隙度一般为 5% ~ 8%,渗透率一般小于 0.1mD,但相对优质储层孔隙度为 8% ~ 12%,渗透率大于 0.3mD。新场和高庙须二中亚段气藏储层孔隙度平均仅为 3.61%,渗透率平均仅为 0.084mD,为致密储层,但非均质性极强,区内最大孔隙度可达 16.76%,最大渗透率接近 1mD,揭示致密化背景上发育相对优质储层。砂中找砂,即在低孔低渗背景的致密砂岩中找物性较好的优质储层。

3. 优质源储配置控制天然气高效成藏

鄂尔多斯盆地上古生界有效烃源岩分布范围广,生烃强度大于 $12 \times 10^8 \mathrm{m}^3/\mathrm{km}^2$ 的区域占盆地总面积的 71.6%,具有广覆式生烃特征。烃源岩与缓坡背景下的大面积储集砂体直接接触,具有多点式充注特

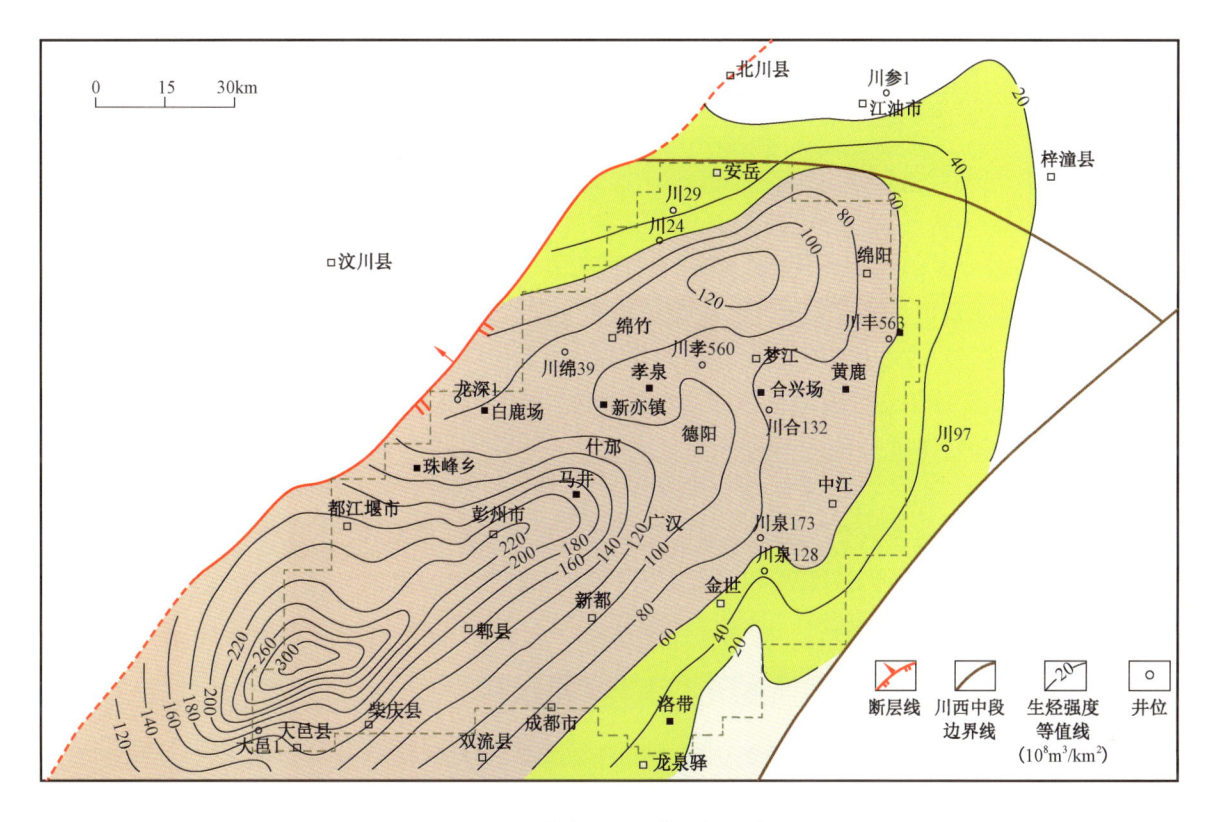

图 7-53 川西坳陷上三叠统生烃强度平面图

征。天然气以近距离运移聚集为主,减少了天然气成藏过程的大量散失,提高了天然气的聚集效率。

(三) 裂缝发育区天然气富集高产

裂缝发育是天然气富集高产的关键,一方面构造微裂缝是天然气向上运聚成藏的主要通道,另一方面提高储层渗透率和天然气产能。尽管四川、鄂尔多斯盆地大面积低渗透砂岩气藏发育区具有构造平缓、大型断裂不发育的特点,但通过钻井岩心描述、地震资料和成像测井资料解释等,认为这些区域的小型断裂微裂缝非常发育。如须家河组这些小断裂一般仅断开须家河组内部某一两个层段(如须一段至须二段、须三段至须四段等),不但可成为油气运移非常重要的通道,而且控制着天然气的高产,如岳 101、103、105,合川 109、138,潼南 1、111,广安 5 等井在测试中获得了高产气流,与这些断裂的发育是密切相关的,天然气产能大于 $20 \times 10^4 m^3/d$ 的裂缝密度多大于 3 条/m。

鄂尔多斯盆地燕山旋回晚期,东部大面积回返抬升,中生界被大面积剥蚀,前期处于超压异常的石盒子组岩层在上覆静压力减小、平衡状态被打破后,在超压释放过程中产生大量微裂缝,成为下伏烃源岩排出天然气向上穿越运聚的通道。鄂尔多斯盆地上石炭统—二叠系平行层面缝及斜向缝发育,厚层的块状砂岩中近垂直缝发育,泥岩与砂岩的孔、缝有效配合,构成了良好的网状输导体系,为低渗砂岩大面积聚气提供了通道。盒 8—山 1 段微裂缝发育,通过薄片观察,在荧光下可见泥岩、粉砂岩层面纹线具黄绿色荧光,与有机质运移有关(魏国齐等,2012)。孔缝网状输导是微裂缝—孔隙大面积连通输导,保证天然气能够全方位进入储层。苏里格气田北部苏 15 井石盒子组四段浅层试气获商业气流,地层水矿化度为 52749mg/L,水型为 $CaCl_2$ 型,与苏 2 井奥陶系油层水矿化度(50993mg/L)和水型($CaCl_2$)相近,浅层高盐度油层水的出现是深层含气流体通过延伸至浅层的基岩微裂缝通道向上运移并被保存下来的结果。

第四节　断陷盆地深层天然气成藏控制因素与成藏模式

  断陷盆地深层发育独立分割的多个次级断陷,多期次断裂活动、多期次火山活动以及高地温、快速沉积和差异沉降的特点,决定了断陷盆地深层天然气气藏类型多样,气藏分布变化大。断陷盆地深层天然气主要受次级断陷的结构、规模、断陷内烃源岩发育状况、生烃演化、储集体发育、源储配置等条件控制,其中基底断裂在深层天然气的成藏与分布上起主要控制作用,早期发育的中央隆起带、早期潜伏凸起的枢纽带以及基底断裂控制的断裂构造带是天然气富集的主要部位,坳陷早期沉积的巨厚泥岩区域盖层是深层天然气得以保存和富集的关键。松辽盆地作为我国典型的断陷盆地,近些年来,深层天然气勘探获得重大突破,深层天然气成因类型复杂,烃类气以高成熟煤型气和混合气为主,并有油型气和无机气存在,并且常规烃类气和无机成因 CO_2 大量共存(鲁雪松等,2009;柳少波等,2016)。本节以松辽盆地为例介绍断陷盆地深层天然气形成条件、成藏模式、分布规律与控制因素,重点分析松辽盆地 CO_2 和烃类气的层系和平面分布特征,及其与火山岩、断裂的关系,总结断陷盆地深层天然气成藏和分布的控制因素。

一、松辽盆地深层天然气藏形成的有利条件

  松辽盆地晚侏罗世—早白垩世独立分割的断陷盆地群、多期次活动及高地温、快速沉积的特点,决定了该盆地深层天然气气藏类型多样,有机与无机成因共存,气藏分布规律复杂等特点。

(一)断陷期发育的多套烃源岩为烃类气成藏提供了资源基础

  松辽盆地深层发育四套烃源岩,从上到下分别是下白垩统登娄库组、营城组、沙河子组和火石岭组,其中沙河子组湖相泥岩和煤系地层是深层最主要的烃源岩。各套烃源岩都已处于高成熟或过成熟阶段,为深层烃类气的形成和聚集提供资源基础。此外,盆地基底的石炭系—二叠系的浅变质泥、板岩对成烃的贡献也不容忽视(李景坤等,2006;高瑞祺等,1997)。从目前钻井和地震预测结果显示,深层暗色泥岩主要发育层位为沙河子组,其次为登娄库组,营城组暗色泥岩一般厚度相对较小。

  松辽盆地晚侏罗世—早白垩世发育了近40个彼此分割、独立存在的断陷盆地,这些盆地虽然形成于同一时期,但是断陷的规模、断陷内烃源岩发育状况、生烃潜力、生烃演化、储集体发育、成藏以及气藏后期保存与破坏等方面存在一定的差异,尤其是断陷早期烃源岩发育状况决定了断陷的生烃强度、成藏规模和资源潜力。沙河子组烃源岩在北部的林甸断陷、徐家围子、双城断陷和英台断陷最为发育,烃源岩最厚处大于1000m,在南部断陷中发育较差,仅在长岭断陷的黑帝庙次洼和梨树断陷较发育,其他地区普遍较差,厚度小于400m(图7-54)。营城组气源岩厚度较小,基本上处于100~600m之间,且南部断陷区相对北部断陷区较为发育,尤以东南隆起区的各个断陷最为发育。登娄库组气源岩已不再局限于各个断陷中,但整体厚度不大,最厚处大于500m,总体上西部坳陷区登娄库组气源岩厚度大于东部坳陷区,尤以长岭断陷北部和古龙断陷区最为发育。沙河子组—营城组烃源岩有机质类型以Ⅱ型和Ⅲ型为主,R_o 为 $1.5\% \sim 3.9\%$,均达到高成熟—过成熟演化阶段,因此是深层有利的气源岩。

(二)碎屑岩和火山岩两类储层为深层天然气提供了储集空间

  断陷盆地沉积相具有多物源、近物源、相带多变的特点。平面上,不同的构造部位发育不同的沉积相类型。陡坡带主要发育冲积扇、近岸水下扇沉积,洼陷带主要为半深湖—深湖、湖沼沉积,缓坡带主要发育扇三角洲、三角洲沉积。松辽盆地深层沉积演化表现为由分割逐步走向联合的过程。火石

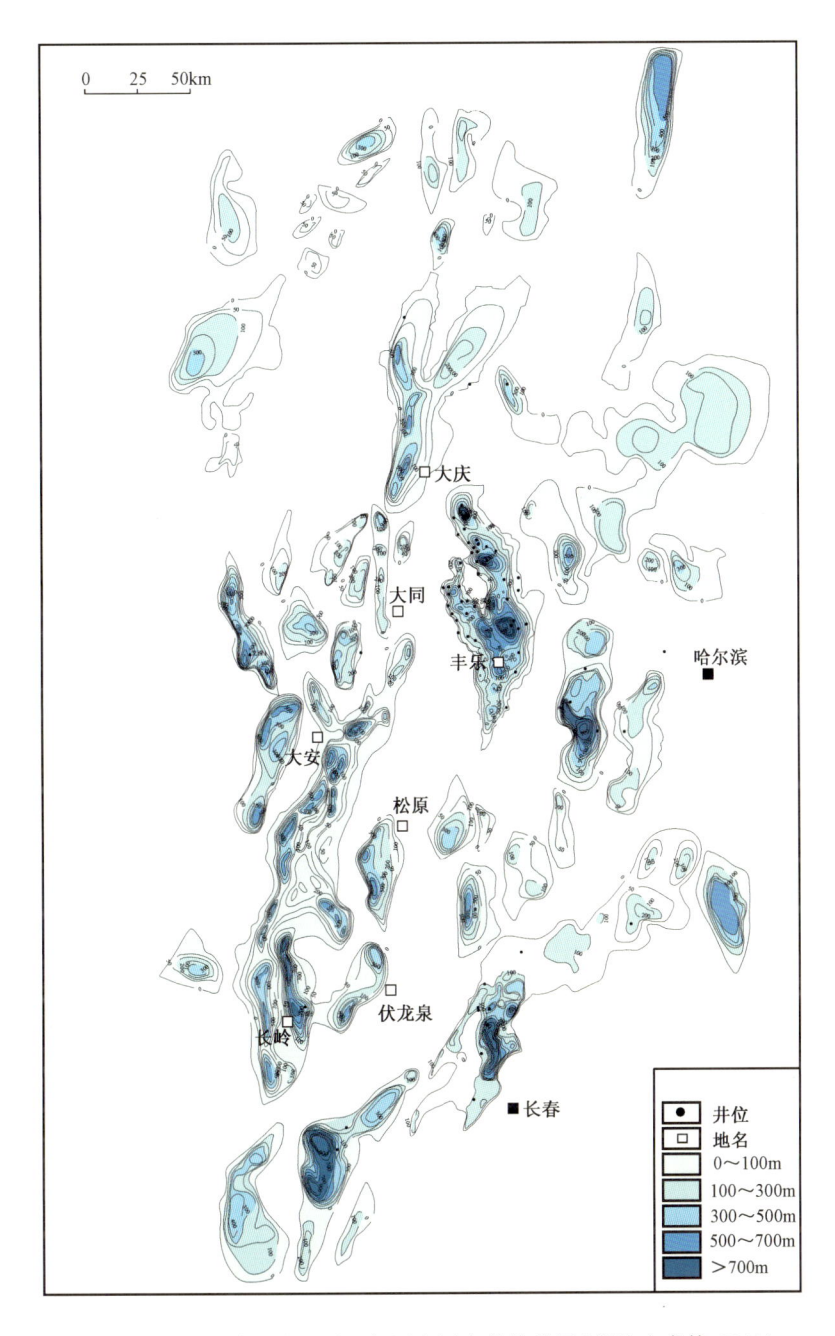

图 7-54 松辽盆地沙河子组气源岩厚度等值线图(据杜金虎等,2010)

岭组沉积时期,火山活动强烈,局部发育砂岩、砂砾岩储层。沙河子组沉积时期,湖盆水域扩大,水体加深,发育扇三角洲、近岸水下扇沉积,砂体围绕湖盆发育。营城组沉积时期,深湖区范围缩小,活动再次变强,以火山碎屑岩、砂砾岩沉积为主。登娄库组—泉头组一、二段沉积时期,由分割断陷逐步过渡为统一坳陷,以辫状河、曲流河沉积为主,砂砾岩、砂岩储层非常发育,是碎屑岩储层主力发育层段。

松辽盆地中生代火山岩主要发育于火石岭组和营城组,岩性复杂多样,从基性到酸性均有产出,但以中酸性为主。营城组火山岩厚度大,分布广泛,储集物性好,是松辽盆地深层天然气的优质储层。火山岩冷凝产生原生气孔和收缩裂隙,后期通过淋滤、再埋藏溶蚀和裂缝改造等作用形成优质储层。由于火山岩脆性强,应力易集中,构造强烈时容易遭受破坏形成渗透性好的裂缝,使储渗性明显提高。因此火山岩储层物性不像碎屑岩储层那样容易受到深度的影响和控制。从松辽盆地北部火山岩孔隙度随埋深变化图(图7-55)可以看出,相比常规碎屑岩储层而言,火山岩的孔隙演化基本不受埋深的控制,火山岩的次生孔缝、构造裂缝较容易发育,在深度4000多米时储层物性仍很好,从而能成为深部天然气优质储层。

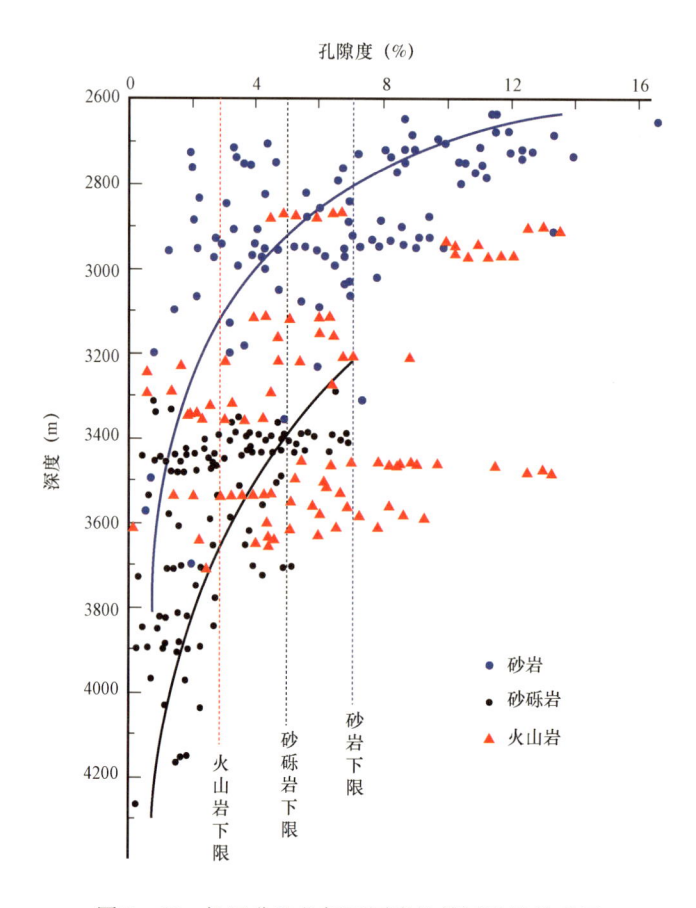

图7-55 松辽盆地北部不同岩性储层孔渗关系图

(三)成盆动力学背景为幔源CO_2成藏创造了条件

深反射地震剖面揭示,松辽盆地地壳具有明显的层圈结构和"网状"结构,地壳中由上至下发育多层强反射的变形拆离带,它们向不同的方向倾斜,向下延伸,复合于另一条方向相反的变形拆离带上。整体上呈"之"字形,最终与壳—幔结构相连通。在强变形带之间变形相对弱,它们呈"菱形"排列组合在一起,组成地壳的"网状"结构。地壳"网状"结构沟通了深部—深层、深层—浅层之间的相互作用,"网状"结构在松辽盆地基底与壳—幔过渡带之间起连接和传递作用。松辽盆地这种深部地质构造和成盆动力学背景,为幔源无机成因天然气的上升运移和聚集成藏创造了条件。

松辽盆地深反射地震剖面中揭示的"块状"反射体有两类:一种为自下而上逐层刺穿、不断膨胀的"蘑菇云"反射体。该类反射在莫霍面处为"细颈",向上反射体逐渐增大,莫霍面之下多为斜反射发育部位。这种物质自下而上的连续变化特点,代表了岩浆上涌底辟的产物;另一种为水平方向的扁豆体,或层状体,在下地壳下部、中地壳部位最为发育,它很可能为岩浆囊。同时高君(2000)在莫霍面之上也发现了大量的水平方向的扁豆体,称之为岩浆底垫体。此外,松辽盆地发育四个层次断裂:岩石圈断裂、壳断裂、基底断裂和盖层断裂。基于CO_2气深部来源的特性,认为岩石圈断裂、壳断裂和基底断裂是控制CO_2气上运的主要通道。重磁资料解译出来的岩石圈断裂可能就是岩浆上涌的通道,岩石圈断裂、基底断裂和上地壳断裂向下收敛于拆离带,沟通了"壳内岩浆房""热流底辟体",使深部岩浆和盆地地层相联系,岩浆在穿越地层时,所分异出的气体(包括 CO_2、CH_4、Ar、He 气等)可以从容地进入渗透性能较好的地层内,并在适当的构造部位聚集成藏。

(四)有利生储盖组合为深层天然气的富集成藏提供了聚集条件

松辽盆地经历断陷、断—坳转化和坳陷三期构造演化,断陷期大规模火山岩灌入盆地,形成了"火山—沉积"二元建造,火山岩气孔和裂缝发育,为天然气聚集提供了良好的储集空间。火石岭组一段、沙河子组、营城组二段烃源岩与火石岭组二段、营城组一段和三段火山岩储层垂向上间互,空间上交错分布,形成了断陷深层有利的源储组合配置。

断陷阶段具有沉积速率快、相变频率大的特点,与各类砂体交互沉积的泥岩成为深层气藏的直接盖层。登二段和泉一、二段泥岩区域分布,为天然气在营城组火山岩地层中的储集和保存提供了良好的封盖条件。坳陷阶段青山口组沉积时期全区广泛发育的湖相巨厚泥岩为深层天然气的保存提供了良好的区域盖层。此外,火石岭组和营城组内部的致密火山岩段也可作为火山岩储层的直接盖层(图7-56)。

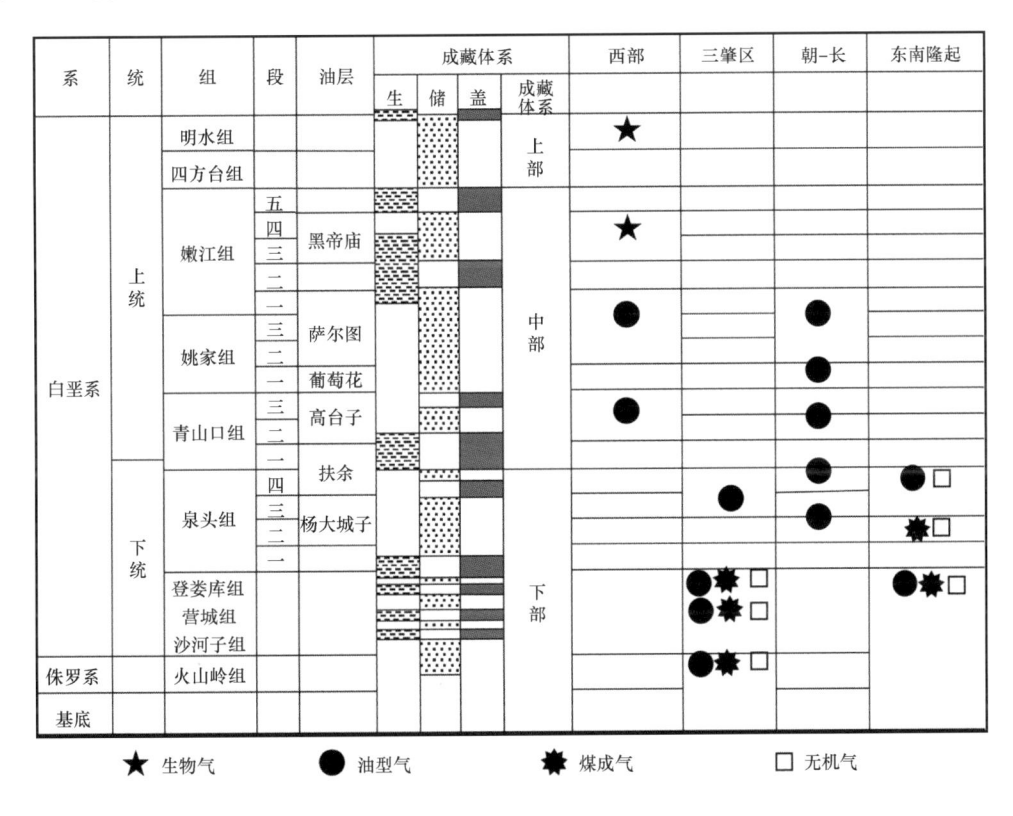

图7-56 松辽盆地生储盖组合及成藏体系划分图

二、典型气藏成藏模式

松辽盆地天然气成因及分布异常复杂,在发现大量烃类气藏的同时,还发现了一批高含 CO_2 气藏。含 CO_2 天然气分布广泛,且 CO_2 含量变化范围较大,CO_2 和烃类气的成因类型也复杂多样。下面以长岭断陷长岭I号气田为例说明松辽盆地深层天然气藏的地质特征和成藏模式。

(一)气田概况

长岭I号气田位于长岭断陷中部凸起带哈尔金控陷断裂控制的哈尔金断鼻构造上。长岭I号气田的发现井为长深1井,2005年5月10日开钻,2006年6月30日至8月19日,对营城组3566.00~3615.00m井段进行系统试井,获得日产 $32.61 \times 10^4 m^3$ 的工业气流,CO_2 含量平均为27%,为高含 CO_2 气田。

目前，长岭Ⅰ号气田含气层系以白垩系营城组和登娄库组为主，营城组为整装的岩性—构造气藏，有统一的气水界面；登娄库组天然气分布受储层的物性控制，属于岩性气藏。截至2011年年底，长岭Ⅰ号气田探明天然气地质储量$706.3 \times 10^8 m^3$。

（二）气藏基本地质特征

1. 构造特征

长深1区块营城组三段顶面构造表现为西倾的断鼻构造，构造顶部宽缓，西翼较陡，最大圈闭线 -3725m，高点海拔 -3400m，幅度325m，圈闭面积$93.47km^2$（图7-57a）。构造东部受哈尔金断层控制，断层呈北东走向，延伸长度20km，断距20~220m，具有南大北小的特点。构造翼部南部断层发育较少，北部发育10条近南北走向的断层，断层延伸长度2~6km，断距20~30m。

2. 地层特征

营城组一段火山岩储层主要为酸性、中酸性火山岩，具有较好的储集能力。长深1井钻遇火山岩365m。主要岩性由爆发相和溢流相组成，包括流纹岩（长深1井）、晶屑凝灰岩（长深1-3井）、熔结凝灰岩（长深1-3井）。

长岭Ⅰ号气田钻井揭示营城组火山岩206~374m，岩性主要为流纹质晶屑熔结凝灰岩和流纹岩，孔隙较发育，孔隙度最大23%，一般为3%~9%，平均6.64%，渗透率最大17.31mD，一般小于0.05mD，平均0.66mD，测井解释孔隙度为3%~24%，平均孔隙度为5.7%，具有较好的孔渗性，为深层相对好的储层。

登娄库组发育的辫状河砂体为主要碎屑岩储层，岩性以粉、细砂岩为主，局部含砾，岩石类型多为细中粒岩屑长石或长石岩屑砂岩，岩石矿物成熟度较高，石英含量28%~40%，含量长石27%~31%，含量岩屑29%~35%，岩屑成分主要为火山岩，分选较好，磨圆呈次棱角—次圆状，接触关系以点、线接触为主。石英加大发育，方解石、含铁方解石孔隙式胶结，分布较均匀，个别岩屑被彻底交代。受石英加大、长石加大及胶结物充填的影响，岩石孔隙发育较差，局部见弯曲状溶蚀缝。粒内溶孔和粒间溶孔较发育，面孔率为0.5%~2.5%，岩心分析孔隙度2.1%~7.1%，渗透率0.08~7.3mD，为低孔低渗储层。

长岭Ⅰ号气田营城组气藏主要的盖层是登娄库组下部泥岩，累计厚66~152m，占地层厚度30%~49%。在营城组之上覆盖了15~40m厚的泥岩为其直接盖层，气藏直接盖层泥岩质纯、性软、厚度大，分布稳定，向构造翼部有加厚的趋势，对营城组火山岩天然气聚集起到良好的封盖作用。泉头组一、二段泥岩作为区域盖层在长岭断陷发育厚度较大，对登娄库组气藏起到封盖作用。

长岭Ⅰ号气田烃源岩主要为沙河子组湖相泥岩和煤层，储层为营城组火山岩和登娄库组砂岩，盖层主要为登娄库组下部泥岩和泉头组一段泥岩，发育上、下两套不同的成藏组合（图7-57b）。

3. 气水分布特征

长岭Ⅰ号气田营城组火山岩气藏天然气分布受储层物性和构造双重控制。构造高部位的长深1井、长深1-2井、长深103井含气井段长，气柱高，构造低部位的长深1-3井含气井段小，气柱低。天然气分布受储层非均质性影响较大。近火山口的火山岩储层物性好，含气饱满，远离火山口的火山岩储层物性差，含气饱和度低。如长深1井火山岩含气饱和度较长深1-3井高。纵向上天然气的分布受火山岩的相带和储层岩性的控制，一般溢流相的原地溶蚀角砾岩和上部亚相的流纹岩含气较饱满，含气饱和度为70%~80%，溢流相的中部亚相和爆发相的熔结凝灰岩物性差，束缚水饱和程度高，含气性差，含气饱和度为30%~50%。

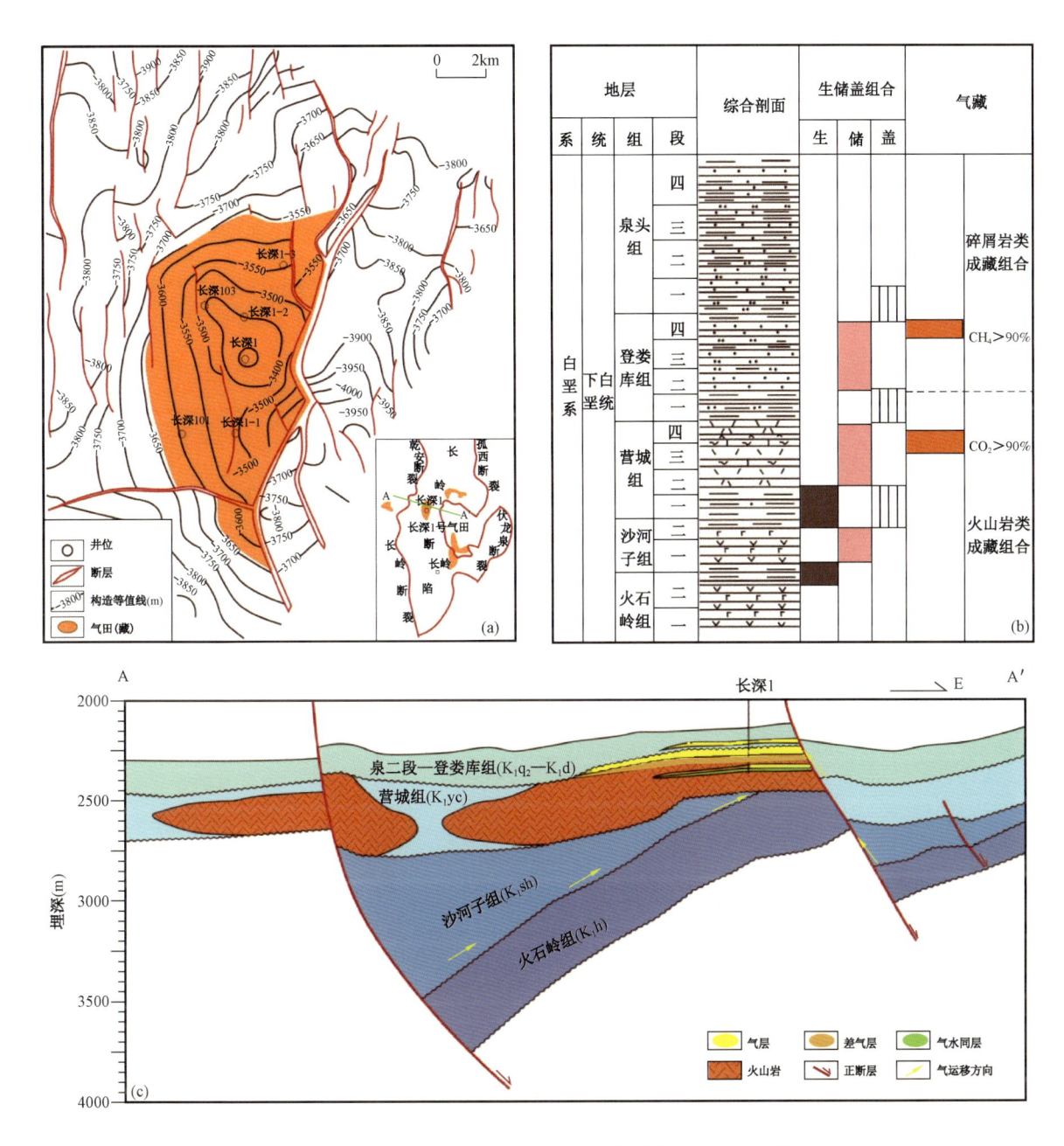

图 7-57　长岭 I 号气田平面图、综合柱状图及气藏剖面图

由于火山岩储层裂缝发育,裂缝内流体较活跃,产生的次生孔隙沿断裂呈串珠状分布。断裂沟通了原生孔隙和次生孔隙,改善了火山岩储层物性,加上 CO_2 气体的存在,导致溶蚀孔缝比较发育,改善了火山岩的总体储集性能和连通性,使气藏具有统一的气水界面,属于同一个气水系统。气藏东部受北东走向的断层控制,翼部受构造控制,底水特征明显,电阻率具有明显的台阶。综合地质录井、地层测试和测井解释成果,确定气水界面深度 -3643m,最大气柱高度 260m。天然气分布主要受构造控制,气藏类型为底水构造气藏(图 7-57c)。

长岭 I 号气田登娄库组砂岩气藏有 6 口井钻揭,其中哈尔金构造 5 口,前神字井构造 1 口,均见到较好的气测显示。长深 1-3 和长深 103 井试气结果未产水,测井解释也未见明显的水层。天然气分布主要受储层砂体分布控制,同一构造的探井,含气井段和含气饱和度受砂体发育程度不同而有所差异,如位于长深 1 区块构造高部位的长深 1 井、长深 1-2 井登娄库组辫状河道发育相对较差,含气层厚 110~130m,含气饱和度为 30%~50%;处于构造较低部位的长深 1-3 井、长深 1-1 井登娄库组位于辫状河主河道发育区,含气层厚 142~147m,含气饱和度为 60%~65%,含气性明显因为砂体的发育而优于构造高部位含气层。不同构造部位的探井,天然气富集的砂组不同,长深 1 区块天然气主要分布于Ⅰ~Ⅳ砂层组,长深 2 区块天然气主要分布于Ⅷ砂层组,另外同一砂层组的砂岩,井间岩性变化快,含气性变化大。由此可见,登娄库组天然气分布主要受岩性控制,气藏类型为岩性气藏。

4. 天然气地球化学特征

不同层位气藏天然气组分有明显不同(表 7-4)。营城组火山岩气藏中甲烷含量 61.78%~77.76%,平均 67.71%,乙烷含量低,为干气特征,CO_2 含量 13.74%~31.91%,平均 24.88%,CO_2 含量较高,为高含 CO_2 气藏;但在气水界面之下较深的层段中,如长深 1-1 井 3880m 和长深 1-2 井 3838m 井段 MDT 测试天然气组分中 CO_2 含量很高,反映的应是水层中溶解气的组分。这是因为 CO_2 在水中的溶解度远大于甲烷,CO_2 在水层中多以水溶气的形式存在,比甲烷有优势,在水层中大量溶有 CO_2,从而造成气水界面以下含有较多的 CO_2。登娄库组砂岩气藏甲烷含量 92.06%~92.68%,平均为 92.37%,CO_2 含量 0.34%~0.73%,平均为 0.54%,具干气特征,CO_2 含量很低,为纯的烃类气藏。

表 7-4 长岭 I 号气田天然气组分和同位素组成数据表

井号	层位	井深(m)	天然气主要组分(%)				$\delta^{13}C$(‰,V-PDB)					$^3He/^4He$ (10^{-6})	R/Ra	备注
			CO_2	CH_4	C_2H_{6+}	N_2	CH_4	C_2H_6	C_3H_8	C_4H_{10}	CO_2			
长深 1	K_1yc	3754	18.88	74.61	0.65	5.86	-20.78	-20.73	—	—	-5.26	2.94	2.1	气层
长深 1	K_1yc	3594	22.56	71.40	1.79	4.14	-23.0	-26.3	-27.3	-34.0	-6.8	2.88	2.06	气层
长深 1	K_1yc	3566~3651	22.04	71.43	1.23	4.93	-23.5	-27.1	-26.3	—	-5.9	3.68	2.63	气层
长深 1-1	K_1yc	3739	12.55	79.45	2.12	5.87	-22.2	-26.9	-27.0	-33.7	-7.5	2.93	2.09	气层
长深 1-1	K_1yc	3880	60.11	23.79	0.76	15.34	—	—	—	—	-11.9	2.94	2.1	水层
长深 1-2	K_1yc	3838	72.87	18.06	0.46	8.61	—	—	—	—	-11.6	2.6	1.9	水层
长深 1-2	K_1yc	3697~3704	28.12	65.79	1.19	4.55	-24.1	-27.6	-27.2	-33.9	-8.3	4.34	3.1	气层
长深 103	K_1d	3498~3509	0.02	92.06	2.79	4.41	-22.1	-28.8	-30.9	-33.2	-13.8	4.21	3.01	气层

营城组火山岩气藏天然气甲烷碳同位素异常重,为 -24.1‰~-20.1‰,甚至比徐深气田天然气甲烷碳同位素($\delta^{13}C_1$ 为 -33.6‰~-21.8‰)还重,$\delta^{13}C_2$ 为 -29.6‰~-24.7‰,$\delta^{13}C_3$ 为 -30.9‰~-26.0‰,烷烃气大部分具有负碳同位素系列,应为无机烷烃气为主、煤成气为辅的混合气。尽管未发现典型的正碳同位素系列煤成气成因的烷烃气,但天然气轻烃特征说明长岭 I 号气田中有煤成气存在。天然气轻烃组成中甲基环己烷相对含量分布广,分布区间为 20.85%~91.34%,多数分布在 51.39%~85.86%,C_{5-7} 正构烷烃相对含量主要分布在 30% 以下,具有明显的腐殖型母质来源特征(戴金星,2014)。甲烷氢同位素 δD_1 为 -233‰~-205‰,乙烷氢同位素 δD_2 为 -169‰~-165‰,具有 $\delta D_1 < \delta D_2$,且氢同位素较轻的特征。CO_2 碳同位素普遍大于 -8‰,个别小于 -10‰ 的样品是位于水层中,这是因为从水层中解析出来的 CO_2 经受了较强的同位素分馏作用,从而使 CO_2 碳同位素降低。利用 CO_2 含量和 CO_2 碳同位素成因类型鉴别图版,长深 1 井营城组 CO_2 主要分布在无机 CO_2 区;氦同位素 $^3He/^4He$ 在 (2.65~4.34)×10^{-6},R/Ra>1,表明属于典型的幔源气。综合所述,营城组火山岩气藏为烃类气与无机成因 CO_2 气组成的混合气藏,其中烷烃气为无机烷烃气为主、煤成气为辅的混合气。

登娄库组砂岩气藏为典型干气,干燥系数 C_1/C_{2+3} 为 33.24~53.26,碳同位素也为负同位素系列,乙烷、丙烷碳同位素比下伏营城组火山岩气藏略轻,烃类气成因同样为无机烷烃气为主、煤成气为辅的混合气,但无机混合气比例比营城组略低。天然气 $^3He/^4He$ 为 4.21×10^{-6},R/Ra 为 3.01,为幔源无机成因,说明无机烃类气的存在。但 CO_2 含量低且 CO_2 碳同位素为 -13.8‰,为有机成因 CO_2,这一点与下伏营城组火山岩气藏相差很大。

(三)气藏形成过程及成藏模式

长岭 I 号气田具有两个明显的特征:① 长岭 I 号气田发育有深部营城组气藏和登娄库组中浅层气藏,这两个不同层位的气藏,除储层岩性不同外,还存在明显的 CO_2 含量上的差异,营城组气藏 CO_2 含量一般为 13.74%~31.91%,为高含 CO_2 气藏;登娄库组气藏是以甲烷为主的烃类气,CO_2 含量平均只有 0.54%。② 长深 1 井营城组气藏与相邻的长深 2、4 井营城组 CO_2 气藏相比,CO_2 含量也较低。造成这种现象的原因与长岭 I 号气田形成过程和运聚成藏模式直接相关。

鲁雪松等(2009,2011)、柳少波等(2016)通过气藏解剖,综合构造演化、火山活动期次、CO_2 成藏期综合分析,建立了松辽盆地长岭断陷高含 CO_2 天然气藏的"三阶段"成藏模式,将松辽盆地高含 CO_2 气藏的成藏过程分为三个大的阶段。

火石岭组—营城组沉积期:盆地快速走滑拉张,地幔物质上涌,壳内酸性岩浆房广泛发育,喷发形成火石岭组、营城组火山岩体,由于断陷烃源岩热演化尚低,没有盖层,圈闭尚未形成,大量与火山活动伴生的 CO_2 散失,没有形成有效聚集。

泉头组—嫩江组沉积期:在泉头组沉积时期,火山活动减弱,断陷期烃源岩陆续进入生烃高峰,有机烃类油气在营城组火山岩储层中开始大量聚集。由于断裂的长期活动,会影响到保存条件,早期烃类油气容易散失,到嫩江组沉积期晚期高成熟的烃类气大量成藏并保存形成常规烃类气藏,其中常伴生低含量的有机成因 CO_2。受晚白垩世青山口期区域火山活动的控制,也有部分 CO_2 沿基底大断裂往上运移聚集,但总的量不大,具有烃类气强充注,CO_2 弱充注或无充注的特点。

喜马拉雅期:盆地挤压反转,沿深大断裂薄弱处发育基性岩浆房或热流底辟体。盆地周边基性玄武岩大量喷发,盆地内部边缘也发现几个火山口,如五大连池和大屯火山,说明该期火山岩活动范围较广,只是在盆地内部没有喷至地表。对于断陷期持续发育而在反转期活动的基底大断裂,幔源岩浆脱气产生大量的 CO_2 沿基底断裂充注到该断层所断达的层位,在青山口组和登二段区域盖层的封盖下成藏,CO_2 可分别富集于下部组合和上部组合。而对于坳陷晚期和反转期未活动的基底大断裂,在深部则通过蠕滑活动沟通幔源 CO_2 气,CO_2 沿基底大断裂运移至浅部盆地地层中时,则沿着基底断裂和古火山通道运移进入火山岩体和断裂所沟通的储层中形成聚集,CO_2 主要储集于下部组合火山岩储层中。喜马拉雅期运聚的 CO_2 部分形成纯 CO_2 气藏,部分与早期形成的烃类气藏混合形成 CO_2 含量不等的混合气藏。

不同的 CO_2 运聚通道组合类型决定了幔源 CO_2 和烃类气成藏条件的相对好坏,从而决定了气藏中 CO_2 的含量大小及含 CO_2 天然气的赋存层位。长深 7 火山岩和孤店中浅层 CO_2 气藏同受孤西反转基底断裂的控制,属于"反转基底断裂型"运聚通道组合(图 7-58c)。长岭 I 号气田的形成过程比较特殊:根据地震剖面的解释,推测长深 1 火山岩体是属于中心式喷发为主的火山岩体,不完全受哈尔金断裂的控制。气藏右侧的哈尔金断裂沟通了沙河子组烃源岩,使得烃类气在泉头组—嫩江组沉积时期先期聚集在火山岩体和上部的登娄库组储层中,形成常规烃类气藏。长岭 I 号气田所处的哈尔金古隆起,是一个长期继承性的古隆起,位于乾安次洼和黑帝庙次洼中天然气长期运移的优势方向上,具有得天独厚的烃类气聚集条件,有利于烃类气的聚集。喜马拉雅期,由于长深 1 火山岩体为受前神字井断裂控制的裂隙—中心式喷发火山岩体,属于"深部断裂—浅部古火山通道型"运聚通道组合,古火山通道作为喜马拉雅期 CO_2 运聚的通道,两种不同成因天然气在火山岩储层中相互混合形成 CO_2 含量为 20%~30%的混合气藏;而受登娄库组下部盖层的分隔作用,CO_2 没有进入火山岩体上部的登娄库组储层中,所以长岭 I 号气田登娄库组为纯的烃类气(图 7-58b)。长深 2 和长深 4 火山岩体为受前神字井断裂控制的裂隙式喷发火山岩体,属于"深部断裂—浅部断裂和古火山通道叠合型"运聚通道组合,通常情况下既有利于幔源 CO_2 运聚成藏,又有利于烃类气成藏,但该断裂位于断陷陡坡带边部,断陷期快速沉积的粗杂砾岩体紧挨断裂堆积,这种粗杂砾岩体孔渗性非常差,有效阻断了烃类气向火山岩体的运聚,从而在长深2、4井火山岩体中形成了纯的 CO_2 气藏(图7-58a)。

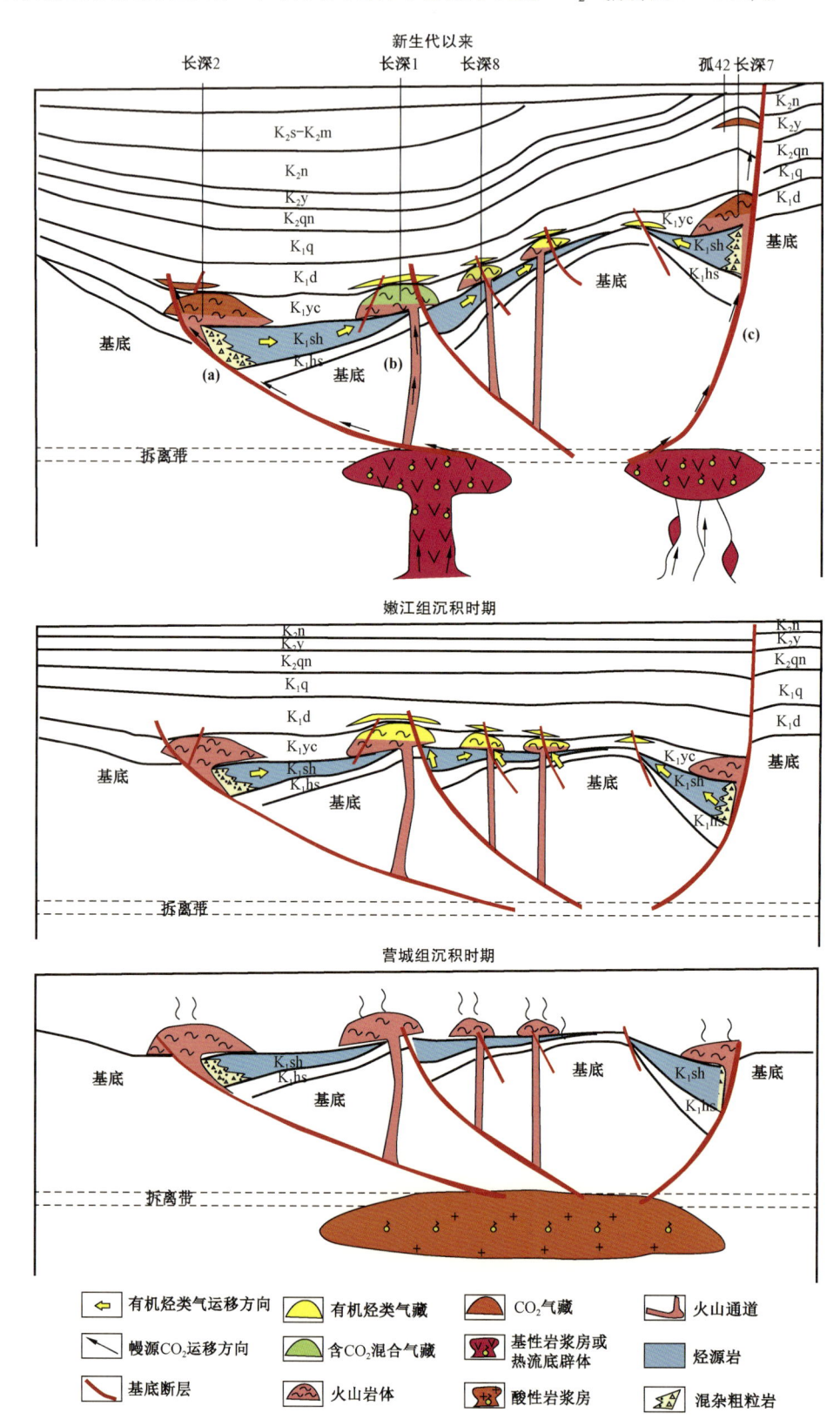

图7-58 松辽盆地长岭断陷高含 CO_2 气藏成藏模式图(据鲁雪松等,2009)

三、松辽盆地深层烃类气与 CO_2 耦合分布规律与控制因素

松辽盆地深层天然气成因类型复杂,以烃类气藏为主,常规烃类气与幔源成因 CO_2 气大量共存,并因同受基底大断裂控制并共享某些圈闭和储层等成藏要素而在空间上耦合分布在一起。常规烃类气主要受气源岩控制呈近源、环带状分布,而幔源 CO_2 则受深部构造背景呈狭长带状或点状分布,控制 CO_2 气源的基底大断裂在控制了 CO_2 气聚集和分布的同时,也控制了烃类气的聚集和分布。因此,气源基底大断裂是联系烃类气和 CO_2 气的桥梁和纽带,两者共享某些圈闭和储层等成藏要素而耦合分布在一起。两者既相似又有区别,相同的是营城组火山岩构成两种类型天然气的优质储层,区域盖层共同限制了两种类型天然气的聚集层位;不同的是两者在成藏机理、运聚过程和运聚特征上的差异,这也决定了两种天然气在空间上的分布差异。

(一)营城组火山岩构成深层烃类气和 CO_2 聚集的优质储层

松辽盆地中生代火山岩主要发育于火石岭组和营城组,以营城组厚度最大,岩性复杂多样,从基性到酸性均有产出,但以中酸性为主。由于营城组火山岩主要来源于壳源岩浆,且是喷发岩,故不能作为 CO_2 的主要气源。营城组火山岩厚度大,分布广泛,储集物性好,是松辽盆地深层天然气的优质储层。从目前已发现深层烃类气储量和 CO_2 储量的层位分布来看,绝大部分储量(80%以上)都分布在营城组火山岩储层中,充分说明了营城组火山岩储层在深层天然气成藏和分布中的控制作用和主导地位。

平面上,优质火山岩储层沿基底大断裂成带分布。松辽盆地中生代火山岩以裂隙式喷发为主,火山口沿基底大断裂分布。基底断裂带附近火山岩发育,且断裂带附近火山岩裂缝发育,断裂改善了火山岩的储集性能。据研究,火山通道相附近及爆发相和多个火山口交会处的溢流相是有利的火山岩相,近火山口火山岩储层物性好,气孔、裂缝、微裂缝发育,这些优质火山岩储层主要沿基底大断裂分布,如徐家围子断陷受徐西、徐中和徐东三大基底断裂的控制形成三个火山岩带。兴城地区营一段火山口沿徐中断裂带分布,位于其上的徐深1井在该层段储层物性好,裂缝发育,产量高。长岭断陷火山岩的分布也明显受基底断裂的控制,自南向北可分为南部黑帝庙火山岩发育带、西部火山岩发育带、中部火山岩发育带、东部火山岩发育带。由此可见火山岩优质储层的分布与基底大断裂关系密切,基底断裂为火山岩储层发育创造了有利条件,与基底断裂相沟通的火山岩储层也为沿基底大断裂运移上来的烃类气和幔源 CO_2 气的聚集提供了储存空间。

从徐家围子深层天然气井位与火山岩相分布图(图7-59)可以看出,在近火山口爆发喷溢相中,储集物性好,已有多口井获得烃类气工业气流,如徐深气田、兴城气田和升平气田均位于近火山口爆发相分布区。由于近火山口爆发相储层常沿基底大断裂成带分布,位于基底大断裂的幔源气体释气点处的近火山口爆发相储层中也会捕获幔源成因 CO_2 气。目前已发现的高含 CO_2 井位也基本上都位于火山口爆发、喷溢及其临近地区(图7-59),如芳深9、徐深19、徐深28井等,充分说明了火山岩相对深层烃类气和 CO_2 的富集具有相同的控制作用。

(二)区域盖层控制了烃类气和 CO_2 的聚集层位

通过对松辽盆地 CO_2 的分布层位统计表明, CO_2 主要分布在营城组和泉三、四段储层中,明显受区域盖层的控制。在深层登二段和泉一、二段泥岩区域盖层的封盖下,高含 CO_2 气主要富集在营城组,登娄库组也有一定分布;在中浅层青山口组区域盖层的封盖下,高含 CO_2 天然气在泉四段砂岩地层中较为富集。同样,松辽盆地深层烃类气在层位上也主要分布在营城组和泉一、二段,其次为登娄库组,也明显受区域盖层的控制。

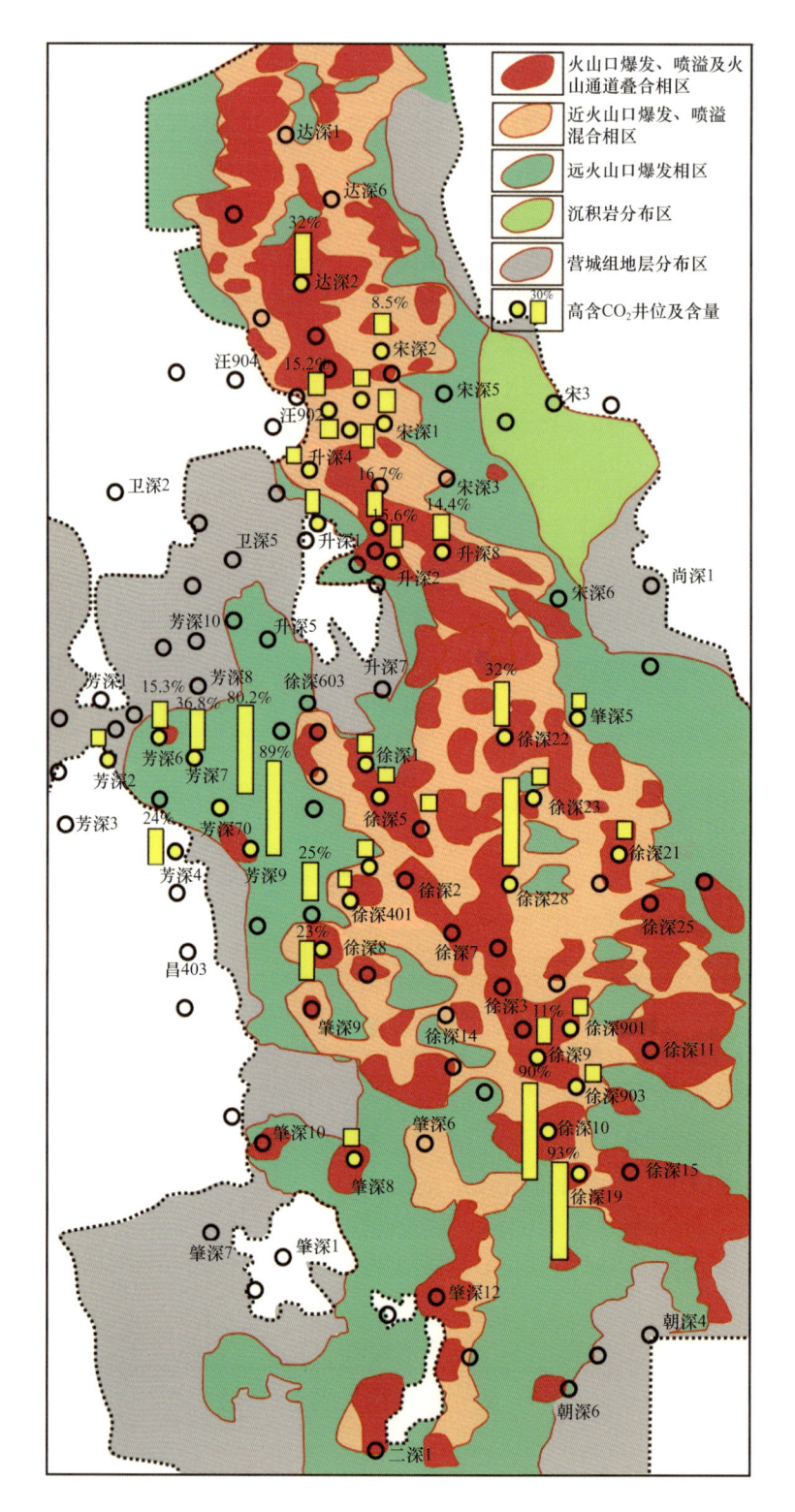

图 7-59 徐家围子断陷深层见工业气流和高含 CO_2 井位与火山岩相叠合图

松辽盆地纵向上发育三套区域盖层:泉一、二段、青山口一段和嫩江组湖相泥岩,登二段作为深层断陷层系的局部盖层。由于 CO_2 主要为深部来源,区域盖层的控制作用显得更为重要。区域盖层有效地限定了断层的发育,有效控制了 CO_2 气的聚集,以泉一、二段区域盖层为界,可划分为两个 CO_2 含气组合:上部组合和下部组合(图 7-60)。下部组合在登娄库组直接盖层的封盖下,高含 CO_2 气主要富存在营城组火山岩优质储层中,在登娄库组一、二段碎屑岩储层中也有少量分布,部分 CO_2 气穿过登二段盖层进入登三、四段;上部含气组合在青山口一段区域盖层的封盖下,使得高含 CO_2 气主要富存在泉头组三、四段砂泥岩地层中;部分 CO_2 气穿过青一段区域盖层后在嫩江组区域盖层的封盖下,在青山口二、三段和姚家组储层中 CO_2 气也有局部富集;更浅层的 CO_2 则由于断层逸散或因量少而以溶解态存在,不能形成有效聚集。长期发育的基底大断裂和反转期大断层是沟通深部地幔来源 CO_2 的通道,为深部地层和中浅层含 CO_2 天然气的形成提供了气源。

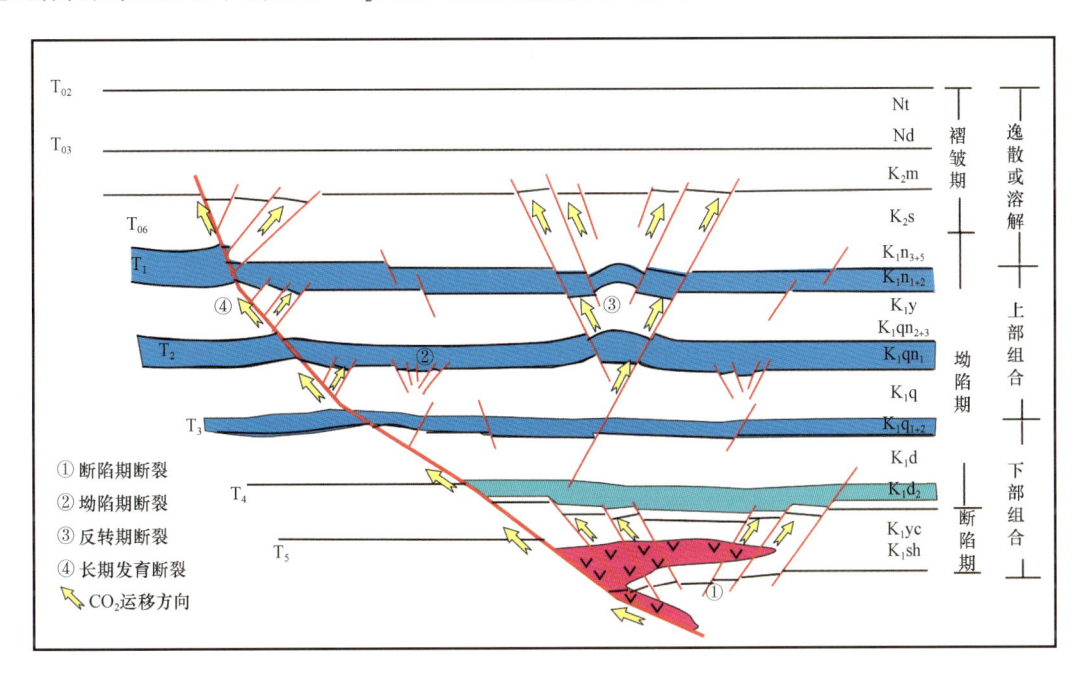

图 7-60　松辽盆地断裂系统和盖层组合模式及含气组合

(三) 成藏机制决定了烃类气和 CO_2 的分布差异

尽管松辽盆地深层烃类气和 CO_2 的分布具有一定的共性,但由于两者在成藏机制上的差异,使得两者在分布上又有所差异。柳少波等(2016)将松辽盆地烃类气和 CO_2 在成藏机制上的差异对比总结如表 7-5;从表中可以看出,深层烃类气和 CO_2 成因迥异,成藏过程和成藏模式差异较大,分布主控因素不同,从而也决定了两者在分布规律上的明显差异。在气源岩分布区,只要储层发育,有断裂沟通且构造部位有利,就会形成烃类气藏。当一个圈闭同时满足烃类气和 CO_2 成藏条件时,就会形成混合气藏,两者充注气量的大小决定了气藏中烃类气和 CO_2 相对含量的大小。烃源岩条件较差,但满足 CO_2 成藏条件的圈闭则会形成纯 CO_2 气藏。

鲁雪松等(2009)、柳少波等(2016)在对烃类气和 CO_2 成藏机制差异及主控因素深入认识的基础上,建立了松辽盆地深层烃类气和 CO_2 综合运聚成藏模式(图 7-61):营城组沉积时期,壳源岩浆活动形成盆内广布的火山岩体;在泉头组至嫩江组沉积时期,烃类气大量生烃并在有利部位聚集成藏;喜马拉雅期,幔源 CO_2 沿着基底大断裂或古火山通道运移进入火山岩体中。在有断裂沟通的火山岩体中形成烃类气藏或以烃类气为主的混合气藏,在无断裂沟通的火山岩体中则形成 CO_2 气藏。总的来看, CO_2 气相对烃类气藏来说具有低位富集的特点,纯 CO_2 气藏多出现在基底大断裂的下降盘一侧,而烃类气藏多富集在构造高部位。由于营城组沉积期火山岩多以裂隙式喷发为主,有断裂沟通气源岩,故以形成烃类气藏为主,仅有部分火山岩体为中心式喷发,无断裂沟通, CO_2 沿古火山通道形成 CO_2 气藏。需要注意的是,烃类气在烃源岩分布区范围内都具有成藏的条件,在烃源岩发育的断陷内具有满洼含气的场面,如徐家围子断陷。

而 CO_2 仅在深大断裂与基底大断裂相衔接部位才具有成藏的可能性,这也决定了 CO_2 气藏局部富集、点型分布的特点。通过该模式,能较好解释出火山岩体喷发模式及其与基底断裂的组合关系,即能有效地预测烃类气和 CO_2 气的分布。

表7-5 松辽盆地深层烃类气和 CO_2 成藏机制差异对比

对比内容	深层烃类气	无机 CO_2
成因来源	有机成因,以沙河子组烃源岩为主要气源岩	幔源无机成因,来源于地幔深部
成藏过程	泉头组—嫩江组沉积时期长期持续充注,早期成藏	青山口期弱充注,喜马拉雅期以来多期强充注,晚期成藏为主
运聚通道类型	① 断裂及断裂组合; ② 断裂、不整合或砂层组合	① 深部断裂蠕滑—浅部古火山通道; ② 深部断裂蠕滑—浅部断裂与火山通道叠合; ③ 反转基底大断裂
分布特点	近源分布,满洼含气,气源岩发育程度控制烃类气富集规模	点型或狭长带状分布,基底大断裂与深大断裂相衔接处为 CO_2 脱气和富集部位
分布主控因素	① 煤系烃源岩控制烃类气的分布; ② 古构造高部位控制烃类气的富集; ③ 断裂沟通控制烃类气纵向分布(断裂包括基底大断裂和高角度断陷期断裂)	① 深部构造背景控制 CO_2 区域分布; ② 基底大断裂控制 CO_2 区带分布; ③ 青山口期、喜马拉雅期幔源火山活动控制 CO_2 气源

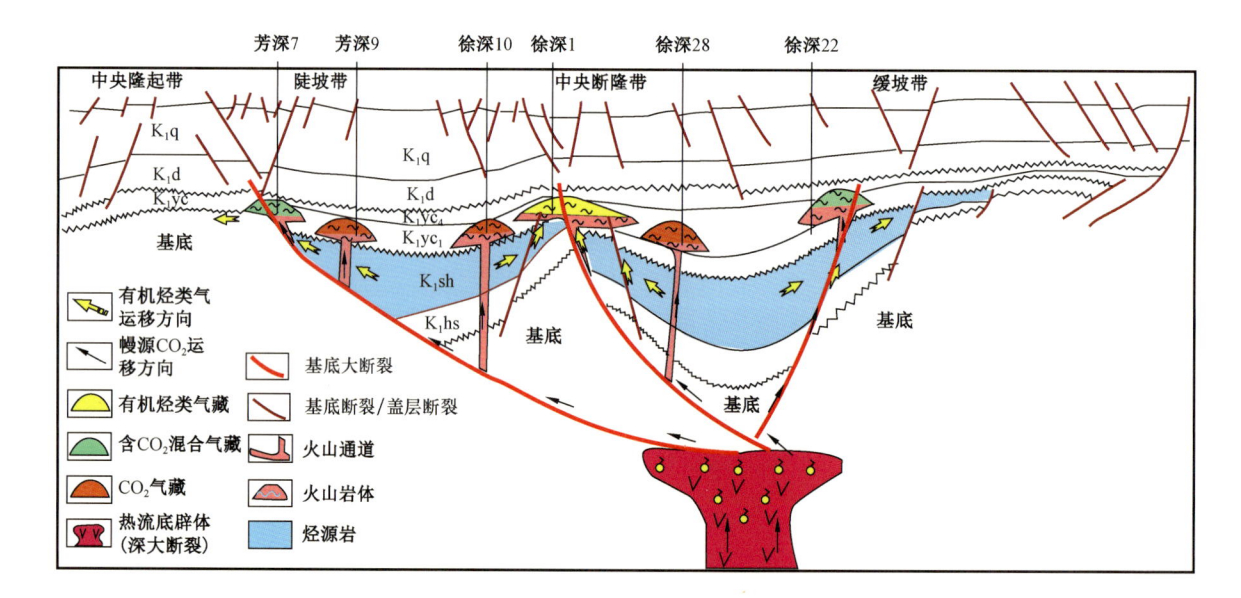

图7-61 松辽盆地深层烃类气和 CO_2 运聚成藏和分布模式图

小 结

通过前陆盆地冲断带深层、克拉通盆地碳酸盐岩、坳陷盆地致密砂岩和断陷盆地深层四类盆地深层典型气藏解剖,明确了天然气成藏主控因素和分布规律,建立了深层天然气成藏模式。

(1)前陆冲断带典型大气田以构造气藏为主,大气田形成主控因素为广泛发育的煤系烃源岩、晚期成排成带的构造圈闭群、生排气期与大型圈闭的有效时空配置。以库车盐下大气田为例,综合储层沥青、颗粒荧光、油气地球化学等分析数据以及膏盐岩盖层脆塑性转换研究成果,结合构造演化,建立了再生前陆盆地气田动态成藏模式。前陆盆地油气呈现与造山带平行的"外环油、内环气"的分布规律,不同构造带、构造段油气成藏差异大。

(2)塔里木、四川和鄂尔多斯三大克拉通盆地碳酸盐岩天然气的规模聚集与克拉通盆地构造地质背景、有效烃源岩展布、规模储集体发育等条件密不可分。干酪根热降解型气源、原油裂解气源和海相烃源岩滞留分散液态烃裂解气源三种供烃机制是大气田形成的物质基础,规模层状、似层状储层是大气田形成的必要条件。精细解剖塔里木盆地塔中Ⅰ号气田、四川盆地安岳气田、四川盆地普光气田、鄂尔多斯盆地靖边气田,建立了礁滩型和碳酸盐岩风化壳型两类成藏模式。天然气富集具有"近源聚集"特征,气藏相态受烃源岩成熟演化控制,碳酸盐岩古隆起风化—岩溶储层有利于发育大气田,泥质岩和膏盐岩盖层的有效封闭和遮挡是大气田形成的关键。

(3)大型坳陷盆地往往在海相克拉通背景之上发育稳定的大型斜坡带,没有断层切割和破坏的大斜坡带是特大型气田形成的稳定构造背景;源储交互叠置使致密储层和烃源岩层大面积接触,有利于大规模捕获天然气;天然气在烃源岩层内、烃源岩层近源上下或通过断层在远源储层运聚,构成了多套成藏组合。通过合川气田和苏里格气田的解剖,建立了大面积连续型天然气成藏模式。大型古隆起及其斜坡是天然气聚集的有利部位,大面积优质源储配置区是大型致密气藏形成区,裂缝发育区天然气富集高产。

(4)断陷盆地深层天然气主要受次级断陷的结构、规模、断陷内烃源岩发育状况、生烃演化、储集体发育、源储配置等条件控制,其中基底断裂在深层天然气的成藏与分布上起主要控制作用。松辽盆地深层天然气成因类型复杂,以烃类气藏为主,常规烃类气与幔源成因 CO_2 气大量共存,并因同受基底大断裂控制并共享某些圈闭和储层等成藏要素而在空间上耦合分布在一起。

第八章 主要盆地天然气资源潜力与分布预测

科学预测天然气资源规模和分布对指导天然气勘探具有重要的作用。本章主要从天然气资源评价方法、关键参数、资源量评价及有利勘探领域优选四个方面进行了详细论述。在天然气资源评价方法中主要介绍了天然气资源评价成因法,天然气资源评价参数较多,这里主要对不同类型烃源岩排气系数和三种灶藏类型天然气运聚系数两个关键参数进行了论述,分类型和盆地对中国主要盆地天然气资源量进行了评价,并根据资源分布优选了天然气有利勘探领域。

第一节 天然气资源评价成因法

油气资源评价的任务主要是查明勘探地区的油气资源量,展示有利地区和层位等,关键在于通过资料处理、专题分析和综合评价,优选天然气勘探领域。其评价结果对于合理开发利用油气资源十分重要,同时也是石油工业发展规划和决策的重要依据。目前,资源评价已成为综合性强、体系完整的一项工作。

现有天然气资源评价的方法可概括为三类:类比法、统计法和成因法,作为业内三大主流方法,在理论基础、可操作性及应用效果等三个方面都有优势和缺陷。类比法在资源数量预测方面把握程度较高,但对待发现资源的前景及资源空间分布预测方面明显不足;统计法对已发现资源类型和数量预测程度较高,但对待发现资源数量、类型和空间分布方面缺乏预测性;成因法在资源预测的前瞻性和对油气资源的空间分布预测方面有优势,但资源数量准确性方面把握不足。当然不同方法之间也存在相互交叉的情况。中国天然气资源评价在关键参数、评价软件系统、数据库建设等方面做了大量的工作,中国不同石油公司采用的资源评价方法也是不同的,中国石油、中国石化仍然以"成因法"为主要评价方法,中国海油的"统计法"本质上则是地质模型和统计模型综合法,并且它是概率表达的,重视资源的可采性和经济性。本节主要介绍天然气资源评价的成因法。

20 世纪 70 年代末,石油有机地球化学研究取得了突破性进展,以 Tissot 等为代表的干酪根热降解油气有机成因学说得到了公认。干酪根热降解生油模型为油气资源评价研究带来了新的活力。Tissot 和 Welte 首次根据烃源岩干酪根热降解的化学动力学原理,建立了烃源岩生烃量定量计算模型,为成因法资源量评价奠定了理论基础。

成因法又称为地球化学法,是根据天然气生成、运移和聚集的基本理论,结合评价区的具体地质条件,再现天然气形成的全部过程,估算生气量、排气量和聚集量(资源量)的方法,也是目前为止国内天然气资源评价应用最为广泛的方法,可进一步分为热模拟方法、化学动力学法、盆地模拟方法。

一、热模拟方法

目前,热模拟实验法主要有两种:热解法和热压模拟实验法。热解法需要对一个盆地或地区做一定数量样品的热解分析,但是对实验结果的运用不同。热解法主要是利用各类不成熟烃源岩的产烃率,把累计最大产烃率作为原始生油潜力,现今不同热演化阶段烃源岩的热解烃率作为残留烃率,然后,将各类不同成熟烃源岩在不同模拟温度下的累计热解烃率做成图版,求出不同程度热解烃源岩的原始生烃潜量,原始生油潜量与残留潜量之差为油气初次运移量,初次运移量与原始生烃潜量之比为排烃系数。聚集系数采用地质类比法确定。

利用烃源岩热压模拟实验,求得气、液态烃产率曲线,及不同演化阶段气、液态产率,按演化阶段分别计算天然气总生成量。

热压模拟实验是由高压釜、液态及气态产物定量收集系统装置组成。选择未熟、低成熟岩心样品,将样品置于高压釜中,加水并加热,每20~50℃为一温度段,每一特定温度段至少加热72小时以上,用冷凝装置收集热解油,计量并作分析;用排水取气法收集气体计量并作组分分析;固体残渣自釜内取出后称量,然后进行氯仿沥青"A"、氯仿沥青"C"的抽提和干酪根的组分分析。由下式求出在不同模拟温度及 R_o 下的烃产率,温阶应选择与产烃区原油生成温度区间相适应的范围。

$$E_o = \frac{10^{-12}}{R_{o2} - R_{o1}} \int_{R_{o1}}^{R_{o2}} (Z_2 - Z_1) \cdot M \cdot d \cdot C \frac{O_r}{1 - 0.01D|_{t=0}} dR_o$$

$$E_g = \frac{10^{-15}}{R_{o2} - R_{o1}} \int_{R_{o1}}^{R_{o2}} (Z_2 - Z_1) \cdot M \cdot d \cdot C \frac{G_r}{1 - 0.01D|_{t=0}} dR_o$$

式中　E_o、E_g——烃源岩生油、生气强度,$10^4 t/km^2$、$10^8 m^3/km^2$；

　　　R_{o1}、R_{o2}——烃源岩顶底界的 R_o 值；

　　　O_r、G_r——产烃(油、气)率,kg/t TOC、m^3/t TOC；

　　　Z_1、Z_2——烃源岩顶底界深度,m；

　　　M——有效烃源岩含量,%；

　　　d——烃源岩密度,t/km^3；

　　　C——干酪根降解率,%；

　　　$D_{t=0}$——$t=0$ 时的干酪根降解率,%。

二、化学动力学方法

作为研究化学反应速度和反应机理的一门基础学科,化学动力学理论在天然气资源评价中得到了广泛应用。地球化学领域内研究的天然气生成过程,实际上属于地质条件下低温、长时间的慢速反应过程。从理论上讲,有机质的成烃动力学模型是动态描述生烃史的有效方法。目前这一方法已经被国内外学者广泛接受。

在天然气资源评价中,分别对干酪根成油、成气以及油裂解成气的动力学模型进行建立和标定,并应用于地质条件下,尤其是生烃动力学模型的不断完善并与迅速发展的计算机技术相结合,逐渐发展成为烃源岩研究的一种重要手段。国内学者也应用该方法开展了大量的研究工作,使之普遍应用于烃源岩评价、有机质成熟度、干酪根、沥青质及原油等的裂解生烃研究。可以说,它代表了烃源岩生烃量和生烃期定量、动态评价研究的一个重要发展方向和趋势。具体如下:

按照现代天然气成因机理,单位烃源岩中天然气的生成量取决于有机质的丰度(数量)、类型(反映单位质量有机质的生烃能力)和成熟度(反映有机质向天然气转化程度的成烃转化率)。这样,评价目标中天然气的生成量应该为:

$$Q_{生烃量} = S \cdot H \cdot \rho \cdot TOC^0 \cdot I_H^0 \cdot F$$

式中　$S \cdot H \cdot \rho$——烃源岩的质量；

　　　TOC^0——烃源岩中有机碳含量(恢复后的原始有机碳)；

　　　I_H^0——单位质量有机质的原始生烃潜力(如 mg/g TOC 或 kg/t TOC,反映有机质的类型),TOC

·I_H 则反映了单位质量烃源岩的生烃潜力;

F——成烃转化率(无量纲,或用%表示)计算生油量时用成油转化率,计算生气量时用成气转化率,$I_H \cdot F$ 则反映了单位质量有机碳的生烃量,成烃转化率的计算至关重要,需要采用研究区样品生烃动力学参数。

在计算过程中,将评价区在平面上均分为若干个 1km×1km 的网格区,分别计算各网格区目的烃源岩层的生烃量,然后累加即可得出各目的烃源岩层总的生烃量。

三、盆地模拟方法

盆地模拟是通过计算机技术把地质、地球物理、地球化学、地球热力学、地球动力学及流体渗流力学等学科的知识和方法综合起来,首先在盆地分析的基础上,建立各种盆地天然气生成、运移、聚集等相关的地质模型;然后,根据地质模型的特点,采用适当的物理、化学、热力学、动力学、流体力学等方程来描述相关的地质过程,即建立相应的数学模型;最后,根据盆地类型和地质特征确定求解条件、选择合理的数值解法、输入恰当的模拟参数,在时间和空间域中对盆地的地质演化、有机质热成熟以及天然气的生成、运移乃至聚集过程进行历史分析和定量描述(周总瑛,2007)。

大多数盆地模拟软件一般包括5个模块(即"五史"):地史、热史、生烃史、排烃史和运移聚集史。"五史"模型中生烃史较成熟,地史和热史次之,最薄弱的是排烃史和运聚史,这也是今后模拟技术突破的关键环节。

盆地模拟系统近20年来的发展趋势可简要归结如下:

(1)从空间来说,由一维模型发展成二维模型,正朝着三维模型方向发展。

(2)从烃类运移相态来说,由笼统的单相(流体)发展成二相(油、水或气、水)甚至三相(水、油、气),正朝着组分方向发展。

(3)从地史模拟方法来说,由"反复调整参数进行计算使结果与今天实际资料吻合"的正演法(从古到今),发展成"结果必然与今天实际资料完全一致"的反演法(由今溯古),正朝着正反演相结合方向发展。

(4)从热史模拟方法来说,由单纯的地球热力学法发展成地球热力学与地球化学相结合的方法,并且发展了古地壳热结构分析法。

(5)从运移聚集史来说,由不考虑天然气二次运聚,发展成考虑天然气二次运聚;由简化的模型发展成完备的渗流力学模型,进而发展到模糊人工神经网络模型。

(6)从软件集成来说,从单纯"五史"分析与模拟,发展成"五史"与传统地质分析相结合的综合分析与模拟,并且与信息系统集成起来。

其优点在于,它是一种综合地质分析的成因评价法,资源量估算的关键在于对地质作用过程的认识。评价过程中涉及的参数众多,包含了天然气生成、运移、聚集、保存的全过程,如地层厚度、岩性、有机质丰度、类型、成熟度、古地温场、不同类型干酪根的产烃率、排烃系数、聚集系数等。这些参数的选取都与地质历史过程直接相关,具有明确的地质意义。盆地模拟方法除了提供天然气资源量估算值外,还可以提供大量有价值的成果图,例如单井沉降史图、剖面构造演化史图、生烃强度等值线图、古流体势图等。通过这些成果图,石油地质学家可以比较快速、准确地查明盆地的地史演变过程,了解可能的资源潜力,找出有利的天然气聚集区块,为天然气勘探部署提供地质依据。

存在的主要问题有:

(1)盆地模拟方法最终评价的天然气资源量是地质资源量,是指地下储集体中的天然气蕴藏量,没有考虑时间性和经济性。国际上公布的天然气资源是指在目前和未来可以预见到的技术、天然气价格下有经济开采价值的地下天然气蕴藏量,即经济可采资源量。天然气资源的时间性和经济下限是进行勘探决策的前提条件,对勘探开发技术要求很难满足或处于经济下限之下的天然气藏,其资源是没有价值的,应该摒弃。

(2)由有机成因理论出发的资源量计算过程中,都要涉及排烃系数、聚集系数的选取,将生气量转换成资源量。但由于现阶段对天然气运移、聚集成藏机理研究很不完善,对排气系数、聚集系数的选取很难建立有效的数学模型,而且缺少来自成熟探区的充分统计数据的支持,取值人为因素影响较大,降低了资源量估算结果的可靠性,这也是成因法估算资源量的最大不足之处。

第二节 天然气资源评价的关键参数

天然气资源评价成因法中除盆地烃源岩发育规模(烃源岩厚度、分布范围等)之外,各种类型烃源岩产气率、排气系数和运聚系数是资源评价的关键参数。关于不同有机质类型烃源岩的生气模式和产气率在第五章已细述。本节主要介绍成因法中烃源岩排气系数和运聚系数2项关键参数。

一、不同类型气源岩排气系数

目前,国内外众多学者针对烃源岩的研究主要集中在有机质基本性质(如有机质丰度、类型和成熟度)、定量评价与评价标准、生气热模拟实验与生气动力学等方面的研究,但对烃源岩排气系数的研究相对较少,李明诚(2004)通过对中国东部渤海湾盆地各凹陷烃源岩排烃模拟和计算,提出烃源岩排油效率一般为25%~40%,排气系数为70%~85%,但是不同母质类型烃源岩以及在不同成熟度下的排气系数研究还没有见到公开报道。近年来,随着非常规天然气(页岩气和煤层气)的勘探,不同母质类型烃源岩排气系数是人们一直关心的焦点,也是烃源岩研究中的一个弱点和难点。但是,烃源岩排气系数是沉积盆地含天然气远景评价的一个重要参数,对常规和非常规天然气资源评价都有着非常重要的意义。这里主要对不同母质类型烃源岩在不同热演化阶段的排气系数进行了定量评价。

烃源岩的排烃效率计算方法主要包括有机质热压模拟实验法、有机质地球化学参数为基础的盆地模拟法和有机地球化学分析法等,但这些方法主要是针对排油效率。而对天然气来说,由于气体分子量很低,受到采样过程中气体散失和地质条件下天然气运移等因素的制约,通过自然演化剖面精确地刻画岩石中残余气体含量和生成量是非常困难的,因此,排气系数的求取一直没有获得重要进展。近年来,由于煤层气和页岩气勘探获取了大量的含气量数据,为烃源岩排气系数的求取提供了条件。

D. Leythaeuser 等(1987)提出烃源岩相对排烃效率(Relative expulsion efficiency,简称REE)和绝对排烃效率(Absolute expulsion efficiency,简称AEE)两个概念。相对排烃效率主要是指烃源岩中排出烃数量与已生烃数量之比,以实际生烃量计算排烃效率;绝对排烃效率是指烃源岩中排出烃数量与原始生烃量之比,与前者相比,后者是以理论计算的生烃量为依据来计算排烃效率,绝对排烃效率比相对排烃效率低。本书中讨论的排气系数主要是指相对排气系数。排气系数的计算公式为:

$$排气系数 = (生气量 - 残余气量) \times 100 / 生气量$$

烃源岩排气系数的求取主要有两个关键参数,分别为残余气量和生气量。

由于在采样过程中气体散失和地质条件下天然气运移因素等条件制约,自然演化剖面法难以很好地反映天然气演化过程的全貌,烃源岩生气量求取较好的方法是通过低熟烃源岩生气热模拟。

烃源岩中残余气量的求取方法主要有两种,一是实测含气量,主要根据页岩气或煤层气勘探获得的含气量数据;二是理论含气量,为根据页岩或煤吸附性参数求取的最大吸附气量与通过页岩或煤孔隙度求取的最大游离气量之和。

烃源岩排烃影响因素很多,以有机质的质量来衡量烃源岩的排烃效率似乎更合理。烃源岩的排气系数类似于排烃效率,本书主要以母质类型为主,探讨煤系气源岩和海相有机质类型为Ⅰ—Ⅱ型烃源岩在不同热演化阶段的排气系数。

(一)煤系气源岩排气系数

1. 煤系气源岩生气量

由于采样过程中气体散失或在地质条件下天然气运移因素的影响,精确地刻画气体生成模式是非常困难的。目前,自然演化剖面法难以很好地反映天然气演化过程的全貌,唯一较好的方法是在实验室内进行人工热模拟。依据热化学反应的时温互补原理,利用实验室内的高温条件来考察相对低温的地质条件需漫长时间才能实现的有机质的成烃反应,为研究有机质演化和天然气生成提供了另一种有效的方法。热解模拟实验是研究有机母质转化生烃量最直接、有效的方法之一。它不仅可以确定有机母质转化生烃的组分、数量,而且还可以揭示这一转化过程中各种组分产出特征的变化规律及其之间的相互关系。

煤系气源岩的生气模式和各热演化阶段的生气量在第五章第一节已进行了详细的论述,采用的研究方法主要有黄金管热模拟和物质平衡方法,煤及煤系泥岩作为"全天候"气源岩而使得煤成气的生成贯穿于成煤作用的整个演化过程,将煤热演化生气划分成4个阶段:第一阶段为生物—热共同作用阶段,即 R_o 小于 0.5% 的未成熟演化阶段。该阶段主要为有机质的生物发酵及厌氧环境下的 CO_2 还原生成生物气,并可能有少量热力作用下生成的天然气,根据国外的数据,生物化学作用阶段天然气生成量分布在 38~68 m^3/t 煤(戴金星等,2001);第二阶段为传统主生油窗阶段,即 R_o 在 0.5%~1.3% 的成熟阶段,该阶段生气量约为 80 m^3/t TOC;第三阶段主生气阶段,即 R_o 约 1.3%~2.5% 的高—过成熟阶段,该阶段生气量约为 80~120 m^3/t TOC;第四阶段即 R_o 大于 2.5% 的过成熟干气演化阶段,该阶段生气量可达 100 m^3/t TOC,占总生气量的 30% 以上。从煤生气的整个演化阶段来看,煤最大生气量近似可达 300 m^3/t TOC 以上,煤生气的成熟度 R_o 下限值约为 5.0%。

2. 煤系气源岩残余气量

烃源岩中残余气量由于甲烷等气体散失作用以前是很难确定的,主要采用两种方法确定煤系气源岩的残余气量,分别为煤层气勘探中实测的煤层含气量数据和煤层含气能力的理论计算数据。

1)煤层含气量

中国煤层气勘探 20 多年的实践提供了大量的煤层含气量数据。煤层含气性的研究表明,煤层含气量受成熟度、温度、压力及后期次生变化作用等多种因素的影响,根据不同演化阶段煤系气源岩排气系数研究的需要,主要研究了煤成熟度与含气量的关系。图 8-1 为鄂尔多斯盆地和沁水盆地煤层气勘探获取的煤层含气量与煤成熟的关系,从图中可以看出,煤层含气量与煤成熟度之间有很好的正相关关系,随着成熟度的增加煤层含气量增高,分布在 8~30 m^3/t 煤。

2)煤层含气能力

煤层的含气能力主要包括吸附量和游离气量。在煤级、煤孔隙结构、煤物质组成及地温梯度相似的情况下,煤对甲烷的吸附气量随压力增高而增加,随温度增高而降低,因此温度和压力与煤层甲烷的吸附气量之间存在相互作用关系,一般情况下,在 1000m 以浅,甲烷吸附容量随埋深变浅逐渐减少,但在 1000m 以下,随着埋深的增高,煤层吸附容量也是逐渐减少的。埋深 1000m 左右是煤层吸附容量

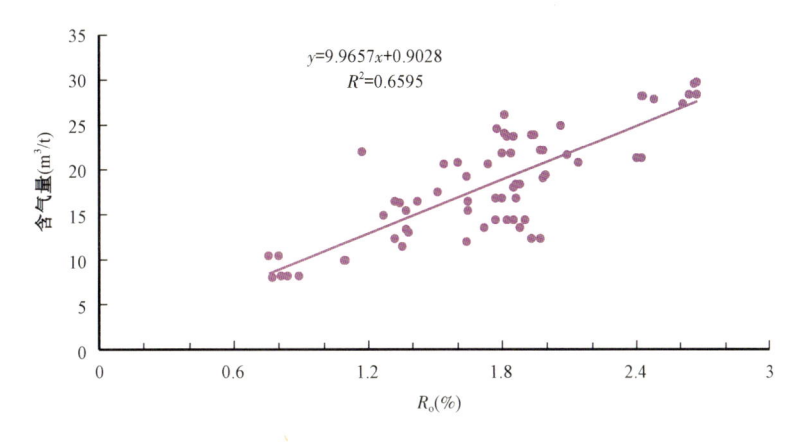

图 8-1 煤层含气量与煤成熟度关系

变化的临界深度,在临界深度以浅,吸附容量随埋深的增大而增高;超过临界深度后,含气量随埋深增大反而降低。从图 8-2 还可以看出,煤层吸附容量与煤的成熟度之间也存在一定关系,在同一深度,随煤成熟度的增加,煤层吸附容量增加,因此,根据图 8-2 可以确定不同成熟度的煤在不同埋深条件下的吸附气量。

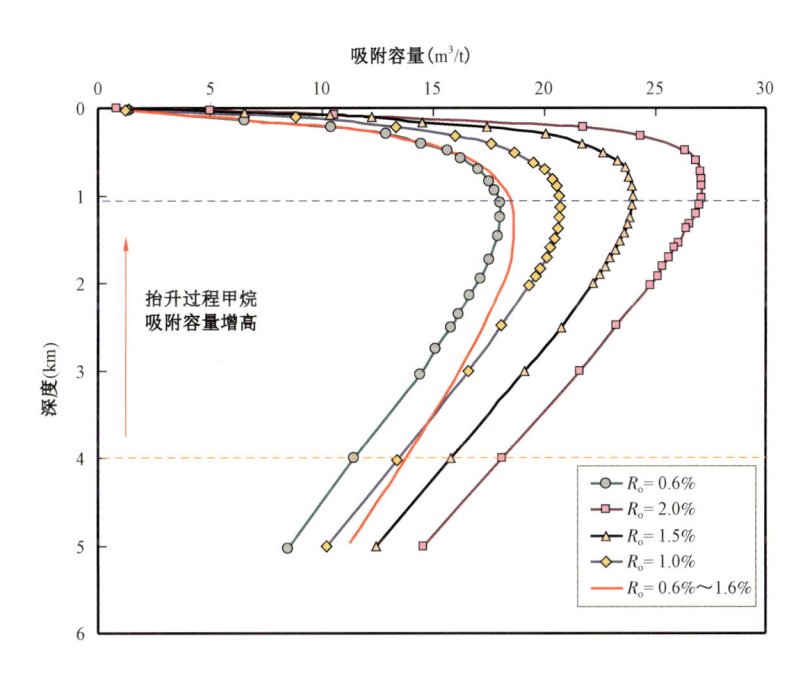

图 8-2 煤层吸附容量与埋深、成熟度之间的关系

游离气量与煤层孔隙度、埋深和饱和度有密切的关系。煤层孔隙度变化与成熟度之间的变化关系比较复杂,如图 8-3 所示,在煤成熟度 R_o 值小于 1.3% 时,随着成熟度的增加孔隙度变小,由 23% 降低到 2%,在 R_o 值大于 1.3% 之后,随着成熟度的增加孔隙度逐渐增加,从 2% 增加到 17%。含气饱和度是反映一定地质条件下煤层含气饱满程度的参数,用煤层实测含气量与该煤层地下实际条件下(如地层压力、温度、湿度和灰分含量)的理论吸附量的比值百分数表示,若此比值为 100%,则为气饱和煤层,若此比值小于 100%,则为欠饱和煤层。煤层含气饱和度是决定煤层气产量高低的关键参数之一,一般含气饱和度大于 60%。游离气含量与埋深关系主要表现在其对煤层气的密度影响,随着煤层气埋深的增加,由于地层压力增加而导致煤层气密度的增大。

以四川盆地须家河组煤系气源岩为例,根据成熟度与埋深的关系,可以计算出煤层在不同成熟度

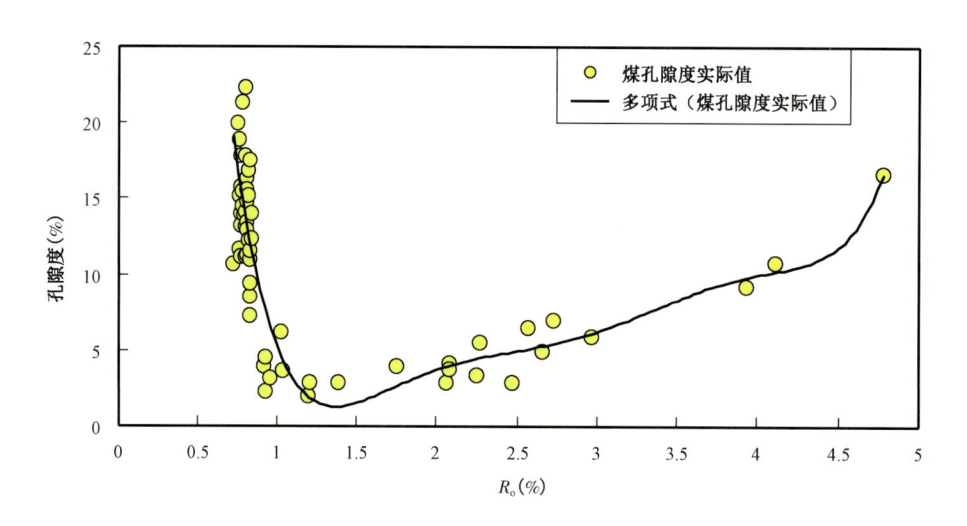

图8-3 煤层孔隙度与煤成熟度关系

下的理论含气能力,即理论含气量,计算的结果如图8-4所示。从图8-4可以看出,在成熟度R_o为1.6%之前,随着成熟度增加,煤层含气量逐渐降低,从21m³/t TOC降低到19m³/t TOC,在R_o为1.6%之后,煤层含气量随着成熟度增加逐渐增大,从19m³/t TOC增加到28m³/t TOC。

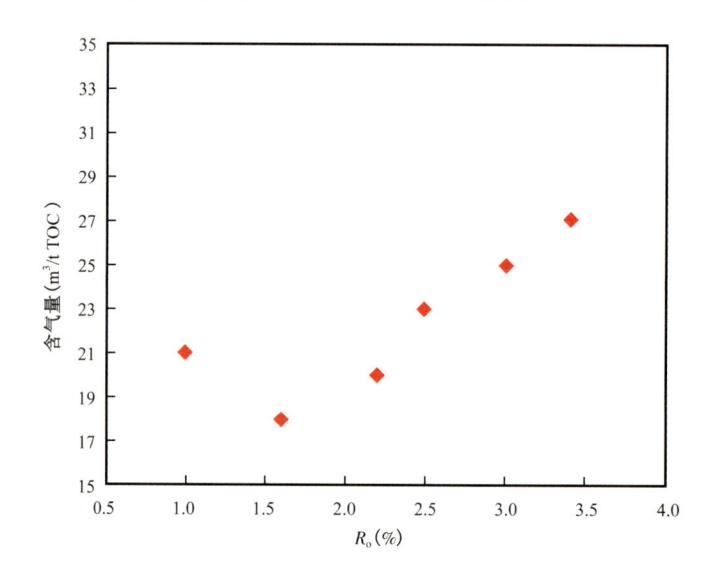

图8-4 四川盆地须家河组煤成熟度与煤层含气量关系

3. 煤系气源岩排气系数

根据不同演化阶段煤系气源岩生气量和残余含气量(实测含气量数据和理论计算的数据)可以求取煤系气源岩的排气系数。不同演化阶段煤系气源岩的排气系数分布如图8-5所示。煤系气源岩含气量数据和含气性能力理论计算数据求取的排气系数均比较接近,随着成熟度的变化均表现出同样的变化规律,主要有两个特征:① 随着成熟度的增加,排气系数逐渐增加,成熟度在R_o为1.0%的排气系数为75%,在R_o为5.5%时排气系数可达90%;② 煤系气源岩的排气系数很高,大部分分布在85%以上。

煤系气源岩高排气系数表明,煤对气体的吸附容纳能力非常有限,煤系气源岩生成的天然气绝大部分都运移到了围岩中,成为常规天然气和致密砂岩气的重要气源。

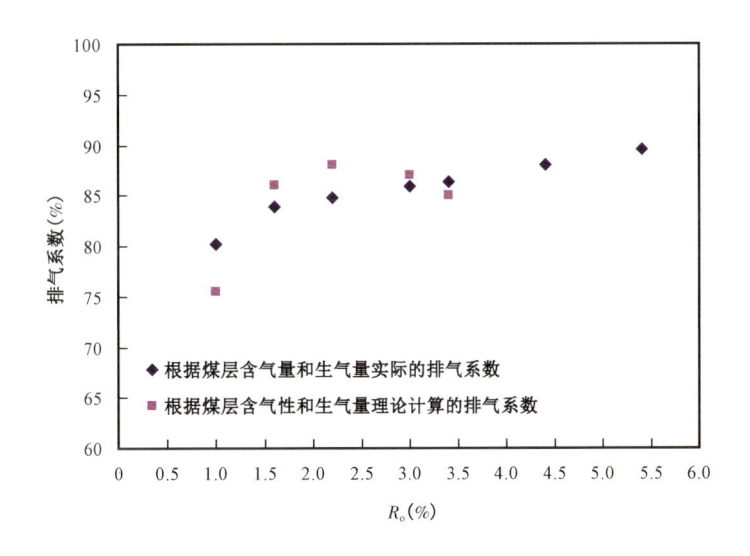

图 8-5　不同成熟度下煤系气源岩排气系数

(二) Ⅰ—Ⅱ₁型烃源岩排气系数

1. 烃源岩生气量

Ⅰ—Ⅱ₁型烃源岩排气系数的求取方法近似于煤系气源岩。但是，Ⅰ—Ⅱ₁型烃源岩由于存在大量排油的过程使得生气量的求取非常困难。在以前的研究中常以在密闭体系下热模拟生气量为烃源岩的总生气量，但从现在的勘探实践来看，在地质体中发现的大量油藏，至少可以认为烃源岩生烃是个半开放体系，在地质体中进行过大量排油，因此，对于Ⅰ—Ⅱ₁型烃源岩来说，以前通过热模拟求取的生气量偏高。在烃源岩体系中，不同演化阶段的生气过程是非常复杂的，主要由干酪根裂解气和烃源岩中滞留烃裂解气两部分组成，干酪根裂解气可以通过烃源岩在开放体系下热模拟实验求取，滞留烃裂解气量与烃源岩排烃系数有很大的相关性。

不同有机质类型烃源岩滞留烃量与成熟度的关系如图 8-6 所示。在烃源岩成熟度 R_o 为 0.8% 时的滞留烃含量最高，在 R_o 为 1.0% 时滞留烃含量为 70mg/g TOC，之间的差值可能主要是由排烃作用造成的。在 R_o 为 1.8% 时滞留烃量为 35mg/g TOC，滞留烃量的降低主要是裂解成气的结果，从图 9-7 中可以看出烃源岩中滞留烃最大裂解气量分布在 20~30m³/t TOC。不同成熟度下干酪根裂解气如图 8-7 所示，干酪根最大裂解气量分布在 80m³/t TOC，主要形成阶段在 R_o 为 0.8%~1.5%。

2. 烃源岩残余气量

烃源岩中残余气量定量非常困难，但是近几年北美地区及中国四川盆地页岩气勘探可以提供含气量数据。页岩含气量的获取方法其一是通过解吸法分别测量解吸气、残余气和损失气；其二是利用等温吸附实验、测井解释等方法分别计算页岩中的吸附气、游离气含量。分析认为：解吸法测量结果容易受到取心方式、测定方法、损失气量计算方法、气体解吸温度等因素的影响，所测得的总含气量比间接法更接近于真实值；吸附气量的估算需要综合考虑有机碳含量、黏土矿物组分、成熟度、温度和压力等因素对页岩吸附能力的影响，建立适当的吸附气含量计算模型，游离气量估算的关键是确定页岩的有效孔隙度和含气饱和度。

图 8-8 为美国和中国主要页岩实测的含气量与成熟度 R_o 的关系，根据不同成熟度页岩的生气量和含气量数据可以求取页岩在不同成熟度下的排气系数。

同样，页岩残余气量也可以通过页岩吸附性和孔隙结构理论求取。从图 8-9 中可以看出，游离气量与深度有很大的关系,随着埋深的增加页岩中游离气量逐渐增加,而吸附气量在 2000m 附近达到最大,向深部吸附气量逐渐减少。

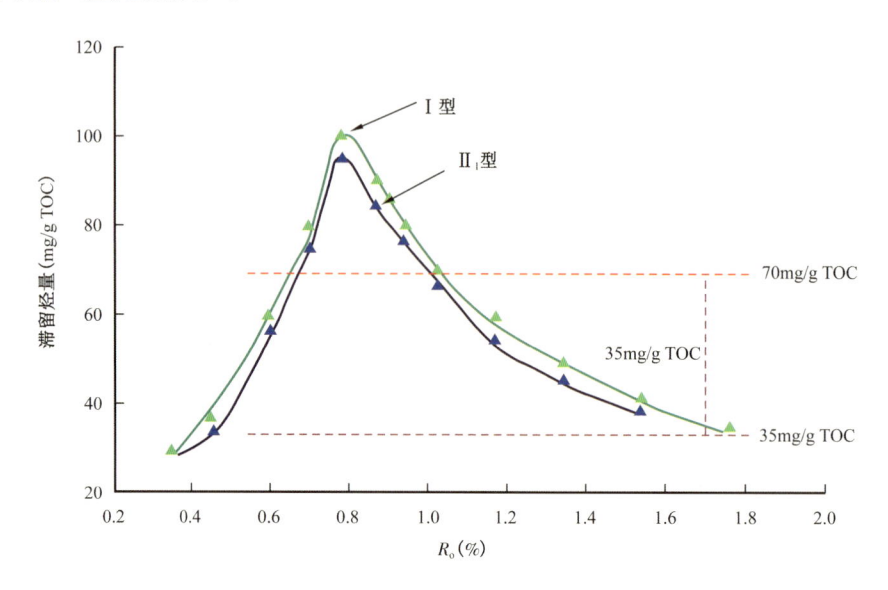

图 8-6　不同有机质类型烃源岩滞留烃量与成熟度关系

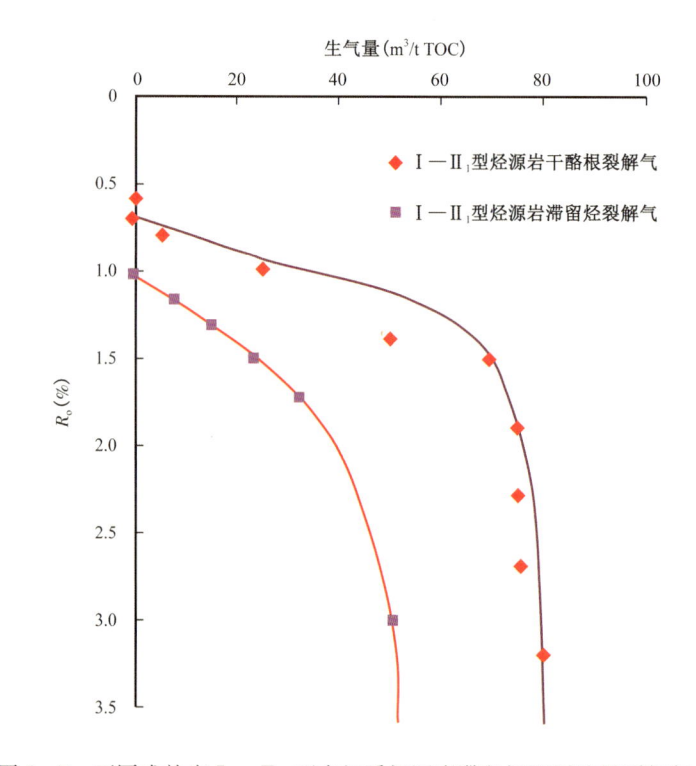

图 8-7　不同成熟度 Ⅰ—Ⅱ₁ 型有机质烃源岩滞留烃和干酪根裂解气量

3. 烃源岩排气系数

根据 Ⅰ—Ⅱ₁ 型烃源岩在不同热演化阶段的生气量和残余气量,可以求取 Ⅰ—Ⅱ₁ 型烃源岩在不同成熟度的排气系数。Ⅰ—Ⅱ₁ 型烃源岩在不同成熟度下的排气系数如图 8-10 所示,根据实测页岩含气量数据求取的页岩排气系数分布在 21%~76%,平均为 52%;根据页岩吸附性和孔隙结构计算的理论含气量数据求取的页岩排气系数最大为 52%,大部分分布在 30%~50%,平均为 36%。Ⅰ—Ⅱ₁

型烃源岩排气系数的分布具有如下特点:① 随着成熟度的增加,排气系数逐渐增加,但最大不超过76%;② Ⅰ—Ⅱ₁型烃源岩排气系数较低,大部分低于60%。

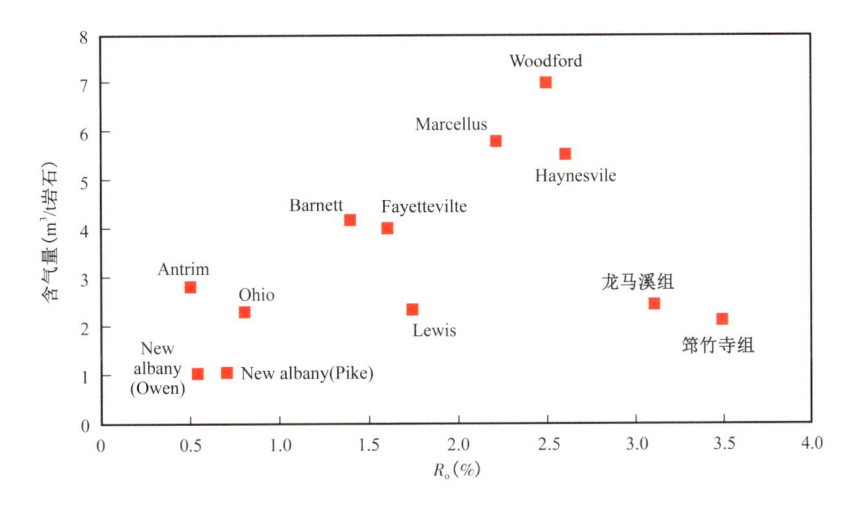

图 8-8 美国和中国主要页岩含气量与成熟度关系

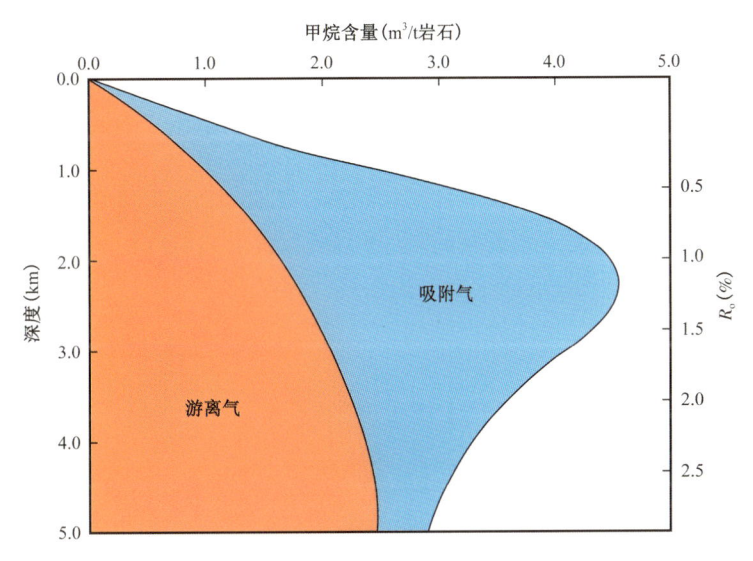

图 8-9 页岩含气量(理论计算)与深度和成熟度的关系

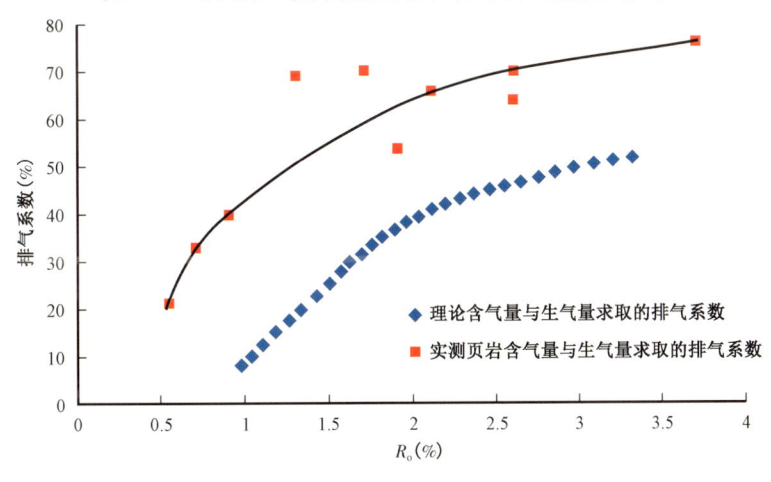

图 8-10 Ⅰ—Ⅱ₁型烃源岩排气系数与成熟度关系

Ⅰ—Ⅱ₁型烃源岩排气系数较低的研究结果表明,在页岩体系中生成的天然气很大一部分保存在烃源岩中,保存在页岩中的这部分天然气为页岩气的勘探提供了物质基础。

(三)不同母质类型烃源岩排气系数对比

在上述煤系气源岩和海相Ⅰ—Ⅱ₁烃源岩排气系数的研究基础上,对不同母质类型烃源岩的排气系数进行了对比分析。

1. 随着成熟度的增加,烃源岩排气系数逐渐增大

从图8-5和图8-10烃源岩排气系数与成熟度分布关系可以看出,无论是煤系气源岩还是海相Ⅰ—Ⅱ₁烃源岩,排气系数都是随着成熟度的增加而增加。排气系数随成熟度增加的主要原因可能是烃源岩在高成熟—过成熟阶段生气量仍逐渐增加,而残余气量已达饱和甚至降低有关。

2. 煤系气源岩的排气系数高于海相Ⅰ—Ⅱ₁烃源岩

煤系气源岩的排气系数从75%增加到90%以上,大部分在85%以上;海相Ⅰ—Ⅱ₁烃源岩排气系数在低成熟—成熟阶段比较低,一般小于20%,虽然随着成熟度的增加而逐渐增大,但在过成熟阶段最大的排气系数也仅有76%,与煤系气源岩的排气系数相比,明显偏低。导致这种差异的原因是煤系气源岩生气量远高于海相Ⅰ—Ⅱ₁烃源岩,而两者在单位有机质中的残余气量可能相差不大。

3. 理论含气量与实测含气量求取的排气系数差值差别较大

从图8-5中可以看出,煤系气源岩采用理论含气量和实测含气量求取的排气系数比较接近,但海相Ⅰ—Ⅱ₁烃源岩两者差值很大(图8-10)。究其原因可能与煤和海相页岩中残余气吸附状态有关。煤系气源岩含气量的组成可能主要为吸附气,而游离气含量相对较少,使得理论计算的含气量与实测含气量比较接近,但页岩含气量可能主要是由游离气与吸附气两部分组成,在测定页岩气含气量时由于游离气散失作用使得含气量比理论计算的含气量偏低,导致页岩的排气系数差别很大。

通过以上分析,烃源岩的排气系数影响因素很多,有机质母质类型和成熟度对排气系数具有很大的影响;煤系气源岩排气系数高,海相Ⅰ—Ⅱ₁烃源岩排气系数相对较低,由于页岩排气系数比较低,有利于页岩气的富集;随着成熟度的增加,煤系气源岩和海相Ⅰ—Ⅱ₁烃源岩排气系数逐渐增加,在低成熟—成熟地区,由于烃源岩排气系数较低,可能不利于常规天然气的成藏富集;而在高成熟—过成熟阶段,由于烃源岩排气系数很高,有利于常规天然气成藏富集。由于海相页岩体系内的生气量和排气系数均较低,海相盆地常规天然气勘探主要以原油裂解气为主。

二、天然气运聚系数

按天然气藏与气源灶空间的关系,大致可将天然气藏分为三类,分别为源内型、近源型和远源型,不同类型灶藏关系天然气运聚系数是存在差别的,如表8-1所示。

表8-1 不同灶藏空间关系分类表

类别	特点	典型代表
源内型	天然气基本未经运移或仅微距离运移,吸附气和游离气与烃源岩中残留气量或原地气量决定了天然气资源量	煤层气、页岩气
近源型	储层与烃源岩灶相邻,天然气从灶到藏运移距离短,运移损失量较小	Mesaverde群致密砂岩气、苏里格上古生界致密砂岩气、四川盆地须家河组砂岩气
远源型	储层与烃源岩灶有一定距离,天然气从灶到藏运移距离较长,运移损失明显	克拉2气藏、崖13-1气藏

(一) 近源型天然气运聚系数

近源型表现为储层与烃源岩灶相邻,天然气从灶到藏运移距离短,运移损失量一般相对较小。从目前的天然气勘探实践来看,近源型主要有三种类型,第一种类型是与煤系气源岩互层的砂岩气藏,如鄂尔多斯盆地上古生界、四川盆地须家河组、北美落基山区白垩系 Mesaverde 群致密砂岩气等均是典型的近源型天然气系统,不仅从烃源岩(主要是煤层和泥岩)到储层运移损失量很小,而且致密砂岩成藏后的天然气散失量可能相对较低;第二种类型是在海相盆地中的古油藏裂解气,古油藏中原油裂解形成的天然气最终聚集在油藏附近,没有发生大规模的运移,也具有近源聚集的特征,如四川盆地东北部长兴组—飞仙关组和乐山—龙女寺古隆起震旦系—寒武系等;第三种类型是生物气藏,生物气源岩在甲烷菌的作用下生成的生物气就近聚集在储层中形成生物气藏,如柴达木盆地东部第四系。

1. 与煤系交互的砂岩气藏天然气运聚系数

天然气运聚系数定义为聚集量与生气量的比值,一般认为天然气运聚系数低于 1%,多数在 0.5% 左右。

1) 天然气具有近源成藏特征

四川盆地须家河组自下而上可以细分为 6 段,须一、须三、须五段以泥岩、页岩为主,夹薄层粉砂岩、碳质页岩和煤线,须二、须四、须六段以灰色、灰白色细—中砂岩为主,夹泥岩,特别是在川西地区,煤系泥岩厚度还相当大,须家河组大面积发育的煤系气源岩与大面积展布的层状砂岩储集体呈"三明治"式互层分布,大面积层状展布的煤系气源岩随热演化作用生成的天然气先整体向上覆砂体大面积层状排烃,在厚层泥岩盖层等有利的保存条件作用下,天然气排聚效率很高。四川盆地须家河组天然气具有近源成藏的特征。该区近源成藏主要有两层含义,一是指在纵向上,须家河组可以进一步划分为三套含气系统,须二、须四和须六段储层中天然气分别来自邻近的气源岩,如须六段气藏天然气主要来于须五和须六段气源岩,而与须五段以下的气源岩没有亲缘关系;另一层含义是在平面上由于须家河组地层平缓,储层大部分为低孔低渗的致密砂岩储层,天然气很难发生大规模的侧向运移,气藏中的天然气主要来源于邻近气源岩。目前发现的广安气田主要由须四段和须六段气藏组成,两个气藏在天然气组分和碳同位素组成上存在明显的差别,须六段气藏天然气组分中的乙烷含量较高,大于 6%,甲烷含量较低,小于 91%,并且乙烷碳同位素一般小于 −26‰,丙烷碳同位素小于 −24‰;须四段气藏乙烷含量低于 6%,碳同位素大于 −26‰,丙烷碳同位素多数大于 −24‰,反映须六段和须四段气藏天然气在来源上存在明显差异(图 8 − 11),须六段气藏天然气成熟度相对较低,可能来源于成熟度较低的须五、须六段气源岩,而须四段气藏天然气主要来源于邻近的成熟度较高的须三、须四段气源岩。当然,从天然气组成来看,广安气田的天然气也不可能来源于川西坳陷经过大规模运移的天然气,因为川西坳陷气源岩成熟度高,生成的天然气甲烷含量应很高,如果广安气田天然气是由川西坳陷大规模运移形成的,其天然气中甲烷含量应很高,但从目前广安气田的天然气组分和碳同位素的分布来看,广安气田天然气成熟度应该不是很高。因此,无论是从纵向上还是平面上分析,四川盆地须家河组天然气具有近源聚集特点。

鄂尔多斯盆地上古生界气藏天然气 C_1 同位素从南向北显示了明显的变轻趋势,其变化规律与上古生界烃源岩有机质成熟度基本一致,指示了成熟度对天然气 C_1 同位素具有控制作用。烃源岩热演化程度与气藏天然气相态也呈现密切相关性,盆地西缘和北部伊盟地区镜质组反射率约为 0.7% ~ 1.3%,在所发现的气藏中凝析油含量较高;盆地南部演化程度较高,气藏中几乎不含凝析油。鄂尔多斯盆地上古生界天然气藏 C_1 和 C_2 同位素比值与原地气源岩镜质组反射率之间存在正相关关系(图 8 − 12),值得指出的是,同一地区镜质组反射率相同,但天然气 C_1 和 C_2 同位素呈现近 5‰ ~ 10‰ 的离散,对比Ⅲ型烃源岩排出天然气碳同位素演化模型,这种离散性实际上指示了烃源岩在不同成熟阶段生成的天然气的近源聚集。如果存在天然气大规模地从南向北运移聚集,在同一地区天然气碳同位素会近似。近源累积聚集的重要标志是不同成熟阶段排出的天然气在同一地区共存,表现为同一地区天然气碳同位素的离散性。

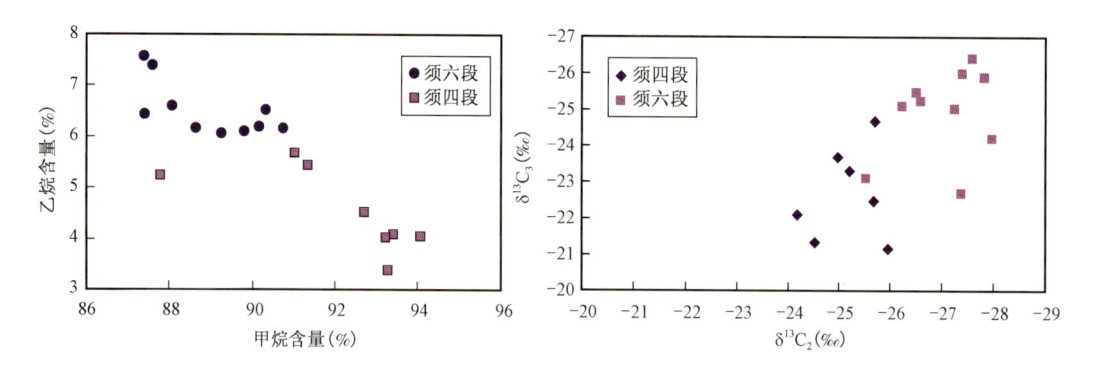

图 8-11 广安气田须四段、须六段气藏天然气组分和碳同位素对比图

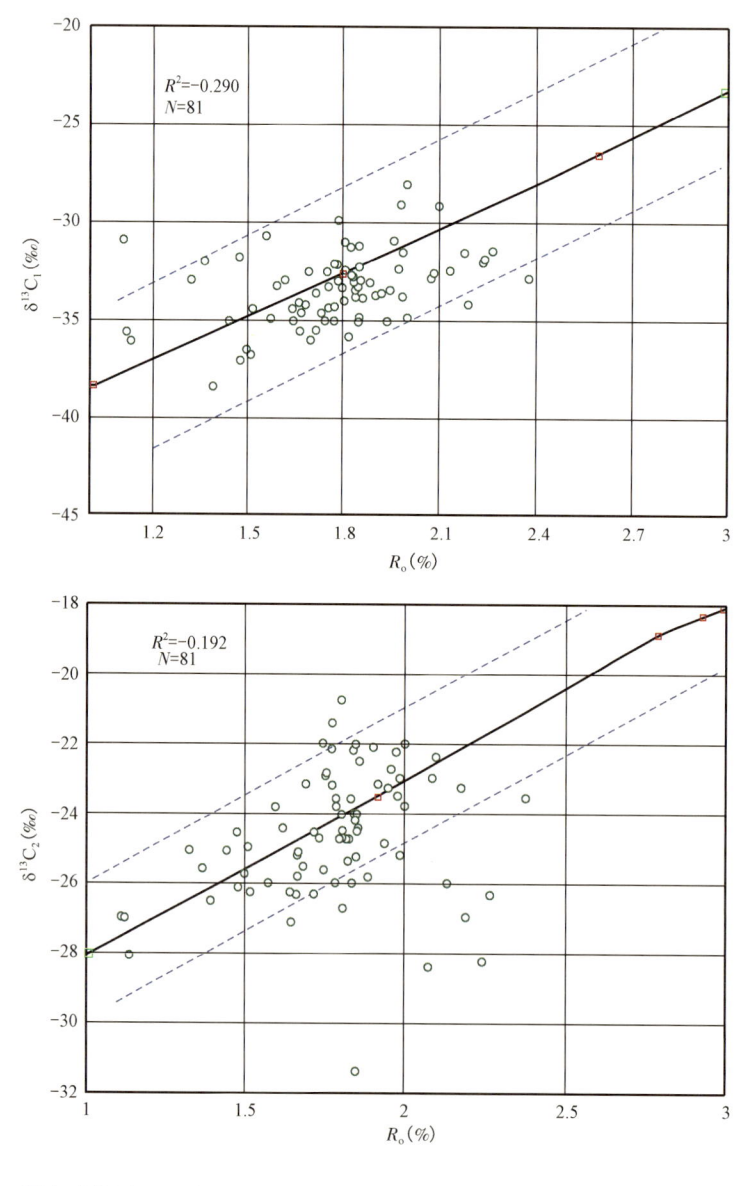

图 8-12 鄂尔多斯盆地上古生界气藏 C_1 和 C_2 碳同位素值和原地镜质组反射率的相关性图

2) 气源灶与大气田的关系

气源灶用于表征烃源区的特征和分布,在天然气系统分析中,识别和圈定烃源灶是一项关键性的基础工作,也是天然气勘探研究中的关键性内容。一般认为,气源灶的表征分为3个方面:① 烃源岩的精细描述,包括丰度、类型、成熟度及厚度展布;② 根据烃源岩埋藏热历史和生烃化学动力学参数计算各套烃源岩在不同地质时期的天然气生成量,圈定出不同地质时期气源灶分布范围和生气强度;③ 根据天然气藏的成分和同位素数据,从生气和碳同位素化学动力学方面限定天然气的捕获阶段,明确天然气聚集带或气藏对应气源灶的有效捕获时限。这里主要介绍第二个方面。须家河组气源灶的分布如图8-13所示,须家河组烃源岩在四川盆地大面积生气,大部分地区生气强度为$(10 \sim 150) \times 10^8 m^3/km^2$,生气强度高值区主要分布在川西地区,生气强度分布在$(50 \sim 150) \times 10^8 m^3/km^2$范围,显示气源非常充足。煤层的生气强度分布在$(5 \sim 40) \times 10^8 m^3/km^2$,生气强度约为总生气强度的1/3,显示煤层对须家河组天然气资源的贡献不容忽视。

气源灶对大气田形成具有重要的控制作用,大型气田的形成需要一定的生气强度,戴金星等(1996)认为形成大中型气田需要大量的气源,特别是当天然气运聚系数越小,要求气源量则越大,并统计认为中国绝大多数大中型气田处于生气强度大于$20 \times 10^8 m^3/km^2$范围内。但是,对于与煤系互层且保存条件较好的地区,由于天然气运聚系数较高,天然气大面积成藏,运聚系数较大,因此,这种类型大气田的形成对生气强度的要求可能相对较低。在研究川中须家河组气源灶与大气田的关系时,一般情况下大多数是编制大气田与须家河组烃源岩总生气强度的分布图,但是根据前面的研究结果,川中地区须家河组天然气成藏具有近源聚集的特点,须二、须四、须六段发育的大气田气源主要与其邻近的气源岩有关,为了更精确地刻画大气田与气源灶的分布关系,分别编制了须四段气藏与须三、须四、须五段烃源岩总生气强度和须六段气藏与须五、须六段烃源岩总生气强度的分布图(图8-14)。发育在须四段的大气田主要分布在生气强度大于$8 \times 10^8 m^3/km^2$的范围内,同时也注意到在生气强度小于$4 \times 10^8 m^3/km^2$的地区也发育一些小气田;发育在须六段的大气田主要分布在生气强度大于$10 \times 10^8 m^3/km^2$的范围内,这些表明须家河组天然气运聚系数确实很高,在生气强度大于$(8 \sim 10) \times 10^8 m^3/km^2$的范围内可以形成大气田。

鄂尔多斯盆地广覆式分布的煤系气源岩,在三叠纪快速埋藏的正常古地温作用下,开始进入生烃门限,并有少量烃类排出;在晚侏罗世到早白垩世,基于热事件的影响,上古生界有机质进入成熟—高成熟阶段,从而使盆地达到主要生排烃期。盆地模拟计算表明,盆地现今总生气强度普遍高于$10 \times 10^8 m^3/km^2$,西部和东部地区最高可达$30 \times 10^8 m^3/km^2$。苏里格气田区处于东西结合部,生气强度达到$(10 \sim 15) \times 10^8 m^3/km^2$。

3) 运聚系数

天然气的生成、运移、聚集和保存是一个复杂的过程,一般认为在漫长的地质过程中,天然气比原油的散失量大很多。天然气运聚系数可以间接地反映研究区内天然气的运移、聚集及保存条件的好坏。天然气运聚系数通常采用成藏条件综合分析法、运聚系数类比法和统计模型预测法等进行选取,杜敏等(2006)对四川盆地须家河组天然气资源量评价时将天然气运聚系数取值在0.6%~2.0%,主要为0.8%~1.0%。

天然气运聚系数的求取是个非常困难的问题,但是对四川盆地须家河组来说,由于须家河组各段烃源岩与砂岩储层相互叠置,根据天然气地球化学分析,须家河组天然气在纵向上和横向上均具有近距离运移和聚集的特点,因此,对这种成藏条件相对比较简单的地区,根据各气田的天然气探明储量以及运聚单元的生气量的关系可以近似地求取天然气运聚系数。本次对川中地区的广安、八角场、充西、合川和川西地区的邛西、中坝、孝泉、洛带、新都等9个气田进行了解剖分析,计算的天然气运聚系

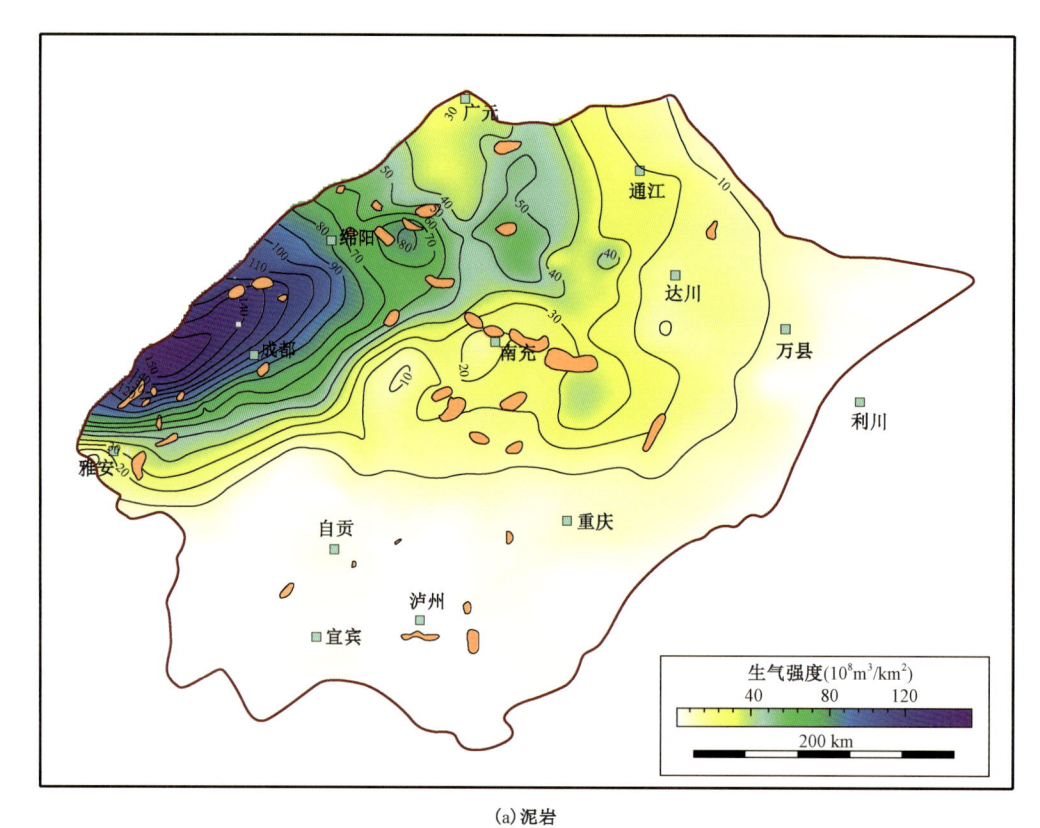

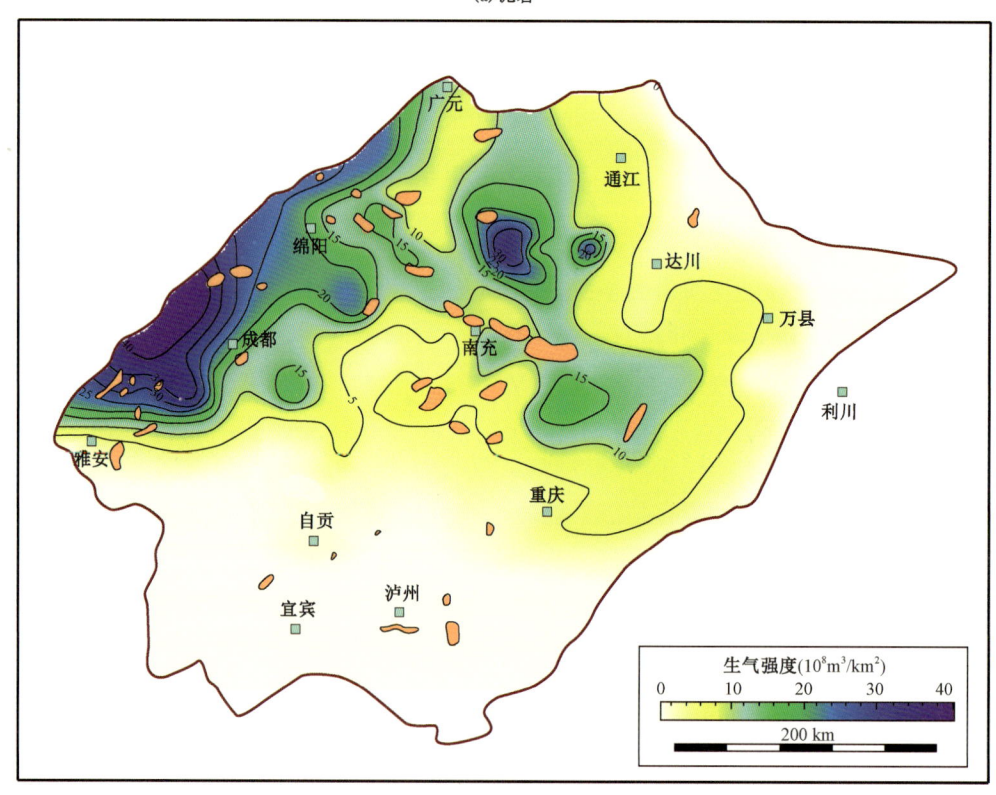

图 8-13 须家河组煤和泥岩总生气强度分布图

(a) 泥岩

(b) 煤

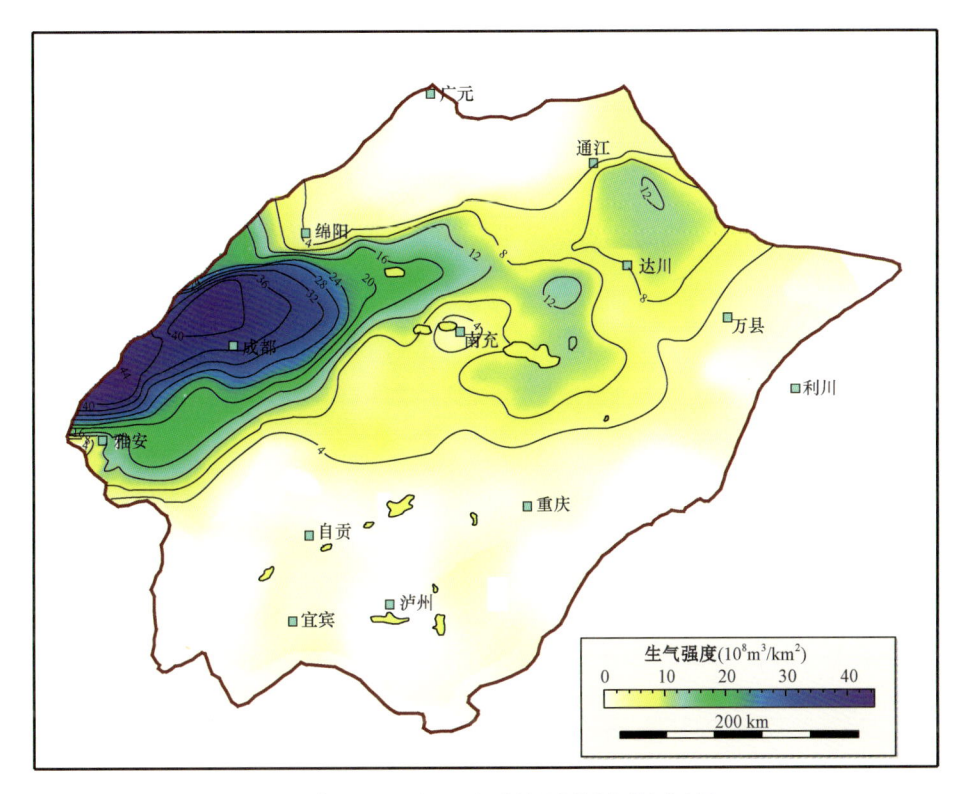

(a) 须四段气藏与须三、须四、须五段烃源岩总生气强度分布图

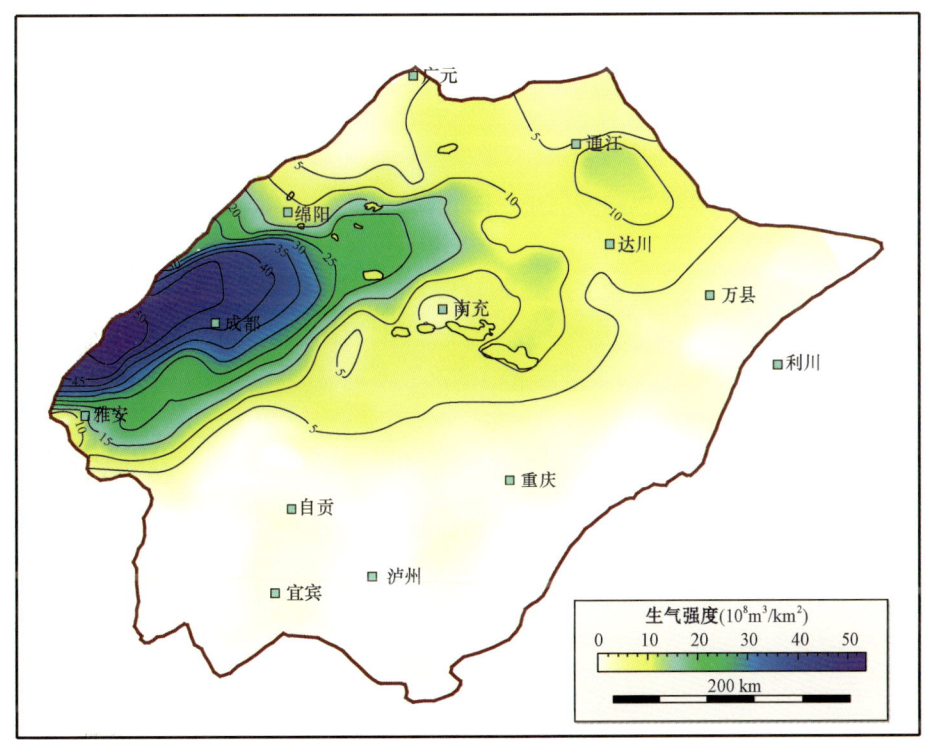

(b) 须六段气藏与须五、须六段烃源岩生气强度分布图

图 8-14　须家河组气藏与烃源岩生气强度分布图

数分布在0.5%~5.2%(表8-2)。天然气运聚系数变化很大，与以前的天然气运聚系数相比也有明显的差异，特别是在川中和川西的须家河组，天然气运聚系数明显偏高，反映与煤系交互的砂岩气藏天然气运聚效率很高。在盆地内部各地区的天然气运聚系数也存在明显的差别，川西地区由于构造的活动较强，天然气运聚系数相对较低，分布在0.5%~1.4%，但在川中地区，由于地层平缓，构造相对稳定，尽管该区烃源岩生气强度较低，但由于天然气保存条件好，天然气运聚效率很高，运聚系数较大，分布在2.0%~5.2%。

鄂尔多斯盆地苏里格气田排气强度主体介于$(10~25) \times 10^8 m^3/km^2$，截至2009年底，苏里格气田在含气面积$5313 km^2$范围内，基本探明储量达$0.66 \times 10^{12} m^3$。生气量分布在$(10.6~15.7) \times 10^{12} m^3$，如果天然气完全是原地聚集，天然气运聚效率可能很高，分布在4.2%~6.6%。

表8-2 四川盆地须家河组部分气田天然气运聚系数

气田	运聚单元面积(km^2)	生气量($10^8 m^3$)	储量($10^8 m^3$)	运聚系数(%)
广安	1733	29470	1355.6	4.6
八角场	208.8	7308	351	4.8
充西	411	4110	81	2.0
合川	3532.3	44154	2296	5.2
邛西	243	22680	323.25	1.4
洛带	486	38880	324	0.8
新都	438	35040	175	0.5

2. 海相古油藏裂解气运聚系数

中国海相碳酸盐岩埋藏深、时代老、受热历史长、热演化程度高，其中易形成古油藏或分散烃类的相对富集区，它们在后期的高温地质条件下极易发生热裂解而形成天然气藏。海相古油藏中原油在储层中发生裂解，一部分在储层中留下一些残渣，即固体沥青，另一部分生成天然气在古油藏附近聚集。四川盆地川东北地区长兴组—飞仙关组自1995年在渡口河构造上的渡1井于飞仙关组获得突破以来，相继在该地区发现了渡口河、铁山坡、罗家寨、普光、滚子坪、金珠坪等飞仙关组鲕滩气藏，而且在川东北所钻探的飞仙关组鲕滩气藏储层中不同程度地含有固体沥青，显然，这些天然气主要来源于该地区古油藏原油裂解。

川东北地区目前的天然气勘探和研究程度相对较高，发现了普光、罗家寨、渡口河和铁山坡等大气田，而且，关于沥青的分布研究前人也开展了很多的工作，因此，根据沥青的分布可以计算该地区原油裂解气量，结合该地区天然气探明储量可以近似的求取古油藏裂解天然气运聚系数。

1) 沥青含量及分布

谢增业等(2005)对川东北地区罗家寨、渡口河和铁山坡气田的沥青含量及分布进行了研究，飞仙关组鲕滩储层沥青含量分布在0.09%~2.50%。由东南方向的罗家寨、渡口河气田至西北方向的铁山坡气田，沥青含量有逐渐降低的趋势，平均含量分别为0.60%、0.54%和0.48%。已发现天然气藏的规模，也是由东南向西北方向逐渐降低，探明储量分别为罗家寨气田$580 \times 10^8 m^3$，渡口河气田$270 \times 10^8 m^3$，铁山坡构造南段控制储量$320 \times 10^8 m^3$。不同岩性中的沥青含量有些差异，残余鲕粒白云岩中的沥青含量值最高，分布在0.2%~2.3%，平均为1.33%；亮晶鲕粒白云岩次之，分布在0.1%~2.5%，平均为0.59%；细晶—中晶白云岩为第三，分布在0.1%~1.2%，平均为0.36%；细晶鲕粒白云岩和灰质粉晶白云岩的平均含量分别为0.16%和0.10%。这表明沥青含量与储层岩石本身的储集孔隙性能有关，因为飞仙关组储层的主要岩石类型是残余鲕粒白云岩。既然沥青含量与储层孔隙发育程度有关，又与现今气藏规模相关，那么根据优质储层的平面展布及储层沥青含量的分布趋势、结合烃源岩生烃高峰期飞仙关组顶面的构造格局,可以预测古油藏主要分布规模。

普光气田储层沥青含量及分布的研究资料相对比较多,秦建中等(2007)对普光气田的储层沥青研究表明飞仙关组固体沥青主要呈环边状附于鲕粒白云岩、残余鲕粒白云岩晶间溶孔、溶蚀孔壁,沥青含量在1.11%~5.73%,均值2.92%;长兴组生物礁储层固体沥青多呈团块状充填于各种溶蚀孔洞中,沥青含量在0.31%~11.72%,均值3.57%。两套储层中的固体沥青含量都有随埋深而减少的趋势。郝芳等(2008)对普光气田普光2井的储层沥青丰度进行了研究,沥青含量一般分布2.0%~4.0%,与秦建中等(2007)研究结果比较接近,单井含沥青储层最大累计厚度可达300m以上,如图8-15所示。

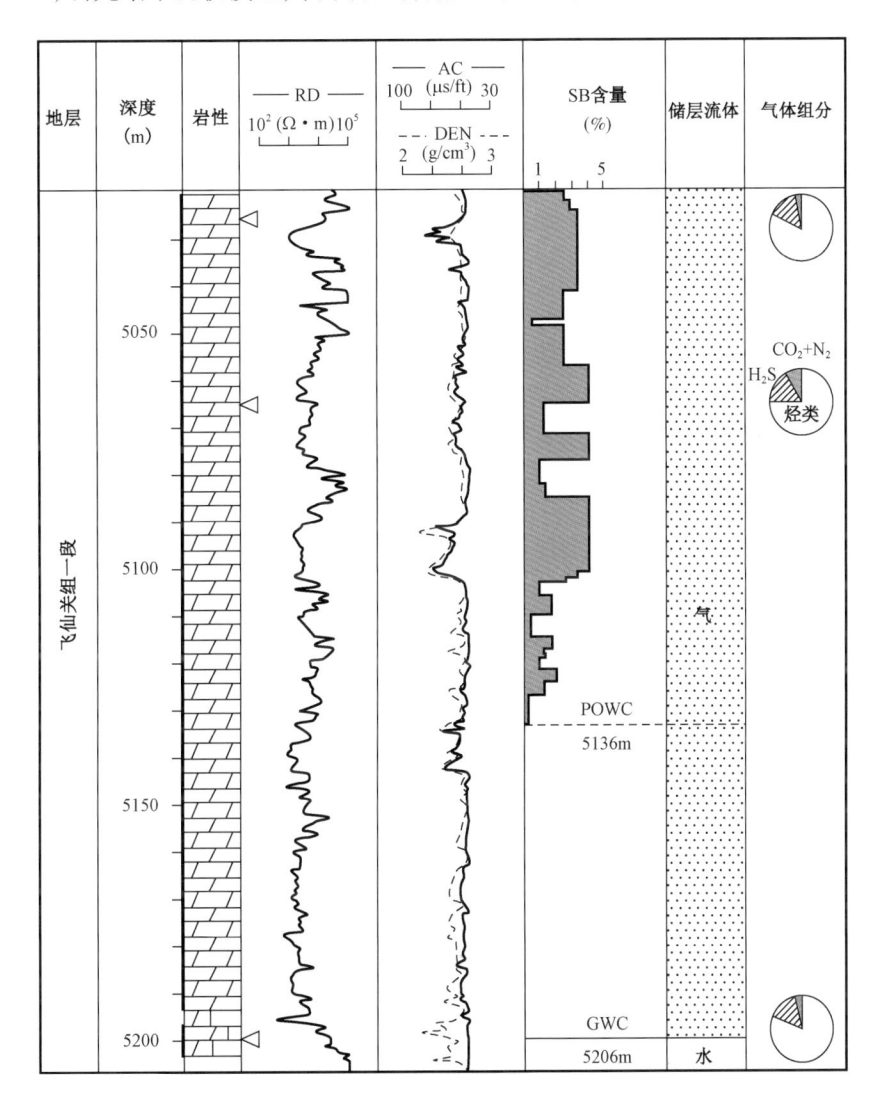

图8-15 普光2井飞仙关组一段沥青含量分布图(据Hao等,2008)

2)天然气运聚系数

(1)川东北地区原油裂解气量。

地质体中的原油在地下发生歧化反应,每吨正常海相原油可裂解650m³甲烷,按照质量守恒原理,剩下的全部转化为沥青,也就是沥青和甲烷之间存在着质量比例关系,正常海相原油裂解生气的质量转化率为50%~55%,最终残余沥青质量占45%,沥青:原油=1:1.12,如果换算成体积关系即1t沥青对应1133m³甲烷。因此,根据这种关系在已知沥青含量的情况下就可以求取生气量。

根据川东北地区沥青含量及分布,计算出该区10000km²的范围内沥青总量约为32.3×10⁸t,生成

的天然气总量为 $3.6 \times 10^{12} m^3$。

(2)川东北长兴组—飞仙关组天然气探明储量。

目前在长兴组—飞仙关组发现 5 个气田(表 8-3),其中有 4 个为储量大于 $300 \times 10^8 m^3$ 的大气田,这些气田合计面积 $294.99 km^2$,总探明储量为 $5605.03 \times 10^8 m^3$,储量丰度高,平均为 $19 \times 10^8 m^3/km^2$,其中普光气田储量丰度最大,可达 $39.38 \times 10^8 m^3/km^2$。

表 8-3 川东北地区主要气田天然气探明储量分布

气田	层位	面积(km^2)	探明储量($10^8 m^3$)	储量丰度($10^8 m^3/km^2$)
普光	$T_1 f$、$P_2 ch$	102.87	4050.79	39.38
罗家寨	T、P、C	124.95	797.36	6.38
渡口河	T	33.80	359.00	10.62
铁山坡	T	24.87	373.90	15.03
金珠坪	T	8.50	24.48	2.88
合计		294.99	5605.03	19.00

(3)天然气运聚系数。

根据川东北地区天然气探明储量和原油裂解生气量,可以近似地求取天然气运聚系数。该地区天然气探明储量为 $5605.03 \times 10^8 m^3$,原油裂解气量为 $3.6 \times 10^{12} m^3$,求取的天然气运聚系数为 15.6%。

从川东北地区天然气运聚系数来看,古油藏裂解气由于就近聚集,天然气运聚系数非常高。

(二)源内型天然气运聚系数

源内型天然气表现为基本未经运移或仅微距离运移,以吸附态和游离态存在,烃源岩中残留气量或原地气量决定了天然气资源量,主要包括煤层气和页岩气。

煤层气藏是指受相似地质因素控制、含有一定资源规模,以吸附态为主,具有独立流体系统。沁水盆地南部为高煤阶煤层气重要产区,煤层气基本上未经过运移,其散失量很低,运聚系数较高。页岩气是从富有机质页岩地层系统中开采的天然气,按成因机制,页岩气是以吸附或游离状态赋存于暗色富有机质、极低渗透率的页岩、泥质粉砂岩和砂岩夹层系统中,自生自储、连续聚集的天然气藏。在页岩气藏中,富烃页岩一般既是天然气的储层,又是天然气的气源岩。富有机质页岩可保存大量滞留气,形成可供商业开采的页岩气。源内型天然气运聚系数定义为聚集量与生气量的比值,煤层气和页岩气的聚集量即其含气量,生气量是指页岩和煤从低成熟阶段至目前的成熟度累积生气量。运聚系数分别为 10%~15% 和 10%~30%,远高于常规天然气。

1. 煤层气运聚系数

煤最大生气量近似可达 $350 m^3/t$ TOC,煤生气的成熟度 R_o 下限值应为 5.0%~5.5%。沁水盆地和鄂尔多斯盆地为中国煤层气的两大重要产区,其中沁水盆地煤层气主要聚集在盆地南部,含气面积 $5334 km^2$,主煤层厚度为 7~19m,埋深 200~1200m,成熟度在 1.9%~4.3%,含气量为 10~$32 m^3/t$ 煤,资源量为 $8900 \times 10^8 m^3$;鄂尔多斯盆地煤层气主要聚集在盆地东部,含气面积 $7361 km^2$,主煤层厚度为 5~22m,埋深 300~1500m,成熟度在 1.1%~2.4%,含气量为 9~$24 m^3/t$ 煤,资源量为 $11485 \times 10^8 m^3$。

煤层气含量受到煤阶的重要影响,鄂尔多斯盆地和沁水盆地煤层气勘探获取的煤层含气量与煤成熟度之间有很好的正相关关系,随着成熟度的增加煤层含气量增高,分布在 8~$30 m^3/t$ 煤。煤层气的保存条件对煤层气含量有至关重要的影响,水动力条件是影响煤层气赋存的重要因素之一,地层压力通过煤中水分对煤层气起封闭作用,煤储层压力除了受埋深、含气量和地应力的影响外,往往与地下水动力条件密切相关。当煤储层所处地表低于区域静水水位,在承压水力作用下,煤储层属超压储层,一般发育于向斜或复向斜内次一级的背斜部位。地下水由煤层露头接受补给,渗透性差的煤储层与外界水力联系弱,补给径流不畅,地下水基本处于滞流状态,储层压力梯度相对较低。渗透性较好的储层中煤层水向深部运移,在滞留区储层压力升高,形成异常高压。研究水动力条件是反演煤层压力分布,是推测煤层气富集区的重要手段。

煤层气运聚系数分布在4%～15%,平均为11%(图8-16)。煤层气以吸附状态赋存于煤的孔隙中。对国内主要的煤层气区带进行统计发现,沁水盆地南部、鄂尔多斯盆地东部、阳泉、三塘湖、盘关、乌审旗、呼和湖等区带运聚系数较高,在10%以上。神木、横山堡、古蔺、叙永、塔里木南、勃利、鸡西、鹤岗、伊犁、萍乐英岗岭等地区运聚系数低于10%。

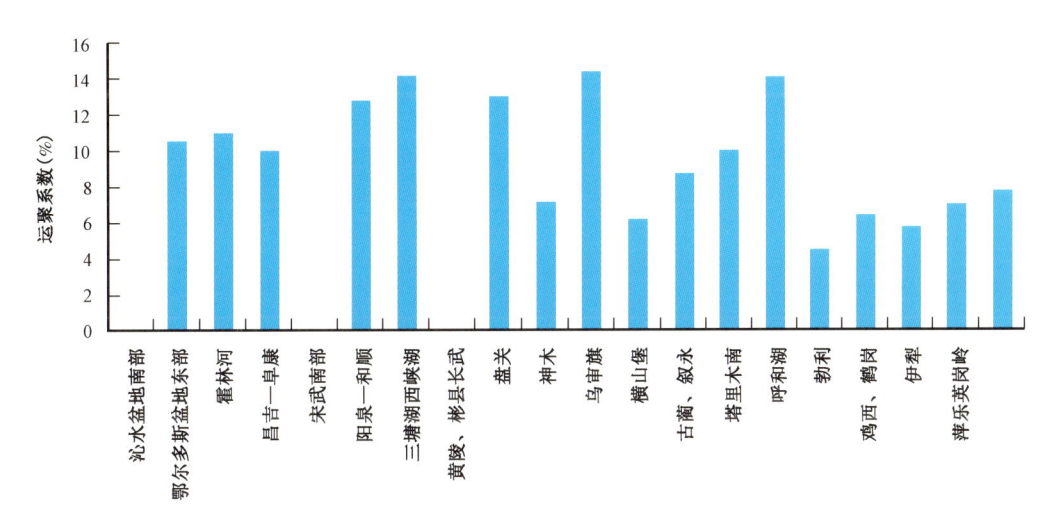

图8-16 中国主要煤层气运聚系数

2. 海相页岩气运聚系数

中国海相富有机质页岩分布广泛,主要发育在中国南方地区、华北地区及西部塔里木盆地。海相富有机质泥页岩分布面积广、厚度大、横向变化稳定。海相富有机质页岩有机质丰富,总有机碳平均含量为0.88%～8.52%(梁狄刚等,2008;董大忠等,2012),有机质类型以腐泥型、混合型为主。基质孔隙有机质纳米级孔隙发育构成了页岩气主要的储集空间。页岩的矿物成分较复杂,主要由碎屑矿物、黏土矿物、碳酸盐矿物组成,含少量黄铁矿、石膏、文石,较高的石英含量有利于压裂增产。海相页岩勘探开发前景较好。

中国南方地区是海相页岩气较有利地区,尤以上扬子地区为好。如四川盆地筇竹寺组富有机质页岩分布面积$18.5 \times 10^4 km^2$,有效页岩厚度110～163m,2010年钻探的两口页岩气评价井经大型水力压裂在筇竹寺组页岩和五峰组、龙马溪组页岩中均获得了初始页岩气产量(大于$1 \times 10^4 m^3/d$),实现了中国页岩气首次突破(董大忠等,2012)。

1)页岩吸附气含量及含气量影响因素

页岩气中有很重要的一部分以吸附态存在于黏土矿物、有机质颗粒及孔隙表面上,占页岩气赋存总量的20%～85%,北美Barnett页岩吸附气可占页岩气总产量的40%～60%,其余均在40%以上。

页岩储层吸附能力受多种因素共同控制,包括页岩孔隙结构、页岩成分(TOC含量、水分含量、无机矿物、显微组分)、页岩成熟度和储层温压条件。此外,沉积环境和变质作用通过影响以上因素间接影响页岩的吸附性(图8-17)。

页岩对气体的吸附能力与页岩的 TOC 含量之间存在正相关性。TOC 含量增高,页岩表面的吸附量增加(Chalmers 和 Bustin,2008),页岩气井的产量也随之增加。通过质量平衡法计算,TOC 含量为 7% 的页岩,有机质中储集气量可占总储气量的 62%,包括吸附在有机质表面的吸附气和赋存于有机质孔隙中的游离气。中国川南地区筇竹寺组五个样品的 TOC 含量由 3.54% 到 4.26%,随 TOC 含量的增大,吸附能力增强,兰氏体积可由 1.84cm³/g 增加到 10.56cm³/g(图 8-18)。有机质孔主要为微孔、介孔(田华等,2012),甲烷主要吸附在微孔、介孔表面,有机质中赋存大量吸附气。

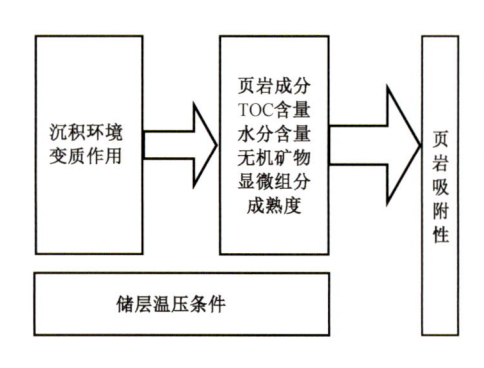

图 8-17 页岩吸附性影响因素示意图

Ross 和 Bustin(2007)认为溶解气组分有助于吸附能力的提高,与甲烷在无定形结构的基质沥青中的潜在增溶作用有关。Chalmers 和 Bustin(2007)认为甲烷的溶解作用是硬沥青和可溶沥青样品吸附吸附气能力的反映。

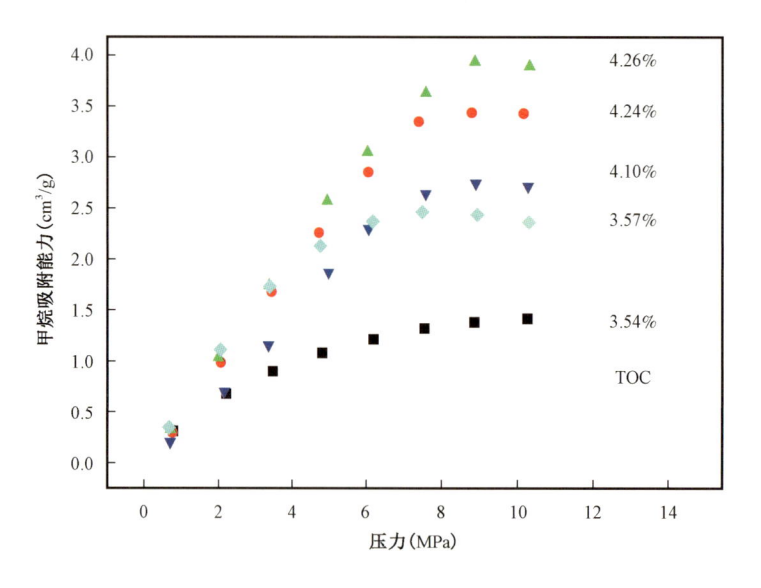

图 8-18 四川盆地筇竹寺组页岩吸附能力比较图

不同显微组分对气体的吸附性不同,镜质组的吸附能力最强,惰质组次之,壳质组最低。对于不同煤阶的煤来说,镜质组含量多的镜煤要比惰质组含量相对多的暗煤的吸附能力强(苏现波和林晓英,2007)。类似的,在页岩储层中,镜质组含量越高,甲烷的吸附量越大。

黏土矿物拥有显著的比表面,可在其内部吸附甲烷。自生黏土矿物的发育程度、类型、排列方式不同,不同黏土矿物具有不同的吸附性,伊利石吸附性最强,蒙皂石次之,高岭石最差(Ross 和 Bustin,2009)。Schettler 等(1990)认为页岩吸附气体的能力主要与伊利石有关,干酪根的吸附作用其次。Lu 等(1995)认为在 TOC 含量低的情况下,吸附气的储存空间可以由甲烷吸附在伊利石上来弥补。随着含水量增加,吸附气量降低。平衡水的样品较干燥样品吸附气量可能降低 50%(苏现波和林晓英,2007),原位样品可能由于水分填充孔隙占据了甲烷的吸附空间,使吸附气量降低。

中国四川盆地海相页岩吸附气含量与黏土矿物含量相关性较差,黏土矿物孔隙主要为宏孔(田华等,2012)。甲烷主要吸附在微孔、介孔表面,宏孔中甲烷以游离态存在,与吸附能力相关性较差。与有机质中微孔、介孔相比,黏土矿物中宏孔比表面比例较小,吸附量小。另外,水分含量与黏土矿物含量呈正相关,黏土表面亲水消除了表面的吸附空间(Ross 和 Bustin,2007),造成吸附能力降低。

与北美相比,中国海相页岩地质条件存在特殊性,北美海相页岩成熟度普遍较低(R_o小于2.0%),而中国海相页岩成熟度较高,四川盆地页岩R_o可达4.0%以上。页岩气主要以游离态和吸附态存在,孔隙和吸附性是影响页岩储集性能和资源潜力的直接因素。在页岩成熟演化过程中,孔隙和吸附性控制了不同成熟阶段页岩的含气性,造成了高—过成熟海相页岩气赋存形式与含量的特殊性。

研究有机质孔隙演化对吸附气量的影响,进行了兰氏体积对TOC的归一化处理,以去除有机质含量的影响。在一定成熟范围内,随着成熟度的增大,吸附能力增加,但成熟度增大到R_o为3%~3.5%附近,吸附能力随之降低。随着成熟度的增高,有机质孔隙增多,比表面增大,吸附能力增强,页岩含气量增大。当页岩演化至高—过成熟阶段,孔隙增大,微孔减少,比表面降低,造成吸附能力降低。

2)海相页岩含气量

为了评价页岩的含气能力,将样品放到地层条件下,计算页岩样品的游离气与吸附气含量,综合评价页岩的含气量。① 游离气赋存在宏孔中,符合气体状态方程,通过孔隙度计算得到游离气含气能力;② 吸附气赋存于微孔、中孔中,符合朗格缪尔方程,由等温吸附实验测定,根据公式计算得到吸附气含气能力;③ 页岩含气能力,将储层温压条件下的游离气与吸附气相加。

中国典型页岩含气量平均为$4.72m^3/t$,吸附气含量为$0.82~4.51m^3/t$,平均$2.30m^3/t$,游离气含量为$0.86~5.98m^3/t$,平均$2.59m^3/t$。吸附气比例平均为45.85%。四川盆地海相页岩含气量较高,为$1.58~8.13m^3/t$,平均为$5.35m^3/t$;渤海湾盆地陆相页岩含气量相对较低,平均为$3.71m^3/t$。四川盆地海相页岩吸附气比例较低,平均为60%,海相页岩孔隙较发育,游离气含量较高。

四川盆地海相页岩不同层系页岩差别较大。筇竹寺组含气量较高,平均为$6.13m^3/t$;龙马溪组含气量较低,平均为$4.85m^3/t$;牛蹄塘组、五峰组和大隆组居中,含气量均值分别为$5.47m^3/t$、$5.39m^3/t$和$5.67m^3/t$。

3)不同地区页岩气运聚系数

页岩气为源内聚集,运聚系数普遍较高,平均为32%(表8-4)。页岩气一部分滞留在页岩孔隙中形成页岩气,另一部分排出形成常规天然气。统计国内外页岩气含量情况,中国龙马溪组页岩气运聚系数为36%,筇竹寺组稍低,为24%。北美Barnett、Antrim、Marcellus和Woodford运聚系数较高,在32%以上,从整体来看,页岩气的运聚系数高于煤层气。

表8-4 中国和北美页岩气运聚系数

页岩地区	平均R_o(%)	平均TOC(%)	运聚系数(%)
Antrim	0.5	5	58
New Albany	0.54	5	9
New Albany	0.7	5	13
Barnett	1.2	4	57
Fayetteville	2.6	7	30
Woodford	2.1	7.5	34
Marcellus	1.9	7.5	46
Ohio	1.3	2	31
Lewis	1.7	2.5	30
龙马溪组	2.6	5.8	36
筇竹寺组	3.7	3.4	24
平均	—	—	32

页岩气的运聚系数可能受到成熟度等多种因素影响。从表8-4和图8-19可看出,除了 New Albany 页岩之外,页岩成熟度与页岩气运聚系数之间具有良好的相关性,在生气窗之前($R_o<1.2\%$),虽然页岩干酪根热解生气量不大,但由于有部分生物气的贡献并保存下来,使得 Antrim、Barnett 等页岩气运聚系数很高。在生气窗范围内,干酪根裂解气量增加,部分液态烃裂解成气,页岩生气量大幅增加,但页岩含气能力有限,大部分气体排出,使得运聚系数较低。有机碳可能对页岩气运聚系数有影响,但从表8-4中可看出,这种影响作用不是很明显。

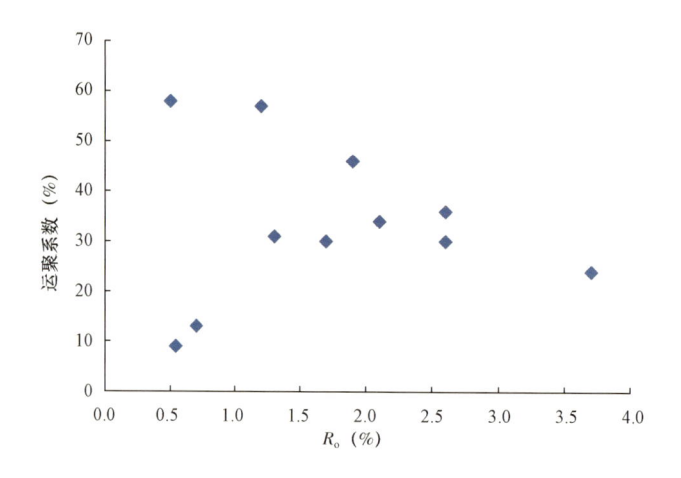

图8-19 页岩成熟度与页岩气运聚系数的关系

(三)远源型天然气运聚系数

远源型主要是指气源灶与气藏分离,并且气源灶与气藏之间存在一定距离。由于这种灶藏类型天然气运移距离较长,天然气在成藏聚集过程中散失较多,与其他两种灶藏类型相比,天然气运聚系数相对较低,大部分都小于1%。

运聚系数的求取主要基于刻度区解剖,通过刻度区的资源量和生气量比值求取运聚系数。远源型天然气运聚系数前人已开展了大量的工作(刘成林等,2004;李剑等,2004)。

远源型天然气运聚系数受盆地类型的影响较大(表8-5)(李剑等,2004)。在古生代残留盆地中,由于烃源岩形成时代较老,成熟度一般较高,并且经历了多次构造运动,天然气保存条件较差,运聚系数最低,一般都小于0.2%。与古生代残留盆地相比,中生代凹陷运聚系数相对较高,部分地区天然气运聚系数可以大于0.8%。

表8-5 远源型天然气运聚系数(李剑等,2004)

类别	I	II	III	IV	V
盆地类型	中生代凹陷中央构造、潜山型	中生代凹陷边缘构造、岩性型	古近纪和新近纪断陷缓坡构造型	古生代凹陷构造型	古生代残留运聚单元
实例	克拉2	牙哈	崖13-1	龙岗	苏桥、文安
烃源岩时代	中新生代	中生代	新生代	晚古生代	早古生代
烃源岩成熟度	过成熟	高成熟	成熟—高成熟	过成熟	高成熟—过成熟
保存条件	盖层无破坏,剥蚀少于1次	盖层无破坏,剥蚀少于1次	盖层无破坏,剥蚀少于1次	盖层破坏,剥蚀2~3次	盖层破坏,剥蚀大于4次
运聚系数(%)	>1	0.8~1	0.5~0.8	0.2~0.5	<0.2

第三节　主要盆地天然气资源量

一、近源型天然气生气量和资源量

近源型天然气主要包括陆相盆地中与煤系烃源岩互层砂岩气（煤成气）、海相盆地古油藏裂解的原油裂解气和浅层生物气。

（一）与煤系烃源岩有关的主要盆地天然气生气量和资源量

近几年，我国发现的与煤系烃源岩互层的砂岩气地质储量呈快速增长态势，年增 $3000 \times 10^8 \mathrm{m}^3$。我国陆相盆地中与煤系烃源岩互层的砂岩气主要分布在鄂尔多斯和四川盆地，其次是塔里木、准噶尔和松辽盆地，另外柴达木盆地的侏罗系和渤海湾盆地的石炭系—二叠系可能也存在与煤系有关的天然气。这里主要评价了四川盆地须家河组和鄂尔多斯盆地上古生界源储交互的近源型天然气资源量。

1. 四川盆地须家河组

四川盆地须家河组烃源岩广泛发育，在纵向上多套烃源岩叠置，以须一、须三和须五段烃源岩为主，烃源岩厚度大，有机质丰度高，以Ⅲ型有机质为主，热演化程度高；须二、须四、须六段也具有一定生气潜力。在对各段烃源岩厚度分布预测的基础上，以成因法为主要方法重新计算了须家河组天然气资源量，须家河组烃源岩处于大量生气阶段，天然气聚集效率高，资源丰富，总资源量约 $6.1 \times 10^{12} \mathrm{m}^3$。

四川盆地须家河组烃源岩中，暗色泥岩是主要烃源岩，煤的贡献也很大。根据计算结果，四川盆地上三叠统须家河组烃源岩总生气量约 $495.8 \times 10^{12} \mathrm{m}^3$，其中泥岩生气量 $351.7 \times 10^{12} \mathrm{m}^3$，占71%，煤的总生气量为 $144.1 \times 10^{12} \mathrm{m}^3$，占29%。在各段烃源岩中，须二、须四和须六段烃源岩生气量 $148.7 \times 10^{12} \mathrm{m}^3$，占总生气量的30%。因此，须二、须四、须六段烃源岩的生气潜力比较大，在须家河组天然气勘探中也具有较大的贡献。

四川盆地须家河组天然气资源量的预测，主要建立在天然气运聚系数和生气量的研究基础上。川西、川北和川东地区天然气地质条件相似，烃源岩总生气量分别为 $260.7 \times 10^{12} \mathrm{m}^3$、$61.7 \times 10^{12} \mathrm{m}^3$ 和 $50.9 \times 10^{12} \mathrm{m}^3$。根据川西地区的解剖分析，运聚系数变化大，分布在0.5%~1.4%，平均为0.8%，计算出这些地区的天然气资源量分别为 $(1.3 \sim 3.6) \times 10^{12} \mathrm{m}^3$，平均为 $2.1 \times 10^{12} \mathrm{m}^3$；$(0.3 \sim 0.9) \times 10^{12} \mathrm{m}^3$，平均为 $0.5 \times 10^{12} \mathrm{m}^3$；$(0.3 \sim 0.7) \times 10^{12} \mathrm{m}^3$，平均为 $0.4 \times 10^{12} \mathrm{m}^3$。川中、川南地区的生气量分别为 $118.4 \times 10^{12} \mathrm{m}^3$ 和 $4.2 \times 10^{12} \mathrm{m}^3$，这些地区的地质条件比较相似，可以采用相同的运聚系数，根据各气田的解剖分析结果，这些地区天然气运聚系数较大，分布在2.0%~5.2%，如果采用运聚系数为2%的保守计算，这些地区天然气资源量分别为 $2.4 \times 10^{12} \mathrm{m}^3$ 和 $0.1 \times 10^{12} \mathrm{m}^3$。因此，四川盆地须家河组天然气总地质资源量可能在 $(4.4 \sim 7.7) \times 10^{12} \mathrm{m}^3$，均值约为 $6.1 \times 10^{12} \mathrm{m}^3$。由此可知，四川盆地须家河组天然气资源十分丰富，但丰度普遍较低，关键是要寻找高产富集区。

四川盆地须家河组烃源岩与储层呈间互叠置关系，天然气具有近源聚集、高效成藏的特点，天然气运聚系数大，因此，与"三轮"资源评价相比，天然气资源量大幅增加。

2. 鄂尔多斯盆地上古生界

鄂尔多斯盆地上古生界石炭系—二叠系煤系烃源岩包括煤和暗色泥岩两类岩性，主要位于石炭系太原组和二叠系山西组，盆地内分布广泛。

上古生界煤系气源岩不同地区累计生气强度表明，具有以东部为主、西部次之的广覆式生烃特征。东部生气强度可达 $50 \times 10^8 m^3/km^2$ 以上；在盆地西缘乌达地区、韦洲地区及银洞子地区形成三个局部生烃中心，生气强度达到 $(25 \sim 35) \times 10^8 m^3/km^2$；与生烃强度相一致，东部排气强度可达 $40 \times 10^8 m^3/km^2$ 以上，西缘三个生烃中心的排气强度为 $(5 \sim 30) \times 10^8 m^3/km^2$。

鄂尔多斯上古生界烃源岩总生气量为 $659 \times 10^{12} m^3$，其中煤的生气量为 $515.8 \times 10^{12} m^3$，煤系泥岩生气量为 $144 \times 10^{12} m^3$。

根据前面运聚系数的研究成果，近源聚集型天然气聚集效率可大于 3%，推算鄂尔多斯上古生界天然气资源量约为 $19.8 \times 10^{12} m^3$。

总之，中国两个主要与煤系有关的四川盆地和鄂尔多斯盆地近源型天然气资源量约为 $25.9 \times 10^{12} m^3$。

(二) 与古油藏裂解气有关的原油裂解气资源量

2014 年，中国石油西南油气田分公司在四川盆地内勘探发现了我国最大的单体海相碳酸盐岩整装气藏——乐山—龙女寺古隆起高石梯—磨溪地区安岳气田龙王庙组气藏。勘探证实此气藏主要为与古油藏裂解有关的原油裂解气，资源潜力巨大。经国土资源部审定，龙王庙组气藏新增天然气探明地质储量为 $4403.85 \times 10^8 m^3$，技术可采储量达到了 $3082 \times 10^8 m^3$。

四川盆地下古生界震旦系—寒武系原油裂解气资源量丰富，勘探潜力巨大。以乐山—龙女寺古隆起为例，该古隆起为一巨型鼻状古隆起，轴向 NEE，横贯川西南—川中，核部位于川西南部，最老剥蚀至灯三段，面积约 $6.25 \times 10^4 km^2$，其形成奠基于桐湾运动，发展并定型于加里东运动。研究发现，储层沥青广泛分布在乐山—龙女寺古隆起震旦系—寒武系碳酸盐岩储层的溶蚀孔、晶洞、裂缝与缝合线中，呈脉状、粒状、条带状或块状等他形充填，在地区上主要分布在威远—资阳和高石梯—磨溪地区。其中，威远地区和资阳地区沥青平均含量分别达到了 0.8% 及 1.1%，高石梯—磨溪地区沥青平均含量达到了 1.2%，川西南边界上的老龙 1 井沥青平均含量也达到了 0.6%，川南地区的长宁 3 井基本未见沥青分布。储层沥青作为有机质成烃演化的产物，揭示了乐山—龙女寺古隆起地区存在过油气的生排聚过程。高石梯—磨溪构造带为乐山—龙女寺古隆起轴部东端的潜伏构造，在二叠纪前就形成了遂宁古圈闭，印支、燕山、喜马拉雅期一直存在，仅构造轴线逐渐向南部资阳地区偏移，晚喜马拉雅运动才最终定型，有利于油气聚集成藏。

震旦系储层沥青含量分布如图 8-20 所示，等值线走向比较清楚，由图可知，图面范围内形成两个储层沥青富集区，西南方向聚集区位于老龙 1 至威 117 两井连线附近，分布范围较下寒武统有所扩大，但富集程度依然不高，平均储层沥青含量 0.5% ~ 1.0%；东北方向富集区为高石梯—磨溪地区，以安平 1—磨溪 9—磨溪 8 三井连线的三角地区为中心，中心区储层沥青平均含量均达 1.0% 以上，其中安平 1 井平均高达 3.6%；向外延伸，平均含量大于 0.5% 的范围包括高科 1 和高石 1 等井区，富集区明显扩大。图 8-21 所示为乐山龙女寺地区震旦系—寒武系原油裂解气强度分布图，由图可以看出原油裂解气生气强度最高的地区分别是威远地区及高石梯—磨溪地区。

乐山—龙女寺古隆起地区下古生界震旦系—寒武系储层内储层沥青广泛分布，表明此地区古油藏广泛存在，原油裂解气潜力巨大。储层固体沥青作为岩石中一类特殊的有机质，为石油与天然气的伴生产物，与原油之间存在一定的比例关系。根据上述原油裂解气资源量评价的方法，定量评价了乐山—龙女寺古隆起和高石梯—磨溪地区储层沥青总量、原油裂解气量及天然气资源量，如表 8-6 所示，从表中可以看出乐山—龙女寺古隆起地区下古生界震旦系—寒武系储层内储层沥青总量达到了 $216.18 \times 10^8 t$，原油裂解气量为 $25.94 \times 10^{12} m^3$，以天然气的运聚系数为 15.3%，古隆起地区天然气资

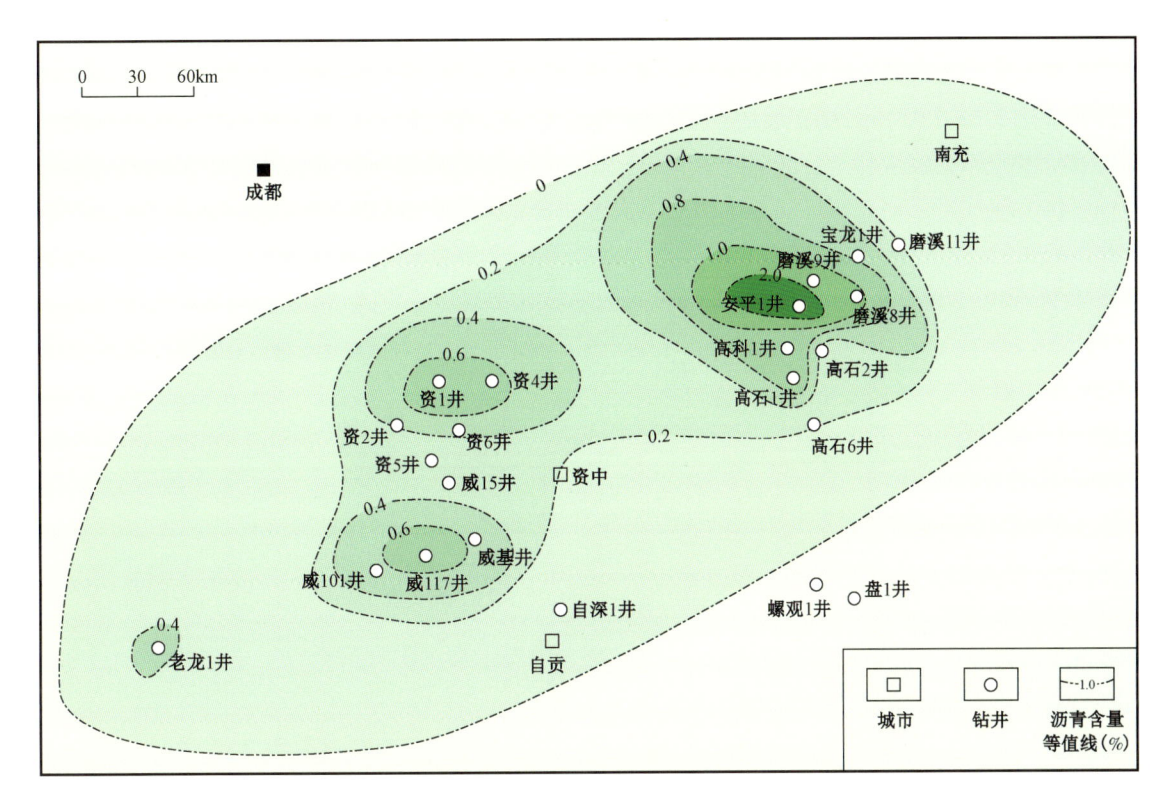

图 8-20 震旦系灯影组储层沥青含量平面分布图

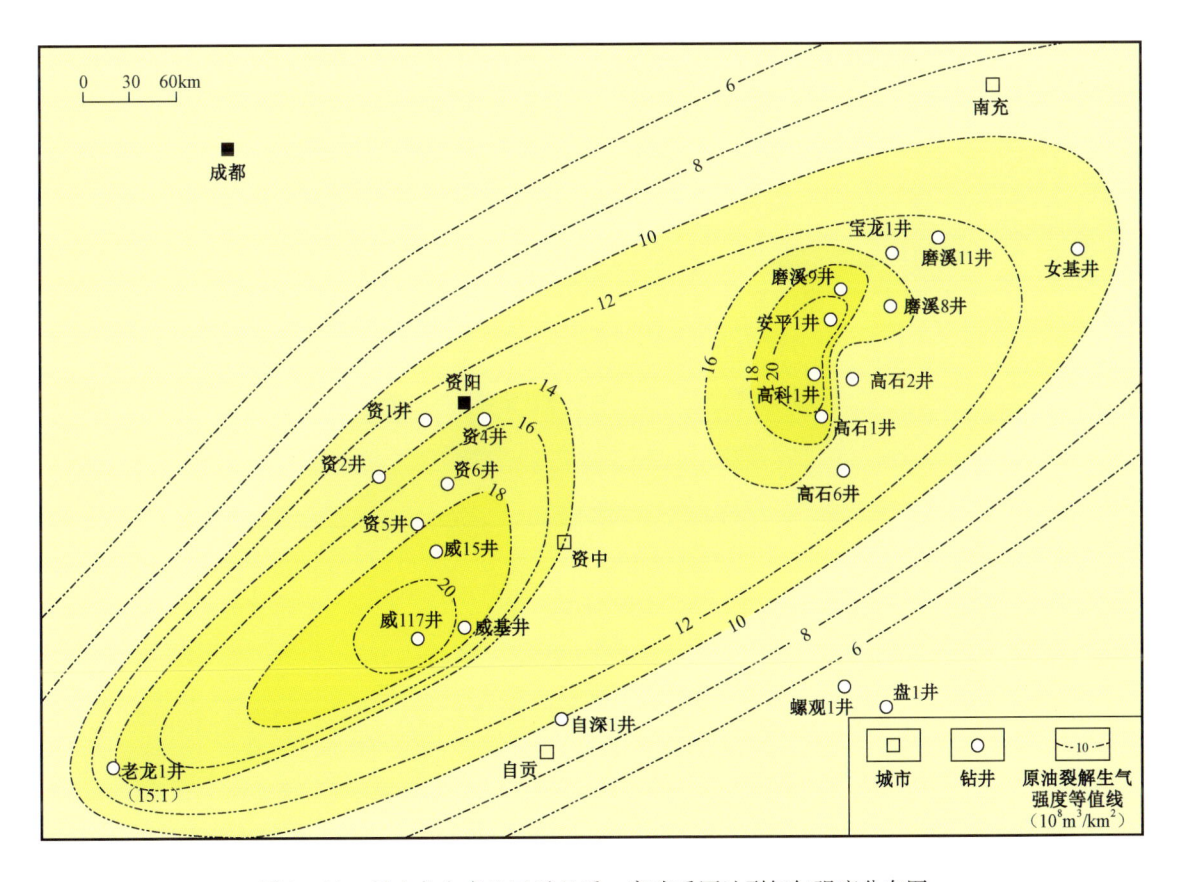

图 8-21 乐山龙女寺地区震旦系—寒武系原油裂解气强度分布图

源量可达 $3.97 \times 10^{12} m^3$，天然气资源很丰富，勘探潜力巨大。位于川中古隆起的高石梯—磨溪地区下古生界震旦系—寒武系储层内储层沥青总量达到了 $121.7 \times 10^8 t$，原油裂解气量为 $14.6 \times 10^{12} m^3$，天然气资源量总计 $2.23 \times 10^{12} m^3$，同样表明高石梯—磨溪地区天然气资源丰富，勘探潜力大，已发现的我国最大的单体海相碳酸盐岩整装气藏——安岳气田龙王庙组气藏就位于高石梯—磨溪地区。2011年中国石油西南油气田公司在四川盆地乐山—龙女寺古隆起轴部高石梯构造高部位震旦系天然气勘探取得重大突破，获得了日产百万立方米的高产工业气井——高石1井，正是表明高石梯—磨溪地区天然气资源丰富，这也预示了乐山—龙女寺古隆起区天然气勘探潜力巨大。

表 8-6　乐山—龙女寺古隆起和高石梯—磨溪地区天然气地质资源量评价表

区块	储层沥青总量($10^8 t$)	原油裂解气量($10^{12} m^3$)	天然气资源量($10^{12} m^3$)
乐山—龙女寺古隆起地区	216.18	25.94	3.97
高石梯—磨溪地区	121.7	14.6	2.23

（三）生物气资源量预测

中国具有广泛的中、新生代沉积分布，具备形成大规模生物气聚集的条件。采用化学动力学方法对我国主要盆地和地区生物气资源量进行了评价。

表 8-7 统计了我国重点地区可能的生物气烃源岩的性质，未熟富含有机质的烃源岩广泛发育（R_o 小于 0.4%，T_{max} 介于 410~450℃）。这些地区沉积物一般在低丰度有机质背景下普遍发育有机质丰度高的碳质泥岩和煤。如柴东地区大多数层段有机质含量均较低，普遍在 0.12%~1.67%，平均则为 0.32%，但是局部层段有机碳含量较高，其中碳质泥岩 TOC 含量在 1%~30%，平均为 9.06%，而且碳质泥岩在地层中占有相当比重，整个第四系百米地层中含有 5~20m 不等，平均约 10m；局部层段碳质泥岩甚至高达 40%。而且碳质泥岩分布并不局限，整个第四系从下到上均有不同程度的分布。莺歌海盆地第四系和新近系泥岩有机质丰度不高，但新近系中普遍发育厚度不等的煤层，应是生物气的优质气源。渤海湾盆地、松辽盆地是我国重要的油气产区，未成熟烃源岩有机质多以 I 型为主，有机质含量高。河套盆地湖相泥岩的 TOC 平均为 0.41%，但是浅层发育的腐殖土 TOC 可高达 15.4%；江浙沿海和云南的曲靖、陆良、保山盆地情况与之类似，均发育有机质丰度较高的暗色泥岩或煤层。而且气源岩有机质类型多样，大多数为 II_1—III 的腐泥—腐殖混合来源的有机质发育（表 8-7）。

表 8-7　生物气未熟烃源岩地球化学特征

盆地、区域	气藏或地区	层位	岩性	TOC(%)	氯仿沥青"A"(%)	有机质类型	R_o(%)
柴达木盆地	涩北1号等	第四系	湖相泥岩	0.12~1.67 (0.32)	0.0013~0.025	III	0.22~0.47
			碳质泥岩	7.81~30.0 (9.06)	0.33~0.46	III	
莺琼盆地	乐东22-1	第四系、新近系	半深海泥岩	0.23~1.96 (0.98)	0.12~0.32 (0.26)	II_2—III	0.3~0.45
			煤	19.9~95.9 (55.4)	0.1607~0.2258	III	
江浙沿海	杭州湾地区	第四系	河漫滩淤泥、黏土	0.11~1.08 (0.49)	0.063~0.268 (0.192)	III	<0.3
	启动、江都地区	第四系	河漫滩淤泥、黏土	0.5~2.93	0.005~0.01		

续表

盆地、区域	气藏或地区	层位	岩性	TOC(%)	氯仿沥青"A"(%)	有机质类型	$R_o(\%)$
渤海湾盆地	阳信	沙一段	湖相泥岩	0.11~11.8 (3.95)	0.0064~0.2399 (0.1306)	I	0.26~0.35
	沧1井等	沙一段	盐湖相泥岩	2.79	0.201	I—II$_1$	0.27~0.34
保山盆地	保参1等	中新统南林组 上新统羊邑组	湖相泥岩	0.71~3.73 (1.43)	0.0063~0.031	II$_1$—II$_2$	0.31~0.45
			碳质泥岩、褐煤	10.49~32.63	0.2314~0.4996	III	
陆良盆地	陆3井等	蔡家冲组	湖相泥岩	0.74~4.63 (1.04)	0.0065~0.26 (0.0485)	II$_2$—III	0.29~0.48
			碳质泥岩、褐煤	6.95~13.98	0.24~0.31	III	
河套盆地	呼和、临河凹陷	第四系	湖相泥岩	0.21~1.18 (0.41)	0.0024~0.0142 (0.0011)	III	0.15~0.4
			腐殖土	3.63~15.4 (8.73)	0.1323~1.4240 (0.6188)	III	

经过系统评价,我国重点盆地和地区的生物气资源量约为 $6.31 \times 10^{12} m^3$(表8-8),主要分布在柴达木盆地第四系($1.98 \times 10^{12} m^3$)、松辽盆地白垩系($1.05 \times 10^{12} m^3$)和海域诸盆地($2.17 \times 10^{12} m^3$)。其中莺琼盆地新近系—第四系资源量为 $0.66 \times 10^{12} m^3$,珠江口盆地资源量为 $0.5 \times 10^{12} m^3$、北部湾盆地资源量为 $0.45 \times 10^{12} m^3$、东海盆地资源量为 $0.56 \times 10^{12} m^3$。此外,渤海湾盆地、河套盆地也有一定的资源规模,分别为 $0.21 \times 10^{12} m^3$ 和 $0.2 \times 10^{12} m^3$。

表8-8 我国重点盆地(地区)生物气生气量与资源量

盆地(或凹陷)	层位	资源量($10^{12} m^3$)	备注
柴达木盆地	第四系(Q_{1+2})	1.55	生物气
	新近系(N_2^3)	0.43	
松辽盆地	白垩系	1.05	生物气、次生生物气
南海北部大陆架诸盆地(莺琼、珠江口、北部湾)	新近系—第四系	1.61	生物气、次生生物气
东海盆地	新近系—第四系	0.56	
渤海湾盆地	古近系	0.21	生物气、次生生物气
二连盆地	白垩系	0.3	
三江平原	古近—新近系	0.2	生物气
南部古近—新近系断陷盆地	古近—新近系	0.2	次生生物气、生物气
河套盆地	新近系—第四系	0.2	生物气
合计		6.31	

中国目前已探明生物气地质储量 $3643.9 \times 10^8 m^3$,可采储量 $1500 \times 10^8 m^3$,占我国天然气总地质储量 $38629 \times 10^8 m^3$ 的7.36%。现已探明的生物气资源主要分布在柴达木盆地东部三湖地区,累计达到 $3200.42 \times 10^8 m^3$,占全部生物气地质储量的97%以上。对比我国生物气资源量和探明地质储量,我国生物气资源的探明率仅为6%,勘探还处于早期阶段,潜力巨大。

二、远源型天然气生气量和资源量

(一) 塔里木盆地

塔里木盆地天然气资源由两部分构成,一是库车坳陷陆相天然气,主要来自三叠系、侏罗系陆相地层,以煤成气为主;二是台盆区海相天然气,主要来自寒武系烃源岩早期生成的原油在后期的高温裂解,属油型气。此外,在塔西南地区,海陆过渡性石炭系烃源岩可能对天然气藏有一定贡献。

1. 库车坳陷天然气资源量

1) 烃源岩评价

(1) 有机质丰度和类型。

库车坳陷三叠系、侏罗系发育沼泽相和湖相两大类烃源岩,即上三叠统塔里奇克组(T_3t)、下侏罗统克孜勒努尔组(J_2k)和阳霞组(J_1y)煤系烃源岩,中—上三叠统克拉玛依组($T_{2-3}k$)、黄山街组(T_3h)和中侏罗统恰克马克组(J_2q)湖相烃源岩。烃源岩类型以腐殖和偏腐殖型为主,有机质丰度较高,成熟度在平面上差别较大,从成熟—过成熟均有分布。高丰度、高成熟的 III 型烃源岩是库车坳陷富含天然气的重要基础。

三叠系克拉玛依组发育厚度较薄的暗色泥岩,夹碳质泥岩和煤岩,泥岩有机质丰度较低,多小于 1.5%,其对库车坳陷油气资源的贡献要小于塔里奇克组和黄山街组。

黄山街组是库车坳陷重要的烃源岩层,厚度大,主要为湖相暗色泥岩。不同剖面和井下泥岩 TOC 均值在 1%~3%,依南 2 井暗色泥岩生烃潜量达 2.51mg/g。

塔里奇克组烃源岩主要为夹煤层的碳质泥岩,卡普沙良河和库车河塔里奇克组碳质泥岩 TOC 均值分别为 23.7% 和 15.5%;生烃潜量分别为 33.25mg/g 和 13.76mg/g。塔里奇克组泥岩烃源岩 TOC 均值多大于 2.5%,生烃潜量变化较大,范围从小于 0.5mg/g 到大于 10mg/g。

侏罗系阳霞组为主要的含煤地层,烃源岩包括有泥岩、碳质泥岩和煤岩。泥岩 TOC 平均值主要分布于 2.5%~3%,生烃潜量均值一般为 3~6mg/g。库车坳陷西部阳霞组碳质泥岩和煤岩有机质丰度较东部差,总体而言,阳霞组碳质泥岩 TOC 均值多在 20% 以上,少数为 10%~20%,热解生烃潜量均值多大于 25mg/g,少数达 75mg/g。

克孜勒努尔组为重要的煤系地层,烃源岩以泥岩为主,其次为碳质泥岩及煤岩。整体而言,克孜勒努尔组在整个库车坳陷有机质丰度较高,如阿瓦特河、卡普沙良河、库车河、克孜 1 井、依西 1 井等剖面或钻井中平均 TOC 含量为 2%~3%,少数大于 3%,热解生烃潜量均值多在 1~4mg/g,少数可达 7mg/g,生油岩应为中等到好的烃源岩。克孜勒努尔组碳质泥岩和煤岩烃源岩主要分布于库车坳陷的东部,西部碳质泥岩不仅厚度较小,而且其有机质丰度偏低。

恰克马克组有机质丰度较高的暗色泥质烃源岩主要分布于库车坳陷的西部,如阿瓦特、卡普沙良河和库车河剖面 TOC 分别为 1.91%、2.05% 和 1.38%,为中等到好的烃源岩。依南 2 井 TOC 为 0.78%,为差烃源岩,其有机质丰度相对较低。

库车坳陷煤系烃源岩主要分布于侏罗系的克孜勒努尔组、阳霞组和三叠系的塔里奇克组和克拉玛依组,有机碳含量主要分布于 55%~70%,氯仿沥青"A"含量一般为 1% 左右,分布范围为 0.161%~4.413%;总烃含量为 419~11349μg/g,平均为 4167μg/g,热解生烃潜量主要分布于 20~40mg/g,最高可达 100mg/g 以上。

库车坳陷三叠系和侏罗系烃源岩干酪根显微组分主要为镜质组和惰质组,并以镜质组为主,有机质类型较差,属 II_1—II_2 型。侏罗系和三叠系煤岩有机显微组分相似,主要为镜质组(多大于 60%),

其次为惰质组(10%~25%),类脂组含量较低(多小于10%)(图8-22)。煤岩镜质组主要为基质镜质体,其次为均质镜质体,部分样品中碎屑镜质体含量较高。煤岩惰质组中主要为丝质体、半丝质体和碎屑惰质体,壳质组中主要为角质体和孢子体。侏罗系煤岩样品中少数富含惰质体(50%~60%)。从显微组分看,库车坳陷中生界煤岩与吐哈盆地侏罗系煤岩的显微组分大体相似,所不同的是库车坳陷煤岩壳质组+腐泥组含量低于吐哈盆地(前者多小于5%,后者主要分布于5%~15%),而镜质组+惰质组略高于吐哈盆地。壳质组是煤岩显微组分中对成烃有重要贡献的组分,壳质组的含量及其组成是决定煤岩能否成烃的关键。库车坳陷煤岩生油潜力稍差于吐哈盆地煤岩。

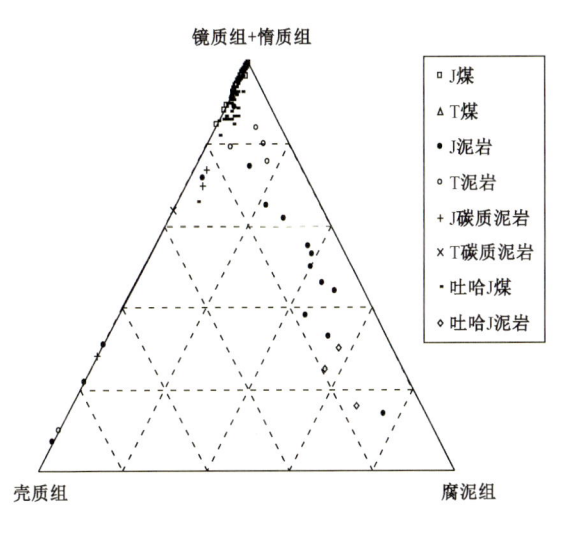

图8-22 库车坳陷中生界烃源岩干酪根显微组分三角图

从烃源岩热解氢指数 I_H—T_{max} 图解(图8-23)上看,三叠系和侏罗系烃源岩有机质类型以Ⅲ型为主,其次为Ⅱ$_2$型,多数样品氢指数 I_H 小于100。对比可以看出,煤岩和碳质泥岩的氢指数较泥岩高,侏罗系煤岩氢指数可达500。这种氢指数偏高的现象主要由富含有机质的烃源岩对重质烃类吸附引起。

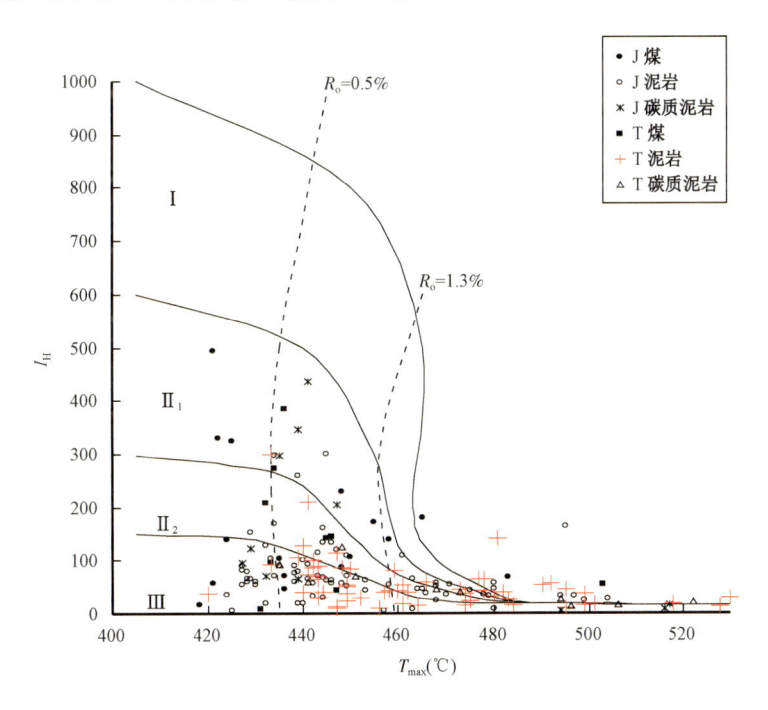

图8-23 库车坳陷中生界烃源岩干酪根类型判别图

从烃源岩干酪根元素组成可以看出,H/C 原子比多小于0.8,有机质类型主要为Ⅲ型,部分三叠系泥岩 H/C 原子比可达1.0以上,有机质类型为Ⅱ型。这表明,除少数三叠系烃源岩外,中生界烃源岩有机质多由陆生高等植物组成。通过露头剖面与依南2井井下样品的对比研究发现,井下三叠系和侏罗系样品有机质类型为Ⅲ—Ⅱ$_2$型。总体而言,库车坳陷中生界烃源岩有机质类型主要为Ⅲ型,其次为Ⅱ$_2$型。

(2)烃源岩厚度。

库车坳陷两套主力烃源岩黄山街组(T_3h)与恰克马克组(J_2q)泥岩分布见图8-24和图8-25,可以看出,烃源岩的厚度中心位于克拉苏构造带一线。值得指出的是中石化探区新钻的星火3井钻到三叠系,中上三叠统深灰、灰色泥岩、灰黑色泥岩和碳质泥岩累计厚度大于150m,TOC值为0.59%~2.68%,平均值为1.42%,为有效烃源岩。这一发现表明在南部斜坡带羊塔克附近也存在有效的三叠系烃源岩。

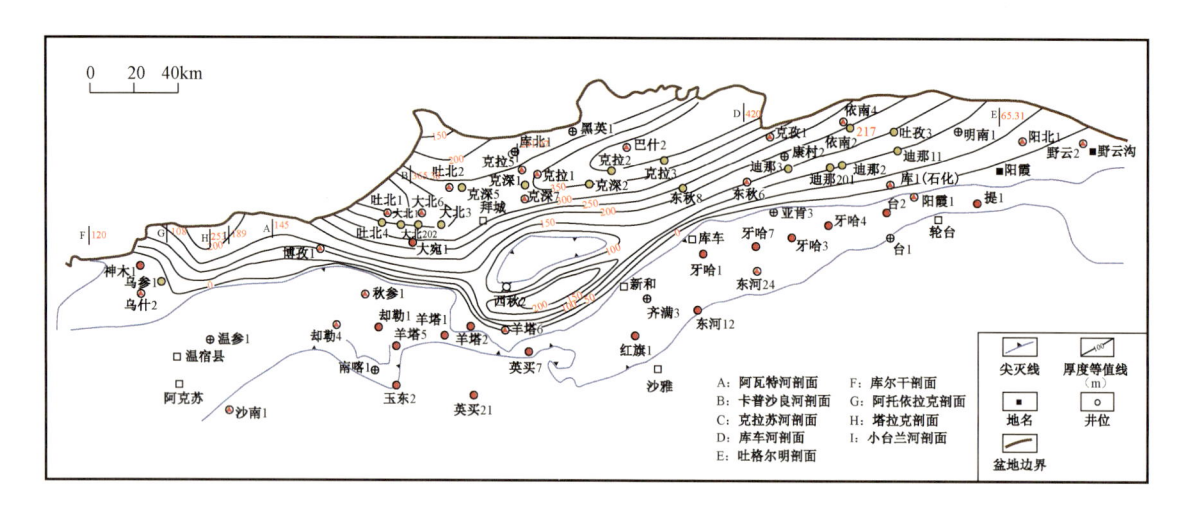

图8-24 库车坳陷三叠系T_3h泥岩等厚图

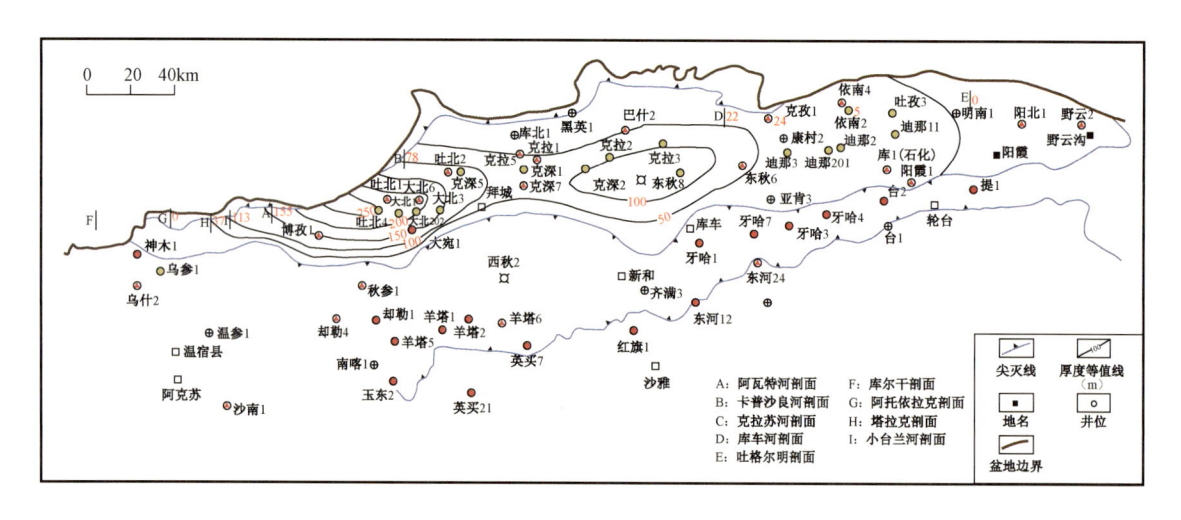

图8-25 库车坳陷侏罗系J_2k泥岩等厚图

库车坳陷侏罗系两套煤层厚度分布见图8-26和图8-27。中侏罗统克孜勒努尔组(J_2k)煤层主要分布在阳霞凹陷北部,厚度分布在10~40m,下侏罗统阳霞组(J_1y)煤层主要分布在库车坳陷的北部,厚度分布在5~10m,阳霞凹陷的北部厚度相对较高,分布在5~20m。

(3)烃源岩成熟度。

库车坳陷三叠系烃源岩成熟中心位于克拉苏构造带深层一线呈带状分布,有三个最大成熟中心,即博孜—大北地区、克深5—克深7地区和东秋—迪那地区。

2)库车坳陷资源量

基于上述的烃源岩基础图件,根据各种有机质类型烃源岩的产气率曲线,求取库车坳陷天然气生气量。库车坳陷三叠系和侏罗系均发育有湖相烃源岩和煤系烃源岩,其中湖相烃源岩以生油为主,根

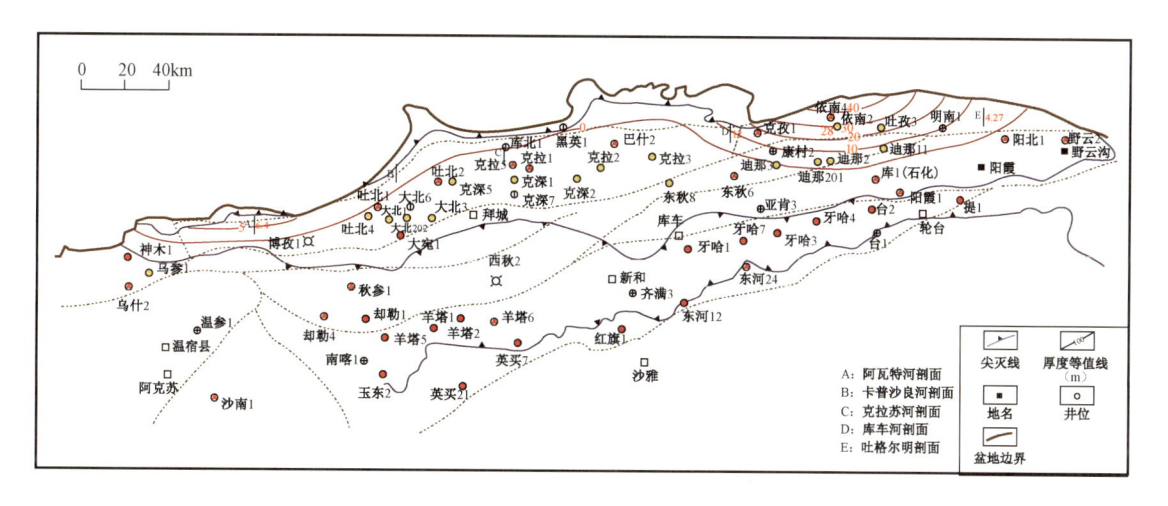

图 8-26 库车坳陷中侏罗统 J_2k 煤层等厚图

图 8-27 库车坳陷下侏罗统 J_1y 煤层等厚图

据生油模式,在生油窗内湖相有机质生成的油气当量比约为 7:1,目前库车坳陷及其前缘隆起聚集的石油主要来自于这套烃源岩。同时,生油阶段,也有部分液态烃在坳陷内聚集,由于上覆巨厚的膏岩层阻挡了石油的向上运移,在膏岩下形成古油藏。受到后期强烈埋深高温作用,古油藏及烃源岩中的残留液态烃发生裂解,成为天然气藏的重要来源。计算表明,库车坳陷湖相有机质直接生气量约为 $50×10^{12}m^3$,膏岩下分散和聚集的液态烃裂解生气量为 $138×10^{12}m^3$,合计 $188×10^{12}m^3$。中生界普遍发育的碳质泥岩和煤系泥岩厚度大,演化程度高,根据新的煤和Ⅲ型有机质生气模式,生成的天然气数量可达 $127×10^{12}m^3$。综合而言,库车坳陷中生界生气量为 $315×10^{12}m^3$。根据库车坳陷天然气分布及聚集地质特征,应用类比法,库车坳陷内天然气远源运聚系数为 1%~2%,平均为 1.5%,据此,可计算库车坳陷天然气远源地质资源量约为 $(3.15~6.30)×10^{12}m^3$,平均为 $4.73×10^{12}m^3$。

2. 其他地区天然气资源量

塔西南地区天然气主要来自Ⅲ型有机质裂解生气,根据烃源岩分布特征、厚度、有机质丰度、成熟度等基础图件,应用成因法计算塔西南地区生气量为 $142×10^{12}m^3$,运聚系数取 1%~2%,平均为 1.5%,资源量为 $(1.42~2.84)×10^{12}m^3$,平均为 $2.13×10^{12}m^3$。

台盆区天然气主要来自海相烃源岩干酪根和分散状液态烃的高温裂解。理论计算和模拟实验均表明,每吨液态烃可产气 $600m^3$ 左右。据此计算,塔里木盆地台盆区累计生成天然气 $430×10^{12}m^3$,取运聚系数 1%~2%，平均为 1.5%，资源量可达 $(4.3~8.6) \times 10^{12} m^3$，平均为 $6.45 \times 10^{12} m^3$。

综上所述，塔里木盆地远源天然气资源量大约是 $13.31 \times 10^{12} m^3$，海相和陆相天然气所占比例大体相当。

(二) 四川盆地

四川盆地远源聚集天然气藏主要位于海相地层，气源岩包括震旦系、寒武系、志留等多套层系。研究表明，海相烃源岩多为 II 型有机质，根据烃源岩生烃模式，这类有机质以生油为主，干酪根生气量小，且经历了漫长的地质历史时期，干酪根生成天然气几乎完全散失殆尽，在此不予考虑。本次计算结果表明：震旦系分散状液态烃裂解生气量为 $115.6 \times 10^{12} m^3$，寒武系分散状液态烃裂解生气量为 $76.15 \times 10^{12} m^3$，志留系分散状液态烃裂解生气量为 $56.46 \times 10^{12} m^3$。二叠系发育了海相泥岩和煤系泥岩，前者分散状液态烃裂解生气量为 $313.2 \times 10^{12} m^3$，后者生气量为 $169.6 \times 10^{12} m^3$。综合起来，四川盆地海相地层共生成天然气 $731 \times 10^{12} m^3$。海相天然气可视为远源聚集，因经历时间久远，构造活动频繁，运聚系数低于塔里木盆地，取 0.8%~1.5%，即资源量为 $(5.85~10.97) \times 10^{12} m^3$，平均为 $8.41 \times 10^{12} m^3$。

(三) 柴达木盆地

柴达木盆地天然气主要分布在柴北缘侏罗系和柴东第四系，前者为煤系地层热演化生气，后者为浅层生物气，浅层生物气在近源型生物气资源评价中已评价。根据成因法估算，柴北缘煤成气生成量约为 $40 \times 10^{12} m^3$。运聚系数取值仍参考其他盆地取值方法，取为 2%，柴达木盆地北缘天然气资源量约为 $0.8 \times 10^{12} m^3$。

(四) 准噶尔盆地

准噶尔盆地天然气主要来源于石炭系、二叠系及侏罗系，其中，石炭系和侏罗系主要发育煤系烃源岩。侏罗系煤层具有厚度大的特点，八道湾组煤层厚度一般为 5~20m，西山窑组煤层厚度一般为 10~30m，侏罗系煤系烃源岩在沙湾凹陷—阜康凹陷主体处于高成熟阶段，大量生气，但其他地区均处于成熟至低成熟阶段，尚未进入生气高峰。石炭系烃源岩主要发育于海陆交互及岛弧后(间)盆地沉积环境，岩性以泥岩、碳质泥岩、凝灰岩以及沉凝灰岩为主，煤层厚度有限，从区域上看，盆地东部地区烃源岩的有机质丰度最高(杨海波等，2018)，成熟度 R_o 值分布在 0.8%~1.8% 之间。二叠系佳木河组气源岩主要分布在西北缘中拐凸起及周缘地区，有机质类型主要为 III 型，有机质成熟度 R_o 值分布在 0.56%~1.80% 之间，处于成熟—高成熟热演化阶段(杨海波等，2018)。根据第四次油气资源评价结果，准噶尔盆地总生气量为 $558 \times 10^{12} m^3$，天然气总资源量为 $2.31 \times 10^{12} m^3$(杨海波等，2018)。

(五) 松辽盆地

研究表明，松辽盆地徐家围子凹陷主要发育了营城组煤系烃源岩，其成熟度非常高，镜质组反射率普遍达到 3% 以上，部分地区甚至超过 4%。根据最新的煤系烃源岩生气模式，煤系烃源岩在 R_o 为 2.0% 以上仍具有较大生气潜力，生气死亡线 R_o 可达 5.5%，最高可生气 300mg/g TOC 以上。根据烃源岩分布和有机质成熟度的叠加，应用成因法计算了徐家围子凹陷营城组煤系烃源岩生气量，为 $38 \times 10^{12} m^3$，较旧模式(即有机质生气的成熟度上限为 2.0%)有明显增加。取运聚系数为 1%~2%，则天然气资源量为 $(0.4~0.8) \times 10^{12} m^3$，平均为 $0.6 \times 10^{12} m^3$。通过类比，计算了整个松辽盆地的资源量，约为 $1.8 \times 10^{12} m^3$。

(六) 渤海湾盆地

渤海湾盆地是一个富油盆地，古近系是主要的生油层和储层。天然气主要有两种来源，一是古近系烃源岩在高演化程度阶段生成的天然气,二是石炭系、二叠系煤系烃源岩生成的天然气。前者为油型气,以伴生气为主,资源量相对较小;后者为煤成气,是主要的天然气资源。计算表明,古近系烃源岩生成量为 $55 \times 10^{12} m^3$,资源量为 $(0.6 \sim 1.1) \times 10^{12} m^3$,平均为 $0.85 \times 10^{12} m^3$。石炭系—二叠系Ⅲ型有机质生气量约为 $75 \times 10^{12} m^3$,资源量约为 $(0.75 \sim 1.5) \times 10^{12} m^3$,平均为 $1.12 \times 10^{12} m^3$。两类天然气资源总量约为 $2 \times 10^{12} m^3$。由此可见,渤海湾盆地和松辽盆地有着类似的资源结构,以油为主,天然气为辅,且天然气主要来自于深部的煤系地层,而非盆地内的主力油源岩。

(七)南海海域

应用成因法,计算了南海海域主要盆地资源量。其中莺歌海盆地天然气生成量为 $112 \times 10^{12} m^3$,资源量为 $(1.1 \sim 2.2) \times 10^{12} m^3$,平均为 $1.7 \times 10^{12} m^3$;琼东南盆地天然气生成量为 $156 \times 10^{12} m^3$,资源量为 $(1.6 \sim 3.1) \times 10^{12} m^3$,平均为 $2.4 \times 10^{12} m^3$;珠江口盆地天然气生成量为 $92 \times 10^{12} m^3$,资源量为 $(0.9 \sim 1.7) \times 10^{12} m^3$,平均为 $1.3 \times 10^{12} m^3$;万安盆地生气量为 $136 \times 10^{12} m^3$,资源量为 $(1.4 \sim 2.7) \times 10^{12} m^3$,平均为 $2.0 \times 10^{12} m^3$。以上几个主要盆地天然气累计生成量为 $496 \times 10^{12} m^3$,资源量为 $7.4 \times 10^{12} m^3$。

(八)东海盆地

东海盆地面积约为 $2.5 \times 10^4 km^2$,发育古近系—新近系煤系烃源岩,天然气资源量比较丰富。平湖组为主力烃源岩,煤和碳质泥岩累计厚度可达 $22 \sim 44m$,成熟度多处于成熟—高成熟阶段,凹陷中心已进入过成熟阶段,总生气量可达 $354 \times 10^{12} m^3$,天然气地质资源量为 $5.3 \times 10^{12} m^3$。

综上所述,我国主要含气盆地常规天然气资源量约 $73 \times 10^{12} m^3$,中国主要盆地远源型天然气资源量约为 $41.3 \times 10^{12} m^3$,主要分布在四川盆地、塔里木盆地、南海海域和东海盆地。

三、源内型天然气资源量

源内型天然气主要指页岩气和煤层气。

(一)页岩气资源量

页岩为典型的源储一体自生自储含气系统,暗色富有机质页岩即是优质烃源岩,又是天然气聚集与储存的场所。页岩气大面积连续分布,资源规模大。形成页岩气的富有机质页岩是含油气盆地中的主力烃源岩,进入生气阶段的烃源岩就是页岩气远景有利范围,大面积连续分布于盆地坳陷或构造背景斜坡区。据估计,烃源岩形成的油气中,烃源岩内约占60%。页岩气虽然整体规模和潜力大,但是储量丰度低,寻找高产富集核心区是页岩气成功开发的关键因素之一。

2011年,美国能源信息署(EIA)公布了全球页岩气资源的初步评价结果(表8-9),全球总的页岩气技术可采资源量为 $187 \times 10^{12} m^3$,中国页岩气技术可采资源量为 $36 \times 10^{12} m^3$,排名世界第一(约占20%),仅包含四川盆地($19.6 \times 10^{12} m^3$)与塔里木盆地两个盆地($16.5 \times 10^{12} m^3$)。其中,四川盆地评价面积 $21 \times 10^4 km^2$,下古生界龙马溪组和筇竹寺组可采资源量分别为 $9.7 \times 10^{12} m^3$ 和 $9.9 \times 10^{12} m^3$;塔里木盆地评价面积 $60 \times 10^4 km^2$,下古生界奥陶系与寒武系可采资源量分别为 $6.3 \times 10^{12} m^3$ 和 $10.2 \times 10^{12} m^3$。

2012年,我国国土资源部完成了全国页岩气资源潜力调查评价(表8-10),涵盖了41个盆地和地区、87个评价单元、57个含气页岩层系,得到全国页岩气地质资源潜力为 $134.42 \times 10^{12} m^3$,可采资源潜力为 $25.08 \times 10^{12} m^3$(不含青藏地区)。其中,上扬子及滇黔桂区 $9.94 \times 10^{12} m^3$,占全国总量的39.63%;华北及东北区 $6.7 \times 10^{12} m^3$,占全国总量的26.70%;中下扬子及东南区 $4.64 \times 10^{12} m^3$,占全国总量的 18.49%；西北区 $3.81\times10^{12}\mathrm{m}^3$，占全国总量的 15.19%。在 $25\times10^{12}\mathrm{m}^3$ 的可采资源中，现实可转入勘探开发的、可靠程度较高的资源为 $15.95\times10^{12}\mathrm{m}^3$，是页岩气勘探开发较为现实的资源量。

表 8-9　EIA 对中国页岩气可采资源评价结果

基本参数	盆地名称		塔里木盆地		四川盆地	
	盆地面积（km^2）		606578		211085	
	页岩地层		O_{1-3}	$\in$	S_1l	$\in_1q$
实际范围	远景区面积（km^2）		142559	164620	147306	211085
	厚度（m）	总厚度	0~1600	0~458	90~488	60~427
		富有机质页岩厚度	158	245	171	120
		净厚度	80	122.5	85.5	60
	深度（m）	顶底界深度	2000~6000	2300~6400	2400~4200	2590~4570
		平均深度	4000	4270	3200	3500
	可采系数（%）		25	25	25	25
	风险可采资源（$10^{12}\mathrm{m}^3$）		6.3	10.2	9.7	9.9

表 8-10　全国页岩气资源评价结果表（不含青藏地区）

地区	资源类型	资源潜力概率分布 P_{50}（$10^{12}\mathrm{m}^3$）
上扬子及滇黔桂区	地质资源	62.56
	可采资源	9.94
华北及东北区	地质资源	26.79
	可采资源	6.70
中下扬子及东南区	地质资源	25.16
	可采资源	4.64
西北区	地质资源	19.90
	可采资源	3.81
合计	地质资源	134.42
	可采资源	25.08

（二）煤层气资源量

据国土资源部 2008 年新一轮油气资源评价结果，全国煤层气资源量为 $36.81\times10^{12}\mathrm{m}^3$，可采资源量为 $10.86\times10^{12}\mathrm{m}^3$。2012 年国家能源局发布地面煤层气产量为 $27\times10^8\mathrm{m}^3$，同比增加 14.7%，地面煤层气利用量为 $20\times10^8\mathrm{m}^3$，此外煤矿抽采瓦斯为 $114\times10^8\mathrm{m}^3$。

中国煤层气资源丰富，数量巨大，全国埋深小于 2000m 的煤层气原地资源量为 $36.81\times10^{12}\mathrm{m}^3$，煤层气技术可采资源量为 $10.87\times10^{12}\mathrm{m}^3$（全国第三次资源评价数据）。煤层气资源在含气区、盆地、层系、深度和资源类别上有以下分布特点。

（1）各含气区资源量分布情况。我国的煤层气技术可采资源量在地域分布方面是极不均衡的。主要表现在，晋陕蒙含气区煤层气技术可采资源量最大，为 $66541.85\times10^8\mathrm{m}^3$，占全国技术可采资源量的 47.88%；北疆含气区次之，为 $37501.34\times10^8\mathrm{m}^3$，占 26.98%；华南含气区最小，为 $475.22\times10^8\mathrm{m}^3$。数据统计显示，煤层气技术可采资源量主要位于华北的晋陕蒙含气区和西北的北疆含气区，这两个含气区总计为 $104043.19\times10^8\mathrm{m}^3$，占全国的 75%；其他 6 个含气区仅为 $34933.56\times10^8\mathrm{m}^3$，占 25%。各含气区煤层气技术可采资源量情况见表 8-11。

表 8-11 我国煤层气含气区技术可采资源量统计表(据张新民等,2010)

含气区	技术可采资源量($10^8 m^3$)	比例(%)
黑吉辽含气区	1775.03	1.28
冀鲁豫皖含气区	11209.27	8.07
华南含气区	475.22	0.34
内蒙古东部含气区	6991.38	5.03
晋陕蒙含气区	66541.85	47.88
云贵川渝含气区	9189.96	6.61
北疆含气区	37501.34	26.98
南疆—甘青含气区	5292.69	3.81
合计	138976.75	100

(2)煤层气资源集中分布在大盆地。地质资源量大于 $1 \times 10^{12} m^3$ 的 9 个大型含气盆地(群),即鄂尔多斯、沁水、准噶尔、滇东黔西、二连、吐哈、塔里木、天山和海拉尔盆地(群),资源量为 $30.97 \times 10^{12} m^3$,占全国的 84.13%。

(3)煤层气资源层系分布以古生界石炭系、二叠系和中生界三叠系、侏罗系、白垩系为主,新生界煤层气资源较少。中生界所占比例最大,煤层气地质资源量为 $20.51 \times 10^{12} m^3$,占全国的 55.72%。

(4)煤层气资源深度分布特征。煤层埋深小于 1000m 范围的煤层气技术可采资源量最大,为 $53206.88 \times 10^8 m^3$,占 38.28%;1500~2000m 埋深范围次之,为 $45083.86 \times 10^8 m^3$,占 32.44%;1000~1500m 埋深范围最小,为 $40686.01 \times 10^8 m^3$,占 29.28%。

(5)低变质气藏煤层气技术可采资源量规模最大,为 $81699.14 \times 10^8 m^3$,占 58.79%;其次为中变质煤层气藏,为 $30682.13 \times 10^8 m^3$,占 22.08%;褐煤煤层气藏技术可采资源量规模最小,为 $6381.96 \times 10^8 m^3$,占 4.59%。

本节分三种类型对主要盆地天然气资源量进行了评价,结果见表 8-12。常规天然气地质资源量约为 $77.51 \times 10^{12} m^3$,其中近源型为 $36.18 \times 10^{12} m^3$,远源型为 $41.33 \times 10^{12} m^3$;非常规天然气地质资源量为 $171.23 \times 10^{12} m^3$,其中页岩气为 $134.42 \times 10^{12} m^3$,煤层气 $36.81 \times 10^{12} m^3$。

表 8-12 主要盆地天然气资源量分布

类 型	亚 类	盆地或地区	资源量($10^{12} m^3$)
近源型	与煤系有关	鄂尔多斯盆地	19.8
		四川盆地	6.1
	古油藏裂解气	四川盆地	3.97
	生物气		6.31
	小计		36.18
远源型		塔里木盆地	13.31
		四川盆地	8.41
		柴达木盆地	0.8
		准噶尔盆地	2.31
		松辽盆地	1.8
		渤海湾盆地	2.0
		南海海域	7.4
		东海盆地	5.3
	小计		41.33

续表

类 型	亚 类	盆地或地区	资源量($10^{12}m^3$)
源内型	页岩气		134.42
	煤层气		36.81
	小计		171.23
总计			278.07

第四节 天然气有利勘探领域预测

中国天然气资源丰富,根据上述主要盆地天然气资源评价结果,常规天然气地质资源量可达 $77.51×10^{12}m^3$,但是,截至 2016 年年底,常规天然气探明地质储量约为 $14.5×10^{12}m^3$,天然气探明率仅为 18.7%,探明率非常低,预示着中国天然气勘探前景广阔。

根据中国天然气资源分布,中国未来天然气勘探仍然集中在鄂尔多斯、四川、塔里木和南海四大盆地,东海、准噶尔、柴达木、松辽和渤海湾五个盆地也是非常重要的勘探领域。

一、鄂尔多斯盆地

鄂尔多斯盆地是我国中部大型叠合盆地,油气资源量巨大,是我国油气储量和产量增长潜力最大的盆地之一。截至 2017 年年底,天然气探明地质储量为 $31308.66×10^8m^3$,占全国天然气探明储量的 25.9%,目前已发现气田 13 个(直罗、刘家庄、胜利井、靖边、榆林、米脂、乌审旗、神木、大牛地、苏里格、东胜、子洲、杨柳堡),其中储量超过 $300×10^8m^3$ 的大气田共 9 个,苏里格气田储量超过万亿立方米,是中国最大的气田。全盆地天然气年产量超过 $360×10^8m^3$,占全国天然气年产量的 30% 以上,成为我国天然气年产量最大的含气盆地。鄂尔多斯盆地天然气资源量约为 $22.5×10^{12}m^3$,探明率为 13%,剩余资源量大。

鄂尔多斯盆地碳酸盐岩勘探层系包括西部的奥陶系和中东部的寒武系、中—新元古界,其中西部地区天环向斜和冲断带前缘的奥陶系是潜在的有利勘探领域。鄂尔多斯盆地奥陶系沉积时期整体具有"三隆两鞍两坳陷"的沉积格局。中—晚奥陶世,在"L"形中部古隆起带西、南部形成了与祁连和秦岭海关联的深水盆地相、斜坡相沉积,控制了背锅山组和平凉组两套较为优质烃源岩的分布。靠盆地一侧,形成了"L"形展布的礁滩相,"L"形展布的碳酸盐岩礁滩相可能是油气聚集的有利领域。因此,天环向斜及西部冲断带前缘下盘的超深层是有望实现勘探突破的领域之一。

上古生界发现的气田主要分布在盆地的北部,盆地的南部煤系气源岩广泛分布且大部分处于过成熟阶段,气源充足。西南部处于盆地南部沉积体系,勘探面积 $1×10^4km^2$,主要目的层为石盒子组盒 8 段和山西组山 1 段,兼探奥陶系马家沟组。该区位于上、下古生界的生气中心,古生界具有较好的气源供给条件,镇探 1 井山西组试气获日产 $5.46×10^4m^3$ 的工业气流,庆探 1、莲 1、合探 2 井在盒 8 段、山 1 段均钻遇石英砂岩气层,展示了该区良好的勘探前景。盆地东南部勘探面积约 $1.2×10^4km^2$,该区处于生气中心的南端,生气强度为 $(15~45)×10^8m^3/km^2$,烃源条件较为有利。东南部以北部物源体系的三角洲分流河道沉积砂体为主,砂体厚度可达 10~20m,孔隙度 8%~11%,具有良好的储集条件。

二、四川盆地

四川盆地天然气资源丰富,从上震旦统灯影组至中侏罗统等多个层系中已发现气田和气藏 300

余个,截至 2017 年年底,四川盆地天然气探明地质储量可达 $4.2\times10^{12}\mathrm{m}^3$,占全国天然气探明储量的 32%。四川盆地发现的大气田最多,19 个大气田主要分布在震旦系—寒武系、石炭系、二叠系、上三叠统、侏罗系,其中石炭系黄龙组、二叠系和上三叠统是目前最重要的产气层;下二叠统气田(气藏)数最多,将近占全盆地半数,80%以上的气田或气藏是以碳酸盐岩为储层。随着勘探技术的发展,近几年来,四川盆地海相深层—超深层天然气发现不断增加,如元坝、安岳等储量超过千亿立方米大气田的发现证明四川盆地深层天然气勘探潜力巨大。四川盆地天然气资源量约 $14.5\times10^8\mathrm{m}^3$,探明率约为 22.2%,剩余资源量很多,天然气勘探潜力很大。四川盆地自 2003 年以来相继发现了普光、元坝和安岳深层、超深层大气田。最近又在川西凹陷山前带发现了新的超深层雷口坡组气藏。已有的勘探成果和初步的资源评价表明,超深层资源潜力巨大,是四川盆地天然气勘探潜在的新领域。

四川盆地震旦系—下古生界发育寒武系筇竹寺组优质烃源岩,是四川盆地震旦系—奥陶系气藏的主力气源岩,盆地中部的乐山—龙女寺古隆起、川东南和川东北的地区是震旦系—下古生界天然气勘探的有利区。以志留系为主力气源的大中型气田主要分布在川东的石炭系,志留系小河坝组砂岩具有"近水楼台"的优势,可能是致密砂岩勘探的新领域,另外,川南地区志留系烃源岩很厚,目前发现了一批页岩气田,目前还没有发现以志留系气源为主的常规天然气大气田,也是一个值得关注的领域。开江—梁平"海槽"东西两侧、鄂西—城口长兴组—飞仙关组台缘带天然气主要以二叠系烃源岩来源为主,临近生气中心,气源充足,勘探前景较好。须家河组低渗透砂岩大气田的勘探领域主要分布在川西南地区,该地区紧邻川西须家河组生气中心,有利于天然气富集成藏,具有较好的勘探潜力。

三、塔里木盆地

塔里木盆地油气资源丰富,油气相态复杂多样,存在干气气藏、湿气气藏、凝析气藏等。截至 2017 年年底,天然气探明地质储量为 $18307.51\times10^8\mathrm{m}^3$,占全国天然气探明储量的 14%。塔里木盆地已发现克拉 2 号、迪那 2、大北 1、牙哈、英买 7 号、和田河、塔中 I 号、吉拉克、塔河等 26 个气田,其中储量超过 $300\times10^8\mathrm{m}^3$ 大气田共 9 个。在塔里木盆地,库车坳陷是该盆地最富气的地区,天然气探明储量为 $7111.4\times10^8\mathrm{m}^3$,占塔里木盆地的 50%,也是西气东输的主要供气区。塔里木盆地气藏从寒武系到新近系均有分布,但储量主要集中在古近系、白垩系、新近系吉迪克组和中奥陶统。最近,在克拉苏构造带 6000~7000m 深层又发现了克深等一批大型煤成气大气田,展示出深层天然气巨大勘探潜力。

库车坳陷天然气资源量约为 $4.73\times10^{12}\mathrm{m}^3$。天然气探明率 15%,盐下深层是油气勘探最重要、最有利的领域之一,具有生储盖组合匹配关系好、油气成藏过程与构造演化同步、盐下叠瓦冲断构造带构造圈闭成排成带分布等有利特征(王招明等,2016),随着深层勘探的开展,已落实克深区带万亿立方米天然气地质储量规模,展示了良好的勘探前景。北部构造逆掩叠置区的中浅层圈闭和南部 8000m 埋深的大型构造圈闭,由于工程难度大,尚未钻探。西部博孜段、阿瓦特段已经获得油气发现,大规模勘探尚未展开,潜力巨大。另外,库车坳陷南部的秋里塔格构造带,紧邻库车中生界生烃凹陷,是库车坳陷天然气远源领域中最靠近烃源岩的构造带,具有良好的封盖条件,该区带具备形成大油气田的地质条件。最近已在中段中秋 1 井获得突破,西段也正在部署风险探井。塔西南坳陷天然气资源量约 $2.13\times10^{12}\mathrm{m}^3$,目前塔西南坳陷油气勘探程度总体上还很低,特别是山前冲断带勘探程度更低。塔西南坳陷具有与库车坳陷相似的油气地质条件,成藏条件优越。山前发育成排成带展布的褶皱—逆冲断层带,褶皱—逆冲断层带内构造十分发育,成藏条件优越,也具备发现大中型天然气田的圈闭和资源基础。

位于台盆区的塔东地区深层、超深层是重要的勘探接替层系。平面上,满加尔坳陷东部盆地相发育优质烃源岩,处于高—过成熟阶段,为原油裂解气最有利勘探区域。古城地区奥陶系白云岩发育晶间孔型、溶蚀孔洞缝型储层,也已获得多个工业气流井发现,顺南、罗西地区的深层奥陶系白云岩具有继续探索的价值。古城深层寒武系台缘丘滩体钻遇气层,发育溶蚀大孔洞型和基质孔隙型两类储层,是塔东天然气勘探新的潜力领域。寒武系重力流沉积和震旦系白云岩有希望成为塔东天然气勘探接替领域。

塔西南地区深层天然气主要来自中下寒武统烃源岩,由于这套烃源岩在海西期已进入高—过成熟阶段,因而石炭纪以前的塔西南古隆起北部斜坡区是天然气运聚的最有利方向。和田河气田及其周缘长期位于塔西南古隆起北部斜坡鼻状隆起带,是中下寒武统烃源岩在加里东晚期—晚海西期所生的烃、喜马拉雅晚期的分散液态烃以及古油藏裂解气所充注的有利部位,同时中寒武统盐膏层发育,具有与塔中隆起东部相同的沉积微相与储盖组合,保存条件优越,故可作为中下寒武统白云岩勘探的有利方向。

四、南海海域

南中国海内有 22 个沉积盆地,盆地总面积达到 $100 \times 10^4 km^2$,其中南海北部 6 个盆地,面积 $37 \times 10^4 km^2$,南海南部 16 个盆地,面积 $63 \times 10^4 km^2$。根据资源评价结果,南海北部天然气资源量约 $9 \times 10^{12} m^3$,天然气资源丰富。20 世纪 80 年代以来,我国南海的莺歌海—琼东南、珠江口盆地相继发现了一批大中型天然气田(如崖城、东方、乐东、荔湾 3-1 等气田),实现了海上天然气储量和产量的持续高速增长。

南海北部莺歌海盆地中深层天然气资源前景好,勘探潜力大,主要区域为东方区和乐东区;东北部莺东斜坡带油气勘探潜力较大,但油气成藏条件复杂,以寻找隐蔽油气藏为主;西北部临高隆起带具有较好的油气资源前景和勘探潜力。琼东南盆地北部裂陷带浅水区油气资源前景好;中央和南部裂陷带深水区油气资源潜力大,勘探程度低,是该盆地的后备勘探潜力区。珠江口盆地深水区具有优越的油气地质条件和巨大的勘探潜力,天然气有利勘探方向为白云凹陷中央的深水扇体系、白云凹陷主洼东西两侧的隆起区构造—地层复合圈闭群、主洼西南侧断阶带上一系列的大型构造圈闭群以及南侧荔湾等一系列凹陷的超深水新区。

五、准噶尔盆地

盆地剩余天然气资源总量约为 $2.1 \times 10^{12} m^3$,层位上主要集中分布在石炭系、侏罗系和二叠系。盆地南部沙湾凹陷—阜康凹陷侏罗系煤系气源岩生气强度分布在 $(30 \sim 80) \times 10^8 m^3/km^2$,具备形成大气田的烃源条件,应将南缘下组合(J、K)作为深层勘探突破口,坚持勘探;南缘山前第一排构造带齐古背斜带、二、三排构造带合称为霍玛吐背斜带是盆地内天然气最主要富集区,应将喀拉扎组(J_3)、清水河组(K_1)作为中段深层下组合主攻目的层。另外,陆东凸起带天然气地质资源量为 $4168 \times 10^{12} m^3$(杨海波等,2018),目前已累计探明约 $1100 \times 10^{12} m^3$,探明率约 25%,剩余待探明资源潜力巨大,应作为准噶尔盆地天然气勘探的主要战场之一。

除了上述 5 大盆地外,柴达木盆地柴北缘、松辽盆地深层、渤海湾盆地深层以及东海盆地天然气勘探潜力也较大,为天然气勘探的潜在有利领域。

小 结

本章重点介绍了中国天然气资源评价的方法、关键参数,在主要盆地天然气资源量评价的基础上对中国天然气勘探有利区进行了预测。

(1)天然气资源评价方法主要有成因法、类比法和统计法,本章主要介绍了国内目前最广泛应用的成因法,成因法可进一步分为热模拟法、化学动力学方法和盆地模拟方法。

(2)对关键参数排气系数和运聚系数进行了研究。烃源岩的排气系数受有机质母质类型和成熟度影响,煤系气源岩排气系数高于海相Ⅰ—Ⅱ$_1$烃源岩,随着成熟度的增加煤系气源岩和海相Ⅰ—Ⅱ$_1$烃源岩排气系数逐渐增加,在高成熟—过成熟阶段,由于烃源岩排气系数很高,有利于常规天然气成藏富集;采用新的思路和方法对三种灶藏类型天然气运聚系数进行了研究,源内型天然气运聚系数最高,其次是近源型,远源型天然气运聚系数最低。

(3)根据三种类型对主要含气盆地天然气资源量进行了评价,常规天然气地质资源量约 $77.51 \times 10^{12} m^3$(近源型 $36.18 \times 10^{12} m^3$,远源型为 $41.33 \times 10^{12} m^3$),非常规天然气地质资源量为 $171.23 \times 10^{12} m^3$(页岩气为 $134.42 \times 10^{12} m^3$,煤层气 $36.81 \times 10^{12} m^3$),天然气资源量主要分布在塔里木盆地、四川盆地、鄂尔多斯盆地、南海海域及东海盆地。

(4)在资源评价的基础上预测了鄂尔多斯盆地、四川盆地、塔里木盆地、南海海域和准噶尔盆地天然气有利勘探领域,为未来中国天然气勘探部署提供了理论依据。

参 考 文 献

包茨. 1988. 天然气地质学. 北京:科学出版社
贝尔. 1983. 多孔介质流体动力学. 北京:中国建筑工业出版社:95~98
蔡立国,饶丹,潘文蕾,等. 2005. 川东北地区普光气田成藏模式研究. 石油实验地质,27(5):462~467
蔡希源. 2010. 深层致密砂岩气藏天然气富集规律与勘探关键技术——以四川盆地川西坳陷须家河组天然气勘探为例. 石油与天然气地质,31(6):707~714
蔡希源. 2007. 塔里木盆地大中型油气田成控因素与展布规律. 石油与天然气地质,28(6):693~702
曹代勇,李青元,朱小弟,等. 2001. 地质构造三维可视化模型探讨. 地质与勘探,4(37):60~62
曾萍,谭钦银,余谦,等. 2003. 四川盆地东北部飞仙关组暴露浅滩、非暴露浅滩与储层关系. 沉积与特提斯地质,23(4):41~45
陈安定,代金友,王文跃. 2010. 靖边气田气藏特点、成因与成藏有利条件. 海相油气地质,45~55
陈安定,刘桂霞,连莉文,等. 1991. 生物甲烷形成试验及生物气聚集的有利地质条件探讨. 石油学报,12(3):7~15
陈安定,张文正,徐永昌. 1993. 沉积岩烃热模拟实验研究产物的同位素特及应用. 中国科学(B辑),23(3):209~217
陈焕疆. 1990. 论板块大地构造与油气盆地分析. 上海:同济大学出版社
陈建平,赵文智,秦勇,等. 1998. 中国西北地区侏罗纪煤系油气形成(之二). 石油勘探与开发,25(4):3~6
陈践发,张水昌,孙省利,等. 2006. 海相碳酸盐岩优质烃源岩发育的主要影响因素. 地质学报,(03):467~472
陈全红,李文厚,郭艳琴. 2009. 鄂尔多斯盆地早二叠世聚煤环境与成煤模式分析. 沉积学报,(01):70~76
陈全红,李文厚,姜培海,等. 2007. 鄂尔多斯盆地西南部上古生界油气成藏条件分析. 石油实验地质,29(6):554~559
陈轩,赵文智,刘银河,等. 2013. 川西南地区中二叠统热液白云岩特征及勘探思路. 石油学报,34(3):460~466
陈娅娜,沈安江,潘立银,等. 2017. 微生物白云岩储集层特征、成因和分布——以四川盆地灯影组四段为例. 石油勘探与开发,44(5):704~715
陈英. 1994. 关于生物气研究中几个理论及方法问题的研究. 石油实验地质,16(3):209~219
陈永见,刘德良,杨晓勇,等. 1999. 郯庐断裂系统与中国东部幔源岩浆成因CO_2关系的初探. 地质地球化学,27(1):38~48
陈志勇,郑志刚,张出妹,等. 1991. 南海北部海域第三系沉积相及区域生储盖层. 中国海上油气(地质),5(1):11~23
程克明,熊英,马立元,李新景. 2005. 华北地台早二叠世太原组和山西组煤沉积模式与生烃关系研究. 石油勘探与开发,(04):142~146
迟元林,云金表,蒙启安. 2002. 松辽盆地深部结构及成盆动力学与油气聚集. 北京:石油工业出版社:222~268
崔永强,李莉. 2001. 松辽盆地无机成因烃类气藏的幔源贡献. 大庆石油地质与开发,20(3):6~8
代金友,张一伟,史若珩,等. 2005. 鄂尔多斯盆地中部气田剥蚀脊与沟槽. 石油勘探与开发,32(6):29~31
戴金星,吴伟,房忱琛,等. 2015. 2000年以来中国大气田勘探开发特征. 天然气工业,35(1)
戴金星,邹才能,陶士振,等. 2007. 中国大气田形成条件和主控因素. 天然气地球科学,18(4):473~484
戴金星,陈践发,钟宁宁,等. 2003. 中国大气田及气源. 北京:科学出版社,9~163
戴金星,陈英. 1993. 中国生物气中甲烷气组分的碳同位素特征及其鉴别标志. 中国科学(B辑),3(3):303~310
戴金星,胡国艺,倪云燕,等. 2009. 中国东部天然气分布特征. 天然气地球科学,20(4):471~487
戴金星,倪云燕,张文正,等. 2016a. 中国煤成气湿度和成熟度关系. 石油勘探与开发,43(5):675~677
戴金星,倪云燕,黄士鹏,等. 2016b. 次生型负碳同位素系列成因. 天然气地球科学,27(1):1~7
戴金星,裴锡古,戚厚发. 1992. 中国天然气地质学(卷一). 北京:石油工业出版社,29~69
戴金星,戚厚发,宋岩. 1985. 鉴别煤成气和油型气等指标的初步探讨. 石油学报,6(2):31~38
戴金星,戚厚发,王少昌,等. 2001. 我国煤系的气油地球化学特征、煤成气藏形成条件及资源评价. 北京:石油工业出版社,43~45
戴金星,宋岩,戴春森,等. 1995. 中国东部无机成因气及其气藏形成条件. 北京:科学出版社
戴金星,王庭斌,宋岩,等. 1997. 中国大中型气田形成条件与分布规律. 北京:地质出版社
戴金星,于聪,黄士鹏,等. 2014. 刘丹. 中国大气田的地质和地球化学若干特征. 石油勘探与开发,(1):1~13
戴金星. 1986. 试论不同成因混合气藏及其控制因素,石油实验地质,4:325~334
戴金星. 2011. 天然气中烷烃气碳同位素研究的意义. 天然气工业,31(12):1~7
戴金星. 1990. 我国有机烷烃气的氢同位素的若干特征,石油勘探与开发,26(5):27~32

戴金星.1995.中国含油气盆地的无机成因气及其气藏.天然气工业,15(3):22~27
戴金星.2014.中国煤成气大气田及气源.科学出版社,321~326
单秀琴,张静,张宝民,等.2016.四川盆地震旦系灯影组白云岩岩溶储层特征及溶蚀作用证据.石油学报,37(1):17~29
党玉琪,侯泽生,徐子远,等.2003.柴达木盆地生物气成藏条件.新疆石油地质,24(5):374~378
党玉琪,刘震,熊继辉,等.2004.柴达木盆地油气成藏主控因素分析//张一伟,等.柴达木盆地油气勘探论文集.北京:石油工业出版社
党玉琪,张道伟,徐子远,等.2004.柴达木盆地三湖地区第四系沉积相与生物气成藏.古地理学报,6(1):110~118
邓英尔,刘慈群,黄润秋,等.2004.高声渗流理论与方法.北京:科学出版社,21~26
邓宇,张辉,钱贻伯,等.1996.柴达木盆地东部第四系某钻孔沉积物中厌氧细菌的组成与分布.沉积学报,14(增刊):220~226
丁安娜,连莉文,张辉,等.1995.1854m~2608m 气源岩中产甲烷菌的富集培养和发酵产气实验研究.沉积学报,13(3):117~124
丁安娜,王明明,李本亮,等.2003.生物气的形成机理及源岩的地球化学特征——以柴达木盆地生物气为例.天然气地球科学,5:402~407
董大忠,邹才能,杨桦,等.中国页岩气勘探开发进展与发展前景.石油学报,33(S1):107~113
杜金虎,汪泽成,邹才能,等.2015.古老碳酸盐岩大气田地质理论与勘探实践.北京:石油工业出版社
杜金虎,汪泽成,邹才能,等.2015.古老碳酸盐岩大气田地质理论与勘探实践.北京:石油工业出版社
杜金虎,徐春春,汪泽成,等.2010.四川盆地二叠—三叠系礁滩天然气勘探.北京:石油工业出版社,66~91
杜金虎,张宝民,汪泽成,等.2016.四川盆地下寒武统龙王庙组碳酸盐缓坡双颗粒滩沉积模式及储层成因.天然气工业,36(6):1~10
杜金虎,邹才能,徐春春,等.2014.川中古隆起龙王庙组特大型气田战略发现与理论技术创新.石油勘探与开发,41(3):268~277
杜乐天.2007.国外天然气地球科学研究成果介绍与分析——以索科洛夫的著作为主线.天然气地球科学,18(1):1~18
杜韫华,钱凯,张守鹏.1999.中国天然气储层的岩石、古地理类型与勘探方向.石油与天然气地质,20(2):140~143
费宝生,刘建礼.2012.东北亚裂谷盆地群油气勘探潜力.大庆石油地质与开发,31(3):1~6
冯文光.2007.油气渗流力学基础.北京:科学出版社,49~59
冯增昭,鲍志东,吴茂炳,等.2007.塔里木地区奥陶纪岩相古地理.古地理学报,(5):447~460
冯增昭,鲍志东,吴茂炳,等.2006.塔里木地区寒武纪岩相古地理.古地理学报,(4):427~439
冯子辉,刘伟.2006.徐家围子断陷深层天然气的成因类型研究.天然气工业,26(6):18~20
冯子齐,刘丹,黄士鹏,等.2016.四川盆地长宁地区志留系页岩气碳同位素组成.石油勘探与开发,43(5):705~713
付广,吴薇,历娜.2014.松辽盆地徐家围子断陷大型断裂带对天然气成藏的控制作用.天然气工业,34(7):7~12
付广,姜振学.1994.影响盖层形成和发育的地质因素分析.天然气地球科,5(5):6~12
付广,杨勉.2001.松辽盆地北部天然气成藏与分布的主控因素.油气地质与采收率,8(6):28~31
付金华,白海峰,孙六一,等.2012.鄂尔多斯盆地奥陶系碳酸盐岩储集体类型及特征.石油学报,33(增刊2):110~117
付锁堂,马达德,郭召杰,等.2015.柴达木走滑叠合盆地及其控油气作用.石油勘探与开发,42(6):712~722
付晓飞,潘国强,贺向阳,等.2009.大庆长垣南部黑帝庙浅层生物气的断层侧向封闭性.石油学报,30(5):678~684
付晓飞,吕延防,孙永河.2004.克拉2气田天然气成藏主控因素分析.天然气工业,24(7):9~11
付晓飞,宋岩,吕延防,等.2006.塔里木盆地库车坳陷膏盐质盖层特征与天然气保存.石油实验地质,28(1):25~29
付晓飞,宋岩.2005.松辽盆地无机成因气及气源模式.石油学报,26(4):23~28
付晓泰,王振平,卢双舫,等.2000.天然气在盐溶液中的溶解机理及溶解度方程.石油学报,21(3):89~94
甘克文.1982.世界含油、气盆地的基本类型及其远景评价.石油学报,(S1):27~36
高波,陶明信,张建博,等.2002.煤层气甲烷碳同位素的分布特征与控制因素.煤田地质与勘探,30(3):14~17
高波.2015.四川盆地龙马溪组页岩气地球化学特征及其地质意义.天然气地球科学,26(6):1174~1181
高玲,宋进.1998.云南保山盆地生物气生成模拟实验及生物气资源预测.成都理工学院学报,4:487~494
高瑞祺,蔡希源.1997.松辽盆地油气田形成条件与分布规律.北京:石油工业出版社
高瑞祺,赵政璋.2001.中国油气新区勘探:中国西北地区侏罗系油气分布.北京:石油工业出版社
高山,Yumin.2001.崆岭高级变质地体单颗粒锆石 SHRIMP U-Pb 年代学研究——扬子克拉通.中国科学:,(1):27~35
高山,张本仁.1990.扬子地台北部太古宙 TTG 片麻岩的发现及其意义.地球科学,(6):675~679

高先志,陈发景,马达德,等.2001.南八仙构造油气成藏模式及其对柴北缘勘探的启示.石油实验地质,23(2): 154~159

高长林,叶德燎,钱一雄.2000.前陆盆地的类型及油气远景.石油实验地质,(02):99~104

高志勇,张水昌,张兴阳,朱如凯.2007.塔里木盆地寒武—奥陶系海相烃源岩空间展布与层序类型的关系.科学通报,(S1):70~77

高志勇,朱如凯,冯佳睿,等.2016.中国前陆盆地构造—沉积充填响应与深层储层特征.北京:地质出版社:1~257

耿元生.2008.扬子地台西缘变质基底演化.北京:地质出版社

谷道会,李国军,高伟.2009.鄂尔多斯盆地盖层类型及特征研究.内江科技,30(12):94~94

顾广明.2007.鄂尔多斯盆地石炭—二叠纪煤的生烃性能研究.洁净煤技术,3:68~71

顾树松.1993.柴达木盆地东部第四系气田形成条件及勘探实践.北京:石油工业出版社:50~81

顾树松.1996.柴达木盆地生物气藏的成因与模式.天然气工业,16(5):6~9

关德师.1997.控制生物气富集成藏的基本地质因素.天然气工业,17(5):8~12

关平,王大锐,黄第藩.1995.柴达木盆地东部生物气与有机酸地球化学研究.石油勘探与开发,22(3):41~45

关平,王大锐,黄第藩.1995.柴达木盆地东部生物气与有机酸地球化学研究.石油勘探与开发,22(3):41~45

管全中,董大忠.2015.页岩储集层中裂缝对产量影响的探讨.矿物岩石地球化学通报,34(5):1064~1070

管志强,党玉琪,王金鹏.2002.柴达木盆地第四系生物气勘探现状及前景分析.中国石油勘探,7(1):67~73

管志强,徐子远,周瑞年,等.2001.柴达木盆地第四系生物气的成藏条件及控制因素.天然气工业,21(6):1~5

郭栋,夏斌,王兴谋,等.2006.济阳坳陷断裂活动与CO_2气成藏的关系.天然气工业,(2):40~42

郭彤楼,张汉荣.2014.四川盆地焦石坝页岩气田形成与富集高产模式.石油勘探与开发,41(1):28~36

郭彤楼.2016a.涪陵页岩气田发现的启示与思考.地学前缘,23(1):29~43

郭彤楼.2016b.中国式页岩气关键地质问题与成藏富集主控因素.石油勘探与开发,43(3):317~326

郭旭升,2017.胡东风,李宇平,等.涪陵页岩气田富集高产主控地质因素.石油勘探与开发,44(4):481~491

郭旭升,胡东风,魏祥峰,等.2016.四川盆地焦石坝地区页岩裂缝发育主控因素及对产能的影响.石油与天然气地质,37(6):799~808

郭旭升,郭彤楼,黄仁春,等.2014.中国海相油气田勘探实例之十六——四川盆地元坝大气田的发现与勘探.海相油气地质,19(4):57~64

郭旭升.2014.南方海相页岩气"二元富集"规律——四川盆地及周缘龙马溪组页岩气勘探实践认识.地质学报,88(7):1209~1218

郭绪杰.2002.华北古生界石油地质.北京:地质出版社

郭占谦,杨步增,李星军,等.2000.松辽盆地无机成因气藏模式.天然气工业,20(6):30~33

郭正吾,等.1996.四川盆地形成与演化.北京:地质出版社

韩德馨,杨起.1990.中国煤田地质学.北京:煤炭工业出版社

何登发,李德生,吕修祥.1996.中国西北地区含油气盆地构造类型.石油学报,17(4):8~17

何坤,张水昌,米敬奎,等.2013.不同硫酸盐引发的热化学还原作用对原油裂解气生成的影响.石油学报,34(4):720~726

何坤,张水昌,王晓梅,等.2013.源内残留沥青原位裂解生气对有机质生烃的影响.石油学报,34(增刊):57~64

何坤,张水昌,王晓梅,等.2014.松辽盆地白垩系湖相I型有机质生烃动力学.石油与天然气地质,35(1):40~49

何曼如,陈飞,徐国盛,等.2014.四川盆地须家河组致密砂岩天然气富集规律.成都理工大学学报(自然科学版),41(6):743~751

何治亮,胡宗全,聂海宽,等.2017.四川盆地五峰组—龙马溪组页岩气富集特征与"建造—改造"评价思路.天然气地球科学,28(5):724~733

何自新,付金华,席胜利,等.2003.苏里格大气田成藏地质特征.石油学报,(2):6~12

何自新,郑聪斌,王彩丽,等.2005.中国海相油气田勘探实例之二——鄂尔多斯盆地靖边气田的发现与勘探.海相油气地质,10(2):37~44

何自新.2003.鄂尔多斯盆地演化与油气.北京:石油工业出版社

洪峰,宋岩,陈振宏,等.2005.煤层气散失过程与地质模型探讨.科学通报,50(增刊I):121~125

侯连华,邹才能,刘磊,等.2012.新疆北部石炭系火山岩风化壳油气地质条件.石油学报,33(4):533~540

侯启军,杨玉峰.2002.松辽盆地无机成因天然气及勘探方向探讨.天然气工业,22(3):5~10

胡国艺,王晓波,王义凤,等.2009.中国大中型气田盖层特征.天然气地球科学,20(2):162~166

胡国艺,肖中尧,罗霞.2005.两种裂解气中轻烃组成差异性及其应用.天然气工业,25(9):22~24

胡见义,黄第藩,徐树宝,等.1991.中国陆相石油地质理论基础.北京:石油工业出版社,238~258
胡剑风,刘玉魁,杨明慧,等.2004.塔里木盆地库车坳陷盐构造特征及其与油气的关系.地质科学,39(4):580~588
黄保家,肖贤明.2002.莺歌海盆地海相生物气特征及生化成气模式.沉积学报,20(3),462~468
黄光辉,张敏,胡国艺.2008.原油裂解气和干酪根裂解气的地球化学研究——原油裂解气和干酪根裂解气的区分方法.中国科学(D辑:地球科学),38:9~16
黄海平,杨玉峰,陈发景,等.2000.徐家围子断陷深层天然气的形成.地学前缘,7(4):515~521
黄汉纯,周显强,王长利.1989.柴达木盆地构造演化与油气富集规律.地质论评,35(4):314~323
黄汉纯.1996.柴达木盆地地质与油气预测.北京:地质出版社
黄华芳,刘子贵,周晓峰.1999.中国主要含气盆地构造动力学类型与天然气地质条件.沉积学报,(s1):805~810
黄金亮,邹才能,李建忠,等.2012.川南下寒武统筇竹寺组页岩气形成条件及资源潜力.石油勘探与开发.39(1):69~75
黄思静,兰叶芳,黄可可,等.2014.四川盆地西部中二叠统栖霞组晶洞充填物特征与热液活动记录.岩石学报,30(3):687~698
黄正良,陈调胜,任军峰,等.2012.鄂尔多斯盆地奥陶系中组合白云岩储层及圈闭成藏特征.石油学报,33(增刊2):118~124
惠荣耀,李本亮,丁安娜,等.2005.柴达木盆地三湖凹陷岩性气藏的勘探前景.天然气地球科学,16(4):443~448
霍秋立,杨步增,付丽.1998.松辽盆地北部昌德东气藏天然气成因.石油勘探与开发,25(4):17~19
姬江,田晓东,王娟,等.2012.鄂尔多斯盆地上古生界与川西坳陷上三叠统致密气藏成藏条件对比分析.长江大学学报(自然科学版),9(12):44~46
贾承造,　　,王招明,等.2002.克拉2气田石油地质特征.科学通报,47(增刊):91~96
贾承造,顾家裕,张光亚.2002.库车坳陷大中型气田形成的地质条件.科学通报,47(增):49~55
贾承造,宋岩,魏国齐,等.2005.中国中西部前陆盆地的地质特征及油气聚集.地学前缘,12(3):3~13
贾承造,魏国齐,李本亮,等.2003.中国中西部两期前陆盆地的形成及其控气作用.石油学报,24(2):13~17
贾承造.2017.论非常规油气对经典石油天然气地质学理论的突破及意义.石油勘探与开发,44(1):1~11
贾承造.1995.盆地构造演化与区域构造地质.北京:石油工业出版社
贾承造.1997.中国塔里木盆地构造特征与油气.北京:石油工业出版社
贾承造.2005.中国中西部前陆冲断带构造特征与天然气富集规律.石油勘探与开发,32(4):9~15
　　,陈竹新,贾承造,等.2003.龙门山前陆褶皱冲断带构造解析与川西前陆盆地的发育.高校地质学报,9(3):402~410
贾进华,顾家裕,郭庆银,等.2001.塔里木盆地克拉2气田白垩系储层沉积相.古地理学报,3(3):67~75
江青春,胡素云,汪泽成,等.2014.四川盆地中二叠统中—粗晶白云岩成因.石油与天然气地质,35(4):503~510
姜桂凤,孔红喜,侯泽生,等.2005.柴达木盆地生物气资源潜力评价.新疆石油地质,26(4):363~366
姜振学,林世国,庞雄奇,等.2006.两种类型致密砂岩气藏对比.石油实验地质,28(3):210~214
姜振学,庞雄奇,张莺莺,等.2011.致密砂岩气藏成藏新视角——两种类型致密气藏成藏条件与机理差异.石油与装备,(2)
解习农,李思田,胡祥云,等.1999.莺歌海盆地底辟带热流体输导系统及其成因机制.中国科学(D辑:地球科学),29(3):247~256
金晓辉,朱丹,林壬子,等.2003.油藏色谱指纹非均质性形成机理及其稳定性实验模拟.地质论评,(2):217~221
金之钧,王清晨.2004.中国典型叠合盆地与油气成藏研究新进展——以塔里木盆地为例.中国科学(D辑:地球科学),(S1):1~12
金之钧,郑和荣,蔡立国,胡宗全.2010.中国前中生代海相烃源岩发育的构造—沉积条件.沉积学报,(5):875~883
金之钧,龙胜祥,周雁,等.2006.中国南方膏盐岩分布特征.石油与天然气地质,27(5):571~583
金之钧,张明利,汤良杰,等.1990.柴达木盆地中新生代构造演化.地球学报,20(增刊):68~72
金之钧,周雁,云金表,等.我国海相地层膏盐岩盖层分布与近期油气勘探方向.石油与天然气地质,2010.31(6):715~724
康安,朱筱敏,韩德馨,等.2003.柴达木盆地第四纪孢粉组合及古气候波动.地质通报,22(1):12~15
孔祥言.高等渗流力学(第二版).合肥:中国科学技术大学出版社,2010.40~53
匡立春.2013.准噶尔盆地侏罗—白垩系沉积特征和岩性地层油气藏.北京:石油工业出版社
李本亮,王明明,冉启贵,等.2003.地层水含盐度对生物气运聚成藏的作用.天然气工业,23(5):16~21
李本亮,王明明,冉启贵,等.2003.地层水含盐度对生物气运聚成藏的作用.天然气工业,23(5):16~20

李本亮,魏国齐,贾承造. 2009. 中国前陆盆地构造地质特征综述与油气勘探. 地学前缘,(4):190~202
李本亮. 2015. 中国海相克拉通盆地地质构造. 北京:科学出版社
李春昱. 1986. 板块构造基本问题. 北京:地震出版社
李德生. 1995. 中国石油地质学的理论与实践. 地学前缘,(3):15~19
李国玉. 2002. 中国含油气盆地图集. 北京:石油工业出版社
李宏涛. 2013. 河坝气藏飞仙关组三段储集岩特征及成岩作用. 石油学报,34(2):263~271
李惠民,陆松年,郑健康,等. 2001. 阿尔金山东端花岗片麻岩中3.6Ga锆石的地质意义. 矿物岩石地球化学通报,20(4):259~262
李剑,罗霞,单秀琴,等. 2005. 鄂尔多斯盆地上古生界天然气成藏特征. 石油勘探与开发,32(4):54~59
李剑,刘成林,谢增业,等. 2004. 天然气资源评价. 北京:石油工业出版社
李军,赵靖舟,凡元芳,等. 2013. 鄂尔多斯盆地上古生界准连续型气藏天然气运移机制. 石油与天然气地质,34(5):592~596
李明诚,李剑,张凤敏,等. 2009. 柴达木盆地三湖地区第四系生物气运聚成藏的定量研究. 石油学报,30(6):805~819
李明诚. 2004. 石油与天然气运移. 北京:石油工业出版社
李明瑞,窦伟坦,蔺宏斌,等. 2009. 鄂尔多斯盆地东部上古生界致密岩性气藏成藏模式. 石油勘探与开发,36(1):56~61
李明宅,张洪年. 1997. 生物气成藏规律研究. 天然气工业,17(2):6~10
李伟,涂建琪,张静,等. 2017. 鄂尔多斯盆地奥陶系马家沟组自源型天然气聚集与潜力分析. 石油勘探与开发,44(4):521~530
李伟,秦胜飞,胡国艺,等. 2011. 水溶气脱溶成藏——四川盆地须家河组天然气大面积成藏的重要机理之一. 石油勘探与开发,38(6):662~670
李先奇,张水昌,朱光有,等. 2005. 中国生物气成因类型划分与研究方向. 天然气地球科学,16:477~484
李先奇,张水昌,朱光有,等. 2005. 中国生物气成因类型划分与研究方向. 天然气地球科学,16:477~484
李贤庆,肖贤明,唐永春,等. 2005. 天然气甲烷碳同位素动力学研究及其应用:以塔里木盆地库车坳陷克拉2气田为例. 高校地质学报,11(1):137~144
李小彦,司胜利. 2008. 鄂尔多斯盆地煤的热解生烃潜力与成烃母质. 煤田地质与勘探,3:1~5
李学田. 1992. 天然气盖层质量的影响因素及盖层形成时间的探讨. 石油实验地质,14(3):282~289
李易隆,贾爱林,何东博. 2013. 致密砂岩有效储层形成的控制因素. 石油学报,34(1):71~82
李永豪,曹剑,胡文瑄,等. 2016. 膏盐岩油气封盖性研究进展. 石油与天然气地质,37(5):634~643
李增学,王明镇,余继峰,等. 2006. 鄂尔多斯盆地晚古生代含煤地层层序地层与海侵成煤特点. 沉积学报,(6):834~840
李仲东,惠宽洋,李良,等. 2008. 鄂尔多斯盆地上古生界天然气运移特征及成藏过程分析. 矿物岩石,28(3):77~83
梁狄刚,郭彤楼,边立曾,等. 2009. 中国南方海相生烃成藏研究的若干新进展(三):南方四套区域性海相烃源岩的沉积相及发育的控制因素. 海相油气地质,2:1~19
梁狄刚,郭彤楼,陈建平,等. 2008. 中国南方海相生烃成藏研究的若干新进展(一):南方四套区域性海相烃源岩的分布. 海相油气地质. 13(2):1~16
梁狄刚,张水昌,赵孟军,等. 2002. 库车坳陷的油气成藏期. 科学通报,47(增):56~63
廖凤蓉,吴小奇,黄士鹏. 2012. 中国东部CO_2气地球化学特征及其气藏分布. 岩石学报,28(3):939~946
廖曦,何绪全,罗启厚. 1999. 四川原型盆地演化序列及复合盆地发展规律. 天然气勘探与开发,4:6~13
林畅松,张燕梅. 1995. 拉伸盆地模拟理论基础与新进展. 地学前缘,3:79~88
林春明,李艳丽,漆滨汶. 2006. 生物气研究现状与勘探前景. 古地理学报,8(3),317~330
林峰,王廷栋,代鸿鸣,等. 1998. 四川盆地碳酸盐岩储层中固体运移沥青的性质和成因. 矿物岩石地球化学通报,17(3):174~178
刘波,钱祥麟,王英华. 1997. 克拉通盆地类型及成因机制综述. 地质科技情报,(4):23~28
刘成林,刘人和,罗霞,等. 天然气资源评价重点研究. 沉积学报,2004.22(增刊):79~83
刘德汉,付金华,郑聪斌,等. 2004. 鄂尔多斯盆地奥陶系海相碳酸盐岩生烃性能与中部长庆气田气源成因研究. 地质学报,78(4):542~550
刘和甫,李晓清,刘立群,等. 2005. 伸展构造与裂谷盆地成藏区带. 石油与天然气地质,26(5):537~552
刘和甫. 1993. 沉积盆地地球动力学分类及构造样式分析. 地球科学,6:699~724
刘全有,戴金星,李剑,等. 2007. 塔里木盆地天然气氢同位素地球化学与对热成熟度和沉积环境的指示意义. 中国科学

（D辑：地球科学），37(12)：1599~1608

刘圣志，李景明，孙粉锦，等.2005.鄂尔多斯盆地苏里格气田成藏机制研究.天然气工业,25(3):4~6

刘树根，罗志立，赵锡奎，等.2003.中国西部盆山系统的耦合关系及其动力学模式——以龙门山造山带—川西前陆盆地系统为例.地质学报,77(2):177~186

刘树根，罗志立.2001.从华南板块构造演化探讨中国南方油气藏分布的规律性.石油学报,22(4):24~30

刘树根，孙玮，宋金民，等.2015.四川盆地海相油气分布的构造控制理论.地学前缘,22(3):146~160

刘树根，孙玮，工国芝，等.2013.四川叠合盆地油气富集原因剖析.成都理工大学学报（自然科学版),40(5):481~497

刘为付，朱筱敏，杜业波，等.2006.鄂尔多斯盆地二叠系天然气储层特征及有利区预测.西安石油大学学报（自然科学版)21(5):6~12

刘文汇，徐永昌.2005.论生物—热催化过渡带气.石油勘探与开发,32(4):30~36

刘文汇，徐永昌.1999.煤型气碳同位素演化二阶段分馏模式及机理.地球化学,28(4):359~366

刘新社，席胜利，付金华，等.2000.鄂尔多斯盆地上古生界天然气生成.天然气工业,(6):19~23

刘新社，周立发，侯云东.2007.运用流体包裹体研究鄂尔多斯盆地上古生界天然气成藏.石油学报,28(6):37~42

刘昭茜，梅廉夫，郭彤楼，等.2009.川东北地区海相碳酸盐岩油气成藏作用及其差异性——以普光、毛坝气藏为例.石油勘探与开发,36(5):552~561

柳少波，宋岩，洪峰，等.2005.中国中西部前陆盆地烃源岩特征与油气资源潜力分析.地学前缘,(3):59~65

柳少波，鲁雪松，洪峰，等.2016.松辽盆地含CO_2天然气成藏机制与分布规律.北京：科学出版社:58~107

柳少波，鲁雪松，洪峰，等.2016.松辽盆地天然气分布规律与成藏机制.北京：科学出版社

卢华复，陈楚铭，刘志宏，等.2000.库车再生前陆逆冲带的构造特征与成因.石油学报.21(3):18~24

卢华复，贾承造.2001.库车再生前陆盆地冲断构造楔特征.高校地质学报.7(3):257~271

卢华复.2003.库车—柯坪再生前陆冲断带构造.北京：科学出版社

卢双舫，付广，王朋岩，等.2002.天然气富集主控因素的定量研究.北京：石油工业出版社:1~230

卢双舫，李宏涛，付广，等.2003.天然气富集的主控因素剖析.天然气工业,23(6):7~11

鲁雪松，宋岩，柳少波，等.2009.松辽盆地幔源CO_2分布规律与运聚成藏机制.石油学报,(5):661~666

鲁雪松，刘可禹，赵孟军，等.2017.油气成藏年代学分析技术与应用.北京：科学出版社,172~200

鲁雪松，刘可禹，卓勤功，等.2012.库车克拉2气田多期油气充注的古流体证据.石油勘探与开发,39(5):537~544

罗楚湘，陈建飞.2017.页岩气成藏机理及分布规律研究对勘探开发的影响.辽宁化工,46(2):142~145

罗平，张静，刘伟，等.2008.中国海相碳酸盐岩油气储层基本特征.地学前缘,15(1):36~50

罗志立.1994.龙门山造山带的崛起和四川盆地的形成与演化.成都：成都科技大学出版社

罗志立.1984.试论中国型（C-型）冲断带及其油气勘探问题.石油与天然气地质,5(4):315~324

罗志立.1998.中国含油气盆地分布规律及油气勘探展望.新疆石油地质,(6):441~449

吕延防，李国会，王跃文，等.1996.断层封闭性的定量研究方法.石油学报,17(3):39~45

吕延防，付广，于丹.2005.中国大中型气田盖层封盖能力综合评价及其对成藏的贡献.石油与天然气地质,26(6):742~745

吕延防，万军，沙子萱，等.2008.被断裂破坏的盖层封闭能力评价方法及其应用.地质科学,43(1):162~174

马达德，陈新领，寇福德，等.2004.构造圈闭在柴东天然气成藏中的控制作用.天然气工业,24(10):17~19

马东民.2003.煤储层的吸附特征实验综合分析.北京科技大学学报,25(4):291~294

马力，甘克文，陈焕疆，等.2004.中国南方大地构造和海相油气地质.北京：地质出版社

马永生，蔡勋育，赵培荣，等.2010.四川盆地大中型天然气田分布特征与勘探方向.石油学报,31(3):347~354

马永生，储昭宏.2008.普光气田台地建造过程及其礁滩储层高精度层序地层学研究.石油与天然气地质,548~556

马永生，傅强，郭彤楼，等.2005.川东北地区普光气田长兴—飞仙关气藏成藏模式与成藏过程.石油实验地质,35~41

马永生，蔡勋育，郭彤楼.2007.四川盆地普光大型气田油气充注与富集成藏的主控因素.科学通报,52(增刊):149~155

马永生，等.2007.中国海相油气勘探.北京：地质出版社

马永生.2007.四川盆地普光超大型气田的形成机制.石油学报,28(2):9~14

马永生.2006.中国海相油气田勘探实例之六——四川盆地普光大气田的发现与勘探.海相油气地质,11(2)35~40

毛治国，朱如凯，王京红，等.2015.中国沉积盆地火山岩储层特征与油气聚集.特种油气藏,22(5):1~8

聂海宽，金之钧，边瑞康，等.2016.四川盆地及其周缘上奥陶统五峰组—下志留统龙马溪组页岩气"源—盖控藏"富集.石油学报,37(5):557~571

聂仕琪,黄金水,李三忠.2015.奥陶纪到志留纪全球板块重建:中国三大陆块位置及其洋陆格局的运动学检验.海洋地质与第四纪地质,35(4):177~188

潘桂棠,肖庆辉,陆松年,等.2009.中国大地构造单元划分.中国地质,36(1):1~4

潘继平,杨丽丽,王陆新,等.2017.新形势下中国天然气资源发展战略思考.国际石油经济,6(25),12~18

潘文庆,刘永福,Dickson J A D,等.2009.塔里木盆地下古生界碳酸盐岩热液岩溶的特征及地质模型.沉积学报,27(5):983~994

潘钟祥,等,1986.石油地质学.北京:地质出版社

庞雄奇,金之钧,左胜杰.2000.油气藏动力学成因模式与分类.地学前缘,(4):203~210

彭作林,郑建京.1991.中国主要含气盆地类型.天然气地球科学,(6):253~257

戚厚发 关德师.1997.中国生物气成藏条件.北京:石油工业出版社,48~65

戚厚发,孔志平.1992.我国天然气气藏基本特征及富集因素.天然气工业,6:1~7

戚厚发,关德师,钱贻伯,等.1997.中国生物气成藏条件.北京:石油工业出版社

钱凯,陈云林.1987.济阳坳陷大、中型油气田的油气藏组合及其形成条件.石油与天然气地质,8(4):339~351

钱凯,魏国齐,席胜利,等.2001.中国陆上天然气勘探新领域.北京:石油工业出版社,59~123

秦胜飞,周国晓,李伟,等.2016.四川盆地威远气田水溶气脱气成藏地球化学证据.天然气工业,36(1):43~51

邱楠生.2001.柴达木盆地现代大地热流和深部地温特征.中国矿业大学学报,30(4):412~415

邱中建,邓松涛.2012.中国非常规天然气的战略地位.天然气工业,32(1):1~5

邱中建.1999.中国油气勘探.北京:石油工业出版社

裘亦楠.1997.油气储层评价技术.北京:石油工业出版社

渠永红,付晓飞,王洪宇.2011.裂陷盆地断层相关圈闭含油气性控制因素分析——以海拉尔—塔木察格盆地塔南凹陷为例.30(1):38~46

冉隆辉,陈更生,徐仁芬.2005.中国海相油气田勘探实例(之一)四川盆地罗家寨大型气田的发现和探明.海相油气地质,10(1):43~47

任纪舜,邓平,肖藜薇,等.2006.中国与世界主要含油气区大地构造比较分析.地质学报,80(10):1491~1492

任纪舜,郝杰,肖藜薇.2002.回顾与展望:中国大地构造学.地质论评,48(2):113~124

任纪舜.2003.新一代中国大地构造图——中国及邻区大地构造图(1:5000000)附简要说明:从全球看中国大地构造.地球学报,24(1):1~2

桑树勋,陈世悦,刘焕杰.2001.华北晚古生代成煤环境与成煤模式多样性研究.地质科学,36(2):212~221

桑树勋等.2011.陆相盆地煤层气地质——以准噶尔吐哈盆地为例.徐州:中国矿业大学出版社:147~160

沈安江,王招明,杨海军,等.2006.塔里木盆地塔中地区奥陶系碳酸盐岩储层成因类型、特征及油气勘探潜力.海相油气地质,11(4):1~12

沈平,徐永昌,王先彬,等.1991.气源岩和天然气地球化学特征及成气机理研究.兰州:甘肃科学技术出版社

时华星,王秀玲,李玉新,等.2004.构造正反演裂缝预测方法及应用实例.石油物探,(4):337~340

舒良树,周新民,邓平,等.2004.中国东南部中、新生代盆地特征与构造演化.地质通报,23(Z2):876~884

帅燕华,张水昌,苏爱国,等.2006.生物成因天然气勘探前景初步分析.天然气工业,26(8):1~4

帅燕华,张水昌,陈建平,等.2010.深部生物圈层微生物营养底物来源机制及生物气源岩特征分析.中国科学(D辑:地球科学),40(7):866~872

帅燕华,张水昌,陈建平,等.2010.深部生物圈层微生物营养底物来源机制及生物气源岩特征分析.中国科学(D辑:地球科学),40(7):866~872

宋岩,夏新宇,王震亮,等.2001.天然气运移和聚集动力的耦合作用.科学通报,46(22):1906~1910

宋岩,刘洪林,柳少波,等,2010.中国煤层气成藏地质.北京:科学出版社

宋岩,柳少波.2008.中国大型气田形成的主要条件及潜在勘探领域.地学前缘,15(2):109~119

宋岩,王喜双.2000.准噶尔盆地含油气系统的形成与演化.石油学报,21(4):20~25

宋岩,夏新宇,秦胜飞.2002.中西部前陆盆地天然气前景.矿物岩石地球化学通报,21(1):26~29

宋岩,2005.张新民,等.煤层气成藏机制及经济开采理论基础.北京:科学出版社

宋岩.2008.中国中西部前陆盆地油气分布规律及主控因素.北京:石油工业出版社

苏现波,林晓英.2009.煤层气地质学.北京:煤炭工业出版社:220

孙雄进,郝炜,张金龙.2016.煤层气、深盆气、页岩气成藏条件对比研究.资源与环境,(4):145

孙镇诚.1997.中国新生代咸化湖泊沉积环境与油气生成.北京:石油工业出版社

孙镇城,党玉琪,乔子真,等.2003.柴达木盆地第四系倾斜式气藏的形成机理.中国石油勘探,8(4):41~44

索书田,侯光久,张明发,等.1993.黔西南盘江大型多层次席状逆冲—推覆构造.地质通报,3:49~57
谭秀成,肖笛,陈景山,等.2015.早成岩期喀斯特化研究新进展及意义.古地理学报,17(4):441~456
潭试典,王冰.1990.中国中、新生代沉积盆地类型与演化.石油学报,3:1~11
汤达祯,许浩,陶树.2016.非常规地质能源概论.北京:石油工业出版社
汤良杰,金之钧.2000.多期叠合盆地油气运聚模式.中国石油大学学报(自然科学版),24(4):67~70
陶士振,刘德良,杨晓勇,等.2000.无机成因天然气藏形成条件分析.天然气地球科学,11(2):10~18
田华,张水昌,柳少波,等.2016.富有机质页岩成分与孔隙结构对吸附气赋存的控制作用.天然气地球科学,27(3):494~502
田华,张水昌,柳少波,等.2012.压汞法和气体吸附法研究富有机质页岩孔隙特征.石油学报.33(3):419~427
田在艺,史卜庆.2002.中国中新生界沉积盆地与油气成藏.大地构造与成矿学,26(1):1~5
田作基,胡见义,宋建国,等.2002.塔里木库车陆内前陆盆地及其勘探意义.地质科学,(S1):105~112
涂建琪,董义国,张斌,等.2016.鄂尔多斯盆地奥陶系马家沟组规模性有效烃源岩的发现及其地质意义.天然气工业,36(5):15~24
万天丰.2006.中国大陆早古生代构造演化.地学前缘,13(6):30~42
汪新,贾承造,杨树锋.2002.南天山库车褶皱冲断带构造几何学和运动学.地质科学,37(3):372~384
汪泽成,赵文智,胡素云,等.2017.克拉通盆地构造分异对大油气田形成的控制作用——以四川盆地震旦系—三叠系为例.天然气工业,37(01):9~23
汪泽成,赵文智,门相勇.2005.基底断裂"隐性活动"对鄂尔多斯盆地上古生界天然气成藏的作用.石油勘探与开发,32(1):9~13
王勃,李景明,张义,等.2009.中国低煤阶煤层气地质特征.石油勘探与开发,36(1):30~34
王东坡,刘立,薛林福,等.1998.沉积盆地形成的地球动力学机制及其分类.岩相古地理,(3):7~13
王飞宇,边立曾,张水昌,等.2000.塔里木盆地奥陶系海相烃源岩中两类生烃母质(摘要).海相油气地质,(Z1):144
王鸿祯,莫宣学.1996.中国地质构造述要.中国地质,8:4~9
王金鹏,史基安,姜桂凤,等.2004.柴达木盆地中东部地区N_2^3生物气地球化学特征.天然气工业,24(1):13~16
王静,乔文龙,祖丽菲亚.2003.生物气成藏条件分析及准噶尔盆地生物气探究.新疆地质,21(4):450~454
王骏,王东坡,邵林海.1996.沉积盆地学说的发展及主要的含油气盆地分类.世界地质,(2):75~80
王兰生,李宗银,沈平,等.2004.四川盆地东部大中型气藏成烃条件分析.天然气地球科学,567~571
王萌,李贤庆,黄孝波,等.2012.合川大气田须家河组储层流体包裹体特征及天然气成藏期研究.石油天然气学报,34(12):18~23
王明明,李本亮,魏国齐,等.2003.柴达木盆地东部第四纪水文地质条件与生物气成藏.石油与天然气地质,24(4):341~344
王璞珺,郑常青,舒萍,等.2007.松辽盆地深层火山岩岩性分类方案.大庆石油地质与开发,26(4):7~22
王尚文,等.1983.中国石油地质学.北京:石油工业出版社
王庭斌.1996.中国盆地的构造格局与天然气分布特征.地球科学,4:401~413
王庭斌.2002.中国天然气地质理论进展与勘探战略.石油与天然气地质,23(1):1~7
王晓梅,赵靖舟,刘新社,等.2012.苏里格气田西区致密砂岩储层地层水分布特征.石油与天然气地质,33(5):802~810
王一刚,洪海涛,夏茂龙,等.2008.四川盆地二叠、三叠系环海槽礁、滩富气带勘探.天然气工业,28(1):22~27
王一刚,张静,杨雨,等.1997.四川盆地东部上二叠统长兴组生物礁气藏形成机理.海相油气地质,5(1~2):145~152
王招明,李勇,谢会文,等.2016.库车前陆盆地超深层大油气田形成的地质认识.中国石油勘探,21(1):37~43
王招明,王廷栋,肖中尧,等.2002.克拉2气田天然气的运移和聚集.科学通报,47(增刊):103~108
王招明.2014.塔里木盆地库车坳陷克拉苏盐下深层大气田形成机制与富集规律.天然气地球科学,25(2):153~166
王哲,李贤庆,张吉振,等.2016.四川盆地不同区块龙马溪组页岩气地球化学特征对比.中国煤炭地质,28(2):22~27
王震亮,张立宽,施立志,等.2005.塔里木盆地克拉2气田异常高压的成因分析及其定量评价.地质论评,51(1):55~63
王志刚.2015.涪陵页岩气勘探开发重大突破与启示.石油与天然气地质,36(1):1~6
魏国齐,杜金虎,徐春春,等.2015.四川盆地高石梯—磨溪地区震旦系—寒武系大型气藏特征与聚集模式.石油学报,36(1):1~12
魏国齐,贾承造,李本亮.2005.我国中西部前陆盆地的特殊性和多样性及其天然气勘探.高校地质学报,11(4):

552~557

魏国齐,贾承造,施央申,等.2000.塔里木新生代复合再生前陆盆地构造特征与油气.地质学报,74(2):123~133

魏国齐,王志宏,李剑,等.2017.四川盆地震旦系、寒武系烃源岩特征、资源潜力与勘探方向.天然气地球科学,28(1):1~13

魏国齐,谢增业,李剑,等.2017."十二五"中国天然气地质理论研究新进展.天然气工业,8:1~13

魏国齐,贾承造,李本亮,等.2002.中国中西部中新生代两期前陆盆地与天然气勘探//贾承造.中国中西部前陆盆地冲断带油气勘探文集.北京:石油工业出版社:35~47

魏国齐,李本亮,陈汉林,等.2008.中国中西部前陆盆地构造特征研究.北京:石油工业出版社

魏国齐,刘德来,张英,等.2005.柴达木盆地第四系生物气形成机理、分布规律与勘探前景.石油勘探与开发,32(4):84~89

魏国齐,刘德来,张英,等.2005.柴达木盆地第四系生物气形成机理、分布规律与勘探前景.石油勘探与开发,32(4):84~89

魏国齐,谢增业,白贵林.2014.四川盆地震旦系—下古生界天然气地球化学特征及成因判识.天然气工业,34(3):44~49

魏国齐,谢增业,宋家荣,等.2015.四川盆地川中古隆起震旦系—寒武系天然气特征及成因.石油勘探与开发,42(6):702~711

魏喜,贾承造,祝永军,等.2010.夭折大洋盆地构造演化及充填特征探讨——以南海双峰盆地为例.石油学报,31(2):173~179

魏喜.2005.南沙海域断裂系统对含油气盆地的控制.海洋科学,29(6):66~68

吴海,赵孟军,鲁雪松,等.2016.膏盐岩层控藏机制研究进展.地质科技情报,35(3):77~86

吴伟,黄士鹏,胡国艺,等.2014.威远地区页岩气与常规天然气地球化学特征对比.天然气地球科学,25(12):1994~2001

吴小奇,刘光祥,刘全有.2015.四川盆地元坝气田长兴组—飞仙关组天然气地球化学特征及成因类型.天然气地球化学,26(11):2155~2165

夏林圻.1990.论五大连池火山岩浆演化.岩石学报,6(1):13~29

夏新宇,陶士振,戴金星.2000.中国海相碳酸盐岩油气田的现状和若干特征.海相油气地质,(Z1):6~11

夏新宇,赵林,戴金星,等.1998.鄂尔多斯盆地中部气田奥陶系风化壳气藏天然气来源及混源比计算.沉积学报,3:75~79

夏新宇.2002.油气源对比的原则暨再论长庆气田的气源.石油勘探与开发,29(5):101~105

谢方克,蔡忠贤.2003.克拉通盆地基底结构特征及油气差异聚集浅析.地球科学进展,18(4):561~568

谢玉洪.2016.南海西部海域高温高压天然气成藏机理与资源前景.石油钻采工艺,38(6):713~722

谢增业,魏国齐,李剑,等.2013.中国海相碳酸盐岩大气田成藏特征与模式.石油学报,34(S1):29~40

辛勇光,谷明峰,周进高,等.2012.四川盆地雷口坡末期古岩溶特征及其对储层的影响——以龙岗地区雷口坡组四3段为例.海相油气地质,17(1):73~78

徐波,孙卫,宴宁平,等.2009.鄂尔多斯盆地靖边气田沟槽与裂缝的配置关系对天然气富集程度的影响.现代地质,2:299~304

徐春春,李俊良,姚宴波,等.2006.中国海相油气田勘探实例之八——四川盆地磨溪气田嘉二气藏的勘探与发现.海相油气地质,11(4):54~61

徐春春,沈平,杨跃明,等.2014.乐山—龙女寺古隆起震旦系—下寒武统龙王庙组天然气成藏条件与富集规律.天然气工业,34(3):1~7

徐永昌,刘文汇,沈平,等.1993.辽河盆地天然气的形成与演化.北京:科学出版社:1~140

徐永昌,刘文汇,沈平,等.2005.陆良、保山气藏碳氢同位素特征及纯生物乙烷的发现.中国科学(D辑:地球科学),35(8):758~764

徐永昌,沈平.1985.中原—华北油气区"煤型气"地球化学特征初探.沉积学报,3(2):37~46

徐永昌.1994.天然气成因理论及应用.北京:科学出版社

徐永昌.1997.天然气中氦同位素分布及构造环境.地学前缘,4(3~4):185~190

徐子远,姜桂凤,韩凤祥.2004.柴达木盆地生物气资源现状及勘探方向//张一伟,等.柴达木盆地油气勘探论文集.北京:石油工业出版社

许化政,王传刚.2010.海相烃源岩发育环境与岩石的沉积序列——以鄂尔多斯盆地为例.石油学报,1:25~30

许志琴.1992.中国松潘—甘孜造山带的造山过程.北京:地质出版社

薛会,张金川,徐波,等.2010.鄂尔多斯北部杭锦旗探区上古生界烃源岩评价.成都理工大学学报(自然科学版),1:21~28
薛永安,刘廷海,王应斌,等.2007.渤海海域天然气成藏主控因素与成藏模式.石油勘探与开发,34(5):521~528
杨传忠,张先普.1994.油气盖层力学性与封闭性关系.西南石油学院学报,16(3):7~13
杨光,石学文,黄东,等.2014.四川盆地龙岗气田雷四3亚段风化壳气藏特征及其主控因素.天然气工业,34(9):17~24
杨海军,朱光有,韩剑发,等.2011.塔里木盆地塔中礁滩体大油气田成藏条件与成藏机制研究.岩石学报,27(6):1865~1885
杨海军,李开开,潘文庆,等.2012.塔中地区奥陶系埋藏热液溶蚀流体活动及其对深部储层的改造作用.岩石学报,28(3):783~792
杨海波,王屿涛,郭建辰,等.2018.准噶尔盆地天然气地质条件、资源潜力及勘探方向.天然气地球科学,29(10):1518~1530
杨华,刘新社,张道锋.2013.鄂尔多斯盆地奥陶系海相碳酸盐岩天然气成藏主控因素及勘探进展.天然气工业,33(5):1~12
杨华,刘新社.2014.鄂尔多斯盆地古生界煤成气勘探进展.石油勘探与开发,41(2):129~137
杨华,张军,王飞雁,等.2000.鄂尔多斯盆地古生界含气系统特征.天然气工业,(6):7~11
杨华,姬红,李振宏,等.2004.鄂尔多斯盆地东部上古生界石千峰组低压气藏特征.地球科学,29(4):413~419
杨华,刘新社,黄道军,等.2016.长庆油田天然气勘探开发进展与"十三五"发展方向.天然气工业,36(5):1~14
杨华,刘新社,张道锋.2013.鄂尔多斯盆地奥陶系海相碳酸盐岩天然气成藏主控因素及勘探进展.天然气工业,33(5):1~12
杨俊杰.2002.鄂尔多斯盆地构造演化与油气分布规律.北京:石油工业出版社
杨克明,熊永旭.1992.中国西北地区板块构造与盆地类型.石油与天然气地质,1:47~56
杨树峰,贾承造,陈汉林,等.2002.特提斯构造带的演化和北缘盆地群形成及塔里木天然气勘探远景.科学通报,47(增刊):36~43
杨伟利,王毅,孙宜朴,等.2009.鄂尔多斯盆地南部上古生界天然气勘探潜力.天然气工业,12:13~16
杨宪彰,雷刚林,张国伟,等.2015.库车坳陷克拉苏构造带膏盐岩对油气成藏的影响.新疆石油地质,30(2):201~204
杨晓萍,邹才能,李伟,等.2006.四川盆地中部三叠系香溪群储层特征及成岩孔隙演化.矿物岩石地球化学通报,25(1):55~59
杨雨,黄先平,张健,等.2014.四川盆地寒武系沉积前震旦系顶界岩溶地貌特征及其地质意义.天然气工业,34(3):38~43
杨智,付金华,刘新社,等.2016.苏里格气田上古生界连续型致密气形成过程.深圳大学学报(理工版),33(3):221~233
姚泾利,黄建松,郑琳,等.2009.鄂尔多斯盆地东北部上古生界天然气成藏模式及气藏分布规律.中国石油勘探,1:10~16
易立.2013.库车坳陷前陆冲断带断源储盖组合样式及其对成藏的控制.中国石油勘探,18(5):10~14
应凤祥,罗平,何东博,等.2004.中国含油气盆地碎屑岩储集层成岩作用与成岩数值模拟.北京:石油工业出版社:1~293
游秀玲.1991.天然气盖层评价方法探讨.石油与天然气地质,12(3):261~275
于开财,李胜利,于兴河,等.2010.裂谷盆地深层石油地质特征与油气成藏条件.地学前缘,17(5):289~295
于志超,刘可禹,赵孟军,等.2016.库车凹陷克拉2气田储层成岩作用和油气充注特征.地球科学,41(3):533~545
袁明生,黄卫东,李华明,王志勇.2002.构造作用对油气生成和运聚的影响.新疆石油地质,23(2):165~169
翟光明.2002.板块构造演化与含油气盆地形成和评价.北京:石油工业出版社
张宝民,刘静江,边立曾,等.2009b.礁滩体与建设性成岩作用.地学前缘,16(1):270~289
张宝民,刘静江.2009a.中国岩溶储集层分类与特征及相关的理论问题.石油勘探与开发,36(1):12~29
张宝民.2017.中国海相碳酸盐岩储层地质与成因.北京:科学出版社
张大伟,李玉喜,张金川,等.2012.全国页岩气资源潜力调查评价.北京:地质出版社
张福礼.2004.多旋回与鄂尔多斯盆地石油天然气.石油实验地质,26(2):138~152
张功成,陈新发,刘楼军,等.1999.准噶尔盆地结构构造与油气田分布.石油学报,1:21~26
张国伟,董云鹏,赖绍聪,等.2003.秦岭—大别造山带南缘勉略构造带与勉略缝合带.中国科学(D辑:地球科学),33(12):1121~1135

张厚福. 2007. 油气藏研究的历史、现状与未来. 北京:石油工业出版社:13~17
张厚福. 1999. 石油地质学(第三版). 北京:石油工业出版社
张辉煌,徐义刚,葛文春,等. 2006. 吉林伊通—大屯地区晚中生代—新生代玄武岩的地球化学特征及其意义. 岩石学报,22(6):1579~1596
张静,胡见义,罗平,等. 2010. 深埋优质白云岩储集层发育的主控因素与勘探意义. 石油勘探与开发,37(2):203~210
张静,张宝民,单秀琴. 2017. 中国中西部盆地海相白云岩主要形成机制与模式. 地质通报,36(4):664~675
张敏,黄光辉,胡国艺. 2008. 原油裂解气和干酪根裂解气的地球化学研究——模拟实验和产物分析. 中国科学(D辑:地球科学),38:1~8
张庆玲,崔永君,曹利戈. 2004. 煤的等温吸附实验中各因素影响分析. 煤田地质与勘探. 32(2):16~19
张庆玲,崔永君,曹利戈. 2004. 压力对不同变质程度煤的吸附性能影响分析. 天然气工业. 24(1):98~100
张群,崔永君,钟玲文,等. 2008. 煤吸附甲烷的温度—压力综合吸附模型. 煤炭学报. 33(11):1272~1278
张士亚. 1994. 鄂尔多斯盆地天然气气源及勘探方向. 天然气工业,3:1~4
张水昌,Wang R L,金之钧,等. 2006. 塔里木盆地寒武纪—奥陶纪优质烃源岩沉积与古环境变化的关系:碳氧同位素新证据. 地质学报,3:459~466
张水昌,高志勇,李建军,等. 2012. 塔里木盆地寒武系—奥陶系海相烃源岩识别与分布预测. 石油勘探与开发,39(3):285~294
张水昌,胡国艺,米敬奎,等. 2013. 三种成因天然气生成时限与生成量及其对深部油气资源预测的影响. 石油学报,34(S01):41~50
张水昌,梁狄刚,陈建平,等 2017. 中国海相油气形成与分布. 北京:科学出版社:634~635
张水昌,梁狄刚,朱光有,等. 2007. 中国海相油气田形成的地质基础. 科学通报,52(A01):19~31
张水昌,梁狄刚,张宝民,等. 2004. 塔里木盆地海相油气的生成. 北京:石油工业出版社
张水昌,王招明,王飞宇,等. 2004. 塔里木盆地塔东2油藏形成历史——原油稳定性与裂解作用实例研究. 石油勘探与开发,6:25~31
张水昌,张宝民,边立曾,等. 2005. 中国海相烃源岩发育控制因素. 地学前缘,3(12):39~48
张水昌,张宝民,李本亮,等. 2011. 中国海相盆地跨重大构造期油气成藏历史——以塔里木盆地为例. 石油勘探与开发,1:1~15
张水昌,张宝民,王飞宇,等. 2001. 塔里木盆地两套海相有效烃源层——Ⅰ.有机质性质、发育环境及控制因素. 自然科学进展,3:39~46
张水昌,张斌,杨海军,等. 2012. 塔里木盆地喜马拉雅晚期油气藏调整与改造. 石油勘探与开发,668~680
张水昌,赵文智,李先奇,等. 2005. 生物气研究新进展与勘探策略. 石油勘探与开发,32(4):90~96
张水昌,朱光有,陈建平,等. 2007. 四川盆地川东北部飞仙关组高含硫化氢大型气田群气源探讨. 科学通报,52(增刊1):86~94
张水昌,朱光有,何坤. 2011. 硫酸盐热化学还原作用对原油裂解成气和碳酸盐岩储层改造的影响及作用机制. 岩石学报,27(3):809~826
张天军,许鸿杰,李树刚,等. 2009. 温度对煤吸附性能的影响,煤炭学报,34(6):802~805
张祥,纪宗兰,杨银山,等. 2004. 关于生物气源岩评价标准的讨论——以柴达木盆地第四系生物气为例. 天然气地球科学,15(5),465~470
张祥,纪宗兰,杨银山,等. 2004. 试论柴达木盆地第四系盖层的封盖机理天然气. 地球科学,15(4):383~386
张祥,纪宗兰. 1997. 柴达木盆地第四系泥岩盖层的封盖机理. 天然气工业,17(5):74~75
张晓宝,胡勇,段毅,等. 2002. 柴达木盆地第三系生物气的地质地球化学证据. 石油勘探与开发,29(2):39~41
张新民,解光新. 2002. 我国煤层气开发面临的主要科学技术问题及对策. 煤田地质与勘探,30(2):19~22
张新民,赵靖舟,张培河,等. 2010. 中国煤层气技术可采资源潜力. 北京:科学出版社
张新民,庄军,张遂安,等. 2002. 中国煤层气地质与资源评价. 北京:科学出版社
张义纲. 1991. 天然气的生成聚集与保存. 南京:河海大学出版社:1~176
张英,戴金星,李剑,等. 2009. 我国生物气的地化特征与勘探方向. 天然气工业,29(9):20~23
张英,李剑,胡朝元. 2005. 中国生物气—低熟气藏形成条件与潜力分析. 石油勘探与开发,32(4):37~41
张有瑜,Zwingwann H,Todd A,等. 2004. 塔里木盆地典型砂岩油气储层自生伊利石K-Ar同位素测年研究与成藏年代探讨. 地学前缘,11(4):637~647
赵国连. 1999. 松辽盆地徐家围子深层煤成气的形成条件和远景初探. 沉积学报,17(4):615~619
赵孟军,潘文庆,张水昌,等. 2004. 聚集过程对克拉2气田天然气地球化学特征的影响. 地学前缘,11(1):

304~304

赵孟军,王招明,张水昌,等.2005.库车前陆盆地天然气成藏过程及聚集特征.地质学报,79(3):414~422

赵孟军,肖中尧,彭燕,等.1998.煤系泥岩和煤岩生成原油的地球化学特征.石油勘探与开发,5:24~26

赵孟军,卢双舫.2003.库车坳陷两期成藏及其对油气分布的影响.石油学报,24(5):16~25

赵孟军,张宝民.2002.库车前陆坳陷形成大气区的烃源岩条件.地质科学,37(增刊):35~44

赵文智,卞从胜,徐兆辉.2013.苏里格气田与川中须家河组气田成藏共性与差异.石油勘探与开发,40(4):400~408

赵文智,沈安江,胡素云,等.2012.中国碳酸盐岩储集层大型化发育的地质条件与分布特征.石油勘探与开发,39(1):1~12

赵文智,汪泽成,胡素云,等.2012.中国陆上三大克拉通盆地海相碳酸盐岩油气藏大型化成藏条件与特征.石油学报,33(s2):1~10

赵文智,王红军,徐春春,等.2010.川中地区须家河组天然气藏大范围成藏机理与富集条件.石油勘探与开发,37(2):146~157

赵文智,王兆云,张水昌,等.2006.油裂解生气是海相气源灶高效成气的重要途径.科学通报,51(5):589~595

赵文智,沈安江,胡素云,等.2012.中国碳酸盐岩储集层大型化发育的地质条件与分布特征.石油勘探与开发,39(1):1~12

赵文智,汪泽成,胡素云,等.2012.中国陆上三大克拉通盆地海相碳酸盐岩油气藏大型化成藏条件与特征.石油学报,33(Z2):1~10

赵文智,汪泽成,张水昌,等.2007.中国叠合盆地深层海相油气成藏条件与富集区带.科学通报,52(增刊Ⅰ):9~18

赵文智,汪泽成,朱怡翔,等.2005.鄂尔多斯盆地苏里格气田低效气藏的形成机理.石油学报,26(5):5~9

赵文智,王红军,单家增,等.2005.库车坳陷天然气高效成藏过程分析.石油与天然气地质,26(6):703~710

赵文智,王兆云,王红军,等.2011.再论有机质"接力成气"的内涵与意义.石油勘探与开发,38(2):129~135

赵文智,王兆云,张水昌,等.2005.有机质"接力成气"模式的提出及其在勘探中的意义.石油勘探与开发,32(2):1~7

赵文智,邹才能,谷志东,等.2007.砂岩透镜体油气成藏机理初探.石油勘探与开发,34(3):273~284

赵政章,李永铁,等.2001.青藏高原地层.北京:科学出版社

赵政璋,杜金虎,邹才能,等.2011.大油气区地质勘探理论及意义.石油勘探与开发,38(5):513~522

郑荣才,朱如凯,翟文亮,等.2008.川西类前陆盆地晚三叠世须家河期构造演化及层序充填样式.中国地质,2(35):246~255

郑荣才,戴朝成,朱如凯,等.2009.四川类前陆盆地须家河组层序—岩相古地理特征.地质论评,55(4):484~495

郑荣才,胡忠贵,冯青平,等.2007.川东北地区长兴组白云岩储层的成因研究.矿物岩石,27(4):78~84

郑荣才,李国晖,戴朝成,等.2012.四川类前陆盆地盆—山耦合系统和沉积学响应.地质学报,86(1):170~180

郑荣才,朱如凯,翟文亮,等.2008.川西类前陆盆地晚三叠世须家河期构造演化及层序充填样式.中国地质,35(2):246~255

郑松,陶伟,袁玉松,等.2007.鄂尔多斯盆地上古生界气源灶评价.天然气地球科学,3:440~446

钟大康,朱筱敏,王红军.2008.中国深层优质碎屑岩储层特征与形成机理分析.中国科学(D辑:地球科学),38(增刊Ⅰ):11~18

钟蕴英.1989.煤化学.北京:中国矿业大学出版社

周进高,姚根顺,杨光,等.2015.四川盆地安岳大气田震旦系—寒武系储层的发育机制.天然气工业,35(1):36~44

周兴熙,张光亚,等.2002.塔里木盆地库车油气系统的成藏作用.北京:石油工业出版社

周兴熙.2000.库车坳陷第三系盐膏质盖层特征及其对油气成藏的控制作用.古地理学报,2(4):51~57

周兴熙.2002.库车油气系统新生代构造格局演变及油气成藏作用.古地理学报,4(1):75~82

周兴熙.2003.塔里木盆地克拉2气田成藏机制再认识.天然气地球科学,14(5):354~360

周雁,金之钧,朱东亚,等.2012.油气盖层研究现状与认识进展.石油实验地质,34(3):234~245

周翥虹,周瑞年,管志强.1994.柴达木盆地东部第四系气源岩地化特征与生物气前景.石油勘探与开发,21(2),30~36

朱光有,张水昌,梁英波.2006.TSR对深部碳酸盐岩储层的溶蚀改造——四川盆地深部碳酸盐岩优质储层形成的重要方式.岩石学报,22(8):2182~2194

朱起煌.1997.试论含气盆地综合分类及大气田分布.中国海上油气:地质,(3):179~190

朱日房,张林晔,李钜源,等.2015.页岩滞留液态烃的定量评价.石油学报,36(1):13~18

朱如凯,邹才能,张鼐,等.2009.致密砂岩气藏储层成岩流体演化与致密成因机理——以四川盆地上三叠统须家河组

为例. 中国科学(D辑:地球科学),3:327~339
朱如凯,毛治国,李峰,著.2016. 火山岩油气储层图册. 北京:科学出版社:1~266
朱如凯,赵霞,刘柳红,等.2009. 四川盆地须家河组沉积体系与有利储集层分布. 石油勘探与开发,36(1):46~55
朱夏.1983. 中国中新生代盆地构造和演化. 北京:科学出版社
朱筱敏,康安,韩德馨,等.2003. 柴达木盆地第四纪环境演变、构造变形与青藏高原隆升的关系. 地质科学,38(3):413~424
朱扬名,孙林婷,郝芳.2016. 川东北飞仙关组—长兴组天然气几个地球化学问题探讨. 石油与天然气地质,37(3):354~362
朱玉新,邵新军,杨思玉,等.2000. 克拉2气田异常高压特征及成因. 西南石油学院学报,22(4):9~13
卓勤功,赵孟军,谢会文,等.2011. 库车前陆盆地大北地区储层沥青与油气运聚关系. 石油实验地质,33(2):193~196
卓勤功,赵孟军,李勇,等.2014. 膏盐岩盖层封闭性动态演化特征与油气成藏——以库车前陆盆地冲断带为例. 石油学报,35(5):847~856
邹才能,董大忠,王社教,等.2010. 中国页岩形成机理、地质特征及资源潜力. 石油勘探与开发,37(6):641~653
邹才能,董大忠,王玉满,等.2015. 中国页岩气特征、挑战及前景(一). 石油勘探与开发,42(6):689~701
邹才能,杜金虎,徐春春,等. 2014. 四川盆地震旦系—寒武系特大型气田形成分布,资源潜力及勘探发现. 石油勘探与开发,41(3):278~293
邹才能,陶士振,朱如凯,等.2009."连续型"气藏及其大气区形成机制与分布——以四川盆地上三叠统须家河组煤系大气区为例. 石油勘探与开发,36(3):307~319
邹才能,徐春春,汪泽成,等.2011. 四川盆地台缘带礁滩大气区地质特征与形成条件. 石油勘探与开发,38(6):641~651
邹才能,翟光明,张光亚,等.2015. 全球常规—非常规油气形成分布、资源潜力及趋势预测. 石油勘探与开发,42(1):13~25
邹才能,董大忠,王社教,等.2010. 中国页岩气形成机理、地质特征及资源潜力. 石油勘探与开发,37(6):641~653
邹才能,杜金虎,徐春春,等.2014. 四川盆地震旦系—寒武系特大型气田形成分布、资源潜力及勘探发现. 石油勘探与开发,41(3):278~293
邹才能,陶士振,侯连华,等.2013. 非常规油气地质(第二版). 北京:地质出版社:103~106
邹才能,陶士振,侯连华,等.2011. 非常规油气地质. 北京:地质出版社:50~92
邹才能,徐春春,汪泽成,等. 2011. 四川盆地台缘带礁滩大气区地质特征与形成条件. 石油勘探与开发,38(6):641~651
邹才能,赵文智,贾承造,等.2008. 中国沉积盆地火山岩油气藏形成与分布. 石油勘探与开发,35(3):257~272
邹华耀,王红军,郝芳,等.2007. 库车坳陷克拉苏逆冲带晚期快速成藏机理. 中国科学(D辑:地球科学),37(8):1032~1040
郭小文,何生,刘可禹,等.2013. 烃源岩生气增压定量评价模型及影响因素. 地球科学(中国地质大学学报),38(6):1263~1270
Abrajano T A, Sturchio N C, Kennedy B M, et al. 1990. Geochemistry of reduced gas related to serpentinization of the Zambales ophiolite, Philippines. Applied Geochemistry,5:625~630
Ajdukiewicz J M, Lander R H. 2010. Sandstone reservoir quality prediction: The state of the art[J]. AAPG bulletin, 94(8):1083~1091
Allan J R, Sun S Q, Trice R. The deliberate search for stratigraphic and subtle combination traps: where we are now//Allen M R, Goffey G P, Morgan R K, et al. The deliberate search for the stratigraphic trap. London: The Geological Society,2006
Amrani A, Zhang T W, Ma Q S, et al. 2008. The role of labile sulfur compounds in thermochemical sulfate reduction. Geochimica et Cosmochimica Acta, 72:2960~2972
Anderson R B. 1984. The Fischer–Tropsch synthesis. New York: Acdemia Press
Aravena R, Harrison S M, Barker J F. 2003. Origin of methane in the Elk Valley coalfield, southeastern British Columbia, Canada. Chemical Geology, 195(1-4):219~227
Ayers W B. 2002. Coalbed Gas Systems, Resources, and Production and a Review of Contrasting Cases from the San Juan and Powder River Basins. AAPG Bulletin, 86(11):1853~1890
B M Krooss, R Littke, B Müller, et al. 1995. Generation of nitrogen and methane from sedimentary organic matter: Implications on the dynamics of natural gas accumulations. Chemical Geology,126(3-4):291~318

参考文献

Barker H A. 1956. Biological formation of methane//Bacterial fermentations. John Wiley, Sons. 1956. New York

Barth T, Borgund A E, Hopland A L, et al. 1987. Volatile organic acids produced during kerogen maturation—Amounts, composition and role in migration of oil. Organic Geochemistry, 13: 461~465

Behar F, Lorant F, Lewan M. 2008a. Role of NSO compounds during primary cracking of a Type II kerogen and a Type III lignite. Organic Geochemistry,39: 1~22

Behar F, Lorant F, Mazeas L. 2008b. Elaboration of a new compositional kinetic schema for oil cracking. Organic Geochemistry, 2008b,39: 764~782

Behar F, Vandenbroucke M, Tang Y, et al. 1997. Thermal cracking of kerogen in open and closed systems: Determination of kinetic parameters and stoichiometric coefficients for oil and gas generation. Organic Geochemistry, 26(5-6): 321~339

Berg R R. 1975. Capillary pressures in stratigraphic traps. AAPG bulletin, 59(6): 939~956

Bernard B B, Brooks J M, Sackett W M. 1978. Light hydrocarbons in recent Texas continental shelf and slope sediments. Journal of Geophysical Research: Oceans, 83(C8): 4053~4061

Biddle K T, Wielchowsky C C. 1994. Hydrocarbon traps//L B Magoon, W G Dow. The petroleum system— From source to trap. AAPG Memoir, 60:219~235

Bjørkum P A, Oelkers E H, Nadeau P H, et al. 1998. Porosity prediction in quartzose sandstones as a function of time, temperature, depth, stylolite frequency, and hydrocarbon saturation. AAPG bulletin, 82(4): 637~648

Bonham L C. 1978. Solubility of methane in water at elevated temperatures and pressures: Geologic notes. AAPG Bulletin, 62(12): 2478~2481

Bordenave M. 1993. Applied Petroleum Geochemistry. Paris:Technip

Brassell S C, Wardroper A M K, Thomson, et al. 1981. Specific acyclic isoprenoids as biological markers of methanogenic bacteria in marine sediments. Nature. 290:693~696

Bretan P, Yielding G, Jones H. 2003. Using calibrated shale gouge ratio to estimate hydrocarbon column heights. AAPG bulletin, 87(3): 397~413

Brunauer S, Emmett P H, Teller E. 1938. Adsorption of gases in multimolecular layers. Journal of the American Chemical Society. 60(2): 309~319

Burnham A K, Braun R L. 1990. Development of a detailed model of petroleum formation, destruction, and expulsion from lacustrine and marine source rocks. Organic Geochemistry, 16(1-3): 27~39

Burruss R C, Laughrey C D. 2010. Carbon and hydrogen isotopic reversals in deep basin gas: evidence for limits to the stability of hydrocarbons. Organic Geochemistry, 42: 1285~1296

Cai J G, Bao Y J, Yang S Y, et al. 2007. Research on preservation and enrichment mechanisms of organic matter in muddy sediment and mudstone. Science in China: D-Earth Science, 50(5): 765~775

Carothers W W, Kharaka Y K. 1980. Stable carbon isotopes of HCO_3^- in oil-field waters—implications for the origin of CO_2. Geochim. Cosmochim. Ac. ,44:323~332

Cartwright I, Weaver T R, Fifield L K. 2006. Cl/Br ratios and environmental isotopes as indicators of recharge variability and groundwater flow: an example from the southeast Murray Basin, Australia. Chemical geology, 231(1): 38~56

Chalmers G R L, Bustin R M. 2008. Lower Cretaceous gas shales in northeastern British Columbia, Part I: geological controls on methane sorption capacity. Bulletin of Canadian Petroleum Geology, 56(1):1~21

Chalmers G R L, Bustin R M. 2007. The organic matter distribution and methane capacity of the Lower Cretaceous strata of Northeastern British Columbia, Canada. International Journal of Coal Geology. 70(1): 223~239

Chapelle F H, O'Neill K, Bradley P M. 2002. A hydrogen-based subsurface microbial community dominated by methanogens. Nature, 415: 312~315

Charlou J L, Donval J P, Fouquet Y, et al. 2002. Geochemistry of high H_2 and CH_4 vent fluids issuing from ultramafic rocks at the Rainbow hydrothermal field, 36 degrees 14'N, MAR. Chemical Geology, 191: 345~359

Charlou J L, Donval J P. 1993. Hydrothermal methane venting between 12°N and 26°N along the Mid-Atlantic ridge. Journal of Geophysical Research, 98(B6): 9625~9642

Chen J M, Li X Q, Qi S, et al. 2017. Study on relationship between evolution of coal chemical structure and gas generation from coal. Natural Gas Geoscience, 28(6):863~872

Clapp F G. 1910. A proposed classification of petroleum and natural gas fields based on structure. Economic Geology, 5:503~521

Clapp F G. 1917. Revision of the structural classification of petroleum and natural gas fields. Geological Society of America

Bulletin, 28:553~602

Clapp F G. 1929. The role of geologic structure in the accumulation of petroleum//S Powers. Structure of typical American oil fields II. Tulsa, AAPG:667~716

Clarkson C R, Bustin R M. 2000. Binary gas adsorption/desorption isotherms: effect of moisture and coal composition upon carbon dioxide selectivity over methane. International Journal of Coal Geology, 42(4): 241~271

Conrad R. 2005. Quantification of methanogenic pathways using stable carbon isotopic signatures: a review and a proposal. Organic Geochemistry, 26:739~752.

Cooles G P, MacKenzie A S, Quigley T M. 1986. Calculation of petroleum masses generated and expelled from source rocks// Advances in organic geochemistry 1985 (Leythaeuser D and Rullkotter J eds), Oxford, Pergamon, 10: 235~245

Cramer B, Eckhard F, Gerling P, et al. 2001. Reaction kinetics of stable carbon isotopes in natural gases insights from dry, open system pyrolysis experiments. Energy & Fuels, 15: 517~532

Cross M M, Manning D A C, Bottrell S H, et al. 2004. Thermochemical sulphate reduction (TSR): Experimental determination of reaction kinetics and implications of the observed reaction rates for petroleum reservoirs. Organic Geochemistry, 35: 393~404

Curtis J B. 2002. Fractured shale-gas systems. AAPG Bulletin, 86: 1921~1938

Dahlberg E C. 2012. Applied hydrodynamics in petroleum exploration. Springer Science & Business Media

Dai J X, Cai J G, Zhang H F. 1996. The main controlling factors of the formation of large and medium-sized gas field in China. Science in China: D-Earth Science, 26: 481~487

Dai J X, Ni Y Y, Huang S P, et al. 2016. Origins of secondary negative carbon isotopic series in natural gas. Natural Gas Geoscience, 27(1):1~7

Dai J X, Yang S F, Chen H L, et al. 2005. Geochemistry and occurrence of inorganic gas accumulations in Chinese sedimentary basins. Organic Geochemistry, 36: 1664~1688

Dai J X, Zou C N, Zhang S C, et al. 2008. Discrimination of abiogenic and biogenic alkane gases. Science in China: D-Earth Science, 51(12): 1737~1749

Dang Y, Zhao W, et al. 2008. Biogenic gas systems in eastern Qaidam Basin. Marine and Petroleum Geology, 25(4-5): 344~356

Dang Y, Zhang D. 2004. Sedimentary facies and biogenic gas pool of the Quaternary of Sanhu area in Qaidam Basin. Journal of Palaeogeography, 6(1): 110~119

Davis S N, Cecil L D, Zreda M, et al. 2001. Chlorine-36, bromide, and the origin of spring water. Chemical Geology, 179, 3~16.

Deng Y, Zhang H, Qian Y B, et al. 1998. The composition and distribution of several anaerobic bacteria in the sedimentary environment of Yingqiong basin in South China Sea. Microbiol J, 38: 245~250

Dewhurst D N, Yang Y, Aplin A C. 1999. Permeability and fluid flow in natural mudstones[J]. Geological Society, London, Special Publications, 158(1): 23~43

Dieckmann V, Schenk H J, Horsfield B, et al. 1998. Kinetics of petroleum generation and cracking by programmed-temperature closed-system pyrolysis of Toarcian Shales. Fuel, 77(1~2): 23~31

Dullien F A L, Lai F S Y, Macdonald I F. 1986. Hydraulic continuity of residual wetting phase in porous media. Journal of colloid and interface science, 109(1): 201~218

Durand B, Paratte M. 1983. Oil potential of coals: a geochemical approach// Brooks J. Petroleum Geochemistry and Exploration of Europe. Geological Society Special Publication.

Ehinger S, Seifert J, Kassahun M, et al. 2009. Predominance of Methanolobus spp. and Methanoculleus spp. in the Archaeal Communities of Saline Gas Field Formation Fluids. Geomicrobiology Journal, 26, 326~338

Eia U S. 2011. Review of Emerging Resources. U. S. Shale Gas and Shale Oil Plays, All Reports & Publications

Ellis G S, Zhang T W, Ma Q S, et al. 2006. Empirical and theoretical evidence for the role of $MgSO_4$ contaction-pairs in thermochemical sulfate reduction. Eos Trans. AGU, 87(52) (Fall Meet. Suppl., abstr. V11C-0596)

Ellis G S, Zhang T W, Ma Q S, et al. 2007. Kinetics and mechanism of hydrocarbon oxidation by thermochemical sulfate reduction. In 23th International Meeting on Organic Geochemistry, Torquay, United Kindom

England W A, Mackenzie A S, Mann D M, et al. 1987. The movement and entrapment of petroleum fluids in the subsurface. Journal of the Geological Society, 144(2): 327~347

Espitalié J, Ungerer P, Irwin I. et al. 1988. Primary cracking of kerogens. Experimenting and modeling C_1, C_2-C_5, C_6-C_{15} and C_{15+} classes of hydrocarbons formed. Organic Geochemistry, 13(4-6): 893~899

Fang Hao, Tonglou Guo, Yangming Zhu, et al. 2008. Evidence for multiple stages of oil cracking and thermochemical sulfate reduction in the Puguang gas field, Sichuan Basin, China. AAPG Bulletin, 92(5):611~637

Feng Z Q, Liu D, Huang S P, et al. 2016. Geochemical characteristics and genesis of natural gas in the Yan'an gas field, Ordos Basin, China. Organic Geochemistry, 102: 67~76

Fontaine S, Barot S, Barré P, et al. 2007. Stability of organic carbon in deep soil layers controlled by fresh carbon supply. Nature, 450: 277~280

Fuchs W, Sandoff A G. 1942. Theory of coal pyrolysis. Industry Energy Chemistry, 34: 567

Fusetti L, Behar F, Bounaceur R, et al. 2010. New insights into secondary gas generation from the thermal cracking of oil: Methylated mono-aromatics. A kinetic approach using 1,2,4-trimethylbenzene. Part I: An empirical kinetic model. Organic Geochemistry, 41: 146~167

Galy V, France-Lanord C, Beyssac O, et al. 2007. Efficient organic carbon burial in the Bengal fan sustained by the Himalayan erosional system. Nature, 450: 407~410

Gao L, Schimmelmann A, Tang Y C, et al. 2014. Isotope rollover in shale gas observed in laboratory pyrolysis experiments: Insight to the role of water in thermogenesis of mature gas. Organic Geochemistry, 68: 95~106

Gidley J L. 1991. A method for correcting dimensionless fracture conductivity for non Darcy flow effect. SPE Prod Engng, 6(4):391~394

Gould S J. 1989. Wonderful life: The Burgess Shale and the nature of history. New York, W. W. Norton, 256

Grasby S E, Chen Z, Issler D, et al. 2009. Evidence for deep anaerobic biodegradation associated with rapid sedimentation and burial in the Beaufort-MacKenzie basin, Canada. Apply Geochemistry, 24, 536~542

Green L J, Duwez P. 1951. Fluid flow through porous metals. J Appl Meeh, 39(8):39~45

Grunan H R A. 1981. Worldwide revive of seals for major accumulation of natural gas. AAPG BuLL, 65(9)

Gu S, Zhou Z. 1993. Formation of Gas Reservoirs in Quaternary at the East Part of ChaidamuBasin and Their Exploration Prospects. Atural Gas Industry, 10(10): 1~6

Guan Z, Xu Z. 2001. The Essential Conditions and Controlling Factors of Formation of Quaternary. Natural Gas Industry, 21(6): 1~5

Hao F, Zou H Y. 2013. Cause of shale gas geochemical anomalies and mechanisms for gas enrichment and depletion in high-maturity shales. Marine and Petroleum Geology, 44:1~12

Harding T P, J D Lowell. 1979. Structural styles, their plate-tectonic habitats, and hydrocarbon traps in petroleum provinces. AAPG Bulletin, 63:1016~1058

Hassanizadeh S M, Gray W G. 1987. High velocity flow in porous media. Transport Porous Media, 2:521~531

He K, Zhang S C, Mi J K, et al. 2014. The speciation of aqueous sulfate and its implication on the initiation mechanisms of TSR at different temperatures. Applied Geochemistry, 43: 121~131

Hildenbrand A, Krooss B M, Busch A, et al. 2006. Evolution of methane sorption capacity of coal seams as a function of burial history-a case study from the Campine Basin, NE Belgium. International journal of coal geology, 66(3): 179~203

Hill R J, Jarvie D M, Zumberge J, et al. 2007. Oil and gas geochemistry and petroleum systems of the Fort Worth Basin. AAPG Bulletin, 91(4): 445~473

Hill R J, Tang Y C, Kaplan I R. 2003. Insights into oil cracking based on laboratory experiments. Organic Geochemistry, 34: 1651~1672

Horita J, Berndt M E. 1999. Abiogenic methane formation and isotopic fractionation under hydrothermal conditions. Science, 285: 1055~1057

Horsfield B, Schenk H J, Mills N, et al. 1992. An investigation of the in-reservoir conversion of oil to gas: compositional and kinetic findings from closed-system programmed-temperature pyrolyses. Organic Geochemistry, 19: 191~204

Horsfield B, Schenk H J, Zink K-G, et al. 2006. Living microbial ecosystems within the active zone of catagenesis: implications for feeding the deep biosphere. Earth and Planetary Science Letters, 246: 55~69

Horsfield B, Schenk H J, Zink K-G, et al. 2006. Living microbial ecosystems within the active zone of catagenesis: implications for feeding the deep biosphere. Earth Planet Sci Lett, 246: 55~69

Hosgormez H, Yalcin M N, Cramer B, et al. 2005. Molecular and isotopic composition of gas occurrences in the Thrace basin (Turkey): origin of the gases and characteristics of possible source rocks. Chemical Geology, 214: 179~191

Hu G X, Ouyang Z Y, Wang X B, et al. 1998. Carbon isotopic fractionation in the process of Fisher – Tropsch reaction in primitive solar nebula. Science in China: D, 41 (2): 202 ~ 207

Hu G Y, Li J, Shan X Q, et al. 2010. The origin of natural gas and the hydrocarbon charging history of the Yulin gas field in the Ordos Basin, China. International Journal of Coal Geology, 81(4): 381 ~ 391

Huang B J, Xiao X M, Dong W L. 2002. Characteristics of marine biological gas and biochemical gas model in Yinggehai Basin. Sendiment J, 3: 26 ~ 30

Huang H, Zhou X, et al. 1989. Tectonic Evolution and petroleum accumulation in Qaidam basin. Geological Review, 35(4): 314 ~ 323

Hubbert M K. 1953. Entrapment of petroleum under hydrodynamic conditions. AAPG Bulletin, 37(8): 1954 ~ 2026

Ingalls A E, Aller R C, Lee C, et al. 2004. Organic matter diagenesis in shallow water carbonate sediments. Geochim Cosmochim Acta, 68: 4363 ~ 4379

Ingram G M, Urai J L. 1999. Top – seal leakage through faults and fractures: the role of mudrock properties. Geological Society, London, Special Publications, 158(1): 125 ~ 135

James A T. 1983. Correlation of natural gas by use of carbon isotopic distribution between hydrocarbon components. AAPG Bulletin, 67(7): 1176 ~ 1191

Jarvie D M, Hill R J, Ruble T E, et al. 2007. Unconventional shale – gas systems: The Mississippian Barnett Shale of north – central Texas as one model for thermogenic shale – gas assessment. AAPG Bulletin, 91(4): 475 ~ 499

Jarvie D M, Hill R J, Ruble T E, et al. 2007. Unconventional shale – gas systems: The Mississippian Barnett Shale of north – central Texas as one model for thermogenic shale – gas assessment. AAPG Bulletin, 91(4): 475 ~ 499

Jenden P D, Hilton D R, Kaplan I R, et al. 1993. Abiogenic hydrocarbon and Hantle Helium in Oil and Gas Field//David G H. The future of engrgy grases. Wsshington: United states Government Printing Office

Jenden P D, Newell K D, Kaplan I R, et al. 1988. Composition and Stable – isotope Geochemistry of natural gases from Kansas, Midcontinent, U. S. A. Chemical Geology, 71: 117 ~ 147

Jia Chengzao, Wei Guoqi. 2002. Structural characteristics and petroliferous features of Tarim Basin. Chinese Science Bulletin. 47(supp.): 1 ~ 11

Jinxing Dai, Xinyu Xia, Shengfei Qin, Jingzhou Zhao. 2004. Origins of partially reversed alkane $\delta^{13}C$ values for biogenic gases in China. Organic Geochemistry, 35(4): 405 ~ 411

Johns M M, Skogley E O. 1994. Soil organic matter testing and labile carbon identification by carbon aceous resin capsules. Soil Sci Soc Am J, 58: 751 ~ 758

Johns M M, Skogley E O. 1994. Soil organic matter testing and labile carbon identification by carbon aceous resin capsules. Soil Sci Soc Am J, 58: 751 ~ 758

Jorgensen B B, Boetius A. 2007. Feast and famine – microbia life in the deep – sea bed. Nat Rev Microbiol, 5: 770 ~ 781

Jorgensen B B, Boetius A. 2007. Feast and famine – microbia life in the deep – sea bed. Nat Rev Microbiol, 5: 770 ~ 781

Kawamura K, Kaplan I R. 1987. Dicarboxylic acids generated by thermal alteration of kerogen and humic acids. Geochim Cosmochim Acta, 51: 3201 ~ 3207

Kelemen S R, Walters C C, Ertas D, et al. 2006. Petroleum expulsion Part 3: A model of chemically driven fractionation during expulsion of petroleum from kerogen. Energy and Fuels, 20: 309 ~ 319

Khanin A A. 1969. Oil and gas reservoir rocks and their study. Moscow: Nedra

Killops S D, Killops V J. 2005. Introduction to organic geochemistry. Blackwell Science Ltd, America

Kissin Y V. 1987. Catagenesis and composition of petroleum; origin of nalkanes and isoalkanes in petroleum crudes. Geochimica et Cosmochimica Acta, 51(9): 2445 ~ 2457

Kiyosu Y, Krouse H R. 1990. The role of organic – acid in the abiogenic reduction of sulfate and the sulfur isotope effect. Geochemical Journal, 24: 21 ~ 27

Kiyosu Y. 1980. Chemical reduction and sulfur isotope effects of sulfate by organic matter under hydrothermal conditions. Chemical Geology, 30: 47 ~ 56

Klemme H D, Ulmishek G F. 1991. Effective Petroleum Source Rocks of the World: Stratigraphic Distribution and Controlling Depositional Factors. Aapg Bulletin, 75(12): 1809 ~ 1851

Klinkenberg L J. 1941. The permeability of porous media to liquid and gas. API Drilling And Production Practice: 200 ~ 213

Knipe R J. 1992. Faulting processes and fault seal. Structural and tectonic modelling and its application to petroleum geology: 325 ~ 342

Kotarba M J, Clayton J L, Rice D D, et al. 2002. Assessment of hydrocarbon source rock potential of Polish bituminous coals and carbonaceous shales. Chemical Geology, 184: 11~35

Kotelnikova S. 2002. Microbial production and oxidation of methane in deep subsurface. Earth – Science Reviews, 58(3 – 4): 367~395

Krooss B. 1986. Diffusion of C_1 To C_5 Hydrocarbons In Water – Saturated Sedimentary – Rocks. Erdol & Kohle Erdgas Petrochemie, 39(9): 399~402

Kuhn T, Alexander B, Augustin N, et al. 2004. The logatchev hydrothermal field – revisited: preliminary results of the R/V Meteor Cruise Hydromar I (M60/3). Inter Ridge News, 13: 1~4

Kulander B R, Dean SL. 1993. Coal – cleat domains and domain boundaries in the Allegheny Plateau of West Virginia J. AAPG Bull, 77: 1374~1388

Kvenvolden K A. 1988. Methane hydrate: a major reservoir of carbon in the shallow geoshpere. Chemical Geology, 71(1): 41~51

Laubach S E, Marrett R A, Olson J E, et al. 1988. Characteristics and origins of coal cleat a review. Internal Journal of Coal-Geology, 35(1~2): 175~207

Laxminarayana C, Crosdale P J. 1999. Role of coal type and rank on methane sorption characteristics of Bowen Basin, Australia coals. International Journal of Coal Geology. 40(4): 309~325

Lehner F K, Pilaar W F. 1997. The emplacement of clay smears in synsedimentary normal faults: inferences from field observations near Frechen, Germany. Norwegian Petroleum Society Special Publications, 7: 39~50

Leverett M C. 1941. Capillary behavior in porous solids. Transactions of the AIME, 142(1): 152~169

Levine J R. 1991. The impact of oil fonned during coalification on generation and storage of natural gas in coalbed reservoir systems. The 1991 Coalbed Methane Symposium Proceedings, 307~315

Levorsen A I, Berry F A F. 1967. Geology of petroleum. San Francisco: W H Freeman, 236~238

Levy J H, Day S J, Killingley J S. 1997. Methane capacities of Bowen Basin coals related to coal properties. Fuel, 76(9): 813~819

Lewan M D. 1998. Sulphur – radical control on petroleum formation rates. Nature, 391(8):164~166

Leythaeuser D, Schaefer R G, Yukler A. 1982. Role of diffusion in primary migration of hydrocarbons. AAPG bulletin, 66(4): 408~429

Leythaeuser D, Schaefer R G, Radke M. 1987. On the primary migration of petroleum. World Petroelum Congress, 12th World Petroleum Congress processings 2. :22~236

Li M Z, Zhang H. 1996. Progress of biogas simulation experiment. Oil Gas Geol, 17: 117~122

Li S Y, Yu B S, Hai L D, et al. 2006. Study on sediment mineral phase and preservation of organic matter in Qinghai Lake. Miner Rock Mag, 6: 493~498

Lillis P G. 2007. Upper Cretaceous microbial petroleum systems in north – central Montana. The Mountain Geologist, 44:11~35

Lin C M, Yan L L, Qi B W. 2006. Research and exploration prospects of biogas. J Palaeogeol, 8: 317~330

Logan W E. 1846. Report of progress 1844. Geological Survey of Canada

Loucks R G, Ruppel S C. 2007. Mississippian Barnett Shale: Lithofacies and depositional setting of a deep – water shale – gas succession in the Fort Worth Basin, Texas. AAPG Bulletin. 91(4): 579~601

Lu X C, Li F C, Watson A T. 1995. Adsorption measurements in Devonian shales. Fuel, 74(4): 599~603

Luo X. 2011. Simulation and characterization of pathway heterogeneity of secondary hydrocarbon migration. AAPG bulletin, 95(6): 881~898

Lutzow M, Kogel – Knabner I, Ekschmitt K, et al. 2006. Stabilization of organic matter in temperate soils: Mechanisms and their relevance under different soil conditions—A review. Eur J Soil Sci, 57: 426~445

Lutzow M, Kogel – Knabner I, Ekschmitt K, et al. 2006. Stabilization of organic matter in temperate soils: Mechanisms and their relevance under different soil conditions—A review. Eur J Soil Sci, 57: 426~445

Ma Q S, Ellis G S, Amrani A, et al. 2008. Theoretical study on the reactivity of sulfate species with hydrocarbons. Geochimica et Cosmochimica Acta, 72: 4565~4576

Ma X, Song Y, Liu S, et al. 2016. Experimental study on history of methane adsorption capacity of Carboniferous – Permian coal in Ordos Basin, China. Fuel, 184: 10~17

Magara K. 1968. Compaction and migration of fluids in Miocene mudstone, Nagaoka Plain, Japan. AAPG Bulletin, 52(12):

2466~2501

Magara K. 1993. Pressure sealing: An important agent for hydrocarbonentrapment. Journal of Petroleum Science and Engineering, 9(1): 67~80

Mallon A J, Swarbrick R E, Katsube T J. 2005. Permeability of fine-grained rocks: New evidence from chalks. Geology, 33(1): 21~24

Mallon A J, Swarbrick R E. 2002. A compaction trend for non-reservoir North Sea Chalk. Marine and Petroleum Geology, 19(5): 527~539

Mallon A J, Swarbrick R E. 2008. Diagenetic characteristics of low permeability, non-reservoir chalks from the Central North Sea. Marine and Petroleum Geology, 25(10): 1097~1108

Mao Zhi Guo, Zhu Ru Kai, Jing Lan, et al. 2015. Reservoir characteristics, formation mechanisms and petroleum exploration potential of volcanic rocks in China. Petroleum Science, 12(1):54~66

Martini A M, Walter L M, Budai J M, et al. 1998. Genetic and temporal relations between formation waters and biogenic methane: Upper Devonian Antrim Shale, Michigan Basin, USA. Geochimica et Cosmochimica Acta,62: 1699~1720

McCollom T M, Sherwood Lollar B S, Lacrampe-Couloume G, et al. 2010. The influence of carbon source on abiotic organic synthesis and carbon isotope fractionation under hydrothermal conditions. Geochimica et Cosmochimica Acta,74: 2717~2740

McIntosh J C, Walter L M, Martini A M. 2002. Pleistocene recharge to midcontinent basins: effects on salinity structure and microbial gas generation. Geochimica et Cosmochimica Acta,66:1681~1700

McIntosh J C, Warrick P D, Martini A M, et al. 2010. Coupled hydrology and biogeochemistry of Paleocene~Eocene coal beds in northern Gulf of Mexico. The Geological Society of America Bulletin,122:1248~1264.

McMahon S, Parnell J. 2014. Weighing the deep continental biosphere, FEMS microbiology ecology, 87(1):113~120

Mi J K, Xiao X M, Liu D H, et al. 2004. Determination of paleo-pressure for a natural gas pool formation based on PVT characteristics of fluid inclusions in reservoir rocks. Science in China: D,47(6): 507~513

Mi J K, Zhang S C, Chen J P, et al. 2015. Upper thermal maturity limit for gas generation from humic coal. International Journal of Coal Geology,152: 123~131

Mi J K, Zhang S C, Su J, et al. 2017. The upper thermal maturity limit of primary gas generated from marine organic matters. Marine and Petroleum Geology, https://doi.org/10.1016/j.marpetgeo.06.045

Milton N J, G T Bertram. 1992. Trap styles— A new classification based on sealing surfaces. AAPG Bulletin, 76: 983~999

Mochimaru H, Uchiyama H, Yoshioka H,et al. 2007. Methanogen diversity in deep subsurface gas-associated water at the Minami-Kanto gas field in Japan, Geomicrobiology Journal, 24:93~100

Morrow N R. 1990. Wettability and its effect on oil recovery. Journal of Petroleum Technology, 42(12): 1476~1484

Munn M J. 1909. The anticlinal and hydraulic theories of oil and gas accumulation. Economic Geology, 4(6): 509~529

Needelman B A, Wander M M, Bollero G A, et al.1999. Interaction of tillage and soil texture: biologically active soil organic matter in Illinois. Soil Sci A,63: 1326~1334

Needelman B A, Wander M M, Bollero G A, et al. 1999. Interaction of tillage and soil texture: biologically active soil organic matter in Illinois. Soil Sci A, 63: 1326~1334

North F K. 1985. Petroleum geology: Boston, Allen & Unwin, chapter 16: 253~341

Oba M, Sakata S, Kamagata, Y, et al. 2003. Hydrocarbon biomarkers in a thermophilic methanogenic archaea. Geochim. Cosmochim. Ac.,Suppl. 67, 344

Okiongbo K S. 2011. Bulk volume reduction of the Kimmeridge clay formation, North Sea (UK) due to compaction, petroleum generation and expulsion. Research Journal of Applied Sciences, Engineering and Technology, 3(2): 132~139

Orr W L. 1975. Geologic and geochemical controls on the distribution of hydrogen sulfide in natural gas//R Campos,J Goni. Advances in organic geochemistry. Madrid, Spain, Enadimsa, 571~597

Parkes R J, Cragg B A, Wellsbury P. 2000. Recent studies on bacterial populations and processes in subseafloor sediments. A review. Hydrogeol J,8: 11~28

Parkes R J, Cragg B A, Wellsbury P. 2000. Recent studies on bacterial populations and processes in subseafloor sediments. A review. Hydrogeol J, 8: 11~28

Pawlewicz M. 2006. Transylvanian composite total petroleum system of the Transylvanian basin province, Romania, Eastern Europe. http://pubs.usgs.gov/bul/2204/e

Pawlewicz M. 2006. Transylvanian composite total petroleum system of the Transylvanian basin province, Romania, Eastern

Europe. http://pubs.usgs.gov/bul/2204/e

Peakman T M, Damsté J S S, et al. 1989. The identification and geochemical significance of a second series of alkylthiophenes comprising a linearly extended phytane skeleton in sediments and oils. Geochimica et Cosmochimica Acta,53(12): 3317~3322

Pepper A S, Corvi P J. 1995. Simple kinetic models of petroleum formation. Part I: oil and gas generation from kerogen. Marine and Petroleum Geology,12(3): 291~319

Pepper A S, Dodd T A. 1995. Simple kinetic models of petroleum formation. Part II: oil – gas cracking. Marine and Petroleum Geology,12(3): 321~340

Price L C, Schoell M. 1995. Constraints on the origins of hydrocarbon gas from compositions of gases at their site of origin. Nature, 378: 368~371

Prinzhofer A, Huc A Y. 1995. Genetic and post – genetic molecular and isotopic fractionations in natural gases. Chemical Geology,126: 281~290

Rice D D, Claypool G E. 1981. Generation, accumulation, and resource potential of biogenic gas. AAPG Bull, 65: 5~25

Roberts S J, Nunn J A. 1995. Episodic fluid expulsion from geopressured sediments. Marine and Petroleum Geology, 12(2): 195IN1203 – 202IN3204

Rodgers S. 1999. Physical constraints on hydrocarbon leakage and trapping revisited; further aspects; discussion. Petroleum Geoscience, 5(4): 421~423

Rodriguez N D, Philp R P. 2010. Geochemical characterization of gases from the Mississippian Barnett Shale, Fort Worth Basin, Texas. AAPG Bulletin,94, 1641~1656

Ross D J K, Bustin R M. 2007. Shale gas potential of the Lower Jurassic Gordondale Member, northeastern British Columbia, Canada. Bulletin of Canadian Petroleum Geology,55(1):51~75

Ross D J K, Bustin R M. 2009. The importance of shale composition and pore structure upon gas storage potential of shale gas reservoirs. Marine and Petroleum Geology,26(6):916~927

Rueslatten H G, Hjelmel O, Selle O M. 1994. Wettability of reservoir rocks and the influence of organo – metallic compounds. North Sea oil and gas reservoir, 3: 317~324

Rullkötter J, Marzi R. 1988. Natural and artificial maturation of biological markers in a Toarcian shale from northern Germany. Organic Geochemistry,13(4–6): 639~645

Sauer P E, Eglinton T I, Hayes J M,et al. 2001. Compound – specific D/H ratios of lipid biomarkers from sediments as a proxy for environmental and climatic conditions. Geochimica et Cosmochimica Acta,65:213~222

Schenk H J, Primio R D, Horsfield B. 1997. The conversion of oil into gas in petroleum reservoirs: Part 1. Comparative kinetic investigation of gas generation from crude oils of lacustrine, marine and fluviodeltaic origin by programmed – temperature closed – system pyrolysis. Organic Geochemistry,26: 467~481

Schettler P D, Parmoly C R. 1990. The measurement of gas desorption isotherms for Devonian shale. GRI Devonian Gas Shale Technology Review. 7(1): 4~9

Schlegel M E, McIntosh J C, Bates B L, et al. 2011. Comparison of fluid geochemistry and microbiology of multiple organic – rich reservoirs in the Illinois Basin, USA: Evidence for controls on methanogenesis and microbial transport. Geochimica et Cosmochimica Acta,75:1903~1919

Schoell M . 1980. The hydrogen and carbon isotopic composition of methane from natural gases of various origins ,Geochim Cosmochim Acta,44(5):649~661

Schoell M. 1983. Genetic characterization of nature gases. AAPG Bulletin, 67: 2225~2238

Schouten S, Van Der Maarel M J E C, Huber R, et al. 1997. 2,6,10,15,19 – Pentamethylicosenes in Methanolobus bombayensis, a marine methanogenic archaeon, and in Methanosarcina mazei. Org. Geochem. ,26:409~414

Schowalter T T. 1979. Mechanics of secondary hydrocarbon migration and entrapment. AAPG bulletin, 63(5): 723~760

Scott A R. 1993. Composition and origin of coalbed gases from selected basins in the United States: University of Alabama College of Continuing Studies. Proceedings of the 1993 International Coalbed Methane Symposium,1:207~222

Sherwood Lollar B, Lacrampe – Couloume G, Slater G F, et al. 2006. Unravelling abiogenic and biogenic sources of methane in the Earth's deep subsurface. Chemical Geology,226: 328~339

SherwoodLollar B, Lacrampe – Couloume G, Voglesonger K,et al. 2008. Isotopic signatures of CH_4 and higher hydrocarbon gases from Precambrian Shield sites: A model for abiogenic polymerization of hydrocarbons. Geochimica et Cosmochimica Acta,72: 4778~4795

Shuai Y, S Zhang, S E Grasby, et al. 2016. Microbial consortia controlling biogenic gas formation in the Qaidam Basin of western China. JGR – Biogeoscience,121(8):2296~2309

Shurr G W, Ridgley J L. 2002. Unconventional shallow biogenic gas systems. AAPG Bull, 86: 1939~1969

Skerlec G M. 1999. Treatise of Petroleum Geology/Handbook of Petroleum Geology: Exploring for Oil and Gas Traps. Chapter 10: Evaluating Top and Fault Seal

Smith D A. 1966. Theoretical considerations of sealing and non – sealing faults. AAPG Bulletin, 50(2): 363~374

Sokolov Y D. 1956. On some particular solutions of the Boussinesq equation. Ukrainian Math. J, 8: 48~54

Song Y, Zhao M, Liu S, et al. 2006. Oil and Gas Accumulation of Foreland Basins in China. Geological Review

Sorkhabi R, Tsuji Y. 2005. The place of faults in petroleum traps//R Sorkhabi, Y Tsuji. Faults, fluid flow, and petroleum traps. AAPG Menoir,85:1~31

Stahl W J, Carey J B B. 1975. Source rock identification by isotope analyses of natural gases from fields in the ValVarde Delaware Basins, West Texas. ChemGeol,16:257~267

Stainforth J G. 2009. Practical kinetic modeling of petroleum generation and expulsion: Marine and Petroleum Geology,26: 552~572

Tang Y C, Ellis G S, Zhang T W, et al. 2005. Effect of aqueous chemistry on the thermal stability of hydrocarbons in petroleum reservoirs. Geochimica et Cosmochimica Acta,69: A559

Tang Y C, Zhang T W, Ellis G S, et al. 2011. Prediction of H_2S Level in Reservoir Fluids. AAPG Hedberg Conference, Beijing, China

Teichmuller M. 1974. Generation of petroleum – like substances in coal seams as seen under the microscope//Tissot B, Bienner F. Advances in Organic Geochemistry 1973. Technip, Paris

Ten Haven H L, de Leeuw J W, et al. 1988. Application of biological markers in the recognition of palaeohypersaline environments. Geological Society, London, Special Publications,40(1): 123~130

Thiel V, Peckmann J, Seifert R, et al. 1999. Highly isotopically depleted isoprenoids: molecular markers for ancient methane venting. Geochim. Cosmochim. Ac. ,63:3959~3966

Thornton O F, Marshall D L. 1947. Estimating interstitial water by the capillary pressure method. Transactions of the AIME, 170(1): 69~80

Tian H, Xiao X M, Wilkins R W T,et al. 2008. New insights into the volume and pressure changes during the thermal cracking of oil to gas in reservoirs. Implications for the in – situ accumulation of gas cracked from oils. AAPG Bulletin,92(2): 181~200

Tiem V T A, Horsfield B, Sykes R. 2008. Influence of in – situ bitumen on the generation of gas and oil in New Zealand coals. Organic Geochemistry, 39:1606~1619

Tilley B, McLellan S, Hiebert S, et al. 2011. Gas isotope reversals in fractured gas reservoirs of the western Canadian Foothills. Mature shale gases in disguise. AAPG Bulletin, 95(8): 1399~1422

Tilley B, Muehlenbachs K. 2013. Isotope reversals and universal stages and trends of gas maturation in sealed, self – contained petroleum systems. Chemical Geology, 339: 194~204

Tilley B, Muehlenbachs K. 2013. Isotope reversals and universal stages and trends of gas maturationin sealed, self – contained petroleum systems. Chemical Geology, 339: 194~204

Tissot B P, Durand B, Espitalie J. 1974. Influence of the nature and diagenesis of organic matter in formation of petroleum. AAPG bulletin, 58: 499~506

Tissot B P, Welte D H. 1984. Petroleum Formation and Occurrence. New York: Springer – Verlag

Tsuzuki N, Takeda N, Suzuki M, et al. 1999. The kinetic modeling of oil cracking by hydrothermal pyrolysis experiments. International Journal of Coal Geology, 39: 277~250

Van der Zee W, Urai J L. 2005. Processes of normal fault evolution in a siliciclastic sequence: a case study from Miri, Sarawak, Malaysia. Journal of Structural Geology, 27(12): 2281~2300

Vandenbroucke M, Behar F, Rudkiewicz J L. 1999. Kinetic modeling of petroleum formation and cracking: Implications from the high pressure/high temperature Elgin Field (UK, North Sea). Organic Geochemistry, 30: 1105~1125

Vincelette R R, E A Beaumont, N H Foster. 1999. Classification of exploration traps//E A Beaumont,N H Foster. Exploring for oil and gas traps. AAPG Treatise of Petroleum Geology,chapter 2:1~42

Waldron P J, Petsch S T, Martini, et al. 2007. Salinity Constraints on Subsurface Archaeal Diversity and Methanogenesis in Sedimentary Rock Rich in Organic Matter. Applied and Environmental Microbiology,73:4171~4179

WangY P, Peng P A, Lu J L, et al. 2004. Natural gas releasing simulation experiment of coal in process of temperature decreasing and decompression and preliminary application in Ordos Basin. Chinese Science Bulletin,49(supp. I):100~106

Wang Zhaoming, Wang Tingdong, Xiao Zhongyao, et al. 2002. Migration and accumulation of natural gas in Kela-2 gas field. Chinese Science Bulletin,47(supp.):107~112

Waples D W. 2000. The kinetics of in-reservoir oil destruction and gas formation: Constraints from experimental and empirical data, and from thermodynamics. Organic Geochemistry,31(6):553~575

Watts N L. 1987. Theoretical aspects of cap-rock and fault seals for single- and two-phase hydrocarbon columns. Marine and Petroleum Geology,4(4):274~307

Weber K J, Mandl G J, Pilaar W F, et al. 1978. The role of faults in hydrocarbon migration and trapping in Nigerian growth fault structures//Offshore Technology Conference. Offshore Technology Conference

Wei G Q, Jia C Z, Li B L. 2002. Periphera foreland basin of Silurian to Devonian in the South of Tarim Basin. Chinese Science Bulletin, 47:44~48

Wel K K, Morrow N R, Brewer K R. 1986. Efect of fluid, confining pressure, and temperature on absolute permeabilities of low permeability sandstones. SPE Formation Evaluation,August:413~423

Welhan J A, Craig H. 1979. Methane and hydrogen in East Pacific Rise hydrothermal fluids. Geophys. Res. Lett 6:829~831

Welhan J A. 1988. Origins of methane in hydrothermal systems. Chemical Geology,71:183~198

Whiticar M J. 1999. Carbon and hydrogen isotope systematics of bacterial formation and oxidation of methane. Chemical Geology,161:291~314

Whiticar M J, Faber E, Schoell M. 1986. Biogenic methane formation in marine and fresh-water environments - CO_2 reduction vs acetate fermentation isotope evidence. Geochimica et Cosmochimica Acta,50:693~709

Wilkinson D. 1986. Percolation effects in immiscible displacement. Physical Review A, 34(2):1380

Xia X Y, Chen J, Braun R, et al. 2013. Isotopic reversals with respect to maturity trends due to mixing of primary and secondary products in source rocks. Chemical Geology,339:205~212

Yao S P, Zhang K, Jiao K, et al. 2011. Evolution of coal structures: FTIR analyses of experimental simulations and naturally matured coals in the Ordos Basin, China. Energy Exploration & Exploitation,29(1):1~19

Yielding G. 2002. Shale gouge ratio—Calibration by geohistory. Norwegian Petroleum Society Special Publications, 11:1~15

Zeng H S, Li J K, Huo Q L. 2013. A review of alkane gas geochemistry in the Xujiaweizi fault-depression, Songliao Basin. Marine and Petroleum Geology,43:284~296

Zhang S C, He K, Hu G Y, et al. 2018. Unique chemical and isotopic characteristics and origins of natural gases in the Paleozoic marine formations in the Sichuan Basin, SW China: Isotope fractionation of deep and high mature carbonate reservoir gases. Marine and Petroleum Geology, 89:68~82

Zhang S C, Mi J K, He K. 2013. Synthesis of hydrocarbon gases from four different carbon sources and hydrogen gas using a gold-tube system by Fischer~Tropsch method. Chemical Geology, 349~350:27~35

Zhang S C, Mi J K, Liu L H, et al. 2009. Geological features and formation of coal formed tight sandstone gas pools in China: Cases from Upper Paleozoic gas pools, Ordos Basin and Xujiahe Formation gas pools, Sichuan Basin. Petroleum Exploration and Development,3:320~329

Zhang T W, Amrani A, Ellis G S, et al. 2008. Experimental investigation on thermochemical sulfate reduction by H_2S initiation. Geochimica et Cosmochimica Acta,72:3518~3530

Zhang T W, Ellis G S, Ma Q S, et al. 2012. Kinetics of uncatalyzed thermochemical sulfate reduction by sulfur-free paraffin. Geochimica et Cosmochimica Acta,96:1~17

Zhang T W, Ellis G S, Wang K S, et al. 2007. Effect of hydrocarbon type on thermochemical Sulfate Reduction. Organic Geochemistry,38:897~910

Zhang T, Ellis G S, Ruppel S C, et al. 2012. Effect of organic-matter type and thermal maturity on methane adsorption in shale-gas systems. Organic Geochemistry, 47(6):120~131

Zhang T, Krooss B M. 2001. Experimental investigation on the carbon isotope fractionation of methane during gas migration by diffusion through sedimentary rocks at elevated temperature and pressure. Geochimica et Cosmochimica Acta, 65(16):2723~2742

Zhang X B, Xu Z Y, Duan Y, et al. 2003. The formation of biogas and the way of its migration and accumulation in Quaternary Sanhu region, Qaidam Basin. Asses Geol,49:168~174

Zhao mengjun, Lu Shuangfang, Wang Tingdong et al. 2002. Geochemical characteristics and formation process of natural gas.

Chinese Science Bulletin, 47(supp.):113~119

Zhijun J. 2014. A study on the distribution of oil and gas reservoirs controlled by source – cap rock assemblage in unmodified foreland region of Tarim Basin. Oil & Gas Geology, 35(6): 763~770

Zhou Z, Zhou R, et al. 1994. THe geochemical characteristics of Quaternary source rock and the potential analysis of biogenic gas in Qaidam basin. Petroleum Exploration and Develoment, 21(2): 30~36

Zumberge J, Ferworn K J, Brown S. 2012. Isotopic reversal ('rollover') in shale gases produced from the Mississippian Barnett and Fayetteville formations. Marine and Petroleum Geology, 31:43~52